国家电网公司
生产技能人员职业能力培训专用教材

农网配电 上

国家电网公司人力资源部　组编
冯瑞明　主编

内 容 提 要

《国家电网公司生产技能人员职业能力培训教材》是按照国家电网公司生产技能人员模块化培训课程体系的要求，依据《国家电网公司生产技能人员职业能力培训规范》（简称《培训规范》），结合生产实际编写而成。

本套教材作为《培训规范》的配套教材，共72册。本册为专用教材部分的《农网配电》，全书共13个部分42章151个模块，主要内容包括配电网络，农网配电专业图识读，配电设备，继电保护及自动装置，配电设备安装及运行维护，配电线路施工及运行维护，营业业务，营销业务应用系统，电能计量装置安装与检查，营销服务行为规范，供电所管理，常用工具、仪表使用，规程、规范及标准。

本书可作为供电企业农网配电工作人员的培训教学用书，也可作为电力职业院校教学参考书。

图书在版编目（CIP）数据

农网配电. 上 / 国家电网公司人力资源部组编. —北京：中国电力出版社，2010.10（2025.12重印）

国家电网公司生产技能人员职业能力培训专用教材

ISBN 978-7-5123-0798-8

Ⅰ. ①农… Ⅱ. ①国… Ⅲ. ①农村配电–技术培训–教材 Ⅳ. ①TM727.1

中国版本图书馆CIP数据核字（2010）第189319号

中国电力出版社出版、发行

（北京市东城区北京站西街19号 100005 http://www.cepp.sgcc.com.cn）

北京天泽润科贸有限公司印刷

各地新华书店经售

*

2010年10月第一版 2025年12月北京第二十次印刷

880毫米×1230毫米 16开本 45.375印张 1402千字

印数 80001—80500册 定价 **180.00** 元（上、下册）

《国家电网公司生产技能人员职业能力培训专用教材》

编　委　会

前　言

为大力实施“人才强企”战略，加快培养高素质技能人才队伍，国家电网公司按照“集团化运作、集约化发展、精益化管理、标准化建设”的工作要求，充分发挥集团化优势，组织公司系统一大批优秀管理、技术、技能和培训教学专家，历时两年多，按照统一标准，开发了覆盖电网企业输电、变电、配电、营销、调度等34个职业种类的生产技能人员系列培训教材，形成了国内首套面向供电企业一线生产人员的模块化培训教材体系。

本套培训教材以《国家电网公司生产技能人员职业能力培训规范》（Q/GDW 232—2008）为依据，在编写原则上，突出以岗位能力为核心；在内容定位上，遵循“知识够用、为技能服务”的原则，突出针对性和实用性，并涵盖了电力行业最新的政策、标准、规程、规定及新设备、新技术、新知识、新工艺；在写作方式上，做到深入浅出，避免烦琐的理论推导和验证；在编写模式上，采用模块化结构，便于灵活施教。

本套培训教材涵盖34个职业的通用教材和专用教材，共72个分册、5018个模块，每个培训模块均配有详细的模块描述，对该模块的培训目标、内容、方式及考核要求进行了说明。其中：通用教材涵盖了供电企业多个职业种类共同使用的基础、专业基础、基本技能及职业素养等知识，包括《电工基础》、《电力安全生产及防护》等38个分册、1705个模块，主要作为供电企业员工全面系统学习基础理论和基本技能的自学教材；专用教材涵盖了单一职业种类专用的所有专业知识和专业技能，按照供电企业生产模式分职业单独成册，每个职业分为Ⅰ、Ⅱ、Ⅲ等3个级别，包括《变电检修》、《继电保护》等34个分册、3313个模块，可以分别作为供电企业生产一线辅助作业人员、熟练作业人员和高级作业人员的岗位技能培训教材，也可作为电力职业院校的教学参考书。

本套培训教材的出版是贯彻落实国家人才队伍建设总体战略，充分发挥企业培养高技能人才主体作用的重要举措，是加快推进国家电网公司发展方式和电网发展方式转变的迫切要求，也是有效开展电网企业教育培训和人才培养工作的重要基础，必将对改进生产技能人员培训模式，推进培训工作由理论灌输向能力培养转型，提高培训的针对性和有效性，全面提升员工队伍素质，保证电网安全稳定运行、支撑和促进国家电网公司可持续发展起到积极的推动作用。

本套教材共72个分册，本册为专用教材部分的《农网配电》。

本书中第一部分配电网络，由宁夏电力公司姜纪宁、华北电网有限公司刘京良、湖北省电力公司周传芳编写；第二部分农网配电专业图识读，由宁夏电力公司姜纪宁、湖北省电力公司周传芳编写；第三部分配电设备，由宁夏电力公司姜纪宁、湖北省电力公司周传芳、华北电网有限公司刘京良、江苏省电力公司程红杰编写；第四部分继电保护及自动装置，由宁夏电力公司姜纪宁编写；第五部分配电设备安装及运行维护，由宁夏电力公司姜纪宁、华北电网有限公司刘京良、吉林省电力有限公司郭志国编写；第六部分配电线路施工及运行维护，由宁夏电力公司姜纪宁、湖北省电力公司周传芳、吉林省电力有限公司郭志国、华北电网有限公司刘京良、江苏省电力公司程红杰编写；第七部分营业业务，由湖南省电力公司王慧亮编写；第八部分营销业务应用系统，由湖南省电力公司王慧亮编写；第九部分电能计量装置安装与检查，由浙江省电力公司方向晖编写；第十部分营销服务行为规范，由湖南省电力公司王慧亮编写；第十一部分供电所管理，由华北电网有限公司刘京良、江苏省电力公司程红杰编写；第十二部分常用工具、仪表使用，由江苏省电力公司程红杰编写；第十三部分规程、规范及标准，由江苏省电力公司程红杰、浙江省电力公司方向晖编写。全书由华北电网有限公司冯瑞明担任主编，华北电网有限公司王冬梅担任副主编，江苏省电力公司刁东升担任主审，国家电网公司农电工作部朱军和江苏省电力公司曾晓明、张长营参审。

由于编写时间仓促，本套教材难免存在疏漏之处，恳请各位专家和读者提出宝贵意见，使之不断完善。

国家电网公司
生产技能人员职业能力培训专用教材

目　录

上　册

第一部分　配　电　网　络

第二部分　农网配电专业图识读

第三部分 配 电 设 备

第四部分 继电保护及自动装置

第五部分 配电设备安装及运行维护

下　册

第六部分　配电线路施工及运行维护

第七部分　营　业　业　务

第八部分　营销业务应用系统

第九部分　电能计量装置安装与检查

第十部分　营销服务行为规范

第十一部分　供电所管理

第十二部分　常用工具、仪表使用

第十三部分　规程、规范及标准

第一部分

配电网络

第一章　配电网络知识

模块1　配电网基本知识（GYND00306001）

【模块描述】本模块包含配电网的运行参数和供电质量标准参数、高压配电系统配置原则和配电方式、低压配电系统接地方式选择和低压电力配电系统等内容。通过概念描述、术语说明、公式解析、图解示意、要点归纳，掌握配电网基础知识。

【正文】

一、配电网概述

发电厂发出的电能经升压向远方输送，从110kV至10kV/0.4kV，逐级降压、逐级分配，构成了一个庞大的配电网络。其中，10～110kV称为高压配电。10～0.4kV称为中低压配电。高压配电主要是传输、分配电能。中低压配电则直接向用户供电。

新型配电网优化了配电网结构，改善了供电质量，提高了供电可靠性，由于配电自动化水平不断提高，为实现配电网经济运行奠定了基础。

（一）配电网的运行参数

配电网主要的技术参数包括电压、电流、功率。

1. 电压

配电网及其设备电压分以下几种：

（1）额定电压。供用电设备额定电流下输出或消耗额定功率时的电压，称为额定电压。

（2）工作电压（或称运行电压）。线路某一点或某一设备的工作电压等于其电源电压与其电压降之差，即实际工作时的电压。

（3）最高工作电压。电源向线路或设备输送电能时，可能出现的最高电压为最高工作电压。为了在电能输送过程中，在一定的距离内，使电压保持在一定的数值范围内，对输配电线路都规定了最高工作电压，并通过调压来保障线路工作电压。输配电线路最高工作电压见表GYND00306001-1。

表GYND00306001-1　　输配电线路最高工作电压　　kV

额定电压	0.22/0.38	3.0	6.0	10	35	66	110	220	330	500
最高工作电压	0.25/0.45	3.6	7.2	12	40.5	72.5	126	252	363	550

（4）绝缘电压。绝缘介质能够正常工作，而不被击穿的最高电压，称绝缘电压。如低压电器的绝缘电压一般为500V。

2. 电流

电气设备工作时，在电压作用下，要产生电流。配电网及其设备能形成以下几种电流：

（1）额定电流。在额定电压作用下，电气设备输出额定功率时的电流，称为额定电流。

（2）工作电流。工作电流即电气设备运行时的实际电流。在额定功率的条件下，工作电流受工作电压的影响，工作电压升高，工作电流减小。反之则工作电流增大。

（3）尖峰电流。电气设备工作时，在短时间（1～2s）内出现的最大负荷电流为尖峰电流。尖峰电流一般出现在设备启动时，单台用电设备的启动电流为其额定电流的1.5～7倍。

（4）负荷电流。配电线路或电源设备带负荷时产生的电流，称负荷电流。在电压一定时，线路或电源设备输出的功率随负荷电流的变化而变化，且是正比关系。对设计功率一定的线路或电源设备，允许的负荷电流应在额定值以内。三相的线路或电源设备其三相负荷电流应平衡或趋于平衡。

（5）短路电流。电源向负荷线路供电时，因电路绝缘破损而造成导线直接短接产生的电流称短路电流。短路电流要比设备正常工作时的电流大几倍，甚至十几倍。

由于线路结构不同，则形成不同形式的短路电流，可分为三相短路电流、两相短路电流、两相接地短路电流和单相接地短路电流。它们分别是三相同时在一点短接、两相同时在一点短接、两相在不同地点通过大地短接以及一相与地短接。其中，三相短路称为对称短路。对称短路时，三相阻抗、三相短路电流等参数的矢量是对称的，其网络也是对称的。其他形式短路电流是非对称的。

短路电流是设计选用电气设备时的一个极为重要的参数。尤其配电网，短路事故概率非常高，为了保障配电网的正常运行，必须重视短路电流可能造成的严重后果。短路时，电路中不同相的导线直接短接，线路阻抗几乎等于零，产生比正常工作电流大几倍甚至十几倍的故障电流，使短路点的设备及其电源受到严重冲击，产生高热和巨大的电动破坏力，重者造成火灾、损坏电气设备或人身伤亡，轻者中断供电。因此，必须不断地总结产生短路电流的规律和原因，采取有效措施加以预防。

3. 功率

电能在单位时间内所作的功称为功率。在单位时间内，在电压和电流的共同作用下，电源要向负荷的用电设备提供足够的电能。对线路而言，称其为输送功率，也称输送容量。

电网输送的功率由有功功率和无功功率两部分组成。在输送电能过程中，因作功而消耗的功率称有功功率，如电阻消耗的功率；只进行电磁能量转换，在电网中循环传输的功率，称为无功功率。而有功功率和无功功率的矢量和称为视在功率。如变压器是既输送有功功率，又提供无功功率，故它的功率用视在功率标称。三相电气设备的功率为：

三相有功功率 $$P=\sqrt{3}UI\cos\varphi \quad \text{（GYND00306001-1）}$$

三相无功功率 $$Q=\sqrt{3}UI\sin\varphi \quad \text{（GYND00306001-2）}$$

三相视在功率 $$S=\sqrt{P^2+Q^2}=\sqrt{3}UI \quad \text{（GYND00306001-3）}$$

式中 U——线电压，kV；

I——线电流，A；

$\cos\varphi$——有功功率因数；

$\sin\varphi$——无功功率因数。

其中，相角 φ 是相电压超前或滞后相电流的电气角。

输配电线路输送、分配电能时，线路要产生电压降。要保证电压质量，即应使电压降造成的电压偏差保持在允许的数值范围内，因此为了输出一定的功率，则应控制输送距离。各级电网的经济输送容量和输送距离见表 GYND00306001-2。

表 GYND00306001-2 各级电网的经济输送容量和输送距离

额定电压（kV）	输送容量（MW）	输送距离（km）	额定电压（kV）	输送容量（MW）	输送距离（km）
0.4	＞0.1	0.5	10	0.2～2.0	20～6
6	0.1～1.2	15～4	35	2～10	50～20

（二）配电网的供电质量标准参数

1. 电压质量

合格的电压质量就是使电压偏差、供电频率、电压闪变、波形畸变以及供电可靠性都达到规定的标准。

（1）电压偏差。电压偏差即最大负荷与最小的负荷时，线路各点电压变动的偏差，一般以百分数表示，即

$$\text{电压偏差}=\frac{\text{实测电压}-\text{额定电压}}{\text{额定电压}}\times 100\% \quad \text{（GYND00306001-4）}$$

电压允许偏差在相关国家标准中有明确规定，在电力系统正常状况下，供电企业给用户受电端的供电电压允许偏差为：

1）对 35kV 及以上电压供电的，电压偏差不超过额定值的±5%。

2）对 10kV 及以下三相供电的，电压偏差为额定值的±7%。

3）220V 单相供电的，电压偏差为额定值的+5%、−10%。

正常情况下，供电企业应保证送到用户受电端的电压偏差不超过上述规定值。如果供电电压偏差在规定的标准内，但又不能满足用户使用条件时，应由用户自行采取调压、稳压、合理设计或改造用电设施加以解决。

（2）电压和电流的波形畸变。我国乃至世界采用的交流电都是正弦波形，但是由于发电机的并、解列，电网的故障运行，以及单相整流负荷的冲击，都可能使电网产生谐波，从而影响正弦交流电的波形，破坏电能的质量，影响系统的正常运行。

（3）电压闪变。用电负荷电流急剧地变动造成系统瞬时电压降落超过允许值，这种现象称电压闪变。电压闪变会使设备启动困难，使照明灯的光通量发生急剧变化等。

（4）供电频率。我国电网的运行频率为 50Hz。

2. 供电可靠性

供电可靠性对不同的负荷有不同的标准。对于一旦停电将造成人员伤亡，造成经济损失的一类负荷，如煤矿、医院、军工、科研及重要的重型的自动化程度比较高的工矿企业。对于这类负荷不允许停电。对一旦停电将造成一定的经济损失，但采取措施可以避免的或减轻的称为二类负荷。对于这类负荷应采取措施停电，一旦停电不会造成经济损失、不影响生产的称三类负荷。

二、配电网基本知识

（一）高压配电系统

1. 供、配电系统配置原则

（1）电源一般取自电力系统，也可取自企业自发自用系统。

（2）每一企业一般应有两回独立电源线路供电，当任一回线路因发生故障停止供电时，另一回线路应能担负企业的全部一类负荷及部分二类负荷。

（3）对大、中型企业应由两个独立电源供电；当由 6～10kV 电压供电时，一般不少于两回线路；当由 35kV 以上电压供电时，可只设一回线路。

（4）由两回及以上线路供电时，其中一回停止运行，其余线路应保证全部一类负荷的供电，对其他用电负荷应保证其全部负荷的 75%。

（5）企业送电线路的导线均应按经济电流密度选择，按允许电压损失及允许载流量的条件验算。

2. 配电方式

在有几个电源点可供选择时，应在技术条件允许的情况下，尽可能选择距离较近的电源点，同时要考虑是否有合理的出线走廊，电源点的容量是否满足要求。对于大中型企业的 35kV 变电站，电源点可选择两个相对独立的 110kV 或 220kV 系统电源点接入系统；也可选择一个 110kV 点，一个 35kV 点接入；也可以取自同一个 110kV 变电站的两段母线。如距自备电厂较近，35kV 电源线也可由自备电厂的 35kV 母线直接接入。

供电系统的接线方式按其网络接线布置方式可分为放射式、干线式、环式及两端供电式等接线系统；按其网络接线运行方式可分为开式和闭式网络接线系统；按其对负荷供电可靠性的要求可分为无备用和有备用接线系统。在有备用接线系统中，其中一回路发生故障时，其余回路能保证全部负荷供电的称为完全备用系统；如果只能保证对重要用户供电的，则称为不完全备用系统。备用系统的投入方式可分为手动投入、自动投入和经常投入等几种。

（1）无备用系统的接线。无备用系统接线如图 GYND00306001-1 所示，其中图 GYND00306001-1（a）为直接连接的干线式，图 GYND00306001-1（b）为串联型干线式。无备用系统接线简单、运行方便、易于发现故障，缺点是供电可靠性差。所以这种接线主要用于对三级负荷和一部分次要的二级负荷供电。

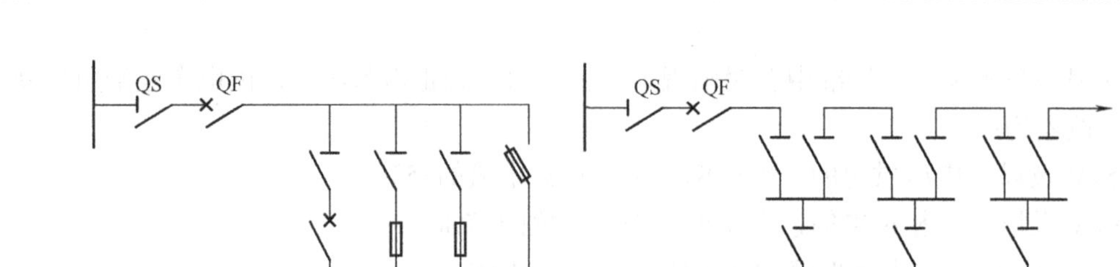

图 GYND00306001-1 无备用系统接线

（a）直接连接的干线式；（b）串联型干线式

（2）有备用系统的接线。有备用系统的接线方式有双回路放射式、双回路干线式、环式和两端供电式等，如图 GYND00306001-2～图 GYND00306001-4 所示。

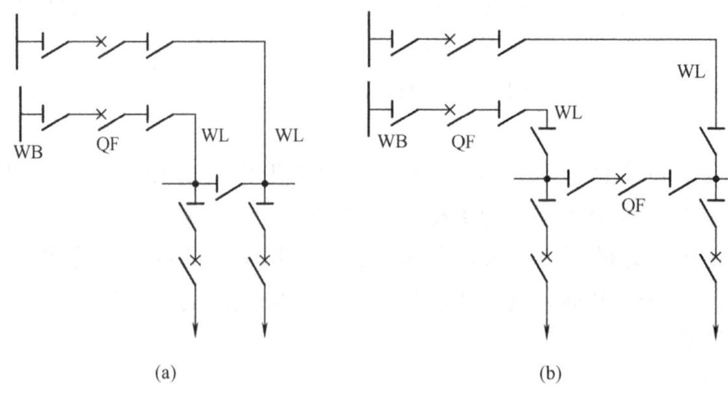

图 GYND00306001-2 双回路放射式接线

（a）采用隔离开关分段；（b）采用断路器分段

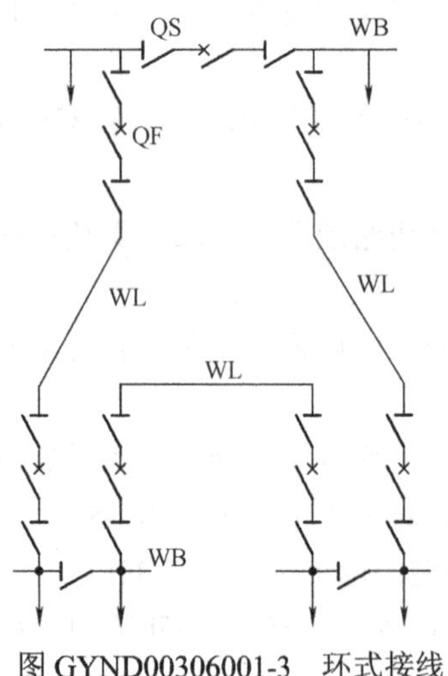

图 GYND00306001-3 环式接线

WB QS

图 GYND00306001-4 双回路干线式接线

它们的主要优点是供电可靠性高，正常时供电电压质量好，但是设备多、投资大。

1）双回路放射式。由于每个用户都采用双回路供电，故线路总长度长，电源出线回路数和所用开关设备多，投资大；如果负荷不大，会造成有色金属的浪费。其优点是：当双回路同时工作时，可减少线路上的功率损失和电压损失。这种接线适用于负荷大或独立的重要用户。对于容量大，而且特别重要的用户，可采用图 GYND00306001-2（b）所示的母线用断路器分段的接线，从而可以实现自动切换，提高供电系统的可靠性。

2）环式。环式接线的优点是系统所用设备少，各线路途径不同，不易同时发生故障，故可靠性较高且运行灵活；因负荷有两条线路负担，故负荷波动时电压比较稳定。其缺点是：故障时线路较长，电压损失大（特别是靠近电源附近段故障）。因环式线路的导线截面按故障情况下能担负环网全部负荷考虑，故线路材料消耗量增加（见图 GYND00306001-3），两个负荷大小相差越悬殊，其消耗就越大。故这种系统适于负荷容量相差不大，所处地理位置离电源都较远，而彼此较近的用户。

两端供电式网络和环式具有大致相同的特点，比较经济，但必须具有两个以上独立电源且与各负荷点的相对位置合适。

3）双回路干线式。双回路干线式接线的基本类型如图 GYND00306001-4 所示。它较双回路放射式线路短，比环式长；所需设备较放射式少，但继电保护较放射式复杂。

应该指出，供电系统的接线方式并不是一成不变的，可根据具体情况在基本类型接线的基础上进行改变，以满足技术经济指标。

（二）低压配电系统

1. 系统接地方式选择

对于 380V/220V 低压配电系统，我国广泛采用中性点直接接地的运行方式，而且引出中性线 N 和保护线 PE。中性线 N 的功能为：① 用于需要 220V 相电压的单相设备；② 用来传导三相系统中的不平衡电流和单相电流；③ 减少负荷中性点的电位偏移。保护线 PE 的功能是防止发生触电事故，保证人身安全。通过公共的保护线 PE，将电气设备外露的可导电部分连接到电源的接地中性点上，当系统中的设备发生单相接地故障时，便形成单相短路，使保护动作，开关跳闸，切除故障设备，从而防止人身触电，这种保护称保护接零。

按国家标准规定，凡含有中性线的三相系统通称为三相四线制系统，即“TN”系统；若中性线与保护线共用一根导线（保护中性线 PEN），则称为 TN-C 系统；若中性线与保护线完全分开，各用一根导线，则称为 TN-C-S 系统。

TN、TN-C、TN-C-S 和 TT 系统的图形描述，可参考第十八章模块 6（GYND00304006）中相关内容。

2. 低压配电系统

低压配电系统是指从终端降压变电站的低压侧到用户内部低压设备的电力线路，其电压一般为 380/220V。

（1）低压配电系统的配电要求。

1）可靠性要求。低压配电线路首先应当满足用户所必需的供电可靠性要求。由于不同的用户对供电的可靠性要求不同，可将用电负荷分为三级。为了确定某用户的用电负荷等级，必须对用户进行调查研究，然后慎重确定。即使同一用户，不同的用电设备和不同的部位，其用电负荷级别也不都相同，不同级别的负荷对供电电源和供电方式的要求也是不同的，常用民用用电设备及部位的负荷级别见表 GYND00306001-3。

表 GYND00306001-3　　常用民用用电设备及部位的负荷级别

序号	建筑类别	建筑物名称	用电设备及部位名称	负荷级别
1	住宅建筑	高层普通住宅	客梯电力、楼梯照明	二级
2	旅馆建筑	一、二级旅游旅馆	经营管理用电子计算机及其外部设备电源、宴会厅电声、新闻摄影、录像电源、宴会厅、餐厅、娱乐厅、高级客房、厨房、主要通道照明、部分客梯电力、厨房部分电力	一级
			其余客梯电力、一般客房照明	二级
		高层普通旅馆	客梯电力、主要通道照明	二级
3	办公建筑	省、市、自治及部级办公楼	客梯电力，主要办公室、会议室、总值班室、档案室及主要通道照明	一级
		银行	主要业务用电子计算机及其外部设备电源，防盗信号电源	一级
			客梯电力	二级
4	教学建筑	高等学校教学楼	客梯电力，主要通道照明	二级
		高等学校的重要实验室	电源	一级

供电的可靠性是由供电电源、供电方式和供电线路共同决定的：① 配电系统的电压等级一般不宜超过两级。② 为便于维修，多层建筑宜分层设置配电箱，每套房间宜有独立的电源开关。③ 单相用

电设备应适当配置，力求达到三相负荷平衡。

2）用电质量要求。电能质量主要是指电压和频率两个指标。电压质量的确定是看加在用电设备端的网络实际电压与该设备的额定电压之间的差值，差值越大，说明电压质量越差，对用电设备的危害也越大。电压质量除了与电源有关以外，还与动力、照明线路的合理设计关系很大，在设计线路时，必须考虑线路的电压损失。一般情况下，低压供电半径不宜超过 250m。电能质量的频率指标（我国规定工频为 50Hz），是由电力系统保证的，它与照明、动力线路本身无关，但超过了规定值，将影响用电设备的正常工作。

3）考虑发展。从工程角度看，低压配电线路应当力求接线简单，操作方便、安全，具有一定的灵活性，并能适应用电负荷发展的需要。

4）其他要求。操作、维护方便。尽量节省线材消耗量，同时配电系统的电能损耗尽可能小，运行费用尽可能低。

（2）低压配电系统的接线方式。

1）放射式。放射式接线如图 GYND00306001-5（a）所示。它的优点是：配电线相对独立，发生故障互不影响，供电可靠性较高；配电设备比较集中，便于维修。但由于放射式接线要求在变电站低压侧设置配电盘，这就导致系统的灵活性差，再加上干线较多，线材消耗也较多。

低压配电系统宜在下列情况采用放射式接线：① 容量大、负荷集中或重要的用电设备；② 每台设备的负荷虽不大，但位于变电站的不同方向；③ 需要集中联锁启动或停止的设备；④ 对于有腐蚀介质或有爆炸危险的场所，其配电及保护启动设备不宜放在现场，必须由与之相隔离的房间馈出线路。

2）树干式。树干式接线如图 GYND00306001-5（b）所示，它不需要在变电站低压侧设置配电盘，而是从变电站低压侧的引出线经过空气开关或隔离开关直接引至室内。这种配电方式使变电站低压侧结构简化，减少电气设备需用量，线材的消耗也减少，更重要的是提高了系统的灵活性。但这种接线方式的主要缺点是，当干线发生故障时，停电范围很大。

采用树干式配电必须考虑干线的电压质量。有两种情况不宜采用树干式配电：① 容量较大的用电设备，因为它将导致干线的电压质量明显下降，影响到接在同一干线上的其他用电设备的正常工作，因此容量大的用电设备必须采用放射式供电；② 对于电压质量要求严格的用电设备，不宜接在树干式接线上，而应采用放射式供电。树干式配电一般只适用于用电设备的布置比较均匀、容量不大、又无特殊要求的场合。

3）环式。环式接线如图 GYND00306001-5（c）所示。这种接线又分为闭环和开环两种运行状态，图 GYND00306001-5（c）是闭环状态。从接线图中可以看出，当闭环运行时，任一段线路发生故障或停电检修时，都可以由另一侧线路继续供电，可见闭环运行供电可靠性较高，电能损失和电压损失也较小。但是闭环运行状态的保护整定相当复杂，如配合不当，容易发生保护误动作，使事故停电范围扩大。因此，在正常情况下，一般不用闭环运行，而采用开环运行。但开环情况下发生故障会中断供电，所以环形配电线路一般只适用于对二、三级负荷的供电。

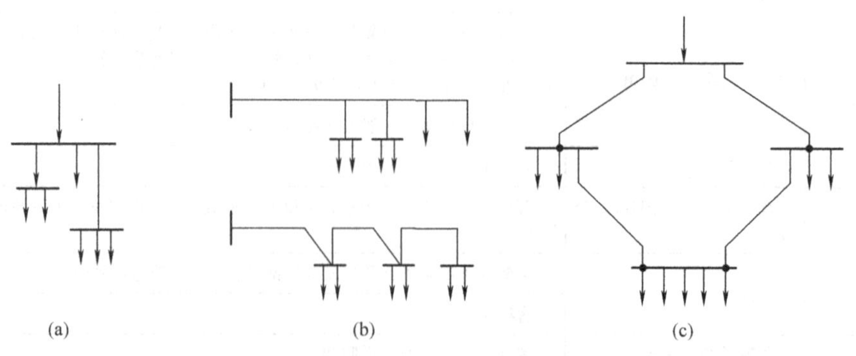

图 GYND00306001-5　低压配电线路基本配电方式

（a）放射式；（b）树干式；（c）环式

放射式、树干式和环式三种方式，其基本形式也不是单一的，如将它们再混合交替使用，形式多种多样，这里不一一列举，在实际运行线路中，应按照安全可靠、经济合理的原则进行优化组合。

【思考与练习】

1. 简述配电网的结构组成。
2. 造成电压偏差的原因是什么？
3. 产生谐波的谐波源主要分为哪几类？
4. 低压配电系统的接线方式有哪几种？

模块 2 配电网络运行与管理（GYND00306002）

【模块描述】本模块包含配电网及配网自动化的基本知识、配电管理自动化系统概念、电网调度自动化系统与电力系统的综合自动化、电网调度组织机构与任务等内容。通过概念描述、术语说明、结构剖析、图解示意、要点归纳，了解配电管理自动化系统及电力系统调度自动化的实现。

【正文】

一、配电自动化基本知识

配电自动化是电网自动化的发展和延续，因而电网调度自动化技术也就自然成为配电自动化的技术积累和基础。但是，配电自动化系统与电网调度自动化系统有着明显的区别，这些区别形成了配电自动化支撑技术的特点和要求。

1. 配网自动化的概念

由于配电系统是电力系统面向广大用户的环节，因此实施配网自动化既要符合供电方（供电部门）的要求，又要满足需方（用户）的利益，其目标可以归纳如下：

（1）提高供电可靠性，使供电可靠率达到 99.9%。

（2）提高电能质量，降低线损，使电力网电压合格率≥98%，电网频率合格率≥99.9%。

（3）提高供电的经济性。

（4）提高为用户服务的水平和用户的满意程度。

（5）提高供电企业管理水平和劳动生产率。

“配电系统自动化是利用现代电子技术、通信技术、计算机及网络技术，将配电网在线数据和离线数据、配电网数据和用户数据、电网结构和地理图形进行信息集成，构成完整的自动化系统，实现配电系统正常运行及事故情况下的监测、保护、控制、用电和配电管理的现代化。”这一定义包含的内容是相当广泛的，它指出了配电系统自动化是一个信息集成系统，包括了和配电网有关的所有管理和控制功能。日前国内开发实施的配电系统自动化功能如图 GYND00306002-1 所示。

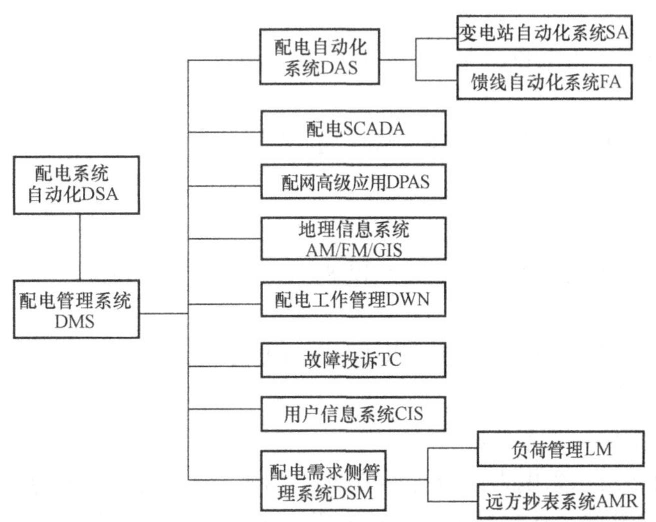

图 GYND00306002-1 配电管理系统的组成

对图 GYND00306002-1 中所述的单项功能，习惯将其中变电站自动化系统 SA 和馈线自动化系统 FA 两项功能合称为配电自动化系统 DAS，实际上也就是配电自动化系统的基本功能，或可称为配电自动化系统的基础。而负荷管理 LM 和远方抄表系统 AMR 称为配电需求侧管理 DSM。DSM 再以 SCADA 为基础，加以 DPAS 和以 AM/FM/GIS 为平台的其他管理功能，便组成了集管理和控制功能于一体的综合系统，这就是配电管理系统 DMS。

综上分析，配电系统自动化 DSA 包括配电管理系统 DMS、配电自动化系统 DAS 和配电需求侧管理 DSM 等内容。

配电系统自动化 DSA 和配电管理系统 DMS 是两个既有联系又有区别的概念。DMS 是 DSA 功能的实现，侧重于计算机信息系统和控制系统，它是配电控制中心的一个计算机平台或者作为开放式的支撑环境。而 DSA 是功能意义上的概念，它除了包括实现配电自动化功能的计算机信息系统和控制系统外，还包括一次开关设备。

2. 配电网络知识

（1）配电网负荷分析。实施配电网自动化是在配电网一次网络已经形成的基础上进行的。因此对负荷的分析，① 要了解负荷的性质；② 要了解负荷的数量和容量。了解负荷的性质是为了要根据负荷的重要性，在实施配电网自动化时保证各负荷不同的供电可靠性。如一级负荷停电会影响设备和人身安全，会造成政治、经济上重大损失，或会影响重要政治、经济部门的正常工作，所以必须保证供电可持续性。而对二、三级负荷则相对处于较次要的地位。了解负荷的数量则是为了当一条馈线发生故障时，若将非故障段线路的负荷转移至另一电源供电，要考虑供电容量能否承担，馈线截面能否满足等问题。

（2）网络接线。在配电自动化实施前必须对配电系统的一次网络进行优化改造，使其能符合配电自动化实施的技术要求。根据以往实施配电自动化项目的经验，归纳配电网络优化的要求如下：

1）网络接线简洁、灵活，以提高系统的可靠性和实现自动化为目的。

2）网络接线能满足供电安全“*N*–1”准则。所谓“*N*–1”准则，即判定电力系统安全性的一种准则，又称单一故障安全准则。按照这一准则，电力系统的 *N* 个元件中的任一独立元件（发电机、输电线路、变压器等）发生故障而被切除后，应不造成因其他线路过负荷跳闸而导致用户停电，不破坏系统的稳定性，不出现电压崩溃等事故。当这一准则不能满足时，则要考虑采用增加发电机或输电线路等措施。

3）网络实现开环运行，分片供电，限制电网短路容量，满足电压合格率要求。

4）网络能灵活适应各种可能和合理的运行方式，变电站布点与网络结构能符合负荷不断增长的需要。

5）网络便于运行操作、维护和检修。

6）网络接线宜标准化、模式化。

7）保证电网运行安全、经济、高效。

8）选用性能价格比高、小型化、无油化、自动化、免维护或少维护的电气设备。

9）考虑城市整体布局及环保要求。

总结以往设计经验，对配电网络设计原则建议如下：

1）每段线路分段一般以 3～5 段为宜。

2）大的分支线可安装分支开关。

3）每段线路下接的柱上变压器和高压用户以 8～10 个为宜。

4）中压供电半径一般为 2.5～3km。

5）主干线截面电缆以 240mm^2、架空线以 185～240mm^2 为宜。

6）负荷率宜在 60%以下。

3. 配电自动化与网络结构关系

图 GYND00306002-2 所示为电力系统各环节的示意图。配电系统是电力系统的一部分。电力系统通过配电网络直接向用户供电。从广义上讲 110kV 及以下电压的线路和设备构成的电力网均可称为配电网络。在我国规定 380V（三相）、220V（单相），低于 1kV 的电压称为低压。35kV 及以下则称为中压，具体指电压为 35、10kV 电压级。110～330kV 则称为高压，500kV 则称为超高压，1000kV 则称为特高压。配电系统主要指 10kV 电压等级的设备和线路构成的电力网。

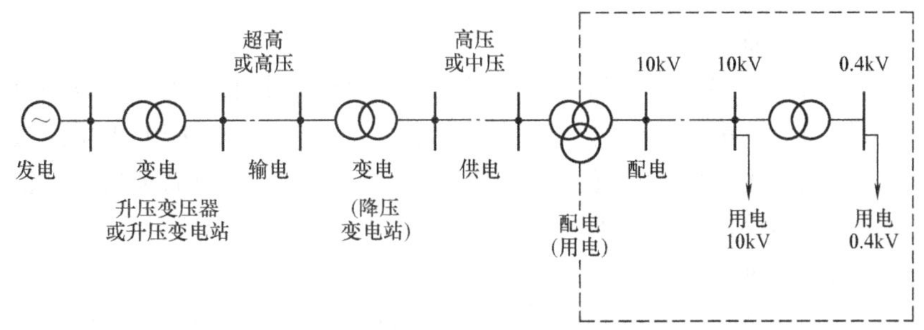

图 GYND00306002-2 电力系统各环节的示意图

配电自动化尤其是馈线自动化与配电系统的一次网络接线有密切的关联。可以从以下的例子来充分说明。

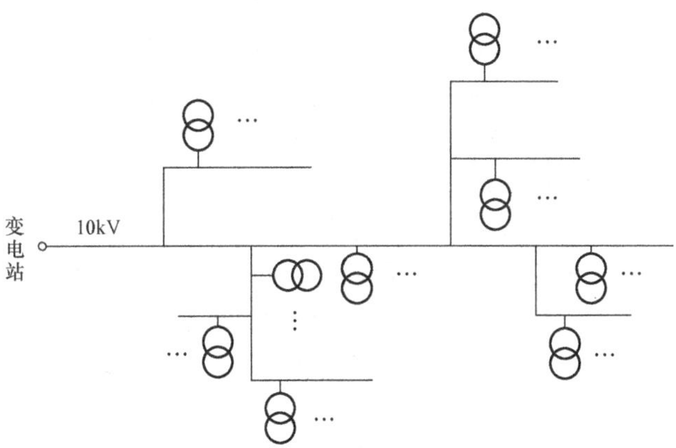

图 GYND00306002-3 典型放射式树状网络

图 GYND00306002-3 是典型放射式树状网络，从变电站 10kV 出线以树状方式给柱上变压器和高压用户供电。由于在主干线上未设置分段断路器，在分支线上也未设置分支断路器，当线路上任一点发生永久性故障时，均将造成全线路停电。很明显，在实施配电自动化时，这类线路必须根据供电的重要程度来确定配电自动化方式和进行网络结构优化改造，增设分段断路器和分支断路器。这些断路器还需具备遥控条件。如不对此类配电网络进行优化改造，即便实施配电自动化后，亦不能提高供电可靠性。

图 GYND00306002-4 是一个多个电源点联网的配电网络，它具有四个电源点、五条配电线路。这类网络，采用调度员调度方式时，若在变电站 4 至分段断路器 5 之间线路发生永久故障，由于具有多电源，调度员可灵活地根据当时负荷情况，选择合上分段断路器 2、分段断路器 3 或分段断路器 4 的方案，对分段断路器 5 非故障段一侧线路恢复供电。但是当设置配电自动化主站系统运行方式时，由于可变条件多而增加了馈线自动化软件运算的时间和复杂性，因此这类网络就需要进行网络简化。

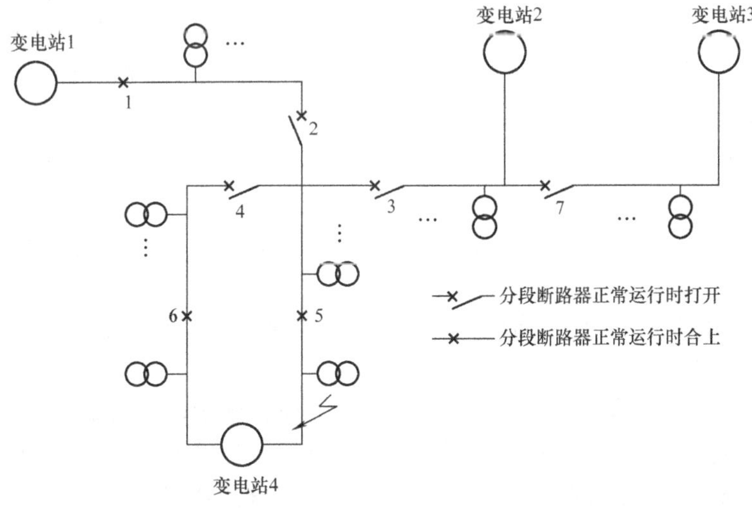

图 GYND00306002-4 多个电源点联网的配电网络

综上所述，可以清楚得到配电自动化与网络结构之间存在密切关系，同时，由于目前实际配电网络存在着多样性和无序化，因此在开展配电网自动化工作时，必须进行配电网络的优化改造和配电网自动化的规划设计。

二、配电管理自动化系统

配电企业是电力系统的重要生产部门，承担着送电、变电、配电和用电服务的重要任务，其生产业务和技术管理十分繁重。而配电网管理工作又是供电企业生产管理系统的重要组成部分，地域分布广泛、所管辖的设备量大、更改频繁。随着国民经济的高速发展，用电需求量的大幅度增长，传统的人工管理已经很难满足配电网的建设和安全运行要求。

1. 配电管理自动化系统概念

配电管理自动化是指用现代计算机、通信等技术和设备对配电网的运行进行管理，从信息的角度看，它是一个信息收集和处理的系统。

配电管理自动化系统的基本组织模式和配电网数据采集与监视控制系统（SCADA）的基本组织模式一样，可以是集中式或分布式结构，集中式结构即由一个配电管理自动化主站，实行对整个配电网的数据采集，并和馈线自动化、变电站自动化、用户自动化集成为一个系统，这个系统可以称为配电管理系统 DMS。分布式的结构，即整个配电自动化由一个一级主站、若干个二级主站以及若干个子系统（如用电管理子系统、负荷管理子系统等）集成，这样，信息的收集和处理也是分层和分布的，这种结构最适合采用计算机网络技术。

配电管理自动化系统大致包括以下功能模块：地理信息系统、配电生产管理系统、配电网分析和高级应用功能模块等。关于地理信息系统，既可以把它理解为配电管理自动化系统的一个功能模块，也可以把它理解为配电管理自动化系统其他功能模块的支撑平台。

2. 配电运行管理

配电管理自动化系统的运行管理功能可分成电网运行、运行计划及优化、维修管理及用户管理和控制等四个主要功能组。

（1）电网运行。电网运行功能是实现控制和监视配电网设备的功能。这些功能的首要任务是控制电网拓扑结构，使之能适应各种运行工况。这些功能可保证为了维修目的所需的电网上各种切换操作，如对电气设备操作命令的发布或解除。这些功能也提供电压控制手段，这些功能还包括了中、低压电网中管理故障及其他事故所需的一切设施。电网运行功能又分为以下四个功能：

1）电网控制功能，对电网发出指令。

2）电网运行监控功能，用来监控系统，检测电网扰动，提供处理实时运行所需的信息。

3）故障管理功能，用来对故障定位及加快恢复供电速度。

4）运行统计及报告功能，得到在线数据并对系统效率及可靠性进行反馈分析。

（2）运行计划及优化。运行计划及优化功能是使设备在配电系统上进行维修工作时能确定、准备和优化所需的操作顺序（发布/解除命令）。实现这个运行计划的文字工作都是自动完成的。这组功能可分为以下三个主要部分：

1）电网运行模拟，能用来估计电网上操作命令的后果和对用户的供电量，以便确定最佳操作顺序和优化电网拓扑结构。

2）切换操作模拟，能处理操作命令，拟订运行指南，派出修理班组，通知受影响的用户等，帮助收集数据并以需要的方式输送出去。

3）电力购入的安排和优化，使平均购入电力接近合同规定值，目的是使购入电力的费用最小，办法是使用高峰电厂，负荷切换和甩负荷。

（3）维修管理。维修管理集中在处理所需数据以调整维修政策，通过专用的工作任务单和监控该维修工作是否有效，对计划维修工作提供条件。这组功能可分为以下两个主要功能：

1）运行分析和统计，能提供收集运行数据和进行反馈分析的措施。

2）维修工作计划及控制，可确定工作范围，分派所需力量，跟踪工作进度等。

（4）用户管理和控制。用户管理和控制功能包括为了运行和商业目的所需的、同用户接口有关的各种情况的管理和控制，这组功能可分为三个主要功能：

1）负荷及抄表控制，能提供必需的设施用于负荷控制、动态计费、电能需求的监视和控制。

2）工作任务单，能帮助收集所需数据以颁发与用户供电点维修工作有关的工作任务单，如表计装置，用户申请等，并帮助控制其工作进度。

3）故障处理，在事故时，能处理用户故障报修电话，并提供恢复供电情况的信息。

以上四个主要功能组并不是各行其是，而是有着十分紧密的联系，实时交换信息，保证控制和管理的一致性。

3. 配电网运行

配电 SCADA 为调度员提供了对配电网进行实时监视和控制的手段，这里介绍的电网运行功能必须以配电 SCADA、配电 GIS 以及其他的一些信息为基础，控制的目的除了保证电网运行的安全外，还包括电网运行的经济性。

（1）自动控制。电网控制是通过分散的控制功能来实现的，而分散的控制功能则需由控制体系的上级层次来协调，因此就产生了就地自动控制功能和区域性电网控制功能的区别。

就地自动控制是仅需用就地信息，而不需要知道电网接线状况就可进行的控制动作。这些功能是由变电站控制设备在就地实现的。就地自动控制包含保护、隔离和局部电压控制三个方面的功能。

区域性电网控制功能可协调各个就地功能。这要依靠运行人员来实现，首先是遥控，其次是通过流动终端站向现场工作班发出工作命令后进行就地控制。

（2）辅助控制。区域性电网控制需由运行人员通过各项工具来完成，这就构成了辅助控制。辅助控制的重点是遥控设备，包括高压/中压变电站的遥控，中压电网的遥控和选定地点的中压/低压变电站的遥控。

遥控功能用来控制变电站的断路器、开关和其他设备。运行参数可以更改，是靠改变自动切换的分接头额定电压和继电保护装置的参数来实现的。

（3）电网状态监视。电网状态监视功能可使电力公司能随时掌握电网结线状况和负荷状况。该功能也可帮助判明用户故障报修和管理现场工作班的地点。

电网状态有两种表示方式：示意性表示（简化表示）和地理性表示（完全表示）。

配电管理系统中的简化电网示意图已替代传统的墙上调度盘。地理信息的来源包括地图、地理信息系统的数据和电子档案等。

调度员必须能把屏幕上的电网简图和地理图的显示紧密联系在一起。在调用一个变电站或一个电网区域时，变电站或电网区域图必须在屏幕中部。在两者合成时，选定的变电站必须在中部。如果不选择变电站，在屏幕中心位置的电网区域必须要做到两种表示方式相同。

对于一个典型的配电网来说，两种表示方式都是需要的：首先，调度员需要电网状态；其次，现场工作班需要电网状态，通过传真或遥控装置从调度员处获取数据和命令；最后，从两种表示方式可获得背景材料，如设备的地理位置和架空线或电缆的路径，从而可取得到达指定设备或故障点的最短路径以减少工作班的路途时间。

（4）电网负载监视。电网负载监视功能对中压和低压电网各部分的负荷提供最佳可能的估算，也能计算整个电网的电压和设备负载，并检测出过负荷或电压问题。

估算的负荷是根据用户典型负荷曲线、直接测量或两者的组合得到的。用户典型负荷曲线是由负荷调查而来的，就是由若干单独用户的负荷变动测量值收集起来并用统计方法处理而产生的曲线。直接测量是其他自动化功能的产物，包括遥测抄表和变电站遥控等。

此功能可进行更好的负荷预测，从而节约电厂和电网投资。

（5）切换动作监视。切换动作监视每一组切换动作的工作细节全都记录下来（人工或遥控操作的检查、工作特点、工作中的现场工作班）。可列出能召回的或可解决故障的现场工作班的清单。工作班状态、派定的工作任务、工作任务的状态和工作班地点等都可先从日常工作计划功能中得到，并由调度发令的人工更新和现场工作班接口的自动更新上述内容及时更新。

（6）报警监视。远方信号和测量的临界超限值能用来监控电网健康状况。为了减轻运行人员的工作饱和程度，事件分为紧急和较不紧急两种。

为了简化相当复杂的电网工况，将各种信号和状态信息摘要地形成一个单项信息。主变电站的继电器动作综合可用来检测电网故障并启动故障管理程序。

（7）故障管理。故障管理功能向运行人员提供电力系统中断电的识别，恢复供电的切换动作以及向用户提供断电原因和持续时间的断电通知。因此，故障管理可有三方面作用：① 改进用户申诉应答系统，提供迅速的答复，建立电力部门和用户间的良好关系；② 向调度人员提供信息，以帮助断电时迅速恢复供电；③ 编辑有关供电质量的所有信息并可向用户和官方机构等外部单位提供。

故障管理功能要进行以下四个方面的工作：① 对故障的发生进行诊断；② 提供准确的故障地点；③ 通过适当的隔离和切换动作，以隔离故障和恢复供电；④ 通过用户接口管理功能，通知断电的用户。

三、电力系统调度自动化的实现

1. 电网调度自动化系统与电力系统的综合自动化

电力系统的运行控制需要自动化。在电力系统中早已有了许多自动化装置：如快速准确切除故障的继电保护装置和自动重合闸装置，保持发电机电压稳定的自动励磁调节装置，保持系统有功平衡和频率稳定的低频自动减负荷装置等。这些自动装置大多"就地"获取信息，并快速作出响应，一般不需要远方通信的配合，这既是其优点，也是其缺点。因为它们功能单一，不能从系统运行全局进行优化分析，互相之间无法协调配合，更无法作出超前判断，采取预防性措施。

电网调度自动化系统则是基于对全系统运行信息的采集分析，作出纵观全局的明智判断和控制决策，因此必须依赖一套可靠的通信系统。在电力系统自动化的进一步发展中，电网调度自动化系统可以和火电厂自动化、水电厂自动化、变电站综合自动化、配电自动化及前述各种自动装置进行协调、融汇和整合，实现更高层次上的电力系统综合自动化。

2. 电网调度组织机构与任务

（1）电网调度组织。根据我国目前电力系统的实际情况，调度机构分为五级，依次为：

1）一级：国家电网调度机构（简称国调）。

2）二级：跨省、自治区、直辖市电网调度机构（简称网调）。

3）三级：省、自治区、直辖市级电网调度机构（简称省调）。

4）四级：省辖市、地区级电网调度机构（简称地调）。

5）五级：县级电网调度机构（简称县调）。

整个电网调度系统是一个宝塔形结构，如图GYND00306002-5所示。各级调度机构在电网调度业务活动中是上下级关系，下级调度机构必须服从上级调度机构的指挥。

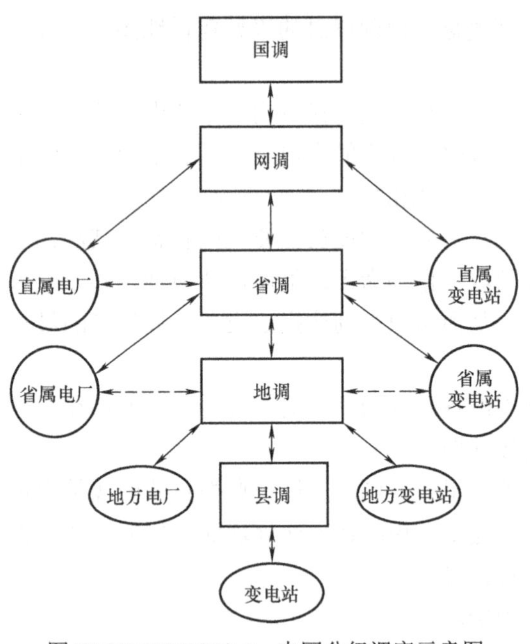

图 GYND00306002-5 电网分级调度示意图

（2）电网调度的任务。电网调度肩负电网的管理任务，在各种现代化手段的支持下，日夜监视、指挥着电网的运行。调度事务非常详细、复杂、繁多，归纳起来主要有以下四个方面的内容。

1）确保电网的安全运行；

2）确保电能质量；

3）确保电网的经济运行；

4）参与企业经营管理。

【思考与练习】

1. 配电系统自动化和配电管理系统的主要区别是什么？
2. 什么叫供电安全"N–1"准则？
3. 配电管理自动化系统含义是什么？
4. 电网调度的主要工作内容是什么？
5. 我国目前电力系统的调度机构是如何划分的？
6. 电网调度的主要工作任务是什么？

模块3　降低农村配电网线损的管理措施（GYND00306003）

【模块描述】本模块包含线损管理的组织措施、线损指标管理、营销及电量管理、电能计量管理等内容。通过概念描述、术语说明、公式解析、要点归纳，掌握降低农村配电网线损的管理措施。

【正文】

一、线损管理的组织措施

线损率是电力企业的一项综合性的指标，其高低直接反映了本企业电网的规划设计、生产技术和运营管理水平。在“两网”改造后，由于电网的结构趋于合理，电网各元件的损耗接近于经济、合理的水平。因此，降低线损的主要工作就是抓好管理降损，进一步规范营业标准，严格线损考核，加强计量管理，积极开展用电普查和反窃电工作，堵漏增收，使线损最小。

1. 加强线损管理的具体措施

（1）建立线损管理体系，制定线损管理制度。由于线损管理工作是一项较大的系统工程，它涉及面广，牵扯的部门较多。因此，必须建立全局性的线损管理体系，制定线损管理制度，明确各部门的分工和职责，制定工作标准，共同搞好线损管理工作。

（2）加强基础管理，建立健全各项基础资料。通过经常性地开展线损调查工作，可进一步掌握和了解线损管理中存在的具体问题，从而制订切实可行的降损措施。

（3）开展线损理论计算工作。通过开展线损理论计算，全面掌握各供电环节的线损状况及存在的问题，为进一步加强线损管理提供准确可靠的理论依据。

（4）制订线损计划，严格线损考核。各单位应建立健全线损管理与考核体系，定期编制并下达综合线损、网损、各条输配电线路、低压台区的线损率计划，并认真考核。

（5）开展线损小指标活动。根据《国家电力公司电力网电能损耗管理规定》中规定的线损小指标内容，分解落实到有关部门，并认真考核，做到人人都关心线损工作。

（6）建立各级电网的负荷测录制度。测录的负荷资料可用于理论计算、计量表计的异常处理和电网分析，确保电网安全经济运行。

（7）加强计量管理，提高计量的准确性，降低线损。要求各级计量装置配置齐全，定期进行轮换和校验，减少计量差错，防止由于计量装置不准引起线损波动。

（8）定期开展变电站母线电量平衡工作。确定专人定期开展母线电量平衡工作，统计中发现母线电量不平衡率超过规定值时，应认真分析，查找原因，及时通知有关部门进行处理，特别是关口点所在母线和10kV母线，其合格率应达到100%。

（9）合理计量和改进抄表工作。线损率的正确计算与合理计量和改进抄表方法有密切关系，因此应做好以下几个方面的工作：

1）固定抄表日期。因为抄表日期的提前和推后会严重影响当月售电量的统计，使线损率不能真实反映实际水平。因此，对抄表日期应予以固定，不得随意变动，在条件允许时，尽量扩大月末抄表的范围。

2）提高电表实抄率和正确率。做到正确抄表，预防错抄、漏抄、估抄和错标倍率现象发生。

3）合理计量。对高压供电低压计量的客户，应逐月加收客户专用变压器的铜损和铁损，做到计量合理。

4）建立专责与审核制度。坚持月度用电分析工作，对客户用电量变化较大的，特别是大电力客户，要分析原因，防止表计异常或客户窃电现象发生。

（10）组织用电普查，堵塞营业漏洞。以营业普查为重点，查偷漏、查卡账、查互感器变比、查电能表接线和准确性，以及查私自增加变压器容量等，预防电量丢失。

（11）开展电网经济运行工作。根据电网的潮流分布情况，合理调度，及时停用轻载或空载变压器，利用AVC无功电压管理系统投切电力电容器，努力提高电网的运行电压，降低网损。

2. 降低管理线损的重点工作

降低管理线损具体应抓好以下几个方面的工作：

（1）加强计量管理，对电能表的安装、运行、管理必须认真到位，专人负责，努力做到安装正确合理，定时轮换校验，保持误差值在合格范围内，确保电能计量装置的准确性。

（2）按时到位正确抄表，提高电能表的实抄率，杜绝估抄、漏抄和错抄现象的发生。

（3）计量装置必须加封、加锁，采取防盗措施。

（4）加强用户的用电分析，及时发现问题、解决问题、消除隐患。

（5）定期进行用电普查，对可疑用户重点检查，堵塞漏洞。

（6）加强电力法律法规知识宣传，消灭无表用电和杜绝违章用电，严肃依法查处窃电。

二、线损指标管理

线损率指标实行分级管理，国家电网公司向各有关分公司、各电力集团公司、各省（自治区、直辖市）电力公司下达年度线损率计划指标，国家电网公司各有关分公司、各电力集团公司、各省（自治区、直辖市）电力公司要分解下达到所属各供电企业并确保其完成指标。在制定线损率指标时要考虑穿越电量产生的过网损耗。月、季及年度线损的统计是线损率指标管理及考核的基础，要准确、及时地提供给供电生产经营企业的相关管理部门。

1. 制定指标的依据

科学而合理地确定线损率的指标，包括季度年度短期指标和若干年的中长期指标，是线损管理的中心环节之一。从基本原理上看，线损率是一个波动的指标，在一个运行着的电力系统中，线损率的变化取决于以下因素：

（1）电网结构的变动；

（2）电网设备参数的变动；

（3）无功补偿装置容量及其分布的变动；

（4）负荷的变动。

这些变动并不是同时、同步发生的，也不是成比例变动的，而是具有一定随机性的。例如经常遇到的情况是：某个时期负荷以较高的速度增长，而前三种变动速度落后于负荷的增长，那么这个阶段的线损率就将增大。反之，某个时期改进了电网结构，选用了低损耗设备，实现了无功平衡，而负荷并未明显增长，那么这个阶段的线损率就将降低。当然，这种增减是建立在管理和统计正常的基础之上的。因此，应该在参照近期若干年统计线损和理论线损的同时，根据上述四个方面的变动情况确定当年的线损率指标。

2. 编制指标

编制线损计划指标的程序大致如下。

（1）搜集有关资料，其中包括：

1）各发电厂的发电机、变压器的检修计划；

2）电力网输入和输出电量的计划；

3）系统和电力网运行方式变动的计划；

4）新设备投入运行的计划；

5）抄表变动情况及表计计量误差资料；

6）输变电设备的负荷资料；

7）供电量及售电量计划；

8）降损的技术措施计划等。

（2）各级供电企业编制和下达线损计划指标，要以线损理论计算值和前几年线损统计值为基础，并根据以下线损率升降的诸多因素进行修正：

1）系统电源分布的变化，负荷增长与用电构成尤其是无损电量的变化；

2）电网结构的变化，系统运行方式和系统中的潮流分布的变化；

3）基建、技术改进及降损技术措施工程投运的影响；

4）新增大工业用户投运的影响；

5）系统中主要元件的更换及通过元件负荷的变化。

（3）计划线损电量和线损率指标的确定。电力网计划线损电量可用下式表达

$$\Delta A=B+CA^2 \qquad \text{(GYND00306003-1)}$$

式中 B——根据实际线损电量和理论可变线损电量的差值所确定的常数，其中包括理论的固定损失电量和不明损失电量；

C——根据理论计算的供电量和可变损失电量所确定的系数；

A——电力网计划供电量。

考虑到设备的检修、运行方式可能变动，以及通过用电检查和营业普查使不明损失减少等各种因素，估算这些因素对降低电力网损失电量的效果，应对计划线损电量的计算式进行必要的修正，即

$$\Delta A=K_1B+K_2CA^2=B'+C'A^2$$

式中 K_1——考虑电力网的理论固定损失电量和不明损失电量变化的修正系数，电力网的理论固定损失主要是变压器的空载损失，根据电力网变压器总容量的增减和由于采取适当措施所减少不明损失电量的多少来确定这个修正系数；

K_2——考虑电力网理论可变损失电量变化的修正系数。

计划线损率指标可按下式计算

$$K(\%)=(\Delta A/A)\times 100\% \qquad \text{(GYND00306003-2)}$$

根据以上所得的线损率，参照上年同期的实际线损率和上年的计划线损率指标执行情况，最后确定线损率计划指标。

3. 指标管理

在供电企业内部，为了提高经营管理和技术管理水平，还要按电压等级和地理区域把线损率指标分解，用以考核市、县、区一级的供电局。由于不同供电局所管辖地区范围、供电量以及组织机构、管理方法之间的差别很大，因此线损率指标分解的层次、方式及考核办法也不相同。线损率指标在实行分级管理、按期考核的基础上，由供电企业负责管理的输变配电线损，可根据本单位的具体情况，将线损率指标按电压等级、分台区、分线路承包给各基层单位或班组。线损率指标要考虑穿越电量产生的过网损耗。电网直属抽水蓄能电厂的线损要视同联络线线损统计、计算。为便于检查和考核线损管理工作，各电网经营企业应建立主要线损小指标内部统计考核制度，具体内容包括：

（1）关口电能表所在的母线电量不平衡率；

（2）10kV 及以下电网综合线损率及有损线损率；

（3）月末日 24 时抄见售电量的比重；

（4）变电站站用电指标；

（5）变电站高峰、低谷负荷时功率因数；

（6）电压合格率。

4. 实行分压、分线、分台区管理

在线损管理方面，实行分压、分线、分台区管理与考核，可有效、准确、及时地发现线损管理过程中存在问题，以便及时采取针对性的措施，真正从根本上改变以往的粗放性管理，实现细化管理。认真做好线损分压、分线、分台区管理，应从以下几方面进行。

（1）制订并下达分压、分线、分台区线损率计划，确定管理目标。

（2）层层签订线损分压、分线、分台区管理责任书，做到人员到位、责任到位，考核到位。

（3）抓住典型，推动线损分压、分线、分台区管理的真正落实。

（4）选准突破口，把“分”作为首先要抓住并且必须要解决的主要矛盾，只有“分”才能定人定岗，才能严格考核，才能将线损管理落到实处。

（5）加强电网的规划建设，客户的报装管理，保证线路与变压器、变压器与用户时时相对应。

（6）固定变电站、配电变压器总表和客户的抄表时间，定期检查抄表情况，避免发生估抄、漏抄

和错抄现象。

（7）认真做好线损的统计工作，要真实反映线损率的实际完成情况，为管理提供准确可靠的依据。

（8）每月召开线损分析例会，公布分压、分线、分台区线损情况。

三、营销及电量管理

1. 供、售电量管理

供电量一般包含公用电网发电厂输入电量、相邻公用电网输入电量和外购电量。外购电量中包含自备电厂和农村小水电的上网电量。在网省公司和供电局，供电量一般均由调度部门负责管理。供电量的计量装置绝大多数安装在发电厂和变电站中，极个别高压用户的电能计量装置安装在用户端，其采集方式一部分为远方自动采集；一部分由值班人员读表并记录和报送。这两部分均可做到在每月末日 24 时采集和读表，故同时性较高。因这些电能计量装置的精度高，值班人员技术素质也较高；而且供电量的数值巨大，一旦出现差错易于引起重视，差错原因也比较容易查清，所以供电量的准确度有较可靠的保证。供电量除了用在线损统计上的作用以外，还是电力企业日常生产活动的重要数据，从中可以反映电网的运行状态和经济效益。因而供电量不但在月末日采集，而且需要每天采集以供分析生产活动情况。这些数据对线损的深入分析同样是有很大作用的。

售电量指用户使用的电量，网、省公司的总售电量为所管辖各个供电企业售电量的总和。售电量管理涉及以下几个方面的工作。

（1）抄表。抄表在售电量管理中占有重要地位。为了取得比较准确和同时性较高的售电量数据，供电局都按月末日 24 时抄见电量和月末日抄见电量应占总售电量的 75%以上的要求，将用户按电压和月用电量划分成若干等级，其中电压在 35kV 及以上和月用电量最大的一级为月末日 24 时抄表，其次一级为月底抄表，其他的则按不同阶段的每个月的抄表例日抄表，有的供电企业已开展电量的远方自动采集，这可以大大减少现场抄表工作量和工作人员，提高电量记录的准确度和同时性。

（2）统计分析。售电量数据的统计分析是售电量管理中另一重要工作。统计分析的目的不但要保证售电量数值的正确，而且要发现售电量管理中如报装管理、计量管理和电能计量装置、窃电等是否存在的问题。

（3）报装。用户用电的新装、增容、改造等均需办理报装手续，因而报装管理是管好售电量的第一关口，与线损有关的报装管理内容主要有：

1）确定新装、增容、改造工程的用电设备容量及相应的电能计量装置的规范。

2）确定计量点的位置。

3）准确及时地将工程的计量方案通知计量管理部门。

4）准确及时地将工程的供电方案和计量方案通知抄核收管理部门。

2. 降低管理线损

（1）落实防窃电措施，努力降低管理线损。各电网经营企业应加强电力营销管理，建立健全营销管理岗位责任制，减少内部责任差错，加强职工职业道德教育和岗位培训，防止窃电和违章用电事件的发生。要严格抄表审查制度，有条件的地区可逐步采用计算机远程抄表管理系统，要充分利用用户需求侧管理系统进行大中客户的防窃电异常情况分析。还应坚持开展经常性用电检查，对发现由于管理不善造成的电量损失应采取有效措施，如采用防窃电技术、定期或突然组织检查、轮换抄表人员等，以降低管理线损。

（2）抄表例日应相对固定，以减少线损的波动。严格抄表制度，应使每月的供、售电量尽可能对应，以减少统计线损的波动。所有客户的抄表例日应予固定。月末日 24 时抄见电量比重应达到 75%以上。

（3）加强供电企业自用电管理。严格供电企业自用电的管理，变电站的站用电纳入考核范围，变电站的其他用电（如大修、基建、办公、三产等）应由当地供电单位装表收费。

（4）加强对大、中客户无功电力的管理。用电营销部门要加强对客户无功电力的管理，按照《电力供应与使用条例》、《电力系统电压和无功电力管理条例》促进客户采用集中和分散补偿相结合的方式，提高功率因数，并应具备防止向电网反送无功电力的措施。35～220kV 变电站在主变压器最大负荷时，其一次侧功率因数应不低于 0.95；在低谷负荷时，功率因数应不高于 0.95。100kVA 及以上 10kV 供电的电力用户，其功率因数宜达到 0.95 以上。

3. 低压线损管理

根据低压电网的特点，实现线损分台分区管理是加强低压线损全过程管理的重要措施，电网企业要结合本单位实际情况，制定落实低压线损分台区考核管理制度和实施细则。

（1）低压电网线损常见的问题。低压网络的导线线径细，线路长，分支多，负荷重，迂回倒送、交叉供电线路大量存在，功率因数低，电压质量差，且存在用户窃电现象，窃电手段隐蔽，多种窃电手段使电能表倒转、停转、不走表等，另外还存在人情电、关系电等现象。

（2）低压电网的降损措施。

1）加强对低压电网的改造，重点是通过加大导线截面提高电压质量，对原有的迂回倒送和交叉供电线路逐步进行整改。

2）加强无功和电压管理，提高负荷功率因数和电压质量，开展无功补偿。

3）加强变压器的管理，合理配置配电变压器，提高负荷率和减少三相负荷不平衡程度。

4）要对偏离负荷中心的配电变压器变台进行移位改造，缩短供电半径，提高电压质量。搞好线路维护管理，减少泄漏电。主要是扫清绝缘子，更换不合格的绝缘子，修剪树枝，经常测量接头电阻，发现问题及时检修。

5）通过对电能计量装置的完善管理来防止窃电。

四、电能计量管理

电能计量是线损管理的基础，统计线损所必需的供电量、售电量都是依靠电能计量装置测量和记录的。网省公司的计量管理一般由网省电力科学研究院负责，供电企业则由计量中心负责。电能计量管理的主要内容如下：

（1）审查和确定电能计量点的位置及计量装置配置的合理性；

（2）确定电能计量装置元件的型号规范和装置的典型接线；

（3）按规程规定对电能计量装置进行检定和轮换；

（4）在新建和改建工程竣工后对电能计量装置进行检查与验收；

（5）发现并消除电能计量装置的故障和发现并纠正电量计量上的差错。

【思考与练习】

1. 简述线损管理的组织措施。
2. 如何加强电力营销管理降低线损？
3. 怎样实施低压电网的降损措施？

模块 4　降低农村配电网线损的技术措施（GYND00306004）

【模块描述】本模块包含实施电力网改造、建立合理的电网运行方式等线损管理的技术措施。通过概念描述、术语说明、公式解析、图解示意、要点归纳，掌握降低农村配电网线损的技术措施。

【正文】

一、实施电力网改造

降低线损的技术措施一般分为两大类：① 对电力网实施改造，改善电网结构，增强供电能力，搞好无功补偿等，投入一定的资金来实现降损的目的；② 改进电网运行管理。电网经营企业应制订年度节能降损的技术措施计划，分别纳入大修、技改等工程项目安排实施。

1. 农村中低压配电网改造

（1）供电半径要求。农村线路供电半径一般应满足：380V 线路不大于 0.5km，10kV 线路小于 15km，35kV 线路小于 40km，110kV 线路小于 150km。负荷密度小的地区，在保证电压质量和适度控制线损的前提下 10kV 线路供电半径可适当延长。

（2）线损要求。农网改造后应达到：农网高压综合线损率降到 10%以下，低压线损率降到 12%以下。

（3）导线选型要求。35kV 线路导线应选用钢芯铝绞线，但线径不得小于 70mm^2。对 10kV 配电网，农村配电变压器台区应按“小容量、密布点、短半径”的原则建设，应使用低损耗配电变压器，导线应选用钢芯铝绞线，留有不少于 5 年的发展裕度，且线径不得小于 35mm^2，负荷小的线路末端可选用 25mm^2。低压主干线按最大工作电流选取导线截面，一般线径不得小于 35mm^2 时，分支线线径不得小于 25mm^2（铝绞线）。

（4）供电方式。对于负荷密度小、负荷点少和有条件的地区可采用单相变压器或单、三相混合供电的配电方式。

（5）无功补偿。坚持“全面规划，合理布局，分级补偿，就地平衡”及“集中补偿与分散补偿相结合，以分散补偿为主；高压补偿与低压补偿相结合，以低压补偿为主；调压与降损相结合，以降损为主”的原则。100kVA 及以上配电变压器宜采用自动投切补偿，可按配电变压器容量的 10%～15% 配置。

2. 更换大截面导线减小网络等值电阻

（1）增大导线截面或改变线路迂回供电。在输送相同负荷的情况下更换粗导线截面或改变线路迂回供电，可减少功率损耗。更换导线前、后降低可变损耗的关系，见表 GYND00306004-1。

降低的电能损耗为

$$\Delta(\Delta A)=\Delta A[1-(R_2/R_1)] \qquad \text{(GYND00306004-1)}$$

式中 ΔA ——改造前线路的损耗电能，kWh；

R_1、R_2 ——分别为线路改造前后的电阻（对于有分支的线路则以等值电阻代替），Ω。

表 GYND00306004-1 更换导线前、后降低可变损耗的关系

原来导线	换粗导线	降低损耗（%）	原来导线	换粗导线	降低损耗（%）
LGJ-25	LGJ-35	38.4	LGJ-120	LGJ-150	22.2
LGJ-35	LGJ-50	23.5	LGJ-150	LGJ-185	19.0
LGJ-50	LGJ-70	29.2	LGJ-185	LGJ-240	22.4
LGJ-70	LGJ-95	28.3	LGJ-240	LGJ-300	18.8
LGJ-95	LGJ-120	18.2	LGJ-300	LGJ-400	25.2

（2）增加等截面、等距离线路并列运行后的降损电量为

$$\Delta(\Delta A)=\Delta A(1-1/N) \qquad \text{(GYND00306004-2)}$$

式中 ΔA——原来一回线路运行时的损耗电量，kWh；

N——并列运行线路的回路数。

3. 淘汰高耗能配电变压器，积极使用节能配电变压器

变压器的电能损耗由两个部分组成：① 与运行电压有关的变压器铁芯中的磁滞损耗和涡流损耗，由于实际电网运行过程中电压变化很小，因此这一部分损耗传统上称为不变损耗；② 与变压器负荷有关的损耗，又称为铜损，这部分损耗随负荷变化而变化，因此传统上称之为可变损耗（此处不包括输电线路电阻中的损耗）。

由于电力变压器是主要变电设备，在各级电网和用户中使用的数量很大，而变压器损耗占总损耗的比例又较大。因此，应重视降低变压器损耗工作。变压器的效益与负荷率、铜损、铁损和功率因数有关，当铜损与铁损相等时效率为最高。

铁损是制造厂改进变压器效率的主要领域，主要是在铁芯材料方面进行改进，如非晶合金铁芯配电变压器空载损耗比同容量的硅钢铁芯配电变压器空载损耗低 60%～80%。由于非晶态合金厚度仅 0.03mm，比较脆，不能冲压和机械加工，因而不能制造大容量变压器，只适用于 630kVA 以下的配电变压器。而变压器的利用小时数越小，采用低空载损耗变压器的节电效果越明显，越适用于使用非晶合金铁芯配电变压器。

要加快淘汰高耗能变压器的步伐，积极使用节能变压器。采用卷铁芯的配电变压器，与叠片式铁

芯配电变压器相比，铁损减少 30%～40%，铜损约减少 10%。国外推广的非晶合金铁芯配电变压器，其铁损比我国的 S9 系列配电变压器低 80%。国外先进国家研制的超导配电变压器，铁损减少至常规变压器的 1/7，铜损减少至 1/8。

对节能变压器，降损电量计算公式如下

$$\Delta(\Delta W_T)=(P_0-P_0')T \quad \text{（GYND00306004-3）}$$

式中 $\Delta(\Delta W_T)$——T 时段内由于采用节能变压器而减少的电能损失，kWh；

P_0——更换前原变压器的空载损耗功率，kW；

P_0'——更换后节能变压器的空载损耗功率，kW；

T——变压器运行小时数，h。

4. 对电力网进行升压改造，简化电压等级，减少重复的变电级次

在负荷功率不变的条件下，把电网电压提高，则通过电网元件的电流相应减小，负载损失也随之降低。因此，可结合城、农网改造，对部分不适应经济供电需要的电力网进行升压改造，提高供电能力，适应负荷增长的需要，并降低电网的线损。

送电线路升压改造适用于以下两种情况：

（1）用电负荷增长，造成线路输送容量不够或能耗大幅度上升。

（2）简化电压等级，淘汰非标准电压。线路升压后降损电能为

$$\Delta(\Delta A)=\Delta A(1-U_1^2/U_2^2) \quad \text{（GYND00306004-4）}$$

式中 ΔA——升压前线路的损耗电能，kWh；

U_1——升压前线路的额定线电压，kV；

U_2——升压后线路的额定线电压，kV。

升压后线路损耗的效果见表 GYND00306004-2。

表 GYND00306004-2　　升压后线路损耗的效果表

升压前的额定电压（kV）	升压后的额定电压（kV）	升压后的线路损耗降低（%）	升压前的额定电压（kV）	升压后的额定电压（kV）	升压后的线路损耗降低（%）
110	220	75	10	35	91.8
35	110	89.9	6	10	64

二、建立合理的电网运行方式

电网接线方式和运行方式是否合理，不仅会影响到电网的安全供电，同时还影响到电网运行的经济性。采用经济运行方式的技术措施一般有以下几种。

1. 合理确定环网的运行方式

环形电力网是合环还是开环运行，以及在哪一点开环运行，都与电网的安全、可靠和经济性有关。从降低线损的观点来考虑，在均一网络（各段线路的 R/X 相同）中，同一电压等级的环网，功率分布与各段电阻成反比（即功率经济分布），这时合环运行可取得很好的降损效果。在非均一程度较大的网络中（如电缆和架空线构成的环网、截面相差太大的线路或通过变压器构成的环网等）功率按阻抗成反比分布（功率自然分布）。这时，只要负荷调整适当，开环运行对降损将是有利的。

通常城市环形电力网选择最优解列点采取开环运行，这时最优解列点的选择对降损是至关重要的。如果是均一的电力网，即各段线路的 R/X 为常数，则自然功率分布和经济功率分布是一致的。对不均一电力网，合环运行时将出现循环电流，因而使线损增加。

为了降低不均一环网中的功率损耗和电能损耗，还可以在环网自然分布的功率上叠加一个强迫的循环功率，并使两者之和等于经济的功率分布。要在环网中形成一个强迫的循环功率，必须要有一个可以调节的附加电动势，利用纵横向调压变压器就可实现功率的经济分布。由于纵横向调压变压器的投资费用较大，一般由不同电压等级线路组成的，并流过巨大功率的环网中才采用。在一般的不均一环网中，可采用串联电容器来补偿线路的部分电抗以达到功率的经济分布。

2. 严格地划分供电区域

应严格划分供电区域，按照经济合理的方式，尽量以最近的电气距离供电，避免交叉供电、跨供电区域供电，杜绝近电远送或迂回供电。合理确定配电网运行方式，对配电线路几种典型的供电形式的线损进行比较如下。

（1）电源在一端向单侧供电的三相线路，如图 GYND00306004-1 所示，线损为

$$\Delta P_1=3I^2R \qquad (\text{GYND00306004-5})$$

（2）电源在负荷中心向两侧供电的三相线路，如图 GYND00306004-2 所示，线损为

$$\Delta P_2=2\times3(I/2)^2R/2=(3/4)I^2R \qquad (\text{GYND00306004-6})$$

（3）电源在负荷中心向三个方向供电的三相线路，如图 GYND00306004-3 所示，线损为

$$\Delta P_3=3\times3(I/3)^2R/3=I^2R/3 \qquad (\text{GYND00306004-7})$$

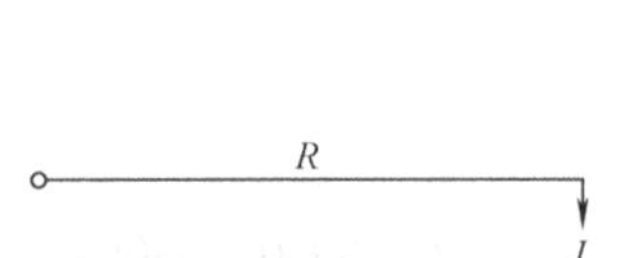

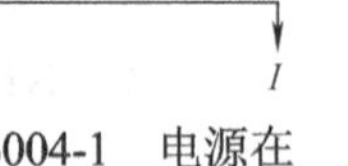

图 GYND00306004-1 电源在一端向单侧供电的三相线路

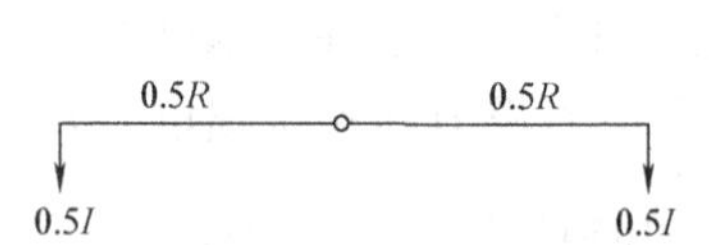

图 GYND00306004-2 电源在负荷中心向两侧供电的三相线路

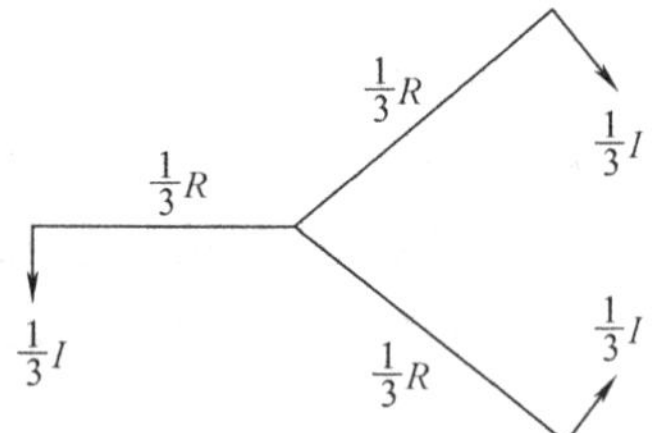

图 GYND00306004-3 电源在负荷中心向三个方向供电的三相线路

（4）电源在一端向单侧供均匀分布负荷供电的三相线路，如图 GYND00306004-4 所示，线损为

$$\Delta P_4=I^2R \qquad (\text{GYND00306004-8})$$

（5）电源从两端向负荷中心供电（即手拉手供电方式）的三相线路，如图 GYND00306004-5 所示，线损为

$$\Delta P_5=2\times3(I/2)^2R/2=(3/4)I^2R \qquad (\text{GYND00306004-9})$$

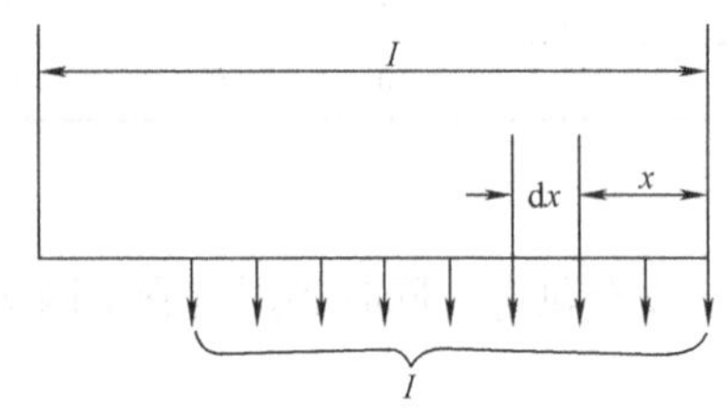

图 GYND00306004-4 电源在一端向单侧供均匀分布负荷供电的三相线路

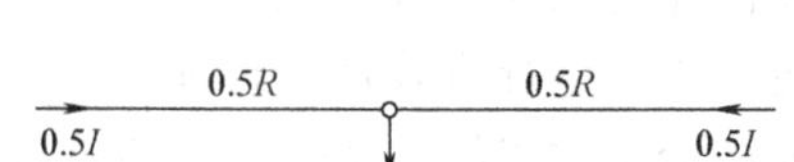

图 GYND00306004-5 手拉手供电方式的三相线路

对以上不同供电方式的线损结果进行比较，详见表 GYND00306004-3。

表 GYND00306004-3 不同供电方式的线损结果

序号	供 电 方 式	ΔP	线损值	比较值
1	电源在一端向单侧供电	ΔP_1	$3I^2R$	ΔP_1
2	电源在负荷中心向两侧供电	ΔP_2	（3/4）I^2R	（1/4）ΔP_1
3	电源在负荷中心向三个方向供电	ΔP_3	（1/3）I^2R	（1/9）ΔP_1
4	电源在一端向单端均匀分布负荷供电	ΔP_4	I^2R	（1/3）ΔP_1
5	电源从两端向负荷中心供电	ΔP_5	（3/4）I^2R	（1/4）ΔP_1

由上可知，配电变压器台或箱式变压器在负荷中心，中、低压线路总长度相等，导线截面相同时，

分支线越多线损越小，而且分支线是随分支数的平方成反比地下降。手拉手供电方式的线损率小于单电源供电方式。因此，应尽量避免选用向单侧供电的运行方式。

3. 合理调整电网运行电压

电力网的运行电压对电力网元件的空载损耗、负载损耗和电晕损耗均有影响。当负荷不变时，电压每提高 1%，与电压平方成反比的负载损耗将减少 2%。在运行电压接近额定电压时，当变压器分接头位置不变时电压每提高 1%，变压器的空载损耗将增加 2%。至于电晕损耗，它不仅与运行电压有关，而且与气象条件及电网电压等级等因素有关。

一般输电网中，负载损耗约占总损耗的 80%，因此每提高运行电压 1%，总损耗可降低 1.2% 左右。这说明适当提高电网的电压水平可以降低线损。

调整电网运行电压可以降低配电网的线损，6～10kV 配电网中，一般变压器空载损耗约占配电网总损耗的 40%～80%。特别是配电线路在深夜运行时，因负荷低，运行电压较高，造成空载损耗更大。因为在一个配电网中往往有多台配电变压器，其铁芯损耗是与电压的平方成正比的，而绕组中的损耗（铜损）和输电线路电阻中的损耗（统称为可变损耗）则与电压的平方成反比。对同样大小的负荷来讲，如果提高运行电压，则会导致铁损增大、可变损耗减小。因此，必须合理地调整电网的运行电压，以达到节能降损的目的，对于农村电网线路在非排灌季节的情况更是如此。所以，对于配电线路在所有情况下都片面强调提高运行电压是不正确的。

变压器的铁损与变压器运行实际施加电压 U、变压器运行分接头电压 U' 及电源的频率 f 有关，当变压器在额定电压附近运行时，铁损 ΔP_0 可按下式计算

$$\Delta P_0=P_0(f/50)^{1.2\sim1.3}(U/U')^2 \qquad \text{(GYND00306004-10)}$$

式中　P_0——变压器的额定空载损耗，kW；

U——变压器实际运行电压，kV；

U'——变压器的分接头电压，kV；

f——电网运行频率，Hz。

在现代电力系统中，由于频率波动范围极小，因此，可近似认为变压器铁芯损耗仅与变压器外施电压的平方成正比，即

$$\Delta P_0=P_0(U/U')^2 \qquad \text{(GYND00306004-11)}$$

提高电力网的电压水平与降低线损的基本关系见表 GYND00306004-4。

表 GYND00306004-4　提高电力网的电压水平与降低线损的基本关系

电压提高百分数（%）	1	3	5	7	10	15	20
可变损耗降低百分数（%）	2	5.7	9	12.4	17.4	24.4	30.6
空载损耗增加百分数（%）	2	6	10	14.5	21	32.3	44
总损耗降低百分数（%）	1.2～1.4	3.4～4.0	5.2～6.2	7.0～8.3	9.7～11.6	13.0～15.9	15.7～19.4

为正确决定调压方法，应先按以下条件进行判断：

（1）当整个电网的可变损耗与固定损耗之比大于表 GYND00306004-5 中所列数值时，提高电压水平有降损效果。

表 GYND00306004-5　可变损耗与固定损耗之比的标准值（一）

电压提高率 U_a（%）	1	2	3	4	5
铜铁损比 C	1.02	1.04	1.061	1.092	1.10

（2）当整个电网的可变损耗与固定损耗之比小于表 GYND00306004-6 中所列数值时，降低电压水平有降损效果。

表 GYND00306004-6 可变损耗与固定损耗之比的标准值（二）

电压提高率 U_a（%）	−1	−2	−3	−4	−5
铜铁损比 C	0.98	0.96	0.941	0.922	0.903

$$U_a(\%)=(U'-U)/U\times100\% \qquad \text{(GYND00306004-12)}$$

$$C=\Delta A_R/\Delta A_G$$

式中 ΔA_R——调压前被调电网的可变损耗电能，kWh；

ΔA_G——调压前被调电网的固定损耗电能，kWh。

电压调整后的降损电能为

$$\Delta(\Delta A)=\Delta A_R[1-1/(1+a)^2]-\Delta A_G(2+a) \qquad \text{(GYND00306004-13)}$$

其中 $a=U_a$（%）

4. 调整三相负荷

在三相四线制的 380V 配电网中，大量的用电设备是接在某一相和中性线之间的单相设备。虽然在设计时尽量使各相负荷平衡，但三相电流总有某种程度的不一致。

在三相交流系统中，当三相电流相量的大小不等而相量和为零时，称为“电流不对称”；当三相电流相量的大小不等而相量和不为零时，即有零序分量时，称为“电流不平衡”。衡量负荷平衡状态的指标是“不平衡度 ”（不平衡度ε是指三相电力系统中三相不平衡的程度，用电压或电流负序分量与正序分量的方均根值百分比表示）。

电流不平衡度为

$$\varepsilon_I=(I_2/I_1)\times100\% \qquad \text{(GYND00306004-14)}$$

式中 I_2——三相电流负序分量方均根值，A；

I_1——三相电流正序分量方均根值，A。

三相负荷不对称可分为两种类型：一种是随机性的不平衡，时而这相负荷高，时而那相负荷高。对于这种不平衡只能利用专用的控制装置把一部分负荷转移到另外的相上去。第二种是系统不对称，由于用电设备增加或其他原因，三相的平均负荷不相等。这种不平衡使三相的总损耗增大，而且也增加了中性线损耗。

低压配电网在运行中要经常测量配电变压器出线端和一些主干线的三相负荷电流及中性线电流，并进行平衡三相负荷电流工作。因为三相负荷电流不平衡，不但影响低压网络的电压质量，而且也会增加线损。配电变压器的低压侧三相负荷如果相等，则低压配电网中性线无电流流过，而实际运行中，往往三相负荷是不平衡的，又加上多数中性线导线截面小于相线的，所以三相负荷不平衡造成低压电网线损过大。为了降低这种线损，要定期进行三相负荷的测定，及时调整三相负荷趋于平衡。配电变压器三相负荷不平衡电流不应超过变压器额定电流的 25%；380V 三相四线制线路，三相负荷应均匀分配使中性线电流不宜超过首端相线电流的 15%。

假设一条低压线路的三相负荷电流为 I_A、I_B、I_C，中性线电流为 I_0。若中性线电阻为相线电阻的两倍，相线电阻为 R，则这条低压线路的有功功率损耗为

$$\Delta P_{BP}=(I_A^2R+I_B^2R+I_C^2R+I_0^2\times2R)\times10^{-3} \qquad \text{(GYND00306004-15)}$$

当三相负荷电流平衡时，若每相电流为$(I_A+I_B+I_C)/3$，中性线电流为零。这时线路的有功功率损耗将为

$$\Delta P_P=3[(I_A+I_B+I_C)/3]^2R\times10^{-3} \qquad \text{(GYND00306004-16)}$$

两者之差为

$$\Delta P_{BP}-\Delta P_P=2/3(I_A^2+I_B^2+I_C^2-I_AI_B-I_BI_C-I_CI_A+3I_0^2)R\times10^{-3} \qquad \text{(GYND00306004-17)}$$

由此可见，不平衡度越大，线损增加也越多。所谓不平衡度可用下式表示

$$K_{BP}(\%)=\{I_0/[(I_A+I_B+I_C)/3]\}\times100\% \qquad \text{(GYND00306004-18)}$$

模块 4 GYND00306004

单相三线制供电与单相二线制供电或三相四线制供电相比，可大幅度降低供电网电能损耗，可采用常规方法进行降损效果计算，它可以使用单相变压器，可以采用高压单相变压器深入用户，单相变压器易于采用卷铁芯结构，使损耗大大减少（可达 50%～60%），单相三线制供电比三相四线制供电的中低压电网综合电能损耗约可降低 20%～30%。

5. 提高运行功率因数

搞好电网的无功平衡，减少无功功率在电网中的流动，可降低网损。提高负荷的功率因数，可以减小负荷的无功功率，因而减少发电机送出的无功功率和通过线路及变压器的无功功率，从而减少线路和变压器中的有功功率损耗以及其他电能损耗。供电企业要根据《电力系统电压和无功电力技术导则》、《电力系统电压质量和无功电力管理条例》及其他有关规定，按照电力系统无功优化计算结果，合理配置无功补偿设备，提高无功设备的运行水平，做到无功分压、分区就地平衡，改善电压质量，降低电能损耗。

6. 变压器的经济运行

为了适应变电站变电容量分期建设以及提高供电可靠性的需要，通常变电站一般安装 2～3 台主变压器，一般情况下两台变压器并列运行，当其中一台主变压器故障、检修或试验时，另一台还可以保持运行。当有两台或以上的变压器并联运行时，对于季节性变化的负荷，可以在轻负荷季节切除一台或两台，而在重负荷季节把全部变压器投入运行，这样来减小电能损失是可行的。但对于昼夜变化的负荷，用这种方法降低线损是不太合理的，因为这样会使变压器的断路器操作次数太多，从而增加断路器的检修次数。

【思考与练习】

1. 降低线损的技术措施分为哪几类？
2. 如何实现农村中低压配电网改造的要求？
3. 为什么说要达到节能降损的目的，必须合理地调整电网的运行电压？

国家电网公司
生产技能人员职业能力培训专用教材

第二章 配电所接线方式

模块 1 10kV 配电所主接线方式（GYND00308001）

【模块描述】本模块包含 10kV 配电所各种主接线方式的结构、工作原理、适用范围和优缺点等内容。通过概念描述、术语说明、结构剖析、原理分析、图解示意，熟悉 10kV 配电所主接线方式。

【正文】

配电所主接线，也可称为一次接线，一般称主接线。主接线表示用电单位接受和分配电能的路径和方式，它是由电力变压器、断路器、隔离开关、避雷器、互感器、移相电容器、母线或电力电缆等一次主电气设备，按一定次序连接起来的电路，通常采用单线图表示。主接线的确定与配电所电气设备的选择、变配电装置的合理布置、可靠运行、控制方式和经济性能等有着密切的关系。主接线的确定是供配电设计的重要环节。

在确定配电所主接线前，应首先明确下列几项基本要求：

（1）可靠性。满足用电负荷特别是其中一、二级负荷对供电可靠性的要求。

（2）灵活性。能适应各种不同的运行方式，便于操作和检修。

（3）安全性。符合国家标准及有关技术规范的要求，能充分保证人身和设备的安全。

（4）经济性。在满足以上要求的前提下，主接线应力求简洁，工程投资少、运行费用低。

一、配电所母线的接线方式

配电所主接线通常取决于母线的接线方式。母线也称汇流排，是电路中的一个电气接点，起着集中接受电能和向多个用户馈线分配电能的作用。母线制分为单母线、单母线分段和双母线等接线方式。

1. 单母线接线方式

单母线接线方式适用于引入单回电源的情况，如图 GYND00308001-1 所示。在每条引入、引出线路中都装设断路器 QF 和隔离开关 QS。利用隔离开关具有明显断开点的特点，用于隔离电源和倒闸操作。将隔离开关装于母线侧时，称母线隔离开关，在检修断路器时用于隔离母线电源；将隔离开关装于线路侧时，称线路隔离开关，在检修断路器时用来防止从用户侧反向馈电或防止雷电过电压沿线路侵入，以确保检修人员的安全。

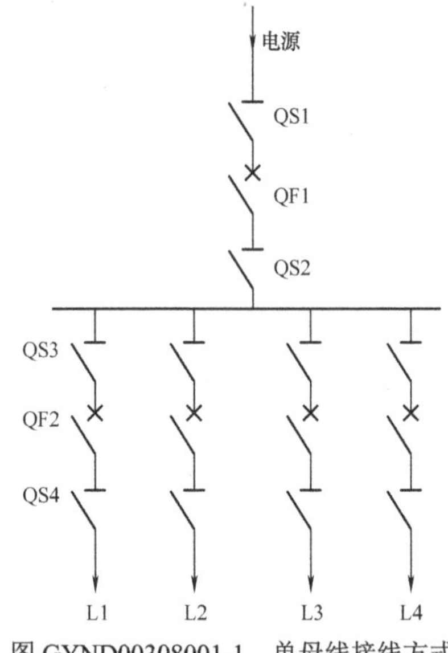

图 GYND00308001-1　单母线接线方式

单母线接线方式电路简单，使用电气设备少，变配电装置造价低，但其可靠性与灵活性较差。当母线、母线隔离开关发生故障或检修时，必须停止整个系统的供电。因此，单母线不分段接线方式只适用于对供电连续性要求不高的用电单位。

2. 单母线分段接线方式

在两回电源进线条件下，可采用单母线分段主接线，以克服单母线不分段主接线存在的不足。根据电源数目、功率大小以及电网的接线情况来确定单母线的分段数。通常每段母线要接 1～2 回电源，引出线分别从各段母线上引出。各母线段引出线的电能分配尽量与电源功率平衡，以减少各段间的功率交换。单母线的分段可采用隔离开关或断路器实现。

用隔离开关分段的单母线分段接线方式如图 GYND00308001-2（a）所示，适用于双回电源供电的二级负荷用户。它可以分段单独运行，也可以并列同时运行。采用分段运行时，各段就相当于单母线不分段接线的运行状态，各段母线的电气系统互不影响。当某段母线故障或检修时，仅对该母线段用电负荷停电；当某一回路电源故障或检修时，如另一回路电源容量能担负全部负荷，则可经倒闸操作恢复对全部负荷供电。以图 GYND00308001-2（a）为例，如电源Ⅰ检修，则分别将断路器 QF1、QF2 切断，再分别将隔离开关 QS1～QS4 切断，将分段隔离开关 QSL 闭合，再闭合 QS3、QS4，最后再闭合 QF2 恢复对全部引出线负荷的供电。可见，在倒闸操作过程中，需对母线做短时停电。采用并列运行时，当某回路电源故障或检修时，则无须母线停电，只需切断该回电源的断路器及其隔离开关即可。这种接线的最大不足就是当某一电源故障和检修时，另一段正常母线也会短时停电。

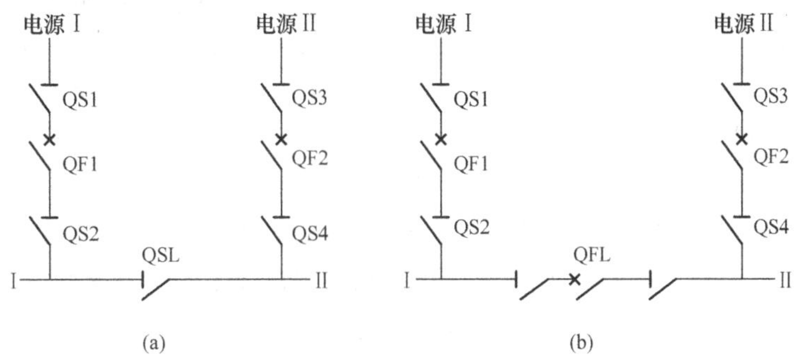

图 GYND00308001-2　单母线分段接线方式

（a）用隔离开关分段；（b）用断路器分段

用断路器分段的单母线分段接线方式如图 GYND00308001-2（b）所示。分段断路器 QFL 装有相应的保护装置，当某段母线发生故障时，分段断路器 QFL 与该电源进线断路器将同时跳闸，非故障段母线仍保持正常工作。当对某段母线检修时，可操作分段断路器和相应的电源进线断路器，而不影响另一段母线的正常运行。所以采用断路器分段的单母线分段接线方式的供电可靠性较高。

两回路进线单母线分段接线存在主受电回路在检修时，备用受电回路投入运行后又发生故障，而导致用户停电的可能性。因此，对用电负荷要求高的用户，采用此种供电方式还不易满足某些一级负荷的用电要求。JGJ 16—2008《民用建筑电气设计规范（附条文说明）》中规定：“在设计供配电系统时，对于一级负荷中的特别重要负荷，应考虑一电源系统检修或故障的同时，另一电源系统又发生故障的严重情况，此时应从电力系统取得第三电源或自备电源。”以保证特别重要负荷所要求的供电可靠性，避免产生重大损失和有害影响。为此可采用三电源供电的单母线分段回路方式，如图 GYND00308001-3 所示，三个供电电源回路、四台受电断路器，在供电电源回路Ⅰ、Ⅱ正常运行时，供电电源回路Ⅲ为备用状态，这样，当供电回路Ⅰ或Ⅱ的受电断路器故障跳闸时，备用供电回路Ⅲ的断路器经人工或备用电源自动投入装置合上，以保证正常供电。当供电回路Ⅰ或Ⅱ维修时，备用电源Ⅲ可作为临时正常供电回路，提高了供电的可靠性。

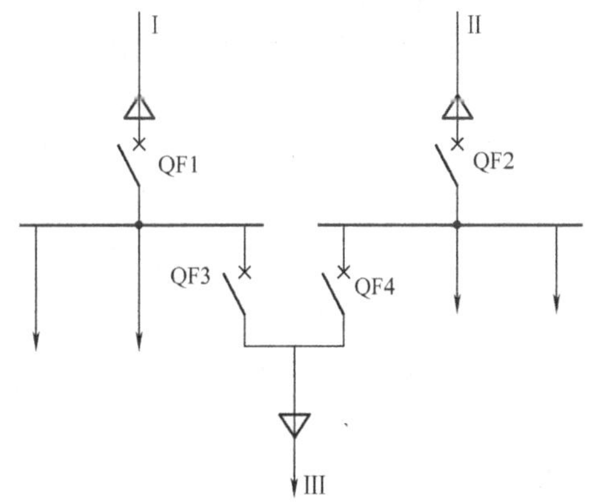

图 GYND00308001-3　三电源供电的单母线分段回路

3. 双母线接线方式

双母线接线方式适用于用电负荷大、重要负荷多、对供电可靠性要求高或馈电回路多而采用单母线分段存在困难的情况。大型工业企业配电所的 35～110kV 母线系统和有重要高压负荷的 6～10kV 母线系统中多采用这种接线方式。一般用户配电所内馈电线路不多，采用三回进线单母线分段接线时也可满足一级负荷对供电可靠性高的要求，所以一般 6～10kV 配电所不推荐使用双母线接线方式。

双母线接线方式如图 GYND00308001-4 所示，任一供电电源和引出线回路都经一台断路器和两台母线隔离开关接于双母线上，其中母线Ⅰ为工作母线，母线Ⅱ为备用母线，双母线接线的工作方式可分为以下两种：

（1）母线Ⅰ运行，母线Ⅱ备用，与母线Ⅰ连接的母线隔离开关闭合，与母线Ⅱ连接的母线隔离开关断开，两组母线间装设的母线联络断路器 QFL 在正常运行时处于断开状态，其两侧与之串接的隔离开关为闭合状态。当工作母线Ⅰ故障或检修时，可经倒闸操作改用备用母线Ⅱ继续供电。

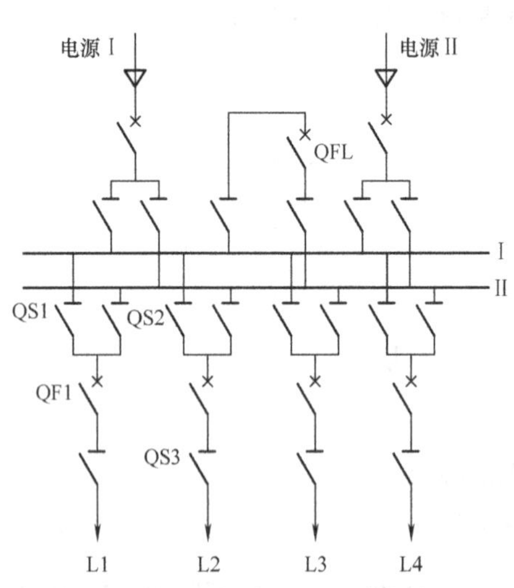

图 GYND00308001-4 双母线接线方式

（2）两组母线同时并列运行，但互为备用。按可靠性和电力平衡的原则要求，将电源进线与引出线路同两组母线连接，并将所有母线隔离开关闭合，母线联络断路器 QFL 在正常运行时也闭合。当某组母线故障或检修时仍可经倒闸操作，将全部电源和引出线路均接于另一组母线上，继续为用户供电。

由于两组母线互为备用，所以大大提高了供电可靠性，也提高了主接线工作的灵活性。在图 GYND00308001-4 中，如检修引出线 L1 上的母线隔离开关 QS1 故障，则需先将备用母线Ⅱ转入运行状态，工作母线Ⅰ转入备用状态，再使断路器 QF1 切断后，使隔离开关 QS2、QS3 先后断开，即可对 QS1 进行检修。故双母线接线具有单母线分段接线所不具备的优点，向无备用电源用户供电时，更显其优越性。

倒闸操作是配电所运行中重要而又经常性的工作，倒闸操作应遵循一定的顺序进行，操作不当或操作错误将会产生巨大的损失。以图 GYND00308001-1 中 L1 出线停电、送电为例，其倒闸操作程序如下：① L1 送电合闸的顺序应为：QS3→QS4→QF2；② L1 停电拉闸的顺序应为：QF2→QS4→QS3。

4. 装设两台主变压器一次侧的内外桥接线

（1）一次侧采用内桥式接线、二次侧采用单母线分段的总降压配电所主接线如图 GYND00308001-5 所示。这种主接线，其一次侧的高压断路器 QF10 跨接在两路电源进线之间，犹如一座桥梁，而且处在线路断路器 QF11 和 QF12 的内侧，靠近变压器，因此称为内桥式接线。这种接线的运行灵活性较好，供电可靠性较高，使用于一、二级负荷的工厂。正常运行时 QF10 断开，其两侧 QS 处于闭合状态。如果某路电源例如Ⅰ线路停电检修或发生故障时，则断开 QF11，投入 QF10 即可由Ⅱ线路恢复对变压器 T1 的供电。这种内桥式接线多用于因电源线路较长而发生故障和停电检修的机会较多，并且配电所的变压器不需经常切换的总降压配电所。

（2）一次侧采用外桥式接线、二次侧采用单母线分段的总降压配电所主接线如图 GYND00308001-6 所示。这种主接线，其一次侧的高压断路器 QF10 也跨接在两路电源进线之间，但处在线路断路器 QF11 和 QF12 的外侧，靠近电源进线方向，因此称为外桥式接线。这种主接线的运行灵活性和供电可靠性与内桥式接线相同，同样适用于一、二级负荷的工厂。但由于跨接桥的位置有别于内桥式接线，因此适用的场合有所区别。例如，变压器 T1 停电检修或发生故障时，则断开 QF11，投入 QF10，使两路电源进线迅速恢复正常运行。若故障发生在某条电源进线上，则切换将变得较为复杂。故这种外桥式接线适用于电源线路较短，而配电所负荷变动较大，根据经济运行要求经常投切变压器的总降压配电所。当一次电源采用环网接线时，也宜采用这种接线，使环形电网的穿越功率不通过进线断路器 QF11 和 QF12，这对改善线路断路器的工作以及对其继电保护的整定都是非常有利的。

二、不同电源母线上配电开关通过共用旁路母线的代路操作

1. 操作过程

图 GYND00308001-7 所示为某变电站 10kV 系统电气接线图，正常的运行方式是：1 号主变压器

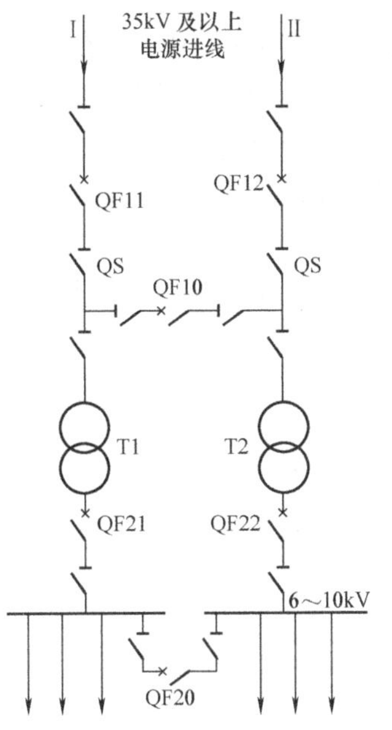

图 GYND00308001-5　内桥式接线的总降压配电所主接线

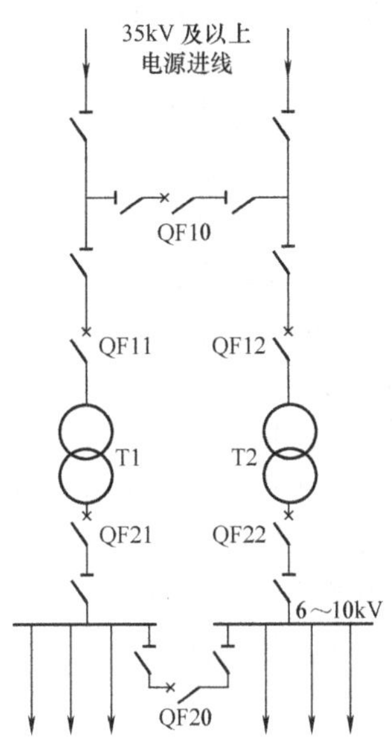

图 GYND00308001-6　外桥式接线的总降压配电所主接线

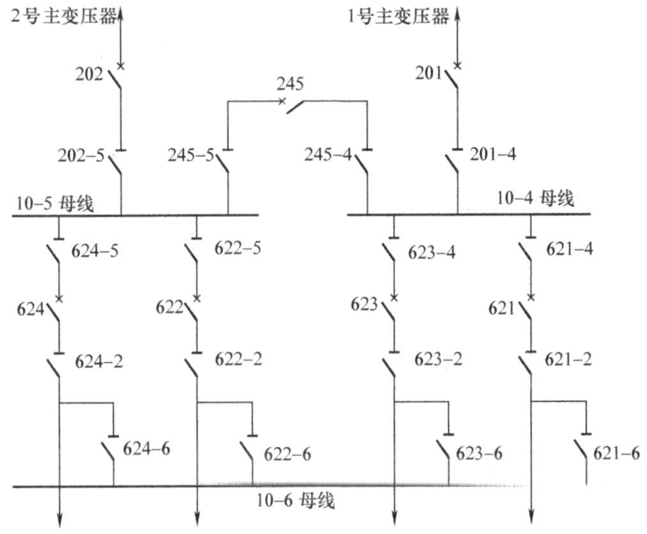

图 GYND00308001-7　某变电站 10kV 系统电气接线图

的 201 断路器带 10-4 母线带 621、623 断路器；2 号主变压器的 202 断路器带 10-5 母线带 622、624 断路器；245 断路器备用自投保护投入。

在进行 623 断路器带 622 线路，622 断路器由运转检修倒闸操作中应注意以下的问题：

（1）由于代路断路器 623 与被代路断路器 622 分别在 2 条电源母线上运行，因此，必须在代路操作前用母联断路器 245 先将 2 条母线并列运行（断路器 245 的并列操作通常由调度下令执行）。合上母联断路器 245 的目的是为了避免当代路断路器 623 与被代路断路器 622 在先后合上旁路隔离开关时，通过 10-6 母线将 2 条电源母线直接并列。

（2）母联断路器 245 的控制熔断器或控制断路器应在代路旁路隔离开关与被代路旁路隔离开关并列前，即在分别取下代路断路器 623，被代路断路器 622 的控制熔断器同时取下。这样做的目的是为了防止在代路操作中，当合上被代路断路器 622 旁路隔离开关的瞬间，如果断路器 245 误跳闸，造成通过 622-6 和 623-6 隔离开关而将 2 条电源母线直接并列。

2. 配电断路器代路操作的安全隐患及注意事项

（1）同一电源母线上配电断路器之间的代路操作以及不同电源线上配电断路器之间的代路操作，

由于在操作中将代路断路器、被代路断路器或母联断路器控制熔断器都取下，如在这一时刻线路故障，继电保护动作后由于断路器的控制熔断器已取下，断路器不能及时分闸切除故障，势必造成电源开关越级掉闸。这一点当值操作人员要有心理准备，要制订相应的应急措施及预案。

（2）进行代路操作过程中，如发生接地等异常情况，应立即停止操作，及时向调度汇报。

（3）要考虑代路断路器是否过负荷运行问题。

（4）上述代路操作，都存在用开关旁路隔离开关对旁路母线充电的操作，如果旁路母线过长，电容电流过大，应禁止用上述方法进行代路操作。

【思考与练习】

1. 配电所母线的接线方式有几种基本类型？

2. 分析两回电源进线采用单母分段接线的运行特点。

3. 简述双母线接线的优点。

4. 简述供电的四大基本要求。

5. 简述内外桥接线的优点。

第三章 导 线 连 接

模块 1 导线直接连接方法（GYND00309001）

【模块描述】本模块包含单股小截面导线的缠绕、绑扎及多股导线的叉接连接等内容。通过概念描述、术语说明、流程介绍、图解示意、要点归纳，掌握导线直接连接方法。

【正文】

一、作业内容

导线直接连接的方法包括小截面单股导线的缠绕、绑扎、多股导线的插接等，主要适用于绝缘导线及截面在 50mm^2 及以下的铝绞线、铜绞线等导线的连接。本模块主要以绝缘导线为例，介绍导线直接连接的几种常用方法。

小截面导线的直接连接分为绝缘层剥离、导线连接操作及绝缘层缠绕三个环节，其基本操作工艺流程如图 GYND00309001-1 所示。

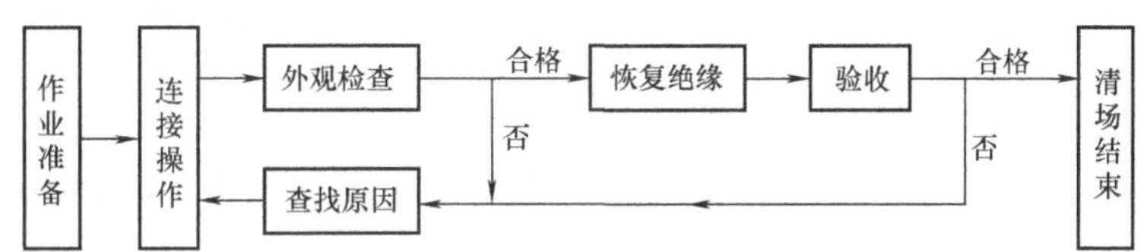

图 GYND00309001-1　小截面导线直接连接的操作工艺流程图

二、危险点分析与控制措施

1. 危险点

危险点是线头伤人。

2. 控制措施

（1）操作人员应与辅助操作人员保持一定的距离，操作过程中尽可能地相互提示，同时，尽可能地保持线头的长度在规定的长度范围内，防止线头伤人。

（2）两人操作时，必须协调一致，相互配合。

三、作业前准备

1. 人员分工

小截面导线连接操作需两人协作进行，其中主要操作人员一人，辅助配合操作人员一人。

2. 工器具及材料

用于进行小导线连接操作的主要工具材料有个人工具、断线钳、连接线、钢卷尺、汽油、凡士林油（或导电脂、电力脂）、剥线钳等。

3. 绝缘层的剥削

按要求，导线连接前应用电工刀或剥线钳将绝缘层削掉。塑料绝缘层可用单层削法或用剥线钳剥掉绝缘层。截面积小的单股导线，剥去长度可小些；截面积大的多股导线，剥去长度应大些。

对于橡胶绝缘线或多层绝缘线，宜采用分段剥削。剥削时，刀口向外，以 45° 角倾斜切入绝缘层，像削铅笔的斜削方法，不可垂直切入，以免损伤线芯，如图 GYND00309001-2 所示。

4. 导线芯线的清洗

在导线连接端绝缘层剥离后，应按规定将裸露的导体表面，用汽油擦洗干净，清洗的长度应不少于连接长度的 2 倍，然后涂抹中性凡士林油或电力脂。

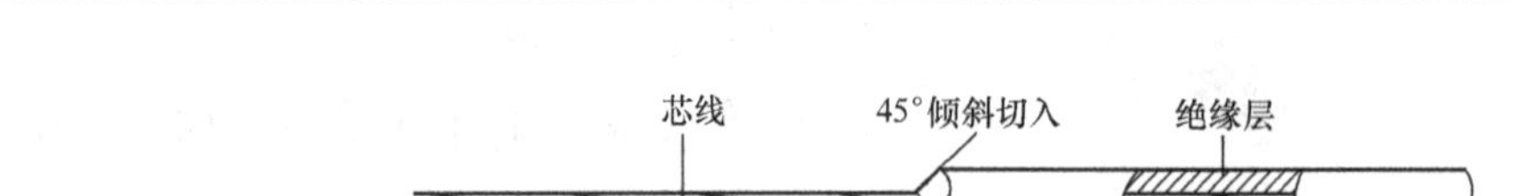

图 GYND00309001-2 绝缘导线绝缘层的剥离方法

四、操作步骤、质量标准

（一）小截面单股导线的连接

1. 小截面单股导线绞接法

小截面导线绞接法适用于直径在 2.6mm 以下的单股导线。小截面单股导线绞接法接头的外形如图 GYND00309001-3 所示。

图 GYND00309001-3 小截面单股导线绞接法接头外形

完成接头处的绝缘剥削，对接头处进行清洗、涂上导电脂后，进行以下操作：

（1）先将两连接导线线芯呈 X 形相交，互相绞合 2～3 圈，如图 GYND00309001-4 所示。

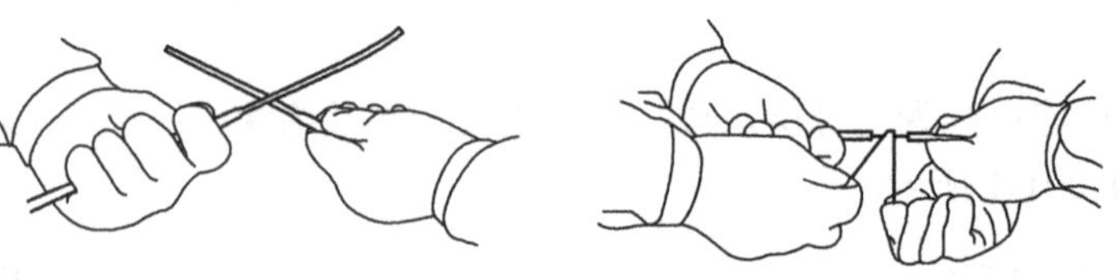

图 GYND00309001-4 芯线的绞合

（2）两操作人员互相配合，将每根线头分别紧贴在另一根线上顺序向两端紧密、整齐地缠绕 5～6 圈，如图 GYND00309001-5 所示。

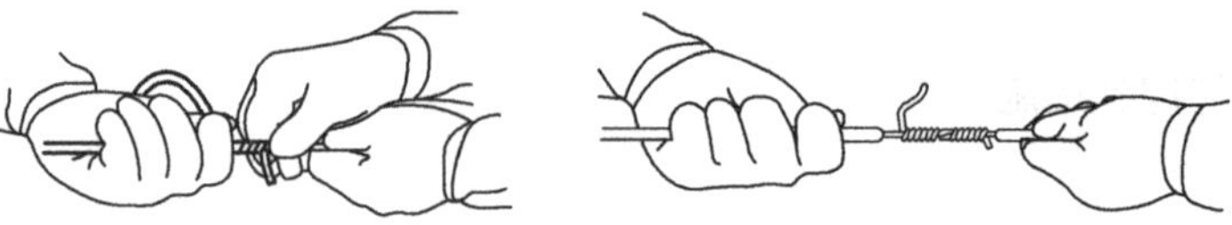

图 GYND00309001-5 缠绕线头

（3）用手钳剪去余线，钳平端头，完成连接，如图 GYND00309001-6 所示。

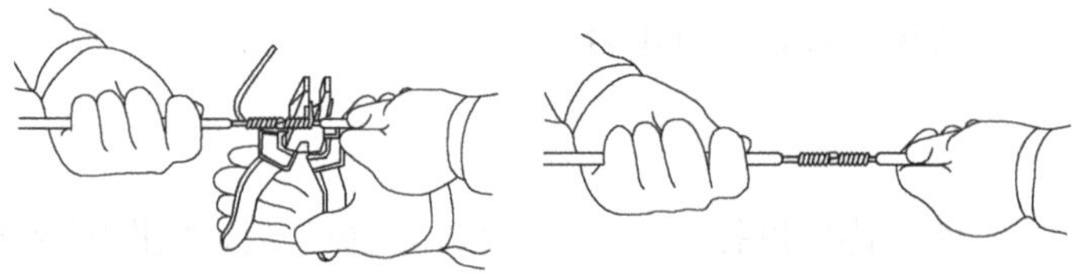

图 GYND00309001-6 完成连接

2. 小截面单股导线绑接法

如图 GYND00309001-7 所示，截面较大（如 6mm^2 以上）的单芯导线进行连接时，为保证连接强度，通常采用绑扎的方法进行。

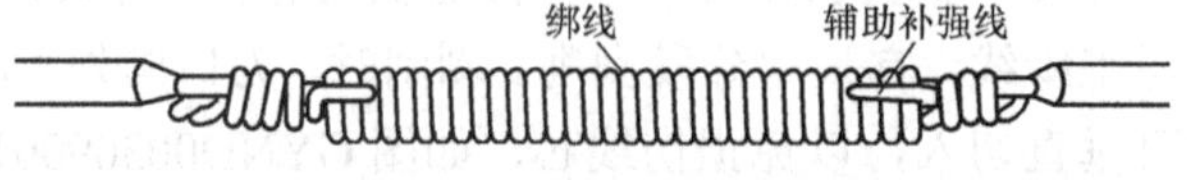

图 GYND00309001-7 小截面单股导线绑接法接头外形

（1）完成导线线头清洗处理后，先将两线头并合在一起，再敷一根同样截面、同等接头长度的辅助裸线，如图 GYND00309001-8（a）所示。

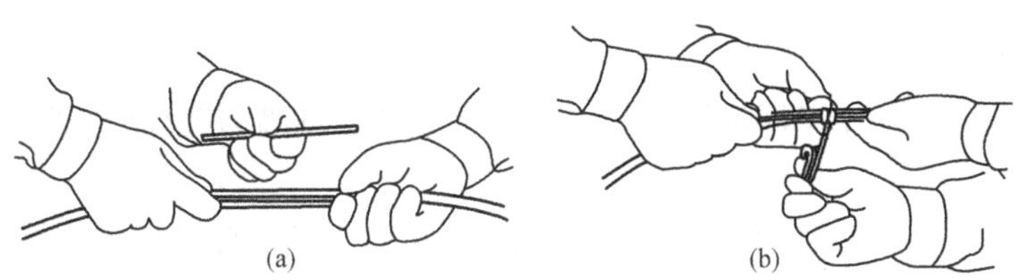

图 GYND00309001-8 合并线头后加辅助线进行绑扎

（a）合并线头后加辅助线；（b）绑扎

（2）然后用直径不小于 2mm 的铜扎线，按图 GYND00309001-8（b）所示方法从中间向两端顺序缠绕，至导线绝缘层端头 20～30mm 处，如图 GYND00309001-9（a）所示。

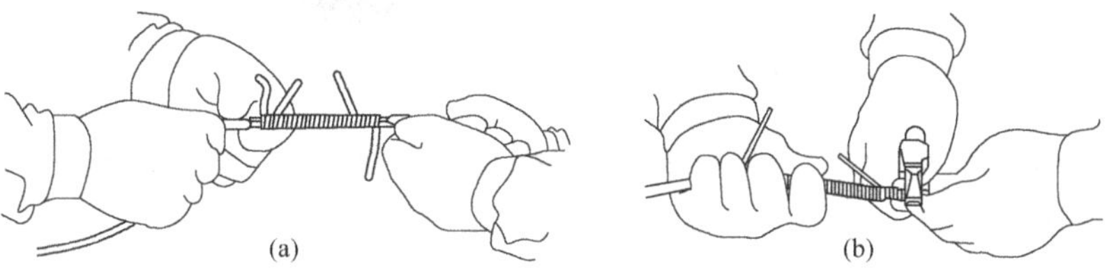

图 GYND00309001-9 完成绑扎缠绕并剪去余线

（a）完成绑扎；（b）剪去余线

（3）将辅助线折起，扎线继续缠绕 3～5 圈后与线头拧麻花 2～3 转。

（4）最后如图 GYND00309001-9（b）所示操作，用手钳剪去余线，拍平辅助线及线头。

3. 不同截面导线的连接

对不同截面的单芯铜导线的连接通常采用绑扎方式进行，如图 GYND00309001-10 所示。

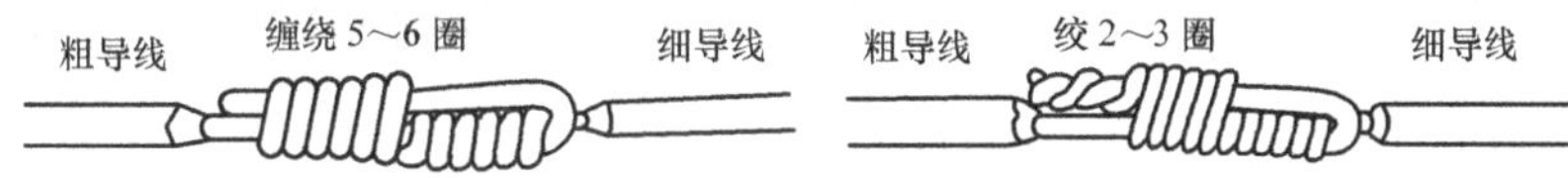

图 GYND00309001-10 不同截面导线连接

（1）先将细导线线头在粗导线线头上紧密缠绕 5～6 圈，如图 GYND00309001-11（a）所示。

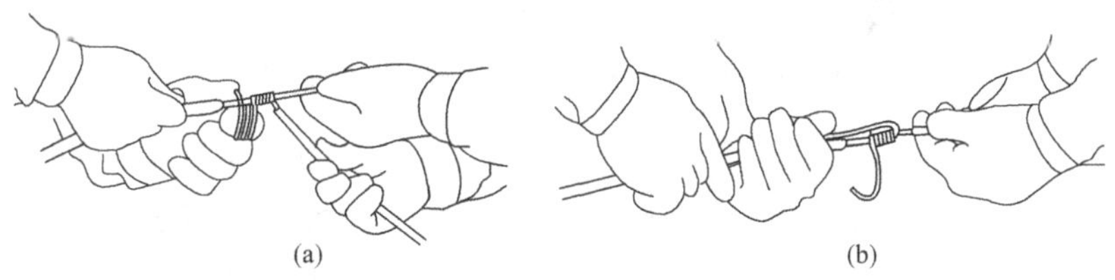

图 GYND00309001-11 细导线在粗导线上的缠绕方法

（a）细导线在粗导线上缠绕；（b）翻折粗导线线头压在缠绕层上

（2）按图 GYND00309001-11（b）所示方法，翻折粗导线线头压在缠绕层上，再用细导线线头顺序缠绕 3～5 圈；如图 GYND00309001-12 所示。

（3）完成后，剪去余端，钳平接口。

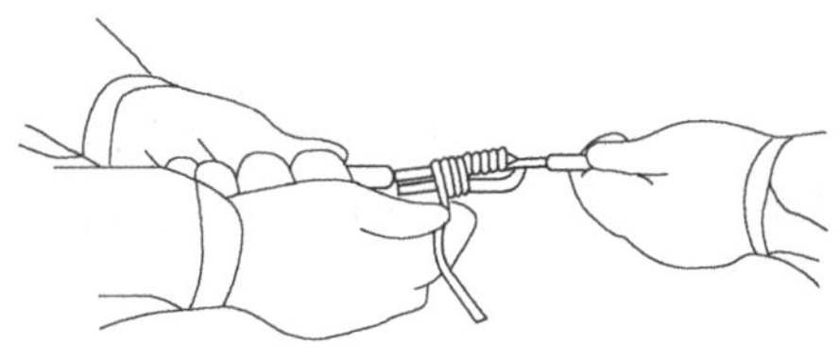

图 GYND00309001-12 折线后的缠绕

（二）多股导线的插接

绝缘导线的插接操作通常需两人配合进行，先完成绝缘层剥离与芯线清洗晾干后，开始进行操作。

1. 连接操作

（1）如图 GYND00309001-13 所示，将铝绞线打开拉直，经过擦洗后将两端多芯线相互交叉，用手钳拍平。

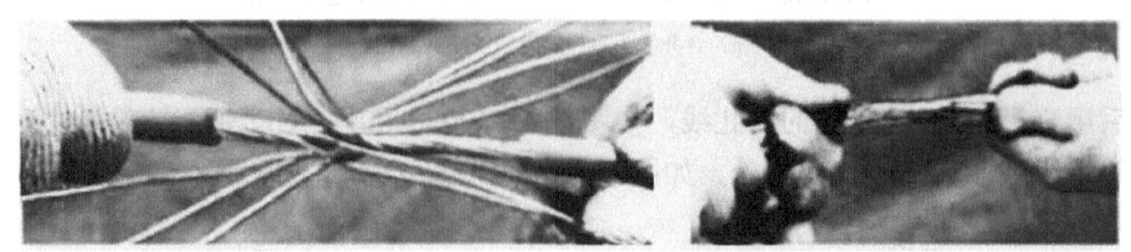

图 GYND00309001-13　芯线散股插接

（2）用任意一股顺时针缠绕 5～6 圈，再换另一根把完成缠绕的一根压在里面，继续缠绕 5～6 圈，如图 GYND00309001-14 所示。

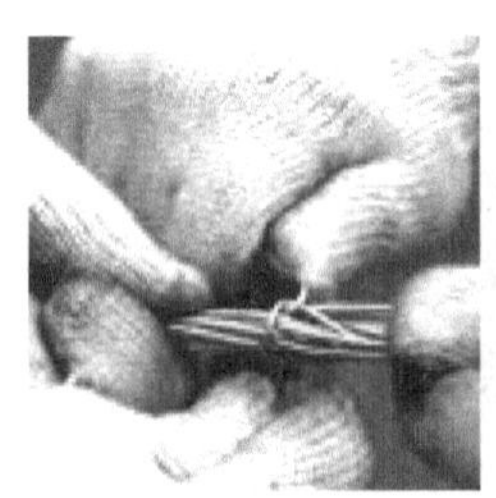
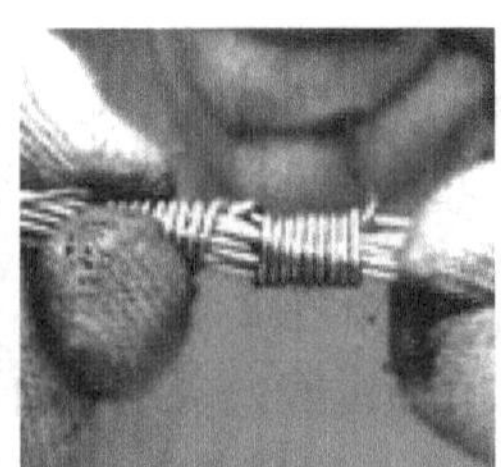
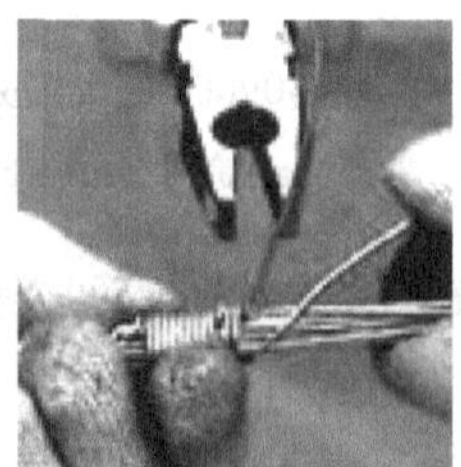
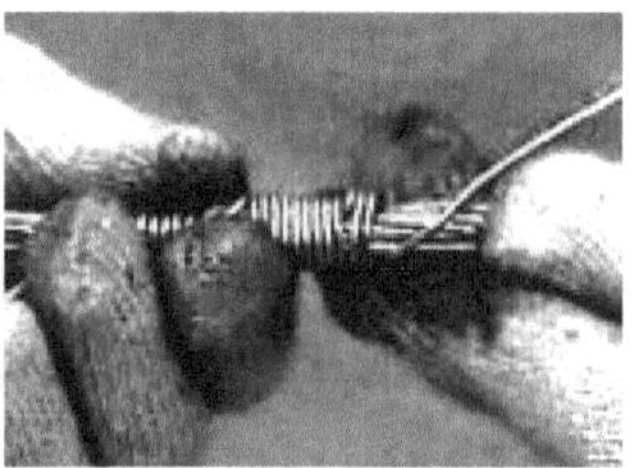

图 GYND00309001-14　连接操作过程

（3）用此方法缠绕完毕后，将线头与一股线拧 3～4 转，如图 GYND00309001-15 所示，余线剪掉。

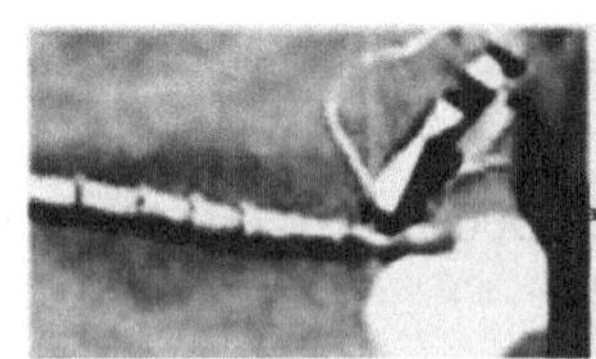

图 GYND00309001-15　连接线端头的处理

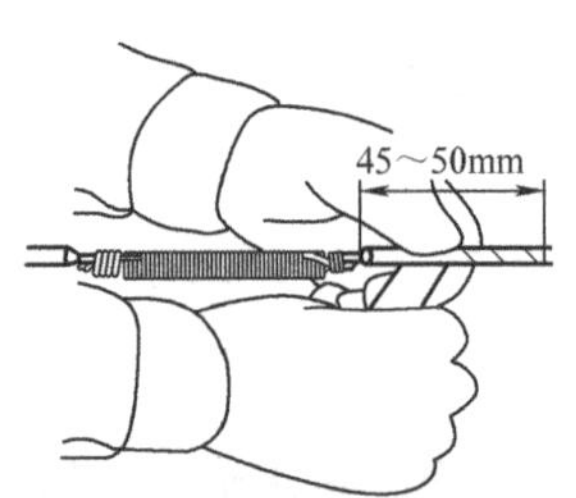

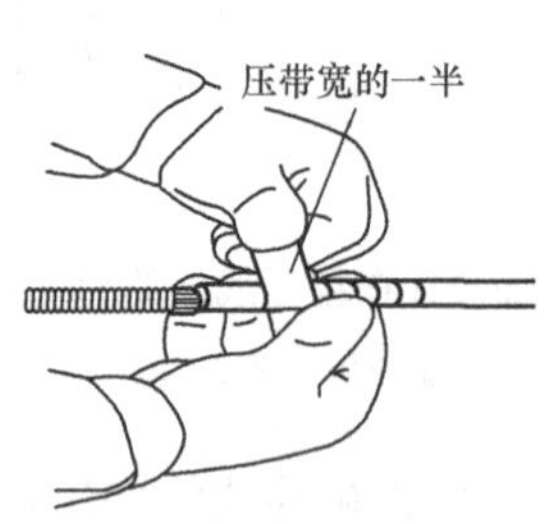

图 GYND00309001-16　接头绝缘的恢复绑扎

（4）同样方法再做另一端。

2. 绝缘层的恢复

绝缘导线连接完毕后，应严格按规定恢复接头处的绝缘，以保证接头处的绝缘性能。常用的绝缘带有：橡胶带、黑胶布、塑料带、聚脂带。

（1）室内导线接头的包扎。如图 GYND00309001-16 所示，先在绝缘层上缠绕 40～50mm，且每周压缠带宽一半。依次包紧裸芯线的连接部分至另一端绝缘层，绝缘至少需包两层以上。

（2）室外导线接头的包扎。按室内导线接头包扎的方法在底层采用防水和防潮能力较强的自粘塑料带缠绕 1～2 层，然后再用普通绝缘胶带进行面层的缠绕。为保证室外导线接头包扎的绝缘强度，要求绝缘带的缠绕应达到 4～5 层。

五、注意事项

（1）操作方法、步骤必须正确。

（2）缠绕必须紧密、整齐。

（3）多股导线采用插接时，各股接茬应在导线的同一平面上。

（4）采用插接时，接头处的电阻应不大于等长导线的电阻。

（5）采用插接时，接头处的机械强度应不小于导线计算拉断力的90%。

（6）接头绝缘强度应达到设计和规程规定的绝缘水平。

【思考与练习】

1. 简述小截面导线连接的基本操作程序。
2. 绝缘导线绝缘层进行剥削时应注意的问题是什么？
3. 对导线缠绕连接的外观有什么要求？
4. 绝缘导线进行绝缘层绑扎时，应注意的问题主要有哪些？

模块2　导线接续管连接方法（GYND00309002）

【模块描述】本模块包含配电线路大截面导线的钳压、液压连接等常用连接方法的基本工艺流程、质量标准、验收要求等内容。通过概念描述、术语说明、流程介绍、图解示意、要点归纳，掌握导线接续管连接方法。

【正文】

一、作业内容

导线接续管的连接通常采用压接的方法进行。目前，导线的压接方法主要有钳压和液压两种形式。

二、危险点分析与控制措施

1. 危险点

导线压接施工的危险点主要是压接设备伤人。

2. 防护措施

（1）进行压接操作的工作人员应由经过专业训练，考核合格的专业人员。

（2）操作方法、步骤必须正确。

（3）正确、规范地使用各种工器具。

（4）加强压接工器具的维护保养，确保压接工器具的正常工作。

三、作业前准备

1. 人员安排

进行导线接续管的压接操作通常需两人配合进行，其中，一人操作，另一人协助配合进行辅助工作。工作人员应按规定进行着装，穿工作服、戴安全帽、穿工作鞋。

2. 工器具及材料

（1）主要工器具。进行导线接续管连接操作所需的工器具主要有：压接钳规格对应的压模、钢锯、钢丝刷、钢锉（平锉）、游标卡尺、钢卷尺和工具包（箱）等；另外，绝缘导线连接时还应配备剥线钳（器）、电工刀。

（2）基本材料。压接的主要材料包括压接管（套件）、汽油（清洗用）、导电脂（膏）和棉纱等。

3. 导线及材料的清洗

按规定，压接前应将导线接头端绞线散股2倍接头的长度（见图GYND00309002-1），用棉纱团蘸汽油将及压接管内壁连接导线线头部位分别进行清洗，晾干后在导线的连接部位的铝质接触面，涂一层电力复合脂，用细钢丝刷清除表面氧化膜，保留涂料，进行压接。

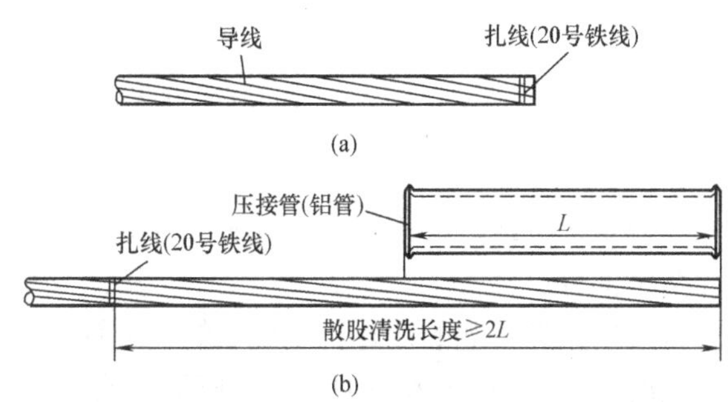

图GYND00309002-1　导线压接前的散股与清洗

（a）裁线绑扎；（b）散股清洗长度

四、操作步骤、质量标准

（一）钳压连接

1. 裁线

（1）压接前应按导线连接质量的要求进行线头的裁剪，裁去导线受损伤（或多余的）部分。裁线前，应在线头距裁线处1～2cm处，用20号铁线进行绑扎好，如图GYND00309002-1（a）所示。

（2）用钢锯垂直导线轴线进行锯割，锯割时应由外层向内层逐层进行，最后锯钢芯。

（3）完成锯割后，用平锉和砂纸打磨锯口毛刺至光滑（清洗后不允许再用砂纸打磨）。

（4）按图GYND00309002-1（b）的要求进行散股清洗，在单根导体上涂一层电力复合电力脂，并用细钢丝刷（禁止用铜丝刷）清除表面氧化膜，保留涂料，进行压接。

2. 穿管

为保证压接后的质量及连接部位的准确，将接续管穿入一端导线后，应用记号笔在导线上按压接尺寸的要求做上“记号”（即划印），如图GYND00309002-2所示。

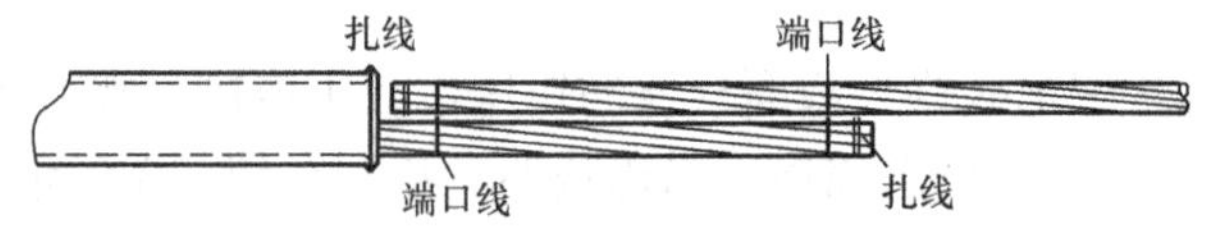

图GYND00309002-2 钳压连接前划印穿管

确认无误后，按图GYND00309002-3的要求，将要连接的两根导线的端头，穿入钳压管中。穿管后，应保证两端头导线尾线的出头露出管外部分不得小于20mm。

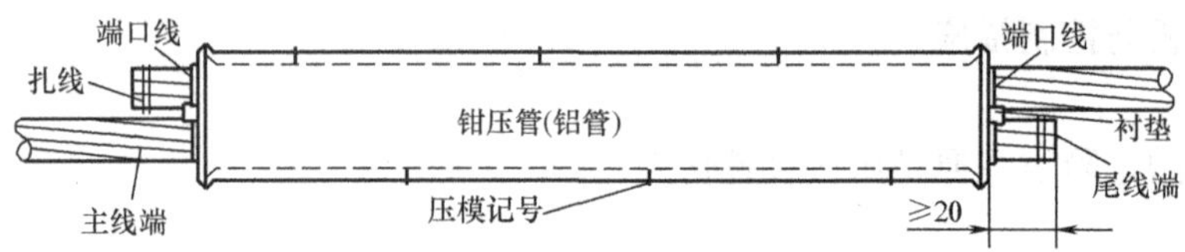

图GYND00309002-3 钳压导线穿管

3. 压接

按规定，压接前应根据设计和规程的要求，对照相应规格的压接管的有关技术标准，在压接管表面对压模的位置进行标识，如图GYND00309002-3所示的压模记号，并按照图GYND00309002-4所示的压模顺序进行钳压连接。相关压模间隔a_1、a_2、a_3及压后尺寸D等参数，详见模块GYND00304003中表GYND00304003-1的规定。

压接时，每模的压接速度及压力应均匀一致，每模按规定压到指定深度后，应保持压力30s左右的时间，以使压接管及相应的导线通过这段时间度过疲劳期而达到定型的要求，避免由于压力松弛太快，出现金属性反弹影响而最终的压接握着力（压接强度）。

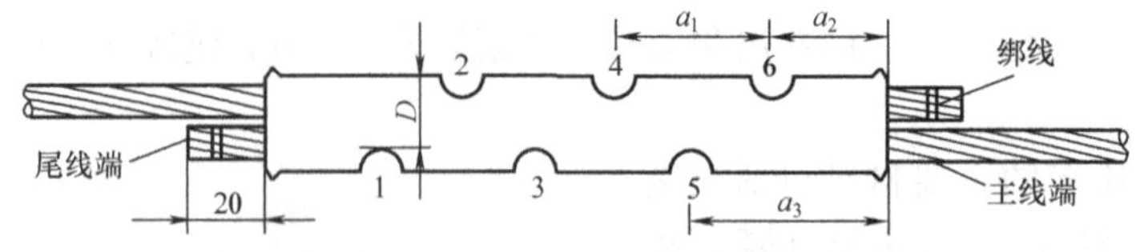

图GYND00309002-4 铝绞线钳压的压模顺序

4. 外观检查

按规定，导线完成钳压后必须进行外观质量检查，压接管的质量外观检查包括外表面形态及外观尺寸两个部分。

（1）压接管外观的检查。压接后的接续管的外观不允许有裂纹，表面应光滑，如压管弯曲（不超过管长的2%时）可用木槌调直；若压管弯曲过大或有裂纹的，要重新压接。

（2）压接管尺寸的检查。钳压管的压后主要检查尺寸包括：压口数及压后尺寸，如图GYND00309002-4所示的a_1、a_2、a_3及压口深度D。导线钳压压接后的压口数及压后尺寸应符合规程和设计规定的要求，当达不到要求时，应锯断后重接。

导线接头钳压完成并经专人（专职质检人员或工程监理）检查合格后，操作人员应在压接管上打下自己的操作工号，并在接续管两端涂上红漆。

操作人员与检查人员在质量检查、验收表格中签字后，清理现场工具，结束作业。

（二）液压连接

一般情况下，相对截面较小的导线（包括铝绞线、铜绞线等）可采用液压钳进行压接；当导线截面较大时，应使用具备相应功率的液压机进行连接。

1. 裁线

（1）导线采用液压连接时的裁线，可参考钳压施工的方式进行。

（2）铝绞线、铜绞线及钢绞线进行割线的操作，参照钳压方式进行。

（3）钢芯铝绞线割线时应按图 GYND00309002-5 的要求，分别先后进行铝股台阶和外层铝股的切割，切割时应注意避免伤及内导线芯线，以免影响连接强度。

对钢芯铝绞线切割后的外观如图 GYND00309002-6 所示。

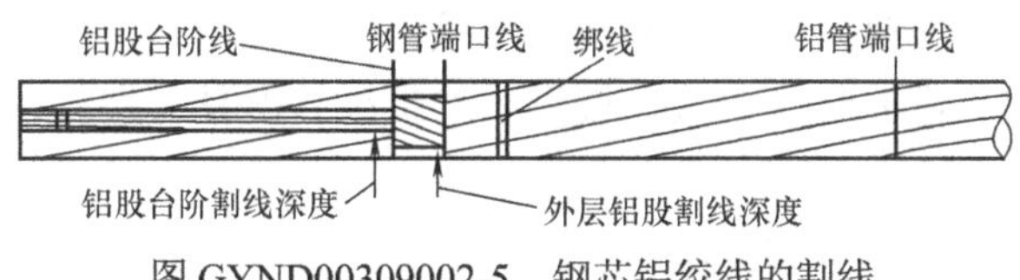

图 GYND00309002-5　钢芯铝绞线的割线

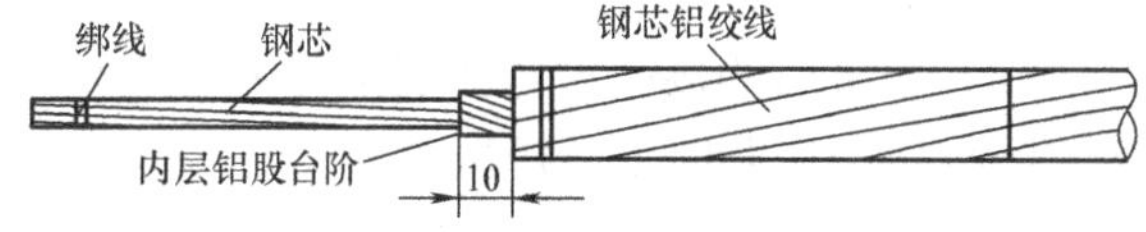

图 GYND00309002-6　钢芯铝绞线切割后的接头端线

2. 穿管

（1）铜绞线、铝绞线、钢绞线穿管与钳压方式的穿管基本一致。钢芯铝绞线穿管时，应先穿入铝管，然后再穿钢管。

（2）钢芯铝绞线穿管时，应对照压接管表面标识的记号进行印记核对，确保导线在接续管中的位置对称且符合设计和规程的要求，如图 GYND00309002-7 所示。比对时应注意钢管与铝股台阶的间隙是否满足设计和规定的要求。

3. 压接

经穿管检验，确认割线一切符合设计和验收规范的要求后，就可开始进行压接操作。

（1）液压连接的施压顺序：对钢芯铝绞线压接时，应先压内层钢管，再压外层铝管。对单金属材料导线（如钢绞线、铝绞线）压接时，应先压中间，再由中间向一端顺序施压，压完一端后，再压另一端，如图 GYND00309002-8 所示。

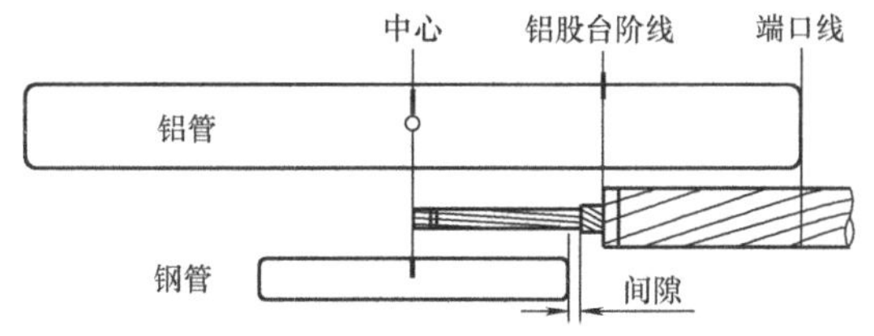

图 GYND00309002-7　钢芯铝绞线穿管印记检查

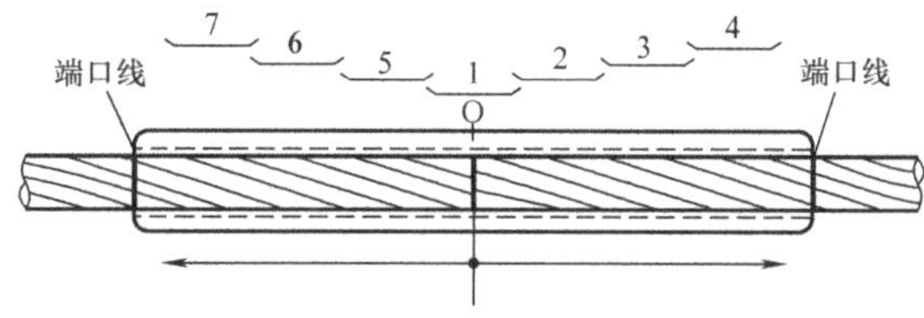

图 GYND00309002-8　铝绞线液压的压模顺序

（2）压接时，每模的压力及速度应基本一致，压模压下到位后，应保持压力 30s 左右，以使压接管能够稳定定型。

（3）压接时，相邻两模间应重叠 5～8mm，以确保压接的连续性。

（4）压接顺序进行的过程中，应保持管面的平行，避免出现扭曲。

4. 外观检查

（1）压接管外表的检查。导线接头液压连接后的接续管表面应光滑、平整，无飞边、裂纹、毛刺，出现飞边时应将其锉平后，再用砂纸打磨光滑。

液压后的接续管横截面应为正六边形。因此，液压管的六棱柱表面应平行，不允许扭曲，当弯曲度超过要求时，可在原有的基础上进行校正式的补压（以已压两模的交界作为补压的压模中心），仍不能校正的应锯断后重新压接。

（2）压接管尺寸的检查。液压接续后应检查的主要尺寸是六边形的对边距，每个截面处只允许有一个对边距的最大值。对边距超过标准时，应对其表面进行补压，补压后仍不能达到要求时，应查找原因，若因压模变形，应更换压模后补压，确认由压接错误操作导致不合格时，应锯断重新压接。

导线接头经专人（专职质检人员或工程监理）检查合格后，操作人员应在压接管上打下自己的操作工号，并在接续管两端涂上红漆。

操作人员与检查人员在质量检查、验收表格中签字后，清理现场工具，结束作业。

五、注意事项

导线避雷线的压接施工属于隐蔽工程的施工，对压接施工的质量检查、验收应按隐蔽工程验收检查的规定在施工的全过程进行。

对接续管及耐张线夹等压接后必须按规定进行其外观质量的检查，其检查应符合下列规定：

（1）进行外观尺寸测量时，应使用精度不低于 0.1mm 的游标卡尺测量；

（2）液压及钳压后出现的飞边、毛刺及表面未超过允许的损伤应锉平并用砂纸磨光；

（3）液压及钳压后出现明显超过标准的缺陷时，应按规定进行割断重新压接；

（4）压接后的接续管弯曲度不得大于 2%，有明显弯曲时应校直，校直后的接续管严禁有裂纹，达不到规定时应割断重新压接；

（5）压接出现锌皮脱落时应涂防锈漆或富锌漆进行防腐补强处理。

【思考与练习】

1. 简述进行导线压接施工的基本工艺流程。
2. 进行导线清洗时应注意哪些问题？
3. 简要说明在导线的压接过程中应重点注意哪几个环节？
4. 液压连接和钳压连接的外观质量检查主要有哪些内容？分别有什么要求？

第四章 配电线路线损

模块 1 配电线路线损知识（GYND00305001）

【模块描述】本模块包含配电线路线损电量与线损率的基本概念、统计线损和理论线损的应用、产生线损的原因和影响线损的技术因素等内容。通过概念描述、术语说明、公式解析、原理分析、要点归纳，掌握配电线路线损基础知识。

【正文】

一、线损电量与线损率

在电力生产过程中，电能被传送到用户用电设备作功的同时，在发、输、变、配电设备内部均产生电能损耗。尽管这些电能损耗是不可避免的，但是却可以通过有关的管理措施和技术措施，使之保持在一个合理的水平上。为此，国家电网公司制定了《电力网电能损耗管理规定》，用以指导和规范基层电网生产企业对电能损耗的管理。

1. 线损电量

电力网的电能损耗率简称线损率，是电网生产经营企业综合性技术经济指标，也是表征电力系统规划设计水平和经营管理水平的一项综合性技术经济指标。电力网的电能损耗是指一定时间内电流流经电网中各电力设备时所产生的电力和电能损耗，即电网经营企业在电能传输和营销过程中自发电厂出线起至用户电能表止所产生的电能消耗和损失。

电能输送到用户，必须经过各个输、变、配电元件，由于存在着阻抗，因此就会产生电能损耗，并以热能的形式散失在周围介质中，这个电能损耗称为线损电量。线损电量不能直接计量，它是用供电量与售电量相减计算得到的，即

线损电量=供电量–售电量　　（GYND00305001-1）

其中

供电量-发电公司（厂）上网电量+外购电量+电网输入电量–电网输出电量

线损电量由输电线路损耗、降压主变压器损耗、配电线路中的损耗、配电变压器损耗、低压网络中的损耗、无功补偿设备及电抗器中的损耗几部分组成。以上各项损失可通过理论计算确定其数值。而电流、电压互感器及其二次回路中的损耗、用户接户线及电能表的损耗、不明损失等，则可通过统计确定。

2. 线损率

（1）统计线损率。实际在线损管理中，通常使用频度最高的是统计线损率，而统计线损电量是由余量法得到的。因此，在统计线损电量中除技术线损外还包括其他损耗（包括漏电、窃电损失以及变电站直流整流设备和控制、信号、保护、通风冷却等设备消耗的电量）。

（2）售电量。售电量是指所有终端用户的抄见电量，以及供电局、变电站等的自用电量及供电局第三产业所用的电量。凡不属于站用电的其他用电，均应由当地供电部门装表收费。

（3）电网输入电量。电网输入电量主要是指高于本供电区域管理的电压等级的电网输入的电量。

（4）电网输出电量及外购电量。电网输出电量是指供电公司从本公司供电区域向外部电网输出的电量。外购电量是指各供电公司从本公司供电区域外的电网购买的电量。

（5）不明损失。不明损失是指整个供电生产过程中一些其他因素引起的损失，主要包括计量装置误差、表计接线错误、计量装置故障和 TV 二次回路压降造成的计量误差，以及熔丝熔断等引起的计量差错，用电营业工作中漏抄、漏计、错算及倍率算错等，用户窃电。

3. 配电网线损

一般为地区 110kV 及以下配电设备和 220kV 枢纽变电站中除 220kV 设备与调相机、SVC 装置以外的其他设备的损耗，称为配电网线损。这个损耗与总供电量减去输电网线损的供电量（一般称为供电企业总供电量）之比，称为配电网线损率。配电网线损可划分为以下三类。

（1）高压配电网线损。35～220kV 配电设备的损耗称为高压配电网线损。该损耗与供入高压配电网的供电量之比，称为高压配电网线损率。高压配电网的电能计量装置比较齐全、准确，可以远方自动采集，人工抄表部分的抄表同时性也有较可靠的保证。因此高压配电网线损和线损率的统计值和理论计算值均较准确，一致性也较高。

（2）中压配电网线损。10kV 以及一些地区的 20kV 配电设备的损耗称为中压配电网线损，它与中压配电网供电量之比称为中压配电网线损率。中压配电网结构复杂，节点很多，电能计量装置不齐全，并且因户数多，又缺少远方自动采集装置，以致抄表时间不同步。因此，中压配电网的统计线损和线损率不准确。同时，中压配电网设备量大，运行方式和负荷变动大，负荷监测仪表不全，因而其理论线损计算值有较大偏差。由此就决定了中压配电网线损和线损率的统计值和理论计算值间差异较大。

（3）低压配电网线损。380V/220V 设备的损耗称为低压配电网线损，它与低压配电网供电量之比称为低压配电网线损率。低压配电网点多面广，设备技术参数难以准确了解，而且还有相当多的配电变压器的低压侧未装电能计量装置，加之低压用户的抄表日期很分散，无法做到同步抄表。因此，能够掌握低压配电网线损和线损率的供电企业只占较小比例。在无法统计和计算低压配电网线损和线损率的条件下，这部分线损和线损率就混在中压配电网线损和线损率之中，从而使中压配电网线损和线损率更不准确。

根据有的供电单位的抽查和分析，低压配电网线损在供电企业总供电量中所占比例尽管不高，但低压配电网线损率却是很高的，比中压配电网线损率和高压配电网线损率高出许多，今后随着居民生活用电比例的增高，低压配电网线损在总线损中的比例将逐渐上升。因此，低压配电网线损率的单独计量、统计和考核有利于将低压配电网线损率也能保持在合理的水平上。

二、统计线损和理论线损

1. 统计线损

线损统计值即统计线损，来源于从电能计量装置上读取的电量数值和读取数值的时间。全部供电关口电能计量装置读数之和为供电量，全部用户电能计量装置读数之和为售电量。

统计线损率是省（区）、地市供电部门对所管辖（或调度）范围内的电网各供、售电量计量表得出的统计线损率，即

统计线损率（%）=(统计线损电量/供电量)×100%　　（GYND00305001-2）

其中　　统计线损电量=供电量−售电量

由于线损率实际是根据供电量和售电量相减计算得到的，因此，线损电量也可以说是个余量，它包含了很多影响因素，故并不完全真实地反映电网实际损失情况，其准确程度还决定于发电厂关口计量、售电量电能表以及抄见电量的正确性。影响统计线损准确度的主要因素如下。

（1）供电关口电能计量装置完整性、正确性和准确度。

（2）用户计费电能计量装置完整性、正确性和准确度。

（3）抄表的同时性。

（4）漏抄和错抄。

（5）窃电。

分析上述五个因素可以看到，除第五个因素单纯导致统计线损比技术线损增大外，其他四个因素既有可能使线损增大也有可能使线损减小。但在实际上，由于用户电能计量点的完整性难以达到，而漏抄、漏计和窃电现象又无法避免，因而电力企业的统计线损皆大于技术线损。统计线损与技术线损之差称为营业线损。当管理不善时，营业线损可能达到很高的比率，甚至超过技术线损。

2. 理论线损

根据输、变、配电设备参数和负荷电流计算得出的线损是理论线损。理论线损不但涉及决定线损的直接技术因素，而且也与综合技术因素密切相关，因而它不等同于技术线损。按电力网电能损耗管理规定的要求，35kV 及以上系统每年进行一次理论线损计算，10kV 及以下至少每两年进行一次理论线损计算。当电网结构发生大的改变时，要增加理论线损计算。原国家经济贸易委员会颁发了 DL/T 686—1999《电力网电能损耗计算导则》，规定了具体的计算原则和计算方法。

（1）理论线损率：为供电企业对其所属输、变、配电设备，根据其设备参数、负荷潮流、特性计算得出的线损率

理论线损率（%）=(理论线损电量/供电量)×100%　　（GYND00305001-3）

（2）线损理论计算值的准确度取决于以下主要因素。

1）输、变、配电设备数量和性能参数的准确度。

2）运行方式。

3）负荷变化。

4）运行电压的变化。

由于一个网省公司或一个供电企业管理的输、配电设备数量庞大，运行方式和负荷变化复杂，因而线损理论计算值具有复杂性，理论线损的计算要依靠微机进行。为此需要编制和应用适应性强、简洁高效的计算软件。

3. 统计线损和理论线损的应用

线损统计值和理论计算值都是线损管理所必须获得的数值，因为线损统计值是电能计量装置的实测结果，所以它是考核年、季、月度线损指标完成情况的依据。而理论计算值则是确定线损指标的依据之一，并且是衡量线损技术水平和管理水平的重要参考数据。前面已经说明了影响统计线损和理论线损的主要因素，可以看到这些因素是很复杂的。如果能够掌握和控制这些主要因素，使线损统计值和理论计算值都比较准确，那么作为其必然结果是这两个值将很接近。掌握和控制这些主要因素的关键在于线损管理的水平，当管理水平不高时，两种线损值都不会准确，并且往往有较大差别。相对而言，线损理论计算值的影响因素涉及的技术成分高于线损统计值，故一般情况下前者的可信度应高于后者。

目前，多数电网企业 35kV 及以上输配电网的线损统计值和理论计算值的准确度较高，两者能较好地吻合，而 10kV 及以下配电网的情况相对较差。通过对线损统计值和理论计算值各自按年度纵向变化的分析比较，以及对两者之间的分析对比，可以分别对两种线损值的准确度作出评估，判断该两值各自受到哪些因素的影响，从而可以有针对性地对线损管理进行改进和采取有效的降损技术措施。同时可根据两种线损值的变化规律，确定当前和近期、中期的线损考核指标。应当指出：现在有一种重视线损统计值、轻视理论计算值的倾向。特别是基层线损管理人员，很自然地受线损统计值考核指标与经济效益挂钩的利益驱使，集中力量使线损统计值满足考核指标的要求，甚至在统计数字上做文章，却较少在线损理论计算上下工夫。从长远利益看，应该充分重视线损理论计算值对线损管理工作的指导作用，认真提高其计算准确度，再进一步努力使线损统计值向理论计算值靠近。

三、影响线损的技术因素

1. 线损产生的原因

线损是输、变、配电设备中电流和电压的电磁作用产生的损耗，电网电能损耗的主要元件是输电线路和变压器。因此，电网中其有功功率损耗主要由两部分组成：一部分为线路和变压器阻抗回路上流过电流时产生的损耗，即 I^2R 称为可变损耗；另一部分则发生在变压器、电抗器、电容器等设备上的不变损耗，如铁损等称为固定损耗。损耗主要分为以下几种。

（1）电阻损耗。电流流过线路导线和设备的线圈，在导线电阻上产生的损耗称为电阻损耗，这种损耗可用下式表示为

$$\Delta P=I^2R$$ （GYND00305001-4）

式中 ΔP——电阻损耗，MW；

I——流过每个设备导线的电流，该值是随负载变化的，kA；

R——每个设备导线的电阻值，该值是随其自身温度变化的，Ω。

（2）铁芯损耗。在带有铁芯的线圈在电流作用下，导磁回路和铁磁附件中产生的损耗称为铁芯损耗。变压器铁芯、电抗器、互感器、调相机等设备均有铁芯损耗。多数带有铁芯的线圈是与电源并联的，线圈中流过的电流取决于系统电压的高低，其损耗大致与电压的平方成比例，即

$$\Delta P=P_0(U/U')^2 \quad \text{(GYND00305001-5)}$$

式中 P_0——变压器的额定空载损耗，kW；

U——变压器实际运行电压，kV；

U'——变压器的分接头电压，kV。

只有少数带铁芯设备如串联电抗器和电流互感器与负荷串联，其铁芯损耗可视为与负荷电流的平方成正比。

（3）电晕损耗。电晕指集中在曲率较大电极附近的不完全自激放电现象。较高电压的设备裸露在大气中的导电部分（主要是线路导线），在电压作用下要产生电晕，并随之产生电晕损耗。架空线路导线的绝缘介质是空气，当导线表面的电场强度超过空气分子的游离强度（一般在20～30kV/cm）时，导线表面附近的空气分子被游离为离子，这时发出"嗤、嗤"的放电声，在夜间可以看见导线周围发出的紫蓝色的荧光，这就是导线表面产生的电晕现象。电晕损耗与相电压的平方成正比，并与导线的等效直径、表面粗糙度等几何物理特征以及空气压力、密度、湿度等气象条件有关，一般表达为

$$\Delta P=K_yL(U/U_N) \quad \text{(GYND00305001-6)}$$

式中 K_y——在额定电压和标准气象条件下单位长度线路的电晕损耗，由设计手册查得；

L——导线长度，km；

U——实际运行电压，kV；

U_N——系统额定电压，kV。

（4）介质损耗。各种电气设备的非气体绝缘材料，都在电压作用下产生介质损耗，同时各种气体绝缘的表面均有泄漏电流流过，也产生电能损耗，一般将这种损耗归入介质损耗中，该损耗可用下式表示为

$$\Delta P=\omega CU^2\tan\delta \quad \text{(GYND00305001-7)}$$

其中

$$\omega=2\pi f$$

式中 ω——系统角频率；

C——设备对地电容，F；

U——实际运行电压，kV；

$\tan\delta$——设备相对地介质损耗角正切值。

（5）变电站自用电。变电站中的测量仪表、继电保护及安全自动装置、通信装置、信号装置、直流蓄电池充电、站用照明、电锅炉、电热板以及主设备的辅机（风机、水泵）等设备耗用的电量，均为站用电，按规定归入线损中。

上述几种损耗中，载流回路的电阻损耗所占比例最大，为全部损耗的70%～75%；其次是铁芯损耗，占总损耗的20%～25%；后三项损耗仅占总损耗的1%～3%。特别是在电压较低如110kV及以下的电网中，电晕损耗和介质损耗可以忽略不计。以上五种损耗都是纯技术性的，故称为技术损耗。

2. 影响线损的各种技术因素

（1）直接影响线损的技术因素。根据上述各种损耗类型的简要说明，可知直接影响线损的技术因素有：

1）线路的长度、导线的截面积和导线材料。

2）变压器和其他设备的空载损耗及负载损耗。

3）负荷电流的数值及其变化。

4）系统电压的数值及其变化。

5）环境温度和设备散热条件。

6）电气设备的绝缘状况（影响介质损耗）。

7）导线等值半径和大气条件（影响电晕损耗）。

8）变电站用各种辅助装置的数量和效率。

（2）影响线损的综合技术因素。尽管影响线损的直接因素比较简单，可以较容易地估算和计算。但是，电网是由大量输、变、配电设备组成的十分复杂的系统，组成的方式和运行方式对线损的影响远远超过单个设备的影响。

1）系统布局。系统布局亦称网络结构，主要指发电厂、输配电线路与负荷的空间布置、容量配合，以及电压级次等要素的组合状态。很明显，当发电厂、变电站距负荷中心过远，或长距离、迂回、以较低的电压输电，或电压级次过多重复降压容量大，或配电网中负荷分配很不均匀时，线损率必然较高；反之，线损就较低。

2）电压等级。电压等级既是系统布局中的一个因素，同时也是一个独立的因素。电压等级虽然表面上取决于电能输送距离和输送容量。但其中都包含有电能损耗的因素，特别是在配电网中，选择合理的电压等级，减少降压层次，是降低线损的重要途径。

3）无功补偿装置的安装容量和分布。负荷功率因数小于 1 时，线损中的电阻损耗将按（$1/\cos\varphi$）的平方的比例升高，铁芯损耗也要增大。为使功率因数保持在接近于 1 的水平，必须安装无功补偿装置。各电压等级网络中无功补偿装置的容量需满足达到功率因数达到 0.95 的要求，无功补偿装置的分布需满足就地平衡的原则。

4）运行方式。电网在不同的运行方式下有不同的网损率，其中损耗较小的运行方式为经济运行方式。电网在保证系统安全稳定运行的前提下，应选择在经济运行方式下运行。

5）计量技术。供电量和售电量都要通过一定的计量技术手段来测量和记录，所以计量技术对线损和线损率有很重要的影响。电能计量装置的准确度、灵敏度、接线的正确性和计量点的合理性等都对电量具有关键性的作用。采用最新技术的电能计量装置，不但可以指导选择降低线损的有效技术措施，而且还可能从根本上改变线损管理方式，使线损管理实现自动化、微机化。

（3）综上所述，可将影响线损的各个技术因素归纳为以下几点：

1）技术因素是决定线损的基础性因素，这些因素由输、变、配电设备和电网结构等硬件构成。

2）采用低损耗的输、变、配电设备是降低线损的基本途径。

3）选择合理的电网结构是降低线损的关键环节。

4）负荷端与变电站合理的无功补偿和实现无功就地平衡的水平是降低线损的有效途径。

5）准确完备的电能计量手段，以及选择在经济方式下运行，都是降低线损的重要措施。

决定线损的技术因素是相对稳定的，在未出现短时间内电网设备的大量更新、网络结构大幅度改变、负荷容量异常波动的条件下，由技术因素决定的线损不会随时间的变化出现大的波动。

【思考与练习】

1. 什么叫线损电量？
2. 简述影响统计线损准确度的主要因素。
3. 电网的有功功率损耗主要由哪几部分组成？
4. 直接影响线损的技术因素有哪些？
5. 计算题：

某独立电网，其火电厂某月发电量 10 万 kWh，厂用电电量 4%。独立电厂内另有一座上网水电站，购电关口表当月电量为 1.5 万 kWh。另外，该电网按约定向另一供电区输出电量 3.7 万 kWh。该电网当月售电量为 6.9 万 kWh，问独立电网当月线损率为多少？（答案：11.08%）

模块 2　低压配电线路线损计算方法（GYND00305002）

【模块描述】本模块包含线损理论计算的作用和要求、工作流程、计算方法和步骤等内容。通过概念描述、术语说明、公式解析、流程图解示意、要点归纳，掌握低压配电线路线损理论计算方法。

【正文】

一、线损理论计算

通过开展线损理论计算，了解和掌握电网中每一元件实际有功功率和无功功率损失，以及在一定时间内的电能损耗，就能够科学、准确地找出电网中存在的问题，针对性地采取有效措施，将线损降低到比较合理的范围内。这对提高供电企业的生产技术和经营管理水平有着重要的意义。

1. 作用和要求

（1）直接影响线损的技术因素。

1）线路的长度、导线的截面积和导线材料。

2）变压器和其他设备的空载损耗及负载损耗。

3）负荷电流的数值及其变化。

4）系统电压的数值及其变化。

5）环境温度和设备散热条件。

6）电气设备的绝缘状况（影响介质损耗）。

7）导线等值半径和大气条件（影响电晕损耗）。

（2）线损理论计算的含义。

线损理论计算是指根据电网的结构参数和运行参数，运用电工原理和电学中的理论，将电网元件中的理论线损电量及其所占比例、电网的理论线损率、最佳理论线损率和经济负荷电流等数值计算出来，并进行定性和定量分析。

（3）线损理论计算的作用。线损理论计算具有指导降损节能，促进线损管理深化、科学化的作用。具体如下：

1）根据理论线损率与实际线损率的比较，分析出企业线损管理水平的高低，以及统计线损率的准确性。

2）将最佳线损率与理论线损率比较，可以分析出电网的运行是否经济、电网的结构和布局是否合理。

3）通过计算各种线损电量所占比重，可以为线损分析提供可靠的依据，查找电网的薄弱环节，确定降损的主攻方向，从而采取针对性措施降低线损。

4）根据线损理论计算的结果，合理下达线损率考核指标，按线路或设备分解指标，并进行考核。

5）开展线损理论计算是供电企业加强技术降损和基础管理的重要组成部分。

（4）开展线损理论计算的目的如下。

1）对电网结构和运行方式的合理性、经济性进行鉴定。

2）查明电网损失较大的元件，分析其原因。

3）通过实际线损与理论线损的比较，根据不明损失的程度，采取相应措施，提高营业管理水平。

4）根据电网中导线的损失和变压器损失所占的比重，以及固定损失和可变损失占的比重，有针对性地对电网的某些薄弱环节进行技术降损改造。

5）为电网的发展、改进及规划提供科学的理论依据。

6）为制订年度、季度、月度计划指标和降损措施提供理论依据。

7）根据理论线损计算结果，总结先进的管理经验，并认真推广。

8）通过分析和计算，有利于加深电力传输方面的理论知识，提高业务管理的水平。

（5）开展线损理论计算的要求。

1）线损理论计算所采用的方法不应过于复杂或烦琐，应较为简便、易于操作，计算过程应简洁而明晰。

2）在电网现有的仪器仪表配置下，计算用的数据或资料应易于采集获取，对有条件的场所，应尽量采用自动化抄表数据。

3）所采用的方法、计算的结果应达到足够的精确度，应能满足实际工作需要，如有误差，应在允许范围内。

（6）理论线损电量的组成如下。

1）变压器的损耗电量。

2）架空及电缆线路的导线损耗电量。

3）电容器、电抗器、调相机中的有功损耗及调相机的辅机损耗。

4）电流互感器、电压互感器、电能表、测试仪表、保护及远动装置的损耗电量。

5）电晕损耗电量。

6）绝缘子的泄漏损耗电量（数量较小，可以估计或忽略不计）。

7）变电站的站用电量。

8）电导损耗。

（7）线损理论计算的工作流程。线损理论计算是一项复杂的系统工作，由于涉及面广、工作量大，要求计算结果准确，才能够指导线损管理工作。因此，在计算理论线损时应参照图 GYND00305002-1 所示工作流程进行。

2. 准备工作

（1）计算范围的确定。

1）省公司线损归口管理部门负责全省的综合线损、网损和分电压等级网损的计算、汇总、分析、总结和上报工作。

2）省公司调度部门负责 220kV 及以上电网的网损及分电压等级网损的计算、汇总、分析、总结和上报工作。

3）市（分）公司线损归口管理部门负责所辖区域的综合线损、网损和分电压等级网损的计算、汇总、总结和上报工作。

4）市（分）公司调度部门负责 220kV 及以下电网的网损及分电压等级网损的计算、汇总、分析、总结和上报工作。

5）各县市线损归口管理部门负责所辖供电区域综合线损、网损、分电压等级网损、10kV 有功损耗和低压台区线损理论计算、汇总、分析、总结和上报工作。

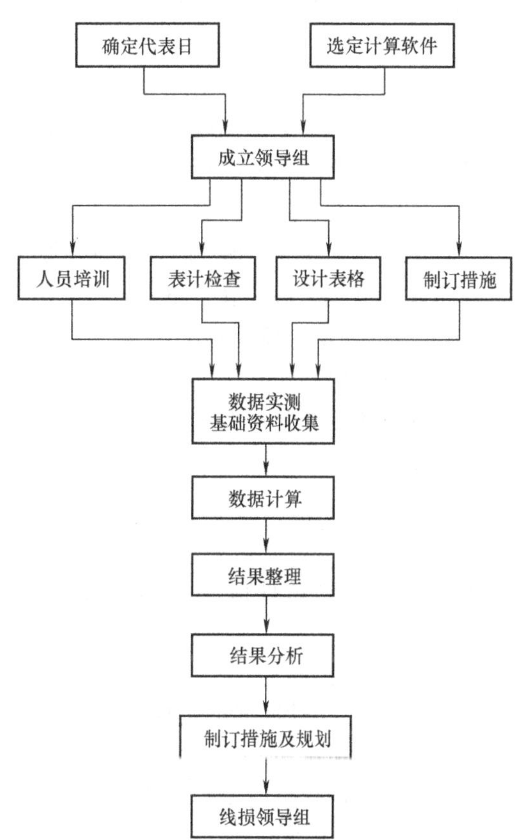

图 GYND00305002-1　计算理论线损时的工作流程

（2）开展线损理论计算工作的时间或周期。各级电力部门必须定期组织负荷实测，并进行线损理论计算。35kV 及以上系统每年进行一次，10kV 及以下系统至少每两年进行一次。如遇电源分布、网络结构有重大变化时，还应及时进行计算。

（3）计算软件的选定。线损理论计算软件的选定对计算结果有着重要影响。目前，国内生产的计算软件种类繁多，计算结果各有区别，因此，在选择计算软件时，应重点考虑以下几个方面：

1）计算结果的准确性。对选定的软件应进行对比分析，采用软件计算与手工计算、实际完成值、管理经验相结合，选取软件计算结果与实际相符的软件计算。

2）操作的简单性。对各种计算软件进行比较，选取操作简单的软件。

3）具有一定的先进性。选定的软件要先进，具有目前较先进操作系统支持等功能。

4）显示界面美观性。要求软件的界面美观。

5）计算结果的全面性。要求软件对计算结果能够全面反映，能够计算出全局的综合线损、网损、分电压等级的线损值和理论线损率，各条输配电线路的理论线损率、基础资料明细、各种电量的比例，以及相关的其他数据及资料、实施降损措施的效益分析等。

（4）线损理论计算的条件。线损理论计算是在一定的条件下进行的，在进行线损理论计算之前必须做好以下工作：

1）完善各种电能计量装置和检测仪器仪表。电网线路出口应装设电压表、电流表、有功电能表、无功电能表等，每台配电变压器二次侧应装设有功电能表、无功电能表或功率因数表，并要求计量准确，做好各种运行记录等。

2）绘制电网的一次接线图，各条输配电线路的接线图、路径图，并标明各段线路的型号、长度、配电变压器型号及容量以及代表月的电量等。

3）选定代表日，组织按时、到位、正确抄录相关数据，如各点的电压、电流、有功功率、无功功率、有功电量、无功电量、电容器的投切情况、变压器的分接头位置等。

4）选用精确的线损理论计算软件，输入基础数据和资料应正确无误，确保计算准确合理。

（5）代表日的选定应遵循的原则。为使线损理论计算结果具有代表性，代表日的选定应遵循以下原则：

1）电网的运行方式、潮流分布正常，没有大的停电检修工作。

2）代表日的供电量接近全月或全年的平均日供电量。

3）各客户的用电情况正常。

4）气候正常，能够代表全月或全年的平均气温。

5）计算代表月电能损耗时，至少要取 72h 的负荷，使其能够代表全月的负荷状况；计算全年的损耗时，应以月代表日为基础，35kV 以上电网代表日至少取 4 天，使其能够代表全年各季负荷情况。

（6）线损理论计算的对象。

1）系统变电站的降压变压器。

2）供电企业的配电变压器。

3）调相机。

4）电力电容器。

5）电抗器。

6）各电压等级的输配电线路和电缆。

7）接户线。

8）电能表等。

（7）代表日负荷实测的数据。代表日负荷记录应完整，能满足计算要求，一般应实测并记录以下数据：

1）各发电厂代表日全天各整点上网有功功率、无功功率、电压、电流的抄表记录，以及全天 24h 累计有功电量、无功电量。

2）各电网企业间关口表计代表日整点从邻网输入和向邻网输出的有功功率、无功功率、电压、电流以及连续 24h 累计有功电量、无功电量。

3）各自备电厂全天向电网输出和从电网输入的有功功率、无功功率、电压、电流以及连续 24h 累计有功电量、无功电量。

4）系统变电站变压器各侧、各级电压输电线路和中、高压配电线路始端代表日各整点电流、有功功率、无功功率以及连续 24h 累计有功电量、无功电量。

5）35kV 及以上电网代表日停运的变压器和线路，并绘制电网整点潮流图（以检验计算结果的合理性）。

6）变电站各级母线代表日全天各整点电压的抄表记录。

7）高压供电用户专用配电变压器代表日各整点的电压、电流、有功功率、无功功率（或功率因数）和连续 24h 累计有功电量、无功电量。

8）10kV 各公用配电变压器和专用配电变压器代表日全天的用电量。有 10kV 支路计量设施的单位，应读取连续 24h 累计电量。

9）除收集以上负荷资料外，还要了解以下情况：

a. 根据代表日整点抄录的负荷，绘制各电网企业和各变压器、线路的负荷曲线，分析了解负载系数、日负荷和气候的变化情况；

b. 各电网企业关口表计所在的母线电能平衡情况；

c. 电容器的投运时间、线路切改变化、变压器分接头位置变动等有关情况资料；

d. 供电时间变化情况和停、限电情况。

（8）线损理论计算应收集的设备参数资料。为保证线损理论计算结果的正确，必须事先收集、整理、核实设备静态参数和特性数据。与台账相结合，使收集的设备资料与计算期内的实际情况相一致。设备参数资料包括以下内容：

1）各变电站每台主变压器、调相机、电容器组、电抗器的参数资料（铭牌或试验数据）。

2）高压输电线路的阻抗图和高压配电线路的单线图（含各支路），图上注明导线型号、长度、线路电阻（高压输电线路的电抗）的实际有名值；一条线路有几种不同型号线段的情况下，应分别标注各线段参数。

3）绘制各低压台区配电线路接线图，标注线路中各段导线的型号、长度、表箱位置及表箱中单、三相表计数，月用电量，统计接户线总长度，各配电变压器的低压线路出线数、相线和中性线的导线型号等资料。

4）用户三相电能表和单相电能表的统计资料。

（9）各种典型情况的处理原则。

1）10kV 及以下的低压配网线损率可按统计平均值分类计算：城区取 6%、郊县取 7.5%。

2）特殊情况可以根据电网实际给定有关数值，同时对不同类型的典型台区进行实测。

二、低压配电网线损理论计算方法

由于低压网的网络较复杂，并且负荷分布不均，资料也不全，因此一般只能采用简化的方法进行计算。通常采用的方法有两种，即台区损耗率法和电压损失率法。

1. 低压电力网线损理论计算的步骤

低压电力网是以配电变压器台区为单元的理论线损综合计算，其计算步骤如下：

（1）绘制低压电力网网络接线图，并将线路的主干线和分支线的计算线段划分出来，接着逐段计算出负荷电流。其原则是：凡线路结构常数、导线截面、长度、负荷电流均相同的为一个计算线段，否则为另一计算线段。

（2）计算线路各分段电阻、线路等值电阻。

（3）测算出线路首端的平均负荷电流。

（4）实测出线路的负荷曲线特征系数。

（5）统计配电变压器实际供电时间。

（6）将上面测算、查取和计算求得的结果代入计算公式，计算低压电力网的理论线损值。

（7）在查清进户线的条数和长度、单相和三相电能表只数的基础上，计算确定接户线和电能表的损耗电量。

（8）计算确定以配电变压器为台区的低压电力网总的线损电量和相应的理论线损率。

2. 台区损耗率法

（1）已知各台区计算期的月供电量，取容量相同、低压出线数具有代表性的台区数个，并且用电负荷正常，电能表运行正常、无窃电现象等，作为该容量的典型台区。

（2）实测各典型台区的电能损耗及损耗率，即于同一天、同一时段抄录各典型台区总表的供电量及台区内各低压客户的售电量，计算各典型台区的损耗电量和损耗率，以及各容量典型台区的平均损耗率 $\overline{\Delta A_i}(\%)$。

（3）对需要计算的各台区按变压器容量进行分组，将本组内配电变压器月供电量之和乘以该组典型台区的平均损耗率 $\overline{\Delta A_i}(\%)$，即可得到该组台区的总损耗。计算公式为

$$\Delta A_i = \overline{\Delta A_i}(\%)\sum A_i \qquad \text{(GYND00305002-1)}$$

（4）将各组台区损耗相加，可求出配电网低压台区总损耗电量

$$\Delta A=\sum_{i=1}^{n}\overline{\Delta A_i}(\%)\sum A_i \qquad \text{(GYND00305002-2)}$$

式中 n ——配电变压器按容量划分的组数；

A_i ——第 i 台配电变压器低压侧月供电量。

3. 电压损失率法

（1）选各配电变压器容量、低压干线型号及供电半径有代表性的台区为测量各类台区压降的典型台区。

（2）确定低压电网的干线及其末端（若配电变压器有多路出线，则需要确定每路出线的末端，每一路出线作为一个计算单元）。凡从干线上接出的线路称为一级支线，从上级支线上接出的线路称为二级支线。

（3）在低压电网最大负荷时测录配电变压器出口电压 U_{max}，末端的电压 U'_{max}。

（4）计算最大负荷时首、末端的电压损失率 ΔU_{max}（%），即

$$\Delta U_{max}(\%)=\frac{U_{max}-U'_{max}}{U_{max}}\times 100\% \qquad \text{(GYND00305002-3)}$$

式中 U_{max} ——最大负荷时配电变压器出口电压，V；

U'_{max} ——最大负荷时干线末端电压，V。

（5）计算最大负荷时的功率损耗率 ΔP_{max}（%），即

$$\Delta P_{max}(\%)=K_p\Delta U_{max}(\%)$$

$$K_p=\frac{1+\tan^2\varphi}{1+\frac{X}{R}\tan\varphi} \qquad \text{(GYND00305002-4)}$$

式中 K_p——系数；

X——导线的电抗，Ω；

R——导线电阻，Ω；

φ ——电流与电压间的相角。

（6）按下式计算代表日电能损耗率及损耗电能

$$\Delta A(\%)=\frac{F}{f}\Delta P_{max}(\%)$$

$$\Delta A=A\Delta A(\%) \qquad \text{(GYND00305002-5)}$$

式中 f ——负荷率，各单位根据实际情况确定；

F ——损耗因数，查表取得；

A——代表日配电变压器供电量（多路出线则每路出线供电量按每路出线电流进行分摊），kWh。

若配变出口未安装电能表，可按下式计算损失电量

$$\Delta A=3I_{max}(\Delta U_{max}-I_{max}X\sin\varphi)Ft\times 10^{-3}\ \ \text{(kWh)} \qquad \text{(GYND00305002-6)}$$

式中 I_{max} ——最大负荷时测录的首端电流，A；

ΔU_{max} ——最大负荷时测录计算单元的电压损失值，V。

（7）对于负荷较大、线路较长的一级支线，测录支接点及支线末端的电压，然后按上述步骤计算支线的电能损耗。

（8）一个单元的损耗电量计算公式如下

一个单元的损耗电量=(干线的损耗电量+主要一级支线的损耗电量)/K

式中 K——干线及一级支线占计算单元的损耗电量的百分数，一般取 80%。

（9）一台配电变压器的低压网络的总损耗电量为其各计算单元的损耗电量之和。

（10）按上述方法和步骤计算其余典型台区的电能损失率 ΔA_i（%）。

$$\Delta A_i(\%)=\frac{\Delta A_i}{A_i}\times 100\% \qquad \text{(GYND00305002-7)}$$

式中　A_i——典型 i 台区日供电量；

ΔA_i——典型台区日电能损耗。

（11）将待计算的各台区按 n 个典型分组，统计各组台区供电量 ΣA_i，并按下式计算各台区总损耗

$$\Delta A=\sum_{i=1}^{n}[\Delta A_i(\%)\ \Sigma A_i] \tag{GYND00305002-8}$$

式中　n——典型台区数；

ΣA_i——电能损失率为 ΔA_i（%）的台区供电量之和。

（12）电能表的电能损耗计算。电能表计的损耗电量按单相表每月 1kWh，三相四线表每月 2kWh，三相四线表每月 3kWh 进行估算，则总损耗电能为

$$\Delta A=1\times n+2\times M+3\times S \tag{GYND00305002-9}$$

式中　n、M、S——单相、三相三线、三相四线电能表只数。

（13）台区总损耗电能为低压网络总损耗及电能表损耗之和。

【思考与练习】

1. 线损理论计算的含义是什么？
2. 理论线损电量的组成是什么？
3. 开展线损理论计算的目的是什么？

模块 3　10kV 配电线路线损计算方法（GYND00305003）

【模块描述】本模块包含 10kV 配电线路线损理论计算的作用和要求、工作流程、计算方法和步骤、元件电能损耗计算等内容。通过概念描述、术语说明、公式解析、流程介绍、要点归纳，掌握 10kV 配电线路及元件电能损耗的计算。

【正文】

一、线损理论计算

理论线损率为供电企业对其所属输、变、配电设备根据设备参数、负荷潮流、特性计算得出的线损率。在电力网的实际运行中，线损是不可避免的，它是由输送负荷的大小和输、变、配电设备的参数决定的，这部分损失电量可以用理论计算的方法求得，称为理论线损。进行线损理论计算是根据主网、配电网的实际负荷及正常运行方式，计算主网、配电网中每一元件的实际有功功率损失和在一定时间段内的电能损失。

1. 线损理论计算的目的

通过理论线损计算，可以鉴定主网、配电网结构及其运行方式的经济性，查明电网中损失过大的元件及其原因，考核实际线损是否真实、准确、合理，以及实际线损率和技术（理论）线损率的差值，确定不明损失的程度，减少不明损失。可通过对技术线损的构成，即线路损失和变压器损失所占的比重、可变损失和不变损失所占的比重的分析，发现主网、配电网的薄弱环节，确定技术降损的主攻方向，以便采取相应措施，降低线损。

2. 线损理论计算的准备工作

（1）代表日选定原则。

1）电力网的运行方式、潮流分布正常，没有大的停电检修工作，能代表计算期的正常情况。

2）代表日的供电量接近计算期（月、日、年）的平均日供电量。

3）绝大部分用户的用电情况比较正常。

4）气候情况正常，气温接近计算期的平均温度。

5）计算全年损耗时，应以月代表日为基础，其中 35kV 以上电网代表日至少取 4 天，使其能代表全年各季负荷情况。

（2）代表日负荷实测。

负荷实测要选定一个或两个有典型特性的代表日连续测录 24 个整点数据，由各有关单位负责对时、记录或采用自动记录设施在整点记录。

（3）负荷记录。负荷记录范围包括所有直管的 10kV 及以上电网，记录包括以下内容：

1）各发电厂代表日各整点上网有功功率、无功功率、电压、电流的抄表记录以及 24h 累计有功电量、无功电量。

2）各电网企业间关口表计代表日整点从相邻电网输入和向其他相邻电网输出的有功功率、无功功率、电压、电流以及连续 24h 累计有功电量、无功电量。

3）35kV 及以上变电站变压器各侧、各级电压输电线路和中、高压配电线路始端代表日各整点电流、有功功率、无功功率以及连续 24h 累计有功电量、无功电量。

4）35kV 及以上电网代表日停运的变压器和线路，并绘制电网整点潮流图。

5）35kV 及以上用户代表日各整点的电压、电流、有功功率、无功功率（或有功功率和功率因数）和连续 24h 累计有功电量、无功电量。

6）10kV 各公用配电变压器和专用配电变压器代表日各整点的电压、电流和连续 24h 累计出口电量，有 10kV 支路计量设施的单位，应读取连续 24h 累计电量。

（4）设备参数和特性数据的事先收集、整理与核实。

1）本地区电网、发电厂、变电站的运行接线图。

2）各台主变压器、调相机、电容器组、电抗器的参数资料（铭牌或试验数据，如没有上述资料，可参照同类型设备的参数资料）。

3）高压输电线路的阻抗图和 6kV 及以上高压配电线路的单线图，包括导线型号、线路长度、线路电阻（高压输电线路还需线路电抗）的实际有名值。一条线路有几种不同型号线段的情况下，应分别标注各线段的长度参数（如无实测参数也可参考相关资料）。

4）低压配电线、接户线总长度的统计资料，各配电变压器的低压配电线路数，相线和中线的型号等资料。

5）变电站母线电量平衡合格率。

6）用户三相和单相电能表的统计资料。

7）代表日的平均气温等气象资料（可向气象部门搜集）。

（5）各种典型情况的处理原则。

1）35kV 及以上系统变电站站用电按代表日当天实际抄录数据计算，无计量表计的 110（66）kV 站用电按 1.5 万 kWh/月，35kV 站用电按 0.3 万 kWh/月计算。

2）35kV 及以上变电站电容器、电抗器按代表日当天实际投入情况计算。

3）35kV 及以上系统的功率因数按代表日当天实际抄录数据计算，10kV 系统的功率因数如无实测数据可按表 GYND00305003-1 所列数据计算。

表 GYND00305003-1　　不同地区 10kV 系统的功率因数推荐值

地　点	发达市区	一般地区的市区	农村（全部）
功率因数	0.88	0.85	0.8

4）10kV 及以下的低压配网线损率可按统计平均值分类计算：城区取 6%、郊县取 7.5%。特殊情况可以根据电网实际给定的有关数值，同时对不同类型的典型台区进行实测。

5）各电压等级的无功损耗电量参加本级计算，220kV 系统的无功损耗电量参加本地区综合线损率的计算。

6）各级降压变压器的损耗按其高压侧电压水平记入相应电压等级的损耗。

二、10kV 配电线路线损计算方法

电力网电能损耗是指一定时段内网络各元件上的功率损耗对时间积分值的总和。从这个意义上讲，准确的线损计算比在电力系统确定的运行方式下稳态潮流计算还复杂，这是因为表征用户用电特性的

负荷曲线具有很大的随机性，各元件上的损耗对时间的解析函数关系很难准确表达出来，因此只能用数据统计的方法解决。有些电力网由于表计不全，运行数据无法收集，或者网络的元件和节点数太多，譬如 10（6）kV 配电网和低压电网，运行数据和结构参数的收集整理很困难，无法采用潮流法计算，则要求简化计算方法，以便减少人力、物力而又能达到一定的准确度。

均方根电流法是线损理论计算的基本方法，在此基础上根据计算条件和计算资料，可以采用平均电流法（形状系数法）、最大电流法（损失因数法）、等值电阻法、电压损失法等方法，下面介绍几种线损计算的方法。

1. 均方根电流法

设电力网元件电阻为 R，通过该元件的电流为 I，当电流通过该元件时产生的三相有功功率损耗为

$$\Delta P=3I^2R \qquad \text{(GYND00305003-1)}$$

则该元件在 24h 内的电能损耗为

$$\Delta A=3\int_0^{24} i^2 R\mathrm{d}t \qquad \text{(GYND00305003-2)}$$

由于 i 是随机变量，一般不能准确地获得，上述积分式解不出来，如把计算期内时段划分得足够小，则可完全达到等效。一般电流值是通过代表日 24h 整点负荷实测得到的，设每小时内电流值不变，则全日 24h 元件电阻中的电能损失为

$$\Delta A=3\left(I_1^2+I_2^2+\cdots+I_{24}^2\right)R=3\times 24\,I_{\text{eff}}^2 R \qquad \text{(GYND00305003-3)}$$

或

$$\Delta A=3\,I_{\text{eff}}^2 Rt$$

式中 I_{eff}——均方根电流，A；

t——计算期小时数，h。

$$I_{\text{eff}}=\sqrt{\frac{I_1^2+I_2^2+\cdots+I_{24}^2}{24}} \qquad \text{(GYND00305003-4)}$$

当负荷代表日 24h 整点实测的是三相有功功率、无功功率和线电压时，则

$$3I_{\text{eff}}^2=\frac{1}{24}\sum_{t=1}^{24}\frac{P_t^2+Q_t^2}{U_t^2}$$

$$I_{\text{eff}}=\sqrt{\frac{\sum\limits_{t=1}^{24}\dfrac{P_t^2+Q_t^2}{U_t^2}}{72}} \qquad \text{(GYND00305003-5)}$$

式中 P_t、Q_t——整点时通过该元件电阻的三相有功功率和无功功率；

U_t——与 P_t、Q_t 同一测量端同一时间的线电压。

2. 平均电流法（形状系数法）

平均电流法是利用均方根电流与平均电流的等效关系进行能耗计算的方法。因为用平均电流计算出来的电能损耗是偏小的，因此还要乘以大于 1 的修正系数。令均方根电流与平均电流之间的等效系数为 K，称为形状系数，其关系式为

$$K=\frac{I_{\text{eff}}}{I_{\text{av}}} \qquad \text{(GYND00305003-6)}$$

式中 I_{av}——代表日负荷电流的平均值，A；

I_{eff}——代表日的均方根电流，A。

K 值的大小与直线变化的持续负荷曲线有关，可按下式计算

$$K^2=\frac{\alpha+\frac{1}{3}(1-\alpha)^2}{\left(\frac{1+\alpha}{2}\right)^2} \qquad \text{(GYND00305003-7)}$$

式中 α——最小负荷率，它等于最小电流（$I_{\min}$）与最大电流（$I_{\max}$）的比值。

损耗电量计算式为

$$\Delta A = 3I_{av}^2 K^2 Rt$$

或

$$\Delta A = \frac{A_P^2 + A_Q^2}{U_{av}^2} K^2 Rt \qquad (GYND00305003\text{-}8)$$

式中 A_P、A_Q——代表日的有功电量和无功电量；

U_{av}——代表日的电压平均值。

3. 等值电阻法

等值电阻法理论基础是均方根电流法，在理论上比较完善，在方法上克服了均方根电流法诸多方面的缺点，它适用于计算 10kV/6kV 配电网的电能损耗。因为 10kV/6kV 配电网络节点多，分支线多，元件也多，各支线的导线型号不同，配电变压器的容量、负荷率、功率因数等参数和运行数据也不相同，要精确地计算配电网络中各元件的电能损耗是比较困难的。因此，在满足实际工程计算精度的前提下，使用等值电阻法计算配电网络的电能损耗具有可行性和实用性。

（1）等值电阻计算。功率损耗计算公式为

$$\Delta P = 3\sum_{i=1}^{m} I_i^2 R_i$$

或

$$\Delta P = \sum_{i=1}^{m} \frac{P_i^2 + Q_i^2}{U_i^2} R_i \qquad (GYND00305003\text{-}9)$$

式中 I_i、R_i——第 i 段线路上通过的电流和本段的导线电阻，Ω；

P_i、Q_i——第 i 段线路上通过的有功功率和无功功率；

U_i——第 i 段线路上与 I_i（P_i、Q_i）同一节点的电压；

m——该条配电线路上的总段数。

由于各段线路上的运行数据不容易采集到，因此，可以假想一个等值的线路电阻 R_{e1} 在通过线路出口的总电流（I_Σ 或总功率 P_Σ、Q_Σ）产生的损耗，与各段不同的分段电流 I_i 通过分段电阻 R_i 产生损耗的总和相等值，即

$$\Delta P = 3\sum_{i=1}^{m} I_i^2 R_i = 3I_\Sigma^2 R_{e1}$$

$$\Delta P = \sum_{i=1}^{m} \frac{P_i^2 + Q_i^2}{U_i^2} R_i = \frac{P_\Sigma^2 + Q_\Sigma^2}{U^2} R_{e1} \qquad (GYND00305003\text{-}10)$$

式中 R_{e1}——配电线路的等值电阻，按下式计算

$$R_{e1} = \frac{\sum_{i=1}^{m} I_i^2 R_i}{I_\Sigma^2} = \frac{\sum_{i=1}^{m} \frac{P_i^2 + Q_i^2}{U_i^2} R_i}{\frac{P_\Sigma^2 + Q_\Sigma^2}{U^2}} \qquad (GYND00305003\text{-}11)$$

（2）假设计算条件。计算线路的等值电阻，必须掌握各段的运行资料，要简化式（GYND00305003-11），即假设：

1）负荷的分布与负荷节点装设的变压器额定容量成正比，即各变压器的负荷系数 k_i 相同。

2）各负荷点的功率因数相同。

3）各节点电压 U_i 相同，不考虑电压降。

故式（GYND00305003-11）可改写为

$$R_{e1} = \frac{\sum_{i=1}^{m} (P_i^2 + Q_i^2) R_i}{P_\Sigma^2 + Q_\Sigma^2} = \frac{\sum_{i=1}^{m} S_i^2 R_i}{S_\Sigma^2}$$

$$= \frac{\sum_{i=1}^{m} (k_i S_{Ni})^2 R_i}{(k_\Sigma S_{N\Sigma})^2} = \frac{\sum_{i=1}^{m} S_{Ni}^2 R_i}{S_{N\Sigma}^2} \qquad (GYND00305003\text{-}12)$$

式中　S_i——i 段线路上通过的视在视率，kVA；

S_{Ni}——第 i 段线路的配电变压器额定容量，kVA；

S_{Σ}——该条配电线路总的视在功率，kVA；

$S_{N\Sigma}$——该条配电线路总配电变压器额定容量，kVA；

k_i——各配电变压器的负荷系数；

k_{Σ}——该条配电线路总配电变压器的负荷系数。

从式（GYND00305003-12）中可看出，求 R_{e1} 不必收集大量的运行资料，R_{e1} 只与 S_{Ni}、R_i 和线路出口的运行资料有关，而 S_{Ni} 和 R_i 在技术资料档案中可查得，线路出口的运行资料可取代表日的均方根电流、平均电流或最大电流，则配电线路的电能损耗就可以按下式计算

$$\Delta A = 3I_{eff}^2 R_{e1} t \quad \text{（GYND00305003-13）}$$

或

$$\Delta A = 3K^2 I_{av}^2 R_{e1} t$$

或

$$\Delta A = 3F I_{max}^2 R_{e1} t$$

若配电线路出口装有有功和无功电能表，则可取全月的有功、无功电量换算成平均负荷计算电能损耗。

同理，根据式（GYND00305003-12）也可求出公用配电变压器的等值电阻 R_{eT}，然后计算出配电变压器的铜损。

$$R_{eT} = \frac{\sum_{i=1}^{n} S_{Ni}^2 R_{Ti}}{S_{N\Sigma}^2} = \frac{\sum_{i=1}^{n} S_{Ni}^2 \frac{U_i^2 \Delta P_{ki}}{S_{Ni}^2} \times 10^3}{S_{N\Sigma}^2} \quad \text{（GYND00305003-14）}$$

假设各配电变压器节点电压 U_i 相同，不考虑电压降，即 $U=U_i$ 则

$$R_{eT} = \frac{U^2 \sum_{i=1}^{n} \Delta P_{ki} \times 10^3}{S_{N\Sigma}^2} \quad \text{（GYND00305003-15）}$$

式中　R_{eT}——公用配电变压器的等值电阻，Ω；

ΔP_{ki}——第 i 台公用配电变压器的额定短路损耗，kW；

R_{Ti}——第 i 台公用配电变压器的绕组电阻，Ω；

n——该条配电线路上的配电变压器总台数。

配电变压器的总损耗为

$$\Delta A = 3K^2 I_{av}^2 R_{eT} t \times 10^{-3} + \Delta P_{et0\Sigma} t \quad \text{（GYND00305003-16）}$$

式中　$\Delta P_{et0\Sigma}$——该条线路公用配电变压器的铁损总和，kW。

综上所述，均方根电流法是线损计算的基本方法，根据计算条件和计算资料还可以应用平均电流法和最大电流法，这些方法适用于 35kV 及以上电力网的网损计算，等值电阻法是一种简化的近似计算方法，适用于 10kV/6kV 及以下配电网的线损计算。

三、元件电能损耗计算

1. 架空线路电能损耗计算

架空线路电能损耗计算式如下

$$\Delta A = 3I_{eff}^2 R_L t \times 10^{-3} \quad \text{（GYND00305003-17）}$$

或

$$\Delta A = 3I_{av}^2 K^2 R_L t \times 10^{-3}$$

或

$$\Delta A = 3I_{max}^2 F R_L t \times 10^{-3}$$

用有功功率和无功功率表示，计算式为

$$\Delta A = \frac{P_{eff}^2 + Q_{eff}^2}{U^2} R_L t \times 10^{-3}$$

或

$$\Delta A = \frac{P_{av}^2 + Q_{av}^2}{U^2} R_L K^2 t \times 10^{-3} \quad \text{（GYND00305003-18）}$$

或
$$\Delta A=\frac{P_{max}^2+Q_{max}^2}{U^2}R_L F t\times 10^{-3}$$

以上式中 R_L——线路有效电阻，Ω，由式 $R_L=R_{20}(1+\beta_1+\beta_2)$可得；

P_{eff}、P_{av}、P_{max}——代表日的均方根、平均、最大有功功率，kW；

Q_{eff}、Q_{av}、Q_{max}——代表日的均方根、平均、最大无功功率，kvar；

K、F——形状系数和损失因数；

U——代表日中与有功、无功功率同一端的电压，kV，由于电压变化不大，可用平均电压代替。

2. 电缆线路电能损耗计算

电缆线路电能损耗计算，除按上述基本方法计算外，还应考虑它的介质损失，介质损失的计算公式为

$$\Delta A=U^2\omega C_0 L\tan\delta t\times 10^{-3} \quad \text{（GYND00305003-19）}$$

$$\omega=2\pi f$$

式中 U——电缆的工作线电压，kV；

ω——角速度；

f——频率，Hz；

C_0——电缆每相的工作电容，μF/km，可从产品目录或手册中查得；

L——电缆线路的长度，km；

$\tan\delta$——电缆绝缘介质损失角的正切值，它的大小与电缆的额定电压和结构有关，可从产品目录或手册中查得，可按实测值或表 GYND00305003-2 的数据估算。

表 GYND00305003-2　　电力电缆 tanδ 值

电缆额定电压（kV）	10 及以下	35	110	220
$\tan\delta$	0.015	0.01	0.007	0.005

3. 变压器电能损耗计算

变压器的有功功率损耗分为空载损耗和负载损耗。空载损耗可根据变压器的铭牌数据或试验数据确定。由于空载损耗与运行电压和分接头电压有关，故空载损耗的损失电量为

$$\Delta A_0=\Delta P_0\left(\frac{U_{av}}{U_d}\right)^2 t \quad \text{（GYND00305003-20）}$$

式中 ΔP_0——变压器的空载损耗功率，kW；

U_d——变压器的分接头电压，kV；

U_{av}——变压器的平均运行电压，kV。

变压器的负载损耗可根据变压器短路试验的实测数据或铭牌数据确定。负载损耗与通过该绕组的负荷电流的平方成正比。变压器绕组的电能损耗计算如下。

（1）双绕组变压器绕组的损耗电量计算如下

$$\left.\begin{aligned}\Delta A_R&=\Delta P_k\left(\frac{I_{eff}}{I_N}\right)^2 t\\ \Delta A_R&=\Delta P_k\left(\frac{I_{av}}{I_N}\right)^2 K^2 t\\ \Delta A_R&=\Delta P_k\left(\frac{I_{max}}{I_N}\right)^2 F t\end{aligned}\right\} \quad \text{（GYND00305003-21）}$$

式中 ΔP_k——变压器的短路损耗功率，kW；

I_N——变压器的额定电流，取与负荷电流同一电压等级的数值，A；

I_{av}——变压器的平均负荷电流，A。

因为$I=\frac{S}{\sqrt{3}U}$即电流与变压器的容量成正比，故式（GYND00305003-21）可改写成

$$\left.\begin{aligned}\Delta A_R&=\Delta P_k\left(\frac{S_{eff}}{S_N}\right)^2 t\\ \Delta A_R&=\Delta P_k\left(\frac{S_{av}}{S_N}\right)^2 K^2 t\\ \Delta A_R&=\Delta P_k\left(\frac{S_{max}}{S_N}\right)^2 Ft\end{aligned}\right\}\qquad(\text{GYND00305003-22})$$

式中 S_{eff}、S_{av}、S_{max}——负荷视在功率的均方根、平均值、最大值，kVA；

S_N——变压器的额定容量，kVA。

（2）三绕组变压器绕组的损耗电量计算。三绕组变压器绕组的损耗电量计算，应根据各绕组的短路损耗功率以及通过的负荷分别计算每个绕组的损耗电量，再相加而得绕组的总损耗电量。即

$$\Delta A_R=\left[\Delta P_{k1}\left(\frac{I_{eff1}}{I_{N1}}\right)^2+\Delta P_{k2}\left(\frac{I_{eff2}}{I_{N2}}\right)^2+\Delta P_{k3}\left(\frac{I_{eff3}}{I_{N3}}\right)^2\right]t$$

或

$$\Delta A_R=\left[\Delta P_{k1}\left(\frac{I_{av1}}{I_{N1}}\right)^2 K_1^2+\Delta P_{k2}\left(\frac{I_{av2}}{I_{N2}}\right)^2 K_2^2+\Delta P_{k3}\left(\frac{I_{av3}}{I_{N3}}\right)^2 K_3^2\right]t\qquad(\text{GYND00305003-23})$$

或

$$\Delta A_R=\left[\Delta P_{k1}\left(\frac{I_{max1}}{I_{N1}}\right)^2 F_1+\Delta P_{k2}\left(\frac{I_{max2}}{I_{N2}}\right)^2 F_2+\Delta P_{k3}\left(\frac{I_{max3}}{I_{N3}}\right)^2 F_3\right]t$$

式中 ΔP_{k1}、ΔP_{k2}、ΔP_{k3}——三绕组变压器高、中、低压绕组的短路损耗功率，kW；

I_{eff1}、I_{eff2}、I_{eff3}——三绕组变压器高、中、低压绕组负荷电流的均方根值，A；

I_{av1}、I_{av2}、I_{av3}——三绕组变压器高、中、低压绕组负荷电流的平均值，A；

I_{max1}、I_{max2}、I_{max3}——三绕组变压器高、中、低压绕组负荷电流最大值，A；

I_{N1}、I_{N2}、I_{N3}——三绕组变压器高、中、低压绕组电流的额定值，A；

K_1、K_2、K_3——三绕组高、中、低压绕组代表日负荷曲线的形状系数；

F_1、F_2、F_3——三绕组高、中、低压绕组代表日负荷曲线的损失因数。

4. 电容器的电能损耗计算

（1）并联电容器的损耗电量计算如下

$$\Delta A=Q_c\tan\delta t\qquad(\text{GYND00305003-24})$$

式中 Q_c——投运的电容器容量，kvar；

$\tan\delta$——电容器介质损失角的正切值，$\tan\delta$见表 GYND00305003-3。

表 GYND00305003-3 电力电容器 $\tan\delta$ 值

介 质	二 膜 一 纸	全 膜	三 纸 二 膜
$\tan\delta$	0.000 8	0.000 5	0.001 2

（2）串联电容器的损耗电量计算。串联电容器所消耗的电量也是由介质损失引起的，电容器的介质损失与两端的电压有关，而两端的电压又与通过它的电流有关。如已知通过串联电容器的均方根电流，则串联电容器的损失电量ΔA为

$$\Delta A=3I_{eff}^2\frac{1}{\omega C}\tan\delta t\times10^{-3}\qquad(\text{GYND00305003-25})$$

式中 C——每相串联电容器组的电容值，μF。

若每相的电容器组由 n 组并联，每组由 m 个单台电容器串联组成，则

$$C = \frac{nC_0}{m} \tag{GYND00305003-26}$$

式中　C_0——单台电容器的电容值，μF，对于频率为 50Hz 的电网的损失电量 ΔA 为

$$\Delta A = 9.55 I_{\text{eff}}^2 \frac{1}{C} \tan \delta t \tag{GYND00305003-27}$$

【思考与练习】

1. 线损理论计算的范围包括哪些？
2. 在进行线损理论计算前，需要做哪些准备工作？
3. 10kV 配电网的线损计算宜采用哪种方法，为什么？

第五章 无 功 补 偿

模块1 无功补偿的原理（GYND00307001）

【模块描述】本模块包含无功补偿的基本概念、无功补偿的作用、无功补偿原理、五种无功补偿方式等内容。通过概念描述、原理分析、公式解析、图表示意、计算举例、要点归纳，掌握无功补偿的原理和应用。

【正文】

一、无功补偿概述

随着农村经济的发展，生活用电及农业生产用电都大幅度提高，农电体制改革后，城乡同网同价，用电量急速增加。一直以来农村电网并没有较完善的规划，一些负荷本身的功率因数低，且负荷分散、低压线路供电半径过大，配电变压器布点位置不合理的现象仍大量存在，因此农网电压质量差，线路损耗大。抄表到户后，高低压线路的损耗均由供电部门承担，上级供电部门对线损率的要求越来越严格，并且用户对电压质量的要求也越来越高了。

解决的有效办法之一就是采用无功补偿技术，农网配电可根据实际情况采用各种灵活的补偿方式（如集中补偿、分散补偿，杆上补偿、随器补偿、随机补偿等），无功补偿技术的应用，对电网安全、优质、经济运行发挥了重要作用。

二、无功补偿的作用

无功补偿的主要方式是通过并联电容器以提高供电的功率因数，提高功率因数的意义和作用讨论如下：

输电线路传输有功功率为

$$P=\sqrt{3}UI\cos\varphi=S\cos\varphi \qquad \text{(GYND00307001-1)}$$

线路电流

$$I=\frac{P}{\sqrt{3}U\cos\varphi} \qquad \text{(GYND00307001-2)}$$

设输电线路导线电阻为 R，则其有功损耗为

$$\Delta P=3I^2R=\frac{P^2R}{U^2\cos^2\varphi} \qquad \text{(GYND00307001-3)}$$

式中 P——有功功率（有功负荷），kW；

I——线路电流、线电流；

U——线电压，kV。

从式（GYND00307001-2）及式（GYND00307001-3）可看出，当传输功率负荷一定，运行电压一定时，功率因数越高，传输电流越小，从而线路的功率损耗和电压损耗越小，电网运行越经济，反之功率因数越低则线损越大，且沿线电压降落也会增大。

线路电压损耗计算公式为

$$\Delta U=\frac{PR+QX_{\mathrm{L}}}{U_{\mathrm{N}}} \qquad \text{(GYND00307001-4)}$$

式中 ΔU——线路中的电压损失，V；

P——有功功率，kW；

Q——无功功率，kvar；

U_N ——额定电压，kV；

R ——线路电阻，Ω；

X_L ——线路感抗，Ω。

根据以上分析，可以看出补偿无功、提高功率因数对电网的作用如下：

（1）降低电网中的有功功率损耗和电能损失。由式（GYND00307001-3）可知，当线路或变压器输送的有功功率和电压不变时，线损与功率因数的平方成反比。功率因数越低，线损就越大。因此，在受电端安装无功补偿装置，可以减少负荷与电源间的功率传输，减小系统中无功功率的比例份额，从而可提高功率因数，降低线路损耗。

（2）改善电压质量。在线路中电压损失 ΔU 的计算公式见式（GYND00307001-4），当线路中的无功功率 Q 减少以后，电压损失 ΔU 也就减少了。

（3）提高设备的供电能力。由 $P=S\cos\varphi$ 可以看出，当设备的视在功率 S 一定时，如果功率因数 $\cos\varphi$ 提高，P 也随之增大，电气设备的有功功率也就提高了。反之，对于电网来说，当功率因数较高时，传输一定的有功功率时，设备的容量可以选择得相对小些，这样可节省设备投资，降低造价。

（4）减少用户电费开支，降低生产成本。电力企业应采用功率因数调节电费政策，对功率因数达到一定标准及超过标准的用户给予电费优惠减免，而对于功率因数低的达不到标准的用户，会增加一定比例的附加电费，具体参见《功率因数调整电费办法》。

三、无功补偿原理

常用电力电容器并联进行无功补偿。无功补偿的原理接线图和相量图如图 GYND00307001-1 所示。

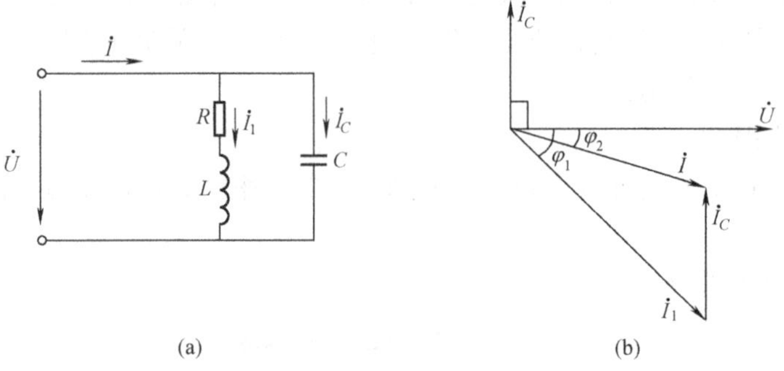

图 GYND00307001-1　无功补偿原理接线路图与相量图

（a）原理接线；（b）相量图

由电路图和向量图可知：原未并电容时，为自然负载，功率因数低，功率因数角 φ_1 较大，供电线路电流（总电流）$\dot{I}=\dot{I}_1$，因电流 I_1 较大，所以线路损耗和压降比较大。并入电容 C 后，$\dot{I}=\dot{I}_1+\dot{I}_C$，由于电容电流 $\dot{I}_C$ 的补偿作用，功率因数角由原来较大的 φ_1 变为较小的 φ_2 值，线路电流（总电流）减小。说明并入电容后，电路总的功率因数提高了，从而降低了线路损耗和压降，提高了供电的经济效益，也改善了电压质量。

需要说明以下几点：

（1）在感性负载两端并联电容可以提高电路总的功率因数，但不会改变感性负载电路本身的电流和功率因数，只能使并联点之前的电流减小，线路总的功率因数提高。

（2）电容是负载而不是电源。电容从电网吸收的无功功率是超前电流引起的；电感电路从电网中吸收的无功功率是滞后电流引起的。由于超前电流与滞后电流的互补作用，从电容并联点之前的电源（或电网）吸收的无功功率减少了，也就是电容性负载的无功功率补偿了电感性负载的无功功率。

（3）电容性负载的无功功率与电感性负载的无功功率是相互补偿的。也就是说，当感性负载的功率因数较低时，在负载两端并联电容可提高功率因数；如果负载是电容性的且功率因数较低时，在负载两端并联电感也可以提高功率因数。

四、配电网无功补偿方式

配电网无功补偿方式主要有以下几种方式：

（1）变电站高压无功集中补偿，即在变电站 10～35kV 母线上集中接入多组高压电容器、电抗器等，属于集中补偿方式。

（2）低压集中补偿，在配电变压器 0.4kV 低压母线上装设一系列补偿，属于集中补偿。

（3）线路补偿，在配电线路杆上进行固定补偿，属于分散补偿。

（4）随机补偿，在客户终端用电设备上进行补偿，属于分散补偿，常称随机补偿。

（5）随器补偿，在配电变压器低压侧并联电容器，主要指配电变压器单独设置一组补偿电容器为随器补偿，属于分散补偿性质。

现分别介绍如下。

（1）变电站高压集中补偿。变电站高压集中补偿是在变电站 10kV/6kV 母线上集中装设高压并联电容器组，用以补偿主变压器的空载无功损耗和线路漏补的无功功率。目前，在农网系统，除了大容量客户外，县级电力网基本上采用这种补偿。

变电站集中补偿装置包括并联电容器、同步调相机、静止补偿器等，主要目的是平衡输电网的无功功率，改善输电网的功率因数，提高系统终端变电站的母线电压，补偿变电站主变压器和高压输电线路的无功损耗。这些补偿装置一般集中接在变电站 10kV 或 35kV 母线上，因此具有管理容易、维护方便等优点，但这种补偿方案对 10kV 配电网的降损作用不大。

（2）低压集中补偿。低压集中补偿即在配电变压器 0.4kV 低压母线进行集中补偿，也称跟踪补偿。该补偿方式以无功补偿投切装置作为控制保护装置，将低压电容器组补偿在大客户 0.4kV 母线上，安装的多组电容器常分为固定连接组和可投切连接组，补偿电容器的固定连接组可起到相当于随器补偿的作用，补偿用户自身的无功基荷；可投切连接组用于补偿无功峰荷部分。投切方式分为自动和手动两种。一般，用户负荷有一定波动性，选用自动投切方式较好。无功补偿自动投切装置可较好地跟踪无功负荷变化，运行方式灵活，运行维护工作量小。

考虑到电动机投运的不同时率和单台电动机补偿容量的限制等因素，对于较大的工业企业客户，采用跟踪补偿比随机、随器补偿能获得更好的补偿效果，而且不需要提高补偿度，并可适当调整各组电容器的运行时间，使其寿命相对延长。但是，跟踪补偿所需的自动投切装置比随器、随机补偿的控制保护装置复杂、功能更完善，初投资也大一些。

在低压母线上装设自动投切的并联电容器成套装置主要补偿变压器本身及以上输电线路的无功功率损耗，而在配电线路上产生的损耗并未减少，因此，补偿不宜过大，否则变压器轻载或空载运行时，将造成过补偿。

（3）线路补偿。大量配电变压器要消耗无功，很多公用配电变压器没有安装低压补偿装置，造成较大的无功缺额需要变电站或发电厂承担，大量的无功沿线传输使得配电网的网损居高不下，这种情况下可考虑配电线路无功补偿。

线路补偿即通过在线路杆塔上安装电容器实现无功补偿。由于线路补偿远离变电站，因此保护配置困难、控制设备成本高、维护工作量大、受安装环境限制等。因此，线路补偿的补偿点不宜过多；控制方式应从简，一般不采用分组投切控制；补偿容量也不宜过大，避免出现过补偿现象；保护也要从简，可采用熔断器和避雷器作为过电流和过电压保护。

线路补偿主要提供线路和公用配电变压器需要的无功，工程问题关键是选择补偿地点和补偿容量。线路补偿具有投资小、回收快、便于管理和维护等优点，适用于功率因数低、负荷重的长线路。线路补偿一般采用固定补偿，因此存在适应能力差，重载情况下补偿度不足等问题。

（4）随机补偿。随机补偿，即随电动机补偿，随机械负荷和用电设备补偿，将电容器直接并联在电动机上，用以补偿电动机的无功消耗。据统计，县级农网中约有 60%的无功功率消耗在电动机上，因此，搞好电动机的无功补偿，使其无功就地平衡，既能减少配电线路的损耗，同时还可以提高电动机的出力。

在 10kV 以下电网的无功消耗总量中，变压器消耗占 30%左右，低压用电设备消耗占 65%以上。

由此可见，在低压用电设备上实施无功补偿是十分必要的。从理论计算和实践中证明，低压设备无功补偿的经济效果最佳，综合性能最强，是值得推广的一种节能措施。

感应电动机是消耗无功最多的低压用电设备，故对于油田抽油机、矿山提升机、港口卸船机等厂矿企业的较大容量电动机，应该实施就地无功补偿，即随机补偿。与前三种补偿方式相比，随机补偿更能体现以下优点：

1）线损率可减少 20%；

2）改善电压质量，减小电压损失，进而改善用电设备启动和运行条件；

3）释放系统能量，提高线路供电能力。

由于随机补偿的投资大，确定补偿容量需要进行计算，且由于管理体制、重视不够和应用不方便等原因，目前随机补偿的应用情况和效果不理想。对随机补偿需加强宣传力度，增强节能意识，同时应针对不同用电设备的特点和需要，开发研制体积小、造价低、易安装、免维护的智能型用电设备无功补偿装置。

（5）随器补偿。配电变压器低压侧分散补偿，将电容器安装在需要补偿的配电变压器低压侧，主要补偿配电变压器的空载无功功率和漏磁无功功率。

配电变压器低压补偿是目前应用最普遍的补偿方法。由于用户的日负荷变化大，通常采用微机控制、跟踪负荷波动分组投切电容器补偿，总补偿容量在几十至几百千乏不等。目的是提高专用变压器用户功率因数，实现无功的就地平衡，降低配电网损耗和改善用户电压质量。

配电变压器低压无功补偿的优点是补偿后功率因数高、降损节能效果好。但由于配电变压器的数量多、安装地点分散，因此补偿工程的投资较大，运行维护工作量大，故要求厂家要尽可能降低装置的成本，提高装置的可靠性。

配电网的五种补偿方式并入电容器的位置如图 GYND00307001-2 所示。图中箭头代表负荷特别是电动机负荷。

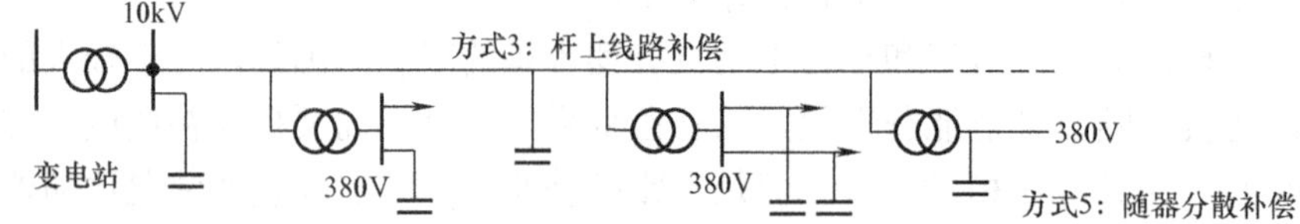

图 GYND00307001-2 配电网各种无功补偿方式示意图

根据以上常用无功补偿方案的分析、讨论，五种补偿方案的特点见表 GYND00307001-1。

表 GYND00307001-1 五种无功补偿方式的特点比较

补偿方式	变电站高压集中补偿	配电变压器低压集中补偿	配电线路固定补偿	用电设备随机补偿	随器补偿
补偿对象	变电站无功需求	配电变压器及用电设备无功需求	配电线路无功基荷	用电设备无功需求	配电变压器无功需求
降损范围	主变压器及输电网	配电变压器及输配电网	配电线路及输电网	整个输配电系统网	配电变压器
调压效果	较好	较好	较好	最好	较好
单位投资	较大	较大	较小	较大	较小
设备利用率	较高	较高	很高	较低	较高
维护方便性	方便	较方便	方便	不方便	较方便

【思考与练习】

1. 无功补偿的目的是什么？

2. 配电网有几种无功补偿方式？补偿的对象分别是什么？

模块2 无功补偿装置的容量选择及电气元件的配置（GYND00307002）

【模块描述】本模块包含三种确定无功补偿容量的计算方法和电气元件的配置等内容。通过概念描述、原理分析、公式解析、图解示意、计算举例、要点归纳，掌握补偿容量的计算和电气元件的选择。

【正文】

一、确定无功补偿容量的一般方法

确定补偿容量的方法是多种多样的，但其目的都是要提高配电网的运行指标。下面给出几种确定补偿容量的计算方法。

1. 从功率因数的提高数值确定补偿容量

当把电路功率因数从较低的 $\cos\varphi_1$ 提高到较高的 $\cos\varphi_2$ 时，所需并联电容器的补偿容量 Q_C 公式为

$$Q_C = P(\tan\varphi_1 - \tan\varphi_2) \qquad \text{(GYND00307002-1)}$$

式中 $\tan\varphi_1$——补偿前功率因数角的正切值；

$\tan\varphi_2$——补偿后功率因数角的正切值。

若计算所需并联电容器的电容量，则由式

$$Q_C = \frac{U^2}{X_C} = 2\pi fCU^2 \qquad \text{(GYND00307002-2)}$$

得

$$C = \frac{P(\tan\varphi_1 - \tan\varphi_2)}{2\pi fU^2} \qquad \text{(GYND00307002-3)}$$

【例 GYND00307002-1】某用户最大负荷月平均有功功率为 500kW，功率因数为 0.65，如将功率因数提高到 0.9，应装电容器的容量为多少？

解

$$Q_C = P(\tan\varphi_1 - \tan\varphi_2) = 500\times(1.169-0.484) = 342\ (\text{kvar})$$

2. 从降低线损需要来确定补偿容量

线损是电力网经济运行的一项重要指标，在网络参数一定的条件下，其与通过导线的电流平方成正比。

加装并联电容器后不会改变补偿前后的有功分量的大小，即

$$I_{1R} = I_{2R} \qquad \text{(GYND00307002-4)}$$

如图 GYND00307002-1 所示，补偿前的线路损耗为

$$\Delta P_1 = 3I_1^2R = 3\left(\frac{I_{1R}}{\cos\varphi_1}\right)^2 R \qquad \text{(GYND00307002-5)}$$

补偿后的线路损耗

$$\Delta P_2 = 3I_2^2R = 3\left(\frac{I_{2R}}{\cos\varphi_2}\right)^2 R \qquad \text{(GYND00307002-6)}$$

图 GYND00307002-1 无功补偿原理相量图

则补偿容量为

$$Q_C = \sqrt{3}U\Delta I_X = \sqrt{3}U(I_1\sin\varphi_1 - I_2\sin\varphi_2) = \sqrt{3}U\left(\frac{I_{1R}}{\cos\varphi_1}\sin\varphi_1 - \frac{I_{2R}}{\cos\varphi_2}\sin\varphi_1\right)$$

$$= \sqrt{3}UI_{1R}(\tan\varphi_1 - \tan\varphi_2) = P(\tan\varphi_1 - \tan\varphi_2) \qquad \text{(GYND00307002-7)}$$

3. 从提高运行电压需要来确定补偿容量

在配电线路的末端，运行电压较低，特别是重负荷、细导线的线路。加装补偿电容以后，可以提高运行电压，这就产生了按提高电压的要求选择多大的补偿电容比较合理的问题。此外，在网络电压正常的线路中，装设补偿电容时，网络电压的压升不能越限，为了满足这一约束条件，也必须求出补偿容量 Q_C 和网络电压增量之间的关系。

装设补偿电容以前，网络电压可用下式计算

$$U_1 = U_2 + \frac{PR + QX}{U_2} \qquad \text{（GYND00307002-8）}$$

设装设补偿电容后，电源电压不变，母线电压由 U_2 增加为 U_2'，则

$$U_1 = U_2' + \frac{PR + (Q - Q_C)X}{U_2} \qquad \text{（GYND00307002-9）}$$

所以

$$\Delta U = U_2' - U_2 = \frac{Q_C X}{U_2} \qquad \text{（GYND00307002-10）}$$

$$Q_C = \frac{U_2 \Delta U}{X}$$

式中 U_2'——投入电容后母线电压；

ΔU——投入电容后电压增量。

GYND00307002

【例 GYND00307002-2】一条 10kV 高压配电线路，线路总电抗 X=4Ω，末端电压只有 9500V，装 1000kvar 电容器后，电压可抬高多少？

解

$$\Delta U = \frac{Q_C X}{U_2} = \frac{1000 \times 4}{9500} = 0.421\text{（kV）}$$

即电压可抬高 421V。

【例 GYND00307002-3】某用户原来功率因数为 0.85，视在功率 S 为 1000kVA，年用电时间 T 为 3000h，收费按两部电价。试确定：若将功率因数提高到 0.95，计算需要的补偿电容器容量，补偿前需要支付的年费用。补偿装置单位投资为 150 元/kvar，不计补偿装置本身有功损耗，设投资回收率为 10%/年，计算补偿后的年效益。

解

（1）据已知条件，可计算补偿前

$$P = S\cos\varphi_1 = 1000 \times 0.85 = 850\text{（kW）}$$

（2）需要安装的补偿电容器容量

$$Q_C = P(\tan\varphi_1 - \tan\varphi_2) = 850 \times (0.62 - 0.33) = 246.5\text{（kvar）}$$

（3）补偿前需要支付的年费用：

1）基本电费：假定按最大负荷收取，设每千伏安收取的费用为 180 元/年，故有

$$F_{j1} = 180 \times 1000 = 18\text{（万元）}$$

2）电量电费：设每千瓦时为 0.4 元，故有

$$F_{d1} = 0.4 \times 850 \times 3000 = 102\text{（万元）}$$

3）补偿前一年总费用

$$F_{Z1} = F_{j1} + F_{d1} = 18 + 102 = 120\text{（万元）}$$

（4）补偿后需要支付的年费用和年效益：

1）补偿后的视在功率

$$S_b=(850+0.03Q_C)/0.95=(850+0.03\times246.5)/0.95=902.5\text{（kVA）}$$

2）补偿后基本电费

$$F_{j2}=180\times902.5=16.24\text{（万元）}$$

（5）电量电费

$$F_{d2}=0.4\times(850+0.03\times246.5)\times3000=102.88\text{（万元）}$$

（6）补偿装置折旧费

$$F_{zj}=150\times246.5\times10\%=0.37\text{（万元）}$$

（7）补偿后一年总费用为

$$F_{Z2}=F_{j2}+F_{d2}+F_{zj}=16.24+102.88+0.37=119.49\text{（万元）}$$

（8）安装无功补偿可获得的年效益

$$\Delta F=F_{Z1}-F_{Z2}=120-119.49=0.51\text{（万元）}$$

以上计算仅是从提高功率因数角度计算的效益，如计及降低输配电网损耗、功率因数调整电费，以及节约建设投资、改善电压质量等方面因素，其经济效益更加明显。

二、电气元件的配置

（一）接线方式

并联电容器无功补偿装置的接线方式有以下几种典型接线供选用。

1. 高压电容器组一次接线方式

高压电容器的一次接线方法较多，目前采用的有：单星形接线，如图 GYND00307002-2 所示；双星形接线，如图 GYND00307002-3 所示；单三角形接线，如图 GYND00307002-4 所示；双三角形接线，如图 GYND00307002-5 所示。而电容器的电压的规范也有多种，为了能适用于 3.2、6.6、10kV 电压等级的系统，需要采用不同接线。例如在 6.6kV 系统中，电容器额定电压为 6.6kV 时，采用单三角形或双三角形接线；额定电压为 3.15kV 时，采用两个电容器串联后的三角形接线。在 10kV 系统中，额定电压为 10kV 的电容器采用三角形接线，额定电压为 6.3kV 时采用星形接线。

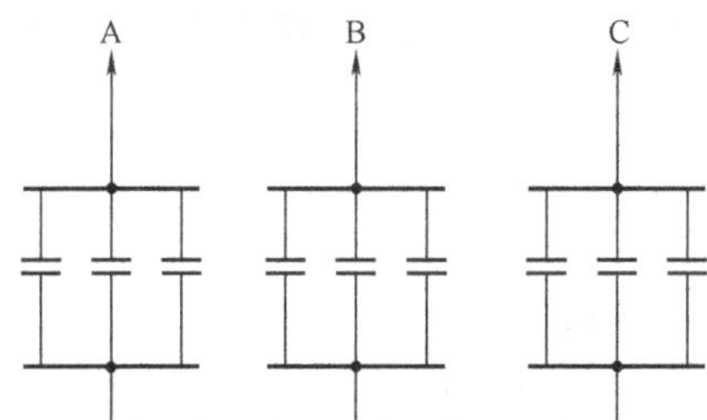

图 GYND00307002-2 单星形接线

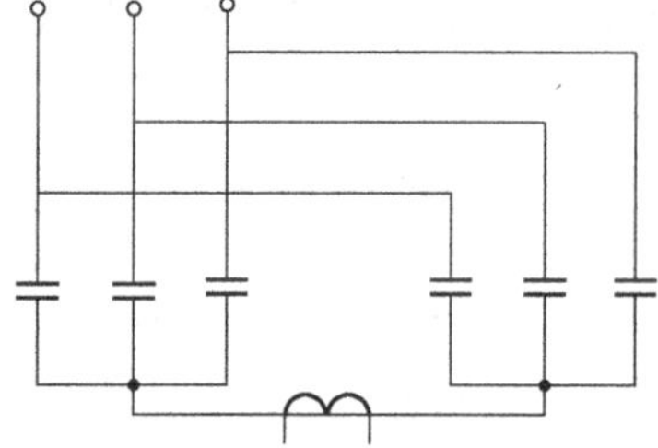

图 GYND00307002-3 双星形接线

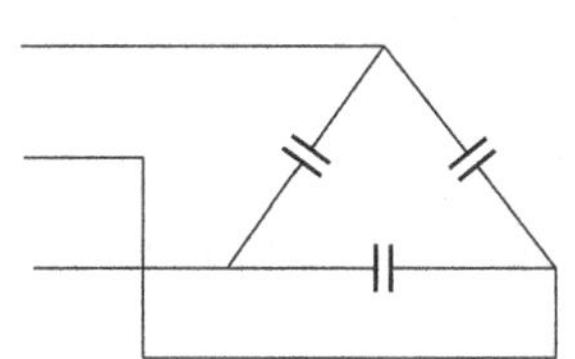

图 GYND00307002-4 单三角形接线

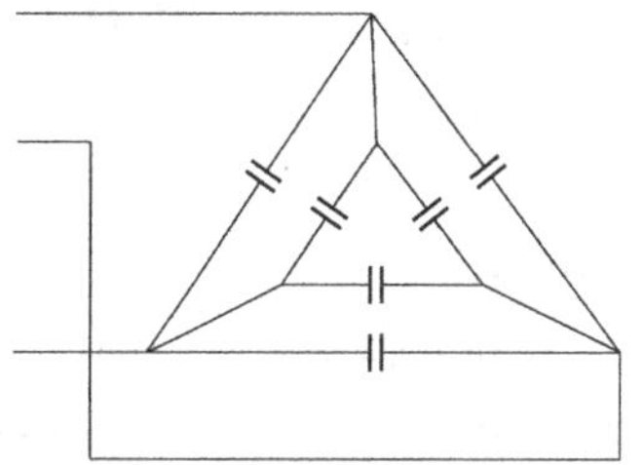

图 GYND00307002-5 双三角形接线

2. 低压电容器组的一次接线方式

采用分散补偿时，额定电压为 400V 的电容器接线有两种：

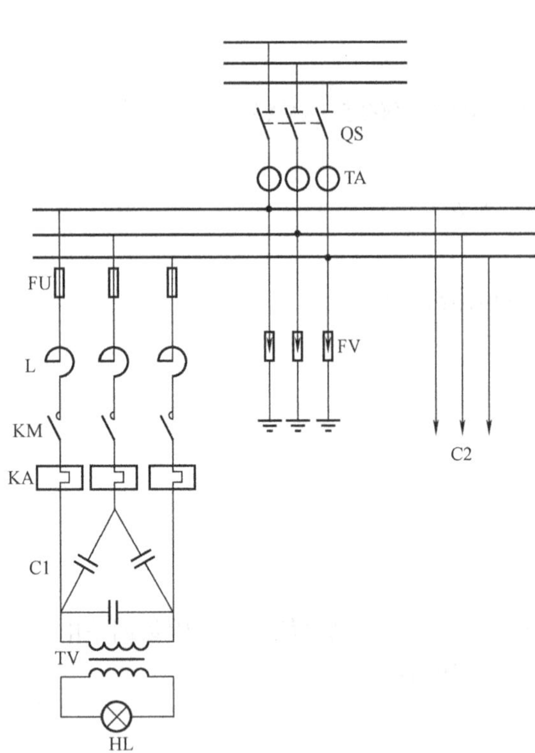

图 GYND00307002-6 低压电容器组的一次接线方式

（1）单独补偿时电容器直接连接至用电设备。

（2）带有放电电阻经过单独开关和熔断器，接线如图 GYND00307002-6 所示。

（二）各类电气元件配置

1. 高压补偿电气元件配置

高压并联电容器装置的分组回路，可采用高压电容器组与配套设备连接的方式，并装设下列配套设备：

（1）隔离开关、断路器或跌落式熔断器等设备。

（2）串联电抗器。

（3）操作过电压保护用避雷器。

（4）单台电容器保护用熔断器。

（5）放电器和接地开关。

（6）继电保护、控制、信号和电测量用一次设备及二次设备。

2. 低压补偿电气元件配置

低压并联电容器装置接线，宜装设下列配套元件：

（1）总回路刀开关和分回路交流接触器或功能相同的其他元件。

（2）操作过电压保护用避雷器。

（3）短路保护用熔断器。

（4）过载保护用热继电器。

（5）限制涌流的限流线圈。

（6）放电器件。

（7）谐波含量超限保护、自动投切控制器、保护元件、信号和测量表计等配套器件。

3. 说明

（1）当采用的交流接触器具有限制涌流功能和电容器柜有谐波超值保护时，可不装设相应的限流线圈和热继电器。

（2）串联电抗器宜装设于电容器组的中性点侧。当装设于电容器组的电源侧时，应校验动稳定电流和热稳定电流。

（3）当电容器配置熔断器时，每台电容器配一只跌落式熔断器，严禁多台电容器共用一只跌落式熔断器。

（4）当电容器的外壳直接接地时，熔断器应接在电容器的电源侧。

（5）当电容器装设于绝缘框（台）架上且串联段数为两段及以上时，至少应有一个串联段的熔断器接在电容器的电源侧。

（6）电容器组应装设放电器或放电元件。

（7）放电器宜采用与电容器组直接并联的接线方式。当放电器采用星形接线时，中性点不应接地。

（8）低压电容器组装设的外部放电器件，可采用三角形接线或不接地的星形接线，并直接与电容器连接。

（9）高压电容器组的电源侧和中性点侧，宜设置检修接地开关。

（10）高压并联电容器装置的操作过电压保护和避雷器接线方式，应符合相关规定。

（11）高压并联电容器装置的分组回路，宜设置操作过电压保护。

（12）当断路器仅发生单相重击穿时，可采用中性点避雷器接线方式，或采用相对地避雷器接线方式。断路器出现两相重击穿的概率极低时，可不设置两相重击穿故障保护。当需要限制电容器极间和电源侧对地过电压时，其保护方式应符合下列规定：

1）电抗率为 12%及以上时，可采用避雷器与电抗器并联连接和中性点避雷器接线的方式。

2）电抗率不大于 1%，可采用避雷器与电容器组并联连接和中性点避雷器接线的方式。

3）电抗率为 4.5%～6%时，避雷器接线方式宜经模拟计算研究确定。

（三）控制方式

无功补偿的控制方式指电容器的投切方式。高压并联电容器装置可根据其在电网中的作用、设备情况和运行经验选择自动投切或手动投切方式，并应符合下列规定：

（1）兼作电网调压的并联电容器装置，可采用按电压、无功功率及时间等组合条件自动投切。

（2）变电站的主变压器具有有载调压装置时，可采用对电容器组与变压器分接头进行综合调节的自动投切。

（3）除上述之外，变电站的并联电容器装置，可分别采用按电压、无功功率（电流）、功率因数或时间为控制量的自动投切。

（4）高压并联电容器装置，当日投切不超过 3 次时，宜采用手动投切。

（5）低压并联电容器装置应采用自动投切。自动投切的控制量可选用无功功率、电压、时间、功率因数。

（6）自动投切装置应具有防止保护跳闸时误合电容器组的闭锁功能，并根据运行需要应具有控制、调节、闭锁、联络和保护功能，应设置改变投切方式的选择开关。

（7）并联电容器装置，严禁设置自动重合闸。

【思考与练习】

1. 写出无功补偿容量的几种计算方法的计算公式。
2. 画出低压电容器组一次接线。
3. 画图说明高压并联补偿电力电容器的常用接线方式。

模块 3 无功补偿装置安装与调试（GYND00307003）

【模块描述】本模块包含无功补偿装置的安装与调试。通过对安装、调试的介绍，掌握无功补偿装置的接线和调试方法。

【正文】

一、作业内容

本部分作业内容主要是以电容器为核心的无功补偿装置的安装与调试，包括无功补偿装置的接线和主要元件安装调试方法、注意事项等。

二、危险点分析与控制措施

电力电容器是充油设备，安装、运行或操作不当可能着火甚至发生爆炸，电容器的残留电荷还可能对人身安全构成直接威胁。

（1）电容器及其附件的试验调整和电容器器身检查结果，必须符合规范要求。

（2）电容器器身不得有损坏及渗油，瓷件无裂纹，瓷釉无损伤。

（3）登高作业，严格执行登高作业规范。

（4）安装前或者送电试验后电力电容器有剩余电荷，必须可靠放电。

三、作业前准备

1. 材料准备

并联补偿电力电容器安装施工时，首先要做好设备材料的准备，开箱验收等。其中除检验电容器主设备外，对电容器安装材料、接线材料等也应逐一检查。内容如下：

（1）电容器应装有铭牌，注明制造厂名、额定容量、接线方式、电压等级等技术数据。备件应齐全，并有产品合格证及技术文件。

（2）容量规格及型号必须符合设计要求。

（3）电容器及其他电气元件外表无锈蚀及损坏现象。套管芯线棒应无弯曲及滑扣现象，引出线端附件齐全，压接紧密。外壳无缺陷及渗油现象。

（4）安装用的型钢应符合设计要求，并无明显锈蚀，螺栓均应采用镀锌螺栓。

（5）材料均应符合设计要求，并有产品合格证。

2. 主要机具和工作准备

（1）安装机具：手推车、电钻、砂轮、电焊机、气焊工具、压线钳子、扳手等。

（2）测试工具：钢卷尺、钢板尺、塞尺、绝缘电阻表、万用表、卡钳电流表。

（3）施工图纸及技术资料齐全。

（4）土建工程基本施工完毕，地面、墙面全部完工，标高、尺寸、结构及预埋件均符合设计要求。

（5）屋顶无漏水现象，门窗及玻璃安装完整，门加锁，场地清扫干净，道路畅通。

四、操作步骤、质量标准

1. 基础制作安装或框架制作安装

（1）成套电容器框组安装前，应按设计要求做好型钢基础。

（2）组装式电容器安装前应先按图纸要求做好框架，电容器可分层安装，一般不超过3层，层间不应加设隔板。电容器的构架应采用非可燃材料制成，构架间的水平距离不小于0.5m，下层电容器的底部距地不应小于0.3m，电容器的母线对上层构架的距离不应小于20cm。每台电容器之间的距离按说明书和设计要求安装，如无要求时不应小于50mm。

（3）基础型钢及构架必须按要求刷漆和做好接地。

2. 电容器二次搬运

（1）电容器搬运时应轻拿轻放。

（2）注意保护瓷绝缘子和壳体不受任何机械损伤。

3. 电容器安装

（1）电容器通常安装在专用电容器室内，不应安装在潮湿、多尘、高温、易燃、易爆及有腐蚀气体的场所。

（2）电容器的额定电压应与电网电压相符，一般应采用三角形连接。

（3）电容器组应保持三相电流平衡，三相不平衡电流不大于5%。

（4）电容器必须有放电环节，以保证停电后迅速将储存的电能放掉。

（5）电容器安装时铭牌应向通道一侧。

（6）电容器的金属外壳必须有可靠接地。

4. 连线

（1）电容器连接线应采用软导线，接线应对称一致、整齐美观，线端应加线鼻子，并压接牢固可靠。

（2）电容器组用母线连接时，不要使电容器套管（接线端子）受机械应力，压接应严密可靠，母线排列整齐，并刷好相色。

（3）电容器组控制导线的连接应符合盘柜配线和二次回路配线的要求。

5. 送电前的检查

（1）绝缘测量。1kV以下电容器应用1000V绝缘电阻表测量，3～10kV电容器应用2500V绝缘电阻表测量，并做好记录。测量时应注意方法，以防电容放电烧坏绝缘电阻表，测量完后要进行放电。

（2）耐压试验。电力电容器送电前应作交接试验。交流耐压试验标准见表GYND00307003-1。

表GYND00307003-1　　电力（移相）电容交流耐压试验标准

额定电压（kV）	<1	1	3	6	10
出厂试验电压（kV）	3	5	18	25	35
交接试验电压（kV）	2.2	3.8	14	19	26

（3）电容器外观检查无损坏及漏油、渗油现象。

（4）连线正确可靠。

（5）各种保护装置正确可靠。

（6）放电系统完好无损。

（7）控制设备完好无损，动作正常，各种仪表校对合格。

（8）自动功率因数补偿装置调整好（用移相器事先调整好）。

6. 竣工验收、送电运行验收

（1）冲击合闸试验：对电力电容器组进行 3 次冲击合闸试验，无异常情况，方可投入运行。

（2）正常运行 24h 后，应办理验收手续，移交甲方验收。

（3）验收时应移交以下技术资料：

1）设计图纸及设备附带的技术资料。

2）设计变更洽商记录。

3）设备开箱检查记录。

4）设备绝缘测量及耐压试验记录。

5）安装记录及调试记录。

7. 应具备的质量记录

（1）设备材料进货检验记录。

（2）产品合格证。

（3）绝缘测量记录。

（4）交接试验报告单。

（5）设计变更洽商记录。

（6）分项工程质量评定记录。

五、无功补偿装置的调试及注意事项

一些较大乡镇用户变配电所，集中装设补偿电容器柜，在补偿电容装置的调试与维护上需注意以下几点：

1. 系统供电电压对电容器的影响

电容器的无功功率与供电电压的平方成正比，若供电电压低于电容器的额定值，将会增加电容器的损耗，缩短其使用寿命。因此国家标准规定，电容器长时间允许运行电压不得超过其额定电压的 1.1 倍，如果超过 1.1 倍，电容器应退出运行。目前电容柜上安装的 ABB 功率因数调节器，都具备这种过电压保护功能，运行时应经常对其过电压保护动作值进行监测，如不合适，需及时给予适当调整。

2. 监视电容器组的运行电流

每台电容器在其铭牌上都标有额定电压值。当系统供电电压值为额定值时，电容器的运行电流也应为额定值。如果偏离额定值较多、三相不平衡时，就要进行检查和分析：

（1）电流值偏小是供电电压较低，还是电容器组中部分电容器存在故障。

（2）电流值偏大是供电电压偏高，还是系统中高次谐波的影响。

（3）三相电流不平衡多数是电容器组中部分电容有故障，可用钳型电流表逐只进行检查。

（4）电流值大大超过额定值，电流表指针不规则地上下大幅度摆动，多数是电容器与系统中某高次谐波产生并联谐振，使电容器在谐波状态下严重过负荷。

针对以上电流表的异常情况，应采取相应的措施，以防止不正常事态的进一步扩大。

3. 减少投切振荡概率

投切振荡是指电容器组中反复不间断地投入和切除这样一种不稳定的运行状态，元器件频繁通断，会加速老化，缩短使用寿命，因此运行时应尽可能地减少其投切概率。它的形成主要有以下两方面原因：

（1）当系统运行在某种状态时，投入一组电容器后，系统就形成过补偿。如此反复投切，使得系统中负载功率因数发生变化并满足工作的条件后，才停止投切。对此可采取以下的两种方法来缓解：

1）选择合适的无功功率自动补偿器。目前常用方式有两种：一种是 $\cos\varphi$ 值，不论系统中负荷值多少，只要 $\cos\varphi$ 值高出或低于设定值，自动补偿仪即发出“投入”或“切除”的指令；另一种是按系统中感性负荷值的大小作为采样点，如果系统中的感性负荷小于补偿仪的设定值，此时系统中虽然

$\cos\varphi$较低，补偿仪也不会发出“投入”指令，可适当减少投切概率。

2）将电容器等容分组改为不等容分组。目前大多数电容屏均为等容组，即每相组电容器的容量是相等的。如果将其中一组电容的容量减少，或者原额定容量相等而额定电压 400V 等级的电容器改为额定容量相等而额定电压为 500V 等级的电容器作降容使用（降压后的容量为原额定容量的 64%），也能减少投切概率。

（2）过电压引起的投切振荡。当电源电压上升到补偿仪过电压动作值时，使原来投入的电容器逐只切除；当电源电压低于该设定值时，过电压保护又退出工作。补偿器过电压保护动作值一般整定在 436～438V 为宜，且返回值也不能太高。两者之间的差值称为回差，回差电压一般为 6V 左右。如回差电压太小，也容易造成投切振荡。运行时可根据系统运行电压来核对过电压保护整定值和回差电压值是否合适。

4. 应具备可靠的放电回路

无论哪种形式的电容柜，都必须具备可靠的放电回路。如果电容器组脱离系统电源后，没有可靠的放电回路，当该电容器组再次投入时，则可能使电容器承受较高的叠加电压，由此而受到损害；同时，产生很大的合闸冲击电流，容易损坏有关电气设备。当操作人员采用手动投切时，不能可靠地将剩余电荷回放到安全的范围；并且内部电阻是否完好，也难以检查。因此，应在每台电容器上并联 3 只信号灯，既指示放电回路，又可作投切指示。

5. 掌握正确的操作方法

（1）当采用手动操作时，投切速度不能太快，要保证有足够的放电时间。

（2）副柜同样有选择自动和手动两种运行方式的切换开关。要求副柜随主柜同步自动投切，在主柜投运前（或在主柜电容器组大部分切除），将副柜转换开关预先操作在自动工作的位置上，要尽可能避免主柜电容器组大部分投入的情况下，将副柜切换开关由手动或停止转向自动，以避免较大的电流对系统造成冲击，损坏设备。

6. 防止高次谐波对电容器的危害

电网中的高次谐波源主要来自非线性负荷，如电网中的晶闸管整流装置、变压器铁芯非线性饱和以及电弧炉变频器等。高次谐波对电容器的危害很大，首先使电容器过电流、发热、增加损耗，导致介质绝缘性能下降，最后造成内部击穿；同时可能形成电流谐振，一旦产生电流谐振，将使大批电容器过电流、熔断器熔断或导致爆炸事故。防止高次谐波对电容器的危害，可从以下两方面采取措施：

（1）电容器串联电抗器。根据测定分析，系统中出现的高次谐波成分，随负载性质和状态的变化而不同。根据有关资料分析，通常抑制 5 次谐波，可在电容器组串联电抗器，其基波电抗值为电容器基波容抗值的 5%～6%。

（2）提高电容器组的额定工作电压，以提高电容器的绝缘介质强度。例如将额定电压 500V 的电容器用在 400V 的电源上。

7. 监视电容器的温升

电容器在正常运行时的温升不会很高，一般不超过 20K。如果手摸其外壳，感到微温，那是正常的；如果外壳很烫手，那肯定内部存在故障，应停电退出运行。

8. 加强日常维护

（1）定期对设备进行停电清扫，并紧固一、二次回路螺钉。

（2）定期检查仪表指示是否正常，回路连接部分和主要元器件是否有过热的现象，是否有不正常的噪声，放电回路是否完好，如发现问题应及时处理。

【思考与练习】

1. 电容器安装送电前的检查项目有哪些？
2. 电容器安装竣工验收项目有哪些？
3. 电容器运行时，电流表可能有哪些指示异常？应如何处理？
4. 防止高次谐波对电容器的危害可以采用什么措施？

模块 4　无功补偿后用户计算负荷的确定（GYND00307004）

【模块描述】本模块包含无功补偿后有关负荷容量变化的计算。通过实际算例计算无功补偿后无功功率和视在功率的变化情况，客观理解和把握无功补偿的经济意义。

【正文】

一、提高功率因数所需的补偿容量

设配电网的平均有功功率为 P_{av}，补偿前的功率因数为 $\cos\varphi_1$，补偿后的功率因数为 $\cos\varphi_2$，则所需的补偿容量 Q_C 的计算公式为

$$Q_C = P_{av}(\tan\varphi_1 - \tan\varphi_2) \qquad \text{(GYND00307004-1)}$$

若要求将功率因数由 $\cos\varphi_1$ 提高到 $\cos\varphi_2$ 而小于 $\cos\varphi_3$，则补偿容量 Q_C 的范围为

$$P_{av}(\tan\varphi_1 - \tan\varphi_2) \leqslant Q_C \leqslant P_{av}(\tan\varphi_1 - \tan\varphi_3) \qquad \text{(GYND00307004-2)}$$

二、无功补偿后的有关电量变化的计算

功率因数从 $\cos\varphi_1$ 提高到较高的 $\cos\varphi_2$ 时有关电量的变化情况分析如下。

（1）设备容量的节省为

$$\Delta S = P_{av}\left(\frac{1}{\cos\varphi_1} - \frac{1}{\cos\varphi_2}\right) \qquad \text{(GYND00307004-3)}$$

（2）补偿后线路损耗的降低数值。为方便计算补偿后线路损耗的减少值，引入无功经济当量概念。无功经济当量 λ 的意义是线路投入单位补偿容量时，有功损耗的减少值，即

$$\lambda = \frac{\Delta P_L}{Q_C} = \frac{P_Q}{Q}\left(2 - \frac{Q_C}{Q}\right) = \beta_Q\left(2 - \frac{Q_C}{Q}\right) \qquad \text{(GYND00307004-4)}$$

$$a = Q_C / Q$$

式中　ΔP_L——线路有功损耗的减少值；

P_Q——无功功率 Q 通过线路时，由线路电阻 R 所引起的损耗；

β_Q——单位无功功率通过线路时，由线路电阻 R 所引起的损耗；

a——补偿容量与补偿后电路无功功率的比值，也即相对降低值，称为补偿度。

由式（GYND00307004-4）可见，当补偿度 a 很低时，无功经济当量 $\lambda = 2\beta_Q$，当补偿容量很大时，补偿度 a 约等于 1，当功率因数较高时，无功经济当量 $\lambda = \beta_Q$。因此，补偿容量越大，对减少有功功率的作用变小，也就是说，并非补偿容量越大越经济，补偿容量选取多大合适，关键要看功率因数要提高到什么程度最有利，这要通过技术经济比较确定。

（3）补偿后变压器损耗的降低。设变压器的短路电压百分值为 U_K（%），无功经济当量为λ，则变压器的有功功率节省值为

$$\begin{aligned}\Delta P_B &= \left(\frac{S_1}{S_N}\right)^2 (P_K + \lambda Q_K) - \left(\frac{S_2}{S_N}\right)^2 (P_K - \lambda Q_K) \\ &= \left(\frac{P_{av}}{S_N}\right)^2 \left(\frac{1}{\cos^2\varphi_1} - \frac{1}{\cos^2\varphi_2}\right)(P_K - \lambda Q_K)\end{aligned} \qquad \text{(GYND00307004-5)}$$

式中　P_K——变压器短路损耗；

Q_K——变压器的无功损耗，其与短路电压百分值有关。

$$Q_K = U_K(\%)\ S_N \times 10^{-2} \qquad \text{(GYND00307004-6)}$$

式中　S_N——变压器额定容量。

（4）补偿后电容器增加的有功功率损耗值。采用电力电容进行无功补偿时，电力电容器本身也要

消耗有功功率，这是由于介质的泄漏和损耗引起的，其数值与其介质损耗 $\tan\delta$ 成正比。

设电容器的补偿容量为 Q_C，介质损耗为 $\tan\delta$（一般取 0.004），则

$$\Delta P_S = Q_C \tan\delta \approx 0.004Q_C \quad \text{（GYND00307004-7）}$$

式中 ΔP_S——补偿后电容器增加的有功率损耗值，kW。

（5）增设电容器后的节电效果。增设电容器后总共节省的无功电量和有功电量分别计算如下

总共节省的无功电量 ΔW_Q = 年运行时间×总节省无功功率 （GYND00307004-8）

总共节省的有功电量 ΔW_P = 年运行时间×总节省有功功率 （GYND00307004-9）

（6）补偿后的经济效益。节省电费为

节省电费=补偿前应支付电费-补偿后应支付电费 （GYND00307004-10）

三、节电效果和经济效益分析举例

【例 GYND00307004-1】 图 GYND00307004-1 给出某 10kV 配电变压器低压侧集中补偿的接线图，各出线的参数和设备容量见表 GYND00307004-1，今欲将功率因数提高到 0.97～0.98，试计算确定无功补偿容量、分组方式，并分析补偿后的节电情况。

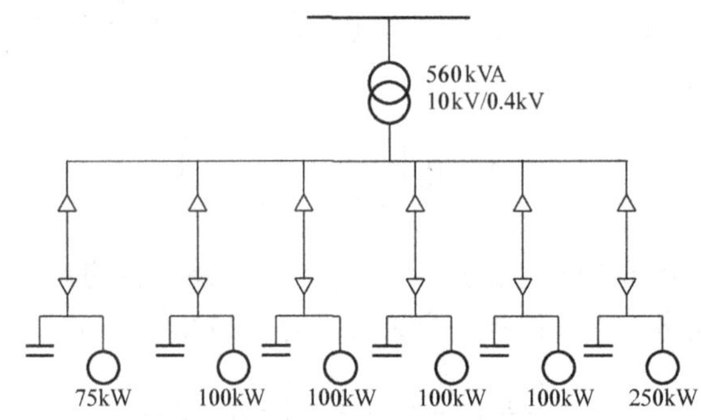

图 GYND00307004-1 某 10kV 配电变压器低压侧集中补偿集中接线

已知 560kVA 配电变压器的短路损耗 $P_K = 9.4$kW，短路电压百分值 U_K（%）= 4.49，短路无功损耗 $Q_K = 25$kvar。该用户每天满荷运行 16h，轻载运行 8h，一年按 350 天计算。

补偿装置投资为 60 元/kvar，按每年 20%比例回收。

表 GYND00307004-1 **出线参数及设备容量**

负载	数量（台）	设备容量（kW）	负荷系数	平均功率（kW）	平均功率因数	总平均功率（kW）	总平均功率因数	轻载有功功率（kW）	轻载功率因数
电动机	3	3×100	0.8	240	0.87	475	0.84	150	0.8
电动机	1	75	0.75	60	0.86				
各种设备	38	350	0.5	175	0.8				

解 （1）求补偿电容器的容量 Q_C

$$\cos\varphi_1 = 0.84,\ \tan\varphi_1 = 0.645$$

$$\cos\varphi_2 = 0.97,\ \tan\varphi_2 = 0.246$$

$$\cos\varphi_3 = 0.98,\ \tan\varphi_3 = 0.203$$

轻载时

$$\cos\varphi_4 = 0.8,\ \tan\varphi_4 = 0.75$$

根据补偿要求可知，补偿电容的容量 Q_C 范围为

$$P_{av}(\tan\varphi_1 - \tan\varphi_2) \leqslant Q_C \leqslant P_{av}(\tan\varphi_1 - \tan\varphi_3)$$

所以有

$$475\times(0.645-0.246) \leqslant Q_C \leqslant 475\times(0.645-0.203)$$

即

$$188\text{kvar} \leqslant Q_C \leqslant 210\text{kvar}$$

（2）电容器分组与配置。因为负荷是经常变化的，所以需要根据实际的负荷投入情况进行电容器的手动或自动投切，因此应将补偿电容器按负荷的变化情况进行分组配置。配置的方法是首先将轻载负荷下所需的补偿容量 Q_g 固定下来，其余补偿容量作为可调整部分进行配置。

1）轻载时的固定补偿容量 Q_g 为

$$Q_g \leqslant P_{min}(\tan\varphi_4 - \tan\varphi_3) = 150\times(0.75-0.203) = 82\ (\text{kvar})$$

2）可调电容器的容量 Q_t 计算如下。

因为

$$\frac{P_{av}}{\sqrt{P_{av}^2+Q_t^2}} = \cos\varphi_3$$

$$Q_t = \left(\frac{P_{av}}{\cos\varphi_3}\right)^2 - P_{av}^2 = \left(\frac{475}{0.98}\right)^2 - 475^2 = 96\text{（kvar）}$$

因为补偿的最大容量为210kvar，固定部分为82kvar，所以固定部分可取 3×2×14 = 84（kvar），可调部分可取 3×2×14＝84（kvar）和 3×14＝42（kvar），这样可根据负荷变化需要，投入不同的组数，保证功率因数在0.98左右。

（3）补偿后节电效益分析。

1）补偿后功率节省值，为

$$\Delta S = P_{av}\left(\frac{1}{\cos\varphi_1} - \frac{1}{\cos\varphi_3}\right) = 475\times\left(\frac{1}{0.84} - \frac{1}{0.98}\right) = 80\text{（kvar）}$$

变压器满载时有功损耗节省值为

$$\Delta P_{B1} = \left(\frac{P_{av}}{S_N}\right)^2\left(\frac{1}{\cos^2\varphi_1} - \frac{1}{\cos^2\varphi_3}\right)P_K$$

$$= \left(\frac{475}{560}\right)^2\left(\frac{1}{0.84^2} - \frac{1}{0.98^2}\right)\times 9.4 = 2.543\text{（kW）}$$

变压器满载时无功损耗节省值

$$\Delta Q_{B1} = \left(\frac{P_{av}}{S_N}\right)^2\left(\frac{1}{\cos^2\varphi_1} - \frac{1}{\cos^2\varphi_3}\right)Q_K$$

$$= \left(\frac{475}{560}\right)^2\left(\frac{1}{0.84^2} - \frac{1}{0.98^2}\right)\times 25 = 6.802\text{（kvar）}$$

变压器在轻载时有功损耗节省值为

$$\Delta P_{B2} = \left(\frac{P_{min}}{S_N}\right)^2\left(\frac{1}{\cos^2\varphi_4} - \frac{1}{\cos^2\varphi_3}\right)P_K$$

$$= \left(\frac{150}{560}\right)^2\left(\frac{1}{0.8^2} - \frac{1}{0.98^2}\right)\times 9.4 = 0.352\text{（kW）}$$

变压器在轻载时无功损耗节省值为

$$\Delta Q_{B2} = \left(\frac{P_{min}}{S_N}\right)^2\left(\frac{1}{\cos^2\varphi_4} - \frac{1}{\cos^2\varphi_3}\right)Q_K$$

$$= \left(\frac{150}{560}\right)^2\left(\frac{1}{0.8^2} - \frac{1}{0.98^2}\right)\times 25 = 0.43\text{（kW）}$$

2）补偿后电容器的有功功率损耗计算如下：

补偿电容器全投入时

$$\Delta P_{S1}=Q_C\tan\delta\approx0.004Q_C=210\times10^3\times0.004=0.84\text{（kW）}$$

轻载固定补偿时

$$\Delta P_{S2}=Q_g\tan\delta\approx0.004Q_g=84\times10^3\times0.004=0.336\text{（kW）}$$

3）增设电容器后的节电效果如下：

节省有功电量为

$$\Delta W_P=350\times16\times(2.534-0.84)+350\times8\times(0.352-0.336)=9576\text{（kWh）}$$

节省无功电量为

$$\Delta W_Q=350\times16\times6.68+350\times8\times0.94=36\,691\text{（kvarh）}$$

节省综合电量为

$$\Delta W_S=350\times16\times(2.53+\lambda6.802-0.84)+350\times8\times(0.352+\lambda0.94-0.336)=13\,692\text{（kWh）}$$

若电价按 0.3 元/kWh 计算，则每年可节约电费为

$$13\,692\times0.3=4107.6\text{（元）}$$

每年投入无功补偿装置折旧费为

$$60\times210\times0.2=2520\text{（元）}$$

因此每年节省的费用为

$$4107.6-2520=1587.6\text{（元）}$$

【思考与练习】

1. 无功补偿后的节电效果应考虑哪些因素？

2. 一输电线路，有功负荷为 600kW，功率因数为 0.6，现若提高到 0.96，需补偿多少容量的无功？如其无功经济当量为 0.1，则该线路补偿后可节电多少千瓦·时？（设该线路的负载率 24 小时均为 100%，电容器损耗不计）？

模块 5　电力用户功率因数要求（ZY3300101001）

【模块描述】本模块包含功率因数的基本概念、功率因数对供配电系统的影响、功率因数调整电费管理办法等内容。通过概念描述、术语说明、公式介绍、条文解释、要点归纳，熟悉对电力用户功率因数的要求。

【正文】

一、功率因数概述

在交流电路中，电压与电流之间的相位差（φ）的余弦叫做功率因数，用 $\cos\varphi$ 表示，在数值上，功率因数是有功功率和视在功率的比值，即 $\cos\varphi=P/S$。

功率因数的大小与电路的负荷性质有关，是电力系统的一个重要的技术数据，也是衡量电气设备效率高低的一个系数。功率因数低，说明电路用于交变磁场转换的无功功率大，从而降低了设备的利用率，增加了线路供电损失。所以，供电部门对用电单位的功率因数有一定的标准要求。

一台用电设备（如电动机），其铭牌上标出的功率因数是指额定负载下的功率因数值。一个车间或一个企业用电负荷的功率因数是随着负荷性质的变化及电压的波动而变动的，为此应采取措施改善企业的功率因数。

1. 瞬时功率因数

瞬时功率因数的数值可由功率因数表（又叫相位计）随时直接读出，或者根据电流表、电压表及有功功率表在同一个时间的读数 I、U、P 代入下式求得

$$\cos\varphi=\frac{P}{\sqrt{3}UI}\qquad\text{（ZY3300101001-1）}$$

观察瞬时功率因数的变化情况可借以分析及判断企业或者车间在生产过程中无功功率的变化规

律，以便采取相应的补偿措施。

2. 月平均功率因数

根据有功电能表和无功电能表记载每月用电量，可计算月平均功率因数，即

$$\cos\varphi=\frac{W_a}{\sqrt{W_a^2+W_r^2}} \quad \text{(ZY3300101001-2)}$$

式中　W_a、W_r——有功电能表和无功电能表的月积累值，单位分别为 kW 和 kvar。

如果企业尚未投产，企业的平均功率因数可通过计算负荷求得，即

$$\cos\varphi=\frac{\alpha P_{ca}}{\sqrt{(\alpha P_{ca})^2+(\beta Q_{ca})^2}}=\frac{1}{\sqrt{1+\left(\frac{\beta Q_{ca}}{\alpha P_{ca}}\right)^2}} \quad \text{(ZY3300101001-3)}$$

式中　α、β——有功与无功月平均负荷系数，通常取 $\alpha=0.7\sim0.8$，$\beta=0.76\sim0.82$；

P_{ca}、Q_{ca}——有功与无功计算负荷。

月平均功率因数是电业部门每月征收电费时，作为调整收费标准的依据。

3. 自然功率因数

凡未装设任何补偿装置时的功率因数称为自然功率因数。自然功率因数分瞬时功率因数和月平均功率因数两种。

4. 总功率因数

企业装设人工补偿装置后，车间或企业月平均总功率因数同样分为瞬时值和月平均值两种。

当装设补偿装置后，车间或企业月平均总功率因数可由下式求得

$$\cos\varphi=\frac{W_a}{\sqrt{W_a^2+(W_r-W_c)^2}}=\frac{1}{\sqrt{1+\left(\frac{W_r-W_c}{W_a}\right)^2}} \quad \text{(ZY3300101001-4)}$$

或

$$\cos\varphi=\frac{1}{\sqrt{1+\left(\frac{\beta Q_{ca}-Q_c}{\alpha P_{ca}}\right)^2}} \quad \text{(ZY3300101001-5)}$$

式中　W_c——补偿装置所补偿的无功电能，kvar·h；

Q_c——补偿装置所补偿的无功功率，kvar。

二、功率因数对供配电系统的影响

在供电系统中，绝大多数电气设备如变压器、电动机、感应电炉等均属于感性负荷。这些电气设备在运行中不仅消耗有功功率 P，而且消耗相当数量的无功功率 Q。如果无功功率过大会使供电系统的功率因数过低，从而给电力系统带来下列不良影响：

（1）增大线路和变压器的功率和电能损耗。如果功率因数小，在 P 一定时，则线路（或变压器）的功率损耗和电能损耗也随之增大。

（2）使网络中的电压损失增大，造成供电质量降低。在 P 一定时，无功功率增大（即功率因数降低），必然引起电网电压损失随之增加，供电电压质量下降。

（3）使供电设备的供电能力降低。供电设备的供电能力（容量）是一定的，由于有功功率 $P=S\cos\varphi$，功率因数越低，一定容量的供电设备所能供给的有功功率就越小，于是使供电设备的供电能力有所降低。

从上面的分析得知，电感设备耗用的无功功率越大，功率因数就越低，引起的后果也越严重。不论是从节约的电能、提高供电质量，还是从提高供电设备的供电能力出发，都必须采取补偿无功功率的措施来改善功率因数。

GB 3485—1998《评价企业合理用电技术导则》规定：企业应在提高自然功率因数的基础上，合理装置无功补偿设备，企业的功率因数应达到 0.9 以上。

三、功率因数调整电费管理办法

（1）按月考核加权平均功率因数，分为以下三个不同级别。级别划分一般按客户用电性质、供电方式、电价类别及用电设备容量等因素来完成。

1）功率因数考核标准值为 0.90 的适用于：以高压供电，其受电变压器容量与不经过变压器接用的高压电动机容量总和在 160kVA（kW）以上的工业客户；3200kVA（kW）及以上的电力排灌站；装有带负荷调整电压装置的电力客户。

2）功率因数考核标准值为 0.85 的，适用于 100kVA（kW）及以上的其他工业客户和 100kVA（kW）及以上的非工业客户和电力排灌站，以及大工业客户中未划归电力企业经营部门直接管理的趸售客户。

3）功率因数考核标准值为 0.8 的，适用于 100kVA 及以上的农业客户中和大工业客户划归电力企业经营部门直接管理的趸售客户。

（2）对于个别情况可以降低考核标准或不予考核。对于不需要增设无功补偿设备，而功率因数仍能达到规定标准的客户，或离电源较近、电能质量较好、无需进一步提高功率因数的客户，都可以适当降低功率因数标准值，也可以经省、自治区、直辖市级电力经营企业批准，报上一级电力经营企业备案后，不执行功率因数调整电费办法。

对于已批准同意降低功率因数标准的客户，如果实际功率因数高于降低后的标准时，不予减收电费。但低于降低后的标准时，则按增收电费的百分数办理增收电费。

凡实行功率因数调整电费的客户，应装有带防盗装置的无功电能表，按客户每月实用有功电量和无功电量计算月考核加权平均功率因数；凡装有无功补偿设备且有可能向电网倒送无功电量的客户，应随其负荷和电压变动及时投、切部分无功补偿设备，电力部门应在计量点加装带有防倒装置的反向无功电能表，按倒送的无功电量与实用无功电量两者绝对值之和计算月平均功率因数。

【思考与练习】

1. 什么是功率因数？
2. 功率因数过低对供电系统有何影响？
3. 对不同客户的功率因数考核有哪些要求？
4. 名词解释：

（1）瞬时功率因数；（2）月平均功率因数；（3）自然功率因数；（4）总功率因数。

模块6 提高功率因数的方法（ZY3300101002）

【模块描述】本模块包含提高功率因数的意义、低压网无功补偿的一般方法等内容。通过概念描述、术语说明、公式介绍、计算举例，掌握提高功率因数的方法。

【正文】

一、功率因数对供配电系统的影响

在供电系统中，由于绝大多数的用电设备均属于感性负荷，这些用电设备在运行时除了从供电系统取用有功功率外，还取用相当数量的无功功率。有些生产设备（如轧钢机、电弧炉等）在生产过程中还经常出现无功冲击负荷，这种冲击负荷比正常取用的无功功率可能增大 5～6 倍。从电路理论知道，无功功率的增大使供电系统的功率因数降低。功率因数降低给供电系统带来下述不良影响。

1. 网络中功率耗损增大

以一回线路为例，设该线路每相导线的电阻为 R（Ω），线电流为 I（A），则该线路的功率损耗为

$$\Delta P = 3I^2R\times10^{-3} = \left(\frac{P^2}{U_N^2}+\frac{Q^2}{U_N^2}\right)R\times10^{-3} \quad (\text{kW}) \qquad (\text{ZY3300101002-1})$$

损耗中的后一项表示由于输送无功功率而引起的有功损耗。当企业需用的有功功率 P 一定时，无功功率 Q 越大，则网络中的功率损耗就越大。如果按需用有功功率 P 一定，将耗损计算公式换写为

$$\Delta P = 3I^2R\times10^{-3} = \frac{P^2R\times10^{-3}}{U_N^2\cos^2\varphi} \quad (\text{kW}) \qquad (\text{ZY3300101002-2})$$

由式（ZY3300101002-2）可以看出，当线路的额定电压和输送的有功功率 P 均为定值时，则线路的有功损耗与功率因数的平方成反比，功率因数越低，线路功率损耗越大。

2. 网络中电压损失增大

由供电线路的电压损失基本计算公式可以看出

$$\Delta U = \frac{PR + QX}{U_N} \quad (V) \qquad (ZY3300101002\text{-}3)$$

当功率因数越低时，说明通过线路的无功功率 Q 越大，则线路电压损耗将越大，从而使用电设备的电压偏移增大，供电质量下降。

3. 降低供电设备的供电能力，提高电能成本

供电设备的供电能力（容量）是以视在功率 S 来表示的，由 $S=\sqrt{P^2+Q^2}$ 可知，由于功率因数降低，无功功率 Q 增大，因而使同样容量的供电设备所能供给的有功功率 P 减少，没有发挥应有的供电潜力，降低了供电能力。

在有功功率 P 一定的条件下，由于功率因数低劣，网络电流增大，会使发电机的转子去磁效应增加，端电压降低，从而使发电机达不到额定出力。

另外，发电厂发电能力在额定值的条件下，总成本费基本是固定的。如果功率因数低劣，网路和变压器中的有功功率损耗就增大，提供给用户的有功电能就相对减少，因而均摊到生产用电使电能的成本必然抬高。

从上面的分析得知，工业企业耗用的无功功率越大，功率因数就越低，引起的后果越严重。不论从节约电能、提高供电质量，还是从提高供电设备的供电能力出发，都必须考虑改善功率因数的措施。

功率因数是电力系统的一项重要技术经济指标。为了奖励企业提高功率因数，在按两部电价制收费时，规定了依照企业功率因数的高低而调整所收电费额定的附加奖惩制度。按照这个制度，对月平均功率因数高于规定值的企业，相应减收电费：而当功率数低于规定值时，则增收电费。在《供电营业制度》中明确规定，功率因数低于 0.7 时，可不予供电。采取这些办法的目的是引起企业对改善功率因数、节约电能的重视。

二、低压网提高功率因数的一般方法

补偿容量的大小决定于电力负荷的大小，以及补偿的前、后电力负荷的功率因数值。下面给出确定补偿容量的一般方法。

1. 从提高功率因数需要确定补偿容量

如果电力网最大负荷月的平均有功功率为 P_{av}，补偿前的功率因数为 $\cos\varphi_1$ 补偿后的功率因数 $\cos\varphi_2$，则补偿容量可用下述公式计算

$$Q_C = P_{av}(\tan\varphi_1 - \tan\varphi_2) = P_{av}\left(1-\frac{\tan\varphi_2}{\tan\varphi_1}\right) \qquad (ZY3300101002\text{-}4)$$

$$Q_C = P_{av}\left(\sqrt{\frac{1}{\cos^2\varphi_1}-1}-\sqrt{\frac{1}{\cos^2\varphi_2}-1}\right) \qquad (ZY3300101002\text{-}5)$$

有时需要将 $\cos\varphi_1$ 提高到大于 $\cos\varphi_2$，小于 $\cos\varphi_3$，则补偿容量应满足下述不等式

$$P_{av}\left(\sqrt{\frac{1}{\cos^2\varphi_1}-1}-\sqrt{\frac{1}{\cos^2\varphi_2}-1}\right) \leqslant Q_C \leqslant P_{av}\left(\sqrt{\frac{1}{\cos^2\varphi_1}-1}-\sqrt{\frac{1}{\cos^2\varphi_3}-1}\right) \qquad (ZY3300101002\text{-}6)$$

式中　Q_C——所需补偿容量，kvar；

P_{av}——最大负荷日平均有功功率，kW。

$\cos\varphi_1$ 应采用最大负荷日平均功率因数，$\cos\varphi_2$ 确定平均适当。通常，将功率因数从 0.9 提高到 1.0 所需的补偿容量，与将功率因数从 0.72 提高到 0.9 所需的补偿容量相当。因此，在提高功率因数下进行补偿其效益明显下降。这是因为在高功率因数下，$\cos\varphi$ 曲线的上升率变小，因此提高功率因数所需的补偿容量将要相应增加。

2. 从降低线损需要来确定补偿容量

线损是电力网经济运行的一项重要指标，在网络参数一定的条件下，其与通过导线的电流平方成正比。如设补偿前流经电力网的电流为I_1，其有、无功分量为I_{1R}和I_{1X}，则

$$\dot{I}_1=\dot{I}_{1R}-j\dot{I}_{1X}$$

若补偿后，流经网络的电流为I_2，其有、无功量为I_{2R}和I_{2X}，则

$$I_2=I_{2R}-jI_{2X}$$

但是加装电容器后将不会改变补偿前的有功分量，固有$I_{1R}=I_{2R}$如图ZY3300101002-1所示。

图ZY3300101002-1 电流相量图

补偿前的线路损耗为

$$\Delta P_1=3I_1^2R=3\left(\frac{I_{1R}}{\cos\varphi_1}\right)^2R$$

补偿后的线路损耗为

$$\Delta P_2=3I_2^2R=3\left(\frac{I_{2R}}{\cos\varphi_2}\right)^2R$$

补偿后线损降低的百分值为

$$\Delta P_S(\%)=\frac{\Delta P_1-\Delta P_2}{\Delta P_1}\times100\%=\left[1-\left(\frac{\cos\varphi_1}{\cos\varphi_2}\right)^2\right]\times100\% \qquad \text{(ZY3300101002-7)}$$

而补偿容量为

$$Q_C=\sqrt{3}U\Delta I_X=P(\tan\varphi_1-\tan\varphi_2)$$

即补偿容量与式（ZY3300101002-4）是一致的。

3. 从提高运行电压需要来确定补偿容量

在配电线路的末端，运行电压较低，特别是重负荷、细导线的线路。加装补偿电容以后，可以提高运行电压，这就产生了按提高电压的要求，选择补偿多大的电容比较合理的问题。此外，在网络正常的线路中，装设补偿电容时网络电压的压升不能越限，为了满足这一约束条件，也必须求出补偿容量Q_C和网络电压增量之间的关系。

当装设补偿电容以前，网络电压可用下述表达式计算为

$$U_1=U_2+\frac{PR+QX}{U_2}$$

装设补偿电容后，电源电压U_1不变，变电站母线电压U_2升到U_2'且

$$U_1=U_2'+\frac{PR+(Q-Q_C)X}{U_2'} \qquad \text{(ZY3300101002-8)}$$

$$\Delta U=U_2'-U_2=\frac{Q_CX}{U_2'}$$

$$Q_C=\frac{U_2'\Delta U}{X}$$

式中 U_2'——投入电容后母线电压值，kV；

ΔU——投入电容后电压增量，kV。

三相所需总容量为

$$\Sigma Q_C=3Q_C=3\frac{U_{21}'}{\sqrt{3}}\frac{\Delta U_1}{\sqrt{3}}\frac{1}{X}=\frac{\Delta U_1U_{21}'}{X} \qquad \text{(ZY3300101002-9)}$$

可见，三相补偿容量的公式与单相补偿容量的公式是一样的，不过所包含的电压和电压的增量是线电压和相电压的区别而已。

【思考与练习】

1. 提高功率因数的意义是什么？
2. 无功补偿的方法有哪些？
3. 无功补偿的原理是什么？

第二部分

农网配电专业图识读

第六章 农网配电专业图识读

模块1 低压电气控制原理图（TYBZ00509001）

【模块描述】本模块包含低压电气控制原理图基本要求、低压电气图形符号和文字符号，以及识读低压电气控制原理图的方法等内容。通过概念描述、术语说明、流程讲解、列表对比和示例介绍，掌握低压电气控制原理图识读方法。

【正文】

一、电气原理图基本要求

电气原理图，又叫原理接线图，它是按国家统一规定的图形符号和文字符号绘制的表示电气工作原理的电路图，是电气技术领域必不可少的工程语言。根据国家标准，绘制、识读控制电路原理图应遵循下述原则：

（1）电气原理图一般分为电源电路、主电路、控制电路、信号电路及照明电路等部分。电源电路在图纸的上部水平方向画出，电源开关装置也要水平画出。直流电源正端在上、负端在下画出，三相交流电源按相序 L1、L2、L3 由上而下依次排列画出，中性线 N 和保护地线 PE 画在相线下面。

主电路是指受电的动力装置和保护电路，在其中通有工作电流。主电路垂直于电源电路，在图纸的左侧。控制电路是指控制主电路工作状态的电路，信号电路是指显示主电路工作状态的电路，照明电路是指实现设备局部照明的电路。这几种电路通过的电流较小，在原理图中垂直于电源电路，依次画在主电路右侧。电路中的耗能元件，如接触器的线圈、继电器的线圈、信号灯、照明灯等，要画在电路的下方，各电器的触头一般都画在耗能元件的上方。

（2）原理图中，各电器的触头（触点）位置都按电路未通电或电器未受外力作用时的常态位置画出。

（3）原理图中，各电气元件均采用国家规定的统一国标符号画出。

（4）原理图中，同一电器的各元件按其在电路中所起的作用分别画在不同的电路中。但它们的动作相互关联，并标注相同的文字符号。若图中相同的电器不止一个时，要在电器文字符号后面加上序数以示区别。

（5）原理图中，对有直接电联系的交叉导线连接点，用“实心小圆点”表示。

在生产实际中，常由于电工对生产设备的电路图不明了而造成在安装工作中出现失误的情况。根据实践总结出的识读生产设备电路图程序如图 TYBZ00509001-1 所示。电工按此方法阅读生产设备电路图，对维修时查找电气故障点也有很大作用，有助于提高电工的工作能力和工作效率。

二、电气基本图形符号

（1）开关、控制和保护装置图形符号见表 TYBZ00509001-1。

（2）测量仪表、灯和信号器件图形符号见表 TYBZ00509001-2。

三、电气基本文字符号

（1）电气设备的基本分类符号见表 TYBZ00509001-3。

（2）电气设备常用基本文字符号见表 TYBZ00509001-4。

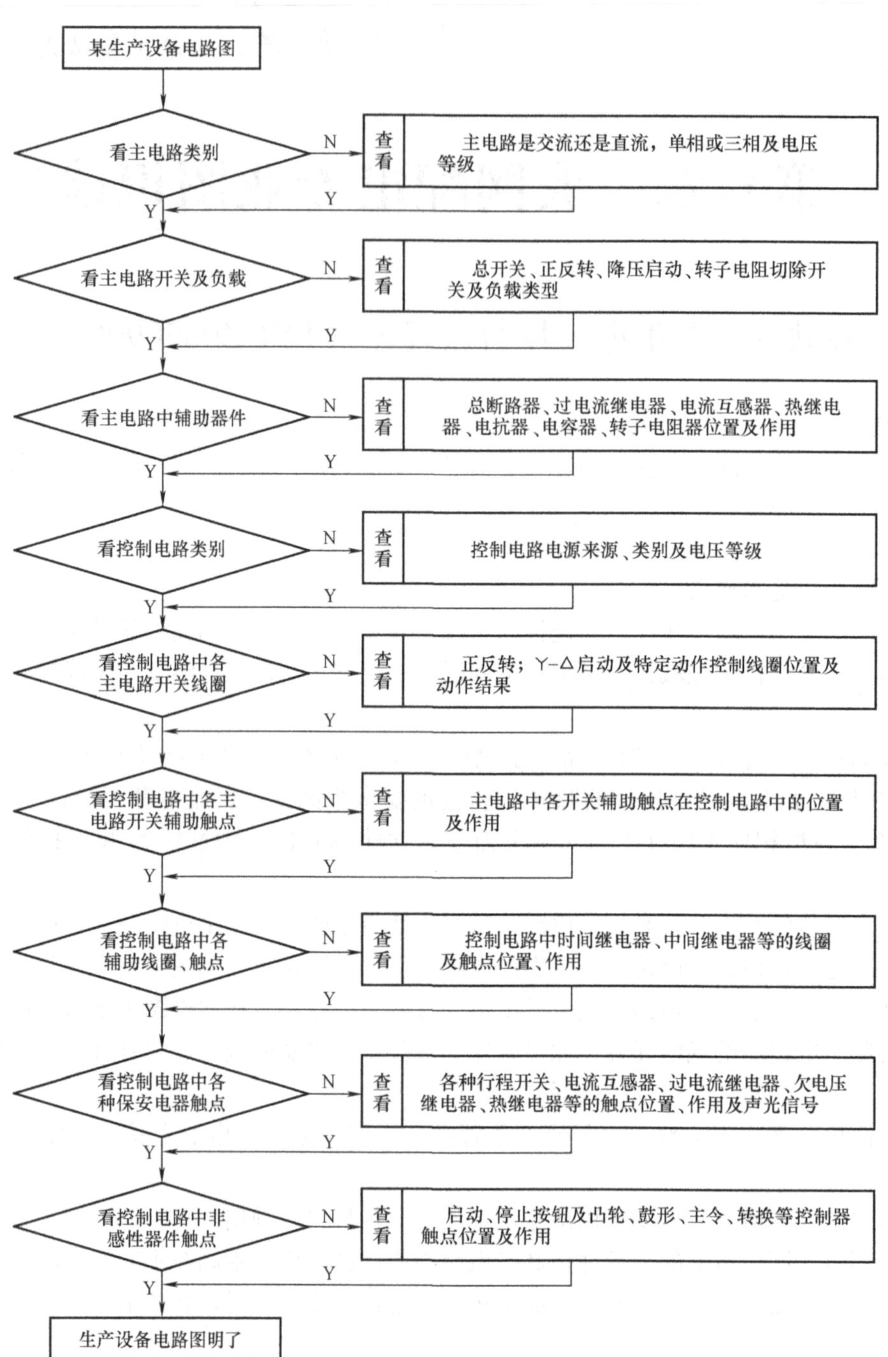

图 TYBZ00509001-1　识读生产设备电路图程序

表 TYBZ00509001-1　　开关、控制和保护装置图形符号

GB 4728 符号		IEC 617 图形符号	GB 312—1964 符号	
名　称	图形符号		名　称	图形符号
开关一般符号		=	单极开关	或
三极开关（单线表示）		—	三极开关单线表示	或

续表

GB 4728 符号		IEC 617 图形符号	GB 312—1964 符号	
名　称	图形符号		名　称	图形符号
三极开关（多线表示）		—	三极开关多线表示	或
接触器主动合触点		=	=	
延时断开的动合触点		—	继电器延时开启的动合触点	
			接触器延时开启的动合触点	
延时闭合的动断触点		=	继电器延时闭合的动断触点	
			接触器延时闭合的动断触点	
延时断开的动断触点		—	继电器延时开启的动断触点	
			接触器延时开启的动断触点	
延时闭合的动合触点		=	继电器延时闭合的动合触点	
			接触器延时闭合的动合触点	
接触器主动断触点		=	=	
断路器		=	高压断路器	或
自动开关（低压断路器）		=	自动空气断路器	
隔离开关		=	高压隔离开关	
负荷开关		=	高压负荷开关	

续表

GB 4728 符号		IEC 617 图形符号	GB 312—1964 符号	
名　称	图形符号		名　称	图形符号
具有自动释放的负荷开关		=	—	—
具有自动释放功能的接触器		=	—	—
手动开关一般符号		=	—	—
按钮开关（动合按钮）		=	带动合触点的按钮	
按钮开关（动断按钮）		—	带动断触点的按钮	
拉拔开关		=	—	—
旋钮开关、旋转开关（闭锁）		=	=	
位置开关和限制开关的动合触点		=	与工作机械联动的开关动合触点	或
位置开关和限制开关的动断触点		=	与工作机械联动的开关动断触点	或
熔断器一般符号		=	熔断器	=
跌开式熔断器		—	=	
熔断器式开关		=	刀开关—熔断器	
火花间隙		=	=	
避雷器		=	避雷器一般符号	

注 “=”表示名称或图形符号与 GB 4728 的名称或图形符号相同。“—”表示名称或图形符号在 IEC 617 和 GB 312—1964 中无规定。

表 TYBZ00509001-2　　测量仪表、灯和信号器件图形符号

GB 4728 符号		IEC 617 图形符号	GB 312—1964 符号	
名　称	图形符号		名　称	图形符号
测量继电器或有关器件 *处应填写：特性量、能量流动方向、整定范围、延时值等	*	=	继电器的一般符号	
			自动装置一般符号	
电流继电器（大于 5A、小于 3A 时动作）	I >5A <3A	=	—	—
气体继电器		—	瓦斯继电器	
电压表	V	=	=	=
记录式功率表	W	=	记录式瓦特表	=
组合式记录功率表和无功功率表	W var	=	—	—
电能表（瓦特小时计）	Wh	=	积算式瓦特表	=
无功电能表	varh	=	—	—
灯的一般符号		=	照明灯	
			信号灯	
电喇叭		=	=	=
电铃		=	电铃一般符号	=
电警笛、报警器		=	电警笛	=
蜂鸣器		=	=	=

注　“＝”表示名称或图形符号与 GB 4728 的名称或图形符号相同。“—”表示名称或图形符号在 IEC 617 和 GB 312—1964 中无规定。

表 TYBZ00509001-3　　电气设备的基本分类符号

类　别	符号	举　例
组件部件	A	分离元件放大器、磁放大器、激光器、微波激射器、印制电路板。本表其他地方未提及的组件、部件
变换器（从非电量到电量或电量到非电量）	B	热电传感器、热电池、光电池、测功计、晶体换能器、送话器、拾音器、耳机、扬声器、自整角机、旋转变压器
电容器	C	
二进制单元 延迟器件 存储器件	D	数字集成电路和器件、延迟线、双稳态元件、单稳态元件、磁芯存储器、寄存器、磁带记录机、盘式记录机
杂项	E	光器件、热器件、空气调节器、照明灯
保护器件	F	熔断器、过电压放电器件、避雷器
发电机电源	G	旋转发电机、旋转变频机、蓄电池、同步发电机、石英晶体振荡器

续表

类　别	符号	举　例
信号器件	H	声响指示器、光指示器、指示灯
—	J	—
继电器、接触器	K	交流接触器、交流继电器、延时继电器、中间继电器
电感器 电抗器	L	感应线圈、线路陷波器 电抗器（并联和串联）
电动机	M	电动机、同步电动机、力矩电动机
模拟集成电路	N	运算放大器、混合模拟/数字器件
测量设备 试验设备	P	指示、记录、计算、测量设备，信号发生器、时钟
电力电路的开关器件	Q	断路器、隔离开关
电阻器	R	可变电阻器、电位器、变阻器、分流器、热敏电阻
控制电路的开关选择器	S	控制开关、按钮、限位开关、选择开关、拨号接触器、压力传感器、接近传感器
变压器	T	电压互感器、电流互感器、电力变压器
调制器 变换器	U	鉴频器、解调器、变频器、编码器、逆变器、变流器、电报译码器
半导体器件	V	电子管、气体放电管、晶体管、二极管
传输通道 波导 天线	W	导线、电缆、母线、波导、波导定向耦合器、偶极天线、抛物面天线
端子 插头 插座	X	插头和插座、测试插孔、端子板、焊接端子板、连接片、电缆封端和接头、接线柱
电气操作的机械装置	Y	制动器、电磁离合器、气阀、电磁铁
终端设备 混合变压器 滤波器、均衡器 限幅器	Z	电缆平衡网络 压缩扩展器 晶体滤波器 网络

表 TYBZ00509001-4　　　电气设备常用基本文字符号

中文名称	基本文字符号		中文名称	基本文字符号	
	单字母	双字母		单字母	双字母
控制屏（台）	A	AC	接线箱	A	AW
电容器屏		AC	插座箱		AX
晶体管放大器		AD	动力配电箱		
应急配电箱		AE	电路板		
高压开关柜		AH	光电池	B	
刀开关箱		AK	扬声器		
低压配电屏		AL	耳机		
照明配电箱		AL	扩音机		
自动重合闸装置		AR	电力电容器 电容器	C	CP
支架、配线架		AR	照明灯	E	EL
仪表柜		AS	空气调节器		EV
信号箱		AS	发光器件		
调压器		AV	具有瞬时动作的 限流保护器件	F	FA

续表

中文名称	基本文字符号		中文名称	基本文字符号	
	单字母	双字母		单字母	双字母
具有延时动作的限流保护器件	F	FR	合闸继电器	K	KO
具有延时和瞬时动作的限流保护器件		FS	簧片继电器		KR
熔断器		FU	信号继电器		KS
限压保护器件		FV	时间继电器		KT
过电压放电器件			温度继电器		KT
避雷器			延时（有或无）继电器		KT
放电间隙			电压继电器		KV
异步发电机	G	GA	功率继电器		KW
蓄电池		GB	零序电流继电器		KZ
柴油发电机		GD	阻抗继电器		KI
同步发电机		GS	励磁线圈	L	LE
不间断电源设备		GU	消弧线圈		LP
旋转发电机			感应线圈		
电源			电抗器		
声响指示器	H	HA	电感器		
电铃、电笛、蜂鸣器		HA	异步电动机	M	MA
蓝色指示灯		HB	笼型电动机		MC
电铃		HE	直流电动机		MD
绿色指示灯		HG	同步电动机		MS
电喇叭		HH	电流表	P	PA
光指示器		HL	频率表		PF
指示灯		HL	温度计		PH
红色指示灯		HR	电能表		PJ
电笛		HS	最大需要量电能表		PM
透明灯		HT	无功电能表		PR
白色指示灯		HW	电钟		PT
黄色指示灯		HY	电压表		PV
蜂鸣器		HZ	功率表		PW
瞬时接触继电器	K	KA	自动开关	Q	QA
交流继电器		KA	断路器		QF
瞬时（有或无）继电器		KA	接地开关		QG
电流继电器		KA	刀开关		QK
差动继电器		KD	负荷开关		QL
接地故障继电器		KE	限流熔断器		QL
气体继电器		KG	漏电保护器		QR
热继电器		KH	隔离开关		QS
冲击继电器		KL	转换开关		QT
中间继电器		KM	电位器	R	RP
接触器		KM	分流器		RS

续表

中文名称	基本文字符号		中文名称	基本文字符号	
	单字母	双字母		单字母	双字母
控制开关	S	SA	火警按钮	S	SF
选择开关		SA	主令开关		SM
按钮开关		SB	电流互感器	T	TA
急停按钮		SE	电压互感器		TV
正转按钮		SF	电力变压器		TM
浮子开关		SF	自耦变压器		TA

四、识读示例

下面以图 TYBZ00509001-2 所示的 6～10kV 线路的过电流保护原理接线图为例，说明这种接线图的特点。

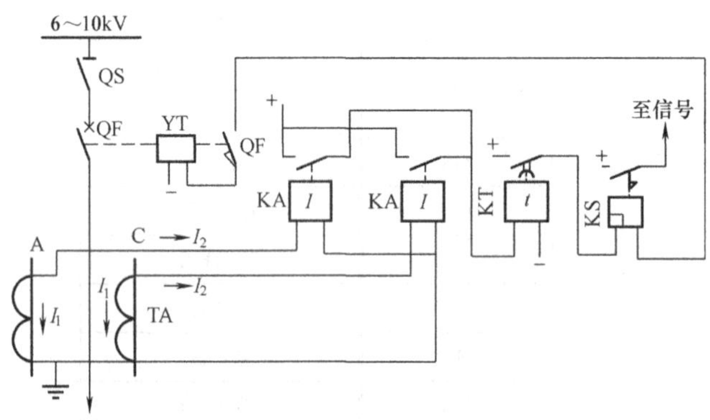

图 TYBZ00509001-2 6～10kV 线路的过电流保护原理接线图

由图 TYBZ00509001-2 所示，电流继电器 KA 经电流互感器 TA 的二次绕组接入系统的 A、C 相线路，当 A 相或 C 相发生短路时，电流互感器 TA 的一次绕组流过短路电流 I_1，其二次绕组感应出 I_2 流经电流继电器 KA 线圈，KA 启动，其动合辅助触点闭合，将直流操作电源正母线经时间继电器 KT 线圈接至负母线，KT 启动，经一定时限后其延时动合触电闭合，正电源经 KT 触点、信号继电器 KS 的线圈、断路器 QF 的动合辅助触点以及断路器的跳闸线圈 YT 接至负电源。信号继电器 KS 和断路器 QF 同时启动，使断路器跳闸，并经信号继电器 KS 的动合辅助触点发出信号。

【思考与练习】

1. 控制原理图的基本要求是什么？
2. 主电路通常由哪几部分组成？
3. 识读控制原理图的基本步骤有哪些？
4. 识别下列图形符号：

模块 2 低压电气接线图（TYBZ00509002）

【模块描述】本模块包含低压电气安装接线图的特点、识读方法和步骤，屏面布置图、屏背面接线图、端子排图等内容。通过概念描述、术语说明、图解示意，掌握低压电气安装接线图识读方法。

【正文】

为了施工、维护运行的方便，在展开图的基础上，还应绘制安装接线图。安装接线图是制造厂加工制造屏（台）和现场施工安装用的图纸，也是运行试验、检修的主要参考图纸。它一般包括屏面布置图、屏背面接线图和端子排图等几个组成部分。

一、安装接线图的特点

安装接线图的特点是各电器元件及连接导线按照它们的实际图形、实际位置和连接关系绘制。为了便于施工和检查，所有元件的端子和导线都加上走向标志。

二、安装接线图的识读方法和步骤

识读安装接线图时，应对照展开图，根据展开图阅读顺序，全图从上到下、每行从左到右进行。导线的连接应用“对面原则”来表示。阅读步骤如下。

（1）对照展开图了解设备组成。

（2）看交流回路。每相电流互感器通过电缆连接到端子排试验端子上，其回路编号分别为U411、V411、W411，并分别接到电流继电器上，构成继电保护交流回路。

（3）看直流回路。

1）控制电源从屏顶直流小母线L+、L–经熔断器后，分别引到端子排上，通过端子排与相应仪表连接，构成不同的直流回路。

2）从屏顶小母线+700、–700引到端子排上，通过端子排与信号继电器连接，构成不同的信号回路。

三、屏面布置图

开关柜的屏面布置图是加工制造屏、盘和安装屏、盘上设备的依据。上面每个元件的排列、布置，都是根据运行操作的合理性，并考虑维护运行和施工的方便而确定的，因此应按照一定比例进行绘制，如图TYBZ00509002-1所示。

屏内的二次设备应按一定顺序布置和排列。

（1）电器屏上，一般把电流继电器、电压继电器放在屏的最上部，中部放置中间继电器和时间继电器，下部放置调试工作量比较大的继电器、压板及试验部件。

（2）在控制屏上，一般把电流表、电压表、频率表和功率表等靠屏的最上部，光字牌、指示灯、信号灯和控制开关放在屏的中部。

四、屏背面接线图

屏背面接线图是以屏面布置图为基础，并以展开图为依据而绘制成的接线图。它是屏内元件相互连接的配线图纸，表明屏上元件在屏背面的引出端子间的连接情况，以及屏上元件与端子排的连接情况，如图TYBZ00509002-2所示。

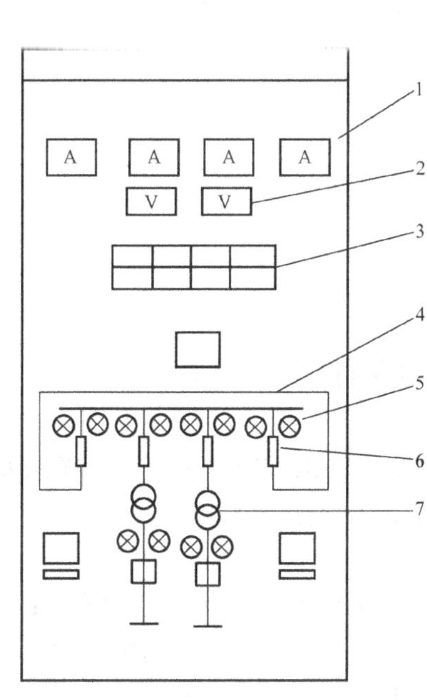

图TYBZ00509002-1　开关柜的屏面布置图

1—电流表；2—电压表；3—光字牌；4—一次母线；5—指示灯；6—断路器；7—变压器

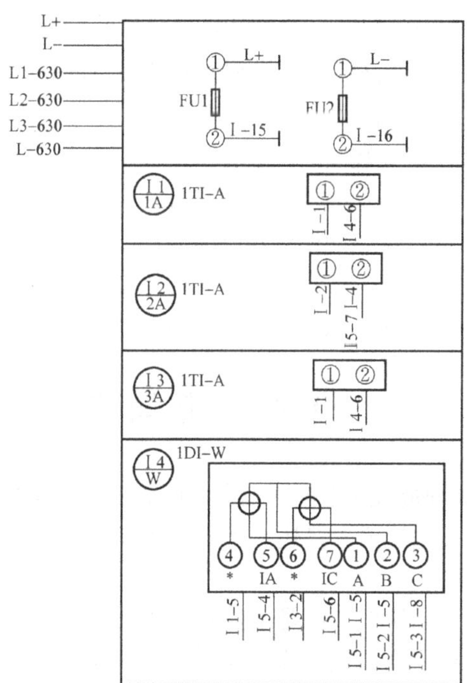

图TYBZ00509002-2　某控制屏的屏背面接线图

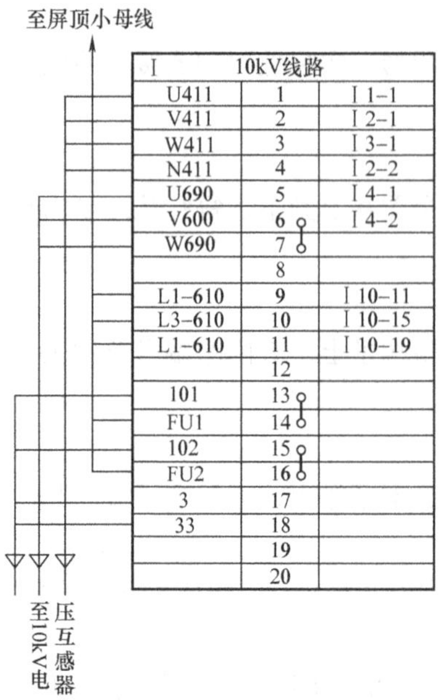

至屏顶小母线

Ⅰ	10kV线路	
U411	1	Ⅰ1–1
V411	2	Ⅰ2–1
W411	3	Ⅰ3–1
N411	4	Ⅰ2–2
U690	5	Ⅰ4–1
V600	6	Ⅰ4–2
W690	7	
	8	
L1–610	9	Ⅰ10–11
L3–610	10	Ⅰ10–15
L1–610	11	Ⅰ10–19
	12	
101	13	
FU1	14	
102	15	
FU2	16	
3	17	
33	18	
	19	
	20	

至10kV电压互感器

图 TYBZ00509002-3　端子排图

为了配线方便，在这种接线图中，对各设备和端子排一般采用“对面原则”进行编号。

五、端子排图

1. 端子排的作用

端子是二次接线中不可缺少的配件。虽然屏内电器元件的连线多数是直接相连，但屏内元件与屏外元件之间的连接，以及同一屏内元件接线需要经常断开时，一般是通过端子或电缆来实现。

许多接线端子的组合称为端子排。端子排图就是表示屏上需要装设端子数目、类型、排列次序以及它与屏内元件和屏外设备连接情况的图纸，如图 TYBZ00509002-3 所示。端子排的主要作用如下。

（1）利用端子排可以迅速可靠地将电器元件连接起来。

（2）端子排可以减少导线的交叉和便于分出支路。

（3）可以在不断开二次回路的情况下，对某些元件进行试验或检修。

2. 端子排布置原则

每一个安装单位应有独立的端子排。垂直布置时，由上而下；水平布置时，由左至右，按下列回路分组顺序地排列：

（1）交流电流回路（不包括自动调整励磁装置的电流回路），按每组电流互感器分组。同一保护方式的电流回路一般排在一起。

（2）交流电压回路，按每组电压互感器分组。同一保护方式的电压回路一般排在一起，其中又按数字大小排列，再按 U、V、W、N、L（A、B、C、N、L）排列。

（3）信号回路，按预告、指挥、位置及事故信号分组。

（4）控制回路，其中又按各组熔断器分组。

（5）其他回路，其中又按远动装置、励磁保护、自动调整励磁装置电流电压回路、远方调整及联锁回路分组。每一回路又按极性、编号和相序排列。

（6）转接回路，先排列本安装单位的转接端子，再安装别的安装单位的转接端子。

【思考与练习】

1. 控制安装图的阅读方法和步骤是什么？
2. 平面布置的基本要求是什么？
3. 端子排布的原则是什么？
4. 端子排的作用是什么？
5. 屏内的二次设备布置和排列的顺序是如何规定的？

模块 3　照明施工图的识读（TYBZ00509003）

【模块描述】本模块包含照明施工图的图例符号及文字标记，照明施工图的组成、要求及识读方法等内容。通过概念描述、术语说明、图解示意，掌握照明施工图识读方法。

【正文】

电气照明施工图是土建施工图纸的一部分，它集中地表现了电气照明设计的意图，是电气设备安装的重要依据。电气施工人员在进行施工前必须认真详细阅读电气施工图，弄清电气设计的意图及施工要求，以便正确地进行施工。建筑物的土建施工与电气安装施工之间有着密切的联系，土建施工人员也应该了解和掌握电气设备安装对土建施工的要求。阅读图纸时可按电流入户方向，即按进户点→配电箱→支路的用电设备的顺序阅读。

一、电气照明施工图的图例符号及文字标记

电气照明施工图有以下特点：

（1）电气施工图只表示线路的工作原理和接线方式，不表示用电设备和元件的实际开关和位置。

（2）为了绘图、读图的方便和图面的清晰，电气施工图采用国家新标准中的图形符号及文字符号，用来表示实际的接线和各种电气设备和元件。

施工人员要读懂电气施工图，必须熟记各种设备和元件的图形符号及文字标记。目前有些设备和元件，国家还没有规定标准的图形符号，所以要弄清设计人员自行编制的图形符号和文字标记的意义。

建筑电气施工图用图形符号及文字符号应符合本模块中的有关规定。除此以外，施工人员还应熟悉与电气施工图中有关的常用符号，见表 TYBZ00509003-1。

二、电气照明施工图

电气照明施工图通常由电气照明配电系统图、电气照明平面图和施工说明等部分组成。

阅读电气照明施工图时应将系统图和平面图对照起来读，以便弄清设计意图，正确指导施工。电气施工图常用符号见表 TYBZ00509003-1。

表 TYBZ00509003-1　　电气施工图常用符号

符　号	名　称	用　途
————	实线	表示电气线路敷设平面图的外轮廓线以及剖面图中被安装物体的外轮廓线
- - - - - - - - - -	虚线	表示看不见的轮廓线，或还在计划中的设备布置位置
——·——	点划线	表示安装物体的中心线及定位轴线
——··——	双点划线	辅助围框线
（折断线符号）	折断线	表示不必全部画出来的物体，或者尺寸太长而被省略的部分，在省略的部位就用折断线表示
|←a→|	尺寸线	表示尺寸 a 的大小
a–b–c–d / e–f	电缆与其他设施交叉点	a 为保护管根数；b 为保护管直径，mm；c 为管长，m；d 为地面标高，m；e 为保护管埋设深度，m；f 为交叉点坐标
±0.0000（空心三角）	安装或敷设标高（相对标高），m	表示下横线为某处高度的界线，上面符号注明标高，用于室内平面图、剖面图。电气安装一般取建筑物的首层室内的地坪线作为标高的零点
▼ ±0.0000		用于总平面图上室外地面标高
(60)	照度	在直径为 8mm 的单线圆圈内标明的最低照度，标注在房间的平面图上（图中为 60lx）
● a	照明照度检查点	a 为水平照度，lx
● $\frac{a-b}{c}$		a–b 为双侧垂直照度，lx；c 为水平照度，lx
⟶	箭头	用于指直线（细实线）
BV–2.5	引出线	表示某一被安装物体的位置或所使用的材料（图中为 2.5mm² 铜芯聚氯乙烯绝缘电线）
1:100	比例	图上所画物体的尺寸与实物尺寸之比，叫比例，1:100 即图上 1mm 代表实际尺寸 100mm，但系统图和接线原理图均不按比例绘制

（1）电气照明配电系统图。电气照明配电系统图主要表示照明及日用电器电源供电情况，进户线、母线、各路出线所用导线及控制保护电器的规格与敷设部位、敷设方式等。图 TYBZ00509003-1（a）所示为城镇公用配电变压器供某居民住宅楼电源进户的住宅单元配电系统图，从该系统图中可了解以下内容。

1）电源系统的接地形式。该住宅楼供电电源由三相四线制 380/220V 电源线 BLV–3×35+1×16 架

空引入住宅楼，进户后经暗埋塑料管进入二层楼电能表箱（总表与分户计量表装在同一箱内），中性线 N 入户前在进户杆处作重复接地。

2）保护线（PE 线）与电能表箱外壳连接后引至户外保护接地装置上，这样保护线 PE 与中性线 N 分开设置，形成三相四线制 TT 系统电源进户的配电系统图。

3）各户开关箱（DKX）置于各户室内，图 TYBZ00509003-1（b）所示为图 TYBZ00509003-1（a）中住房的单相两线制 TT 系统开关箱配电系统图，其中照明线路为单相两线制供电，插座线路为单相两线制 TT 系统接线方式供电（设漏电末级保护）。

4）为了说明平面图与系统图的关系，画出了图 TYBZ00509003-1（b）中 N1 号照明线路的平面图，如图 TYBZ00509003-1（c）所示。

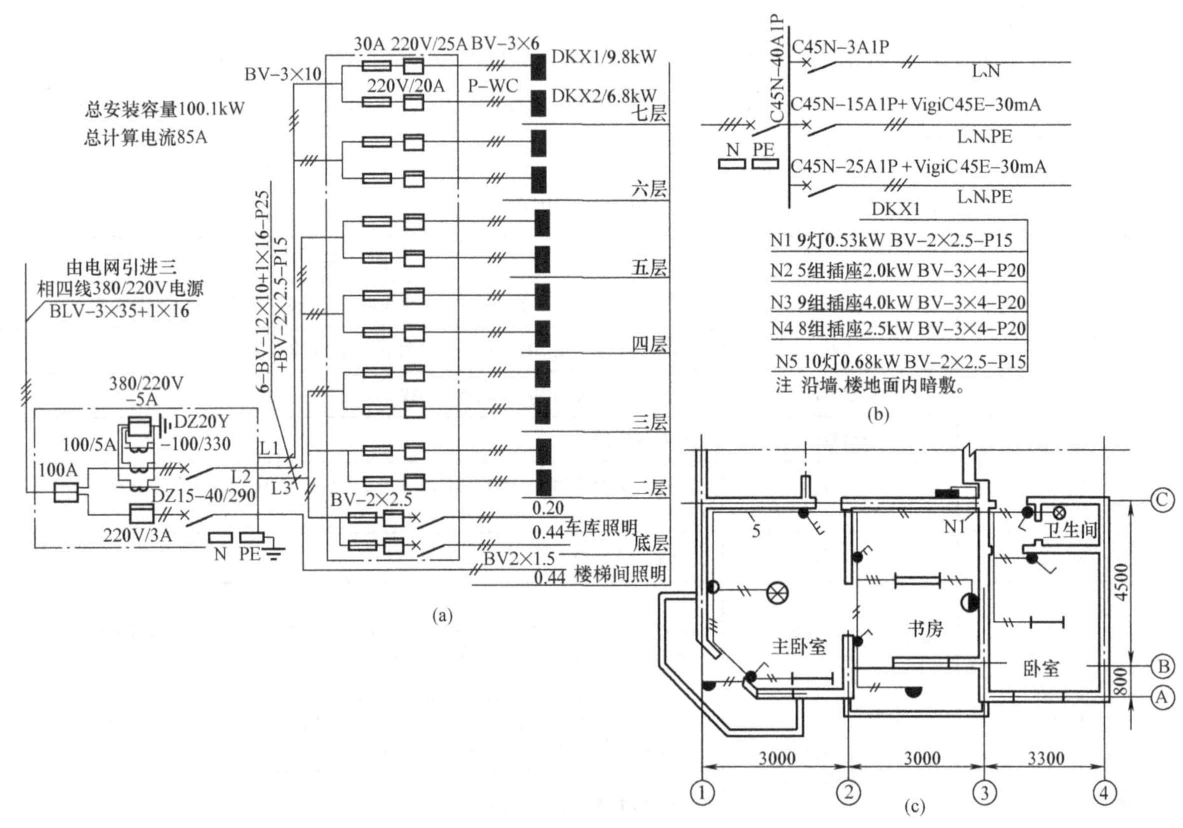

图 TYBZ00509003-1 某住宅楼照明配电系统图（附 N1 平面图）

（a）住宅单元配电系统图；（b）开关箱配电系统图；（c）N1 号照明线路平面图

5）线路敷设方式。除三相四线制进户线架空进入接户点外，其余线路均采用沿墙、楼板地面内暗敷。当线路沿楼板地面敷设时，应尽量沿楼板缝隙敷设，以免在楼板上凿孔，处理不当时，影响楼板强度。

（2）电气照明系统图应反映以下要求。

1）供电电源。电气照明系统图上应标明电源是三相供电还是单相供电。其表示方法是在进户线上划短撇数，如果不带短撇则为单相。如交流，三相带中性线 400V，中性线与相线之间为 230V，50Hz，其表示方法为 3/N–400/230V，50Hz。

2）干线的接线方法。电气照明配电系统图上应可直接看出配线方式是树干式、放射式还是混合式。在多层建筑中一般采用混合式，这样可以反映支线的数目及每条支线供电的范围。

3）导线的型号、截面、穿管直径、管材以及敷设方式和敷设部位要标明。各户内支线根据负荷大小选用绝缘铜芯线或铝芯线。进户线和干线的规格、型号可在图中线旁用文字标记表达出来，如 2 号照明线路，导线型号为 BV（铜芯聚氯乙烯绝缘导线），共有 3 根导线，其每根导线截面为 $4mm^2$，采用直径为 15mm 的水煤气管穿管沿墙暗敷设，其表示方法为 2WL–BV–3×4–G15–WC。

4）配电箱中的控制、保护、计量等电气设备应在系统图上表示。

一般住宅和小型公共建筑中，配电箱内开关过去通常采用 HK 系列胶盖瓷底刀开关，这种开关所配熔丝可以作短路和过载保护。现代化建筑中常采用模数化终端电器作为配电箱中的设备，如图 TYBZ00509003-1（b）中用户开关箱采用的 C45N 单极断路器，并加上单极电子式漏电附件。

为了计量电能，配电箱内还装有交流电能表，三相供电时，应采用三相四线制电能表或三只单相电能表来代替三相四线制电能表。

各种电气设备的规格、型号都应标注在表示该电气设备的图形符号旁边。

（3）电气照明平面图。图 TYBZ00509003-2 为某爆炸危险车间电气照明平面图。安装时应严格按照防爆规范及电气装置国家标准图集所规定的要求施工。

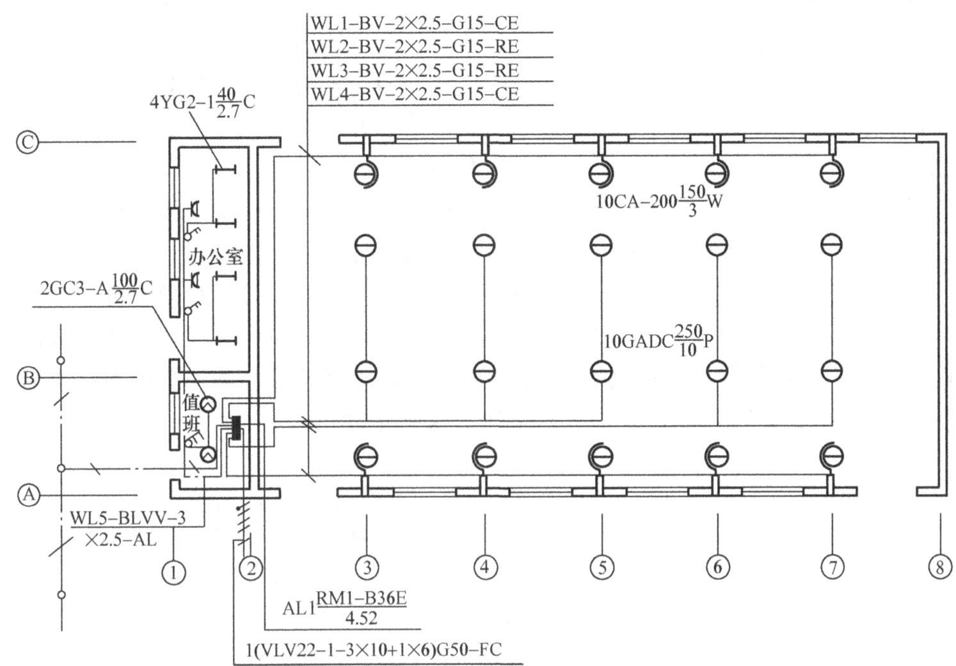

图 TYBZ00509003-2　某爆炸危险车间电气照明平面图

该车间照明线路除 WL5 采用 BLVV 型塑料护套线明敷设外，其余回路全部为 BV–0.5 型导线穿钢管明敷设，WL5 回路中单相三极插座的 PE 线从配电箱 PE 端子排引线，且箱内 PE 线端子排与配电箱外壳连接后引至室外接地装置。

从该电气照明平面图中可以看出，电源采用三相四线制电缆线 VLV22–1–3×10+1×6 进户。在电气照明平面图上一般不标注哪个开关控制哪盏灯具，电气安装人员在施工时，可以按一般规律来判断。多层建筑物的电气照明平面图应分层来画，相同的标准层可以用一张图纸表示各层的平面。

在电气照明平面图上应反映以下几个内容上的要求。

1）进户点、总配电箱及分配电箱的位置。

2）进户线、干线、支线的走向，导线根数，导线敷设部位、敷设方式，需要穿管敷设时所用的管材、规格等。

3）灯具、开关、插座等设备的种类、规格、安装位置、安装方式及灯具的悬挂高度。

（4）施工说明。在系统图和平面图中表达不清楚而又与施工有关系的一些技术问题，往往在施工说明中加以补充。如配电箱高度灯具及插座高度，支线导线型号、截面，穿管直径，敷设方式，重复接地的接地电阻要求等。

【思考与练习】

1. 画出一栋三单元四层居民楼照明供电系统图。
2. 画出某房间开关一个、插座两个、日光灯一盏的电气照明平面图。
3. 识读电气照明施工图有哪些基本要点？

模块 4 动力供电系统图（TYBZ00509004）

【**模块描述**】本模块包含动力供电系统图的组成、要求及识读方法等内容。通过概念描述、术语说明、图解示意，掌握动力供电系统图识读方法。

【**正文**】

系统图是概略表示系统或分系统的基本组成、相互关系及其主要特征的简图，供了解设备或装置的总体概况和简要的工作原理之用，也为编制电路图等较详细的简图提供依据。系统图是按功能布局法布置的，可在不同的层次上布置。

动力供电系统图就是表示建筑内外的动力源，其中包括电风扇、插座和其他日用电器等供电与配电的基本情况的图纸。在动力供电系统图上，集中反映动力的安装容量、计算容量、计算电流、配电方式、电缆与电线的型号和截面积，电线与电缆的基本敷设方法，开关与熔断器的型号规格等。系统图上述标注整个系统受电设备的型号、功率、名称及编号等。

图 TYBZ00509004-1 所示为某锅炉房动力供电系统图，图中画出电源进线及母线、配电线路、启动控制设备、受电设备等主要部分。对线路标注了导线的型号规格、敷设方式及穿线管的规格；对开关、熔断器等控制保护设备标注了设备的型号规格、熔体的额定电流等；对受电设备标注了设备的型号、功率、名称。进线段采用 VLV–1.0–3×25 聚氯乙烯绝缘电力电缆穿电线管埋地暗敷设，各电动机进线采用 BLX 型铝芯橡皮绝缘导线穿钢管埋地暗敷设和 VLV 型聚氯乙烯护套电力电缆沿电缆沟内敷设。用电设备有 4 台 J02 系列电动机和 3 台 Y 系列 7.5kW 电动机。

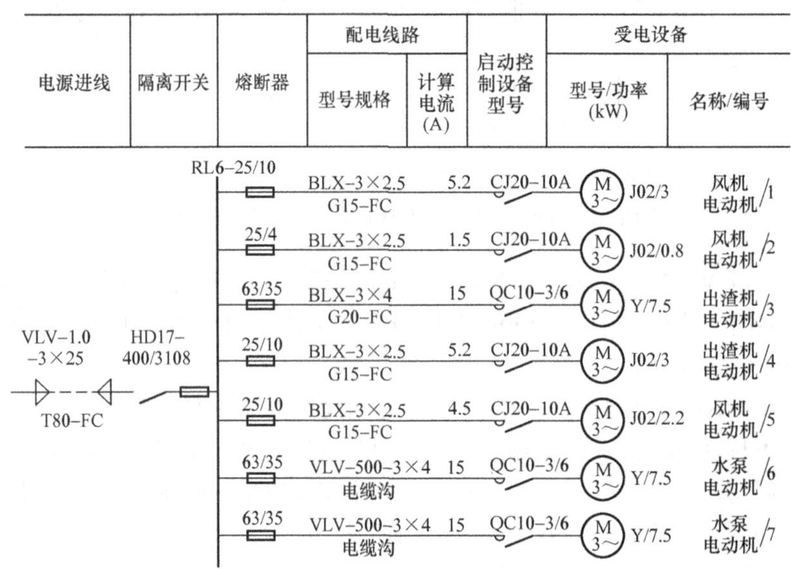

图 TYBZ00509004-1 某锅炉房动力供电系统图

【**思考与练习**】

1. 绘制动力供电系统图时的基本要求是什么？

2. 某车间有四台低压电动机容量分别为 10kW 两台、7.5kW 两台，画出此车间的动力供电系统图。

模块 5 高、低压配电所系统图（TYBZ00509005）

【**模块描述**】本模块包含装设一台变压器的配电所系统图、装设两台主变压器的配电所主接线、工厂高压配电所及车间配电所主接线示例等内容。通过概念描述、术语说明、图解示意、示例解析，掌握配电所系统图识读方法。

【正文】

一、读图方法

1. 了解配电所基本情况

（1）配电所在系统中的地位与作用。

（2）配电所的类型。

（3）对新建的或是扩建的配电所，要了解新建或扩建的必要性。

2. 了解主变压器的主要技术数据

这些技术数据一般都标在电气主接线图中，也有另列在设备表内的。主变压器的主要技术数据包括额定容量、额定电压、额定电流和额定频率。

3. 明确各个电压等级的主接线基本形式

配电所都有两个或三个电压等级。阅读电气主接线图时应逐个阅读，明确各个电压等级的主接线基本形式，这样，就能比较容易看懂复杂的电气主接线图。

对配电所来说，主变压器高压侧的进线是电源，所以要先看高压侧的主接线基本形式，如有中压再看中压侧的，最后看低压侧的。

4. 检查开关设备的配置情况

（1）对断路器配置的检查。

（2）对隔离开关配置的检查。

5. 检查互感器的配置情况

（1）检查应该装电流互感器和电压互感器的位置是否都已配置。

（2）配置的电流互感器，要查看同一安装点装设电流互感器的只数，例如，有没有漏装。还有，装两只的是否装在两个边相上等。

6. 检查避雷器的配置情况

应该说明的是，有关避雷器的配置情况，有些电气主接线图中并不绘出，故也不必检查。

二、装设一台变压器的配电所系统图

只有一台主变压器的配电所，其高压侧一般采用无母线的接线。通常有以下四种比较典型的接线方案：

（1）高压侧采用隔离开关—熔断器的配电所主接线，如图 TYBZ00509005-1（a）所示。

（2）高压侧采用户外跌开式熔断器的配电所主接线，如图 TYBZ00509005-1（b）所示。

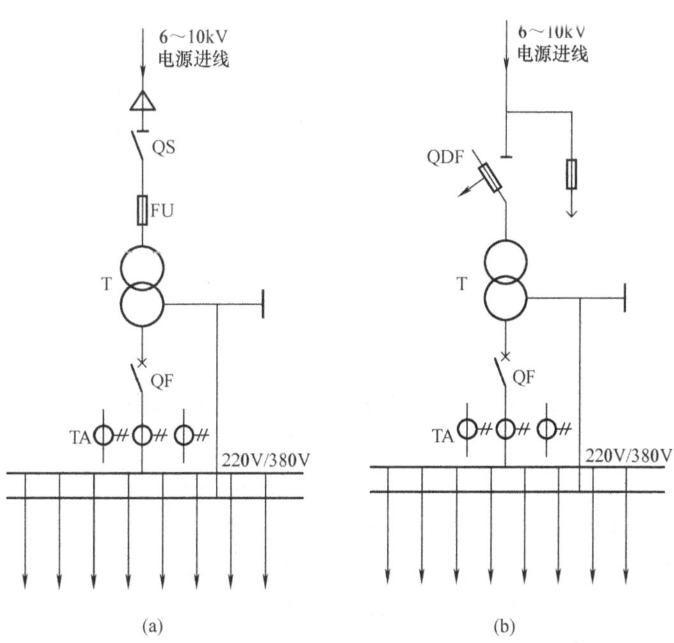

图 TYBZ00509005-1　高压侧采用隔离开关—熔断器或户外跌开式熔断器的配电所主接线

（a）高压侧采用隔离开关—熔断器；（b）高压侧采用跌开式熔断器

这两种主接线，受隔离开关和跌开式熔断器切断空载变压器容量的限制，一般只用于 500kVA 及以下容量的配电所中。这种配电所很简单且经济，但供电可靠性不高，当主变压器或高压侧停电检修或发生故障时，整个配电所要停电。由于隔离开关和跌开式熔断器不能带负荷操作，因此配电所停电和送电操作的程序比较麻烦，如果稍有疏忽，还容易发生带负荷拉闸的严重事故，而且在熔断器熔断后，更换熔体需一定时间，从而使得排除故障后恢复供电的时间延长，影响供电的可靠性。故这种接线仅适用于三级负荷的供配电。

（3）高压侧采用负荷开关—熔断器的配电所主接线，如图 TYBZ00509005-2 所示。由于负荷开关能带负荷操作，从而使配电所停电和送电的操作比上述两种接线更简便灵活，也不存在带负荷拉闸的危险。当发生过负荷时，可利用负荷开关的热脱扣器实现保护使开关跳闸；当发生短路故障时，由熔断器熔断实现保护。因此，较前两种接线运行灵活性有所提高。但是，这种接线仍然存在着排除短路故障后恢复供电时间较长的缺点。这种主接线也比较简单经济，虽然能带负荷操作，但供电可靠性仍然不高，一般也只用于三级负荷配电所。

（4）高压侧采用隔离开关—断路器的配电所主接线，如图 TYBZ00509005-3 所示。这种主接线由于采用了高压断路器，因此配电所的停、送电操作十分灵活方便，同时高压断路器都配有继电保护装置，在配电所发生短路和过负荷时均能自动跳闸，而且在短路故障和过负荷情况消除后，又可直接迅速合闸，从而使恢复供电的时间大大缩短。如果配备自动重合闸装置，则供电可靠性还可以有所提高。但是如果配电所只此一路电源进线时，一般只用于三级负荷。如果配电所低压侧有联络线与其他配电所相连时，则可用于二级负荷。如果配电所采用两路电源进线，供电可靠性得到相应提高，可供电给二级负荷或少量一级负荷。高压双电源进线的配电所主接线如图 TYBZ00509005-4 所示。

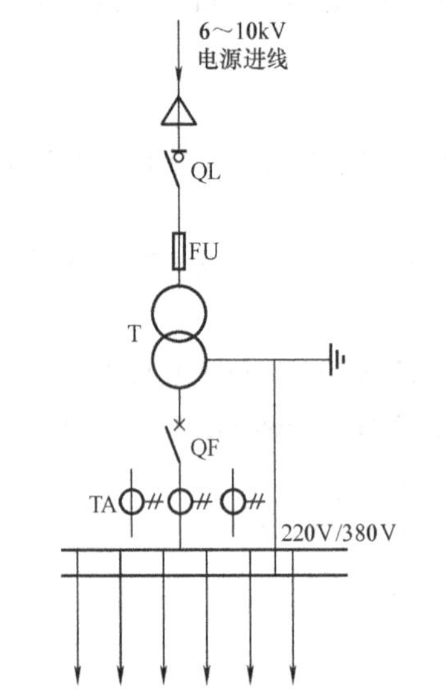

图 TYBZ00509005-2 高压侧采用负荷开关—熔断器的配电所主接线

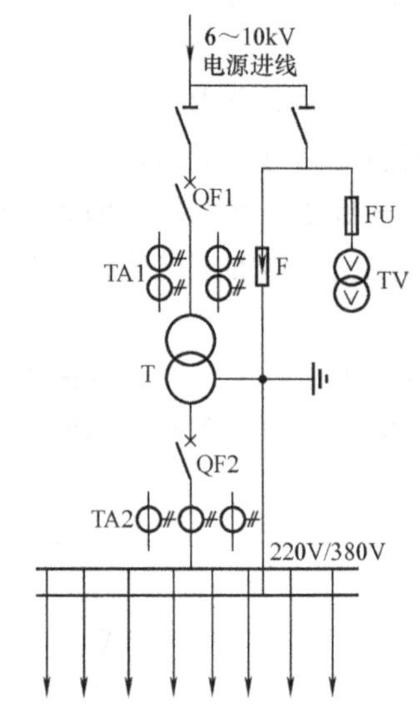

图 TYBZ00509005-3 高压侧采用隔离开关—断路器的配电所主接线

三、装设两台主变压器的配电所主接线

1. 高压侧无母线、低压侧单母线分段的配电所主接线

高压侧无母线、低压侧单母线分段的配电所主接线如图 TYBZ00509005-5 所示，这种主接线的供电可靠性较高。当任一主变压器或任一电源线停电检修或发生故障时，该配电所通过闭合低压母线分段开关，即可迅速恢复对配电所的供电。如果两台主变压器低压侧主开关装有设备用电源自动投入装置，则任一主变压器低压主开关因电源断电而跳闸时，另一主变压器低压侧的主开关和低压母线分段开关将在备用电源自动投入装置的作用下自动合闸，恢复正常供电。因此，这种主接线可供一、二级负荷。

2. 高压侧单母线、低压侧单母线分段的配电所主接线

高压侧单母线、低压侧单母线分段的配电所主接线如图 TYBZ00509005-6 所示，这种主接线适用于装有两台及以上主变压器或具有多路高压出线的配电所。其供电可靠性也较高。任一主变压器检修

或发生故障时，通过切换操作，可很快恢复整个配电所供电，但在高压母线或电源进线检修或发生故障时，整个配电所都要停电。若有与其他配电所相连的低压或高压联络线，则供电可靠性可大大提高。无联络线时，可供二、三级负荷；有联络线时，可供一、二级负荷。

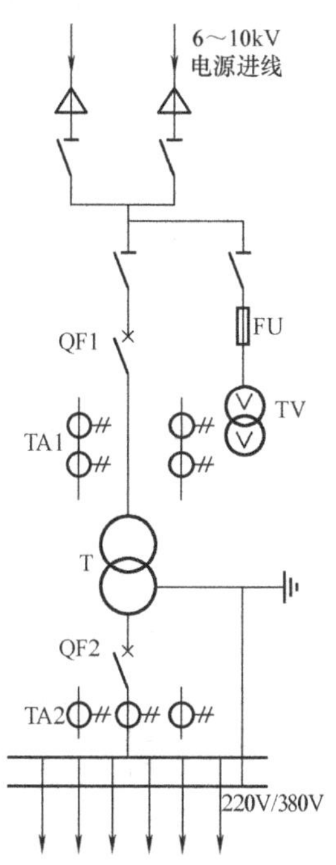

图 TYBZ00509005-4　高压双电源进线的配电所主接线

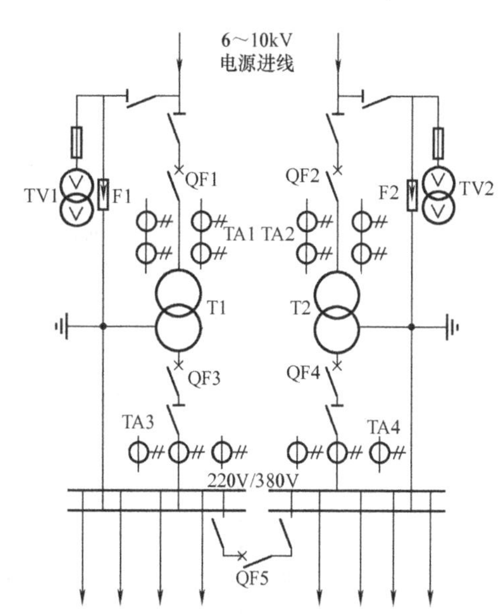

图 TYBZ00509005-5　高压侧无母线、低压侧单母线分段的配电所主接线

3. 高低压侧均为单母线分段的配电所主接线

高低压侧均为单母线分段的配电所主接线如图 TYBZ00509005-7 所示，这种配电所的两段高压母线，在正常时可以并列运行，也可以分段运行。一台主变压器或一路电源进线停电检修或发生故障时，通过切换操作，可迅速恢复整个配电所的供电，因此供电可靠性相当高，可供一、二级负荷。

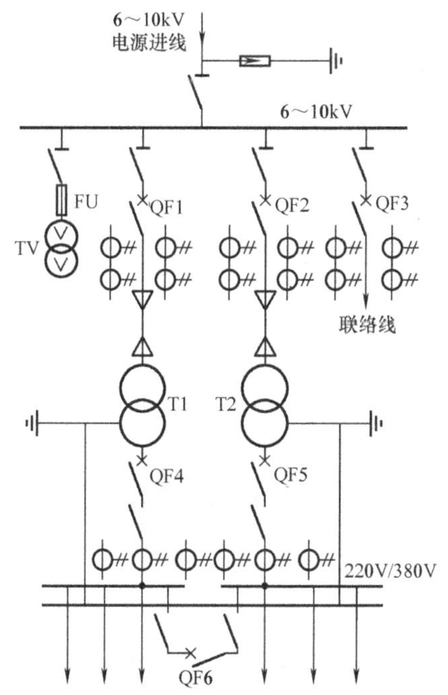

图 TYBZ00509005-6　高压侧单母线、低压侧单母线分段的配电所主接线

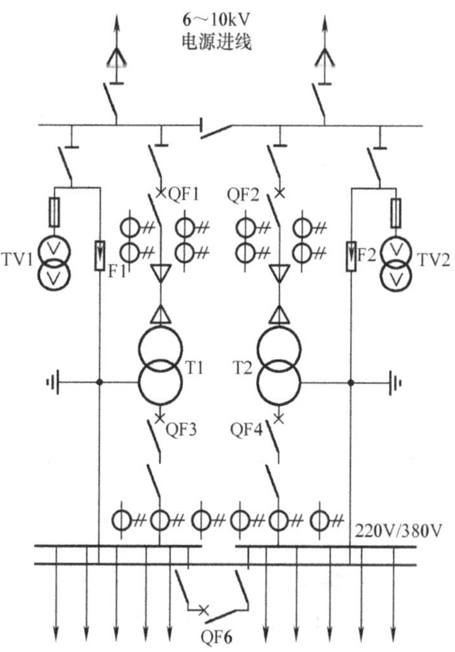

图 TYBZ00509005-7　高、低压侧均为单母线分段的配电所主接线

四、工厂高压配电所及车间配电所主接线示例

图 TYBZ00509005-8 是中型工厂供配电系统高压配电所及 2 号车间配电所的主接线。这一主接线方案具有一定的代表性。高压配电所担负着从电力系统接受电能并向各车间配电所及高压用电设备配电的任务，车间配电所将 6～10kV 的高压降为一般用电设备所需要的低压，然后由低压配电给各用电设备。

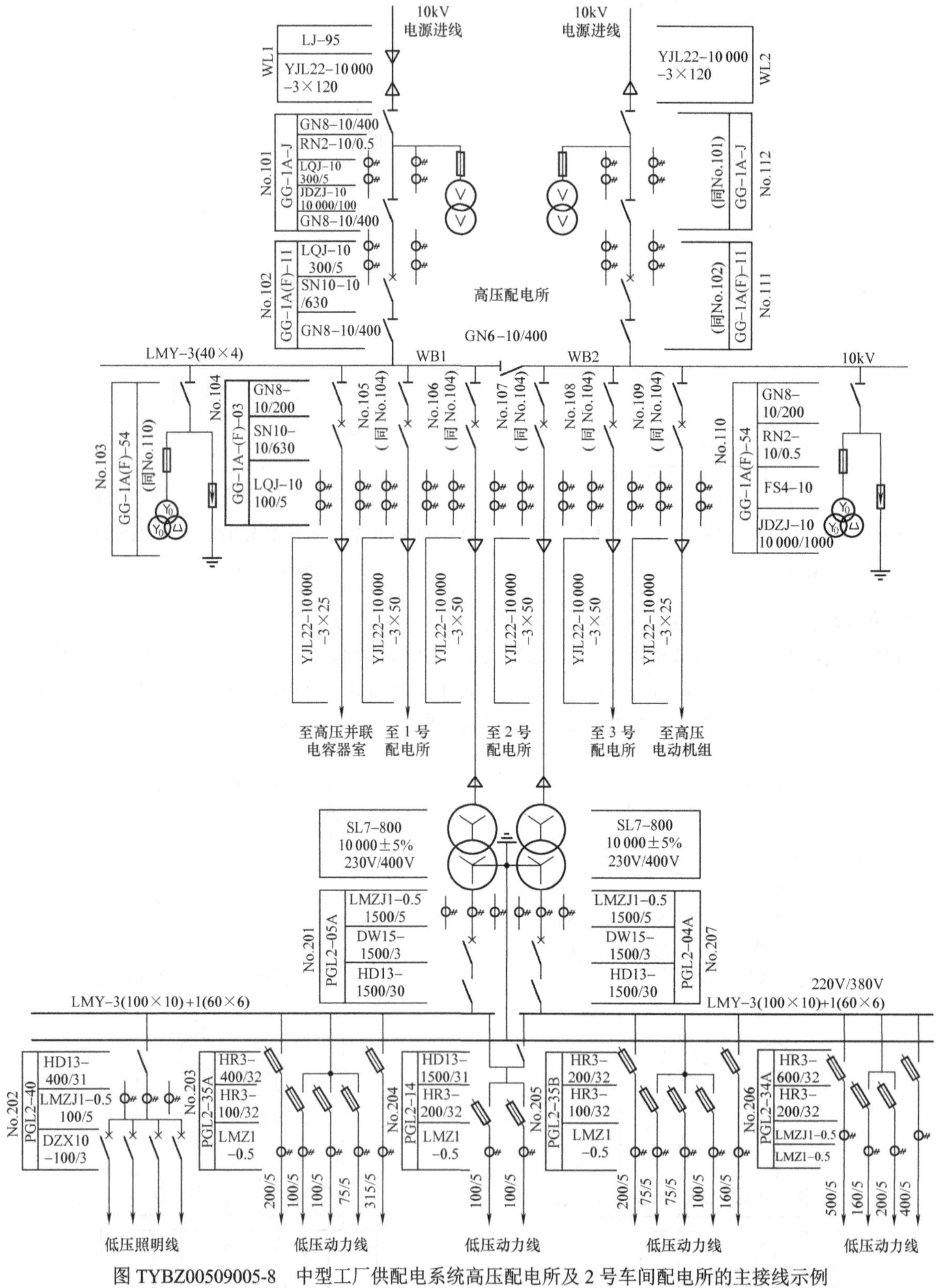

图 TYBZ00509005-8 中型工厂供配电系统高压配电所及 2 号车间配电所的主接线示例

图中高压配电所共设有 12 面高压开关柜（No.101～No.112）、两路电源进线（WL1～WL2）和 6 路高压出线。各个设备和导线电缆的型号规格均已标注于图中。

高压配电所的两路 10kV 电源进线，一路是架空线路 WL1，另一路是电缆线路 WL2，两路电源进线的主开关柜之前，各装设一台 GG–1A–J 型高压计量柜（No.101 和 No.112），其中的电压互感器和电流互感器只用来连接计费电能表。装设进线断路器的高压开关柜（No.102 和 No.111），因需与计量柜相连，因此采用 GG–1A（F）–11 型。由于进线采用高压断路器控制，所以切换操作十分灵活方便，而且可配继电保护和自动装置，使供电可靠性大大提高。考虑到进线断路器在检修时有可能两端来电，因此为保证断路器检修时的人身安全，断路器两侧都必须装设高压隔离开关。

高压配电所的母线采用隔离开关分段，也可采用专门的分段柜（也称联络柜）。图 TYBZ00509005-8 所示高压配电所通常采用一路电源工作、一路电源备用的运行方式，因此母线分段开关通常是闭合的，高压并联电容器对整个配电所的无功功率都进行补偿。如果工作电源进线发生故障或进行检修，在切除该进线后，投入备用电源即可使整个配电所恢复供电。如果采用备用电源自动投入装置，则供电可靠性可进一步提高。为了测量、监视、保护和控制主电路设备的需要，每段母线上都接有电压互感器，进线上和出线上均串接有电流互感器。图 TYBZ00509005-8 中的高压电流互感器均有两个二次绕组，其中一个接测量仪表，另一个接继电保护装置。为了防止雷电过电压侵入配电所时击毁其中的电气设备，各段母线上都装设了避雷器。避雷器与电压互感器同装在一个高压柜内，且共用一组高压隔离开关。

高压配电所共有 6 路出线：有两路分别由两段母线经隔离开关→断路器配电给 2 号车间配电所；一路由左段母线 WB1 经隔离开关→断路器供 1 号车间配电所；一路由右段母线 WB2 经隔离开关→断路器供 3 号车间配电所；一路由左段母线 WB1 经隔离开关→断路器供无功补偿用的高压并联电容器组；还有一路由右段母线 WB2 经隔离开关→断路器供一组高压电动机用电。由于这里的高压配电线路都是由高压母线来电，因此其出线断路器需在其母线侧加装隔离开关，以保证断路器和出线的安全检修，出线侧则省掉了线路隔离开关。

图 TYBZ00509005-8 中车间配电所设有两台主变压器、7 面低压配电柜和 20 路低压出线。各个元件设备和母线型号规格在图中作了详细标注。高压侧采用双电源进线，低压侧采用单母线隔离开关分段，两台变压器一般采用分裂运行，即低压分段开关正常时处于断开位置。对于一类负荷可分别从两段母线引电源，能满足其供电可靠性要求。

【思考与练习】

1. 什么是变、配电所的主接线系统图？对主接线系统图有哪些基本要求？
2. 变、配电所电气一次系统图有哪些基本接线方式？分析说明其优缺点和使用范围。
3. 画出 2 回 10kV 进线、2 台配电变压器、10 回低压出线的供电系统图。
4. 简述高压侧采用负荷开关—熔断器的配电所主接线有哪些优、缺点。

模块 6　配电线路路径图（TYBZ00509006）

【模块描述】本模块包含路径图的基本符号及意义、路径图的表示方法、配电线路路径选择的基本要求等内容。通过概念描述、术语说明、图解示意，掌握路径图识读方法。

【正文】

配电线路路径图是配电电网施工设计资料的重要组成部分之一，是进行配电电网安装施工的重要环节，也是配电线路运行维护、检修的基本依据之一。

一、路径图的基本知识

为保证配电线路的施工能有效地按照设计的要求进行，设计部门通常根据配电电网在所处的城区、乡镇村落经过的路径，按规定在描述城区、乡镇村落实际地形、地物、地貌等自然状况结构的平面图上，采用统一图例，将其配电电网途径的自然状况，即房屋、道路、自然构筑物、树木、沟渠、洼地、沼泽、河塘、桥梁，国家及省级工程，以及交叉跨越物的实际方位和情况进行统一的标识。

1. 路径图的基本符号及意义

配电线路路径图按照统一的定型设计要求，详细地在地形平面图中标明了电网结构的线路实际走向、杆型结构、三相四线、三相三线，以及单相两线的亘长、交叉跨越、杆高、杆号以及导线型号等。

图纸上的有关统计、计算数据、技术图样与实际线路结构、走向坐标相符，因此，在实际施工前通常要根据线路路径图的标识进行现场勘察，确认线路走向现场与图纸相符后，按照图纸设计的技术和质量要求进行施工。

要准确地阅读配电线路路径图，关键是要熟悉图纸中的设计符号及符号所代表的实际意义，配电线路工程图中部分常用图例符号见表 TYBZ00509006-1。

表 TYBZ00509006-1　　配电线路工程图部分常用图例

名　称	设计符号	名　称	设计符号
圆形混凝土杆		普通拉线	
方形混凝土杆		水平拉线	
铁塔		V 形拉线	
木杆		共同拉线	
H 形混凝土杆		弓形拉线	
H 形木杆		带拉线绝缘子的拉线	
电缆		带撑杆的电杆	
线路跳引线		弱电线路	
线路		撤除导线	
单相变压器	D 30	三相变压器	S 100
线路电容器		避雷器	
电杆移位	5m	建筑物（5 点表示五层楼房）	
线路断开		阔叶林	
撤除电杆		松树林	
单相接户线		针叶树林	
三相接户线		草地	
四线接户线		杨柳树林	
更换导线		独立树	
更换电杆	12/5	果园	

续表

名　　称	设计符号	名　　称	设计符号
线路转角度	30°	不明树林	
杆号、电杆高度表示法 1、2 为杆号，10、12 为杆高	12/1　10/2	湿地	
变电站		岩石	
单杆变台	S/30	沙滩	
双杆变台	S/50	高山	
地上变台	S/315	湖泊	
城墙		江桥	

2. 配电线路路径图的表示方法

架空电力线路工程及路径的表示方法通常有两种：一种是用平、断面图的形式进行表达（见图 TYBZ00509006-1），另一种则是用地形平面图（简称地形图——详情参考模块 TYBZ00509009），如图 TYBZ00509006-2 所示。

在线路平、断面图中，平面的表达是以线路中心线为基准，将线路所经地域线路通道两侧 50m 以内的平面地物按一定的方式进行测定绘制在平面图上，如图 TYBZ00509006-1 中部图形；图形对沿线地形的起伏变化的表达，同样是以线路中心线为基准，将线路所经地段地形的高程变化按一定的方式进行测定绘制在断面图上，如图 TYBZ00509006-1 上部图形；对线路杆塔位置、规格及线路的档距、里程等，除采用规定的图形符号在平、断面图上进行标识外，还在图形的下部以文字的形式进行了标注，如图 TYBZ00509006-1 的下部栏目。

由于配电线路特别是农网配电线路电压等级较低，加上供电半径较小，线路途经的地域范围相对较小，因此，配电线路工程及路径表达可以直接用地形图的形式进行表示，如图 TYBZ00509006-2 所示。图形采用了表 TYBZ00509006-1 所示图形符号，利用这些符号将线路的走向、杆位布置、档距、耐张杆、拉线等情况在地形平面图上表示出来，它是配电线路工程中主要的图形技术资料。

3. 配电线路路径图

配电线路路径图是表现线路走向及途径地形、地物、地貌和线路跨越等基本特征的图形，如图 TYBZ00509006-2 所示为 10kV 配电线路的路径示意图。

在图中所示区域图幅内，10kV 主干线“1#线”从“×××乡 35kV 变电站”送往“10kV W 乡”，其中主干线“1#”线通过“10#、22#、36#、47#”四基耐张杆对线路进行分段。具体线路路径情况如下：

第 1 耐张段，“01#～10#”杆，耐张段长 620m，共有 9 基直线杆，全部处在水田地段，其中“10#”杆为直线分支杆，线路分支左转 47° 由“10kV 2#线”去“X 村”。

第 2 耐张段，“10#～22#”杆，耐张段长 860m，本段线路上直线杆 11 基，全部处于水田地段，其中线路在“15#～16#”档内跨越乡村公路，并在“22#”杆右转 21° 前行。

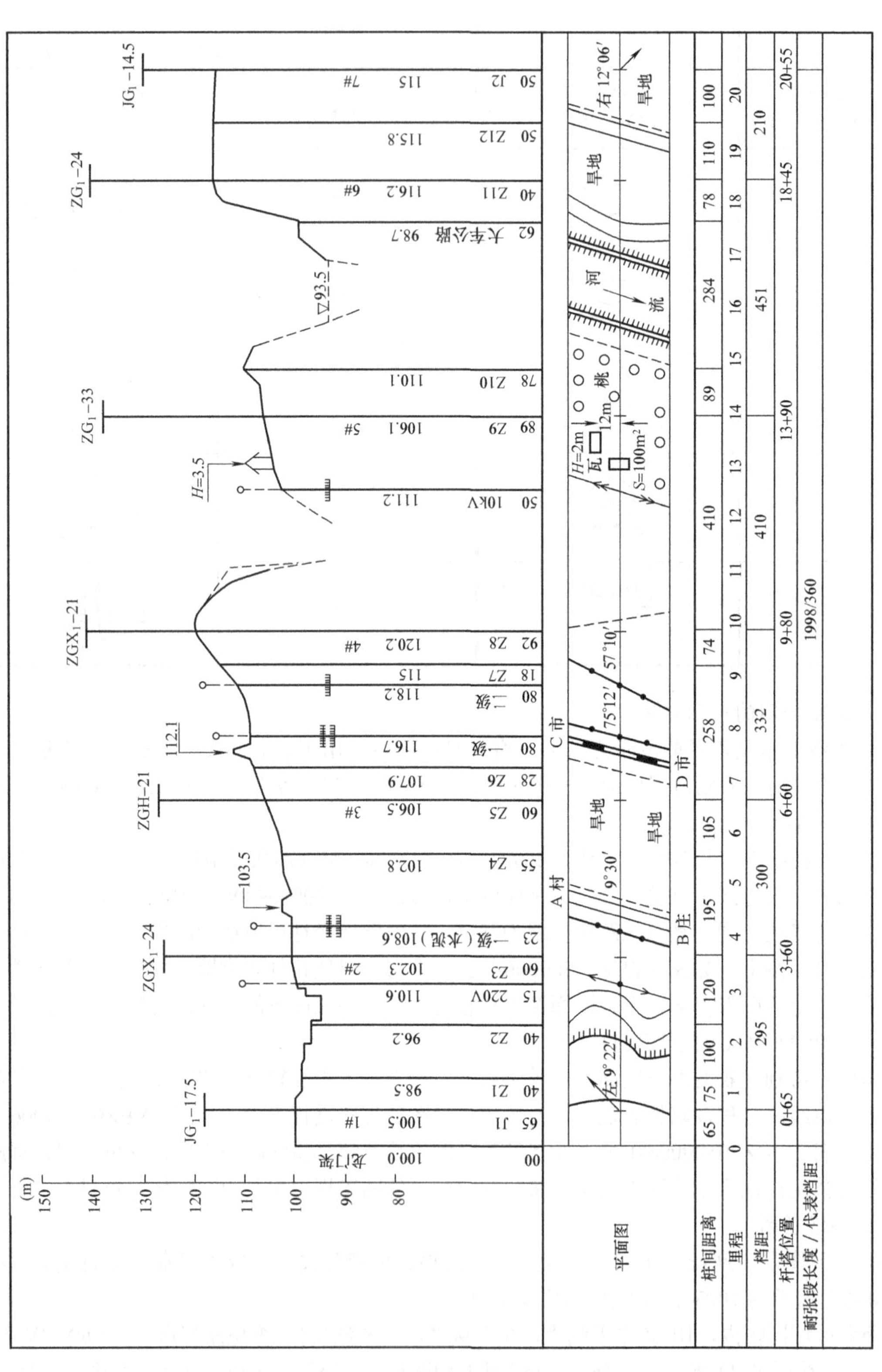

图 TYBZ00509006-1 架空电力线路径平、断面图

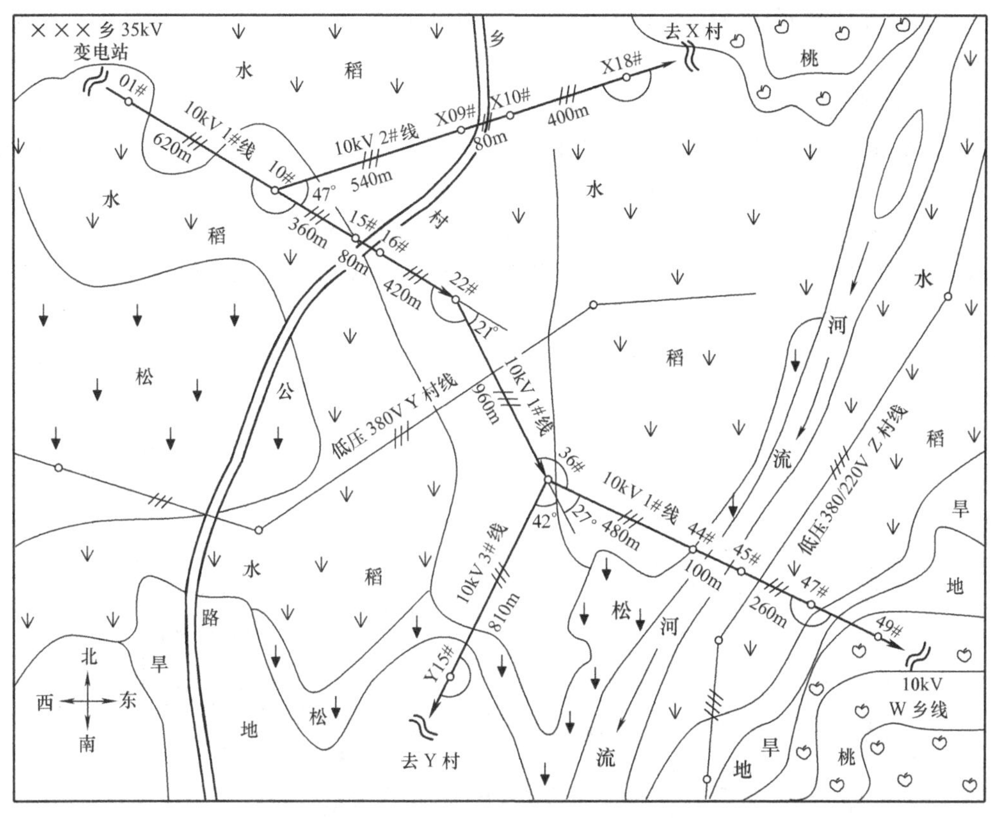

图 TYBZ00509006-2 10kV 配电线路路径示意图

第 3 耐张段，“22#～36#”杆，耐张段长 960m，全段处于水田地段，共有直线杆 13 基，线路途中跨越三相三低压线路，主干线“10kV 1#线”由“36#”转角分支杆左转 27° 继续前行；“10kV 3#线”由此分支右转 42° 去“Y 村”。

第 4 耐张段，“36#～47#”杆，耐张段长 840m，全段共有直线杆 10 基，其中直线跨越杆 2 基，线路由直线跨越杆在“44#～45#”档内跨越“河流”、并在“45#～47#”杆跨越一条三相四低压线路，然后进入山地前行去“10kV W 乡线”。

除此之外，在路径图中还应反映线路所经区域内的居民居住点，线路通道上的其他建筑设施及环境、农作物、植被等与线路运行维护及检修施工直接关联的相关信息。

二、配电线路路径选择的基本要求

根据 DL/T 499—2001《农村低压电力技术规程》的相关规定，农网配电线路路径和杆位的选择，应符合下列要求：

（1）农村配电网络改造的要求与农村发展规划相结合。

（2）根据线路运行维护的要求，综合考虑线路施工和交通条件和供电半径等因素；尽可能做到路径短，跨越、转角少，施工、运行维护方便。

（3）选择线路路径时应避免引起道路交通和农田机耕的困难，不占或少占农田。

（4）应避开洼地，避开易受山洪、雨水冲刷及易被车辆碰撞等地段。

（5）严禁跨越易燃、易爆物的场院和仓库，避开有爆炸物、易燃物和可燃液（气）体的生产厂房、仓库、储罐等。

三、配电线路路径图实例

图 TYBZ00509006-3 所示为某 10kV 线路改造工程的杆线平面布置图，图幅内原“10kV 玉山线”因“规划乡镇工业园”（图的中上部）的建设而需改道，因此，图中的配电线路路径着重表达“10kV 玉山线”的改造工程概况。具体情况如下：

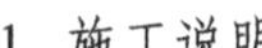

1. 施工说明

改造工程的施工简要说明见图左下框中文字，从中可知本工程为“××乡 10kV 玉山线改造工程”。

2. 改造设计

从图中可以看到线路改造的具设计方案如下：

（1）改造线路“P1#～P8#”的 8 根电杆，全部采用 D190×12m 混凝土电杆；导线全部采用 JKLYJ–10kV–185 绝缘导线，共计 530m/相。

（2）新立的电杆“P1#”应由“54#”杆沿原线路方向回移 15m 定位。

（3）改造线路四个转角耐张杆“P1#、P3#、P6#、P8#”杆在原线路方向上依次右转 78°、左转 78°、左转 27°、左转 37°最后与原线路在“58#”杆搭接。

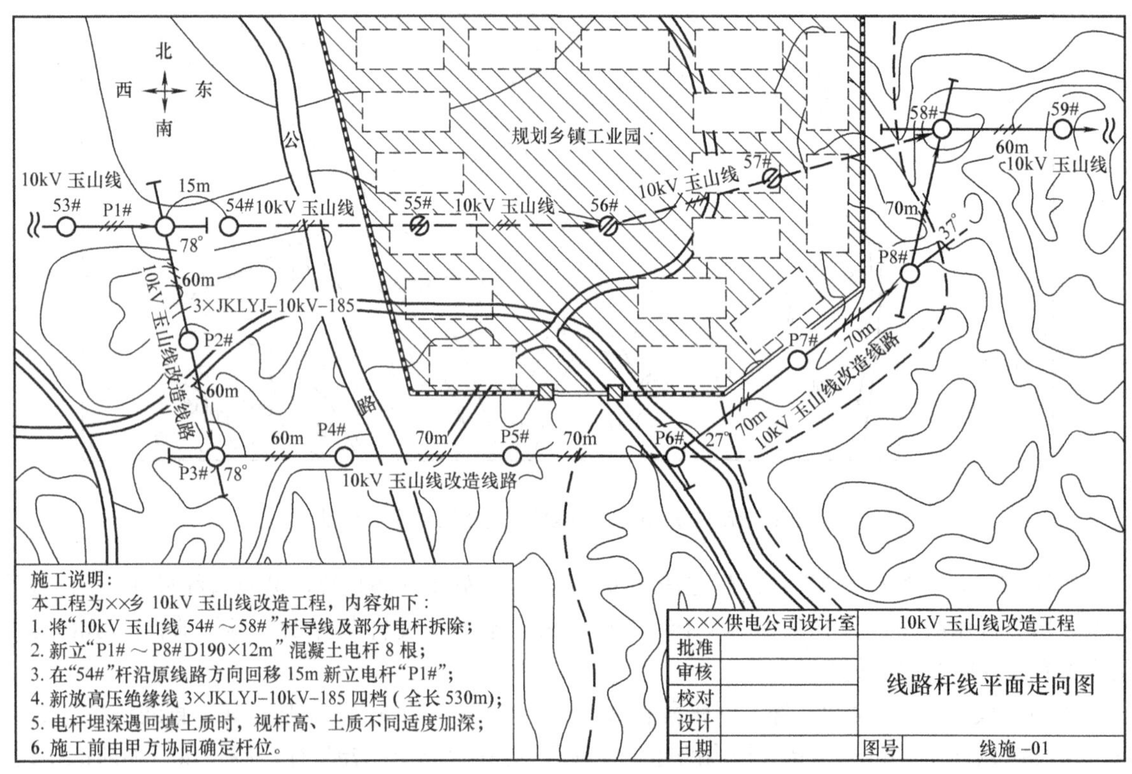

图 TYBZ00509006-3 10kV 配电线路改造工程的杆线平面布置示意图

（4）“P1#、P3#、P8#、58#”杆分别在两侧线路方向上各设普通拉线一根，“P6#”杆在导线合力方向上设普通拉线一根。

（5）从“P1#～58#”杆各档的档距依次为：60、60、60、70、70、70、70、70m。

通过上述图 TYBZ00509006-3 所提供的工程信息，就可以进行材料的准备，按照路径图的要求进行电杆的定位、施工安装。

【思考与练习】

1. 配电线路路径图的表示方法通常有哪几种？
2. 配电线路路径选择的基本要求有哪些？

模块 7 配电线路杆型图（TYBZ00509007）

【模块描述】本模块包含配电线路的各种类型的杆型图、配套材料表。通过图表对比介绍，能识别配电线路各种杆型图。

【正文】

一、配电线路杆塔的基本类型

配电线路由杆塔、导线、避雷线、绝缘子及线路金具等部件组成。其中，杆塔的主要作用是支持导线的避雷线，使之对大地和其他建筑物保持足够的安全距离，并在各种气象条件下保证线路能够可靠安全地运行。同时，配电线路杆塔的结构与配电线路的电压等级及导线的排列方式有关。下面将主要介绍配电线路的常用杆型及基本配套情况。

1. 高压架空配电线路杆型

表 TYBZ00509007-1 为 35kV 常见铁塔图表，表 TYBZ00509007-2 所示为 35kV 常见典型混凝土杆杆型图表。

表 TYBZ00509007-1　　35kV 常见铁塔图表

序　号	1	2	3	4	5	6
杆塔型式	Z	SZ	J30°～J60°	SJ30°～SJ60°	SD90°	K
图　示				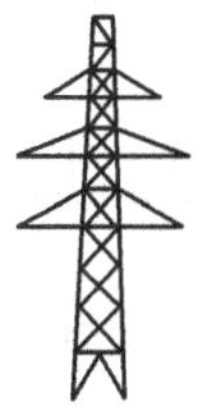		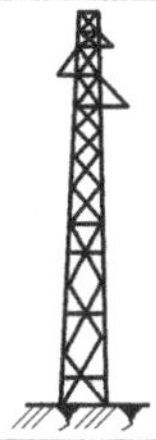
名　称	直线塔	双回路直线塔	转角塔	双回路转角塔	双回路终端塔	跨越塔

表 TYBZ00509007-2　　35kV 常见典型混凝土杆杆型图表

序　号	1	2	3	4	5	6
杆塔型式	Z	Z	Z	Z	Z	Z
图　示	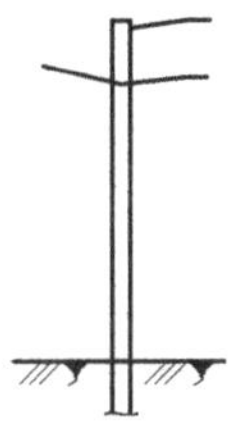	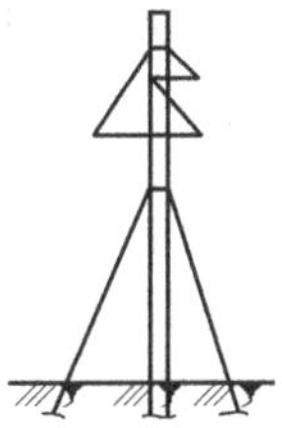	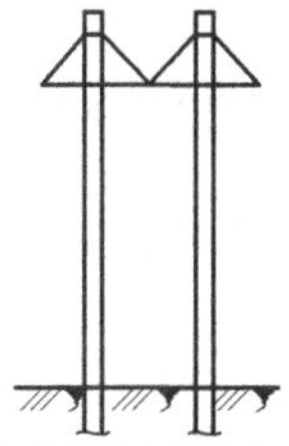	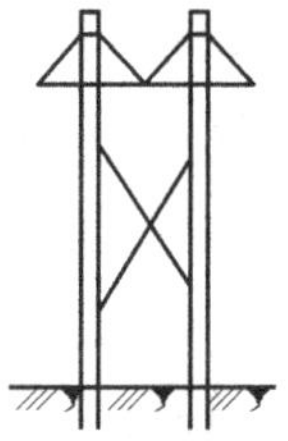	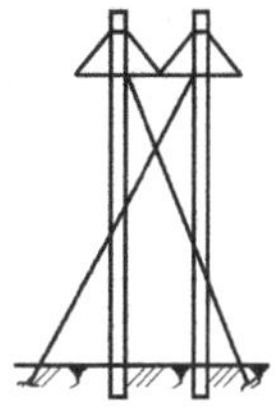	
名　称	直线杆	直线杆	直线杆	直线杆	直线杆	直线杆
序　号	7	8	9	10	11	12
杆塔型式	D60° J90°	N5°	N5°	J30°	J60°	D10°
图　示				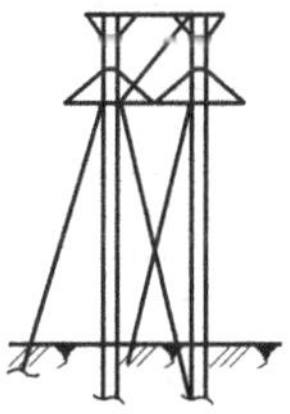	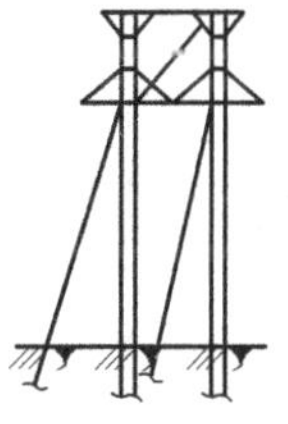	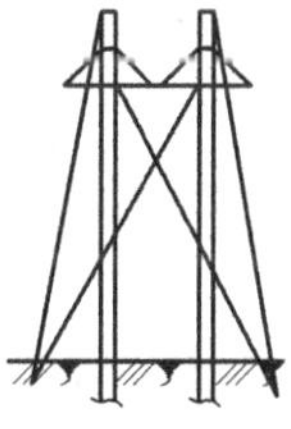
名　称	终端转角杆	耐张转角杆	耐张转角杆	转角杆	转角杆	终端转角杆
序　号	13	14	15	16	17	18
杆塔型式	J30°	J60°	J90°	J30°	J60°	J90°
图　示	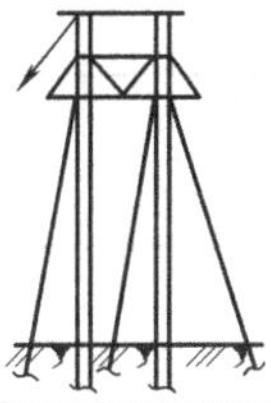	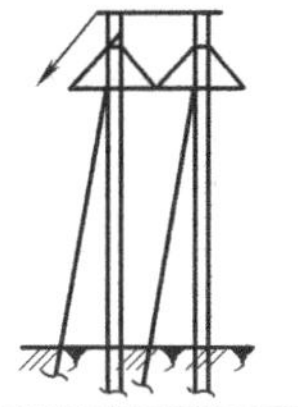	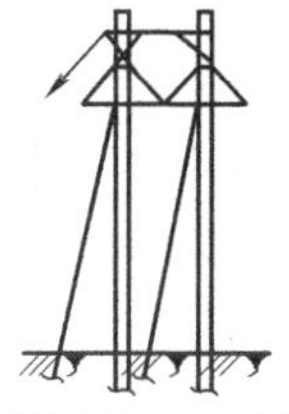	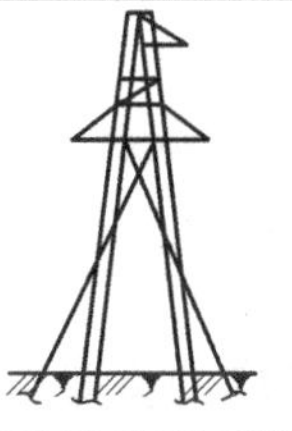	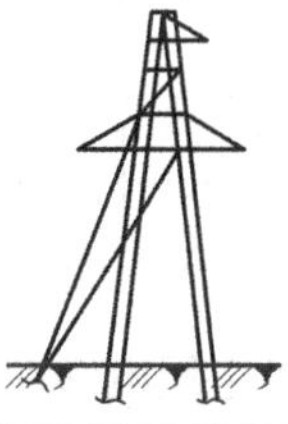	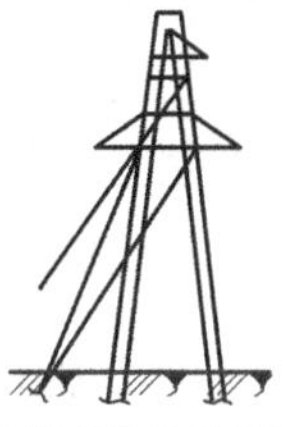
名　称	转角杆	转角杆	转角杆	转角杆	转角杆	转角杆

2. 10kV 电杆的基本类型

（1）10kV 架空配电线路的电杆常见杆型。10kV 常见直线杆杆型图如图 TYBZ00509007-1 所示，

10kV 转角耐张及终端杆杆型图如图 TYBZ00509007-2 所示。

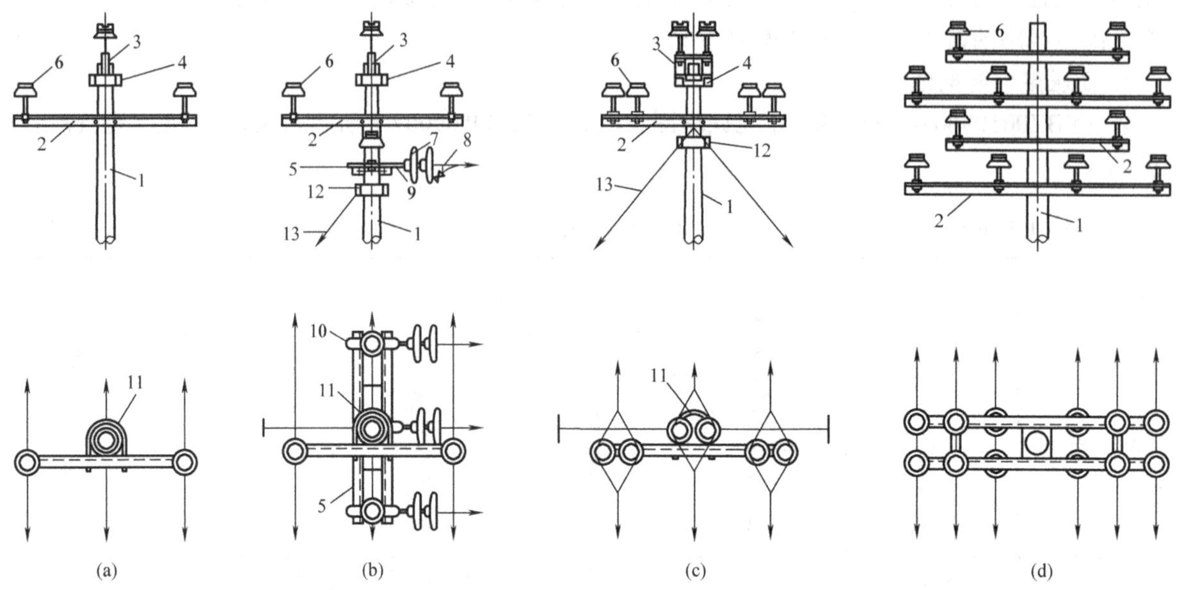

图 TYBZ00509007-1 10kV 常见直线杆杆型图

（a）直线杆；（b）直线分支杆；（c）直线跨越杆；（d）多回路垂直排列直线杆

1～13—材料编号

（2）10kV 架空配电线路常见杆型的材料配套。图 TYBZ00509007-1 和图 TYBZ00509007-2 所示各种杆型所需的材料名称、规格及配套见表 TYBZ00509007-3。

表 TYBZ00509007-3　　各种高压杆型电杆安装材料汇总表

材料编号	名　称	型号及规格	单位	数　量							
				图 TYBZ00509007-1				图 TYBZ00509007-2			
				（a）	（b）	（c）	（d）	（a）	（b）	（c）	（d）
1	圆混凝土杆	规格按需要确定	根	1	1	1	1	1	1	1	1
2	高压直线铁横担	63×6×1800（2100）	根	1	1	1	4（4）				
3	立铁	63×6×650	根	1	1	2					
4	单凸抱箍	50×5×790	副	2	2	4					
5	耐张横担		套					1	1	2	1
6	针式绝缘子	P–15	个	3	5	6	24	3	3	2	
7	悬式绝缘子	X-4.5（XP–7）	个		6			12	12	12	6
8	耐张线夹				3			6	6	6	3
9	U 形挂环				3			6	6	6	3
10	平行挂板				3			6	6	6	3
11	U 形抱箍	带螺母	个	1	1	1					
12	拉线抱箍	—50×5ϕ200	副		1	1		1	1	2	1
13	拉线	规格按需要定	根		1	2		2	2	1	1

二、低压架空配电线路杆塔的类型

1. 低压架空配电线路的电杆常见杆型图

目前，混凝土电杆（钢筋混凝土杆）在低压架空配电线路中已广泛使用。低压配电线路中常见且较为典型的直线杆、耐张杆、转角杆、分支杆、终端杆的杆杆型图如图 TYBZ00509007-3～图 TYBZ00509007-11 所示。

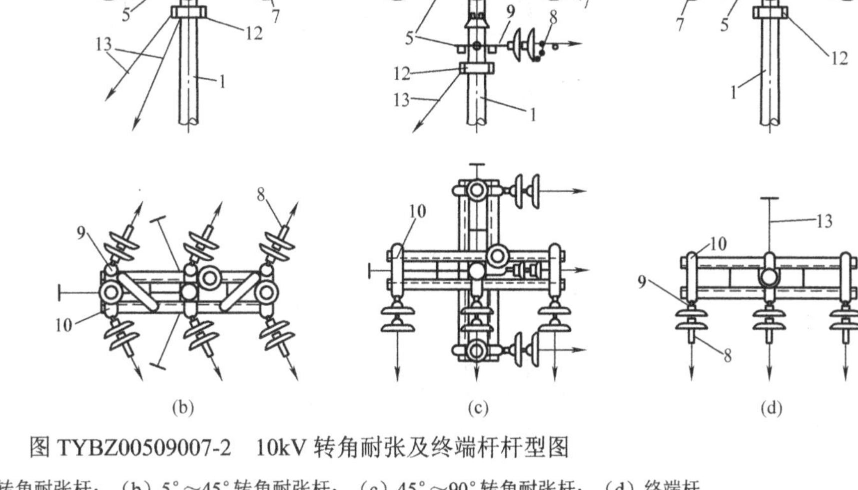

图 TYBZ00509007-2　10kV 转角耐张及终端杆杆型图

（a）0°～5° 转角耐张杆；（b）5°～45° 转角耐张杆；（c）45°～90° 转角耐张杆；（d）终端杆

1～13—材料编号

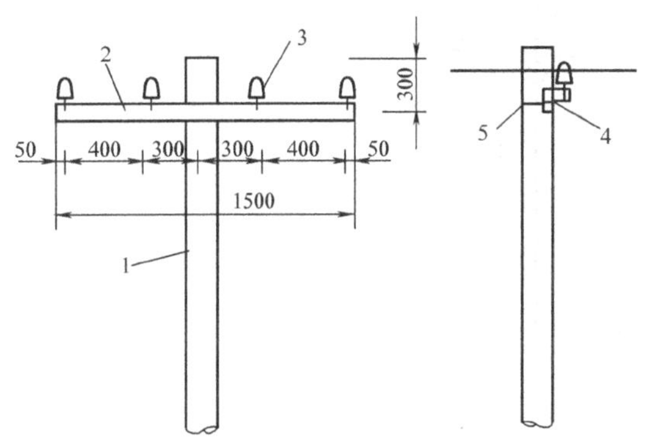

图 TYBZ00509007-3　低压直线杆的杆型图

1～5—材料编号

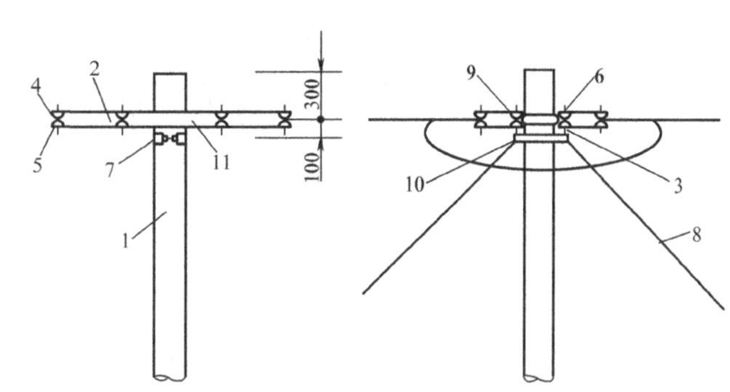

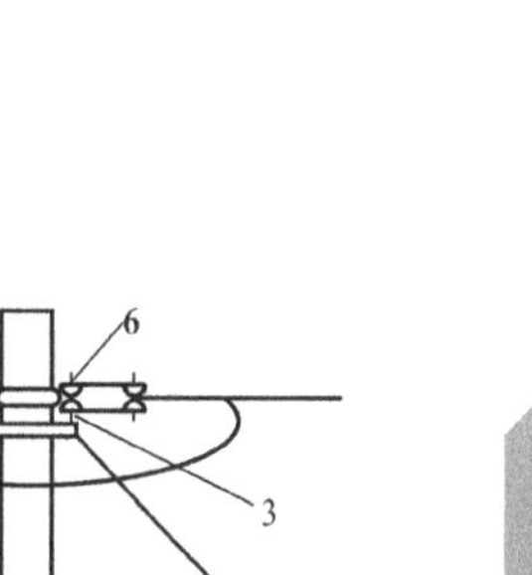

图 TYBZ00509007-4　低压耐张杆的杆型图

1～11—材料编号

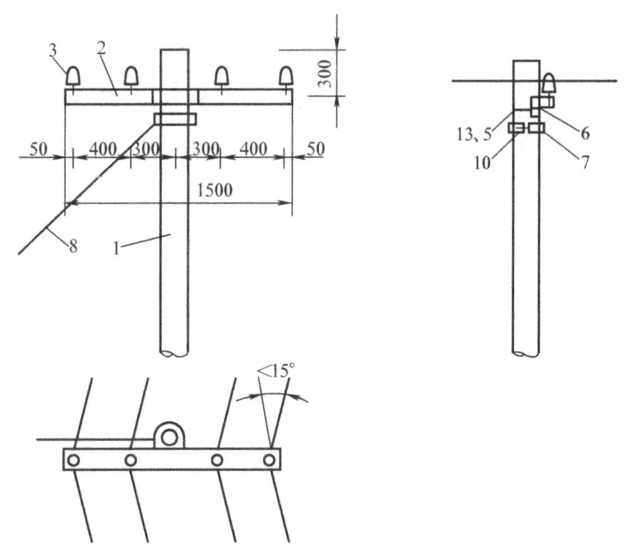

图 TYBZ00509007-5　低压转角杆的杆型图（15° 以下）

1～13—材料编号

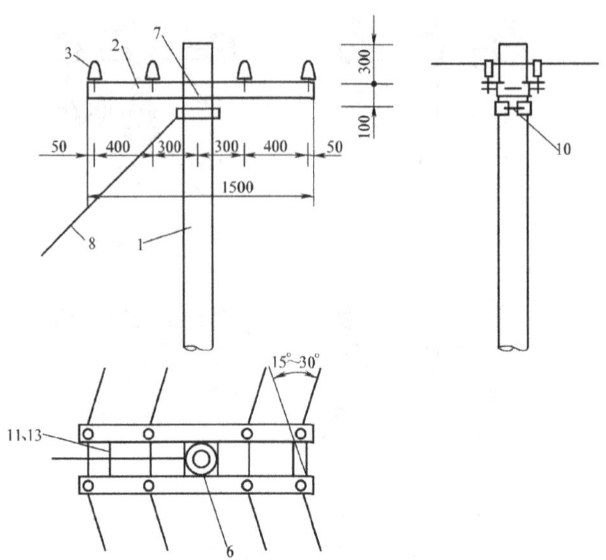

图 TYBZ00509007-6 低压转角杆的杆型图（15°～30°）

1～11—材料编号

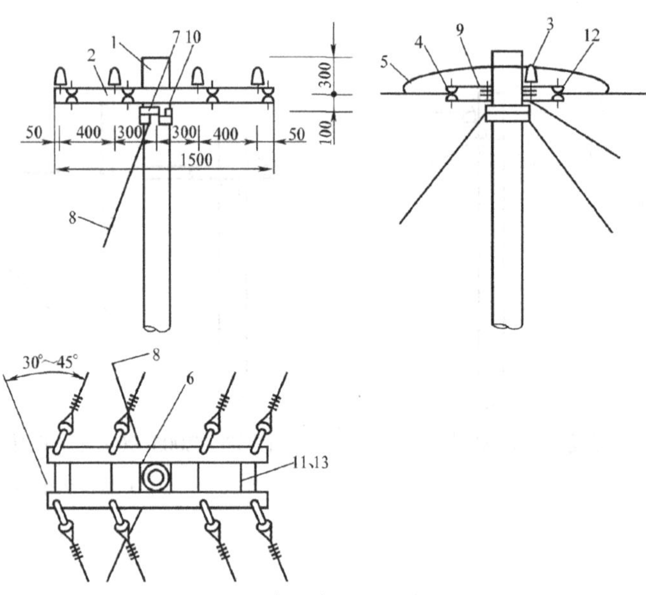

图 TYBZ00509007-7 低压转角杆的杆型图（30°～45°）

1～13—材料编号

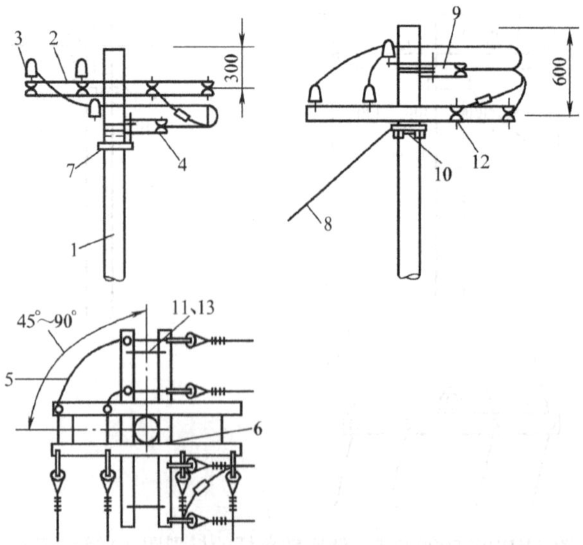

图 TYBZ00509007-8 低压转角杆的杆型图（45°～90°）

1～13—材料编号

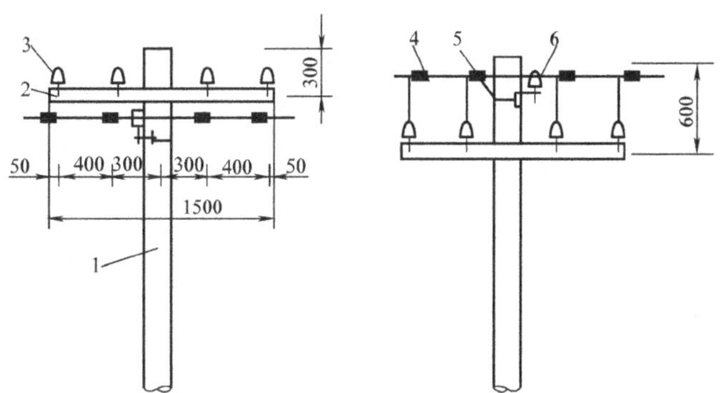

图 TYBZ00509007-9　低压十字分支杆的杆型图

1～6—材料编号

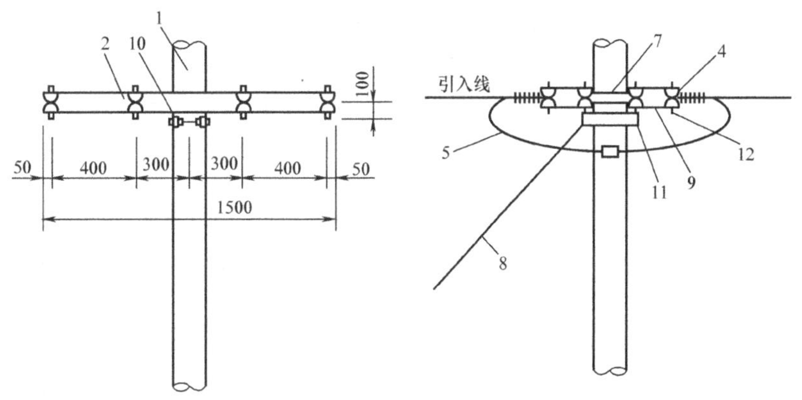

图 TYBZ00509007-10　低压终端杆的杆型图

1～12—材料编号

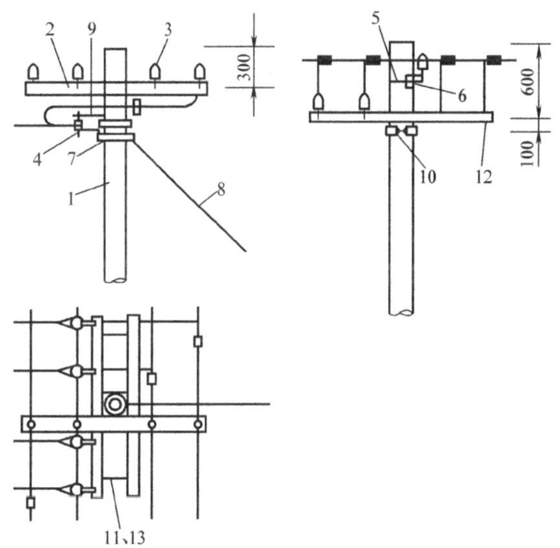

图 TYBZ00509007-11　低压丁字分支杆的杆型图

1～13—材料编号

2. 常见低压架空配电线路杆型的材料配套

图 TYBZ00509007-3～图 TYBZ00509007-11 所示各种低压架空配电线路电杆所需的安装材料汇总见表 TYBZ00509007-4。

【思考与练习】

1. 10kV 及以下配电线路的直线电杆主要由哪些材料构成？

2. 简要说明终端杆与一般直线杆的主要结构区别。

3. 大角度转角杆与小角度转角杆在结构上有哪些明显的不同点？

表 TYBZ00509007-4 各种低压杆型电杆施工安装材料汇总表

材料编号	名称	型号及规格	单位	数量									备注
				图 TYBZ00509007-3	图 TYBZ00509007-4	图 TYBZ00509007-5	图 TYBZ00509007-6	图 TYBZ00509007-7	图 TYBZ00509007-8	图 TYBZ00509007-9	图 TYBZ00509007-10	图 TYBZ00509007-11	
1	圆形混凝土电杆	规格按需要定	根	1	1	1	1	1	1	1	1	1	
2	低压四线铁横担	50×5×1500（63×6×1500）	根	1	2	1	2	2	2	4	2	4	
3	低压针式绝缘子	PD–IM	个	4		4	8	4		6	3	4	
4	蝴蝶式绝缘	ED–1	个		8			8	4	4		8	
5	U 形抱箍	带螺母	个	1		1				1	2		
6	横担抱铁	—50×5ϕ200	个	1	2	1	2	2	2	3	2	4	大小根据电杆梢径确定
7	拉线抱箍	—50×5ϕ200	副	1	1	1		2	1	1		2	
8	拉线	规格按需要确定	根		2	1	1	2	1	1		2	
9	铁拉板	40×4×250	副		8			8	8	4		8	长度根据电杆梢径决定
10	镀锌铁螺栓	M16×80	个		2	2	2	4	2	2		4	长度根据电杆梢径决定
11	镀锌铁螺栓	M16×L	个		4		4	4	4	4		8	长度根据电杆梢径决定
12	镀锌铁螺栓	M12×L	个		16			16	8	8		16	长度根据电杆梢径决定
13	弹簧垫圈	M16	个	2	4	2	2	8	4	6	4	4	长度根据绝缘子尺寸确定

模块 8　杆塔组装图和施工图（TYBZ00509008）

【模块描述】本模块包含配电线路杆塔图、杆塔安装图、拉线组装图的组成和识读方法等内容。通过概念描述、术语说明、图表解读，掌握杆塔组装图和施工图识读方法。

【正文】

一、配电线路杆塔图的基本知识

1. 杆塔图的基本组成

在配电线路工程中，线路专用杆塔图包括总体单线图、装配图及材料表三大部分，除此之外，每套杆塔图中还附有图纸目录。

（1）总体单线图。配电线路杆塔总体单线图主要为工程提供各种杆型的配套，为某工程用电杆配套图如图 TYBZ00509008-1 所示。配套图中包括单线图和材料表两部分的内容。

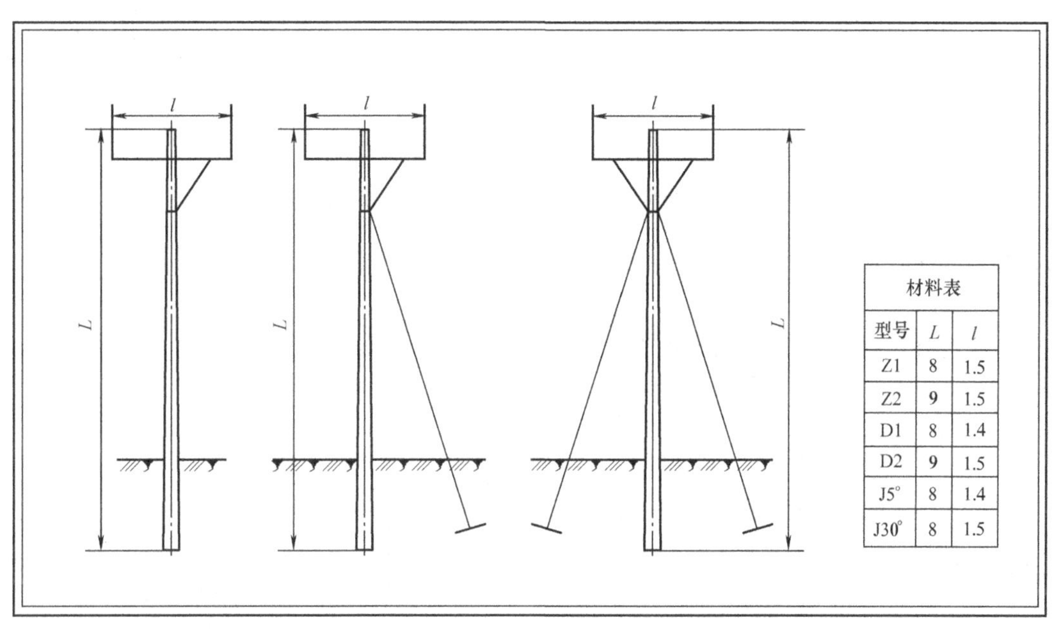

材料表		
型号	L	l
Z1	8	1.5
Z2	9	1.5
D1	8	1.4
D2	9	1.5
J5°	8	1.4
J30°	8	1.5

图 TYBZ00509008-1　低压配电线路工程电杆配套图

（2）部件组装图。部件组装图也叫组装图或装配图，主要为工程提供各种零部件的组合装配，并提供相应的安装技术标准。金具组装图如图 TYBZ00509008-2 所示。

（3）材料表。工程安装用图纸通常都配有材料表，其中一套完整的杆塔配套图中配有一张材料总表，材料总表主要为整套系列图提供总体材料配套一览，另外，每张安装图也附有相应材料装配的材料表，如图 TYBZ00509008-1 和图 TYBZ00509008-2 中所附的材料表。

2. 杆塔图的识读方法

杆塔图的识读方法应按下列方法进行：

（1）对照总体单线图进行杆塔的材料配套。配电线路工程的走向图或路径图中分别对线路的杆塔进行排位，施工时根据路径上杆位的排定确定各杆位的杆型后，直接由杆塔的总体单线图选择相应的杆型及材料的总体配套。

（2）对照图纸目录选择相应的结构安装图。从单线图中查到相应规格电杆的基本组成后，便可对照单线图所提供的图号，结合图纸目录找到对应的图号的安装图，从中得到所需的电杆配套、组装的相关信息。

（3）按部件安装图进行材料的安装配套。结合部件安装图，可以清理安装所需材料，然后按照图纸的要求进行各部件的组装。

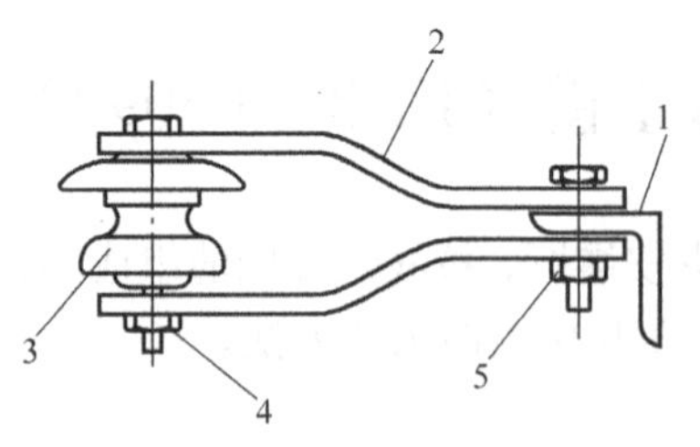

材料表			
编号	名称	规格	数量
1	横担	∠50×50×5	1
2	平行挂板	PS-1	2
3	绝缘子	ED-1	1
4	螺栓	M14×120	1
5	螺栓	M16×60	1

(a)

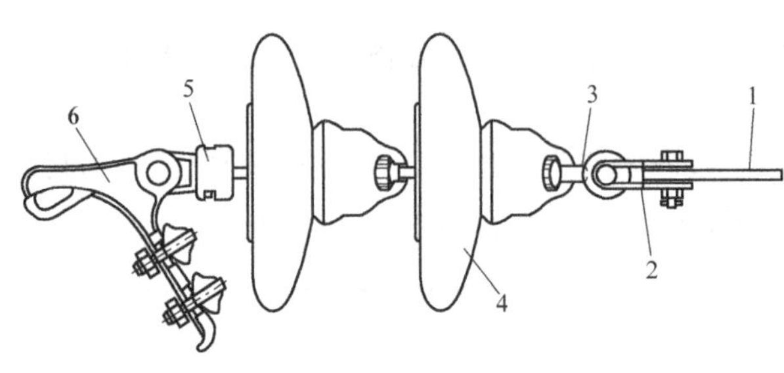

材料表			
编号	名称	规格	数量
1	连板	P-3	1
2	U 形挂板	Z-2	1
3	球头挂环	Q-1	1
4	绝缘子	XP-7	2
5	碗头挂板	W-2	1
6	耐张线夹	NT-2	1

(b)

图 TYBZ00509008-2　金具组装图

（a）低压耐张线金具组装图；（b）10kV 耐张线金具组装图

二、配电线路杆塔安装图

1. 单横担的安装图

常见低压电杆单横担安装示意图如图 TYBZ00509008-3 所示。

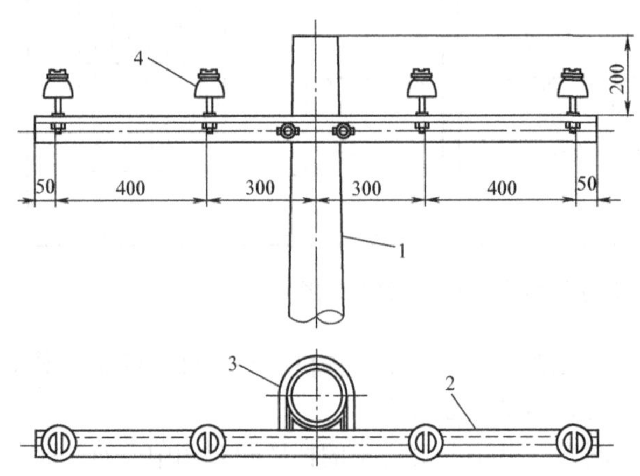

材料表				
编号	名称	规格	数量	质量(kg)
1	电杆	8m，梢径 150	1 根	—
2	横担	∠50×50×5 ×1500	1 根	—
3	U 形抱箍	ϕ190	1 副	—
4	绝缘子	P-2	4 个	—

图 TYBZ00509008-3　低压直线电杆单横担安装示意图

由图 TYBZ00509008-3 可知：电杆的长度为 8m，梢径 150mm；单横担的材料为 50mm×50mm×5mm 的角钢，横担长度为 1.5m；横担的抱箍为直径 190mm 的 U 形抱箍；4 个针式绝缘子在横担上固定的间隔依次为 400、300、300、400mm；横担距离电杆顶部的距离为 200mm。

2. 双横担的安装图

低压配电线路耐张电杆双横担安装图的示意图如图 TYBZ00509008-4 所示。

由图 TYBZ00509008-4 可知：电杆的长度为 8m，梢径 150mm；双横担的材料为 50mm×50mm×5mm 的角钢横担，长度为 1.5m；横担分别由 6 根 M16 的穿钉螺栓连接；8 个蝶式绝缘子分别在横担两侧用 S 形耐张挂板连接，其安装固定的间隔依次为 400、300、300、400mm；横担距离电杆顶部的距离为 200mm。

耐张电杆拉线抱箍安装在横担下 100mm 处，拉线抱箍采用直径 210mm 的双合抱箍。

另外，图 TYBZ00509008-4 中对不同规格的连接螺栓进行了标记，当螺栓规格较多时，对图纸上螺栓的标记也可以采用图形符号的形式进行标记。使用者只需对照相应的图形符号在材料表中查对相应的螺栓规格。

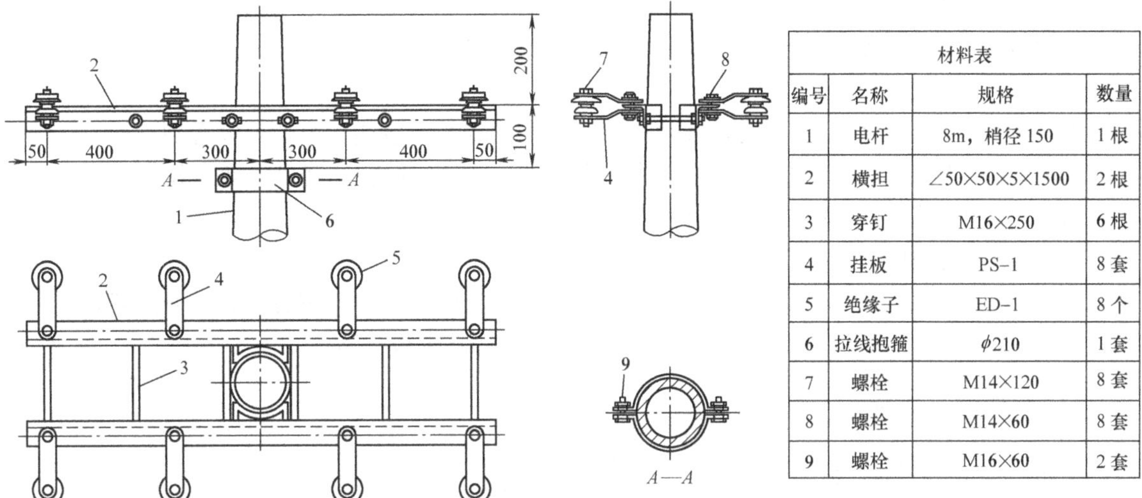

材料表

编号	名称	规格	数量
1	电杆	8m，梢径 150	1 根
2	横担	∠50×50×5×1500	2 根
3	穿钉	M16×250	6 根
4	挂板	PS–1	8 套
5	绝缘子	ED–1	8 个
6	拉线抱箍	ϕ210	1 套
7	螺栓	M14×120	8 套
8	螺栓	M14×60	8 套
9	螺栓	M16×60	2 套

图 TYBZ00509008-4　低压耐张电杆双横担安装示意图

3. 分支杆横担的安装图

低压直线分支电杆横担安装图的示意图如图 TYBZ00509008-5 所示。

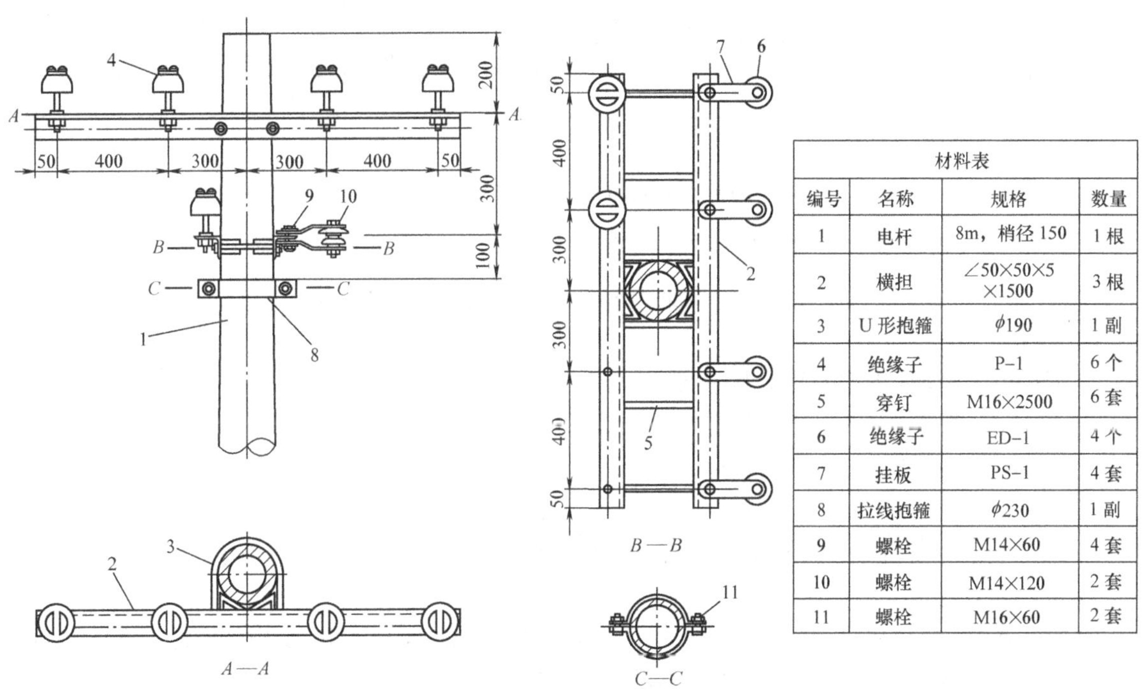

材料表

编号	名称	规格	数量
1	电杆	8m，梢径 150	1 根
2	横担	∠50×50×5×1500	3 根
3	U 形抱箍	ϕ190	1 副
4	绝缘子	P–1	6 个
5	穿钉	M16×2500	6 套
6	绝缘子	ED–1	4 个
7	挂板	PS–1	4 套
8	拉线抱箍	ϕ230	1 副
9	螺栓	M14×60	4 套
10	螺栓	M14×120	2 套
11	螺栓	M16×60	2 套

图 TYBZ00509008-5　低压直线分支杆横担安装示意图

图 TYBZ00509008-5 中，电杆共有上层（单）横担、中层（双）横担及拉线抱箍三层结构，为表达清楚各层结构的特点，将三层结构用 *A—A*、*B—B*、*C—C* 三级剖面分别进行表达。

A—A 表示顶层直线单横担的基本结构，其内容与图 TYBZ00509008-3 相同。

B—B 表示中层分支双横担的基本结构，其内容与图 TYBZ00509008-4 基本相同，只是多了两个跳线绝缘子，详见图 TYBZ00509008-5 中的 *B—B*。

C—C 表示拉线抱箍的安装结构，拉线抱箍采用直径 230mm 的两合抱箍。

在全国各地，低压配电线路由于地域及气候条件等因素的影响，其电杆的结构及横担的安装形式也不是绝对统一，本模块所述低压电杆横担的安装示意图 TYBZ00509008-3～图 TYBZ00509008-5，仅作为杆塔识图知识的讲解，不作为实际进行安装的标准图。具体线路安装施工时，应以设计图纸为安装的依据。

三、拉线的组装图

拉线的组装图如图 TYBZ00509008-6 所示。

1. 楔型线夹安装图

图 TYBZ00509008-6（a）所示为拉线上把楔形线夹的安装示意图。由图可以看到，拉线的回头尾端应由线夹的凸肚穿出，并绕舌板楔在线夹内，舌板大小头的方向应与线夹一致。拉线尾线的出头长度及绑扎要求，可直接对照图形加以了解。

2. UT 线夹安装图

图 TYBZ00509008-6（b）所示为拉线下把 UT 线夹的安装示意图。进行 UT 线夹安装时，当拉线收紧后 U 形螺栓的丝牙应露出丝杆长度的 1/2，同时，应加双螺母拧紧。

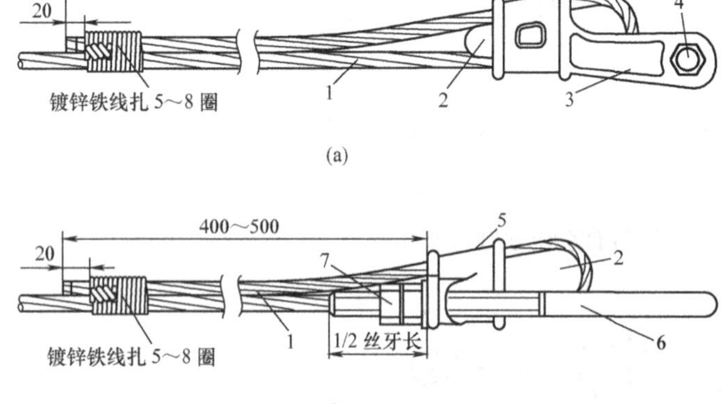

材料表			
编号	名称	规格	数量
1	钢绞线	—	—
2	舌板	—	—
3	楔形线夹	—	—
4	连接螺栓	—	—
5	T 形夹	—	—
6	U 形螺栓	—	—
7	螺帽	—	—

图 TYBZ00509008-6 拉线组装示意图

（a）拉线上把楔形线夹的安装示意图；（b）拉线下把 UT 线夹的安装示意图

有关具体的拉线制作过程及要求，详细内容参阅模块 GYND00304002。

【思考与练习】

1. 简述正确识读杆塔图的基本顺序要求。
2. 如何识别多层结构的电杆安装图？
3. 如何利用电杆图进行电杆的材料配套？

模块 9 配电线路地形图（TYBZ00509009）

【模块描述】本模块包含地形图的基本知识、配电线路对地形的要求、配电线路地形图的特点及应用等内容。通过概念描述、术语说明、图形解读，掌握配电线路地形图识读方法。

【正文】

地形图是普通地图中的一种，地形图是依据国家测绘主管部门颁布的《地形图图式》中所规定的各类地形符号绘制的。地形图具有一定的统一性，是一种通用的地表资料。

一、地形图的基本知识

1. 比例尺

地形图是把地球表面的地形按一定比例的形式缩小后绘在图纸上的。设某一线段在图上的长度尺寸为 d，对应实际地面上的水平距离为 D，将图上这一线段的长度 d 与实际地面上相应线段的水平距离 D 的数学比例关系，称为该地形图的比例尺。

（1）比例尺的形式。

1）数字比例尺。在地形图上直接用数字表示的比例尺称为数字比例尺。数字比例尺一般注写在一幅地形图下方中间部位，以说明该幅图的比例尺的大小，如一比五千比例尺则注写为1:5000。

2）直线尺式比例尺。在地形图下方中间除用数字比例尺表示外，在数字比例尺的最下方还绘有直线尺式比例尺，也称为图示比例尺。直线尺式比例尺上的一段长度注有直接代表的实地水平距离数，避免了数字换算关系，如图TYBZ00509009-1所示。在一根直线尺上，一般以2cm长为基本单位分段，在最左边的一段的右节点上注记为0，并将此基本单位再细分为10等分的小分划。按该比例尺的关系，以0向左、右方向的各节点及细分划上均注记其所代表的实地水平距离。图TYBZ00509009-1（a）为1:1000直线尺式比例尺，图上2cm为实地20m，故各节点注记的是地面实际距离。图TYBZ00509009-1（b）为1:2000直线尺式比例尺，图上2cm为实地40m的长度。

应用直线尺式比例尺量取地形图上两点间的长度不需要再应用换算即可得到相应实地水平距离。其量取方法是用两脚规（分规）的两针尖对准图上应量取的两点，然后将两脚规移到直线尺式比例尺上，使其一个针尖对准0右边适当一个基本单位的分划节点上，而另一个针尖落在0左边小分划的基本单位内，将0左、右两边的两针尖所在读数读出，二者之和即是图上两点之间相应的实地水平距离。

（2）比例尺的分类。地形图的比例尺按大小分为三类：

1）小比例尺地形图：指小于1:20万以下的地形图，有1:20万、1:50万。

2）中比例尺地形图：通常指1:10万、1:5万与1:2.5万三种比例尺的地形图。

3）大比例尺地形图：一般指1:1万及以上的各种比例尺地形图，主要有1:10 000、1:5000、1:2000、1:1000与1:500等数种。输配电线路工程所用的平（1:5000）、断面（1:500）图均为大比例尺地形图。

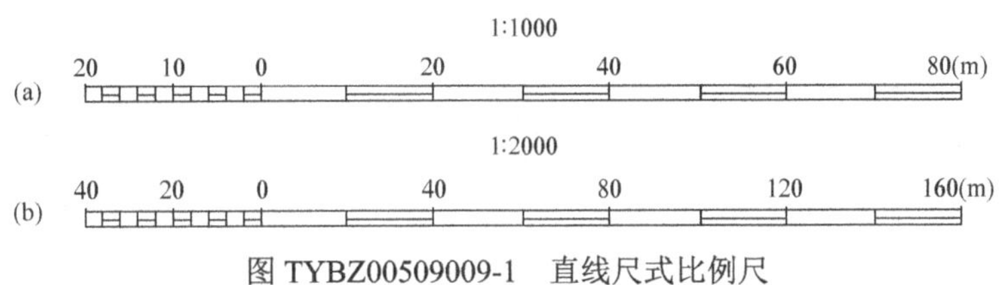

图TYBZ00509009-1 直线尺式比例尺

（3）比例尺的精度。一般来说，人眼的辨别能力最短间隔距离为0.1mm，即当两个点之间的距离小于0.1mm时，人眼分辨不出是两个点，而只能看成为一个点。假定某一个点在不同比例尺地形图上都差0.1mm，但它所代表的实地误差则根据比例尺大小不同而不同，因而将图上0.1mm所代表的实地水平距离称为比例尺精度，见表TYBZ00509009-1。

表TYBZ00509009-1　　比例尺精度

比例尺	1:500	1:1000	1:2000	1:5000
比例尺精度（m）	0.05	0.10	0.20	0.50

2. 地形图的基本构成

地形图通常由图廓、图名、图号、结合图等部分构成，某一地区的地形图如图TYBZ00509009-2所示。

（1）图廓。地形图幅面的边界线称为图廓。地形图的图廓是由一组线条组成，如图TYBZ00509009-2所示最里面的一条细线称为内图廓，是图幅的实际范围线；其外边的线条称为外图廓，外图廓起装饰的作用。在内图廓的四个角点上有平面直角坐标值或经纬度值的注记。在内、外图廓线之间有分划线，是直角坐标或经纬线的加密分划。平面直角坐标值或经纬度值的注记也是地形图的一个数学要素。

（2）图名图号。图名一般是以这幅图内最大的居民地地名命名的，如图幅内没有居民地地名，则以其他最大的有名的地物或地貌名称命名（如图TYBZ00509009-2中“五里庄”）。图名注写在北图廓外的正中间部位。在图名的下方，有一个编号，即该地形图的图号（16.0−12.0）。

另外，在使用地形图时可能用到相邻图幅，在每幅地形图的西北图廓上方有一结合图，井字形的中部代表本幅图，上、下、左、右为相邻图幅的图名或者是图号。

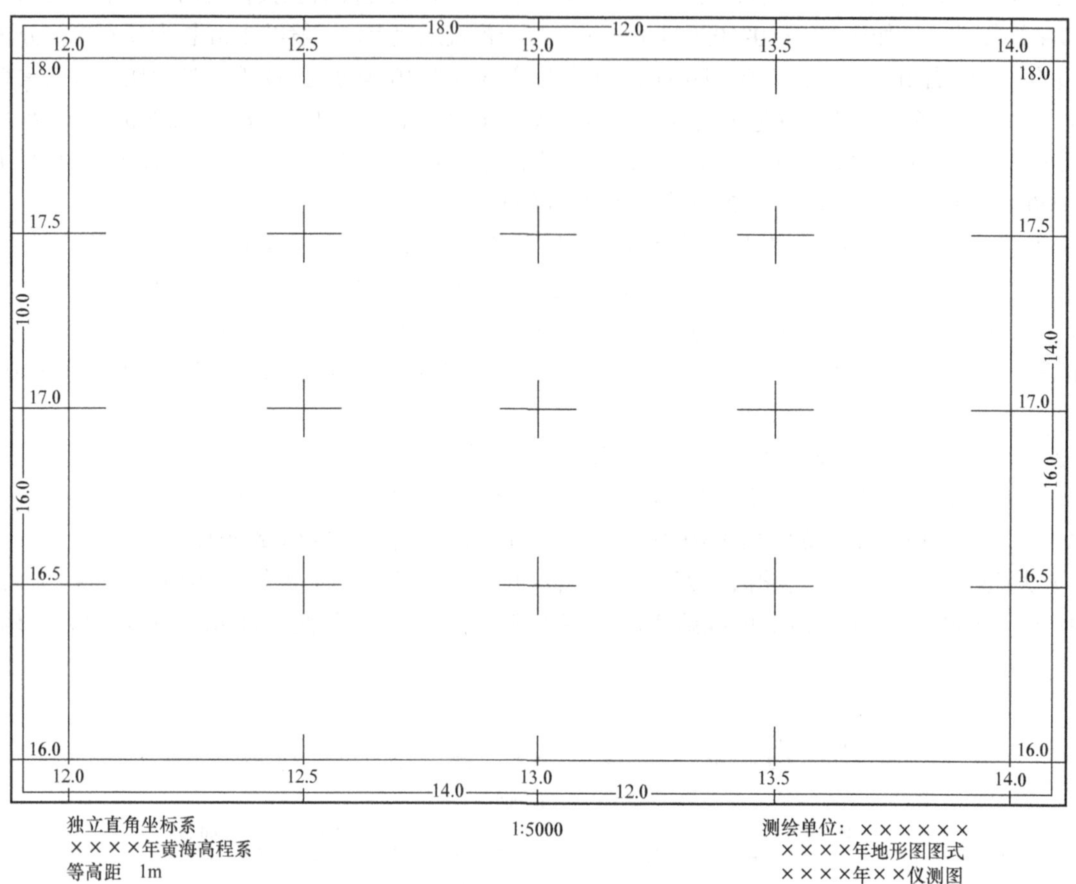

图 TYBZ00509009-2 地形图的基本格式

（3）地形图的其他标记。一般情况下，在地形图西南图廓角点的下方通常应注有该图所采用的平面直角坐标和高程系统的说明，并注明该图的基本等高距。在东南图廓角点有测绘单位，使用图式的版本，以及该图成图的方法及年月。

3. 地物地貌的表示方法

如图 TYBZ00509009-3 所示，地形图的常用符号包括地物符号和地貌符号两大类。对地物通常采用规定的符号来表示，而地貌则利用等高线的方法进行表示。

（1）地形图的常用符号。地形图的地物符号可分为比例符号、非比例符号、线形符号、注记等。

1）比例符号。保持地物原来的轮廓外形，且与原形完全相似描绘的地物符号称为比例符号，如湖泊、运动场、大型建筑物等。

2）非比例符号。若地面的物体本身较小，而又有特定的意义与价值，如测量控制点、井、泉、独立树、里程碑等。这类符号不表示地物的大小与形状，而只表示其确有性及其应在图上的位置。此类符号可分为正规的几何图形、底部直角形、宽底底线、几种几何图形组合以及无底线符号五种类型。几何图形的几何中心、直角形的顶点、底线的中点、下部几何图形的几何中心以及无底线的连线中点，代表实地地物中心点在图上的相应的具体位置。

3）线形符号。对于地面上的线状地物，如道路、河流、电力线、通信线等，就这类地物的长度而言，它可以依比例尺缩小后绘出，而宽度不能依比例尺绘，这类符号称为线形符号。

4）注记。在地形图上有的地物符号旁有极简明的名称或说明注记、数字注记。说明注记如居民地的地名，山脉、河流名称，以及道路通过河流可徒涉情况“涉”等；数字注记有楼层数、树高、胸径、水流速度、河宽、水深等。这些注记使用图者一看就知其具体情况，提高地形图的使用价值。

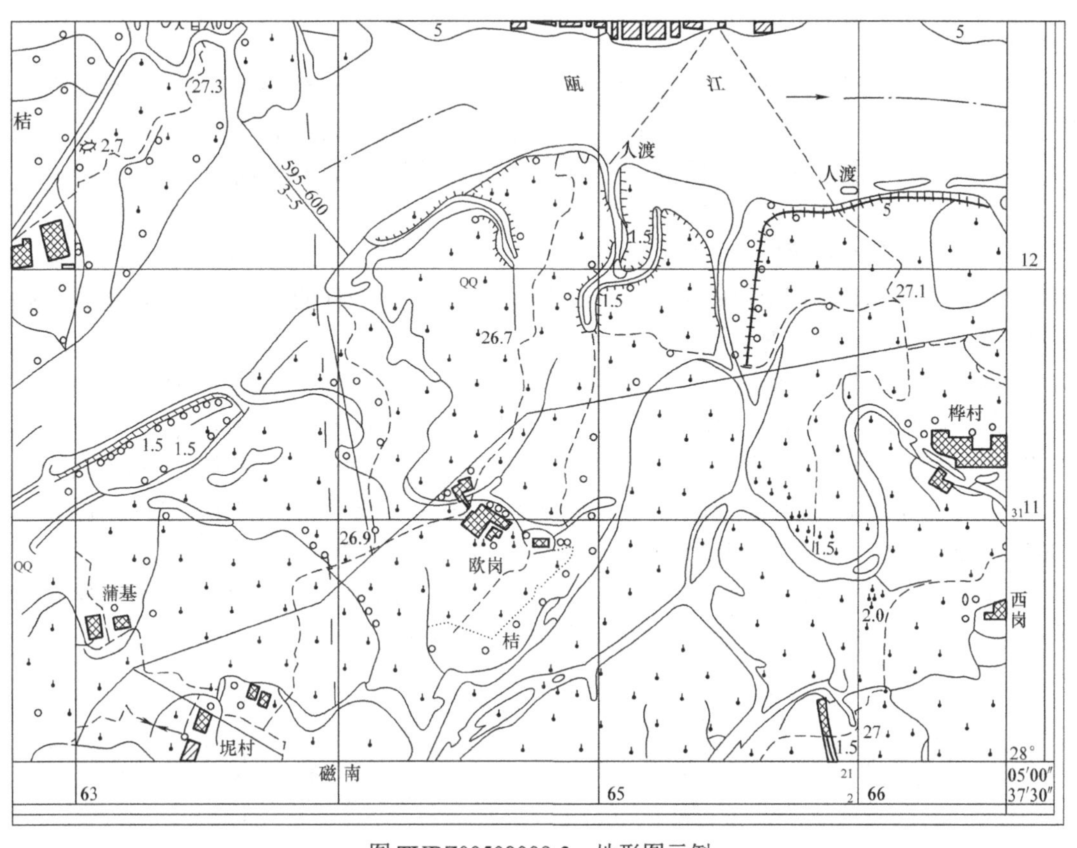

图 TYBZ00509009-3　地形图示例

（2）等高线的概念。由于地球表面的起伏形态是立体的，在地图上反映地貌的起伏形态变化时，为准确表示地貌起伏变化多采用等高线法，如图 TYBZ00509009-4 所示。

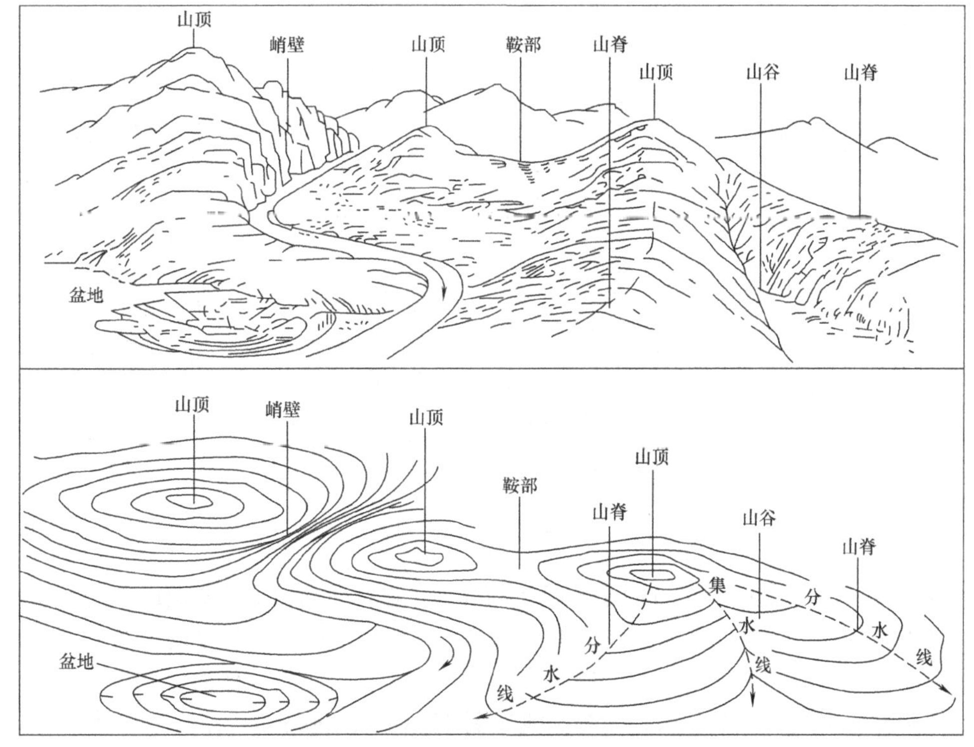

图 TYBZ00509009-4　等高线法表示的地形图

等高线法是表示地貌的最基本、最精确的一种方法。等高线是以地面上高程相等的相邻的点连成的闭合曲线。

（3）等高距及等高线平距。

1）等高距。地形图上相邻两条等高线之间的高差称为等高距，也称等高线间隔，实为地面上两条相邻等高线之间的垂直方向的间距——高差。在一幅地形图上，等高距是一个定值。等高距的大小是根据地形图的比例尺、地面坡度陡缓情况，以及地形图的用途等因素而确定的，一般在 1:500、1:1000、1:2000 大比例尺地形图上的等高距规定为 0.5、1、2m。

2）等高线平距。等高线平距就是地面相邻两条等高线之间的水平距离在图上按比例尺缩小后的长度。地面坡度的大小在地形图上反映出的等高线平距大小也是不一样的，地面坡度较陡处，相应的等高线平距就短，坡度平缓处，等高线平距相应就大。

（4）几种典型地貌的等高线图。地形图中常见的几种典型地貌等高线如图 TYBZ00509009-5 所示。

1）平地。地面平坦，没有坡度，高差小，等高线稀疏，等高线平距较大。

2）等倾斜地面。地面坡度均匀成等倾斜状态，等高线间的水平距大致相等，等高线平距也相等。

3）山地和盆地。山地是高于四周隆起的高地，盆地是低于四周凹下去的地貌形态，如图 TYBZ00509009-5（a）、（b）所示，它们都是一组闭合的曲线。山地的等高线中间部位的高程高于边缘，盆地则是中心部位的等高线的高程越低于外圈的等高线高程。因而，高程注记时在等高线上加示坡线来表示二者之不同，示坡线向内为盆地，示坡线向外为山地。

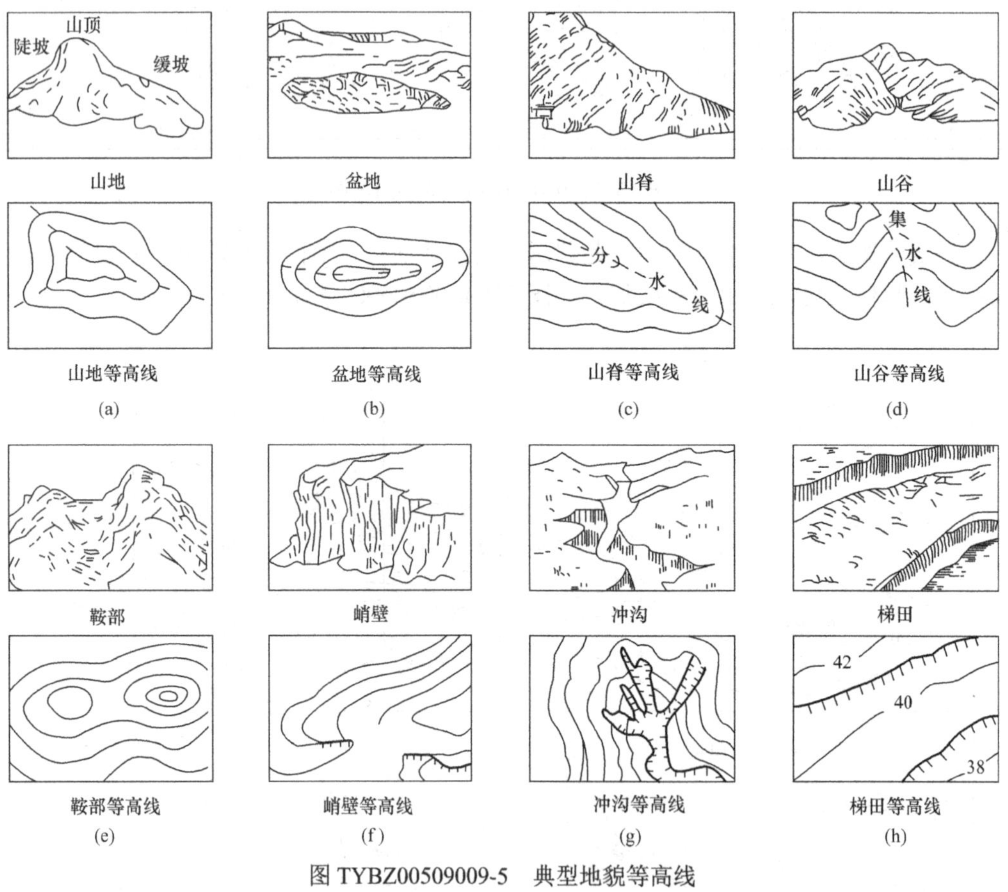

图 TYBZ00509009-5　典型地貌等高线

4）山脊和山谷。山脊是向一个方向逐渐隆起的高地，它有两面山坡。两面山坡的变换点的连线是一条棱线，称为山脊线。山脊线是雨水流向的分界线，又称分水线。山谷是向一个方向逐渐凹进的山沟，它也由两面山坡构成。两面山坡相交的棱线是山谷最低点的连线，称为山谷线；它是两面山坡流水的汇聚处，又称集水线。山脊和山谷的等高线如图 TYBZ00509009-5（c）、（d）所示。

5）鞍部。鞍部是山区的一个地貌形态，鞍部位置是在两个山头之间的低凹处，其等高线形状是两组闭合曲线被另一组较大的闭合曲线包围。鞍部一般是两条山脊线和两条山谷线的交点处，如图 TYBZ00509009-5（e）所示。鞍部又是山间道路的翻山口。

6）峭壁与悬崖。峭壁是山区的坡度极陡峭处，地面基本形成垂直的状态。峭壁上不同高程处有各自的等高线位置，并不重合，但它的投影位置则重合在同一个部位，规定用图 TYBZ00509009-5（f）所示峭壁符号表示。

7）冲沟与雨裂。它们是黄土高原的一种典型地貌，是由于长时期的雨水的冲蚀，使地面泥土流失的早期形成狭窄的陡峭的沟壑，称为雨裂。雨裂继续发展，宽度加大而延伸，沟底泥土的流失，使沟壁上部的泥土崩落，形成陡峭的沟壁，宽度不断加大，深度不断加深，形成较大的落差。沟底有沟底的等高线，上部有上部的等高线，而沟壁可用陡崖的符号描绘，如图 TYBZ00509009-5（g）所示。

8）梯田。梯田是山区的一种人工修造的地貌，依山坡或谷地开成阶梯式的田地。梯田的陡坡用梯田符号表示，如图 TYBZ00509009-5（h）所示。

4. 地形图的识读

一张标准的地形图，在其图廓的区域内，能将地球表面局部的地物和地貌所有的地形要素详尽、精确地反映在地形图上。识读一张地形图就可得到该局部区域内的地面信息，从而了解该区域的实地地形概况。

（1）文字及数字注记的识读。

1）通过地形图的图名、图号和结合图，从而了解图的归属及相邻图的名称。

2）利用地形图比例尺和直线尺式比例尺，从而了解该图与实地的比例关系。

3）了解图形坐标、高程系统、等高距的说明，以便在使用时，可知该系统的坐标和高程值。

4）通过测绘和成图年月等的说明，便于读图时取用相应的图式版本以及了解图的新旧情况。

5）读内、外图廓线间的数字注记。

（2）地形要素的识读。地形要素有六个方面，即居民地、交通网、水系、境界线、土壤植被和地貌。

1）居民地。首先应通过全幅图的居民地分布情况，了解城市、集镇、村庄的大小以及散落的村舍。居民地大小可从其范围、街区形状、密集程度以及地名注记字体的大小知其概况。

2）交通网。连接居民地之间往来的是道路。道路有不同的等级，从交通网所用的符号可知铁路、公路、土路、乡村路以及小路的分布。

3）水系。图幅内的水系可能有江、河、湖泊、水库、沟渠等，在荒漠地区可能还有散落的泉、井、储水池等。

4）境界线。境界线是各级行政区划的管辖范围的边界线，从而了解图幅内地面的归属关系。

5）土壤植被。地形图反映幅内地面的土壤的性质和地面覆盖物；通过地形图还可了解图内土地的利用情况，从而便于规划利用。

6）地貌。从等高线的疏密、形态、注记，了解图幅内哪里是平地，哪里是山地还是丘陵地，从注记可知最高、最低所在处以及高差大小、坡度陡缓等情况。

二、配电线路地形图

1. 配电线路地形图的特点

配电线路中许多的施工用图都是通过地形图进行反映的，因而准确地识读一张施工地形图，就可得到该工程局部区域内的地面信息，从而了解该区域的实地地形概况，以便于根据实际施工图的设计要求进行施工。配电线路地形图具备以下特点：

（1）配电线路是图形的主体。相对一般地形图而言，配电线路地形图的整幅图形重点突出配电线路，与线路相关的其他设施通常都是以浅色表现的。

（2）符合地形图的规律。配电线路地形图中所有围绕线路的沿途地形、地物、地貌等表示方法，仍与地形图的规律相符，采用相应的地形符号也与国家规定的符号一致。

（3）符合电气设备图形的要求。配电线路地形图中对配电线路及线路相关的设备等所采用的表示符号，符合国家有关电气设备图形符号的要求。

2. 配电线路地形图的应用

配电线路地形图在配电线路中的应用主要表现在下列几个方面：

（1）设计中将线路的整体结构准确地绘制在测量的线路地形图（或借助于已有的地形图）上，作为线路的工程技术资料，直接用于指导工程的施工安装。

（2）施工部门利用线路的地形图进行线路的施工安装和整个工程的质量检查、控制、调整，确保线路的施工符合设计的要求。

（3）线路的运行与维护工作中借助线路的地形图对线路的维护工作提供参考标准，直接对维护工作进行指导。

常见配电线路工程杆线走向示意图如图 TYBZ00509009-6 所示。

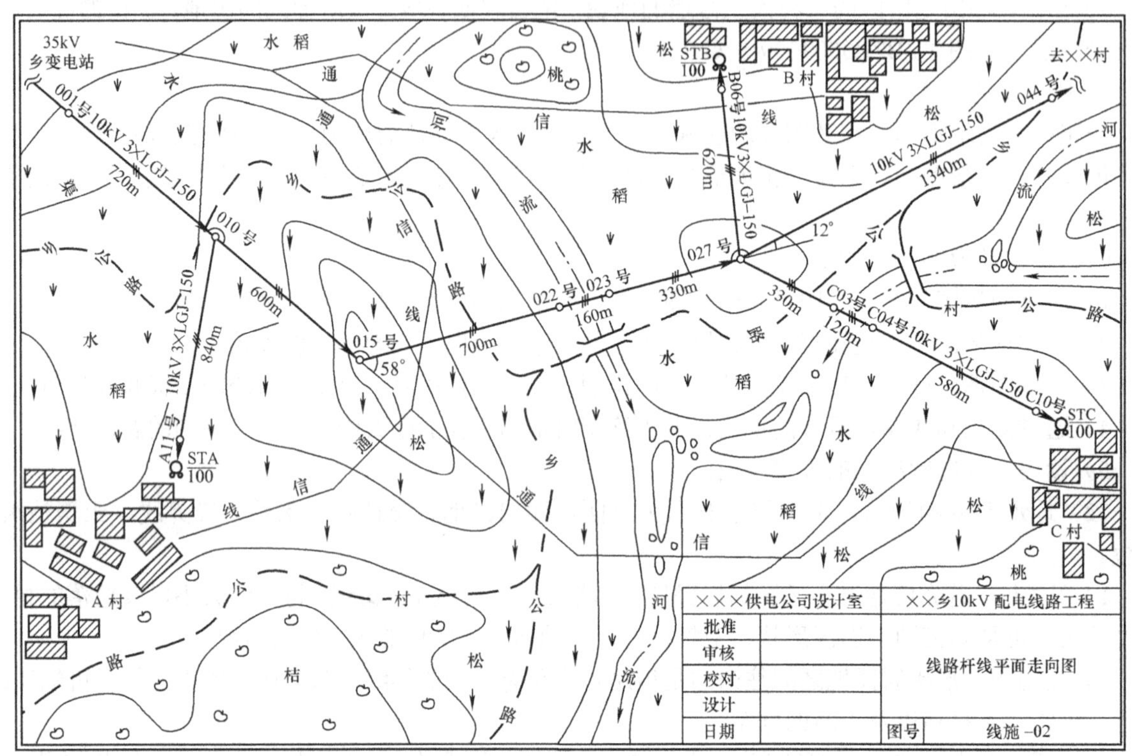

图 TYBZ00509009-6 配电线路工程杆线走向示意图

【思考与练习】

1. 等高线在地形图中有什么作用？
2. 如何正确识读地形图中的地形特征？
3. 配电线路地形图主要反映的内容是什么？

第三部分

配电设备

第七章 高压设备

模块 1 配电变压器（GYND00302001）

【模块描述】本模块包含配电变压器工作原理、基本结构、主要技术指标、接线组别等内容。通过概念描述、术语说明、结构介绍、原理分析、特点对比、图解示意，掌握配电变压器基础知识。

【正文】

一、配电变压器工作原理

用于配电系统将中压配电电压的功率变换成低压配电电压的功率，以供各种低压电气设备用电的电力变压器，叫配电变压器。配电变压器容量较小，一般在 2500kVA 及以下，一次电压也较低，都在 110kV 及以下，本章所指配电变压器均为 10kV 电压等级。配电变压器可安装在电杆上、平台上、配电所内、箱式变压器内。

配电变压器是根据电磁感应原理工作的电气设备。变压器工作原理如图 GYND00302001-1 所示。

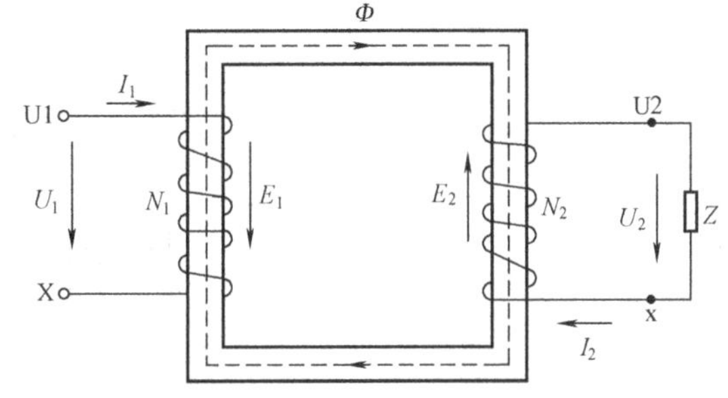

图 GYND00302001-1 变压器工作原理

图 GYND00302001-1 中，在一个闭合的铁芯上，绕有两个匝数分别为 N_1 和 N_2，相互绝缘的绕组，其中接入电源的绕组（N_1）叫一次绕组，输出电能的绕组（N_2）叫二次绕组。当交流电源电压 U_1 加到一次绕组后，就有交流电流 I_1 通过绕组 N_1，铁芯中产生与电源频率相同的交变磁通 Φ，由于一、二次绕组均绕在同一铁芯上，因此交变磁通 Φ 同时交链一、二次绕组。根据电磁感应定律，在两个绕组两端分别产生频率相同的感应电动势 E_1 和 E_2。如果此时二次绕组与负荷 Z 接通，便有电流 I_2 流入负载，并在负载端产生电压 U_2，从而输出电能。

一次绕组与二次绕组匝数之比叫变压器的变比，用 K 表示，即 $K=N_1/N_2$。忽略漏阻抗压降和励磁电流时，一、二次电流、电压与变比的关系为 $K= N_1/ N_2= U_1/ U_2= I_2/ I_1$。

二、配电变压器基本结构

构成配电变压器的基本部件是铁芯和绕组。套管和分接开关也是配电变压器的主要元件。另外，不同的绝缘介质、不同的冷却介质有相应的不同结构。

1. 铁芯

铁芯是变压器的基本部件之一，既是变压器的主磁路，又是变压器器身的机械骨架。

（1）铁芯结构形式分为芯式和壳式两种：绕组被铁芯包围的结构形式称为壳式铁芯，铁芯被绕组包围结构形式称为芯式铁芯。

（2）铁芯的材质对变压器的噪声和损耗、励磁电流有很大影响。为减少铁芯产生的变压器噪声和损耗及励磁电流，目前主要采用厚度 0.23～0.35mm 冷轧取向硅钢片，近年又开始采用厚度仅为 0.02～0.06mm 薄带状非晶合金材料。

（3）铁芯的装配一般有叠积和卷绕两种工艺。传统铁芯采用叠积工艺制成，近年出现了卷绕铁芯制作工艺，用卷铁芯制成的变压器具有空载损耗小（可降低 20%～30%）、噪声低、节省硅钢片（约减少 30%）等优点。铁芯通常采用一点接地，以消除因不接地而在铁芯或其他金属构件上产生的悬浮电位，避免造成铁芯对地放电。

2. 绕组

绕组是变压器的基本部件之一，是构成变压器电路的部件。

（1）变压器绕组分为层式和饼式两种形式，层式绕组有圆筒式和箔式两种。饼式绕组有连续式、纠结式、内屏蔽式、螺旋式、交错式等。配电变压器主要采用圆筒式、箔式、连续式、螺旋式绕组。

（2）变压器绕组一般由电导率较高的铜导线和铜箔绕制而成。导线有圆导线、扁导线；铜箔一般厚为0.1～2.5mm。

（3）芯式变压器采用同芯式绕组，一般低压绕组靠近铁芯，高压绕组套在外面。高、低压绕组之间，低压绕组与铁芯柱之间留有一定的绝缘间隙和油道（散热通道），并用绝缘纸筒隔开。

3. 套管

套管是变压器的主要部件之一，用于将变压器内部绕组的高、低压引线与电力系统或用电设备进行电气连接，并保证引线对地绝缘。

配电变压器低压套管主要采用复合瓷绝缘式，高压套管主要采用单体瓷绝缘式。复合绝缘套管如图GYND00302001-2（a）所示，套管上部接线头有杆式和板式两种，下部接线头有一件软接线片、两件软接线片和板式三种；单体瓷绝缘式套管分为导电杆式（BD）和穿缆式（BDL）两种，穿缆式套管如图GYND00302001-2（b）所示。

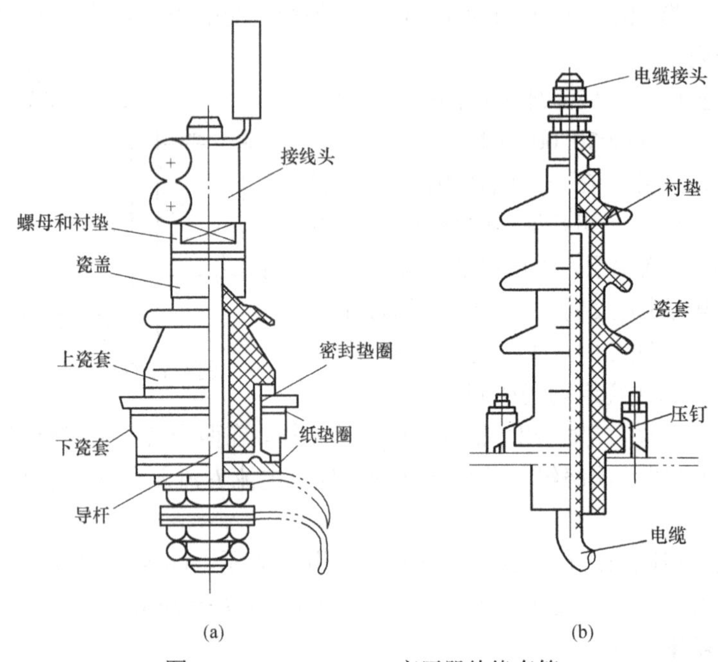

图GYND00302001-2　变压器绝缘套管

（a）复合绝缘套管；（b）穿缆式套管

套管在油箱上排列的顺序，一般从高压侧看，由左向右，三相变压器为：高压U1—V1—W1、低压N—U2—V2—W2；单相变压器为：高压U1，低压U2。

4. 调压装置

调压装置是变压器主要元件之一，是控制变压器输出电压在指定范围内变动的调节组件，又称分接开关。工作原理是通过改变一次与二次绕组的匝数比来改变变压器的电压变比，从而达到调压的目的。调压装置分为无励磁调压装置和有载调压装置两种。

（1）无励磁调压装置。无励磁调压装置也叫无励磁分接开关，俗称无载分接开关，是在变压器不带电条件下切换绕组中线圈抽头以实现调压的装置。

例如，WSPⅢ250/10–3×3表示10kV、250A、分接头数3、分接位置数3、三相盘形中性点调压无励磁分接开关。

配电变压器主要采用以下几种无励磁调压开关。

三相中性点调压无励磁分接开关，主要型号有WSPLL，俗称九头分接开关，直接固定在变压器箱盖上，采用手动操作，动触头片相距 120°，同时与定触头闭合，形成中性点。其外形及接线图如图 GYND00302001-3、图 GYND00302001-4 所示。

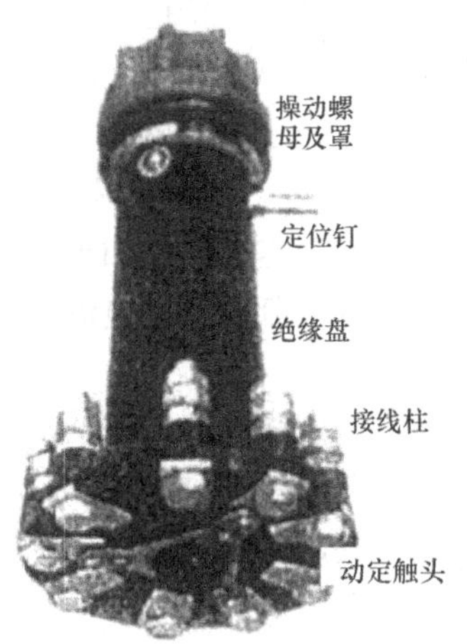

图 GYND00302001-3　WSP 分接开关外形图

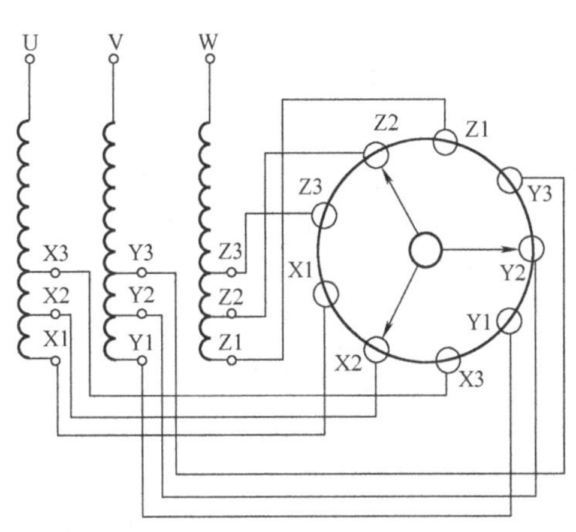

图 GYND00302001-4　WSP 分接开关与三相绕组接线图

（2）有载调压装置。有载调压装置也叫有载分接开关，是在变压器不中断运行的带电状态下进行调压的装置。工作原理是通过由电抗器或电阻构成的过渡电路限流，把负荷电流由一个分接头切换到另一个分接头上去，从而实现有载调压。目前主要采用电阻型有载分接开关。有载分接开关电路由过渡电路、选择电路和调压电路三部分组成，如图 GYND00302001-5 所示。

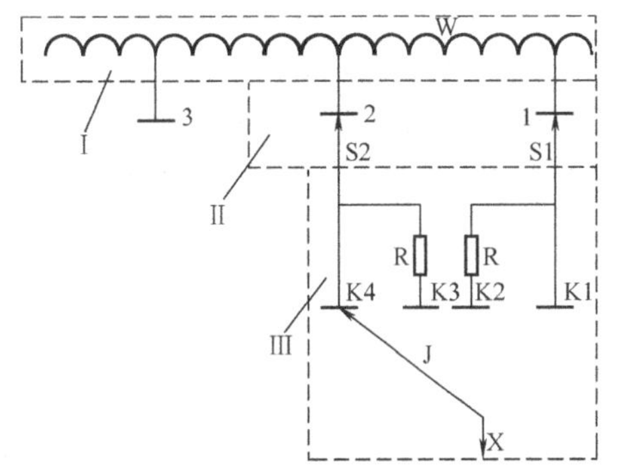

图 GYND00302001-5　有载分接开关电路

Ⅰ—有调压电路；Ⅱ—选择电路；Ⅲ—过渡电路；W—调压绕组；1、2、3—定触头；S1、S2—动触头；K1～K4—定触头；J—动触头；R—过渡电阻器

三、配电变压器铭牌及其技术参数

配电变压器在规定的使用环境和运行条件下，主要技术数据标注在变压器铭牌中，并将铭牌固定在明显可见的位置上。其主要技术数据包括相数、额定频率、额定容量、额定电压、额定电流、阻抗电压、负载损耗、空载电流、空载损耗和联结组别等。

（1）相数：变压器分为单相、三相两种。

（2）额定频率：指变压器设计时所规定的运行频率，用 f_N 表示，单位赫兹（Hz）。我国规定额定频率为 50Hz。

（3）额定容量：指变压器额定（额定电压、额定电流、额定使用条件）工作状态下的输出功率，用视在功率表示。符号为 S_N 表示，单位为千伏安（kVA）或伏安（VA）。

单相变压器　$S_N=U_NI_N$

三相变压器　$S_N=\sqrt{3}\,U_NI_N$

（4）额定电压：指单相或三相变压器出线端子之间，指定施加的（或空载时感应出的）电压值，用 U_N 表示，单位为千伏（kV）或伏（V）。指定施加的电压为一次额定电压，用 U_{N1} 表示，空载时感应出的电压为二次额定电压，用 U_{N2} 表示。

单相变压器　$U_N=S_N/I_N$

三相变压器　$U_N=S_N/\sqrt{3}\,I_N$

（5）变比：指变压器高压侧额定电压与低压侧额定电压之比，即 U_{N1}/U_{N2}。

（6）额定电流：指在额定容量和允许温升条件下，流过变压器一、二次绕组出线端子的电流，用 I_N 表示，单位千安（kA）或安（A）。流过变压器一次绕组出线端子的电流，用 I_{N1} 表示，流过变压器二次绕组出线端子的电流，用 I_{N2} 表示。

单相变压器　　　　　　　　　　　$I_N=S_N/U_N$

三相变压器　　　　　　　　　　　$I_N=S_N/(\sqrt{3}\,U_N)$

（7）负载损耗：也叫短路损耗、铜损，是指当带分接的绕组接在其主分接位置上并接入额定频率的电压，另一侧绕组的出线端子短路，流过绕组出线端子的电流为额定电流时，变压器所消耗的有功功率，用 P_K 表示。单位为瓦（W）或千瓦（kW）。负载损耗的大小取决于绕组的材质等，运行中的负载损耗大小随负荷的变化而变化。

（8）空载电流：指变压器空载运行时的电流，即当以额定频率的额定电压施加于一侧绕组的端子上，另一侧绕组开路时，流过进线端子的电流，符为 I_0。通常用空载电流占额定电流的百分数表示，即 I_0（%）=（I_0/I_N）×100%。变压器容量越大，其值越小。

（9）空载损耗：也叫铁损，指当以额定频率的额定电压施加于一侧绕组的端子上，另一侧绕组出线开路时，变压器所吸取的有功功率，用 P_0 表示，单位为瓦（W）或千瓦（kW）。空载损耗主要为铁芯中磁滞损耗和涡流损耗，其值大小与铁芯材质、制作工艺密切相关，一般认为一台变压器的空载损耗不会随负荷大小的变化而变化。

（10）联结组别：具体内容在下述文字中介绍。

（11）冷却方式：指绕组及油箱内外的冷却介质和循环方式。

（12）温升：指所考虑部位的温度与外部冷却介质温度之差。对于空气冷却变压器是指所考虑部位的温度与冷却空气温度之差。

四、配电变压器联结组别

（1）单相变压器高、低压绕组中同时产生感应电动势，在任何瞬间，两绕组中同时具有相同电动势极性的端子，称为同极性端（或同名端）。也就是当一次绕组的某一端的瞬时电位为正时，二次绕组也同时有一个电位为正的对应端子，这两个对应端子就称为同极性端。同理，一次、二次绕组余下另两个端子也称为同极性端。通常两绕组采取同极性标志端，接线组标号为 Iin，如图 GYND00302001-6 所示。由于需求及变压器容量不同，铁芯采用壳式或芯式，绕组采用一组线圈或两组线圈，采用两组线圈时多采取并联连接。

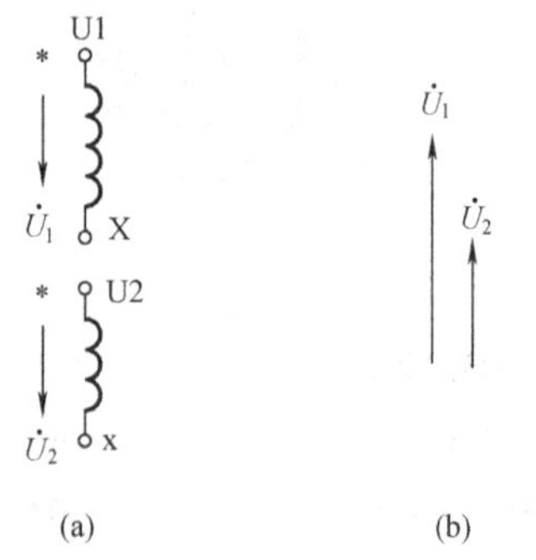

图 GYND00302001-6　单相变压器接线组

（a）Ii 绕组电路图；（b）相电压相量图

（2）三相变压器绕组连接方式主要有星形、三角形两种，联结组别也称联结组标号，通常联结组标号用时钟表示法表示。把变压器高压侧的线电压相量作为时钟的长针（分针），并固定在 0 点钟的位置上，把低压侧相对应的线电压相量作为时钟的短针（时针），短针指在几点钟的位置上，就以此钟点数作为接线组标号。常用三相配电变压器的连接组标号有 Yyn0、Dyn11 两种。

1）星形接线，用Y表示接线，是将三相绕组的末端（或首端）连接在一起形成中性点，另外 3 个线端为引出端线，低压侧有中性线引出时用 n 表示，Yyn0 联结组别如图 GYND00302001-7 所示。

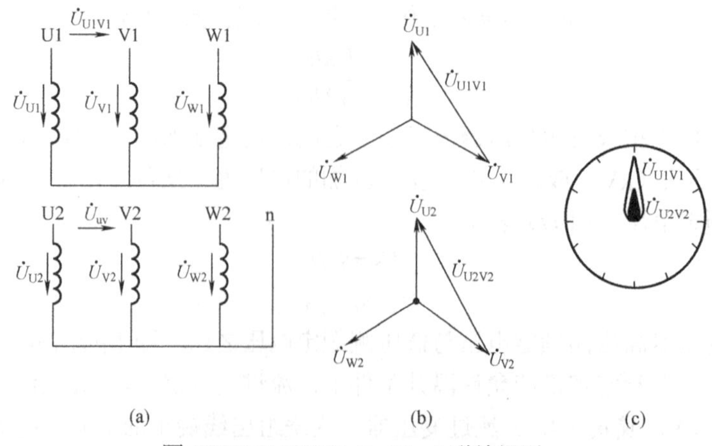

图 GYND00302001-7　Yyn0 联结组别

（a）绕组接线图；（b）电压相量图；（c）时钟表示法

2）三角形接线，用△表示，是将一相绕组首端与另一相绕组的末端连接在一起，在连接处引出端线。通常在绕组接线图中，由一个绕组的首端向另一个绕组的末端巡行时，采用连接线的走向自左向右，即左行△接线，Dyn11 联结组别如图 GYND00302001-8 所示。

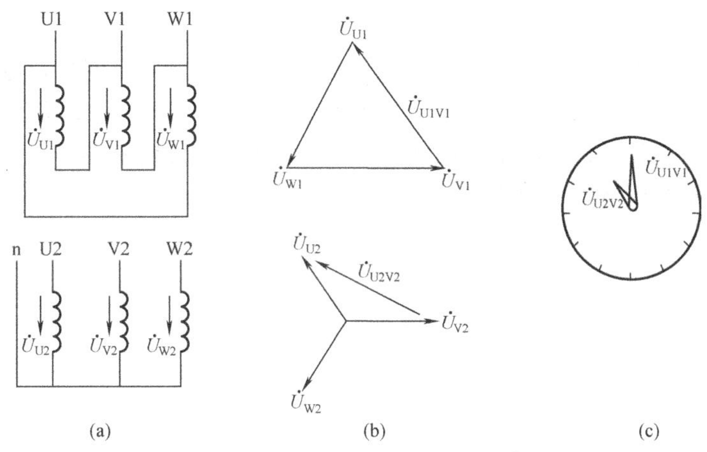

图 GYND00302001-8　Dyn11 联结组别

（a）绕组接线图；（b）电压相量图；（c）时钟表示法

【思考与练习】

1. 简述变压器的简单工作原理。
2. 变压器的基本组成是什么？
3. 变压器分接开关的作用是什么？
4. 什么是额定变压比？
5. 简述调压装置的工作原理及作用。

模块 2　高压断路器（GYND00302002）

【模块描述】本模块包含高压断路器的技术特性、几种常用高压断路器的结构和特性、高压断路器的选用等内容。通过概念描述、术语说明、结构介绍、原理分析、特点对比、图解示意，掌握高压断路器基础知识。

【正义】

一、高压断路器的技术特性

高压断路器是高压配电网的关键元件，其断流容量可达几百到几千兆伏安，分断能力可达几千安。并且，配电网的安全运行、自动化水平以及供电可靠性也几乎由高压断路器决定。

高压断路器主要以灭弧介质分类，故高压断路器分为油断路器、真空断路器和 SF_6 气体断路器。

高压断路器的技术参数如下。

（1）额定电压。额定电压表示断路器在运行中能长期承受的工作电压。它不是所在系统的最高电压。如 0.4kV 系统，设备额定电压为 0.38kV；10kV 系统，设备额定电压为 10kV。

（2）额定电流。额定电流表示断路器能够正常运行的负荷电流，为考虑其热稳定性，选取一个额定值，即经生产厂商优选配合确定的值，切不可误解为持续运行的负荷电流。

（3）额定短路开断电流。额定短路开断电流是指额定短路电流中的交流分量的有效值。

（4）额定短路关合电流。额定短路关合电流是指额定短路电流中最高峰值，它等于额定短路开断电流值 2.5 倍。

（5）额定短时耐受电流。额定短时耐受电流等于额定短路开断电流。

（6）额定峰值耐受电流。额定峰值耐受电流等于额定短路关合电流。当断路器用作保护变压器时，为额定短路开断电流值的 2.5 倍。

（7）额定短路持续时间。不同电压等级的电网额定短路持续时间规定值不同。如：110kV 及以下为 4s，220kV 及以上为 2s，且与其容量有关。

另外，高压断路器尚有绝缘性能，分合闸时间等方面的技术参数，要综合考虑，与系统其他设备要匹配合理。

二、高压油断路器

高压油断路器的冷却灭弧介质是高纯度变压器油，由于绝缘油易于老化，分断一定次数短路电流后就得更换，增加了运行中的维护检修工作量已逐渐淘汰。但是，在一般的工矿企业中，由于负荷小、线路短，短路事故发生的几率较低，全年跳闸次数少，仍可选用油断路器。

（1）高压油断路器的规格型号的意义如下：

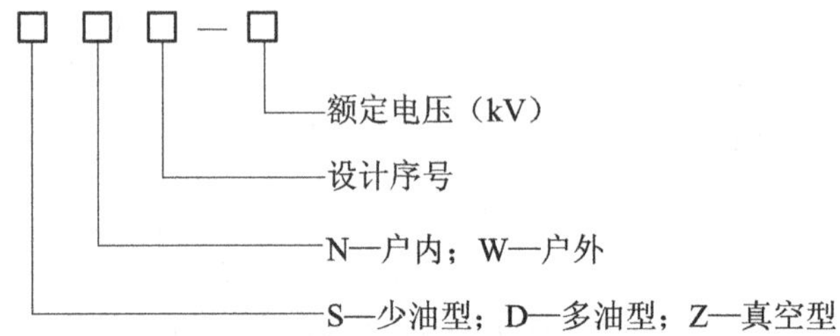

（2）SN10–10 少油断路器。SN10–10 少油断路器由框架、油箱和传动部分组成。框架上装有分闸限位器，合闸缓冲弹簧、分闸弹簧及支撑绝缘子。传动部分由主轴、拐臂、绝缘拉杆及传动变直机构组成。其灭弧室为纵横吹和机械油吹联合灭弧。可配手动、直流电磁及弹簧机构。SN10–10 少油断路器技术参数见表 GYND00302002-1。

表 GYND00302002-1　　SN10–10 少油断路器技术参数

额定电压（kV）	额定电流（A）	额定短路开断电流（kA）	额定短路关合电流（kA）	额定峰值耐受电流（kA）	额定短时耐受电流（kA）	额定短路持续时间（s）	质量（kg）
10	630 1000 1250 2000 3000	16 20 31.5 40	40 50 80 125	40 50 80 125	16 20 31.5 40	2 4	100 120 140 170 190

三、真空断路器

真空是一种理想的绝缘介质。在很小的真空间隙中就具有很高的介电强度。10kV 真空断路器的陶瓷灭弧室中，动静触头间的开距只有 6～13mm 左右。

在真空断路器分断电路瞬间，由于两触头间电容的存在，使触头间绝缘击穿，产生真空电弧。由于触头形状和结构的原因，使得真空电弧柱迅速向弧柱体外的真空区域扩散。

当被分断的电流“过零”时，触头间电弧的温度和压力急剧下降，使电弧不能继续维持而熄灭，电弧熄灭后的几微秒内，两触头间的真空间隙耐压水平迅速恢复。同时，触头间也达到了一定的距离，能承受很高的恢复电压。所以，一般电流过零以后，不会发生电弧重燃而被分断。

（一）真空断路器的结构及其特性

1. 结构

真空断路器的关键部件是真空灭弧室，也叫真空开关管。它由外壳、屏蔽罩、波纹管、动静触头和动导电杆组成。

（1）外壳。外壳是真空灭弧室的密封容器。一般采用硬质玻璃、高氧化铝瓷等无机绝缘材料。有的真空灭弧室外壳用金属材料做外部圆筒，以无机绝缘材料制成绝缘端盖。金属圆筒既起机械承力作用，又起屏蔽作用。

（2）屏蔽罩。屏蔽罩起到吸附真空电弧产生的金属蒸汽分子作用。金属蒸汽分子在罩壳上冷却并恢复为固体状态，灭弧后，灭弧室内的真空度得以迅速恢复。屏蔽罩体积越大，开断过程中金属蒸气分子吸附得越快，温升变化越小，冷凝速度越快，真空度恢复时间越短。

（3）波纹管。金属波纹管起着动触头运动时的真空密封作用。波纹管的一端固定在灭弧室的一个端面上。另一端与动触头的导电杆连接，随导杆的运动而伸缩。真空灭弧室每分合一次，波纹管随其产生一次机械形变。制造材料多用不锈钢，有的还用磷青铜、镀青铜等，而用 FecrNi 不锈钢最佳。

（4）触头。触头是真空灭弧室内最重要的元件。其动静触头是对接式的，动触头行程为 6～12mm。真空断路器的开断能力由触头系统的结构决定，触头分为平板式、横向磁场和纵向磁场触头。我国应用较多的是纵向磁场触头式的灭弧室。10kV 的开断能力已提高到 70kA，开断能力不断提高，灭弧室的体积逐渐缩小。

2. 特性

真空断路器显示出它独有的特性和功能，越来越受到人们的重视。其特性表现在以下几方面。

（1）真空断路器的触头是在真空中开断的，利用真空作为绝缘和灭弧介质。它的优点如下：

1）灭弧能力强，燃弧时间短，全分断时间短。

2）触头开距小，机械寿命较长。

3）适合于频繁操作和快速切断，特别适合切断容性负荷电路。

4）体积小、质量轻，维护工作量小，真空灭弧室与触头不需要维修。

5）没有易燃、易爆介质，无爆炸和火灾危险。

（2）由于真空断路器结构上的特点，它也存在着如下缺点：

1）易产生操作过电压。主要是开断小电流时，产生截流过电压和高频多次重燃过电压。所以，采用真空断路器一般应采取有效的抑制操作过电压措施。比如，避雷器与断路器并联安装。

2）真空灭弧室的真空度在运行中还不能随时检查，只能通过专门耐压试验或使用专门仪器来检查。如果真空度降低或不能使用时，只有更换真空灭弧室。

（二）ZWG–12 系列真空断路器

ZWG–12 系列户外柱上干式真空断路器是一种新型真空断路器，主要用于 10kV 配电网或变电站作为分合负荷电流、过载电流及短路电流，也适用于操作频繁的场合，如石油、勘探、冶金等行业的电力设施。

ZWG–12 系列户外柱上干式真空断路器采用三相立柱结构，由传动系统、操动机构及三相立柱（灭弧室）三部分组成，维护调试方便灵活，真空灭弧室为全工况大爬距陶瓷灭弧室，表面不另装绝缘层，稳定性强，该断路器采用交流 220V，弹簧储能机构。具有电动关合、电动开断、手动电动储能、手动关合、手动开断和过电流自动开断等多种功能。这种断路器的显著特点是无需另加流动性外绝缘介质。其技术参数见表 GYND00302002-2。

表 GYND00302002-2　　ZWG–12 系列真空断路器技术参数

项　目	单位	参　数	项　目	单位	参　数
额定电压	kV	12	1min 工频耐压	kV	42
额定电流	A	1250	额定短路开断次数	次	30
额定短路开端电流	kA	20	机械寿命	次	10000
额定短路关合电流	kA	50	额定操作电压	V	AC 220
额定峰值耐受电流	kA	50	质量	kg	130
4s 短时耐受电流	kA	20	雷电冲击耐压	kV	75
额定操作顺序	—	分 0.3s—合分 180s—合分	外形尺寸 （长×宽×高）	mm×mm×mm	1000×540×870

四、SF_6 高压断路器

SF_6 高压断路器采用惰性气体 SF_6 做绝缘灭弧介质。SF_6 是一种负电性很强的气体，它具有吸收自由电子而成为负离子的特性，介质绝缘恢复强度高。且 SF_6 气体在一定压力下比热容比较高，因此，其对流散热的能力高，易于灭弧。所以，SF_6 气体具有良好的绝缘特性和灭弧性能。

1. SF_6 高压断路器的灭弧室

高压断路器的核心元件是灭弧室。SF_6 高压断路器的灭弧室结构分为双压式灭弧室和单压式灭弧室。其中，双压式灭弧室有高压和低压两个气压系统。在这种灭弧系统中，有的灭弧室是常处在高压气体中，有的灭弧室只在灭弧过程中处在高压气体中。前者称为常充高压，后者称为瞬时充高压。

双压式 SF_6 高压断路器配置了密封循环工作的气体压缩机，在分闸灭弧时，被压缩的高压 SF_6 气体打开高气压系统的主阀，SF_6 气体从高压区经喷口吹向低压区。在低压区的灭弧室中，SF_6 气体与电弧发生能量交换，电弧温度下降，电弧在喷口和吹弧屏罩的控制下，在 SF_6 气吹的作用下熄灭。

单压式 SF_6 高压断路器取消了气体压缩机，只有一个气压系统。灭弧室中的导杆带有压缩气体的活塞。分闸时，活塞与气缸的相对运行压缩了 SF_6 气体，短时间内灭弧室内的 SF_6 气压升高，对电弧的气吹作用，电弧温度下降，直至在过零时熄灭。

2. LW3–12 系列 SF_6 高压断路器

LW3–12 系列 SF_6 高压断路器适用于 10kV 系统（最高电压为 11.5～12kV）。LW3–12 系列 SF_6 高压断路器三相共箱，结构紧凑。它采用电磁线圈及电动机储能操动转动式机构进行分合闸。其灭弧是采用环形电极、磁场线圈的磁场与电弧电流相互作用，电弧在不断旋转中加热 SF_6 气体，使其温度升高，压力升高，形成高压气流，将电弧冷却。在介质强度恢复到一定程度，电流过零时，电弧被熄灭。LW3–12 系列 SF_6 高压断路器的技术参数见表 GYND00302002-3。

表 GYND00302002-3　　LW3–12 系列 SF_6 高压断路器的技术参数

<table>
<tr><th colspan="3">项 目 名 称</th><th colspan="5">参 数</th><th>备 注</th></tr>
<tr><td colspan="3">额定电压（kV）</td><td colspan="5">12</td><td></td></tr>
<tr><td colspan="3">额定电流（A）</td><td colspan="2">400</td><td colspan="3">630</td><td></td></tr>
<tr><td colspan="3">额定频率（Hz）</td><td colspan="5">50</td><td></td></tr>
<tr><td rowspan="3">额定绝缘水平（kV）</td><td rowspan="2">1min 工频耐受电压（有效值）</td><td>干式</td><td colspan="5">42（对地、极间，断口间）</td><td rowspan="4">断路器内充以 0.25MPa SF_6 气体（20℃）</td></tr>
<tr><td>湿式</td><td colspan="5">34（对地、极间，断口间）</td></tr>
<tr><td colspan="2">雷电冲击耐受电压（峰值）</td><td colspan="5">75（对地、极间，断口间）</td></tr>
<tr><td colspan="3">零表压下绝缘水平额定线电压（kV）</td><td colspan="5">11.5（导电回路对地）</td></tr>
<tr><td colspan="3">额定短时耐受电流（kA）</td><td>6.3</td><td>8</td><td>12.5</td><td>16</td><td>20</td><td></td></tr>
<tr><td colspan="3">额定峰值耐受电流（kA）</td><td>16</td><td>20</td><td>31.5</td><td>40</td><td>50</td><td></td></tr>
<tr><td colspan="3">额定短路持续时间（s）</td><td colspan="5">4</td><td></td></tr>
<tr><td colspan="3">额定短路开断电流（kA）</td><td>6.3</td><td>8</td><td>12.5</td><td>16</td><td>20</td><td></td></tr>
<tr><td colspan="3">异相接地额定开断电流（A）</td><td colspan="2">7</td><td>10.9</td><td>13.9</td><td>17.3</td><td></td></tr>
<tr><td colspan="3">额定短路关合电流（峰值）（kA）</td><td>16</td><td>20</td><td>31.5</td><td>40</td><td>50</td><td></td></tr>
<tr><td colspan="3">连续开断额定短路电流次数（次）</td><td colspan="5">16</td><td></td></tr>
<tr><td colspan="3">零表压下开断电流（A）</td><td colspan="2">400</td><td colspan="3">630</td><td></td></tr>
<tr><td rowspan="2">额定操作顺序</td><td colspan="2">Ⅰ型</td><td colspan="5">分—180s 合分—180s 合分</td><td></td></tr>
<tr><td colspan="2">Ⅱ、Ⅲ型</td><td colspan="5">分—0.5s 合分—180s 合分</td><td></td></tr>
<tr><td colspan="3">重合闸无电流时间（s）</td><td colspan="5">0.5</td><td></td></tr>
<tr><td colspan="3">合–分时间（s）</td><td colspan="5">≤0.08</td><td></td></tr>
<tr><td colspan="3">SF_6 气体额定压力（MPa）</td><td colspan="5">0.35</td><td>20℃</td></tr>
<tr><td colspan="3">SF_6 气体最低工作压力（MPa）</td><td colspan="5">0.25</td><td>20℃</td></tr>
<tr><td colspan="3">合闸时间（s）</td><td colspan="5">≤0.06</td><td></td></tr>
<tr><td rowspan="2">分闸时间（s）</td><td colspan="2">Ⅰ型</td><td colspan="5">≤0.06</td><td></td></tr>
<tr><td colspan="2">Ⅱ、Ⅲ型</td><td colspan="5">≤0.04</td><td></td></tr>
<tr><td colspan="3">机械寿命（次）</td><td colspan="2">3000</td><td colspan="3">6000</td><td></td></tr>
</table>

续表

项目名称		参数		备注
断路器内 SF_6 气体中水的体积分数（10^{-6}）		≤150/300，出厂/运行	体积比	
SF_6 年漏气率		＜1%		
分、合闸线圈及储能电动机的额定电压（V）		AC 220 或 DC 220	用户确定	
电流互感器电流比		200/5；400/5；600/5	用户确定	
噪声水平（dB）		＜110		
每台断路器用 SF_6 气体质量（kg）		1.2		
每台断路器总质量（kg）	Ⅰ型	140		
	Ⅱ、Ⅲ型	150、160		
外形尺寸（长×宽×高，mm×mm×mm）		1100×780×620		包括机构

LW3–12 系列 SF_6 断路器采用电动操动弹簧机构，带有机械和电气防跳装置，利用 SF_6 气体做灭弧介质。该断路器灭弧单元结构见图 GYND00302002-1。

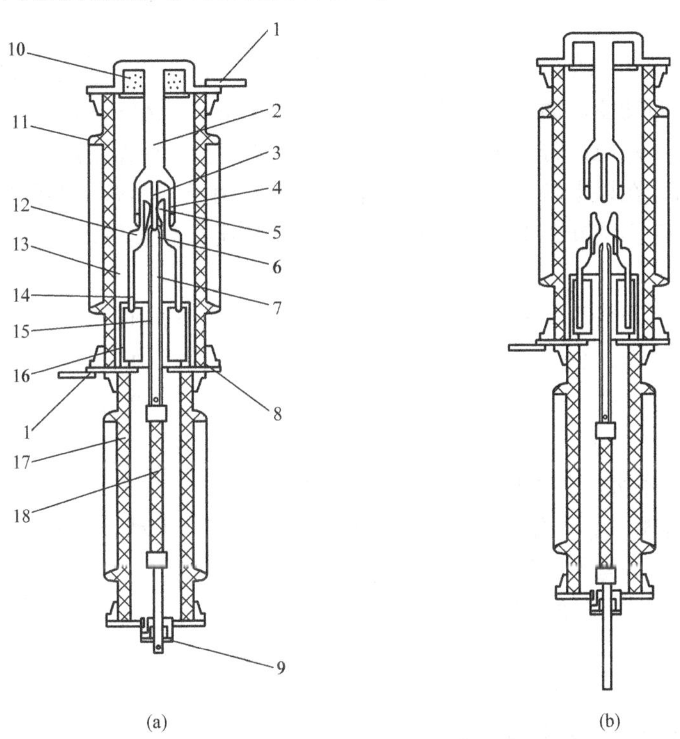

图 GYND00302002-1　LW3–12 系列 SF_6 高压断路器灭弧单元结构

（a）合闸状态；（b）分闸状态

1—接线端子板；2—静触头座；3—静弧触头；4—静触指；5—喷口；6—动弧触头；7—活塞杆；8—中间法兰；9—滑动密封装置；10—吸附剂；11—灭弧室瓷套；12—动触头；13—SF_6 气体；14—压气缸；15—活塞；16—中间触指；17—支柱瓷套；18—绝缘操作杆

分闸时，启动电动机后，操作弹簧机构，带动绝缘操作杆，使动触头和与之相连的气缸中的活塞一起快速向下运行，气缸中的 SF_6 气体被压缩；静触指与动触头分离的同时，电流转移到动、静弧触头上。

随着动触头继续向下运行，动、静弧触头分离时产生电弧。气缸中 SF_6 气体虽被压缩，但其压力还较低时电弧在气缸喷口喉道内燃烧，将喉道喷口堵塞，使被压缩的 SF_6 气体不能从喷口释放出来，电弧被气缸外气体压力压入空心活塞杆内。

当喷口喉道快速离开静弧触头时，被压缩的 SF_6 压力达到 0.4MPa 以上的临界压力时以 340m/s（音速）从喉道喷出，冷却电弧，恢复 SF_6 的介电强度，电流过零瞬间电弧被熄灭。气体继续吹喷，介电强度迅速增强，完全除去游离，电弧不会重燃。

五、断路器操动机构

1. 电磁操动机构

电磁操动机构是利用合闸线圈中的电流产生的电磁力驱动合闸铁芯，撞击合闸四连杆机构进行合闸的，其合闸能量完全取决于合闸电流的大小。因此，这种操动机构要求的合闸电流一般都很大，一般有 68、97.5、98A 三种。该机构的主要优缺点如下。

（1）优点。

1）结构简单，加工容易。

2）可遥控操作和自动重合闸。

3）机构输出特性与本体反力特性配合较好。

（2）缺点。

1）合闸电流大，要求大功率的直流电源。

2）由于合闸电流大，一般的辅助开关、中间继电器触点等很难投切这么大的电流，因此，必须另配直流接触器，利用直流接触器的带消弧线圈的触点来控制合闸电流，从而控制合、分闸。

3）动作速度低，合闸时间长，电源电压变动对合闸速度影响大。

4）耗费材料多。

5）由于户外式变电站开关的本体和操动机构一般都组装在一起，这种一体式的开关一般只具备电动合、电动分和手动分的功能，而不具备手动合的功能，因此，当机构箱内出现故障而使断路器拒绝电动合闸时，就必须进行停电，打开机构箱进行处理。否则将无法正常送电。

尽管电磁操动机构存在以上缺点，但运行却非常稳定，由于其具有结构简单的优点，使得电磁操动机构机构箱内出现故障而使断路器拒绝电动合、分闸的情况很少发生。

2. 弹簧操动机构

弹簧操动机构是利用弹簧拉伸和收缩所储存的能量进行合、分闸控制的，其弹簧能量的储存是靠储能电动机传送的，而其合、分闸操作是靠合、分闸线圈控制的。由于合、分闸的能量取决于弹簧的弹力而不是电磁力，因此，合、分闸电流要求都不大，一般在 1.5～2.5A，其主要优缺点如下：

（1）优点。

1）合、分闸电流都不大，要求电源的容量也不大。

2）既可远方电动储能，电动合、分闸，也可就地手动储能，手动合、分闸，因此，在直流电源消失的情况下也可手动合、分操作，这点优于电磁操动机构。

3）动作快，且能快速自动重合闸。

（2）缺点。

1）结构较复杂、冲力大、构件强度要求高。

2）输出力特性与本体反力特性配合较差。

3）零部件加工精度要求高。

六、高压断路器的选用

高压断路器是高压配电网络最核心的设备。必须严格遵守 GB 1984—2003《高压交流断路器》，GB/T 11022—1999《高压开关设备和控制设备标准的共用技术条件》；DL/T 615—1997《交流高压断路器参数选用导则》等标准。在此强调以下几点：

（1）应符合安装处的环境条件，尤其是污秽等级应符合环境条件要求。

（2）断路器的工作电压。高压断路器的额定电压与所在网络额定电压相同，最高工作电压应与所在网络最高电压一致。

（3）断路器开断、关合短路电流值应大于或等于所在网络短路电流的计算值。

（4）所选配的操动机构应与操动的高压断路器及其负荷等级相匹配。一般是室内选用电磁操动机构，室外选用弹簧操动机构为佳。

（5）选用国家质量认证的产品，且必须附有各种例行试验说明书和安装使用说明书。

【思考与练习】

1. 简述断路器的作用。
2. 简述真空断路器的灭弧原理。
3. 简述 SF_6 断路器的灭弧原理。
4. 简述高压断路器的选用原则。
5. 简述电磁操动机构优缺点。
6. 简述弹簧操动机构优缺点。

模块 3　互感器（GYND00302003）

【模块描述】本模块包含互感器的用途、种类和工作原理以及互感器的接线方式和特点等内容。通过概念描述、术语说明、结构介绍、原理分析、特点对比、图解示意，掌握互感器基础知识。

【正文】

一、互感器概述

互感器是一种特殊变压器，其原理接线图如图 GYND00302003-1 所示。

电压互感器 TV 的一次绕组并联接在被测的一次电路中，将高电压变成低电压，二次绕组与测量仪表或继电器的电压线圈并联。二次侧的额定电压为 100V 或 $100/\sqrt{3}$ V。

电流互感器 TA 的一次绕组串联于被测的一次电路中，将大电流变成小电流，二次绕组与测量仪表或继电器的电流线圈串联。二次侧的额定电流为 5A 或 1A。

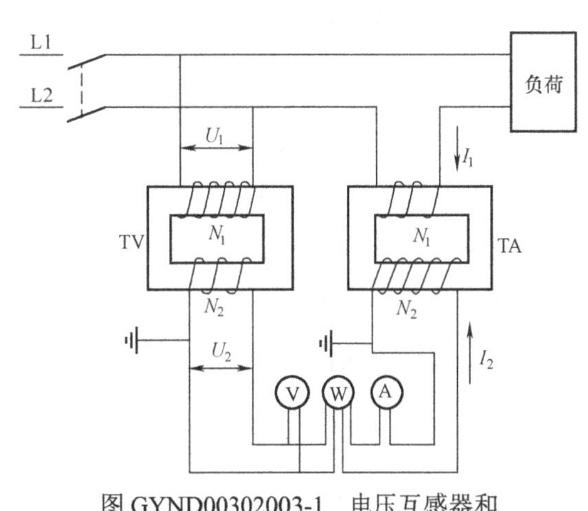

图 GYND00302003-1　电压互感器和电流互感器的原理接线图

互感器的作用有以下几个方面：

（1）使测量仪表和继电器实现标准化和小型化。

（2）使二次设备和工作人员与高电压隔离，且互感器二次侧均接地，从而保证了人身和设备的安全。

（3）所有二次设备可采用低电压、小电流的控制电缆连接，使屏内布线简单，安装方便。

（4）一次侧电路发生短路时，能够保护测量仪表和继电器的电流线圈免受大电流的损害。

二、电流互感器

1. 电流互感器的工作原理与特性

（1）电流互感器的工作原理。电流互感器是专门用作变换电流的特殊变压器，其工作原理与普通变压器相似，是按电磁感应原理工作的。

电流互感器的一次绕组串联在一次电路内，二次绕组与测量仪表或继电器的电流线圈串联，如图 GYND00302003-1 所示。

电流互感器的一次、二次额定电流之比，称为电流互感器的额定变流比，用 K_i 表示

$$K_i=\frac{I_{N1}}{I_{N2}}\approx\frac{N_2}{N_1}=K_N \qquad \text{(GYND00302003-1)}$$

式中　I_{N1}、I_{N2}——电流互感器的一次、二次额定电流；

N_1、N_2——一次、二次绕组匝数；

K_N——匝数比。

电流互感器二次侧仪表测得的二次电流 I_2 乘以电流互感器的额定变流比 K_i 这一常数，即为一次电流 I_1。这就是应用电流互感器测量电流的原理。

（2）电流互感器的特性。

1）电流互感器的一次绕组串接于一次电路中，且匝数 N_1 较少，通常仅一匝或几匝，阻抗小，故

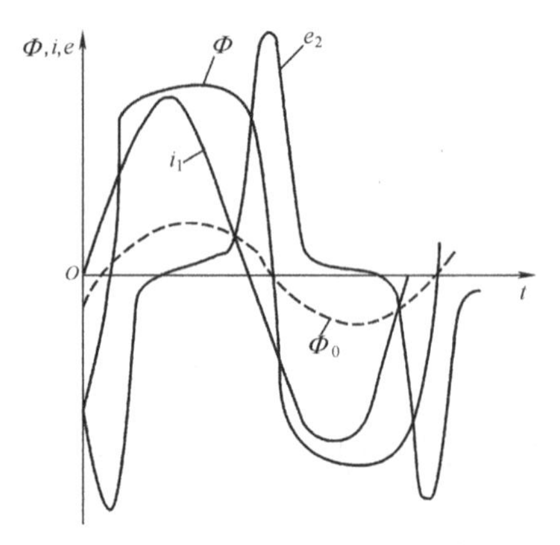

图 GYND00302003-2　电流互感器二次侧开路时磁通和电动势波形

其一次电流完全由被测电路的负荷电流决定，而不受二次电流影响。

2）电流互感器二次绕组所接的仪表或继电器电流线圈的阻抗很小，因此正常情况下，电流互感器是在近似于短路的状态下运行。

3）电流互感器运行时，绝对不允许二次绕组开路。二次绕组开路时将产生很高的尖顶波电动势，数值可达几千伏（见图 GYND00302003-2），危及人身和设备的安全。同时，由于磁感应强度剧增，将使铁芯损耗增大，严重发热，损坏绕组绝缘。因此，运行中的电流互感器二次侧是绝对不允许开路的。

同理，电流互感器二次侧也不允许装设熔断器。在运行中，如果需要拆除测量仪表或继电器时，应先在断开处将电流互感器二次绕组短接，再拆下仪表或继电器。

2. 电流互感器准确度等级和容量

（1）电流互感器的准确度等级。在不同的用途和工作条件下，对电流互感器误差的要求也不同，因此应规定不同的误差标准，即根据测量误差的大小划分为不同的准确度级。准确度级是指在规定的二次负荷变化范围内，一次电流为额定值时的最大容许电流误差。我国电流互感器准确度级和误差限值见表 GYND00302003-1。

表 GYND00302003-1　　电流互感器的准确度级和误差限值

准确度级	一次电流为额定电流的百分数（%）	误差限值		二次负荷变化范围
		电流误差（±%）	相位差（±′）	
0.2	5 20 100～120	0.75 0.35 0.2	30 15 10	（0.25～1）S_{N2}
0.5	5 20 100～120	1.5 0.75 0.5	90 45 30	
1	5 20 100～200	3 1.5 1	180 90 60	
3 5	50～120 50～120	3 5	无规定	（0.5～1）S_{N2}

（2）电流互感器的额定容量。电流互感器的额定容量 S_{N2} 是指电流互感器在二次额定电流 I_{N2} 和二次侧额定负载阻抗 Z_{N2} 下运行时，二次绕组的输出容量，即

$$S_{N2}=I_{N2}^2 Z_{N2} \qquad \text{(GYND00302003-2)}$$

由于电流互感器的二次侧额定电流 I_{N2} 为标准值（5A 或 1A），为了方便计算，额定容量可用二次侧额定负载阻抗代替。

由于电流互感器的误差与二次侧负荷阻抗有关，故同一台电流互感器使用在不同的准确度级时，有不同的额定容量。例如，某电流互感器的二次额定负荷，当其在 0.5 级下工作时为 0.4Ω，在 1 级下工作时为 0.6Ω，即说明：该电流互感器当二次侧负荷在 0.4Ω以内时，其准确度级为 0.5 级；二次负荷在 0.4～0.6Ω时，其准确度级为 1 级；二次负荷大于 0.6Ω时，其准确度级就要降到 3 级或以下。所以，互感器的额定容量是与其准确度级相联系的，它是为达到一定的准确度级而要求的一种保证容量。

3. 电流互感器的接线

图 GYND00302003-3 所示为最常用的电工测量仪表接入电流互感器的两种方式，对于继电器及自动装置的电流线圈也有类似的连接方式。

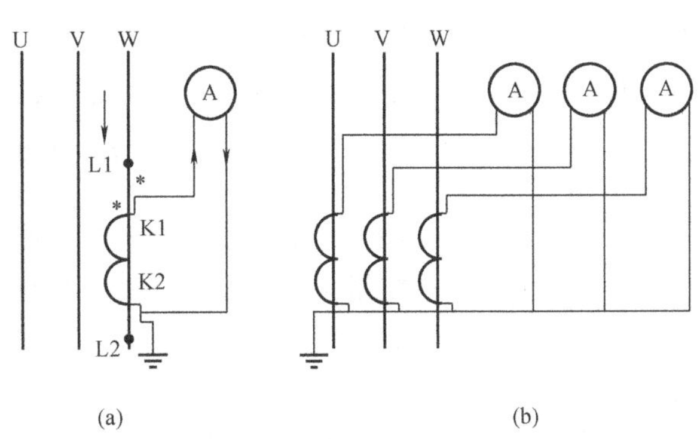

图 GYND00302003-3 电流互感器与测量仪表的连接方式
（a）单相连接；（b）星形连接

图 GYND00302003-3（a）所示的接线方式，适用于三相对称负荷，测量一相电流。图 GYND00302003-3（b）所示的接线为完全星形接线，可测量三相负荷电流，监视各相负荷的不对称情况。小电流接地系统的线路测量及保护回路多采用这种接线。由于三相电流 $\dot{I}_U+\dot{I}_V+\dot{I}_W=0$，则 $\dot{I}_V=-(\dot{I}_U+\dot{I}_W)$，通过公共导线上电流表的电流，等于 U、W 两相电流的相量和即 $-\dot{I}_V$。

电流互感器的二次绕组应有一接地点，以免一、二次之间的绝缘击穿使二次侧也带上高电压，危及人身和设备的安全。

电流互感器的一、二次绕组的端子上必须标明极性。通常一次端子用 L1、L2 表示，二次端子用 K1、K2 表示，在互感器的同极性端标出符号“*”，如图 GYND00302003-3（a）所示，L1 与 K1，L2 与 K2 彼此同极性。当一次电流从 L1 流向 L2 时，二次侧的电流从 K1 经负荷流回 K2。

4. 电流互感器的类型

电流互感器的种类很多，大致可分为以下几种类型：

（1）按安装地点可分为户内式和户外式。额定电压在 20kV 及以下的多制成户内式，35kV 及以上多制成户外式。

（2）按安装方式可分为穿墙式、母线式、套管式和支持式。穿墙式装在墙壁或金属结构的孔中，可代替穿墙套管；母线式利用母线作为一次绕组，安装时将母线穿入电流互感器瓷套的内腔；套管式是套装在 35kV 及以上变压器或多油断路器油箱内的套管上；支持式是安装在平面或支柱上。

（3）按绝缘可分为干式、浇注式和油浸式。干式是经过绝缘漆浸渍烘干处理，适用于低压户内；浇注式是用环氧树脂等作绝缘浇注成型，适用于 35kV 及以下各电压等级；油浸式多用于户外。

（4）按一次绕组的匝数可分为单匝式和多匝式。单匝式电流互感器，当被测电流很小时，一次磁通势 I_1N_1 较小，故测量的准确度很低。通常当一次侧被测电流超过 600～1000A 时，才使用单匝式电流互感器。

5. 电流互感器运行注意事项

（1）电流互感器的准确度与其二次侧所接负荷的大小有关。一定的准确度，对应一定的二次侧额定容量。实际负荷超过规定的额定容量时，准确度将降低。

（2）电流互感器的二次侧有一端必须保护接地。

（3）电流互感器在连接时，要注意其一、二次绕组接线端子上的极性不能接错。

（4）电流互感器的二次侧在工作时绝不能开路。

（5）巡视电流互感器时应注意检查：瓷质部分是否清洁，有无破损和放电现象；注油电流互感器的油面是否正常，有无漏油、渗油现象；接头是否过热；二次回路有无冒火现象；以及有无异味及异常声响。

三、电压互感器

按照工作原理，电压互感器可分为电磁式和电容分压式两种。目前电力系统广泛应用的电压互感器，电压等级为 220kV 及以下时多为电磁式，220kV 及以上时多为电容分压式。

下面的讨论以电磁式电压互感器为主。

1. 电压互感器的工作原理与特性

（1）电压互感器的工作原理。电压互感器的一次绕组并联于电网中，二次绕组向并联的测量仪表和继电器的电压线圈供电，如图 GYND00302003-1 所示。电压互感器的工作原理与电力变压器相同，构造原理、接线图也相似。其主要区别在于电压互感器的容量很小，最大不过数百伏安，并且在大多数情况下，它的负荷是恒定的。

电压互感器一、二次绕组的额定电压之比称为电压互感器的额定变压比，用 K_u 表示

$$K_u=\frac{U_{N1}}{U_{N2}}\approx\frac{N_1}{N_2}=K_N \qquad (GYND00302003\text{-}3)$$

式中 U_{N1}——一次绕组额定电压，等于电网额定电压；

U_{N2}——二次绕组额定电压，已统一为 100（或 $100/\sqrt{3}$）V；

N_1、N_2——一、二次绕组匝数；

K_N——匝数比。

由上可以看出，电压互感器的额定变压比 K_u 已标准化。

（2）电压互感器的特性。

1）电压互感器一次电压即电网电压，不受二次侧负荷的影响，并且在大多数情况下，其负荷是恒定的。

2）电压互感器二次侧所接测量仪表和继电器的电压线圈的阻抗很大，通过的电流很小。因此电压互感器正常工作时接近于空载状态，二次电压接近于二次电动势，并随一次电压的变动而变动。所以，通过测量二次侧电压 U_2 可以反映一次侧电压 U_1 的值。

3）电压互感器在运行中，二次侧不能短路。这是因为正常工作时，电压互感器二次侧有 100（或 $100/\sqrt{3}$）V 电压，短路后在二次侧电路中会产生很大的短路电流，使电压互感器烧毁。为此，在电压互感器的一次侧和二次侧均应装设熔断器，用于过载及短路保护。

2. 电压互感器的接线方式及特点

电压互感器有单相和三相两种。单相的可制成任何电压等级，而三相的一般只制成 20kV 及以下的电压等级。

在三相电力系统中，通常需要测量的电压有线电压、相对地电压和发生单相接地故障时的零序电压。图 GYND00302003-4 给出了几种常见的电压互感器接线，可以测量上述电压值。

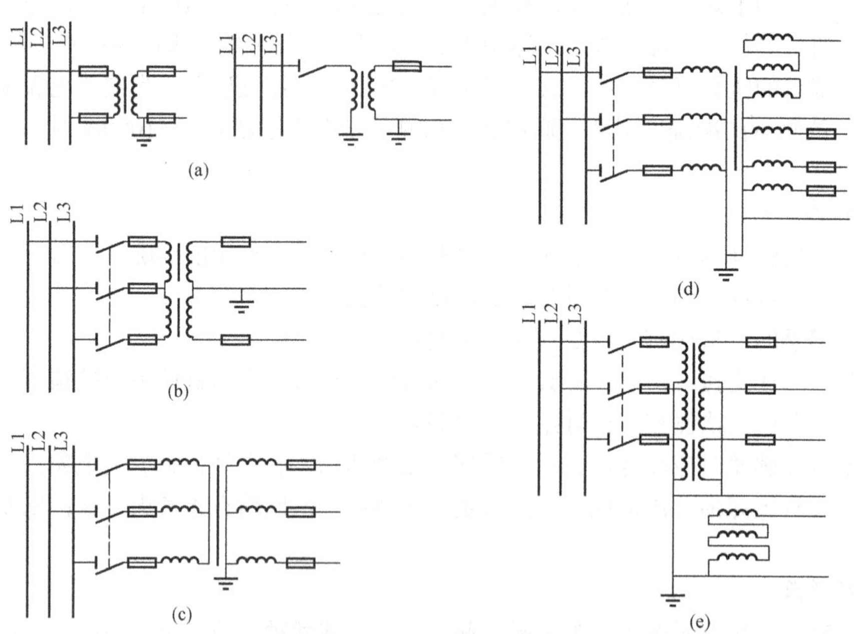

图 GYND00302003-4 电压互感器的接线方式

（a）一台单相电压互感器接线；（b）Vv 接线；（c）Yy0 接线；

（d）三相五柱式电压互感器接线；（e）三台单相三绕组电压互感器接线

图 GYND00302003-4（a）所示为一台单相电压互感器的接线，可测量某一相间电压（35kV 及以下的中性点非直接接地电网）或相对地电压（110kV 及以上中性点直接接地电网）。

图 GYND00302003-4（b）所示为两台单相电压互感器接成 Vv 接线，广泛用于 20kV 及以下中性点不接地或经消弧线圈接地的电网中测量线电压，不能测相电压。

图 GYND00302003-4（c）所示为一台三相三柱式电压互感器接成 Yyn 接线，只能用来测量线电压，不许用来测量相对地电压。

图 GYND00302003-4（d）所示为一台三相五柱式电压互感器接成的 YNynd 形接线，其一次绕组、基本二次绕组接成星形，且中性点均接地，辅助二次绕组接成开口三角形。该种接线方式可用来测量线电压和相电压，还可用作绝缘监察，故广泛用于小接地电流电网中。如图 GYND00302003-5 所示，当系统发生单相接地时，三相五柱式电压互感器内出现的零序磁通可以通过两边的辅助铁芯柱构成回路。辅助铁芯柱的磁阻小，零序励磁电流也小，因而不会出现烧毁电压互感器的情况。三相五柱式电压互感器原理如图 GYND00302003-5 所示。

图 GYND00302003-4（e）所示为三台单相三绕组电压互感器接线方式，广泛应用于 35kV 及以上电网中，可测量线电压、相对地电压和零序电压。这种接线方式在发生单相接地时，各相零序磁通以各自的电压互感器铁芯构成回路，因此对电压互感器无影响。该种接线方式的辅助二次绕组接成开口三角形，对于 35～60kV 中性点非直接接地电网，其相电压为 $100/\sqrt{3}$ V，对中性点直接接地电网，其相电压为 100V。

在 380V 的装置中，电压互感器一般只经过熔断器接入电网。在高压电网中，电压互感器经过隔离开关和熔断器与电网连接。一次侧熔断器的作用是当电压互感器及其引出线上短路时，自动熔断切除故障，但不能作为二次侧过负荷保护。因为熔断器熔件的截面是根据机械强度选择的，其额定电流比电压互感器的额定电流大很多倍，二次侧过负荷时可能不熔断。所以，电压互感器二次侧应装设低压熔断器，来保护电压互感器的二次侧过负荷或短路。

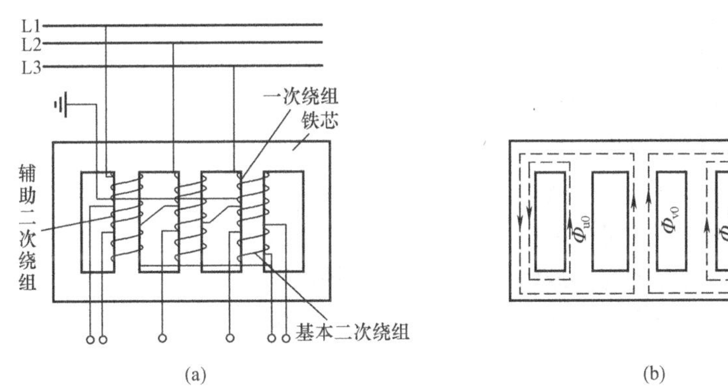

图 GYND00302003-5　三相五柱式电压互感器原理图

（a）结构原理图；（b）零序磁通回路

3. 电压互感器的类型

电压互感器可分为以下几种类型：

（1）按安装地点可分为户内式和户外式。35kV 及以下多制成户内式，35kV 以上则制成户外式。

（2）按相数可分为单相式和三相式。只有 20kV 以下才制成三相式。

（3）按每相绕组数可分为双绕组、三绕组和四绕组式。双绕组式每相有一个一次绕组，一个二次绕组。三绕组式每相有一个一次绕组，一个基本二次绕组和一个辅助二次绕组，基本二次绕组供测量、保护、自动装置用，辅助二次绕组常接成开口三角形，供接地保护用。四绕组式比三绕组式多一个基本二次绕组，把测量与保护和自动装置分开，其他绕组作用与三绕组式相同。

（4）按绝缘可分为干式、浇柱式和油浸式。干式电压互感器用于电压较低的户内装置中；浇注式电压互感器适用于 3～35kV 户内配电装置；油浸式电压互感器多用于 10kV 以上电压互感器。

（5）按工作原理可分为电磁式电压互感器和电容分压式电压互感器。

【思考与练习】

1. 简述电压互感器的作用及工作原理。

2. 简述电流互感器的作用及工作原理。
3. 简述电压互感器的接线方式。
4. 简述电流互感器的接线方式。
5. 电压互感器与电流互感器在运行中的注意事项是什么。

模块4　隔离开关（GYND00302004）

【模块描述】本模块包含隔离开关的用途、种类、结构、原理和性能特点等内容。通过概念描述、术语说明、结构介绍、原理分析、特点对比、图解示意，掌握隔离开关基础知识。

【正文】

在电力网络中，为了安全生产运行，需要将带电运行的电气设备停电检修或与处于备用的电气设备隔离开来，二者之间必须有明显可见的、足够大的断开点。隔离开关正是在电路中设置的这种断开点，以确保运行和检修的安全。

一、隔离开关的用途

隔离开关又称为刀闸，是高压开关设备的一种。因为它没有灭弧装置，所以不能用来直接接通、切断负荷电流和短路电流。但运行的经验证明，隔离开关可以用来开闭电压互感器、避雷器、母线和直接与母线相连设备的电容电流，开闭阻抗很低的并联电路的转移电流。亦可以开闭励磁电流不超过 2A 的变压器空载电流和电容电流不超过 5A 的电容电流（生产厂有规定时按说明书执行）。其主要用途是保证电路中检修部分与带电体之间的隔离以及用隔离开关进行电路的切换工作或关合空载电路。

二、隔离开关的种类

隔离开关可根据装设地点、电压等级、极数和构造进行分类的，主要有以下几种：

（1）按装设地点可分为户内式和户外式。

（2）按极数可分为单极和三极。

（3）按绝缘支柱数目可分为单柱式、双柱式、三柱式。

（4）按隔离开关的动作方式可分为闸刀式、旋转式、插入式。

（5）按有无接地开关可分为有接地隔离开关和无接地隔离开关。

（6）按所配操动机构可分为手动式、电动式、气动式、液压式。

隔离开关的类型表示如下：

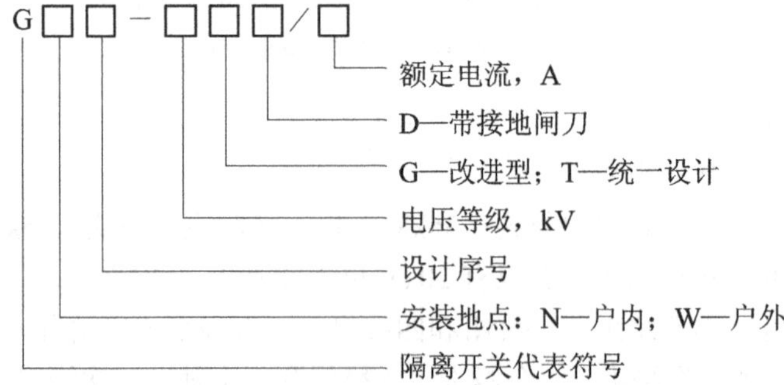

三、隔离开关的结构组成

隔离开关主要由下述几个部分组成。

（1）支持底座。该部分的作用是起支持和固定作用，其将导电部分、绝缘子、传动机构、操动机构等固定为一体，并使其固定在基础上。

（2）导电部分。包括触头、闸刀、接线座。该部分的作用是传导电路中的电流。

（3）绝缘子。包括支持绝缘子、操作绝缘子。其作用是绝缘带电部分和接地部分。

（4）传动机构。它的作用是接受操动机构的力矩，并通过拐臂、连杆、轴齿或是操作绝缘子，将运动传动给触头，以完成隔离开关的分、合闸动作。

（5）操动机构。与断路器操动机构一样，通过手动、电动、气动、液压向隔离开关的动作提供能源。

四、GN19–10 系列户内高压隔离开关的结构与原理

GN19–10 系列户内高压隔离开关是三相交流 50Hz 的高压电器，适用于的 10kV 等级作为网络在有压无载的情况下，分断与关合电路之用。主要技术参数见表 GYND00302004-1。

表 GYND00302004-1　　GN19 系列隔离开关的主要技术参数

产 品 型 号	额定电压（kV）	额定电流（A）	4s 额定短时耐受电流（kA）	额定峰值耐受电流（kA）
GN19–10（10C）/400–12.5	10	400	12.5	31.5
GN19–10（10C）/630–20	10	630	20	50
GN19–10（10C）/1000–31.5	10	1000	31.5	80
GN19–10（10C）/1250–40	10	1250	40	100

GN19–10 系列户内高压隔离开关是三相共底架结构。GN19–10 系列户内高压隔离开关为普通平装型，其外形如图 GYND00302004-1 所示，GN19–10C 系列户内高压隔离开关为普通穿墙型，其外形如图 GYND00302004-2 所示。

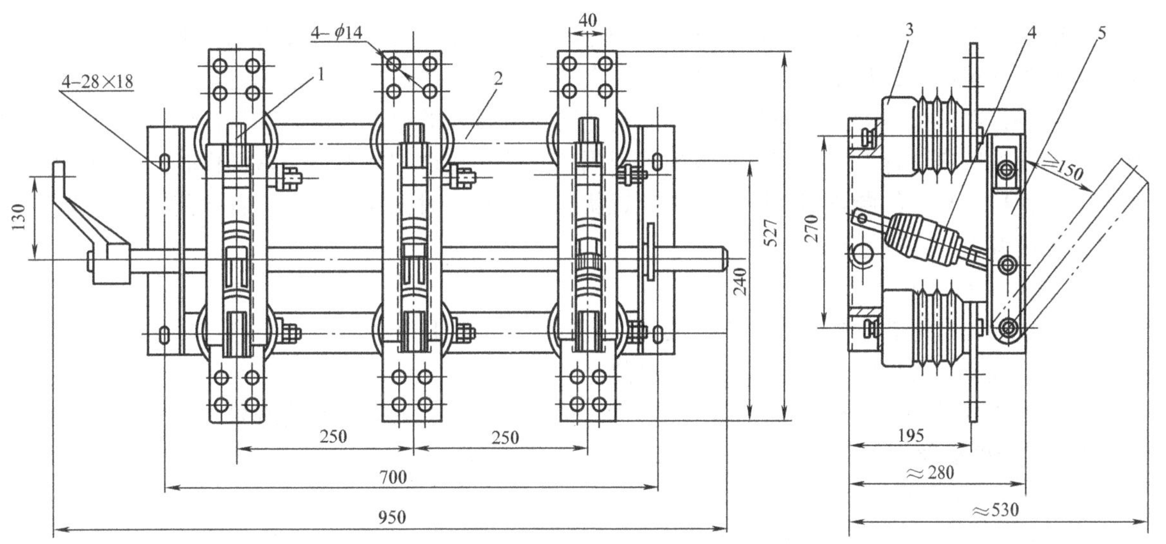

图 GYND00302004-1　GN19–10 系列户内高压隔离开关

1—静触头；2—基座；3—支柱绝缘子；4—拉杆绝缘子；5—动触头

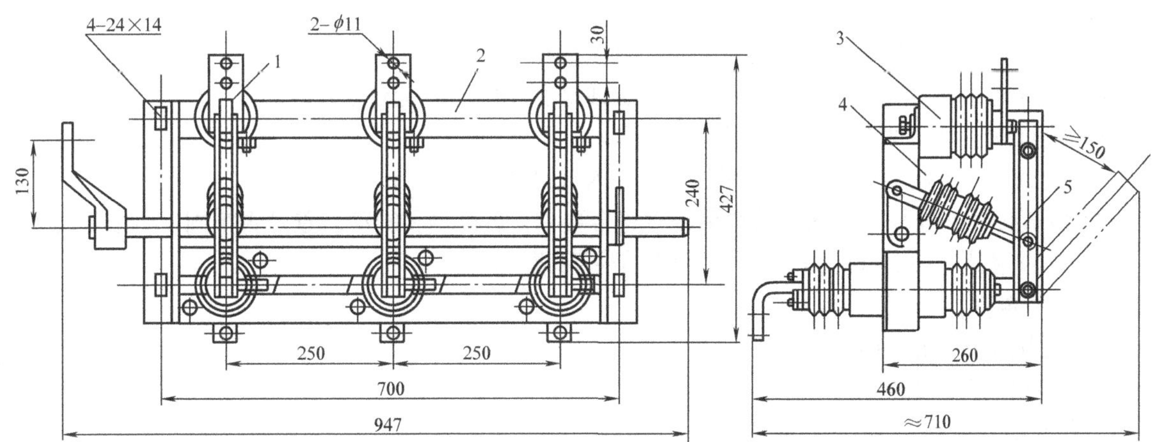

图 GYND00302004-2　GN19–10C 系列户内高压隔离开关

1—静触头；2—基座；3—支柱绝缘子；4—拉杆绝缘子；5—动触头

高压隔离开关主要由静触头、基座、支柱绝缘子、拉杆绝缘子和动触头组成，隔离开关的每相导电部分通过两个支柱绝缘子固定在基座上，三相平行安装。导电部分由动触头和静触头组成，每相动触头为两片槽形铜片，它不仅增大了动触头的散热面积，对降低温度有利，而且提高了动触头的机械强度，使隔离开关的动稳定性提高。隔离开关动、静触头的接触压力是靠两端接触弹簧维持的，每相动触头中间均连有拉杆绝缘子，拉杆绝缘子与安装在基座上的转轴相连，转动转轴，拉杆绝缘子操动动触头完成分、合闸。转轴两端伸出基座，其任何一端均可与所配用的手动操动机构相连。

GN19-10/1000 型高压隔离开关及 GN19-10/1250 型高压隔离开关在动、静触头接触处装有两件磁锁压板，当很大的短路电流通过时，磁锁压板相互间产生的吸引电磁力增加了动、静触头的接触压力，从而增大了触头的动热稳定性。

五、隔离开关的操作要求

（1）操作隔离开关时，应先检查相应回路的断路器确实在断开位置，以防止带负荷拉、合隔离开关。

（2）线路停、送电时，必须按顺序拉、合隔离开关。停电操作时，必须先拉断路器，后拉线路侧隔离开关，再拉母线侧隔离开关。送电操作顺序与停电顺序相反。这是因为发生误操作时，按上述顺序可缩小事故范围，避免人为使事故扩大到母线。

（3）隔离开关操作时，应有值班人员在现场逐相检查其分、合闸位置，同期情况，触头接触深度等项目，确保隔离开关动作正确、位置正确。

（4）隔离开关一般应在主控室进行操作。当远控电气操作失灵时，可在现场就地进行手动或电动操作，但必须征得站长或技术负责人的许可，并在有现场监督的情况下才能进行。

（5）隔离开关、接地刀闸和断路器之间安装有防止误操作的电气、电磁和机构闭锁装置。倒闸操作时，一定要按顺序进行。如果闭锁装置失灵或隔离开关和接地刀闸不能正常操作时，必须严格按闭锁的要求条件检查相应的断路器、隔离开关位置状态，只有核对无误后，才能解除闭锁进行操作。

六、隔离开关的运行维护

1. 隔离开关运行项目

隔离开关应与配电装置同时进行正常巡视，进行巡视的项目如下：

（1）检查隔离开关接触部分的温度是否过热。

（2）检查绝缘子有无破损、裂纹及放电痕迹，绝缘子在胶合处有无脱落迹象。

（3）检查 10kV 架空线路用单相隔离开关刀片锁紧装置是否完好。

2. 隔离开关维护项目

（1）清扫瓷件表面的尘土，检查瓷件表面是否掉釉、破损，有无裂纹和闪络痕迹，绝缘子的铁、瓷结合部位是否牢固。若破损严重，应进行更换。

（2）用汽油擦净刀片、触点或触指上的油污，检查接触表面是否清洁，有无机械损伤、氧化和过热痕迹及扭曲、变形等形象。

（3）检查触电或刀片上的附件是否齐全，有无损坏。

（4）检查连接隔离开关和母线、断路器的引线是否牢固，有无过热现象。

（5）检查软连接部件有无折损、断股等现象。

（6）检查并清扫操动机构和转动部分，并加入适量的润滑油脂。

（7）检查传动部分与带电部分的距离是否符合要求；定位器和制动装置是否牢固，动作是否正确。

（8）检查隔离开关的底座是否良好，接地是否可靠。

【思考与练习】

1. 简述隔离开关的用途。

2. 简述隔离开关的类型。

3. 简述隔离开关的运行与维护。

4. 简述隔离开关的结构及原理。

模块 5　高压熔断器（GYND00302005）

【模块描述】本模块包含 10kV 跌落式熔断器的用途、结构、动作原理、电流特性、技术参数和使用要求等内容。通过概念描述、术语说明、结构介绍、原理分析、特点对比、图解示意，掌握熔断器基础知识。

【正文】

一、熔断器的用途

10kV 跌落式熔断器一般安装在柱上配电变压器高压侧，用以保护 10kV 架空配电线路不受配电变压器故障影响。也有农村、山区的长线路在变电站继电保护达不到的线路末段或线路分支处安装跌落式熔断器进行保护的。

安装在农村、山区长线路上的跌落式熔断器可采用负荷熔断器（带消弧栅型），如 RW10–10F 型熔断器，如图 GYND00302005-1 所示，上端装有灭弧室和弧触头，具备带电操作分合闸的能力，能达到分合 10kV 线路 100A，开断短路电流 11.55kA。

二、熔断器的结构

跌落式熔断器一般由绝缘子、上下接触导电系统和熔管等构成。安装熔丝、熔管时，用熔丝将熔管上的弹簧支架绷紧，将熔管推上，熔管在上静触头的压力下处于合闸位置。跌落式熔断器应有良好的机械稳定性，一般的跌落式熔断器应能承受 200 次连续合分操作，负荷熔断器应能承受 300 次连续合分操作。

目前常用的跌落式熔断器型号有 RW10–10F 型（可选择带或不带消弧栅型）、RW11–10 型（见图 GYND00302005-2）。两种型号各有其特点，前者构造主要利用圈簧的弹力压紧触头，而后者主要利用片簧的弹力压紧触头。两种型号跌落式熔断器的熔管及上下接触导电系统结构尺寸略有不同，为保证事故处理时熔管、熔丝的互换性，减少事故处理备件数量，一个维护区域宜固定使用一种型号跌落式

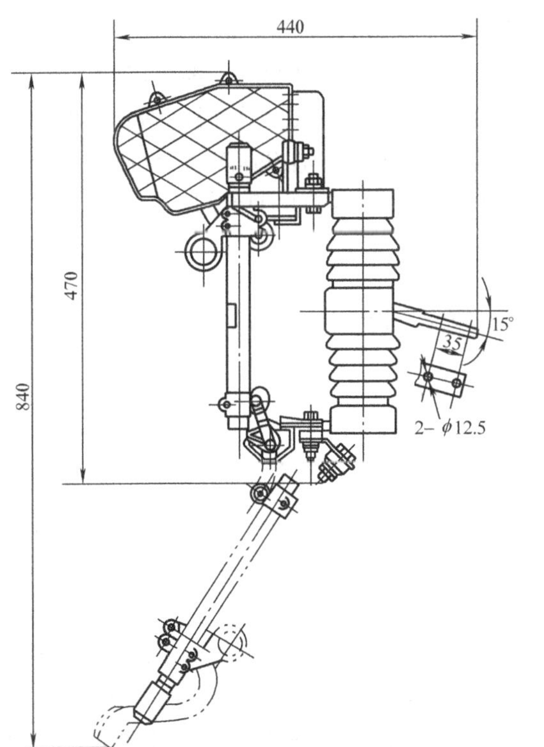

图 GYND00302005-1　10kV 跌落式熔断器（RW10–10F 型）

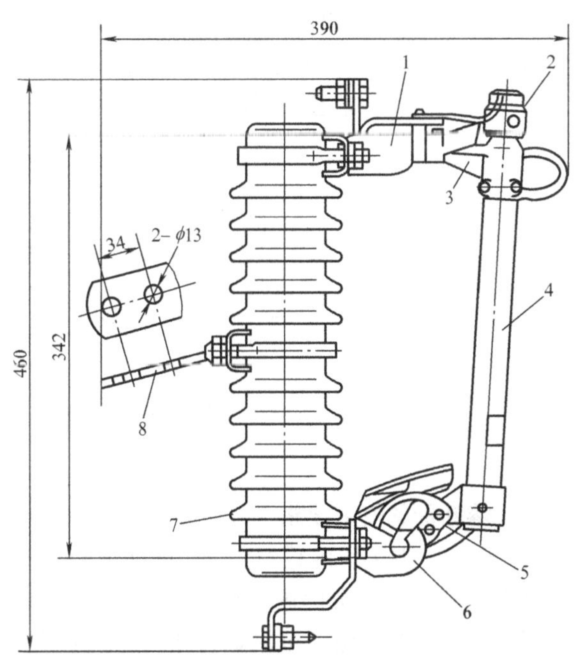

图 GYND00302005-2　10kV 跌落式熔断器（RW11–10 型）

1—上静触头；2—释压帽；3—上动触头；4—熔管；5—上动触头；6—下支座；7—绝缘子；8—安装板

熔断器。这两种型号跌落式熔断器主要技术参数见表 GYND00302005-1。

表 GYND00302005-1 RW10–10F 型、RW11–10 型跌落式熔断器主要技术参数

项目		数值
额定电压（kV）		12
额定电流（A）		100、200
额定短路开断电流（kA）		6.3、12.5（带灭弧栅型）
雷电冲击耐压（相对地）（kV）		75
雷电冲击耐压（断口）（kV）		85
工频耐压（1min，kV）	相对地干试	42
	断口干试	48
	相对地湿试	34
泄漏比距（cm/kV）		普通型：2.5 防污型：3.3

为带电作业更换跌落式熔断器便利，RW10–10F 型跌落式熔断器在设计上引线接线端子采用固定螺母、螺栓可旋转带紧压线板的结构。

三、熔断器的动作原理

当过电流使熔丝熔断时，断口在熔管内产生电弧，熔管内衬的消弧管产气材料在电弧作用下产生高压力喷射气体，吹灭电弧。随后，弹簧支架迅速将熔丝从熔管内弹出，同时熔管在上、下弹性触头的推力和熔管自身重量的作用下迅速跌落，形成明显的隔离空间。

在熔管的上端还有一个释放压力帽，放置有一低熔点熔片。当开断大电流时，上端帽的薄熔片熔化形成双端排气；当开断小电流时，上端帽的薄熔片不动作，形成单端排气。

四、熔丝规格与时间——电流特性

与 10kV 跌落式熔断器配套使用的熔丝有 T 型和 K 型两种规格，熔丝的外形尺寸如图 GYND00302005-3 所示，时间–电流特性如图 GYND00302005-4 所示。熔体材料一般采用 CuZnSn（铜锌锡）合金。T 型熔丝的熔化速率较高，SR=10～13，而 K 型熔丝的熔化速率较低，SR=6～8（SR 的定义为熔体在 0.1s 时的电流 $I_{0.1s}$ 与在 300s 时的电流 I_{300s} 的比值，即 $SR=I_{0.1s}/I_{300s}$）。熔丝应能承受的静拉力不小于 50N，当熔丝采用低熔点合金时，在热态受力情况下，应有防止伸长的措施（例如并联细钢丝）。

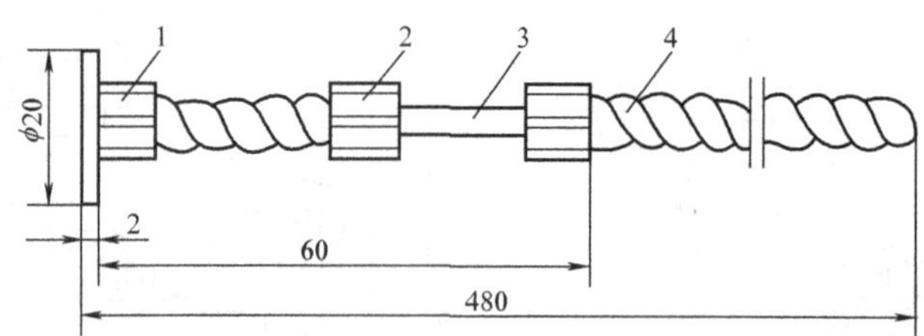

图 GYND00302005-3 喷射式跌落式熔断器的熔丝外形尺寸

1—纽扣帽；2—铜夹子；3—熔体；4—铜辫子线

五、熔断器的使用要求

（1）熔管一般采用内置消弧管（铜纸管）的环氧玻璃布管制成。熔断器应配置专用的纽扣式熔丝，熔管上端应封闭，以防止进雨水而使熔管内衬的钢纸管受潮失效。有的跌落式熔断器（如 RW11–10 型跌落式熔断器）为保证可靠熄灭过载电流电弧，在熔丝上还套有小直径的辅助熄弧钢纸管，以保证对过负荷小电流（如开断 15A）也能可靠灭弧。

（2）当跌落式熔断器的隔离断口与熔管上下导电触头尺寸不配套时，反复操作推合熔管有可能对腰部瓷绝缘体造成损伤裂纹或断裂。跌落式熔断器安装支架可采用外箍式或胶装式，采用胶装式应选配好胶装混凝土等材料。

模块5 GYND00302005

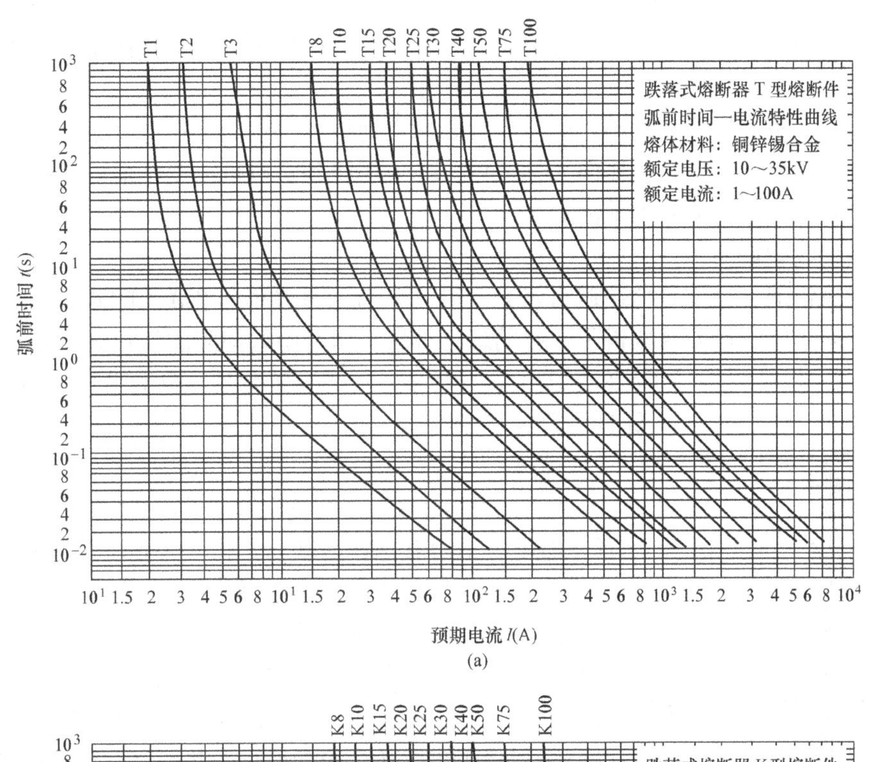

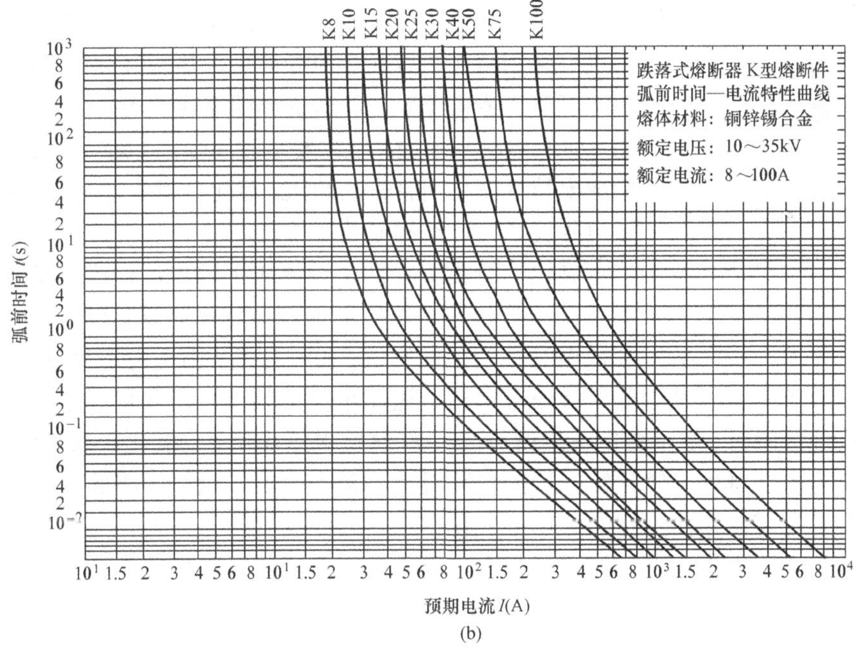

图 GYND00302005-4　跌落式熔断器的时间—电流特性

（a）T 型熔丝；（b）K 型熔丝

（3）当熔管或熔丝配置不合适或安装不牢固时，有可能发生单相掉管，对无缺相保护的电动机可能造成影响。如果掉管时负荷电流过大，还有可能造成拉弧引发相间短路故障。

【思考与练习】

1. 简述熔断器的用途。
2. 简述熔断器的基本结构。
3. 简述熔断器的工作原理。
4. 简述熔断器的使用要求。

模块 6　避雷器（GYND00302006）

【模块描述】本模块包含氧化锌避雷器和阀型避雷器的结构、工作原理和主要电气参数等内容。通过概念描述、术语说明、结构介绍、原理分析、特点对比、图解示意，掌握避雷器基础知识。

【正文】

避雷器是连接在电力线路和大地之间，使雷云向大地放电，从而保护电气设备的器具。当雷电过电压或操作过电压来到时，使其急速向大地放电。当电压降到发电机、变压器或线路的正常电压时，则停止放电，以防止正常电流向大地流通。

一、金属氧化物避雷器

金属氧化物避雷器（又称氧化锌避雷器）一般可分为无间隙和有串联间隙两类。由于无间隙氧化锌避雷器使用越来越广泛，并且取得了很好的运行效果，而有串联间隙的氧化锌避雷器未发挥出氧化锌避雷器的优异性能，其结构又类似于阀型避雷器，故在此主要介绍无间隙氧化锌避雷器。

1. 结构

10kV 无间隙硅橡胶外套氧化锌避雷器结构如图 GYND00302006-1 所示。电阻片采用氧化锌为基体，掺入少量其他氧化物，在 1100～1350℃高温下焙烧结成阀饼，若干阀饼叠装成柱，两端安装金属端子，然后用绝缘带滚胶缠绕制成芯棒。该工艺有利于避免芯棒内存空气，引发局部放电，造成避雷器损坏。芯棒干燥后，对其外部进行机加工整形，涂覆偶联剂放置真空浇注机内，热压浇注硅橡胶外壳成型。棒芯也有采用将阀饼叠装进绝缘筒后，热压浇注硅橡胶外壳成型的。

图 GYND00302006-1　10kV 无间隙硅橡胶外套氧化锌避雷器

1—金属电极；2—氧化锌电阻片；3—环氧玻璃纤维包封层；4—硅橡胶外套

氧化锌避雷器阀片具有优异的非线性电压—电流特性，高电压导通，而低电压不导通，不需要串联间隙，可避免传统避雷器因火花间隙放电特性变化而带来的缺点。氧化锌避雷器具有保护特性好、吸收过电压能量大、结构简单等特点。

氧化锌避雷器在冲击过电压下动作后，没有工频续流通过，故不存在灭弧问题，保护水平只由氧化锌阀片的残压决定，避免了间隙放电特性变化的影响；另一方面，由于没有串联间隙的绝缘隔离，氧化锌阀片不仅要承受雷电过电压、操作过电压，还要承受工频过电压和持续运行正常相电压（含发生线路单相接地故障时、健全相电压异常升高），在这些电压作用下，氧化锌阀片的特性将会劣化。此外，由于在小电流区域内，氧化锌阀片的电阻温度系数为负值，运行中吸收过电压能量后，所引起的温升可能会导致避雷器热稳定的破坏。氧化锌避雷器的这些特点，使得它与传统的阀型有间隙的碳化硅避雷器相比，电气性能、技术参数和试验方法有所不同，在使用中需加以注意。其主要技术参数见表 GYND00302006-1。

表 GYND00302006-1　　无间隙金属氧化物避雷器技术参数

产品型号	避雷器额定电压	避雷器持续运行电压	系统标称电压	避雷器标称放电电流	直流1mA参考电压（不小于）	残压（不大于）			通流容量		外绝缘水平		0.75 U_{1mA} 漏电流（不大于）	爬电比距	局部放电量（小于）
						陡波冲击电流 1/10，5kA（1.5kA）	雷电冲击电流 8/20，5kA（1.5kA）	操作冲击电流 30/60，0.25kA（0.1kA）	4/10μs 的大电流	2ms 方波	雷电冲击耐受电压 1.2/50μs	工频耐受电压 1min			
	（有效值，kV）			（kA）	（kV）	（峰值，kV）			（kA）	（A）	（kV）	湿/干（kV）	（μA）	（mm/kV）	（pC）
HY5WS2–12/35.8	12	9.6	10	5	18	41.2	35.8	30.6	65	100	75	30/42	50	35	10
HY5WS2–17/50	17	13.6	10	5	25	57.5	50	42.5	65	100	75	30/42	50	32	10

续表

产品型号	避雷器额定电压	避雷器持续运行电压	系统标称电压	避雷器标称放电电流	直流1mA参考电压（不小于）	残压（不大于）			通流容量		外绝缘水平		0.75 U_{1mA}漏电流（不大于）	爬电比距	局部放电量（小于）
						陡波冲击电流1/10，5kA（1.5kA）	雷电冲击电流8/20，5kA（1.5kA）	操作冲击电流30/60，0.25kA（0.1kA）	4/10μs的大电流	2ms方波	雷电冲击耐受电压1.2/50μs	工频耐受电压1min			
	（有效值，kV）			（kA）	（kV）	（峰值，kV）			（kA）	（A）	（kV）	湿/干（kV）	（μA）	（mm/kV）	（pC）
HY1.5WS2–0.3/1.3	0.3	0.26	0.22	1.5	0.6	1.49	1.3	1.1	10	100		2.0/3.0	25	250	10
HY1.5WS2–0.5/2.6	0.50	0.45	0.38	1.5	1.2	2.98	2.6	2.2	10	100		2.5/4.0	25	156	10

注　1. H—复合绝缘外套；Y—金属氧化物；5（1.5）—标称放电电流（kA）；W—无间隙结构；S—配电型；□/□—分子为避雷器额定电压（kV），分母为标称放电电流下残压（kV）。
2. 本表数值部分摘自 GB 11032—2000《交流无间隙金属氧化物避雷器》。

2. 主要电气参数

（1）额定电压。无间隙氧化锌避雷器的额定电压为系统施加到其两端子间的最大允许工频电压有效值，它不等于系统的标称电压。如 10kV 电网中性点不接地或经消弧线圈接地的系统所采用的无间隙氧化锌避雷器的额定电压为 17kV。

（2）持续运行电压。无间隙氧化锌避雷器的持续运行电压为允许持久地施加在氧化锌避雷器端子间的工频电压有效值。

（3）冲击电流残压。包括陡波冲击电流残压、雷击冲击电流残压和操作冲击电流残压。

（4）直流 1mA 参考电压是避雷器在通过直流 1mA 时测出的避雷器上的电压。

3. 应用

在安装无间隙氧化锌避雷器时，应考虑系统中性点的接地方式，以及与被保护设备的配合。长期放置后安装或带电安装，应先进行直流 1mA 参考电压试验或进行绝缘电阻的测量，对 10kV 避雷器用 2500V 绝缘电阻表测量，绝缘电阻不低于 1000MΩ，合格后方可安装。

4. 金属氧化物避雷器的试验项目、周期和要求

金属氧化物避雷器的试验项目、周期和要求见表 GYND00302006-2。

表 GYND00302006-2　　金属氧化物避雷器试验项目周期和要求表

序号	项　目	周　期	要　求	说　明
1	绝缘电阻	1）发电厂、变电所避雷器每年雷雨季节前。 2）必要时	1）35kV 以上，不低于 2500MΩ。 2）35kV 及以下，不低于 1000MΩ	采用 2500V 及以上绝缘电阻表
2	直流 1mA 电压（U_{1mA}）及 0.75U_{1mA} 下的泄漏电流	1）发电厂、变电所避雷器每年雷雨季节前。 2）必要时	1）不得低于 GB 11032—2000 规定值。 2）U_{1mA} 实测值与初始值或制造厂规定值比较，变化不应大于±5%。 3）0.75U_{1mA} 下的泄漏电流不应大于 50μA	1）要记录试验时的环境温度和相对湿度。 2）测量电流的导线应使用屏蔽线。 3）初始值是指交接试验或投产试验时的测量值
3	运行电压下的交流泄漏电流	1）新投运的 110kV 及以上者投运 3 个月后测量 1 次；以后每半年 1 次；运行 1 年后，每年雷雨季节前 1 次。 2）必要时	测量运行电压下的全电流、阻性电流或功率损耗，测量值与初始值比较，有明显变化时应加强监测，当阻性电流增加 1 倍时，应停电检查	应记录测量时的环境温度、相对湿度和运行电压。测量宜在瓷套表面干燥时进行。应注意相间干扰的影响
4	工频参考电流下的工频参考电压	必要时	应符合 GB 11032—2000 或制造厂规定	1）测量环境温度（20±15）℃。 2）测量应每节单独进行，整相避雷器有一节不合格，应更换该节避雷器（或整相更换），使该相避雷器为合格

续表

序号	项 目	周 期	要 求	说 明
5	底座绝缘电阻	1）发电厂、变电所避雷器每年雷雨季前。 2）必要时	自行规定	采用 2500V 及以上绝缘电阻表
6	检查放电计数器动作情况	1）发电厂、变电所避雷器每年雷雨季前。 2）必要时	测试 3～5 次，均应正常动作，测试后计数器指示应调到“0”	

二、阀型避雷器

1. 结构

阀型避雷器主要由瓷套、火花间隙和阀型电阻片组成，其外形结构如图 GYND00302006-2 所示，阀型避雷器的优点是运行经验成熟，缺点是密封不严，易受潮失效，甚至引发爆炸。

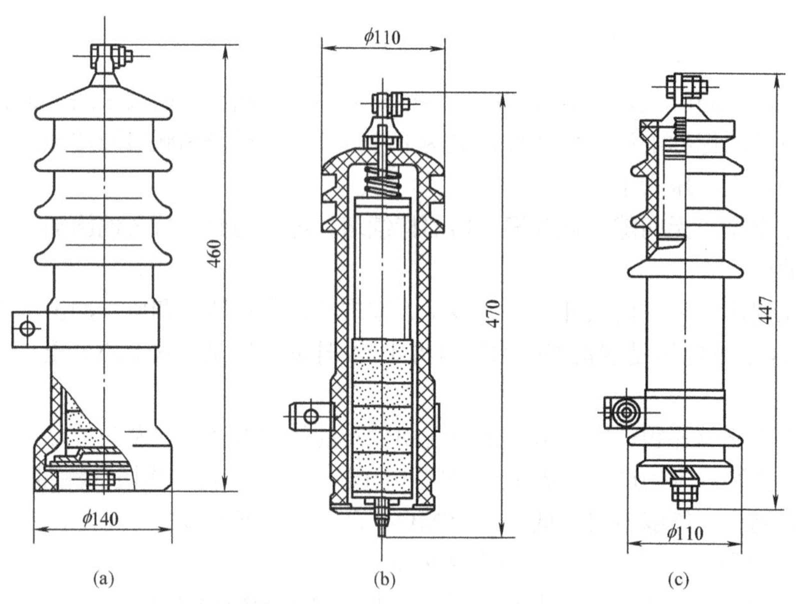

图 GYND00302006-2 10kV 阀型避雷器外形结构图

（a）FS2–10 型；（b）FS3–10 型；（c）FS4–10 型

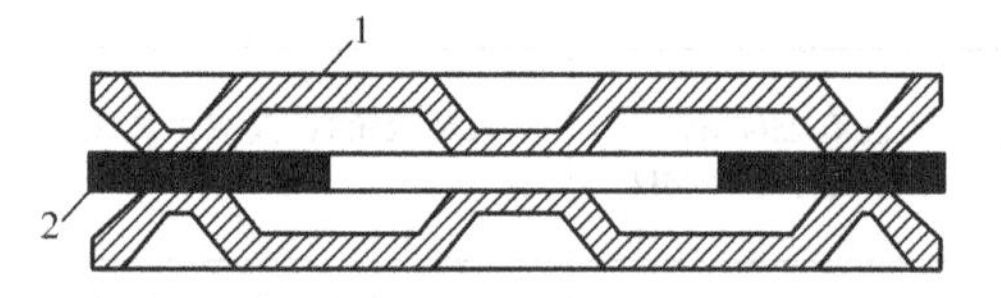

图 GYND00302006-3 阀型避雷器的单位火花间隙

1—电极；2—云母绝缘片

2. 工作原理

在正常情况下，火花间隙有足够的绝缘强度，不会被正常工作电压击穿，如图 GYND00302006-3 所示；当有雷电过电压时，火花间隙就被击穿放电。雷电压作用在阀型电阻上，电阻值会变得很小，把雷电流汇入大地。之后，作用在阀型电阻上的电压为正常的工作电压时，电阻值变得很大，限制工频电流通过，因此线路又恢复了正常对地绝缘。

3. 主要电气参数

（1）避雷器额定电压。避雷器能够可靠地工作并能完成预期动作的负荷试验的最大允许工频电压，称为避雷器的额定电压。

（2）工频放电电压。这是与火花间隙的结构、工艺水平有关的参数，其具有一定的分散性、一般取工频放电电压平均值的±（7%～10%），规定为其上限。

（3）冲击放电电压和冲击电流残压。是供绝缘配合计算用的重要数据。选取标准冲击放电电压和标称放电电流残压中的一个最大者作为避雷器的保护水平。保护水平与避雷器额定电压（峰值）之比称为保护比，它是避雷器保护特性的一个指标，其值越低，保护性能越优越。

【思考与练习】

1. 简述避雷器的用途。
2. 简述避雷器的基本结构。
3. 简述避雷器的工作原理。
4. 什么是保护比？如何通过保护比来判断避雷器保护性能的优劣？

模块 7　电力电容器（GYND00302007）

【模块描述】本模块包含电容器的类型、用途、容量选择、接线方式及其保护、电容器自动投切控制等内容。通过概念描述、术语说明、结构介绍、原理分析、特点对比、图解示意，掌握电力电容器基础知识。

【正文】

一、电容器的类型和用途

并联电容器主要用于补偿感性无功功率以改善功率因数。

按其结构和使用材料分，并联电容器有浸渍剂型、金属化膜型、密集型、并联补偿成套装置、高压并联电容器柜和低压并联电容器柜等。

1. 浸渍剂型并联电容器

浸渍剂型并联电容器主要由箱壳和芯子组成。箱壳用薄钢板密封焊接制成。芯子由元件、绝缘件和紧箍件组成整体，并根据不同的电压等级，可将元件进行适当的串联与并联。适用于频率为 50Hz 的交流电力系统，作为提高系统的功率因数用。

2. 金属化膜式电容器

金属化膜式电容器由芯子、过压力保护装置、箱壳三部分组成。芯子中的三相电容器单元可根据不同的规格要求分别连接成双星形、三角形和星形，每相电容器单元两端均并接放电电阻。过电压保护装置串联在芯子和线路端子之间，并固定在箱壳内壁上。线路端子设在箱壳顶部，安装脚和接地端子设在箱壳底部。

金属化膜式电容器采用金属化聚丙烯薄膜作为电极和介质，具有自愈性，并同时具有质量轻、体积小、损耗低等优点、电容器内部装有过压力保护装置和放电电阻，能提高其安全性和可靠性。它适用于工频额定电压为 690V 及以上的交流电力系统中与负载并联，以提高系统的功率因数。

3. 密集型并联电容器

密集型并联电容器有单相和三相两种结构，主要由内部单元电容器、框架、箱体和出线套管组成。

密集型电容器将多个单元电容器组合在一个箱体内。与普通构架式电容器相比，它具有占地面积小、安装方便、运行维护工作量小等优点。

二、电容器容量选择

并联电容器的无功补偿原理如图 GYND00302007-1 所示。

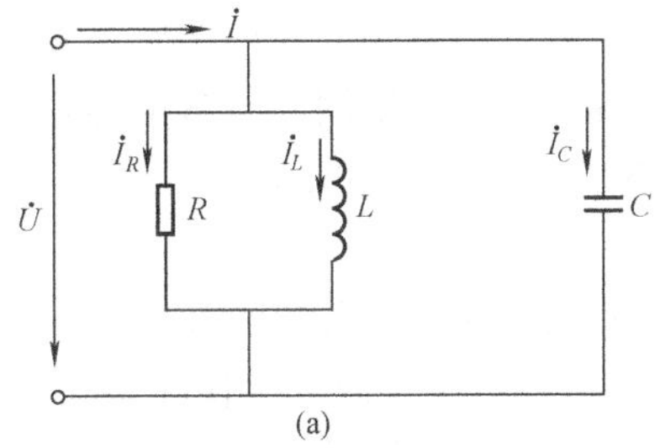

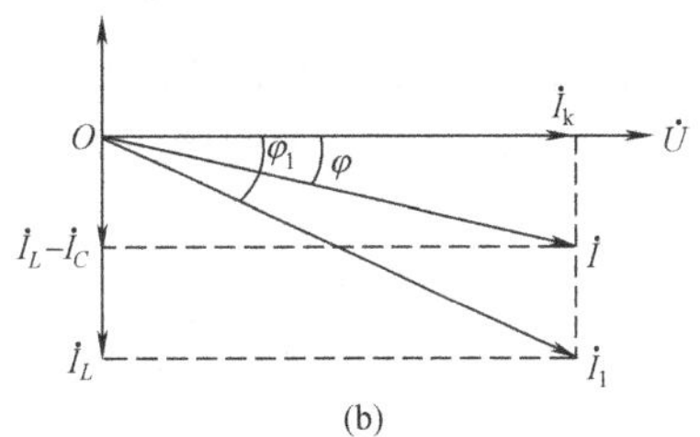

图 GYND00302007-1　并联电容器的无功补偿作用

（a）电路图；（b）相量图

以图 GYND00302007-1（a）所示电路为例。原有 RL 电路对应功率因数 $\cos\varphi_1$，现并联电容 C 后，电路的功率因数改为 $\cos\varphi$，计算 C 值。

从图 GYND00302007-1（b）相量图中可以看出

$$I_C = P/U(\tan\varphi_1 - \tan\varphi)$$

因为 $I_C = U/X_C = \omega CU$

则

$$\omega CU = P/U(\tan\varphi_1 - \tan\varphi)$$

功率因数从 $\cos\varphi_1$ 提高到 $\cos\varphi$ 时并联电容的容量

$$C = P/(\omega U^2)(\tan\varphi_1 - \tan\varphi)$$

变电站里的电容器安装容量，应根据本地区电网无功规划以及 SD 325—1989《电力系统电压和无功电力技术导则》和《供电营业规则》的规定计算后确定。当不具备设计计算条件时，电容器安装容量可按变压器的 10%～30%确定。

三、电容器接线方式及其保护

1. 并联电容器组的基本接线

并联电容器组的基本接线分为星形（Y）、三角形（△）两种。经常采用的还有星形（Y）派生出的双星形接线。并联电容器组的接线类型如图 GYND00302007-2 所示。

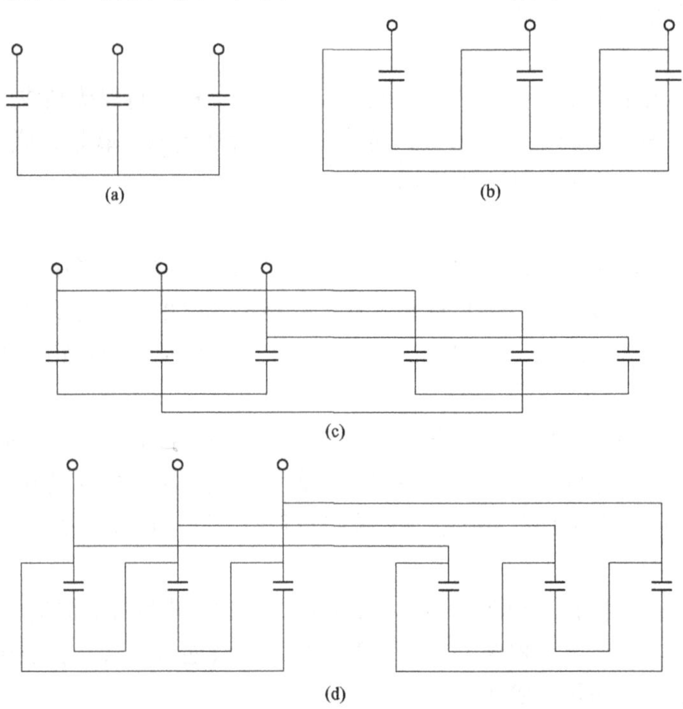

图 GYND00302007-2 并联电容器组接线类型

（a）星形（Y）；（b）三角形（△）；（c）双星形（双Y）；（d）双三角形（双△）

2. 并联电容器组每相内部接线方式

当单台并联电容器的额定电压不能满足电网正常工作电压要求时，需由两台或多台并联电容器串联后达到电网正常工作电压的要求；为达到要求的补偿容量，又需要用若干台电容并联才能组成并联电容器组。并联电容器组每相内部的接线方式如图 GYND00302007-3 所示。

3. 并联电容器组保护

（1）保护的设置。根据一次接线方式的不同，电容器通常采用内部熔丝或外部熔断器来保护。低压电容器内部元件有熔丝保护，运行安全、故障少。高压电容器则采用外部快速熔断器来保护。另外，对高压电容器组，还可采用电压纵差、开口三角零序电压或中性点不平衡电流等方法来保护。

（2）保护熔丝的选择。熔断器的额定电压不应低于被保护电容器的电压，断流量不低于电容器的短路故障电流。熔断器的额定电流一般为电容器额定电流的 1.5～2.5 倍。

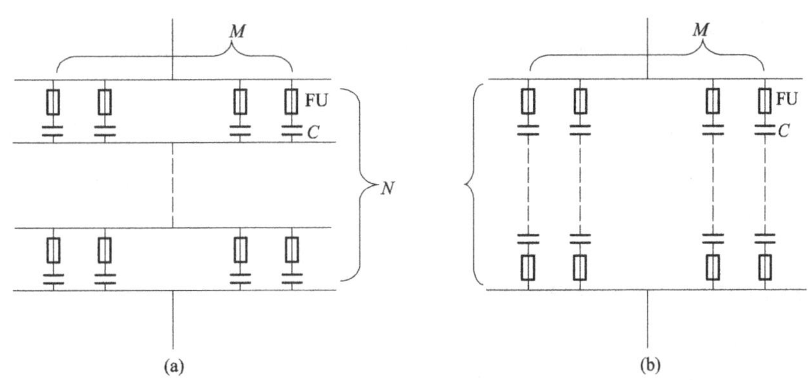

图 GYND00302007-3　并联电容器组每相内部的接线方式

（a）先并后串（有均压线）接线方式；（b）先串后并（无均压线）接线方式

FU—单台保护熔断器；C—单台电容；M—电容器组中电容器并联台数；N—电容器组中电容器串联段数

四、电容器的运行

1. 电力电容器的接通和断开

（1）电力电容器组在接通前应用绝缘电阻表检查放电网络。

（2）接通和断开电容器组时，必须考虑以下几点：

1）当汇流排（母线）上的电压超过 1.1 倍额定电压最大允许值时，禁止将电容器组接入电网。

2）在电容器组自电网断开后 1min 内不得重新接入，但自动重复接入情况除外。

3）在接通和断开电容器组时，要选用不能产生危险过电压的断路器，并且断路器的额定电流不应低于 1.3 倍电容器组的额定电流。

2. 电力电容器的放电

（1）电容器每次从电网中断开后，应该自动进行放电。其端电压迅速降低，不论电容器额定电压是多少，在电容器从电网上断开 30s 后，其端电压应不超过 65V。

（2）为了保护电容器组，自动放电装置应装在电容器断路器的负荷侧，并经常与电容器直接并联（中间不准装设断路器、隔离开关和熔断器等）。具有非专用放电装置的电容器组，例如：对于高压电容器用的电压互感器，对于低压电容器用的白炽灯泡，以及与电动机直接连接的电容器组，可以不另装放电装置。使用灯泡时，为了延长灯泡的使用寿命，应适当地增加灯泡串联数。

（3）在接触自电网断开的电容器的导电部分前，即使电容器已经自动放电，还必须用绝缘的接地金属杆短接电容器的出线端，进行单独放电。

3. 电力电容器组倒闸操作注意事项

（1）在正常情况下，全站停电操作时，应先断开电容器组断路器后，再拉开各路出线断路器。恢复送电时应与此顺序相反。

（2）事故情况下，全站无电后，必须将电容器组的断路器断开。

（3）电容器组断路器跳闸后不准强送电。保护熔丝熔断后，未经查明原因之前，不准更换熔丝送电。

（4）电容器组禁止带电荷合闸。电容器组再次合闸时，必须在断路器断开 3min 之后才可进行。

【思考与练习】

1. 简述电容器的用途和类型。
2. 简述电容器的基本结构。
3. 简述电容器的工作原理。
4. 怎样进行电容器的容量选择？
5. 简述电力电容器的放电注意事项。

模块8　接地装置（GYND00302008）

【模块描述】本模块包含配电网接地装置的作用和对接地电阻的要求、接地装置的材料和接地体形式、接地装置的维护等内容。通过概念描述、术语说明、结构介绍、原理分析、特点对比、图解示意、要点归纳，掌握接地装置的选型和使用。

【正文】

一、接地装置的作用和对接地电阻的要求

1. 接地装置的作用

电力系统要保证电气设备的可靠运行和人身安全，供电系统需要有符合规定的接地。所谓接地，就是将供、用电设备，防雷装置等的某一部分通过金属导体组成接地装置与大地的任何一点进行良好的连接。与大地连接的点在正常情况下均为零电位。

根据电力系统的中性点运行方式不同，接地可分为两类：① 三相电网中中性点直接接地系统；② 中性点不接地系统。目前在我国三相三线制供电电压为 35、10、6、3kV 的高压配电线路中，一般均采用中性点不接地系统。三相四线制供电电压为 0.4kV 的低压配电线路，采用中性点直接接地系统，如图 GYND00302008-1 所示。在上述供电系统中的电气设备，凡因绝缘损坏而可能呈现对地电压的金属部位，均应接地。否则，该电气设备一旦漏电，将对人产生致命的危险。

接地的电气设备，因绝缘损坏而造成相线与设备金属外壳接触时，其漏电电流通过接地体向大地呈半球形流散。电流在地中流散时，所形成的电压降距接地体越近就越大，距接地体越远就越小。通常当距接地体大于 20m 时，地中电流所产生的电压降已接近于零值。因此零电位点通常指远距离接地体 20m 之外处，如图 GYND00302008-2 所示。

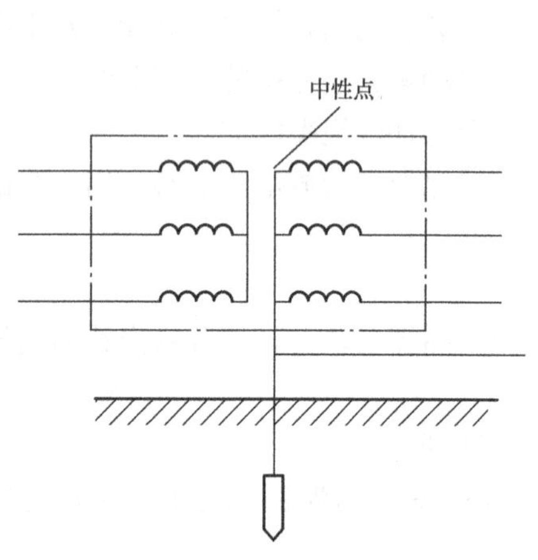

图 GYND00302008-1　中性点直接接地系统

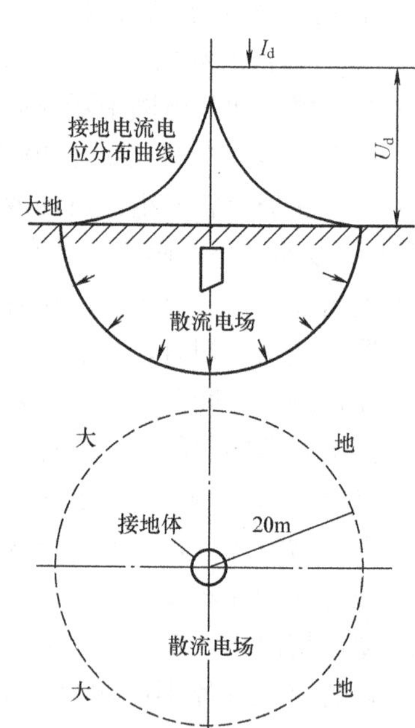

图 GYND00302008-2　地中电流和对地电压散流电场

电气设备接地引下导线和埋入地中的金属接地体的总和称为接地装置。通过接地装置使电气设备接地部分与大地有良好的金属连接。

接地体又称为接地极，指埋入地中直接与土壤接触的金属导体或金属导体组，是接地电流流向土壤的散流件。利用地下金属构件、管道等作为接地体的称自然接地体，按设计规范要求埋设的金属接地极称为人工接地体。

接地线指电气设备需要接地的部位用金属导体与接地体相连接的部分，是接地电流由接地部位传导至大地的途径。接地线中沿建筑物面敷设的共用部分称为接地干线，电气设备金属外壳连接至接地干线部分称为接地支线。

2. 接地的种类

按照目的要求不同接地可以分为下述几类。

（1）工作接地。所谓工作接地是因电气设备正常工作或排除事故的需要而进行的接地，例如，图 GYND00302008-1 中变压器低压侧中性点接地便是工作接地。

（2）保护接地。所谓保护接地是为了防止电气设备金属外壳因绝缘损坏而带电而进行的接地，如图 GYND00302008-3 所示为常采用的保护接地和保护接零的方法。

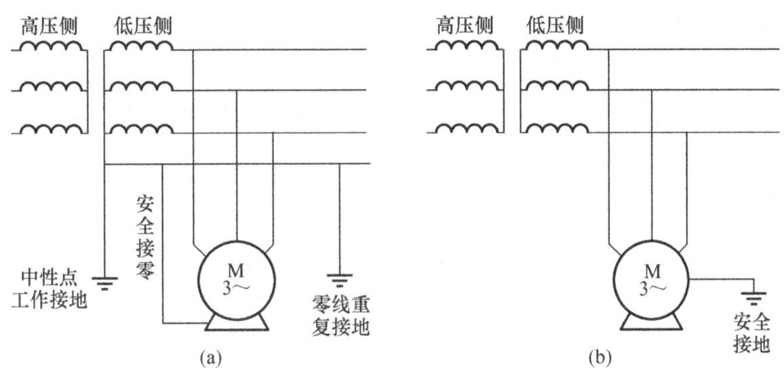

图 GYND00302008-3　保护接地与保护接零

（a）保护接零；（b）保护接地

（3）防雷接地。防雷接地是为了将雷电流引入大地而进行的接地，例如避雷器、避雷针和避雷线的接地。

（4）防静电接地。防静电接地是为了防止由于静电聚集而形成火花放电的危险，把可能产生静电的设备接地，如易燃油、汽、金属储藏的接地。

（5）防干扰接地。防干扰接地是为防止电干扰装设的屏蔽物的接地。

3. 对接地电阻的要求

接地装置的接地电阻是指接地线电阻、接地体电阻、接地体与土壤之间的过渡电阻和土壤流散电阻的总和。

（1）高压电气设备的保护接地电阻。

1）大接地短路电流系统：在大接地短路系统中，由于接地短路电流很大，接地装置一般均采用棒形和带形接地体联合组成环形接地网，以均压的措施达到降低跨步电压和接触电压的目的，一般要求接地电阻 $r_{jd} \leqslant 0.5\Omega$。

2）小接地短路电流系统：当高压设备与低压设备共用接地装置时，要求在设备发生接地故障时，对地电压不超过 120V，要求接地电阻

$$r_{jd} \leqslant \frac{120}{I_{jd}} \leqslant 4\Omega$$

式中　I_{jd}——接地短路电流的计算值，A。

当高压设备单独装设接地装置时，对地电压可放宽至 250V，要求接地电阻

$$r_{jd} \leqslant \frac{250}{I_{jd}} \leqslant 10\Omega$$

（2）低压电气设备的保护接地电阻。在 1kV 以下中性点直接接地与不接地系统中，单相接地短路电流一般都很小。为限制漏电设备外壳对地电压不超过安全范围，要求保护接地电阻

$$r_{jd} \leqslant 4\Omega$$

二、接地装置的材料和接地体形式

1. 接地装置的材料

接地装置的材料，一般由钢管、角铁、铁带及钢绞线等制成。

（1）接地体的材料及规格。接地体的材料一般由钢管、铁带等制成，一般采用的钢管壁厚应大于

3.5mm，外径大于 25mm，长度一般为 2～3m。如果钢管直径超过 50mm 时，虽然管径增大，但散流电阻降低得很少。角钢接地体一般采用 50mm×6mm 或 40mm×5mm 的角钢，垂直打入地中，它也是具有钢管的效果。扁钢接地体，其截面不小于 100mm^2，厚度不小于 4mm。一般应用 25mm×4mm 或 40mm×4mm 的扁钢，埋深应不少于 0.5～0.8m 为宜。

（2）接地引下线的规格。接地引下线一般采用钢材为：

1）圆钢引下线直径一般不小于 8mm。

2）扁钢截面不小于 12mm×4mm。

3）镀锌钢绞线截面不小于 25mm^2。

对低压线路绝缘子铁脚接地可用简易引下线，例如，直径为 6mm 的圆钢，或是两根 8 号铁丝。与空气交界处引下线最好用镀锌钢材或涂以沥青等防腐剂。

钢、铝、铜接地线的等效截面可参见表 GYND00302008-1。

表 GYND00302008-1　　钢、铝、铜接地线的等效截面

材　料	钢（mm×mm）	铝（mm^2）	铜（mm^2）
等效截面	15×2	—	1.3～2
	15×3	6	3
	20×4	8	5
	30×4 或 40×3	16	8
	40×4	25	12.5
	60×5	35	17.5～25
	80×8	50	35
	100×8	70	47.5～50

2. 接地体的形式和尺寸

根据土壤电阻率的不同，接地体的形式也是多种多样的，一般有以下几种。

（1）放射形接地体：采用一至数条接地带敷设在接地槽中，一般应用在土壤电阻率较小的地区。

（2）环状接地体：用扁钢围绕杆塔构成的环状接地体。

（3）混合接地体：由扁钢和钢管组成的接地体。

接地体按其埋入地中的方式，有水平接地体和垂直接地体之分。

（1）水平接地体。该接地体水平埋入地中，其长度和根数按接地电阻的要求确定。接地体的选择优先采用圆钢，一般直径为 8～10mm。扁钢截面为 25mm×4mm～40mm×4mm。热带地区应选择较大截面；干旱地区，选择小截面。

（2）垂直接地体。该接地体是垂直打入地中，长度为 1.5～0.3m。截面按机械强度考虑，角钢为 20mm×20mm×3mm～50mm×50mm×5mm，钢管直径为 20～50mm，圆钢直径为 10～12mm。

三、接地装置的维护

接地装置是电力系统安全技术中的主要组成部分。接地装置在日常运行中容易受自然界及外力的影响与破坏，致使出现接地线锈蚀中断、接地电阻变化等现象，这将影响电气设备和人身的安全。因此，在正常运行中的接地装置，应该有正常的管理、维护和周期性的检查、测试和维修，以确保其安全性能。

1. 新装接地装置后的验收内容

（1）按设计图纸要求（施工规范要求）检查接地线或接零线导体规格、导体连接工艺。

（2）连接部分采用螺栓夹板压紧的，其接触面压紧可靠，螺栓应有防松动的开口垫圈。

（3）连接部分采用焊接的，应符合规程要求并保证焊接面积。

（4）穿过建筑物及引出地面部分，都应有保护套管。

（5）利用金属物体、钢轨、钢管等作为自然接地线时，在每个连接处都应有规定截面的跨接线。

（6）按规范要求涂刷防腐漆。

（7）接地电阻值应小于规定值。

2. 接地装置运行中巡视检查内容

（1）电气设备与接地线、接地网的连接有无松动脱落等现象。

（2）接地线有无损伤、腐蚀、断股及固定螺栓松动等现象。

（3）有严重腐蚀可能时，应挖开距地面50cm处，检查接地装置引接部分的腐蚀程度。

（4）对移动式电气设备，每次使用前须检查接地线是否接触良好，有无断股现象。

（5）人工接地体周围地面上，不应堆放及倾倒有强烈腐蚀性的物质。

（6）接地装置在巡视检查中，若发现有下列情况之一时，应予修复：

1）摇测接地电阻，发现其接地电阻值超过原规定值时。

2）接地线连接处焊接开裂或连接中断时。

3）接地线与用电设备压接螺钉松动、压接不实和连接不良时。

4）接地线有机械性损伤、断股、断线以及腐蚀严重（截面减小30%）时。

5）地中埋设件被水冲刷或由于挖土而裸露地面时。

【思考与练习】

1. 简述接地装置的种类及作用。
2. 简述接地装置的规格。
3. 简述接地装置的验收内容。
4. 按不同的目的要求，接地可分为哪几类？
5. 接地装置运行中巡视检查内容有哪些？

第八章 低 压 设 备

模块 1 低压电气设备（GYND00301001）

【**模块描述**】本模块包含低压电器的分类、用途、结构特点、工作原理、型号含义、性能要求以及低压电器的使用等内容。通过概念描述、术语说明、结构剖析、原理分析、图解示意，熟悉各种低压电器的用途和性能特点。

【**正文**】

低压电器通常指工作在交流1200V、直流1500V及以下电路中的起控制、保护、调节、转换和通断作用的电器。低压电器广泛用于输配电系统和电力拖动系统中，在工农业生产、交通运输和国防工业中起着十分重要的作用。

一、低压电器分类

（一）按用途和控制对象不同分类

按用途和控制对象不同，可将低压电器分为配电电器和控制电器。

1. 用于低压配电系统的配电电器

用于低压配电系统的配电电器包括隔离开关、组合开关、空气断路器和熔断器等，主要用于低压配电系统及动力设备的接通与分断。

2. 用于电力拖动及自动控制系统的控制电器

用于电力拖动及自动控制系统的控制电器包括接触器、启动器和各种控制继电器等。对控制电器的主要技术要求是操作频率高、寿命长，有相应的转换能力。

（二）按动作方式不同分类

1. 自动切换电器

自动切换电器是依靠电器本身参数的变化或外来信号的作用，自动完成电路的接通或分断等操作，如接触器、继电器等。

2. 非自动切换电器

非自动切换电器依靠外力（如人力）直接操作来完成电路的接通、分断、启动、反转和停止等操作，如隔离开关、转换开关和按钮等。

二、低压电器型号表示方法

我国对各种低压电器产品型号编制方法如下：

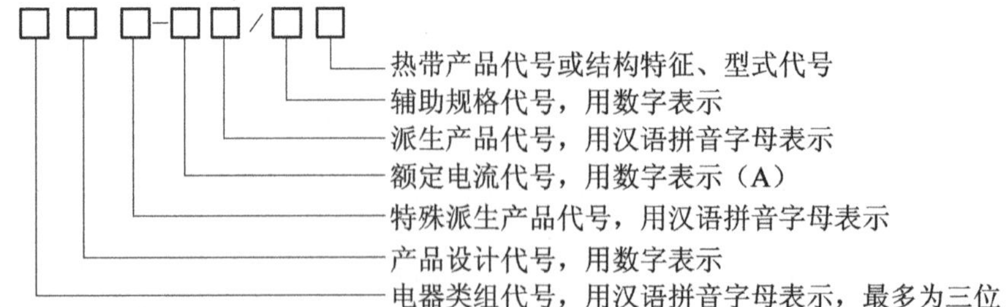

三、常用低压电器

（一）低压隔离开关

低压隔离开关的主要用途是隔离电源，在电气设备维护检修需要切断电源时，使之与带电部分隔离，并保持足够的安全距离，保证检修人员的人身安全。

低压隔离开关可分为不带熔断器式和带熔断器式两大类。不带熔断器式隔离开关属于无载通断电器，只能接通或开断“可忽略的”电流，起隔离电源作用；带熔断器式隔离开关具有短路保护作用。

常见的低压隔离开关有：HD、HS 系列隔离开关，HR 系列熔断器式隔离开关，HG 系列熔断器式隔离器，HX 系列旋转式隔离开关熔断器组、抽屉式隔离开关，HH 系列封闭式开关熔断器组等。

1. HD、HS 系列隔离开关

HD、HS 系列单投隔离开关适用于交流 50Hz，额定电压 380V、直流 440V，额定电流 1500A 成套配电装置中，作为不频繁的手动接通和分断交、直流电路或作隔离开关用。其中：HD11、HS11 系列中央手柄式的单投和双投隔离开关如图 GYND00301001-1 所示，正面手柄操作，主要作为隔离开关使用；HD12、HS12 系列侧面操作手柄式隔离开关，主要用于动力箱中；HD13、HS13 系列中央正面杠杆操动机构隔离开关主要用于正面操作、后面维修的开关柜中，操动机构装在正前方；HD14 系列侧方正面操作机械式隔离开关主要用于正面两侧操作、前面维修的开关柜中，操动机构可以在柜的两侧安装；装有灭弧室的隔离开关可以切断小负荷电流，其他系列隔离开关只作隔离开关使用。

图 GYND00301001-1　HD11、HS11 系列中央手柄式的单投和双投隔离开关

低压隔离开关的型号及含义如下：

2. HR 系列熔断器式隔离开关

HR 系列熔断器式隔离开关主要用于额定电压交流 380V（45～62Hz），约定发热电流 630A 的具有高短路电流的配电电路和电动机电路中，正常情况下，电路的接通、分断由隔离开关完成；故障情况下，由熔断器分断电路。熔断器式隔离开关适用于工业企业配电网中不频繁操作的场所，作为电源开关、隔离开关、应急开关，并作为电路保护用，但一般不直接开闭单台电动机。如图 GYND00301001-2 所示为 HR3 熔断器式隔离开关，如图 GYND00301001-3 所示为 HR5 熔断器式隔离开关。

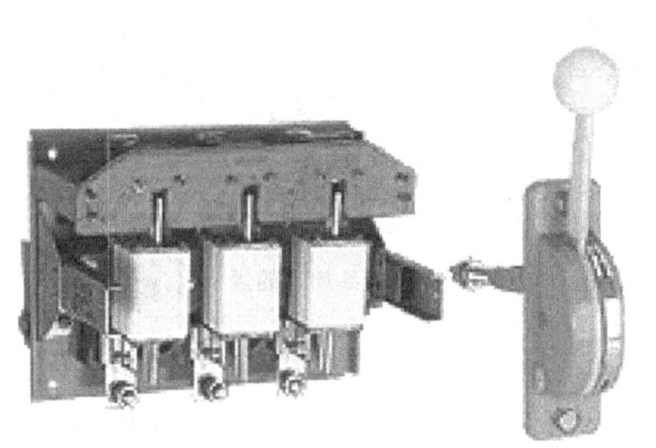

图 GYND00301001-2　HR3 熔断器式隔离开关

图 GYND00301001-3　HR5 熔断器式隔离开关

HR 系列熔断器式隔离开关常以侧面手柄式操动机构来传动，熔断器装于隔离开关的动触片中间，其结构紧凑。作为电气设备及线路的过负荷及短路保护用。

（1）HR 系列熔断器式隔离开关的型号及含义如下：

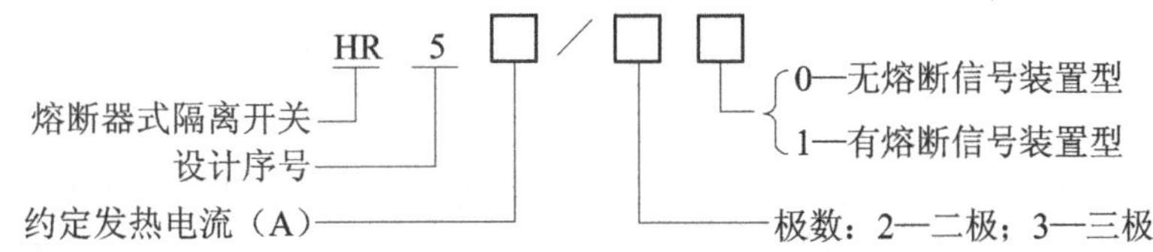

（2）结构特点。HR 系列熔断器式隔离开关有 HR3、HR5、HR6、HR17 系列等。HR3 系列熔断器式隔离开关是由 RTO 有填料熔断器和隔离开关组成的组合电器，具有 RTO 有填料熔断器和隔离开关的基本性能。当线路正常工作时，接通和切断电源由隔离开关来完成；当线路发生过载或短路故障时，

熔断器式隔离开关的熔体烧断，及时切断故障电路。正常运行时，保证熔断器不动作。当熔体因线路故障而熔断后，只需要按下锁板即可更换熔断器。

3. HG系列熔断器式隔离器

熔断器式隔离器用熔断体或带有熔断体的载熔件作为动触头的一种隔离器。HGI系列熔断器式隔离器用于交流50Hz、额定电压380V，具有高短路电流的配电回路和在电动机回路中用于电路保护，如图GYND00301001-4所示。

HG系列熔断器式隔离器由底座、手柄和熔断体支架组成，并选用高分断能力的圆筒帽型熔断体。操作手柄能使熔断体支架在底座内上下滑动，从而分合电路。隔离器的辅助触头先于主触头断开，后于主电路而接通，这样只要把辅助触头串联在线路接触器的控制回路中，就能保证隔离器元件接通和断开电路。如果不与接触器配合使用，就必须在无载状态下操作隔离器。

当隔离器使用带撞击器的熔断体时，任一极熔断体熔断后，撞击器弹出，通过横杆触动装在底板上的微动开关，使微动开关发出信号，切断接触器的控制回路，这样就能防止电动机单相运行。

4. HK系列旋转式隔离开关熔断器组

隔离开关熔断器组是隔离开关的一极或多极与熔断器串联构成的组合电器。广泛用于照明、电热设备及小容量电动机的控制线路中，手动不频繁地接通和分断电路的场所，与熔断体配合起短路保护的作用。常用的有HK2、HK8系列旋转式隔离开关熔断器组，又称开启式负荷开关或胶盖瓷底开关。HK2系列开启式负荷开关由隔离开关和熔体组合而成，瓷底座上装有进线座、静触头、熔体、出线座及带瓷质子柄的刀片式动触头，上面装有胶盖以防操作时触及带电体或分断时熔断器产生的电弧飞出伤人，结构如图GYND00301001-5所示。

图GYND00301001-4　HG系列熔断器式隔离器

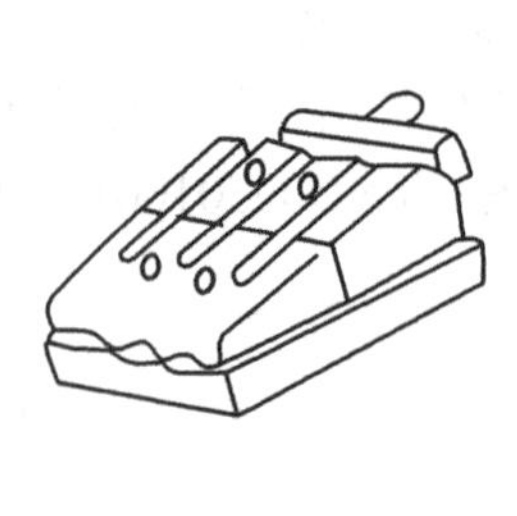

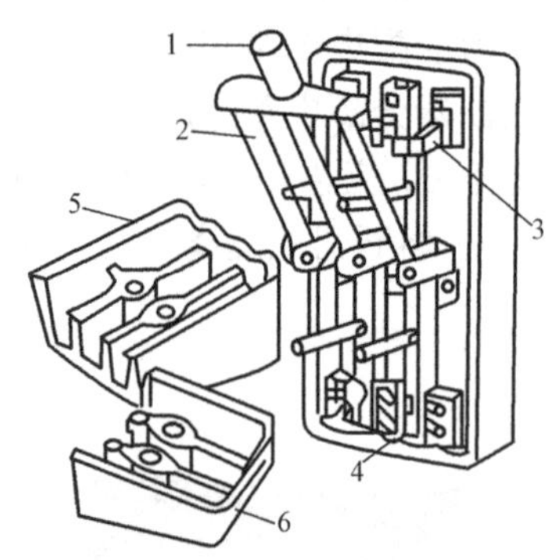

图GYND00301001-5　HK2型开启式负荷开关结构示意图

1—手柄；2—刀闸；3—静触座；4—安装熔丝的接头；5—上胶盖；6—下胶盖

HK 系列开启式负荷开关由于结构简单、价格便宜，目前广泛作为隔离电器使用。但由于这种开关体积大、动触头和静触头易发热出现熔蚀现象，新型的HY122隔离开关正逐步取代HK系列开启式负荷开关。

HK系列旋转式隔离开关熔断器组的型号及含义如下：

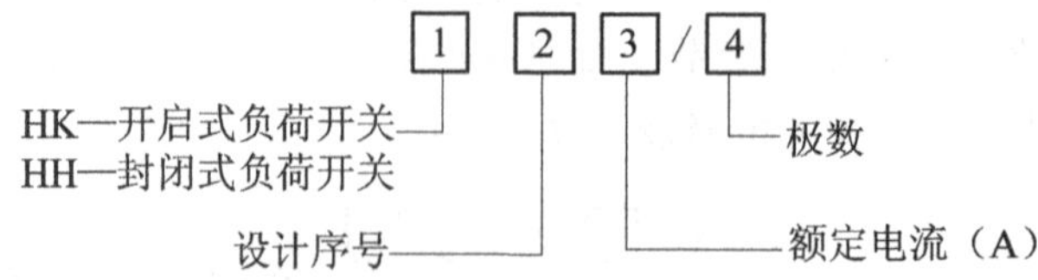

（二）低压组合开关

组合开关又称转换开关，一般用于交流380V、直流220V以下的电气线路中，供手动不频繁地接通与分断电路，以小容量感应电动机的正、反转和星—三角降压动的控制。它具有体积小、触点数量多、接线方式灵活、操作方便等特点。

1. 结构特点

HZ系列组合开关有HZ1、HZ2、HZ3、HZ4、HZ5以及HZ10等系列产品，开关的动、静触点都安放在数层胶木绝缘座内，胶木绝缘座可以一个接一个地组装起来，多达六层。动触点由两片铜片与具有良好灭弧性能的绝缘纸板销合而成，其结构有90°与180°两种。动触点连同与它组合在一起的隔弧板套在绝缘方轴上，两个静触点则分置在胶木座边沿的两个凹槽内。动触点分断时，静触点一端插在隔弧板内；当接通时，静触点一端则夹在动触点的两片铜片当中，另一端伸出绝缘座外边以便接线。当绝缘方轴转过90°时，触点便接通或分断一次。而触点分断时产生的电弧，则在隔板中熄灭。由于组合开关操动机构采用扭簧储能机构，使开关快速动作，且不受操作速度的影响。组合开关按不同形式配置动触点与静触点，以及绝缘座堆叠层数不同，可组合成几十种接线方式，常用的HZ10系列组合开关的结构如图GYND00301001-6所示。

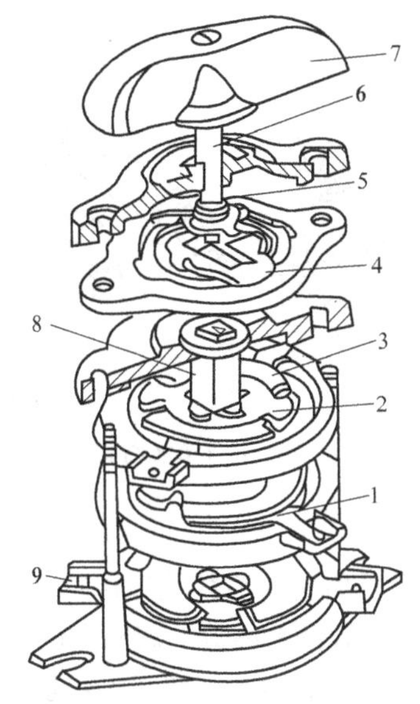

图GYND00301001-6 HZ10系列组合开关结构图

1—静触片；2—动触片；3—绝缘垫板；4—凸轮；5—弹簧；6—转轴；7—手柄；8—绝缘杆；9—接线柱

2. 型号含义

HZ系列低压组合开关的型号含义如下：

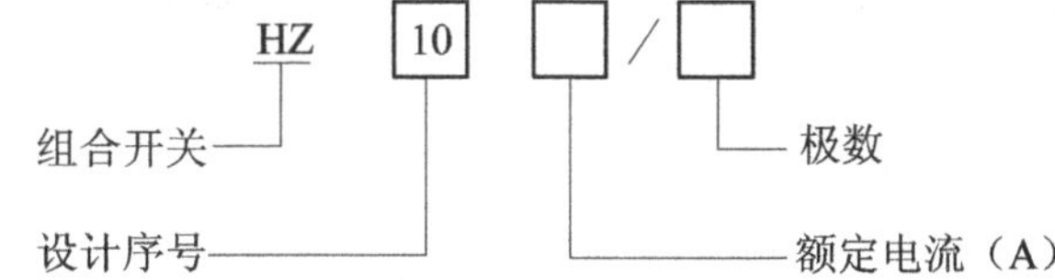

（三）低压熔断器

熔断器是一种最简单的保护电器，它串联于电路中，当电路发生短路或过负荷时，熔体熔断自动切断故障电路，使其他电气设备免遭损坏。低压熔断器具有结构简单，价格便宜，使用、维护方便，体积小，重量轻等优点，因而得到广泛应用。

1. 低压熔断器的型号、种类及结构

（1）低压熔断器的型号和含义如下：

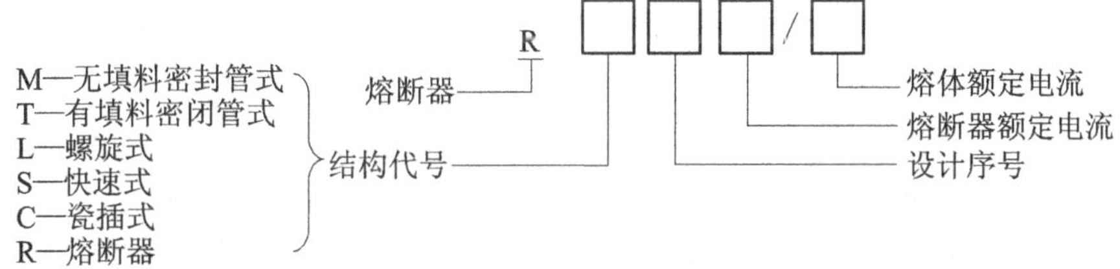

（2）低压熔断器的使用类别及分类。低压熔断器按结构形式不同，有触刀式、螺栓连接、圆筒帽、螺旋式、圆管式、瓷插式等形式。按用途不同可分为一般工业用熔断器、半导体保护用熔断器和自复式熔断器等。

（3）常用低压熔断器。熔断器一般由金属熔体、连接熔体的触点装置和外壳组成。常用低压熔断器外形如图GYND00301001-7所示。低压熔断器的产品系列、种类很多，常用的产品系列有RL系列螺旋管式熔断器，RT系列有填料密封管式熔断器，RM系列无填料封闭管式熔断器、NT（RT）系列高分断能力熔断器，RLS、RST、RS系列半导体保护用快速熔断器，HG系列熔断器式隔离器等。

（4）熔体材料及特性。熔体是熔断器的核心部件，一般由铅、铅锡合金、锌、铝、钢等金属材料制成。由于熔断器是利用熔体熔化切断电路，因此要求熔体的材料熔点低、导电性能好、不易氧化和易于加工。

2. 熔断器工作原理

当电路正常运行时，流过熔断器的电流小于熔体的额定电流，熔体正常发热温度不会使熔体熔断，熔断器长期可靠运行；当电路过负荷或短路时，流过熔断器的电流大于熔体的额定电流，熔体熔化切断电路。

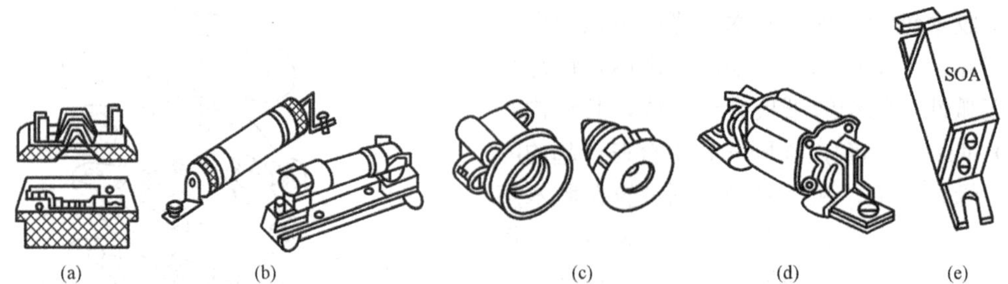

图 GYND00301001-7 常用低压熔断器

（a）瓷插式熔断器；（b）RM10 无填料封闭管式熔断器；（c）RL16 螺旋式熔断器；

（d）RTO 有填料封闭管式熔断器；（e）RS3 快速熔断器

3. 熔断器的技术参数及工作特性

（1）熔断器技术参数。熔断器的主要技术参数有额定电压、额定电流和极限分断能力。

1）额定电压，指熔断器长期能够承受的正常工作电压。熔断器的额定电压应等于熔断器安装处电网的额定电压。如果熔断器的工作电压低于其额定电压，熔体熔断时可能会产生危险的过电压。

2）熔断器的额定电流，指在一般环境温度（不超过 40℃）下，熔断器外壳和载流部分长期允许通过的最大工作电流。

3）熔体的额定电流，指熔体允许长期通过而不熔化的最大电流。一种规格的熔断器可以装设不同额定电流的熔体，但熔体的额定电流应不大于熔断器的额定电流。

4）极限分断电流，指熔断器能可靠分断的最大短路电流。

（2）工作特性。

1）电流—时间特性。熔断器熔体的熔化时间与通过熔体电流之间的关系曲线（见图 GYND00301001-8），称为熔体的电流—时间特性，又称为安秒特性。熔断器的安秒特性由制造厂家给出，通过熔体的电流和熔断时间呈反时限特性，即电流越大，熔断时间就越短。图中为额定电流不同的熔体 1 和熔体 2 的安秒特性曲线，熔体 2 的额定电流小于熔体 1 的额定电流，熔体 2 的截面积小于熔体 1 的截面积，同一电流通过不同额定电流的熔体时，额定电流小的熔体先熔断，例如同一短路电流 I_d 流过两熔体时，$t_2<t_1$，熔体 2 先熔断。

2）熔体的额定电流与最小熔化电流。熔体的额定电流指熔体长期工作而不熔化的电流，由熔断器的安秒特性曲线可以看出，随着流过熔体电流逐渐将少，熔化时间不断增加。当电流减少到一定值时，熔体不再熔断，熔化时间趋于无穷大，该电流值称为最小熔化电流，用 I_{zx} 表示。

3）熔断器短路保护的选择性。选择性是指当电网中有几级熔断器串联使用时，如果某一线路或设备发生故障时，应当由保护该设备的熔断器动作，切断电路，即为选择性熔断；如果保护该设备的熔断器不动作，而由上一级熔断器动作，即为非选择性熔断。发生非选择性熔断时扩大了停电范围会造成不应有的损失。如图 GYND00301001-9 所示电路中，在 k 点发生短路时，FU1 应该先熔断，FU 不应该

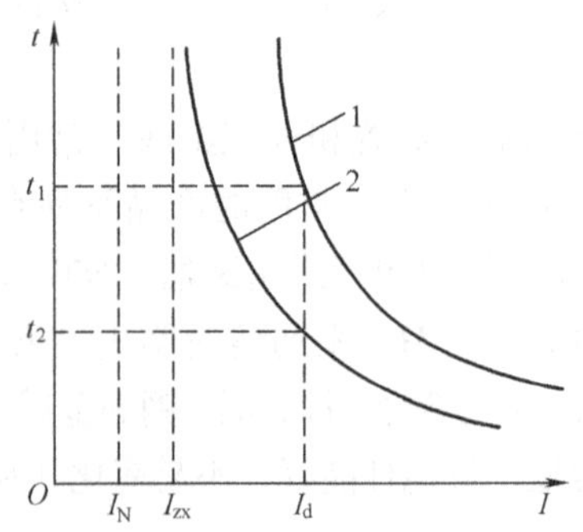

图 GYND00301001-8 熔断器的安秒特性

1—熔体 1；2—熔体 2

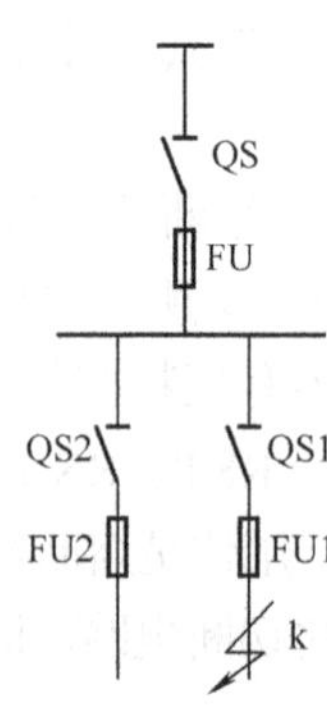

图 GYND00301001-9 熔断器的配合接线

动作。在一般情况下，如果上一级熔断器的熔断时间为下一级熔断器熔断时间的 3 倍，就可能保证选择性熔断。当熔体为同一材料时，上一级熔体的额定电流为下一级熔体额定电流的 2～4 倍。

（四）低压断路器

低压断路器又称自动空气开关、自动开关，是低压配电网和电力拖动系统中常用的一种配电电器。低压断路器的作用是在正常情况下，不频繁地接通或开断电路；在故障情况下，切除故障电流，保护线路和电气设备。低压断路器具有操作安全、安装使用方便、分断能力较高等优点，因此，在各种低压电路中得到广泛应用。

1. 低压断路器分类及型号

低压断路器是利用空气作为灭弧介质的开关电器，低压断路器按用途分为配电用和保护电动机用；按结构形式分为塑壳式和框架式。

低压断路器分为框架式（万能式）断路器和塑壳式断路器两大类，目前我国万能式断路器主要有 DW15、DW16、DW17（ME）、DW45 等系列；塑壳式断路器主要有 DZ20、CMl、TM30 等系列。下面以 DZ20 型断路器为例，其型号含义如下：

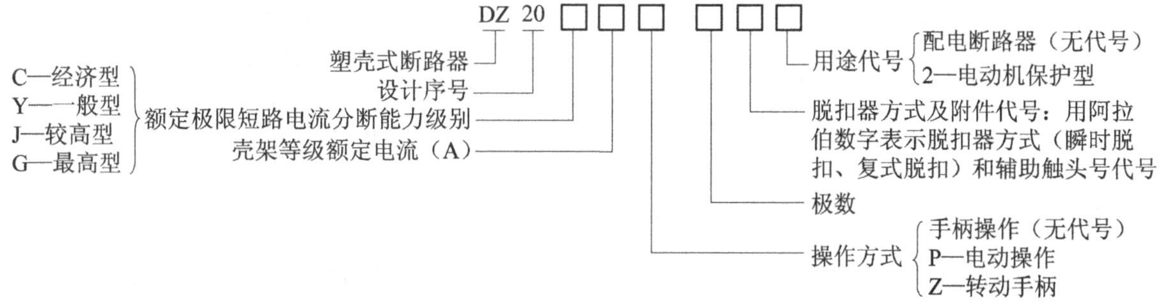

低压断路器的主要特性及技术参数有额定电压、额定频率、极数、壳架等级额定电流、额定运行分断能力、极限分断能力、额定短时耐受电流、过流保护脱扣器时间—电流曲线、安装形式、机械寿命及电寿命等。

2. 低压断路器基本结构及工作原理

常用低压断路器由脱扣器、触头系统、灭弧装置、传动机构和外壳等部分组成。

脱扣器是低压断路器中用来接受信号的元件，用它来释放保持机构而使开关电器打开或闭合。当低压断路器所控制的线路出现故障或非正常运行情况时，由操作人员或继电保护装置发出信号时，脱扣器会根据信号通过传递元件使触头动作跳闸，切断电路。触头系统包括主触头、辅助触点。主触头用来分、合主电路，辅助触点用于控制电路，用来反映断路器的位置或构成电路的联锁。主触头有单断口指式触头、双断口桥式触头和插入式触头等几种形式。低压断路器的灭弧装置一般为栅片式灭弧罩，灭弧室的绝缘壁一般用钢板纸压制或用陶土烧制。

低压断路器脱扣器的种类有：热脱扣器、电磁脱扣器、失压脱扣器和分励脱扣器等。

热脱扣器起过载保护作用，热脱扣器按动作原理不同，分为有热动式和液压式；电磁脱扣器又称短路脱扣器或瞬时过流脱扣器，起短路保护作用；失压脱扣器与被保护电路并联，起欠压或失压保护作用；分励脱扣器的电磁线圈被保护电路并联，用于远距离控制断路器跳闸。

低压断路器的工作原理如图 GYND00301001-10 所示。断路器正常工作时，主触头串联于三相电路中，合上操作手柄，外力使锁扣克服反作用力弹簧的拉力，将固定在锁扣上的动、静触头闭合，并由锁扣扣住牵引杆，使断路器维持在合闸位置。当线路发生短路故障时，电磁脱扣器产生足够的电磁力将衔铁吸合，通过杠杆推动搭钩与锁扣分开，锁扣在反作用力弹簧的作用下，带动断路器的主触头分闸，从而切断电路；当线路过载时，过载电流流过热元件使双金属片受热向上弯曲，通过杠杆推动搭钩与锁扣分开，锁扣在反作用力弹簧的作用下，带动断路器的主触头分闸，从而切断电路。

3. 常见低压断路器

（1）塑壳式断路器。塑壳式断路器的主要特征是所有部件都安装在一个塑料外壳中，没有裸露的带电部分，提高了使用的安全性。塑壳式断路器多为非选择型，一般用于配电馈线控制和保护、小型配电变压器的低压侧出线总开关、动力配电终端控制和保护，以及住宅配电终端控制和保护，也可用于各种生产机械的电源开关。小容量（50A以下）的塑壳式断路器采用非储能式闭合，手动操作；大容量断路器的操动机构采用储能式闭合，可以手动操作，亦可由电动机操作。电动机操作可实现远方遥控操作。塑壳式断路器外形示意如图GYND00301001-11所示。

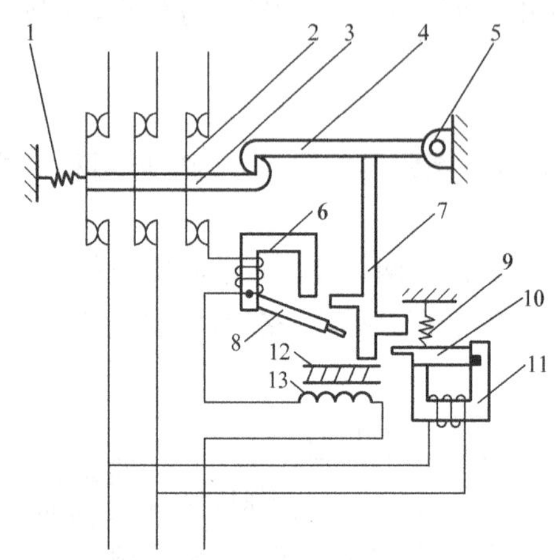

图GYND00301001-10 低压断路器工作原理示意图

1、9—弹簧；2—触点；3—锁键；4—搭钩；5—轴；6—电磁脱扣器；7—杠杆；8、10—衔铁；11—欠电压脱扣器；12—双金属片；13—电阻丝

图GYND00301001-11 塑壳式断路器外形示意图

（2）框架式断路器。框架式断路器是在一个框架结构的底座上装设所有组件。由于框架式断路器可以有多种脱扣器的组合方式，而且操作方式较多，故又称为万能式断路器。CW系列万能式断路器外形示意如图GYND00301001-12所示。

框架式断路器容量较大，其额定电流为630～5000A，一般用于变压器400V侧出线总开关、母线联络断路器或大容量馈线断路器和大型电动机控制断路器。

（3）智能断路器。智能断路器由触头系统、灭弧系统、操动机构、互感器、智能控制器、辅助开关、二次接插件、欠压和分励脱扣器、传感器、显示屏、通信接口、电源模块等部件组成。智能脱扣器原理框图如图GYND00301001-13所示。智能脱扣器的保护特性有：过载长延时保护，短路短延时保护，反时限，定时限，短路瞬时保护，接地故障定时限保护。

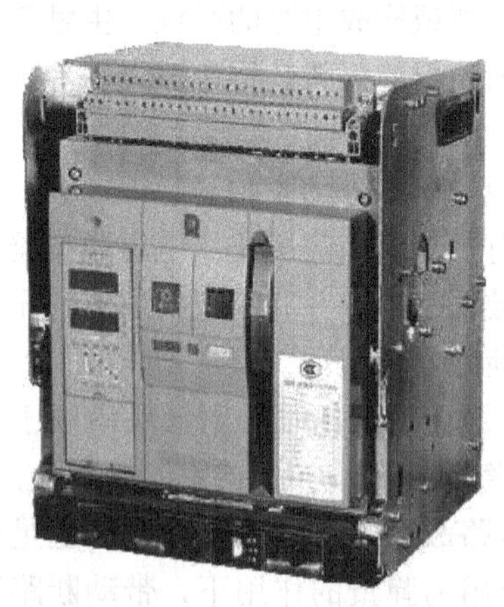

图GYND00301001-12 CW系列万能式断路器示意图

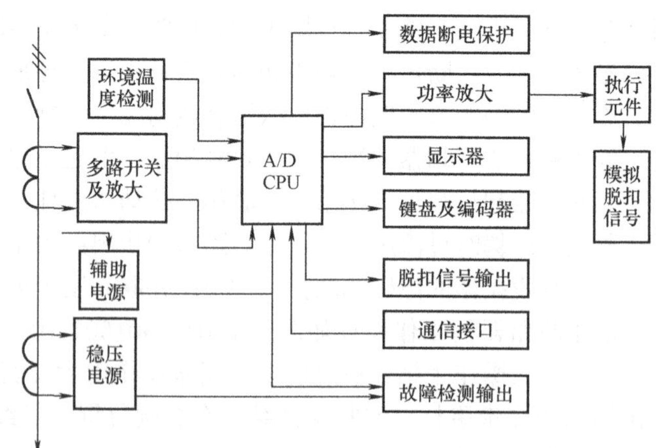

图GYND00301001-13 智能脱扣器原理框图

智能断路器的核心部分是智能脱扣器。它由实时检测、微处理器及其外围接口和执行元件三个部分组成。

1）实时检测。智能断路器要实现控制和保护作用，电压、电流等参数的变化必须反映到微处理器上。

2）微处理器系统。这是智能脱扣器的核心部分，由微处理与外围接口电路组成，对信号进行实时处理、存储、判别，对不正常运行进行监控等。

3）执行部分。智能脱扣器的执行元件是磁通变换器，其磁路全封闭或半封闭，正常工作时靠永磁体保证铁芯处于闭合状态，脱扣器发出脱扣指令时，线圈通过的电流产生反磁场抵消了永磁体的磁场，动铁芯靠反作用力弹簧动作推动脱扣件脱扣。

智能断路器外形示意如图 GYND00301001-14 所示。

（4）微型断路器。微型断路器是一种结构紧凑、安装便捷的小容量塑壳断路器，主要用来保护导线、电缆和作为控制照明的低压开关，所以亦称导线保护开关。一般均带有传统的热脱扣、电磁脱扣，具有过载和短路保护功能。其基本形式为宽度在 20mm 以下的片状单极产品，将两个或两个以上的单极组装在一起，可构成联动的二、三、四极断路器。微型断路器广泛应用于高层建筑、机床工业和商业系统，随着家用电器的发展，现已深入到民用领域。国际电工委员会（IEC）已将此类产品划入家用断路器。

目前我国生产的微型断路器有 K 系列和引进技术生产的 S 系列、C45 和 C45N 系列、PX 系列等。C 型系列断路器如图 GYND00301001-15 所示。

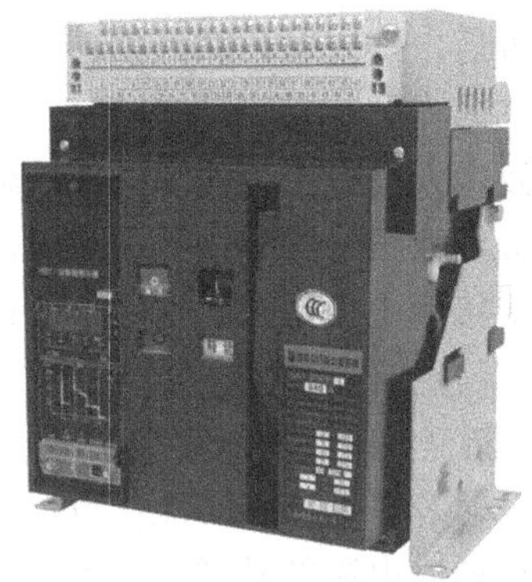

图 GYND00301001-14　智能断路器外形示意图

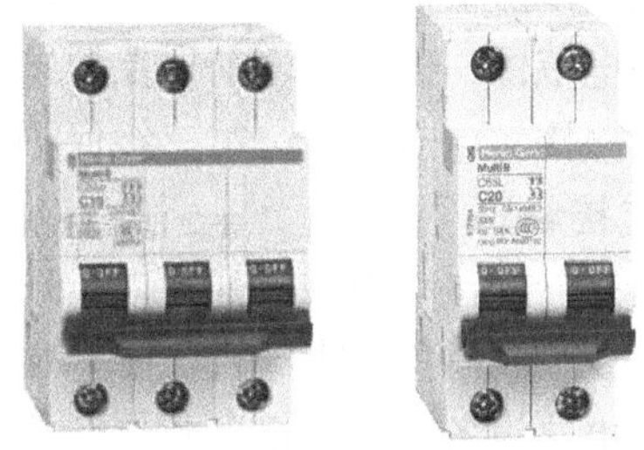

图 GYND00301001-15　C 型系列断路器

4. 剩余电流动作保护装置

剩余电流动作保护装置是指电路中带电导体对地故障所产生的剩余电流超过规定值时，能够自动切断电源或报警的保护装置，包括各类剩余电流动作保护功能的断路器、移动式剩余电流动作保护装置和剩余电流动作电气火灾监控系统、剩余电流继电器及其组合电器等。在低压电网中安装剩余电流动作保护装置是防止人身触电、电气火灾及电气设备损坏的一种有效的防护措施。国际电工委员会通过制定相应的规程，在低压电网中大力推广使用剩余电流保护装置。

（1）工作原理。剩余电流动作保护装置的工作原理如图 GYND00301001-16 所示。

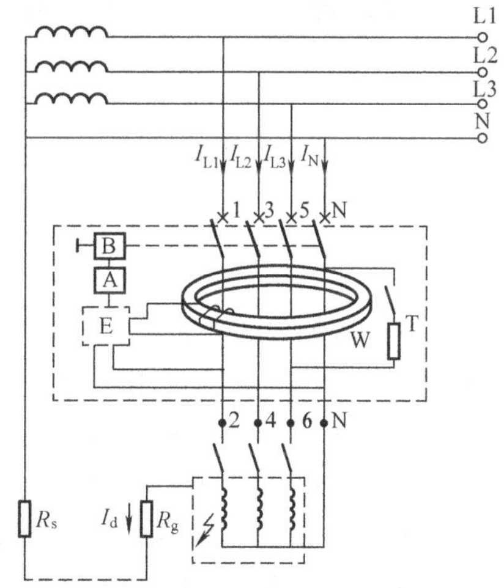

图 GYND00301001-16　剩余电流保护装置的工作原理图

A—判别元件；B—执行元件；E—电子信号放大器；R_s—工作接地的接地电阻；R_g—电源接地的接地电阻
T—试验装置；W—检测元件

在电路中没有发生人身触电、设备漏电、接地故障时，通过剩余电流动作保护装置电流互感器一次绕组电流的相量和等于零，即

$$\dot{I}_{L1}+\dot{I}_{L2}+\dot{I}_{L3}+\dot{I}_{N}=0$$

则电流 $\dot{I}_{L1}$、$\dot{I}_{L2}$、$\dot{I}_{L3}$ 和 $\dot{I}_{N}$ 在电流互感器中产生磁通的相量和等于零，即

$$\dot{\Phi}_{L1}+\dot{\Phi}_{L2}+\dot{\Phi}_{L3}+\dot{\Phi}_{N}=0$$

这样在电流互感器的二次绕组中不会产生感应电动势，剩余电流动作保护装置不动作。

当电路中发生人身触电、设备漏电、接地故障时，接地电流 I_N 通过故障设备、设备的接地电阻 R_A、大地及直接接地的电源、中性点构成回路，通过互感器一次绕组电流的相量和不等于零，即

$$\dot{I}_{L1}+\dot{I}_{L2}+\dot{I}_{L3}+\dot{I}_{N}\neq 0$$

剩余电流互感器中二次绕组产生磁通的相量和不等于零，即

$$\dot{\Phi}_{L1}+\dot{\Phi}_{L2}+\dot{\Phi}_{L3}+\dot{\Phi}_{N}\neq 0$$

在电流互感器的二次绕组中产生感应电动势，此电动势直接或通过电子信号放大器加在脱扣线圈上形成电流。二次绕组中产生感应电动势的大小随着故障电流的增加而增加，当接地故障电流增加到一定值时，脱扣线圈中的电流驱使脱扣机构动作，使主开关断开电路，或使报警装置发出报警信号。

（2）剩余电流动作保护装置的结构。剩余电流动作保护装置的主要元器件的结构包括：检测元件 W（剩余电流互感器）、判别元件 A（剩余电流脱扣器）、执行元件 B（机械开关电器或报警装置）、试验装置 T 和电子信号放大器 E（电子式）等部分。

（3）剩余电流动作保护装置的作用。低压配电系统中装设剩余电流动作保护装置是防止直接接触电击事故和间接接触电击事故的有效措施之一，也是防止电气线路或电气设备接地故障引起电气火灾和电气设备损坏事故的技术措施。但安装剩余电流动作保护装置后，仍应以预防为主，并应同时采取其他各项防止电击事故和电气设备损坏事故的技术措施。

（4）剩余电流保护器的应用。低压供用电系统中为了缩小发生人身电击事故和接地故障切断电源时引起的停电范围，剩余电流动作保护装置应采用分级保护。分级保护一般分为一～三级，第一、二级保护是间接接触电击保护，第三级保护是防止人身电击的直接接触电击保护，也称末端保护。

5. 交流接触器

接触器是一种自动电磁式开关，用于远距离频繁地接通或开断交、直流主电路及大容量控制电路。接触器的主要控制对象是电动机，能完成启动、停止、正转、反转等多种控制功能；也可用于控制其他负载，如电热设备、电焊机以及电容器组等。接触器按主触点通过电流的种类，分为交流接触器和直流接触器。

（1）交流接触器型号及含义如下：

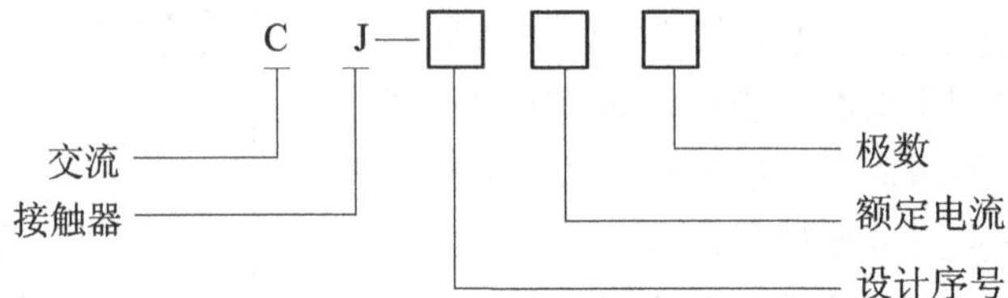

常用交流接触器的型号有 CJ20 等系列，它的主要特点是动作快、操作方便、便于远距离控制，广泛用于电动机、电热设备及机床等设备的控制。其缺点是噪声偏大，寿命短，只能通断负荷电流，不具备保护功能，使用时要与熔断器、热继电器等保护电器配合使用。

（2）交流接触器结构及工作原理。

1）交流接触器基本结构。交流接触器主要由电磁系统、触点系统、灭弧装置及辅助部件等组成。电磁系统由电磁线圈、铁芯、衔铁等部分组成，其作用是利用电磁线圈的得电或失电，使衔铁和铁芯吸合或释放，实现接通或关断电路的目的。

交流接触器的触点可分为主触点和辅助触点。主触点用于接通或开断电流较大的主电路。一般由三对接触面较大的动合触点组成。辅助触点用于接通或开断电流较小的控制电路，一般由两对动合和动断触点组成。

2）交流接触器工作原理。交流接触器的工作原理如图 GYND00301001-17 所示，当按下按钮 7，接触器的线圈 6 得电后，线圈中流过的电流产生磁场，使铁芯产生足够的吸力，克服弹簧的反作用力，将衔铁吸合，通过传动机构带动主触点和辅助动合触点闭合，辅助动断触点断开。当松开按钮，线圈失电，衔铁在反作用力弹簧 4 的作用下返回，带动各触点恢复到原来状态。

常用的CJ20等系列交流接触器在85%～105%额定电压时，能保证可靠吸合；电压降低时，电磁吸力不足，衔铁不能可靠吸合。运行中的交流接触器，当工作电压明显下降时，由于电磁力不足以克服弹簧的反作用力，衔铁返回，使主触点断开。

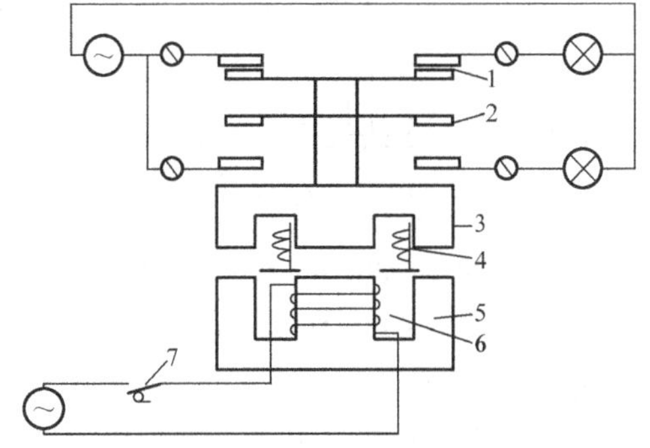

图 GYND00301001-17　交流接触器的工作原理

1—静触点；2—动触点；3—衔铁；4—反作用力弹簧；5—铁芯；6—线圈；7—按钮

（五）主令电器

主令电器是用于接通或开断控制电路，以发出指令或动作程序控制的开关电器。常用的主令电器有按钮、行程开关、万能转换开关和主令控制器等。主令电器是小电流开关，一般没有灭弧装置。

1. 按钮

按钮是一种手动控制器。由于按钮的触点只能短时通过5A及以下的小电流，因此按钮不宜直接控制主电路的通断。按钮通过触点的通断在控制电路中发出指令或信号，改变电气控制系统的工作状态。

（1）型号及含义如下：

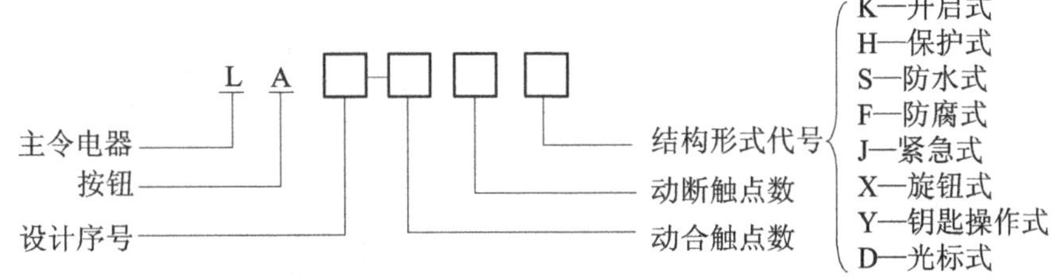

（2）种类及结构。按钮一般由按钮帽，复位弹簧，桥式动、静触点，支柱连杆及外壳组成。常用按钮的外形如图GYND00301001-18所示。

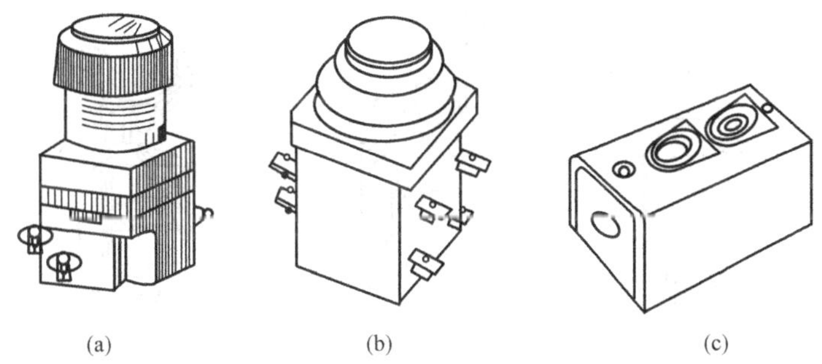

图 GYND00301001-18　常用按钮的外形图

（a）LA19–11外形图；（b）LA18–22外形图；（c）LA10–2H外形图

按钮根据触点正常情况下（不受外力作用）分合状态分为启动按钮、停止按钮和复合按钮。

1）启动按钮。正常情况下，触点是断开的；按下按钮时，动合触点闭合，松开时，按钮自动复位。

2）停止按钮。正常情况下，触点是闭合的；按下按钮时，动断触点断开，松开时，按钮自动复位。

3）复合按钮。由动合触点和动断触点组合为一体，按下按钮时，动合触点闭合，动断触点断开；松开按钮时，动合触点断开，动断触点闭合。复合按钮的动作原理如图GYND00301001-19所示。

图中1—1和2—2是静触点，3—3是动触点，图中各触点位置是自然状态。静触点1—1由动触点3—3接通而闭合，此时2—2断开。按下按钮时，动触点3—3下移，首先使静触点1—1（称动断触点）断开，然后接通静触点2—2（称动合触点），使之闭合；松手后在弹簧4作用下，动触点3—3返回，各

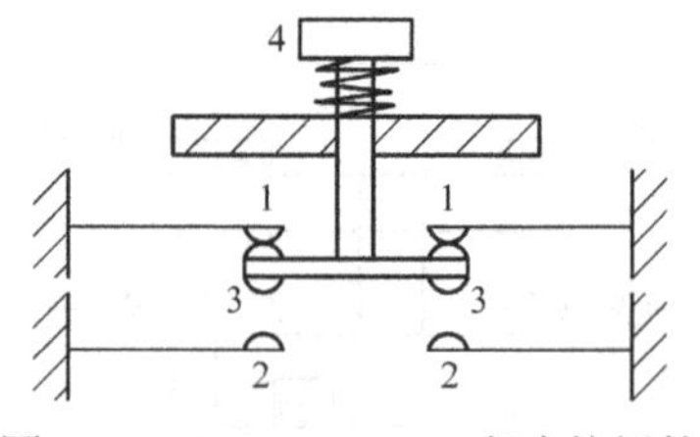

图 GYND00301001-19 复合按钮的动作原理

触点的通断状态又回到图 GYND00301001-19 所示位置。

生产中用不同的颜色和符号标志来区分按钮的功能及作用。各种按钮的颜色规定如下：启动按钮为绿色；停止或急停按钮为红色；启动和停止交替动作的按钮为黑色、白色或灰色；点动按钮为黑色；复位按钮为蓝色（若还具有停止作用时为红色）；黄色按钮用于对系统进行干预（如循环中途停止等）。

2. 行程开关

行程开关又叫限位开关，其作用与按钮相同。不同的是按钮是靠手动操作，而行程开关是靠生产机械的某些运动部件与它的传动部位发生碰撞，使其触点通断从而限制生产机械的行程、位置或改变其运行状态。行程开关的种类很多，但其结构基本一样，不同的仅是动作的转动装置。行程开关有按钮式、旋转式等，常用的行程开关有 LX19，JLXK1 等系列。

（1）型号及含义如下：

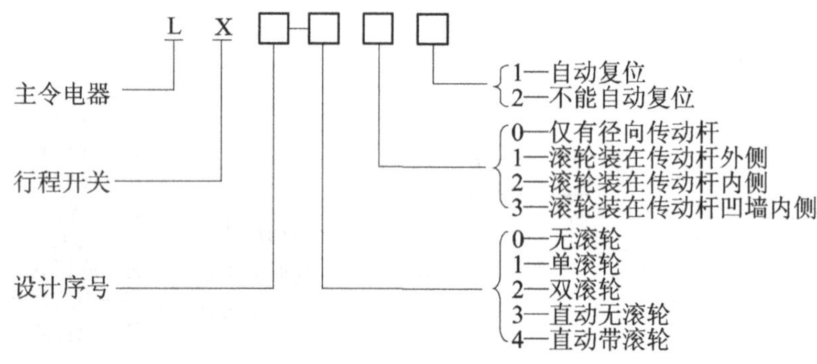

（2）结构及工作原理。各系列行程开关的基本结构大体相同，都是由触点系统、操动机构和外壳组成。JLXK1 系列行程开关的外形如图 GYND00301001-20 所示。

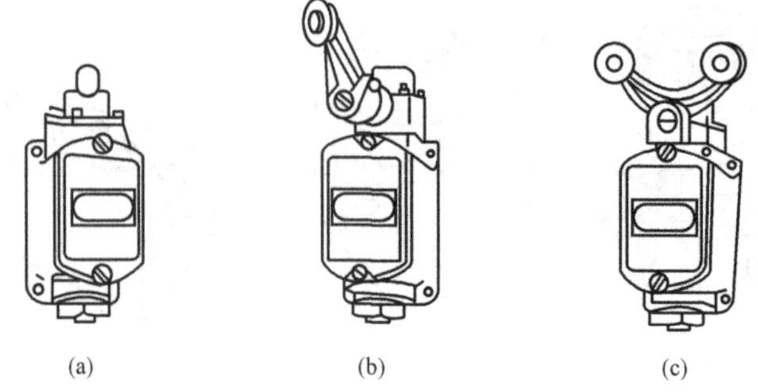

图 GYND00301001-20 JLXK1 系列行程开关的外形图

（a）JLXK1–311 型按钮式；（b）JLXK1–111 型单轮旋转式；（c）JLXK1–211 型双轮旋转式

当运动机械的挡铁压到行程开关的滚轮上时，传动杠杆连同转轴一起转动，使凸轮推动撞块，当撞块被压到一定位置时，推动开关快速动作，使其动断触点断开，动合触点闭合；当滚轮上的挡铁移开后，复位弹簧就使行程开关各部分恢复原始位置。这种单轮自动恢复式行程开关是依靠本身的恢复弹簧来复原，在生产机械的自动控制中应用较广泛。

（六）控制继电器

1. 热继电器

热继电器是一种电气保护元件。它是利用电流的热效应来推动动作机构使触点闭合或断开的保护电器，主要用于电动机的过载保护、断相保护、电流不平衡保护以及其他电气设备发热状态时的控制。

热继电器是根据控制对象的温度变化来控制电流流过的继电器，即利用电流的热效应而动作的电器，它主要用于电动机的过载保护。热继电器由热元件、触点、动作机构、复位按钮和定值装置组成。常用的热继电器有 JR20T、JR36、3UA 等系列。

（1）热继电器型号及含义如下：

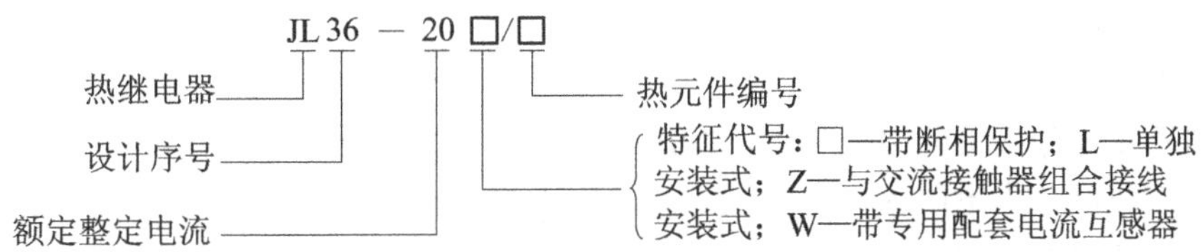

（2）热继电器结构及工作原理。热继电器由热元件、触点系统、动作机构、复位按钮和定值装置组成。

热继电器的工作原理如图 GYND00301001-21 所示，图中发热元件 1 是一段电阻不大的电阻丝，它缠绕在双金属片 2 上。双金属片由两片膨胀系数不同的金属片叠加在一起制成。如果发热元件中通过的电流不超过电动机的额定电流，其发热量较小，双金属片变形不大；当电动机过载，流过发热元件的电流超过额定值时，发热量较大，为双金属片加温，使双金属片变形上翘。若电动机持续过载，经过一段时间之后，双金属片自由端超出扣板 3，扣板会在弹簧 4 的拉力作用下发生角位移，带动辅助动断触点 5 断开。在使用时，热继电器的辅助动断触点串接在控制电路中，当它断开时，使接触器线圈断电，电动机停止运行。经过一段时间之后，双金属片逐渐冷却，恢复原状。这时，按下复位按钮，使双金属片自由端重新抵住扣板，辅助动断触点又重新闭合，接通控制电路，电动机又可重新启动。热继电器有热惯性，不能用于断路保护。

2. 电磁式电流继电器、电压继电器及中间继电器

低压控制系统中采用的控制继电器大部分为电磁式继电器。这是因为它结构简单、价格低廉、能满足一般情况下的技术要求。

图 GYND00301001-22 为电磁式电流继电器的结构示意图。

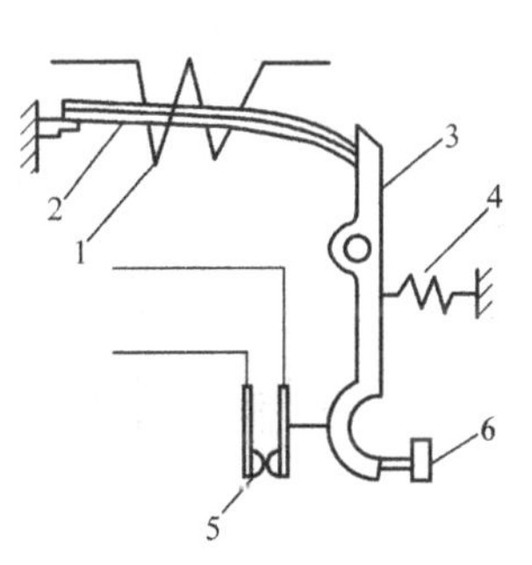

图 GYND00301001-21　热继电器的工作原理

1—发热元件；2—双金属片；3—扣板；4—弹簧；5—辅助动断触点；6—复位按钮

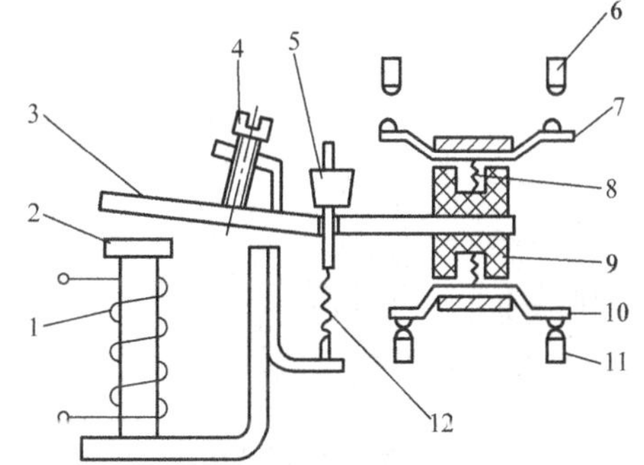

图 GYND00301001-22　电磁式电流继电器的结构示意图

1—电流线圈；2—铁芯；3—衔铁；4—制动螺钉；5—反作用调节螺母；6、11—静触点；7、10—动触点；8—触点弹簧；9—绝缘支架；12—反作用力弹簧

图 GYND00301001-22 中为一拍合式电磁铁，当通过电流线圈 1 的电流超过某一额定值，电磁吸力大于反作用力弹簧 12 的力时，衔铁 3 吸合并带动绝缘支架 9 动作，使动断触点 10–11 断开，动合触点 6–7 闭合。反作用调节螺母 5 用来调节反作用力的大小，即用来调节继电器的动作参数。

过电流继电器或过电压继电器在额定参数下工作时，电磁式继电器的衔铁处于释放位置。当电路出现过电流或过电压时，衔铁才吸合动作；而当电路的电流或电压降低到继电器的复归值时，衔铁才返回释放状态。

对于欠电流继电器或欠电压继电器在额定参数下工作时，其电磁式继电器的衔铁处于吸合状态。当电路出现欠电流或欠电压时，衔铁动作释放；而当电路的电流或电压上升后，衔铁才返回吸合状态。

电流继电器与电压继电器在结构上的区别主要在线圈上，电流继电器的线圈与负载串联，用以反映负载电流，故线圈匝数少，导线粗；电压继电器的线圈与负载并联，用以反映电压的变化，故线圈匝数多，导线细。

中间继电器的触点量较多，在控制回路中起增加触点数量和中间放大作用。由于中间继电器的动作参数无需调节，所以中间继电器没有调节弹簧装置。

3. 时间继电器

当继电器的感受部分接受外界信号后，经过一段时间才使执行部分动作，这类继电器称为时间继电器。按其动作原理可分为电磁式、空气阻尼式、电动式与电子式；按延时方式可分为通电延时型与断电延时型两种。常用的有空气阻尼式、电子式和电动式。

（1）空气阻尼式时间继电器。空气阻尼式时间继电器又称为气囊式时间继电器，它是利用空气阻尼的原理配合微动开关来产生延时效果的。主要由电磁机构、触点系统和延时机构组成。常用的产品有 JS7 和 JS23 两个系列。JS7 系列空气阻尼式时间继电器结构简单、价格低，但延时范围小且延时精度及稳定性较差。

系列产品有：JS7–1A、JS7–2A、JS7–3A、JS7–4A 四种，JS7–3A 型空气阻尼式时间继电器外形如图 GYND00301001-23 所示。

JS23 系列时间继电器为近代产品。它由一个具有四个瞬动触点的中间继电器为主体，加上一个延时机构组成。延时机构包括波纹状气囊、排气阀门、具有细长环形槽的延时片、调时旋钮及动作弹簧等，如图 GYND00301001-24 所示。

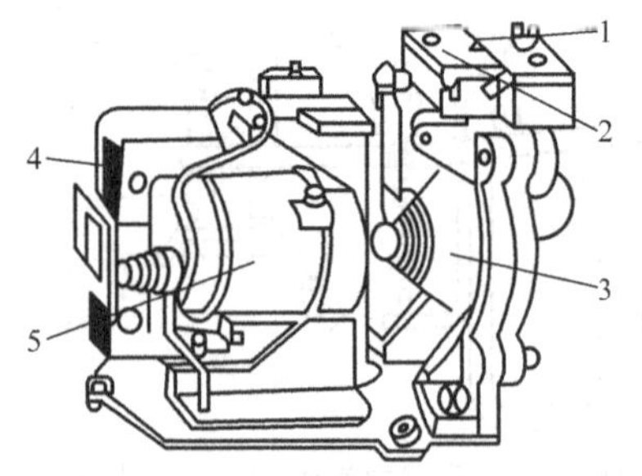

图 GYND00301001-23　JS7–3A 型空气阻尼式时间继电器外形

1—进气囊调整螺钉；2—延时触点；3—气囊；4—衔铁芯；5—线圈

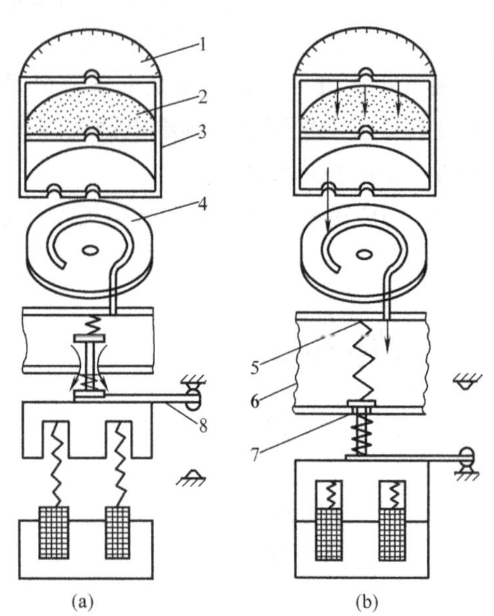

图 GYND00301001-24　JS23 系列通电延时型时间继电器的构造

1—钮牌；2—滤气片；3—调时旋钮；4—延时片；5—动作弹簧；6—波纹状气囊；7—阀门弹簧；8—阀杆

（2）电子式时间继电器。电子式时间继电器有晶体管阻容式和数字式等不同种类，前者的基本原理是利用阻容电路的充放电来产生延时效果，常用的有 JS14 和 JS20 系列。JS14 系列时间继电器的外形如图 GYND00301001-25 所示。JS14 系列时间继电器的接线如图 GYND00301001-26 所示。

JS20 系列电子式时间继电器产品品种齐全、延时时间长、线路较简单、延时调节方便、温度补偿性能好、电容利用率高、延时误差小、触点容量大。但也存在抗干扰性差、修理不便、价格高等缺点。

（3）电动式时间继电器。电动式时间继电器利用小型同步电动机带动电磁离合器、减速齿轮及杠杆机构来产生延时。它的突出特点是：延时范围大、精度较高，但体积大、结构复杂、寿命较低。较常用的有 JS11 系列电动式时间继电器，其外形和接线分别如图 GYND00301001-27 和图 GYND00301001-28 所示。

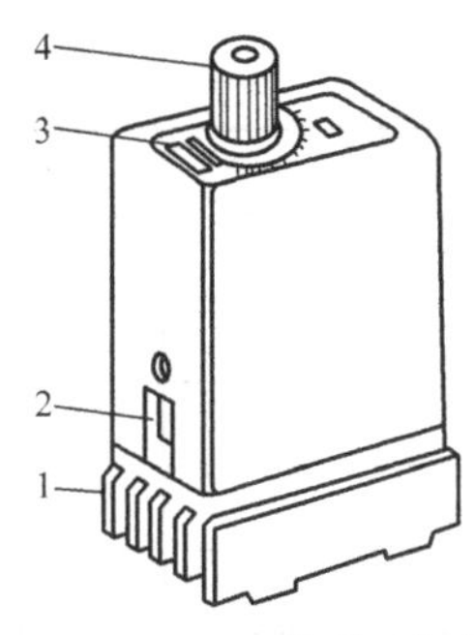

图 GYND00301001-25 JS14 系列时间继电器外形图

1—插座；2—锁扣；3—面板；4—延时调节旋钮

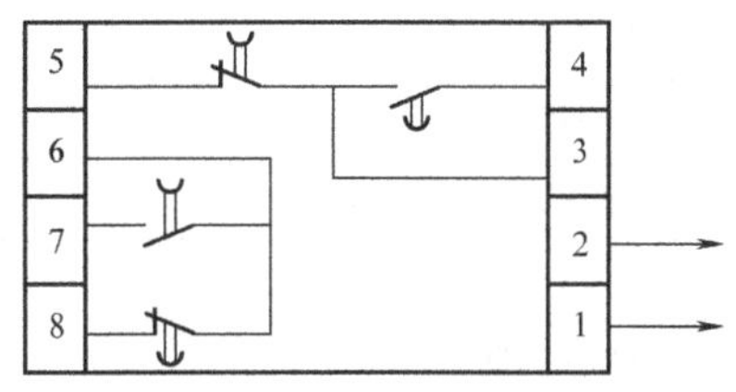

图 GYND00301001-26 JS14 时间继电器接线图

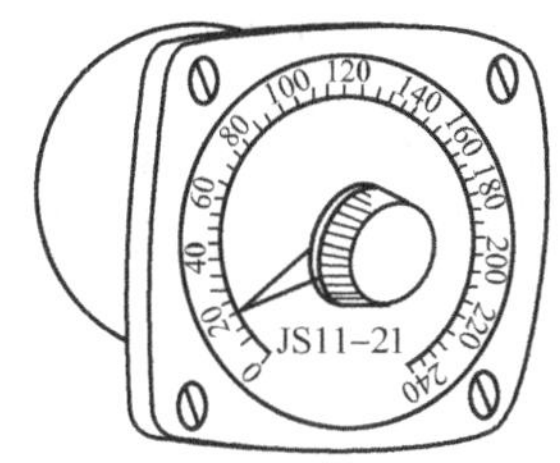

图 GYND00301001-27 JS11 电动式时间继电器外形图

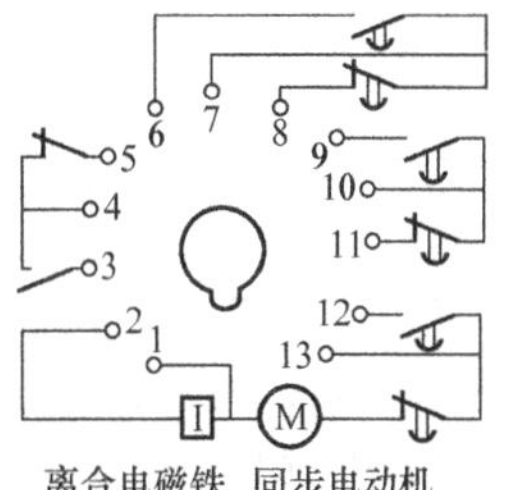

图 GYND00301001-28 JS11 电动式时间继电器接线图

【思考与练习】

1. 低压电器是如何定义的？
2. 低压电器按用途和控制对象是如何分类的？
3. 低压熔断器使用注意事项有哪些？
4. 低压断路器有何作用？
5. 剩余电流动作保护器的保护原理是什么？
6. 热继电器的作用是什么？

模块 2 低压电气设备的选择（GYND00301002）

【模块描述】本模块包含低压电气设备选择的基本原则和熔断器、刀开关、交流接触器、低压断路器、热继电器、组合开关等低压电器选择的具体方法等内容。通过概念描述、术语说明、公式解析、要点归纳、示例介绍，掌握低压电气设备的选择。

【正文】

一、低压电气设备选择的基本原则

低压电器的选择，必须满足其在一次电路正常条件下和短路故障条件下工作的要求，同时设备应工作安全可靠，运行维护方便，投资经济合理。

低压电器按正常条件下工作选择，就是要考虑低压电器的环境条件和电气要求。电器的环境条件是指电器的使用场所（户内或户外）、环境温度、海拔以及有无防尘、防腐、防火、防爆等要求。电气要求是指电器在电压、电流、频率等方面的要求；对一些开断电流的电器，如熔断器、断路器和负荷开关等，还包括其断流能力的要求。

低压电器按短路故障下工作条件进行选择，就是要校验其短路时能否满足动稳定度和热稳定度的要求。表 GYND00301002-1 为低压电器的选择项目和条件一览表，供参考。

表 GYND00301002-1 低压电器的选择项目和条件

低压电器名称	电压（V）	电流（A）	断流能力（kA）
熔断器	√	√	√
低压刀开关	√	√	√

续表

低压电器名称	电压（V）	电流（A）	断流能力（kA）
低压负荷开关	√	√	√
低压断路器	√	√	√
电流互感器	√	√	—
电压互感器	√	—	—
并联电容器	√	—	—
母线	—	√	—
绝缘导线、电缆	√	√	—
支柱绝缘子	√	—	—
套管绝缘子	√	√	—
应满足的条件	低压电器的额定电压应不低于所在电路的额定电压	低压电器的额定电流应不小于所在电路的计算电流	低压电器的最大开断电流应不小于它可能开断的最大电流

注　1. 表中“√”表示必须校验；“—”表示不必校验。
2. 对并联电容器，还应按电容大小和容量选择；对互感器，还应考虑准确度等级。
3. 表中未列“频率”项目，低压电器的额定频率应与所在电路的频率相适应。

二、熔断器的选择

1. 主要电气参数

熔断器选择的主要电气参数：额定电压、额定电流、极限分断能力。

2. 选择方法

（1）保护电力线路的熔断器熔体电流的选择。保护电力线路的熔体电流，应满足下列条件：

1）熔体额定电流 $I_{N.FE}$ 应不小于线路的计算电流 I_{30}，以使熔体在线路正常最大负荷下运行时也不致熔断，即

$$I_{N.FE} \geqslant I_{30} \quad (GYND00301002\text{-}1)$$

其中 I_{30} 对并联电容器来说，由于其合闸涌流较大，应取为其额定电流 1.43～1.55 倍（按 GB 50227—1995《并联电容器装置设计规范》规定）。

2）熔体额定电流 $I_{N.FE}$ 还应躲过线路的尖峰电流 I_{pk}，以使熔体在线路出现尖峰电流时也不致熔断。由于尖峰电流为短时最大电流，而熔体熔断需经一定时间，因此满足的条件为

$$I_{N.FE} \geqslant KI_{pk} \quad (GYND00301002\text{-}2)$$

式中　K——小于 1 的计算系数。对供单台电动机的线路，如启动时间 t_{st}<3s（轻载启动），宜取 0.25～0.35；t_{st}≈3～8s（重载启动），宜取 0.35～0.5；t_{st}>8s 及频繁启动或反接制动，宜取 0.5～0.6。对供多台电动机的线路，视线路上最大一台电动机的启动情况、线路计算电流与尖峰电流的比值及熔断器的特性而定，取为 0.5～1；如线路计算电流与尖峰电流比值接近于 1，则 K 可取为 1。

3）熔断器保护还应与被保护的线路相配合，使之不致发生因线路出现过负荷或短路而引起绝缘导线或电缆过热甚至起燃而熔断器熔体不熔断的事故，因此还应满足以下条件

$$I_{N.FE} \leqslant K_{OL}I_{al} \quad (GYND00301002\text{-}3)$$

式中　I_{al}——绝缘导线和电缆的允许载流量；

K_{OL}——绝缘导线和电缆的允许短时过负荷系数。如熔断器只作短路保护时，对电缆和穿管绝缘导线，K_{OL} 取 2.5；对明敷绝缘导线，K_{OL} 取 1.5。如熔断器不只作短路保护，而且要求作过负荷保护时，如居住建筑、重要仓库和公共建筑中的照明线路，有可能长时间过负荷的动力线路以及在可燃建筑物构架上明敷的有延燃性外皮的绝缘导线线路，则应取为 1。

如果按式（GYND00301002-1）和式（GYND00301002-2）两个条件选择的熔体电流不满足式（GYND00301002-3）的配合要求，则应改选熔断器的型号规格，或者适当增大导线和电缆的线芯截面。

模块2　GYND00301002

（2）保护电力变压器的熔断器熔体电流的选择保护电力变压器的熔体电流，应满足下式要求

$$I_{N.FE}=(1.5\sim2)I_{1N.T} \quad (GYND00301002\text{-}4)$$

式中 $I_{1N.T}$——电力变压器的额定一次电流。

式（GYND00301002-4）既考虑到熔体电流要躲过变压器允许的正常过负荷电流，又考虑到熔体电流要躲过变压器的尖峰电流和励磁涌流。尖峰电流可由变压器低压侧电动机自启动所引起。励磁涌流是指变压器空载合闸时所出现的涌浪式电流，又称空载合闸电流，最大值可达（8～10）$I_{1N.T}$，但历时不长，类似启动电流性质，励磁涌流衰减稍慢。

（3）保护电压互感器的熔断器熔体电流的选择。

由于电压互感器二次侧的负荷很小，因此保护电压互感器的RN2型等熔断器的熔体电流一般均为0.5A。

（4）在选择熔体时应注意以下几点：

1）根据被保护设备的正常负荷和启动电流大小来选择，考虑恰当的倍数。一般熔体额定电流应为被保护设备额定电流的1.5～2.5倍。

2）根据设备启动时重载还是轻载来选择（轻载选小倍数，重载选大倍数）。

3）根据电路中，上下级之间保护定值的配合要求来选择，以免发生越级熔断。

4）根据被保护设备的重要性和保护动作的迅速性来选择（如重要的设备可选快速型熔断器，以提高保护性能，一般设备可选RM型）。

5）根据被保护设备的性质、数量以及启动特点来选择。

3. 熔断器规格的选择

熔断器规格的选择应满足下列条件：

（1）熔断器的额定电压 $U_{N.FU}$ 应不低于所在线路的额定电压 U_N，即

$$U_{N.FU}\geqslant U_N \quad (GYND00301002\text{-}5)$$

（2）熔断器的额定电流 $I_{N.FU}$ 应不小于它本身所安装的熔体额定电流 $I_{N.FE}$，即

$$I_{N.FU}\geqslant I_{N.FE} \quad (GYND00301002\text{-}6)$$

4. 前后熔断器之间的选择性配合问题

前后熔断器之间的选择性配合，就是在线路上发生故障时，应该是最靠近故障点的熔断器最先熔断，切除故障部分，从而使系统的其他部分迅速恢复正常运行。

【例GYND00301002-1】 有一台异步电动机，额定电压为380V，额定容量为18.5kW，额定电流为35.5A，启动电流倍数为7。采用10mm²的铝心塑料线穿硬塑料管对电动机配电。采用RM10型熔断器作短路保护。短路电流最大可达2000A。当地环境温度为30℃。试选择熔断器及其熔体的额定电流。

解 选择熔断器熔体电流及熔断器电流要求为

$$I_{N.FE}\geqslant I_{30}=35.5A$$

且
$$I_{N.FE}\geqslant KI_{pk}=0.3\times35.5\times7=74.55\text{（A）}$$

因此初步选择RM10–100型熔断器，其 $I_{N.FU}=100A$，而 $I_{N.FE}=80A$。

三、刀开关的选择

刀开关除应按使用的电源电压和负载的额定电流选择外，还必须根据使用场合、操作方式、维修方式等选用。

1. 开启式负荷开关的选择

开启式负荷开关又称胶盖瓷底闸刀开关。它由瓷底板、静插座、动触头和安装熔丝的接头、起保护作用的胶盖和瓷手柄等组成。

由于它是开启式的，加之动触头的分断、接通速度完全由操作者的操作速度所决定，因此，分断较大电流时会发生电弧向外喷出的现象，甚至会引起相间短路，烧坏刀闸和烧伤操作者的事故。其次，刀开关的熔丝只能起到一定的短路保护作用，而且分断能力也不大，如果用刀开关控制电动机等设备，

当发生过载、欠压和缺相等故障时，会烧坏电动机等设备。因此，使用开启式负荷开关控制电动机应特别注意。

实践证明，胶盖瓷底刀开关发生事故较多，易造成设备事故和操作人员伤残。由于熔断器部分，熔丝无熄弧装置，在熔断时，造成胶木炭化和瓷座表面金属化，当多次熔断时，即易造成熔断时发生相间短路事故。为此提出以下补救措施。

（1）在开关外设置独立熔丝，内部用导线连通。

（2）限制使用电流不超过 30A。

2. 开启式刀开关的选择

（1）用于照明电路时，可选用额定电压为 220V 或 250V 的二极开关；开启式负荷开关的额定电流应等于或大于开断电路中各个负载额定电流的总和。

（2）用于电动机的直接启动时，可选用额定电压为 380V 或 500V 的三极开关。若负载是功率为 5.5kW 及以下直接启动的电动机时，其开关的额定电流不应小于电动机额定电流的 3 倍。

3. 封闭式负荷开关的选择

封闭式负荷开关用于控制一般电热、照明电路时，开关的额定电流应等于或大于被控制电路中各个负载额定电流的总和。用来控制功率在 15kW 以下的全压启动电动机时，其开关的额定电流不应小于电动机额定电流的 2 倍。

4. 隔离刀开关的选择

（1）隔离刀开关的结构形式应根据它在线路中的作用和在成套配电装置中的安装位置来确定。如果电路中的负载是由低压断路器、接触器或其他具有一定分断能力的开关电器来分断，隔离刀开关仅起隔离电源的作用，则只需选用无灭弧罩的产品；反之，若隔离刀开关必须分断负载，就应选用带灭弧罩，而且是通过连杆来操作的产品。此外还应根据它是正面操作还是侧面操作，是直接操作还是杠杆操作，是板前接线还是板后接线等来选择结构形式。

（2）隔离刀开关的额定电流一般应等于或大于所控制的各支路负载额定电流的总和。如果回路中有电动机，还应按电动机的启动电流来计算。此外，还要考虑电路中可能出现的最大短路的峰值电流是否在额定电流等级所对应的电动稳定性峰值电流以内，还应校验热稳定电流值。如果超过电动稳定性或热稳定电流值，就应当选用额定电流更大一级的隔离刀开关。

5. 熔断器式刀开关的选用

熔断器式刀开关应按使用的电源电压和负载的额定电流选择，还必须根据使用场合和操作、维修方式等选用开关的型式。熔断器式刀开关的短路分断能力是由熔断器的分断能力决定的，故应适当选择符合使用地点的短路容量的熔断器。

四、交流接触器的选择

1. 选择接触器的类型

交流接触器线圈按照电压分为 36、127、220、380V 等。接触器的极数分为 2、3、4、5 极等。辅助触点根据动合动断各有几对，根据控制需要选择。

其他参数还有接通、分断次数、机械寿命、电寿命、最大允许操作频率、最大允许接线线径以及外形尺寸和安装尺寸等。

2. 交流接触器的基本参数

（1）额定电压。额定电压指主触点额定工作电压，应等于负载的额定电压。一只接触器常规定几个额定电压，同时列出相应的额定电流或控制功率。通常，最大工作电压即为额定电压。常用的额定电压值为 220、380、660V 等。

（2）额定电流。额定电流指接触器触点在额定工作条件下的电流值。380V 三相电动机控制电路中，额定工作电流可近似等于控制功率的两倍。常用额定电流等级为 5、10、20、40、60、100、150、250、400、600A。

（3）通断能力。通断能力可分为最大接通电流和最大分断电流。最大接通电流是指触点闭合时不会造成触点熔焊时的最大电流值；最大分断电流是指触点断开时能可靠灭弧的最大电流。一般通断能力是额定电流的 5～10 倍。当然，这一数值与开断电路的电压等级有关，电压越高，通断能力越小。

（4）动作值。动作值可分为吸合电压和释放电压。吸合电压是指接触器吸合前，缓慢增加吸合线圈两端的电压，接触器可以吸合时的最小电压。释放电压是指接触器吸合后，缓慢降低吸合线圈的电压，接触器释放时的最大电压。一般规定，吸合电压不低于线圈额定电压的 85%，释放电压不高于线圈额定电压的 70%。

（5）吸引线圈额定电压。吸引线圈额定电压指接触器正常工作时，吸引线圈上所加的电压值。一般该电压数值以及线圈的匝数、线径等数据均标于线包上，而不是标于接触器外壳铭牌上，使用时应加以注意。

（6）操作频率。操作频率指接触器每小时接通的次数。当通断电流较大及通断频率过高时，会引起触点严重过热，甚至熔焊，操作频率若超过规定数值，应选用额定电流大一级的接触器。

（7）寿命。寿命包括电寿命和机械寿命。目前接触器的机械寿命已达一千万次以上，电气寿命是机械寿命的 5%～20%。

3. 交流接触器的选用原则

（1）持续运行的设备。接触器按额定电流的 67%～75%算，即 100A 的交流接触器，只能控制最大额定电流是 67～75A 以下的设备。

（2）间断运行的设备。接触器按额定电流的 80%算，即 100A 的交流接触器，只能控制最大额定电流是 80A 以下的设备。

（3）反复短时工作的设备。接触器按额定电流的 116%～120%算。即 100A 的交流接触器，只能控制最大额定电流是 116～120A 以下的设备。

接触器作为通断负载电源的设备，接触器的选用应按满足被控制设备的要求进行，除额定工作电压与被控设备的额定工作电压相同外，被控设备的负载功率、使用类别、控制方式、操作频率、工作寿命、安装方式、安装尺寸以及经济性是选择的依据。

4. 交流接触器主要参数选择

（1）主触点的额定电流。选择接触器主触点的额定电流应不小于负载电路的额定电流，也可根据所控制的电动机最大功率进行选择。如果接触器是用来控制电动机的频繁启动、正反或反接制动等场合，应将接触器的主触点额定电流降低使用，一般可降低一个等级。

（2）主触点的额定电压。接触器铭牌上所标电压系指主触点能承受的额定电压，并非电磁线圈的电压，选择使用时接触器主触点的额定电压应大于或等于负载的额定电压。

（3）操作频率的选择。接触器在吸合瞬间，吸引线圈需消耗比额定电流大 5～7 倍的电流，如果操作频率过高，则会使线圈严重发热，直接影响接触器的正常使用。为此，规定了接触器的允许操作频率，一般为每小时允许操作次数的最大值，一般交流接触器操作频率最高为 600 次/h。

（4）线圈额定电压的选择。接触器电磁线圈额定电压的选择，接触器的电磁线圈额定电压有 36、110、220、380V 等，电磁线圈允许在额定电压的 80%～105%范围内使用，接触器的电磁线圈电压可直接选用 380V 或 220V，具体可根据控制回路的电压来选择。

五、低压断路器的选择

在一般情况下，保护变压器及配电线路可选用 DW 系列低压断路器，保护电动机可选用 DZ 系列低压断路器。低压断路器的选择包括额定电压、壳架等级、额定电流（指最大的脱扣器额定电流）的选择，脱扣器额定电流（指脱扣器允许长期通过的电流）的选择以及脱扣器整定电流（指脱扣不动作时的最大电流）的确定。

1. 一般低压断路器的选择

（1）低压断路器的额定电压不小于线路的额定电压。

（2）低压断路器的额定电流不小于线路的计算负载电流。

（3）低压断路器的额定短路通断能力不小于线路中最大的短路电流。

（4）线路末端单相对地短路电流/低压断路器瞬时（或短延时）脱扣整定电流≥1.25。

（5）脱扣器的额定电流不小于线路的计算电流。

（6）欠压脱扣器的额定电压等于线路的额定电压。

（7）断路器的类型应符合安装条件、保护性能及操作方式的要求。

2. 配电用低压断路器的选择

（1）长延时动作电流整定值等于 0.8～1 倍导线允许载流量。

（2）3 倍长延时动作电流整定值的可返回时间不小于线路中最大启动电流的电动机启动时间。

（3）短延时动作电流整定值不小于 $1.1(I_{jx}+1.35KI_{dem})$。其中，I_{jx} 为线路计算负载电流；K 为电动机的启动电流倍数；I_{dem} 为最大一台电动机额定电流。

（4）短延时的延时时间按被保护对象的热稳定校核。

（5）无短延时时，瞬时电流整定值不小于 $1.1(I_{jx}+K_1KI_{dem})$。其中，K_1 为电动机启动电流的冲击系数，可取 1.7～2。

（6）有短延时时，瞬时电流整定值不小于 1.1 倍下级开关进线端计算短路电流值。

3. 电动机保护用低压断路器的选择

电动机保护用断路器可分为两类：① 断路器只作保护而不担负正常操作；② 断路器兼作保护和不频繁操作之用。

电动机保护用断路器选择的原则：

（1）断路器长延时电流脱扣器的整定电流＝电动机的额定电流。

（2）断路器瞬时（或短延时）脱扣器的整定电流。瞬时（或短延时）动作的过电流脱扣器的整定电流应大于峰值电流。

对单台电动机

$$I_{op}\geqslant K_{rel}I_{st} \qquad \text{(GYND00301002-7)}$$

式中 I_{op}——过电流脱扣器瞬时（或短延时）动作整定电流值，A；

I_{st}——电动机的启动电源，A；

K_{rel}——考虑整定误差和启动电流容许变化的可靠系数，对动作时间在一个周波以内的低压断路器，还需要考虑非周期分量的影响。对高返回系数的低压断路器（动作时间大于 0.02s 的，如 DW 型），K_{rel} 一般取 1.35～1.4；对低返回系数的低压断路器（动作时间小于 0.02s 的，如 DZ 型）K_{rel} 取 1.7～2。

对于多台电动机

$$I_{op}=1.3I_{Mst}+\sum I_{MW} \qquad \text{(GYND00301002-8)}$$

式中 I_{op}——总脱扣器动作电流，A；

I_{Mst}——最大一台电动机的启动电流，A；

$\sum I_{MW}$——其余电动机工作电流之和，A。

（3）断路器 6 倍长延时电流整定值的可返回时间≥电动机实际启动时间。按启动时负荷的轻重，选用可返回时间为 1、3、5、8、15s 中的某一挡。

4. 照明用低压断路器的选择

（1）长延时整定值不大于线路计算负载电流。

（2）瞬时动作整定值等于 6～20 倍线路计算负载电流。

5. 前后断路器之间及断路器与熔断器之间的选择性配合问题

（1）前后断路器之间的选择性配合。最好按断路器的保护特性曲线来检验，偏差范围可考虑±30%，前一级考虑负偏差，后一级考虑正偏差。但这比较麻烦，而且由于各厂产品性能出入较大，因而使之实现选择性配合有一定困难。有鉴于此，故 GB 50054—1995《低压配电设计规范》规定：对于非重要负荷，允许无选择性切断。

一般来说，要保证前后两低压断路器之间选择性动作，前一级断路器宜采用带短延时的过电流脱扣器，而且其动作电流大于后一级瞬时过电流脱扣器动作电流一级以上，至少前一级的动作电流 $I_{op.1}$ 应不小于后一级动作电流 $I_{op.2}$ 的 1.2 倍。

（2）断路器与熔断器之间的选择性配合。宜按它们的保护特性曲线来检验，前一级断路器可考虑–30%～–20%的负偏差，后一级熔断器可考虑+30%～+50%的正偏差。在后一级熔断器出口发生三相短路时，前一级的动作时间如大于后一级的动作时间，则说明能实现选择性动作。

六、热继电器的选择

1. 热继电器的类型选择

一般情况下，可选用两相结构的热继电器，但当三相电压的均衡性较差，工作环境恶劣或无人看管的电动机，宜选用三相结构的热继电器。对于三角形接线的电动机，应选用带断相保护装置的热继电器。

2. 热继电器额定电流选择

热继电器的额定电流应大于电动机额定电流。然后根据该额定电流来选择热继电器的型号。

3. 热元件额定电流的选择和整定

根据热继电器的型号和热元件额定电流，能知道热元件电流的调节范围。一般将热继电器的整定电流调整到等于电动机的额定电流；对过载能力差的电动机，可将热元件整定值调整到电动机额定电流的 0.6～0.8 倍；对启动时间较长、拖动冲击性负载或不允许停车的电动机，热元件的整定电流应调整到电动机额定电流的 1.1～1.15 倍。

七、组合开关（俗称转换开关）的选择

1. 用于照明或电热电炉

组合开关用于照明或电热电炉时，组合开关的额定电流应不小于被控制电路中各负载电流的总和。

2. 用于电动机电路

用于电动机电路的组合开关额定电流一般取电动机额定电流的 1.5～2.5 倍。

【思考与练习】

1. 熔断器规格的选择应满足哪些条件?
2. 熔断器选择熔体时有哪些注意事项?
3. 交流接触器的选用原则是什么？
4. 一般低压断路器的选择有哪些要求?
5. 剩余电流动作保护器额定漏电动作电流是如何选择的?
6. 热继电器热元件额定电流的选择和整定要求是什么?

模块 3 低压配电设计知识（GYND00301003）

【模块描述】本模块包含 1000V 以下的配电装置及线路设计知识，包括电器、导体的选择，配电设备的布置，配电线路的保护以及配电线路的敷设等内容。通过概念描述、术语说明、公式解析、要点归纳，了解低压配电设计要求。

【正文】

一、电器、导体的选择

（一）电器的选择

（1）低压配电设计所选用的电器，必须符合国家现行的有关标准。应符合的要求如下：

1）电器的额定电压应与所在回路标称电压相适应；

2）电器的额定电流不应小于所在回路的计算电流；

3）电器的额定频率应与所在回路的频率相适应；

4）电器应适应所在场所的环境条件；

5）电器应满足短路条件下的动稳定与热稳定的要求，用于断开短路电流的电器，应满足短路条件下的通断能力。

（2）验算电器在短路条件下的通断能力，应采用安装处预期短路电流周期分量的有效值，当短路点附近所接电动机额定电流之和超过短路电流的 1%时，应计入电动机反馈电流的影响。

（3）当维护、测试和检修设备需断开电源时，应设置隔离电器。

（4）隔离电器应使所在回路与带电部分隔离，当隔离电器误操作会造成严重事故时，应采取防止误操作的措施。

（5）隔离电器宜采用同时断开电源所有极的开关或彼此靠近的单极开关。隔离电器可采用下列电器：

1）单极或多极隔离开关、隔离插头；

2）插头与插座；

3）连接片；

4）不需要拆除导线的特殊端子；

5）熔断器。

（6）半导体电器严禁作隔离电器。通断电流的操作电器可采用下列电器：

1）负荷开关及断路器；

2）继电器、接触器；

3）半导体电器；

4）10 A及以下的插头与插座。

（二）导体的选择

（1）导体的类型应按敷设方式及环境条件选择。绝缘导体除满足上述条件外，尚应符合工作电压的要求。

（2）选择导体截面，应符合的要求：

1）线路电压损失应满足用电设备正常工作及启动时端电压的要求；

2）按敷设方式及环境条件确定的导体载流量，不应小于计算电流；

3）导体应满足动稳定与热稳定的要求；

4）导体最小截面应满足机械强度的要求，固定敷设的导线最小芯线截面应符合表GYND00301003-1的规定。

表GYND00301003-1　　固定敷设的导线最小芯线截面

敷设方式	最小芯线截面积（mm^2）	
	铜芯	铝芯
裸导线敷设于绝缘子上	10	10
绝缘导线敷设于绝缘子上		
室内 $L\leqslant 2m$	1.0	2.5
室外 $L\leqslant 2m$	1.5	2.5
室内外 $2<L\leqslant 6m$	2.5	4
$6m<L\leqslant 16m$	4	6
$16m<L\leqslant 25m$	6	10
绝缘导线穿管敷设	1.0	2.5
绝缘导线槽板敷设	1.0	2.5
绝缘导线线槽敷设	0.75	2.5
塑料绝缘护套导线扎头直敷	1.0	2.5

（3）沿不同冷却条件的路径敷设绝缘导线和电缆时，当冷却条件最坏段的长度超过5m，应按该段条件选择绝缘导线和电缆的截面，或只对该段采用大截面的绝缘导线和电缆。

（4）导体的允许载流量，应根据敷设处的环境温度进行校正，温度校正系数可按下式计算

$$K=\sqrt{\frac{t_1-t_0}{t_2-t_0}}\qquad (\text{GYND00301003-1})$$

式中　K——温度校正系数；

t_1——导体最高允许工作温度，℃；

t_0——敷设处的环境温度，℃；

t_2——导体载流量标准中所采用的环境温度，℃。

（5）导线敷设处的环境温度，应采用下列温度值：

1）直接敷设在土壤中的电缆，采用敷设处历年最热月的月平均温度。

2）敷设在空气中的裸导体，屋外采用敷设地区最热月的平均最高温度；屋内采用敷设地点最热月的平均最高温度（均取 10 年或以上的总平均值）。

（6）在三相四线制配电系统中，中性线（以下简称 N 线）的允许载流量不应小于线路中最大不平衡负荷电流，且应计入谐波电流的影响。

（7）以气体放电灯为主要负荷的回路中，中性线截面不应小于相线截面。

（8）采用单芯导线作保护中性线（以下简称 PEN 线）干线，当截面为铜材时，截面积不应小于 $10mm^2$；为铝材时，不应小于 $16mm^2$；采用多芯电缆的芯线作 PEN 线干线，其截面积不应小于 $4mm^2$。

（9）当保护线（以下简称 PE 线）所用材质与相线相同时，PE 线最小截面应符合表 GYND00301003-2 的规定。

表 GYND00301003-2　　PE 线 最 小 截 面

相线芯线截面积 S（mm^2）	PE 线最小截面积（mm^2）	相线芯线截面积 S（mm^2）	PE 线最小截面积（mm^2）
$S\leq 16$	S	$S>35$	$S/2$
$16<S\leq 35$	16		

（10）PE 线采用单芯绝缘导线时，按机械强度要求，截面积不应小于下列数值：

1）有机械性的保护时为 $2.5mm^2$。

2）无机械性的保护时为 $4mm^2$。

3）装置外可导电部分禁用作 PEN 线。

4）在 TN–C 系统中，PEN 线严禁接入开关设备。

二、配电设备的布置

（1）一般规定。变电站低压配电室及配电设备布置，应符合 GB 50053—1994《10kV 及以下变电所设计规范》的规定。

（2）配电设备布置中的安全措施。其安全防护等级不应低于 GB 4208—2008《外壳防护等级（IP 代码）》的 IP2X 级。

（3）对建筑的要求应符合相关设计规范。

三、配电线路的保护

（一）一般规定

（1）配电线路应装设短路保护、过负载保护和接地故障保护，作用于切断供电电源或发出报警信号。

（2）配电线路采用的上下级保护电器，其动作应具有选择性；各级之间应能协调配合。但对于非重要负荷的保护电器，可采用无选择性切断。

（3）对电动机、电焊机等用电设备的配电线路的保护，除应符合 GB 50054—1995《低压配电设计规范》外，尚应符合 GB 50055—1993《通用用电设备配电设计规范》的规定。

（二）配电线路的短路保护

（1）配电线路的短路保护，应在短路电流对导体和连接件产生的热作用和机械作用造成危害之前切断短路电流。

（2）绝缘导体的热稳定校验应符合有关规程规定。

（3）当保护电器为符合 GB 14048.2—1994《低压开关设备和控制设备 低压断路器》的低压断路器时，短路电流不应小于低压断路器瞬时或短延时过电流脱扣器整定电流的 1.3 倍。

（4）在线芯截面减小处、分支处或导体类型、敷设方式或环境条件改变后载流量减小处的线路，当越级切断电路不引起故障线路以外的一、二级负荷的供电中断，且符合下列情况之一时，可不装设短路保护：

1）配电线路被前段线路短路保护电器有效的保护，且此线路和其过负载保护电器能承受通过的短路能量；

2）配电线路电源侧装有额定电流为 20A 及以下的保护电器；

3）架空配电线路的电源侧装有短路保护电器。

（三）配电线路的过负载保护

（1）配电线路的过负载保护，应在过负载电流引起的导体温升对导体的绝缘、接头、端子或导体周围的物质造成损害前切断负载电流。

（2）下列配电线路可不装设过负载保护：

1）已由电源侧的过负载保护电器有效地保护；

2）不可能过负载的线路。

（3）过负载保护电器宜采用反时限特性的保护电器，其分断能力可低于电器安装处的短路电流值，但应能承受通过的短路能量。

（4）过负载保护电器的动作特性应同时满足下列条件

$$I_B \leqslant I_n \leqslant I_z \qquad \text{(GYND00301003-2)}$$

$$I_2 \leqslant 1.45 I_z \qquad \text{(GYND00301003-3)}$$

式中 I_B——线路计算负载电流，A；

I_n——熔断器熔体额定电流或断路器额定电流或整定电流，A；

I_z——导体允许持续载流量，A；

I_2——保证保护电器可靠动作的电流，A。当保护电器为低压断路器时，I_z为约定时间内的约定动作电流；当保护电器为熔断器时，I_z为约定时间内的约定熔断电流。

注：按式（GYND00301003-2）、式（GYND00301003-3）校验过负载保护电器的动作特性，当采用符合 GB 14048.2—1994 的低压断路器时，延时脱扣器整定电流（I_n）与导体允许持续载流量（I_z）的比值不应大于 1。

（5）突然断电比过负载造成的损失更大的线路，其过负载保护应作用于信号而不应作用于切断电路。

（6）多根并联导体组成的线路采用过负载保护，其线路的允许持续载流量（I_z）为每根并联导体的允许持续载流量之和，且应符合下列要求：

1）导体的型号、截面、长度和敷设方式均相同；

2）线路全长内无分支线路引出；

3）线路的布置使各并联导体的负载电流基本相等。

（四）接地故障保护

1. 一般规定

（1）接地故障保护的设置应能防止人身间接电击以及电气火灾、线路损坏等事故。接地故障保护电器的选择应根据配电系统的接地形式，移动式、手握式或固定式电气设备的区别，以及导体截面等因素经技术经济比较确定。

（2）防止人身间接电击的保护采用下列措施之一时，可不采（1）条规定的接地故障保护。

1）采用双重绝缘或加强绝缘的电气设备（Ⅱ类设备）；

2）采取电气隔离措施；

3）采用安全超低压；

4）将电气设备安装在非导电场所内；

5）设置不接地的等电位联结。

注：Ⅱ类设备定义应符合 GB/T 12501—1992《电气和电子设备按防触电保护的分类》的规定。

（3）本模块接地故障保护措施所保护的电气设备，只适用于防电击保护分类为Ⅰ类的电气设备。设备所在的环境为正常环境，人身电击安全电压限值（U_L）为 50V。

（4）采用接地故障保护时，在建筑物内应将下列导电体作总等电位联结：

1）PE、PEN 干线；

2）电气装置接地极的接地干线；

3）建筑物内的水管、煤气管、采暖和空调管道等金属管道；

4）条件许可的建筑物金属构件等导电体。

上述导电体宜在进入建筑物处接向总等电位联结端子。等电位联结中金属管道连接处应可靠地连通导电。

（5）当电气装置或电气装置某一部分的接地故障保护不能满足切断故障回路的时间要求时，尚应在局部范围内作辅助等电位联结。当难以确定辅助等电位联结的有效性时，可采用下式进行校验

$$R \leqslant \frac{50}{I_a} \qquad \text{(GYND00301003-4)}$$

式中　R——可同时触及的外露可导电部分和装置外可导电部分之间，故障电流产生的电压降引起接触电压的一段线段的电阻，Ω；

I_a——切断故障回路时间不超过 5s 的保护电器动作电流，A。

注：当保护电器为瞬时或短延时动作的低压断路器时，I_a 值应取低压断路器瞬时或短延时过电流脱扣器整定电流的 1.3 倍。

2. 接地故障采用剩余电流动作保护器

剩余电流动作保护器安装要求参照 DL/T 736—2000《剩余电流动作保护器农村安装运行规程》和 GB 13955—2005《剩余电流动作保护装置安装和运行》。

四、配电线路的敷设

配电线路的敷设要求参见 GB 50258—1996《电气装置安装工程 1kV 及以下配线工程施工及验收规范》，具体应有如下要求：

（1）绝缘导线布线要求。

（2）钢索布线要求。

（3）封闭式母线布线要求。

（4）竖井布线要求。

（5）电缆敷设、安装要求，电缆敷设、安装参见 GB 50168—2006《电气装置安装工程电缆线路施工及验收规范》。

在 GB 50258—1996 和 GB 50168—2006 中，电器分类如下：

Ⅰ类电器：该类电器的防触电保护不仅依靠基本绝缘，而且还需要一个附加的安全预防措施。其方法是将电器外露可导电部分与已安装在固定线路中的保护接地导体连接起来。

Ⅱ类电器：该类电器在防触电保护方面，不仅依靠基本绝缘，而且还有附加绝缘。在基本绝缘损坏之后，依靠附加绝缘起保护作用。其方法是采用双重绝缘或加强绝缘结构，不需要接保护线或依赖安装条件的措施。

Ⅲ类电器：该类电器在防触电保护方面，依靠安全电压供电，同时在电器内部任何部位均不会产生比安全电压高的电压。

【思考与练习】

1. 低压配电设计所选用的电器必须符合国家现行的哪些有关标准？

2. 选择导体截面应符合哪些要求？

3. 结合相关规程简述配电室通道上方裸带电体距地面的高度应符合哪些要求。

4. 结合相关规程简述电线管与热水管、蒸汽管同侧敷设时有什么要求。
5. 结合电缆施工验收规范简述在屋外直接埋地敷设有什么要求。

模块 4 低压成套配电装置知识（GYND00301004）

【模块描述】本模块包含低压成套配电装置的分类、常用低压成套配电装置型号含义和结构特点、成套配电装置的运行维护等内容。通过概念描述、结构介绍、特点对比、图解示意，掌握低压成套装置的性能及日常运行维护方法。

【正文】

将一个配电单元的开关电器、保护电器、测量电器和必要的辅助设备等电器元件安装在标准的柜体中，就构成了单台配电柜。将配电柜按照一定的要求和接线方式组合，并在柜顶用母线将各单台柜体的电气部分连接，则构成了成套配电装置。配电装置按电压等级高低分为高压成套配电装置和低压成套配电装置，按电气设备安装地点不同分为屋内配电装置和屋外配电装置，按组装方式不同分为装配式配电装置和成套式配电装置。

一、低压配电装置分类

低压配电装置按结构特征和用途的不同，分为固定式低压配电柜（又称屏），抽屉式低压开关柜以及动力、照明配电控制箱等。

固定式低压配电柜按外部设计不同可分为开启式和封闭式。开启式低压配电柜正面有防护作用面板遮栏，背面和侧面仍能触及带电部分，防护等级低，目前已不再提倡使用。封闭式低压配电柜，除安装面外，其他所有侧面都被封闭起来。配电柜的开关、保护和监测控制等电气元件，均安装在一个用钢或绝缘材料制成的封闭外壳内，可靠墙或离墙安装。柜内每条回路之间可以不加隔离措施，也可以采用接地的金属板或绝缘板进行隔离。通常门与主开关操作有机械联锁，以防止误入带电间隔操作。

抽屉式开关柜采用钢板制成封闭外壳，进出线回路的电器元件都安装在可抽出的抽屉中，构成能完成某一类供电任务的功能单元。功能单元与母线或电缆之间，用接地的金属板或塑料制成的功能板隔开，形成母线、功能单元和电缆三个区域。每个功能单元之间也有隔离措施。抽屉式开关柜有较高的可靠性、安全性和互换性，是比较先进的开关柜，目前生产的开关柜，多数是抽屉式开关柜。

动力、照明配电控制箱多为封闭式垂直安装，因使用场合不同，外壳防护等级也不同。它们主要作为工矿企业生产现场的配电装置。

低压配电系统通常包括受电柜（即进线柜）、馈电柜（控制各功能单元）和无功功率补偿柜等。受电柜是配电系统的总开关，从变压器低压侧进线，控制整个系统。馈电柜直接对用户的受电设备，控制各用电单元。电容补偿柜根据电网负荷消耗的感性无功量的多少自动地控制并联补偿电容器组的投入，使电网的无功消耗保持到最低状态，从而提高电网电压质量，减少输电系统和变压器的损耗。

二、常用低压成套配电装置

常用的低压成套配电装置有 PGL、GGD 型低压配电柜和 GCK（GCL）、GCS、MNS 抽屉式开关柜等。

1. GGD 型低压配电柜

GGD 型低压配电柜适用于发电厂、变电所、工业企业等电力用户作为交流 50Hz、额定工作电压 380V、额定电流 3150A 的配电系统中作为动力、照明及配电设备的电能转换、分配与控制之用，具有分断能力高、动热稳定性好、结构新颖合理、电气方案灵活、系列性适用性强、防护等级高等特点。

（1）型号及含义如下：

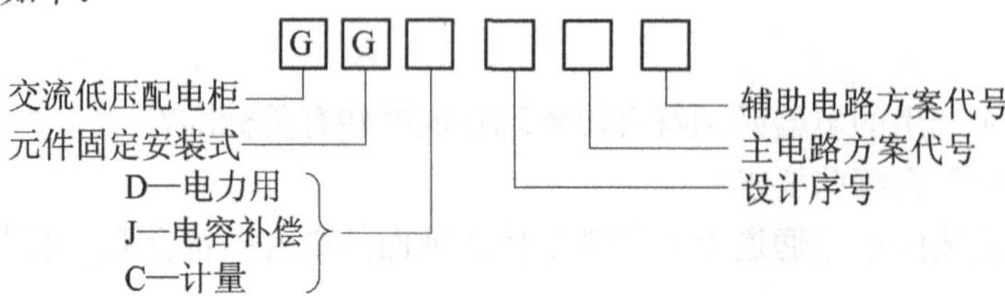

GGD 型低压配电柜按其分断能力不同可分为 1、2、3 型，1 型的最大开断能力为 15kA，2 型为 30kA，3 型为 50kA。

（2）结构特点。GGD 型配电柜的柜体框架采用冷弯型钢焊接而成，框架上分别有 $E=20$mm 和 $E=100$mm 模数化排列的安装孔，可适应各种元器件装配。柜门的设计考虑到标准化和通用化，柜门采用整体单门和不对称双门结构，清晰美观，柜体上部留有一个供安装各类仪表、指示灯、控制开关等元件用的小门，便于检查和维修。柜体的下部、后上部与柜体顶部，均留有通风孔，并加网板密封，使柜体在运行中自然形成一个通风道，达到散热的目的。

GGD 型配电柜使用的 ZMJ 型组合式母线卡由高阻燃 PPO 材料热塑成型，采用积木式组合，具有机械强度高、绝缘性能好、安装简单、使用方便等优点。

GGD 型配电柜根据电路分断能力要求可选用 DW15（DWX15）～DW45 等系列断路器，选用 HD13BX（或 HS13BX）型旋转操作式隔离开关以及 CJ20 系列接触器等电器元件。GGD 型配电柜的主、辅电路采用标准化方案，主电路方案和辅助电路方案之间有固定的对应关系，一个主电路方案应有若干个辅助电路方案。GGD 型配电柜主电路方案举例如图 GYND00301004-1 所示。

方案编号	09	35	52	58
一次接线方案图				
用途	受电、联络	馈电	照明	馈电（电动机）

图 GYND00301004-1　GGD 配电柜主电路一次接线方案

图 GYND00301004-2 所示为 GGD 型配电柜外形尺寸及安装示意图。

GGD 型配电柜的外形尺寸为长×宽×高=（400，600，800，1000）mm×600mm×2000mm。每面柜既可作为一个独立单元使用，也可与其他柜组合各种不同的配电方案，因此使用比较方便。

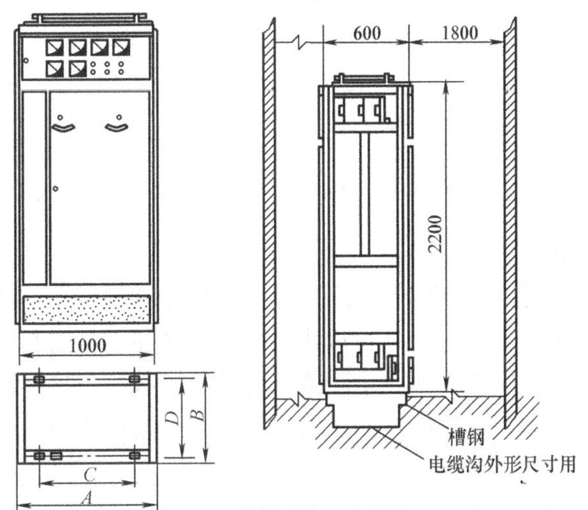

图 GYND00301004-2　GGD 型配电柜外形尺寸及安装示意图

2. GCL 低压抽出式开关柜

（1）型号及含义如下：

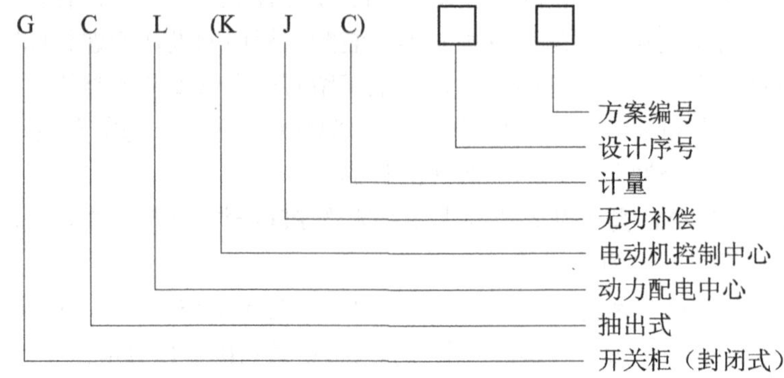

（2）结构特点。GCL 系列低压抽出式开关柜用于交流 50（60）Hz，额定工作电压 660V 及以下，额定电流 400～4000A 的电力系统中作为电能分配和电动机控制使用。

开关柜属间隔型封闭结构，一般由薄钢板弯制、焊接组装。也可采用由异型钢材，采用角板固定、螺栓连接的无焊接结构。选用时，可根据需要加装底部盖板。内外部结构件分别采取镀锌、磷化、喷涂等处理手段。

GCL 系列抽出式开关柜柜体分为母线区、功能单元区和电缆区，一般按上、中、下顺序排列。母线室、互感器室内的功能单元均为抽屉式，每个抽屉均有工作位置、试验位置、断开位置，为检修、试验提供方便。每个隔室用隔板分开，以防止事故扩大，保证人身安全。GCL 系列低压抽出式开关柜根据功能需要可选用 DZX 10（或 DZ10）系列断路器、CJ20 系列接触器、JR 系列热继电器、QM 系列熔断器等电器元件。其主电路有多种接线方案，以满足进线受电、联络、馈电、电容补偿及照明控制等功能需要。GCL 配电柜主电路接线方案举例如图 GYND00301004-3 所示，其外形尺寸及安装示意如图 GYND00301004-4 所示。

一次接线方案编号	09	30	73	77
一次接线方案图				
用途	受电、联络	电缆出线	功率因数补偿	照明

图 GYND00301004-3 GCL 配电柜主电路一次接线方案

3. GCK 系列电动控制中心

GCK 系列电动控制中心由各功能单元组合而成为多功能控制中心，这些单元垂直重叠安装在封闭式的金属柜体内。柜体共分水平母线区、垂直母线区、电缆区和设备安装区 4 个互相隔离的区域，功能单元分别安装在各自的小室内。当任何一个功能单元发生事故时，均不影响其他单元，可以防止事故扩大。所有功能单元均能按规定的性能分断短路电流，且可通过接口与可编程序控制器或微处理机连接，作为自动控制的执行单元。

GCK 系列电动控制中心的接线举例如图 GYND00301004-5 所示，其外形尺寸及安装示意如图 GYND00301004-6 所示。

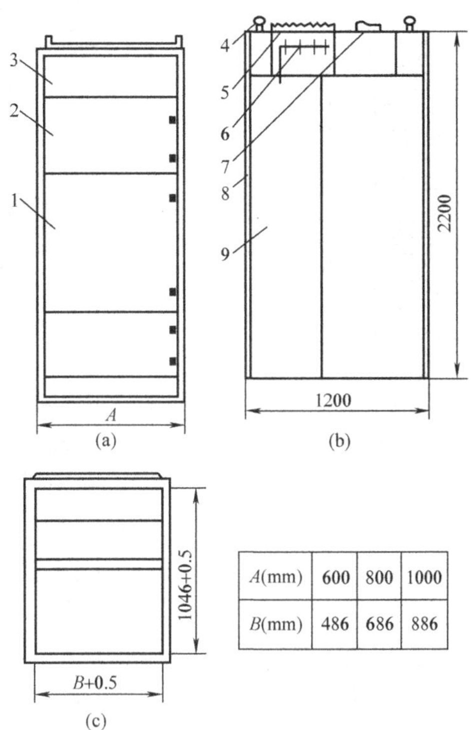

A(mm)	600	800	1000
B(mm)	486	686	886

图 GYND00301004-4 GCL 型配电柜外形尺寸及安装示意图

（a）正视；（b）侧视；（c）柜底

1—隔室门；2—仪表门；3—控制室封板；4—吊环；5—防尘盖后门；6—主母线室；7—压力释放装置；8、9—侧板

一次接线方案编号	BZf21S00	BLb63S00	GRk51S20	BQb14S00	HQj3IS20
一次接线方案图					
用途	可逆	照明	馈电	不可逆	星三角

图 GYND00301004-5 GCK 系列电动控制中心的主电路一次接线方案

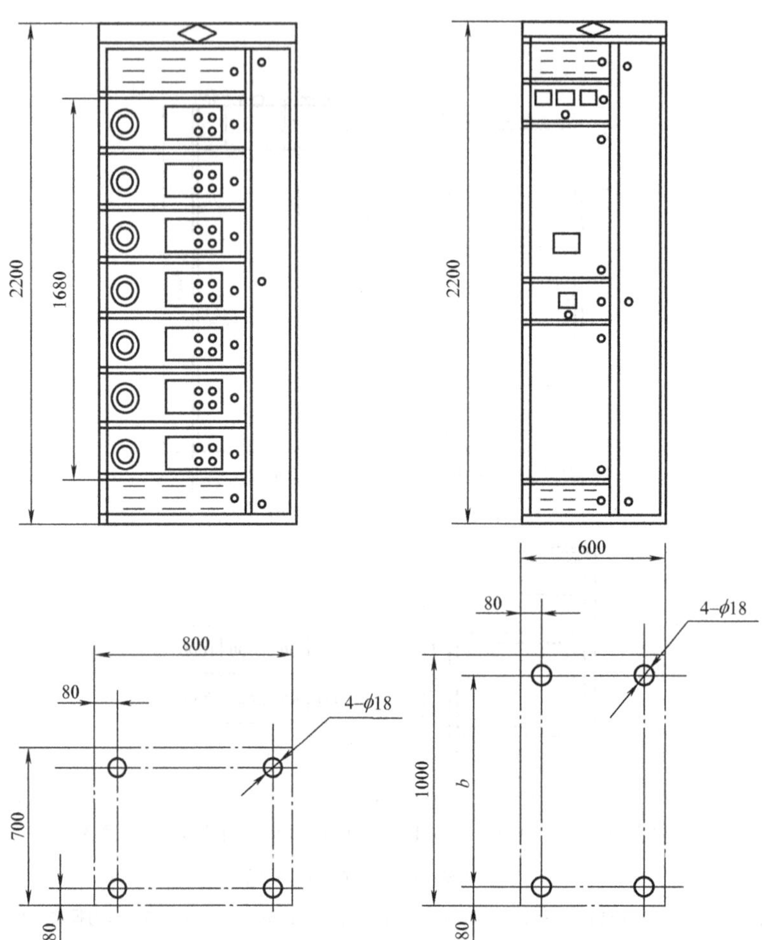

图 GYND00301004-6 GCK 型配电柜外形尺寸及安装示意图

三、低压成套配电装置运行维护

1. 日常巡视维护

建立运行日志，实时记录电压、电流、负荷、温度等参数变化情况，巡视检查设备应认真仔细，不放过疑点。日常巡视维护内容如下：

（1）设备外观有无异常现象，各种仪表、信号装置的指示是否正常等。

（2）导线、开关、接触器、继电器线圈、接线端子有无过热及打火现象；电气设备的运行噪声有无明显增加和有无异常音响。

（3）设备接触部位有无发热或烧损现象，有无异常振动、响声，有无异常气味等。

（4）对负荷骤变的设备要加强巡视、观察，以防意外。

（5）当环境温度变化时（特别是高温时），要加强对设备的巡视，以防设备出现异常情况。

2. 定期维护

配电室应每周进行一次维护，主要内容为清洁室内卫生并对电气设备进行全面检查。每季度应对配电室进行停电检修一次，主要内容如下：

（1）检查开关、接触器触点的烧蚀情况，必要时修复或更换。

（2）导体连接处是否松动，紧固接线端子、检查导线接头，如过热氧化严重应修复。

（3）检查导线，特别是导线出入管口处的绝缘是否完好。

（4）摇测装置线路的绝缘电阻及接地装置的接地电阻。

（5）接触部位是否有磨损，对磨损严重的应及时维修或更换。

（6）配电装置的除尘，盘柜表面的清洁及对室内环境进行彻底清扫。

（7）填写有关记录。

【思考与练习】

1. 低压配电装置分为哪几类？

2. 低压成套配电装置日常巡视维护主要有哪些内容？

第四部分

继电保护及自动装置

第九章 继电保护及自动装置的原理、任务和作用

模块1 继电保护及自动装置在配电网中的任务和作用（ZY3300201001）

【模块描述】本模块包含电力系统的故障、电力系统的异常运行状态、故障和异常运行状态与事故的关系、继电保护装置在配电网中的任务和作用等内容。通过概念描述、术语说明、要点归纳，了解在配电网中装设继电保护装置的重要意义。

【正文】

电力系统由很多设备组成，在电力系统运行过程中，由于各种因素的影响，如恶劣自然条件（雷击，鸟、兽害等）、设备质量、运行维护不到位及人为误操作等，可能出现各种形式的故障和异常运行（工作）状态，而一旦设备出现故障或异常，将对设备及设备所在系统的安全运行带来严重的后果。因此，为了保护设备及系统的安全，所有投入运行设备，必须配置相应的继电保护装置。

一、电力系统的故障

电力系统故障的种类很多，根据其归类方法的不同，有不同形式，如瞬时性故障和永久性故障，横向故障和纵向故障，短路故障、断线故障及复合故障，金属性短路故障和经过渡电阻短路故障等。其中，最常见及最危险的故障是各种类型的短路故障。

1. 短路故障的形式

短路故障分为三相短路 $k^{(3)}$、两相短路 $k^{(2)}$、两相接地短路 $k^{(1,1)}$、单相接地短路 $k^{(1)}$ 以及电机、变压器绕组的匝间短路等几种。其中三相短路、两相短路又称相间短路，两相接地短路、单相接地短路又称接地短路，并以三相短路最为危险，以单相短路最为常见。

2. 短路故障的危害

在系统正常运行时，流过各个设备的电流为负荷电流 I_L，其数值比较小，设备工作电压为额定电压 U_N，其数值比较高。当设备（如线路）发生故障时，将由电源向故障点提供一个比正常运行时大得多的短路电流 I_k，因此可能造成以下后果：

（1）故障点的电弧将故障设备烧坏。

（2）短路电流的热效应和电动力效应使故障回路的设备受到损伤，降低使用寿命。

（3）系统电压损失增大使设备工作电压下降，离故障点越近，所受影响越大，用户的正常工作条件遭到破坏。

（4）破坏电力系统运行的稳定性，严重时引起系统振荡，甚至使整个电力系统瓦解，导致大面积停电。

3. 电力系统短路故障时对继电保护装置的要求

短路故障时对继电保护装置的要求是快速、灵敏，且有选择、可靠地通过断路器跳闸，切除故障。

二、电力系统的异常运行状态（又称不正常运行状态）

1. 定义

电力系统的正常工作状态遭到破坏但还未形成故障，一般情况可继续运行一段时间的情况，称为异常运行状态。

2. 形式

电力系统异常运行状态常见的有过负荷、中性点非直接接地系统的单相接地、发电机突然甩负荷引起的过电压、电力系统振荡等。

3. 异常运行状态的影响

电力系统处于异常运行状态将严重影响电能质量，并且损伤电气设备的使用。长时间的过负荷运行将引起设备过热，加速绝缘老化，轻者降低设备使用寿命，严重时绝缘击穿引发短路。而当发电机突然甩负荷造成过电压时，将直接威胁电气绝缘安全；电力系统振荡时，电流、电压周期性摆动，则严重影响系统的正常运行。

4. 异常运行状态时对继电保护装置的要求

当电力系统处于异常运行状态时，要求保护装置带一定延时自动发信号通知运行值班人员，以便及时处理，消除不正常工作状态，情况严重时也可直接自动跳闸。

三、故障、异常运行状态与事故的关系

事故是指出现人员伤亡、设备损坏、电能质量下降到不能允许的程度、对用户少供电或停止供电的这些情况。故障和异常工作情况若不能及时处理，将引起事故。

四、继电保护装置的任务及作用

电力系统继电保护是继电保护技术和继电保护装置的统称。它的基本任务如下：

（1）在电力系统电气设备出现故障时，自动、快速且有选择地通过断路器跳闸将故障设备从系统中切除，以避免故障设备继续遭到破坏，保证系统其余非故障部分继续运行。

（2）当电力系统电气设备出现异常运行状态时，自动、及时有选择地发出信号，让运行值班人员进行处理，或切除继续运行会引起故障的设备。

因此，继电保护对保证系统安全运行和电能质量、防止故障扩大和事故发生，起着极其重要的作用，是电力系统必不可少的组成部分。

【思考与练习】

1. 电力系统的故障类型有哪几种？
2. 异常运行对电力系统有哪些影响？
3. 继电保护装置的任务及作用是什么？
4. 短路故障时对继电保护的要求是什么？

模块2　继电保护及自动装置的基本原理（ZY3300201002）

【模块描述】本模块包含继电保护的基本工作原理、保护种类和继电保护装置的基本组成等内容。通过概念描述、术语说明、框图示意、要点归纳，了解继电保护及自动装置的基本原理。

【正文】

一、基本原理

继电保护必须具备区分被保护设备正常运行、发生故障或异常运行状态的能力，并能够根据上述三种状态下被保护设备参数的变化来实现保护。

首先，可以利用电气量的显著变化来区分。短路故障的明显特征之一就是电流剧增，根据这一特征，可以识别被保护设备是正常运行还是发生故障，从而可构成设备故障时的保护，且由于所构成的保护是根据电流参数来区分设备的工作状态，因而称为电流保护。由此可见，保护的名称中可能就含有保护装置的基本工作原理。短路故障的另一特征是电压剧减，因此，相应的还有低电压保护。再则，还可以同时反应故障时电压降低和电流增加的特征，且由于故障时所测得的阻抗是变小的，故在输电线路中，由于保护安装处所测得的阻抗的大小反应了故障点与保护安装处的距离远近，因此输电线路的阻抗保护常称为距离保护。同理，如果同时反应电压与电流之间相位角的变化，则可以判断故障点的方向是处于保护安装处的正方向还是反方向，这就是实现方向保护的原理。

为了更确切地区分设备的正常运行与故障或异常状态，如电压、电流的某一对称分量（负序或零序）或谐波分量来构成保护。以电流为例：不对称相间短路时，其短路电流可以分解为正序电流分量、负序电流分量和零序电流分量；而在系统正常时，基本上不存在负序电流分量和零序电流分量。因此，检测负序电流分量就可以判断系统是否发生不对称故障，由此构成的保护称为负序电流保护；而检测零序电流分量则可以判断系统是否发生接地故障，所构成的保护称为零序电流保护。

除利用上述电气量外，还可以利用其他物理量，如气体、温度等非电量来构成保护。当变压器油箱内部故障时，油被分解成大量气体，根据此特点可构成变压器油箱内部故障时的保护，称为气体（瓦斯）保护。除此之外，在变压器过负荷时，将伴随着变压器油温的升高等特征，据此也可以构成变压器温度保护。

总之，无论是反应哪种物理量而构成的保护装置，当其测量值达到一定数值（即整定值）时继电保护就将有选择地切除故障或显示电气设备的异常情况。

二、种类

继电保护的种类有很多，几种常用归类方法如下：

（1）按保护对象不同归类：发电机保护、变压器保护、线路保护、母线保护、电动机保护、电容器保护等。

（2）按动作结果不同归类：动作于断路器跳闸的短路故障保护和动作于发信号的异常运行保护两大类。其中，短路保护的种类有以下几种：

1）按反应故障类型的不同，有相间短路保护、接地短路保护及匝间短路保护等。

2）按其功能的不同，有主保护、后备保护及辅助保护，且后备保护又有远后备保护与近后备保护之分。

3）按保护工作原理不同归类，有反应稳态量的常规保护和反应暂态量的新原理保护两大类。根据所反应的参数不同，常规保护有过电流保护、低电压保护、方向电流保护、零序保护、阻抗保护、差动保护、高频保护及气体保护等，新原理保护有工频变化量保护和行波保护等。

4）按保护装置型式原理不同归类，有电磁型保护、整流型保护、晶体管型保护、集成电路型保护及微机型保护等。

5）按保护反应参数增大或减小动作归类，有过量保护和欠量保护。

三、基本组成

继电保护的种类虽然很多，但就其基本组成而言，一般可看成由测量部分、逻辑部分和执行部分三部分组成，其框图如图 ZY3300201002-1 所示。

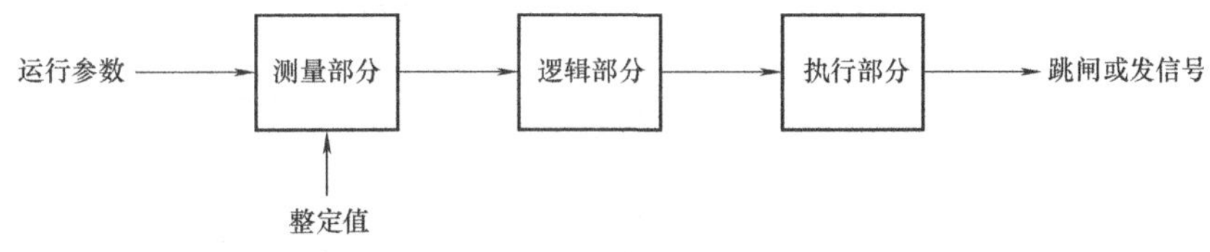

图 ZY3300201002-1 继电保护装置基本组成框图

测量部分的作用是测量一个或几个能反应被保护设备状态的参数，然后与保护的整定值（又称为计算值）进行比较，以判断被保护设备的工作状态，决定保护是否启动；逻辑部分的作用是根据测量部分的输出结果，进行一系列逻辑判断，以决定保护是否应动作；执行部分的作用是执行保护，即设备正常运行时保护不动，设备故障时保护动作于跳闸，而设备异常时保护动作于发信号。把以上保护各组成部分的作用串接在一起，就是一套保护装置的工作过程。

【思考与练习】

1. 简述继电保护的基本原理。
2. 按保护对象不同继电保护可分为哪几种？
3. 按基本工作原理不同继电保护可分为哪几类？
4. 继电保护的基本组成是什么？

模块 3 主保护、后备保护与辅助保护（ZY3300201003）

【模块描述】本模块包含主保护、后备保护与辅助保护的基本概念、作用和相互间配合等内容。通过概念描述、术语说明、原理分析、图解示意，了解主保护、后备保护与辅助保护的基本概念。

【正文】

电力系统中的电力设备和线路，都应装设反应短路故障和不正常运行状态的保护装置。根据保护装置作用的不同，保护装置可分为主保护、后备保护和辅助保护。电力系统中的每一个被保护元件都应该设置主保护和后备保护，必要时可再增设辅助保护。

1. 主保护

主保护是指能以最短的时限，有选择性地切除被保护设备和全线路故障的保护。它既能满足系统稳定运行及设备安全要求，也能保证系统中其他非故障部分的继续运行，如阶段式电流保护的Ⅰ段和Ⅱ段、距离保护的Ⅰ段和Ⅱ段、高频保护、差动保护等。

2. 后备保护

后备保护是指主保护或断路器拒绝动作时，用以切除故障的保护装置，如电流保护的第Ⅲ段、距离保护的第Ⅲ段等。后备保护不仅可以对本线路或设备的主保护起后备作用，而且对相邻线路也可以起后备作用。因此，后备保护又可分为远后备和近后备两种方式。

远后备是指本元件的主保护或断路器拒绝动作时，由相邻电力设备或者线路的保护实现后备。如图 ZY3300201003-1 所示阶段式保护，母线 A 处的保护 1，它不仅作为本线路 L1 的主保护，而且还要作相邻线路 L2、变压器 T 的后备保护。当线路 L2 的 D 点发生故障时，首先应由其主保护 2 动作，使断路器 QF2 跳闸，切除故障线路。如因主保护 2 或断路器 QF2 拒绝动作时，则由相邻线路 L1 的保护 1，以 t_1^{III} 的时限动作，将断路器 QF1 跳闸，这就是保护 1 实现了对相邻线路 L2 的远后备保护作用。当然，该保护也对变压器 T 实现远后备保护作用。这种由一套保护来担负着本线路的主保护和相邻线路的后备保护，其突出优点是简单，实现后备的性能完善。因此，在 35～66kV 的电网中获得了广泛使用。

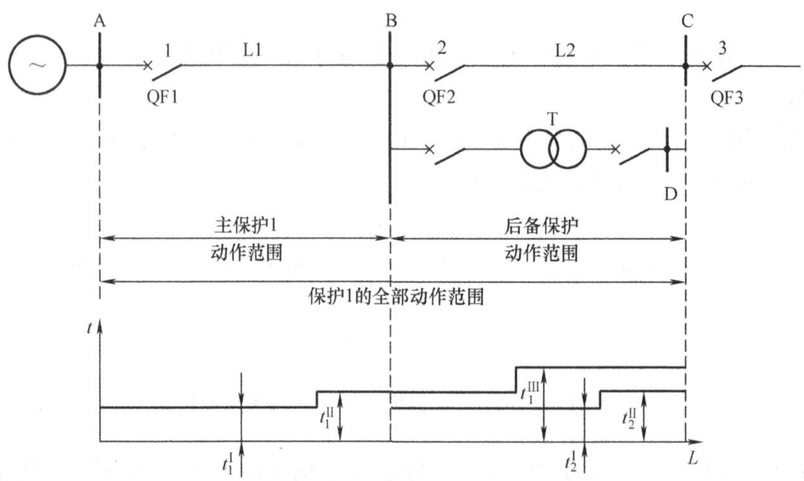

图 ZY3300201003-1 主保护和后备保护的动作范围及动作时限特性

近后备是指主保护拒绝动作时，由本设备或线路的另一套保护实现的后备，当断路器拒绝动作时，可由该元件的保护或断路器失灵保护断开同一边所有电源的断路器，借以切除故障。

显然，实现近后备保护就必须在被保护元件上装设两套保护，这就增加了设备投资和使保护的接线复杂化。所以，只有在远后备不能满足系统要求时，才考虑采用近后备方式。通常实现近后备的方法有两种：其一，在重要的系统联络线上，采用两套工作原理完全相同的保护；其二，采用动作原理不同的保护做近后备保护，如主保护是高频保护，而后备保护采用距离保护或零序保护等。

采用近后备保护时，对于断路器拒绝动作，应视断路器拒动的可能性和由断路器拒动后产生后果的严重程度，确定是否应装设失灵保护。

3. 辅助保护

辅助保护，为补充主保护和后备保护的不足而增设的简单保护，例如电流速断通常就可以作为这类性质的保护。

异常运行保护，是反应被保护电力设备或者线路异常运行状态的保护，例如过负荷保护，水轮发电机和大型汽轮发电机过电压保护等。

总之，为减少使用的保护套数和简化保护的接线，在能满足系统的后备要求时，力求使主保护和后备保护合并于一套保护装置之中。例如用电流、电流方向和距离保护作为主保护时，就能达到这一目的。而当采用差动保护时或远后备保护不能满足系统要求时，则必须有单独的一套后备保护。

【思考与练习】

1. 什么是主保护？
2. 什么是后备保护？
3. 什么是远后备保护？

模块 4 电力系统对继电保护的基本要求（ZY3300201004）

【模块描述】本模块包含电力系统对继电保护的选择性、速动性、灵敏性、可靠性等基本要求。通过概念描述、术语说明、要点归纳，了解电力系统对继电保护的四项基本要求。

【正文】

为了保证继电保护能确实完成其在电力系统中所承担的任务及作用，有必要对继电保护装置提出一定的要求，但当保护的动作结果不同时，所提出的要求也不相同。对动作于跳闸的继电保护装置，有以下四个基本要求：

一、选择性

选择性要求的内容是：在系统发生故障时，首先由故障设备（或线路）的保护切除故障，当其保护或断路器拒动时，才允许由相邻设备（或线路）的保护或断路器失灵保护切除故障。换句话说，保护装置的动作应只切除故障设备，或使故障的影响范围限制在最小。电网保护选择性动作说明如图 ZY3300201004-1 所示。

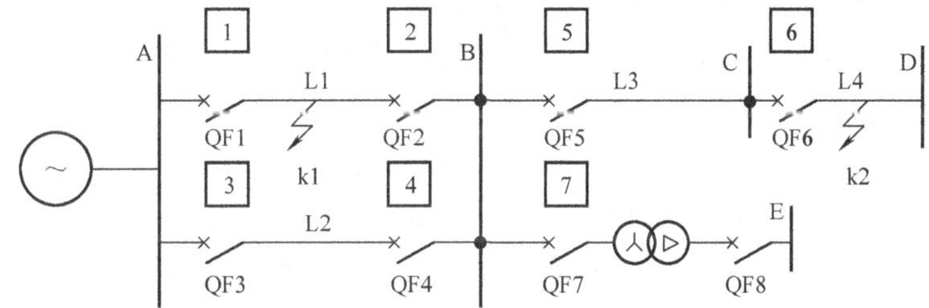

图 ZY3300201004-1 电网保护选择性动作说明图

在图 ZY3300201004-1 所示网络中，假设各设备上都装设有电流保护。当 k1 点短路时，由于短路电流总是由电源流向故障点，因此保护 1、2、3、4 均有短路电流流过，均可能动作，但根据选择性的要求，应该由保护 1、2 分别动作于跳开断路器 QF1 和 QF2，将故障切除。同理，当 k2 点短路时，根据短路电流的分布情况，保护 1、2、3、4、5、6 均有短路电流流过，均可能动作，但只有保护 6 动作于断路器 QF6 跳闸才认为是有选择性的。

必须指出，由于保护和断路器都存在拒动的可能，而短路故障又是电力系统最危险的故障，因此有关规程规定，对于短路保护，还应配置有相应的后备保护。在 k2 点短路时，如果保护 6 或断路器 QF6 拒动，则保护 5 动作于断路器 QF5 跳闸也认为是有选择性的动作。因为在这种情况下，保护 5 的动作虽然扩大了停电范围，但仍起到了使故障的影响范围限制在最小的作用。

二、速动性

速动性要求是指保护装置应尽可能地快速切除短路故障。保护的速动性要求应注意以下两个问题：

（1）切除故障的时间为继电保护的动作时间和断路器的跳闸时间之和。因此，要缩短故障切除时间，不仅要求保护动作速度要快，而且与之配套使用的断路器跳闸时间也应尽可能短。

（2）保护的速动性要求是相对的，不同电压等级的电网，要求不同。如，同样的保护动作时间 0.5s，在 110kV 及以下电压等级电网中被认为是迅速的，而在 220kV 及以上电压等级电网中则被认为是不够迅速的。

继电保护的速动性应根据被保护设备和系统运行的要求确定，并非越快越好，否则，势必带来保护装置其他性能的降低，或者增加保护的复杂性，而且经济上也不合理。目前，保护最快的动作速度只需 4～10ms，一般约 0.02s，即工频一个周波。故障切除时间（包括灭弧）最快可以不超过 0.1s。

三、灵敏性

灵敏性要求的内容是指保护装置对于其保护范围内所发生的各种金属性短路故障，应具有足够的反应能力。保护装置的灵敏性要求与选择性要求的关系密切，在电力系统故障时，故障设备的保护必须先能够灵敏地反应故障，才可能有选择性地切除故障，因此能有选择切除故障的保护，必须同时具备灵敏性。

保护装置的灵敏性通常用灵敏系数 K（又称灵敏度）的大小衡量。灵敏系数越高，表示保护装置对故障的反应程度越强；反之，则越弱。因此，过量保护和欠量保护对于灵敏系数的定义是不同的。

对于过量保护，其灵敏系数的定义为

$$K_1=\frac{\text{短路时故障参数计算值}}{\text{保护装置的动作参数}} \qquad \text{(ZY3300201004-1)}$$

对于欠量保护，其灵敏系数的定义则为

$$K_2=\frac{\text{保护装置的动作参数}}{\text{短路时故障参数的计算值}} \qquad \text{(ZY3300201004-2)}$$

四、可靠性

可靠性的要求是：保护装置应在良好的工作状态下，在保护装置不该动作时应可靠地不动作，而在保护装置该动作时应可靠地动作。保护装置的误动或拒动是电力系统发生事故的根源之一，因此，保护装置必须满足可靠性的要求。

以上分析的是对于动作于断路器跳闸保护的四个基本要求，它们应同时满足，但是这种满足只是相对的。因为在这四个基本要求之间，既有相互紧密联系的一面，也有相互矛盾的一面。例如：为保证选择性，有时就要求保护动作带上延时；为保证灵敏性，有时就允许保护非选择性动作，再由自动重合闸装置来纠正；而为保证速动性和选择性，有时需采用较复杂的保护装置，因而降低了可靠性。因此，在确定继电保护方案时，必须从电力系统的实际情况出发，分清主次，以求得最优情况下的统一。

此外，在选用继电保护装置时，还应注意保护的经济性和简单性。在保证电力系统安全运行的前提下，尽量采用投资少、维护费用较低和简单的保护装置。对于动作于信号的保护装置，其基本要求只有三个，即选择性、灵敏性及可靠性。对继电保护的基本要求将一直贯穿于每一套保护中，评价一套继电保护装置性能的优劣，即以其对基本要求的满足情况而定。

【思考与练习】

1. 对继电保护有哪些要求？

2. 在图 ZY3300201004-1 中，k1 点短路时，线路保护 3 动作跳开断路器 QF3，是否可称有选择性动作？它又如何起到远后备作用？

模块 5　10kV 配电网中线路保护配置（ZY3300201005）

【模块描述】本模块包含 10kV 配电网主要故障类型、继电保护配置种类和原理等内容。通过概念描述、术语说明、图解示意，了解 10kV 配电网中线路保护配置。

【正文】

一、中性点非直接接地配电系统线路的主要故障

配电系统多为中性点非直接接地或经低阻接地。由于变压器的中性点是不直接接地的，因而当网

络中发生单相接地时，只在接地点流过不大的电流。由于单相接地故障并不破坏系统电压的对称性，所以对电网中电气设备的运行和对用户的连续供电，没有多大影响。一般仍允许电气设备继续运行 1～2h。在这段时间内，运行人员找出故障线路，并采取相应措施。

除了易发生单相接地故障外，还有两相短路和三相短路两种故障也易发生。产生这些故障的主要原因是电气绝缘、外力破坏。据调查，重工业企业内部的架空配电线路事故和故障以自然事故及外力影响造成的事故为主，两者共占架空配电线路总事故的 80.3%。电缆线路故障最主要的原因也是外力损伤（如挖土、打桩、载重车辆压坏等），所造成的事故占电缆线路总事故的 84%。

综上所述，从设置继电保护的角度出发，6～35kV 配电系统中要考虑的主要故障形式为单相接地、两相短路和三相短路三种，此外，若线路为电缆线路时应注意可能产生的过负荷。

二、带时限过电流保护

配电系统发生短路时，最主要的特征之一就是线路中的电流将大大增加。过电流保护装置就是根据这一特征构成的。当流经保护的电流超过整定值时，保护动作，使线路断路器跳闸。

三、低电压启动的过电流保护

网络的过负荷电流与短路电流有时差异不大，因而按躲过最大负荷电流整定的过电流保护在有些情况下不能满足灵敏性的要求。但由于在过负荷和短路两种情况下，负载阻抗与短路阻抗的性质不同，因而在保护安装处的电压也不同。根据这一特点，可装设灵敏性较高的低电压启动的过电流保护。

四、瞬时电流速断保护

在过电流保护中，启动电流是按照大于负荷电流的原则选择的，因此，为了保证动作的选择性，就必须采用逐级增加的阶梯形时限特性。在很多情况下，这对切除靠近电源侧的严重故障是不允许的。为了克服这一缺点，同时又保证动作的选择性，可以采用提高电流整定值以限制动作范围的办法，加快保护的动作，这就构成了瞬时电流速断保护。

它与过电流保护的主要区别，就在于它的动作范围限制在线路的某一区段内。其启动电流按照一定地点的短路电流来选择，从电流整定值上保证了动作的选择性。

五、无选择性电流速断保护

在某些特殊情况下，可将电流速断保护装置的保护范围延伸出被保护的线路以外，使全部线路得到无选择性电流速断的保护。该保护的无选择性动作并不降低向配、变电站供电的可靠性。

如果为了保证系统运行的稳定性，要求快速切除被保护线路上任一点发生的短路时，可以采用无选择性电流速断保护。在这种情况下，被保护线路以外故障引起的无选择性动作，可以用自动重合闸来补救。图 ZY3300201005-1 所示为无选择性电流速断保护装置与自动重合闸（AAR）配合的例子。

图 ZY3300201005-1 中，当变电站Ⅱ中任意一降压变压器高压电源引线或内部发生短路（如 k 点）时，如果短路点在电流速断保护装置动作范围以内，则电流速断保护装置将和变压器的速动保护同时动作，线路也被无选择性地切除，但线路自动重合闸装置启动后将恢复向变电站Ⅱ的供电。

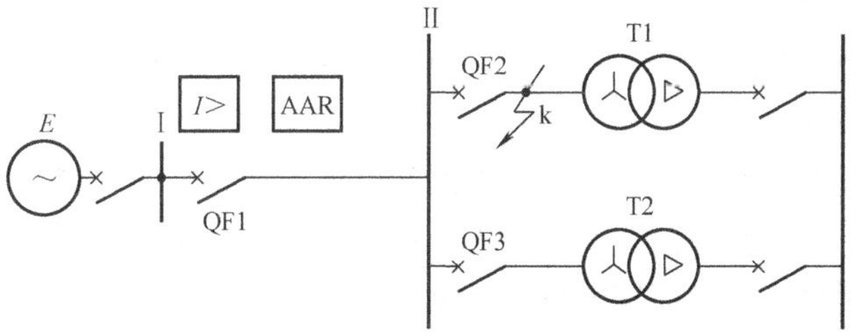

图 ZY3300201005-1　无选择性电流速断装置与 AAR 配合

六、限时电流速断保护

由于瞬时电流速断保护的保护范围，与线路本身的长度以及系统运行方式的变化关系很大，因而有时满足不了灵敏性的要求，甚至保护范围为零，为此考虑装设限时电流速断保护。限时电流速断保护原则上要求保护本线路的全长，因而必然延伸到下一段线路或设备中去，为了有选择性地动作，限时电流速断保护整定值必须与下一段线路电流速断保护整定值配合。

七、配电线路单相接地保护

当小电流接地系统发生单相接地时，只有很小的接地电容电流，但线电压仍然是对称的。由于非故障相的对地电压要升高为原来对地电压的$\sqrt{3}$倍。因此，规程规定中性点不接地系统发生一相接地故障时，允许继续运行 1～2h。在系统发生单相接地故障时，必须通过无选择性的绝缘监视装置或有选择性的单相接地保护装置，发出报警信号，以便运行值班人员及时发现和处理。

中性点不接地系统单相接地保护如下：

（1）绝缘监视装置。利用出现发生单相接地时，系统会出现零序电压这一特征而构成的绝缘监视装置，是最简单实用的中性点不接地系统单相接地保护方式。

（2）零序电流保护。利用故障线路的零序电流大于非故障线路零序电流的特点，可以构成有选择性的零序电流保护，并可动作于信号或跳闸。发生单相接地时，故障线路的零序电流大，保护动作发信号，非故障线路的零序电流较小，保护不动作，因此零序电流保护是有选择性的，而且网络馈线越多，总电容电流越大时，灵敏系数越容易满足要求，因此在线路较多的配电系统中将得到较多应用。

八、配电网络重合闸装置

自动重合闸（AAR）是当线路断路器因事故跳闸后，立即使线路断路器自动再次合闸的一种自动装置。

线路的三相自动重合闸的原理是架空输电线路的故障多系雷击、鸟害和树枝、风筝碰线等引起的瞬时性短路。瞬时性故障当线路断路器跳闸而电压消失后，随着电弧的熄灭，短路自行消除。自动重合闸重新合闸成功，恢复对用户的供电；如为永久性故障，则重合闸不成功，而由保护装置最后断开线路断路器。重合闸的成功率可高达 60%～80%。自动重合闸的使用大大提高了供电的可靠性，减少了停电所造成的经济损失。但是当采用自动重合闸后，如断路器重合于永久性故障，则加重了断路器的工作负担。

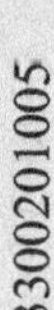

终端配电网及工矿企业配电网的重合闸一般应满足：

（1）除遥控变电站外，优先采用控制开关的位置“不对应”原则启动重合闸，以保证由继电保护动作或其他原因误使断路器跳闸后，都可进行重合；同时也可防止因保护返回太快，自动重合闸可能来不及启动而造成的拒绝重合。

（2）手动或遥控切除断路器，自动重合闸均不应启动。

（3）手动投入断路器于故障线路上而随即由继电保护动作断开时，自动重合闸应保证不进行重合。

（4）自动重合闸的动作次数应符合预先规定的次数。对单侧电源线应采取一次重合闸。当配电网由几段串联线构成时，宜采用自动重合闸前加速保护动作或顺序自动重合闸。

（5）自动重合闸在动作以后，一般应自动复归，以便准备好下一次再动作。如当地有人值班时，也可采用手动复归的方式。

（6）自动重合闸应有可能在重合闸以前或重合闸以后加速继电保护的动作，当用控制开关合闸时，也宜采用加速继电保护动作的措施。

（7）自动重合闸的动作时间应力求最短，以便较快恢复对用户的正常供电。

九、备用电源自动投入

装设备用电源自动投入（AAT）可以大大缩短备用电源切换时间，提高供电的不间断性，从而可以获得较大的经济效果。备用电源自动投入应用在备用线路、备用变压器和备用机组上。备用电源自动投入与电动机自启动配合使用时，效果将更显著。

备用电源自动投入的接线应满足下列基本要求：

（1）工作电源不论因何原因失去时（如工作电源故障或被误断开等），备用电源自动投入均应动作。若属工作母线的故障，必要时可以用速断保护或限时速断保护闭锁自投。

（2）备用电源必须在工作电源已经断开，且备用电源有足够高电压时，才允许接通。前者为避免备用电源自动投入到故障上所必需，后者则是为了保证电动机自启动。

（3）应检验备用电源的过负荷能力和电动机自启动条件。如备用电源过负荷能力不够，或电动机自启动条件不能保证，可在备用电源自动投入动作的同时，切除一部分次要负荷。

（4）备用电源自动投入的动作时间应尽量缩短，以利于电动机自启动。

（5）应保证备用电源自动投入只动作一次，以避免备用电源投入到永久性故障时继电保护动作将其断开后又重复投入。

（6）当电压互感器的熔断器之一熔断时，低电压保护启动元件不应误动作。

【思考与练习】

1. 何谓线路过电流保护？何谓瞬时电流速断保护？绘出电路图说明其工作原理与各元件的作用。
2. 过电流保护是如何保证选择性的？在整定计算中为什么要考虑返回系数及自启动系数？采用低电压闭锁为什么能提高过电流保护的灵敏度？
3. 小电流接地系统发生单相接地时有何特点？
4. 什么叫自动重合闸？其作用是什么？
5. 什么叫备用电源自动投入？其作用是什么？

模块 6　电力变压器保护配置（ZY3300201006）

【模块描述】本模块包含配电变压器保护种类、原理及整定等内容。通过概念描述、术语说明、图解示意，了解配电变压器保护配置。

【正文】

一、配电变压器保护的装设原则

（1）防御变压器油箱内部故障和油面降低的瓦斯保护。瓦斯保护主要用于 800kVA 及以上的油浸式变压器和 400kVA 及以上的车间内油浸式变压器。该保护的轻瓦斯动作于信号，重瓦斯动作于跳闸，即断开变压器各电源侧的断路器。

（2）纵联差动保护或电流速断保护。为防御变压器绕组、引出线和套管的多相短路，用于中性点直接接地系统的变压器电网侧绕组和引出线的接地短路，以及绕组匝间短路，应装设纵联差动保护或电流速断保护。

1）对于 6300kVA 及以上并列运行的变压器，以及 10 000kVA 及以上单独运行的变压器，或 2000kVA 及以上采用电流速断保护但其灵敏性不符合要求的变压器，应装设纵联差动保护。

2）对 10 000kVA 以下单独运行的变压器，以及 6300kVA 以下并列运行的变压器，当过电流保护时限大于 0.5s 时，应装设电流速断保护。

这些保护装置动作后，应断开变压器各侧的断路器。

（3）防御外部相间短路并做瓦斯保护和纵差动保护（或电流速断保护）后备的过电流保护、复合电压启动的过电流保护或负序电流保护。过电流保护对双绕组变压器装设于主电源侧，对一般用户的降压变压器装于高压侧。这些保护装置的接线宜考虑在电流互感器与断路器之间故障时起保护作用。

（4）防御中性点直接接地系统中外部短路的零序过电流保护。一次电压为 10kV 及以下，绕组为星形—星形连接，低压侧中性点接地的变压器，对低压侧单相接地短路应装设在低压侧中性线上的零序过电流保护。

（5）防御对称过负荷的过负荷保护。400kVA 及以上变压器，当数台并列运行或单独运行并作为其他负荷的备用电源时，应根据可能过负荷的情况装设过负荷保护。

过负荷保护一般接于一相电流上，带延时动作于信号。在无经常值班人员的变电站，必要时，过负荷保护可动作于跳闸或断开部分负荷。

二、瓦斯保护

电力变压器利用变压器油作绝缘和冷却介质，当油浸变压器内部发生故障时，短路电流产生的电弧使变压器油及其他绝缘物分解产生大量气体，利用这些气体形成动作于保护装置叫气体保护。通常这些气体中含有大量的瓦斯气体，所以又叫瓦斯保护。瓦斯保护的主要元件是气体继电器。气体继电器安装在变压器油箱与储油柜之间的连接管道中。

瓦斯保护的主要优点是能反应变压器油箱内的各种故障，灵敏性高、结构简单、动作迅速。它和电流速断、电流差动保护等都是变压器的快速保护，属于主要保护。瓦斯保护的缺点是不能反应变压器油箱外的故障。

三、油温信号装置

电力变压器运行规程规定，油浸式电力变压器在正常运行情况下允许温度应按上层油温来检查。为了防止变压器油劣化过速。通常容量在1000kVA及以上的油浸式变压器均有温度计，温度计的信号触点容量应不低于220V、0.3A。因此，在变电站内，凡变压器容量超过此界限的，均应有温度升高的信号装置，由具有电触点的温度计的接线端，经控制电缆分别接至变压器保护的信号回路。

四、变压器电流速断保护

采用电流速断保护作为防止变压器一次绕组及其引线短路故障的速动保护，在中小容量电力变压器的保护中得到了广泛应用。高压侧为中性点非直接接地系统的双绕组降压变压器两相式电流速断保护接线图如图ZY3300201006-1所示，保护装设在高压侧。由于电流速断保护是防止相间短路故障的保护，所以都按不完全星形的两相继电器接线方式构成。

电流速断保护的优点是接线简单，动作迅速，能瞬时切除变压器一次侧引出线端及其部分绕组的故障。缺点是保护范围受到限制，不能保护变压器全部二次绕组及变压器二次侧的连接线上的短路故障。在上述故障的情况下，短路故障需由过电流保护经一定时限来切除；如果变电站内有几台变压器并联运行，过电流保护可能失去动作上的选择性，将全部变压器无选择性地切断。

五、过电流保护

过电流保护通常是指其启动电流按照躲开最大负荷电流来整定的一种保护装置。它在正常运行时不应该启动，而在变压器外部故障时，则能反应电流的增大而动作，在一般情况下作为变压器的后备保护。

保护装置的单相原理接线图如图ZY3300201006-2所示，其工作原理与定时限过电流保护相同。保护动作后，应跳开变压器两侧的断路器。

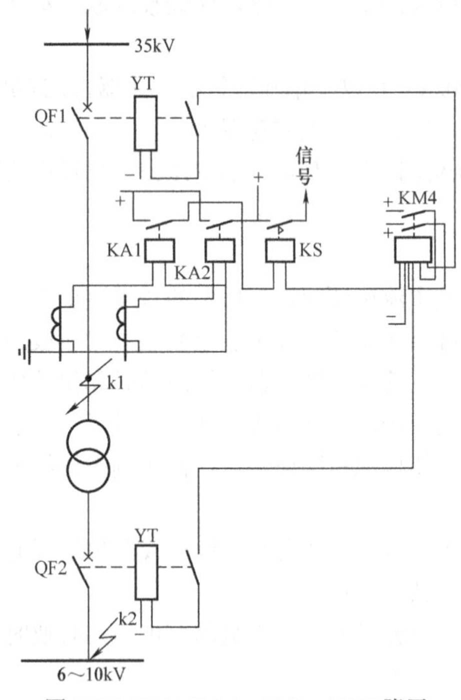

图ZY3300201006-1　35/6～10kV降压变压器两相式电流速断保护接线图

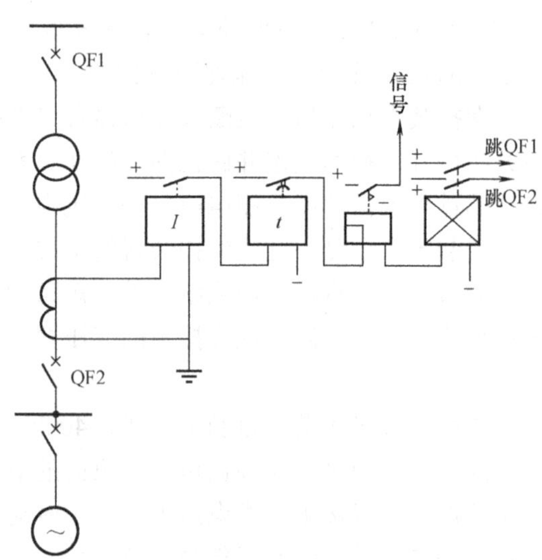

图ZY3300201006-2　过电流保护基本原理

六、变压器纵联差动保护

为了保护变压器的内部、套管及引出线上的各种短路故障，在变压器上广泛地采用纵联差动保护（简称纵差保护）。在变压器的两侧都装设电流互感器，其二次绕组按环流原则串联，差动继电器KD并接在差回路臂中，在正常运行和外部故障时，二次电流在臂中环流，继电器KD中流过二次电流$I_r=$

$I_{I.2}-I_{II.2}$，如图 ZY3300201006-3 所示。

为了使差动保护在正常运行情况下及外部短路时不动作，必须均衡继电器两侧二次电流，使得流过继电器的电流为零。因此要使变压器由两侧电流互感器流入继电器 KD 的电流大小相等、相位相反，其差值为零。

在变压器内部发生相间短路时，从电流互感器流入继电器的电流大小不等、相位相同，两电流相加使继电器内有电流流过。当单侧电源供电时，流入差动继电器的电流为 $I_r=I_{I.2}$，继电器也有很大的电流流过，继电器动作，断开变压器两侧的断路器，如图 ZY3300201006-4 所示。

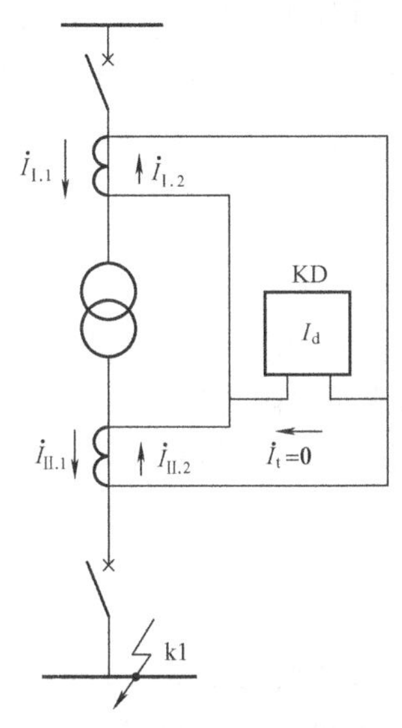

图 ZY3300201006-3　变压器差动保护动作原理（区外故障）

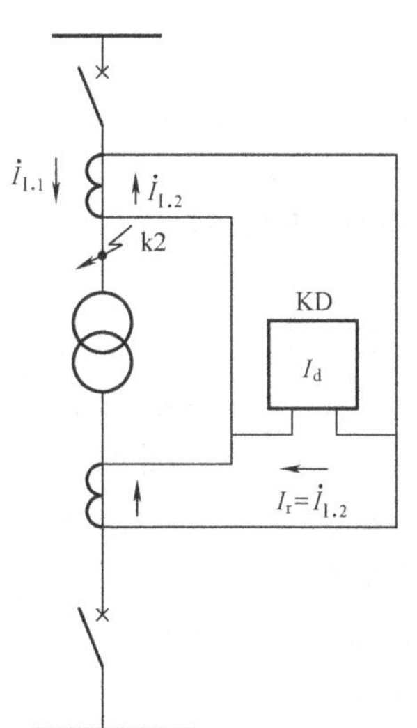

图 ZY3300201006-4　变压器差动保护动作原理（区内故障）

电流差动保护从原理上讲，灵敏性高，选择性好。但由于变压器各侧的额定电压和额定电流不相等，各侧电流的相位也不相同，且一、二次侧是通过电磁联系的，在电源侧有励磁电流存在，这些都将导致差动回路中的不平衡电流大大增加，构成了实现变压器纵差保护的特殊问题。

七、变压器过负荷保护

在可能发生过负荷的变压器上，需要装设过负荷保护。由于过负荷电流在大多数情况下是三相对称的，因此过负荷保护可以仅接在一相电流上。对双绕组变压器，防止由于过负荷而引起异常高温，电流的过负荷保护通常装设在被保护变压器电源侧。

【思考与练习】

1. 配电变压器应装设哪些保护？
2. 变压器差动保护的基本原理是什么？
3. 变压器过负何保护的作用是什么？
4. 简述变压器瓦斯保护的动作原理。

模块 7　高压电动机的继电保护（ZY3300201007）

【模块描述】本模块包含高压电动机基本保护种类、原理及整定等内容。通过概念描述、术语说明、图解示意，了解高压电动机的继电保护。

【正文】

一、电动机的故障、异常运行状态及保护方式

在电力生产和工矿企业中，大量地使用电动机。电动机的安全运行对确保电力系统和生产企业的安全、经济运行都有很重要的意义，因此应根据电动机的类型、容量及其在生产中的作用，装设相应的保护装置。

电动机发生主要故障时，不仅故障的电动机本身会遭受严重损伤，同时还将使供电电压显著下降，影响其他用电设备的正常工作。因此，对电动机定子绕组及其引出线的相间短路，必须装设相应的保护装置，以便及时地将故障电动机切除。通常，低压小容量电动机，可采用熔断器或低压断路器（自动空气开关）的短路脱扣器作为相间短路保护；容量较大的高压电动机，则装设电流速断作为相间短路保护；当电动机的容量在 2000kW 以上时，普遍采用纵差保护代替电流速断保护。对于 2000kW 以下的电动机，如果电流速断灵敏度不能满足要求时，可装设纵差保护代替电流速断保护。

单相接地对电动机的危害取决于供电网络中性点的运行方式。对于 380V/220V 的低压电动机，其电源中性点一般直接接地，故应该装设快速动作于跳闸的单相接地保护。而对于 3～10kV 的高压电动机，由于所在供电网络属于小电流接地系统，电动机单相接地后，只有电网的电容电流流过故障点，其危害一般较小。规程规定，当接地电容电流大于 5A 时，应装设接地保护；当接地电容电流大于 10A 时，保护一般作用于跳闸。

二、电动机的相间短路保护

（一）保护的启动元件

对于不易遭受过负荷的电动机，可采用 DL−10 系列的电磁电流继电器构成保护。对于容易过负荷的高压电动机及容量在 100kW 以上的低压电动机，则宜采用具有反时限特性的 GL−10 系列感应型电流继电器来构成保护，因为此时可利用继电器中的瞬动元件构成电动机的相间短路保护，作用于断路器跳闸；利用继电器中的反时限元件，构成电动机的过负荷保护，并根据拖动机械的特点，作用于发信号或减负荷及跳闸。

（二）保护装置的接线方式

电动机相间电流保护的接线方式有两种：当灵敏度不能满足要求时可采用两相两继电器式不完全星形接线，如图 ZY3300201007-1（a）所示，否则优先采用两相电流差单继电器式接线，如图 ZY3300201007-1（b）所示。为了使电流保护能反应电动机与断路器之间连线上的相间短路，保护用电流互感器的安装位置，应尽可能地靠近断路器侧。

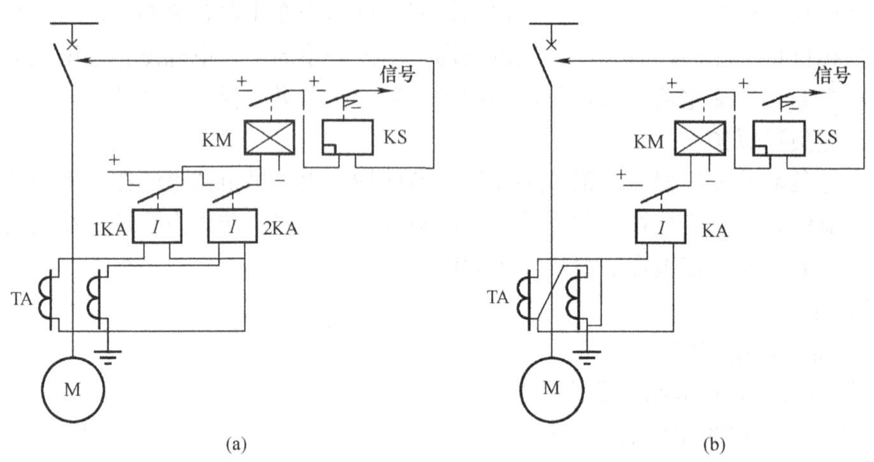

图 ZY3300201007-1 电磁型电流继电器构成的电动机电流速断保护接线图

（a）两相式接线；（b）两相电流差接线

过负荷保护是通过提高保护动作时间来躲过电动机带负荷启动的，故保护的动作时限应躲过电动机带负荷启动的时间，一般取 15～20s，有条件时，可实测带负荷启动的时间后再整定其动作时限。

三、纵差动保护

容量在 2000kW 以上（含 2000kW）、具有 6 个引出线的重要电动机，当电流速断保护不能满足灵敏度的要求时，应装设纵差保护作为相间短路主保护。

电动机纵联差动保护的动作原理基于比较被保护电动机机端和中性点侧电流的相位和幅值而构成。为了实现这种保护，在电动机中性点侧与靠近出口端断路器处应装设同型号、同变比的两组电流互感器 TA1 和 TA2，两组电流互感器之间，即为纵差保护区。电流互感器二次侧按循环电流法接线。

在中性点非直接接地的供电网络中，电动机的纵差保护一般采用两相式接线，接入差动回路的继电器可采用差动继电器实现，保护可瞬时动作于跳闸。

保护装置的原理接线图如图 ZY3300201007-2 所示，电流互感器应具有相同的特性，并满足 10%误差要求，为防止电流互感器二次回路断线时保护误动，保护装置的动作电流应按躲过电动机额定电流来整定。

四、电动机的单相接地保护

电动机单相接地保护的配置情况、保护方式及动作结果与所在供电电网的运行方式有关。

由中性点非直接接地电网供电的 3～10kV 高压电动机，当接地故障电流大于 5A 时，可能会烧坏电动机铁芯，因此应装设单相接地保护装置。电动机接地保护原理接线图如图 ZY3300201007-3 所示。

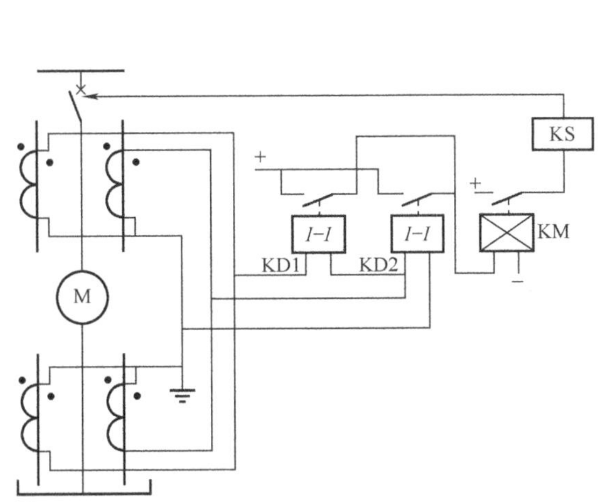

图 ZY3300201007-2　电动机纵差保护原理接线图

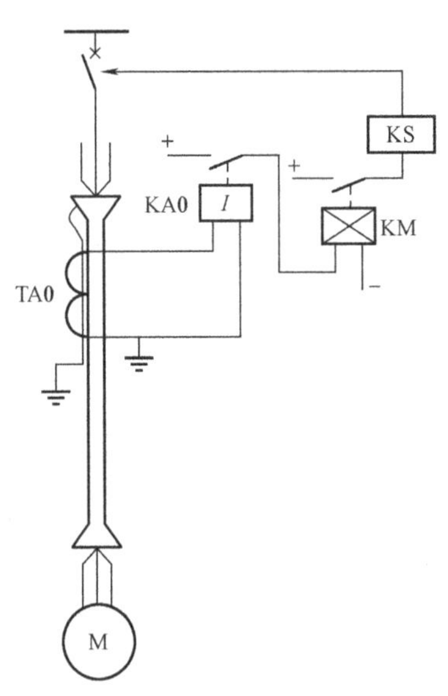

图 ZY3300201007-3　电动机接地保护原理接线图

【思考与练习】

1. 电动机都应装设哪些保护？
2. 电动机低电压保护的接线应满足哪些要求？
3. 简述电动机差动保护的基本原理。
4. 简述纵差动保护的基本工作原理。

第五部分

配电设备安装及运行维护

第十章　低压成套设备安装

模块 1　动力箱（盘）安装（GYND01001001）

【模块描述】本模块包含动力箱、动力盘一般概念、安装操作步骤、工艺要求及质量标准等内容。通过概念描述、术语说明、流程介绍、要点归纳，掌握动力箱、动力盘安装。

【正文】

一、动力配电箱

当用电负荷较大时，常采用配电箱进行供电。配电箱由开关厂制造，用户可根据几种设计方案进行选用。动力配电箱系列很多，这里只介绍 XL 型动力配电箱。XL 型动力配电箱用于一般用户，交流频率 50Hz、电压 380V 及以下三相电力系统，作动力配电及低压鼠笼型或绕线型电动机的控制之用。

XL 型动力配电箱系户内装置，有封闭式和防尘式两种。外壳用薄钢板弯制焊接而成，可单独使用，也可组合使用。箱的前部有向左开启的门，门上可装设电流表、 电压表、按钮、信号灯等。箱内主要设备有低压断路器、刀开关、磁力启动器、交流接触器、电流互感器等。

XL 型动力配电箱的电动机启动一次线路方案可为直接启动或频敏变阻器启动。电动机短路保护采用 DZ4 型和 DZ10 型低压断路器，过负荷保护采用有温度补偿的 JR15 型热继电器，失压保护由接触器自身脱扣。

1. 工作内容

本部分主要讲述动力箱（盘）制作所需工器具和材料的选择、制作的工艺流程和质量标准、安装的方法、安装工艺流程的标准以及安全注意事项等。

2. 作业前准备

（1）动力箱（盘）制作和安装所需工器具见表 GYND01001001-1。

表 GYND01001001-1　　　　动力箱（盘）制作和安装所需工器具

序号	名　称	规　格	单位	数量	备　注
1	验电器	0.4kV	支	1	
2	接地线	0.4kV	组	2	
3	个人工具	常用	套	1	
4	绳索	专用	条	若干	
5	警告牌	专用	块	3	
6	压接钳	2.5～95mm^2	套	1	
7	喷枪（灯）	专用	套	1	

（2）动力箱（盘）制作和安装所需材料见表 GYND01001001-2。

表 GYND01001001-2　　　　动力箱（盘）制作和安装所需材料

序号	名　称	规　格	单位	数量	备　注
1	动力箱（盘）	标准	面	1	
2	动力箱（盘）支架	标准	套	1	

续表

序号	名称	规格	单位	数量	备注
3	低压电缆	VV	m	若干	
4	铜接头	2.5～95mm^2	个	若干	
5	进出线管	PVC	根	若干	
6	母线排	5×35（40）	m	若干	
7	穿钉	标准	条	若干	
8	设备线夹	标准	个	若干	

3. 危险点分析与控制措施

（1）触电伤害。

1）核对设备的控制范围，防止错、漏停电源及反送电。停、送电按操作规程进行，明确操作人、监护人。

2）严格执行安全技术措施，保证工作人员必须在接地线保护范围内工作。停电、送电、登杆工作等必须根据命令进行，邻近带电作业应有专人监护。

3）验电、挂接地线。

4）工作完毕后，拆除全部接地线并核对接地线数量。

（2）动力箱（盘）倾倒坠落伤人。动力箱（盘）起吊、搬运有专人指挥，起吊前应用绳索在底端固定，以防起吊过程中配电箱摆动脱钩或伤人。

4. 安装操作及质量标准

（1）动力箱（盘）应牢固地安装在基础型钢上，型钢顶部应高出地面 10mm，箱（盘）内设备与各构件连接应牢固。

（2）动力箱（盘）内二次回路的配线应采用电压不低于 500V，电流回路截面不小于 2.5mm^2，其他回路不小于 1.5mm^2 的铜芯绝缘导线。配线应整齐、美观，绝缘良好，中间无接头。

（3）动力箱（盘）内安装的低压电器应排列整齐，相序一致。

（4）控制开关应垂直安装，上端接电源，下端接负荷。开关的操作手柄中心距地面一般为 1.2～1.5m；侧面操作的手柄距建筑物或其他设备不宜小于 200mm。

（5）做好箱（盘）接地，接地电阻值应小于 4Ω。

（6）按开关和负荷出线电流接好进出线电缆，并核对相序。

（7）电缆进出线若为地埋电缆的，电缆沟要封堵；若为架空电缆的，要有护套保护措施，距地高度要符合规程要求，做好防小动物入室措施。

二、农用配电箱

农用配电箱（JP 柜）为户外型配电装置，具有投资省、安装工期短、节省土地资源、功能全、外形美观、安全性好、安装维修简便等优点。它主要取代低压计量屏、低压总屏及分屏，利用安装抱箍，可以安装在配电变压器的支架上。设有计量和出线两个间隔，其中计量部分的门设有铅封，可以有效防止窃电。采用不锈钢门锁，可以防止日晒雨淋造成门锁锈蚀。箱门采用橡皮嵌条，防止雨水进入而使电器设备受潮。配电箱使用环境条件为：海拔不超过 2000m；可安装在污染较重、有凝露的场所；户外允许最高温度不超过 50℃，最低温度不低于−20℃。

1. 工作内容

本部分主要讲述农用配电箱（JP 柜）制作所需工器具和材料的选择、制作的工艺流程和质量标准、安装的方法、安装工艺流程的标准以及安全注意事项等。

2. 作业前准备

（1）农用配电箱（JP 柜）制作和安装所需工器具见表 GYND01001001-3。

表 GYND01001001-3　　　　农用配电箱（JP 柜）制作和安装所需工器具

序号	名　称	规　格	单位	数量	备　注
1	绝缘拉杆	10kV	副	1	
2	验电器	10kV	支	1	
3	验电器	0.4kV	支	1	
4	接地线	10kV	组	2	
5	接地线	0.4kV	组	2	
6	绝缘手套	10kV	副	2	
7	脚扣	专用	副	2	
8	安全带	专用	条	2	
9	个人工具	专用	套	1	
10	绳索	专用	条	若干	
11	警告牌	专用	块	3	
12	压接钳	2.5～95mm^2	套	1	
13	喷枪（灯）	专用	套	1	

（2）农用配电箱（JP 柜）制作和安装所需材料见表 GYND01001001-4。

表 GYND01001001-4　　　　农用配电箱（JP 柜）制作和安装所需材料

序号	名　称	规　格	单位	数量	备　注
1	JP 柜	JP	面	1	
2	JP 柜支架	标准	套	1	
3	低压电缆	VV	m	若干	
4	铜接头	2.5～95mm^2	个	若干	
5	进出线管	PVC	根	若干	
6	卡管担	标准	条	若干	
7	卡管箍	标准	条	若干	
8	穿钉	标准	条	若干	
9	电工胶布	专用	卷	若干	

3. 危险点分析与控制措施

（1）触电伤害。

1）核对线路名称、杆号、变压器位号，核对设备的控制范围，防止错、漏停电源及反送电。停、送电按操作规程进行，明确操作人、监护人。

2）严格执行安全技术措施，保证工作人员必须在接地线保护范围内工作。停电、送电、登杆工作等必须根据命令进行，邻近带电作业应有专人监护。

3）验电、挂接地线。

4）工作完毕后，拆除全部接地线并核对接地线数量。

（2）高处坠落伤害。

1）登杆前，检查杆根、拉线，检查登杆工具完好，安全带应系在牢固的构件上，检查安全带扣环应扣牢。杆上工作时，不得失去安全带保护。梯子登高要有专人扶持，必须采取防滑、限高措施。

2）杆上工作传递工具、材料应使用绳索，严禁上下抛掷，防止坠物。所有工作人员必须正确佩戴安全帽。根据作业环境，必要时装设安全围栏。

（3）配电箱倾倒、坠落伤人。

1）配电箱起吊有专人指挥，起吊前应用绳索在底端固定，以防起吊过程中配电箱摆动脱钩或伤人。

2）配电箱吊装在台架上固定后方可解除起重设备（倒连）的受力状态。

（4）交通事故。车辆行驶符合交通安全管理要求，杜绝人货混装。

（5）防火及烧伤。使用喷枪（灯）制作电缆头工作设专人负责。使用喷枪（灯）时，喷嘴不准对着人体及设备。

4. 操作步骤及质量标准

（1）工作人员登杆选好工作位置，将带上来的绳子在无妨碍工作的地方拴牢。

（2）安装托架装于变压器附杆上，应使 JP 柜下沿距地面垂直距离不小于 1.2m。

（3）将 JP 柜运至安装托架上，安装牢固。

（4）做好 JP 柜接地，配电变压器容量在 100kVA 以下的接地电阻应小于 10Ω；配电变压器容量在 100kVA 及以上的接地电阻应小于 4Ω。

（5）按开关和负荷出线电流接好进出线电缆，并核对相序。

（6）工作完后清理现场，检查无误后送电，检查表计运行是否正常。相序不正确或有其他缺陷时，应该按照有关规定处理。相序无误后安装表尾盖加装铅封。

（7）检查无功补偿装置投运情况无问题后，关好箱（柜）门加锁。

三、动力箱（盘、柜）安装注意事项

（1）配电变压器低压侧的动力箱，宜采用符合 GB 7251.1—2005《低压成套开关设备和控制设备　第1部分：型式试验和部分型式试验成套设备》规定的产品，有条件的也可自制，但应满足以下要求：

1）动力箱的外壳应采用 1.5～2.0mm 厚的铁板配制并进行防腐处理。

2）动力箱外壳的防护等级，应根据安装场所的环境确定。

3）动力箱的防触电保护类别应为 I 类或 E 类。

4）箱内安装的电器，均应为符合国家标准规定的定型产品。

5）箱内各电器件之间以及它们对外壳的距离，应能满足电气间隙、爬电距离以及操作所需的间隔。

6）动力箱的进出引线，应采用具有绝缘护套的绝缘电线，穿越箱壳时加套管保护。

（2）室外动力箱应牢固地安装在支架或基础上，箱底距离地面高度为 1.0～1.2m。

（3）室内动力箱可落地安装，也可暗装或明装于墙壁上。落地安装的基础应高出地面 50～100mm。暗装于墙壁时，底部距地面 1.4m；明装于墙壁时，底部距地面 1.2m。

（4）动力箱（盘）进出引线可架空明敷或暗敷，暗敷设应采用农用直埋塑料绝缘导线，明敷设应采用耐气候型聚氯乙烯绝缘导线。敷设方式应满足下列要求：

1）采用农用直埋塑料绝缘护套线时应在冻土层以下且不小于 0.7m 处敷设，引上线在地面以上和地面以下 0.7m 的部位应套管保护。

2）架空明敷耐气候型绝缘电线时，其电线支架不应小于 40mm×40mm×4mm 角钢；穿墙时，绝缘电线应套保护管。出线的室外应做滴水弯，滴水弯最低点距离地面不应小于 2.5m。

（5）动力箱（盘）进出线的电线截面应按允许载流量选择。主进线回路按变压器低压侧额定电流的 1.3 倍计算，引出线按回路的计算负荷选择。

（6）动力箱（盘）的耐火等级不应低于二级。

（7）动力盘内应附有如下的图和表：

1）盘内左侧门板：本盘一次系统图，仪表接线图，控制回路二次接线图及相对应的端子编号图。

2）盘内右侧门板：本盘装设的电器元件表，表内应注明生产厂家、型号和规格。

（8）动力盘的各电器、仪表、端子排等均应标明编号、名称、用途及操作位置。

【思考与练习】

1. 简述动力箱（盘）操作步骤及质量标准。
2. 动力箱（盘）进出引线敷设方式应满足哪些要求？
3. 农用配电箱（JP 柜）安装时为防止触电伤害应采取哪些措施？

模块2 低压成套装置安装（GYND01001002）

【模块描述】本模块包含低压成套装置安装操作步骤、工艺要求及质量标准等内容。通过概念描述、术语说明、流程介绍、要点归纳，掌握低压成套装置安装。

【正文】

一、作业内容

本部分主要讲述低压成套装置安装所需工器具和材料的选择、安装的工艺流程和质量标准、安装的方法及安全注意事项等。

二、危险点分析与控制措施

（1）防止触电伤害。

1）核对设备的控制范围，停、送电按操作规程进行，明确操作人、监护人。

2）严格执行安全技术措施，保证工作人员必须在接地线保护范围内工作。停电、送电工作等必须根据命令进行，邻近带电作业应有专人监护。

3）验电、挂接地线。

4）工作完毕后，拆除全部接地线并核对接地线数量。

（2）防止低压成套装置安装时盘柜倾倒伤人。盘柜起吊、搬运有专人指挥，起吊前应用绳索在底端固定，以防起吊过程中装置摆动脱钩或伤人。

三、作业前准备

低压成套装置安装所需工器具如常用电工工具、接地线、验电器、起重绳索、压接钳、喷枪（灯）等。安装所需材料如低压电缆铜接头、进出线管、母线排、穿钉螺栓、设备线夹等。

四、安装操作及质量标准

1. 框架式配电盘、柜安装要求

（1）盘、柜安装在振动场所时，应按设计要求采取防振措施。

（2）盘、柜及盘、柜内设备与各构件间连接应牢固。主控制盘、继电保护盘和自动装置盘等不宜与基础型钢焊死。基础型钢的安装要求如下：

1）不直度、水平度允许偏差每米小于1mm，全长小于5mm；位置误差及不平行度允许偏差全长小于5mm。

2）基础型钢安装后，其顶部宜高出抹平地面10mm。基础型钢应有明显的可靠接地。

（3）盘、柜单独或成列安装时，其垂直度、水平偏以及盘、柜面偏差和盘、柜间接缝的允许偏差应符合表GYND01001002-1的规定。模拟母线应对齐，其误差不应超过视差范围，并应完整，安装牢固。

表GYND01001002-1　　盘、柜安装的允许偏差

项目		允许偏差（mm/m）
垂直度		<1.5
水平偏差	相邻两盘顶部	<2
	成列盘顶部	<5
盘面偏差	相邻两盘边	<1
	成列盘面	<5
盘间接缝		<2

（4）端子箱安装应牢固，封闭良好，并应能防潮、防尘。安装的位置应便于检查；成列安装好，应排列整齐。

（5）盘、柜、台、箱的接地应牢固良好。装有电器的可开启的门，应以裸铜软线与接地的金属构架可靠地连接。成套柜应装有供检修用的接地装置。

（6）机械闭锁、电气闭锁应动作准确、可靠。

（7）动触头与静触头的中心线应一致，触头接触紧密。

（8）柜（盘）内电器设备排列整齐，固定可靠，操作部分动作灵活、准确。信号装置回路的信号灯、电铃等应显示准确、可靠。

（9）二次接线排列整齐，绝缘良好，回路编号清晰、齐全，采用标准端子头编号，每个端子螺钉上接线不超过两根。二次回路辅助开关的切换触点应动作准确、接触可靠，柜内照明齐全。

（10）柜（盘）内设备的导电接触面与外部母线连接处必须接触紧密。要求用 0.05mm×10mm 塞尺检查时：线接触的塞不进去；面接触的，接触面宽 50mm 及其以下时，塞入深度不大于 4mm；接触面宽 60mm 及其以上时，塞入深度不大于 6mm。

（11）通电试验，各种开关在正常情况下应合、开到位。声光信号显示正确，接触器、继电器、辅助开关接触紧密，动作可靠，应无异常声音和较大振动，无异味、过热、漏电、放电等不良现象。

2. 抽屉式配电柜的安装要求

（1）抽屉推拉应灵活轻便，无卡阻、碰撞现象，抽屉应能互换。

（2）抽屉的机械连锁或电气连锁装置动作应正确可靠，断路器分闸后，隔离触头才能分开。

（3）抽屉与柜体间的二次回路连接插件应接触良好。

（4）抽屉与柜体间的接触及柜体、框架的接地应良好。

（5）盘、柜的漆层应完整，无损伤。固定电器的支架等应刷漆。安装于同一室内且经常监视的盘、柜，其盘面颜色宜和谐一致。盘、柜上模拟母线的标志颜色应符合表 GYND01001002-2 所示。

表 GYND01001002-2　　模拟母线的标志颜色

电压（kV）	颜　色	备　注
交流 0.23	深灰	（1）模拟母线的宽度宜 6～12mm。 （2）设备模拟的涂色应与相同电压等级的母线颜色一致
交流 0.40	黄褐	
交流 3	深绿	
交流 6	深蓝	
交流 10	绛红	

【思考与练习】

1. 成套柜的安装应符合哪些要求？
2. 简述成套配电装置验收检查及要求。
3. 成套柜模拟母线的标志颜色如何辨别？
4. 成套柜基础型钢的安装要求是什么？

模块 3　无功补偿装置安装（GYND01001003）

【模块描述】本模块包含无功补偿装置安装操作步骤、工艺要求及质量标准，以及无功补偿装置的试验和调试方法等内容。通过概念描述、术语说明、流程介绍、图解示意、要点归纳，掌握无功补偿装置安装和调试。

【正文】

一、无功补偿成套装置安装

（一）10kV 及以下无功补偿装置、电容器安装工作内容

本部分主要讲述 10kV 及以下无功补偿装置、电容器安装所需工器具和材料的选择、质量标准、安装的方法以及安全注意事项等。

（二）10kV及以下无功补偿装置、电容器安装作业前准备

（1）10kV无功补偿装置、电容器安装所需工器具见表GYND01001003-1。

表GYND01001003-1　　无功补偿装置、电容器安装所需工器具

序号	名　称	规　格	单位	数量	备　注
1	电工工具	专用	套	1	
2	验电器	专用	支	1	
3	高压接地线	专用	组	2	
4	低压接地线	专用	组	2	
5	断线钳		把	1	
6	安全围栏	专用	套	1	
7	标示牌	专用	块	3	

（2）高压无功补偿装置、电容器安装所需材料见表GYND01001003-2。

表GYND01001003-2　　无功补偿装置、电容器安装所需材料

序号	名　称	规　格	单位	数量	备　注
1	电容器	BZMJ0.4-15-3	台	若干	
2	绝缘导线	BV	m	若干	
3	绝缘胶布	标准	盘	若干	
4	接线端子	标准	个	若干	
5	高压开关柜	GG-IA-04D（N）	台	1	
6	户内穿墙套管	CLB-10/250～400	只	3	
7	支柱绝缘子	ZA-10T	只	9	
8	母线固定金具	JNP-101	套	15	
9	铝母线	LMY-40×4	m	21	
10	引出线支架	L50×50×5（L=2800mm）	根	1	
11	支架（固定于墙上）	L50×50×5（L=2520mm）	根	1	

（3）低压无功补偿装置（PGJI型无功功率补偿屏）安装所需工器具主要设备、材料见表GYND01001003-3。

表GYND01001003-3　　PGJI型无功补偿配电屏主要设备表

名　称	元 件 型 号	PGJI-1	PGJI-2	PGJI-3	PGJI-4
刀开关	HD13-400/3	1	1	1	1
电流互感器	LM-300/5	3	3	3	3
熔断器	RT14-32A2	24	30	24	30
接触器	CJ10-40/3～220V	8	10	8	10
电抗器	XDI-14～16	24	30	24	30
热继电器	JR16-60/3 32A	8	10	8	10
电容器	BZMJ0.4-15-3	8	10	8	10
避雷器	YN1-0.5/3	3	3	3	3
电流表	42L6，300/5	3	3	3	
电压表	42L6，0～450V	1	1		
熔断器	RT14-20/6	6	6	2	2

续表

名　称	元 件 型 号	PGJI-1	PGJI-2	PGJI-3	PGJI-4
控制器	ΦZB-Ⅰ	1	1		
指示灯	XD7～380V	16	20	16	20

（三）危险点分析与控制措施

（1）触电伤害。

1）严格执行安全技术措施，保证工作人员必须在接地线保护范围内工作。

2）作业前核对设备的控制范围，防止错、漏停电源及反送电。

3）停、送电按操作规程进行，明确操作人、监护人；停电、送电工作等必须根据命令进行。

4）验电，并挂好接地线。

5）安装电容器前要对电容器进行放电。

6）拆电容器时，接触电缆引线前必须充分逐项放电。

7）邻近带电作业应有专人监护。

8）接地线拆除后，应即认为设备带电，不准任何人再进行安装检修工作。

（2）高处落物及物体打击伤害。

1）进入现场的所有作业人员必须戴好安全帽。

2）高处作业人员使用的工器具、材料等要装在工具袋里，防止落物伤人。

3）高处工作时，传递工器具、材料必须使用绳索，严禁上下抛掷。

4）高处作业前，检查梯子（防滑垫）是否完好。

5）梯子登高要有专人扶持，必须采取防滑、限高措施。

6）作业区内禁止行人逗留，为了防止伤害行人，防止外界妨碍和干扰作业，在作业区域内，根据作业需要，装设安全围栏或警示牌。

（四）操作步骤及质量标准

1. 低压无功补偿装置安装步骤及要求

以PGJI型无功功率补偿屏为例，该补偿屏适用于工矿企业、车间及民用住宅三相交流电压380V、频率50Hz，容量为100～1000kVA变压器的配电系统中。补偿屏既可与PGL型低压屏配套使用，也可单独使用，并且可双面维护。屏内设有B-1型功率因数自动补偿控制器一台。控制器采用8～10步循环投切的方式进行工作，并根据电网负荷消耗的感性无功量的多少，以3～30s自动调节时间间隔控制并联电容器组的投切工作，使电网的无功消耗保持到最低状态，从而可提高电网电压质量，以减少输配电系统和变压器的损耗。

无功功率自动补偿屏的结构为开启式。其外形尺寸、屏间连接孔、主母线距地尺寸，架线方式相间距离与PGU型低压配电屏完全相同，屏的正面由薄钢板弯制而成，屏内有两层油盘作为电容器的支架，正面有活动的仪表门，固定的操作板，两扇活门。单独安装使用时，屏体两端可加装护板，电源通过电缆引入或架空线引入。

用户接到产品后，首先进行拆箱检验，检验元件是否有损坏断线、掉头，如不及时使用，应放置干燥清洁之处保存。

补偿屏安装定位后，应认真识读无功补偿柜一次方案原理接线图，如图GYND01001003-1所示，要将屏内所有的螺钉再次紧固，保证接触良好，把并联电容器放在油盘上按A、B、C（后、中、前）的相序接好。

一定要将屏内按用户要求提供的电流互感器LMZ1-0.5装在进线柜（或需要补偿部分前面）的A相上，作为控制器的电流信号取样，并用不小于2.5mm^{2}的绝缘铜线从互感器上引出到补偿屏的主屏内的接线端子上。

在安装辅柜时，应将主屏与辅屏对应相同的线号端子用线连接好。如配有多台辅屏时，再将辅屏之间对应的端子接好。

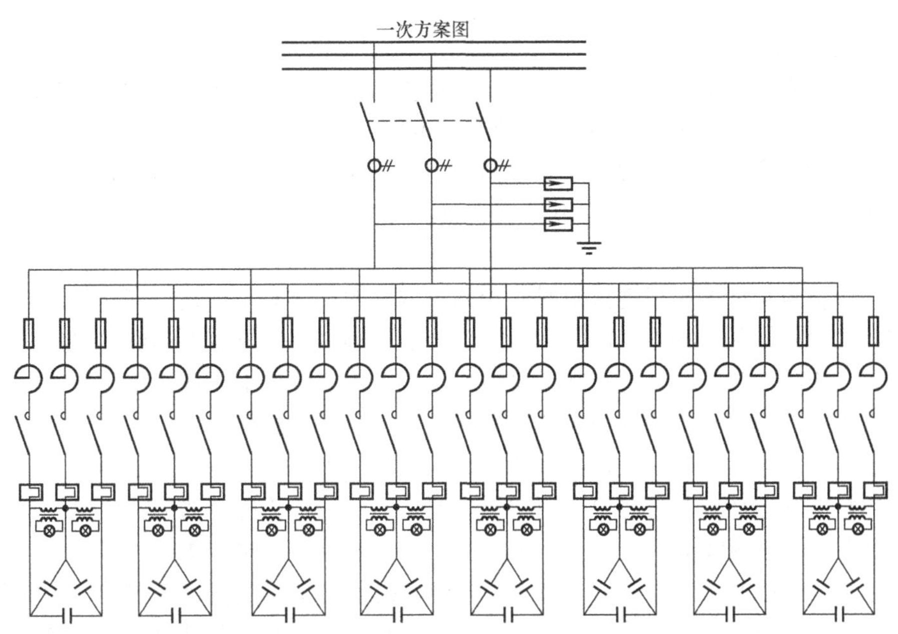

图 GYND01001003-1　PGJ 型无功功率补偿柜一次方案原理接线图

二次接线完成之后，将主母线与主、辅屏母线牢固连接。同时将避雷器、接触器的零线与系统的零线连好。用大于 $6mm^2$ 导线将电容器外壳与屏体接地螺钉接牢，屏体的接地螺钉用不小于 $50mm^2$ 的铜导线应与大地接牢。最后进行全面检查，不得有错误之处。如果用户变压器的地线和零线不是接在一起的，则补偿屏内的零线与地线也应分别与系统相联。

2. 高压电容器的安装步骤及要求

在城乡配电网中，区域性的配电所一般将电容器安装在电容器室内。采用 11kV/3kV 电容器进行无功补偿，电容器采用 GG-1A-04D（改）型开关柜操作控制。开关柜装在 10kV 开关室内，电容器的接线一般分为单星形接线或双星形接线两种。其原理接线如图 GYND01001003-2 所示。

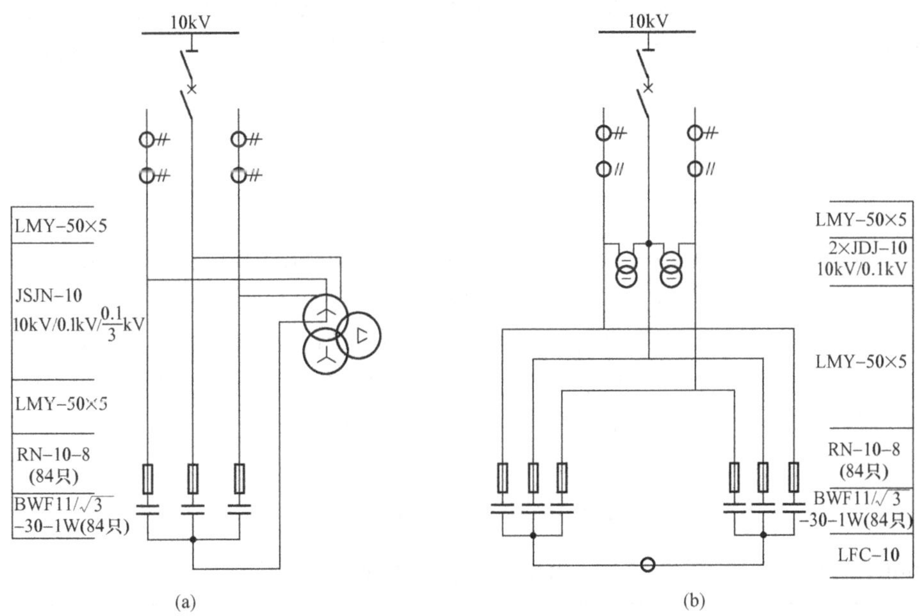

图 GYND01001003-2　电容器组原理接线图

（a）单星形接线图；（b）双星形接线图

3. 质量标准

（1）电容器（组）的接线应采用单独的软线与每组母线相连接，不要采用硬母线直接连接，截面应根据允许的载流量选取，电线的载流量可按下述确定：单台电容器为其额定电流的 1.5 倍；集中补偿为总电容电流的 1.3 倍。

（2）电容器应安装在无潮湿等恶劣环境中。其环境温度必须满足制造厂规定的要求。

（3）室内安装的电容器（组），应有良好的通风条件。

（4）集中补偿的电容器组，宜安装在电容器柜内分层布置，下层电容器的底部对地面距离不应小于 300mm，上层电容器连线对柜顶不应小于 200mm，电容器外壳之间的净距不宜小于 100mm（成套电容器装置除外）。

（5）当采用中性点绝缘的星形连接组时，相间电容器的电容差不应超过三相平均电容值的 5%。

（6）电容器安装时必须保持电气回路和接地部分的接触良好。电容器的额定电压与低压电力网的额定电压相同时，应将电容器的外壳和支架接地。当电容器的额定电压低于电力网的额定电压时，应将每相电容器的支架绝缘，且绝缘等级应和电力网的额定电压相匹配。

（7）电容器应有单独的控制开关，必须装设自动放电装置。

（8）低压移相电容器放电装置放电电阻的选择要适当，即不论电容器的额定电压是多少，断开电源经过 30s 放电后，其两端残留电压应降至 65V 以下。电容器与放电装置应直接连接，中间不应装设熔断器。如采用自动控制装置时，则放电装置与电容器之间可串接交流接触器的动断辅助触点。作个别补偿的电容器直接与电动机绕组连接（不经可断开设备），当电动机停止运行后，电容器将通过电动机绕组自行放电，故不必另设放电装置。

（五）注意事项

（1）安装海拔不高于 1000m。

（2）周围环境温度不超过+40℃，电容器投入时环境温度的下限为−5℃。

（3）相对湿度在 40℃时不超过 50%，较低温度时允许有较高的相对湿度，并考虑到由于温度变化而可能产生的凝露。

（4）安装的倾斜度不超过 5°。

（5）安装地点无雨雪侵袭，无严重霉菌存在，无腐蚀气体存在。

二、无功补偿装置的试验和调试方法

无功补偿装置的试验包括型式试验、出厂试验和现场调试试验三部分，其中型式试验是性能考核最全面和最严格的试验；出厂试验是保证产品批量生产的质量把关；现场调试是结合现场情况和参数进行系统配合的有关参数测量性试验。

（一）检验规则

1. 检验分类

装置的检验包括出厂试验和型式试验。

（1）出厂试验。出厂试验是用来检查装置在制造工艺上的缺陷和对某些需要调整的电器元件进行电器参数的整定。出厂试验应在每个装配完成后的装置上进行。

（2）型式试验。型式试验是对产品进行全面的性能和质量检验，以验证该产品是否符合要求。型式试验的产品必须是经过出厂试验合格后的产品。全部型式试验可在一台装置样品上 或在按相同设计的装置的多个部件上进行。型式试验应包括所有出厂试验的项目。

2. 检验项目

装置的出厂试验、型式试验项目见表 GYND01001003-4。

表 GYND01001003-4　　各类产品试验项目表

试验分类 \ 试验项目		集中补偿装置	分组补偿装置	末端补偿箱	带补偿的异步电动机启动装置
出厂试验	一般检查	√	√	√	√
	介电强度试验	√	√	√	√
	通电操作试验	√	√		√
	工频过电压保护试验	√	√		

续表

试验分类	试验项目	集中补偿装置	分组补偿装置	末端补偿箱	带补偿的异步电动机启动装置
型式试验	温升试验	√	√	√	√
	介电强度试验	√	√	√	√
	放电试验	√	√	√	√
	涌流试验	√			
	机械操作试验	√	√		√
	保护电路有效性试验	√	√	√	√
	防护等级试验	√	√	√	√
	短路强度试验	√			

注　1. 以上试验项目只作为产品定型鉴定时考核项目，在不改变产品结构、母线尺寸及母线支撑件的情况下，按照已定型的产品图纸进行生产时不需要进行。

2. "√"表示应作的试验。

（二）试验方法

1. 一般检查

（1）按照下面内容检查装置的结构：

1）装置应由能承受一定的机械、电气和热应力的材料构成，同时需经得起在正常使用条件下可能会遇到的潮湿影响。

2）装置的门应能在不小于 90° 的角度内灵活启闭。同一组合的装置应装设能用同一钥匙打开的锁。

3）操作器件的运动方向应符合 GB 4205—2003《人机界面（MMI）—操作规则》的规定。

4）装置的壳体外表面一般应喷涂无眩目反光的覆盖层，表面不得有气泡、裂纹或流痕等缺陷。

5）装置内母线的相序排列从装置正面观察，应符合表 GYND01001003-5 的规定。主电路接头间的相序和极性排列，推荐依照表 GYND01001003-5 的规定。

表 GYND01001003-5　　主电路接头间的相序和极性排列

相　序	垂 直 排 列	水 平 排 列	前 后 排 列
L1 相	上	左	远
L2 相	中	中	中
L3 相	下	右	近
中性线	最下	最右	最近

（2）按元件的选择安装要求进行检查的具体内容如下：

1）装置中所选用的电器元件及辅件的额定电压、额定电流、使用寿命、接通和分断能力、短路强度及安装方式等方面应适合指定的用途及本身相关标准，并按照制造厂的说明书进行安装。

2）用于自动投切电容器组的控制器，可根据下列物理量选择：① 功率因数；② 无功电流；③ 无功功率；④ 无功电流控制，功率因数锁定。

3）装置中应采取措施，把由于切合操作所产生的涌流峰值限制在 $100I_N$ 以下（I_N 为电容器额定工作电流）。

4）所有电器元件及辅件应按照其制造厂的说明书（使用条件、需要的飞弧距离、拆卸灭弧栅需要的空间等）进行安装。

5）电器元件及辅件的安装应便于接线、维修和更换，需要在装置内部操作调整和复位的元件应易于操作。

6）与外部连线的接线座应安装在装置安装基准面上方至少 0.2m 高度处。仪表的安装高度一般不得高出装置安装基准面 2m。

7）操作器件（如手柄、按钮等）的高度一般不得高出装置安装基准面的 1.9m。紧急、操作器件应装在距装置安装基准面的 0.8～1.6m 范围内。

（3）按下列项目检查布线等项目：

1）装置中的连接导线应具有与额定工作电压相适应的绝缘，并采用铜芯多股绝缘软线，同时需配用冷压接端头。

2）主电路母线或导线的截面积应根据其允许载流量不小于可能通过该电路额定工作电流来选择。

3）辅助电路导线的截面积应根据要承载的额定工作电流来选择，但应不小于 1.0mm^2（铜芯多股绝缘软线）。

4）电容器支路导线的截流量应不小于电容器额定工作电流的 1.5 倍。

（4）按下列项目检查装置的电气间隙和爬电距离：

1）装置内的电器元件应符合各自的有关规定，并在正常使用条件下，也应保持其电气间隙和爬电距离。

2）装置内不同极性的裸露带电体之间，以及它们与外壳之间的电气间隙和爬电距离应不小于表 GYND01001003-6 的规定。

表 GYND01001003-6　　不同电压的电气间隙和爬电距离

额定绝缘电压 U_N（V）	电气间隙（mm）	爬电距离（mm）	额定绝缘电压的 U_N（V）	电气间隙（mm）	爬电距离（mm）
U_N≤60	5	5	600＜U_N≤800	10	20
60＜U_N≤300	6	10	800＜U_N ≤1500	14	28
300＜U_N≤600	8	14			

2. 通电操作试验

试验前需先检查装置的内部接线，当所有接线正确无误后，在辅助电路分别通以 85%和 110%额定电压的条件下，并各操作 5 次，所有电器元件的动作显示均应符合电路图的要求，且各个电器元件动作灵活。

3. 工频过电压保护试验

作本项试验时，应将电容器拆除，然后给装置接上电源，并将电容器投切开关闭合，调整电源电压等于或略大于 1.1 倍额定电压值，在规定 1min 时间内，过电压保护设施应将电容器支路与电源断开。

4. 温升试验

温升试验时，应对电容器单元施加实际正弦波形的交流电压，在整个试验过程中，电压值应使电容器支路的电流不小于其额定电流，并保持恒定。装置应按照规定的防护等级进行试验。

试验时应有足够的时间使温度上升达稳定值，一般当温度变化不超过 1℃/h 时，即认为温度稳定，然后测取各部分温升。测量可用温度计或热电偶。

5. 介电强度试验

介电强度试验在相间、相对地（框架）、辅助电路对地（框架）、带电部件与绝缘材料制成或覆盖的外部操作手柄之间等部位进行。

主电路和与其直接连接的辅助电路应能耐受表 GYND01001003-7 规定的试验电压。

表 GYND01001003-7　　主电路和与其直接连接的辅助电路的试验电压

额定绝缘电压 U_N（V）	试验电压（有效值）（V）	额定绝缘电压 U_N（V）	试验电压（有效值）（V）
U_N≤60	1000	660＜U_N≤800	3000
60＜U_N≤300	2000	800＜U_N≤1000	3500
300＜U_N≤600	2500	1000＜U_N≤1500	3500

不与主回路直接连接的辅助电路应能耐受表 GYND01001003-8 规定的试验电压。

表 GYND01001003-8　　不同电压等级电路的试验电压

额定绝缘电压 U_N（V）	试验电压（有效值）（V）	额定绝缘电压 U_N（V）	试验电压（有效值）（V）
$U_N \leqslant 12$	250	$U_N > 60$	$2U_N+1000$，但不小于 1500
$12 < U_N \leqslant 60$	500		

（1）相间、相对地、辅助电路对地之间的试验电压为表 GYND01001003-7 和表 GYND01001003-8 规定的试验电压值。带电部件和绝缘材料制成或覆盖的外部操作手柄进行试验时，装置框架不接地，将手柄用金属箔缠绕，然后在金属箔与带电部件之间施加 1.5 倍的表 GYND01001003-7 和表 GYND01001003-8 规定的试验电压值。

（2）试验电压应为正弦波，频率为 45～65Hz，试验电源应有足够的容量，以维持试验电压不受泄漏电流的影响。

（3）试验时，应先按规定试验电压的 30%～50%施加在各试验部位，然后在 10～30s 内平稳地将电压升到规定的试验电压值，并保持 1min，随后进行试验后的降压操作，直到零电压切除电源。试验前应将不宜承受试验电压的电器元件（如电容器等）拆除。在进行出厂试验时，用试验电压的规定值，在试品的规定部位保持 1s。

（4）试验结果如没有发生击穿或闪络现象，则本项试验通过。

6. 放电试验

放电试验可以在任何一组电容器上进行，用直流法将电容器充电至额定电压峰值 50V，然后接通放电装置，历时不大于 1min，则此项试验通过。

7. 涌流试验

涌流试验只验证投入最后一组电容器时电路中的涌流值，即先将其余电容器全部接上额定电压，待它们工作稳定后再投入最后一组电容器，将分流器串接在最后一组电容器的电路中，通过示波器观察涌流值。如果涌流值不大于设计值，则试验通过。

注意涌流试验用的示波器要有足够宽的频率响应，同时应尽量减小分流器和引出线电感对测量值的影响。

8. 机械操作试验

装置某些需手动操作的部件，如果已经按照有关规定进行过型式试验，在安装时对其机械动作又无损伤，可不作本项试验，否则应进行本项试验，试验的损伤次数应不少于 50 次。

9. 保护电路有效性试验

首先应检查保护电路各连接处的连接情况是否良好，然后测量主接地端子与保护电路任一点之间的电阻值。

10. 短路强度试验

短路强度试验只有在新设计的产品定型鉴定时进行，在不改变产品结构、母线尺寸及母线支撑件的情况下，按照已定型的产品图纸进行生产时不需要进行。

【思考与练习】

1. 简述 PGJI 型无功补偿配电屏安装程序。
2. 无功补偿装置的试验一般有哪几项？
3. 绘图题：

（1）绘出 10kV 无功补偿装置电容器的单星形接线原理图。

（2）绘出 10kV 无功补偿装置电容器的双星形接线原理图。

第十一章　接地装置与剩余电流动作保护装置

模块 1　接地装置安装（GYND01002001）

【模块描述】本模块包含接地装置安装操作步骤、工艺要求及质量标准等内容。通过概念描述、术语说明、流程介绍、图解示意、要点归纳，掌握接地装置安装。

【正文】

一、工作内容

按设计施工图纸安装接地装置，接地体的选用材料均应采用镀锌钢材，并应充分考虑材料的机械强度和耐腐蚀性能。

二、危险点分析与控制措施

（1）安装接地体时，防止榔头伤人。

（2）焊接接地线时，防止触电及电弧灼伤眼睛。

（3）使用切割机切割接地体时，应做好防护措施，防止对人身的危害。

三、作业前准备

1. 作业条件

应在良好的天气下进行，如遇雷、雨、雪、雾不得进行作业，风力过大不易操作。

2. 人员组成

工作监护人（一名）、主要操作人（一名）和辅助操作人（一名）。

3. 作业工具、材料配备

（1）所需工器具见表 GYND01002001-1。

表 GYND01002001-1　　所需工器具

序号	名　称	规　格	单位	数量	备　注
1	电焊机		台	1	
2	切割机		台	1	
3	榔头		把	1	
4	管钳		把	1	
5	活扳手		把	1	
6	个人防护用具		套	3	

（2）所需材料见表 GYND01002001-2。

表 GYND01002001-2　　所需材料

序号	名　称	规　格	单位	数量	备　注
1	角钢	20mm×20mm×3mm～50mm×50mm×5mm	m	2.5	
2	钢管	ϕ20mm～ϕ50mm	m	2.5	

续表

序号	名　称	规　格	单位	数量	备　注
3	扁钢	25mm×4mm～40mm×4mm	m	2.5	
4	铜线	25mm	m	若干	
5	铝线	35mm	m	若干	
6	螺栓、螺杆			若干	

四、操作步骤、质量标准

（一）垂直接地体

垂直接地体的布置形式如图 GYND01002001-1 所示，其每根接地极的垂直间距应大于或等于 5m。

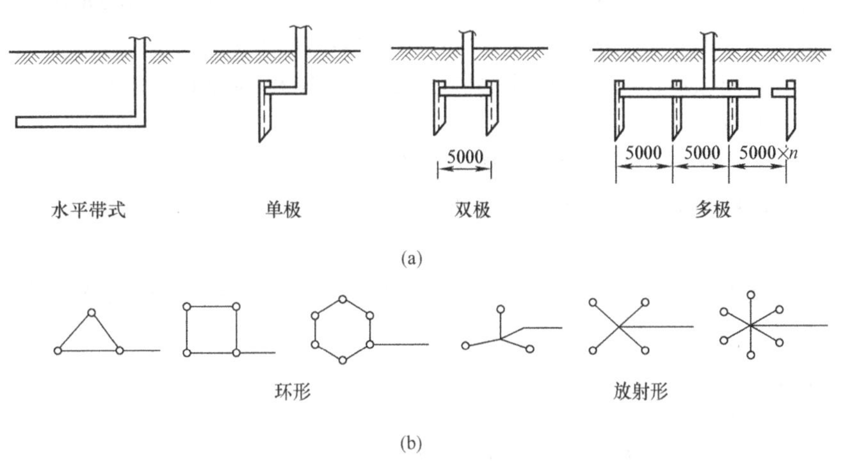

图 GYND01002001-1　垂直接地体的布置形式

（a）剖面；（b）平面

1. 垂直接地体的制作

垂直安装人工接地体，一般采用镀锌角钢、钢管或圆钢制作。

（1）垂直接地体的规格。如采用角钢，其边厚不应小于 4mm；如采用钢管，其管壁厚度不应小于 3.5mm；角钢或钢管的有效截面积不应小于 48mm²；如采用圆钢，其直径不应小于 10mm。角钢边宽和钢管管径均应大于或等于 50mm；长度一般为 2.5～3m（不允许短于 2m）。

（2）垂直接地体的制作。垂直接地体所用的材料不应有严重锈蚀。如遇有弯曲不平的材料，必须矫直后方可使用。用角钢制作时，其下端应加工成尖形，尖端应在角钢的角脊上，并且两个斜边应对称，如图 GYND01002001-2（a）所示；用钢管制作时，应单边斜削，保持一个尖端，如图 GYND01002001-2（b）所示。

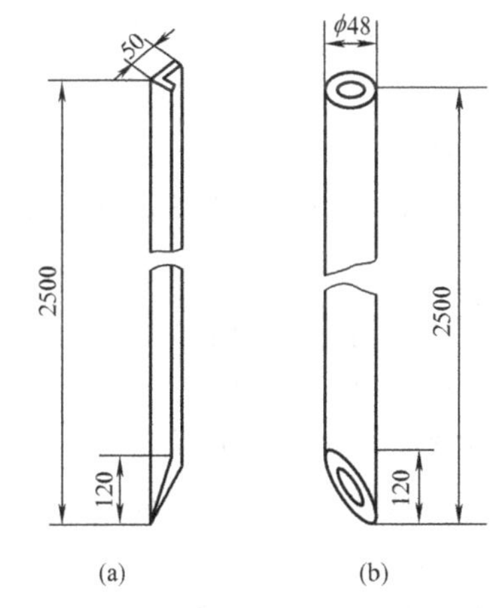

图 GYND01002001-2　垂直接地体的制作

（a）角钢；（b）钢管

2. 垂直接地体的安装

安装垂直接地体时一般要先挖地沟，再采用打桩法将接地体打入地沟以下。接地体的有效深度不应小于 2m，其埋设示意如图 GYND01002001-3 所示。

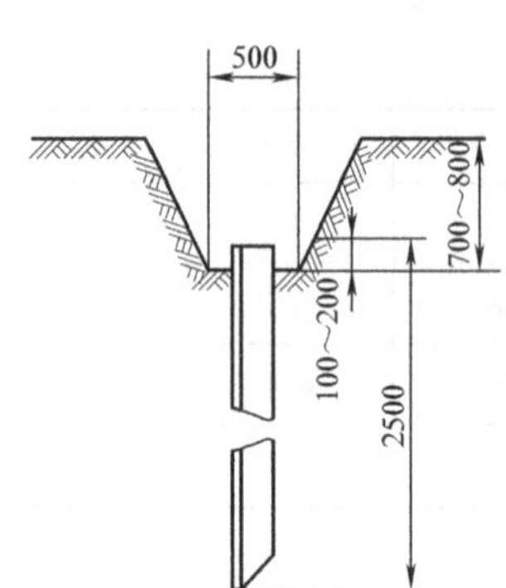

图 GYND01002001-3　垂直接地体的埋设

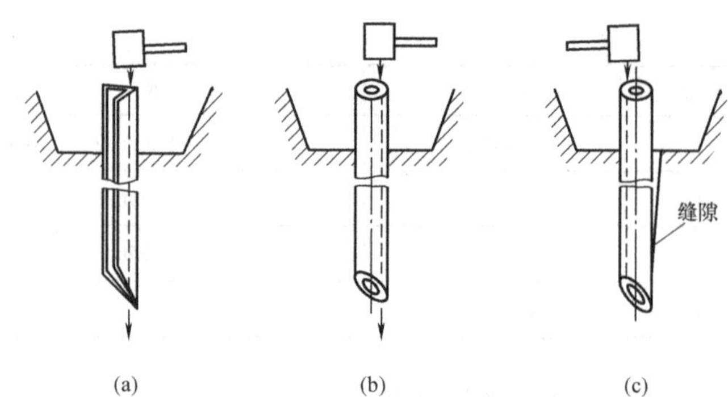

图 GYND01002001-4　接地体打桩方法

（a）角钢打桩；（b）钢管打桩；（c）接地体偏斜

（1）开挖地沟。地沟的深度一般为 0.8～1m，沟底应留出一定的空间以便于打桩操作。

（2）打桩。接地体为角钢时，应用锤子敲打角钢的角脊线处，如图 GYND01002001-4（a）所示。如为钢管时，则锤击力应集中在尖端的顶点位置，如图 GYND01002001-4（b）所示。否则不但打入困难，且不宜打直，从而使接地体与土壤产生缝隙［见图 GYND01002001-4（c）］，以增加接地电阻。

3. 连接引线和回填土

接地体按要求打桩完毕后，即可进行接地体的连接与回填土。

（1）连接引线。在地沟内，将接地体与接地引线采用电焊连接牢固，具体做法应按接地线的连接要求进行。

（2）回填土。连接工作完成后，应采用新土填入接地体四周和地沟内并夯实，以尽可能降低接地电阻。

（二）水平接地体

1. 水平接地体的制作

水平安装的人工接地体，其材料一般采用镀锌圆钢或扁钢制作。如采用圆钢，其直径应大于 10mm；如采用扁钢，其截面尺寸应大于 100mm^2，厚度不应小于 4mm，现多采用 40mm×4mm 的扁钢。接地体长度一般由设计确定。水平接地体所用的材料不应有严重锈蚀或弯曲不平，否则应更换或矫直。

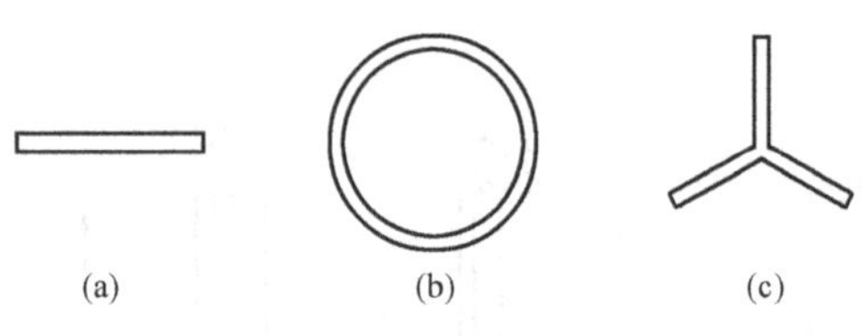

图 GYND01002001-5　水平接地体常见的几种形式

（a）带型；（b）环型；（c）放射型

2. 水平接地体的安装

水平接地体有带型、环型、放射型等，如图 GYND01002001-5 所示。其埋设深度一般应在 0.6～1m。

（1）带型。带型接地体多为几根水平布置的圆钢或扁钢并联而成，埋设深度不应小于 0.6m，其根数和每根的长度由设计确定。

（2）环型。环型接地体一般采用圆钢或扁钢焊接而成，水平埋设于距地面 0.7m 以下，其环型直径和材料的规格大小由设计确定。

（3）放射型。放射型接地体的放射根数多为 3 根或 4 根，埋设深度不应小于 0.7m，每根的放射长度由设计确定。

（三）人工接地线的安装

人工接地线一般包括接地引线、接地干线和接地支线等。

1. 人工接地线的材料

为了使接地连接可靠并有一定的机械强度，人工接地线一般均采用镀锌扁钢或圆钢制作。移动式电气设备或钢制导线连接困难时，可采用有色金属作为人工接地线，但严禁使用裸铝导线作接地线。

（1）工作接地线。配电变压器低压侧中性点的接地线：一般应采用截面积为 35mm^2 以上的裸铜导线；变压器容量在 100kVA 以下时，可采用截面积为 25mm^2 的裸铜导线。

（2）接地干线。接地干线通常选用截面不小于 12mm×4mm 的镀锌扁钢或直径不小于 6mm 的镀锌圆钢。

（3）移动电器。移动电器的接地支线必须采用铜芯绝缘软型导线。

（4）中性点不接地系统。在中性点非直接接地的低压配电系统中，电气设备接地线的截面应根据相应电源相线的截面确定和选用：接地干线一般为相线的 1/2，接地支线一般为相线的 1/3。

2. 人工接地线的安装方法

（1）接地干线与及接地体的连接。接地干线与接地体的角钢或钢管连接时，一般采用焊接连接并要求牢固可靠。

1）焊接要求。接地网各接地体间的连接干线应采用宽面垂直安装，连接处应采用电焊连接并加装镶块以增大焊接面积，如图 GYND01002001-6 所示。焊接后应涂刷沥青或其他防腐涂料。如无条件焊接时可采用螺栓压接（不常使用），并应在接地体上装设接地干线连接板。

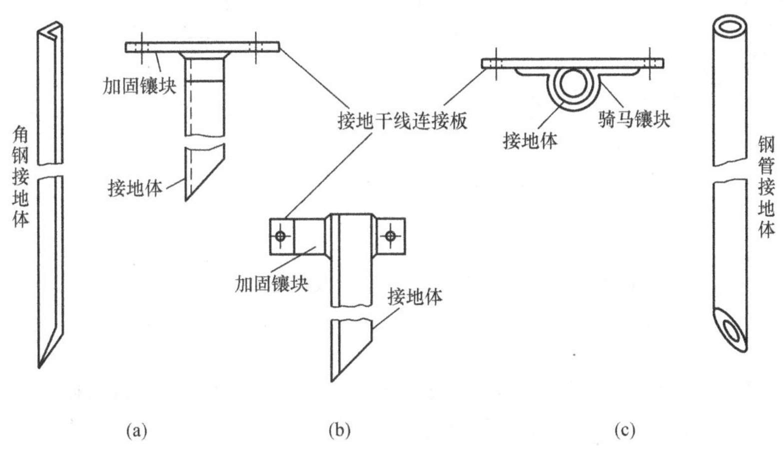

图 GYND01002001-6　垂直接地体焊接接地干线连接板

（a）角钢顶端装连接板；（b）角钢垂直面装连接板；（c）钢管垂直面装连接板

2）提供接地引线。如需另外提供接地引线时，可将接地干线安装敷设在地沟内。或采用焊接备用接地线引到地面下 300mm 左右的隐蔽处，再用土覆盖以备使用。

3）不提供接地线。如不需另外提供接地引线，接地干线则应埋入至地面 300mm 以下，在与接地体的连接区域可与接地体的埋设深度相同。地面以下的连接点应采用焊接，并在地面标明接地干线的走向和连接点的位置，以便于检修。

（2）接地干线的安装。安装接地干线，一般应按下述方法进行：

1）接地线的敷设。接地干线应水平和垂直敷设（也允许与建筑物的结构线条平行），在直线段不应有弯曲现象。安装的位置应便于维修，并且不妨碍电气设备的拆卸与检修。

2）接地线的间距。接地干线与建筑物或墙壁间应留有 15～20mm 的间隙。水平安装时离地面的距离一般为 200～600mm，具体数据由设计决定。

3）支点间距及安装。接地线支持卡子之间的距离：水平部分为 1～1.5m；垂直部分为 1.5～2m；转弯部分为 0.3～0.5m。图 GYND01002001-7 是室内接地干线安装示意图。接地干线支持卡子应预埋在墙上，其大小应与接地干线截面配合。

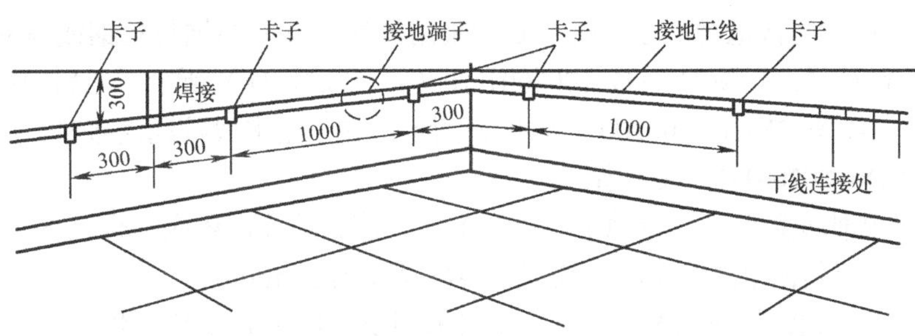

图 GYND01002001-7　室内接地干线安装图

4）接地线的接线端子。接地干线上应装设接线端子（位置一般由设计确定），以便连接支线。

5）接地线的引出、引入。接地干线由建筑物引出或引入时，可由室内地坪下或地坪上引出或引入，其做法如图 GYND01002001-8 所示。

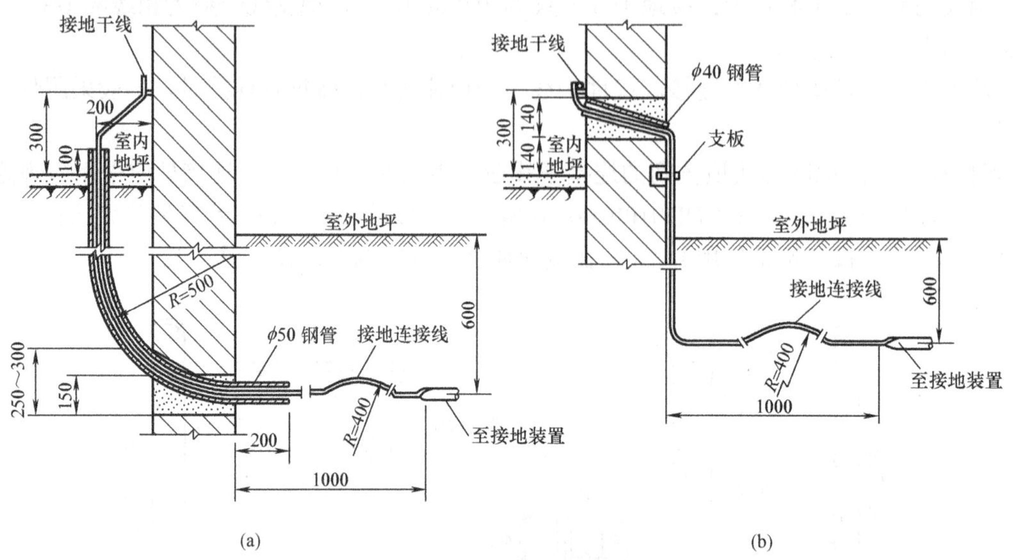

图 GYND01002001-8　接地干线由建筑物内引起

（a）接地线由室内地坪下引出；（b）接地线由室内地坪上引出

6）接地线的穿越。当接地线穿越墙壁或楼板时，应在穿越处加套钢管保护。钢管伸出墙壁至少 10mm，在楼板上至少要伸出 30mm，在楼板下至少要伸出 10mm。接地线穿过后，钢管两端要用沥青棉纱封严。

7）接地线的跨越。接地线跨越门框时，可将接地线埋入门口的地面下，或让接地线从门框上方通过，其安装做法如图 GYND01002001-9 所示。

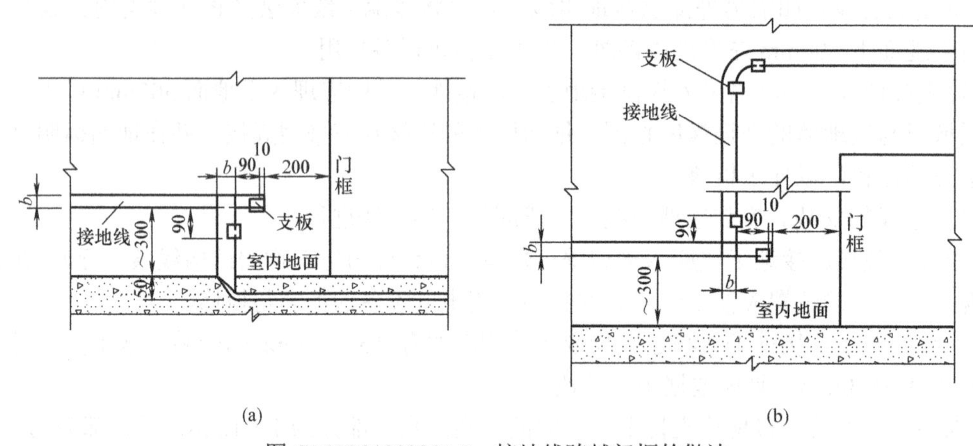

图 GYND01002001-9　接地线跨越门框的做法

（a）接地线埋入门下地中；（b）接地线从门框上方跨越

8）接地线的连接。当接地线需连接时，必须采用焊接连接。圆钢与角钢或扁钢搭接时，焊缝长度至少为圆钢直径的 6 倍，如图 GYND01002001-10（a）、（b）、（c）所示；两扁钢搭接时，焊缝长度为扁钢宽度的 2 倍，如图 GYND01002001-10（d）所示；如采用多股绞线连接时，应使用接线端子进行连接，如图 GYND01002001-10（e）所示。

9）接地干线的其他安装要求。接地干线除按上述方法安装外，还应符合以下要求：

a. 接地线与电缆或其他电线交叉时，其间隔距离至少为 25mm。

b. 接地线与管道、铁路等交叉时，为防止受机械损伤，均应加装保护钢管。

c. 接地线跨越或经过有震动的场所时，应略有弯曲，以便有伸缩余地，防止断裂。

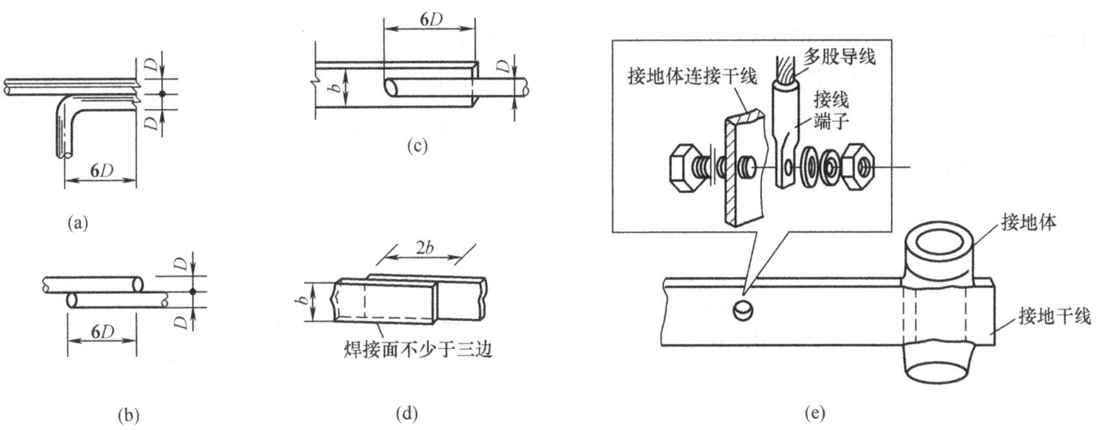

图 GYND01002001-10 接地干线的连接

（a）圆钢直角搭接；（b）圆钢与圆钢搭接；（c）圆钢与扁钢搭接；（d）扁钢直接搭接；（e）扁钢与多股导线的连接

d. 接地线跨越建筑物的伸缩沉降缝时，应采取补偿措施。补偿方法可采用将接地线本身弯曲成圆弧形状，如图 GYND01002001-11 所示。

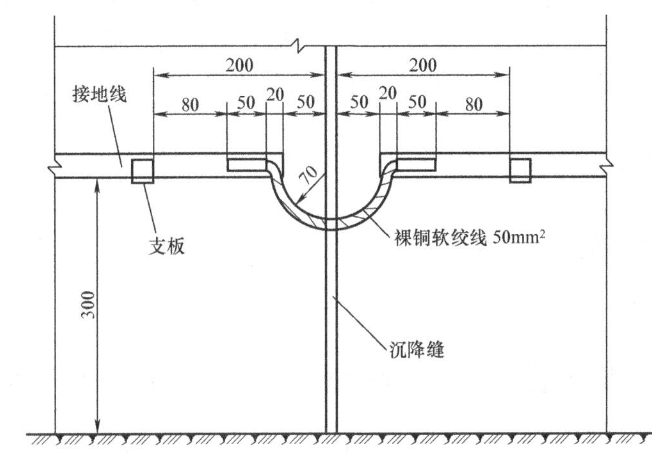

图 GYND01002001-11 软接地线通过伸缩沉降缝的做法

（3）接地支线的安装。安装接地支线一般应按下述方法进行：

1）接地支线与干线的连接。多个电气设备均与接地线相连时，每个设备的接地点必须用一根接地支线与接地干线相连接。不允许用一根接地支线把几个设备接地点串联后再与接地干线相连，也不允许几根接地支线并接在接地干线的一个连接点上。接地支线与干线并联连接的做法如图 GYND01002001-12 所示。

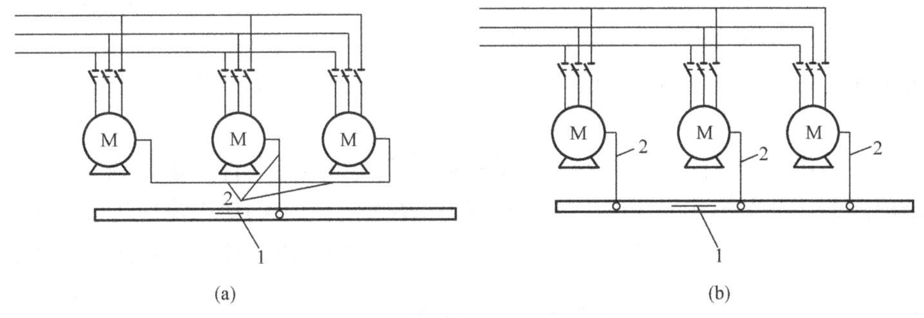

图 GYND01002001-12 多个电气设备的接地连接示意图

（a）错误；（b）正确

1—接地干线；2—接地支线

2）接地支线与金属构架的连接。接地支线与电气设备的金属外壳及其他金属构架连接时（如是软型接地线，应在两端装设接线端子），应采用螺钉或螺栓进行压接。

3）接地支线与变压器中性点的连接。接地支线与变压器中性点及外壳的连接方法如图GYND01002001-13所示。接地支线与接地干线用并沟夹连接，其材料在户外一般采用多股绞线，户内多采用多股绝缘铜导线。

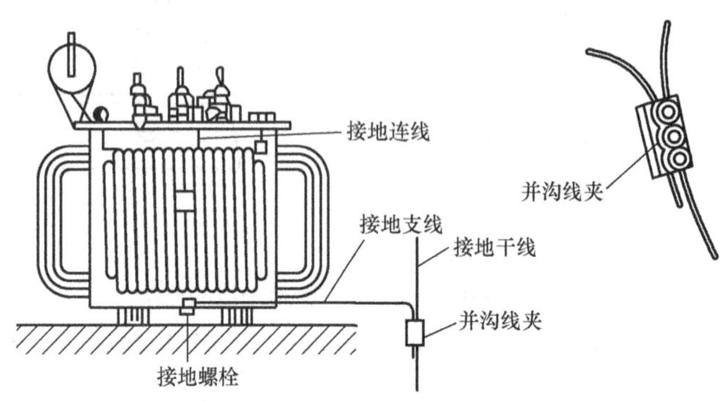

图GYND01002001-13 变压器中性点及外壳的接地线连接

4）接地支线的穿越。明装敷设的接地支线，在穿越墙壁或楼板时，应穿入管内加以保护。

5）接地支线的连接。如当接地支线需要加长，在固定敷设时，必须连接牢固；用于移动电器的接地支线，不允许有中间接头。接地支线的每一个连接处，都应置于明显处，以便于维护和检修。

【思考与练习】

1. 试述垂直接地体的安装方法。
2. 试述接地干线的安装方法。
3. 简述水平接地体接地的安装方法。
4. 简述接地支线的安装方法。

模块2 剩余电流动作保护装置的选用、安装（GYND01002002）

【模块描述】本模块包含剩余电流动作保护装置的选用、剩余电流动作保护方式、剩余电流动作保护装置安装操作步骤、工艺要求及质量标准等内容。通过概念描述、术语说明、流程介绍、要点归纳，掌握剩余电流动作保护装置的选用和安装。

【正文】

一、剩余电流动作保护器的选用

（1）剩余电流动作保护器必须选用符合GB/Z 6829—2008《剩余电流动作保护电器的一般要求》规定，并经国家经贸委、国家电力公司指定的低压电器检测站检验合格公布的产品。

（2）剩余电流动作保护器安装场所的周围空气温度最高为+40℃，最低为−5℃，海拔不超过2000m，对于高海拔及寒冷地区装设的剩余电流动作保护器，可与制造厂协商定制。

（3）剩余电流动作保护器安装场所应无爆炸危险、无腐蚀性气体，并应注意防潮、防尘、防振动和避免日晒。

（4）剩余电流动作保护器的安装位置，应避开强电流线和电磁器件，避免磁场干扰。

（5）剩余电流动作总保护在躲开电力网正常漏电情况下，剩余动作电流应尽量选小，以兼顾人身和设备的安全。剩余电流动作总保护的额定动作电流宜为可调挡次值，其最大值见表GYND01002002-1。

表GYND01002002-1 剩余电流动作总保护额定动作电流 mA

电网剩余电流情况	非阴雨季节	阴雨季节
剩余电流较小的电网	75	200
剩余电流较大的电网	100	300

实现完善的分组保护后，剩余电流动作总保护的动作电流是否在阴雨季节增至 500mA 由省供电部门决定。

（6）剩余电流动作保护器的额定电流应为用户最大负荷电流的 1.4 倍为宜。

（7）剩余电流动作末级保护器的漏电动作电流值，应小于上一级剩余电流动作保护的动作值，但应不大于：

1）家用、固定安装电器，移动式电器，携带式电器以及临时用电设备小于或等于 30mA。

2）手持电动器具为 10mA，特别潮湿的场所为 6mA。

（8）剩余电流动作中级保护器，其额定剩余电流动作电流应界于上、下级剩余电流动作电流值之间。具体取值可视电力网的分布情况而定。

（9）上下级保护间的动作电流级差应按下列原则确定：

1）分段保护上下级间级差为 1.5 倍。

2）分级保护为两条支线，上下级间级差为 1.8 倍。

3）分级保护为三条支线，上下级间级差为 2 倍。

4）分级保护为四条支线，上下级间级差为 2.2 倍。

5）分级保护为五条支路以上，上下级间级差为 2.5 倍，但是对于保护级差尚应在运行中加以总结，从而选用较为理想的级差。

（10）三相保护器的零序互感器信号线应设断线闭锁装置。

（11）选择触电、剩余电流动作保护的三条参考原则：

1）总保护的容量应按出线容量的 1.5 倍选择。总保护的动作电流选在该级保护范围内的不平衡电流的 2～2.5 倍范围内为宜。

2）总保护与用户的分级保护应合理配合。总保护的额定动作电流是用户分保护额定动作电流的 2 倍，动作时间 0.2s 为宜。

3）每户尽量不选用带重合闸功能的保护器，若选用时，应拨向单延挡，封去多延挡，防止重复触电事故的发生。

二、剩余电流动作保护方式

剩余电流动作保护方式应根据电网接地方式、电网结构情况确定。

（1）采用 IT 系统的低压电力网，应装设剩余电流动作总保护和剩余电流动作末级保护。对于供电范围较大或有重要用户的低压电力网，可酌情增设剩余电流动作中级保护。

（2）剩余电流动作总保护应选用如下任一方式：

1）安装在电源中性点接地线上。

2）安装在电源进线回路上。

3）安装在各出线回路上。

（3）剩余电流动作中级保护可根据网络分布情况装设在分支配电箱的电源线上。

（4）剩余电流动作末级保护可装在接户箱或动力配电箱，或装在用户室内的进户线上。

（5）TT 系统中的移动式电器、携带式电器、临时用电设备、手持电动器具，应装设剩余电流动作末级保护，Ⅱ类和Ⅲ类电器除外。

（6）采用 TN-C 系统的低压电力网，不宜装设剩余电流动作总保护及剩余电流动作中级保护，但可装设剩余电流动作末级保护。末级保护的受电设备的外露可导电部分仍需用保护线与保护中性线相连接，不得直接接地改变了 TN-C 系统的运行方式。

（7）采用 IT 系统的低压电力网不宜装设电流型剩余电流动作保护器。

（8）剩余电流动作保护器动作后应自动断开电源，对开断电源会造成事故或重大经济损失的用户，应由用户申请经县供电部门批准，可采用剩余电流动作报警信号方式及时处理缺陷。

（9）农村低压电力网的剩余电流动作保护方式，由县级供电部门选定，运行中需要改变剩余电流动作保护方式时也需经县级供电部门批准，当涉及改变低压电力网系统运行方式时，必须经省供电部门批准。

三、工作内容

按剩余电流动作保护器产品说明书的要求安装、接线。

四、危险点分析与控制措施

（1）安装剩余电流动作保护器的过程中防止人身触电。

（2）剩余电流动作保护器安装前的检查。

（3）按图正确接线。

（4）正确使用常用电工工具。

五、作业前准备

（1）工具：电工通用工具（两套）、个人防护工具（两套）。

（2）材料：剩余电流动作保护器（一只）、铜导线（若干）。

（3）人员：工作监护人（一名）、操作安装人（一名）。

六、操作步骤、质量标准

1. 剩余电流动作保护器安装前的测试

安装剩余电流动作保护器前，必须了解低压电网的绝缘水平。规程对低压电网绝缘水平的规定值为0.5MΩ以上。为了保障保护器的正常运行，必须达到所要求的绝缘水平。因此，要进行绝缘电阻测试。测试时，多数用直接测量法，使用 500V 绝缘电阻表。测量前，要将配电变压器停电，并消除对被测低压电网产生感应电压的各种可能性，在无电的情况下进行测试。

（1）测试前，拆除配电变压器二次接地线、电网中所有设备的接地线，包括零线的重复接地、三孔插座的接地线，使整个低压电网处于与地隔离绝缘状态。

（2）测量单相绝缘电阻时，把未测相与中性线的连线打开，使测得的值为单相绝缘电阻值。测量时，被测相与绝缘电阻表 L 端相接，地与绝缘电阻表 E 相接，观察绝缘电阻表所测数值，即为被测相的绝缘电阻。

（3）测量三相绝缘电阻时，不必把未测相与中性线的连线打开，测得任一相的绝缘电阻都能反映出三相的绝缘水平。如果低压电网中无三相负荷，可将三根相线与一根中性线捏在一起，与绝缘电阻表 L 端相接，大地与绝缘电阻表 E 端相接，所测值为低压电网绝缘电阻。

（4）上述是带着配电变压器二次绕组所测得的绝缘电阻，但是，剩余电流动作保护器检测的是低压负荷设备的漏电情况。这样则把配电变压器二次总开关和每一相的负荷开关拉开，分别进行测量为宜。

采用间接法测绝缘电阻的方法有两种：一是电流表法，设一个直流电源，测得相、地回路中的电流数值 I，用 $R=E/I$ 计算绝缘电阻；二是用电压表法，设一电压源，加装保护电阻（约 1Ω），测零–地间电压，用 $I=U/R$，则 $R'=(E-U)/I$ 计算。

2. 剩余电流动作保护器的安装

剩余电流动作保护器的接线要按产品说明书的要求接线，使用的导线截面积应符合要求。

（1）剩余电流动作保护器标有“电源侧”和“负荷侧”时，电源侧接电源，负荷侧接负荷，不能反接。

（2）安装组合式剩余电流动作保护器的空心式零序电流互感器时，主回路导线应并拢绞合在一起穿过互感器，并在两端保持大于 15cm 距离后分开，防止无故障条件下因磁通不平衡引起误动作。

（3）安装了剩余电流动作保护器装置的低压电网线路的保护接地电阻应符合要求。

（4）总保护采用电流型剩余电流动作保护器时变压器的中性点必须直接接地。在保护区范围内，电网零线不得有重复接地。零线和相线保持相同的良好绝缘，保护器后的零线和相线在保护器间不得与其他回路共用。

（5）剩余电流动作保护器安装时，电源应朝上垂直于地面，安装场所应无腐蚀气体，无爆炸危险物，防潮防尘防振，防阳光直晒，周围空气温度上限不超过 40℃，下限不低于–25℃。

（6）剩余电流动作保护器安装后应进行如下检验：

1）带负荷拉合三次，不得有误动作。

2）用试验按钮试跳三次应正确动作。

3）分相用试验电阻接地试验各一次，应正确动作（试验电阻整机上自带在电路中），此电阻在电路中称为模拟电阻。

3. 剩余电流动作保护器的正确接线

检测触（漏）电电流信号元件时，或零序电流互感器安装时，应注意：

（1）不许只穿零线。

（2）不许穿在重复接地线上。

（3）不许漏穿相线或零线。

（4）不许有任何一相多绕圈穿过 TA0，或零线在多回线的两相电流互感器中公用。

（5）动力照明分计时，应照明动力共用一套两相电流互感器或照明，动力分别用两套两相电流互感器。

（6）不许在三相四线制中把照明的相线接在保护之后，而零线接在保护之前，整个回路失去剩余电流动作保护。

（7）不许在各回路间形成公用相电压回路。

（8）不许接地保护、接零保护混用。

（9）不许在两相电流互感器保护区内有重复接地。

（10）同级保护器间应单独设零线回路，不许设“公用零线”。

（11）剩余电流动作保护装置中用电设备的保护零线不应穿过零序电流互感器，应把保护零线接到剩余电流动作保护装置前面；但工作零线必须穿过 CTO。

（12）剩余电流动作保护器的工作零线不许用开关、刀开关断开，或装设熔丝。

（13）不同低压系统不允许共用同一根工作零线。

（14）各户单相三孔插座外安装的剩余电流动作保护器，要切实注意不要漏接相线。

（15）剩余电流动作保护系统应实现三级保护为宜，整定值合理，不越级跳闸。

（16）加强线路绝缘：

1）在灶房内宜采用双层保护绝缘线和抗老化的新型聚氯乙烯绝缘线。橡皮线和普通塑料线不得贴墙布设，容易凝露或烟重的地方不应装设开关、插座。

2）导线接头的黑胶布不得贴墙，不得夹在瓷夹板中。

3）普通塑料线和橡皮线不得直接埋入土中或墙内，也不得挂在钉上或绑在树上，应当使用穿墙套管、瓷柱等绝缘物加以固定。

七、案例分析

剩余电流动作保护器对接地故障电流有很高的灵敏度，能在数十毫秒的时间内切断以毫安计的故障电流，即使接触电压高达 220V，高灵敏度的剩余电流动作保护器也能快速切断使人免遭电击的危险，这是众所周知的。但剩余电流动作保护器只能对其保护范围内的接地故障起作用，而不能防止从别处传导来的故障电压引起的电击事故，如图 GYND01002002-1 所示。

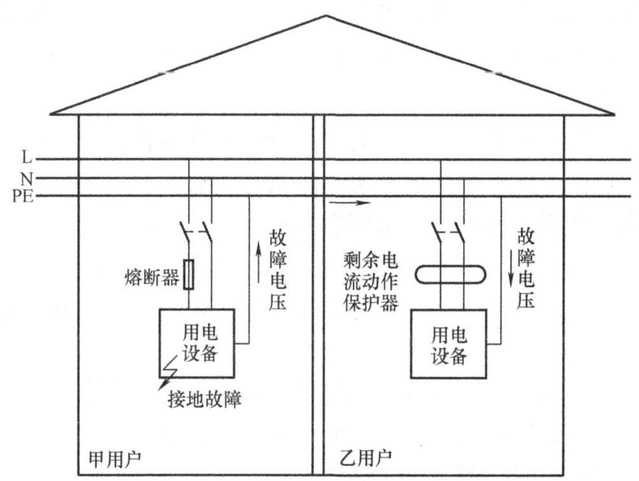

图 GYND01002002-1　剩余电流动作保护拒动图

图 GYND01002002-1 中，乙用户安装了剩余电流动作保护器，而相邻的甲用户却是安装了熔断器来作为保护，在使用的过程中，若甲户随意将熔丝截面加大，并且使用电器不经心而导致电气设备绝缘损坏，由于故障电流不能使熔丝及时熔断而切断故障，此时故障电压通过 PE 线传导至乙用户的用电设备上，由于剩余电流动作保护器不动作，致使乙用户存在了引起电击事故的安全隐患。这种例子在当前的城市用电设计规范的前提下是不存在的。

【思考与练习】

1. 简述选择（触电）剩余电流动作保护器的参考原则。
2. 剩余电流动作保护器安装前的测试项目有哪些？
3. 剩余电流动作保护器的安装要求有哪些？
4. 简述剩余电流动作保护器安装后应进行哪些检验项目。
5. 如何选定末级剩余电流动作保护器的动作电流值？

模块 3 剩余电流动作保护器的运行和维护及调试（GYND01002003）

【模块描述】本模块包含剩余电流动作保护器安装后的调试、剩余电流动作保护器的运行管理工作、农网内剩余电流动作保护器的维护管理要点等内容。通过概念描述、要点归纳，掌握剩余电流动作保护器的运行维护和调试。

【正文】

一、剩余电流动作保护器安装后的调试

（1）安装剩余电流动作总保护的低压电力网，其剩余电流应不大于保护器额定剩余动作电流的 50%，达不到要求时应进行整修。

（2）装设剩余电流动作保护的电动机及其他电气设备的绝缘电阻应不小于 0.5MΩ。

（3）装设在进户线上的剩余电流动作断路器，其室内配线的绝缘电阻：晴天不宜小于 0.5MΩ，雨季不宜小于 0.08MΩ。

（4）保护器安装后应进行如下检测：

1）带负荷分、合开关 3 次，不得误动作。

2）用试验按钮试验 3 次，应正确动作。

3）各相用试验电阻接地试验 3 次，应正确动作。

二、剩余电流动作保护器的运行管理工作

为能使剩余电流动作保护器正常工作，始终保持良好状态，从而起到应有的保护作用，必须做好下列各项运行管理工作：

（1）剩余电流动作保护器投入运行后，使用单位或部门应建立运行记录和相应的管理制度。

（2）剩余电流动作保护器投入运行后，每月需在通电状态下按动试验按钮，以检查剩余电流动作保护器动作是否可靠。在雷雨季节，应当增加试验次数。由于雷击或其他不明原因使剩余电流动作保护器动作后，应作仔细检查。

（3）为检验剩余电流动作保护器在运行中的动作特性及其变化，应定期进行动作特性试验。其试验项目为：测试动作电流值；测试不动作电流值；测试分断时间。剩余电流动作保护器的动作特性由制造厂整定，按产品说明书使用，使用中不得随意变动。

（4）凡已退出运行的剩余电流动作保护器在再次使用之前，应按（3）中规定的项目进行动作特性试验；试验时应使用经国家有关部门检测合格的专用测试仪器，严禁利用相线直接触碰接地装置的试验方法。

（5）剩余电流动作保护器动作后，经查验未发现故障原因时，允许试送一次；如果再次动作，应查明原因找出故障，必要时对其进行动作特性试验而不得连续强送；除经检查确认为剩余电流动作保护器本身发生故障外，严禁私自撤除剩余电流动作保护器强行送电。

（6）定期分析剩余电流动作保护器的运行情况，及时更换有故障的剩余电流动作保护器；剩余电流动作保护器的维修应由专业人员进行，运行中遇有异常现象应找电工处理，以免扩大事故范围。

（7）在剩余电流动作保护器的保护范围内发生电击伤亡事故，应检查剩余电流动作保护器的动作情况，并分析未能起到保护作用的原因。在未进行调查前应保护好现场，不得拆动剩余电流动作保护器。

（8）除了对使用中的剩余电流动作保护器必须进行定期试验外，对断路器部分亦应按低压电器的有关要求进行定期检查与维护。

三、剩余电流动作保护器误动、拒动分析

1. 误动作原因分析

（1）低压电路开闭过电压引起的误动作。由于操作引起的过电压，通过负载侧的对地电容形成对地电流。在零序电流互感器的感应脉冲电压并引起误动作。此外，过电压也可以从电源侧对保护器施加影响（如触发晶闸管的控制极）而导致误动作。

（2）当分断空载变压器时，高压侧产生过电压，这种过电压也可导致保护器误动作。

解决办法是：

1）选用冲击电压不动作型保护器。

2）用正反向阻断电压较高的（正反向阻断电压均大于1000V以上）晶闸管取代较低的晶闸管。

（3）雷电过电压引起的误动作。雷电过电压通过导线、电缆和电器设备的对地电容，会造成保护器误动作。

解决的办法是：

1）使用冲击过电压不动作型保护器。

2）选用延时型保护器。

（4）保护器使用不当或负载侧中性线重复接地引起误动作。三极剩余电流动作断路器用于三相四线电路中，由于中性线中的正常工作电流不经过零序电流互感器，因此，只要一启动单相负载，保护器就会动作。此外，剩余电流动作断路器负载侧的中性线重复接地，也会使正常的工作电流经接地点分流入地，造成保护器误动作。

避免上述误动作的办法是：

1）三相四线电路要使用四极保护器，或使用三相动力线路和单相分开，分别单独使用三极和两极的保护器。

2）增强中性线与地的绝缘。

3）排除零序电流互感器下口中性线重复接地点。

2. 拒动作原因分析

（1）自身的质量问题。若保护器投入使用不久或运行一段时间以后发生拒动，其原因大概有：

1）电子线路板某点虚焊。

2）零序电流互感器二次侧绕组断线。

3）线路板上某个电子元件损坏。

4）脱扣线圈烧毁或断线。

5）脱扣机构卡死。

解决的办法是：及时修理或更换新保护器。

（2）安装接线错误。安装接线错误多半发生在用户自行安装的分装式剩余电流动作断路器上，最常见的有：

1）用户把三极剩余电流动作断路器用于单相电路。

2）把四极剩余电流动作断路器用于三相电路中时，将设备的接地保护线（PE线）也作为一相接入剩余电流动作断路器中。

3）变压器中性点接地不实或断线。

解决办法是：纠正错误接线。

四、农网内剩余电流动作保护器的维护管理要点

（1）农村电网中，每年春季乡电管站应对保护系统进行一次普查，重点检查项目是：

1）测试保护器的动作电流值是否符合规定。

2）检查变压器和电动机的接地装置，有否松动或接触不良现象。

3）测量低压电网和电器设备的绝缘电阻。

4）测量中性点剩余电流，消除电网中的各种剩余电流隐患。

5）检查剩余电流动作保护器运行记录。

（2）农村电工每月至少要对保护器试验 1 次，每当雷击或其他原因使保护器动作后，也应作一次试验；农业用电高峰及雷雨季节要增加试验次数以确认其完好；对停用的剩余电流动作保护器，在使用前都应试验一次。注意：在进行动作试验时，严禁用相线直接触碰接地装置。平时应加强日常维护、清扫与检查。

（3）剩余电流动作保护器动作后应立即进行检查。若检查后未发现事故点，则允许试送一次。若再次动作，便要查明原因找出故障。使用中严禁私自撤除剩余电流动作保护器而强行送电。

（4）建立剩余电流动作保护器运行记录，内容包括安装、试验及动作情况等。要及时认真填写并定期查看分析，提出意见并签字。全年要统计辖区内剩余电流动作保护器的安装率、投运率、有效动作次数及拒动次数（指发生事故后保护器不动作的次数）。

（5）在保护范围内发生电击伤亡事故后，应检查剩余电流动作保护器的动作情况，分析未能起到保护作用的原因并保护好现场。此外应注意：不得改动剩余电流动作保护器；运行中若发现剩余电流动作保护器有异常现象时，应拉下进户开关找电工修理，防止扩大停电范围；不准有意使剩余电流动作保护器误动或拒动，更不准擅自将剩余电流动作保护器退出运行。

【思考与练习】

1. 剩余电流动作保护安装后的调试要求是什么？
2. 剩余电流动作保护器运行管理要求是什么？
3. 剩余电流动作保护器的维护要求是什么？

第十二章 低压设备运行、维护与事故处理

模块1 低压设备运行、维护（GYND01003001）

【模块描述】本模块包含低压设备运行标准、低压设备维护要求、危险点预控及安全注意事项等内容。通过概念描述、要点归纳，掌握低压设备运行、维护。

【正文】

一、低压设备运行标准

（一）低压开关类控制设备的运行标准

1. 常用低压开关类控制设备种类

（1）低压隔离开关。

（2）低压熔断器组合电器，熔丝熔断器式刀开关、刀熔开关。

（3）开关熔断器组。

（4）组合开关，也称转换开关。

2. 低压开关类控制设备的运行标准

（1）低压开关类控制设备应选用国家有关部门认定的定型产品，严禁使用明文规定的淘汰产品。

（2）低压开关类控制设备的各项技术参数须满足运行要求。其所控制的负荷必须分路，避免多路负荷共用一个开关设备。

（3）各设备应有相应标识，并统一编号。

（4）各种仪表、信号灯应齐全完好。

（5）动触头与固定触头的接触应良好。

（6）低压开关是控制设备应定期进行清扫。

（7）操作通道、维护通道均应铺设绝缘垫，通道上不准堆放杂物。

（二）低压保护设备的运行标准

1. 低压保护设备的种类

（1）低压保护设备。

（2）剩余电流动作保护器。

（3）交流接触器。

（4）启动器。

（5）热继电器。

（6）控制继电器。

2. 低压保护设备的运行标准

（1）低压保护设备应选用国家有关部门认定的定型产品，严禁使用明文规定的淘汰产品。

（2）低压保护设备各项技术参数须满足运行要求。

（3）低压保护设备的选择和整定，均应符合动作选择性的要求。

（4）低压保护设备应定期进行传动试验，校验其动作的可靠性。

（5）低压保护设备应定期进行清扫。

（6）操作通道、维护通道均应铺设绝缘垫，通道上不准堆放杂物。

二、低压设备的维护要求

（一）人员要求

（1）低压设备维护人员应持证上岗。

（2）低压设备维护人员应由工作经验的人员担任。

（3）低压设备维护人员维护过程中严格执行规程标准、规定。

（二）周期要求

（1）低压配电设备巡视周期宜每月进行一次，最多不超过两个月进行一次。根据天气和负荷情况，可适当增加巡视次数。

（2）低压设备维护工作可根据巡视情况确定。

（三）巡视要求

（1）巡视工作应由有电力线路工作经验的人担任。新人员不得单独巡线，暑天、夏天必要时由两个人进行。

（2）单人巡线时不得攀登电杆和铁塔。

（3）巡线人员发现导线断落地面或悬吊空中，应设法防止行人靠近断线地点 8m 以内，并迅速报告领导，等候处理。

（4）巡线发现缺陷及时记录，确定缺陷类别，及时上报管理部门。

三、危险点预控及安全注意事项

危险点预控及安全注意事项见表 GYND01003001-1。

表 GYND01003001-1　　危险点预控及安全注意事项

危险点	控制措施
误入带电设备	维护设备与相邻运行设备必须用围栏明显隔离，并悬挂“止步，高压危险”标示牌，标示牌应面对检修设备
	中断维护工作，每次重新开始工作前，应认清工作地点、设备名称和编号，严禁无监护单人工作
高处作业	正确使用安全带，戴好安全帽
零部件跌落打击	应使用传递绳和工具袋传递零部件，严禁抛掷
	不准在开关等设备构架上存放物件或工器具

【思考与练习】

1. 低压设备的运行标准是什么？
2. 低压设备的巡视应注意什么？

模块 2　低压设备检修、更换（GYND01003002）

【模块描述】本模块包含低压设备检修前的准备、检修前的检查项目和检查标准、检修操作步骤及工艺要求、低压设备更换程序、危险点预控及安全注意事项等内容。通过概念描述、要点归纳，了解低压设备检修及设备更换。

【正文】

一、低压设备结构

低压设备由低压电路内起通断、监视、保护、控制或调节作用的设备组合而成。

二、检修前的准备

1. 检修技术资料的准备

（1）检修设备说明书。

（2）低压设备安装竣工图。

（3）低压设备台账。

（4）低压设备验收记录。

2. 工具、机具、材料、备品配件、试验仪器和仪表的准备

（1）工具、机具应使用专用工具，保证齐全、好用。

（2）材料、备品配件应选用合格产品，保证数量充足。

（3）各种试验仪器和仪表应选用合适型号，并在使用前进行测量试验，保证各种试验仪器和仪表合格、好用。

三、检修前的检查

1. 检查项目

（1）外观检查。

（2）手动试验。

2. 检查标准

（1）各种设备外壳无破损、无裂纹。

（2）各种仪表表面无破损，指针指示正确、无摆动。

（3）各种设备触头的接触平面应平整；开合顺序、动静触头分合闸距离应符合设计要求或产品技术文件的规定。

（4）各种设备触头闭合、断开过程中可动部分与其他位置不应有卡阻现象。

（5）各种开关设备应进行操作试验，保证其正常工作。

（6）断路器受潮的灭弧室安装前应烘干。

（7）禁止使用淘汰型产品。

四、检修操作步骤及工艺要求

1. 检修操作步骤

（1）检修人员将检修所需工具、材料、备品、备件、仪器、仪表等带到检修现场。

（2）检修人员核对检修设备及作业危险点，做好控制措施。

（3）检修操作前做好保证检修安全的各种措施。

（4）由专人监护，检修人员对检修设备进行检修。

（5）检修结束拆除各种安全措施，自行验收，确认更换质量良好，申请验收。

（6）验收结束，对检修设备投入运行。

2. 检修工艺要求

（1）检修后的设备外表良好，无损伤。

（2）检修后的设备功能齐全、完好。

（3）检修后的设备布线应横平竖直，达到检修前标准。

五、低压设备更换

（1）更换设备前，检修人员将所需工具、材料、备品、备件、仪器、仪表等带到更换现场。

（2）更换人员核对本次更换设备及作业危险点，做好控制措施。

（3）更换前记录原始接线并复核，做好保证安全的各种措施。

（4）由专人监护，工作人员对更换设备进行更换。

（5）更换结束拆除各种安全措施，自行验收，确认更换质量良好，申请验收。

（6）验收结束，对检修设备投入运行。

六、危险点预控及安全注意事项

危险点预控及安全注意事项见表 GYND01003002-1。

表 GYND01003002-1　　危险点预控及安全注意事项

危险点	控制措施
拆接低压电源	应由两人进行，一人操作，一人监护
	检修电源应有剩余电流动作保护器，移动电具金属外壳均应可靠接地

模块2　GYND01003002

续表

危险点	控制措施
拆接低压电源	检修前应断开交流操作电源，严禁带电拆接操作回路电源接头
感应触电	在强电场下进行部分停电工作应使用个人保安线
	若有试验电源，检修人员必须在断开试验电源并放电完毕后才能工作
误入带电设备	检修设备与相邻运行设备必须用围栏明显隔离，并悬挂“止步，高压危险”标示牌，标示牌应面对检修设备
	中断检修，每次重新开始工作前，应认清工作地点、设备名称和编号，严禁无监护人，单独工作
高处作业	应戴好安全帽，正确使用安全带
零部件跌落打击	应使用传递绳和工具袋传递零部件，严禁抛掷
	不准在构架上存放物件或工器具

【思考与练习】

1. 低压设备的检修分哪几个步骤？
2. 低压设备的更换分哪几个步骤？

模块3　低压设备常见故障处理（GYND01003003）

【模块描述】本模块包含使用仪器仪表判断低压设备故障、低压设备故障的处理步骤、危险点预控及安全注意事项等内容。通过概念描述、要点归纳、案例分析，提高低压设备故障处理的能力。

【正文】

一、使用仪器仪表判断低压设备故障、故障处理步骤及要求

1. 低压设备接地故障的判断、故障的处理步骤及要求

（1）低压设备接地故障的判断。使用500V绝缘电阻表判断低压设备接地故障现象。

（2）低压设备接地故障的处理步骤及要求。

1）断开低压设备电源。

2）任意测量设备不同相对地绝缘电阻值，分别做好记录并比较。

3）所测得设备某相对地绝缘电阻值很小或为零，说明该设备该相存在接地现象。

4）测量时应使用缩小范围法，先测量主干路，再测量不同分支路。

5）每次测量后，应立即对设备放电。

2. 低压设备短路故障的判断、故障的处理步骤及要求

（1）低压设备短路故障的判断。使用万用表判断低压设备短路故障现象。

（2）低压设备短路故障的处理步骤及要求。

1）断开低压设备电源。

2）测量设备相间电阻值，分别做好记录并比较。

3）所测得设备某相电阻值很小或为零，说明该设备该相存在短路现象。

4）测量时应使用缩小范围法，先测量主干路设备，再测量不同分支路设备。

3. 低压设备断相故障的判断、故障的处理步骤及要求

（1）低压设备断相故障的判断。使用万用表判断低压设备断相故障现象。

（2）低压设备断相故障的判断、故障的处理步骤及要求。

方法一：电阻测量法。

1）断开低压设备电源。

2）测量设备相间电阻值，分别做好记录并比较。

3）所测得断相设备某相电阻值指针不动，说明该设备该相存在断相现象。

4）测量时应使用缩小范围法，先测量主干路，再测量不同分支路。

方法二：电压测量法。

1）使用万用表选择合适的电压量程。

2）测量设备相间电压值，分别做好记录并比较。

3）所测得断相设备某相电压值为零值，说明该设备该相存在断相现象。

4）测量时应使用缩小范围法，先测量主干路，再测量不同分支路。

4. 低压设备过载故障的判断、故障的处理步骤及要求

（1）低压设备过载故障的判断。使用卡流表判断低压设备过载故障现象。

（2）低压设备过载故障的处理步骤及要求。

1）使用卡流表测量每相电流值，分别做好记录并比较。

2）所测得设备过载相电流值过高或较说明书数值大很多，说明该设备该相存在过载现象。

3）测量时应使用扩大范围法，先测量不同分支路，再测量主干路。

5. 低压设备绝缘击穿故障的判断、故障的处理步骤及要求

（1）低压设备绝缘击穿故障的判断。使用绝缘电阻表判断低压设备绝缘击穿故障现象。

（2）低压设备绝缘击穿故障的处理步骤及要求。

1）断开低压设备电源。

2）任意测量不同相设备绝缘电阻值或测量每相对地绝缘电阻值，分别做好记录并比较。

3）所测得接地相设备某相对地绝缘电阻值很小或为零，说明该设备存在绝缘击穿现象。

4）测量时应使用缩小范围法，先测量主干路，再测量不同分支路。

二、案例分析

1. 分析题目

使用500V绝缘电阻表判断低压设备接地故障现象。

2. 分析简图

（1）测量A相绝缘电阻（见图GYND01003003-1）。

（2）测量B相绝缘电阻（见图GYND01003003-2）。

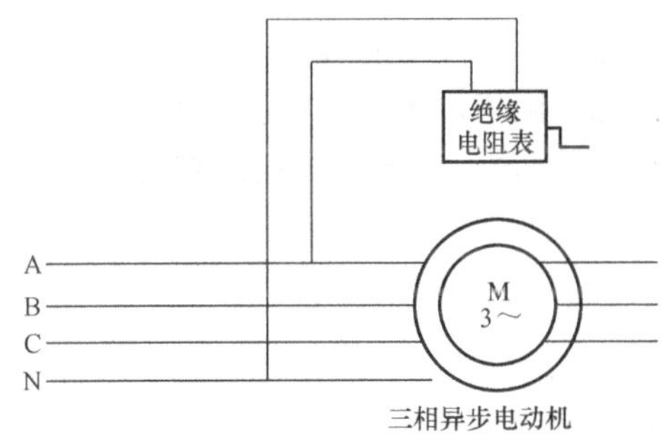

图GYND01003003-1　测量A相绝缘电阻

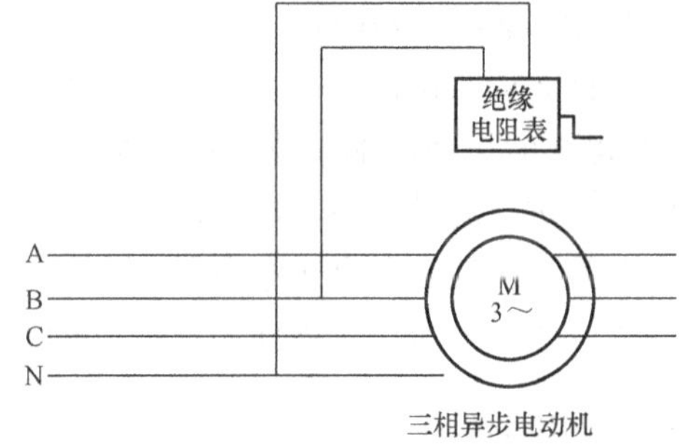

图GYND01003003-2　测量B相绝缘电阻

（3）测量C相绝缘电阻（见图GYND01003003-3）。

（4）测量AB相绝缘电阻（见图GYND01003003-4）。

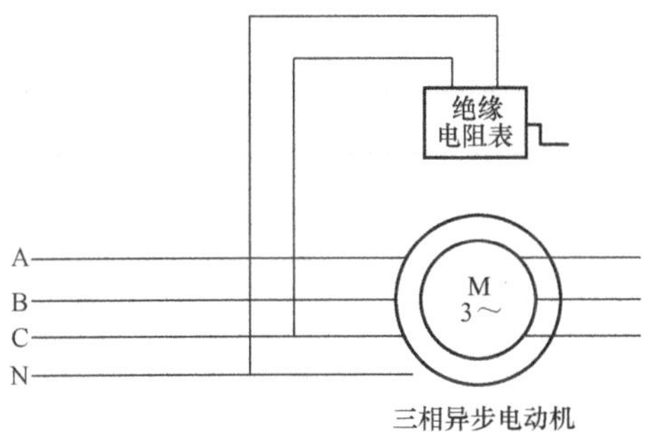

图GYND01003003-3　测量C相绝缘电阻

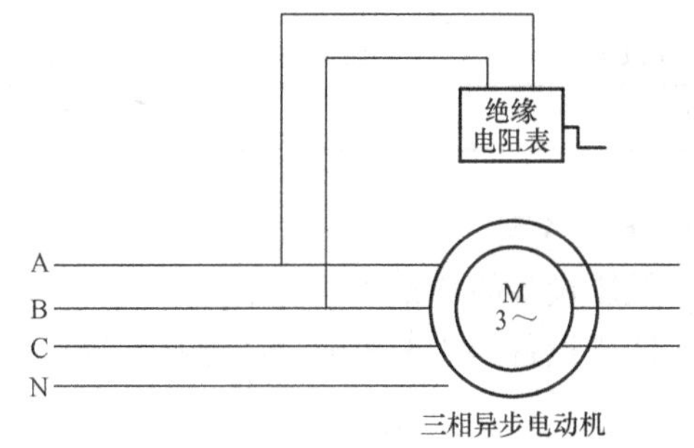

图GYND01003003-4　测量AB相绝缘电阻

（5）测量 BC 相绝缘电阻（见图 GYND01003003-5）。

（6）测量 AC 相绝缘电阻（见图 GYND01003003-6）。

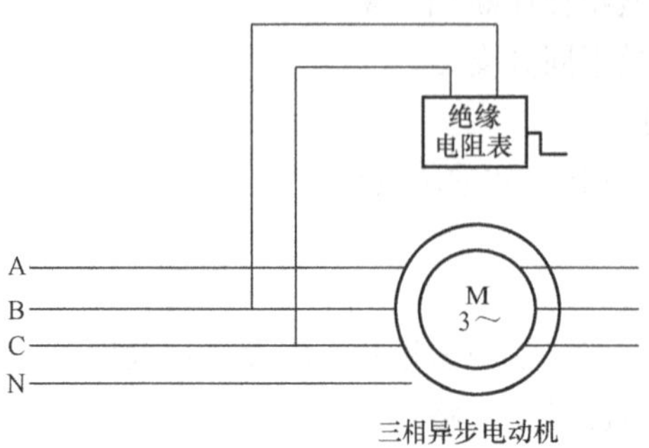

图 GYND01003003-5　测量 BC 相绝缘电阻

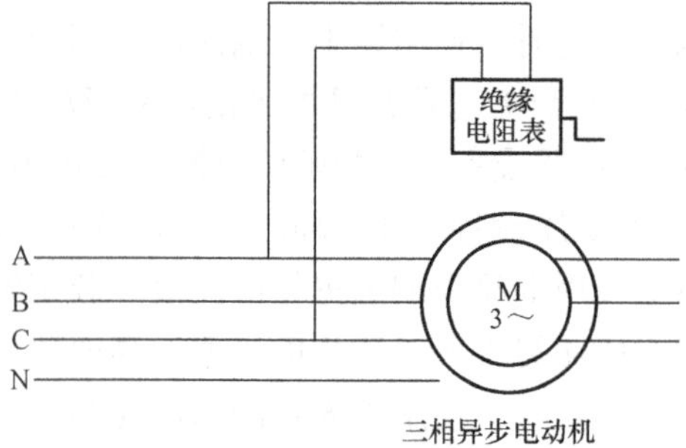

图 GYND01003003-6　测量 AC 相绝缘电阻

3. 分析内容及步骤

（1）断开低压设备电源。

（2）打开电动机接线盒内接线连片。

（3）如图 GYND01003003-1 所示，首先测量设备 A 相对地绝缘电阻值，小于规程规定值，基本等于零值，测量后对设备放电。

（4）如图 GYND01003003-2 所示，其次测量设备 B 相对地绝缘电阻值，满足规程规定值，测量后对设备放电。

（5）如图 GYND01003003-3 所示，最后测量设备 C 相对地绝缘电阻值，满足规程规定值，测量后对设备放电。

（6）对测量结果进行分析，所测得设备 A 相对地绝缘电阻值很小或为零，小于规程规定值，说明该设备 A 相存在接地现象。

（7）如图 GYND01003003-4 所示，测量设备 AB 相绝缘电阻值，测量后对设备放电。

（8）如图 GYND01003003-5 所示，测量设备 BC 相绝缘电阻值，测量后对设备放电。

（9）如图 GYND01003003-6 所示，测量设备 AC 相绝缘电阻值，测量后对设备放电。

（10）测量时应使用缩小范围法，先停掉分支路，测量主干路，主干路无问题时再按照测量不同分支路的方法进行测量，逐一排查，直至查出接地设备。

三、危险点预控及安全注意事项

危险点预控及安全注意事项见表 GYND01003003-1。

表 GYND01003003-1　　危险点预控及安全注意事项

危险点	控制措施
高低压感电	应由两人进行，一人操作，一人监护，夜间作业，必须有足够的照明
	测量人员应了解测试仪表性能、测试方法及正确接线
	测量工作不得穿越虽停电但未经装设地线的导线
误入带电设备	检修设备与相邻运行设备必须用围栏明显隔离，并悬挂“止步，高压危险”标示牌，标示牌应面对检修设备
高处作业	应戴好安全帽，正确使用安全带
零部件跌落打击	不准在测量设备构架上存放物件或工器具

【思考与练习】

1. 低压设备的常见故障有哪些？
2. 低压设备的常见故障通过哪几步排除？

第十三章 低压电气设备安装

模块1 低压开关电器安装（ZY3300301001）

【模块描述】本模块包括低压开关电器安装作业前准备、危险点分析与控制措施，以及隔离开关与刀开关、低压熔断器、低压接触器、低压断路器、剩余电流动作保护器等低压开关电器的操作步骤及质量标准等内容。通过概念描述、流程说明、要点归纳，掌握各种低压开关电器的安装。

【正文】

低压开关电器是指电压在1200V以下的交流及直流电力线路中起保护、控制或调整等作用的电气元件，主要包括低压开关、低压熔断器和低压断路器等。本部分主要讲述低压开关电器安装所需工器具和材料的选择、安装质量标准、安装的方法及安装注意事项等。

一、作业前准备

（1）低压开关电器安装所需工器具为常用电工工具。

（2）低压开关电器安装所需材料有螺栓穿钉、绝缘导线、线鼻子等。

二、危险点分析与控制措施

（1）核对电器元件型号。

（2）高处坠落：在设备台架上工作，对地距离超过2m时，检查登高工具应完好，安全带应系在牢固的构件上，扣环应扣牢，不得失去安全带保护；梯子登高要有专人扶持，必须采取防滑、限高措施。

（3）物体打击、碰伤：在设备台架上工作传递工具、材料应使用绳索，严禁上下抛掷，防止坠物；所有工作人员必须正确佩戴安全帽、戴手套；根据作业环境，必要时装设安全围栏。

三、质量标准

1. 隔离开关与刀开关的安装质量标准

（1）开关应垂直安装。当用于不切断电流、有灭弧装置或小电流电路等情况下，可水平安装。水平安装时，分闸后可动触头不得自行脱落，其灭弧装置应固定可靠。

（2）可动触头与固定触头的接触应良好；大电流的触头或刀片宜涂电力复合脂。

（3）双投刀开关在分闸位置时，刀片应可靠固定，不得自行合闸。

（4）安装杠杆操动机构时，应调节杠杆长度，使操作到位且灵活；开关辅助触点指示应正确。

（5）开关的动触头与两侧连接片距离应调整均匀，合闸后接触面应压紧。刀片与静触头中心线应在同一平面，且刀片不应摆动。

（6）刀片与固定触头的接触良好，且操作灵活，大电流的触头或刀片可适量涂中性凡士林油脂。

（7）有弹簧消弧触头的刀开关，各相的合闸动作应迅速一致。

（8）双投刀开关在合闸位置时，刀片应可靠地固定，不得使刀片有自行合闸的可能。

（9）刀开关安装的高度一般以1.5m左右为宜，但最低不应小于1.2m。在行人容易触及的地方，刀开关应有防护外罩。

（10）其他种类隔离器安装应符合现行规程、规范要求。

（11）严禁隔离或断开PE线。

（12）在TN–C及TN–C–S系统中，严禁单独断开PEN线。当保护电器的PEN极断开时，必须联动全部相线一起断开。

（13）在TN、TT系统中，无电源转换或虽有电源转换但零序电流分量很小的三相四线制配电线路，其隔离电器或刀开关电器不宜断开N线。

（14）N 线上严禁安装可单独操作的单极开关电器。

（15）转换开关和倒顺开关安装后，其手柄位置指示应与相应的接触片位置相对应；定位机构应可靠；所有的触头在任何接通位置上应接触良好。

（16）带熔断器或灭弧装置的负荷开关接线完毕后，检查熔断器应无损伤，灭弧栅应完好，且固定可靠；电弧通道应畅通，灭弧触头各相分闸应一致。

2. 低压熔断器安装质量标准

（1）熔断器及熔体的容量应符合设计要求，并核对所保护电气设备的容量与熔体容量是否相匹配；对后备保护、限流、自复、半导体器件保护等有专用功能的熔断器，严禁替代。

（2）熔断器安装位置及相互间距离应便于更换熔体。

（3）有熔断指示器的熔断器，其指示器应装在便于观察一侧。

（4）瓷质熔断器在金属底板上安装时，其底座应垫软封垫。

（5）安装具有几种规格的熔断器应在底座旁标明规格。

（6）有触及带电部分危险的熔断器应配齐绝缘把手。

（7）带有接线标志的熔断器，电源线应按标志进行接线。

（8）螺旋式熔断器安装时底座严禁松动，电源应接在熔芯引出的端子上。

（9）熔断器应垂直安装，并应能防止电弧飞落在临近带电部分。

（10）管形熔断器两端的铜帽与熔体压紧，接触应良好。

（11）插入式断路器固定触头的钳口应有足够的压力。

（12）二次回路用的管形熔断器，如固定触头的弹簧片突出底座侧面时，熔断器间应加绝缘片，防止两相邻熔断器的熔体熔断时造成短路。

3. 低压接触器安装质量标准

（1）衔铁表面应无锈斑、油垢；接触面应平整、清洁；可动部分应灵活、无卡阻；灭孤罩之间应有间隙；灭弧线圈绕向应正确。

（2）触点的接触应紧密，固定主触点的触点杆应固定可靠。

（3）当带有动断触点的接触器与磁力启动器闭合时，应先断开动断触点，后接通主触点；当断开时应先断开主触点，后接通动断触点，且三相主触点的动作应一致，其误差应符合产品技术文件的要求。

（4）电磁启动器热元件的规格应与电动机的保护特性相匹配；热继电器的电流调节指示位置应调整在电动机的额定电流值上，并应按设计要求进行定值校验。

（5）接线应正确，在主触点不带电的情况下，启动线圈间断通电时主触点应动作正常，衔铁吸合后应无异常响声。

（6）可逆启动器或接触器的电气联锁装置和机械联锁装置的动作均应正确、可靠。

4. 低压断路器安装质量标准

（1）低压断路器的安装应符合产品技术文件的规定：当无明确规定时，宜垂直安装，其倾斜度不应大于 5°。

（2）低压断路器与熔断器配合使用时，熔断器应安装在电源侧。

（3）低压断路器操动机构的安装应符合下列要求：

1）操作手柄或传动杠杆的开、合位置应正确；操作力不应大于产品的规定值。

2）电动操动机构接线应正确；合闸过程中，断路器不应跳跃；断路器合闸后，限制电动机或电磁铁通电时间的联锁装置应及时动作；电动机或电磁铁通电时间不应超过产品的规定值。

3）断路器辅助触点动作应正确可靠，接触应良好。

4）抽屉式断路器的工作、试验、隔离 3 个位置的定位应明显，并应符合产品技术文件的规定。

5）抽屉式断路器空载时进行抽、拉数次应无卡阻，机械联锁应可靠。

（4）断路器各部分接触应紧密，安装牢靠，无卡阻、损坏现象，尤其是触点系统、灭弧系统应完好。

（5）各种开关电器在开断负荷电流时都产生弧光，尤其在开断短路电流时弧光更大。为了防止弧光短路和弧光烧损设备，对断路器等开头设备应该：

1）要将开关设备的灭弧罩（或绝缘隔板）安装完好。

2）断路器安装时，要按说明书要求保证其与其他元件间有足够的垂直距离。如：630A 以下的断路器与其上方刀开关间的垂直距离不小于 250mm；630A 以上的断路器与其上方刀开关间的垂直距离不小于 350mm，便于运行、维护、检修。

（6）配有半导体脱扣装置的低压断路器，其接线应符合相序要求，脱扣装置的动作应可靠。

5. 剩余电流动作保护器安装质量标准

（1）按保护器产品标志进行电源侧和负荷侧接线，禁止反接。使用的导线截面积应符合要求。

（2）安装带有短路保护功能的剩余电流动作保护器时，应确保有足够的灭弧距离。

（3）电流型剩余电流动作保护器安装后，除应检查接线无误外，还应通过试验按钮检查其动作性能，并应满足要求。

（4）安装组合式剩余电流动作保护器的空心式零序电流互感器时，主回路导线应并拢绞合在一起穿过互感器，并在两端保持大于 15cm 距离后分开，防止无故障条件下因磁通不平衡引起误动作。

（5）安装了剩余电流动作保护器装置的低压电网线路的保护接地电阻应符合要求。

（6）总保护采用电流型剩余电流动作保护器时，变压器的中性点必须直接接地。在保护区范围内，电网零线不得有重复接地。零线和相线保持相同的良好绝缘；保护器后的零线和相线在保护器间不得与其他回路共用。

（7）剩余电流动作保护器安装时，电源应朝上垂直于地面，安装场所应无腐蚀气体，无爆炸危险物，防潮、防尘、防振、防阳光直晒，周围空气温度上限不超过 40℃，下限不低于–25℃。

（8）剩余电流动作保护器安装后应进行如下检验：带负荷拉合 3 次，不得有误动作；用试验按钮试跳 3 次应正确动作。

【思考与练习】

1. 低压开关电器的安装高度在设计无规定时，应符合哪些要求？
2. 隔离开关与刀开关的安装要求是什么？
3. 低压断路器操动机构在安装时应符合哪些要求？
4. 剩余电流动作保护器安装后是否进行检验？如何检验？

模块 2　低压电器选择（ZY3300301002）

【模块描述】本模块包括常用设备的负荷计算、常用设备容量的确定、低压电器选择原则等内容。通过概念描述、术语说明、公式介绍、要点归纳，掌握低压电器的选择方法。

【正文】

一、常用设备的负荷计算

（一）负荷计算

负荷计算主要是确定“计算负荷”。计算负荷是按发热条件选择电气设备的一个假想的持续负荷，计算负荷产生的热效应和实际变动负荷产生的最大热效应相等。所以根据计算负荷选择导体及电器时，在实际运行中导体及电器的最高温升不会超过容许值。

计算负荷是确定供电系统、选择变压器容量、电气设备、导线截面和仪表量程的依据，也是整定继电保护的重要数据。计算负荷确定得是否正确合理，直接影响到电器和导线的选择是否经济合理。如计算负荷确定过大，将使电器和导线截面选择过大，造成投资和有色金属的浪费；如计算负荷确定过小，又将使电器和导线运行时增加电能损耗，并产生过热，引起绝缘过早老化，甚至烧毁，以致发生事故，同样给国家造成损失。为此，正确进行负荷计算是供电设计的前提，也是实现供电系统安全、经济运行的必要手段。

目前负荷计算常用需用系数法（也称需要系数法）、二项式法和利用系数法。前两种方法在国内各设计单位的使用最为普遍。此外，还有一些尚未推广的方法如单位产品耗电法、单位面积功率法、变值系数法、ABC 法等。

（二）常用设备容量的确定

用电设备的额定功率是指产品铭牌上的标称功率。由于各用电设备工作制的不同，额定功率不能直接相加，必须换算至统一规定的工作制下的额定功率，然后才能相加。经过换算至统一工作制下的额定功率称为设备容量 P_e，其换算标准如下：

1. 三相电动机

（1）长期工作制（连续运转时间在 2h 以上）的三相电动机的 P_e 等于其铭牌上的额定功率 P_N。

（2）短时工作制（连续运转时间在 10min～2h）的三相电动机的 P_e 等于其铭牌上的额定功率 P_N。如此类电动机正常不使用（事故或检修时用），支线上的负荷按额定功率 P_N 确定；干线上的负荷可不考虑。当其容量较大，使用时占总负荷的比例也大，影响配电设备选择时，应适当考虑并保证其供电的可靠性，如消防水泵电动机。

（3）反复短时工作制（运转时为反复周期地工作，每周期内的通电时间不超过 10min）的三相电动机如吊车电动机的 P_e 按其暂载率（又称负荷持续率）为 25%时的额定功率确定，当电动机铭牌上的额定功率不是 25%时的暂载率时，应按下式换算

$$P_e = P_N\sqrt{\frac{\varepsilon_N}{\varepsilon}} \qquad \text{(ZY3300301002-1)}$$

式中 P_e——换算至 $\varepsilon = 25\%$ 时电动机的设备容量，kW；

P_N——换算前电动机铭牌的额定功率，kW；

ε_N——与铭牌的额定功率相对应的暂载率（计算中用数）；

ε——换算的暂载率，即 25%。

2. 照明灯具

（1）白炽灯和碘钨灯对称接入三相电路时的设备容量 P_e 等于全部灯泡上标出的额定功率。

（2）整流器的设备容量 P_e 指其额定直流功率。

（3）荧光灯因有镇流器损失，对称接入三相电路的荧光灯，其设备容量 P_e 为全部灯管额定功率的 1.2 倍。

（4）采用镇流器的高压水银荧光灯和金属卤化物灯等也要计及镇流器损失，对称接入三相电路时，其设备容量 P_e 为全部灯泡额定功率的 1.1 倍。

（三）负荷计算方法

目前电力负荷计算主要采用三种方法：需要系数法；二项式法；利用系数法。不过，这几种负荷计算方法都有一定的局限性，有待于进一步完善和改进。下面就需要系数法作简要介绍。

采用需要系数法方法简便，是目前确定一般生产厂矿企业和建筑负荷的主要方法。用电设备组的计算负荷公式为：

有功功率 $$P_j = K_x P_e \quad (\text{kW}) \qquad \text{(ZY3300301002-2)}$$

无功功率 $$Q_j = P_j \tan\varphi \quad (\text{kvar}) \qquad \text{(ZY3300301002-3)}$$

视在功率 $$S_j = \sqrt{P_j^2 + Q_j^2} \quad (\text{kVA}) \qquad \text{(ZY3300301002-4)}$$

式中 P_e——用电设备组的设备功率，kW；

K_x——需要系数。

二、正确合理选择低压电器

（一）低压电器选择一般原则

低压电器是用于额定电压交流 1200V 或直流 1500V 及以下，在由供电系统和用电设备等组成的电路中起保护、控制、调节、转换和通断作用的电器。

1. 按正常工作条件选择

（1）电器的额定电压 U_N 应和所在回路的标称电压相匹配。电器的额定频率应与回路的额定频率相适应。

（2）电器的额定电流 I_N 应不小于所在回路正常运行时的最大稳定负荷电流。电器设备的 I_N 一般

是按环境温度40℃时确定的。

（3）保护电器还应按保护特性选择。

（4）低压电器的工作制通常分为8h、不间断、短时、反复短时及周期工作制等几种。

（5）某些电器还应按有关的专门要求选择，如互感器应符合准确等级的要求。

2. 按使用环境条件选择

应按安装地点、运行环境和使用要求选择用电设备的规格型号，所选用的电器符合国家现行的有关标准。

3. 按短路条件校验

根据系统最大运行方式、安装地点的最大短路电流校验设备的动、热稳定。

（1）动稳定校验，要求

$$I_{max} \geqslant I_{sh} \text{ 或 } i_{max} \geqslant i_{sh} \quad (ZY3300301002\text{-}5)$$

（2）热稳定校验，要求

$$I_t^2 t \geqslant I_\infty^2 t_{ima} \quad (ZY3300301002\text{-}6)$$

式中　I_{max}、i_{max}——设备允许通过最大电流的有效值、峰值，A；

I_{sh}、i_{sh}——短路冲击电流的有效值、峰值，A；

I_t——t时间内的允许电流最大值，A；

t——与I_t对应的时间，s；

t_{ima}——假想短路时间，s；

I_∞——最大的稳态短路电流，A。

用限流熔断器或额定电流为60A以下熔断器保护的电器设备或导线，可不校验热稳定。

根据不同变压器容量和高压侧短路容量计算出低压母线短路电流后，即可校验变电站内的主要低压电器。

（二）低压电器选择

1. 隔离开关

即刀开关，可以按线路的额定电压、计算电流及遮断电流选择，按短路时的动热稳定校验。

（1）按额定电压选择。安装刀开关的线路，其额定交流电压不应超过500V，直流电压不应超过440V。

（2）按计算电流选择应满足

$$I_{N.d} = I_j \quad (ZY3300301002\text{-}7)$$

式中　$I_{N.d}$——刀开关的额定电流，A；

I_j——安装刀开关的线路计算电流，A。

（3）按遮断电流选择。刀开关遮断的负荷电流不应大于制造厂容许的遮断电流值。一般结构的刀开关和刀形转换开关通常不允许直接切断电流回路。

（4）按短路时的动、热稳定校验。安装刀开关的线路，其三相短路电流不应超过制造厂规定的动、热稳定值。

2. 熔断器选择

（1）熔断器熔体电流的确定，在正常运行情况。熔体额定电流$I_{N.r}$应不小于线路计算电流I_j，即

$$I_{N.r} \geqslant I_j \quad (ZY3300301002\text{-}8)$$

（2）启动情况。

1）单台电动机的计算公式为

$$I_{N.r} \geqslant I_{q.d}/K_L \quad (ZY3300301002\text{-}9)$$

式中　$I_{q.d}$——电动机启动电流，A；

K_L——动力回路熔体选择系数，见表ZY3300301002-1。

表 ZY3300301002-1 动力回路熔体选择系数 K_L 值

熔断器型号	熔体材料	熔体电流（A）	K_L 值	
			电动机轻载启动	电动机重载启动
RT0	铜	50 及以下 60～200 200 以上	2.5 3.5 4	2 3 3
RM10	钵	60 及以下 80～200 200 以上	2.5 3 3.5	2 2.5 3
RL1	铜、银	60 及以下 80～100	2.5 3	2 2.5
RC1A	铅、铜	10～200	3	2.5

注 1. 本表系根据熔断器特性曲线分析而得。
2. 轻载启动时间按 6～10s 考虑，重载启动时间考虑为 15～20s。

2）多台电动机的回路的计算公式为

$$I_{N.r} \geqslant (I_{q.dl}+I_{N.d(n-1)})/K_L \quad (ZY3300301002-10)$$

式中 $I_{q.dl}$——最大一台电动机启动电流，A；

$I_{N.d(n-1)}$——除去启动电流最大的一台电动机外，其余正常运行电动机的额定电流之和，A。

3. 断路器选择

断路器又称自动空气开关。它具有良好的灭弧性能，既能在正常工作条件下切断负载电流，又能在短路故障时自动切断短路电流，靠热脱扣器能自动切断过载电流，被广泛用于低压配电装置。

断路器可分为框架、塑壳和微型断路器三种。目前生产的框架式断路器，其脱扣器可具备长延时、短延时、瞬时和接地 4 段的保护：长延时可作过载保护，短延时可作短路保护，也可作过载保护；瞬时可作短路保护；接地可作线路相线故障接地保护。

塑壳和微型断路器常见的只有两段保护，即瞬时和长延时保护。断路器应满足以下条件：

（1）额定电压应与工作电压相符。

（2）额定电流不小于计算电流。

（3）分断能力应符合短路计算的要求。

4. 接触器选择

接触器是一种通用性很强的产品，除了控制频繁启动的电动机外，还用于控制电容器、照明线路和其他自动控制装置。

接触器可分为直流和交流接触器两类，按其吸引线圈的额定电压等级可分为交流（50Hz）36、127、220、380V，直流 24、36、48、110、220V。

（1）按线路的额定电压选择，公式为

$$U_{N.j} \geqslant U_{N.x} \quad (ZY3300301002-11)$$

式中 $U_{N.j}$——交、直流接触器的额定电压，V；

$U_{N.x}$——线路的额定电压，V。

（2）按电动机的额定功率或计算电流选择接触器的等级，并应适当留有余量。

（3）按短路时的动、热稳定校验。线路的三相短路电流不应超过接触器允许的动、热稳定值。当使用接触器切断短路电流时，还应校验设备的分断能力。

（4）根据控制电流的要求选择吸引线圈的电压等级和电流种类。

（5）按联锁触点的数目和电流大小确定辅助触点。

（6）根据操作次数确定接触器所允许的动作频率。

5. 热继电器的选择

热继电器是一种由双金属片作为保护元件的电器，适合于长期工作或间断工作的一般交流电动机的过负荷保护，常与交流接触器配合组成磁力启动器。

（1）按额定电流选择热继电器的型号规格。热继电器的额定电流应等于或略大于电动机的额定电流，即

$$I_{N.r}=(0.95\sim1.05)I_{N.d} \qquad (ZY3300301002\text{-}12)$$

式中　$I_{N.r}$——热继电器的额定电流，A；

$I_{N.d}$——电动机的额定电流，A。

（2）按需要的整定电流选择热元件的编号和额定电流。对于电动机回路，热继电器的整定电流应当等于电动机的额定电流，同时，整定电流应留有一定的上下限调整范围。

（3）根据热继电器特性曲线校验。电动机过负荷 20%时，应可靠动作，且热继电器的动作时间必须大于电动机长期允许过负荷的时间及启动时间。

【思考与练习】

1. 常用负荷计算的方法有哪几种？
2. 什么叫低压电器？
3. 简述低压电器选择的一般原则。

模块 3　低压供电设备验收（ZY3300301003）

【模块描述】本模块包括低压供电设备一次系统图的绘制要求、常用低压设备的技术参数、低压供电设备验收程序及要求等内容。通过概念描述、术语说明、要点归纳，掌握低压供电设备验收。

【正文】

一、低压供电设备一次系统图的绘制

（一）电气制图绘制标准

1. 图纸幅面尺寸（见表 ZY3300301003-1）

表 ZY3300301003-1　　图纸幅面尺寸

代　号	尺寸（mm×mm）	代　号	尺寸（mm×mm）
A0	841×1189	A3	297×420
A1	594×841	A4	210×297
A2	420×594		

如需要加长的图纸，应采用表 ZY3300301003-2 中所规定的幅面。

表 ZY3300301003-2　　加长图纸幅面尺寸

代　号	尺寸（mm×mm）	代　号	尺寸（mm×mm）
A3×3	420×891	A4×4	297×841
A3×4	420×1189	A4×5	297×1051
A4×3	297×630		

2. 图纸的选择和使用

当图绘制在几张图纸上时，所用图纸的幅面一般应相同。所有的都应在标题栏内编注图号，一份多张图的每张图纸都应顺序编注张次号。

为了便于确定图上的内容、补充、更改和组成部分等位置，可以在各种幅面的图纸上分区。分区数应为偶数，每一分区的长度一般不小于 25mm，不大于 75mm。每个分区内竖边方向用大写拉丁字母，横边方向用阿拉伯数字分别编号。编号的顺序应从标题栏相对的左上角开始。分区代号用该区域的字母和数字表示，如 B3、C5。

3. 图线

（1）图线形式。

1）实线“————”。表示基本线，是简图主要内容用线、可见轮廓线、导线。

2）虚线“------------”。表示辅助线、机械连接线、不可见轮廓线、不可见导线、计划扩展内容用线。

3）点划线“ -·-·-·- ”。表示分界线、结构面框线分组、功能面框线。

4）双点划线“-··-··-··-”。表示辅助面框线。

（2）图线宽度。一般为 0.25，0.35，0.5，0.7，1.0，1.4mm。通常只选用两种宽度的图线，粗线的宽度为细线的两倍。平行线之间的最小间距应不小于粗线宽度的两倍，同时不小于 0.7mm。

（3）字体的最小高度。字体最小高度见表 ZY3300301003-3。

表 ZY3300301003-3　　　　字 体 最 小 高 度

基本图纸幅面	A0	A1	A2	A3	A4
字体最小高度（mm）	5	3.5	2.5	2.5	2.5

（4）箭头和指引线。信号线和连接线上的箭头应是开口的。指引线上的箭头应是实心的。

（5）比例。位置图、平面及剖面图需按比例绘制，其比例系列为：1:10，1:20，1:50，1:100，1:200，1:500。

4. 图形符号

图中所用图形符号都应符合国家标准中的相关规定。如使用国标中未规定的图形符号时，必须加以说明。

5. 项目代号和端子代号

在图上用一个图形符号表示的基本件、部件、组件、功能单元、设备、系统，如电阻器、继电器、发电机、放大器、电源装置、开关设备等称为项目。用以识别图、图表、表格中和设备上的项目种类，并提供项目的层次关系、实际位置等信息的一种特定的代码称为项目代号。

项目代号由高层代码、位置代码、种类代号和端子代号组成。为使图纸清晰，图表中通常以简化方式表达。项目的种类代号用一个或几个字母组成。当符号用分开表示法表示时，项目代号应在项目每一部分的符号旁标出。

端子代号为同外电路进行电气连接的电器导电件的代号，通常用数字或大写字母表示，应标在其图形符号的轮廓线外面。对用于现场连接试验或故障查找的连接器件的每一连接点都应给一个代号。

6. 注释和标志、技术数据的表示方法

当含义不便于用图示方法表达时，可采用注释。有些注释应放在它们所要说明的对象附近或者在其附近加标记，而将注释置于图中其他部位。 图中出现多个注释时，应把这些注释按顺序放在图纸边框附近。如果是多张图纸，一般性的注释可以注在第一张图上或注在适应的张次上，而其他注释应注在与它们有关的张次上。

技术数据（如元件数据）可以标在图形符号的旁边，也可以把数据标在像继电器线圈那样的矩形符号内。数据也可用表格形式给出。

（二）电气制图分类

电气图纸一般可分为系统图和框图、电路图、接线图和接线表等。现就常用的系统图和框图、电路图、接线图和接线表简述如下。

1. 系统图和框图

系统图和框图用于概略表示系统、分系统、成套装置或设备等的基本组成部分的主要特征及其功能关系。它为进一步编制详细的技术文件提供依据，并供操作和维修时参考。

系统图和框图原则上没有区别，在实际使用中，通常系统图用于系统或成套装置，框图用于分系统或设备。绘制系统图和框图时应按下述方法进行：

（1）采用符号或带有注释的框绘制。框内的注释可以采用符号、文字或同时采用符号与文字。

（2）系统图和框图均可在不同的层次上绘制，可参照绘图对象的逐级分解来划分层次。较高层次的系统图和框图可反映对象的概况，较低层次的系统图和框图可将对象表达得较为详细。

（3）系统图和框图中的各框可按规定的代号表标注项目代号。

（4）系统图和框图的布局应清晰，并利于识别过程和信息的流向。非电过程的电气控制系统或电气控制设备的系统图或框图可以根据非电过程的流程图绘制，图上控制信号流向应与过程流向垂直绘制。

（5）系统图和框图上可根据需要加注各种形式的注释和说明。

2. 电路图

电路图用于详细表示电路、设备或成套装置的全部基本组成部分和连接关系，为测试寻找故障提供信息，并作为编制接线图的依据。

3. 接线图和接线表

接线图和接线表主要用于安装接线、线路检查、线路维修和故障处理。在实际应用中接线图通常需要与电路图和位置图一起使用。

接线图和接线表一般示出：项目的相对位置、项目代号、端子号、导线号、导线类型、导线截面、屏蔽和导线绞合等内容。

（三）低压供电系统

1. 低压动力供电系统设置原则

（1）低压供电系统应能满足生产和使用所需的供电可靠性和电能质量的要求，还要注意做到接线简单，操作方便、安全，具有一定的灵活性。配电系统的层次不宜超过两级。

（2）在工厂的车间或建筑物内，当大部分用电设备容量不大，无特殊要求时，宜采用树干式接线方式配电；在用电设备容量大或负荷性质重要，或有潮湿、腐蚀性的车间、建筑内，宜采用放射式接线方式配电。

（3）对距供电点较远且彼此相距较近的用电设备，可采用链式接线方式配电。但每一回路链所接设备不宜超过 5 台，总容量应不超过 10kW。

（4）对高层建筑，当向各楼层配电点供电时，宜用分区树干式接线方式配电；而对部分容量较大的集中负荷或重要负荷，应从低压配电室以放射式接线方式配电。

（5）对单相用电设备进行配电时，应力求做到三相平衡配置。在 TN 及 TT 系统的低压电网中，若选用 Yyn0 接线组别的三相变压器，其由单相负荷引起的三相不平衡中性线电流不得超过变压器低压绕组额定电流的 25%，且任一相的电流不得超过额定电流值。

（6）对冲击性负荷和容量较大的电焊设备，应设单独线路或专用变压器进行供电。

（7）配电系统的设计应便于运行和维修。对一个工厂可分车间进行配电，对住宅小区可分块进行配电。

（8）对用电单位内部的邻近变电站之间应设置低压联络线。

（9）电压选择。

1）一般电力用户及其他建筑物的配电电压大都采用 220V/380V。

2）对有特殊要求的场所或用电设备，可采用下列电压配电。100V：只用于电压互感器、继电器等控制系统的电压。127、133V：只限于矿井下、热工仪表和机床控制系统的电压。

2. 常用照明供电系统设置原则

（1）正常照明电源宜与电力负荷合用变压器，但不宜与较大冲击性电力负荷合用。

（2）特别重要的照明负荷，宜在负荷末级配电盘采用自动切换电源的方式，也可采用由两个专用回路各带约 50%的照明灯具的配电方式。

（3）备用照明（供事故情况维持或暂时维持工作的照明）应由两路电源或两回线路供电。

（4）当备用照明作为正常照明的一部分并经常使用时，其配电线路及控制开关应分开装设。当备用照明仅在事故情况下使用时，则当正常照明电源因故障停电时，备用照明应自动投入工作。

（5）疏散照明最好由另一台变压器供电。只有一台变压器时，可在母线或建筑物进线处与正常照明分开，还可采用蓄电池的应急照明灯。

（6）照明系统中的每一单相回路的电流不宜超过 16A，灯具数量不宜超过 25 个。对大型建筑安装的组合灯具每一单相回路电流不宜超过 25A，光源数量不宜超过 60 个。当灯具与插座混用同一回路时，总数不宜超过 25 个，其中插座数量不宜超过 5 个（组）。

（7）插座宜由单独的回路配电，数量不宜超过 10 个（组）。一个房间内的插座宜由同一回路配电。

备用照明、疏散照明回路上不应设置插座。

（8）对气体放电光源，应将其同一灯具或不同灯具的相邻灯管分接在不同相序的线路上。

（9）机床和固定工作台的局部照明一般由电力线路供电；移动式照明可由电力或照明线路供电。

（10）道路照明可以集中由一个变电站供电，也可分别由几个变电站供电，但要尽可能在一处集中控制。露天工作场地的照明可由道路照明线路供电，也可由附近有关建筑物供电。

（11）电压选择。

1）照明配电系统一般采用 220V/380V 三相四线制中性点直接接地系统，灯用电压一般为 220V。

2）在正常环境下，手提行灯电压采用 36V。对于不便于工作的狭窄地点，或工作者接触有良好接地的大块金属面时，则宜采用电压为 12V 的手提行灯。

3）对特别潮湿、高温、有导电灰尘或导电地面的场所，当灯具安装高度距地面为 2.4m 及以下时，容易触及的固定式或移动式照明器的电压可选用 24V。

二、常用低压设备的技术参数

1. 刀开关的技术参数

（1）分断能力。指在一定电压下安全可靠地切断电流的能力。在交流 380V 时，带灭弧罩者可分断刀开关的额定电流；不带灭弧罩者，可分断 0.3 倍的额定电流。在直流 220V 时，带灭弧罩者也可分断刀开关的额定电流；不带灭弧罩者可分断 0.2 倍的额定电流。以上都是指用操动机构进行分合闸操作的刀开关，而用中央手柄操作的，则只能在电路中无电流时才能开断电路。

（2）在不带电状态下刀开关的机械寿命。额定电流 400A 及以下者，开、断次数为 10 000 次；额定电流 600A 及以上者为 5000 次。

（3）装有灭弧罩的刀开关，在 60%额定电流及在 110%的额定电压下的电寿命（不少于）。400A 及以下者为 1000 次；600A 及以上者为 500 次。

（4）动稳定性及热稳定性。指在发生短路时刀开关不致引起破坏的、可承受的短路电流（峰值）产生的电动力和可承受短路电流（有效值）产生的热效应的电流值。动稳定性：中央手柄式的刀开关可承受 15～50kA；而杠杆操作式的刀开关可承受 20～80kA。热稳定性：1s 内可承受 6～40kA。

2. 熔断器的特性和主要参数

GB 13539.1～13539.4《低压熔断器》规定熔断器的参数如下：

（1）额定电压 U_N。交流为 220（230，240），380（400，415，500），600（690），1140（1200）V；直流为 110（115），220（230，250），440（460），800，1000，1500V。

（2）额定电流 I_N。熔断器的额定电流分为熔断体的额定电流和熔断器支持件的额定电流两部分。标准规定熔断体的额定电流从 2～1250A，共 26 个级次；熔断器支持件的额定电流也应从上述数据系列中选取，则通常为与它一起使用的熔断体的最大值。

（3）额定频率 f。一般按 45～62Hz 设计。

（4）熔断特性参数。熔断器的熔断特性通常用对数坐标的时间—电流特性表示。

（5）约定时间和约定电流。这是两种描述熔断器保护特性的参数。

（6）限流作用和截断电流。在预期计算的短路电流很大时，熔断器将在短路电流达到其峰值 I_s 之前动作。在熔断器动作过程中，可以达到的最高瞬态电流值称为熔断器的截断电流 I_D。由于存在熔断器的截断电流，则呈现了限流效果，或称截断电流特性。这在选用大的熔断体时是应该考虑的。虽然我们考虑的短路电流中的直流分量条件下的峰值短路电流很大，但由于限流作用，线路中实际可能出现的最大短路电流只有预期短路电流峰值的百分之十几。

（7）I^2t 特性（或称焦耳积分特性）。熔断器的焦耳积分特性是在较高电流下确定熔断器选择性的决定性因素。

（8）额定分断能力。熔断器在很短时间内分断相当大短路电流的能力，是由于具有限流特性。有效的限流作用和相应的高分断能力是熔断器的基本特性。

3. 断路器的技术参数

（1）额定电压。与安装处电源电压相符的工作电压。低压系统为 380、220、660V 等。

（2）额定电流。它分为断路器额定电流 I_N 和断路器壳架等级额定电流 I_{Nm}。而 I_{Nm} 指同规格的框架或外壳中能装的最大脱扣器额定电流。

（3）额定工作制。规定为 8h 工作制和长期工作制两种。

（4）断路器的 5 个短路特性参数。

1）额定短路接通能力。指断路器在额定频率和给定功率因数的条件下，额定工作电压提高 5% 时能接通的短路电流。

2）额定短路分断能力。指断路器在工频恢复电压等于 105%额定电压，且在额定频率和规定功率因数的条件下能分断的短路电流。

3）额定极限短路分断能力 I_{cu}。指断路器在规定试验电压及其他规定试验条件下的极限短路分断电流值，可用预期短路电流表示（交流时为周期分量有效值）。

4）额定运行短路分断能力 I_{cs}。指断路器在规定试验电压及其他规定条件下的一种比 I_{cu} 小的分断电流值。

5）额定短时耐受电流 I_{cw}。指断路器在规定试验条件下短时承受的电流值。

4. 剩余电流动作保护器的技术参数

（1）主要参数。

1）额定工作电压为 AC 380、220V。

2）额定工作电流为 DC 150、250A。

3）额定剩余动作电流为 6，10，15，30mA（单相）及 200mA（三相）。

4）额定脉冲动作电流为 30、50mA。

5）组合装置分断时间不大于 0.2～0.4s。

6）重合闸时间为 20～60s。

（2）额定剩余动作电流。

1）剩余电流总保护在躲开电力网正常剩余电流情况下剩余动作电流应尽量选小，以兼顾人身和设备的安全。剩余电流总保护的额定动作电流宜为可调挡次值，其最大值见表 ZY3300301003-4。

表 ZY3300301003-4　　剩余电流总保护额定动作电流最大值　　mA

电网剩余电流情况	非阴雨季节	阴雨季节
剩余电流较小的电网	75	200
剩余电流较大的电网	100	300

实现完善的分组保护后，剩余电流总保护的动作电流是否在阴雨季节增至 500mA 可根据需要由供电部门决定。

2）剩余电流动作保护器的额定电流应为用户最大负荷电流的 1.4 倍为宜。

3）剩余电流动作末级保护器的剩余动作电流值，应小于上一级剩余保护的动作值，但应不大于：① 家用、固定安装电器，移动式电器，携带式电器以及临时用电设备 430mA。② 手持式电动器具为 10mA；特别潮湿的场所为 6mA。

4）剩余电流中级保护器的额定剩余动作电流应界于上、下级剩余动作电流值之间，具体取值可视电力网的分布情况而定。

5）上下级保护间的动作电流级差应按下列原则确定：① 分段保护上下级间级差为 1.5 倍；② 分级保护为 2 条支线，上下级间级差为 1.8 倍；③ 分级保护为 3 条支路，上下级间级差为 2 倍；④ 分级保护为 4 条支路，上级级间级差为 2.2 倍；⑤ 分级保护为 5 条支路以上，上下级间级差可为 2.5 倍。

但是，对于保护级差尚应在运行中加以总结，从而选用较为理想的级差。

6）三相保护器的零序互感器信号线应设断线闭锁装置。

7）选择触电保护（剩余电流保护）的三条参考原则：① 总保护的容量应按出线容量的 1.5 倍选，总保护的动作电流选在该级保护范围内的不平衡电流的 2～2.5 倍范围内为宜；② 总保护与用户的分级保护应合理配合，总保护的额定动作电流是用户分保护额定动作电流的 2 倍，动作时间以 0.2s 为宜；

③ 每户尽量不选用带重合闸功能的保护器，若选用时，应拨向单延挡，封去多延挡，防止重复触电事故的发生。

5. 交流接触器的技术参数

（1）常用型号和技术特点。

1）CJ20 系列是在 CJ10 之后全国统一设计的产品，额定电流为 63～630A，结构形式为直动式，主体布置，铸铝底座，陶瓷灭弧罩。

2）CJZ 系列交流接触器适用于振动、冲击较大的场所。其吸引线圈为直流线圈，自带整流装置，因此吸引线圈消耗功率小、工作平稳、无噪声。

3）B 系列交流接触器和 K 系列辅助接触器是引进的新型接触器，具有辅助触点数量多，电寿命、机械寿命长，线圈消耗功率小，质量轻，外形美观，安装维护方便等特点。 B 系列接触器分正装式和倒装式两种结构，吸引线圈分为交流和直流两种，安装方式分卡轨式与螺钉固定两种。B 系列接触器可选配辅助触点、机械联锁、延时继电器、自锁机构、连接件等多种附件。

（2）交流接触器的主要技术数据。

1）额定电压常用的有 380、220V。

2）最高工作电压为额定电压的 105%。

3）额定电流（A）：5，10，20，40，60（63），（75），100，150（160）。

三、低压供电设备验收

（一）低压电器安装工程交接验收要求

1. 工程交接验收要求

（1）电器的型号、规格符合设计要求。

（2）电器的外观检查完好，绝缘器件无裂纹，安装方式符合产品技术文件的要求。

（3）电器安装牢固、平正，符合设计及产品技术文件的要求。

（4）电器的接零、接地可靠。

（5）电器的连接线排列整齐、美观。

（6）绝缘电阻值符合要求。

（7）活动部件动作灵活、可靠，联锁传动装置动作正确。

（8）标志齐全完好、字迹清晰。

2. 通电检查要求

（1）操作时动作灵活、可靠。

（2）电磁器件无异常响声。

（3）线圈及接线端子的温度不超过规定。

（4）触头压力、接触电阻不超过规定。

3. 验收提交资料和文件要求

（1）变更设计的证明文件。

（2）制造厂提供的产品说明书、合格证件及竣工图纸等技术文件。

（3）安装技术记录。

（4）调整试验记录。

（5）根据合同提供的备品、备件清单。

（二）低压供电工程的交接验收

1. 低压配电线路安装交接验收检查要求

（1）采用器材的型号、规格。

（2）线路设备标志应齐全。

（3）电杆组立的各项误差。

（4）拉线的制作和安装。

（5）导线的弧垂、相间距离、对地距离、交叉跨越距离及对建筑物接近距离。

（6）电器设备外观应完整无缺损。
（7）相位正确，接地装置符合规定。
（8）沿线的障碍物、应砍伐的树及树枝等杂物应清除完毕。
（9）验收合格后应提交的资料和技术文件。
1）竣工图。
2）变更设计的证明文件（包括施工内容明细表）。
3）安装技术记录（包括隐蔽工程记录）。
4）交叉跨越距离记录及有关协议文件。
5）调整试验记录。
6）接地电阻实测值记录。
7）有关的批准文件。

2. 室内低压配线安装交接验收检查要求

（1）各种规定的距离。
（2）各种支持件的固定，工程交接验收。
（3）配管的弯曲半径，盒（箱）设置的位置。
（4）明配线路的允许偏差值。
（5）导线的连接和绝缘电阻。
（6）非带电金属部分的接地或接零。
（7）黑色金属附件防腐情况。
（8）施工中造成的孔、洞、沟、槽的修补情况。
（9）验收合格后应提交的资料和技术文件。
1）竣工图。
2）设计变更的证明文件。
3）安装技术记录（包括隐蔽工程记录）。
4）各种试验记录。
5）主要器材、设备的合格证。

3. 电器照明安装交接验收检查要求

（1）并列安装的相同型号的灯具、开关、插座及照明配电箱（板），检查其中心轴线、垂直偏差、距地面高度。
（2）暗装开关、插座的面板，盒（箱）周边的间隙，交流、直流及不同电压等级电源插座的安装。
（3）大型灯具的固定，吊扇、壁扇的防松、防振措施。
（4）照明配电箱（板）的安装和回路编号。
（5）回路绝缘电阻测试和灯具试亮及灯具控制性能。
（6）接地或接零。
（7）验收时应提交的技术资料和文件。
1）竣工图。
2）变更设计的证明文件。
3）产品的说明书、合格证等技术文件。
4）安装技术记录。
5）试验记录，包括灯具程序控制记录和大型、重型灯具的固定及悬吊装置的过载试验记录。

【思考与练习】

1. 常用照明供电系统设置原则有哪些？
2. 低压电器设备安装工程交接验收要求有哪些？
3. 室内低压配线工程交接验收检查项目有哪些？
4. 低压供电照明工程交接验收检查内容有哪些？

第十四章 异步电动机控制电路安装

模块 1 导线的选择（ZY3300302001）

【模块描述】本模块包含按发热条件、机械强度、允许电压损失选择导线和经济电流密度选择导线等内容。通过概念描述、术语说明、公式介绍、列表示意，掌握导线的选择方法。

【正文】

低压配电网络中采用的电气设备，其工作环境、装置地点和运行要求各不相同，在设计和选择这些电气设备时应考虑以下因素：

（1）周围环境条件。选择电气设备时应考虑设备装置地点和工作环境。按其户内外型式可分为户内型、户外型，按工作环境可分为普通型、防爆型、温热型、高原型、防污型等。

（2）正常工作条件时电流、电压、频率等参数。电气设备是按一定的电流、电压范围进行设计和制造的，在选择时必需按照工作电流、电压值，根据产品样本选择合适的电气设备。

（3）保护要求。电气设备的额定电流应等于或大于所控制回路的预期工作电流，同时还应承载异常情况下可能流过的电流，保护装置应在其允许的持续时间内将电路切断。

配电网络导线和电缆的选择一般按照下列原则进行：

（1）按发热条件选择。在最大允许连续负荷电流下，导线发热不超过线芯所允许的温度，不会因为过热而引起导线绝缘损坏或加速老化。

（2）按机械强度条件选择。在正确的安装状态下，应有足够的机械强度，不致因断线而影响安全运行。

（3）按允许电压损失选择。导线在正常运行时，其电压损失不应超过规范规定的最大允许值，以保证电压降为主要指标的供电质量。

（4）按经济电流密度选择。在保证最低的电能损耗下，尽量减少有色金属的消耗。

一、按发热条件选择导线

长期工作制负荷时，应满足

$$I_e = KI_x \geqslant I_j$$

式中 I_x——导线、电缆按发热条件允许的长期工作电流，A；

I_e——经校正后的导线、电缆允许载流量，A；

K——考虑到空气温度、土壤热阻系数、并列敷设、穿管敷设等情况与标准状态不符时的相应校正系数；

I_j——计算电流，A。

此外，导线、电缆多根并列或穿管敷设时，以及在空气中或在土壤中敷设时，由于散热条件与单根敷设时不同，其允许载流量也要用相应的校正系数进行校正；电缆埋地敷设时，由于土壤的热阻系数不同，影响电缆的散热条件也就不同，其允许载流量也要进行相应校正。

配电线路沿不同环境条件敷设时，电线、电缆的载流量应按最不利的环境条件确定。当该条件的线路段不超过 5m（穿过道路时可为 10m），才可按整条线路一般环境条件确定载流量。

二、按机械强度选择导线

导体最小截面应满足机械强度要求，绝缘导线最小允许截面不应小于表 ZY3300302001-1 的规定。

表 ZY3300302001-1　　绝缘导线最小允许截面　　mm^2

序号	用途及敷设方式	线芯的最小允许截面		
		铜芯软线	铜线	铝线
1	照明用灯头线 （1）屋内 （2）屋外	 0.4 1.0	 1.0 1.0	 2.5 2.5
2	移动式用设备 （1）生活用 （2）生产用	 0.75 1.0		
3	架设在绝缘支持件上的绝缘导线其支持点间距 （1）2m 及以下，屋内 （2）2m 及以下，屋外 （3）6m 及以下 （4）15m 及以下 （5）25m 及以下		 1.0 1.5 2.5 4 6	 2.5 2.5 4 6 10
4	穿管敷设的绝缘导线	1.0	1.0	2.5
5	塑料护套线沿墙明敷设		1.0	2.5
6	板孔穿线敷设的导线		1.5	2.5

三、按允许电压损失选择导线

用电设备都是按照在额定电压下运行的条件而制造的，当端电压与额定值不同时，用电设备的运行就要恶化。正常运行情况下用电设备端子处电压偏差允许值（以额定电压的百分数表示）应符合下列要求：

（1）一般电动机：±5%。

（2）电梯电动机：±7%。

（3）照明：在一般工作场所为±5%；在视觉要求较高的屋内场所为+5%、−2.5%；对于远离变电站的小面积一般工作场所，难以满足上述要求时，可为+5%、−10%；应急照明、道路照明和警卫照明为+5%、−10%。

（4）其他用电设备：当无特殊规定时为±5%。

低压配电网络电压的损失可按公式计算，但较复杂。

四、按经济电流密度选择导线

按经济观点来选择导线的截面，需从降低电能损耗、减少投资和节约有色金属两方面来考虑。从降低电能损耗着眼，导线截面越大越有利；从减少投资和节约有色金属出发，导线截面越小越有利。线路投资和电能损耗都影响年运行费。综合考虑各方面的因素而确定的符合总经济利益的导线截面积，称为经济截面。对应于经济截面的电流密度，称为经济电流密度。

我国现行的经济电流密度 j_n 值（A/mm^2）见表 ZY3300302001-2。

对于全年平均负荷较大、距离较长的线路，应按经济电流密度选择截面，其公式为

$$S=\frac{I_g}{j_n}$$

式中　S——经济截面，mm^2；

I_g——工作电流，A；

j_n——经济电流密度，A/mm^2。

模块1　ZY3300302001

表 ZY3300302001-2　　我国现行的经济电流密度 j_n 值　　A/mm²

导线材料	最大负荷年利用时间 T_{max}（h）		
	3000 以下	3000～5000	5000 以上
铜裸导线和母线	3.0	2.25	1.75
铝裸导线和母线	1.65	1.15	0.9
铜芯电缆	2.5	2.25	2.0
铝芯电缆	1.92	1.73	1.54

【例 ZY3300302001-1】 2.5mm² 的硬铜线能否接 5.5kW、功率因数 0.8 的低压三相交流电动机（距离有 20m 远）？

解 （1）线电流

$$I_L=5.5\times10^3/\sqrt{3}\times380\times0.8=10.45\text{（A）}$$

（2）距离有 20m 不算远，将线电流乘以 1.3，即

$$10.45\times1.3=13.58\text{（A）}$$

（3）查《现代电工手册》（广东科技出版社）中常用电线的载流量：500V 及以下铜芯塑料绝缘线空气中敷设，工作温度 30℃，长期连续 100%负载下的载流量为 2.5mm² 可载流 15A 电流，故 2.5mm² 的硬铜线能接 5.5kW 的电动机。

【思考与练习】

1. 导线选择的原则是什么？
2. 导线如何按经济电流密度选择？
3. 10kW 三相低压电动机，功率因数为 0.8，应选择多大截面的铜导线接入？

模块 2　电动机直接启动控制电路安装（ZY3300302002）

【模块描述】 本模块包含电动机启动、调试、控制电路安装的工作内容、危险点分析与控制措施、作业前准备、操作步骤和质量标准等内容。通过概念描述、流程介绍、图表示意、举例说明、要点归纳，掌握电动机直接启动控制电路的安装。

【正文】

按照电气原理图制作三相异步电动机控制线路，进行调试、试车和排除故障是低压安装维修电工必须具备的能力。以典型的三相异步电动机控制线路为例，讲述制作线路的基本步骤，以及调试、试车和检查、排除故障的方法是本模块讲述的重点。

电动机单向启动控制线路常用于只需要单方向运转的小功率电动机的控制。例如小型通风机水泵以及皮带运输机等机械设备。线路的制作过程如下。

一、工作内容

在盘内或箱内按图安装电动机直接启动控制回路。

二、危险点分析与控制措施

（1）在试车过程中防止触电。

（2）在试车过程中防止短路。

（3）正确使用电工通用工具，防止人身伤害。

三、作业前准备

（1）工具：电通工用工具（一套）、便携式电钻（一把）。

（2）材料：所需材料见表 ZY3300302002-1。

表 ZY3300302002-1　　材　料　表

序号	名　称	规　格	单位	数量
1	电动机	2.2kW（Y 系列）	台	1
2	三相隔离开关	20A	只	1

续表

序号	名　称	规　格	单位	数量
3	交流接触器	32A、380V	只	1
4	熔断器	15A	只	5
5	按钮	10A	个	1
6	热继电器	20A	个	1
7	端子	10A	组	1
8	导线	—	—	—
9	螺钉及扎带	—	—	—

（3）人员：工作监护人（一名）、操作安装人（一名）。

四、操作步骤、质量标准

（一）熟悉电气原理图

图 ZY3300302002-1 所示是电动机单向启动控制线路的电气原理图。

线路的控制动作为，合上刀开关 QS 后：

（1）启动。

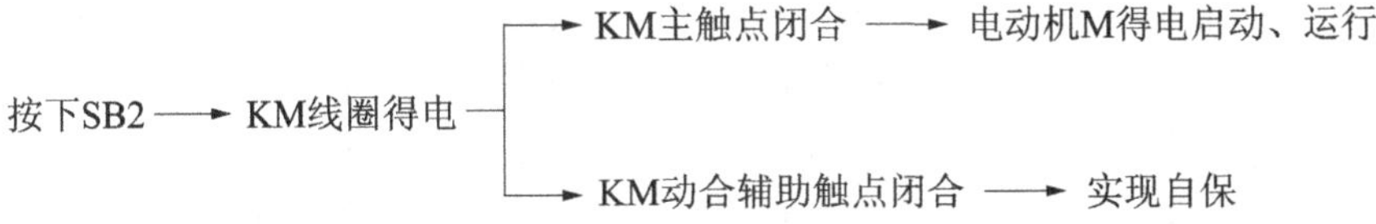

（2）停车。

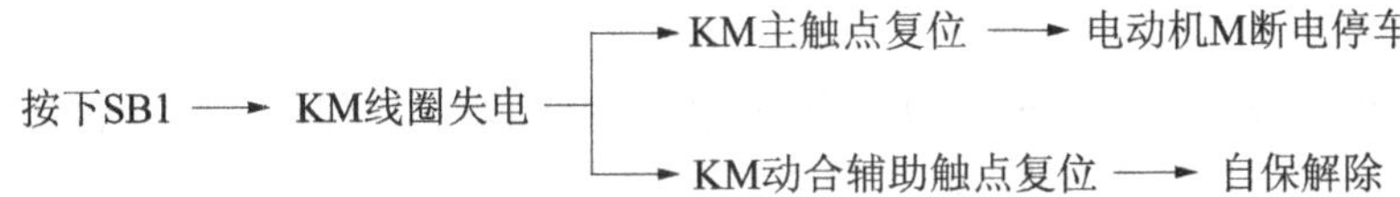

（二）绘制安装接线图

根据接线原理图和板面布置要求绘制安装接线图，绘成后给所有接线端子标注编号。绘制好的接线图如图 ZY3300302002-2 所示。

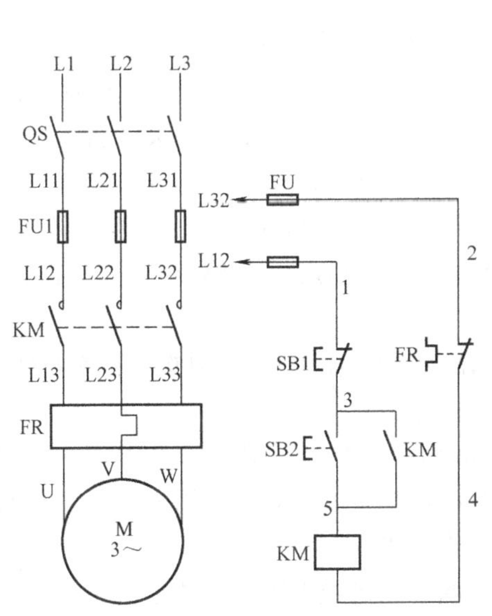

图 ZY3300302002-1　三相电动机单向启动控制线路电气原理图

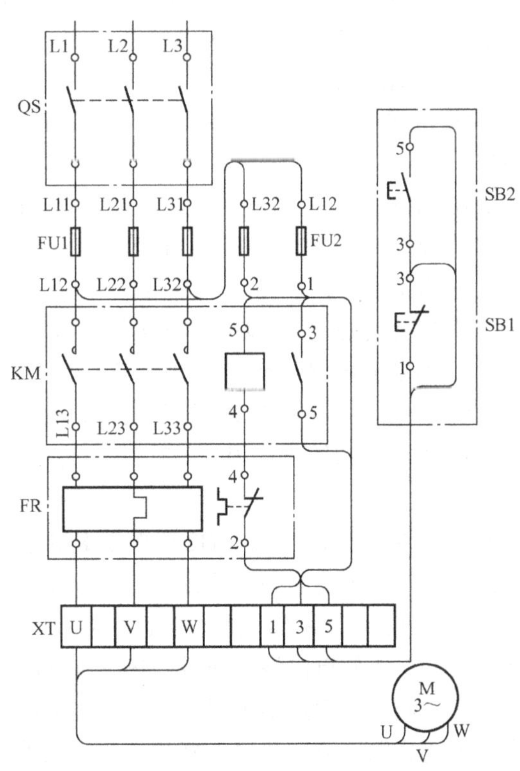

图 ZY3300302002-2　三相电动机单向启动控制线路安装接线图

（三）检查电器元件

检查刀开关的三极触刀与静插座的接触情况：拆下接触器的灭弧罩，检查相间隔板；检查各主触点情况；按压其触点架观察动触点（包括电磁机构的衔铁、复位弹簧）的动作是否灵活；用万用表测量电磁线圈的通断，并记下直流电阻值；测量电动机每相绕组的直流电阻值，并作记录。此外，还要认真检查热继电器。打开其盖板，检查热元件是否完好，用螺钉旋具轻轻拨动导板，观察动断触点的分断动作。检查中如发现异常，则进行检修或更换。

（四）固定电器元件

按照接线图规定的位置将电器元件摆放在安装底板上，以保证主电路走线美观规整。定位打孔后，将各电器元件固定牢靠。同时要注意将热继电器水平安装，并将盖板向上以利散热，保证其工作时保护特性符合要求。

（五）照图接线

从刀开关 QS 的下接线端子开始，先做主电路，后做辅助电路的连接线。

主电路使用导线的横截面积应按电动机的工作电流适当选取。将导线先校直，剥好两端的绝缘皮后成型，套上写好的线号管接到端子上。做线时要注意水平走线尽量靠近底板；中间一相线路的各段导线成一直线，左右两相导线应对称。三相电源线直接接入刀开关 QS 的上接线端子，电动机接线盒至安装底板上的接线端子之间应使用电缆连接。注意做好电动机外壳的接地保护线。

辅助电路（对中小容量电动机控制线路而言）一般可以使用截面积 $1.5mm^2$ 左右的导线连接。将同一走向的相邻导线并成一束。接入螺钉端子的导线先套好线号管，将芯线按顺时针方向弯成圆环，压接入端子，避免旋紧螺钉时将导线挤出，造成虚接。

（六）检查线路和试车

（1）对照原理图、接线图逐线核查。重点检查按钮盒内的接线和接触器的自保线，防止错接。

（2）检查各接线端子处接线情况，排除虚接故障。

（3）用万用表电阻挡（$R\times1$）检查，断开 QS，摘下接触器灭弧罩。

1）按点动控制线路的步骤、方法检查主电路。

2）检查辅助电路接好 FU2，作以下几项检查。

a. 检查启动控制。将万用表笔跨接在刀开关 QS 下端子 L11、L31 处，应测得断路；按下 SB2，应测得 KM 线圈的电阻值。

b. 检查自保线路。松开 SB2 后，按下 KM 触点架，使其动合辅助触点也闭合，应测得 KM 线圈的电阻值。

如操作 SB2 或按下 KM 触点架后，测得结果为断路，应检查按钮及 KM 自保触点是否正常，检查它们上、下端子连接线是否正确，有无虚接及脱落。必要时用移动表笔缩小故障范围的方法探查断路点。如上述测量中测得短路，则重点检查单号、双号导线是否错接到同一端子上了。例如：启动按钮 SB2 下端子引出的 5 号线应接到接触器 KM 线圈上端的 5 号端子，如果错接到 KM 线圈下端的 4 号端子上，则辅助电路的两相电源不经负载（KM 线圈）直接连通，只要按下 SB2 就会造成短路。再如：停止按钮 SB1 下接线端子引出的 3 号线如果错接到接触器 KM 自保触点下接线端子（5 号），则启动按钮 SB2 不起控制作用。此时只要合上隔离开关 QS（未按下 SB2），线路就会自行启动而造成危险。

c. 检查停车控制。在按下 SB2 或按下 KM 触头架测得 KM 线圈电阻值后，同时按下停车按钮 SB1，则应测出辅助电路由通而断。否则应检查按钮盒内接线，并排除错接。

d. 检查过载保护环节。摘下热继电器盖板后，按下 SB2 测得 KM 线圈阻值，同时用小螺钉旋具缓慢向右拨动热元件自由端，在听到热继电器动断触点分断动作声音的同时，万用表应显示辅助电路由通而断。否则应检查热继电器的动作及连接线情况，并排除故障。

完成上述各项检查后，清理好工具和安装板检查三相电源。将热继电器电流整定值按电动机的需要调节好，在指导老师的监护下试车。

（1）空操作试验。合上 QS，按下 SB2 后松开，接触器 KM 应立即得电动作，并能保持吸合状态；

按下停止按钮 SB1，KM 应立即释放。反复操作几次，以检查线路动作的可靠性。

（2）带负荷试车。切断电源后，接好电动机接线，合上 QS、按下 SB2，电动机 M 应立即得电启动后进入运行；按下 SB1 时电动机立即断电停车。

试车中常见的故障实例如下：

【例 ZY3300302002-1】合上刀开关 QS（未按下 SB2）动断接触器 KM 立即得电动作；按下 SB1 则 KM 释放，松开 SB1 时 KM 又得电动作。

分析 故障现象说明 SB1（动断按钮）的停车控制功能正常，而 SB2（动合按钮）不起作用。SB2 上并联 KM 的自保触点，从原理图分析可知，故障是由于 SB1 下端连线直接接到 KM 线圈上端引起的。怀疑 3 号线和 5 号线有错接处。

检查 拆开按钮盒，核对接线未见错误，检查接触器辅助触点接线时，发现将按钮盒引出的 3 号线错接到 KM 自保触点下接线端子（5 号），而该端子是与 KM 线圈上端子（5 号）连接的，所以造成线路失控。

处理 将按钮盒引出的护套线中 3 号、5 号线对调位置接入接线端子板 XT，重新试车，故障排除。

【例 ZY3300302002-2】试车时合上 QS，接触器剧烈振动（振动频率低，为 10～20Hz），主触点严重起弧，电动机轴时转时停，按下 SB1 则 KM 立即释放。

分析 故障现象表明启动按钮 SB2 不起作用，而停止按钮 SB1 有停车控制作用，说明接线错误，而且与上例的错误相似。接触器剧烈振动且频率低，不像是电源电压低（噪声约 50Hz）和短路环损坏（噪声约 100Hz），怀疑是自保线接错。

检查 核对接线时发现将接触器的动断触点错当自保触点使用，造成线路失控。合上 QS 时，KM 动断触头将 SB2 短接，使 KM 线圈立即得电动作，当 KM 衔铁吸下时，带动其动断触点分断，使 KM 线圈失电；而衔铁复位时，其动断触点又随之复位而使线圈得电引起 KM 剧烈振动。因为衔铁基本是在全行程内往复运动，因而振动频率较低。

处理 将自保线改接在 KM 动合辅助触点端子，经检查核对后重新试车，故障排除。

【例 ZY3300302002-3】试车时按下 SB2 后 KM 不动作，检查接线无错接处；检查电源，三相电压均正常，线路无接触不良处。

分析 故障现象表明，问题出在电器元件上，怀疑按钮的触头、接触器线圈、热继电器触点有断路点。

检查 分别用万用表 $R\times1$ 挡测量上述元件。表笔跨接辅助电路 SB1 上端子和 SB2 下端子（1 号和 5 号端子），按下 SB2 时测得 $R\to0$，证明按钮完好；测量 KM 线圈阻值正常；测量热继电器动断触点，测得结果为断路。说明在检查 FR 过载保护动作时，曾拨动 FR 热元件使其触点分断，切断了辅助电路，忘记使触点复位，因此 KM 不能启动。

处理 按下 FR 复位按钮，重新试车，“故障”排除。

【例 ZY3300302002-4】试车时，操作按钮 SB2 时 KM 不动作，而同时按下 SB1 时 KM 动作正常，松开 SB1 则 KM 释放。

分析 SB1 为停车按钮，不操作时触点应接通。启动时 SB1 应无控制作用。故障现象表明 SB1 似接成了“动合”型式。

检查 打开按钮盒核对接线，发现将 1 号、3 号线接到停止按钮动合触点接线端子上了。

处理 改正接线重新试车，故障排除。

【思考与练习】

1. 简述电动机控制线路安装步骤。
2. 画出单相直接启动的控制接线原理图。
3. 试车前的检查项目有哪些？

模块 3 电动机几种较复杂控制电路安装（ZY3300302003）

【模块描述】本模块包含正反向启动控制线路（按钮联锁）、正反向启动控制线路（辅助触点联锁）、

Y—△启动控制线路（按钮转换）、自动Y—△启动控制线路（时间继电器转换）等几种控制线路的工作内容、危险点分析与控制措施、作业前准备、操作步骤和质量标准等内容。通过概念描述、流程介绍、图表示意、举例说明、要点归纳，掌握电动机几种较复杂控制电路的安装。

【正文】

一、正反向启动控制线路（按钮联锁）原理概述

电动机正反向启动控制线路常用于小型升降机等机械设备的电气控制。线路中要使用两只交流接触器来改变电动机的电源相序。显然，两只接触器不能同时得电动作，否则将造成电源短路。因而必须设置联锁电路。本线路使用复式按钮联锁，防止电源短路，电气原理如图 ZY3300302003-1 所示。

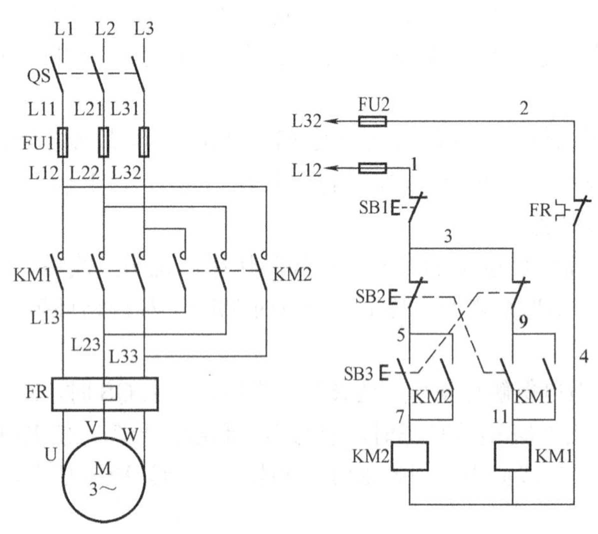

图 ZY3300302003-1　电动机正反启动控制线路（按钮联锁）电气原理图

正反向启动控制线路中的主电路使用两只交流接触器 KM1 和 KM2 分别接通电动机的正序、反序电源。其中 KM2 得电时，将电源的 A、C 两相对调后送入电动机，实现反转控制，主电路的其他元件的作用与单向启动线路相同。

辅助电路中，正反向启动按钮 SB2 和 SB3 都是有动合、动断两对触点的复式按钮。每只按钮的动断触点都串联在控制相反转向的接触器线圈通路里。当操作任意一只启动按钮时，其动断触点先分断，使相反转向的接触器断电释放，因而防止两只接触器同时得电动作。每只按钮上起这种作用的触点称为“联锁触点”，其两端的接线称为“联锁线”。其他元件的作用与单向启动线路相同。

线路的控制动作为合上刀开关 QS 后：

（1）正向启动。

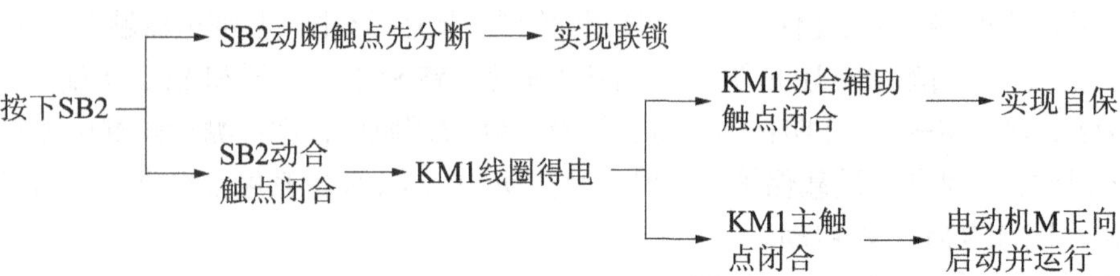

（2）反向启动。

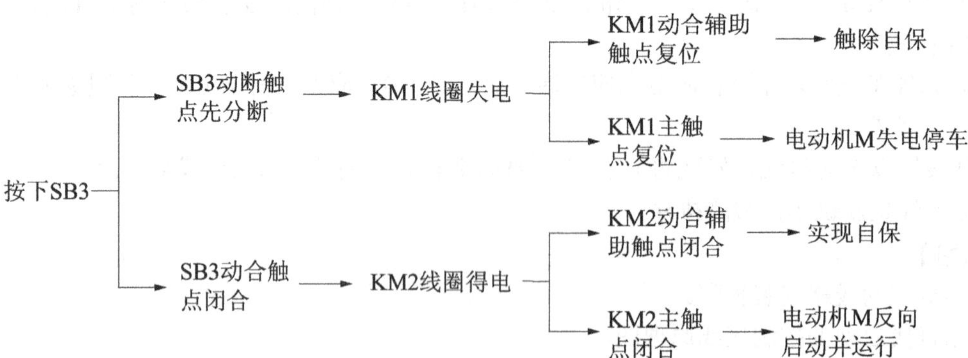

（3）停车。与单向启动线路动作相同。

按钮联锁正反向控制线路中，当一台接触器由于某种故障（衔铁卡阻、主触点熔焊等）而不能释放，再进行相反转向操作时，另一台接触器将得电动作而造成电源短路。所以，按钮联锁的正反向启动控制线路不能在实际生产中单独应用，必须和辅助触点联锁结合使用，组成双联锁正、反向控制电路（安装过程略）。

二、正反向启动控制线路（辅助触点联锁）安装及调试

（一）工作内容

在盘内或箱内按图安装电动机正反向启动控制线路（辅助触点联锁）控制回路。

（二）危险点分析与控制措施

（1）在试车过程中防止触电。

（2）在试车过程中防止短路。

（3）正确使用电工通用工具，防止人身伤害。

（三）作业前准备

（1）工具：电工通用工具（一套）、便携式电钻（一把）。

（2）材料：所需材料见表 ZY3300302003-1。

表 ZY3300302003-1　　　　　**材　料　表**

序号	名　称	规　格	单位	数量
1	电动机	2.2kW（Y 系列）	台	1
2	三相隔离开关	20A	只	1
3	交流接触器	32A、380V	只	2
4	熔断器	15A	只	5
5	按钮	10A	个	1
6	热继电器	20A	个	1
7	端子	10A	组	1
8	导线	—	—	—
9	螺钉及扎带	—	—	—

（3）人员：工作监护人（一名）、操作安装人（一名）。

辅助触点联锁的正反向启动控制电路是单联锁控制电路，可以防止由于接触器故障（衔铁卡阻、主触点熔焊等）而造成的电源短路事故，应用较为广泛。

（四）操作步骤、质量标准

1. 熟悉电气原理图

图 ZY3300302003-2 所示是辅助触点联锁正反向控制线路的电气原理图。主电路与按钮联锁线路

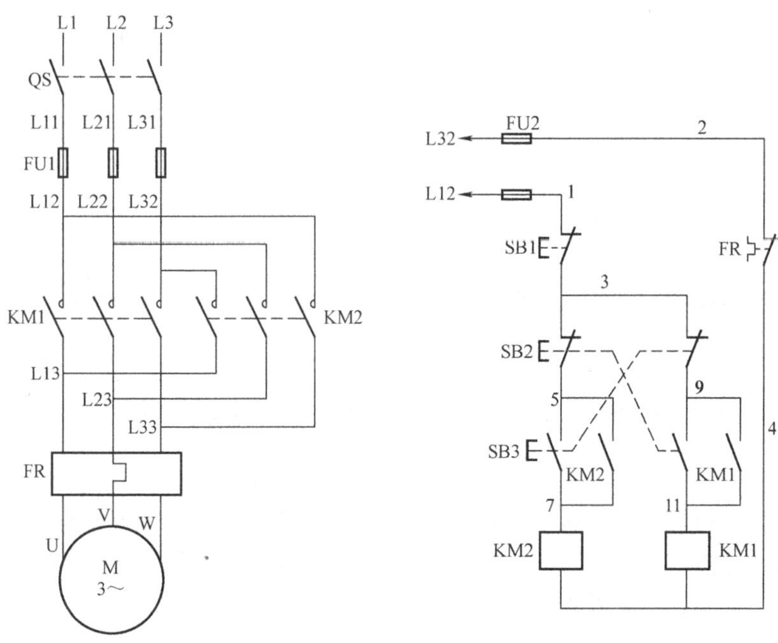

图 ZY3300302003-2　电动机正反启动控制线路（按钮联锁）电气原理图

完全相同。辅助电路中的 SB2 和 SB3 只使用动合触点进行启动控制。每只接触器除使用一副动合触点进行自保外，还将一副动断触点串联在相反转向的接触器线圈通路中，以进行联锁，防止电源短路。

线路控制动作为合上刀开关 QS 后：

（1）正向启动。

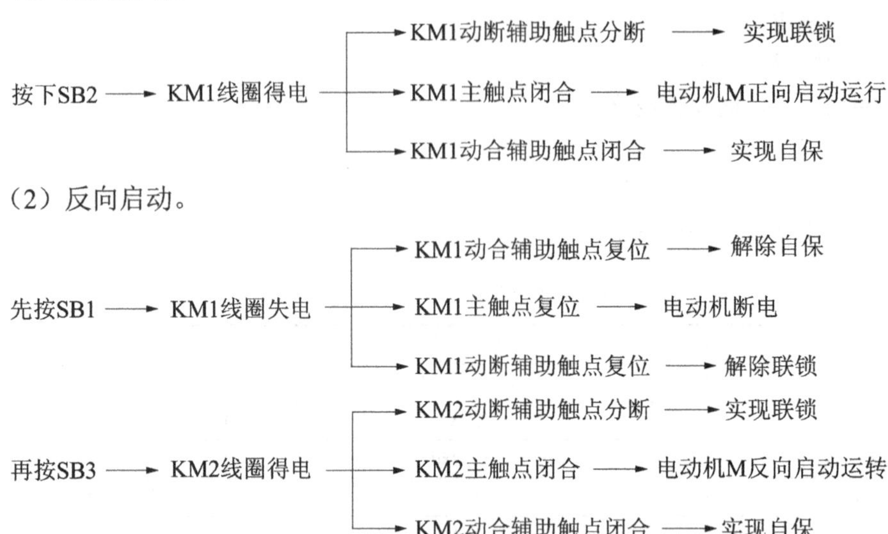

（2）反向启动。

按规定标好原理图上的线号（见图 ZY3300302003-2），注意辅助电路双号线号的标注方法。

2. 绘制安装接线图

电器元件的排布方式与按钮联锁线路完全相同。辅助电路中，将每只接触器的联锁触点并排画在自保触点旁边。认真对照原理图的线号标好端子号（见图 ZY3300302003-3）。

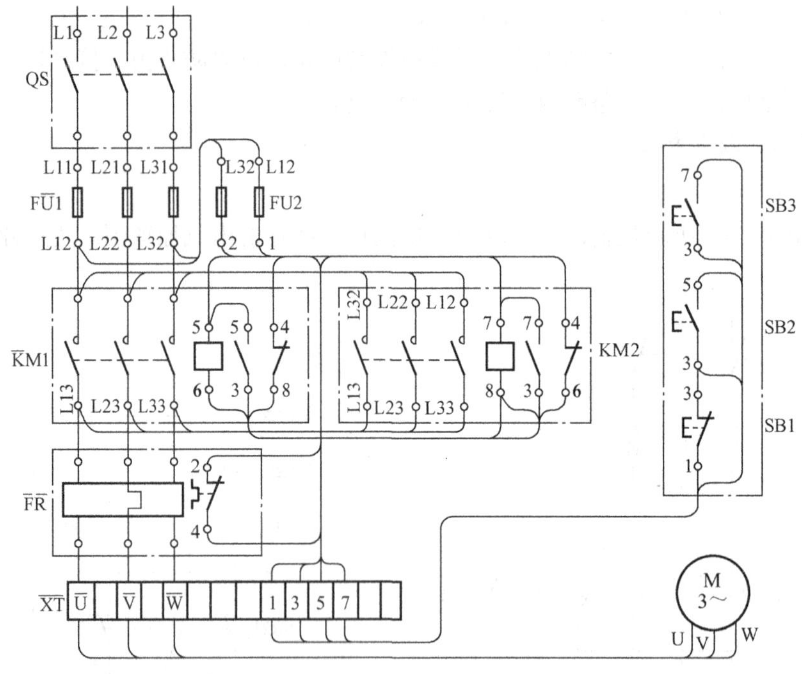

图 ZY3300302003-3 电动机正反向控制线路（辅助触点联锁）安装接线图

3. 检查电器元件

认真检查两只交流接触器的主触点、辅助触点的接触情况，按下触点架检查各极触点的分合动作，必要时用万用表检查触点动作后的通断，以保证自保和联锁线路正常工作。检查其他电器、动作情况和进行必要的测量、记录，排除发现的电器故障。

4. 固定电器元件

按照接线图规定的位置在底板上定位打孔和固定电器元件。

5. 照图接线

接线的顺序、要求与单向启动线路基本相同，并应注意以下几个问题：

（1）路从 QS 到接线端子板 XT 之间的走线方式与单向启动线路完全相同。两只接触器主触点端子之间的连线可以直接在主触点高度的平面内走线，不必向下贴近安装底板，以减少导线的弯折。

（2）做辅助电路接线时，可先接好两只接触器的自保线路，核查无误后再做联锁线路。自保线为单号，联锁线为双号，前者做在接触器线圈的前端，后者做在接触器线圈后端，这两部分电路没有公共接点，应反复核对，不可接错。

6. 检查线路和试车

（1）对照原理图、接线图逐线核查。重点检查主电路两只接触器之间的换相线及辅助电路的自保、联锁线路，防止错接、漏接。

（2）检查各端子处接线情况，排除虚接故障。

（3）用万用表检查。断开 QS，摘下 KM1、KM2 的灭弧罩，用万用表 $R\times1$ 挡测量检查以下各项。

1）检查主电路。断开 FU2 以切除辅助电路。

a. 检查各相通路。两支表笔分别接 L11～L21、L21～L31 和 L11～L31 端子，测量相间电阻值，未操作前应测得断路；分别按下 KM1、KM2 的触点架，均应测得电动机一相绕组的直流电阻值。

b. 检查电源换相通路。两支表笔分别接 L11 端子和接线端子板上的 U 端子，按下 KM1 的触点架时应测得 $R\rightarrow0$；松开 KM1 而按下 KM2 触点架时，应测得电动机一相绕组的电阻值。用同样的方法测量 L31～W 之间通路。

2）检查辅助电路。拆下电动机接线，接通 FU2 将万用表表笔接于 QS 下端 L11、L31 端子，作以下几项检查。

a. 检查正反车启动及停车控制。操作按钮前应测得断路；分别按下 SB2 和 SB3 时，各应测得 KM1 和 KM2 的线圈电阻值；如同时再按下 SB1，万用表应显示线路由通而断。

b. 检查自保线路。分别按下 KM1 及 KM2 触点架，应分别测得 KM1、KM2 的线圈电阻值。

c. 检查联锁线路。按下 SB2（或 KM1 触点架），测得 KM1 线圈电阻值后，再同时轻轻按下 KM2 触点架使其动断触点分断，万用表应显示线路由通而断；用同样方法检查 KM1 对 KM2 的联锁作用。

d. 按前面所述的方法检查 FR 的过载保护作用，然后使 FR 触点复位。

（4）试车。上述检查一切正常后，检查三相电源，做好准备工作，在指导老师监护下试车。

1）空操作实验。合上刀开关 QS，做以下几项实验。

a. 正、反向启动、停车。按下 SB2，KM1 应立即动作并能保持吸合状态；按 SB1 使 KM1 释放；按下 SB3，则 KM2 应立即动作并保持吸合状态；再按 SB1，KM2 应释放。

b. 联锁作用试验。按下 SB2 使 KM1 得电动作；再按下 SB3，KM1 不释放且 KM2 不动作；按 SB1 使 KM1 释放，再按下 SB3 使 KM2 得电吸合，按下 SB2 则 KM2 不释放且 KM1 不动作。反复操作几次检查联锁线路的可靠性。

c. 用绝缘棒按下 KM1 的触点架，KM1 应得电并保持吸合状态；再用绝缘棒缓慢地按下 KM1 触点架，KM1 应释放，随后 KM2 得电吸合；再按下 KM1 触点架，则 KM2 释放而 KM1 吸合。

作此项试验时应注意：为保证安全，一定要用绝缘棒操作接触器的触点架。

2）带负荷试车。切断电源后接好电动机接线，装好接触器灭弧罩，合上刀开关后试车。

试验正、反向启动、停车：操作 SB2 使电动机正向启动；操作 SB1 停车后，再操作 SB3 使电动机反向启动。注意观察电动机启动时的转向和运行声音，如有异常则立即停车检查。试车中常见的故障实例如下。

【例 ZY3300302003-1】按下 SB2 或 SB3 时，KM1、KM2 均能正常动作，但松开按钮时接触器释放。

分析　故障是由于两只接触器自保线路失效引起的，怀疑 KM1、KM2 自保线路接线错误。

检查　核对接线，发现将 KM1 的自保线错接到 KM2 动合辅助触点上，KM2 的自保线错接到 KM1 动合辅助触点上，使两只接触器均不能自保。

处理 改正接线重新试车，故障排除。

【例 ZY3300302003-2】按下 SB2 接触器 KM1 剧烈振动，主触点严重起弧，电动机时转时停，松开 SB2 则 KM1 释放。按下 SB3 时 KM3 的现象与 KM1 相同。

分析 由于 SB2、SB3 分别可以控制 KM1 及 KM2，而且 KM1、KM2 都可以启动电动机，表明主电路正常，故障是辅助电路引起的。从接触器振动现象看，怀疑是自保、联锁线路有问题。

检查 核对接线，按钮接线及两只接触器自保线均正确。查到联锁线时，发现将 KM1 线圈下端子引出的 6 号线错接到 KM1 联锁触点 8 号端子，而将 KM2 线圈下端子引出的 8 号线错接到 KM2 联锁触点的 6 号端子。当操作任一只按钮时，接触器得电动作后，联锁触点分断，则切断自身线圈通路，造成线圈失电而触点复位，又使线圈得电而动作接触器将振动。

处理 将接触器联锁触点上端子引线改接到相反转向的接触器线圈下端子，检查后重新通电试车，接触器动作正常且有自保作用，故障排除。

三、Y—△启动控制线路（按钮转换）原理概述

Y—△启动线路常用于轻载或无载启动的电动机的降压启动控制。由于采用按钮操作、用接触器接通电源和改换电动机绕组的接法，因而使用更方便，还可以对电动机进行失压保护。

熟悉电气原理图：图 ZY3300302003-4 所示是按钮转换的Y—△启动控制线路电气原理图。KM1 是电源接触器，它得电时主触点将三相电源接到电动机的 U1、V1 和 W1 端子。KM2 是Y接触器，它的主触点上端子分别接电动机 U2、V2 和 W2 端子，而下端子用导线短接起来，启动时形成电动机三相绕组的“星连接”。KM3 是△接触器，它的主触点闭合时将电动机绕组接成△形。显然 KM2 和 KM3 不允许同时得电，否则它们的主触点同时动作会造成电源短路事故。

辅助电路中使用三只按钮，SB1、 SB2、SB3 分别为停止、Y启动、△运行按钮，同时通过按钮联锁，保证 KM2 和 KM3 不能同时得电。为进一步防止电源短路，在 KM2 和 KM3 之间还设有辅助触点联锁。辅助电路的形式还可以防止人员误操作引起电动机启动顺序错误，如未操作 SB2 进行Y接启动而直接按下 SB3，由于 KM1 未动作，自保触点未闭合，线路将不能工作。

线路控制动作如下：台上刀开关 QS，Y—△启动控制线路（按钮转换）。

（1）Y接启动。

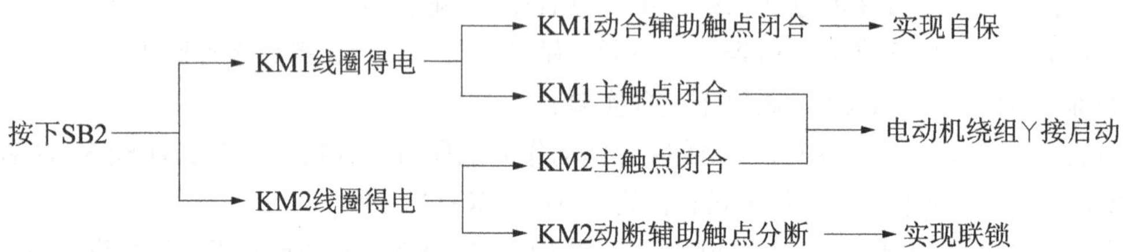

（2）△接运行。

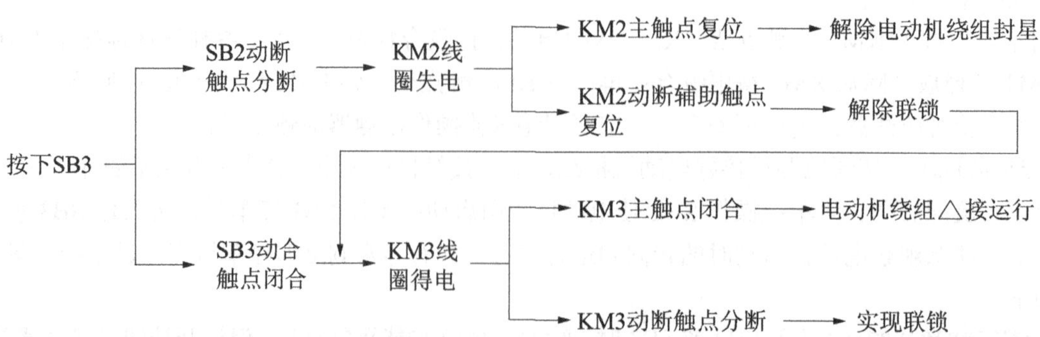

（3）停车。

按下 SB1→辅助电路断电→各接触器释放→电动机停车

（Y—△按钮转换启动控制线路安装、检查、启动、调试过程略）。

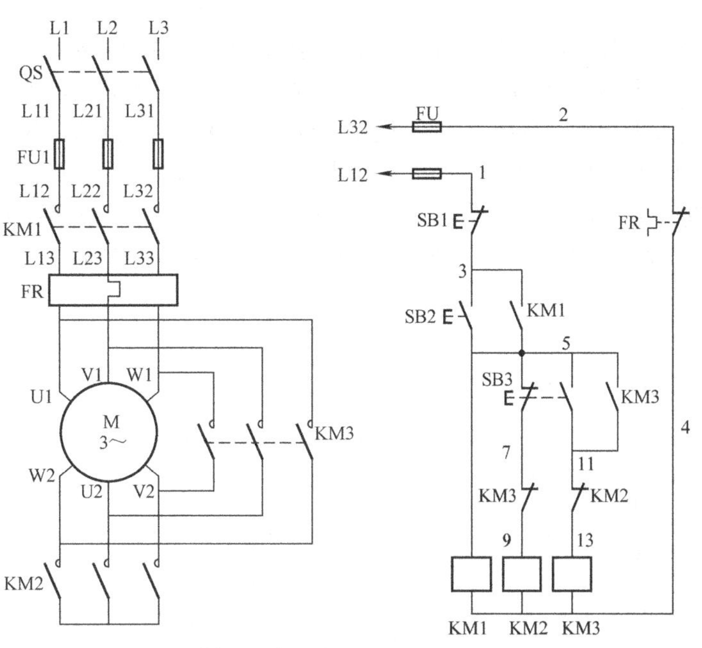

图 ZY3300302003-4 Y—△降压启动控制线路（按钮转换）电气原理图

四、自动Y—△启动控制线路（时间继电器转换）安装及调试

（一）工作内容

在盘内或箱内按图安装电动机自动Y—△启动控制线路（时间继电器转换）控制回路。

（二）危险点分析与控制措施

（1）在试车过程中防止触电。

（2）在试车过程中防止短路。

（3）正确使用电工通用工具，防止人身伤害。

（三）作业前准备

（1）工具：电工通用工具（一套）、便携式电钻（一把）。

（2）材料：所需材料见表 ZY3300302003-2。

（3）人员：工作监护人（一名）、操作安装人（一名）。

表 ZY3300302003-2　　　　材　料　表

序号	名　称	规　格	单位	数量
1	电动机	2.2kW（Y 系列）	台	1
2	三相隔离开关	20A	只	1
3	交流接触器	32A、380V	只	3
4	时间继电器	JS7–2	只	1
5	熔断器	15A	只	5
6	按钮	10A	个	1
7	热继电器	20A	个	1
8	端子	10A	组	1
9	导线	—	—	—
10	螺钉及扎带	—	—	—

时间继电器转换的Y—△降压启动线路的工作原理与前述的线路原理基本相同，仅增设一只时间继电器进行Y接启动时间的控制。线路自动从Y接启动转换成△接运行状态。

（四）操作步骤、质量标准

1. 熟悉电气原理图

图 ZY3300302003-5 所示是时间继电器转换的自动Y—△启动线路的电气原理图。主电路与前述线路完全相同。辅助电路中增加了时间继电器 KT，用来控制电动机绕组Y接启动的时间和向△接运行状态的转换。因而取消了运行控制按钮 SB3，线路在接触器的动作顺序上采取了措施：由Y接触器 KM2 的动合辅助触点接通电源接触器 KM1 的线圈通路，保证 KM2 主触点的"封星"线先短接后，再使 KM1 接通三相电源，因而 KM2 主触点不操作启动电流，其容量可以适当降低；在 KM2 与 KM3 之间设有辅助触点联锁，防止它们同时动作造成短路；此外，线路转入△接运行后，KM3 的动断触点分断，切除时间继电器 KT，避免 KT 线圈长时间运行而空耗电能，并延长其寿命。标好的线号如图 ZY3300302003-6 所示。

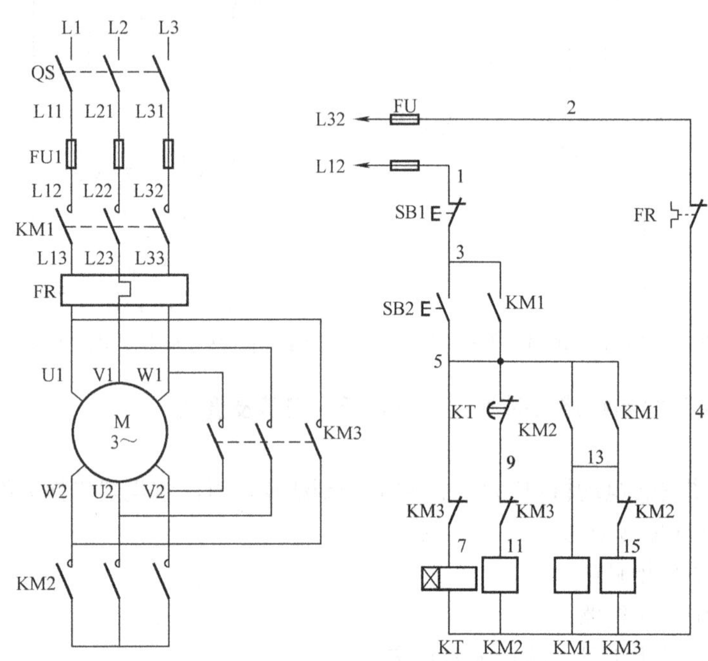

图 ZY3300302003-5 时间继电器转换的自动Y—△启动线路的电气原理图

自动Y—△降压启动控制线路（时间继电器转换）电气原理图线路控制动作为合上刀开关 QS：

（1）启动。

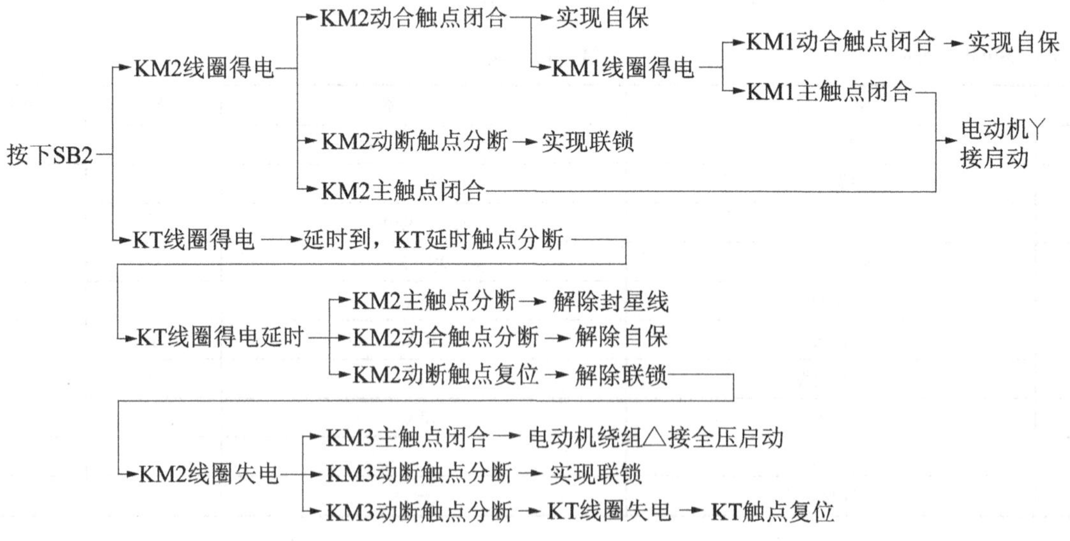

（2）停车。

按下 SB1→辅助电路断电→各接触器释放→电动机断电停车

2. 绘制安装接线图

主电路中 QS、FU1、KM1 和 KM3 排成一纵直线，KM2 与 KM3 并列放置，以上布局与前述线路相同。将 KT 与 KM 在纵方向对齐，使各电器元件排列整齐，走线美观方便。注意主电路中各接触器主触点的端子号不得标错，辅助电路的并联支路较多，应对照原理图看清楚连线方位和顺序。尤其注意连接端子较多的 5 号线，应认真核对，防止漏标编号。绘好的接线图如图 ZY3300302003-6 所示。

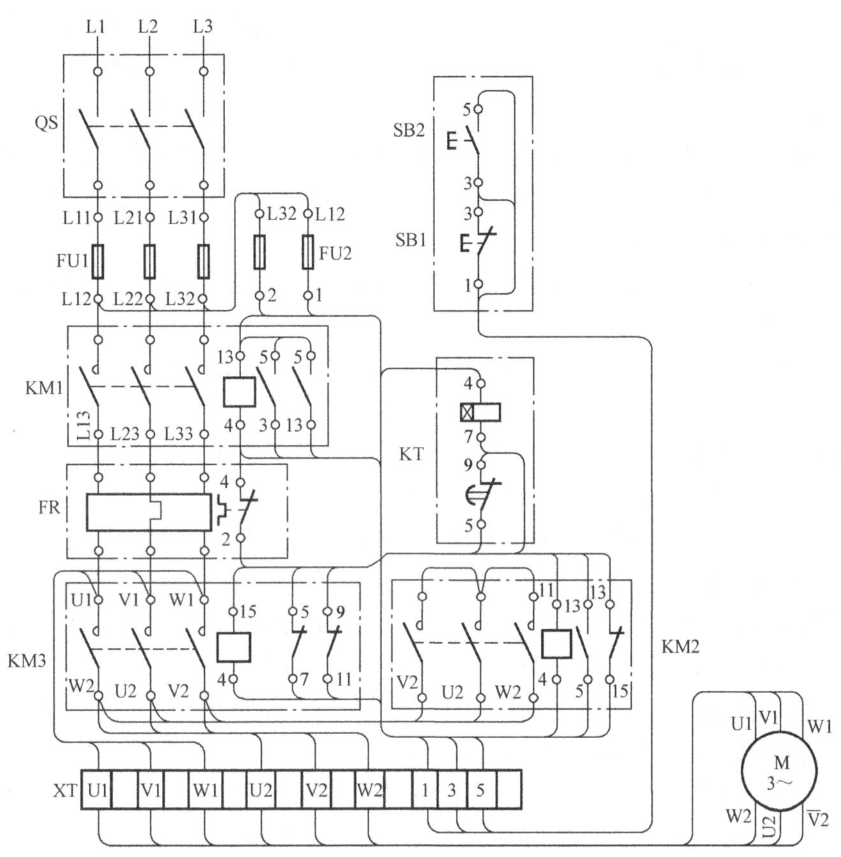

图 ZY3300302003-6　自动Y—△降压启动控制线路（时间继电器转换）安装接线图

3. 检查电器元件

按前所述的要求检查各电器元件。线路中一般使用 JS7–1A 型气囊式时间继电器。首先检查延时类型，如不符合要求，应将电磁机构拆下，倒转方向后装回。用手压合衔铁，观察延时器的动作是否灵活，将延时时间调整到 5s（调节延时器上端的针阀）左右。

4. 固定电器元件

除按常规固定各电器元件以外，还要注意 JS7–1A 时间继电器的安装方位。如果设备运行时安装底板垂直于地面，则时间继电器的衔铁释放方向必须指向下方，否则违反安装要求。

5. 照图接线

主电路中所使用的导线截面积较大，注意将各接线端子压紧，保证接触良好和防止振动引起松脱。辅助电路中 5 号线所连接的端子多，其中 KM2 动断触点上端子到 KT 延时触点上端子之间的连线容易漏接；13 号线中 KM1 线圈上端子到 KM2 动断触点上端子之间的一段连线也容易漏接，应注意检查。

6. 检查线路和试车

按常规要求进行检查。

（1）用万用表检查。断开 QS，摘下接触器灭弧罩，万用表拨到 $R\times1$ 挡，作以下各项检查。

1）按前述的步骤、方法检查主电路。

2）检查辅助电路，拆下电动机接线，万用表笔接 L11、L31 端子，作如下几项测量。

a. 检查启动控制。按下 SB2，应测得 KT 与 KM2 两只线圈的并联电阻值；同时按下 SB2 和 KM2 触点架，应测得 KT、KM2 及 KM1 三只线圈的并联电阻值；同时按下 KM1 与 KM2 的触点架，也应测得上述三只线圈的并联电阻值。

b. 检查联锁线路。按下 KM1 触点架，应测得线路中 4 个电器线圈的并联电阻值；再轻按 KM2 触点架使其动断触点分断（不要放开 KM1 触点架），切除了 KM3 线圈，测量的电阻值应增大；如果在按下 SB2 的同时轻按 KM3 触点架，使其动断触点分断，则应测得线路由通而断。

c. 检查 KT 的控制作用。按下 SB2 测得 KT 与 KM2 两只线圈的并联电阻值，再按住 KT 电磁机构的衔铁不放，约 5s 后，KT 的延时触点分断切除 KM2 的线圈，测得电阻值应增大。

（2）试车。装好接触器的灭弧罩，检查三相电源，在监护下通电试车。

1）空操作试验。合上 QS，按下 SB2，KT、KM2 和 KM1 应立即得电动作，约经 5s 后，KT 和 KM2 断电释放，同时 KM3 得电动作。按下 SB1，则 KM1 和 KM3 释放。反复操作几次，检查线路动作的可靠性。调节 KT 的针阀，使其延时更准确。

2）带负荷试车。断开 QS，接好电动机接线，仔细检查主电路各熔断器的接触情况，检查各端子的接线情况，做好立即停车的准备。

合 QS，按下 SB2，电动机应得电启动转速上升，此时应注意电动机运转的声音；约 5s 后线路转换，电动机转速再次上升进入全压运行。常见故障实例如下：

【例 ZY3300302003-3】线路经万用表检测动作无误，进行空操作试车时，操作 SB2 后 KT 及 KM2、KM1 得电动作，但延时过 5s 而线路无转换动作。

分析 故障是因时间继电器的延时触点未动作引起的。由于按 SB2 时 KT 已得电动作，所以怀疑 KT 电磁铁位置不正确，造成延时器工作不正常。

检查 用手按压 KT 的衔铁，约经过 5s，延时器的顶杆已放松，顶住了衔铁，而未听到延时触点切换的声音。因电磁机构与延时器距离太近，使气囊动作不到位。

处理 调整电磁机构位置，使衔铁动作后，气囊顶杆可以完全复位。重新试车，故障排除。线路常见故障与前述的实例相似，可参照进行分析处理。

【例 ZY3300302003-4】空操作试车时线路工作正常，带负荷试车时，Y接启动过程正常，按下 SB3 时 KM2 释放而 KM3 得电动作，但电动机发出异响，转速急剧下降。

分析 空操作试车线路工作正常，表明辅助电路接线正确，问题出在主电路。从故障现象看，怀疑主电路中各接触器主触点之间连线有误，使线路由Y接转换成△接时，送入电动机的电源相序改变，电动机被反序电源制动，造成声音异常和转速骤降。

检查 核查主电路接线，发现 KM2 主触点下方的 U2 及 V2 端子处接线位置颠倒，虽不影响Y接启动状态，但换成△接运行时电动机进入反接制动状态，强大的制动电流造成电动机发出异响，转速急剧下降。

处理 改正 KM2 主触点接线重新试车，故障排除。

【例 ZY3300302003-5】试车时Y接启动正常，按下 SB3 时，KM2 释放且 KM3 动作，电动机全压工作，但松开 SB3 时，KM3 又释放而 KM2 动作，电动机退回Y接状态。

分析 线路已做过空操作试验工作正常。带负荷试车时的状态基本正常，故障现象是由于辅助电路中 KM3 无自保作用引起的，怀疑 KM3 自保线路有断点。

检查 查辅助电路接线，发现 KM3 动合辅助触点上端子（5 号）接线掉头，是由于端子螺钉未紧牢靠，KM3 动作几次后因振动而松脱掉落。如未发现线路的这种故障，投入运行后，将使电动机长期欠电压运行而过载。

处理 接好 KM3 自保线，重新试车，故障排除。

【例 ZY3300302003-6】线路空操作试验工作正常。带负荷试车，按下 SB2 时，KM1 及 KM2 均得电动作，但电动机发出异响，转子向正、反两个方向颤动；立即按下 SB1 停车，KM1 及 KM2 释放时，灭弧罩内有较强的电弧。

分析 空操作试验时线路工作正常，说明辅助电路接线正确。带负荷试车时，电动机的故障现象是缺相启动引起的。怀疑 FU1 各极熔断器、KM1 和 KM2 主触点及其连线处有断路点。

检查 查主电路各熔断器及 KM1、KM2 主触点未见异常，检查连接线时，发现 KM2 主触点的"封星”短接线接触不实，使电动机 C 相绕组末端引线未接入电路，电动机形成单相启动，大电流造成强电弧。由于缺相，绕组内不能形成旋转磁场，使电动机转轴的转向不定。

处理 接好“封星”短接线，紧固好各端子，重新通电试车，故障排除。

【思考与练习】

1. 画出正反转控制接线原理图并写出其动作过程。
2. 画出Y—△转换启动控制接线原理图并写出其动作过程。

模块 4 电动机无功补偿及补偿容量计算（ZY3300302004）

【模块描述】本模块包含电动机无功补偿原理和从提高功率因数、降低线损、提高运行电压需要来确定补偿容量等内容。通过概念描述、术语说明、公式介绍、图表示意、计算举例，掌握电动机补偿容量的计算方法。

【正文】

补偿容量的大小决定于电力负荷的大小，以及补偿的前、后电力负荷的功率因数值。下面给出确定补偿容量的一般方法。

一、从提高功率因数需要确定补偿容量

如果电力网最大负荷月的平均有功功率为 P_{av}，补偿前的功率因数为 $\cos\varphi_1$，补偿后的功率因数 $\cos\varphi_2$，则补偿容量可用下述公式计算为

$$Q_C = P_{av}(\tan\varphi_1 - \tan\varphi_2) = P_{av}\left(1 - \frac{\tan\varphi_2}{\tan\varphi_1}\right) \quad \text{（ZY3300302004-1）}$$

或

$$Q_C = P_{av}\left(\sqrt{\frac{1}{\cos^2\varphi_1} - 1} - \sqrt{\frac{1}{\cos^2\varphi_2} - 1}\right) \quad \text{（ZY3300302004-2）}$$

有时需要将 $\cos\varphi$ 提高到大于 $\cos\varphi_2$，小于 $\cos\varphi_3$，则补偿容量应满足

$$P_{av}\left(\sqrt{\frac{1}{\cos^2\varphi_1} - 1} - \sqrt{\frac{1}{\cos^2\varphi_2} - 1}\right) \leqslant Q_C \leqslant P_{av}\left(\sqrt{\frac{1}{\cos^2\varphi_1} - 1} - \sqrt{\frac{1}{\cos^2\varphi_3} - 1}\right) \quad \text{（ZY3300302004-3）}$$

式中 Q_C ——所需补偿容量，kvar；

P_{av}——最大负荷日平均有功功率，kW。

$\cos\varphi_1$ 应采用最大负荷日平均功率因数，$\cos\varphi_2$ 确定平均适当。通常，将功率因数从 0.9 提高到 1 所需的补偿容量，与将功率因数从 0.72 提高到 0.9 所需的补偿容量相当。因此，在提高功率因数下进行补偿其效益明显下降。这是因为在高功率因数下，$\cos\varphi$ 曲线的上升率变小，因此提高功率因数所需的补偿容量将要相应的增加。

二、从提高运行电压需要来确定补偿容量

在配电线路的末端，运行电压较低，特别是重负荷、细导线的线路。加装补偿电容以后，可以提高运行电压、这就产生了按提高电压的要求选择补偿多大的电容是合理的问题。此外，在网络正常的线路中，装设补偿电容时网络电压的压升不能越限，为了满足这一约束条件，也必须求出补偿容量 Q_C 和网络电压增量之间的关系。

当装设补偿电容以前，网络电压可用下述表达式计算为

$$U_1 = U_2 + \frac{PR + QX}{U_2}$$

装设补偿电容后，电源电压 U_1 不变，变电站母线电压 U_2 升到 U_2' 且

$$U_1 = U_2' + \frac{PR + (Q - Q_C)X}{U_2'}$$

$$\Delta U = U_2' - U_2 = \frac{Q_C X}{U_2^1} \qquad \text{（ZY3300302004-4）}$$

$$Q_C = \frac{U_2' \Delta U}{X}$$

式中 U_2' ——投入电容后母线电压值，kV；

ΔU ——投入电容后电压增量，kV；

X ——线路容抗。

三相所需总容量为

$$\sum Q_C = 3Q_C = 3 \times \frac{U_{2L}'}{\sqrt{3}} \times \frac{\Delta U_L}{\sqrt{3}} \times \frac{1}{x} = \frac{\Delta U_L U_{2L}'}{x} \qquad \text{（ZY3300302004-5）}$$

可见，三相补偿容量的计算式与单相补偿容量的计算式是一样的，不过所包含的电压和电压的增量分别是线电压和相电压的而已。

三、计算举例

一台容量为 5.5kW 的三相交流异步电动机，额定电压 380V，频率 50Hz，功率因数 0.8，若使功率因数提高 0.9，试确定其补偿容量？

解 根据式（ZY3300302004-2），补偿容量为

$$Q_C = P_{av}\left(\sqrt{\frac{1}{\cos^2\varphi_1} - 1} - \sqrt{\frac{1}{\cos^2\varphi_2} - 1}\right)$$

$=5.5\times0.266$

$=1.463$（kvar）

【思考与练习】

1. 电动机无功补偿的方法有哪些？

2. 一台容量为 10kW 的三相异步电动机，功率因数为 0.8，频率为 50Hz，欲使其功率因数提高至 0.9，计算其补偿容量。

第十五章 10kV 配电设备安装及电气试验

模块 1 10kV 配电变压器及台架安装（ZY3300303001）

【模块描述】本模块包含配电变压器台的结构，配电变压器台架安装时危险点控制及安全注意事项，配电变压器台架的安装，配电变压器、跌落式熔断器和避雷器安装前的检查，户外柱上配电变压器的安装，户外柱上配电变压器的投运等内容。通过概念描述、流程介绍、图表示意、要点归纳，掌握 10kV 配电变压器及台架安装。

【正文】

10kV 配电变压器的安装方法有多种。但概括起来可以分为两大类：一类是安装在室内；另一类是安装在室外。室外安装根据其容量的大小，装设地区如市区、农村、郊区的不同以及吊运是否方便等，一般分为杆塔式、台墩式和落地式三种。本部分内容主要介绍两种杆塔式的安装方法。

一、杆塔式安装分类

杆塔式是将配电变压器安装在户外杆上的台架上，其中最常见的两种方法为单杆式和双杆式。

1. 单杆式配电变压器台

单杆式配电变压器台又叫“丁字台”。

当配电变压器容量在 30kVA 及以下时（含 30kVA），一般采用单杆配电变压器台架。这种配电变压器台是将配电变压器、高压跌落式熔断器和高压避雷器装在一根水泥杆上，杆身应向组装配电变压器的反方向倾斜 13°～15°。这种配电变压器台的优点是结构简单，安装方便，用料和占地面积都比较少，对比双杆配电变压器台能节省造价约 33%，如图 ZY3300303001-1 所示。

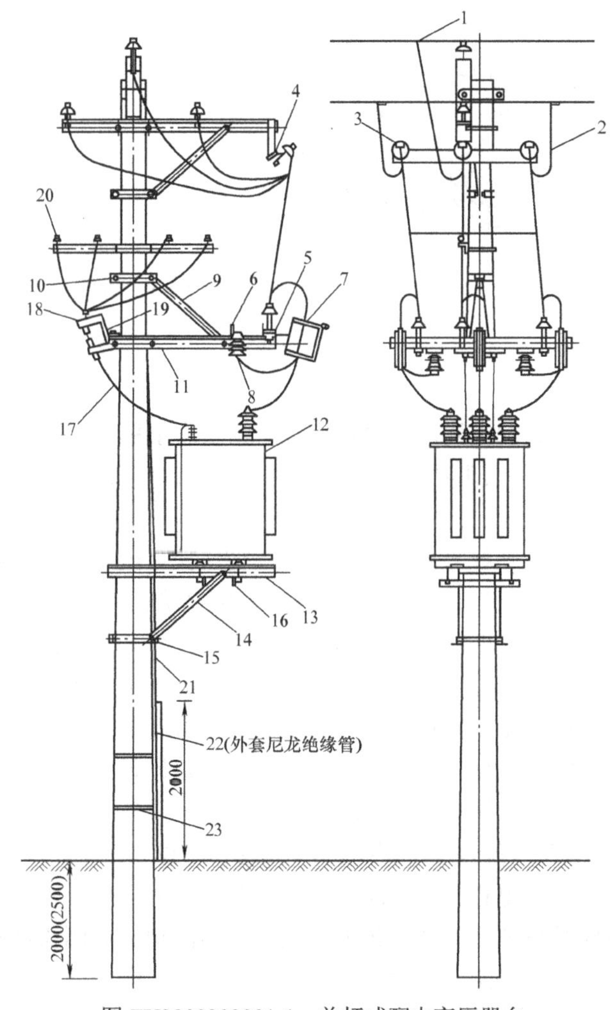

图 ZY3300303001-1 单杆式配电变压器台

1～23—材料编号

2. 双杆式配电变压器台

双杆式配电变压器台又叫“H 台”。

当配电变压器容量在 50～315kVA 时一般应采用双杆式配电变压器台。配电变压器台由一主杆水泥杆和另一根副助杆组成，主杆上装有高压跌落式熔断器及高压引下电缆，副杆上有二次反引电缆。双杆配电变压器台比单杆配电变压器坚固，如图 ZY3300303001-2 所示。

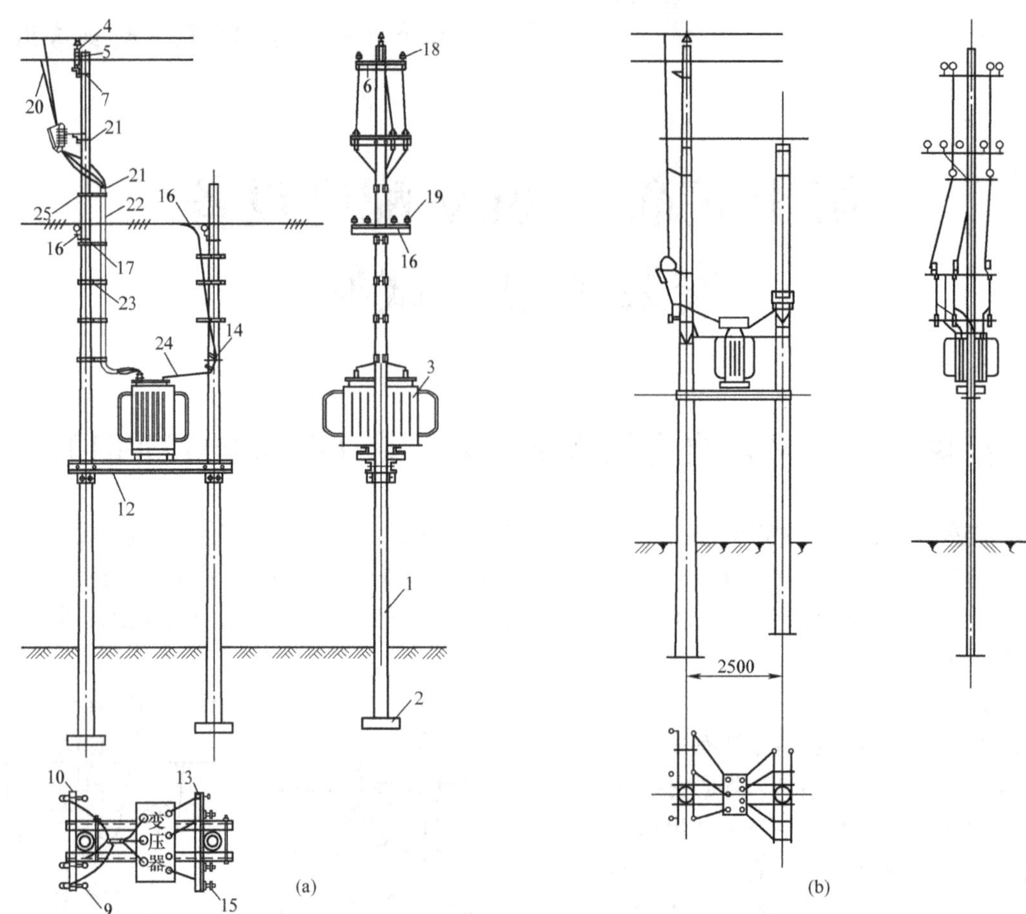

图 ZY3300303001-2 双杆配电变压器台

(a) 形式 1；(b) 形式 2

1～25—材料编号

二、配电变压器台架安装安全注意事项

(一) 利用抱杆、吊车和利用旧杆立水泥杆

1. 倒杆

(1) 立杆等重大施工项目应制定安全技术组织措施计划，并经主管生产领导批准。

(2) 工作负责人在开工前必须熟悉施工现场，认真组织工作班成员学习批准的施工安全技术组织措施计划，做到人人明确施工任务、方法、安全技术措施。

(3) 立杆工作要设专人统一指挥，开工前讲明施工方法及信号。工作人员明确分工，密切配合，服从统一指挥，在居民区和交通道路附近进行施工应设专人看守。

(4) 要使用合格的起重设备，严禁超载使用。

(5) 使用抱杆立杆时，主牵引绳尾绳杆顶中心及抱杆顶应在一条直线上，抱杆应受力均匀，两侧拉线应拉好，不得左右倾斜。固定临时拉线时，不得固定在可能移动的物体上或其他不可靠的物体上。

(6) 电杆起离地面后，应对各部吃力点做一次全面检查，确无问题再继续起立，起立 45°～60° 后应减缓速度，注意各侧拉绳，特别控制好后侧头部拉绳防止过牵引。

(7) 利用旧杆起吊时，应先检查所用杆的杆根并打好临时拉线。使用合格的起重设备，严禁超载使用。

(8) 吊车起吊钢丝绳套应吊绑在杆的适当位置，防止电杆突然倾倒。

2. 砸伤

(1) 吊车的吊臂下方严禁有人逗留。立杆过程中坑内严禁有人，除指挥人及指定人员外，其他人员必须远离杆下 1.2 倍杆高的距离以外。现场人员必须戴好安全帽。

(2) 立杆及修坑时，应有防止杆身滚动、倾斜的措施，如采取叉杆和拉绳控制等。

(3) 已经立起的电杆只有在杆基回填土全部夯实后，方可撤去叉杆和拉绳。

(4) 利用钢钎做地锚时，应检查锤把、锤头及钢钎子，打锤人应站在扶钎人的侧面，严禁站在对面，并不准戴手套；扶钎人应戴安全帽。钎头有开花现象时，应更换修理。

(二) 杆上作业

1. 高空坠落物体打击伤人

(1) 上杆前检查登杆工具及脚钉是否完好。

(2) 作业人员必须戴好安全帽，杆上作业必须使用安全带，工具袋、工具、材料用小绳传递，地面应设围栏。

(3) 使用扳手应合适好用，防止滑脱伤人。

2. 感电伤人

(1) 线路作业前，必须对线路做好安全技术措施。

(2) 对一经操作即可送电的分段开关、联络开关，应设专人看守。

(3) 高压带电、低压停电的杆塔作业，与高压带电部分应保持 0.7m 的安全距离并设专人监护。扶正杆和调拉线时要防止导线晃动。

(三) 吊装变压器

(1) 吊车臂或吊件碰触带电部位；用铁线捆绑变压器时碰带电部位。

1) 吊放变压器工作应设专人指挥和监护，吊臂和变压器距跌落式开关及以上带电部位保持 2m 以上安全距离。

2) 在捆绑变压器时，应将铁线在变压器台下盘成小盘，并用绳索传递，使用时要保证安全距离：10kV 为不小于 0.7m。

(2) 变压器脱落或移动变压器时挤压伤人。

1) 吊放变压器前，应对钢丝绳套进行外观检查，无断股、烧伤、挤压伤等明显缺陷，其强度满足起重设备荷重要求（安全系数为 5～6 倍）。

2) 吊放变压器前，应对各受力点进行检查，检查变压器是否确已挂好，检查变压器吊环无裂纹。

3) 吊放变压器及吊车转位时，吊臂下严禁有人逗留。

4) 要做到信号明确，设专人监护。

三、配电变压器台架的安装

1. 双杆配电变压器台架所需的材料

安装前对材料进行核实，材料表见表 ZY3300303001-1。

表 ZY3300303001-1　　材　料　表

序号	名　称	单位	数量	备　注
1	水泥杆	根	2	设计选定
2	底盘	块	2	设计选定
3	变压器	台	1	315kVA 及以下
4	头铁	根	2	设计选定
5	头铁抱箍	副	2	
6	高压直线横担	根	2	
7	U 形抱箍	副	2	设计选定 固定高压直线横担
8	跌落式熔断器	组	1	
9	高压避雷器	组	1	
10	低压避雷器	组	1	
11	跌落式熔断器横担	套	1	
12	避雷器横担	套	1	
13	U 形抱箍	副	1	

模块1 ZY3300303001

续表

序号	名　称	单位	数量	备　注
14	变压器台横梁	套	1	
15	支持抱箍	套	2	
16	二次开关横担	根	1	
17	U形抱箍	副	1	固定二次开关横担
18	低压负荷开关	只	3	
19	低压直线横担	根	2	
20	U形抱箍	副	2	固定低压直线横担
21	高压针式绝缘子	个	3	
22	低压针式绝缘子	个	8	
23	高压引下线	m	9	
24	电缆头	套	2	
25	电力电缆	m	8	
26	电缆抱箍	套	9	设计选定
27	低压电缆	m	20	
28	低压热缩头	套	2	
29	接地引下线	m	20	
30	一次设备线夹	个	21	
31	二次设备线夹	个	10	设计选定
32	接地装置	套	1	
33	接地棒	根	1	
34	安全标示牌	块	1	
35	相位牌	套	2	
36	变压器台名称牌	块	1	

2. 水泥杆、变压器台架及附属金具的组装

杆上变压器台在农网中应用比较普遍，这里就以双杆变压器台的组装为例介绍杆上变压器台的组装过程。

（1）杆坑定位（以根开为3m的变压器台为例）。沿原线路中心根据双杆变压器台图纸，确定变压器台主杆与副杆坑位的中心位置打入木桩，定位后在中心桩上顺线路方向用钢卷尺前后各量出1.5m，打入两根辅桩为主杆坑位与副杆坑位，顺着主杆坑桩与副杆坑桩并距主杆坑与副杆坑 2m 位置各打入两根辅桩（1 号、2 号），以主杆坑位桩左右两侧垂直线路方向并距主杆坑桩 2m 处打入两根辅桩（3 号、4 号）；以副杆坑位桩左右两侧垂直线路方向并距主杆坑桩 2m 处打入两根辅桩（5 号、6 号）。施工时挖去主、副杆坑位桩，立杆时可依据 3 号、4 号，5 号、6 号，1 号、2 号等辅桩找到主、副杆的中心位置，如图 ZY3300303001-3 所示。

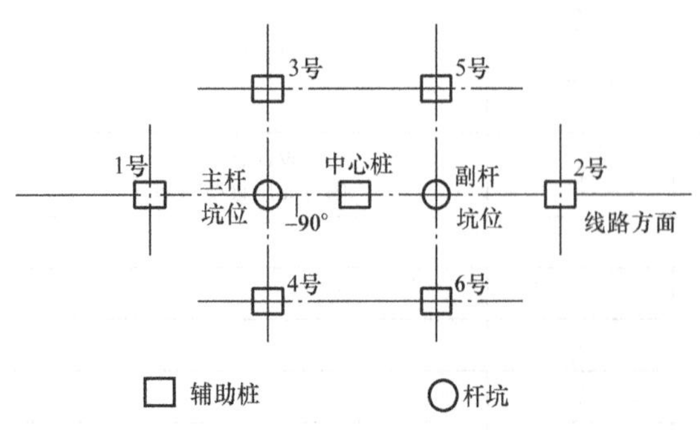

图 ZY3300303001-3　双杆分坑定位图

（2）杆坑的坑深为1.9m，杆坑两个，坑底夯实。

（3）杆坑整平。

1）在复验桩之间绷紧一根细线绳（ϕ1mm），在线绳的下边放一块平整的木版（长2m，宽50mm，厚20mm）。木板上放长 500mm 的水平尺。先把木板调平，再根据木板把细线绳调平。用木标尺量各杆坑底部与调平后细线绳之间的距离，如两个坑底到细线绳

的距离相等，说明两个坑底是水平的。如不相等，可通过挖、填的方法使其相等。

2）使用经纬仪或水平仪找平则更为简单。现在以经纬仪为例，先将经纬仪的三脚架架在离杆坑10～20m 并用经纬仪能看到坑口的位置，放平三脚架并固定好经纬仪。调平经纬仪之后，首先拧动调整螺钉把经纬仪的垂直度盘调在 90° 的位置，并锁定垂直度盘，在两杆坑内分别立塔尺，分别通过水平十字线记录切尺的数值，如不相等，可通过挖、填的方法使其相等。当两坑的切尺数相等时即认为两坑底在同一水平线上。

（4）下底盘。变压器台杆一般用 $b \times b \times t$ =800mm×800mm×200mm 混凝土或大青石做底盘。底盘上平面中心有ϕ400mm 左右深（15±5）mm 的平底圆坑，如图 ZY3300303001-4 所示。放入坑中摆正。在两个顺线路辅桩之间拉起细线绳并拉紧，在线绳上从中心桩开始，前后以根开一半的数据的距离涂以颜色标记，沿标记向下用吊线锤找底盘的中心，尽量将吊线锤指向中心。如锤尖与底盘中心偏差大，则应移动底盘，调至达到要求为止。这时在底盘平面上锤尖对着的中心用红笔划十字线，十字线的交叉点为锤尖对着的中心点。注意这时底盘的上平面应该是水平的，同时也要用经纬仪及塔尺，对两个底盘进行调整，看是不是在同一个水平面上，如不平也要做调整，到平整为止。平整后用钢卷尺量出将要立的水泥杆杆根的直径，在底盘上以才画的十字线为中心，取水泥杆杆根直径数据的一半为半径画一圆，或用石子摆上一圆。在立杆时将水泥杆立到圆上，这就是实际杆坑的位置。

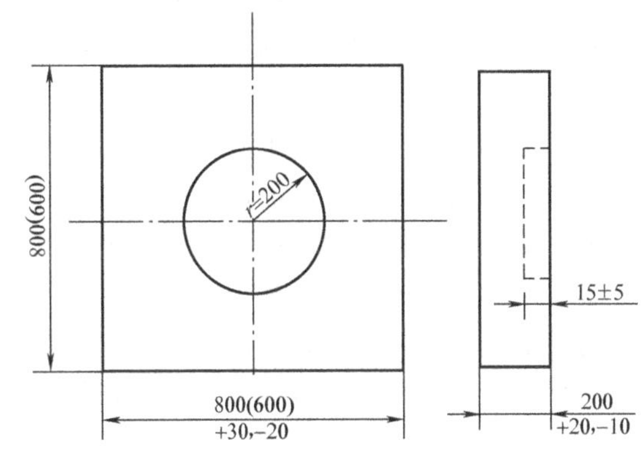

图 ZY3300303001-4 底盘示意图

（5）立杆。用吊车或人字抱杆用钢丝绳绑在适当位置，起吊后，慢慢放在底盘画的圆圈上，立直后回填适量的泥土并加防沉土。

（6）附件及设备的安装。电杆立好，基础夯实，即可开始安装横担、跌落式熔断器、避雷器、引线、母线等附件。

首先安装变压器台横梁下的两个支持抱箍，安装支持抱箍时一定要将其安装在同一个水平面上，使其对地的距离不小于 2500mm，调平的方式可以依照底盘调平的方法，安装好支持抱箍后将变压器台横梁安装在支持抱箍上面，这时可以用水平尺或其他的方法测试一下，当达到要求后可以继续安装下一套金具，这时变压器台横梁对地面的距离就大于 2500mm。再继续往上在变压器台的副杆上距变压器台横梁上平面 1800mm 处，用 U 形抱箍安装上二次开关横担。距变压器台横梁往上在主杆上到 1800mm 处与距杆上端 3500mm 位置之间平均安装 5 套电缆抱箍（主杆上到 1800mm 位置安装一套抱箍，在距杆上端 3500mm 位置也将安装一套抱箍）；在副杆二次开关横担与距杆上端 4000mm 位置之间平均安装了 3 套电缆抱箍（距杆上端 4000mm 位置不安装电缆抱箍，只安装低压横担）。

（7）配电变压器台架对各种螺栓的要求。金具连接螺栓穿入方向是：水平的顺线路者，由电源侧向负荷侧穿入；横线路位于两侧者向内穿入，中间的由左向右穿，（面向受电侧）垂直的由下向上穿。螺栓均应加装垫片，螺栓紧固后露出 3～5 扣，不得过长或过短。

四、配电变压器、跌落式熔断器、避雷器安装前的检查

（1）检查高低压瓷套管有无破裂、掉瓷等缺陷，各处有无渗油现象，油位是否正常。

（2）表面不得有锈独，油漆应完整。

（3）外壳不应有机械损伤，箱盖螺栓应完整无缺，密封衬垫要求严密良好，无渗油现象，整体外观完好，防腐层无损坏、脱落现象。

（4）规格型号与要求相符。

（5）瓷件良好，瓷件光洁，无裂纹，无损坏，无污垢。

（6）操动机构动作灵活，分、合位置指示正确可靠。

（7）刀刃合闸时接触紧密，合闸深度应符合要求，且三相同期。

五、户外柱上配电变压器的安装

（一）变压器的起吊

户外柱上配电变压器的吊装一般采用机械（吊车）和人工吊装等方法。

1. 用吊车起吊

一般在吊车可以到达的地方，均可以采用吊车来安装。在吊装时，用一根达到足够强度的钢丝绳套，应斜对角套在变压器外壳的吊环内，并将吊钩置于钢丝绳套中心；如用两根钢丝绳套，应套在变压器外壳高低压的吊环内，钢丝套长度要一致，使吊钩置于变压器重心中心。起吊起应有专人统一指挥缓慢转动调整吊车臂，待变压器已置于支架或平台中心时，徐徐放下钢丝绳，使变压器处于平稳状态后固定在变台横梁上，固定完后才可拆放吊钩和钢丝套。

2. 人工起吊

人工起吊的工具为两个静滑轮与两个动滑轮穿上绳子组成一滑轮组，此方法一般在吊车不能到达的地方，或无吊车时，均可以采用此方法来安装。在吊装时，用一根达到足够强度的钢丝强套，应斜对角套在变压器外壳的吊环内，并将吊钩置于钢丝绳套中心；如用两根钢丝绳套，应套在变压器外壳高低压侧的吊环内，钢丝套长度要一致，使吊钩置于变压器重心中心。起吊应有专人统一指挥，缓慢拉动绳子，并在变压器上绑上两根绳子来转动调整变压器的方向，待变压器已置于支架或平台中心时，徐徐回收绳子，使变压器处于平稳状态后固定在变压器台横梁上，固定完后才可拆放吊钩和钢丝套。

（二）配电变压器的固定

配电变压器吊到变压器台横梁上后的固定有两种：

（1）用4根小角铁将配电变压器底座与变压器台横梁夹住，并根据其长度用螺栓上下固定。

（2）用专门固定配电变压器的小金具，但不准用铁线将配电变压器固定在变台横梁上。

（三）跌落式熔断器、避雷器的安装

依据设计图纸，距水泥杆杆头2500mm的位置用U形螺栓将跌落式熔断器的横担组装上，同时安装上避雷器的小托铁，组装完后将跌落式熔断器、避雷器再安装在相应的位置上。

变压器的高、低压侧应分别装设熔断器。高压侧熔断器的横担标准线对地面的垂直高度不低于4700mm，各相熔断器的水平距离不应小于500mm，为了便于操作和熔丝熔断后熔丝管能顺利地跌落下来，跌落式熔断器的轴线应与垂直线成15°～30°倾角。低压侧熔断器的底部对地面的垂直距离不低于4500mm，各相熔断器的水平距离不少于350mm。

变压器高低压熔丝的选择原则：100kVA以下配电变压器其一次侧熔丝可按额定电流的2～3倍选用，考虑到熔丝的机械强度，一般不小于10A；100kVA及以上的配电变压器高压侧熔丝按其额定电流的1.5～2倍选用。低压侧按额定电流选择，例如100kVA、10/0.4kV的配电变压器，高压侧额定电流为5.78A，选用15A的熔丝，低压侧额定电流为144A，选用150A的熔丝。

（四）跌落式熔断器及避雷器的接引

跌落式熔断器及避雷器的接线端接引时一般都用相应的设备线夹，这样做一是会使绝缘线与设备的接触良好，二是做完后外观美观。避雷器与金具连接处也应用绝缘线将其串联上，并与接地体连接。避雷器的接地端、变压器的外壳及低压侧中性点用截面不小于25mm^{2}的多股铜芯塑料线连接在一起，再与接地装置引上线相连接。接地装置的接地电阻必须符合规程规定值。对10kV配电变压器：容量在100kVA（不包括100kVA）以下，其接地电阻不应大于10Ω；容量在100kVA（包括100kVA）以上，其接地电阻不应大于4Ω。接地装置施工完毕应进行接地电阻测试，合格后方可回填土。同时，变压器外壳必须良好接地，外壳接地应用螺栓拧紧，不可用焊接直接焊牢，以便检修。

六、户外柱上配电变压器的投运

安装完后，投入运行前，必须对配电变压器再进行全面检查，看是否符合运行条件。如不符合，应立即处理。检查内容如下：

（1）阀门应打开，再次排放空气。

（2）接地良好。

（3）套管瓷件完整清洁，油位正常，各处无渗油。

（4）引出线连接良好，相位、相序符合要求。

（5）变压器上没有遗留工具、破布及其他物件。

上述检查无误后，方可对配电变压器进行第一次受电，各项正常后，可带一定负荷运行 24h，没问题后便可投运。

【思考与练习】

1. 双杆配电变压器台架所需的材料？
2. 10kV 配电变压器、跌落式熔断器、避雷器安装前应检查哪些方面？
3. 高压侧熔断器的横担标准线对地面的垂直高度不低于多少毫米？
4. 跌落式熔断器的轴线应与垂直线成多大的倾角？
5. 容量为 100kVA 的变压器，其接地电阻不应大于多少欧姆？

模块 2　10kV 配电设备安装（ZY3300303002）

【模块描述】本模块包含 10kV 杆上避雷器、10kV 杆上配电 SF_6 断路器、10kV 杆上真空断路器、10kV 杆上跌落式熔断器、10kV 杆上户外隔离开关等 10kV 配电设备的安装程序和注意事项，以及 10kV 配电设备接地安装及技术要求等内容。通过概念描述、流程介绍、图表示意、要点归纳，掌握 10kV 配电设备安装。

【正文】

10kV 常用的配电装置有断路器、隔离开关、跌落开关、熔断器和避雷器等各种设备。10kV 配电设备在配网中起着控制或保护等作用。正确安装 10kV 配电设备对电网的安全可靠运行是极其重要的。

一、10kV 杆上避雷器的安装

（一）安装时危险点控制及安全注意事项

1. 危险点控制

（1）高空摔跌物体打击。

（2）上杆前应先检查杆根和登杆工具及脚钉是否牢固。

（3）工作人员必须使用安全带和戴好安全帽，安全带应系在电杆及牢固的构件上，防止被锋利物割伤。

（4）使用材料、工具袋、工具应用绳索传递，杆上人员要防止掉东西，地面应设围栏。

（5）用脚扣上下杆时要防止滑脱。

（6）使用扳手应合适好用，防止滑脱伤人。

（7）作业前必须重点强调邻近带电设备及作业线路名称、起止杆塔号。

（8）邻近、交叉、跨越、平行带电线路必须交待清楚，并设专人监护。

（9）登杆检查工作必须两人进行，一人作业，一人监护。登杆前必须判明停电线路名称、杆号，监护人只有在作业人员确无危险前提下方可参加作业，但作业人员不能离开监护人视线。

（10）登杆检查工作，所穿越的低压线、路灯线必须经验电并装设小地线。

2. 安全注意事项

安装完后，检测接地电组，如不合格，应采取降阻措施。

（二）安装前的准备

1. 人员组织

工作负责人 1 名，线路作业人员 1～2 名。

2. 所需主要工器具及材料

（1）传递绳。

（2）避雷器。

（3）导线。

（4）设备线夹。

（5）铜绞线（或铝绞线）。

3. 安装前的检查

避雷器瓷套无裂纹及放电痕迹，无破损现象，外观清洁（合成式避雷器检查合成绝缘套无皲裂和破损现象）。

（三）安装操作程序

（1）核对避雷器规格、型号是否与设计一致，资料是否齐全。

（2）安装横担、避雷器。

1）避雷器与被保护设备间的电气距离一般不宜大于5m；

2）避雷器必须垂直安装，对周围物体应保质一定距离；带电部分与相临导线或金属架构的距离不应小于0.35m。

（3）连接避雷器上下引线。

1）避雷器的上下引线不应过紧或过松，引线截面不得小于25mm^2。

2）引线连接必须牢固，用设备线夹时要拧紧。如用螺栓连接时，应使用2只垫片将引线夹在中间压紧。与母线连接时，接头长度不应小于10mm。

3）接地引线就与设备外壳连接，不能迂回盘绕，应短而直。

（4）检查避雷器接地电阻。

（四）避雷器安装注意事项

（1）避雷器的安装，应便于巡视检查，应垂直安装不得倾斜，引线要连接牢固，避雷器上接线端子不得受力。

（2）避雷器的瓷套应无裂纹，密封良好，经预防性试验合格。

（3）避雷器安装位置距被保护设备的距离应尽量靠近。

（4）不要在雷雨天时安装避雷器。

（5）避雷器应尽量靠近被保护设备，接线距离不得大于15m，如大于15m，应考虑另外加装避雷器。

二、10kV杆上配电SF_6断路器的安装

（一）安装时危险点控制及安全注意事项

1. 危险点控制

（1）高空摔跌物体打击。

（2）上杆前应先检查杆根和登杆工具及脚钉是否牢固。

（3）工作人员必须使用安全带和戴好安全帽，安全带应系在电杆及牢固的构件上，防止被锋利物割伤。

（4）使用材料、工具袋、工具应用绳索传递，杆上人员要防止掉东西，地面应设围栏。

（5）用脚扣上下杆时要防止滑脱。

（6）使用扳手应合适好用，防止滑脱伤人。

（7）断路器在吊放过程中挤伤及坠落伤人。

（8）吊放开关工作应设专人指挥，作业人员要做到信号明确。

（9）不得使用单轮滑车吊放断路器，使用滑车前应检查滑轮及绳索有无破股、损伤，绳索应满足起重要求。

（10）杆上滑轮应挂在横担主材上，其吊挂用的绳套必须满足荷重要求。

（11）吊放前应检查滑轮门是否扣好，绳套是否挂牢，滑轮门钩应用铁丝封死。

（12）吊车吊臂及重物下严禁有人逗留。

（13）作业前必须重点强调邻近带电设备及作业线路名称、起止杆塔号。

（14）邻近、交叉、跨越、平行带电线路必须交待清楚，并设专人监护。

（15）登杆检查工作必须两人进行，一人作业，一人监护。登杆前必须判明停电线路名称、杆号，监护人只有在作业人员确无危险前提下方可参加作业，但作业人员不能离开监护人视线。

（16）登杆检查工作，所穿越的低压线、路灯线必须经验电并装设小地线。

2. 安全注意事项

（1）停电安装作业，应在良好天气下进行，如遇雷电、雨雪、大风等天气不得进行作业。

（2）接点应涂润滑油以保证操作灵活。

（3）应将设备线夹孔洞打磨平整，以免接触不良。

（二）安装前的准备

1. 人员组织

工作负责人 1 名，作业人员 3～4 名。

2. 主要工器具及材料

（1）吊车或滑轮组。

（2）铁锤。

（3）钢丝绳。

（4）传递绳。

（5）SF_6 断路器。

（6）避雷器。

（7）横担。

（8）SF_6 断路器支架。

（9）设备线夹。

（10）导线。

（11）铜绞线（或铝绞线）。

（12）其他附属件。

3. 安装前的检查

瓷套表面应光滑无裂纹、缺损，外观检查有疑问时应做探伤检验。操动机构的型号与断路器设计型号是否一致，产品合格证与定货是否相符，装箱单与实物是否对应。设备完整，设备名称、型号、制造厂名称、出厂时间等资料齐全，并附有制造厂的使用说明书。瓷套与法兰的接合面粘合应牢固，法兰结合面应平整，无外伤和铸造砂眼。传动机构零件齐全良好；组装用的螺栓、密封垫、密封脂、清洁剂和润滑脂等必须符合产品技术规定。SF_6 气体压力和液压机构油位、压力、机构储能指示均应正常，位置指示器应指示正确。检查断路器所有螺栓有无松动及变形。

（三）安装操作程序

（1）核对设备规格、型号是否与设计一致，资料是否齐全。

（2）检查 SF_6 断路器的外观、压力、机构，分合指针位置应正确。

（3）安装 SF_6 断路器支架、横担。

（4）安装 SF_6 断路器、隔离开关、避雷器等。

（5）连接高压引线及避雷器上下引线。

（6）检查所有接点并加绝缘罩或缠绕绝缘胶带。

（四）SF_6 断路器安装注意事项

（1）SF_6 断路器的密封是否良好，断路器应无漏气，压力正常。

（2）搬运时一定要注意，不能抬断路器的瓷套管，防止套管断折、裂纹，以致影响内部动静触头的同心度，使产品不能使用。

（3）安装位置应便于观察表压，便于维护和操作。

（4）安装前必须认真检查待装断路器的规格、型号、性能等是否符合设计要求，若不符合应予以更换。

（5）安装前应观察表压是否正常，对弹簧储能机构，应分合闸 5～10 次，看其操作性能是否正常。

（6）安装好后，外壳应可靠接地。

（7）接线端子在接线时不允许乱拉动，正常运行时不受外力作用；接线时要分清哪侧为进线侧，哪侧为出线侧。

（8）调试时必须注意，靠箱体外侧的是合闸拉环，靠箱体里侧的是分闸拉环，手动操作时切勿拉错。手动分闸时，如拉不动分闸环时，不要用劲拉；拉不动合闸环时，也不要用劲拉，此时，应观察指针位置后，再进行分合闸操作。

三、10kV 杆上真空断路器的安装

（一）安装时危险点控制及安全注意事项

1. 危险点控制

（1）高空摔跌物体打击。

（2）上杆前应先检查杆根和登杆工具及脚钉是否牢固。

（3）工作人员必须使用安全带和戴好安全帽，安全带应系在电杆及牢固的构件上，防止被锋利物割伤。

（4）使用材料、工具袋、工具应用绳索传递，杆上人员要防止掉东西，地面应设围栏。

（5）用脚扣上下杆时要防止滑脱。

（6）使用扳手应合适好用，防止滑脱伤人。

（7）开关在吊放过程中挤伤及坠落伤人。

（8）吊放开关工作应设专人指挥，作业人员要做到信号明确。

（9）不得使用单轮滑车吊放开关，使用滑车前应检查滑轮及绳索有无破股、损伤，绳索应满足起重要求。

（10）杆上滑轮应挂在横担主材上，其吊挂用的绳套必须满足荷重要求。

（11）吊放前应检查滑轮门是否扣好，绳套是否挂牢，滑轮门钩应用铁丝封死。

（12）吊车吊臂及重物下严禁有人逗留。

（13）作业前必须重点强调邻近带电设备及作业线路名称、起止杆塔号。

（14）邻近、交叉、跨越、平行带电线路必须交待清楚，并设专人监护。

（15）登杆检查工作必须两人进行，一人作业，一人监护。登杆前必须判明停电线路名称、杆号，监护人只有在作业人员确无危险前提下方可参加作业，但作业人员不能离开监护人视线。

（16）登杆检查工作，所穿越的低压线、路灯线必须经验电并装设小地线。

2. 安全注意事项

（1）停电安装作业，应在良好天气下进行，如遇雷电、雨雪、大风等天气不得进行作业。

（2）接点应涂润滑油以保证操作灵活。

（3）应将设备线夹孔洞打磨平整，以免接触不良。

（二）安装前的准备

1. 人员组织

工作负责人 1 名，作业人员 3～4 名。

2. 主要工器具及材料

（1）吊车或滑轮组。

（2）铁锤。

（3）钢丝绳。

（4）传递绳。

（5）真空断路器。

（6）避雷器。

（7）横担。

（8）真空断路器支架。

（9）设备线夹。

（10）导线。

（11）铜绞线（或铝绞线）。

（12）其他附属件。

3. 安装前的检查

真空灭弧室有无漏气、破裂，灭弧室内部无氧化现象。操动机构的型号与断路器设计型号是否一致，产品合格证与订货是否相符，装箱单与实物是否对应。设备完整，设备名称、型号、制造厂名称、出厂时间等资料齐全，并附有制造厂的使用说明书。位置指示器应指示正确。瓷套、外壳及真空泡外观应完好。检查真空断路器各可动部位的紧固螺栓有无松动。检查真空断路器有无裂纹、破碎痕迹。检查拉杆、真空灭弧室动静触头两端的绝缘支撑杆有无裂纹、断裂现象，支撑绝缘子表面有无裂纹。油缓冲器在真空断路器合闸位置是否返回，检查油缓冲器有无压力，检查真空断路器所有螺栓有无松动及变形。

（三）安装操作程序

（1）核对设备规格、型号是否与设计一致，资料是否齐全，记录相应的数据。

（2）看真空断路器的外观、压力、机构检查，分合指针位置应正确。

（3）安装真空断路器支架、横担（依据设计要求）。

（4）安装真空断路器、隔离开关、避雷器等。

（5）连接高压引线及避雷器上下引线。

（6）检查所有接点并加绝缘罩或缠绕绝缘胶带。

（四）10kV 杆上真空断路器安装注意事项

（1）断路器安装应牢固可靠，外观清洁完整，动作性能符合规范。

（2）电气连接可靠，接触良好，机构及辅助开关动作可靠、指示正确。

（3）保护装置整定值符合规定，传动合格。

（4）表计正常可靠，电气回路传动正确可靠。

（5）油漆完整，相色标志正确，接地良好。

（6）图纸、资料齐全，记录完整。

四、10kV 杆上跌落式熔断器的安装

（一）安装时危险点控制及安全注意事项

1. 危险点控制

（1）高空摔跌物体打击。

（2）上杆前应先检查杆根和登杆工具及脚钉是否牢固。

（3）工作人员必须使用安全带和戴好安全帽，安全带应系在电杆及牢固的构件上，防止被锋利物割伤。

（4）使用材料、工具袋、工具应用绳索传递，杆上人员要防止掉东西，地面应设围栏。

（5）用脚扣上下杆时要防止滑脱。

（6）使用扳手应合适好用，防止滑脱伤人。

（7）作业前必须重点强调邻近带电设备及作业线路名称、起止杆塔号。

（8）邻近、交叉、跨越、平行带电线路必须交待清楚，设专人监护。

（9）登杆检查工作必须两人进行，一人作业，一人监护。登杆前必须判明停电线路名称杆号，监护人只有在作业人员确无危险前提下方可参加作业，但作业人员不能离开监护人视线。

（10）登杆检查工作，所穿越的低压线、路灯线必须经验电并装设小地线。

2. 安全注意事项

（1）停电安装作业，应在良好天气下进行，如遇雷电、雨雪、大风等天气不得进行作业。

（2）安装完成后，应对熔丝管做拉合试验，保证熔丝管接触良好。

（3）铜铝接点应采取铜铝过渡措施。

（4）检查选配熔丝与保护设备容量是否匹配。

（5）严禁使用铜、铝丝代替高压熔丝。

（二）安装前的准备

1. 人员组织

工作负责人 1 名，线路作业人员 1～2 名。

2. 所需要主要工器具及材料

（1）传递绳。

（2）跌落式熔断器。

（3）跌落式熔断器横担。

（4）导线。

（5）铜铝接线端子。

（6）铜绞线（或铝绞线）。

3. 安装前的检查

（1）应检查熔断器规格型号是否合适，有无生产厂家和出厂合格证。

（2）熔断器各部件是否齐全、完好，瓷件有无裂纹、损伤。

（3）转轴光滑灵活，铸件无裂纹、砂眼锈蚀。

（4）熔丝管不应有吸潮膨胀或弯曲现象。

（5）动静触头接触是否良好，静触头弹性是否适中。

（三）安装操作程序

（1）核对跌落式熔断器规格、型号是否与设计一致，资料是否齐全。

（2）装配调整跌落式熔断器、熔丝管、上下引线与跌落式连接处用的设备线夹。

（3）安装横担及其他金具；依据设计要求将横担安装在相应的位置。

（4）安装跌落式熔断器。

1）安装时应将熔体拉紧，否则容易引起触头发热。

2）熔断器安装在横担（构架）上应牢固可靠，不能有任何的晃动或摇晃现象。

3）熔丝管轴线与地面的垂直夹角应为15°～30°，以利熔体熔断时熔管能依靠自身重量迅速跌落。

4）熔断器应安装在离地面垂直距离不小于4.7m的横担（构架）上，若安装在配电变压器上方，应与配电变压器的最外轮廓边界保持0.5m以上的水平距离，以防万一熔管掉落引发其他事故。

5）熔管的长度应调整适中，要求合闸后鸭嘴舌头能扣住触头长度的2/3以上，以免在运行中发生自行跌落的误动作，熔管亦不可顶死鸭嘴，以防止熔体熔断后熔管不能及时跌落。

6）10kV跌落式熔断器安装在户外，要求相间距离大于0.5m。

（5）连接跌落式熔断器的上下引线；上、下引线要压紧，与线路导线的连接要紧密可靠。

（四）10kV杆上跌落式熔断器安装注意事项

（1）跌落式熔断器的相间距离要符合规程要求。

（2）跌落式熔断器的上下引线要连接可靠，接触良好。

（3）当铜与铝连接时，要使用铜铝过渡线夹。

五、10kV杆上户外隔离开关的安装

（一）安装时危险点控制及安全注意事项

1. 危险点控制

（1）高空摔跌物体打击。

（2）上杆前应先检查杆根和登杆工具及脚钉是否牢固。

（3）工作人员必须使用安全带和戴好安全帽，安全带应系在电杆及牢固的构件上，防止被锋利物割伤。

（4）使用材料、工具袋、工具应用绳索传递，杆上人员要防止掉东西，地面应设围栏。

（5）用脚扣上下杆时要防止滑脱。

（6）使用扳手应合适好用，防止滑脱伤人。

（7）作业前必须重点强调邻近带电设备及作业线路名称、起止杆塔号。

（8）邻近、交叉、跨越、平行带电线路必须交待清楚，并设专人监护。

（9）登杆检查工作必须两人进行，一人作业，一人监护。登杆前必须判明停电线路名称、杆号，监护人只有在作业人员确无危险前提下方可参加作业，但作业人员不能离开监护人视线。

（10）登杆检查工作，所穿越的低压线、路灯线必须经验电并装设小地线。

2. 安全注意事项

（1）停电安装作业应在良好天气下进行，如遇雷电、雨雪、大风等天气不得进行作业。

（2）安装完成后，应将隔离开关做拉合试验，保证隔离开关接触良好。

（3）铜铝接点应采取铜铝过渡措施。

（4）检查选户外隔离开关是否与现场的电压等级匹配。

（二）安装前的准备

1. 人员组织

工作负责人 1 名，线路作业人员 1～2 名。

2. 所需要主要工器具及材料

（1）传递绳。

（2）户外隔离开关。

（3）户外隔离开关横担。

（4）导线。

（5）铜铝接线端子。

（6）铜绞线（或铝绞线）。

3. 安装前的检查

（1）应检查隔离开关规格型号是否合适，有无生产厂家和出厂合格证。

（2）隔离开关部件是否齐全、完好，瓷件有无裂纹、损伤。

（3）转轴光滑灵活，铸件无裂纹、砂眼锈蚀。

（4）隔离开关不应有吸潮膨胀或弯曲现象。

（5）动静触头接触是否良好，静触头弹性是否适中。

（三）安装操作程序

（1）核对户外隔离开关规格、型号是否与设计一致，资料是否齐全。

（2）装配调整户外隔离开关的闸刀，上下引线与户外隔离开关连接处用的设备线夹。

（3）安装横担及其他金具。依据设计要求将横担安装在相应的位置。

（4）安装户外隔离开关。

（5）连接户外隔离开关的上下引线。上、下引线要压紧，与线路导线的连接要紧密可靠。

（四）10kV 杆上户外隔离开关的安装注意事项

（1）合闸时要迅速而果断，但在合闸终了时不能用力过猛，使合闸终了时不发生冲击。

（2）操作完毕后应检查是否已合上，合好后应使闸刀完全进入固定触头，并检查接触的严密性。

（3）拉闸时开始要慢而谨慎，当刀片刚离开固定触头时应迅速。特别是切断变压器的空载电流、架空线路及电缆的充电电流、架空线路的小负荷电流以及切断环路电流时，拉闸刀更应迅速果断，以便能迅速消弧，拉闸操作完毕后应检查闸刀每相确实已在断开位置，并应使刀片尽量拉到头。

（4）要先断开隔离开关负荷侧的所有负荷开关，而后再拉隔离开关。

六、10kV 配电设备接地安装及技术要求

（一）安装时危险点控制及安全注意事项

1. 危险点控制

（1）防止砸伤。

（2）打入接地体时，防止铁锤伤人。

2. 安全注意事项

（1）停电安装作业应在良好天气下进行，如遇雷电、雨雪、大风等天气不得进行作业。

（2）工作前应了解地下管线情况，以免伤及地下其他设施。

（二）安装前的准备

1. 人员组织

线路作业人员 2～3 名。

2. 主要工器具及材料

（1）接地绝缘电阻表。

（2）接地棒。

（3）铁锤。

（4）接地极。

（5）铜铰线（或铝绞线）。

（6）镀锌扁铁（或镀锌圆钢筋）。

（三）安装操作程序

（1）了解土质情况，确定接地体数量及位置。

（2）将接地体埋入或砸入地下。接地装置的地下部分由水平接地体和垂直接地体组成，水平接地体一般采用 4 根长度为 5m 的 40mm×4mm 的扁钢，垂直接地体采用 5 根长度为 2.5m 的 50mm×50mm×5mm 的角钢分别与水平接地每隔 5m 焊接一处。

水平接地体在土壤中埋设深为 0.6～0.8m，垂直接地体则是在水平接地体基础上打入地里的。接地引上线采用 40mm×4mm 扁钢，为了检测方便和用电安全，用于柱上式安装的变压器，引上线连接点应设在变压器底下的槽钢位置。

接地装置的连接必须严密可靠，地下部分连接必须焊接，焊前应清洁焊口，其焊接长度圆钢为直径的 6 倍并周围施焊，扁钢为宽度的 2 倍并四面施焊。地下部分和地上部分的连接可用药包焊或钢并沟线夹、元宝线夹连接。

（3）将接地引线与接地体边接。

（4）用接地绝缘电阻表测出实际接地电阻，乘以当时当地的季节系数，最后算出接地电阻数。根据设计要求，如不合格，应采取降阻措施。

（四）10kV 配电设备接地安装注意事项

（1）接地体顶面埋没深度不应小于 0.6m，角钢及钢管接地体应垂直配置。除接地体外，接地体的引出线应作防腐处理；使用镀锌扁钢时，引出线的螺栓连接部分应补刷防腐漆。

（2）接地线应防止发生机械损伤和化学腐蚀，接地线在穿过墙壁时应通过明孔、穿钢管或其他坚固的保护套。

（3）电气装置的每个接地部分应以单独的接地线与接地干线连接，不得在一个接地线中串接几个需要接地部分。

（4）敷设完接地体的土沟回填土内不应夹有石块、建筑材料或垃圾等。

（5）敷设位置不应妨碍设备的拆卸与检修。

（6）接地线的连接应采用焊接，焊接必须牢固无虚焊。接至电气设备的接地线应用螺栓连接；有色金属接地线不能采用焊接时，可用螺栓连接。螺栓连接的接触面应按要求，作表面处理。

（7）扁、圆钢（或角钢）焊接时，为了连接可靠，除应在其接触部位两侧进行焊接外，并应焊以由钢带弯成的弧形（或直角形）卡子，或直接由钢带本身弯成弧形（或直角形）与钢管（或角钢）焊接。

【思考与练习】

1. 10kV 配电设备安装的危险点有哪些？
2. 10kV 跌落式熔断器如何进行安装？
3. 10kV 杆上跌落式熔断器安装时的危险点控制及安全注意事项有哪些？

模块 3　10kV 配电设备常规电气试验项目及方法（ZY3300303003）

【模块描述】本模块包含电气绝缘试验、直流电阻试验、接地电阻试验、绝缘子试验等配电设备常规试验项目的周期、要求、方法等内容。通过概念描述、术语说明、公式介绍、列表示意、要点归纳，掌握配电设备常规试验电气项目及方法。

【正文】

电气设备试验按试验目的可分为绝缘性能试验、电气设备特性试验、电气设备性能试验以及继电保护特性试验。在电力系统中，上述诸多试验是由专业试验部门去做。但因工作需要，供电企业的工作人员对各种试验的技术、知识要有所了解和掌握，对一些试验项目能够会做，并且对试验结果做出正确分析，得出正确结论。

一、电气绝缘试验

绝缘性能试验是设备运行部门比较侧重的试验项目，因为良好的绝缘状态才能保证电气设备正常运行。绝缘水平是保障电气设备正常工作的决定性因素，对设备绝缘必须心中有数，才能防患于未然。绝缘性能试验包括绝缘电阻和吸收比试验、介质损耗角正切值测试、直流耐压和泄漏电流以及交流耐压试验等。

1. 绝缘电阻与吸收比试验

进行绝缘电阻和吸收比试验，是用绝缘电阻表产生的直流电压加在被试验设备的绝缘材料上，在直流电压的作用下，要产生充电电容电流、夹层极化吸收电流和离子形成的泄漏电流。其中，电容电流、吸收电流随着直流电压逐渐趋于稳定，都趋向于零。这时由介质正负离子向两极移动形成的泄漏电流则成为一个恒定电流。加在被试材料上的直流电压与流过被试材料的泄漏电流之比，为绝缘电阻，即

$$R=U/i_3$$

式中　U——加在被试材料两端的电压，V；

i_3——对应于电压 U，被试材料中的泄漏电流，μA；

R——被试材料的绝缘电阻，Ω。

绝缘材料的吸收比，为其 60s 的绝缘电阻与 15s 的绝缘电阻之比 K，称为绝缘测量吸收比

$$K=R_{60s}/R_{15s}=i_{15s}/i_{60s}=(U/i_{60s})/(U/i_{15s})$$

当被试验材料吸收比较小接近 1.0 时，说明材料受潮较严重，K 值越小，受潮越重，则泄漏电流因受潮程度增大而增大。

实践证明，对高电压大容量电气设备进行吸收比试验时，往往发生误判断，即上述类型的设备吸收比的大小，不能说明基绝缘电阻值的高低。

为了克服这种测量吸收比可能发生的误判断，常采用对吸收比小于 1.3 的被试材料，测量其 10min 与 1min 的绝缘电阻之比，即用测量极化指数 p 的方法来判断绝缘优劣。

《高压电气设备试验规程》规定：电力变压器极化指数不低于 1.5，沥青胶及烘卷云母绝缘吸收比应不小于 1.3 或极化指数应不小于 1.5；环氧粉云母绝缘吸收比应不小于 1.6 或极化指数应不小于 2.0。通常在温度为 10～30℃时，吸收比 $R_{60s}/R_{15s}\geq 1.3$，即认为绝缘良好，接近于 2.0 时，较为理想。影响绝缘电阻的因素如下：

（1）一般情况下，绝缘电阻随温度升高而降低。

（2）不同绝缘介质的绝缘电阻随温度变化也不一样。由于设备陈旧程度、干燥程度、测温方法等因素的影响，所谓“温度换算系统”很难得到一个准确值。因此，在实际测量绝缘电阻时，必须记录试验温度（环境温度及设备本体温度），并且尽可能使历次测试时的温度都在一个相近的温度内进行，避免换算的误差。

（3）被测设备环境温度相对增大时，绝缘电阻降低。

（4）被测设备表面脏污会使其绝缘电阻显著下降。

（5）被测设备停电后，放电的残余电荷或试验后放电的残余电荷，造成试验或再次试验的绝缘偏大或偏小。因未放尽的残余电荷与绝缘电阻表发出的电荷，测试前应充分接地放电。大容量设备停电后，对地放电至少 5min。

（6）由于电容耦合，带电设备将使被测的设备带上一定的感应电压。当感应强烈时，可能使绝缘电阻表指针摆动不稳，得不到真实测值，甚至损坏绝缘电阻表。因此，应采用电场屏蔽、连接表的屏

蔽极等措施，克服感应电压的影响。

2. 直流耐压与直流泄漏电流试验

为了更容易发现绝缘材料整体的贯通性绝缘缺陷，如绝缘子裂纹、绝缘油劣化、绝缘沿面炭化等，采用直流耐压和直流泄漏电流试验方法是比较有效的。

此种试验方法与绝缘电阻测量相比：

（1）试验电压较高，且可随意调节。根据被测设备的电压等级来对应的直流试验电压，把交流电源通过高压器输入整流器，其整流后得到的是预期确定的直流电压。

（2）直流耐压与直流泄漏电流同步进行，原理相同。用微安表监测泄漏电流灵敏度高，可多次重复比较，得到理想的真实值。

（3）用直流耐压的电压值与泄漏电流值可以换算出绝缘电阻值。

（4）正常良好的绝缘，泄漏电流与一定范围内的外加电压成线性关系。即在规定的试验电压下，泄漏电流与所加电压的关系为一直线。因此通过试验可以做出泄漏电流与加压时间的关系曲线，通过这些曲线可以判断绝缘情况。

3. 影响测量泄漏电流的因素

（1）高压引线的影响。由于高压引线及高压输出端均曝露在空气中，要产生如下种种杂散电流或泄漏电流。

1）高压硅堆及硅堆至微安表高压引线对地杂散电流 I_1。

2）屏蔽线对地杂散电流 I_2。

3）高压引线及高压端通过空气对地杂散电流 I_3。

4）高压引线输出端及加压端对邻近设备的杂散电流 I_4。

5）被试设备高压端通过外壳表面对地的泄漏电流 I_5。

如果上述种种杂散电流、泄漏电流都流经微安表，它们必定都为微安表的负荷，则必然影响测量的精确度。这样，在选择微安表安装位置，尤其确定其接线时，应使上述杂散电流、泄漏电流不经微安表，要把微安表串接在被测设备后边的电路中，只使被试内部的体积泄漏电流 I_0 流经微安表，增加屏蔽，增加对地距离等，使上述 I_1～I_5 不流经微安表。

（2）温度的影响。被试设备绝缘材料不同，结构不同，温度对其泄漏电流的影响不同。一般，温度升高，绝缘电阻下降，泄漏电流增大。经验证明，B 级绝缘材料温度每升高 10℃，泄漏电流增加 0.6 倍。

（3）电源电压波形的影响。如果系统中有冲击负荷存在，电源中存在非正弦波，如方波、平顶波、尖峰波，使输入整流器的综合波最大值小于或大于基波的最大值，造成整流后输出的直流电压偏大或偏小，其所的泄漏电流也偏大或偏小，应选择综合波为正弦波的电源为宜。

（4）加压速度对泄漏电流测量结果的影响。由于设备的泄漏电流存在吸收过程，尤其对容量较大设备试验时，1min 时的泄漏电流不一定是其真实的泄漏电流。但是，《高压电气设备试验规程》规定，泄漏电流是指加压 1min 时的泄漏电流值，因此，加压速度对试验结果肯定有影响。

为得到较准确的试验数据，应采取逐级加压方式并规定相应的升压速度和电压稳定时间。比如，《高压电气设备试验规程》中对电缆直流耐压及泄漏电流测量规定的稳定时间为 5min。

（5）残余电荷的影响。当被试设备电荷对地没有放尽时，残余电荷影响泄漏电流的测量结果。当残余电荷极性与直流输出电压电荷相同时，泄漏电流产生偏小误差；极性相反时，产生偏大误差。

因此，试验前或重复试验前，应使被试设备充分放电。

（6）直流输出电压极性对泄漏电流的影响。测量时，一般采用负极性输出。例如测量电缆受潮，电缆芯线加正极性试验电压，绝缘中水分带正电，二者相斥，水分被排斥移向铅包，造成泄漏电流减小；当加负极性试验电压时，二者相吸，水分集中在电缆中缺陷处，泄漏电流增大。因此，加负极性能更严格地判断受潮程度，并易于发现缺陷。

4. 介质损耗与介质损耗角正切值的测定

可以用介质损耗正切值来表示介质损耗的大小，通过测量 $\tan\delta$ 可以发现绝缘受潮、绝缘老化、绝缘气隙放电等一系列缺陷，是判定绝缘好坏的一项重要数据。QS1 型交流电桥是测量 $\tan\delta$ 的专用仪器，适用于变压器、电机、电缆等高压设备 tanδ的测量。

（1）QS1 型交流电桥是采用“平衡比较”原理，当被试设备接入测试电路后，调整输入和输出桥臂的电压、电流乃至阻抗达到平衡，使电桥中检流计 G 的电流 I_g=0。这时，可调电容 C_4的值就等于被试设备的 tanδ值（其电流值是以对应的 tanδ值标要标度尺上）。

QS1 型交流电桥在使用时有 4 种接线方法：正接线、反接线、侧接线和低压接线。其中，正接线是使被试设备两端对地绝缘；反接线是使被试设备一端接地。正接线时，电桥处于低电位，试验电压不受电桥绝缘水平限制，易于排除高压端对地杂散电流对实际测量结果的影响，抗干扰性强。而反接线时，测量时电桥上于高电位，试验电压受电桥绝缘水平限制，高压端对地杂散电流不易消除，抗干扰性差。反接线时应当注意电桥外壳必须妥善接地，桥体引出的 C_X、C_N及 E 线均处于高电位，必须保证绝缘，要与体外壳保持至少 100～150mm 的距离。

对比之下，正接线的试验电压直接加到被试设备和标准电容上，加在电桥上的电压很低，容易屏蔽，试验电压范围广，则被广泛使用。

（2）QS1 型电桥的测量操作。tanδ测量是一项高压作业，加压时间长，操作比较复杂。但各种接线方式的操作步骤相同，步骤如下：

1）根据现场试验条件、试品类型选择试验接线，合理安排试验设备、仪器仪表及操作人员位置和安全措施。接好线后，应认真检查其正确性。标准电容 C_N和试验变压器 QS1 电桥距离应不小于 0.5m。

2）将桥臂电阻 R_3、桥臂电容 C_4及灵敏度等各旋钮均置于零位，极性开关置于“断开”位置，根据被试设备容量大小，按表 ZY3300303003-1 确定分流位置。

表 ZY3300303003-1　　QS1 分 流 位 置

分流位置	0.01	0.25	0.06	0.15	1.25
分流电阻（Ω）	100+R_3	60	25	10	4
可测最大电容值（pF）	3000	8000	19 400	48 000	40 000

3）接通电源，合上光源开关，用“调零”旋钮，使光带位于中间位置，加试验电压，并将“tanδ”转至“接通”位置。

4）增加检流计灵敏度，旋转调谐旋钮，找到谐振点，使光带展至最大宽度，再调节 R_3使光带缩窄。

5）增加灵敏度按 R_3、C_4、ρ顺序反复调节，使光带缩至最窄（一般不超过 4mm），这时电桥达到平衡。

6）将灵敏度退回零，记下试验电压、R_3、C_4、ρ值及分流位置。

7）记录数据后，再将极性开关旋至 tanδ“接通Ⅱ”位置，增加灵敏度至最高，调节 R_3、C_4、ρ，使光带至最窄。随手退回灵敏度旋钮置零位，极性转换开关至“断开”位置，把试验电压降零后，再切断电源、高压引线及临时接地。

8）如上述两次测得的结果基本一致，试验可告结束，否则，应检查是否有外部电磁干扰等因素影响。

（3）影响 R_3、C_4、ρ的因素。

1）磁场干扰。当试验现场有运行的高压电气设备，尤其有漏磁通较大的电搞器、阻波器，测试将受到它们形成的磁场干扰。当 QS1 型电桥检流器的极性转换开关放在“断开”位置时，显示光带自行展宽。试验证明：磁场干扰将造成 tanδ值增大或减小。

2）电场干扰。电桥接线完成后，未合试验电源前，先投入检流计，逐渐增加灵敏度，如果检流计光带明显扩宽，说明存在电场干扰，光带越宽说明干扰越强。电场干扰造成 tanδ偏大或偏小，严重时造成“–tanδ”测量结果。

3）温度影响。温度对 tanδ测量结果影响很大。绝大多数情况下，对同一被试设备，其 tanδ随温度的升高而增高。

温度之所以影响 tanδ的测量，是由被测设备绝缘结构和绝缘状况决定的。因为试验得知，对不同的绝缘结构和绝缘状态，都有对应的绝缘状况系数，温度不同时，该系数也不同。尤其当试验温度小于 0℃或天气潮湿（相对湿度大于 85%）条件下测得的 $\tan\delta$ 值，更不能反映设备的实际绝缘状况。对容易测得的变压器油上层温度只能作为参考测试温度为宜。综合上述，得知：

a. 测量时，设备温度不同，所测得的 $\tan\delta$ 值不同。如果按某一常数进行 $\tan\delta$ 温度换算是不准确的，不能用一个典型的温度换算系数进行 $\tan\delta$ 的温度换算。

b. 一般不能用低温下的 $\tan\delta$ 值来估算实际绝缘状况。

c. 对设备不同部位的组合部件要按其实测温度，并按以下经验公式确定

$$\tan\delta = \tan\delta_0 d(t-t_0)$$

式中 $\tan\delta$——温度为 t 时的介质损失角正切值；

$\tan\delta_0$——温度为 t_0 时的介质损失角正切值（一般取 t_0=20℃）；

d——取决于绝缘结构的绝缘状况系数（实验可得）。

d. 为了分析绝缘状况，应尽量选择与历次试验相近温度条件下进行绝缘 $\tan\delta$ 试验。

e. 对高压电力设备的绝缘在不同温度下的 $\tan\delta$ 测量表明，在温度 10～30℃时进行换算才比较准确。

4）电压的影响。正常良好的绝缘，在一定的试验电压范围内，流过介质中电流的有功分量 I_R 和无功分量 I_C 随着电压的增加成比例增加。在其工作电压下无局部放电。当电压高于工作电压 U_W 后，介质才产生游离。加压后，$\tan\delta$ 一般不变或略有变化（上升或下降）。

如果绝缘有缺陷时，如绝缘中有少量气泡、大量气泡、绝缘严重老化、有较大气隙或严重受潮，在工作电压范围内，$\tan\delta$ 就明显增加，在 $\tan\delta=f(U)$ 关系曲线上，$\tan\delta$ 变化异常缺陷的不同，呈现出不同形状的曲线。

5）频率的影响。在一频率范围内，随频率的增加，$\tan\delta$ 值增加。当超过某一频率 f_0 时，$\tan\delta$ 值随频率的增加而下降。这是由介质内极化分子"转向"能否跟上频率变化所决定的。

6）局部缺陷的影响。局部缺陷对整体 $\tan\delta$ 测量结果有影响。这种影响既与局部缺陷占整体的体积的大小有关，又与局部缺陷本身绝缘状况有关。当局部缺陷部分的体积很小时，整体的 $\tan\delta$ 随局部缺陷部分的 $\tan\delta_1$ 的增加而增加，到试验后期，整体 $\tan\delta_1$ 对 $\tan\delta$ 的影响就不那么灵敏。因此，在现场，一般对被试设备采取分解试验。

（4）排除干扰和影响的措施。在 $\tan\delta$ 测量过程中，容易受到电场、磁场的干扰，以及产生"$-\tan\delta$"现象，应采取一定的技术措施，加以排除。

1）现场采用排除电场干扰的方法有以下几种。

a. 提高试验电压。试验电压提高，通过被试设备的电容电流增大，信噪比提高，干扰电流对 δ 角的影响相对减小。对消除弱干信号较为适用。

b. 尽量采用正接线，其抗干扰能力较强。

c. 在被试设备上加装屏蔽罩，使干扰电流经屏蔽罩流走，不经过电桥桥臂。

d. 采用"选相"、"倒相"法，排除干扰源对电源相位的干扰。现在已有专门的抗干扰的西林电桥，其内部装有"移相电路"。

2）现场采用排除磁场干扰的方法。

a. 把电桥移到磁场以外去测量。

b. 使检流计极性转换开关处于两种不同位置时，调节电桥平衡，求得每次平衡时的 $\tan\delta$ 值和电容值，取两次的平均值为 $\tan\delta$ 值。

3）"$-\tan\delta$" 值。

a. QS1 型电桥多采用 BR-16 型标准电容，内部为 CKB50/13 型的真空电容器，由于内装的吸潮硅胶失效，使真容电容器壳内空气潮湿，表面泄漏电注增大，其 $\tan\delta_N$ 值大于被试设备的 $\tan\delta_X$ 值。这时，标准电容电流 I_N 滞后于被测设备中流经的介质损耗电流，故出现 $-\tan\delta$ 测量结果，则需经常更换标准电容器中的硅胶，保证其壳内空气干燥。

b. 强电场干扰，当干扰信号 I_g^- 叠加于测量信号 I_X 时，造成叠加信号，即流过电桥第三臂 R_3 的电流 I_X 相位超前于 I_N，造成 $-\tan\delta$，则需把切换开关置于"$-\tan\delta$"时，电桥切换后，电容 C_4 改为与 R_3 并联，电桥才能平衡。

c. 测量有抽取电压装置的电容式套管时，套管表面脏污造成电电流 I_R 使得 I_X 超前于 I_N，造成$-\tan\delta$ 测量结果，则需在测试前将脏污表面擦净，再进行测量。

d. 测量中接线错误也会出现$-\tan\delta$测量结果，一般情况下，当转换开关在“$+\tan\delta$”位置，电桥不能平衡时，可切换于“$-\tan\delta$”位置测量。$-\tan\delta$是没有物理意义的一个量，仅仅是一个测量结果，出现$-\tan\delta$时，只说明流过电桥 R_3 的电流 I_X 超前于流过电桥 Z_4 臂的电流 I_N。

5. 交流耐压试验

（1）作用与方法。前述的绝缘电阻与吸收比试验、直流耐压与泄漏电流试验、介质损耗与 $\tan\delta$ 值试验，能够检查试验出设备的一部分缺陷。但由于这些试验手段的试验电压较低，对某些局部缺陷检查不出来，而给运行留下严重隐患。

为了检查出某些隐患，对设备进行交流耐压试验则是最有效的手段。但交流耐压试验可能会使原来存在的绝缘缺陷进一步发展。即使不击穿，也在设备绝缘内部形成积累效应和创伤效应，应避免这种情况。因此，只有上述几种试验合格的前提下，才能进行交流耐压试验。同时，对交流耐压试验要依照国际 GB 311.2～311.6—1983《高电压试验技术》和 GB 311.1—1983《高压输变电设备的绝缘配电压试验技术》和 GB 311.1—1983《高压输变电设备的绝缘配合》的规定，根据各种设备的绝缘材料和可能遭受的过电压倍数，确定相应的试验电压标准，即确保设备安全运行的绝缘的击穿电压的临界值。

实验证明：绝缘的击穿电压值不单与试验电压的幅值有关，还与加压持续作用的时间有关，击穿电压随加压时间的增加而逐渐下降，GB 311 规定，工频耐压时间为 1min。交流耐压一般有以下几种方法。

1）工频耐压试验。对不同电压等级的被试验设备，按其额定电压的不同倍数升压，用升压后的工频电压来考验设备的绝缘承受能力，从而鉴定被试设备主绝缘强度。

2）感应耐压试验。对变压器一类的电磁感应设备，在其二次侧加压，在一次侧得到预期的感应高压，来考验设备的主绝缘的绝缘强度。感应耐压试验方法有两种：① 工频感应耐压试验；② 中频（100～400Hz）感应耐压试验。感应耐压试验一般采用倍频耐压试验方法。

3）冲击电压试验。冲击电压试验又分为操作波冲击电压和雷电冲击电压试验。主要是考验被试设备在操作过电压和雷电过电压的作用下，其绝缘的承受能力。

交流耐压试验对鉴定设备绝缘承受能力十分重要，但试验是在高电压条件下进行的，技术性很强，要求很严，一旦出错，会造成设备损坏等事故，一般由专业人员进行。

（2）交流耐压试验的主要要求。

1）试验前，应了解被试验设备的试验电压（规程中定的），同时了解被试设备的其他试验项目（绝缘电阻、直流电压、$\tan\delta$值等）的试验结果，以及历次试验情况。其他试验项目试验结果不合格不能进行交流耐压试验。被试设备所存在的缺陷或异常消除，不能进行交流耐压试验。

2）试验现场应设好安全围栏或围绳，挂好标示牌，派专人监护。被试设备与其他设备的连线应断开，并保持足够的安全距离，距离不够时应加设绝缘挡板等防护措施。

3）试验前，被试设备表面应擦式干净，将被试设备外壳和非被试绕组可靠地接地。新充油设备，应按规定的时间静止后，才可试验。110kV 及以下设备充满油后，停放不少于 24h。

4）接好试验线路后，应由有经验的人员检查核对，确认无误后，才可准备升压。

5）调整保护球隙，使其放电电压为试验电压的 110%～120%，连续试验三次，应无明显差别。并检查过电流保护动作的可靠性。过电流保护的电流值一般整定为被试设备电容电流的 1.3～1.5 倍。

6）加压前，首先检查调压器是否在零位。调压器在零位才可升压，升压时应相互呼唱。

7）升压过程中，要监视电压表、电流表的变化。升压时，要均匀升压，不能太快。升至规定试验电压时，开始计算时间，时间到后，缓慢均匀降下电压。不允许不降压就先切断电源开关。因不降压就跳开电源开关，相当于给被试验设备做了一次操作波试验，极可能损坏设备绝缘。

8）试验中若发现表针摆动或被试设备有异常声响、冒烟、冒火等，应立即降下电压，拉开电源，在高压侧挂上接地线，查明原因。

（3）试验中异常现象分析。交流耐压试验时，应严密监视仪表的指示，同时注意声音的变化及异常，以便根据仪表指示、放电声音及被试设备的绝缘结构等，并根据实践经验来综合分析判断被试设备是否合格。

a. 仪表指示异常的分析。

a）若给调压器上电源，电压表就有指示，可能有时调压器不在零位。若此时电流表出现异常读数，调压器输出侧可能有短路或类似短路情况，如接地装置未拆除等。

b）调节调压器，电压表指示，可能是自耦调压器电刷接触不良，或电压表回路不通，或变压器的一次绕组、测量绕组有断线的地方。

c）如果试验变压器或调压器容量不够时，若往上调节调压器，会出现电压基本不变或有下降趋势，但电流增大。

d）试验和计算证明，当被试设备的容抗与实验变压器的感抗之比小于 2 时，电流表指示下降；当二者的容抗与感抗之比大于 2 时，电流上升。试验过程中，电流表的指示突然上升或下降都是被试验设备击穿的迹象；当容抗等于感抗，会产生串联谐振，合闸时电流很大，将在被试设备上引起严重的过电压。

b. 放电或击穿时声音的分析。

a）在升压或耐压阶段，发生很像金属碰撞的清脆响亮的“哨哨”的放电声音，而在重复试验中，放电电压下降又不明显。说明间隙距离不够或电流发生畸变，造成间隙一类绝缘结构击穿，如变压器引出线没有进到套管均压球里去，圆弧的半径太小等。

b）放电声音也是清脆的“哨哨”声，但比前一种小，仪表摆动不大，在重复试验时放电现象消失，是绝缘油中有气泡。

c）如果是“哧—”、“吱—喽”，或是很沉闷的响声，电流表的指示立即超过最大偏转指示，往往是固体绝缘的爬电引起的。

d）加压过程中，被试设备内有如炒豆般的响声，电流表指示却很稳定，这是悬浮金属件对地放电。如果没有通过金属片与夹件连接，悬浮在电磁场中的铁芯在静电感应和一定电压的作用下，对接地的夹件放电。

e）由于空气湿度或被试设备表面赃污，引起其表面放电，应进行清擦和烘干处理后，再进行试验，判断其是否合格。

二、直流电阻试验

在配电装置的日常维护中，进行直流电阻试验，可以检查和发现配电变压器分接开关三相是否同期、配电变压器三相绕组是否因少量匝间短路而导致三相直流电阻不平衡等缺陷。采用电桥等专门测量直流电阻的仪器：被测电阻在 10Ω以上时，用单臂电桥；被测电阻在 10Ω以下时，采用双臂电桥。单臂电桥用 4.5V 及以上的干电池作为电源，直接测量绕组的直流电阻。但是，用干电池作电源，测量容量较大设备时，充电时间很长。现在，均采用全压恒流电源作测量电源，用电桥测量变压器绕组电阻时：

（1）需等充电电流稳定后，再合上检流计开关。

（2）测取读数后，先断开检流计，后拉开电源开关。

（3）测取读数，三相对比是否平衡，可以检查出变压器绕组内部导线、分接开关引线及三相动静触头的接触及焊接情况是否良好。发现接头松动、接触不良、挡位错误等缺陷，并及时检修，对变压器安全运行十分重要。

测试时注意事项如下：

（1）测量仪表精确度不低于 0.5 级。

（2）仪表和被测绕组端子连接导线必须连接良好。用单臂电桥测量时，要减去导线电阻；用双臂电桥测量时，其 4 根引线：C1、C2 引线应接被测绕组外侧，P1、P2 应接在被测绕组内侧，以避免将 C1、C2 与绕组连接处的接触电阻测量在内。

（3）准确记录被试绕组的温度，按规程规定的方法和要求及换算计算方法确定其在被测时的温度下的电阻值。

（4）测量大型高压变压器绕组直流电阻时，被测绕组、非被测绕组均应与其他设备断开，且不能接地以防产生较高的感应电压和较大的测量误差。

三、接地电阻试验

在配电装置的日常维护中，进行接地电阻测量试验，可以判定在三相四线制系统中由于接地不良或接地电阻过高，使得三相电压不平衡等缺陷。

降低接地电阻，保证设备安装处以及电网的接地电阻值在规定的范围内，实施保护接地、工作接地、防雷接地并起到预期技术效果的有力措施。接地电阻，指电通过接地装置流向大地受到的阻碍作用。所谓接地电阻就是电气设备的接地体对接地体无穷远处的电压与接地电流之比，即

$$R_e = U_i/I_e$$

式中　R_e——接地电阻，Ω；

U_i——接地体对接地体无穷远处的电压，V；

I_e——接地电流，A。

影响接地电阻的主要因素有土壤电阻率、接地体的尺寸形状及埋入深度、接地线与接地体的连接等。

以 1m×1m×1m 的正方体的土壤电阻来表示的数值叫做土壤电阻率（ρ），其单位是Ω·m。土壤电阻率与土壤本身的性质、含水量、化学成分、季节等有关。一般来讲，我国南方地区的土壤潮湿，土壤电阻率低一点，而北方地区尤其是土壤干燥地区的土壤电阻率高一些。表 ZY3300303003-2 列出了 1kV 以上电气设备接地电阻允许值。

表 ZY3300303003-2　　1kV 以上电气设备接地电阻允许值

序　号	设 备 名 称		接地电阻允许值（Ω）
1	大接地短路电流系统的电力设备		$R\leqslant 1/2000$ $I>4000$A，$R<0.5$
2	小接地短路电流系统的电力设备		$R\leqslant 1/250$
3	小接地短路电流系统中无避雷线路杆塔		30
4	有避雷线的线路杆塔	$\rho\leqslant$100Ω·m	10
		ρ=100～500Ω·m	15
		ρ=500～1000Ω·m	20
		ρ=1000～2000Ω·m	25
		$\rho\geqslant$2000Ω·m	30
5	配电变压器	100kVA 及以上	4
		100kVA 及以下	10
6	阀型避雷器		10
7	独立避雷针		10
8	装于线路交叉点、绝缘弱点的管形避雷器		10～20
9	装于线路上的火花间隙		10～20
10	变电站的进线段设备装管形避雷器处		10
11	发电厂的进线段设备装管形避雷器处		5
12	发电厂的进线段设备装阀形避雷器处		3
13	人身安全接地设备		4
14	接户线的第一根杆塔		30
15	带作业的临时接地装置		5～10
16	高土壤电阻率地区	小接地短路电流系统	15
		大接地短路电流系统	5

测量接地电阻是接地装置试验的主要内容，现场运行部门一般采用电压、电流表法或专用接地绝缘电阻表进行测量。

测量接地电阻一般采用直接法，用接地绝缘电阻表测试，如用间接的电压、电流法测试，其接地电阻为

$$R_e=U/I$$

式中　R_e——接地电阻，Ω；

U——电压表测得被测接地电极与电压辅助电极间电压，V；

I——流过被测接地电极的电流，A。

一般低压 220V 由一相线构成，若没有隔离变压器，则相线端接到被测接地装置上，可能造成近似于调压器短路，被测试验电流很大。

接地绝缘电阻表的使用方法和原理类似于双臂电桥，使用时，L 端接电流极 C 引线，P 端接电压极 P 引线，E 端接被测接地体 E。当绝缘电阻表离被测接地体较远时，为排除引线电阻影响，同双臂电桥测量一样，将 E 端子端接片打开，用两根线 C2、P2 分别接被测接地体。

四、绝缘子试验

在配电装置的日常维护中，由于高压 10kV 配电线路绝缘子的绝缘能力降低，导致线路泄漏电流增大，呈现高阻抗接地状态，且随天气的湿度变化而变化，阴雨潮湿时呈现接地状态；晴朗干燥天气时，接地不明显，近于消失状态。这种接地造成线路损耗增大，并且十分难以确定故障点，这就涉及绝缘子和避雷器瓷体的绝缘测试。

（1）试验方法。绝缘子的试验项目有绝缘电阻、交流耐压试验、带电测试零值绝缘子。

测量绝缘子电阻可以发现绝缘子裂纹或瓷质受潮等缺陷。良好的绝缘子的绝缘电阻一般很高，劣化绝缘子的绝缘电阻明显下降，仅为数十兆欧，也有为数百兆欧，可用绝缘电阻表示测试。

《高压电气试验技术规程》规定：用 2500V 绝缘电阻表测量绝缘子，其绝缘电阻不得低于 300Ω。

用绝缘电阻表测量线路绝缘子工作量太大，唯有带电测试绝缘子零值，简便快捷，不影响正常供电，但是，在带电情况下试验人员须登杆高空作业，要求试验人员必须具有高空带电作业的身体素质和熟练的操作技能，且必须有人监护，至少两人进行。

火花间隙法是用一个适当间隔搭在绝缘子两侧，良好的绝缘子两端有相当的电位差，测试时在可调的很小的间隙上发出击穿放电声；不良好绝缘子两端的电位差很小，甚至没有电位差，火花间隙没有被击穿的放电声。

火花间隙法适用于绝缘子串中个别绝缘子的零值测试。悬式绝缘子串电压分布不均，良好绝缘子组成的悬式子串上的电压分布也是不均匀的。

用火花间隙法检测绝缘子时要注意由于绝缘子串电压分布不均匀可能造成的误判断。如火花间隙较大时，对于正常情况下分布电压较小的绝缘子火花间隙不会放电击穿，造成误判断。因此对于检测出的靠近横担侧的零值绝缘子更换前应用 2500V 绝缘电阻表摇测绝缘电阻。

（2）整串绝缘子劣化。实测中发现这样一种现象：整串绝缘子劣化时（绝缘电阻小于 300MΩ），其电压分布仍很正常。这种现象出现在运行年代较久的变电站和线路绝缘子串上。因此，对于运行 15 年以上的悬式绝缘子，必要时应停电抽查部分绝缘子的绝缘电阻，以了解绝缘的绝缘状况。

（3）放电间隙的大小。放电间隙的大小决定了放电电压的大小。放电间隙应适当，既不能太大，也不能太小，放电间隙的大小与放电电压的关系应预先在试验室调整好并做好标记，便于现场调整。

（4）带电检测绝缘子的注意事项。

1）当用火花间隙法检测零值绝缘子时，发现每串绝缘子中零值绝缘子片数达到表 ZY3300303003-3 规定的片数时，不允许再继续检测。

表 ZY3300303003-3　　不允许继续检测的零值绝缘子片数

电压等级（kV）	35	63	110	220	330	500
绝缘子串片数	3	5	7	13	19	28
零值片数	1	2	3	5	4	6

2）针式绝缘子及少于 3 片的悬式绝缘子不得使用火花间隙法进行检测，应采用电子法测量电压分布。

3）测量应在晴好的天气进行。火花间隙测量的绝缘杆长度及绝缘水平应足够。带电检测设施专用，保存在专用房间，按带电作业工具进行电气试验，必要时每次现场检测前应用 2500V 绝缘电阻表分段测量绝缘电阻杆的绝缘电阻，其阻值 2cm 应不低于 700MΩ为合格。

当被测绝缘子串中零值绝缘子超过被测绝缘子总数 7%时，应当更换全部绝缘子。

【思考与练习】

1. 配电设备的一般性电气试验项目有哪些？
2. 接地电阻的试验对线路维护有什么意义？

模块 4 编制配电设备安装方案、验收方案（ZY3300303004）

【模块描述】本模块包含 10kV 配电设备安装施工方案、10kV 配电设备安装验收方案等内容。通过概念描述、术语说明、流程介绍、列表示意、要点归纳，掌握 10kV 配电设备安装方案和验收方案编制方法。

【正文】

一、10kV 配电设备安装方案

10kV 配电设备安装包括施工前准备、施工程序等。下面以更换一台 S9–50kVA 的变压器为例，介绍设备安装施工方案。主要分三部分：施工前准备、施工程序、注意事项。

（一）施工前准备

施工前的准备主要是“施工方案”的编写，主要内容如下：接受工作任务、工作班组成员及分工、查阅图纸现场勘测、准备材料及设备、通知用户、填写并签发工作票、施工中的危险点分析及制定控制措施、班前会、出发前检查。

1. 接受工作任务

根据运行单位的检修计划，由生产调度专工安排本班组的工作任务——更换变压器。

2. 工作班组成员及分工

作业人员 6 人，工作负责人（监护人）1 人，其余 5 名人员为工作班成员（4 人登杆工作并两人一组，第 5 人在杆下备材料）。工作负责人对整个作业过程的安全、工作质量进行监督，同时对整个工作过程进行指导并负责。工作班成员负责更换构架及配电变压器的实际操作。工作负责人、工作班人员必须经培训并考试合格，持证上岗。

工作班组成员职责：① 工作负责（监护）人组织并合理分配工作，进行安全教育，督促、监护工作人员遵守安全规程，检查安全措施是否正确完备、安全措施是否符合现场实际条件。一般情况下，工作前对工作人员交待安全事项，对整个工程的安全、技术等负责，工作结束后总结经验与不足之处，工作负责（监护）人不得兼做其他工作。② 工作班成员认真努力学习施工方案，严格遵守、执行安全规程，互相关心施工安全。

3. 查阅图纸，现场勘测

接到任务后，进行现场勘测或查阅图纸，熟悉现场情况，了解配电变压器所带负荷，并根据变压器周围负荷的发展状况，确定新换变压器的型号容量，制定出具体施工方案，安全措施布置。填写表 ZY3300303004-1 更换 10kV 柱上配电变压器工具统计表、表 ZY3300303004-2 更换 10kV 柱上配电变压器设备及材料统计表。

表 ZY3300303004-1 更换 10kV 柱上配电变压器工具统计表

年 月 日

序号	名 称	单位	准备数量	实际回收数量	备 注
1	10kV 绝缘杆	副	1		
2	10kV 验电器	只	1		
3	0.4kV 验电器	只	1		
4	高压接地线	组	2		按实际定
5	低压接地线	组	4		按实际定

续表

序号	名　称	单位	准备数量	实际回收数量	备　注
6	安全带	副	4		
7	脚扣	副	4		
8	绝缘手套	双	1		
9	绝缘靴	双	1		
10	安全遮栏	组	1		按实际定
11	警告牌	块	1		
12	标志牌	块	1		
13	相位牌	组	2		
14	钢丝绳	条	2		
15	大剪子	把	1		
16	传递绳	条	2		
17	手拉葫芦	台	1		
18	滑轮组	组	1		
19	绝缘电阻表 2500V	块	1		
20	绝缘电阻表 500V	块	1		

表 ZY3300303004-2　　更换 10kV 柱上配电变压器设备及材料统计表

年　月　日

序号	名　称	单位	准备数量	实际回收数量	拆下旧料数量	备注
1	变压器	台	1			
2	二次隔离开关	组	1			
3	高压避雷器	组	1			
4	低压避雷器	组	1			
5	设备线夹	个	18			
6	橡胶线	m	40			
7	变压器一次设备线夹	个	3			
8	变压器二次设备线夹	个	4			
9	跌落式熔断器	组	1			
10	隔离开关	组	1			
11	凡士林油	瓶	1			
12	一次熔丝	条	3			
13	二次熔丝片	片	3			
14	块片	块	5			
15	铁线	m	30			

工作条件：室外、无雨，风力小于 6 级。

4. 准备材料及设备

按更换 10kV 柱上配电变压器工具统计表、更换 10kV 柱上配电变压器设备及材料统计表准备设备及材料。材料、工具准备充分，型号正确。

对各设备进行检查：

（1）二次隔离开关必须经试验所试验合格或选用生产厂家为入网合格的。

（2）避雷器必须经试验所试验合格。10kV 避雷器绝缘电阻测量应使用 2500V 绝缘电阻表，测试前先将避雷器清扫干净，其绝缘电阻值应不小于 2000MΩ。低压避雷器应使用 500V 绝缘电阻表测试，其绝缘电阻值应不小于 500MΩ。

（3）变压器必须经试验所试验合格或使用工区备用变压器。备用变压器绝缘电阻应使用 2500V 绝缘电阻表，在气温 5℃以上的干燥天气（湿度不超过 75%）进行试验，其值应符合表 ZY3300303004-3 规定。

表 ZY3300303004-3　　10kV 及以下变压器绝缘电阻允许值　　MΩ

温度（℃） 项目	10	20	30	40	50	60	70	80
一次对二次及地	450	300	200	130	90	60	40	25
二次对地	40	20	10	5	3	2	1	1

新变压器投入运行前的绝缘电阻值应不低于制造厂所测值的 70%（换算到同一温度）；运行中变压器的绝缘电阻值（换算到同一温度时）应不低于初试值的 50%，换算系数见表 ZY3300303004-4。

表 ZY3300303004-4　　绝缘电阻值换算系数

温度差（℃）	5	10	15	20	25	30	35	40	50
换算系数	1.2	1.5	1.8	2.3	2.8	3.4	4.1	5.25	7.6

5. 通知用户

制定方案后，作业前 7 天由生产调度或指派专人通知重要用户。

6. 填写并签发工作票

班组技术人员在工作前一天按工作内容填写配电变压器台（台区）作业工作票，交给工作负责人审阅签字，然后交工作票签发人审核签发，并与调度会签。

（1）工作票要用钢笔或圆珠笔填写一式两份，应正确清楚，不得任意涂改，如有个别错、漏字需要修改时，应字迹清楚。

（2）填写工作票必须用工作术语，不得用“同上”、“同下”等容易混淆的词语。

（3）两份工作票中的一份必须存放在工作地点，由工作负责人保管，另一份由值班员保管，工作票应填写完整。

（4）一个工作负责人只能办理一张工作票，开工前工作票内的全部安全措施应一次做完。

（5）未办理工作票或工作票未办理完，严禁进行现场施工。

7. 施工中的危险点分析及制定控制措施

（1）工具、材料准备不足，降低工作效率，不能满足施工工艺要求。有经验的人员担当此工作，为合理快速施工提供保证。

（2）不按规定填写工作票，签发人未认真审核签发；使用不合格的工作票、三措。工作负责人按有关规定正确填写工作票及三措计划书，签发人认真审核后签发；工作票填写项目要与工作内容及现场实际相符。

（3）有雷电时，进行高压跌落式熔断器的拉、合操作。严禁在雷电时进行高压跌落式熔断器的拉、合操作。

（4）不履行许可手续或不认真履行许可手续。严格按照规定办理许可手续，并认真执行许可手续。

（5）使用断股、抽丝、麻心损坏的吊绳，导致伤人。吊车司机应熟悉本车辆的性能，正确操作车辆。起重吊绳的安全系数为 5～6 倍，如遇断股、抽丝、麻心损坏的吊绳，严禁使用。

（6）违章行驶导致交通事故。提高司机自觉遵守交通规则意识，不酒后驾车。

（7）安全工器具没有按期试验，导致安全事故发生。个人安全工器具，配套工具应在做好试验后方可使用，不得超期限使用。

（8）工作负责人不向工作班成员交待工作任务，安全措施不清楚。交待内容应清晰，注意有无带电设备及相邻带电线路，交待完后要提问工作班成员。

（9）对杆塔埋深不进行检查，导致事故发生。登杆前应认真检查杆根及埋深，不攀登有疑问的电杆。

（10）高、低压感应电伤人，高空摔跌物体伤人。作业前，杆塔上排高、低压电源必须全部停电。在作业杆塔两侧高、低压线路验电后（包括路灯线），需装设接地线。上杆前应检查杆根和登杆工具及脚爬，工作人员必需使用合格的安全带并戴好安全帽，安全带应系在电杆及牢固的物体上，防止被锋利物割伤，严禁在杆上抛丢物体。

（11）低压返送电伤人；接地线安装不牢固，接地线脱落。开工前，工作负责人应组织全班人员学习安全施工措施，交待清楚在高压侧挂接地线，低压侧应有明显断开点，并使用个人保安线，防止低压返送电；接地线安装要牢固可靠，禁止缠绕连接。

（12）高空坠物、高空坠落伤人；人身触电伤人。工作班成员进入工作现场应戴安全帽，有必要的登高作业时，事前应准备安全带，按规定着装。使用脚扣上下杆时要采取防滑措施。杆上工作使用的材料、工具应用绳索传递，严禁抛丢。杆上作业应防止掉东西，拆下的金具禁止抛扔；在工作过程中，严格控制活动范围始终在预定区域内，即在接地线的包围中。

（13）变压器脱落或移动变压器时挤压伤人。吊放变压器前，应对钢丝绳套进行外观检查，无断股、烧伤、挤压伤等明显缺陷，其强度满足设备荷重要求；应对受力点进行检查，检查变压器是否确已挂好，检查变压器吊环有无裂纹；吊臂下严禁有人逗留，防止配电变压器在吊放过程中挤伤及坠落伤人。配电变压器在起吊时，应注意平衡，不可倾斜。监护人不得兼做其他工作。

（14）吊车臂或吊件碰触带电部位。吊放变压器工作应设专人统一指挥和监护，吊臂和变压器距跌落熔断器及以上带电部位保持 2m 以上安全距离。

（15）变压器分接开关不到位，造成配电变压器烧毁。施工完成后应仔细检查，确保分接开关到位正确。

（16）跌落式熔断器熔管脱落伤人。操作人员在摘挂熔管时，禁止跌落式熔断器下方有人，必须戴好安全帽。

8. 班前会

由班长召开班前会，工作负责人向全班作业人员说明作业内容、停电设备、带电部位和危险点及防范措施、施工方法及工艺标准等。

9. 出发前检查

作业人员装车出发前，工作负责人应检查作业人员的着装、精神状况是否正常且符合安全要求，准备安全工具如绝缘手套、验电器、脚扣、安全带、绝缘杆、传递绳、围栏、接地线等，并检查安全工具是否完好合格，所带工器具、材料是否齐全合格，施工人员的施工工具是全齐全合格等。

（1）绝缘杆检查。必须使用经试验合格的绝缘杆，检查表面有无受潮、发霉，是否超期使用。

（2）验电器检查。必须使用经试验合格相应电压等级的专用验电器，使用前应做音响试验，未超期使用。

（3）接地线检查。接地线应有编号，连接要可靠，不许缠绕，各部接点接触牢固，无断股方可使用，绝缘棒未超期使用。

（4）绝缘手套检查。绝缘手套表面无破损，卷曲挤压看是否漏气，应有编号、试验合格，未超期使用。

（5）如用吊车则应经检验合格，核对变压器铭牌质量，严禁超载使用。钢丝绳无断股、压扁、变形、起毛刺现象。

（6）如用人力装卸设备则手拉葫芦应经检验合格，核对铭牌，严禁超载使用。滑轮组应经检验合格，穿滑轮组的绳索要无断股。钢丝绳无断股、压扁、变形、起毛刺现象。变压器装车后捆绑牢固，运输时要注意交通安全。

（二）施工程序

施工程序主要包括以下内容：工作许可、现场交底、停电布置现场安全措施、更换配电变压器、自检验收及资料归档、召开班后会、资料存档。

1. 工作许可

到达现场后，工作负责人当面或打电话到调度室向值班员办理许可手续，并经工作许可人许可后开始宣读工作票。

2. 现场交底

完成工作许可后，工作班成员列队，由工作负责人向全体作业人员宣读配电变压器台（台区）工作票，交待作业内容、停电范围、带电部位、危险点和防范措施及注意事项，并向工作人员讲解工作任务分配。工作班成员应认真听取工作票作业内容，注意安全措施、技术措施是否完备，如有建议、不同意见或不明白不清楚的地方应及时提出。工作负责人应现场提问1～2名作业人员，待全部清楚后，逐个在工作票上签字。工作班人员各自检查近电报警器好用后，戴好安全帽，进入工作现场。

3. 停电布置现场安全措施

到达现场后，工作负责人核对变压器台名称及杆号无误后，严格执行变压器停电、送电操作票程序，每操作完成一项在前面打“√”，在登杆、变压器台作业时，作业人员必须全程系好安全带，而且安全带必须系在牢固的电杆上，调整位置时，不得失去安全带保护。操作过程中严格执行监护复诵制。

（1）先拉开低压空气断路器，再拉开低压二次隔离开关（应先拉中相，后拉两边相）。

（2）拉开高压跌落式熔断器开关：应先拉开中间相，再拉下风相，最后拉上风相。操作时，操作人应选择适当的位置，操作角度一般为25℃左右，力度适当。

（3）低压验电。在变压器二次隔离开关上端逐相验电，确无电压。

验电人员应全面检查核对现场设备名称、线路杆塔编号，确认高压跌落式熔断器和低压隔离开关的位置全部在断开位置。对工作配电变压器进行验电，先验低压侧，后验高压侧；验电笔在检测合格期内，低压验电笔使用前先在确知有电设备上检测校验。

（4）低压装设接地线。先装接地端，后挂导线端。人体不得接触接地线。

（5）高压验电。戴好绝缘手套，在一次母线破口处逐相验电，确无电压。

（6）高压装设接地线。先装接地端，后挂导线端。人体不得接触接地线；严禁使用其他导线作接地线或短路线，接地棒埋深不小于0.6m。

（7）在变压器台副杆位置悬挂“由此上下”标志牌。

（8）人员密集场所装设安全遮栏，在公路边要设施工标识。

4. 更换配电变压器

开工前，工作负责人应严格检查安全措施的实施情况。变压器台停电后，由工作负责人向变压器台作业人员下达作业命令。

（1）在更换变压器前，必须检查变压器台构架是否牢固，构架是否腐蚀严重，作业中人员、工具与带电部位必须保持在0.7m的安全距离，保证不了0.7m时，应采取绝缘挡板等安全措施，所用工具、材料一律用绳索传递；使用手拉葫芦应选好适当位置，派专人指挥，使用吊车时受力钢丝绳周围严禁有人逗留，并应统一指挥，统一信号，分工明确，做好防范措施。

（2）进行拆、装变压器。工作人员应先将与配电变压器连接的设备脱离开，然后用钢丝绳将配电变压器两侧对角处连接牢固，听从工作负责人的统一指挥或用吊车将旧配电变压器吊下台架，并注意防止高空坠落。吊新变压器与拆除变压器程序相反。

5. 自检、验收及资料归档

（1）工作负责人应随时检查施工的质量标准，发现问题及时纠正，避免返工。作业结束后，工作负责人（监护人）对作业施工质量进行验收。

安装完后看配电变压器分接开关位置是否正确，变压器绝缘试验合格，变压器引线对地和相间距离是否合格，各部位接触良好，变压器上无遗留物。

（2）办理工作终结手续。工作负责人认真检查工具、材料等是否遗留在设备上，对照工作票上的工作是否全部完成，设备的状况是否正常等，无问题后，方可宣布作业结束。

（3）拆除安全措施恢复送电。工作负责人检查工作班全体人员是否下杆、是否撤离施工现场并全部完成工作任务，工作负责人命令拆除安全措施（围栏、警告牌），按变压器停电、送电操作票进行送电操作。送电后，听变压器有无异音，测量低压侧电压是否合格，检查用户用电正常后，撤离现场。向工作许可人办理工作终结手续。

6. 召开班后会

作业结束后，工作负责人组织作业人员召开班后会，总结工作中的经验及存在的问题，并制定出今后的整改措施。

7. 资料存档

班组技术员将当天检修设备情况填写设备变动记录，交运行班归档。

（三）注意事项

（1）检查变压器铭牌，看是否符合运行的基本条件。

（2）检查变压器高、低压侧接线是否正确。

（3）检查变压器调压分接开关是否在设计挡位，安装时必须置于设计挡位。

（4）在装、拆配电变压器引出线时，严格按照检修工艺操作，避免引出线内部断裂。合理选择导线的接线方式，如采用铜铝过渡线夹或线板等。在接触面上涂导电膏，增大接触面积和导电能力，减少氧化发热。

二、10kV 配电设备安装验收方案

配电设备安装验收方案包括以下内容：工作组成员及分工、作业人员职责、危险点分析及控制措施、验收前的准备、变压器台架验收、变压器本体验收、高压跌落式熔断器验收、避雷器验收、低压隔离开关验收、外部环境验收、验收总结。

1. 工作组成员及分工

验收作业人员两人以上，验收负责人一人。验收负责人负责验收的组织领导，验收成员负责具体验收项目实施。

2. 作业人员职责

（1）验收负责人。正确安全地组织验收工作，向验收人员布置验收任务，汇总验收结果，提出验收意见，根据验收标准严把验收质量，对验收的正确性负责。根据《电业安全工作规程》要求，在验收工作中作好安全监护，对验收成员的安全负责。

（2）验收成员。按照验收负责人布置的验收任务，严格按照验收标准进行验收，并及时将验收结果汇报验收负责人，对验收项目的正确性负责，对验收工作中的安全负责。

3. 危险点分析及控制措施

（1）验收前不认真准备，不能保证验收质量和验收人员安全。验收前作好准备，保证验收质量，确保验收人员在验收过程中的安全。

（2）拆除安全措施后登杆验收设备。安全措施拆除后，严禁再登杆验收设备。

（3）登杆验收不戴安全帽，不系安全带，可能造成人员伤害。上杆验收，必须戴好安全帽，系好安全带。

（4）在没有专人监护的情况下登杆验收设备。登杆验收设备必须有专人监护。

（5）跌落式熔断器熔管脱落伤人。验收人员在摘挂熔管时，禁止跌落式熔断器下方有人，验收人员要戴安全帽。

（6）低压隔离开关刀片脱落伤人。验收人员在摘挂刀片时，禁止低压隔离开关下方有人，验收人员要戴安全帽。

（7）验收中发现的问题提交、整改不全，产生质量隐患。验收中发现的问题要及时汇总，及时上报，及时处理。

4. 验收前的准备

（1）验收人员与安装人员共同到达设备现场。

（2）安装施工人员准备好各开关、设备等的试验报告、出厂合格证及安装施工图纸等资料。

（3）验收负责人检查安装人员提供的资料完备齐全。

（4）验收负责人向验收成员交待验收任务、分工和注意事项。

（5）验收负责人向验收成员讲明验收中的安全注意事项。

（6）验收成员准备好验收用的各种工器具。

5. 变压器台架验收

（1）变压器台架应与线路在一条直线上，台架杆埋深不小于杆高的 1/10 加上 0.7m。

（2）台架根开 2.5m 或 3m，台架梁下沿距地面高度不小于 2.5m。

（3）台架梁安装牢固，水平倾斜量不大于台架长度的 1/100。

（4）高压跌落式熔断器横担距地面高度为不低于 4.7m。避雷器横担与低压引线横担保持水平，且距台架梁上沿高度为 1.8～2.0m。

6. 变压器本体验收

（1）变压器套管表面光洁，无破损裂纹现象。

（2）盖板、套管、油位计、排油阀等处是否密封良好，有无渗油现象；油枕上的油位计是否完好，油位是否清晰且在与环境温度相符的油位线上。

（3）呼吸器内干燥剂正常，无受潮变色现象。

（4）变压器中性点与外壳连接后和避雷器接地线一起可靠接地，接地电阻符合要求。

（5）变压器固定应采用经过防锈处理的固定金具固定。

（6）变压器高低压引线与变压器接线桩头连接紧密牢靠，引线为铝绝缘线时，应有可靠的铜铝过渡措施。

（7）引线连接好后，排列整齐，松紧适中，不应使变压器接线桩头受力。

（8）防爆管（安全气道）的防爆膜是否完好，呼吸器的吸潮剂是否失效。

（9）变压器一、二次出线套管及与导线的连接是否良好，相色是否正确。

7. 高压跌落式熔断器验收

（1）各部分零件完整，安装牢固。固定跌落式熔断器的螺栓应加装垫片和弹簧垫。

（2）转轴光滑灵活，铸件不应有裂纹、砂眼。

（3）绝缘件良好，熔丝管不应有吸潮膨胀或弯曲现象。

（4）熔管轴线与地面垂线的夹角在 15°～30° 之间，两熔断器之间的距离不小于 500m。

（5）动作灵活可靠，接触紧密，合闸时上触点应有一定的压缩行程。

（6）熔断器上下引线连接可靠，排列整齐，长短适中，不应使熔断器承力。

8. 避雷器验收

（1）安装牢固，排列整齐，高低一致，相间距离不小于 350mm。

（2）引下线应短而直，连接紧密，上引线应使用不小于 25mm^2 的铜绝缘线，下引线应使用不小于 25mm^2 的铜绝缘线。

（3）电气部分的连接不应使避雷器受力。

9. 低压隔离开关验收

（1）安装牢固，排列整齐，高低一致，相间距离不小于 350mm。

（2）低压隔离开关与引线通过双孔铜铝过渡设备线夹可靠连接，铜铝设备线夹型号必须与导线型号相匹配。

（3）电气连接部分不应使低压隔离开关受力。

（4）低压隔离开关操作方便可靠。

10. 外部环境验收

（1）验收负责人将验收结果按要求填写到验收报告中。

（2）验收负责人将验收中发现的问题以书面形式一次性提交安装单位整改。

（3）待整改完毕、验收合格后，验收负责人接收图纸资料，并在验收报告上签字。

11. 验收总结

验收结束，汇报送电。验收负责人应将验收中发现的问题以书面形式一次性提交安装单位整改，整改后再认真验收。

【思考与练习】

1. 高压跌落式熔断器验收内容有哪些？
2. 配电变压器安装验收方案的危险点分析及控制措施内容有哪些？
3. 验收前的准备都有哪些内容？

第十六章 10kV 配电设备运行维护及事故处理

模块 1 10kV 配电设备巡视检查项目及技术要求（ZY3300304001）

【模块描述】本模块包含 10kV 配电设备巡视的一般规定、设备巡视的流程、巡视检查项目及要求、危险点分析等内容。通过概念描述、术语说明、列表示意、要点归纳，掌握 10kV 配电设备巡视检查项目及技术要求。

【正文】

做好配电设备运行、维护工作，及时发现和消除设备缺陷，对预防事故发生，提高配电网的供电可靠性，降低线损和运行维护费用起着重要的作用。

一、设备巡视的一般规定

（一）设备巡视的目的

对配电设备巡视的目的是为了掌握设备的运行情况及周围环境变化，及时发现和消除设备缺陷，预防事故发生，确保设备安全运行。

（二）设备巡视的基本方法和要求

1. 巡视的基本方法

设备巡视可以使用智能巡检系统、巡视卡或巡视记录。巡视人员在巡视中一般通过看、听、摸、嗅、测的方法对设备进行检查。

看：主要用于对设备外观、位置、压力、颜色、信号指示等肉眼看得见的检查项目的分析判断。例如充油设备的油位、油色的变化、渗漏，设备绝缘的破损裂纹、污秽等。

听：主要通过声音判断设备运行是否正常。例如变压器正常运行时其声音是均匀的嗡嗡声，内部放电时会有噼啪声等。

摸：通过以手触试不带电的设备外壳，判断设备的温度、振动等是否存在异常。例如触摸变压器外壳，检查温度是否正常。但是必须分清可触摸的界限和部位。

嗅：通过气味判断设备有无过热、放电等异常。例如通过嗅觉判断配电室有无绝缘焦糊味等异常气味。

测：通过工具检查设备运行情况是否发生变化。例如用红外线测温仪测试设备接点温度是否异常。

2. 巡视的要求和注意事项

（1）设备巡视时，必须严格遵守《电业安全工作规程》关于设备巡视的有关规定，确保巡视人员安全。

（2）巡视工作应由有电力线路工作经验的人员担任。单独巡线人员应考试合格并经工区（公司、所）主管生产领导批准。

（3）巡视人员应熟悉设备运行情况、相关技术参数和周围自然情况及风土人情。

（4）巡视人员应能对发现的缺陷进行准确分类。

（5）单人巡视时，禁止攀登电杆及铁塔。

（6）故障巡视应始终认为线路带电，即使明知线路已停电，也应认为线路随时有恢复送电的可能。

（7）夜间巡视应沿线路外侧进行，大风天气应沿线路上风侧进行，以免万一触及断落的导线。

（8）巡视工作应由有电力线路工作经验的人担任，新人员不得单独进行巡视。偏僻山区和夜间巡视应由两人进行。暑天、大雪天必要时由两人进行。

（9）巡视人员如果发现危及安全的紧急情况，应立即采取防止行人触电的安全措施，并报告相关部门及领导组织处理。

（10）对于发现的缺陷，应及时记录在巡视手册上，要记录详细、准确、字迹工整。

（11）巡视结束后，应及时把发现的缺陷统计分类，传递给检修班组编排检修计划。

（12）巡线时应持棒，防止被狗及动物伤害。

（13）根据不同地域、天气情况，穿着合适的服装、鞋。

（三）设备巡视周期

配电设备的巡视应与配电线路的巡视同期进行，正常巡视周期为：

（1）市区一般每月进行一次。

（2）郊区及农村每季至少一次。

（3）特殊巡视、夜间巡视、故障性巡视应根据实际情况进行。

（四）设备巡视的分类

配电设备巡视一般分为定期巡视、特殊性巡视、夜间巡视、故障性巡视和监察性巡视等。

（1）定期巡视。由专职巡线员进行，掌握线路的运行状况，沿线环境变化情况，并做好护线宣传工作。

（2）特殊性巡视。在气候恶劣（如台风、暴雨、复冰等）、河水泛滥、火灾和其他特殊情况下，对线路的全部或部分进行巡视或检查。

（3）夜间巡视。在线路高峰负荷或阴雾天气时进行，检查导线接点有无发热打火现象，绝缘表面有无闪络，检查木横担有无燃烧现象等。

（4）故障性巡视。查明线路发生故障的地点和原因。

（5）监察性巡视。由管理人员或线路专责技术人员进行，目的是了解线路及设备状况，并检查、指导巡线员的工作。

二、设备巡视的流程

配电设备巡视的流程包括安排巡视任务、巡视准备、设备检查、巡视总结、上报巡视结果等部分内容。

1. 安排巡视任务

设备管理人员对巡线人员安排巡视任务，安排时必须明确本次巡视任务的性质（定期巡视、特殊性巡视、夜间巡视、故障性巡视），并根据现场情况提出安全注意事项。特殊巡视还应明确巡视的重点及对象。

2. 巡视准备

准备好巡视工器具和必备用品。

（1）巡视前检查望远镜等工、器具是否好用。

（2）巡视前应带好巡视手册和记录笔。

（3）如果夜间巡视应带好照明设施。

（4）根据实际需要，携带必要的食品及饮用水。

3. 设备检查

巡视人员应对所分配巡视任务内的设备不遗漏地进行巡视，对于发现的设备缺陷应及时做好记录，如巡视中发现紧急缺陷时，应立即终止其他设备巡视，在做好防止行人触电的安全措施后，立即上报相关部门进行处理。

4. 巡视总结

巡视结束后，对巡视中发现的异常情况进行分类整理、汇总，如有设备变动应及时通知相关部门修改图纸。

5. 上报巡视结果

巡视人员将巡视结果总结后上报相关设备管理人员，设备管理人员填写缺陷记录，编排检修计划。

三、巡视检查项目

（1）配电变压器的巡视检查。

（2）跌落式熔断器的巡视检查。

（3）柱上开关巡视检查。

（4）电容器巡视检查。

（5）避雷器巡视检查。

（6）接地装置巡视检查。

四、危险点分析

危险点分析见表 ZY3300304001-1。

表 ZY3300304001-1　　危 险 点 分 析

序号	危险点	控 制 措 施
1	狗、蛇咬伤	巡线时应持棒，防止被狗及动物伤害
2	摔伤	应穿工作鞋，路滑、过沟崖和墙时防止摔伤
3	车辆伤人	应乘坐安全的交通工具，穿行公路时应注意交通安全
4	误触断落带电导线	夜间巡视应沿线路外侧进行，大风天气应沿线路上风侧进行
5	迷失方向	偏僻山区和夜间巡视应由两人进行，并熟悉现场设备状况及周边环境
6	冻伤及中暑	暑天、大雪天必要时由两人进行

【思考与练习】

1. 配电设备的巡视检查项目有哪些？

2. 配电设备的巡视种类有哪些？

模块2　10kV配电设备运行维护及检修（ZY3300304002）

【模块描述】本模块包含配电变压器、跌落式熔断器、柱上开关、避雷器、电容器、接地装置等配电设备的运行维护与检修。通过概念描述、流程介绍、要点归纳，掌握配电设备运行维护与检修。

【正文】

配电设备的巡视检查，是配电运行维护人员的基础性工作之一。通过巡视检查，能够及时发现设备缺陷，并进行计划停电检修，这对预防事故的发生、确保设备安全运行起着重要的作用。

一、配电变压器的运行维护及检修

变压器是用来变换电压的电气设备，配电线路中装设的变压器称为配电变压器。配电变压器主要由铁芯、绕组、油箱、冷却装置、绝缘套管、调压装置及防爆管等构成。

（一）配电变压器的运行维护

（1）正常巡视周期及内容。装于室内的和市区的配电变压器一般每月至少巡视一次，户外（包括郊区及农村的）一般每季至少巡视一次。巡视内容如下：

1）套管是否清洁，有无裂纹、损伤、放电痕迹。

2）油温、有色、油面是否正常，有无异声、异味。

3）呼吸器中是否正常，有无堵塞现象。

4）各个电气连接点有无锈蚀、过热和烧损现象。

5）分接开关指示位置是否正确，换接是否良好。

6）外壳有无脱漆、锈蚀；焊口有无裂纹、渗油；接地是否良好。

7）各部密封垫有无老化、开裂、缝隙，有无渗漏油现象。

8）各部螺栓是否完整、有无松动。

9）铭牌及其他标志是否完好。

10）一、二次熔断器是否齐备，熔丝大小是否合适。

11）一、二次引线是否松弛，绝缘是否良好，相间或对构件的距离是否符合规定，对工作人员上下电杆有无触电危险。

12）变压器台架高度是否符合规定，有无锈蚀、倾斜、下沉；木构件有无腐朽；砖、石结构台架有无裂缝和倒塌的可能；地面安装的变压器、围栏是否完好。

13）变压器台上的其他设备（如表箱、开关等）是否完好。

14）台架周围有无杂草丛生、杂物堆积，有无生长较高的农作物、树、竹、藤蔓类植物接近带电体。

（2）在下列情况下应对变压器增加巡视检查次数。

1）新设备或经过检修、改造的变压器在投运 72h 内。

2）有严重缺陷时。

3）气象突变（如大风、大雾、大雪、冰雹、寒潮等）时。

4）雷雨季节特别是雷雨后。

5）高温季节、高峰负载期间。

（3）变压器的投运和停运。

1）新的或大修后的变压器投运前，除外观检查合格外，应有出厂试验合格证和供电企业试验部门的试验合格证，试验项目应有以下几项：

a. 变压器性能参数：额定电压、额定电流、空载损耗、空载电流及阻抗电压。

b. 工频耐压。

c. 绝缘电阻和吸收比测定。

d. 直流电阻测量。

e. 绝缘油简化试验。

2）停运满 1 个月者，在恢复送电前应测量绝缘电阻，合格后方可投运。

3）搁置或停运 6 个月以上变压器，投运前应做绝缘电阻和绝缘油耐压试验。

4）干燥、寒冷地区的排灌专用变压器，停运期可适当延长，但不宜超过 8 个月。

（4）变压器分接开关的运行维护。

1）无励磁调压变压器在变换分接时，应作多次转动，以便消除触头上的氧化膜和油污。在确认变换分接正确并锁紧后，测量绕组的直流电阻。分接变换情况应作记录。

2）变压器有载分接开关的操作，应遵守如下规定：

a. 应逐级调压，同时监视分接位置及电压、电流的变化。

b. 有载调压变压器并联运行时，其调压操作应轮流逐级或同步进行。

c. 有载调压变压器与无励磁调压变压器并联运行时，其分接电压应尽量靠近无励磁调压变压器的分接位置。

（二）配电变压器的检修

1. 检修周期

（1）大修：一般 5～10 年 1 次。

（2）小修：一般每年 1 次。

2. 检修项目

（1）大修项目。

1）吊开钟罩检修器身，或吊出器身检修。

2）绕组、引线的检修。

3）铁芯、铁芯紧固件、压钉、连接片及接地片的检修。

4）油箱及附件的检修，包括套管、吸湿器等。

5）无励磁分接开关和有载分接开关的检修。

6）全部密封胶垫的更换和组件试漏。

7）必要时对器身绝缘进行干燥处理。

8）变压器油的处理或换油。

9）安全保护装置的检修。

（2）小修项目。

1）处理已发现的缺陷。

2）调整油位。

3）检查安全保护装置：压力释放阀（安全气道）。

4）检查调压装置。

5）检查接地系统。

6）检查全部密封状态，处理渗漏油。

7）清扫油箱和附件，必要时进行补漆。

8）清扫外绝缘和检查导电接头。

9）按有关规程规定进行测量和试验。

3. 作业危险点及控制措施

（1）吊车在高压设备区行走时误触带电体，吊车在起吊作业中误触带电体；器材起吊和放置过程中砸撞伤作业人员。吊车在进入工作区间内时，应设专人指挥及监护。

（2）使用电动施工工器具时人身触电。作业前对施工中使用的电动工器具进行检查，无问题后方可使用。

（3）拆装引线时碰伤作业人员高空坠落摔伤。作业人员应戴安全帽，处于高空作业位置时不应失去安全带的保护。

（4）检修前后的绝缘试验中，人员误触试验设备造成触电或被设备试验后的残余电荷电伤，引发其他伤害。试验场地应设围栏，非高压试验人员不得入内，试验结束后应充分放电。

（5）起重工器具安全载荷选择不当或吊装过程中失灵，被吊件悬挂不牢靠使被吊件脱落，碰、砸伤作业人员。使用检验合格的起重工器具，吊件在起吊过程中悬挂牢固，并由专人统一指挥。

（6）火灾。工作现场应配备灭火设备，并禁止吸烟；油罐等应有明显的防火标志。

二、跌落式熔断器的运行维护及检修

跌落式熔断器主要由绝缘子、静触头、支架、熔丝管等部件组成。运行中熔丝管两端的动触头依靠熔丝（熔体）系紧，将上动触头推入“鸭嘴”凸出部分后，磷铜片等制成的上静触头顶着上动触头，故而熔丝管牢固地卡在“鸭嘴”里。当短路电流通过熔丝熔断时，产生电弧，熔丝管内衬的钢纸管在电弧作用下产生大量的气体，因熔丝管上端被封死，气体向下端喷出，吹灭电弧。由于熔丝熔断，熔丝管的上下动触头失去熔丝的系紧力，在熔丝管自身重力和上、下静触头弹簧片的作用下，熔丝管迅速跌落，使电路断开，切除故障段线路或者故障设备。

（一）跌落式熔断器的运行维护

1. 正常巡视周期及内容

装于市区的跌落式熔断器一般每月至少巡视一次，郊区及农村的一般每季至少巡视一次。巡视内容如下：

（1）瓷件有无裂纹、闪络、破损及脏污。

（2）熔丝管有无起层、炭化、弯曲、变形。

（3）触头间接触是否良好，有无过热、烧损、熔化现象。

（4）各部件的组装是否良好，有无松动、脱落。

（5）引线接点连接是否良好，与各部件间距是否合适。

（6）安装是否牢固，相间距离、倾斜角是否符合规定。

（7）操动机构是否灵活，有无锈蚀现象。

检查发现以下缺陷时，应及时处理：

（1）熔断器的消弧管内径扩大或受潮膨胀而失效。

（2）触头接触不良，有麻点、过热、烧损现象。

（3）触头弹簧片的弹力不足，有退火、断裂等情况。

（4）机构操作不灵活。

（5）熔断器熔丝管易跌落，上下触头不在一条直线上。

（6）熔丝容量不合适。

（7）相间距离不足 0.5m，跌落熔断器安装倾斜角超出 150°～300° 范围。

2. 跌落式熔断器的运行维护

（1）熔断器具额定电流与熔体及负荷电流值是否匹配合适，若配合不当必须进行调整。

（2）熔断器的操作须仔细认真，特别是合闸操作，用力应适当，并使动、静触头接触良好。

（3）熔管内必须使用标准熔体，禁止用铜丝铝丝代替熔体，更不准用铜丝、铝丝等将触头绑扎住使用。

（4）对新安装或更换的熔断器，必须满足规程质量要求，熔管安装角度在 15°～30° 范围内。

（5）熔体熔断后应更换新的同规格熔体，不可将熔断后的熔体连接起来再装入熔管继续使用。

（6）对熔断器进行巡视时，如发现放电声，要尽早安排处理。

（二）跌落式熔断器的检修

跌落式熔断器发现缺陷时，一般整支或整组进行更换。

作业危险点及控制措施：

（1）拆装时作业人员高空坠落摔伤：作业人员应戴安全帽，处于高空作业位置时不应失去安全带的保护。

（2）重物砸伤作业人员：物件传递应使用传递绳，禁止抛扔；物件在传递过程中悬挂应牢固。

三、柱上开关的运行维护及检修

柱上即柱上断路器，可以在正常情况下切断或接通线路，并在线路发生短路故障时，能够将故障线路手动或自动切断，即它是一种担负控制与保护双重任务的开关设备。主要用于架空配电线路，在较大容量配电网中大多用作开断线路；在较小容量配电网中用作开断线路和保护使用。按灭弧介质分类，柱上可分为油断路器、真空断路器、SF_6 断路器。

（一）柱上断路器的运行维护

1. 正常巡视周期

装于市区的一般每月至少巡视一次，郊区及农村的一般每季至少巡视一次。

2. 柱上断路器的巡视内容

（1）外壳有无渗、漏油和锈蚀现象。

（2）套管有无破损、裂纹、严重脏污和闪络放电的痕迹。

（3）断路器的固定是否牢固：引线接点和接地是否良好；线间和对地距离是否足够。

（4）油位是否正常。

（5）断路器分、合位置指示是否正确、清晰。

（二）柱上开关的检修

以真空断路器为例进行简介。

1. 真空断路器检修项目

（1）断路器操作检测。手动进行断路操作数次，断合状态正确，动作良好，指示正确。

（2）主触头。确认弹簧状态，清除灰尘、旧油脂，然后以新油脂薄薄均匀地涂抹。

（3）外部总体。各紧固件紧固，清扫压制的绝缘材料和绝缘体。

（4）操动机构及控制部件。控制电路导线的连接是否紧固，螺栓及螺母的连接是否松脱，检查轴和锁之间的连接是否变干，若油变干，则加少量的机油。

（5）检查可见的辅助开关的动作及接触情况是否良好，若出现异常则查出原因，修理或更换。

（6）绝缘电阻的测量。使用 1000V 绝缘电阻表测量，主接触部位对地的绝缘电阻参考值为 500MΩ 以上。

2. 作业危险点及控制措施

（1）拆装时作业人员高空坠落摔伤。作业人员应戴安全帽，处于高空作业位置时不应失去安全带的保护。

（2）重物砸伤作业人员。物件传递应使用传递绳，禁止抛扔；物件在传递过程中悬挂牢固；起重设备应选用检验合格的设备，作业前应确认无问题后方可使用。

四、避雷器的运行维护及检修

避雷器是用来限制过电压幅值的保护电器，它与被保护设备并联，当过电压值达到避雷器的动作电压时，避雷器自动导通，将电流通过接地装置泄入大地，过电压过后，又自动关闭不导通，从而保护了与其并联的电气设备。避雷器常见为阀式避雷器、磁吹阀式避雷器、金属氧化物避雷器，现在配电线路普遍采用的为金属氧化物避雷器，它由氧化锌电阻片、绝缘外套及附件组成。

（一）避雷器的运行维护

1. 避雷器的正常使用条件

（1）适合于户内外运行。

（2）环境温度为–40～+40℃。

（3）可经受阳光的辐射。

（4）海拔高度不超过其设计高度。

（5）电源的频率不小于 48Hz、不超过 62Hz。

（6）长期施加于避雷器的工频电压不超过避雷器持续运行电压的允许值。

（7）地震烈度 7 度及以下地区。

2. 避雷器维护检查项目

在运行中应与被保护的配电装置同时进行巡视检查。

（1）检查瓷质部分是否有破损、裂纹及放电现象。

（2）接地引线有无烧伤痕迹和断股现象。

（3）10kV 避雷器上帽引线处密封是否严密，有无进水现象。

（4）瓷套表面有无严重污秽。

（5）检查放电记录器是否动作。

（6）检查引线接头是否牢固。

（7）检查避雷器内部是否有异常音响。

（8）检查避雷器是否齐全，有无漏投。

（9）避雷器安装前的检查。

1）避雷器额定电压与线路电压是否相同。

2）瓷件表面是否有裂纹、破损和闪络痕迹及掉釉现象。如有破损，其破损面应在 0.5cm^2 以下，在不超过 3 处时可继续使用。

3）将避雷器向不同方向轻轻摇动，内部应无松动的响声。

4）检查瓷套与法兰连接处的胶合和密封情况是否良好。

（二）避雷器的检修

1. 避雷器常见问题

（1）瓷件表面有裂纹、破损和闪络痕迹及掉釉现象。

（2）避雷器内部受潮。

（3）避雷器运行中爆炸。

（4）表面严重脏污。

2. 避雷器的检修

（1）瓷件表面有裂纹、破损和闪络痕迹及掉釉现象的处理方法。其破损面应在 0.5cm^2 以下，在不超过 3 处时可继续使用，如超过进行更换。

（2）避雷器内部受潮的处理方法。对避雷器进行轻微烘烤，若天晴可晾晒，而后对避雷器做考核

模块2 ZY3300304002

试验，同时检查避雷器上帽是否出现严重松动现象，瓷套是否有裂纹。

（3）避雷器运行中爆炸的处理方法。立即更换合格的避雷器。

（4）表面严重脏污的处理方法。因为当瓷套表面受到严重污染时，将使电压分布很不均匀，必须及时清扫。

避雷器部件出现下列情况应更换：

（1）严重烧伤的电极。

（2）严重受潮、膨胀分层的云母垫片。

（3）击穿、局部击穿或闪络的阀片。

（4）严重受潮的阀片。

（5）非线性并联电阻严重老化，泄漏电流超过运行规程规定的范围者。

（6）严重老化龟裂或严重变形、失去弹性的橡胶密封件。

（7）绝缘外套破损。

3. 作业危险点及控制措施

（1）拆装时作业人员高空坠落摔伤。作业人员应戴安全帽，处于高空作业位置时，不应失去安全带的保护。

（2）重物砸伤作业人员。物件传递应使用传递绳，禁止抛扔；物件在传递过程中悬挂牢固。

五、电容器的运行维护及检修

电力电容器是一种静止的无功补偿设备。它的主要作用是向电力系统提供无功功率，提高功率因数。把电容器串联在线路上，可以减少线路电压损失，提高线路末端电压水平，减少电网的功率损失和电能损失，提高输电能力；把电容器并联在线路上，减少了线路能量损耗，可改善电压质量，提高功率因数，提高系统供电能力。电力电容器串联或并联在电力线路中，都改善电力系统的电压质量和提高输电线路的输电能力，是电力系统的重要设备。

（一）电容器的运行维护

1. 电容器运行时的巡视检查

（1）正常巡视周期。装于室内的和市区的电容器一般每月至少巡视一次，户外（包括郊区及农村的）一般每季至少巡视一次。

（2）电容器正常巡视检查的内容。

1）瓷件有无闪络、裂纹、破损和严重脏污。

2）有无渗、漏油。

3）外壳有无鼓肚、锈蚀。

4）接地是否良好。

5）放电回路及各引线接点是否良好。

6）带电导体与各部的间距是否合适。

7）开关、熔断器是否正常、完好。

8）并联电容器的单台熔丝是否熔断。

9）串联补偿电容器的保护间隙有无变形、异常和放电痕迹。

10）装置有无异常的振动、声响和放电声。

11）环境温度不应超过40℃。运行中电容器芯子最热点温度不超过60℃，电容器外壳温度不得超过55℃。

12）自动投切装置动作正确。

2. 电容器的操作

（1）在正常情况下的操作。电容器组在正常情况下的投入或退出运行，应根据系统无功负荷潮流和负荷功率因数以及电压情况来确定。正常情况下，配电室停电操作时，应先拉开电容器开关，后拉开各路出线开关。正常情况下，配电室恢复送电时，应先合各路出线开关，后合电容器组的开关。

（2）在异常情况下的操作。

1）发生下列情况之一时，应立即拉开电容器组开关，使其退出运行：

a. 当长期运行的电容器母线电压超过电容器额定的 1.1 倍，或者电流超过额定电流的 1.3 倍以及电容器油箱外壳最热点温度电容器室的环境温度超过 40℃时。

b. 装有功率因数自动控制器的电容器，当自动装置发生故障时，应立即退出运行，并应将电容器组的自动投切改为手动，避免电容器组因自动装置故障频繁投切。

c. 电容器连接线接点严重过热或熔化。

d. 电容器内部或放电装置有严重异常响声。

e. 电容器外壳有较明显异形膨胀时。

f. 电容器瓷套管发生严重放电闪络。

g. 电容器喷油起火或油箱爆炸时。

2）发生下列情况之一时，不查明原因不得将电容器组合闸送电：

a. 当配电室事故跳闸，必须将电容器组的开关拉开。

b. 当电容器组开关跳闸后不准强送电。

c. 熔断器熔丝熔断后，不查明原因，不准更换熔丝送电。

（二）电容器的检修

1. 检修周期

经过检查与试验并结合运行情况，如判定电容器存在内部故障或本体严重渗漏油时，和制造厂对检修周期有明确要求时，应进行检修。

2. 检修方案

（1）准备工作。

1）人员组织及分工，并负责以下任务：安全、技术、试验、工具保管、质量检验等。

2）检查项目和质量标准。

3）试验项目及标准。

4）确保施工安全、质量的技术措施和现场防火措施。

5）主要施工工具、设备明细表，主要材料明细表。

（2）作业危险点及控制措施。

1）人身感电。电容器退出运行时，内部会有剩余电荷放不掉，检修作业前应逐个逐相进行放电。

2）高空坠落。检修人员在登高作业过程中戴安全帽，并不得失去安全带的保护。

3）重物打击。检修人员在检修过程中应戴安全帽，物件上下传递应使用传递绳。

六、接地装置的运行维护及检修

（一）接地装置的运行维护

接地是确保电气设备正常工作和安全防护的重要措施，电气设备接地通过接地装置实施接地。接地装置是接地体和接地线的总称。接地装置运行中，接地线和接地体会因外力破坏或腐蚀而损伤或断裂，接地电阻也会随土壤变化而发生变化，因此，必须对接地装置定期进行检查和试验。

1. 检查周期

（1）变（配）电站的接地装置一般每年检查一次。

（2）根据车间或建筑物的具体情况，对接地线的运行情况一般每年检查 1～2 次。

（3）各种防雷装置的接地装置每年在雷雨季前检查一次。

（4）对有腐蚀性土壤的接地装置，应根据运行情况一般每 3～5 年对地面下接地体检查一次。

（5）手持式、移动式电气设备的接地线应在每次使用前进行检查。

（6）接地装置的接地电阻一般 1～3 年测量一次。

2. 检查项目

（1）接地引线有无破损及腐蚀现象。

（2）接地体与接地引线连接线夹或螺栓是否完好、紧固。

（3）接地保护管是否完整。

(4) 接地体的接地圆钢、扁钢有无露出、被盗、浅埋等现象。

(5) 在土壤电阻率最大时测量接地装置的接地电阻，并对测量结果进行分析比较。

(6) 电气设备检修后，应检查接地线连接情况是否牢固可靠。

(二) 接地装置的检修

1. 接地装置常见缺陷

(1) 接地体锈蚀。

(2) 外力破坏，如撞击、被盗等。

(3) 假焊、地网外露。

(4) 接地电阻超过规定值。

2. 接地装置检修

(1) 接地体锈蚀的处理方法。当接地体锈蚀时，接地体上下引线连接点连接不牢，增大接触电阻，达不到原设计的要求，失去接地保护的作用，应及时进行处理。用钢丝刷将所有外露接地体的锈蚀部分擦拭除锈，再用干棉纱布揩净尘锈，然后涂上红丹或黄油。对埋设的部分接地体，应用锄头挖去表层泥土，视锈蚀情况如何，可进行除锈或驳焊钢筋，再覆土整平并做好记录。对于锈蚀严重的接地体，应及时进行更换。

(2) 外力破坏、假焊和地网外露的处理方法。

1) 轻度外力破坏变形，可进行矫形复位，必要时可设置警示标志。

2) 发现接地网有假焊缺陷，应进行补焊，同时重新测量接地电阻，并做好记录。

3) 由于水土流失或人为取土，造成接地体外露，应及时进行覆土工作，必要时可设置保护电力设施的警示标志。

(3) 降低接地电阻的方法。

1) 应尽量利用杆塔金属基础、钢筋水泥基础、水泥杆的底盘、卡盘、拉线盘等自然接地。

2) 应尽量利用杆塔基础坑埋设人工接地体，这样既减少土方，又可深埋，还能避免地表干湿的影响。

3) 利用化学处理的方法增加地网抗阻功能，即用土壤质量左右的食盐，加木炭与土壤混合，或使用减阻剂。

3. 作业危险点及控制措施

(1) 人身感电。拆装接地装置引下线与接地体连接螺栓时，应戴绝缘手套。

(2) 高空坠落。检修人员在登高作业过程中戴安全帽，并不得失去安全带的保护。

(3) 重物打击。检修人员在检修过程中应戴安全帽，物件上下传递应使用传递绳。

【思考与练习】

1. 配电变压器的大修项目有哪些?

2. 电容器的巡视检查项目有哪些?

3. 接地装置常见缺陷有哪些?

模块 3 10kV 配电设备常见故障及处理 (ZY3300304003)

【模块描述】 本模块包含配电变压器、跌落式熔断器、真空断路器、避雷器、电容器、接地装置等配电设备常见故障类型及处理方法。通过概念描述、流程介绍、案例分析、要点归纳，掌握配电设备常见故障现象及处理方法。

【正文】

运行中的配电设备常见故障有设备绝缘故障、设备内部相间短路、设备接地等，本部分就配网中一些典型设备的常见故障及处理方法进行论述。

一、配电变压器

变压器是电力系统中十分重要的供电元件，它的故障将对供电可靠性和系统的正常运行带来严重的影响。运行中常见变压器故障主要有绕组故障、调压分接开关故障、绝缘套管故障等。

（一）绕组故障

1. 现象

绕组故障主要有匝间短路、相间短路、绕组接地、断线等故障，因为油箱内故障时产生的电弧，将引起绝缘物质的剧烈汽化，从而可能引起爆炸。当出现绕组故障时，一般都会出现变压器过热、油温升高、音响中夹有爆炸声或“咕嘟咕嘟”的冒泡声等故障现象。

2. 原因

（1）制造或检修时，局部绝缘受到损害。

（2）散热不良或长期过载引起绝缘老化。

（3）绝缘油受潮或油面过低使部分绕组暴露在空气中未能及时处理。

（4）绕组压制不紧，在短路电路冲击下绕组发生变形，使绝缘损坏。

3. 处理

当出现故障时，应根据故障现象、负荷情况及变压器检修情况等对故障类型做出准确判断，并及时停电进行检修。

（二）绝缘套管故障

1. 现象

常见的是炸毁、闪络、漏油、套管间放电等现象。

2. 原因

（1）密封不良、绝缘受潮裂化。

（2）外力损伤。

（3）变压器箱盖上落异物。

3. 故障处理

在大雾或小雨时造成污闪，应清理套管表面的脏污，再涂上硅油或硅脂等涂料；变压器套管有裂纹引起闪络接地时，应清扫套管表面或更换套管；变压器套管间放电，应检查并清扫套管间的杂物。

（三）分接开关故障

1. 现象

常见的是表面熔化与灼伤、相间触头放电或各接头放电。

2. 原因

（1）连接螺栓松动。

（2）分接头绝缘板绝缘不良。

（3）接头接触不良。

（4）弹簧压力不足等。

3. 故障处理

当出现这种情况时需停电进行检修。

（四）变压器着火

1. 现象

变压器着火或变压器发生爆炸。

2. 原因

（1）套管破损和闪烙，变压器油流出并在变压器顶部燃烧。

（2）变压器内部故障使外壳或散热器破裂，燃烧着的变压器油溢出。

3. 故障处理

发生这类故障时，应先将变压器两侧电源断开，然后再进行灭火。变压器灭火应选用绝缘性能较好的气体灭火器或干粉灭火器，必要时可使用砂子灭火。

（五）喷油爆炸

1. 现象

变压器喷油爆炸。

2. 原因

（1）变压器内部发生短路产生电弧。

（2）变压器内部断线产生电弧。

3. 故障处理

发生这类故障时，应先将变压器退出运行，再进行检修。

二、跌落式熔断器

跌落式熔断器是高压配电线路上最常用的防止过负荷及短路的保护设备。跌落式熔断器出现故障时，会丧失保护作用，甚至引起故障扩大化，引起上一级保护动作。跌落式熔断器常见故障有烧熔丝管、熔丝管误跌落故障、熔丝误断等。

（一）烧熔丝管

1. 现象

熔丝管烧损。

2. 原因

（1）由于熔丝熔断后，熔丝管不能自动跌落，电弧在管子内未被切断，形成了连续电弧而将管子烧坏。

（2）熔丝管常因上下转动轴安装不正，被杂物阻塞，以及转轴部分粗糙，因而阻力过大、不灵活等原因，以致当熔丝熔断时，熔丝管仍短时保持原状态不能很快跌落，灭弧时间延长而造成烧管。

3. 故障处理

跌落式熔断器由于价格较低，在出现本体故障时，一般整只或整组进行更换。

（二）熔丝管误跌落

1. 现象

熔丝管不正常跌落。

2. 原因

（1）有些开关熔丝管尺寸与上下静触头接触部分尺寸匹配不合适，极易松动，一旦遇到大风就会被吹落。

（2）上静触头的弹簧压力过小，且在鸭嘴内的直角突起处被烧伤或磨损，不能卡住熔丝管子也是造成熔丝管误跌落的原因。

3. 故障处理

调整熔丝管尺寸与上下静触头接触部分尺寸，或调整上静触头的弹簧压力，或整只整组进行更换。

（三）熔丝误断

1. 现象

熔丝管熔丝熔断。

2. 原因

（1）熔断器额定断开容量小，其下限值小于被保护系统的三相短路容量，熔丝误熔断。

（2）熔丝质量不良，其焊接处受到温度及机械力的作用后脱开，也会发生误断。

3. 故障处理

将熔断器熔丝与被保护设备的参数容量进行核对，如果发现熔丝选用不当或质量不合格时，及时更换熔丝。

三、真空断路器

真空断路器主要故障有真空灭弧室真空度降低、操动机构故障。

（一）真空灭弧室真空度降低

1. 现象

真空断路器开断过电流的能力下降，断路器的使用寿命急剧下降，严重时会引起断路器爆炸。

2. 原因

（1）真空断路器出厂后，经过多次运输颠簸、安装振动、意外碰撞等，可能产生玻璃或陶瓷封接的渗漏。

（2）真空灭弧室材质或制作工艺存在问题，多次操作后出现漏点。

3. 故障处理

更换真空灭弧室，并做好行程、同期、弹跳等特性试验。

（二）真空断路器操动机构故障

1. 现象

断路器拒动，即给断路器发出操作信号而不合闸或分闸；合不上闸或合上后即分断；事故时继电保护动作，断路器分不下来；烧坏合闸线圈等现象。

2. 原因

（1）断路器拒动，可能是操作电源失电压或欠电压；操作回路断开；合闸线圈或分闸线圈断线；机构上的辅助开关触点接触不良。

（2）合不上闸或合上后即分断，可能是操作电源欠电压；断路器动触杆接触行程过大；辅助开关联锁触点断开；操动机构的半轴与掣子扣接量太小（对CD17型机构或弹簧机构），或CD10操动机构的一字板未调整好等。

（3）事故时继电保护动作，断路器分不下来，可能是分闸铁芯内有异物使铁芯受阻动作不灵；分闸脱扣半轴转动不灵活；分闸的铜撬板太靠近铁芯的撞头，使铁芯分闸时无加速力；半轴与掣子扣接量太大；分闸顶杆变形严重，分闸时卡死；分闸操作回路断线。

（4）烧坏合闸线圈，可能是合闸后直流接触器不能断开；直流接触器合闸后分不了闸或分闸延缓；辅助开关在合闸后没有联动转至分闸位置；辅助开关松动，合闸后控制接触器的电触点没有断开。

3. 故障处理

真空断路器出现操动机构故障时，应及时将开关退出运行，交检修部门进行检修处理。

四、避雷器

避雷器是电力系统所有电力设备绝缘配合的基础设备。合理的绝缘配合是电力系统安全、可靠运行的基本保证。

由于避雷器是全密封元件，一般不可以拆卸。同时使用中一旦出现损坏，基本上没有修复的可能。避雷器常见故障有：

（一）复合绝缘氧化物避雷器

1. 现象

避雷器损坏。

2. 原因

雷击。

3. 故障处理

将避雷器退出运行，更换合格的避雷器。

（二）阀型避雷器

1. 现象

避雷器瓷套有裂纹，避雷器内部异常或套管炸裂，避雷器在运行中突然爆炸，避雷器动作指示器内部烧黑或烧毁。

2. 原因

老化、雷击、外力破坏。

3. 故障处理

将避雷器退出运行，更换合格的避雷器。

五、电容器

1. 现象

渗漏油、外壳膨胀、温度过高、套管闪络、异常响声。

2. 原因

（1）主要是由于产品质量不良，运行维护不当，以及长期运行缺乏维修导致外皮生锈腐蚀而造成的。

（2）外壳膨胀。由于电场作用，使得电容器内部的绝缘物游离，分解出气体或者部分元件击穿，电极对外壳则放电，使得密封外壳的内部压力增大，导致外壳膨胀变形。

（3）温度过高。主要原因是电容器过电流和通风条件差，电容器长期在超过规定温度的情况下运行，将严重影响其使用寿命，并会导致绝缘击穿等事故使电容器损坏。

（4）套管闪络。套管表面因污秽可能引起闪络放电，造成电容器损坏和开关跳闸。

（5）异常响声。电容器在运行过程中不应该发出特殊响声。如果在运行中发有“滋滋”声或“咕咕”声，则说明外部或内部有局部放电现象。

3. 故障处理

当发现电容器有外壳膨胀、漏油、套管破裂、内部声音异常、外壳和接头发热、熔断器熔断时，应立即切断电源。当发现电容器开关跳闸后，应检查送电回路和电容器本身有无故障，若由于外部原因造成，可处理后进行试投，否则应对电容器进行逐台检查试验，未查明原因前，不得投运；处理电容器故障时，应先将有关开关和隔离开关断开，并将电容器充分放电。

六、接地装置

1. 现象

设备无法正常运行，相电压不平衡。

2. 原因

（1）接地体与接地引线连接线夹或螺栓丢失。

（2）接地保护管遭外力破坏，如撞击等。

（3）接地体的接地圆钢、扁钢等被盗。

3. 故障处理

应立即进行补修，修复后重新测量接地，并做好记录。

七、案例分析

在对配电变压器巡视过程中，发现运行中的某配电变压器发出异常音响，用合格绝缘杆或干木棍一头抵在变压器外壳上，一头放于耳边，仔细倾听，发现变压器发出连续的嗡嗡声比平常加重。经测试，变压器二次电压和油温正常，并且负荷没有突变现象。综合这些现象，初步断定变压器内部铁芯可能松动。因为运行中的变压器出现故障时，通常都伴有异常音响。当音响中夹有爆炸声时，可能是变压器的内部有绝缘击穿现象；当音响中夹有放电声时，可能是套管发生闪络放电；只有变压器内部铁芯松动时，才会出现连续的嗡嗡声比平常加重，并且电压和油温正常还指示正常现象。所以停止变压器的运行，进行测试、检修。

【思考与练习】

1. 变压器的常见故障有哪些，怎么处理？
2. 接地装置常见故障现象有哪些？
3. 跌落式熔断器的常见故障有哪些？
4. 真空断路器的常见故障有哪些？

模块 4　10kV 开关站的运行维护（ZY3300304004）

【模块描述】本模块包含 10kV 开关站运行维护管理制度、巡视和检查规定、缺陷管理和危险点分析等内容。通过概念描述、流程介绍、要点归纳，掌握 10kV 开关站的运行维护和巡视检查。

【正文】

一、运行维护管理制度

开关站的运行维护管理，首先应建立完善的运行值班制度、交接班制度、设备巡回检查制度、闭锁装置防误管理制度、运行岗位责任制、设备验收制度、培训制度等，并应严格遵守制度。

1. 值班制度

开关站因为数量多，设备又规范、单一，所以一般是不对每座开关站都单独配备专门的值班人员值班，而是对某些、某片区域的开关站配备足够的专业人员进行运行值班。

值班人员应严格遵守值班制度，值班期间应穿工作服，佩带值班标志。在当值期间，要服从指挥，恪尽职守，及时完成各项运行、维护、倒闸操作等工作。值班期间进行的工作，都要填写到记录中。每次操作联系、处理事故等联系，均应进行录音。

2. 交接班制度

值班人员进行交接班时，应遵照现场交接班制度进行交接，未办完交接手续之前，不得早退。在处理事故或倒闸操作时，不得进行交接班。交接班时发生事故，应停止交接班，由交班人员处理，接班人员在交班正值指挥下协助工作。

交接班的主要内容：当班所进行的操作情况及未完的操作任务；使用中的和已收到的工作票；使用中的接地线号数及装设地点；发现的运行设备缺陷和异常运行情况；继电保护、自动装置动作和投撤变更情况；事故异常处理情况及有关交代；上级命令、指示内容和执行情况；一、二次设备检修试验情况。接班人员将检查结果互相汇报，认为可以接班时，方可签名接班。接班后根据天气、运行方式、工作情况、设备情况等，安排本班工作，做好事故预想。

3. 设备巡回检查制度

设备巡回检查制度是一项及时发现设备缺陷、掌握设备技术状况、确保安全运行的重要制度。巡回检查应严格按规定的路线和现场运行规程的规定逐项进行检查。

4. 闭锁装置防误管理制度

为贯彻“安全第一、预防为主”的安全生产方针及“保人身、保电网、保设备”的原则，防止电气误操作事故的发生，运行人员应严格执行防误闭锁装置管理制度，使防止电气误操作的措施贯穿于开关站管理的全过程。

5. 运行岗位责任制

值班人员在当值内，必须思想集中，坚守岗位，进行事故预想，随时准备处理各种事故和异常运行情况，切实做好值班工作，确保安全运行，认真执行“两票三制”（“两票”指“工作票、操作票”，“三制”指“交接班制度、巡回检查制度、设备定期试验轮换制度”），精心操作，做好交接班工作。在10kV开关站现场处理事故或异常情况时，值班员必须沉着、果断、迅速、正确地分析判断和处理，尽量缩小事故范围，避免设备损坏和人员伤亡，尽快恢复对用户的供电，减少停电时间。服从分配，听从指挥，积极完成上级下达的任务。努力学习技术业务，严格遵守劳动纪律，班前不酗酒，上班不迟到早退，不擅自离开工作岗位，不打瞌睡，着装规范，不做与工作无关的事。

6. 设备验收制度

设备验收制度是保证电气设备检修后做到修必修好，保证检修周期，避免返工重修和减少临修的一项重要制度。运行人员的验收工作应根据验收项目表及检修工作负责人交底、检修记录逐条逐项进行，对验收情况详细记入相应的栏目中。对检修质量不合格的设备，运行人员应提出返工及处理要求，并报告设备主管部门。

7. 培训制度

运行人员必须经过上岗考试和审批手续，方可担任正式值班工作。因工作调动或其他原因离岗3个月以上者，必须经过培训并履行考试和审批手续后方可上岗正式担任值班工作。运行单位应根据上级规定的培训制度和年度培训计划要求，按期完成培训计划。其培训标准如下：

（1）熟练掌握设备结构、原理、性能、技术参数和设备布置情况，以及设备的运行、维护、倒闸操作方法和注意事项。掌握一、二次设备的接线和相应的运行方式，能审核设备检修、试验、检测记录，并能根据设备运行情况和巡视结果，分析设备健康状况，掌握设备缺陷和运行薄弱环节。

（2）正确掌握调度、运行、安全规程和运行管理制度的有关规定，以及检修、试验、继电保护规程的有关内容，正确执行各种规程制度，熟练掌握现场运行规程。遇有扩建工程或设备变更时，能及时修改和补充现场运行规程，保证倒闸操作、事故处理正确。熟练掌握倒闸操作技术，能正确执行操作程序，迅速、正确地完成各项倒闸操作任务。掌握各种设备的操作要领和一、二次设备相应的操作程序，熟知每一项操作的目的。

二、巡视和检查

巡视和检查一般应由两人一起进行。运行人员在巡视设备时应兼顾安全保卫设施的巡视。运行人员应根据本地区的气候特点和设备实际，制定相应的设备防高温和防寒措施。雨季来临前对可能积水的地下室、电缆沟、电缆隧道的排水设施进行全面检查和疏通，做好防进水和排水措施。下雨时对房屋渗漏、下水管排水情况进行检查。雨后检查地下室、电缆沟、电缆隧道等积水情况，并及时排水，室内潮气过大时做好通风工作。每年用电高峰来临前应对柜内电气连接部分进行一次红外测温检查，以便及时处理过热缺陷。

对各种值班方式下的巡视时间、次数、内容，各运行单位应做出明确规定。值班人员应按规定认真巡视检查设备，提高巡视质量，及时发现异常和缺陷，及时汇报调度和上级，杜绝事故发生。一般来说，每月至少应进行全面巡视一次，内容主要是对设备全面的外部检查，对缺陷有无发展做出鉴定，检查设备的薄弱环节，检查防火、防小动物、防误闭锁装置等有无漏洞，检查接地网及引线是否完好。每季进行夜间巡视一次，内容是检查设备有无电晕、放电，接头有无过热现象，并作好记录。

1. 遇下列情况之一者，应做特巡检查

（1）10kV开关站设备新投入运行、设备经过检修或改造、长期停运后重新投入系统运行。

（2）遇台风、暴雨、大雪等特殊天气。

（3）与10kV开关站相关的线路跳闸后的故障巡视。

（4）10kV开关站设备变动后的巡视。

（5）异常情况下的巡视，主要是指设备发热、跳闸、有接地故障情况等，应加强巡视。

2. 10kV开关站一般检查项目及标准

（1）设备表面应清洁，无裂纹及缺损，无放电现象和放电痕迹，无异声、异味，设备运行正常。

（2）各电气连接部分无松动发热。

（3）各连接螺栓无松动脱落现象。

（4）电气设备的相色应醒目。

（5）防护装置完好，带电显示装置配置齐全，功能完善。

（6）照明电源及开关操作电源供电正常。

（7）表计指示正常，信号灯显示正确，设备无超限额值。

（8）开关柜无锈蚀，电缆进出孔封堵完好。

3. 除上述检查项目外，10kV开关站还应进行如下分项检查

（1）10kV开关。

1）真空泡表面无裂纹，SR开关气压指示正常。

2）分、合闸位置正确，控制开关与指示灯位置对应。

3）操动机构已储能、外罩及间隔门关闭良好。

4）端子排接线无松动。

（2）隔离开关。

1）隔离开关的触头接触良好，合闸到位，无发热现象。

2）操作把手到位，轴、销位置正常。

3）隔离开关的辅助开关接触良好。

（3）避雷器。

1）避雷器外壳无损。

2）避雷器的接地可靠。

（4）互感器。

1）互感器整体无发热现象。

2）表面无裂纹。

3）无异常的电磁声。

4）电流回路无开路，电压回路无短路。

5）高、低压熔丝接触良好，无跳火现象。

（5）母线。

1）母线无严重积尘，无弯曲变形，无悬挂物。

2）支持绝缘子无裂缝。

3）各金具牢固、无变位。

4）绝缘子法兰无锈蚀。

（6）电力电缆。

1）终端头三叉口处无裂逢。

2）电缆固定抱箍坚固，电缆头无受力情况。

3）电缆接地牢固，接地线无断股。

（7）土建、环境及其他。

1）10kV 开关站门窗完好无损，门锁完好。

2）10kV 开关站整体建筑完好，地基无下沉，墙面整洁、无剥落。

3）防鼠挡板安置密封、无缝隙，电缆层、门窗铁丝网完好。

4）户内、外电缆盖板完好，无断裂、缺少。电缆孔洞防火处理完好，电缆沟内无积水，进出洞孔封堵牢固，排水、排风装置工作正常。

5）接地无锈蚀，隐蔽部分无外露。

6）室内、柜内照明系统正常。

三、缺陷管理

缺陷管理的目的是掌握运行设备存在的问题，以便按轻、重、缓、急消除缺陷，提高设备的健康水平，保障设备的安全运行，为大修、更新、改造设备提供依据。“设备缺陷”是指运行中供电设备任何部件的损坏、绝缘不良或处于不正常的 运行状况。设备缺陷应按一定的原则进行分类，按分类安排消除缺陷工作，并实行闭环管理。

（1）缺陷按下列原则分类。

1）一般缺陷。指对近期安全运行影响不大的缺陷，可以列入年、季度检修计划或在日常维护工作予以消除。

2）重大缺陷。指缺陷比较严重，但设备仍可短期继续安全运行，该缺陷在一个月内消除，消除前应加强监视。

3）紧急缺陷。指严重程度已使设备不能继续安全运行，随时可能导致发生事故危及人身安全的缺陷，必须在 24h 内消除或采取必要的安全技术措施进行临时处理。

（2）缺陷闭环处理流程。缺陷处理的一般流程：发现缺陷→登记缺陷记录→填写缺陷单→审核并上报→缺陷汇总→列入工作计划→检修（运行人员处理）→消缺反馈→资料保存。

（3）生技部门要督促各单位贯彻执行本要求，并检查执行情况。接到设备缺陷处理申请后，应立即开列生产工作联系单到检修部门，并督促其落实实施。

（4）运行部门要及时掌握主要设备危急和严重缺陷。每年对设备缺陷进行综合分析，根据缺陷产生的规律，提出年度反事故措施，报上级主管部门。在运行班组的定期巡检或在施工检修中发现 10kV 开关站的设备缺陷，由运行班组认真填写 10kV 开关站的设备缺陷，运行班组能处理的应立即处理消缺，运行班组不能处理的缺陷，由运行班组填报设备缺陷处理申请书至生技部门。缺陷处理完毕，由运行部门（或专业技术人员）负责验收，恢复供电，并及时填写设备消缺记录。

四、危险点分析

设备有发生接地故障的可能时，进行巡线应防止触电伤害，具体控制措施如下：

（1）事故巡线应始终认为线路带电。即使明知该线路已停电，也应认为线路有随时恢复送电的可能。

（2）高压设备发生接地时应注意室内不得接近故障点 4m 以内，室外不得接近故障点 8m 以内。进入上述范围的人员应穿绝缘靴，接触设备的外壳和构架时，应戴绝缘手套。

五、案例

2005 年 4 月 24 日××供电公司 10kV ××线变电站显示接地故障，调度指示配电班人员进行巡视，配电班工作人员李××由于未采取相应的防护措施在巡视××开关站时发生 10kV 触电，经抢救无效死亡。

分析原因　开关站属于高压设备，发生接地时，不得接近故障点 8m 以内。李××由于接近故障点距离太近并且未穿戴绝缘靴、绝缘手套，所以产生跨步电压，发生人生事故。

防范措施　高压设备发生接地时应注意室内不得接近故障点 4m 以内，室外不得接近故障点 8m 以内，并应穿戴绝缘靴、绝缘手套进行巡视。

解决办法　巡视应由两人一起进行，并应由熟悉该线路的工作人员进行，应穿戴绝缘靴、绝缘手套进行巡视。应使用接地故障指示仪、接地点测试仪或验电笔等工具在保证安全距离的情况下进行接地故障点查找。

【思考与练习】

1. 开关站运行中应建立什么制度？
2. 什么情况下，应对开关站进行特巡？

模块 5　10kV 箱式变电站的运行维护（ZY3300304005）

【模块描述】本模块包含 10kV 箱式变电站运行维护管理制度、巡视、检查和维护规定、缺陷管理和危险点分析等内容。通过概念描述、流程介绍、要点归纳，掌握 10kV 箱式变电站的运行维护和巡视检查。

【正文】

一、运行维护管理制度

箱式变电站的运行维护管理，首先应建立完善的运行值班制度、交接班制度、设备巡回检查制度、闭锁装置防误管理制度、运行岗位责任制、设备验收制度、培训制度等，并应严格遵守制度。

1. 值班制度

箱式变电站因为数量多，设备又规范、单一，所以一般是不对每座变电站都单独配备专门的值班人员值班，而是对某些、某片区域的变电站配备足够的专业人员进行运行值班的。

值班人员应严格遵守值班制度，值班期间应穿工作服，佩戴值班标志。在当值期间，要服从指挥，恪尽职守，及时完成各项运行、维护、倒闸操作等工作。值班期间进行的工作，都要填写到记录中。每次操作联系、处理事故等联系，均应进行录音。

2. 交接班制度

值班人员进行交接班时，应遵照现场交接班制度进行交接，未办完交接手续之前，不得早退。在处理事故或倒闸操作时，不得进行交接班。交接班时发生事故，应停止交接班，由交班人员处理，接班人员在交班正值指挥下协助工作。

交接班的主要内容：当班所进行的操作情况及未完的操作任务；使用中的和已收到的工作票；使用中的接地线号数及装设地点；发现的运行设备缺陷和异常运行情况；继电保护、自动装置动作和投撤变更情况；事故异常处理情况及有关交代；上级命令、指示内容和执行情况；一、二次设备检修试验情况。接班人员将检查结果互相汇报，认为可以接班时，方可签名接班。接班后根据天气、运行方式、工作情况、设备情况等，安排本班工作，做好事故预想。

3. 设备巡回检查制度

设备巡回检查制度是一项及时发现设备缺陷、掌握设备技术状况、确保安全运行的重要制度。巡回检查应严格按规定的路线和现场运行规程的规定逐项进行检查。

4. 闭锁装置防误管理制度

为贯彻“安全第一、预防为主”的安全生产方针及“保人身、保电网、保设备”的原则，防止电气误操作事故的发生，运行人员应严格执行防误闭锁装置管理制度，使防止电气误操作的措施贯穿于开关站管理的全过程。

5. 运行岗位责任制

值班人员在当值内，必须思想集中，坚守岗位，进行事故预想，随时准备处理各种事故和异常运行情况，切实做好值班工作，确保安全运行，认真执行“两票三制”（“两票”指“工作票、操作票”，“三制”指“交接班制度、巡回检查制度、设备定期试验轮换制度”），精心操作，做好交接班工作。在10kV箱式变电站现场处理事故或异常情况时，值班员必须沉着、果断、迅速、正确地分析判断和处理，尽量缩小事故范围，避免设备损坏和人员伤亡，尽快恢复对用户的供电，减少停电时间。服从分配，听从指挥，积极完成上级下达的任务。努力学习技术业务，严格遵守劳动纪律，班前不酗酒，上班不迟到早退，不擅自离开工作岗位，不打瞌睡，着装规范，不做与工作无关的事。

6. 设备验收制度

设备验收制度是保证电气设备检修后做到修必修好，保证检修周期，避免返工重修和减少临修的一项重要制度。运行人员的验收工作应根据验收项目表及检修工作负责人交底、检修记录逐条逐项进行，对验收情况详细记入相应的栏目中。对检修质量不合格的设备，运行人员应提出返工及处理要求，并报告设备主管部门。

7. 培训制度

运行人员必须经过上岗考试和审批手续，方可担任正式值班工作。因工作调动或其他原因离岗 3 个月以上者，必须经过培训并履行考试和审批手续后方可上岗正式担任值班工作。运行单位应根据上级规定的培训制度和年度培训计划要求，按期完成培训计划。其培训标准如下：

（1）熟练掌握设备结构、原理、性能、技术参数和设备布置情况，以及设备的运行、维护、倒闸操作方法和注意事项。掌握一、二次设备的接线和相应的运行方式，能审核设备检修、试验、检测记录，并能根据设备运行情况和巡视结果，分析设备健康状况，掌握设备缺陷和运行薄弱环节。

（2）正确掌握调度、运行、安全规程和运行管理制度的有关规定，以及检修、试验、继电保护规程的有关内容，正确执行各种规程制度，熟练掌握现场运行规程。遇有扩建工程或设备变更时，能及时修改和补充现场运行规程，保证倒闸操作、事故处理正确。熟练掌握倒闸操作技术，能正确执行操作程序，迅速、正确地完成各项倒闸操作任务。掌握各种设备的操作要领和一、二次设备相应的操作程序，熟知每一项操作的目的。

二、巡视、检查

（1）箱式变电站的巡视、检查、试验周期见表 ZY3300304005-1。

表 ZY3300304005-1　　箱式变电站的巡视、检查、试验周期

序号	项　目	周　期	备　注
1	巡视检查	每月一次	重要箱式变电站适当增加巡视次数
2	电流电压测量	半年至少一次	
3	开关检查小修理	每年一次	
4	开关整定试验	2 年一次	
5	设备及各部件清扫检查	每年至少一次	
6	变压器绝缘电阻测量	4 年一次	
7	接地装置测试	2 年一次	
8	保护装置、仪表测试	2 年一次	

（2）箱式变电站的巡视检查内容。

1）箱式变电站的外壳是否有锈蚀和破损现象。

2）箱式变电站的围栏是否完好。

3）各种仪表、信号装置指示是否正常。

4）各种设备有无异常情况，各部接点有无过热现象，空气断路器、互感器有无异音，有无灼焦气

味等。

5）各种充油设备的油色、油温是否正常，有无渗、漏油现象。

6）各种设备的瓷件是否清洁，有无裂纹、损坏、放电痕迹等异常现象。

7）断路器的分、合位置是否正确。

8）箱体有无渗、漏水现象，基础有无下沉。

9）各种标志是否齐全、清晰。

10）低压母线的绝缘护套是否良好，有无过热现象。

11）箱式变电站内是否有正确的低压网络图。

12）周围有无威胁安全、影响工作和阻塞检修车辆通行的堆积物。

13）防小动物设施是否完好。

14）接地装置是否可靠，防雷装置是否完好。

（3）箱式变电站的特殊巡视规定。

1）特殊巡视。有对箱式变电站产生破坏性的自然现象和气候（如大风、雷雨、地震等）及其他异常情况（如电缆线路有可能被施工、运输、爆破等原因破坏）时进行的巡视。

2）夜间巡视。高峰负荷时间，检查设备各部接点发热情况，有雾和小雨加雪天检查电缆终端头、绝缘子、避雷器等放电情况，应由箱式变电站负责人根据具体情况确定巡视次数。

3）故障巡视。为巡查事故情况进行的巡视，巡视时应视设备是带电的，与其保持足够的安全距离。

4）监察性巡视。运行单位的领导、专责技术人员为了了解设备运行情况和检查维护人员工作，每半年至少进行一次巡视。

（4）箱式变电站巡视时的安全注意事项。

1）雷雨天气需要巡视时，应穿绝缘靴。

2）巡视时不得进行其他工作，要严格遵守安全工作规程的有关规定。

三、箱式变电站的维护

1. 变压器的维护

（1）套管是否清洁，有无裂纹、损伤、放电痕迹。

（2）油温、油色、油面是否正常，有无异音、异味。

（3）呼吸器是否正常，有无堵塞现象。

（4）各个电气连接点有无锈蚀、过热和烧损现象。

（5）分接开关位置是否正确、换接是否良好。

（6）外壳有无脱漆、锈蚀；焊口有无裂纹、渗油，接地是否良好。

（7）各部密封垫有无老化、开裂，缝隙有无渗漏油现象。

（8）各部分螺栓是否完整、有无松动。

（9）铭牌及其他标志是否完好。

（10）一、二次引线是否松弛，绝缘是否良好，相间或对构件的距离是否符合规定，对工作人员有无触电危险。

2. 高压负荷开关、隔离开关、熔断器和自动空气断路器的维护

（1）运行中的高压负荷开关设备经规定次数开断后，应检查触头接触情况和灭弧装置的消耗程度，发现有异变应及时检修或调换。高压负荷开关进线电缆有接在开关上口和下口的，应具体标明，在检修和维护过程中要特别注意。

（2）隔离开关、熔断器的维护。瓷件无裂纹、闪络破损及赃污；熔断管无弯曲、变形；触头间接触良好，无过热、烧损、熔化现象；引线接点连接牢固可靠，各部件间距合适；操动机构灵活、无锈蚀现象。

（3）DW 型空气断路器的维护。断路器在使用过程中各个转动部分应定期或定次数注入润滑油；

定期维护、清扫灰尘，以保持断路器的绝缘水平；当断路器遇到短路电流后，除必须检查触头外，还要清理灭弧罩两壁烟痕，如灭弧栅片烧损严重或灭弧罩碎裂，不允许再使用，必须更换灭弧罩。

（4）DZ 型断路器的维护。断路器断开短路电流后，应立即打开盖子进行检查。触头接触是否良好，螺钉、螺母是否松动。清除断路器内灭弧罩栅片上的金属粒子。检查操动机构是否正常。触头磨损 1/2 厚度的应更换新开关。

3. 高、低压盘的维护

（1）盘面应平整，不应有明显的凹凸不平现象。

（2）表面均应涂漆，并应有良好的附着力，不应有明显的不均匀、透出底漆。

（3）构架应有足够的机械强度，操作一次设备不应使二次设备误动作，构架应有接地装置。

（4）底脚平稳，不应有显著的前后倾斜、左右偏歪及晃动等现象，多面屏排列应整齐，屏间不应有明显的缝隙。

（5）焊接应牢固，无焊穿、裂缝等缺陷。

（6）金属零件的镀层应牢固，无变质、脱落及生锈现象。

（7）操作机械把手应灵活可靠，分、合指示正确。

4. 母线的维护

母线应连接严密，应有绝缘护套，接触良好，配置整齐美观，用黄、绿、红三色标示出相位关系，不同金属连接时，应采取防电化腐蚀的措施。母线在允许载流量下，长期运行时允许发热温度为 70℃短时最高温升为：铜母线排 250℃；铝母线排 150℃。

5. 箱式变电站的防雷设备与接地装置

（1）防雷装置应在雷雨季之前投入运行。

（2）防雷装置的巡视周期与箱式变电站的巡视周期相同。

（3）防雷装置检查、试验周期为一年一次，避雷器绝缘电阻试验一年一次，避雷器工频放电试验 3 年一次。

（4）箱式变电站所辖的电气设备的接地电阻测量每两年一次，测量接地电阻应在干燥天气进行。

（5）箱式变电站的接地装置的接地电阻不应大于 4Ω。

（6）箱式变电站内各部件接地应良好，引下线各接头应良好，接地卡子和引线连接处不应有锈蚀。

四、缺陷管理

（1）缺陷管理的目的是为了掌握运行设备存在的问题，以便按轻、重、缓、急消除缺陷，提高设备的健康水平，保证设备的安全运行。另一方面以缺陷进行全面分析总结变化规律，为大修、更新改造设备提供依据。

（2）缺陷按下列原则分类。

1）一般缺陷。指对近期安全运行影响不大的缺陷，可列入年、季检修计划或日常维护工作中去消除。

2）重大缺陷。指缺陷比较严重，但设备仍可短期继续安全运行的缺陷，该缺陷应在短期内消除，消除前应加强监视。

3）紧急缺陷。指严重程度已使设备不能继续安全运行，随时可能导致发生事故或危及人身安全的缺陷，必须尽快消除或采取必要的安全技术措施进行临时处理。

运行人员应将发现的缺陷详细记入缺陷记录内，并提出处理意见，紧急缺陷应立即向领导汇报，及时处理。

五、危险点分析

设备有发生接地故障的可能时，进行巡线应防止触电伤害，具体控制措施如下：

（1）事故巡线应始终认为线路带电。即使明知该线路已停电，也应认为线路有随时恢复送电的可能。

（2）高压设备发生接地时应注意室内不得接近故障点 4m 以内，室外不得接近故障点 8m 以内。

进入上述范围人员应穿绝缘靴，接触设备的外壳和构架时，应戴绝缘手套。

六、案例

2002年6月4日××供电公司10kV ××线变电所显示接地故障，调度指示配电班人员进行巡视，配电班工作人员赵××由于未采取相应的防护措施在巡视××箱式变电站时发生10kV触电，经抢救无效死亡。

分析原因　箱式变电站属于高压设备，发生接地时，不得接近故障点8m以内。赵××由于接近故障点距离太近，并且未穿戴绝缘靴、绝缘手套，所以产生跨步电压，发生人生事故。

防范措施　高压设备发生接地时应注意室内不得接近故障点4m以内，室外不得接近故障点8m以内，并应穿戴绝缘靴、绝缘手套进行巡视。

解决办法　巡视应由两人一起进行，并应由熟悉该线路的工作人员进行，应穿戴绝缘靴、绝缘手套进行巡视。应使用接地故障指示仪、接地点测试仪或验电笔等工具在保证安全距离的情况下进行接地故障点查找。

【思考与练习】

1. 箱式变电站的缺陷管理指什么？
2. 箱式变电站的巡视周期是如何规定的？

模块6　农网配电设备预防性试验标准及试验方法（ZY3300304006）

【模块描述】本模块包含配电变压器、有机物绝缘拉杆、断路器、隔离开关、负荷开关及高压熔断器、互感器、套管、悬式绝缘子和支柱绝缘子、电力电缆、电容器、绝缘油、避雷器、接地装置、二次回路、1kV以下配电线路和装置、1kV以上架空电力线路、低压电器等农网配电设备的预防性试验项目的周期、要求及方法。通过概念描述、术语说明、条文解释、列表示意、要点归纳，掌握农网配电设备预防性试验项目、标准和方法。

【正文】

配电设备的预防性试验，是配电运行维护人员的基础性工作之一。通过预防性试验，能够及时发现设备缺陷，并进行检修，这对预防事故的发生，确保设备安全运行起着重要的作用。

一、配电变压器预防性试验项目、周期、要求、方法

（1）测量直流电阻。测量时，连同绕组和套管一起，应在所有分接头位置进行。要求在1～3年或大修后或必要时进行。

1）1600kVA以及下三相变压器，各相测得值的相互差值应小于平均值的4%，线间测得值的相互差值应小于平均值的2%；1600kVA以上三相变压器，各相测得值的相互差值应小于平均值的2%，线间测得值的相互差值应小于平均值的1%。

2）变压器的直流电阻，与同温度下产品出厂实测数值比较，相应变化不大于2%。

（2）检查所有分接头的变压化，与制造厂铭牌数据相比应无明显差别，其变压比的允许误差在额定分接头位置时为±0.5%。要求在分接开关引线拆装后或更换绕组后或必要时进行。

（3）检查三相变压器的联结组别和单相变压器引出线的极性，必须与设计要求及铭牌上的标记和外壳上的符号相符。要求在更换绕组后进行。

（4）测量绕组连同套管的绝缘电阻、吸收比或极比指数，要求在1～3年或大修后或必要时进行。应符合下列规定：

1）绝缘电阻值应不低于产品出厂试验值的70%。油浸式电力变压器绝缘电阻的温度换算系数见表ZY3300304006-1。

当测量温度与产品出厂试验时的温度不一样时，可按表ZY3300304006-1换算到同一温度时的数值进行比较。

表 ZY3300304006-1　　油浸式电力变压器绝缘电阻的温度换算系数

温度差 K	5	10	15	20	25	30	35	40	45	50	55	60
换算系数 A	1.2	1.5	1.8	2.3	2.3	3.4	4.1	5.1	6.2	7.5	9.2	11.2

注　表中 K 为实测温度减去 20℃的绝对值。

当测量绝缘电阻的温度差不是表 ZY3300304006-1 中所列数值时，其换算系数 A 可用线性插入法确定，也可按式（ZY3300304006-1）计算

$$A=1.5^{K/10} \quad (ZY3300304006\text{-}1)$$

校正到 20℃时的绝缘电阻值可用式（ZY3300304006-2）、式（ZY3300304006-3）计算：

当实测温度为 20℃以上时

$$R_{20}=AR_t \quad (ZY3300304006\text{-}2)$$

当实测温度为 20℃以下时

$$R_{20}=R_t/A \quad (ZY3300304006\text{-}3)$$

式中　R_{20}——校正到 20℃时的绝缘电阻值，MΩ；

R_t——在测量温度下的绝缘电阻值，MΩ。

2）测量与铁芯绝缘的各紧固件及铁芯接地线引出套管对外壳的绝缘电阻，应符合下列规定：

a. 进行器身检查的变压器，应测量可接触到的穿芯螺栓、轭铁增夹件及绑扎钢带对铁轭、铁芯、油箱及绕组压环的绝缘电阻。

b. 采用 2500V 绝缘电阻表测量，持续时间为 1min，应无闪络及击穿现象。

c. 当轭铁梁及穿芯螺栓一端与铁芯连接时，应将连片断开后进行试验。

d. 铁芯必须为一点接地；对变压器上有专用的铁芯接地线引出套管时，应在注油前测量其对外壳的绝缘电阻。

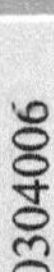

（5）冲击合闸试验，在新装或大修后，应对配电变压器进行冲击合闸试验。

1）在额定电压下对变压器的冲击合闸试验，应进行 5 次，每次间隔时间宜为 5min，无异常现象；冲击合闸宜在变压器高压侧进行；对中性点接地的电力系统，试验时变压器中性点必须接地。

2）检查变压器的相位必须与电网相位一致。

变压器的试验要求在 1～5 年或大修后或必要时进行。

二、有机物绝缘拉杆预防性试验项目、周期、要求、方法

10kV 配电的有机物绝缘拉杆的绝缘电阻不低于 1200MΩ，要求每半年进行一次试验。

三、断路器预防性试验项目、周期、要求、方法

（1）每相回路电阻值及测试方法应符合产品技术条件的规定。

（2）主触头的三相或同相各断口分、合闸的同期性在组装或检修时，应符合产品技术条件的规定。

（3）分、合闸线圈及合闸接触器线圈的绝缘电阻应不低于 10MΩ，直流电阻值与产品出厂试验值相比无明显差别。

（4）操动机构的试验，应符合下列规定：

1）合闸操作。当操动电压、液压在表 ZY3300304006-2 和表 ZY3300304006-3 范围内时，操动机构应可靠动作。

表 ZY3300304006-2　　操动机构的操动试验

操 动 类 别	操动线圈端钮电压与额定电源电压的比值（%）	操 动 液 压	操 动 次 数
合、分	110	产品规定的最高操动压力	3
合、分	100	额定操动压力	3

续表

操 动 类 别	操动线圈端钮电压与额定电源电压的比值（%）	操 动 液 压	操 动 次 数
合	85（80）	产品规定的最低操动压力	3
分	65	产品规定的最低操动压力	3
合分、重合	100	产品规定的最低操动压力	3

注　1. 括号内数字适用于装有自动重合闸装置的断路器。
2. 模拟操动试验应在液压的自动控制回路能准确、可靠动作的状态下进行。
3. 操动时，液压的压降允许值应符合产品技术条件的规定。

表 ZY3300304006-3　　断路器操动机构合闸操作试验电压、液压范围

电　压		液　压
直流	交　流	
（85%～110%）U_N	（85%～110%）U_N	按产品规定的最低及最高值

注　1. 对电磁机构，当断路器关合电流峰值小于 50kA 时，直流操作电压范围为（85%～110%）U_N，U_N 为额定电源电压。
2. 弹簧、液压操动机构的合闸线圈以及电磁操动机构的合闸接触器的动作要求，均应符合表 ZY3300304006-2 的规定。

2）脱扣操作。直流或交流的分闸电磁铁，在其线圈端钮处的电压大于额定值的 65%时，应可靠地分闸；当此电压小于额定值的 30%时，不应分闸。附装失电压脱扣器的，其动作特性应符合表 ZY3300304006-4 的规定。

表 ZY3300304006-4　　附装失压脱扣器的脱扣试验

电源电压与额定电源电压的比值	＜35%	＞65%～85%	＞85%
失电压脱扣器的工作状态	铁芯应可靠地释放	铁芯不得释放	铁芯应可靠地吸合

注　当电压缓慢下降至规定比值时，铁芯应可靠地释放。

附装过电流脱扣器的，其额定电流规定不小于 2.5A，脱扣试验应符合表 ZY3300304006-5 的规定。

表 ZY3300304006-5　　附装过电流脱扣器的脱扣试验

过电流脱扣器的各类参数	延时动作的	瞬时动作的
脱扣电流等级范围（A）	2.5～10	2.5～15
每一级脱扣电流的精确度	±10%	
同一脱扣器各级脱扣电流精确度	±5%	

注　对于延时动作的过电流脱扣器，应按制造厂提供的脱扣电流与动作时延的关系曲线进行核对。另外，还应检查在预定延时终了前主回路电流降至返回值时，脱扣器应不动作。

（5）断路器耐压试验，应按《高压电气设备绝缘、工频耐压试验电压标准》的要求进行。其中，真空断路器灭弧室断口间在试验中不应发生贯穿性放电；SF_6 断路器应在额定气体压力下，取出厂试验值的 80%。

（6）测量断路器内 SF_6 气体的微量水含量，应符合下列规定：

1）与灭弧相通的气室，应小于 150×10^{-6}（体积比）。

2）不与灭弧室相通的气室，应小于 500×10^{-6}（体积比）。

3）微量水的测定应在断路器充气 24h 后进行。

（7）密封性试验可采用下列方法进行：

1）采用灵敏度不低于 1×10^{-6}（体积比）的检漏仪对断路器各密封部位、管道接头等处进行检测时，检漏仪不应报警。

2）采用收集法进行气体泄漏测量时，以 24h 的漏气量换算，年漏气率应不大于 1%。

3）泄漏值的测量应在断路器充气24h后进行。

（8）气体密度继电器及压力动作阀的动作值，应符合产品技术条件的规定。压力表指示值的误差及其变差，均应在产品相应等级的允许误差范围内。

断路器的试验要求在1～3年或大修后或必要时进行。

四、隔离开关、负荷开关及高压熔断器预防性试验项目、周期、要求、方法

（1）测量高压限流熔丝管熔丝的直流电阻值，与同型号产品相比不应有明显差别。

（2）测量负荷开关导电回路的电阻值及测试方法，应符合产品技术条件的规定。

（3）交流耐压试验应符合下述规定：三相同一箱体的负荷开关，应按相间及相对地进行耐压试验，其余均按相对地或外壳进行。试验电压符合技术标准对断路器的规定。对负荷开关还应按产品技术条件规定进行每个断口的交流耐压试验。

（4）检查操动机构线圈的最低动作电压，应符合制造厂的规定。

（5）操动机构的试验应符合下列规定：动力式操动机构的分、合闸操作，当其电压或气压在下列范围时，应保证隔离开关的主闸刀或接地闸刀可靠地分闸和合闸。

1）电动机操动机构，当电动机接线端子的电压在其额定电压的80%～110%范围内时。

2）压缩空气操动机构，当气压在其额定气压的85%～110%范围内时。

3）二次控制线圈和电磁闭锁装置，当其线圈接线端子的电压在其额定电压的80%～110%时。

隔离开关、负荷开关的机械或电气闭锁装置应准确可靠。

隔离开关、负荷开关及高压熔断器的试验要求在1～3年或大修后或必要时进行。

五、互感器的预防性试验项目、周期、要求、方法

（1）测量一次绕组对二次绕组及外壳、各二次绕组间及对外壳的绝缘电阻。

（2）测量1000V以上电压互感器的空载电流和励磁特性，应符合下列规定：

1）应在互感器的铭牌额定电压下测量空载电流。空载电流与同批产品的测量值或出厂数值比较，应无明显差别。

2）电容式电压互感器的中间电压变压器与分压电容器在内部连接时，可不进行此项试验。

（3）检查互感器的三相绕组联合组和单相互感器引出线的极性，必须符合设计要求，并应与铭牌上的标记和外壳上的符号相符。

（4）检查互感器变比，应与制造厂铭牌值相符，对多抽头的互感器，可只检查使用分接头的变化。

（5）测量铁芯夹紧螺栓的绝缘电阻，应符合下列规定：

1）在做器身检查时，应对外露的或可接触到的铁芯夹紧螺栓进行测量。

2）采用2500V绝缘电阻表测量，试验时间为1min，应无闪络及击穿现象。

3）穿芯螺栓一端与铁芯连接者，测量时应将连接片断开，不能断开的可不进行测量。

（6）对绝缘性能可疑的油浸式互感器，绝缘油电气强度试验应符合有关规定。

（7）测量电压互感器一次绕组的直流电阻值，与产品出厂值或同批相同型号产品的测量值相比，应无明显差别。

（8）当断电保护对电流互感器的励磁有要求时，应进行励磁特性曲线试验。当电流互感器为多抽头时，可对使用抽头或最大抽头进行测量。同型式电流互感器特性相互比较，应无明显差别。

互感器的试验要求在1～3年或大修后或必要时进行。

六、套管预防性试验项目、周期、要求、方法

（1）测量套管主绝缘的绝缘电阻不低于规定值。

（2）交流耐压试验应符合下列规定：

1）试验电压应符合技术标准的规定。

2）纯瓷穿墙套管、多油断路器套管、变压器套管、电抗器及消弧线圈套管，均可随母线或设备一起进行交流耐压试验。

（3）绝缘油的试验，套管中的绝缘油可不进行试验，但当有下列情况之一者，应取油样进行试验：

1）套管的介质损耗角正切值超过表ZY3300304006-6中的规定值。

2）套管密封损坏，抽压或测量小套管的绝缘电阻不符合要求。
3）套管由于渗漏等原因需要重新补油时。
（4）套管绝缘油的取样、补充或更换时进行的试验，应符合下列规定：
1）更换或取样时，应按表 ZY3300304006-15 中第 10、11 项规定进行。
2）补充绝缘油时，除按上述规定外，还应按表 ZY3300304006-17 的规定进行。
3）充电缆油的套管须进行油的试验时，可按表 ZY3300304006-14 的规定进行。
套管的试验要求在 1～3 年或大修后或必要时进行。

表 ZY3300304006-6　　套管介质损耗角正切值的标准

套管形式 \ 额定电压（kV）		63 及以下	110 及以上	20～500
电容式	油浸纸			0.9
	胶黏纸	1.5	1.0	
	浇注绝缘			1.0
	气体			1.0
非电容式	浇注绝缘			2.0

七、悬式绝缘子和支柱绝缘子的预防性试验项目、周期、要求、方法

（1）绝缘电阻值应符合下列规定：
1）每片悬式绝缘子的绝缘电阻值，应不低于 300MΩ。
2）35kV 及以下的支柱绝缘子的绝缘电阻值，应不低于 500Ω。
3）采用 2500V 绝缘电阻表测量绝缘子绝缘电阻值，可按同批产品数量的 10%抽查。
（2）交流耐压试验，应符合下列规定：
1）35kV 及以下的支柱绝缘子，可在母线安装完毕后一起进行，试验电压应符合相关规定。
2）悬式绝缘子的交流耐压试验电压应符合表 ZY3300304006-7 的规定。
悬式绝缘子和支柱绝缘子的试验要求在必要时进行。

表 ZY3300304006-7　　悬式绝缘子的交流耐压试验电压标准

型　　号	XP2–70	XP–70 LXP1–70 XP1–70 XP–100 LXP–100 XP–120 LXP–120	XP1–160 LXP1–160 XP2–160 LXP2–160 XP–160 LXP–160	XP1–210 LXP1–210 XP–300 LXP–300
试验电压（kV）	45	55		60

八、电力电缆的预防性试验项目、周期、要求、方法

（1）测量各电缆线芯对地或对金属屏蔽层间和各线芯间的绝缘电阻。
（2）直流耐压试验及泄漏电流测量，应符合下列规定：
1）黏性油浸纸绝缘电缆直流耐压试验电压应符合表 ZY3300304006-8 的规定。

表 ZY3300304006-8　　黏性油浸纸绝缘电缆直流耐压试验电压标准

电缆额定电压（kV）	0.1/1	6/6	8.7/10	21/35
直流试验电压（kV）	$6U$	$6U$	$6U$	$5U$
试验时间（min）	10	10	10	10

2）不滴流油浸纸绝缘电缆直流耐压试验电压应符合表 ZY3300304006-9 的规定。

表 ZY3300304006-9　　不滴流油浸纸电缆直流耐压试验电压标准

电缆额定电压（kV）	0.6/1	6/6	8.7/10	21/35
直流试验电压（kV）	6.7	—	37	—
试验时间（min）	5	5	5	5

3）塑料绝缘电缆直流耐压试验电压应符合表 ZY3300304006-10 的规定。

表 ZY3300304006-10　　塑料绝缘电缆直流耐压试验电压标准

电缆额定电压（kV）	0.6	1.8	3.6	6	8.7	12	18	21	26
直流试验电压（kV）	2.4	7.2	15	24	35	48	72	84	104
试验时间（min）	15	15	15	15	15	15	15	15	15

4）橡胶绝缘电力电缆直流耐压试验电压标准见表 ZY3300304006-11。

表 ZY3300304006-11　　橡胶绝缘电力电缆直流耐压试验电压标准

电缆额定电压（kV）	6
直流试验电压（kV）	15
试验时间（min）	5

5）充油绝缘电缆直流耐压试验电压应符合表 ZY3300304006-12 的规定。

表 ZY3300304006-12　　充油绝缘电缆直流耐压试验电压标准

电缆额定电压（kV）	66	110	220	330
直流试验电压（kV）	2.6U	2.6U	2.3U	2U
试验时间（min）	15	15	15	15

注 1. 表 ZY3300304006-8～表 ZY3300304006-12 中的 U 为电缆额定线电压。

2. 黏性油浸纸绝缘电力电缆的产品型号有 ZQ、ZLQ、ZL、ZLL 等。不滴流油浸绝缘电力电缆的产品型号有 ZQD、ZLQD 等。塑料绝缘电缆包括聚氯乙烯绝缘电缆、聚乙烯绝缘电缆及交联聚乙烯绝缘电缆。聚氯乙烯绝缘电缆的产品型号有 VV、VLV 等；聚乙烯绝缘及交联乙烯绝缘电缆的产品型号有 YJV 及 YJLV 等。橡胶绝缘的产品型号有 XQ、XLQ、XV 等。充油电缆的产品型号有 ZQCY 等。

3. 交流单芯电缆的保护层绝缘试验标准，可按产品技术条件的规定进行。

4. 试验时，试验电压 4～6 阶段均匀升压，每阶段停留 1min，并读取泄漏电流值。测量时应消除杂散电流的影响。

5. 黏性油浸纸绝缘及不滴流油浸纸绝缘电缆漏电流的三相不平衡系数应不大于 2；当 10kV 及以上电缆的泄漏电流小于 20μA 和 6kV 及以下电缆泄漏电流小于 10μA 时，其不平衡系数不做规定。

6. 电缆的泄漏电流具有下列情况之一者，电缆绝缘可能有缺陷，应找出缺陷部位，并予以处理：泄漏电流随试验电压升高急剧上升；泄漏电流随试验时间延长有上升现象。

（3）检查电缆线路的两端相位应一致并与电网相位相符合。

（4）充油电缆使用的绝缘油试验应符合表 ZY3300304006-13 的规定。

电力电缆的试验要求在大修后或必要时进行。

表 ZY3300304006-13　　充油电缆使用的绝缘油试验项目和标准

项　　目	标　　准
介质损耗正切值（%）	当温度为（100±2）℃时对于 110～220kV 的应不大于 0.5； 对于 330kV 的应不大于 0.4

九、电容器的预防性试验项目、要求、周期、方法

（1）并联电容器的交流耐压试验应符合下列规定：

模块6 ZY3300304006

1）并联电容器电极对外壳交流耐压试验电压值应符合表 ZY3300304006-14 的规定。

2）当产品出厂试验电压值不符合表 ZY3300304006-14 的规定时，交接试验应按产品出厂试验电压值的 75%进行。

表 ZY3300304006-14　　并联电容器交流耐压试验电压标准

额定电压（kV）	<1	1	3	6	20	15	20	35
出厂试验电压（kV）	3	5	18	25	35	45	55	85
交接试验电压（kV）	2.2	3.8	14	19	26	34	41	63

（2）在电网额定电压下，对电力电容器组的冲击合闸试验应进行 3 次，熔断器应不熔断；电容器组各相电流相互间的差值不宜超过 5%。

电容器的试验要求在投运后 1 年内或 1～5 年内进行。

十、绝缘油的预防性试验项目、周期、要求、方法

（1）绝缘油的试验项目及标准应符合表 ZY3300304006-15 的规定。

表 ZY3300304006-15　　绝缘油的试验项目及标准

序号	项　目		标　准	说　明
1	外观		透明，无沉淀及悬浮物	5℃的透明度
2	氯化钠抽出		应不大于 2 级	按 SY2651–77
3	安定性	氧化后酸值	应不大于 0.2mg（KOH）/g 油	按 YS–27–84
		氧化后沉淀物	应不大于 0.05%	
4	凝点（℃）		（1）DB–10，应不高于–10℃。 （2）DB–25，应不高于–25℃。 （3）DB–45，应不高于–45℃	（1）按 YS–25–184。 （2）户外断路器、油浸电容式套管、互感器用油：气温不低于–5℃的地区，凝点不应高于–10℃；气温不低于–20℃的地区，凝点不应高于–25℃；气温低于–20℃的地区，凝点不应高于–45℃。 （3）变压器用油：气温不低于–10℃的地区，凝点应不高于–10℃；气温低于–10℃的地区，凝点不应高于–25℃或–45℃
5	界面张力		应不小于 35×10^{-3}N/m	（1）按 GB/T 6541—1987《石油产品油对水界面张力测定法（圆环法）》或 YS–6–1–84。 （2）测试时温度为 25℃
6	酸值		应不小于 0.03（KOH）/g 油	按 GB/T 7599—1987《运行中变压器油、汽轮机油酸值测定法（BTB 法）》
7	水溶性酸（pH 值）		应不小于 5.4	按 GB/T 7598—2008《运行中变压器油水溶性酸测定法》
8	机械杂质		无	按 GB/T 511—1988《石油产品和添加剂机械杂质测定法（重量法）》
9	闪点		不低于（℃） DB–10　140 DB–25　140 DB–45　135	按 GB/T 7599—1987 中闭口法
10	电气强度试验		（1）使用于 15kV 及以下者，应不低于 25kV。 （2）使用于 20～35kV 者，应不低于 35kV。 （3）使用于 60～220kV 者，应不低于 40kV。 （4）使用于 330kV 者，应不低于 50kV。 （5）使用于 500kV 者，应不低于 60kV	（1）按 GB/T 507—2002《绝缘油　击穿电压测定法》。 （2）油样应取自被试设备。 （3）试验油杯采用平板电极。 （4）注入设备的新油均不应低于本标准
11	介质损耗角正切值（%）		90℃时不应大于 0.5	按 YS–30–1–1984

注　第 11 项为新油标准，注入电气设备后的介质损耗角正切值（%）标准为，90℃时应不大于 0.7%。

（2）新油验收及充油电气设备的绝缘油试验分类，应符合表 ZY3300304006-16 的规定。

表 ZY3300304006-16 绝缘油试验分类

试验类别	适用范围
电气强度试验	（1）6kV 以上电气设备内的绝缘油或新注入上述设备前、后的绝缘油。 （2）对下列情况之一者，可不进行电气强度试验。 1）35kV 以下互感器，其主绝缘试验已合格的。 2）15kV 以下油断路器，其注入新油的电气强度已在 35kV 及以上的。 3）按有关规定不需取油的
简化分析	（1）准备注入变压器、电抗器、互感器、套管的新油，应按表 ZY3300304006-15 中的第 5～11 项规定进行。 （2）准备注入油断路器的新油，应按表 ZY3300304006-15 中的全部项目进行
全分析	对油的性能有怀疑时，应按表 ZY3300304006-15 中全部项目进行

（3）当绝缘油需要进行混合时，在混合前，应按混油的实际使用比例先取混合油样进行分析，其结果应符合表 ZY3300304006-15 中第 3、4、10 项的规定。混合油后还应按表 ZY3300304006-16 中的规定进行绝缘油的试验。

绝缘油的试验要求在 1～5 年或大修后或必要时进行。

十一、避雷器的预防性试验项目、周期、要求、方法

（1）测量绝缘电阻。

1）阀式避雷器如 FZ 型、磁吹避雷器如 FCZ 及 FCD 型和金属氧化物避雷器的绝缘电阻值，与出厂试验值比较应无明显差别。

2）FS 型避雷器的绝缘电阻值应不小于 2500MΩ。

（2）测量电导或泄漏电流试验标准，并应检查组合元件的非线性系数，应符合表 ZY3300304006-17～表 ZY3300304006-19 的规定。

表 ZY3300304006-17 FZ 型避雷器的电导电流值

额定电压（kV）	3	6	10
试验电压（kV）	4	6	10
电导电流（μA）	400～650	400～600	400～600

表 ZY3300304006-18 FS 型避雷器的电导电流值

额定电压（kV）	3	6	10
试验电压（kV）	4	7	11
电导电流（μA）	不应大于 10		

表 ZY3300304006-19 FCD 型避雷器的电导电流值

额定电压（kV）	3	4	6	10	13.2	15
试验电压（kV）	3	4	6	10	13.2	15
电导电流（μA）	FCD1、FCD3 型应不大于 10。 FCD 型为 50～100，FCD2 型为 5～20					

（3）FS 型避雷器的绝缘电阻值不小于 2500MΩ时，可不进行电导电流测量。

（4）测量金属氧化物避雷器在运行电压下的持续电流，其阻性电流或总电流值应符合产品技术条件的规定。

（5）测量金属氧化物避雷器的工频参考电压或直流参考电压，应符合下列规定：

1）金属氧化物避雷器对应于工频参考电流下的工频参考电压、整支或分节进行的测试值，应符合产品技术条件的规定。

2）金属氧化物避雷器对应于直流参考压、整支或分节进行的测试值，应符合产品技术条件的规定。

（6）FS 型阀式避雷器的工频放电电压试验，应符合下列规定：

1）FS 型阀式避雷器的工频放电电压，应符合表 ZY3300304006-20 的规定。

表 ZY3300304006-20　　FS 型阀式避雷器的工频放电电压范围

额定电压（kV）	3	6	10
放电电压的有效值（kV）	9～11	16～19	26～31

2）并有电阻的阀式避雷器可不进行此项试验。

（7）检查电计数器的动作应可靠，避雷器的基座绝缘应良好。

避雷器的试验要求在 1～3 年或大修后或必要时进行。

十二、接地装置的预防性试验项目、周期、要求、方法

接地装置的试验项目、周期和要求、方法见表 ZY3300304006-21。

表 ZY3300304006-21　　接地装置的试验项目、周期和要求、方法

序号	项　目	周　期	要　求	方　法
1	有效接地系统的电力设备的接地电阻	（1）不超过 6 年。 （2）可以根据该接地网挖开检查的结果斟酌延长或缩短周期	$R≤2000/I$ 或 $R≤0.5Ω$（当 $I>4000A$ 时） 式中　I——经接地网流入地中的短路电流，A； R——考虑到季节变化的最大接地电阻，Ω	（1）测量接地电阻时，如在必须的最小布极范围内土壤电阻率基本均匀，可采用各种补偿法，否则，应采用远离法。 （2）在高土壤电阻率地区，接地电阻如按规定值要求，在技术经济上极不合理时，允许有较大的数值。但必须采取措施以保证发生接地短路时，在该接地网上： 1）接触电压和跨步电压均小超过允许的数值； 2）不发生高电位引外和低电位引内； 3）3～10kV 阀式避雷器不动作。 （3）在预防性试验前或每 3 年以及必要时验算一次 I 值，并校验设备接地引下线的热稳定
2	非有效接地系统的电力设备的接地电阻	（1）不超过 6 年。 （2）可以根据该接地网挖开检查的结果斟酌延长或缩短周期	（1）当接地网与 1kV 及以下设备共用接地时，接地电阻 $R≤120/I$ （2）当接地网仅用于 1kV 以上设备时，接地电阻 $R≤250/I$ 式中　I——经接地网流入地中的短路电流，A； R——考虑到季节变化的最大接地电阻，Ω （3）在上述任一情况下，接地电阻一般不得大于 10Ω	
3	利用大地作导体的电力设备的接地电阻	1 年	（1）长久利用时，接地电阻为 $R≤50/I$ （2）临时利用时，接地电阻为 $R≤100/I$ 式中　I——接地装置流入地中的电流，A； R——考虑到季节变化的最大接地电阻，Ω	
4	1kV 以下电力设备的接地电阻	不超过 6 年	使用同一接地装置的所有这类电力设备，当总容量达到或超过 100kVA 时，其接地电阻不宜大于 4Ω。如总容量小于 100kVA 时，则接地电阻允许大于 4Ω，但不超过 10Ω	对于在电源处接地的低压电力网（包括孤立运行的低压电力网）中的用电设备，只进行接零，不作接地。所用零线的接地电阻就是电源设备的接地电阻，其要求按序号 2 确定，但不得大于相同容量的低压设备的接地电阻

续表

<table>
<tr><th>序号</th><th>项　目</th><th>周　期</th><th colspan="2">要　求</th><th>方　法</th></tr>
<tr><td>5</td><td>独立微波站的接地电阻</td><td>不超过6年</td><td colspan="2">不宜大于5Ω</td><td></td></tr>
<tr><td rowspan="7">6</td><td rowspan="7">有架空地线的线路杆塔的接地电阻</td><td rowspan="7">（1）发电厂或变电所进出线1～2km内的杆塔1～2年。
（2）其他线路杆塔不超过5年</td><td colspan="2">当杆塔高度在40m以下时，按下列要求，如杆塔高度达到或超过40m时，则取下表值的50%，但当土壤电阻率大于2000Ω·m，接地电阻难以达到15Ω时可增加至20Ω</td><td rowspan="7">对于高度在40m以下的杆塔，如土壤电阻率很高，接地电阻难以降到30Ω时，可采用6～8根总长不超过500m的放射形接地体或连续伸长接地体，其接地电阻可不受限制。但对于高度达到或超过40m的杆塔，其接地电阻也不宜超过20Ω</td></tr>
<tr><td>土壤电阻率（Ω·m）</td><td>接地电阻（Ω）</td></tr>
<tr><td>100及以下</td><td>10</td></tr>
<tr><td>100～500</td><td>15</td></tr>
<tr><td>500～1000</td><td>20</td></tr>
<tr><td>1000～2000</td><td>25</td></tr>
<tr><td>2000以上</td><td>30</td></tr>
<tr><td rowspan="4">7</td><td rowspan="4">无架空地线的线路杆塔接地电阻</td><td rowspan="4">（1）发电厂或变电所进出线1～2km内的杆塔1～2年。
（2）其他线路杆塔不超过5年</td><td>种　类</td><td>接地电阻（Ω）</td><td rowspan="4"></td></tr>
<tr><td>非有效接地系统的钢筋混凝土杆、金属杆</td><td>30</td></tr>
<tr><td>中性点不接地的低压电力网的线路钢筋混凝土杆、金属杆</td><td>50</td></tr>
<tr><td>低压进户线绝缘子铁脚</td><td>30</td></tr>
</table>

十三、二次回路的预防性试验项目、周期、要求、方法

（1）测量绝缘电阻，应符合下列规定：

1）小母线在断开所有其他并联支路时，应不小于10MΩ。

2）二次回路的每一支路和断路器、隔离开关的操动机构的电源回路等，均应不小于1MΩ。在比较潮湿的地方，可不小于0.5MΩ。

（2）交流耐压试验应符合下列规定：

1）试验电压为1000V。当回路绝缘电阻值在10MΩ以上时，可采用2500V绝缘电阻表代替，试验持续时间为1min。

高压电气设备绝缘、工频耐压试验电压标准见表ZY3300304006-22。

表ZY3300304006-22　　高压电气设备绝缘、工频耐压试验电压标准

额定电压	最高工作电压	1min工频耐压试验电压（kV，有效值）																	
		油浸电力变压器		并联电抗器		电压互感器		断路器、电流互感器		干式电抗器		穿墙套管				支柱绝缘子、隔离开关		干式电力变压器	
												纯瓷和纯瓷充油绝缘		固体有机绝缘					
（kV）	（kV）	出厂	交接	出厂	交接	出厂	交接	出厂	交接	出厂	交接	出厂	交接	出厂	交接	出厂	交接	出厂	交接
3	3.5	18	15	18	15	18	16	18	16	18	18	18	18	18	16	25	25	10	8.5
6	6.9	25	21	25	21	25	21	23	21	23	23	23	23	23	21	32	32	20	17.0
10	11.5	35	30	35	30	35	27	30	27	30	30	30	30	30	27	42	42	28	24

注 1. 本表中，除干式变压器外，其余电气设备出厂试验电压是根据GB 311.1—1997《高压输变电设备的绝缘配合》进行。

2. 干式变压器出厂试验电压是根据GB/T 10288—2008《干式电力变压器技术参数和要求》进行。

3. 额定电压为1kV及以下的油浸电力变压器交接试验电压为4kV，干式电力变压器的为2.6kV。

4. 油浸电抗器和滑弧线圈采用油浸电力变压器试验标准。

2）48V 及以下回路可不做交流耐压试验。

3）回路中有电子元器件设备的，试验时应将插件拔出或将其两端短接。

二次回路的试验要求在大修后或必要时进行。

十四、1kV 以下配电线路和装置预防性试验项目、周期、要求、方法

（1）测量绝缘电阻，应符合下列规定：

1）配电装置及馈电线路和绝缘电阻值应不小于 0.5MΩ。

2）测量馈电线路绝缘电阻时，应将断路器、用电设备、电器和仪表等断开。

（2）动力配电装置的交流耐压试验应符合下述规定：试验电压为 1000V。当回路绝缘电阻值在 10MΩ以上时，可采用 2500V 绝缘电阻表代替，试验持续时间为 1min。

（3）检查配电装置内不同电源的馈线间两侧的相位应一致。

（4）定期检查低压配电网络三相负荷是否平衡，发现严重不平衡应及时进行调整。

（5）定期检查试验漏电保护装置运行情况，发现隐患及时消除。

配电线路和装置的试验要求在 1～3 年或大修后或必要时进行。

十五、1kV 以上架空电力线路的预防性试验项目、周期、要求、方法

（1）测量绝缘子和线路的绝缘电阻，应符合下列规定：

1）绝缘子的实验应该按 GB 50150—2006《电气装置安装工程 电气设备交接试验标准》的规定进行；

2）测量并记录线路的绝缘电阻值。

（2）检查各相两侧的相位应一致。

（3）在额定电压下对空载线路的冲击合闸试验应进行 3 次，合闸过程中线路绝缘不应有损坏。

（4）测量杆塔的接地电阻值，应符合设计的规定。

1kV 以上架空电力线路的试验要求在 1～3 年或大修后或必要时进行。

十六、低压电器的预防性试验项目、周期、要求、方法

低压电器包括电压为 60～1200V 的刀开关、熔断器、接触器、控制器、主令电器、启动器、电阻器、变阻器及电磁及电磁铁等。

（1）对安装在一、二级负荷场所的低压电器应进行：

1）电压线圈动作值校验；

2）低压电器动作情况检查；

3）低压电器采用的脱扣器的整定。

（2）测量低压电器连同所连电缆及二次回路的绝缘电阻值，应不小于 1MΩ；在比较潮湿的地方，应不小于 0.5MΩ。

（3）电压线圈动作值的校验，应符合下述规定：线圈的吸合电压应不大于额定电压的 85%，释放电压应不小于额定电压的 5%；短时工作的合闸线圈应在额定电压的 85%～110%范围内，分励线圈应在额定电压的 75%～110%的范围内均能可靠地工作。

（4）低压电器动作情况的检查，应符合下述规定：对采用电动机或液压、气压传动方式操作的电器，除产品另有规定外，当电压、液压或气压在额定值 85%～110%范围内时，电器应可靠工作。

（5）低压电器采用的脱扣器的整定，应符合下述规定：各类过电流脱扣器、失压分励脱扣器、延时装置等，应按使用要求进行整定，其整定值误差不得超过产品技术条件的规定。

（6）测量电阻器和变阻器的直流电阻值，其差值应分别符合产品技术条件的规定。

（7）低压电器连同所连接电缆及二次回路的交流耐压试验，应符合下述规定：试验电压为 1000V。当回路的绝缘电阻值在 10MΩ以上时，可采用 2500V 绝缘电阻表代替，试验持续时间为 1min。

低压电器的试验要求在大修后或必要时进行。

【思考与练习】

1. 变压器的预防性试验项目有哪些？
2. 避雷器的预防性试验项目有哪些？

国家电网公司

生产技能人员职业能力培训专用教材

农网配电 下

国家电网公司人力资源部　组编

冯瑞明　主编

内 容 提 要

《国家电网公司生产技能人员职业能力培训教材》是按照国家电网公司生产技能人员模块化培训课程体系的要求，依据《国家电网公司生产技能人员职业能力培训规范》（简称《培训规范》），结合生产实际编写而成。

本套教材作为《培训规范》的配套教材，共72册。本册为专用教材部分的《农网配电》，全书共13个部分42章151个模块，主要内容包括配电网络，农网配电专业图识读，配电设备，继电保护及自动装置，配电设备安装及运行维护，配电线路施工及运行维护，营业业务，营销业务应用系统，电能计量装置安装与检查，营销服务行为规范，供电所管理，常用工具、仪表使用，规程、规范及标准。

本书可作为供电企业农网配电工作人员的培训教学用书，也可作为电力职业院校教学参考书。

图书在版编目（CIP）数据

农网配电. 下 / 国家电网公司人力资源部组编. —北京：中国电力出版社，2010.10（2025.12重印）

国家电网公司生产技能人员职业能力培训专用教材

ISBN 978-7-5123-0798-8

Ⅰ. ①农… Ⅱ. ①国… Ⅲ. ①农村配电–技术培训–教材 Ⅳ. ①TM727.1

中国版本图书馆CIP数据核字（2010）第189310号

中国电力出版社出版、发行

（北京市东城区北京站西街19号 100005 http://www.cepp.sgcc.com.cn）

北京天泽润科贸有限公司印刷

各地新华书店经售

*

2010年10月第一版 2025年12月北京第二十次印刷

880毫米×1230毫米 16开本 45.375印张 1402千字

印数80001—80500册 定价**180.00**元（上、下册）

目　录

上　册

第一部分　配　电　网　络

第二部分　农网配电专业图识读

第三部分　配　电　设　备

第四部分　继电保护及自动装置

第五部分　配电设备安装及运行维护

下　册

第六部分　配电线路施工及运行维护

第七部分　营　业　业　务

第八部分　营销业务应用系统

第九部分　电能计量装置安装与检查

第十部分　营销服务行为规范

第十一部分　供电所管理

第十二部分　常用工具、仪表使用

第十三部分　规 程、规 范 及 标 准

第六部分

配电线路施工及运行维护

第十七章　架空配电线路材料及选择

模块1　配电线路的基本知识（GYND00303001）

【模块描述】本模块包含配电线路的基本结构、配电线路的基本组成及配电线路各元件的作用等内容。通过概念描述、结构介绍、原理分析、特点对比、图解示意，掌握配电线路基础知识。

【正文】

一、配电线路的基本结构

1. 配电线路的分类

按照电力网的性质及其在电力系统中的作用和功能区别，我国将电压等级划分为输电电压与配电电压两大类。其中输电电压主要有：

（1）高压输电电压：220、330kV。

（2）超高压输电电压：500、750kV。

（3）特高压输电电压：1000kV 及以上。

按照原能源部与建设部联合颁布的《联合电力网规划设计导则》规定，配电网电压分别为：

（1）高压配电电压：35～110kV。

（2）中压配电电压：10kV。

（3）低压配电电压：380V/220V。

根据上述电压的划分，输电线路是以传输电能为工作目的的电力线路；配电线路则是以分配电能为工作目的的电力线路。其中：

（1）高压配电线路，主要用于区域内的电能分配，其线路主要在35、110kV变电站间进行电能的分配传送。

（2）中压配电线路，主要用于小区域内的电能分配，其线路主要在35kV变电站与10kV变压器台、箱式变压器间进行电能的分配传送。

（3）低压配电线路，主要用于直接对用电设备的电能分配，其线路主要实现10kV变压器台、箱式变压器与低压用户用电设备的连接，从而达到完成电能分配的目的。

2. 架空配电线路的基本要求

（1）电网的额定电压。能使电力设备正常工作的电压叫额定电压。各种电力设备在额定电压下运行时，其技术性能和经济效果最好。

电力线路的正常工作电压，应该与线路直接相连的电力设备额定电压相等。但由于线路中有电压降或称电压损耗存在，所以线路末端电压比首端要低，沿线各点电压也就不相等。而电力设备的生产必须是标准化的，不可能随线路压降而变。为使设备端电压与电网额定电压尽可能接近，取$U_N=(U_1+U_2)/2$为电网的额定电压。其中U_1、U_2分别为电网首末端电压。

国家规定的电网额定电压为：1000、750、500、220、110、63、35、10kV（其中63kV是东北电网中压系统额定电压）。此外还规定电力网的电压损失不得大于10%，因此线路的首端电压应比电网额定电压高5%，末端受电变电所端电压比电网额定电压低5%。

（2）对配电线路的要求。

1）保证供电可靠性。

对用户提供可靠的电力、实行不间断供电，这是衡量现代电力系统和现代化电网的第一质量指标。为提高电力系统的供电可靠率，必须采取以下措施：

a. 采用优质、运行安全、性能稳定，在使用期不检修或少检修的电气设备。

b. 采用具有多次重合功能的重合器和线路分段器，以缩小停电面积和减小停电时间。

c. 改革现行的管理制度和管理方法，其中包括检修制度、清扫制度、登检制度和试验制度等，同时还要加强可靠性统计和可靠性管理。

2）保证良好的电能质量。所谓电能质量是指电压、频率、波形变化率的各项指标。

a. 电压变化率。电压变化率是衡量电网对负荷吞吐能力的一项指标。当系统的负荷变化时，过大的电压变化，将会导致运行在系统中的电气设备偏离其额定电压很大，使其运行特性劣化，导致损耗增加。我国规定的允许电压偏移标准为：

a）35kV 及以上用户为±5%；

b）10kV 及以下用户和低压电力用户为±7%；

c）低压照明用户为+7%～−10%。

b. 频率变化。频率是电力系统运行稳定性的质量指标，过大的频率变化，将会导致系统稳定性下降，甚至会造成系统的瓦解。同时，频率降低时，会引起电动机转速降低，乃至引起其拖动的生产机械的效率下降。我国电力系统的频率标准是 50Hz，其偏差值，对 300 万 kW 及以上的系统不得超过±0.2Hz；300 万 kW 以下的系统不得超过±0.5Hz。

c. 波形的变化。近代电力系统中引入了大量的整流负荷，诸如电弧炉、电解炉、晶闸管控制的电动机等。这些设备形成了各种高次谐波源，向系统输送大量的高次谐波。高次谐波不但会使电源电压的正弦波发生畸变，而且还会导致计量仪表产生较大的误差，使计量不准确，发生大量丢失电量的现象。因此，相关规程中要求系统中任一高次谐波的瞬时值不得超过同相基波电压瞬时值的 5%。

除此之外，还要求配电线路的运行必须经济，在保证对负荷正常供电的前提下，线路的运行成本最低。

二、配电线路的基本组成及各元件的作用

架空配电线路主要由基础（卡盘、底盘、拉盘）、架空地线、导线、电杆、横担、拉线、绝缘子和线路金具及等元件组成。

1. 导线

（1）低压架空配电线路导线。

1）导线的主要作用及基本要求。导线是架空线路的主要元件之一，配电线路中的导线担负着向用户分配传送电能的作用。因此，要求导线应具备良好的导电性能以保证有效的传导电流，另外还要保证导线能够承受自身的重量和经受风雨、冰、雪等外力的作用，同时还应具有抵御周围空气所含化学杂质侵蚀的性能。所以用于低压架空电力线路的导线要有足够的机械强度，较高的电导率和抗腐蚀能力，并且应尽可能的质轻、价廉。

2）导线材料的基本物理特性。导线常用的材料一般是铜、铝、钢和铝合金等。这些材料的物理特性见表 GYND00303001-1。

表 GYND00303001-1　　导线材料的物理特性

材　料	20℃时的电阻率（$\Omega \cdot mm^2/m$）	密度（g/cm^3）	抗拉强度（N/mm^2）	抗化学腐蚀能力及其他
铜	0.0182	8.9	390	表面易形成氧化膜，抗腐蚀能力强
铝	0.029	2.7	160	表面氧化膜可防继续氧化，但易受酸碱腐蚀
钢	0.103	7.85	1200	在空气中易锈蚀，须镀锌
铝合金	0.0339	2.7	300	抗化学腐蚀性能好，受振动时易损坏

由表 GYND00303001-1 可见，这些材料中，铜是比较理想的导线材料，它导电性能好，机械强度高，耐腐蚀性能强。当能量损耗、电压损耗相同时，铜导线截面比其他金属导线截面都小，并且又有良好的机械强度和抗腐蚀性能。但由于铜的质量大，价格较贵，产量较少，而其他工业需求量大，所以架空电力线路的导线多采用铝线或钢芯铝绞线，一般都不采用铜线。

3）导线的型号。架空线路导线的型号是用导线材料、结构和载流截面积三部分表示的。导线的材料和结构用汉语拼音字母表示。如：T——铜，L——铝，G——钢，J——多股绞线，TJ——铜绞线，LJ——铝绞线，GJ——钢绞线，HLJ——铝合金绞线，LGJ——钢芯铝绞线。

（2）导线在电杆上的排列方式。

1）导线的排列方式。高压架空配电线路一般采用三角形排列或水平排列，大多采用三角形排列；低压架空线路一般采用水平排列；多回路导线可采用三角形排列、水平排列或垂直排列。

2）三相导线排列的次序。三相导线排列的次序为：面向负荷侧从左至右，高压配电线路为A、B、C相，低压配电线路为A、N、B、C相。当电压等级不同的电力线路进行同杆架设时，通常要求将电压较高的线路架设在上层，电压较低的架设在下层，并尽可能使三相导线的位置对称。分相敷设的低压绝缘线宜采用水平排列或垂直排列。

（3）线路档距及导线间的距离。根据DL/T 499—2001《农村低压电力技术规程》的规定，结合农村低压配电线路的特点，线路所经区域及导线所用材料的不同，对线路档距和导线间距的要求也不同。

1）线路档距。农村低压架空配电线路档距的大小，可参照表GYND00303001-2所规定的数值进行设置。农村架空绝缘线路的档距不宜大于50m，其中10kV架空绝缘线路的耐张段长度不宜大于1km。

表GYND00303001-2　　农村低压架空配电线路的档距　　m

导线类型	档距			
铝绞线、钢芯铝绞线	集镇和村庄	40～50	田间	40～60
架空绝缘电线	一般	30～40	最大	不应超过50

一般架空配电线路的档距可参照表GYND00303001-3。为确保导线的受力平衡，应力求导线弛度一致，弛度误差不得超过设计值的−5%或+10%，一般档距导线弛度相差不应超过50mm。

表GYND00303001-3　　架空配电线路的档距

线路电压等级（kV）	线路所经地区（m）	
	城区	郊区
高压（1～10）	40～50	60～100
低压（1以下）	40～50	40～60

2）导线间距。

a. 导线水平线间距离。低压架空配电线路导线的线间距离，在无设计规定的条件下，通常是根据运行经验按线路的档距大小来确定。在一般情况下导线间的水平距离应不小于表GYND00303001-4中所列数值。

表GYND00303001-4　　低压架空配电线路不同档距时最小线间距离　　m

档距	40及以下		50		60	70
导线类型	铝绞线	绝缘线	铝绞线	绝缘线	铝绞线	
线间距离	0.4	0.3	0.4	0.35	0.5	

根据DL/T 499—2001的规定，农村低压架空配电线路导线间的水平距离应不小于表GYND00303001-5规定的要求。

表GYND00303001-5　　农村低压架空配电线路导线的最小水平距离　　m

导线类型	导线的水平间距离			
	档距40及以下	档距40～50	档距50～60	靠近电杆处
铝绞线或钢芯铝绞线	0.4	0.4	0.45	不应小于0.5
架空绝缘电线	0.3	0.35	—	0.4

10kV 绝缘配电线路的线间距离应不小于 0.4m，采用绝缘支架紧凑型架设不应小于 0.25m。

b. 导线的垂直及导线与其他构件的净空距离。当低压线路与高压线路同杆架设时，横担间的垂直距离：直线杆不应小于 1.2m；分支和转角杆不应小于 1.0m。沿建筑物架设的低压绝缘线，支持点间的距离不宜大于 6m。

导线过引线、引下线对电杆构件、拉线、电杆间的净空距离：1～10kV 不应小于 0.2m，1kV 以下不应小于 0.05m。

每相导线过引线、引下线对邻相导体、过引线、引下线的净空距离的大小：1～10kV 不应小于 0.3m，1kV 以下不应小于 0.15m。

同杆架设的中、低压绝缘线路横担之间的最小垂直距离和导线支承点间的最小水平距离见表 GYND00303001-6。

表 GYND00303001-6　同杆架设的绝缘线路横担之间的最小垂直距离和导线支承点间的最小水平距离　m

类　别	中压与中压	中压与低压	低压与低压
水平距离	0.5	—	0.3
垂直距离	0.5	1.0	0.3

2. 电杆

电杆是架空配电线路中的基本设备之一，电杆在架空配电线路中用于支持横担、导线、绝缘子等元件，使导线对地面和其他交叉跨越物保持足够的安全距离的主要构件。

按所用材质的不同，用于低压架空配电线路的电杆有木杆、水泥杆和金属杆三种。自完成农网改造以后，农村低压架空线路多采用的是钢筋混凝土电杆（简称水泥电杆）。钢筋混凝土电杆有使用寿命长、维护工作量小等优点，使用较为广泛。

（1）钢筋混凝土电杆的基本结构。目前，在配电线路中广泛使用的钢筋混凝土电杆，一般是环形断面、空心圆柱式，采用离心法浇注而成，其结构如图 GYND00303001-1 所示。

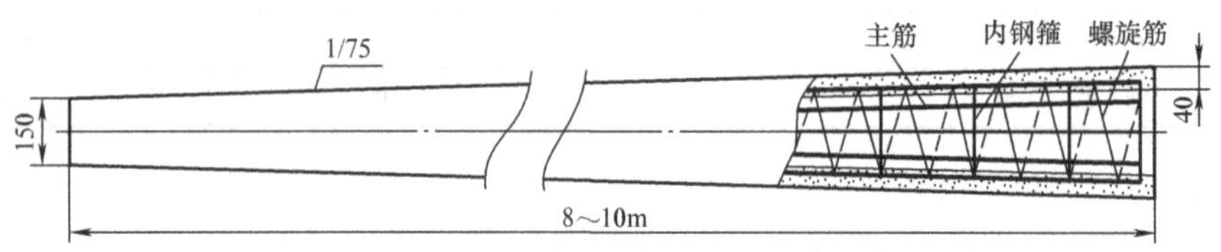

图 GYND00303001-1　钢筋混凝土电杆结构示意图

钢筋混凝土电杆通常有等径杆和拔梢杆两种。其中，农村低压架空线路较多地采用梢径为 150mm，拔梢度为 1/75 的水泥电杆。这种电杆的壁厚 40mm，钢筋保护层的最小厚度应不小于 10mm，混凝土标号不得低于 C40（混凝土强度为 40N/mm^2）。

（2）电杆的种类。电杆按其在线路中的用途可分为直线杆、耐张杆、转角杆、分支杆、终端杆和跨越杆等。

1）直线杆，又称中间杆或过线杆。用在线路的直线部分，主要承受导线重量及线路覆冰的重量和侧面风力，故杆顶结构较简单，一般不装拉线。

2）耐张杆，为限制倒杆或断线的事故范围，需把线路的直线部分划分为若干耐张段，在耐张段的两侧安装耐张杆。耐张杆除承受导线重量和侧面风力外，还要承受邻档导线拉力差所引起的沿线路方面的拉力。为平衡此拉力，通常在其前后方各装一根拉线。

3）转角杆，用在线路改变方向的地方。转角杆的结构随线路转角不同而不同：转角在 15° 以内时，可仍用原横担承担转角合力；转角在 15°～30° 时，可用两根横担，在转角合力的反方向装一根拉线；转角在 30°～45° 时，除用双横担外，两侧导线应用跳线连接，在导线拉力反方向各装一根拉线；转角在 45°～90° 时，用两对横担构成双层，两侧导线用跳线连接，同时在导线拉力反方向各装一根拉线。

4）分支杆，设在分支线路连接处，在分支杆上应装拉线，用来平衡分支线拉力。分支杆结构可分为丁字分支和十字分支两种：丁字分支是在横担下方增设一层双横担，以耐张方式引出分支线；十字分支是在原横担下方设两根互成 90° 的横担，然后引出分支线。

5）终端杆，设在线路的起点和终点处，承受导线的单方向拉力，为平衡此拉力，需在导线的反方向装拉线。

（3）电杆荷载。电杆在运行中要承受导线、金具、风力所产生的拉力、压力、弯力、剪力的作用，这些作用力称为电杆的荷载。一般情况下电杆的荷载主要分为下列几种：

1）垂直荷载，由导线、绝缘子、金具、覆冰以及检修人员和工具及电杆的重量等垂直荷重在电杆竖直方向所引起的荷载。

2）水平荷载，主要是由导线、电杆所受风压以及转角等在电杆水平横向所引起的荷载。

3）顺线路方向的荷载。顺线路方向的荷载包括断线时所受张力，正常运行时所受到的不平衡张力，斜向风力、顺线路方向的风力等。

3. 横担

横担的作用是支持绝缘子、导线等设备，并使导线间保持一定电气安全距离，从而保证线路安全运行。配电线路常用的横担有角铁横担、瓷横担和木横担三种，目前农村低压配电线路的横担多采用热镀锌角铁横担及陶瓷横担，如图 GYND00303001-2 所示。

（1）镀锌角铁横担。钢筋混凝土电杆一般多采用镀锌角铁制成的横担，其规格应根据线路电压等级和导线截面的具体规格通过计算确定而定，但农村低压配电线路中所用角铁横担的规格不应小于以下数值。

1）直线杆：一根 L50mm×50mm×5mm。

2）承力杆：两根 L50mm×50mm×5mm。

镀锌角铁横担如图 GYND00303001-2（a）所示。

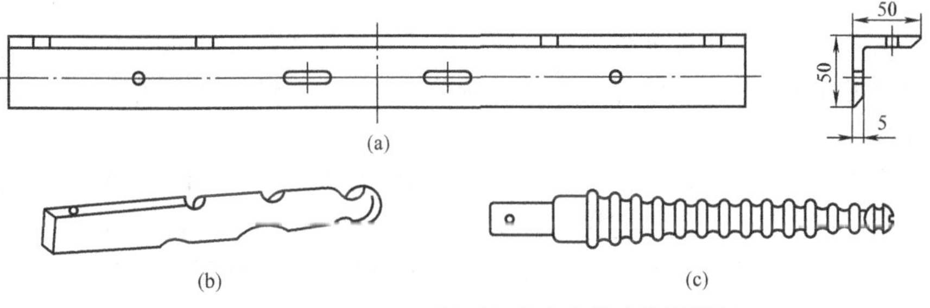

图 GYND00303001-2　低压架空电力线路常用横担

（a）镀锌角铁横担；（b）、（c）瓷横担

（2）瓷横担。如图 GYND00303001-2（b）、图 GYND00303001-2（c）所示，瓷横担具有良好的电气绝缘性能，可以同时起到横担及绝缘子的作用。瓷横担造价较低，耐雷水平较高，自然清洁效果好，事故率也低，可减少线路维护工作，在污秽地区使用比针式绝缘子可靠。当线路发生断线时，瓷横担可以自动偏转，避免事故扩大；同时，瓷横担比较轻，便于施工、检修和带电作业。

（3）横担的支撑方式及要求。中、低压配电线路横担的支撑方式与导线的排列方式有关，常见的低压配电线路横担支撑方式如图 GYND00303001-3 所示。

1）水平排列横担。在农村低压三相四线制及单相架空配电线路的横担通常采用水平排列方式，其中有单横担、双横担、多回路及分支线路的多层横担等，如图 GYND00303001-3（a）所示。

单横担通常安装在电杆线路编号的大号（受电）侧；分支杆、转角杆及终端杆应装于拉线侧；30° 及以下的转角担应与角平分线方向一致。

另外，15° 以下的转角杆采用单横担；15°～45° 的转角杆采用双横担；45° 以上的转角杆采用十字横担。

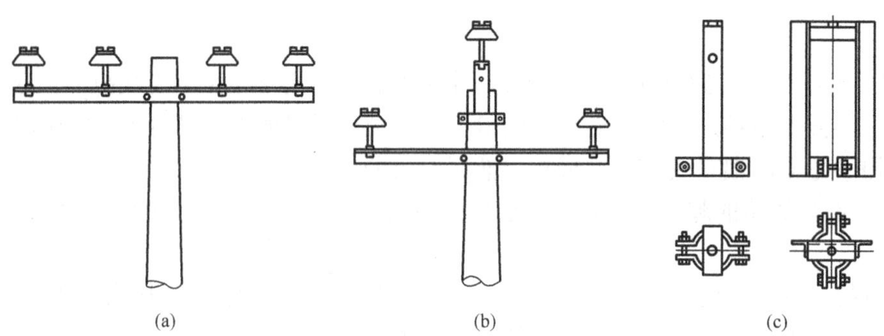

(a) (b) (c)

图 GYND00303001-3 低压架空电力线路常用横担排列方式示意图

（a）水平排列横担；（b）三角形排列横担；（c）三角形排列横担顶铁

按规定，水平排列横担的安装应平整，端部上、下和左、右斜扭不得大于 20mm。

低压配电线路采用水平排列时，横担与水泥杆顶部的距离为 200mm。同杆架设的双回路或多回路，横担间的垂直距离不应小于表 GYND00303001-7 所列数值。

表 GYND00303001-7 同杆架设线路横担间的最小垂直距离 m

导线排列方式	直线杆	分支或转角杆
高压线与高压线	0.80	0.45（距上横担）
		0.60（距下横担）
高压线与低压线	1.20	1.00
低压线与低压线	0.60	0.30

2）三角形排列方式。图 GYND00303001-3（b）所示为三角形排列的横担安装方式，主要用于三相三线制架空电力线路。采用三角形排列时，电杆头部应安装头铁。头铁的结构根据电压等级、电杆位置的要求有所不同。图 GYND00303001-3（c）所示为两种较为典型的横担顶铁。

4. 绝缘子

绝缘子是架空电力线路的主要元件之一，通常用于保持导线与杆塔间的绝缘。用于电力线路中的绝缘子通常有陶瓷绝缘子、玻璃钢绝缘子和合成绝缘子等。中、低压配电线路中所用绝缘子主要是陶瓷绝缘子和合成绝缘子。

陶瓷绝缘子简称绝缘子，习惯叫瓷瓶，内部结构如图 GYND00303001-4 所示。其中瓷体主要用于元件的绝缘，水泥在瓷体与钢件间起连接黏合作用，钢脚和钢帽用于与其他构件的连接。

（1）针式绝缘子又叫直瓶或立瓶，如图 GYND00303001-4（a）所示，用于直线杆。导线则用金属线绑扎在绝缘子顶部的槽中使之固定。

（2）蝶式绝缘子，又叫茶台，如图 GYND00303001-4（b）所示，它主要用在低压配电线路直线或耐张横担上固定绝缘导线。

（3）悬式绝缘子通常是由多片串联成绝缘子串，用于低压线路的耐张杆或 10kV 及以上线路的直线杆上，对导线起绝缘保护作用。其结构如图 GYND00303001-4（c）所示。

（4）拉线绝缘子，如图 GYND00303001-4（d）所示。安装拉线绝缘子的目的是为防止拉线在穿越或接近导线时，万一拉线发生带电造成人身触电事故而采取的绝缘措施。拉线绝缘子应安装在最低导线以下，且当拉线断开后距地面不应小于 2.5m，且必须装设与线路等级相同的拉线绝缘子。

5. 金具

在架空配电线路中，用于电杆、横担、拉线及导线、绝缘子间的连接与固定的金属附件被称之为电力线路中的金具。

配电线路中的金具通常有导线固定金具、横担固定金具、拉线金具、连接金具、接续金具。

（1）导线固定金具。导线固定金具主要包括悬垂线夹和耐张线夹两部分。

1）悬垂线夹。悬垂线夹用于将导线固定在绝缘子串上，并通过悬垂绝缘子与电杆的横担相连接。同时，悬垂线夹还具有对架空导线的保护功能。其基本结构如图 GYND00303001-5（a）所示。

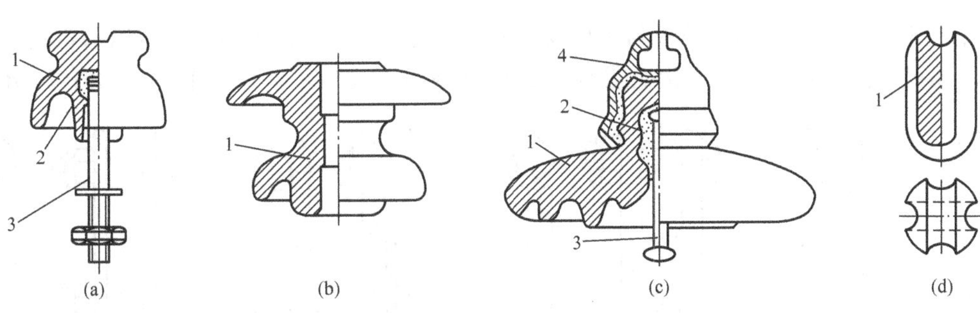

图 GYND00303001-4　陶瓷绝缘子的基本结构

（a）针式绝缘子；（b）蝶式绝缘子；（c）悬式绝缘子；（d）拉线绝缘子

1—瓷体；2—水泥；3—钢脚；4—钢帽

2）耐张线夹。耐张线夹是将导线固定在非直线电杆的耐张绝缘子上，常用的有倒装式螺栓式耐张线夹，如图 GYND00303001-5（b）所示。

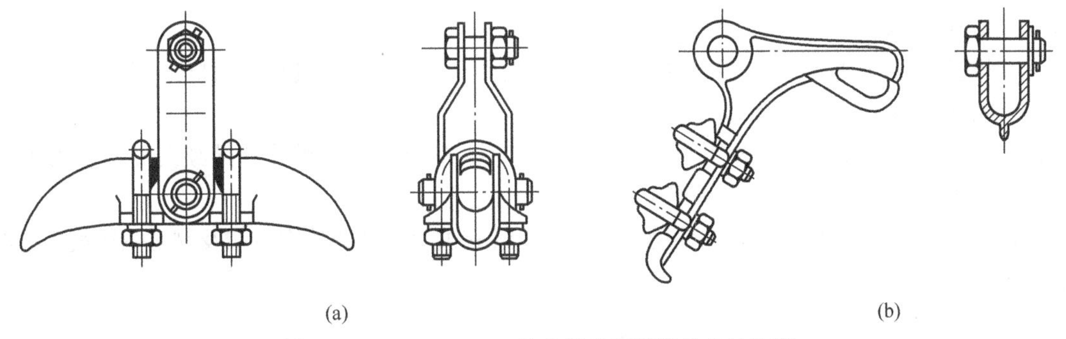

图 GYND00303001-5　悬垂线夹和耐张线夹结构图

（a）悬垂线夹；（b）螺栓式耐张线夹

（2）横担固定金具。横担固定金具主要用于电杆上导线横担的支撑固定，通常由角钢、扁钢等制作而成，经镀锌防腐处理。

低压配电线路中常用的横担金具有横担抱箍、垫铁、撑铁、U 形螺钉等。

（3）拉线金具。用于拉线支撑、调整、固定、连接的金属构件俗称拉线金具。

（4）连接金具。配电线路中的连接金具主要有下列数种。

1）球头挂环。球头挂环是用来连接球形绝缘子上端铁帽（碗头）的。根据使用条件的不同，分别用于圆形连接的 Q 形球头挂环如图 GYND00303001-6（a）所示，专用于螺栓平面接触的 QP 形球头挂环，如图 GYND00303001-6（b）所示。

2）碗头挂板。碗头挂板是用来连接球形绝缘子下端钢脚（球头）的，根据使用条件的不同，有单联碗头和双联碗头两种形式，如图 GYND00303001-6（c）和图 GYND00303001-6（d）所示。

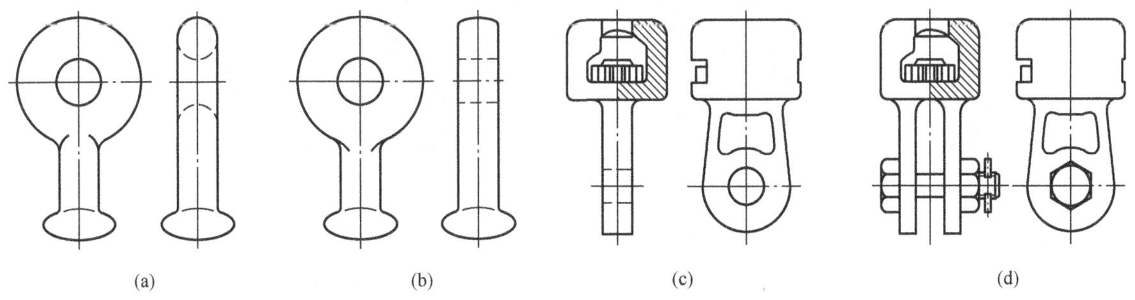

图 GYND00303001-6　球头挂环和碗头挂板结构示意图

（a）Q 形球头挂环；（b）QP 形球头挂环；（c）单联碗头挂板；（d）双联碗头挂板

3）直角挂板。直角挂板是一种转向金具，可按使用要求去改变绝缘子串的连接方向。常用螺栓式直角挂板的形状如图 GYND00303001-7（a）和图 GYND00303001-7（b）所示。

4）平行挂板。平行挂板用于单板与单板及单板与双板的连接，也可用于连接槽形悬式绝缘子。平行挂板有三腿式和四腿式两种，形状如图 GYND00303001-7（c）和图 GYND00303001-7（d）所示。

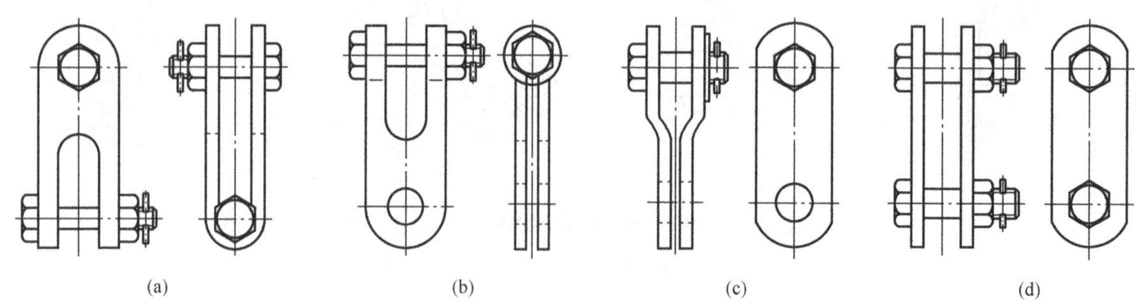

(a)　(b)　(c)　(d)

图 GYND00303001-7　直角挂板和平行挂板的基本结构

（a）Z 形直角挂板；（b）ZS 形直角挂板；（c）PS 形平行挂板；（d）P 形平行挂板

5）直角挂环。直角挂环是专门用来连接悬式 X-4.5C 或 C-5 槽形绝缘子的，其形状如图 GYND00303001-8（a）所示。

6）U 形挂环。U 形挂环是一种最通用的金具，它可以单独使用，也可以几个一起组装起来使用，形状如图 GYND00303001-8（b）所示。

（5）接续金具。接续金具主要用于架空线路的导线、非直线杆塔跳线的接续及导线补修等。常用的接续金具如下。

1）钳压管。中、低压配电线路中使用较多的钳压管有供中小截面的铝绞线及钢芯铝绞线用的两种。其基本结构如图 GYND00303001-9 所示。

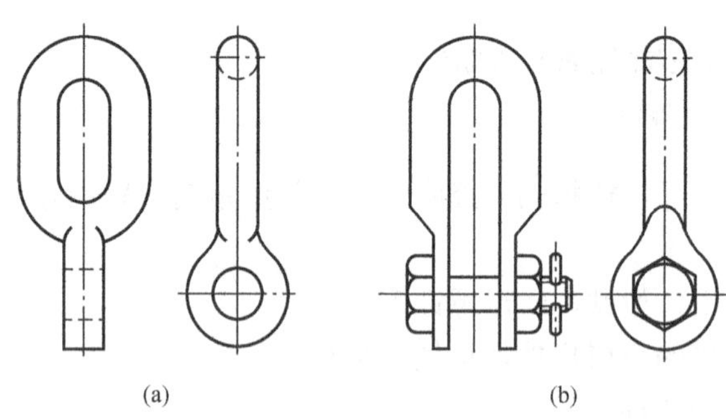

(a)　(b)

图 GYND00303001-8　直角挂环和 U 形挂环的基本结构

（a）直角挂环；（b）U 形挂环

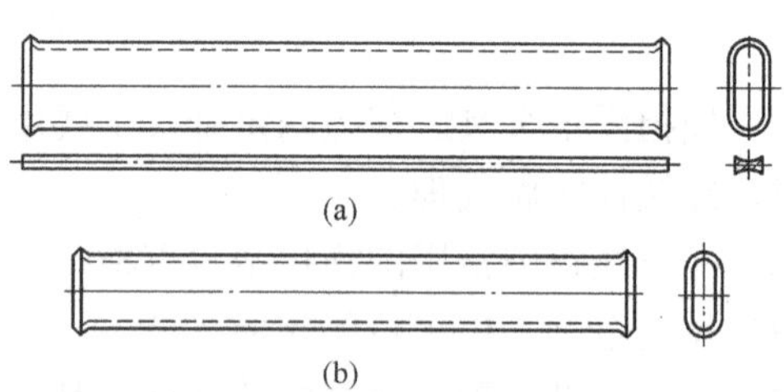

(a)　(b)

图 GYND00303001-9　导线接续管的基本结构

（a）钢芯铝绞线钳压管；（b）铝绞线钳压管

2）并沟线夹。并沟线夹适用于在不承受拉力的部位接续，如在耐张杆塔的弓子线处连接导线用，如图 GYND00303001-10 所示。

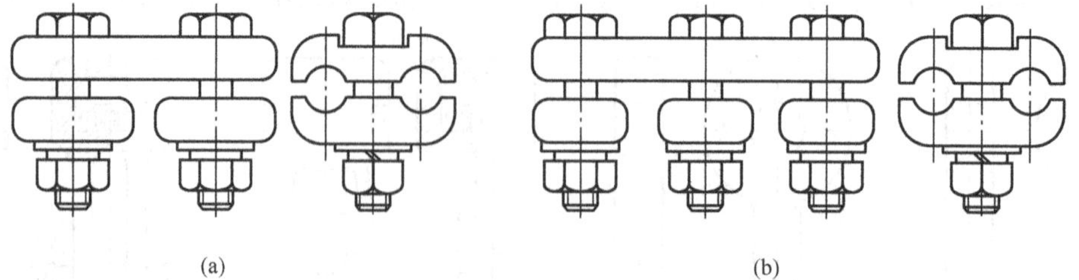

(a)　(b)

图 GYND00303001-10　配电线路常用并沟线夹的基本结构

（a）铝绞线用并沟线夹；（b）钢芯铝绞线用并沟线夹

【思考与练习】

1. 配电线路的特点是什么？在电网中主要起什么作用？
2. 按电压等级的不同，配电线路通常划分为哪几个级别？
3. 配电线路通常主要由哪些元件构成？各部分分别有什么作用？

4. 配电线路常用金具通常分为哪几大类？各有什么特点？

模块 2 配电线路常用材料及选择（GYND00303002）

【模块描述】本模块包含配电线路常用材料的种类及选择的基本要求等内容。通过概念描述、特点对比、图解示意、要点归纳，熟悉配电线路常用材料选择方法。

【正文】

一、配电线路常用材料的分类

1. 架空导线

低压架空配电线路中常用的导线主要有裸导线和绝缘导线。

（1）常用裸导线。裸导线具备结构简单，线路工程造价成本低，施工、维护方便等特点。架空配电线路中常用的裸导线主要有铝绞线、钢芯铝绞线、合金铝绞线等。常用铝绞线和钢芯铝绞线的基本技术指标见表 GYND00303002-1 和表 GYND00303002-2。

表 GYND00303002-1　　常用铝绞线的基本技术指标

标称截面（mm^2）	实际截面（mm^2）	结构尺寸根数/直径根（mm）	计算直径（mm）	20℃时直流电阻（Ω/km）	拉断力（N）	弹性系数（N/mm^2）	热膨胀系数（10^{-6}/℃）	载流量（A）			计算质量（kg/km）	制造长度（km）
								70℃	80℃	90℃		
25	24.71	7/2.12	6.36	1.188	4	60	23.0	109	129	147	67.6	4000
35	34.36	7/2.50	7.50	0.854	5.55	60	23.0	133	159	180	94.0	4000
50	49.48	7/3.55	9.00	0.593	7.5	60	23.0	166	200	227	135	3500
70	69.29	7/3.55	10.65	0.424	9.9	60	23.0	204	246	280	190	2500
95	93.27	19/2.50	12.50	0.317	15.1	57	23.0	244	296	338	257	2000
95	94.23	19/4.14	12.42	0.311	13.4	60	23.0	246	298	341	258	2000
120	116.99	19/2.80	14.00	0.253	17.8	57	23.0	280	340	390	323	1500
150	148.07	19/3.15	15.75	0.200	22.5	57	23.0	323	395	454	409	1250
185	182.80	19/3.50	17.50	0.162	27.8	57	23.0	366	4540	518	504	1000
240	236.38	19/3.98	19.90	0.125	33.7	57	23.0	427	528	610	652	1000
300	297.57	37/3.20	22.40	0.099	45.2	57	23.0	490	610	707	822	1000

注　表格中指标数据来源于 DL/T 499—2001《农村低压电力技术规程》附录 D。

表 GYND00303002-2　　常用钢芯铝绞线的基本技术指标

标称截面（mm^2）	实际截面（mm^2）		铝钢截面比	结构尺寸根数/直径（根/mm）		计算直径（mm）		直流电阻20℃（Ω/km）	拉断力（N）	弹性系数（N/mm^2）	热膨胀系数（$\times10^{-6}$/℃）	载流量（A）			计算质量（kg/km）	制造长度（km）
	铝	钢		铝	钢	导线	钢芯					70℃	80℃	90℃		
16	15.3	2.54	6.0	6/1.8	1/1.8	5.4	1.8	1.926	5.3	19.1	78	82	97	109	61.7	1500
25	22.8	3.80	6.0	6/2.2	1/2.2	6.6	2.2	1.298	7.9	19.1	89	104	123	139	92.2	1500
35	37.0	6.16	6.0	6/2.8	1/2.8	8.4	2.8	0.796	11.9	19.1	78	138	164	183	149	1000
50	48.3	8.04	6.0	6/3.2	1/3.2	9.6	3.2	0.609	15.5	19.1	78	161	190	212	195	1000
70	68.0	11.3	6.0	6/3.8	1/3.8	11.4	3.8	0.432	21.3	19.1	78	194	228	255	275	1000
95	94.2	17.8	5.03	28/2.07	7/1.8	13.68	5.4	0.315	34.9	18.8	80	248	302	345	401	1500
95	94.2	17.8	5.03	7/4.14	7/1.8	13.68	5.4	0.312	33.1	18.8	80	230	272	304	398	1500
120	116.3	22.0	5.3	28/2.3	7/2.0	15.20	6.0	0.255	43.1	18.8	80	281	344	394	495	1500
120	116.3	22.0	5.3	7/4.6	7/2.0	15.20	6.0	0.253	40.9	18.8	80	256	303	340	492	1500
150	140.8	26.6	5.3	28/2.53	7/2.2	16.72	6.6	0.211	50.8	18.8	80	315	387	444	598	1500
185	182.4	34.4	5.3	28/2.88	7/2.5	19.02	7.5	0.163	65.7	18.8	80	368	453	522	774	1500
240	228.0	43.1	5.3	28/3.22	7/2.8	21.28	8.4	0.130	78.6	18.8	80	420	520	600	969	1500
300	317.5	59.7	5.3	28/3.8	19/2	25.2	10.0	0.0935	111	18.8	80	511	638	740	1348	1000

注　表格中指标数据来源于 DL/T 499—2001 附录 D。

（2）架空绝缘导线（或称架空绝缘电缆）。目前，在架空配电线路中广泛地采用架空绝缘线，相对裸导线而言，采用架空绝缘导线的配电线路运行的稳定性和供电可靠性要好于裸导线配电线路，且线路故障明显降低。线路与树木的矛盾问题基本得到解决，同时也降低了维护工作量，提高了线路的运行安全可靠性。

1）架空绝缘导线的主要特点。与用裸导线架设的线路相比，绝缘导线电力线路主要优点有：

a. 有利于改善和提高配电系统的安全可靠性，减少人身触电伤亡危险，防止外物引起的相间短路，减少双回或多回线路时的停电次数，减少维护工作量，减少了因检修而停电的时间，提高了线路的供电可靠性。

b. 有利于城镇建设和绿化工作，减少线路沿线树木的修剪量。

c. 可以简化线路杆塔结构，甚至可沿墙敷设，既节约了线路材料，又美化了环境。

d. 节约了架空线路所占空间。缩小了线路走廊，与架空裸线相比较，线路走廊可缩小 1/2。

e. 节约线路电能损失，降低电压损失，线路电抗仅为普通裸导线线路电抗的 1/3。

f. 减少导线腐蚀，因而相应提高线路的使用寿命和配电可靠性。

g. 降低了对线路支持件的绝缘要求，提高同杆线路回路数。

缺点是：架空绝缘导线的允许载流量比裸导线小，易遭受雷电流侵害，由于加上塑料层以后，导线的散热较差；因此，架空绝缘导线通常选型时应比平时提高一个档次，这样就导致线路的单位造价高于裸导线。

2）架空绝缘导线的型号。表示架空绝缘导线的型号特征的符号主要由三部分组成。

第一部分表示系列特征代号，主要有：

JK——中、高压架空绝缘线（或电缆）；

J——低压架空绝缘线。

第二部分表示导体材料特征代号，主要有：

T——铜导体（可省略不写）；

L——铝导体；

LH——铝合金导体。

第三部分表示绝缘材料特征代号，主要有：

V——聚氯乙烯绝缘；

Y——聚乙烯绝缘；

YJ——交联聚乙烯绝缘。

3）架空绝缘导线的规格。

a. 线芯。架空绝缘导线有铝芯和铜芯两种。在配电网中，铝芯应用比较多，铜芯线主要是作为变压器及开关设备的引下线。

b. 绝缘材料。架空绝缘导线的绝缘保护层有厚绝缘（3.4mm）和薄绝缘（2.5mm）两种。厚绝缘的运行时允许与树木频繁接触，薄绝缘的只允许与树木短时接触。绝缘保护层又分为交联聚乙烯和轻型聚乙烯，交联聚乙烯的绝缘性能更优良。

目前，在我国配电线路中常用的低压架空绝缘导线主要有表 GYND00303002-3 中的几种型号；常用的 10kV 架空绝缘导线有表 GYND00303002-4 中的几种型号。

表 GYND00303002-3　　常用低压架空绝缘导线的型号

编号	型号	名称	主要用途
1	JV 型	铜芯聚氯乙烯绝缘线	架空固定敷设，下、接户线等
2	JLV 型	铝芯聚氯乙烯绝缘线	
3	JY 型	铜芯聚乙烯绝缘线	
4	JLY 型	铝芯聚乙烯绝缘线	
5	JYJ 型	铜芯交联聚乙烯绝缘线	
6	YLYJ 型	铝芯交联聚乙烯绝缘线	

表 GYND00303002-4 常用 10kV 架空绝缘导线的型号

型号	名称	常用截面	主要用途
JKTRYJ	软铜芯交联聚乙烯架空绝缘导线	35～70	架空固定敷设，下、接户线等
JKLYJ	铝芯交联聚乙烯架空绝缘导线	35～300	
JKTRY	软铜芯聚乙烯架空绝缘导线	35～70	
JKLY	铝芯聚乙烯架空绝缘导线	35～300	
JKLYJ/Q	铝芯轻型交联聚乙烯薄架空绝缘导线	15～300	
JKLY/Q	铝芯轻型聚乙烯薄架空绝缘导线	35～300	

4）架空绝缘线的基本技术要求。根据 DL/T 602—1996《架空绝缘配电线路的施工及验收规程》的规定：

a. 中压架空绝缘线必须符合 GB 14049 的规定。

b. 低压架空绝缘线必须符合 GB 12527 的规定。

c. 安装导线前，应先进行外观检查，且符合下列要求：

a）导体紧压，无腐蚀；

b）绝缘线端部应有密封措施；

c）绝缘层紧密挤包，表面平整圆滑，色泽均匀，无尖角、颗粒，无烧焦痕迹。

2. 电杆

电杆是架空配电线路中的基本设备之一，由于钢筋混凝土电杆具有使用寿命长、维护工作量小等优点，在低压配电线路中使用较为广泛。

（1）常用钢筋混凝土电杆的规格。低压架空电力线路常用钢筋混凝土杆的结构如图 GYND00303002-1 所示，其电杆的规格及基本技术参数参考表 GYND00303002-5。

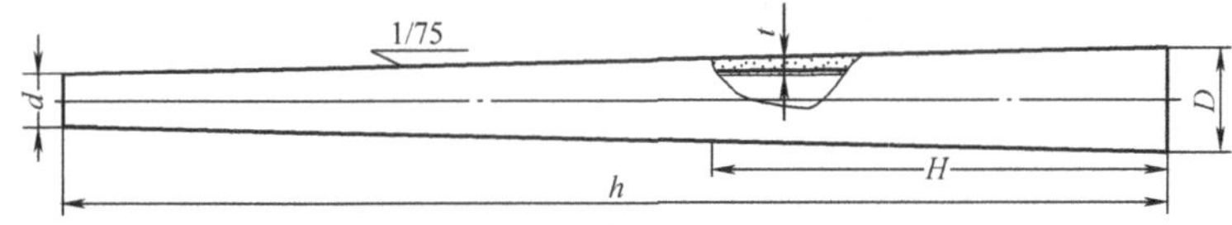

图 GYND00303002-1 钢筋混凝土电杆结构示意图

d—杆顶直径；*D*—杆根直径；*h*—电杆长度；*H*—电杆重心高度；*t*—电杆壁厚

表 GYND00303002-5 低压架空电力线路常用钢筋混凝土电杆规格

型号	规格				参考重心 H（m）	理论质量（kg/ 根）
	梢径 d（mm）	壁厚 t（mm）	根径 D（mm）	杆长 h（m）		
预应力杆	150	40	243	7	3.08	350
	150	40	257	8	3.52	425
	150	40	270	9	3.96	500
	150	40	283	10	4.40	600
	190	50	270	6	2.64	460
	190	50	310	9	3.96	765
	190	50	323	10	4.40	860
	190	50	337	11	4.84	980
	190	50	350	12	5.28	1120
	190	50	390	15	6.6	1525

（2）钢筋混凝土电杆的基本技术要求。根据 DL 499—2001 及配电线路工程施工的有关规定：

1）电杆表面应光滑、平整，壁厚均匀，无偏心、混凝土脱落、露筋、跑浆等缺陷。

2）预应力混凝土电杆及构件不得有纵向、横向裂缝。

3）普通钢筋混凝土电杆及细长预制构件不得有纵向裂缝，横向裂缝宽度不应超过 0.1mm（允许宽度在出厂时为 0.05mm，运至现场时不得超过 0.1mm，运行中为 0.2mm），长度不超过 1/3 周长。

4）平放地面检查时，不得有环向或纵向裂缝，但网状裂纹、龟裂、水纹不在此限。

5）杆身弯曲不应超过杆长的 1‰。

6）电杆的端部应用混凝土密封。

3. 配电线路的常用绝缘子

配电线路常用的绝缘子主要有：针式绝缘子、蝶式绝缘子、悬式绝缘子和拉线绝缘子，其中，农村低压架空配电线路中常用的有针式绝缘子、蝶式绝缘子和拉线绝缘子等。

（1）针式绝缘子。针式绝缘子主要用于中、低压配电线路的用于直线杆及非耐张的转角、分支杆的及耐张跳线等非耐张或张力不大的绝缘子。其典型应用如图 GYND00303002-2（a）所示。

针式绝缘子按耐压能力可分为 1 号和 2 号两种；按铁脚型式不同，可分为短脚、长脚和弯脚三种。其中：字母“T”表示短脚，用于铁横担；“M”表示长脚，用于木横担；“W”表示弯脚，可直接拧入木电杆上使用。

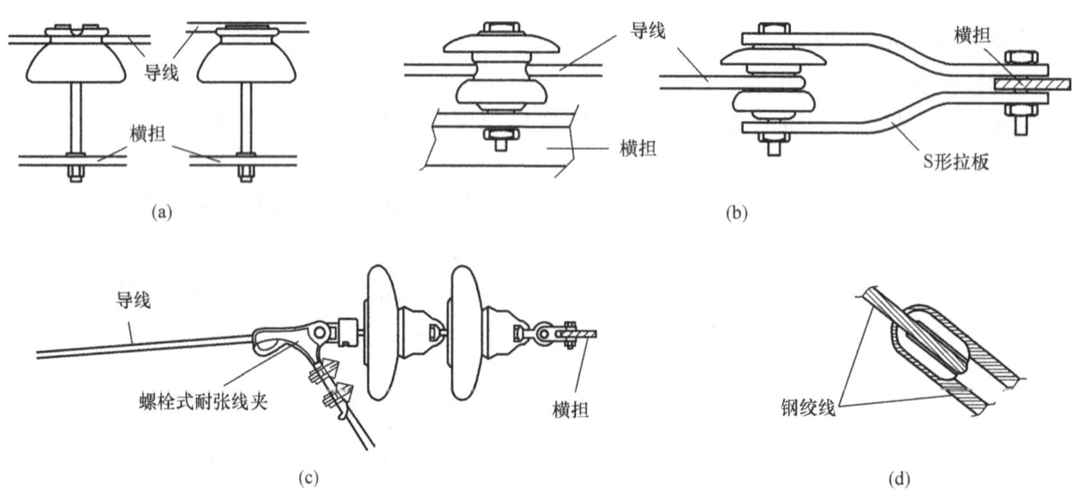

图 GYND00303002-2　绝缘子在配电线路中的典型应用

（a）针式绝缘子的应用；（b）蝶式绝缘子的应用；（c）悬式绝缘子的应用；（d）拉线绝缘子的应用

低压针式绝缘子的符号为 PD，常用 PD 型低压针式绝缘子规格型号见表 GYND00303002-6。

表 GYND00303002-6　　常用 PD 型低压针式绝缘子规格型号

型　号	机电破坏负荷（不小于 kN）	质量（kg）	型　号	机电破坏负荷（不小于 kN）	质量（kg）	结构示意图
PD–1	9.8	0.32	PD–2M	5.9	0.79	
PD–1T	9.8	0.45	PD–2W	5.9	0.85	
PD–1M	9.8	0.55	PD–3	3	0.27	
PD–1W	9.8	0.55	PD–3T	7	0.7	
PD–2	5.9	0.42	PD–3M	7	0.76	
PD–2T	5.9	0.69				

（2）蝶式绝缘子。蝶式绝缘子主要用于低压绝缘配电线路，在直线杆或接户线终端杆上，通常用穿心螺栓固定在横担上，也可用铁夹板夹在中间连接在耐张横担上，如图 GYND00303002-2（b）所示。

蝶式绝缘子的符号为 ED，按尺寸大小蝶式绝缘子可分为 1 号、2 号、3 号、4 号共 4 种。ED 低压蝶式绝缘子规格型号，见表 GYND00303002-7。

表 GYND00303002-7　　　　ED 型低压蝶式绝缘子规型号

型　号	机电破坏负荷（不小于 kN）	质量（kg）	型　号	机电破坏负荷（不小于 kN）	质量（kg）	结构示意图
ED-1	11.8	0.75	ED-2C	13.2	0.5	
ED-2	9.8	0.65	ED-2-1	11.8	0.45	
ED-3	7.8	0.25	ED-3-1	7.8	0.15	
ED-4	4.9	0.14	ED-3A	13.2	0.5	
ED-2B	12.7	0.48				

（3）悬式绝缘子。悬式绝缘子的外形如图 GYND00303002-2（c）所示，悬式绝缘子通常是多片串联使用。

悬式绝缘子的符号为“XP”，当低压线路采用大截面导线时，其耐张可选用悬式绝缘子，如图 GYND00303002-2（c）所示。

（4）拉线绝缘子。设置拉线绝缘子的目的是防止拉线万一带电可能造成人身触电事而采取的绝缘措施。拉线绝缘子的符号为 J，图 GYND00303002-3 所示为拉线绝缘子的三种基本外形，其规格见表 GYND00303002-8。

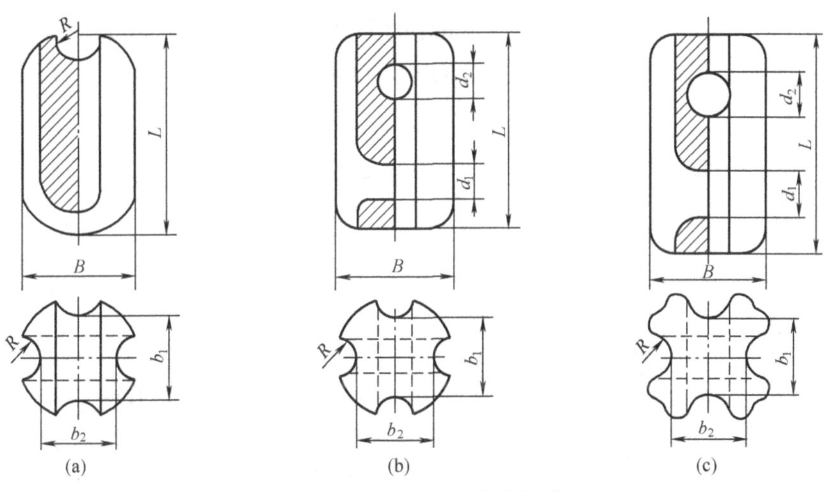

图 GYND00303002-3　拉线绝缘子

（a）J-2 型拉线绝缘子；（b）J-4.5 型拉线绝缘子；（c）J-9 型拉线绝缘子

表 GYND00303002-8　　　　拉 线 绝 缘 子 规 格

型　号	试验电压	机电破坏负荷（kg）	主要尺寸（mm）							质量（kg）	参 考 图 形
			L	B	b_1	b_2	d_1	d_2	R		
J-2	10	19.6	72	43	30	30	—	—	8	0.2	图 GYND00303002-3（a）
J-4.5	15	44.1	90	58	45	45	14	14	10	1.1	图 GYND00303002-3（b）
J-9	25	88.3	172	89	60	60	25	25	14	2.0	图 GYND00303002-3（c）

（5）绝缘子的使用要求。绝缘子不仅要使导线之间以及导线与大地之间绝缘，还要用来固定导线，并能承受导线的垂直荷载和水平荷载，同时对化学杂质的侵蚀要有足够的抵御能力，并能适应周围大气环境的变化。所以，绝缘子既要满足电气性能的要求，又应具有足够的机械强度。

绝缘子的使用机械强度安全系数应符合表 GYND00303002-9 的要求。在空气污秽地区，配电线路的电瓷外绝缘应根据地区运行经验和所处地段外绝缘污秽等级，增加绝缘的泄漏距离或采取其他防污措施。

表 GYND00303002-9　　常用低压绝缘子的机械强度安全系数

类　型	安全系数		类　型	安全系数	
	运行工况	断线工况		运行工况	断线工况
悬式绝缘子	2.7	1.8	瓷横担绝缘子	3	2
针式绝缘子	2.5	1.5	有机复合绝缘子	3	2
蝶式绝缘子	2.5	1.5			

4. 配电线路金具

（1）横担固定金具。

1）U 形抱箍。用直径为 16mm 的圆钢或中间用 4mm×40mm 或 5mm×50mm 的扁铁与直径为 16mm 的螺杆焊接制作而成，用于将横担固定在直线杆上。如图 GYND00303002-4（a）所示。

2）圆凸形抱箍，又称羊角抱箍。用 4mm×40mm 或 5mm×50mm 的扁钢制作而成，用于将横担支撑扁铁固定在电杆上。如图 GYND00303002-4（b）和图 GYND00303002-4（c）所示，其中羊角抱箍为新型，带凸抱箍为传统型。

3）横担垫铁，又称瓦形（弧形）垫铁或 M 形垫铁。用 4mm×40mm 或 5mm×50mm 的扁钢制成 M 形或圆弧形，其中凸形面与水泥杆接触，平面直接与铁横担并接，使横担与电杆连接牢固。如图 GYND00303002-4（d）所示。

4）支撑扁铁。用 4mm×40mm 或 5mm×50mm 的扁钢制作，也可用 5mm×50mm×50mm 的等边角钢制作，用于支撑横担，防止横担倾斜，如图 GYND00303002-4（e）所示。常用支撑扁铁规格见表 GYND00303002-10。

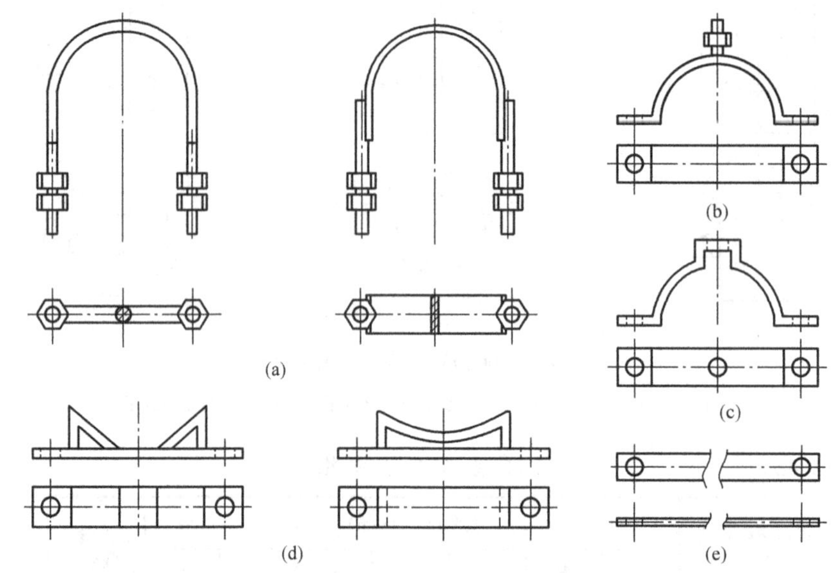

图 GYND00303002-4　低压架空线路常用横担固定金具

（a）U 形横担抱箍；（b）羊角抱箍；（c）带凸抱箍；（d）横担垫铁；（e）支撑扁铁

表 GYND00303002-10　　常用支撑扁铁规格　　mm

支撑扁铁号	宽　度	厚　度	孔　距	长　度	用　途
6 号	50	4～5	600	660	支撑横担
7 号	50	4～5	710	770	
8 号	50	4～5	770	830	
9 号	50	4～5	910	970	
10 号	50	4～5	970	1030	

（2）拉线金具。

1）楔形线夹，俗称上把。它是利用楔的臂力作用，使钢绞线紧固，其结构如图 GYND00303002-5（a）所示。

2）UT 形线夹（可调式），俗称下把或底把。UT 形线夹既能用于固定拉线，同时又可调整拉线，其结构如图 GYND00303002-5（b）所示。

3）拉线抱箍，又称圆形抱箍或两合抱箍。通常是用 4mm×40mm 或 5mm×50mm 的扁钢制作而成，用于将拉线固定在电杆上，如图 GYND00303002-5（c）所示。

4）延长环，主要用于拉线抱箍与楔形线夹之间的连接，如图 GYND00303002-5（d）所示。

5）钢线卡，也叫元宝螺栓。主要用于低压架空线路小型电杆的拉线回头绑扎，由于钢线卡握着力的限制，不宜作为较大截面拉线的紧固工具，其结构如图 GYND00303002-5（e）所示。

6）拉线用 U 形挂环，俗称鸭嘴环。是用来和拉线金具和楔形线夹配套，安装在杆塔拉线抱箍上，其结构如图 GYND00303002-5（f）所示。

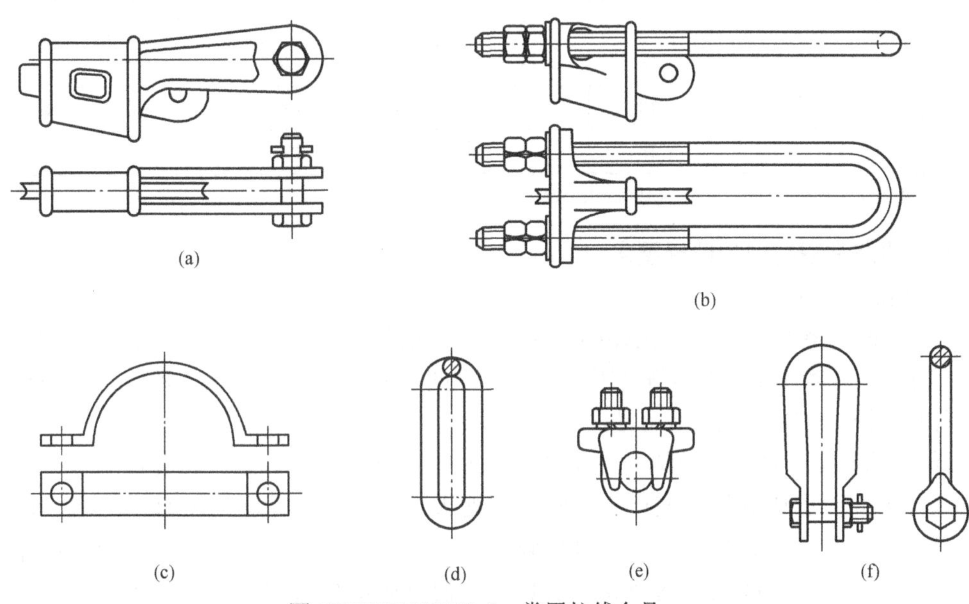

图 GYND00303002-5　常用拉线金具

（a）楔形线夹；（b）UT 形线夹；（c）拉线抱箍；（d）延长环；（e）钢线卡；（f）U 形挂环

（3）导线固定金具。导线固定金具包括悬垂线夹和耐张线夹，如图 GYND00303002-6 所示，其中悬垂线夹主要用于导线在直线杆塔上的悬挂，配电线路常用悬垂线夹的主要技术指标见表 GYND00303002-11；耐张线夹主要用于导线在耐张杆塔上的固定，配电线路常用耐张线夹的主要技术指标见表 GYND00303002-12。

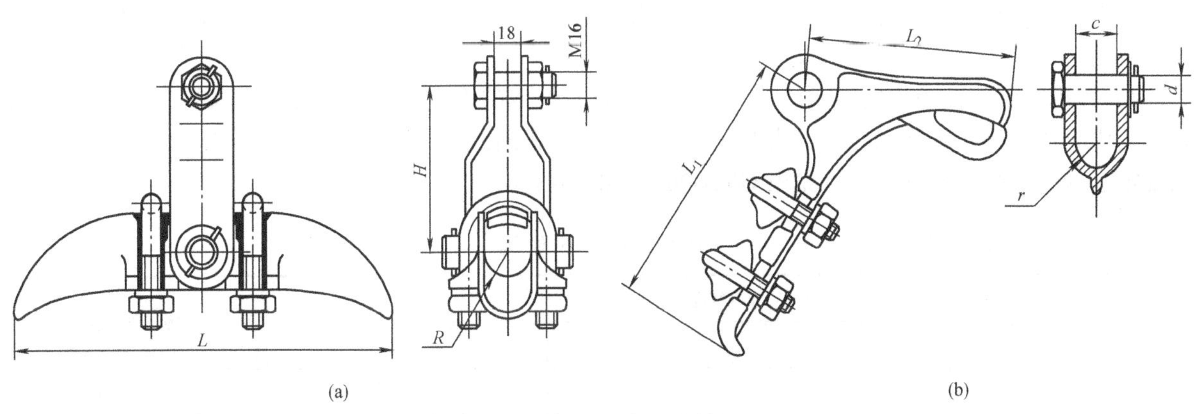

图 GYND00303002-6　导线固定金具

（a）悬垂线夹；（b）耐张线夹

表 GYND00303002-11　　　　　　　　　　固定型悬垂线夹规格

型　号	适用绞线直径范围（mm）	主要尺寸（mm）			标称破坏载荷（kN）	参考质量（kg）
		H	*L*	*R*		
CGU–1	5.0～7.0	82.5	180	4.0	40	1.4
CGU–2	7.1～13.0	82	200	7.0	40	1.8
CGU–3	13.1～21.0	101	220	11.0	40	2.0
CGU–4	21.1～26.0	109	250	13.5	40	3.0

注　表中型号字母及数字意义为：C—悬垂线夹；G—固定；U—U 形螺钉；数字—适用导线组合号。

表 GYND00303002-12　　　　　　　　　　螺栓型耐张线夹规格

型　号	适用绞线直径范围（mm）	主要尺寸（mm）					U 形螺栓	
		d	*c*	L_1	L_2	*r*	个数	直径（mm）
NL-1	5.0～10.0	16	18	150	120	6.5	2	12
NL-2	10.1～14.0	16	18	205	130	8.0	3	12
NL-3	14.1～18.0	18	22	310	100	11.0	4	16
NL-4	18.1～23.0	18	25	410	220	12.5	4	16

注　表中型号字母及数字意义为：N—耐张线夹；L—螺栓；数字—产品序号。

二、配电线路常用材料的选择要求

1. 导线截面的选择

（1）导线截面选择的条件。架空配电线路要求导线的导电能力强、机械强度大、抗腐蚀、重量轻、价格便宜；同时，架空导线应采用符合国家技术标准的产品。为保证线路安全稳定、连续可靠地运行，对导线截面的选择一般有以下几种方法。

1）按允许载流量选择。当导线通过工作电流时，因电流的热效应会使导线温度丌高，尤其是在导线接头处会因此而加快氧化，使接头接触电阻增大，形成恶性循环，将有可能造成接头处松脱或熔融。同时，温度升高还将导致导线的机械强度、导电能力下降，绝缘导线的绝缘损坏，甚至造成导线烧断。所以，按允许载流量选择导线的目的是使负荷电流长期流过导线所引起的温升不至于超过最高允许温度。

2）按经济电流密度选择。对线路导线而言，有一个年运行费用最小的截面，称经济截面 *S*。因此对应于不同材料和最大负荷利用小时数的线路导线有经济电流密度 *J*，经济电流密度 *J* 可从相关规程手册中查得。按规定，电压等级在 35kV 及以上架空电力线路应按经济电流密度进行导线截面的选择。

3）按允许电压损失选择。由于农村电力负荷的特点，使得农村配电线路往往延伸较长，导线上的电压降相对较大，由于电压的变化将直接影响负荷的正常工作；因此，电压等级在 10kV 及以下的架空线路中，为确保用户的电压质量，必须将线路电压损失限制在一定范围内，即按允许电压损失选择导线截面。

4）按机械强度校验导线截面。架空导线本身具有一定的重量，同时还要承受风雪、覆冰等外力，温度变化时还会因热胀冷缩引起受力变化，所以为了防止断线事故，导线应具有一定的机械强度，为此规定了导线的最小允许截面，见表 GYND00303002-13。

表 GYND00303002-13　　　　　　　　　　导 线 的 最 小 截 面　　　　　　　　　　mm^2

导　线　种　类	10kV 配电线路		低压配电线路	接　户　线
	居民区	非居民区		
铝绞线	35	25	16	绝缘线 6.0
钢芯铝绞线	25	16	16	
铜钱	16	16	直径 3.2mm	绝缘铜线 4.0

配电线路不应采用单股的铝线或铝合金线，中、高压配电线路不宜采用单股铜线。三相四线制的零线截面，$70mm^2$ 以下与导线截面相同，$70mm^2$ 及以上不宜小于相线截面的一半；分相制的零线截面应与相线截面相同。

（2）架空导线的主要技术要求。架空配电线路中导线在使用安装前应进行外观质量的检查，其检查质量的基本要求有：

1）裸导线不应有松股、交叉、折叠、断股等明显缺陷；

2）导线表面不应有严重腐蚀现象；

3）钢绞线、镀锌铁线表面镀锌层应良好，无锈蚀；

4）绝缘线表面应平整、光滑、色泽均匀，无尖角、颗粒，无烧焦痕迹；

5）绝缘线导体紧压，无腐蚀，绝缘层应挤包紧密，且易剥离；

6）绝缘线端部应有密封措施，绝缘层厚度应符合规定。

2. 电杆长度的确定

（1）影响电杆长度的主要因素。架空电力线路的弧垂、导线对地的安全距离、电杆的埋深、线路档距的大小是决定电杆长度的主要因素，如图 GYND00303002-7 所示。

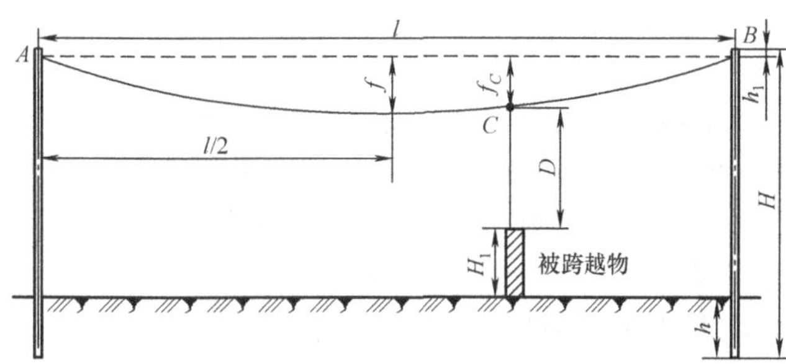

图 GYND00303002-7　架空线路电杆、导线结构示意图

1）弧垂。在档距内，档中点导线与两电杆上导线的悬挂点（或固定点）A、B 连线的垂直距离，叫导线的弧垂，也称弛度，如图 GYND00303002-7 所示。f 为中点的弧垂，f_C 为跨越点 C 处的导线弧垂。

2）电杆埋深。为使电杆在运行中有足够的抗倾覆裕度，电杆的埋设深度 h，应根据设计的要求或电杆所处地段土壤情况而定，一般情况下应不小于杆长的 1/6，以保证电杆在正常情况能承受风、冰等荷载而稳定不致倒杆。

3）对被跨越物的安全距离 D。当架空电力线路跨越其他设施时，必须对被跨越物有足够的安全距离，架空配电线路与其交叉跨越的最小垂直安全距离 D 应不小于表 GYND00303002-14 的规定值。

（2）确定电杆长度的计算方法。在地势平坦地带，电杆的长度可按下式计算

$$H = h + H_1 + D + f_C + h_1 \qquad \text{(GYND00303002-1)}$$

式中　H——电杆的长度，m；

h——电杆的埋深，m；

H_1——被跨越物的高度，m；

D——导线对地或其他设施的安全距离，m；

f_C——导线在跨越点 C 处的弧垂，m；

h_1——横担到杆顶距离，m，低压配电线路一般取为 0.15m，若有两个及以上横担时，还应加上横担间的垂直距离。

表 GYND00303002-14　架空配电线路最大弧垂时与其交叉跨越的最小垂直距离　m

线路经过地区	电压等级		线路经过地区	电压等级	
	1～10kV	1kV 以下		1～10kV	1kV 以下
居住区	6.5	6.0（6.0）	交通困难的地区	4.5（3.0）	4.0（3.0）
非居住区	5.5	5.0（5.0）	街道行道树木	1.5（0.8）	1.0（0.2）

续表

线路经过地区	电压等级		线路经过地区	电压等级	
	1～10kV	1kV 以下		1～10kV	1kV 以下
步行可达到的山坡	（4.5）	3（4.0）	通航河流最高航行水位	1.0（6.0）	1.0（6.0）
建筑物	—	2.5（2）	不能通航的河湖冰面	5.0	5.0（5.0）
至铁路轨顶	7.5	7.5	不能通航的河湖最高洪水位	3.0（3.0）	3.0（3.0）
通航河流的最高水位	6.0（6.0）	6.0（6.0）	与弱电线路的距离	（2.0）	（1.0）

一般情况下，中压 10kV 线路用 12～15m 水泥杆，低压线路则用 8～10m 水泥杆。由于电杆的长度是固定的，因此，在计算的长度值不足 1m 的整数时，可直接向上一个级别取值。如计算电杆的长度为 8.74m 时，可直接选择 9m 的电杆。

3. 绝缘子及金具使用前的外观检查

（1）绝缘子的外观检查。按规定，绝缘子在使用安装前应进行外观检查，主要外观质量要求有：

1）瓷绝缘子与铁部件结合紧密；

2）铁部件镀锌良好，螺杆与螺母配合紧密；

3）瓷绝缘子轴光滑，无裂纹、缺釉、斑点、烧痕和气泡等缺陷。

（2）金具的外观质量检查。按规定，所有金具在使用安装前应进行外观检查，主要内容如下：

1）金具构件表面光洁，无裂纹、毛刺、飞边、砂眼、气泡等缺陷；

2）线夹转动灵活，与导线接触的表面光洁，螺杆与螺母配合紧密适当；

3）金具构件镀锌良好，无剥落、锈蚀。

【思考与练习】

1. 简要说明裸导线和绝缘导线在架空配电线路中的使用各有什么优缺点。
2. 架空配电线路对电杆的基本要求有哪些？
3. 低压配电线路中常用的绝缘子主要有哪几种？各有什么要求？
4. 简要说明低压配电线路和高压配电线路进行导线截面选择的着重点。
5. 架空配电线路电杆的长度选择与哪些因素有关？如何影响？
6. 电杆、导线、绝缘子及金具在使用前应进行哪些检查？

模块 3 配电线路常用设备及选择（GYND00303003）

【模块描述】本模块包含配电变压器及线路常用配电设备。通过对配电变压器及线路常用设备的介绍，了解配电变压器常用配电设备选择的基本要求。

【正文】

配电线路的设备除线路自身以外，其他常用设备主要包括：配电变压器、避雷器、断路器、隔离开关、熔断器等。有关配电设备的工作原理、性能及实际应用的基本技术要求，请查阅模块 GYND00302001～模块 GYND00302008；本模块将根据上述常用设备在配电线路中的作用，重点介绍这些设备在配电线路中的工作特点及基本选择要求。

一、配电变压器

配电变压器是配电线路中一种可靠实现电压变换的静止电器。它是通过电磁感应原理，将具备一定交变频率的电压变换成同频率的另一种电压的电能传输装置；配电变压器是配电系统中不可缺少的电气设备。

随着现代科学的发展，无论是城网还是农网配电系统，对配电系统中配电变压器的要求，除满足基本技术性能外，还要求有较高的安全可靠性。针对现代化配电系统的特点，变压器还需要满足环境保护、经济运行、节约能源、防灾害等方面的要求。

1. 常用配电变压器的特点

（1）S9与S11系列浸油配电变压器。S9系列10kV的电力变压器是我国目前生产的低损耗产品，主要是增加铁芯截面积以降低磁通密度、高低压绕组均使用铜导线，并加大导线截面，降低绕组电流密度，从而降低了空载损耗和负载损耗。其损耗值与传统的S7系列配电变压器对比，空载损耗可降低10%，负载损耗平均降低25%，节能效果较为显著，是目前农村电网中使用较多的产品。

S11系列配电变压器是在S9系列配电变压器的基础上，为进一步降低空载损耗，选用超薄型硅钢片，具有绕制工艺简单、质量轻、体积小、空载损耗比S9系列配电变压器降低25%～30%、维护方便、运行费用低和节能效果明显等优点，比较适合我国农村电网的负荷特性和技术要求，因此农村电网建设和改造工程中应积极推广使用这一产品。

（2）密封型变压器。油浸变压器内的绝缘材料主要是变压器油，在实际运行中，由于油与空气的直接接触，使油逐渐氧化，油与空气中的水分接触后，使油的含水量增加，氧化后的油和油中水分的作用使油的酸值升高。使油有一定的腐蚀作用，油中的含水量增加，降低了油的纯度，由此可见，变压器油的劣化是造成内部绝缘损坏的主要因素，而油的劣化是由于变压器油与空气接触造成的。为此，密封型变压器采用全密封结构和先进的工艺从根本上隔绝了变压器油和空气的接触。其结构特点主要有：

1）全密封型变压器的铁芯和绕组与普通油浸式变压器相同，无储油柜，高度比同类产品低。

2）全密封型变压器的油箱，采用波纹式油箱，使油箱壁具有一定的弹性，以满足变压器运行中油的热胀冷缩的需要。

3）密封型变压器采用真空注油工艺，完全去除了变压器中的潮气，密封后变压器油不与空气接触，有效地防止氧气和水分侵入变压器而导致绝缘性能下降，因此不必定期进行油样试验。

4）被洪水浸泡后，无需修复可立即投入运行。

5）全密封型变压器在上桶盖装有压力释放阀。当变压器内部压力达到一定值时，压力释放阀动作，可排除油箱内的过压。内部压力经释放后，释放阀自动关闭。

6）全密封型变压器在正常运行方式下，可连续运行25年而不需要对变压器内部进行维修工作。提高了电网运行的安全性与可靠性。

（3）非晶态合金铁芯配电变压器。非晶态合金铁芯配电变压器俗称非晶合金变压器。非晶合金变压器的铁芯是采用非晶态合金的高磁导率软磁材料，制成非晶态合金铁芯，使其变压器的磁化性能得以改善。在非晶合金变压器寿命期内，其空载特性稳定、空载损耗低，且有较高的可靠性。非晶合金变压器是当前损耗最少的节能变压器，空载损耗可比同容量的S9系列配电变压器平均下降75%左右。

由于非晶合金铁芯配电变压器比硅钢片铁芯配电变压器的空载损耗和空载电流降低很多。所以非晶态合金铁芯配电变压器适合用于峰谷差大的用电负荷，但非晶合金变压器的价格高于S9系列配电变压器。

另外，由于非晶态合金具有薄、硬、脆，对应力敏感等特性。所以，在运输、搬动、安装运行时必须采取措施，降低和减少对铁芯影响的应力，以保持其优越的空载特性。

（4）干式变压器。常见有干式变压器主要有：环氧树脂干式变压器、气体绝缘干式变压器。

1）环氧树脂干式变压器具有电气强度、机械强度高、防火阻燃、防尘等优点，被广泛应用于对消防有较高要求的场合，具有较好的过负荷运行能力。同时，环氧树脂浇注干式变压器电能损耗低、噪声低、结构简单、体积小、质量轻、安装简单、维护方便，可免去日常维护工作。

2）气体绝缘变压器为在密封的箱壳内充以六氟化硫（SF_6）气体代替绝缘油，利用六氟化硫气体作为变压器的绝缘介质和冷却介质。气体绝缘变压器的工作部分（铁芯和绕组）与油浸变压器基本相同。它具有防火、防爆、无燃烧危险，绝缘性能好，防潮性能好，运行可靠性高，维修简单等优点。

非晶合金干式变压器具有空载损耗低、无油、阻燃自熄、耐潮、抗裂和免维修等优点，特别适合于易燃、易爆等防火要求高的场所安装使用。

2. 配电变压器的选择要求

（1）合理选择变压器容量。正确地选择变压器容量和考核现有变压器的运行状态是电网降损节能的重要措施之一。而变压器容量的选择和变压器的负荷状态、负荷性质、年损耗小时数、变压器价格、地区电价、负荷增长情况、变压器的过载能力等因素有直接的影响。特别是农村电网负荷的峰谷差大、功率因数低以及年损耗小时数小的特点，有些因素的影响则显得更为重要。

如果容量选择过大，不仅会使一次性投资增加，同时也使得变压器的空载损耗增加。如果选择容量太小，则有可能引起变压器超负荷运行，使得过载损耗增加，甚至有可能导致变压器过热而烧毁。为此，在进行农网配电变压器容量选择时，应按实际负荷及 5～10 年农村电力发展计划来选定，一般按变压器容量的 45%～70%来选择。另外，考虑到农村有其自身的用电特点，受季节性、时间性强及用电负荷波动大的影响，有条件的村庄可采用母子配电变压器或调容配电变压器供电，以满足不同季节、不同时间的需求。

（2）满足经济运行节约能源的要求。变压器运行的经济性是指变压器的负载损耗与空载损耗相等时，变压器的功率损耗最小，运行效率最高。变压器运行的经济性，是合理选择变压器时要考虑的重要因素之一。对于 1000kVA 以下的变压器，制造厂设计时一般按负载系数在 40%～60%范围内处于经济运行区，即半载状态时运行最经济，处于额定容量的 30%以下的轻载或空载状态时经济性极差。而根据农用配电变压器的突出特点，负载率比较低，所以在条件许可的情况下，可采用调容量变压器，尽可能使变压器处在经济运行区，是降低变压器损耗的一种方法。

（3）配电变压器的结构要简洁、体积尽可能的要小，以方便安装施工及运行与维护。

（4）满足环境保护的要求。根据现代化的电网设备应坚持科技进步、安全可靠和节约能源的原则，实现电网设备小型化、无油化、自动化、免维护或少维护及环境保护的要求。城镇居民区内的变压器在运行中产生的噪声，应符合 GB 3096—2008《声环境质量标准》的规定。为此，在某些特殊地区应选用优质铁芯材料并有自然冷却能力的变压器，确保变压器有合理运行方式，必要时要有隔音措施。

二、常用配电设备的选择

（一）选择的基本原则

1. 按正常工作条件选择

（1）根据设备的使用环境条件选择。

1）环境温度：户内为–5～40℃，户外下限对一般地区不低于–30℃，高寒地段为–40℃。

2）海拔高度：海拔高度 1000m 以下为一般地区，高于 1000m 为高原地区。

3）风速：不大于 35m/s。

4）户内相对湿度：不大于 90%。

5）地震烈度：不超过 8 度。

6）无严重污秽、化学腐蚀及剧烈振动等。

（2）按工作电压选择。规定：电气设备的额定电压应不低于设备安装处电网的额定电压。另外，一般情况下，在额定电压满足工作条件时，最高工作电压也应满足要求。

（3）按工作电流选择。规定：配电设备的额定电流应不小于流过设备的计算电流。工作环境温度低于–40℃时，每降低 1℃可增加额定电流 0.5%，但最大负荷不得超过额定电流的 20%；当环境温度高于 40℃时，每增加 1℃，额定电流应减少 1.8%。

2. 按最大短路电流校验

（1）热稳定校验。对于一般电气设备，要求其短路电流的热效应不大于设备的允许发热。

（2）动稳定校验。要求通过设备的最大可能短路电流应不大于设备额定动稳定电流的峰值。

（二）常用配电设备的选择

1. 避雷器的选择要求

避雷器是配电系统中的一种主要保护电器，主要用于限制雷电过电压和系统内部操作过电压对系统设备可能造成的损伤，通常接于导线和大地之间，与被保护设备并联。当雷电过电压和操作过电压值达到规定的动作电压时，避雷器立即动作，释放过电压电荷，将过电压限制在一定水平，保护电气设备的绝缘，使电网能够正常供电。

常用配电系统中使用较为广泛的避雷器有金属氧化物避雷器和阀型避雷器两大类。避雷器在实际应用选择时，除保证电压等级符合使用场所的电压等级要求外，还应重点做好以下检查。

（1）外观检查。外观检查的主要内容包括：

1）避雷器及其均压环均不得倾斜。

2）避雷器瓷表面不应有破损与裂纹。

3）避雷器的密封胶合物未出现龟裂或脱落。

4）引出线桩头无松动、脱焊等现象。

5）摇动避雷器应无响声。

6）对装有放电记录器的避雷器，应检查其完整性。试验避雷器时，也应同时检查放电记录器的动作情况。

7）避雷器各节的组合及其导线与端子的连接，均不应对避雷器产生应力。

8）避雷器各处螺栓应紧固。

（2）由两个或两个以上元件组成的避雷器，各个元件应单独试验。

（3）具有并联电阻的避雷器，其电导电流值大于 650μA 或与前次比较有显著增加者，说明其内部已受潮。如电导电流显著下降，则说明并联电阻已经老化、接触不良或断裂，应予更换或检修。

（4）测量有并联电阻的阀型避雷器的电导电流时，在高压整流回路中应加滤波电容器，其电容值一般为 0.1μF 以上。在直流高压输出端加装电容器后，在正半波充电时储存电荷，补偿负半波放电时引起的电压幅值的衰减，使试验电压基本保持不变。

（5）无并联电阻的阀型避雷器工频放电升压速度。

1）能够准确读出所升电压值时，可以快速升压直到避雷器击穿为止，当所升电压超过额定电压后的时间要尽可能缩短。

2）当在低压侧测量高压侧所升电压值时，升压速度应控制在：① 对 10kV 及以下避雷器为 3～5kV/s；② 对 20～35kV 避雷器为 15～20kV/s；③ 一般升压至避雷器放电 3.5～7s 即可满足要求。

（6）在进行工频耐压试验时，为了避免避雷器放电时烧损火花间隙，应限制通过火花间隙的电流不大于 0.7A，放电后应在 0.5s 内切断试验电源，所以在被试品回路中应选择限流电阻，且在试验变压器低压侧装设过电流速断装置。

如放电后，在 0.5s 内不能切断试验电源，则所选择的保护电阻应保证避雷器放电以后流过的电流一般不大于 15～20mA。

（7）在直流高压回路中加并了滤波电容，电压测量仍应在高压侧进行。因电导电流在限流电阻上有压降，若采用低压读数，则由于误差往往达不到可容许的精确度，将直接影响到电导电流测量的准确性。

（8）阀型避雷器在进行工频放电电压试验时，应避开试验电源上电焊机的工作，以免波形畸变，影响测试值的准确性。

（9）避雷器的工频放电电压值与气温有关，所以应记录试验时的气温。规程规定的工频放电电压值是在标准大气条件下所测得的。如现场所测得的工频放电电压超过规定范围，应换算成标准大气条件下的工频放电电压值，以判断其是否在合格范围内。

（10）在进行现场检查与试验时，禁止用梯子搭靠在避雷器上进行登高，以防避雷器受旁侧压力引起断裂，也可避免人身事故。

2. 断路器选择的基本要求

断路器是电力系统中重要的控制和保护设备。在系统正常运行时，断路器可以可靠地接通和断开电路；故障状态下，断路器通过自身或与其他保护设备配合，迅速切断故障电流，并将故障电路断开，从而实现对电气设备的保护。

配电系统中的断路器包括高压和低压两大类，其中高压断路器主要用于 10kV 及以上的配电设备的控制和保护，高压断路器通常具备良好的灭弧能力；低压断路器主要用于 10kV 以下低压配电设备的控制和保护。

（1）高压断路器的选择。根据高压断路器的工作环境及系统运行的要求，选择高压断路器时，应重点注意以下几点：

1）根据安装处的环境条件选择断路器的类型。根据电厂等级的要求，电压在6～110kV的断路器，可选真空断路器、SF_6断路器或少油断路器。

2）根据断路器的装设地点选择有户内型和户外型；考虑装设在户外的高压断路器，其环境的污秽程度将直接影响断路器的工作可靠性，因此，在选择时应根据实际环境污秽和等级情况，合理选择断路器的安装类别，以保证断路器在户外工作环境中能够安全稳定地运行。

3）正确选择断路器的工作电压。断路器铭牌上所标注的线电压即为断路器的额定电压，断路器的额定电压表示它在运行中能长期承受的系统最高电压。为保证断路器能可靠稳定工作，断路器在运行中长期承受的电压不得超过其额定值。断路器的额定电压应等于或大于系统最高电压，见表GYND00303003-1。

表GYND00303003-1 断路器的额定电压 kV

额定电压	最高电压	额定电压	最高电压
3	3.5	20（15）	23（17.5）
6	6.9	35	40.5
10	11.5	63	72.5

4）根据所在网络正确选择断路器的额定电流和短路开断、关合电流。高压断路器的额定电流是指高压断路器在正常运行时，断路器允许的最大工作电流，即可以持续运行的负荷电流。

高压断路器的开断短路电流是指额定短路电流中的交流分量有效值，高压断路器的短路关合电流是指额定短路电流中的最高峰值，是额定短路开断电流值的2.5倍。

高压断路器没有规定的持续过电流能力，在选定断路器的额定电流时应计及运行中可能出现的任何负荷电流，把它们当作长期作用对待。断路器开断、关合短路电流值应大于或等于所在网络短路电流的计算值。

5）断路器热稳定校验短路电流热效应不大于规定时间内的允许热效应。

6）动稳定校验的冲击短路电流应不大于断路器额定动稳定电流的峰值。

7）断路器的操动机构应与操作的断路器及其负荷等级相匹配。一般是室内选用电磁操动机构，室外选用弹簧操动机构为佳。

8）选用国家质量认证的产品，且必须附有各种例行试验说明书和安装使用说明书。

（2）低压断路器的选择。

低压断路器（也有称为自动开关）是一种不仅可以接通和分断正常负荷电流和过负荷电流，还可以接通和分断短路电流的开关电器。低压断路器在电路中除起控制作用外，还具有过负荷、短路、欠电压和剩余电流保护等保护功能。低压断路器可以手动直接操作和电动操作，也可以远方遥控操作。

低压断路器的选择：额定电流在600A以下，且短路电流不大时，可选用塑壳断路器；额定电流较大，短路电流亦较大时，应选用万能式断路器。一般选用原则如下：

1）断路器额定电流应不小于负载工作电流。

2）断路器额定电压应不小于电源和负载的额定电压。

3）断路器脱扣器额定电流应不小于负载工作电流。

4）断路器极限通断能力应不小于电路最大短路电流。

5）线路末端单相对地短路电流/断路器瞬时（或短路时）脱扣器整定电流应不小于1.25倍额定电流。

6）断路器欠电压脱扣器额定电压应与线路额定电压相等。

3. 隔离开关的选择

隔离开关也被称为刀闸，是发电厂和变电站电气系统中重要的开关电器，在配电系统中主要用于将高压配电装置中需要停电的部分与带电部分可靠地隔离，以保证检修工作的安全。隔离开关的触头全部敞露在空气中，使电路形成明显的断开点，便于线路检修和重构系统运行方式。

隔离开关选择时除不选择开断电流和关合电流外，其他选择要求与高压断路器的选择要求基本相一致。

隔离开关的形式按安装地点不同分为屋内式和屋外式；按绝缘支柱数目分为单柱式、双柱式和三柱式；按操作级数可分为三级联动、单级操作两种；按隔离开关的动作方式可分为闸刀式、旋转式、插入式。因此，选择隔离开关的类型时，应根据其使用场所和相应的电流、电压及最大短路冲击电流合理地选择其隔离开关的型号。

4. 高压熔断器的选择

高压熔断器是配电系统动力和照明线路的一种保护器件，当发生短路或过大电流故障时，能迅速切断电源，保护线路和电气设施的安全，但熔断器不能准确保护过负荷。

熔断器分为高压和低压两大类。用于3～35kV的为高压熔断器；用于交流220、380V和直流220、440V的为低压熔断器。高压熔断器又分为户内式和户外式两种，具体选择要求如下：

（1）首先根据安装地点的工作环境和使用条件，选择采用户外式或户内式。

（2）熔断器的额定电压一般不应小于安装处被保护设备的电网额定电压。

（3）根据负载特性，熔断器的额定电流应大于或等于熔体的额定电流（一般熔体的额定电流可选为熔断器具的0.3～1.0倍）；熔断器熔体的额定电流可选为负荷电流的2倍左右。

（4）对所选定的熔断器的开断电流进行校核，要求流过限流熔断器的可能最大短路电流应小于其最大开断电流。当电源在最小运行方式时，短路电流应大于其最小开断电流；而通过户外跌落式熔断器的最大短路电流应在熔断器开断电流的上限和下限之间。

（5）熔断器的动稳定校验和热稳定校验，其结果应符合对熔断器和被保护设备动稳定和热稳定的有关规定的要求。

【思考与练习】

1. 常用配电变压器通常有哪些种类？选择时应主要考虑哪些因素？
2. 选择配电变压器的基本要求有哪些？
3. 高压电气设备选择的基本原则包括哪些内容？分别有什么要求？
4. 常用的高压配电设备主要有哪些？这些设备分别有什么作用？
5. 如何选择配电避雷器？

第十八章 架空配电线路施工

模块 1 电杆基础、电杆组装和立杆（GYND00304001）

【模块描述】本模块包含电杆基础施工、电杆组装、电杆起立的工艺流程、技术要求及注意事项等内容。通过概念描述、术语说明、结构介绍、流程讲解、图解示意，掌握电杆组立方法。

【正文】

一、电杆基础施工

根据线路结构的划分，杆塔以下埋入土壤中的部分结构（接地体除外）统称为基础。中、低压配电线路的基础主要有底盘、拉盘和卡盘，其外形结构如图 GYND00304001-1 所示。其中，底盘为主杆基础，卡盘是为提高电杆抗倾覆能力而设置的辅助基础，拉盘则是电杆的拉线基础。

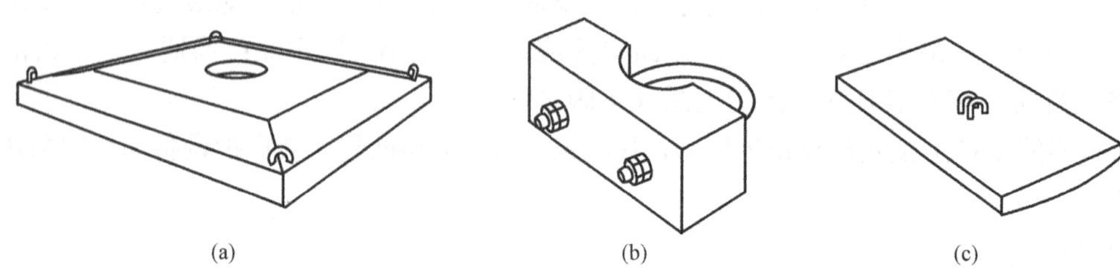

图 GYND00304001-1 配电线路常见基础结构示意图

（a）底盘；（b）卡盘；（c）拉盘

电杆基础施工的基本工艺流程如图 GYND00304001-2 所示。具体基础施工的过程及相关技术要求如下。

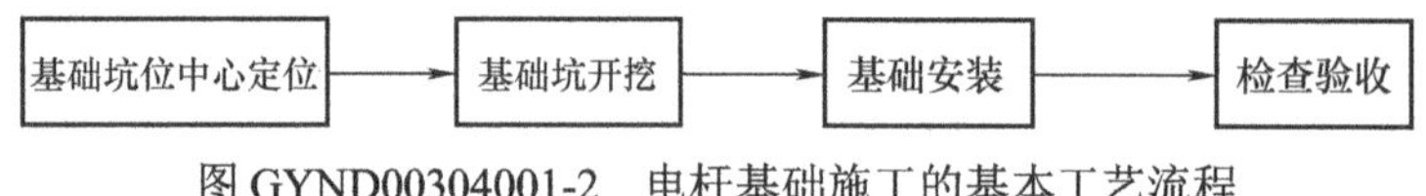

图 GYND00304001-2 电杆基础施工的基本工艺流程

1. 电杆基础坑位中心定位

根据线路施工的操作规程规定，电杆基础坑位开挖施工前应按设计的要求对杆坑中心进行定位。按规定，直线杆顺线路方向位移 35kV 架空电力线路不应超过设计档距的 1%；10kV 及以下架空电力线路不应超过设计档距的 5%，横线路方向偏移不应超过 50mm；转角杆、分支杆横线路、顺线路方向的位移不应超过 50mm。

为保证线路整体结构的机械和电气性能符合设计和验收规范的要求，确保线路运行的安全，进行基础坑位中心定位时，应按照线路测量规程的要求，采用规范的测量仪器进行测量定位。其具体测量方法的有关技术要求参照模块 ZY3300405002 经纬仪在配电线路测量中的应用进行。

2. 电杆基础坑的开挖

（1）电杆基础坑深的确定。按规定，电杆基础坑深度应符合设计规定的要求。当有设计规定值时，电杆基础坑深度的偏差应为+100、−50mm；若设计没有明确规定时，电杆的埋设深度可按经验取杆高的 1/6～1/5。

为使电杆在运行中有足够的抗倾覆裕度，在设计未作规定时，电杆基础坑的挖掘深度可参照表 GYND00304001-1 进行确定；但遇土质松软、流沙、地下水位较高等情况时，应作特殊处理。

表 GYND00304001-1　　电杆埋设深度　　m

杆长	8.0	9.0	10.0	11.0	12.0	13.0	15.0	18.0
埋深	1.5	1.6	1.7	1.8	1.9	2.0	2.3	2.6～30

（2）电杆基础马道的挖掘及要求。对无底盘杆坑应由主杆坑和马道组成。一般土质条件下，主杆坑应比杆根略大一些，但不能过大，避免费时费工，过多的破坏土壤结构还会引起电杆在中间晃动，留下安全隐患。马道的坡度与地面成 45° 角，为了便于开挖，应成阶梯形逐级向主坑方向进行，如图 GYND00304001-3（a）所示。

（3）拉线坑的开挖。挖拉线坑时，先挖出主坑，其位置是在拉线桩的位置处再延长一个拉线深度，拉线深度一般与电杆埋深相同。然后由中间向电杆方向挖出一条细长马道，马道由拉棒出口处向下倾斜，高出坑底 200mm，如图 GYND00304001-3（b）所示。马道越窄越好，一般用钢钎操作，这样可以避免破坏两旁的土壤，以增加拉线的抗拔力。

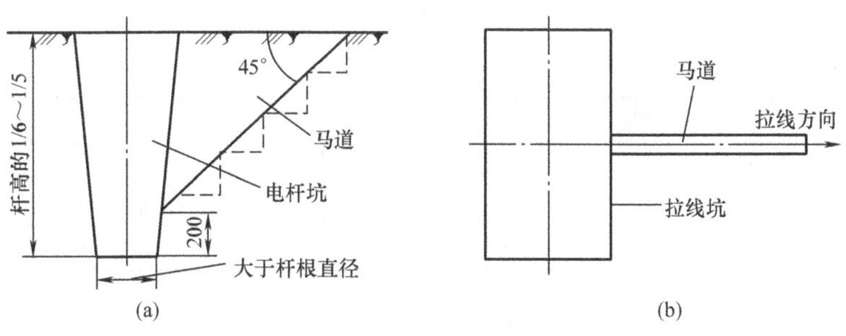

图 GYND00304001-3　电杆基础坑的挖掘示意图

（a）杆坑挖掘断面图；（b）拉线坑平面形状

3. 电杆基础安装的要求

电杆基础的安装施工如图 GYND00304001-4 所示，具体安装的技术要求如下：

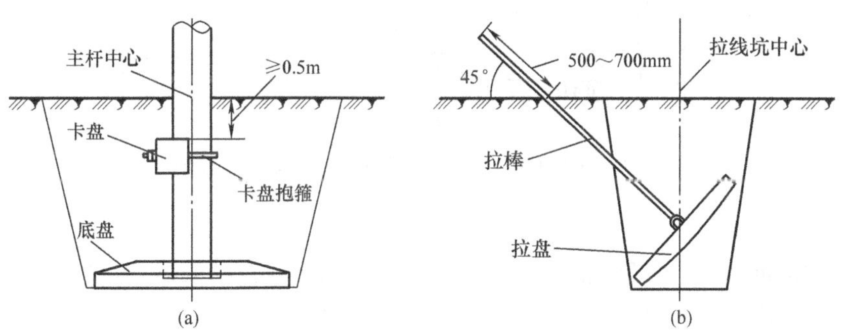

图 GYND00304001-4　电杆基础安装施工示意图

（a）底盘和卡盘的安装；（b）拉盘的安装

（1）电杆基础坑位底采用底盘时，底盘的圆槽面应与电杆中心线垂直，找正后应填土夯实至底盘表面。底盘安装的允许偏差，应使电杆组立后满足电杆允许偏差规定；底盘的安装应平，且底部土层尽可能的以原土为主。

（2）当电杆基础采用卡盘时，安装前应将其下部土壤分层回填夯实，安装位置、方向、深度应符合设计要求，卡盘安装深度的允许偏差为±50mm。当设计无要求时，上平面距地面不应小于 500mm。

直线杆卡盘应与线路平行并应在线路电杆左、右侧交替埋设；承力杆卡盘埋设在承力侧；卡盘与电杆的连接应紧密。

（3）拉盘的安装中心应保证拉线与电杆的夹角不小于 45°，当受地形限制时，不应小于 30°。拉线盘的埋设深度和方向，应符合设计要求；拉线棒与拉线盘应垂直，连接处应采用双螺母，其外露地面部分的长度应为 500～700mm；拉盘安装后应立即回填土并分层夯实。

二、电杆的组装

1. 排杆

（1）排杆。配电线路的排杆工作主要是依据线路的工程设计图进行。在电杆施工前应按图纸的要求，分批将混凝土电杆分别运到便于立杆的对应杆位处。

（2）搬运电杆。混凝土电杆装卸和运输的方法有多种方式，条件允许的前提下，可采用汽车起重机进行起吊装卸，也可利用滚动装卸的方法进行装卸。

电杆装车运输时，应将电杆支垫平衡、绑扎牢固，对超长的尾部应设警示标志；同时，还应了解运输道路的路况。为防止临时故障的发生，应备好一定数量的道木、三角木、钢丝绳、千斤顶等。在运输过程中要注意道路的情况，控制车速。押运人员应加强途中检查，防止捆绑松动；通过山区弯道时，应防止超长部位与山坡或行道树碰刷。

1）汽车起重机起吊装卸。一般情况下拔梢电杆的重心在距杆根 0.44 倍杆长的位置。当采用汽车起重机对拔梢杆起吊时，应根据表 GYND00304001-2 进行吊点位置的选定。其中，采取两点起吊方式的吊点位置确定如图 GYND00304001-5 所示。

表 GYND00304001-2　　电杆起吊的吊点位置

起吊方式	从电杆根部量取的尺寸长度		起吊时电杆的稳定性
	第一吊点位置	第二吊点位置	
单点起吊	0.44 倍杆长	—	重心较难控制，且起吊过程中摆动较大
两点起吊	0.19 倍杆长	（0.19+0.5）倍杆长	稳定性较好

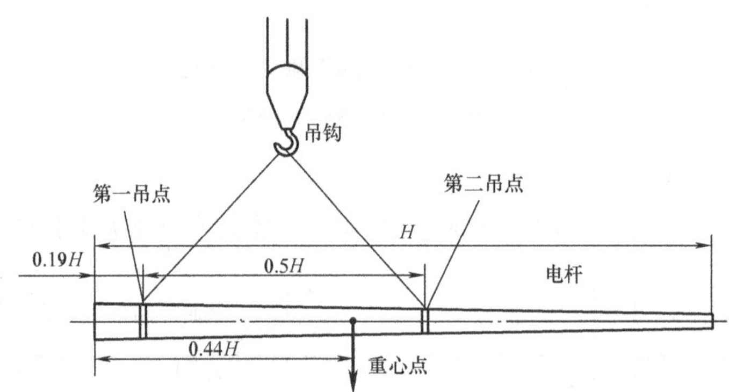

图 GYND00304001-5　两点起吊方式的吊点位置确定

H—电杆杆长

【例 GYND00304001-1】 起吊 8m 的拔梢电杆，采用两点起吊时的吊点位置如何？

解　第一点的位置：从根部往上量取 0.19×8=1.52（m）处；

第二点的位置：从第一点的位置再往上量取 0.5×8=4（m），或从杆根向上量取 1.52+4=5.52（m）。

采用汽车起重机起吊混凝土电杆时，一定要正确选择起吊点，当起吊点选择不当时，会导致电杆产生弯曲变形。同时，在起吊中，严禁互相碰撞和急剧坠落，以防电杆产生裂缝或使原有裂缝扩大。

2）采用滚动装卸的方法。滚动装卸的方法是将跳板或木杠搭在汽车或小平车上，使其形成坡道，然后用两根白棕绳，采用双回头的方法，分别安放在距杆根和杆梢部位的适当距离。双回头的白棕绳，一头绑在车体上，另一头则采用人力牵拉，利用电杆的滚动，进行电杆的装卸。

采用滚动装卸混凝土电杆时，所用的跳板或木杠一定要结实牢靠，坡道应平缓，应有防止跳板或木杠下滑的措施。人力牵拉用力要均匀，两边用力应一致，尽量使电杆保持平衡。

2. 电杆的组装

（1）电杆的装配。电杆的装配应按图纸设计进行。组装工作应尽量在立杆前完成，也可待电杆起立后在杆上进行安装。

1）电杆各部件的质量检查。组装前，应对电杆进行外观检查，以便及时发现问题，避免返工。混凝土电杆平放地面检查时，不得有环向或纵向裂缝，杆身弯曲不应超过杆长 1/1000，电杆表面应平整光滑，无混凝土脱落、露筋、跑浆等缺陷，为了防止鸟类筑巢和杆内积水造成电杆下沉或冬天低温条件下电杆冻裂，电杆顶部必须用水泥封堵。

低压架空配电线路所用的横担及相配套的各种金具，均应进行镀锌处理，其外观质量及规格必须符合设计和验收规范的要求。

绝缘子表面应干净光滑、不应有裂纹、缺釉、破损等缺陷。用 2500V 绝缘电阻表摇测的绝缘电阻值不应小于 20MΩ。

2）电杆装配方法。地面安装横担时，应先将电杆按顺线路方向调整到准备立杆的位置，直线的单横担应装于受电侧，如图 GYND00304001-6（a）所示，先把横担 U 形抱箍套在电杆横担安装的位置上，装入横担垫铁，再将横担孔套入 U 形抱箍的螺栓上，拧上螺母，调整好横担安装位置，拧紧螺母。常见的单横担的装配如图 GYND00304001-6（b）所示。

终端、转角、分支、耐张杆的横担一般由两根角铁横担组成，安装时要注意正反面，不要装错。横担靠四根螺栓及两块垫铁固定在电杆上。其装配结构如图 GYND00304001-6（c）所示。

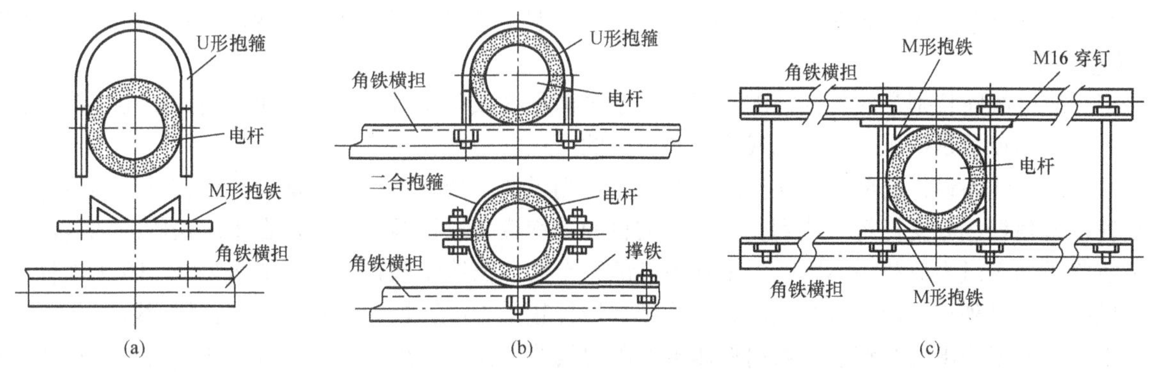

图 GYND00304001-6　钢筋混凝土杆横担的常见安装方法

（a）横担的安装方法；（b）单横担的安装；（c）双横担的安装

（2）电杆装配的质量要求。电杆组装之后应进行一次全面检查。具体内容如下：

1）螺栓应通过各部件的中心线，螺杆应与构件面垂直，螺母拧紧后，露出的丝扣不应少于 2 个。

2）螺栓穿入方向为：顺线路方向由送电侧穿入；横线路方向的螺栓，面向受电侧，由左向右穿入；垂直地面的螺栓由下向上穿入。

3）横担安装应与电杆垂直，上下倾斜或左右偏扭的最大偏差应不大于横担长度的 1%。直线杆的单横担应装于受电侧，有转角的单横担应装于拉线侧。如果是两层以上的横担，各横担间应保持下平行。

4）横担撑铁一般装在面向受电方向的左侧，撑铁上端与横担连接，下端用抱箍固定在电杆上。

三、电杆起立的注意事项

根据相关安全工作规程的规定，立杆现场要设专人统一指挥，开工前应讲明施工方法及信号，工作人员要明确分工，密切配合，服从指挥。在居民区和交通道路上施工时，应有专人看守。电杆起立的过程中应注意的事项主要如下。

（1）各工位作业人员应严格按现场负责人的指令操作，同时，还应接受安全监护人的监督。

（2）无论采用什么起立方法，在电杆离地面 1m 左右时，应停止起立，观察立杆工具和绳索受力情况，确认无误后方可继续。

（3）立杆过程中，杆坑内严禁有人工作。除现场指挥及指定人员外其他人员必须远杆高的 1.2 倍以外的距离。

（4）电杆起立过程中尽可能地避免电杆出现大幅的摆动，保持电杆起立过程的平稳，起立速度应均匀。

（5）电杆起立到 80° 左右（或采用直插式立杆方法，在杆根落位）时，应放慢速度，并控制好四周临时拉线，确保电杆的直立，避免不必要的晃动。

（6）电杆直立后，应立即进行杆根的回填土，回填土的基本要求如下：

1）电杆立起并调正后，应立即回填土并分层夯实，拉线坑、杆坑的回填土，应每填入 300mm 夯实一次（15m 及以上大型电杆基础，应每填入 200mm 厚的土层夯实一次）。

2）基坑填满后，地面上还要培起高出地面 0.3m 的防沉土台，防止下沉后填土不足。

3）在拉线和电杆易受洪水冲刷的地方，应设保护桩或采取其他加固措施。

【思考与练习】

1. 对电杆基础坑深的确定，主要有哪些规定？

2. 进行电杆基础坑的挖掘时应注意哪些主要问题？

3. 进行电杆组装时应注意哪些问题？

4. 简述电杆起立过程的注意事项。

模块 2　拉线及其安装（GYND00304002）

【模块描述】本模块包含配电线路常用拉线的组成、种类、用途、特点、结构以及安装的基本要求等内容。通过概念描述、术语说明、结构介绍、特点对比、图解示意，掌握拉线应用及安装技术要求。

【正文】

架空配电线路特别是农村低压配电线路为了平衡导线或风压对电杆的作用，通常采用拉线来加固电杆；拉线的设置是低压架空配电线路必不可少的一项安全措施。

根据配电线路设计的要求，架空配电线路中，为了使承受固定性不平衡荷载比较显著的电杆（如终端杆、转角杆、分支杆等）达到受力平衡的目的，均应装设拉线。同时，在土质松软的地区，为了避免线路受强大风力荷载破坏影响，增加电杆的稳定性，在线路的直线上一般每隔 5～10 根电杆需装设防风拉线。另外在城镇郊区的配电线路连续直线杆超过 10 基时，宜适当装设防风拉线。

由于目前架空电力线路包括农村低压架空配电线路的拉线均用镀锌钢绞线制作，用镀锌铁线制作的拉线已经被镀锌钢绞线取代，因此，本模块所介绍的拉线均为镀锌钢绞线制作。

一、拉线的组成

拉线通常由上把（楔形线夹）、中把（拉线绝缘子）、下把（UT 线夹）三部分与镀锌钢绞线共同连接组成。拉线上把固定在电杆的拉线抱箍上，下把通过拉线棒与拉线基础（拉线盘）连接。拉线如从导线间穿过时，应在拉线的中间装设拉线绝缘子。拉线绝缘子的部位应保证在断拉线的情况下，拉线绝缘子距地面的距离不小于 2.5m；同时当拉线穿越导线之下时，所使用的拉线绝缘子与线路电压等级相同，如图 GYND00304002-1（a）所示。

一般普通拉线上端利用楔形线夹（上把）加延长环固定在电杆的拉线抱箍上，下端利用 UT 线夹（下把）与拉线盘（拉线基础）延伸出土的拉线棒连接，如图 GYND00304002-1（b）所示。

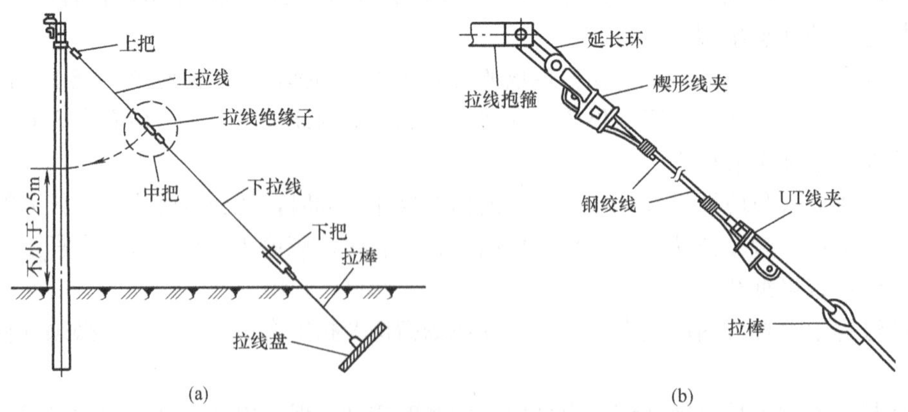

图 GYND00304002-1　架空配电线路拉线结构示意图

（a）拉线的基本结构；（b）拉线部件的组装

二、拉线的种类

低压架空配电线路中，根据拉线的用途和作用不同，拉线一般可分为普通拉线、人字拉线、十字拉线、水平拉线、共用拉线、V 形拉线、弓形拉线等几种形式。

1. 普通拉线

普通拉线应用在终端杆、转角杆、分支杆及耐张杆等处，主要用来平衡固定架空线的不平衡荷载，其形状如图 GYND00304002-2（a）所示。

2. 人字拉线

人字拉线是由两根普通拉线组成，装在线路垂直方向的两侧，多用中间直线杆。其作用是用来加强电杆防风倾倒的能力，如在海边、市郊、平地及风大等环境中，通常视具体的环境条件每隔 5～10 基电杆装设一人字拉线，如图 GYND00304002-2（b）所示。

3. 十字拉线

十字拉线一般在耐张杆处装设，目的是加强耐张杆的稳定性，安装顺线路人字拉线和横线路人字拉线，总称十字拉线。

4. 水平拉线

水平拉线又称为高桩拉线，主要用于不能直接做普通拉线的地方，如跨越道路等地方，为了不妨碍交通，装设水平拉线。其作法是在道路的另一侧，线路延长线上不妨碍人行的道旁立一根拉线杆，在杆上作一条拉线埋入地下，这样水平拉线就有了不妨碍车辆通行的一定高度。水平拉线跨越道路时，对路面中心的垂直距离不应小于 6m，拉线桩的倾斜角宜采用 10°～20°，拉线坠线上端拉线抱箍距杆顶的距离为 0.25m，如图 GYND00304002-2（c）所示。

5. 共用拉线

共用拉线通常应用在线路的直线线路上，当线路直线杆沿线路方向出现不下平衡张力时（如同一直线杆上一侧导线粗，另一侧导线细），又没有条件装设普通拉线时，可在两杆之间装设共用拉线，如图 GYND00304002-2（d）所示。

6. V 形拉线

V 形拉线主要用在电杆较高，横担较多，且同杆多条线路使电杆受力不均匀，如跨越铁路、公路、河流等档距较大、前后两杆都是Ⅱ形杆或多层横担时。为了平衡此种电杆的受力，可在张力合成点上下两处安装 V 形拉线，如图 GYND00304002-2（e）所示。

7. 弓形拉线

弓形拉线主要是安装在受地形和周围环境的限制而不能直接安装普通拉线的地方，如图 GYND00304002-2（f）所示。

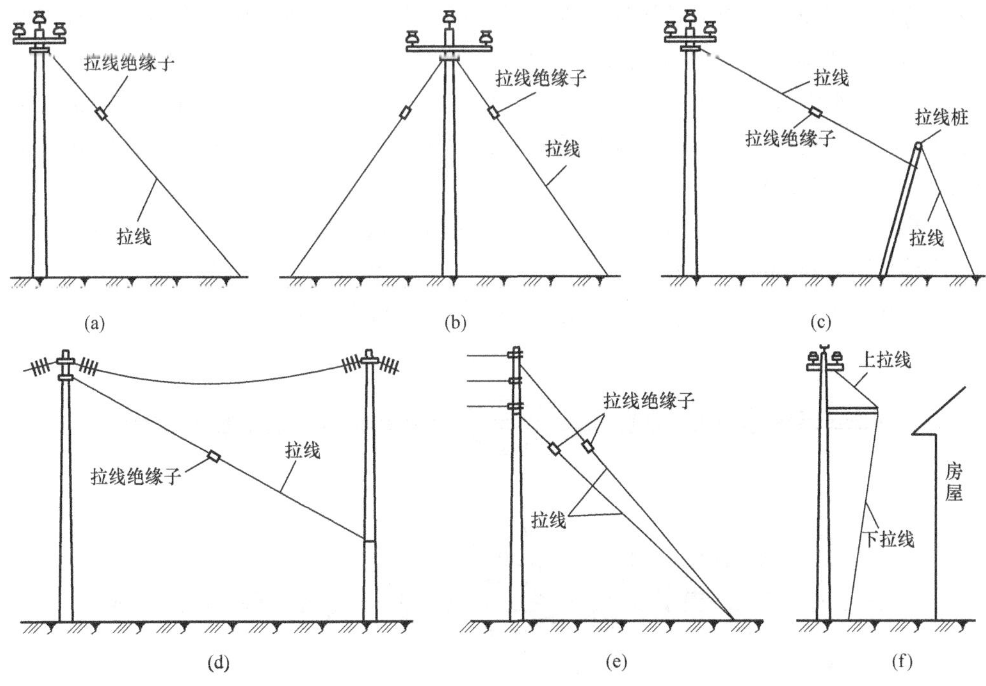

图 GYND00304002-2　配电线路拉线示意图

（a）普通拉线；（b）人字拉线；（c）水平拉线；（d）共用拉线；（e）V 形拉线；（f）弓形拉线

模块 2 GYND00304002

三、拉线的安装要求

1. 拉线装设的一般规定

根据 DL/T 5220—2005《10kV 及以下架空配电线路设计技术规程》的规定，拉线应采用镀锌钢绞线制作。镀锌钢绞线规格通常由设计计算确定，镀锌钢绞线的最小截面应不小于 25mm²，强度安全系数应不小于 2。

拉线应根据电杆的受力情况装设。正常情况下，拉线与电杆的夹角宜采用 45°，如受地形限制，可适当减少，但不应小于 30°。

拉线装设方向一般在 30° 及以内的转角杆设合力拉线，拉线应设在线路外角的平分线上；30° 以上的转角杆拉线应按线路导线方向分别设置，每条拉线应向外角的分角线方向移 0.5～1.0m；终端杆的拉线应设在线路中心线的延长线上；防风拉线应与线路方向垂直。

拉线坑深度按受力大小及地质情况确定，一般深为 1.2～2.2m，拉线棒露出地面长度为 500～700mm。拉线棒最小直径应不小于 16mm。拉线棒通常采用热镀锌防腐，严重腐蚀地区，拉线棒直径应适当加大 2～4mm 或采取其他有效的防腐措施。

2. 拉线安装的基本要求

根据 DL/T 602—1996《架空绝缘配电线路的施工及验收规程》及 DL/T 499—2001《农村低压电力技术规程》的有关规定，当采用 UT 线夹及楔形线夹固定安装拉线时的基本要求如下。

（1）安装前丝扣上应涂润滑剂。

（2）线夹舌板与拉线接触应紧密，受力后无滑动现象，线夹凸肚应在尾线侧，安装时不应损伤线股。

（3）拉线弯曲部分不应明显松脱，拉线断头处与拉线应有可靠固定。拉线处露出的尾线长度以不超过 400mm 为宜；尾线回头后与本线应扎牢，并在扎线及尾线端头上涂红油漆进行防腐处理。

（4）上、下楔形线夹及 UT 线夹的凸肚和尾线方向应一致，同一组拉线使用双线夹并采用连板时，其尾线端的方向应统一。

（5）UT 线夹或花篮螺栓的螺杆应露扣，并应有不小于 1/2 螺杆丝扣长度可供调紧，调整后，UT 线夹的双螺母应并紧，花篮螺栓应封固。

（6）水平拉线的拉桩杆的埋设深度不应小于杆长的 1/6，拉线距路面中心的垂直距离不应小于 6m，拉桩坠线与拉桩杆夹角不应小于 30°，拉桩杆应向张力反方向倾斜 10°～20°，坠线上端距杆顶应为 250mm；水平拉线对通车路面边缘的垂直距离不应小于 5m。

（7）当拉线位于交通要道或人易接触的地方时，须加装警示套管保护。套管上端垂直距地面不应小于 1.8m，并应涂有明显红、白相间油漆的标志。

（8）一般情况下水泥杆可以不装拉线绝缘子，但当 10kV 线路的拉线从导线之间穿过或跨越导线时，按规定要装设拉紧绝缘子；0.4kV 线路拉线一律要装设拉紧绝缘子，且要求在断拉线情况下拉紧绝缘子距地面不应小于 2.5m。

拉线绝缘子的安装，应按规定将上、下拉线交叉套在拉线绝缘子上，用（12 号或 10 号）镀锌铁丝绑扎（长度不少于 100mm）或钢线卡（也叫元宝螺钉，至少 3 个）将尾线锁紧，这样即使拉线绝缘子损坏，其上、下拉线也不会断开脱落，具体安装如图 GYND00304002-3 所示。

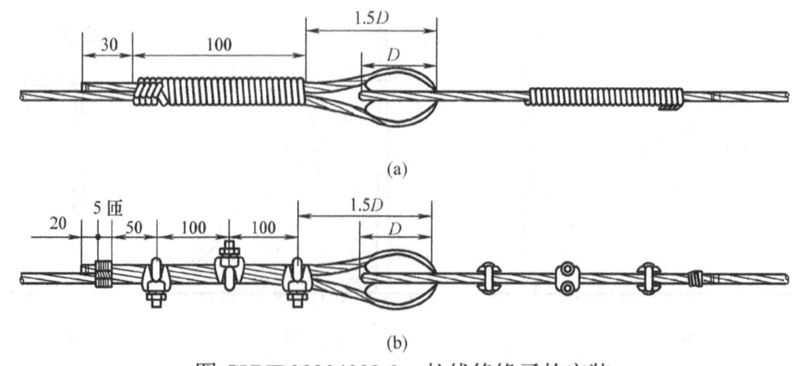

图 GYND00304002-3 拉线绝缘子的安装

（a）镀锌铁丝绑扎方式安装；（b）钢线卡固定方式安装

【思考与练习】

1. 为什么在架空配电线路中要对电杆设置拉线？简述哪些种类的电杆需要安装拉线。
2. 架空配电线路的拉线共分为哪几种？各有什么特点？
3. 拉线安装的要求主要有哪些？
4. 拉线在什么条件下需要安装拉线绝缘子？拉线绝缘子的安装有什么规定？

模块 3　导线连接（GYND00304003）

【模块描述】本模块包含架空导线连接方法的分类、导线连接施工的基本工艺流程、导线连接的基本技术要求等内容。通过概念描述、术语说明、流程图解示意、要点归纳，掌握导线连接方法。

【正文】

一、架空导线连接方法的分类

架空导线的连接方法很多，常用的接线方法大致有压接法、插接法和缠绕绑接法三大类。其中，大截面导线通常采用压接（钳压或液压）的方法进行；较小截面的多股导线可采用插接法进行；单股及多股小截面导线则通常采用缠绕法或绑接法进行。

1. 缠绕法连接

缠绕法连接通常是利用与导线材质相同的单根或单股导线相互间通过缠绕的方式，以达到将导线连接的目的。图 GYND00304003-1 所示为单股导线的几种形式的缠绕法连接。另外，绑接法是缠绕连接中的一种形式，对于单股导线以及较小截面导线的引流线连接，可采用绑接法（包括临时供电线路中的铜导线或铝绞线也可使用此法）。

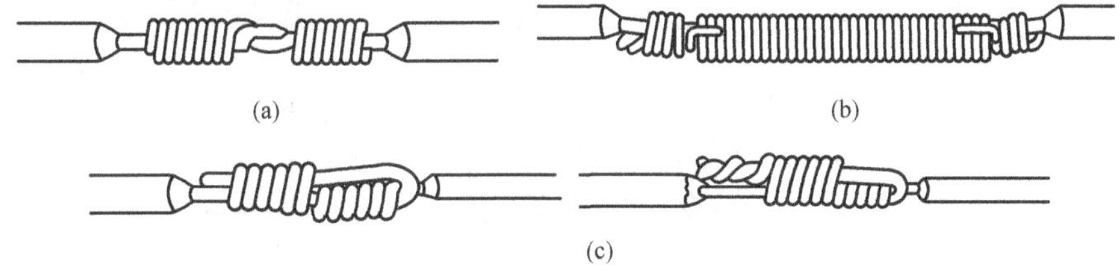

图 GYND00304003-1　小截面单股导线的缠绕法连接

（a）单股导线的缠绕连接；（b）单股导线的绑接；（c）不等直径单股导线的连接

2. 多股导线插接法连接

插接（也称叉接）法主要用于多股导线的自身相互交叉缠绕连接，如图 GYND00304003-2 所示为两种不同形式的连接方式，其中图 GYND00304003-2（a）为直线方式的直接连接，图 GYND00304003-2（b）为 T 接连接，导线连接的插接法适用于相对截面较小的多股的铝绞线、钢芯铝绞线的连接，插接法连接的强度高于缠绕法或绑接法的连接强度。

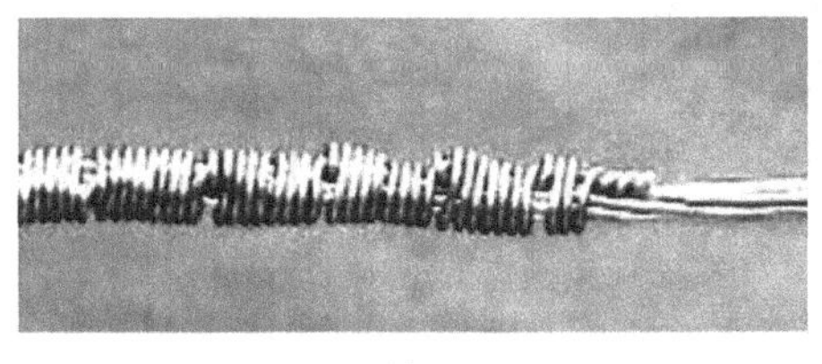

(a)

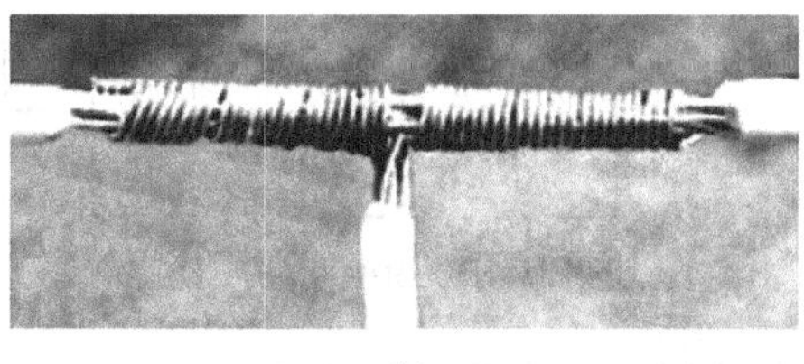

(b)

图 GYND00304003-2　多股导线的插接法连接

（a）多股导线的插接（直接）；（b）多股导线的插接（T 接）

3. 压接法连接

架空导线压接法连接的方法有钳压连接和液压连接两种形式，如图 GYND00304003-3 所示。

（1）钳压法连接。钳压法连接是在压接管表面压槽，使导线在压接管内发生弯曲变形，于是导线与管壁、导线与导线间产生接触阻力，从而达到导线连接的目的。

由于钳压法受到压接机械（钳压机或压接钳）和压槽影响，使压接后的握着力受到限制，压接后的机械强度比液压法连接的低，因此，钳压法仅限于截面在 240mm^2 及以下的铝绞线、钢芯铝绞线的连接；小截面的绝缘导线也可采用钳压连接。

钳压法连接的导线外观是每模压后的变形为有一定间隔的压槽，如图 GYND00304003-3（a）所示。

（2）液压法连接。液压法连接是将导线压接管表面压紧成正六边形，使得管内导线在压接管的挤压下，与压接管壁间产生静摩擦力，从而达到导线连接的目的。

根据导线连接的有关规定，所有规格导线的连接均可采用液压方法进行，截面在 240mm^2 以上的铝绞线、钢芯铝绞线和绝缘导线，必须采用液压的方法进行连接。

液压法连接的导线外观是压后为连续均匀的正六棱柱，如图 GYND00304003-3（b）所示。

4. 导线压接的连接方式

导线的连接方式有搭接和对接两种形式，其中：搭接主要用于导线的钳压连接；对接的形式主要用于导线的液压连接。导线连接的方式将直接影响导线压接后握着力（连接强度）的大小。

（1）导线搭接连接。导线的搭接形式是指导线连接部分有重叠、导线与压接管中心轴线不重合的连接形式，如图 GYND00304003-3（a）所示。导线搭接后的接头连接管在受导线张力时，可能出现压接管横向受力的现象，因此，导线接头的机械强度受到了一定程度的影响。

（2）导线对接连接。导线的对接是指导线以同轴方式进行的连接，如图 GYND00304003-3（b）所示。当导线与压接管同轴连接时，压接后导线的受力与压接管的受力均在相互间的中心轴线上，所以连接的强度较大，通常将这种同轴连接的方式称为对接。

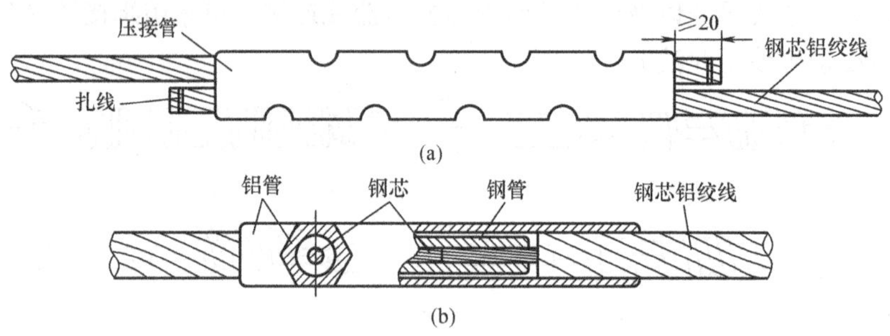

图 GYND00304003-3 导线的压接法示意图

（a）钢芯铝绞线钳压连接（搭接）；（b）钢芯铝绞线液压连接（对接）

二、架空导线连接施工的基本工艺流程

1. 架空导线缠绕、插接连接操作的工艺流程

进行架空导线缠绕、插接法连接操作的基本工艺流程如图 GYND00304003-4 所示。

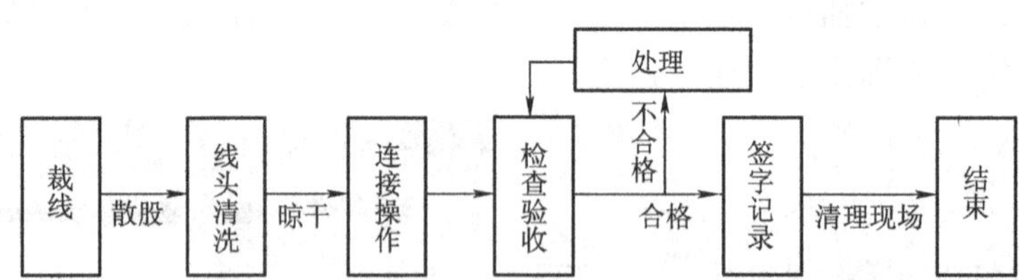

图 GYND00304003-4 架空导线缠绕、插接法连接操作的基本工艺流程

2. 架空导线压接的操作工艺流程

架空导线压接的基本操作工艺流程如图 GYND00304003-5 所示。

3. 连接管线清洗的基本要求

（1）将导线接头端绞线散股 2 倍接头的长度，用棉纱团蘸汽油分别对每股导体进行清洗；

（2）用同样的方法蘸汽油对压接接续管的内壁进行清洗；

（3）洗净晾干后，在导线的连接部位及接续管的铝质接触面，涂一层电力复合电力脂，并用细钢丝刷清除表面氧化膜，保留涂料。

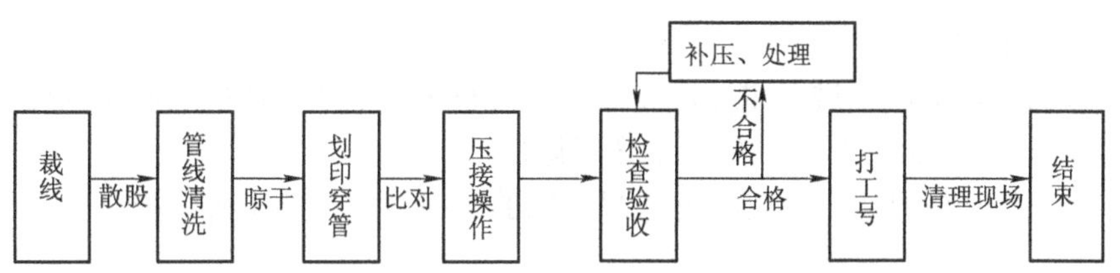

图 GYND00304003-5 架空导线压接操作工艺流程

4. 导线划印穿管的基本要求

（1）钳压搭接的穿管。在管线清洗完成后，先将要连接的两根导线的端头，穿入铝压管中，其两端头导线露出管外部分不得小于20mm。图 GYND00304003-6（a）所示为铝绞线的穿管，若连接导线为钢芯铝绞线，则在穿好线后，应将中间的衬条插入，如图 GYND00304003-6（b）所示。

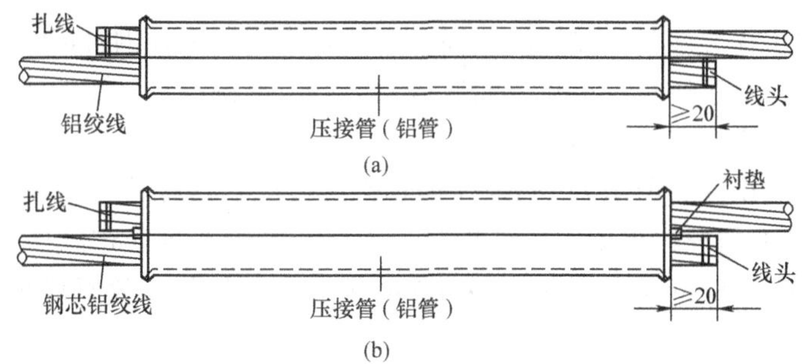

图 GYND00304003-6 铝绞线、钢芯铝绞线的穿管要求

（a）铝绞线；（b）钢芯铝绞线

（2）液压连接的划印穿管。

1）液压连接的划印割线。导线采用液压连接时，对钢芯铝绞线通常是将钢芯与外层的铝绞线分别压接，因此，当导线接头裁好后，应按图 GYND00304003-7 所示的要求，对导线接头进行严格的划印、割线。

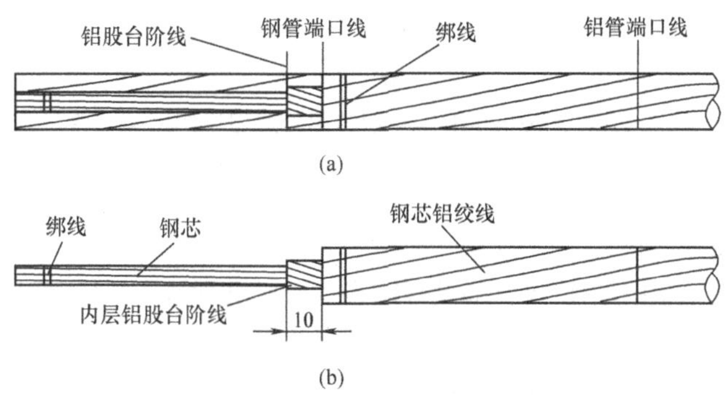

图 GYND00304003-7 钢芯铝绞线的割线划印示意图

（a）钢芯铝绞线割线前划印示意图；（b）钢芯铝绞线割线后划印示意图

一般情况下，在导线表面需划印的内容有：内层铝股台阶线、钢管端口线和铝管端口线，如图 GYND00304003-7（a）所示；割线后的导线接头外形结构及基本要求如图 GYND00304003-7（b）所示。

2）液压连接的穿管。进行液压法压接前应将割线后的线头进行试穿管以检验管、线间的连接是否符合要求，钢芯铝绞线液压连接的穿管如图 GYND00304003-8 所示。

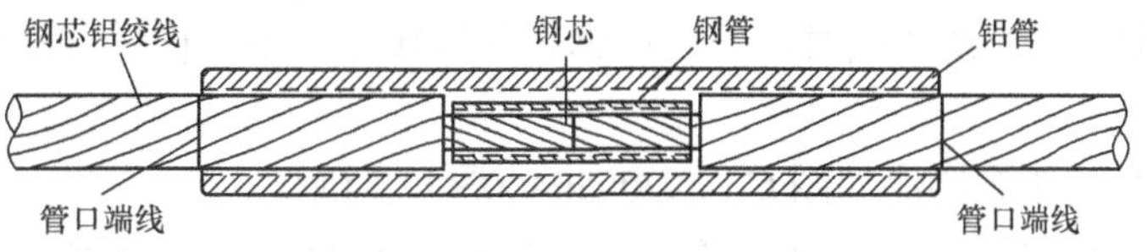

图 GYND00304003-8 钢芯铝绞线液压连接的穿管示意图

5. 导线压接的压模顺序

（1）钳压连接的压模顺序。进行钳压连接时，压模顺序必须严格地按照操作规程的要求进行，图 GYND00304003-9 所示为 LJ-35 铝绞线钳压的压模顺序。

钳压铝绞线的压模通常是由一端管口伸入另一端的顺序进行，要求每一模压接定型稳定后，再进行下一模的压接。

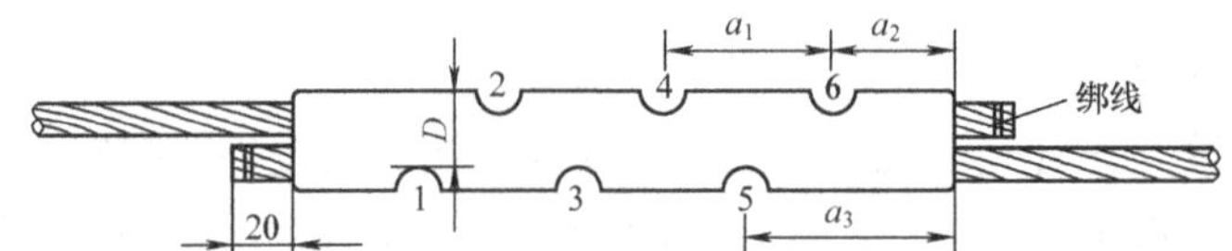

图 GYND00304003-9　LJ-35 铝绞线钳压的压模顺序

钳压钢芯铝绞线的压模顺序与铝绞线的压模顺序略有不同，进行钢芯铝绞线的钳压操作时，应由接续管的中间向两端管口顺序进行；要求一端压接完成后，再进行另一端的压接。压接时，同样是每一模压接定型稳定后，再进行下一模的压接。

图 GYND00304003-10（a）所示为 LGJ-35 钢芯铝绞线的钳压操作压模顺序。按规定，钢芯铝绞线的截面为 240mm^2 以上的导线采用钳压连接时，要求每个接头处应连续压接两个相同的接续管，两管间相隔间隙应控制在 15mm 左右为宜。LGJ-240 钢芯铝绞线的压模顺序如图 GYND00304003-10（b）所示。

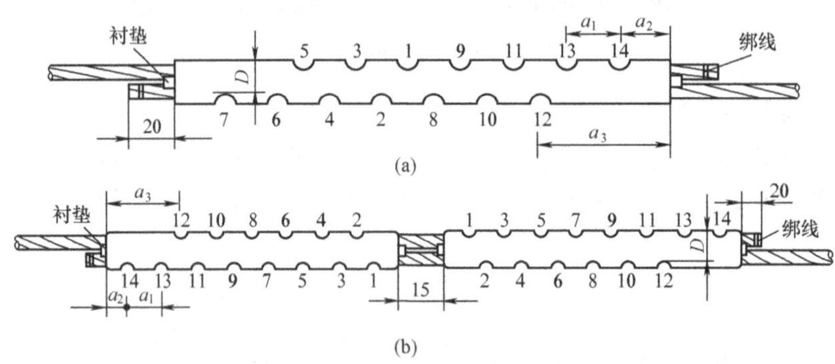

图 GYND00304003-10　钢芯铝绞线钳压的压接顺序

（a）LGJ-35 钢芯铝绞线；（b）LGJ-240 钢芯铝绞线

（2）液压法压接的压模顺序。

1）铝绞线的压模顺序。由于铝绞线内部没有钢芯，所以进行液压法压接时，只需进行铝管的压接。

为保证接续管能够平衡受力，接续管应对称地将导线连接，因此压接前应在接续管的中央作标识，并以此为基准，分别向两端施压，要求一端压接完成后，再进行另一端的压接。铝绞线的压模顺序如图 GYND00304003-11 所示。

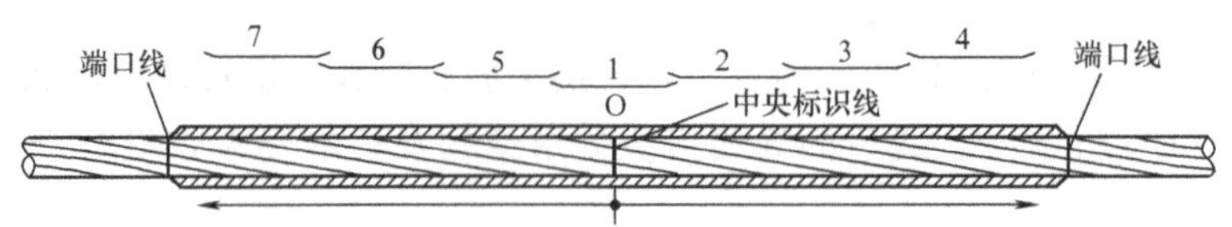

图 GYND00304003-11　铝绞线液压的压模顺序

2）钢芯铝绞线的压模顺序。钢芯铝绞线液压法压接操作时，通常是先将内层的钢管压完后，再进行外层铝管的压接。钢芯铝绞线压接时，当内层钢芯的连接方式不一样时，其外层铝管的压接顺序也有所不同。

a. 内层钢芯对接时的压模顺序如图 GYND00304003-12 所示。

b. 当内层钢芯采用搭接时，其压模顺序如图 GYND00304003-13（a）所示。

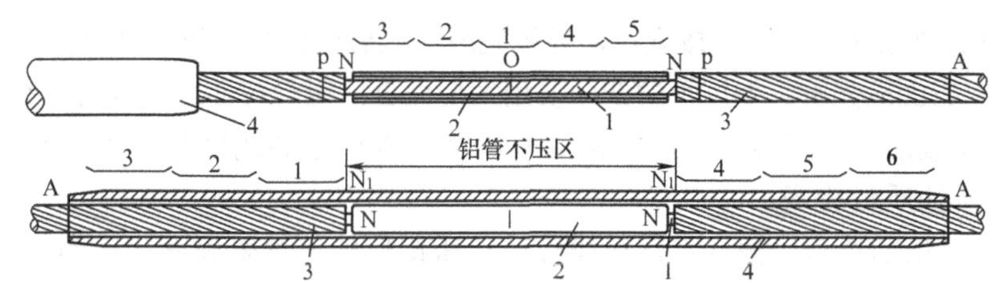

图 GYND00304003-12　钢芯铝绞线内层钢芯对接时的液压法压模顺序

1—钢芯；2—钢管；3—铝股；4—铝管

A—铝管端口线；O—压接中心；p—绑线；N、N_1—钢管端口标志

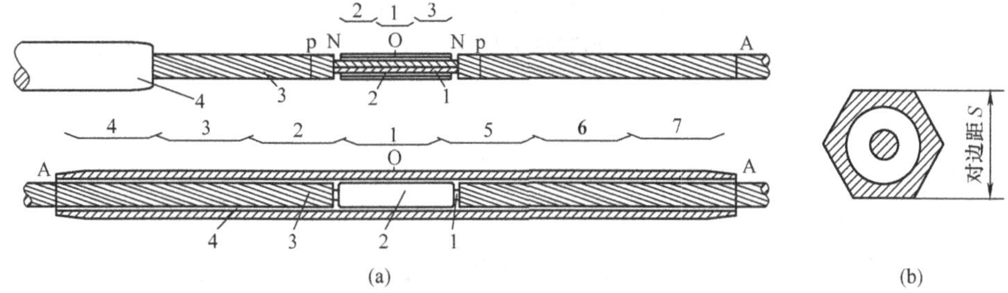

图 GYND00304003-13　钢芯铝绞线内层钢芯采用搭接时液压法压模顺序

（a）钢芯铝绞线钢芯搭接压接顺序；（b）液压管的对边距

1—钢芯；2—钢管；3—铝股；4—铝管

A—铝管端口线；O—压接中心；p—绑线；N—钢管端口标志

6. 接质量的检查

按规定，对导线连接质量的检查、验收，应在施工的过程中每完成一道操作后，就应立即进行相应的质量检查，全部操作检查完成后，质量的验收也就结束。

（1）钳压法压接的质量检查。

1）钳压法压接的主要技术指标。钳压连接的主要技术要求包括：压口数及压后尺寸，根据架空导线施工的验收规程规定，导线钳压压接后的压口数及压后尺寸应符合表 GYND00304003-1 的规定。

表 GYND00304003-1　　导线钳压压接后的压口数及压后尺寸

导线型号		压口数	压后尺寸 D（mm）	钳压部位尺寸（mm）		
				a_1	a_2	a_3
铝绞线	LJ-16	6	10.5	28	20	34
	LJ-25	6	12.5	32	20	36
	LJ-35	6	14.0	36	25	43
	LJ-50	8	16.5	40	25	45
	LJ-70	8	19.5	44	28	50
	LJ-95	10	23.0	48	32	56
	LJ-120	10	26.0	52	33	59
	LJ-150	10	30.0	56	34	62
	LJ-185	10	33.5	60	35	65
钢芯铝绞线	LGJ-16/3	12	12.5	28	14	28
	LGJ-25/4	14	14.5	32	15	31
	LGJ-35/6	14	17.5	34	42.5	93.5
	LGJ-50/8	16	20.5	38	48.5	105.5
	LGJ-70/10	16	25.0	46	54.5	123.5
	LGJ-95/20	20	29.0	54	61.5	142.5
	LGJ-120/20	24	33.0	62	67.5	160.5
	LGJ-150/20	24	36.0	64	70	166
	LGJ-185/25	26	39.0	66	74.5	173.5
	LGJ-240/30	2×14	43.0	62	68.5	161.5

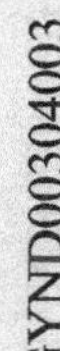

2）钳压管压后外观质量的检查。按规定，导线完成钳压后要进行外观质量检查，压接后的接续管的外观不允许有裂纹，表面应光滑。如压管弯曲，要用木槌调直；压管弯曲过大或有裂纹的，要重新压接。

导线接头钳压完成后，应在接续管两端涂红丹粉油，以增强导线接头的防腐能力。

（2）液压法压接的质量检查。

1）液压管外观质量的检查。按规定，导线液压法压接后的接续管表面应光滑、平整，不允许有扭曲，无飞边、毛刺，接续管表面出现飞边时应将其锉平后，再用砂纸打磨光滑。

2）液压管对边距的检查。液压后的接续管应呈正六边形，如图GYND00304003-13（b）所示，根据液压连接操作规程的规定，导线进行液压法压接后，必须进行对边距的检查，三个对边距中，对边距的最大值只允许有一个。对边距 S 的允许最大值可根据下式计算

$$S=0.866\times0.993D+0.2\text{（mm）} \tag{GYND00304003-1}$$

式中　D——管外径，mm；

S——对边距，mm。

三、架空导线连接的基本技术要求

1. 架空导线连接的性能要求

根据架空导线连接的有关规定，架空导线接续管连接后的握着力应不小于原导线保证计算拉断力95%；缠绕连接及插接的接头、绝缘线及低压电力线连接后的握着强度不得小于导线计算拉断力的90%；接头电阻应不大于同等长度导线电阻的2倍。

2. 架空导线连接的基本规定

（1）架空导线与连接管连接前应清除架空导线表面和连接管内壁的污垢，清除长度应为连接部分的2倍。

（2）连接部位的铝质接触面，应涂一层电力复合脂，用细钢丝刷清除表面氧化膜，保留涂料，进行压接。

（3）10kV及以下架空电力线路在同一档距内，每根导线只允许有一个接头，接头距导线固定点不应小于0.5m，当有防振装置时，应在防振装置以外。

（4）不同规格、不同金属和绞向的导线，严禁在一个耐张段内连接。不同金属导线的连接应有可靠的过渡金具。

（5）10kV及以下架空电力线路的导线，当采用缠绕法连接时，连接部分的线股应缠绕良好，不应有断股、松股等缺陷。

（6）导线的连接部分不得有线股绞制不良、断股和缺股等缺陷。连接的导线应平整完好，连接管口附近不得有明显的松股、断股、缺股、折叠和腐蚀等缺陷。

（7）切割导线铝股或剥削绝缘导线绝缘层时，严禁伤及钢芯及内层芯线。连接导线时不得使用铜丝刷子或砂布擦刷导线。

3. 绝缘导线连接的基本技术要求

（1）绝缘导线连接的一般要求。

1）不同金属、不同规格和不同绞向的绝缘线，无承力线的集束线严禁在档内作承力连接。

2）在一个档距内，分相架设的绝缘线每根只允许有一个承力接头，接头距导线固定点的距离不应小于0.5m，低压集束绝缘线非承力接头应相互错开，各接头端距不小于0.2m。

3）接头处采用钳压连接的应包4层黑色塑料黏包带，塑料黏包带应超出破口部分两端30～50mm。

4）绝缘线的T接采用专用并沟线夹（有铝—铝和铜—铝两种），削线皮的长度应与线夹等长，误差为+1mm，绝缘外壳应卡在绝缘层外，引流线各相接头之间在线路方向的间距不小于60mm。

5）绝缘线在引流处（不受力）的对接头应采用接线管压接，BV-6型铜线可绕接。

6）直线（受力的）接头应采用直线钳压管连接，按架空裸线安装规程执行。接头后各相导线受力应一致，不应出现受力不均的现象。接头两侧绝缘线上的相位标志应一致。

7）铜芯绝缘线与铝芯或铝合金芯绝缘线连接时，应采取铜铝过渡连接。铜铝接头端子与铝线的压接应采用六棱模横点压模。导线在 $50mm^2$ 及以下的压1模，导线在 $120mm^2$ 压2模。

（2）绝缘导线连接的绝缘的技术处理。按规定，绝缘线连接后必须进行绝缘处理。绝缘层、半导体层的剥离应使用专用切削工具，不得损伤导线，切口处绝缘层与线芯宜有 45° 倒角。绝缘线的全部端头、接头都要进行绝缘护封，不得有导线、接头裸露，防止进水。绝缘导线连接绝缘技术处理的具体要求如下：

1）承力接头的连接和绝缘处理。

a. 承力接头的连接采用钳压法、液压法施工，在接头处安装辐射交联热收缩管护套或预扩张冷缩绝缘套管。

b. 绝缘护套管径一般应为被处理部位接续管的 1.5～2.0 倍。中压绝缘线使用内外两层绝缘护套进行绝缘处理，低压绝缘线使用一层绝缘护套进行绝缘处理。

c. 有导体屏蔽层的绝缘线的承力接头，应在接续管外面先缠绕一层半导体自黏带和绝缘线的半导体层连接后再进行绝缘处理。每圈半导体自黏带间搭压带宽的 1/2。

d. 截面为 $240mm^2$ 及以上铝线芯绝缘线承力接头宜采用液压法施工。

2）非承力接头的连接和绝缘处理。

a. 非承力接头包括跳线、T 接时的接续线夹（含穿刺线夹）和导线与设备连接的接线端子。

b. 接头的裸露部分须进行绝缘处理，安装专用绝缘护罩。

c. 绝缘罩不得磨损、划伤，安装位置不得颠倒，有引出线的要一律向下，需紧固的部位应牢固严密，两端口需绑扎的必须用绝缘自黏带绑扎两层以上。

4. 导线连接施工的验收规定

导线避雷线的压接施工属于隐蔽工程的施工，对压接施工的质量检查、验收应按隐蔽工程验收检查的规定在施工的全过程进行。

对接续管及耐张线夹等压接后必须按规定进行外观质量的检查，其检查应符合下列规定：

（1）进行外观尺寸测量时，应使用精度不低于 0.1mm 的游标卡尺测量。

（2）液压及钳压后出现的飞边、毛刺及表面未超过允许的损伤应锉平并用砂纸磨光。

（3）液压及钳压后出现明显超过标准的缺陷时，应按规定进行割断重接。

（4）压接后的接续管弯曲度不得大于 2%，有明显弯曲时应校直，校直后的连接管严禁有裂纹，达不到规定时应割断重接。

（5）压后锌皮脱落时应涂防锈漆。

【思考与练习】

1. 导线连接的常见方法可以分为哪几大类？各有什么特点？
2. 简述各种架空导线连接方法的使用范围。
3. 简述导线连接施工的基本工艺流程。
4. 采用钳压导线连接时，应注意的问题主要有哪些？
5. 液压连接应注意的事项主要有哪些？
6. 绝缘导线连接的基本要求主要有哪些？

模块 4　导线架设（GYND00304004）

【模块描述】本模块包含导线架设施工的基本工艺流程、准备工作、导线的展放、紧线施工、挂线及导线固定、质量验收等内容。通过概念描述、术语说明、流程图解示意、要点归纳，掌握导线架设方法。

【正文】

一、导线架设施工的基本工艺流程

导线架设是架空线路施工最后一道工序，导线架设是在一个较长距离的施工现场及多个工位同时进行，且整个施工过程需要在地面和杆上，同时进行作业的人员较多，因此，为保证施工的顺利进行，要求所有参与的施工人员必须严格地按照导线的架设施工工艺流程进行作业。

架空配电线路导线架设的基本工序通常可分为放线准备、放线、紧线、挂线和导线固定等工序，

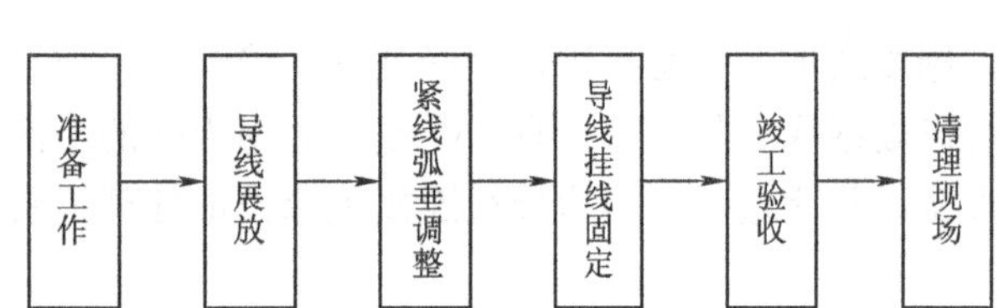

图 GYND00304004-1 导线架设施工的基本流程

基本工艺流程如图 GYND00304004-1 所示。

二、架线施工的准备工作

农村低压配电线路的放线通常多采用人力放线，为了确保放线工作的顺利进行和人身、设备的安全，应做好组织工作。对下述各工作岗位，应指定专人负责，并将具体工作任务交代明确。

每只线轴设专门看管人员 1 人；每根导线拖放时应设领线员 1 人；每基电杆应配登杆人员 1 人；另外，应设专门人员对沿线各重要交叉跨越处进行放线安全监视；同时还要有专门人员负责放线段沿线通信，线路通道内的障碍物检查、处理等工作。

放线前应对放线段通道及沿线路走廊的具体情况进行认真勘察，进行通道疏通、跨越架搭设等放线的准备工作，为保证放线工作的顺利进行，应对发现问题及时处理。

1. 道路的疏通

为保证线路放线施工的顺利进行，在放线前应对线路通道内的树障进行清理，同时应对线路通道内可能影响线路正常运行的其他障碍物进行清理。

2. 安装放线滑轮

根据放线施工的要求，为保证导线的质量，放线时，最好在电杆横担上挂铝制的开口滑轮，把导线放在轮槽内，这样既省力又不会磨损导线。小型放线滑轮的型式有下悬式和上扛式两种，其安装方式及结构如图 GYND00304004-2 所示。

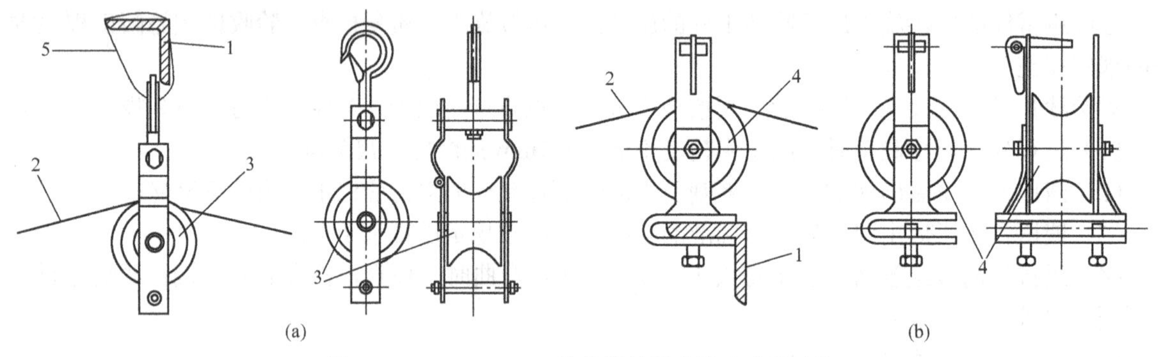

图 GYND00304004-2 放线滑轮的安装方式及结构

（a）下悬式放线滑轮；（b）上扛式放线滑轮

1—横担；2—导线；3—下悬式放线滑轮；4—上扛式放线滑轮；5—千斤套

3. 搭设跨越架

架空电力线路放线施工中跨越公路、铁路及通信线路和其他不能停电的电力线路时，应提前与相关设施的主管部门取得联系，在办理必要的工作手续后进行跨越架（也称越线架）搭设。

（1）跨越架的搭设形式。跨越架的搭设形式通常是根据被跨越物的重要程度及跨度的大小，可搭设成各种不同的形式，常见放线跨越架的搭设形式如图 GYND00304004-3 所示。

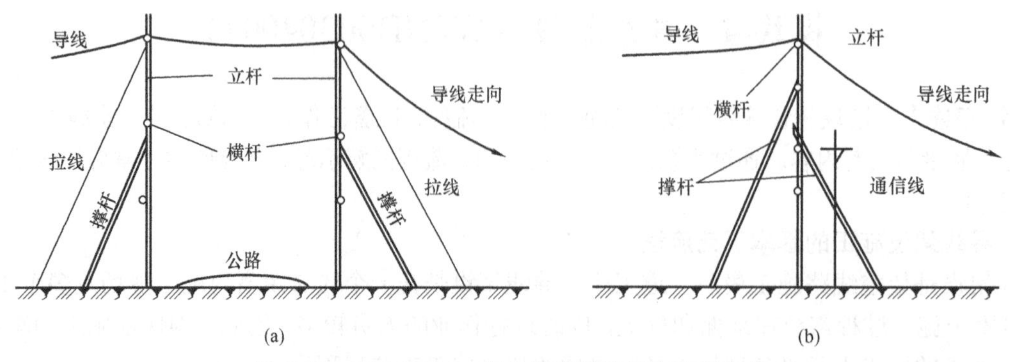

图 GYND00304004-3 常见放线跨越架的搭设形式

（a）双边跨越架；（b）单边跨越架

（2）跨越架搭设的基本要求。跨越架搭设的基本要求有：

1）跨越架与被跨越物间的安全距离要符合有关规定的要求。

2）跨越架的搭设可根据被跨越对象搭设成单边、双边及全封闭等形式。

3）跨越架顶端的材料应采用木杆或竹竿等非金属材料，以避免对导线造成的不必要磨损。

4）跨越架的搭设结构应牢固、稳定、可靠。

5）按规定，进行带电或临近带电体跨越架的搭设时，必须由具备带电作业专业能力的专业人员完成搭设。

4. 设置耐张杆塔临时拉线

为保证放线段弧垂观测及紧、挂线的安全，在紧线前要先做好耐张杆、转角杆和终端杆的拉线，然后分段紧线，并且应在受力杆加装足够的临时拉线。临时拉线的设置方式如图 GYND00304004-4 所示。具体设置要求如下：

（1）临时拉线的方向应为放线段线路中心的延长线上。

（2）临时拉线的对地夹角应不大于 45°。

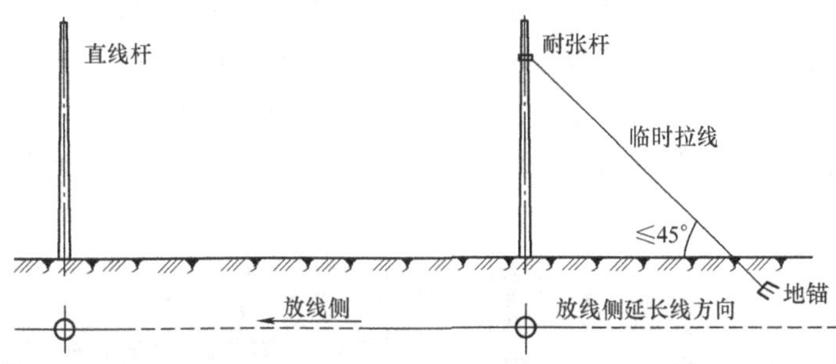

图 GYND00304004-4 临时拉线的设置方式

5. 线轴的布置

低压架空配电线路的放线通常在一个耐张段内进行，其线轴的布置应根据最节省劳力和减少接头的原则，放、紧线现场布置如图 GYND00304004-5 所示，人力放线的方法有三脚架放线和地槽放线。

（1）三脚架放线，如图 GYND00304004-5（a）所示，放线架一般采用槽钢和角钢做成三脚架，槽钢内装有螺旋升降装置，用钢管或圆钢穿过线轴两端架到三角的升降孔内，然后提升丝杠使线轴升到一定的高度（线轴边缘离开地面 50～100mm 即可），使线轴架空并能旋转。

（2）地槽放线，如图 GYND00304004-5（b）所示，在没有放线架的情况下，可在地面挖一个比线

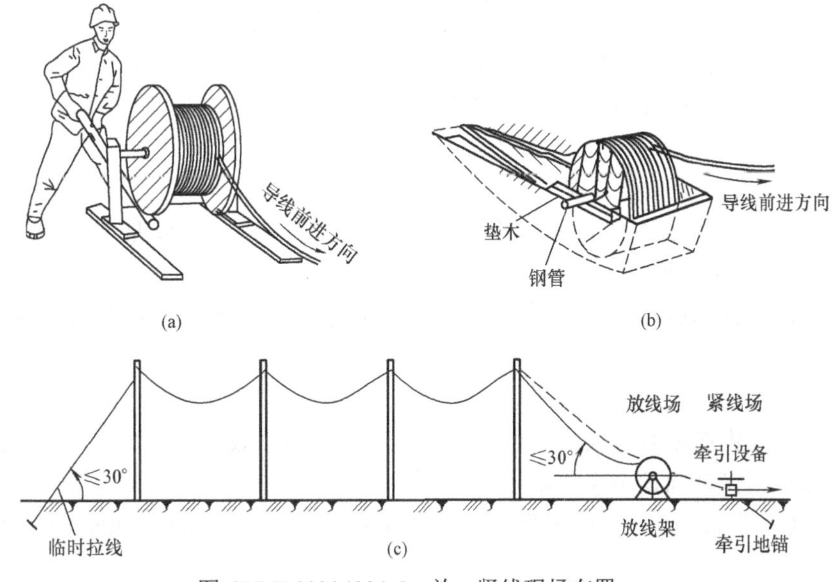

图 GYND00304004-5 放、紧线现场布置

（a）三脚架放线；（b）地槽放线；（c）放、紧线现场布置示意图

轴直径稍大一点的半圆形地槽，槽两侧用方木垫起，将线轴架于垫木上即可。

放线时应注意：搁线轴时，出线端应从线轴上面引出，对准拖线方向，交叉档中不得有接头。

6. 紧线场的布置

低压架空配电线路的放、紧线场地布置示意如图 GYND00304004-5（c）所示。

紧线的方式应根据导线截面的大小和耐张段的长短，选用人力紧线、紧线器紧线、绞磨紧线或汽车紧线等方法。为防止出现横担扭转，可同时紧两根边线（即先紧两边线，后紧中间两根线），或者 4 根线同时紧。

因此，紧线场的具体布置应根据紧线方式进行，原则是要在保证安全的前提下，确保导线的放线质量。

三、导线的展放

放线的准备工作完成后，便可进行导线的展放作业。配电线路的放线方法有人力展放、小型牵引机械展放及汽车拖放等方式。

1. 人力拖线的基本要求

当配电线路的放线工作采用人力拖拉展放时，在放线过程中应注意以下几点：

（1）放线架应架设牢固，线盘处应设专人看管，并经常和领线人保持联系。

（2）采用人力牵引放线时，拉线人之间应保持适当的距离，尽量不使导线拖地，领线员应控制拖线速度，注意线路方向，防止导线交叉，并随时保持通信联系，如图 GYND00304004-6 所示。

图 GYND00304004-6 人力拖线

（3）放线过程中，放线段沿线关键部位（如交叉跨越点等）应设专人沿线观察、护线，防止导线被障碍物挂住，以保证导线通过放线滑轮及其他跨越物时的顺畅无阻。同时，在导线经过的岩石等坚硬地面时，应采取防止导线损伤的措施，防止导线在坚硬物上摩擦。

（4）放线若需跨过带电导线时，应将带电导线停电后再施工；如停电困难时，可在跨越处搭跨越架子。放线若通过公路、铁路时，要在道路两端有专人观看车辆，防止发生事故，同时要加装相关的标志牌、围栏等安全措施，必要时应与有关部门联系。

2. 放线过程的导线质量检查处理

导线在展放过程中，应有专门人员对已展放的导线应进行外观检查，展放后的导线不应发生磨伤、断股、扭曲、金钩和断头等现象。

（1）导线一般损伤的处理。导线在同一处的损伤符合下列情况时，应将损伤处棱角与毛刺用 0 号砂纸磨光，可不作补修：

1）单股损伤深度小于直径的 1/2。

2）钢芯铝绞线、钢芯铝合金绞线损伤截面积小于导电部分截面积的 5%，且强度损失小于 4%。

3）单金属绞线损伤截面积小于 4%。

（2）导线损伤修补的规定。导线损伤补修处理标准应符合表 GYND00304004-1 的规定。

表 GYND00304004-1 导线损伤补修处理标准

导线类别	损伤情况	处理方法
铝绞线	导线在同一处[①]损伤程度已经超过规定，但因损伤导致强度损失不超过总拉断力的5%时	以缠绕或修补预绞丝修理
铝合金绞线	导线在同一处损伤程度损失超过总拉断力的5%，但不超过17%时	以补修管补修
钢芯铝绞线	导线在同一处损伤程度已经超过[②]规定，但因损伤导致强度损失不超过总拉断力的5%，且截面积损伤又不超过导电部分总截面积的7%时	以缠绕或修补预绞丝修理
钢芯铝合金绞线	导线在同一处损伤的强度损失已超过总拉断力的5%但不足17%，且截面积损伤也不超过导电部分总截面积的25%时	以补修管补修

① "同一处"损伤截面积是指该损伤处在一个节距内的每股铝丝沿铝股损伤最严重处的深度换算出的截面积总和。

② 当单股损伤深度达到直径的1/2时按断股论。

（3）导线损伤缠绕处理的规定。放线过程中若发现导线有断股、背花等严重损伤缺陷时，应做好标记并及时发出信号，停止牵引，通知有关人员安排进行重新接续。对一般导线磨伤、轻微损伤应根据有关规定在导线升空前进行绑扎、修补处理。导线损伤的绑扎修补处理方法及要求如图GYND00304004-7所示。对导线缠绕或绑扎的基本要求有：

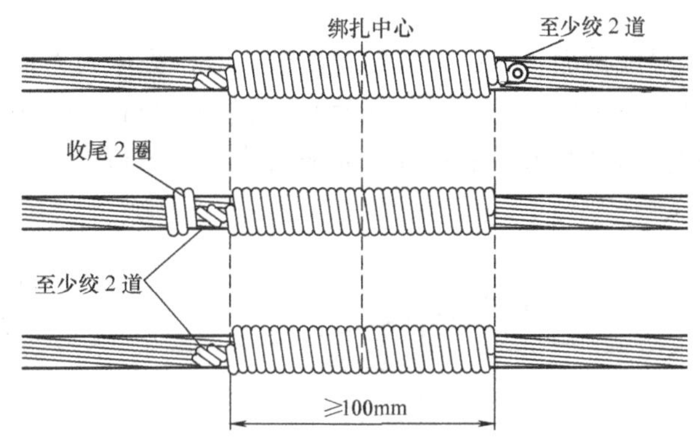

图 GYND00304004-7 导线损伤的绑扎修补处理方法及要求

1）受损伤处的线股应处理平整。

2）绑线的材质选择应与导线材料相同且直径应不小于2mm。

3）绑扎绕向与线的绕向一致，绑扎应紧密、光滑、平整。

4）绑扎应以损伤中心为基准，绑扎长度应不少于100mm。

（4）导线在同一处损伤有下列情况之一者，应将损伤部分全部割去，重新以直线接续管连接：

1）损失强度或损伤截面积超过表GYND00304004-1补修管补修的规定。

2）连续损伤其强度、截面积虽未超过表GYND00304004-1补修管补修的规定，但损伤长度已超过补修管能补修的范围。

3）钢芯铝绞线的钢芯断一股。

4）导线出现灯笼的直径超过导线直径的1.5倍而又无法修复。

5）金钩、破股已形成无法修复的永久变形。

四、紧线施工的要求

根据架空线路施工的要求，当导线放通后应立即组织人员进行紧线操作，以确保导线的安全和放线施工的质量。

紧线前，应检查导线有无被障碍物挂住。紧线时，应检查接线管或接线头以及滑轮、横担、树枝、房屋等有无卡住。如发现导线被挂住、卡住，应停止紧线，并妥善处理。工作人员不得跨在导线上或站在转角侧内，防止意外跑线时被抽伤。

1. 收、紧线施工的基本方法

由于架空配电线路的导线截面大小不同，其紧线所采取的方法也不同。低压配电线路主要有人力牵引紧线和利用紧线器收紧线两种方法。其操作方法原理如图GYND00304004-8所示。

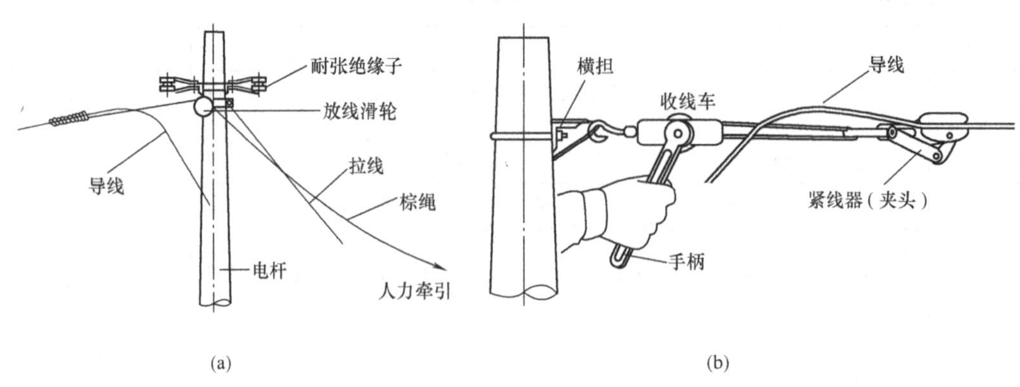

图 GYND00304004-8 紧线操作方法原理示意图

(a) 人力牵引紧线法示意图;(b) 紧线器紧线法示意图

(1) 人力紧线法。人力紧线法适用于导线截面较小且放线距离较短的情况，工作人员可直接在地面上通过装在耐张杆横担上的放线滑轮用人力牵引的方法进行紧线，如图 GYND00304004-8（a）所示。

(2) 紧线器紧线法。当导线截面较大，但放线距离较短时，先用人力紧线法把导线收紧到一定的程度（此过程在专业上称之为收余线），再用紧线器和收线车按图 GYND00304004-8（b）所示方式将导线卡住后，利用紧线器在弧垂观测人员的指挥下完成紧线，如图 GYND00304004-9 所示。

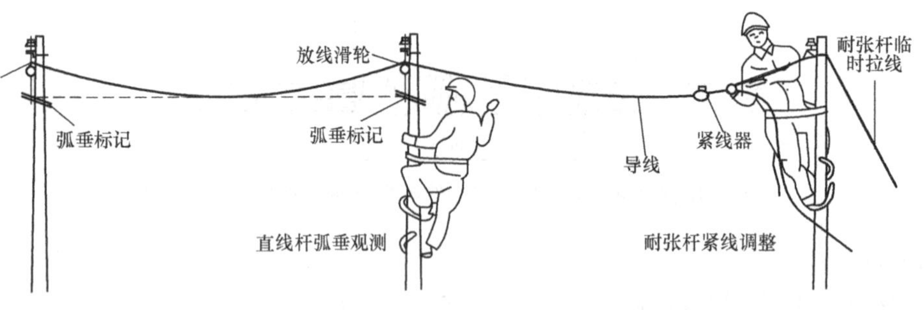

图 GYND00304004-9 紧线与弧垂观测的操作示意图

2. 紧线施工的安全注意事项

(1) 紧线前，应检查导线是否都放在铝制放线滑轮中，不许将导线放在铁横担上；同时还应检查各档导线有无挂住现象，检查两端耐张的临时拉线或永久拉线是否可靠。

(2) 紧线时要有统一的指挥，明确的松、紧信号。

(3) 紧线时，一般应保证每基电杆及所有跨越点处都有人监视，以确保导线接头能顺利越过滑轮车及沿线的跨越点。

(4) 正常情况下，紧线施工过程与导线弧垂观测是同时进行的，如图 GYND00304004-9 所示。因此，要求紧线的操作人员在操作过程中应与弧垂观测人员紧密配合，严格控制紧线的速度，并注意导线力量的变化，确保紧线施工的质量。

五、挂线及导线固定

1. 导线挂线的方法

架空电力线路挂线的方法与紧线操作过程及导线的固定方式有关，如图 GYND00304004-10 所示。配电线路放线施工的紧线前，一般应先将放线侧耐张杆上的挂线完成，另一端的挂线则在完成紧线后进行。

当导线采用螺栓式耐张线夹（也称排骨线夹）在耐张横担上固定时，如图 GYND00304004-10（b）所示，相应的挂线方法如下：

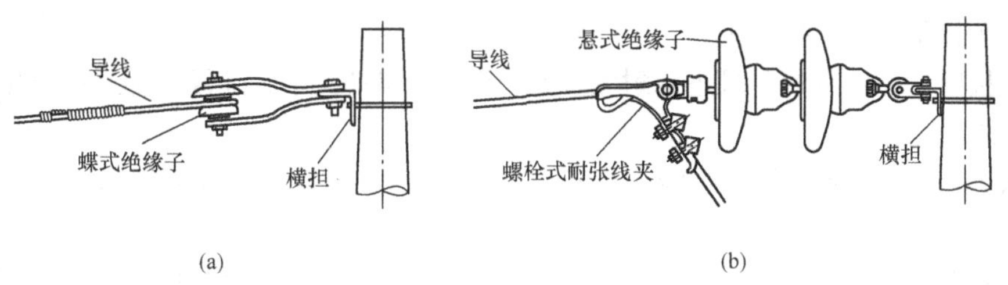

图 GYND00304004-10　导线在耐张杆横担上的固定方法示意图

（a）耐张蝶式绝缘子挂线；（b）耐张悬式绝缘子挂线

（1）收线前的挂线。收线前，在紧线段的放线端（放线场），由于导线不带张力，因此，只需将导线、绝缘子及连接金具等按设计图纸的要求在地面进行组装，然后，杆上工作人员与地面工作人员配合起吊，并按规定安装在横担指定的位置上，如图 GYND00304004-11 所示。

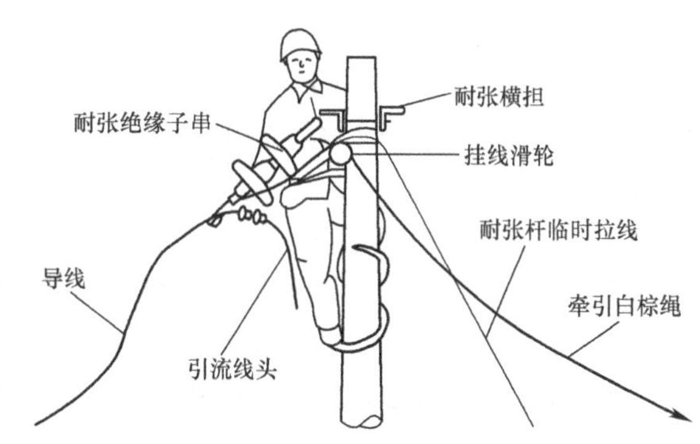

图 GYND00304004-11　不带张力挂线的原理示意图

（2）紧线后的挂线。在导线完成弧垂观测操作后，由于导线带有规定的张力，因此，习惯也称为带张力挂线。挂线操作过程中，为保证挂线操作的顺利及安全进行，应避免形成导线收得过紧，而导致张力过大（俗称过牵引力）的现象。

1）带张力挂线方法一。当采用人力牵引紧线完成时，杆上作业人员在杆上完成对导线的划印操作后，随即将导线放回地面，地面操作人员根据设计的要求在地面进行耐张金具、绝缘子串的安装，并按规定量取引流线的长度，剪去多余的线段，螺栓式耐张线夹二次紧线的原理如图 GYND00304004-12 所示，重新将导线耐张金具、绝缘子串连接牵引绳，由地面工作人员进行二次紧线，将金具、绝缘子串连同导线牵引，由杆上作业人员在杆上完成与电杆横担的连接。

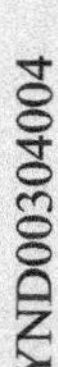

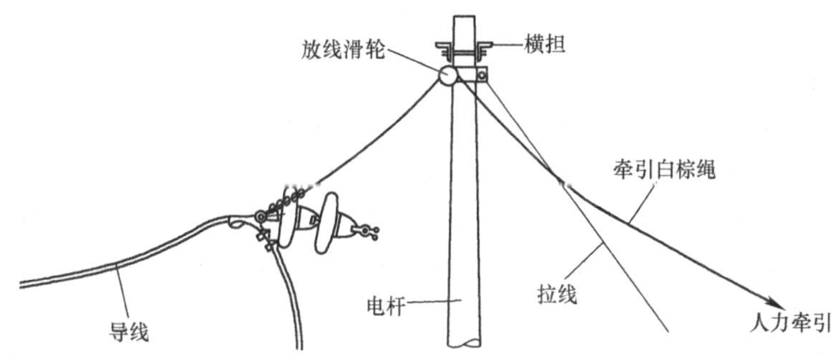

图 GYND00304004-12　螺栓式耐张线夹二次紧线的原理示意图

2）带张力挂线方法二。如图 GYND00304004-13 所示，当采用紧线器收线时，先直接将收线器的固定端挂在耐张线夹上，当完成导线弧垂观测后，杆上作业人员将导线与耐张线夹进行比对，留足引流跳线的长度后，将导线开断，然后按规定在导线上进行铝包带的缠绕，穿入线夹，盖上压条，拧紧螺栓后松开收线车，清理杆上作业工具，杆上作业人员下杆。

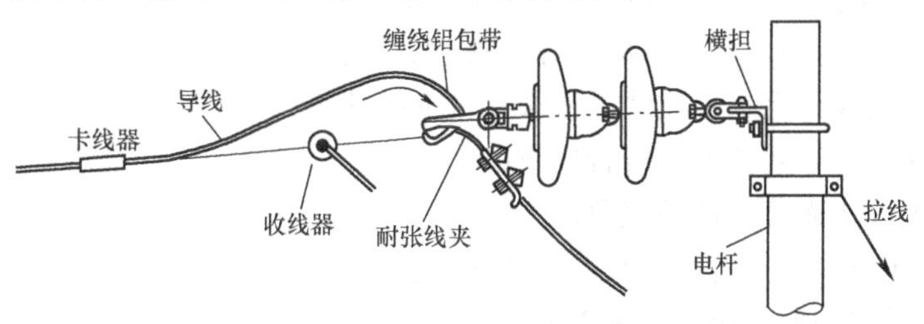

图 GYND00304004-13　螺栓式耐张线夹挂线的原理示意图

（3）挂线操作的安全注意事项。

1）应严格按照设计图纸的要求进行耐张金具、绝缘子串的组装，确保各部件的连接质量满足线路运行安全的要求。

2）采用人力牵引挂线时，地面拉线人员应与杆上作业人员密切配合，控制牵引的力量，同时保持牵引的速度适当均匀，避免出现冲击。

3）采取紧线器进行挂线时，应注意控制导线收紧的力度，避免出现过大的过牵引力而导致倒杆、断线事故的发生。

4）杆上作业人员操作时，地面操作人员应避免在电杆下方的工作，防止高空落物伤人。

2. 导线在绝缘子上的固定

根据架空线路导线架设操作的规定，完成导线在耐张电杆上的挂线后，为保证线路的安全，应及时进行导线在直线杆上的固定操作。

（1）导线在绝缘子上的固定方法。架空配电线路导线在针式绝缘子上的固定方法有顶扎固定法和颈扎固定法两种。

1）针式绝缘子上顶扎固定法。如图 GYND00304004-14（a）所示，将导线在针式绝缘子的顶槽上进行绑扎固定，此方法适用于钢芯铝绞线在直线杆针式绝缘子上的固定。

2）针式绝缘子上颈扎固定法。如图 GYND00304004-14（b）所示，将导线在针式绝缘子的脖颈上进行绑扎固定，此方法适用于钢芯铝绞线在转角杆针式绝缘子上的固定。

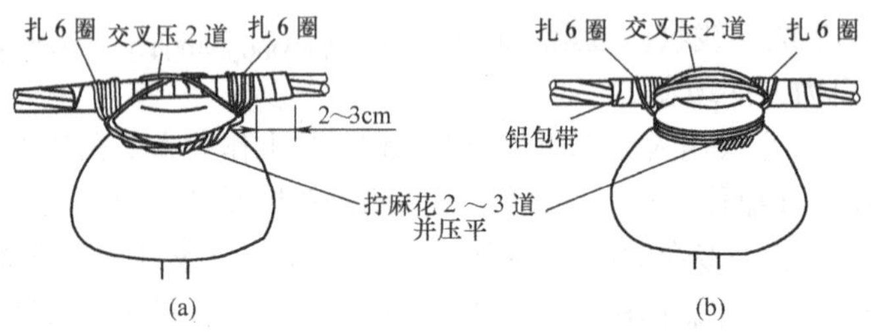

图 GYND00304004-14　导线在绝缘子上的固定方法

（a）顶孔固定法；（b）颈扎固定法

（2）导线在绝缘子上绑扎固定的基本要求。

1）为避免钢芯铝绞线在绝缘子上的绑扎点处可能因长期振动而造成的损伤，钢芯铝绞线在绝缘子上绑扎时，应先在钢芯铝绞线上绑扎铝包带，铝包带缠绕长度应大于导线绑扎长 2～3cm。

2）铝包带的缠绕应紧密、平整，铝包带的尾端应压在导线与绝缘子接触处的内侧。

3）导线在绝缘子上的固定绑扎过程应按规定的步骤进行，绑扎的方法应正确、规范。

4）绑扎所用的绑线直径应不小于 2mm 且材质应与导线的材质相同。

5）绑线的缠绕绑扎必须紧密、平整，每一圈压平收紧后，再进行下一圈的缠绕。

6）完成绑扎，应将绑线收紧后拧一麻花小辫，剪去多余线头，并将其压平紧贴在绝缘子瓷面上，避免对空间造成不必要的放电间隙。

六、导线架设施工质量验收的基本要求

为保证导线的架设质量，根据架空电力线路架设施工验收规范的要求，完成导线架设施工后，应组织熟悉验收规范及线路设计要求的相关专业人员进行架设质量的检查、验收。具体要求如下：

（1）严格按导线质量的要求进行导线的外观质量检查。

（2）所有金具组装配合应良好，且应保证外观质量符合下列要求：

1）表面光洁，无裂纹、毛刺、飞边、砂眼、气泡等缺陷；

2）线夹转动灵活，与导线接触面符合要求；

3）镀锌良好，无锌皮剥落、锈蚀现象。

（3）已架设的导线不应发生磨伤、断股、扭曲、金钩和断头等现象。

（4）螺栓式耐张线夹的安装应保证握着力不小于导线最大使用拉力的 90%。

（5）10kV 及以下架空配电线路在同一档距内，同一根导线上的接头，不应超过 1 个。导线接头位置与导线固定处的距离应大于 0.5m，当有防振装置时，应在防振装置以外。

（6）10kV 及以下架空电力线路的导线紧好后，弧垂的误差不应超过设计弧垂的±5%。确保导线对下方被跨越物的安全距离符合运行安全的要求；且同档内各相导线弧垂宜一致，水平排列的导线弧垂相差不应大于 50mm。

【思考与练习】

1. 简要说明导线架设施工的基本工艺流程。
2. 简要说明放线的准备工作主要有哪些内容，各有什么要求。
3. 采用人力放线施工时应注意的主要问题有哪些？
4. 简要说明带张力进行挂线操作时应注意的问题主要有哪些。
5. 简要说明导线在绝缘子上绑扎固定的基本要求。

模块 5 弧垂观测（GYND00304005）

【模块描述】本模块包含配电线路弧垂的概念、弧垂观测的基础知识等内容。通过概念描述、术语说明、公式解析、原理介绍、要点归纳、图解示意，掌握配电线路弧垂观测方法。

【正文】

一、弧垂的基本知识

1. 弧垂的概念

设两相邻电杆 A、B，则两电杆导线悬挂点 A、B 连线的中点 C 到导线的距离被称之为导线的弧垂，用“f”表示。如图 GYND00304005-1 所示。

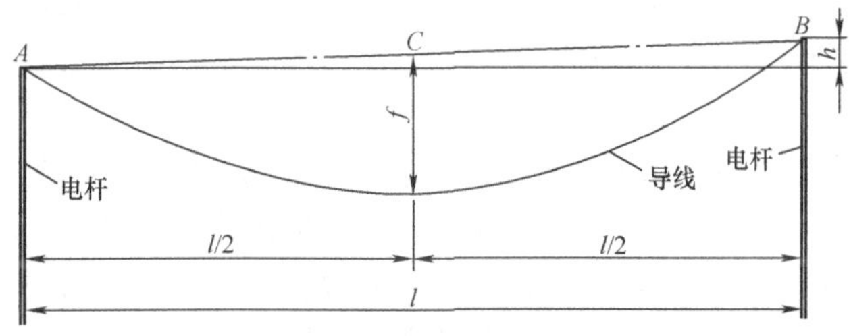

图 GYND00304005-1 弧垂的概念

2. 弧垂的基本计算

设耐张段的代表档距为 l_D，l 为观测档档距，代表档弧垂为 f_D，则观测档的中点弧垂为 f，即

$$f = f_D\left(\frac{l}{l_D}\right)^2 \quad \text{(GYND00304005-1)}$$

当架空线悬挂点的高度不等时，有

$$f' = \frac{f}{\cos\beta} = f_D\left(\frac{l}{l_D}\right)^2\left[1+\frac{1}{2}\left(\frac{h}{l}\right)^2\right] = f\left[1+\frac{1}{2}\left(\frac{h}{l}\right)^2\right] \quad \text{(GYND00304005-2)}$$

式中 β——高差角，且 $\tan\beta=h/l$；

h——悬挂点的高差，m。

工程实践中允许弧垂的误差率小于 0.5%，因此，当 $h/l<0.1$ 或 $\beta\leqslant5°43'$ 时，高差对弧垂的影响可以忽略不计。

另外，在实际工程应用中，弧垂的大小可直接查阅当地设计部门提供的弧垂表得到。

3. 影响弧垂的主要因素

导线弧垂的大小和档距、导线重量、导线架设的松紧程度、导线随气候的热胀冷缩、风速、冰雪等条件均有关系。

（1）温度对弧垂的影响。导线具有随气候温度变化热胀冷缩的特点，当环境温度升高时，导线弧垂增大；当环境温度降低时，导线的弧垂减小；因此，在夏天高温时段应重点注意导线弧垂对线路下方跨越设施的安全距离，到了冬天，则应防止因导线张力过大而导致倒杆断线的事故发生。

（2）档距对弧垂的影响。线路档距增大时，相应导线的弧垂增大；档距减小时，导线的弧垂也减小。因此，在线路设计中，当档距增大时，应适当增加电杆的高度，以保证线路弧垂对线路下方的安全距离。

（3）导线张力大小对弧垂的影响。导线张力增大时，相应导线的弧垂减小。冬天气温下降，导线收缩，导线的张力增大，结果导致弧垂的减小。当导线所受张力降低时，导线的弧垂将增大。

4. 导线初伸长

（1）初伸长的概念。金属导线受力（达到设计允许使用拉力）渡过金属疲劳期（12～24h）后，其导线长度由出厂的生产长度产生蠕变伸长（即长度在原有基础上增加且不会再次还原）的现象，专业上称为导线的初伸长。

（2）导线初伸长的补偿。根据 DL/T 499—2001《农村低压电力技术规程》的规定，考虑导线初伸长对弧垂的影响，为保证架空线路支运行的安全，应对导线的初伸长进行补偿。具体补偿的方法如下：

1）中、低压（10kV 及以下）架空配电线路采用减小弧垂法进行补偿，即：架线时应将铝绞线和绝缘铝绞线的设计弧垂减少 20%，钢芯铝绞线设计弧垂减少 12%。

2）高压（35kV 及以上）配电线路及输电线路通常是采用降温观测法对导线的初伸长进行补偿，即：以观测时的实际温度，将导线降温 20℃、避雷线降温 15℃进行观测。

二、弧垂观测

1. 弧垂观测档的选择

（1）观测档选择的基本原则。

1）所选观测档档距越大越好。观测档档距越大，测量在同等观测的累计误差条件下，在大档中所占比例的相对误差率就越小。因此，在大档上进行弧垂的观测是有利于整个放线段总体弧垂观测精度的提高。

2）导、地线相邻悬挂点的高差越小越好。相邻两悬挂点高差的大小，在一定程度上直接影响其弧垂的计算精度，高差越大（规定：不大于 10%的档距），相应计算结果的误差也就越大，导致的结果将直接使得最终弧垂观测的误差加大，因此，大高差的观测档是不利于弧垂精度的提高。

（2）观测档选择的一般要求。根据上述观测档选择的原则，对观测档数量的选择有以下规定：

1）连续档在 5 档以内选靠近中间一档；

2）连续档在 6～12 档选靠近两端各选一档；

3）连续档在 12 档以上，靠近两端及中间各选一档。

2. 弧垂观测

（1）弧垂观测。架空电力线路的弧垂观测方法有等长观测法、异长观测法及角度观测法和平视观测法等。在配电线路特别是中、低压配电线路中，由于线路档距较小，且电杆高度相对较低，相邻两电杆上导线挂点的高差也小，因此多采用等长法进行观测。

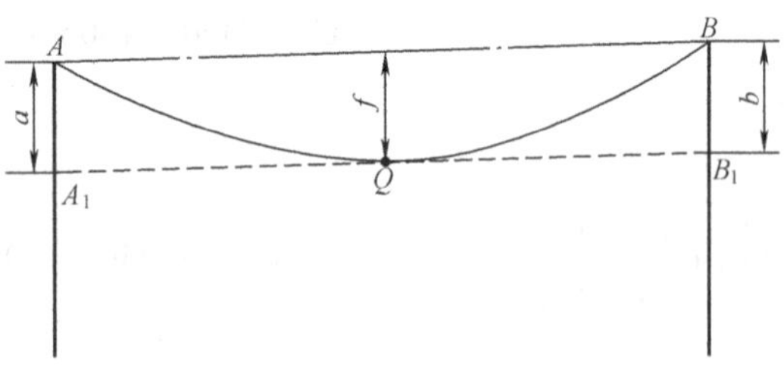

1）等长法弧垂观测的原理。等长法弧垂观测的基本原理如图 GYND00304005-2 所示。

图 GYND00304005-2 等长法弧垂观测原理图

在图中：$AA_1=a=f$、$BB_1=b=f$，于是有 $a=b=f$，故称之为等长法，由于 $AA_1 /\!/ BB_1$，$AB /\!/ A_1B_1$，因此，等长法也叫平行四边形法。

2）等长法弧垂观测。采用等长法进行弧垂观测的方法如图 GYND00304005-3 所示。

① 在电杆 A、B 上以导线悬挂点为基准，分别向下量取观测弧垂 f 的长度定 A_1、B_1 点；

② 在观测档电杆的导线悬挂点 A、B 两处悬挂弧垂板，将弧垂板的横尺分别定位在 A_1、B_1 点，使得 $AA_1=BB_1=f$。

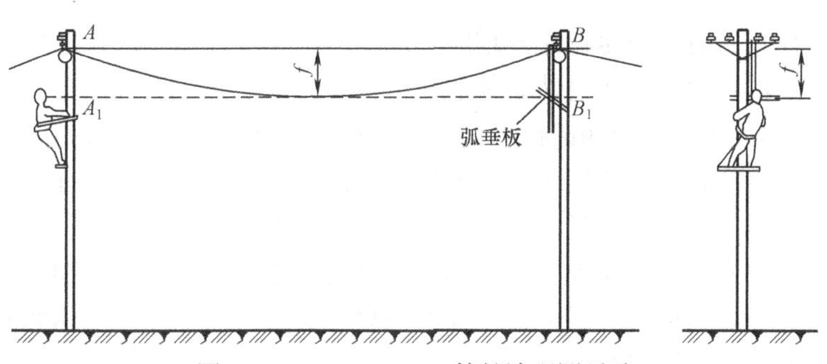

图 GYND00304005-3　等长法观测弧垂

③ 观测者在 A_1 处对准 B_1 进行观测，当导线与观测视线接近相切时，观测者指挥紧线操作人员停止操作，待导线受力平稳后，若导线弧垂与弧垂标尺间高差不超过设计规定时，观测结束。如有偏差，应通知紧线人员进行调整，直至调到正好相切为止。

（2）弧垂观测的注意事项。

1）为了保证导线弧垂对地或对其他交叉跨越设施的安全距离，考虑导线初伸长对弧垂的影响，应将铝绞线和绝缘铝绞线的设计弧垂减少 20%，钢芯铝绞线设计弧垂减少 12%。

2）导线紧好后，档距内的各相弧垂应一致，相差不应大于 50mm。

3）同一档距内，同层的导线截面不同时，导线弧垂应以最小截面的弧垂确定。

【思考与练习】

1. 导线的弧垂大小与哪些因素有关？为什么？
2. 什么叫导线的初伸长？如何进行初伸长的补偿？
3. 弧垂观测档选择的原则是什么？一般条件下如何选择？
4. 简要说明等长法弧垂观测的基本工作原理。
5. 进行弧垂观测时应注意哪些主要问题？

模块 6　接地装置安装（GYND00304006）

【模块描述】本模块包含接地装置安装施工流程、基本技术要求、验收规范等内容。通过概念描述、术语说明、要点归纳，掌握接地装置的安装。

【正文】

一、接地装置的安装施工

电力系统为了保证电气设备的可靠运行和人身安全，不论在发电、供电、配电都需要有符合规定的接地。接地装置的安装直接影响电气设备的运行安全和人身安全。

1. 接地体的埋设

（1）接地体的形式。

1）根据电气设备的种类及土壤电阻率的不同，接地体的形式一般有以下几种。

a. 放射形接地体：采用一至数条接地带敷设在接地槽中，一般应用在土壤电阻率较小的地区。

b. 环状接地体：用扁钢围绕杆塔构成的环状接地体。

c. 混合接地体：由扁钢和钢管组成的接地体。

2）根据接地体的埋设方式，接地体有水平埋设接地体和垂直插入式接地体之分。

a. 水平接地体：该接地体水平的埋入地中，其长度和根数按接地电阻的要求确定。接地体的选择优先采用圆钢，一般直径为 8～10mm。扁钢截面为 25mm×4mm～40mm×4mm。热带地区应选择较大截面，干旱地区，选择较小截面。

b. 垂直接地体：该接地体是垂直打入地中，长度为 1.5～3m。截面按机械强度考虑，角钢为 20mm×20mm×3mm～50mm×50mm×5mm，钢管直径为 20～50mm，圆钢直径为 10～12mm。

（2）接地体的埋设。进行接地体的埋设施工时，应根据接地装置的形式，并结合当地地形情况进行定位。在选择接地槽位置时，应尽量避开道路、地下管道及电缆等；进行地势的选择时，应避开接地体可能受到山水冲刷的地段，防止自然条件的侵害。

1）水平敷设接地体的埋设。应保证接地槽的深度符合设计要求，一般为0.5～0.8m，可耕地应敷设在耕地深度以下，在使用机耕的农田中，接地体的埋深以不小于 0.8m 为宜；接地槽的开挖宽度以工作方便为原则，为了减少土方工程量，一般宽度为0.3～0.4m。

接地槽底面应平整，不应有石块或其他影响接地体与土壤紧密接触的杂物。

接地体应平直，无明显弯曲；放射型接地体间不允许交叉，两相邻接地体间的最小水平距离应不小于5m。倾斜地形应沿等高线敷设。

2）垂直接地体的埋设。采用垂直接地体时，应垂直打入，并与土壤保持良好接触。

钢管的规格及打入土壤中的深度应符合设计要求。打管时应采用打管器，将接地体垂直打入地中并应防止其晃动，以免增加接地电阻。

2. 接地体埋设的注意事项

（1）在挖水平接地槽过程中，如遇大块石等障碍物可绕道避开，必须符合下列两条规定。

1）接地装置为环形者，改变后仍保持环形。

2）接地装置为放射形者，改变后仍保持放射形。

（2）铁带敷设之前应予以矫正，在直线段上不应有明显的弯曲，而且要立着敷设。

（3）在山区及土壤电阻率大的地区，尽量少用管型接地装置，而采用表面埋入式的接地装置。

（4）接地装置的连接应可靠。连接前，应清除连接部位的铁锈及其附着物。

（5）接地沟的回填宜选取无石块及其他杂物的泥土，并应夯实。在回填后的沟面应设有防沉层，其高度宜为100～300mm。

3. 接地引下线的基本安装要求

（1）接地引下线的规格、与接地体的连接方式应符合设计规定。

（2）接地引下线与接地体的连接，应便于解开测量接地电阻。

（3）杆塔的接地引下线应紧靠杆身，每隔一定距离与杆身固定一次。

（4）电气设备的接地引下线必须使用有效的金属连接（不允许以设备的外壳，电杆的构件等代替）。

二、接地装置的检查验收

接地体的埋设施工完成后，应按规定的要求进行接地装置的接地电阻测量。

1. 接地装置接地电阻的技术标准

根据DL/T 499—2001的要求，低压电气设备工作接地和保护接地的电阻（工频）在一年四季中均应符合规定的要求。具体要求如下：

（1）配电变压器低压侧中性点的工作接地电阻，一般不应大于 4Ω。当配电变压器容量不大于100kVA时，接地电阻可不大于10Ω。

（2）非电能计量装置电流互感器的工作接地电阻，一般可不大于10Ω。

（3）如图GYND00304006-1所示，在变压器低压侧中性点不接地或经高阻抗接地、所有受电设备的外露可导电部分用保护接地线（PE）单独接地的IT系统中装设的高压击穿熔断器的保护接地电阻，不宜大于4Ω，在高土壤电阻率的地区（沙土、多石土壤）保护接地电阻可允许不大于30Ω。

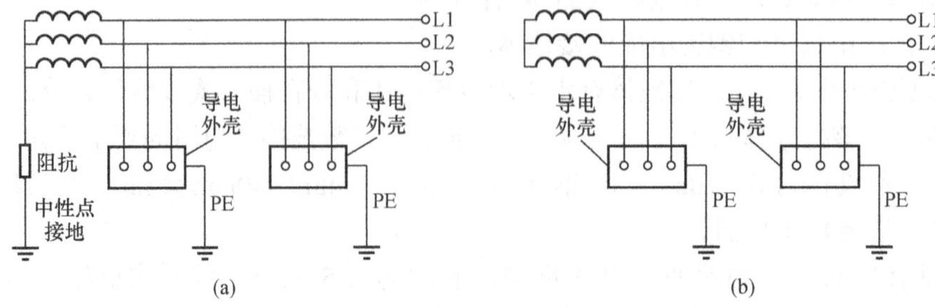

图GYND00304006-1　IT系统接地方式

（a）中性点经高阻抗接地；（b）中性点不接地

（4）如图 GYND00304006-2 所示，在变压器低压侧中性直接接地、系统的中性线（N）与保护线（PE）是合一的，且系统内所有受电设备的外露可导电部分用保护线（PE）与保护中性线（PEN）相连接的 TN-C 系统中保护中性线的重复接地电阻，当变压器容量不大于 100kVA，且重复接地点不少于 3 处时，允许接地电阻不大于 30Ω。

（5）如图 GYND00304006-3 所示，在变压器低压侧中性点直接接地，系统内所有受电设备的外露可导电部分用保护接地线（PE）接至电气设备上与电力系统的接地点无直接关连接地极上的 TT 系统中，在满足剩余电流动作保护器的动作电流的情况下，受电设备外露可导电部分的保护接地电阻，可按下式确定

$$R_e \leqslant U_{lom}/I_{op} \quad \text{(GYND00304006-1)}$$

式中　R_e——接地电阻，Ω；

U_{lom}——通称电压极限，在正常情况下可按 50V（交流有效值）考虑，V；

I_{op}——剩余电流保护器的动作电流，A。

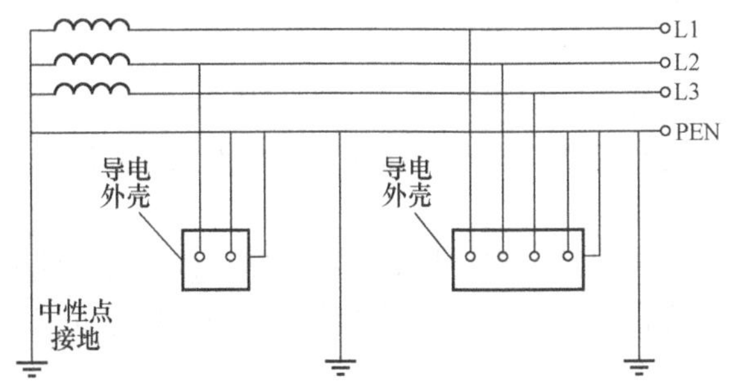

图 GYND00304006-2　TN-C 系统接地方式

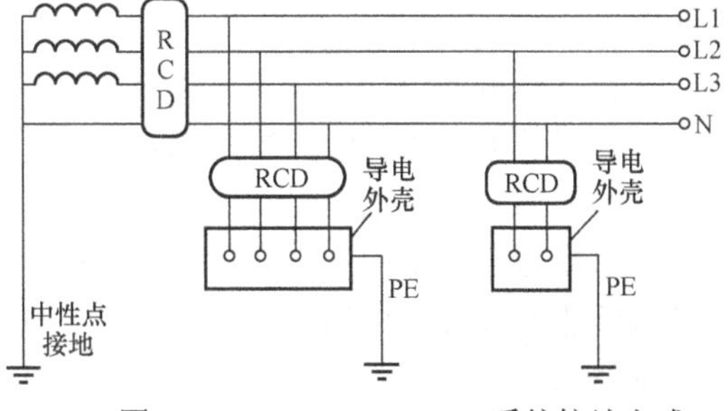

图 GYND00304006-3　TT 系统接地方式

（6）在 IT 系统中，受电设备外露可导电部分的保护接地电阻，必须满足

$$R_e \leqslant U_{lom}/I_k \quad \text{(GYND00304006-2)}$$

式中　R_e——接地电阻，Ω；

U_{lom}——通称电压极限，在正常情况下可按 50V（交流有效值）考虑，V；

I_k——相线与外露可导电部分之间发生阻抗可忽略不计的第一次故障电流，I_k 值要计及泄漏电流，A。

（7）不同用途、不同电压的电力设备，除另有规定者外，可共用一个总接地体，接地电阻应符合其中最小值的要求。

2. 降低接地装置接地电阻的措施

在部分高土壤电阻率的地带，接地装置接地电阻达不到设计要求的情况下，为保证电气设备的运行安全，可采用如下措施达到降低接地装置接地电阻的目的。

（1）延伸水平接地体，扩大接地网面积。

（2）在接地坑内填充长效化学降阻剂，但不允许使用具有腐蚀性的盐类（如食盐）。

（3）如近旁有低土电阻率区，可引外接地，如：将接地体延伸到潮湿低洼处。

【思考与练习】

1. 接地装置的作用是什么?
2. 对接地电阻有哪些要求?
3. 接地引下线常用哪几种材料?
4. 接地体有几种形式?
5. 接地装置的验收内容是什么?

模块 7　接户线、进户线安装（GYND00304007）

【模块描述】本模块包含高低压接户线、进户线安装流程、技术要求、安全事项等内容。通过概念

描述、术语说明、流程介绍、要点归纳，掌握接户线、进户线的安装。

【正文】

一、接户线安装的一般要求

一般情况下，接户线指架空配电线路与用户建筑物外第一支持点之间的一段线路，由用户室外进入用户室内的线路称进户线。

1. 接户线、进户线

根据 DL/T 499—2001《农村低压电力技术规程》对架空配电线路的有关规定，接户线和进户线的划分规定如下：

（1）当用户计量装置在室内时，从电力线路到用户室外第一支持物的一段线路为接户线；从用户室外第一支持物至用户室内计量装置的一段线路为进户线。

（2）当用户计量装置在室外时，从电力线路到用户室外计量装置的一段线路为接户线；从用户室外计量装置出线端至用户室内第一支持物或配电装置的一段线路为进户线。

（3）高压接户线是指电压等级在 1kV 及以上高压配电线路由跌落式熔断器或柱上式开关引到建筑物的线路。

通常在导线截面较小时，高压接户线可采用悬式绝缘子和蝶式绝缘子串联的方式固定在房屋的支持点上；在导线截面较大时应采用悬式绝缘子和耐张线夹的方式固定在房屋的支持点上。高压进户线引入室内时，应使用穿墙套管。

（4）低压接户线是指从 0.4kV 及以下低压电力线路到用第一支持物的一段线路；低压接户线通常使用绝缘线进行连接；根据导线拉力大小，低压接户线直接选用针式或蝶式绝缘子的连接方式固定在房屋的支持点上。

（5）进户线的进户点位置应尽可能靠近供电线路且明显可见，便于施工维护，进户线所在房屋应坚固并不漏水。进户线应采用绝缘导线，其截面按允许载流量选择。

2. 接户线和进户线的基本要求

（1）低压接户线的相线和中性线或保护线应从同一基电杆引下，其档距不宜超过 25m（高压为 30m），超过 25m 时应加装接户杆。但接户线的总长度（包括沿墙敷设部分）不宜超过 50m。沿墙敷设的接户线以及进户线两支持点间的距离，不应大于 6m。

（2）接户线与低压线如系铜线与铝线连接，应采取加装铜铝过渡接头的方法进行连接。

（3）为保证农村低压用户的用电安全，接户线与进户线宜采用绝缘导线，外露部位应严格地按规定进行绝缘处理。

（4）接户线的进户端对地面的垂直距离不宜小于 2.5m。

（5）接户线不应从 1～10kV 引下线间穿过，不应跨越铁路。

（6）农村低压接户线档距内不允许有接头。不同规格不同金属的导线不应在同一档距内使用。

（7）两个电源引入的接户线不宜同杆架设。

（8）接户线与主杆绝缘线连接后应按规定进行绝缘密封处理。

（9）接户线零线在进户处应有重复接地，接地必须可靠，接地电阻符合规定的要求。

（10）低压绝缘接户线、进户线与通信线、广播线等弱电线路交叉时，其垂直距离不应小于以下数值。

1）接户线、进户线在弱电线路的上方时，0.6m。

2）接户线、进户线在弱电线路的下方时，0.3m。

如不能满足上述要求，应采取隔离措施。

（11）进户线穿墙时，应套装硬质绝缘套管，电线在室外应做滴水弯，穿墙绝缘管应内高外低，露出墙壁部分的两端不应小于 10mm，滴水弯最低点距地面小于 2m 时进户线应加装绝缘护套。

（12）进户线与弱电线路必须分开进户。

二、接户线及进户线的安装

1. 安装准备工作

进行接户线安装前的准备工作内容主要有：选择路径、导线、制订施工方案和办理相应的工作手续等。

（1）路径的选择。进行接户线的安装时，应选择合适的路线和进户点。按规定，同一个用电单位（用户）只应有一个进户点。进户点的位置应尽可能靠近供电线路且明显可见，便于施工维护；进户端支持物应牢固，进户线所在房屋应坚固并不漏水。

（2）导线的选择。为确保农村用户用电的安全、可靠，农村低压接户线和室外导线应采用耐气候型的绝缘电线，其导线截面的选择应按用户实际负荷的需要，并结合导线的允许载流量进行选择，但所选出绝缘导线的最小截面不得小于表 GYND00304007-1 所示的规定值。

表 GYND00304007-1　　低压接户线的最小截面

架设方式	档距（m）	绝缘铜线（mm^2）	绝缘铝线（mm^2）
自电杆引下	10 及以下	2.5	6.0
	10～25	4.0	10.0
沿墙敷设	6 及以下	2.5	4.0

（3）接户线两端绝缘子和接户线支架的选用。按规定，接户线自电杆引下（下杆）端和用户端，应根据导线拉力大小选用针式或蝶式绝缘子，接户线两端均应绑扎在绝缘子上，其绝缘子和接户线支架按下列规定选用：

1）导线截面在 $16mm^2$ 及以下时，可采用针式绝缘子，支架宜采用不小于 50mm×5mm 的扁钢或 40mm×40mm×4mm 的角钢，也可采用 50mm×50mm 的方木。

2）导线截面在 $16mm^2$ 以上时，应采用蝶式绝缘子，支架宜采用 50mm×50mm×5mm 的角钢或 60mm×60mm 的方木。

2. 接户线的架设

（1）接户线安装方式。接户线下杆到用户端的安装采用横担分相固定时，横担的安装应牢固且横担的长度应满足规定线间距离的要求。分相架设的低压绝缘接户线的线间最小距离应不少于表 GYND00304007-2 规定的数值。沿墙敷设时，可用预埋件或膨胀螺栓及低压蝶式绝缘子，预埋件或膨胀螺栓的间距以不超过 6m 为宜。

表 GYND00304007-2　　分相架设的低压绝缘接户线的线间最小距离

架　设　方　式		档距（m）	线间距离（mm）
自电杆上引下		25 及以下	150
沿墙敷设	水平排列	4 及以下	100
	垂直排列	6 及以下	150

（2）接户线的固定要求。

1）在杆上应固定在绝缘子上，固定时接户线不得本身缠绕，应用直径不小于 2.5mm 的单股塑料铜线绑扎。绑扎方式与蝶式绝缘子终端绑扎法相同。

2）在用户墙上使用挂线钩、悬挂线夹、耐张线夹（有绝缘衬垫）和绝缘子固定。

3）挂线钩应固定牢固，可采用穿透墙的螺栓固定，内端应有垫铁。混凝土结构的墙壁可使用膨胀螺栓，禁止用木塞固定。

（3）接户线两端绝缘子的绑扎。根据接户线的安装规定，接户线不能在档距中间悬空连接，必须从低压配电线路电杆绝缘子上引接，接户线两端应设绝缘子固定，导线在两端绝缘子上的绑扎长度应符合表 GYND00304007-3 的规定。当采用蝶式绝缘子安装时应防止瓷裙积水。

表 GYND00304007-3　　绝缘导线在绝缘子上的绑扎长度

导线截面（mm^2）	绑扎长度（mm）	导线截面（mm^2）	绑扎长度（mm）
10 及以下	≥50	25～50	≥120
16 及以下	≥80	70～120	≥200

（4）下杆线与低压绝缘导线间的连接应符合有关规定的要求且应做好绝缘、防水处理。绝缘线与绝缘子接触部分应用绝缘自黏胶带缠绕，缠绕长度应超出绑扎部位或与绝缘子接触部位两侧各 30mm。绝缘胶带在缠绕时，每圈应压叠带宽的 1/2。

（5）一般条件下，接户线的进户端对地面的垂直距离不宜小于 2.5m。

3. 进户线的安装

进户线的安装如图 GYND00304007-1 所示。进户线通常用角钢支架加装绝缘子来支持接户线和进户线的安装。

（1）进户线应采用护套线或硬管布线，其长度一般不宜超过 6m，最长不得超过 10m。进户线应选用绝缘良好的导线。进户线的截面应满足导线的安全载流量，且应不小于用户用电最大负荷电流或电能表最大载流量。

（2）进户线穿墙时，应套上瓷管、钢管或塑料管，如图 GYND00304007-2 所示。要注意穿钢管时各线不得分开穿管。

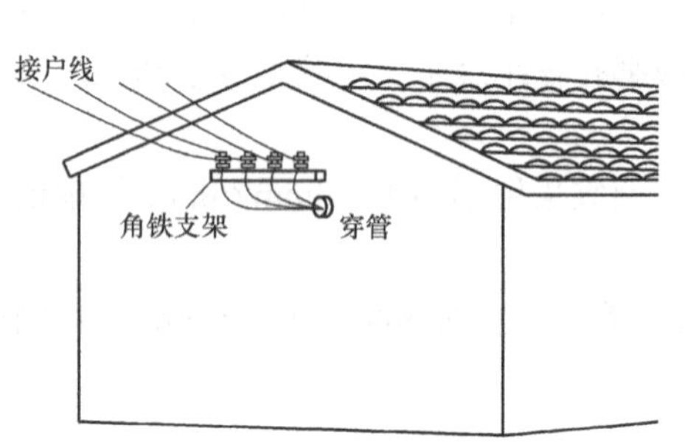

图 GYND00304007-1 进户线入户的安装

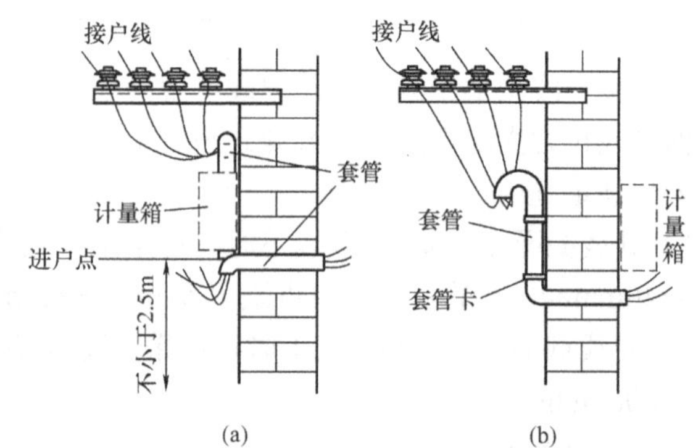

图 GYND00304007-2 进户线穿墙安装示意图

（a）进户线进户；（b）接户线进户

（3）进户线的安装应有足够的长度，户内一端一般接于总熔断器盒。户外一端与接户线连接后应保持 200mm 的弛度，户外进户线一般不应短于 800mm。

三、接户线及进户线的安装注意事项

1. 一般规定

（1）接户线、进户线安装应在停电条件下进行，全部安装工作完成，外观检查验收合格、清理工作现场结束后，应按规定进行合闸冲击试验，试验合格后办理相应的工作和用电手续后对用户供电。

（2）农村低压接户线不得跨越铁路或公路，并应尽量避免跨越房屋。在最大摆动时，不应有接触树木和其他建筑物的现象。

（3）为保证农村配低压电网的运行安全，接户线安装后，在导线最大弧垂时对公路、街道和人行道及周围其他物体的最小距离不应小于表 GYND00304007-4 中规定的数值。

表 GYND00304007-4 接户线对部分设施的最小距离

类 别	最小距离（m）	类 别	最小距离（m）
到通车公路路面道路的垂直距离	6.0	在窗户上方	0.3
通车困难的街道、人行道	3.5	在阳台或窗户下方	0.8
不通车的人行道胡同、小道	3.0	与窗户或阳台的水平距离	0.75
到房顶	2.5	与墙壁、构架的水平距离	0.05

2. 接户线安装的注意事项

当接户线档距超过规定要求或进户端低于 2.5m 及因其他安全需要时，需加装接户杆（也称下户杆）来支持接户线进户，如图 GYND00304007-3 所示。

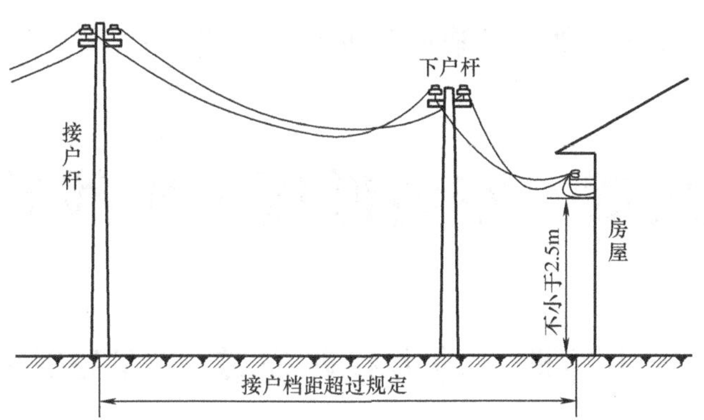

图 GYND00304007-3　接户线通过进户杆进户的示意图

进户杆杆顶应安装镀锌铁横担，横担上安装低压 ED 形绝缘子，用来支持单相两线的，一般规定角钢规格不应小于 40mm×40mm×5mm；用来支持三相四线的，一般角钢规格不应小于 50mm×50mm×6mm。两绝缘子在角钢上的距离不应小于 150mm。

3. 进户线安装的注意事项

（1）管口与接户线第一支持点的垂直距离宜在 0.5m 以内。

（2）金属管、塑料管在室外进线口应做防水弯头，弯头或管口应向下。

（3）穿墙硬管或 PVC 管的安装应内高外低，以免雨水灌入，硬管露出墙壁外部分不应小于 30mm。

（4）用钢管穿墙时，同一交流回路的所有导线必须穿在同一根钢管内，且管的两端应套护圈。

（5）导线在穿管内严禁有接头。

（6）进户线与通信线、闭路线、IT 线等应分开穿管进户。

【思考与练习】

1. 什么叫接户线和进户线？

2. 简要说明接户线的安装基本要求及安全注意事项。

3. 为保证用电的安全，在进户线进户时应重点注意的问题有哪些？

第十九章　室内低压配电线路安装

模块1　室内照明、动力线路安装（ZY3300401001）

【模块描述】本模块包含室内配线的组成、配线方式及工序、导线连接的方法、管配线、线槽配线等内容。通过概念描述、图表示意、要点归纳，掌握室内照明线路和动力线路安装方法和工艺标准。

【正文】

低压配线是将额定电压为380V或220V的电能传送给用电装置的线路。按其配线地点不同，可分为室内配线和室外配线两种。室内配线专指敷设在建筑物内的明线、暗线、电缆、电气器具的连接线，固定导线用的支持物和专用配件等总称为室内配线工程。

一、室内配线的组成

室内配线主要是进行电路与墙体或建筑构件的固定，电路的接续，电路的转弯及分支，电路与电气设备、开关、插座的连接，电路与其他设施的交叉跨越等。

室内是人们经常活动的场所，由于室内空间狭窄，与人接触线路机会多，电路若采用裸电线配线，则安全距离难以解决，故室内配线应采用符合国际规定的绝缘电线。室内配线分为照明线路和动力线路两种类型。

1. 照明线路的组成

一般室内照明线路主要由电源、用电设备、导线和开关控制设备组成，如图ZY3300401001-1所示。线路首先进入配电箱（或配电盘），然后由分支线接到各个电灯或插座上。接线时要注意把熔体和开关接在相线上，这样开关断开后，开关以下的导线、插座和灯头等部件均不带电。

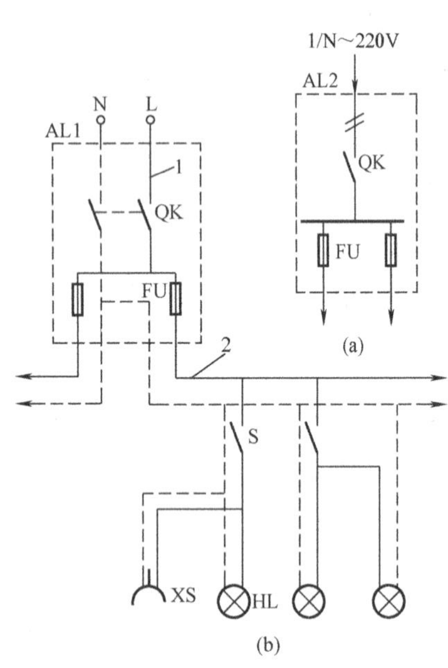

图ZY3300401001-1　照明线路的组成

（a）单线图；（b）电路组成示意图

L、N—电源；AL—配电箱；QK—总开关（刀开关）；FU—支路熔断器；S—电灯开关；HL—电灯；XS—插座；1—引入线；2—支路线

2. 动力线路的组成

室内动力线路与照明线路一样，也是由电源、用电设备、导线和开关控制设备组成的，如图ZY3300401001-2所示。室内是人们经常活动的场所，为了保证用电安全，在配线时必须考虑到保护接地或保护接零。

二、配线方式及工序

（一）室内常用配线方式

1. 配线方式

室内配电线路敷设方式可分为以下几种：① 护套线配线；② 瓷（塑料）夹配线；③ 瓷柱（鼓型绝缘子）、针式、蝶式绝缘子配线；④ 槽板配线；⑤ 金属管（厚壁钢管、薄壁钢管、金属软管、可挠金属管）、金属线槽配线；⑥ 塑料管（硬塑料管、半硬塑料管、可挠管）、塑料线槽配线。

2. 配线方式适用范围

各种方式适用范围见表ZY3300401001-1。

模块1
ZY3300401001

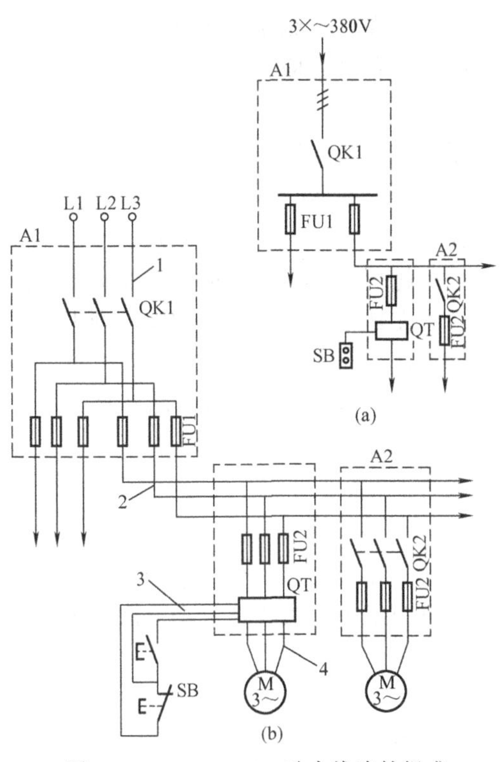

图 ZY3300401001-2 动力线路的组成

（a）单线图；（b）电路组成示意图

L1、L2、L3—电源；A1—配电盘；QK1—总开关（刀开关）；FU1—分支熔断器；A2—电动机电源控制盘；

QK2—电动机开关；FU2—电动机熔断器；QT—磁力启动器；M—电动机；SB—控制按钮；

1—引入线；2—分支线；3—控制线；4—电动机支线

表 ZY3300401001-1 各种配线方式适用范围

配线方式	适用范围
瓷（塑料夹板配线）	适用于负荷较小的正常环境的室内场所和房屋挑檐下的室外场所
瓷柱（鼓型绝缘子）配线	适用于负荷较大的干燥或潮湿环境的场所
针式、蝶式绝缘子配线	适用于负荷较大、线路较长而且受机械拉力较大的干燥或潮湿场所
木（塑料）槽板配线、护套线配线	适用于负荷较小照明工程的干燥环境，要求整洁美观的场所；塑料槽板适用于防化学腐蚀和要求绝缘性能好的场所
金属管配线	适用于导线易受机械损伤、易发生火灾及易爆炸的环境，有明管和暗管配线两种
塑料管配线	适用于潮湿或有腐蚀性环境的室内场所作明管配线或暗管配线，但易受机械损伤的场所不宜采用明敷
线槽配线	适用于干燥和不易受机械损伤的环境内明敷或暗敷，但对有严重腐蚀场所不宜采用金属线槽配线；对高温、易受机械损伤的场所内不宜采用塑料线槽明敷
封闭式母线配线	适用于干燥、无腐蚀性气体的室内场所
电缆配线	适用于干燥、潮湿及户外配线（应根据不同的使用环境选用不同型号的电缆）
竖井配线	适用于层架较高、跨度较大的大型厂房，多数应用在照明线上，用于固定导线和灯具
钢索配线	适用于层架较高、跨度较大的大型厂房，多数应用在照明线上，用于固定导线和灯具
裸导体配线	适用于工业企业厂房，不得用于低压配电室

3. 线路敷设方式的选择

线路敷设方式可分为明敷和暗敷两种。明敷是用导线直接或者在管子、线槽等保护体内敷设于墙壁、顶棚的表面及桁架、支架等处；暗敷是用导线在管子、线槽等保护体内敷设于墙壁、顶棚、地坪及楼板等内部，或者在混凝土板孔内敷线等。

线路敷设方式应根据建筑物的性质、要求、用电设备的分布及环境特征等因素确定，并应避免因外部热源、灰尘聚集及腐蚀或污染物存在对配线系统带来的影响，并应防止在敷设及使用过程中因受冲击、振动和建筑物的伸缩、沉降等各种外界应力作用带来的损害。

（二）室内配线工序

为了使室内配线工作有条不紊地进行，应按下列程度进行配线。

（1）首先熟悉设计图纸，确定灯具、插座、开关、配电箱及启动设备等的预留孔、预埋件位置，应符合设计要求。预留、预埋工作，主要包括电源引入方式的预留、预埋位置，电源引入配电箱、盘的路径，垂直引上、引下以及水平穿越梁、柱、墙楼板预埋保护导管等。凡是埋入建筑物、构筑物内的保护管、支架、螺栓等预埋件，应在建筑工程施工时预埋，预埋件应埋设牢固。

（2）确定导线沿建筑物敷设的路径。

（3）在土建抹灰前，将配线所有的固定点打好眼孔，将预埋件埋齐并检查有无遗漏和错位。如未做预埋件，也可直接埋设膨胀螺栓以固定配线。

（4）装设绝缘支持物、线夹或管子。

（5）敷设导线。

（6）导线连接、分支和封端，并将导线的出线端与灯具、开关、配电箱等设备或电器元件连接。

（7）配线工程施工结束后，应将施工中造成的建筑物、构筑物的孔、洞、沟、槽等修补完整。

三、导线连接的方法

（一）导线在接线盒内的连接

1. 单股绝缘导线在接线盒内的连接

（1）两根铜导线连接时，将连接线端相并合，在距绝缘层 15mm 处将线芯捻绞 2 圈，留适当长度余线剪断折回压紧，防止线端部插破所包扎的绝缘层，如图 ZY3300401001-3（a）所示。3 根及以上单芯铜导线，可采用单芯线并接方法进行连接，将连接线端相并合，在距绝缘层 15mm 处用其中一根线芯在其连接线端缠绕 5 圈剪断。把余线头折回压在缠绕线上，如图 ZY3300401001-3（b）所示，并应包扎绝缘层。

（2）对不同直径铜导线接头，如软导线与单股相线连接，应先进行挂锡处理，并将软线端部在单股粗线上距离绝缘层 15mm 处交叉，向粗线端缠 7～8 圈，再将粗线端头折回，压在软线上，如图 ZY3300401001-3（c）所示。

（3）两根铝导线剥削绝缘层一般为 30mm，将导线表面清理干净，根据导线截面和连接根数，选用合适的端头压接管，把线芯插入适合线径的铝管内，用端头压接钳将铝管线芯压实两处，如图 ZY3300401001-3（d）所示。

2. 多股绝缘绞线在接线盒内的连接

（1）铜绞线并接时，将绞线破开顺直并合拢，用多芯导线分支连接缠卷法弯制绑线，在合拢线上缠卷。其缠卷长度（A 尺寸）应为双根导线直径的 5 倍，如图 ZY3300401001-4（a）所示。

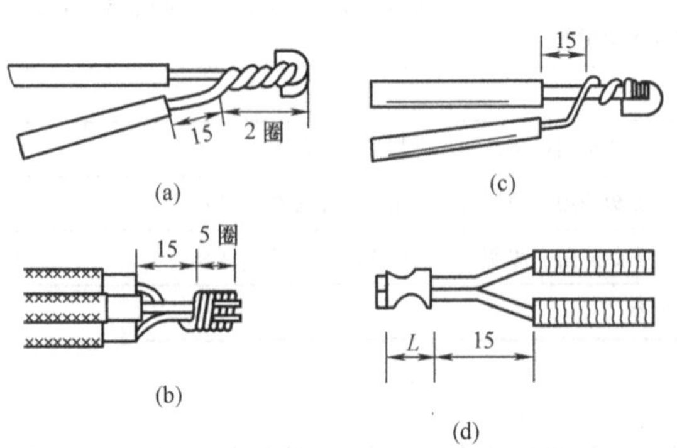

图 ZY3300401001-3 单芯线并接头

（a）单芯两根铜导线并接头；（b）单芯 3 根及以上铜导线并接头；（c）单芯不同线径铜导线并接头；（d）单股铝导线并头管压接

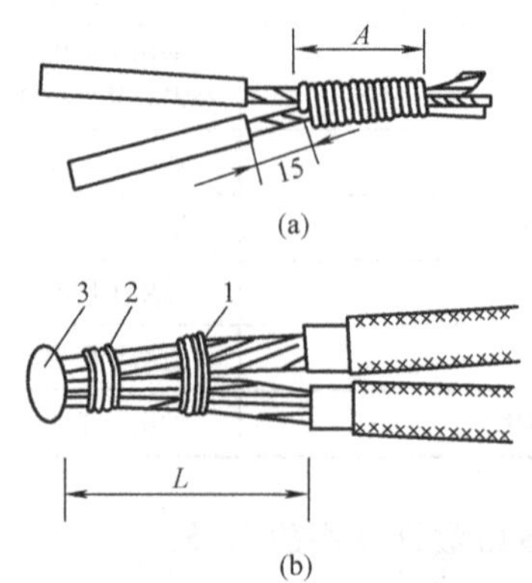

图 ZY3300401001-4 多股绞线的并接头

（a）多股铜绞线并接头；（b）多股铝绞线气焊接头

1—石棉绳；2—绑线；3—气焊；L—长度（由导线截面确定）

（2）盒内分支电线的连接。在接线过程中，导线需要分支时，应在器具中、盒内连接，其方法可利用盒内导线分支或开关和吊线盒及其他电气器具中的接线桩头分支，如图ZY3300401001-5所示。导线利用接线桩头分支，其导线分支不宜过多，导线直径也不宜太大，且分支（路）电流应与总电流相匹配（导体载流量）。

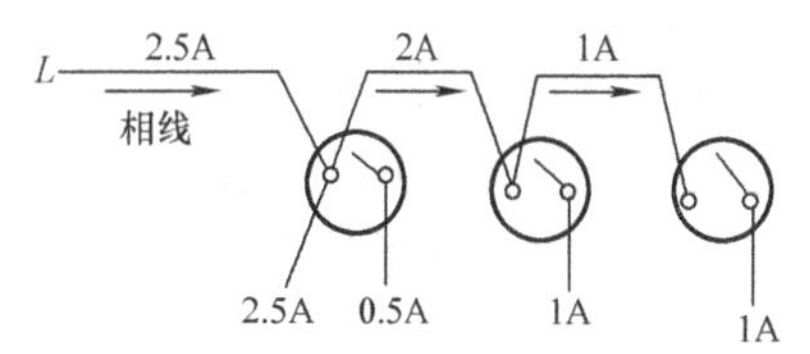

图 ZY3300401001-5　导线桩头分支示意图

（二）多股导线与接线端子连接

1. 多股铝芯线与接线端子连接

可根据其导线截面选用相应规格的DL系列铝接线端子，如图ZY3300401001-6（a）所示，采用压接方法进行连接。剥削导线端头绝缘长度为接线端子内孔的深度加上5mm，除去接线端子内壁和导线表面的氧化膜，涂以中性凡士林油膏，将线芯插入接线端子内进行压接。开始在L_1处靠近导线绝缘压接一个坑，后压另一个坑，压接深度以上、下膜接触为宜，如图ZY3300401001-6（c）所示。

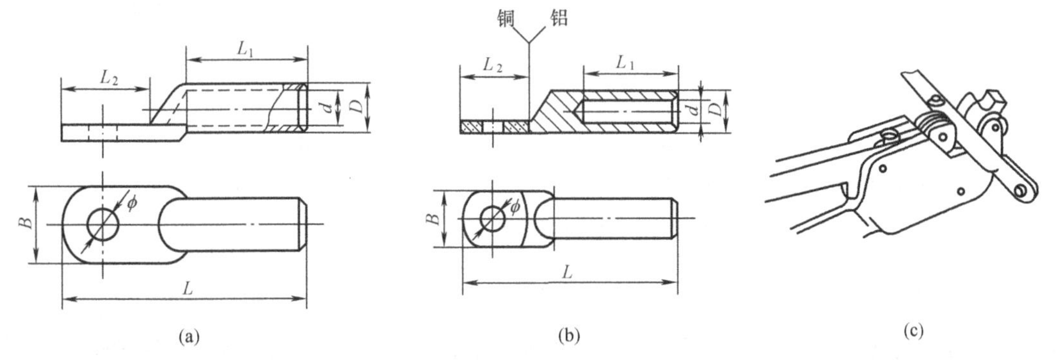

图 ZY3300401001-6　铝线与接线端子压接

（a）DL系列铝接线端子；（b）DTL系列铜铝接线端子；（c）用压接钳压坑

多股铝导线与铜导体连接，常采用DTL系列铜铝接线端子，如图ZY3300401001-6（b）所示，铝芯导线采用冷压国家连接方法压接。

2. 2.5mm^{2}以上的多股铜芯线与端子连接

可根据导线截面选用相应规格的DT系列铜接线端子，外形结构同图ZY3300401001-6（a）所示。将铜导线端头和铜接线端子内表面涂上焊锡膏，放入熔化好的焊锡锅内挂满焊锡，将导线插入端子孔内，冷却即可。而对截面较大的多股铜芯线与接线端子相连中，可采用压接的方法进行连接。对一般用电场所，可在L_1处压两个坑。其压接顺序为先在端子的导线侧压一个坑，再在端子侧压一个坑。

（三）铜导线的直线和分线连接

铜导线的连接可采用绞接、焊接或压接等方式。单芯铜芯线常用绞接、缠卷法进行连接；多芯铜芯线常用单卷、缠卷及复卷方法进行连接。铜芯线也有采用压接方法进行连接，但铜导线压接时应在铜连接管内壁搪锡，以加大导线接触面积。此外铜线连接还可采用绞接绑接。

1. 绞接法

小截面（4mm^{2}及以下）单芯直线连接和分支连接，常采用绞接法连接。单芯线直线绞接时，将两线互相交叉，同时把两线芯互绞2圈后，再扳直与连接线成90°，将每个线芯在另一线芯上各缠绕5圈，如图ZY3300401001-7（a）所示。

双线芯直线绞接如图ZY3300401001-7（b）所示，不过接头处要错开绞接：① 防止接头处绝缘包扎不好或在外力作用下容易形成短路；② 防止重叠处局部突出，外观质量太差，也不便敷设。

单芯丁字分线绞连，将导线的芯线与干线上交叉，先粗卷1～2圈或先打结以防松脱，然后再密绕5圈，如图ZY3300401001-7（c）、（d）所示。单芯线十字分线绞接方法如图ZY3300401001-7（e）、（f）所示。

2. 缠绕绑接

对于较大截面（6mm^{2}及以上）的单芯采用直线连接和分支连接。单芯直线缠绕是将两线相互并合，加辅助线后，如图 ZY3300401001-8（a）所示。用绑线在并合部位中间向两端缠卷（即公卷），长度为导线直径的 10 倍，然后将两线芯端头折回，在此向外再单卷 5 回与辅助线捻绞 2 回，如图 ZY3300401001-8（b）所示。

单线丁字分线缠绕是将分支导线折成 90°紧靠干线，其公卷长度为导线直径 10 倍，再单卷 5 圈，如图 ZY3300401001-8（c）所示。

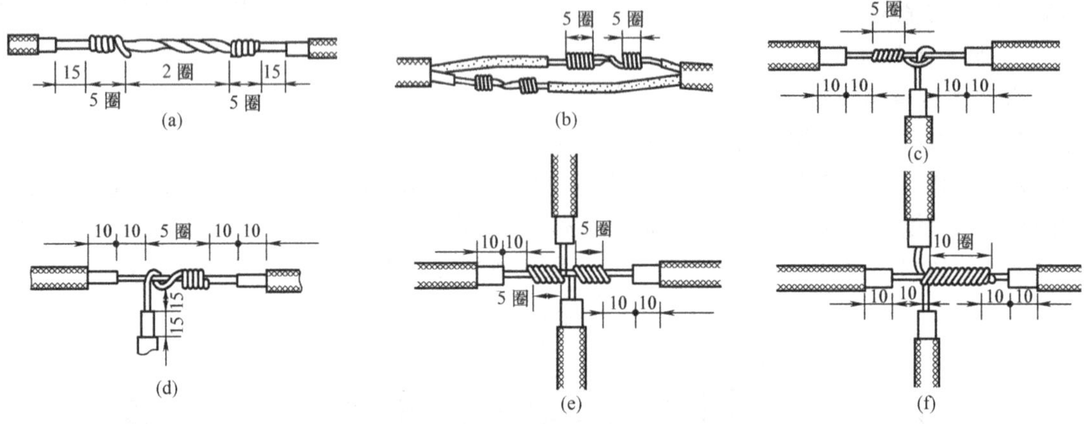

图 ZY3300401001-7 单、双芯铜导线绞接连接

（a）直线中间连接；（b）双线芯直接连接；（c）丁字打结分线连接；（d）丁字不结分线连接；

（e）二式十字分线连接；（f）一式十字分线连接

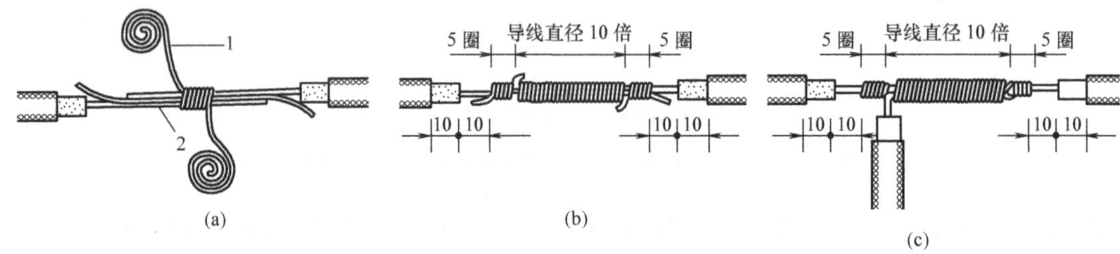

图 ZY3300401001-8 单芯导线缠绕绑接法

（a）加辅助线示意图；（b）大截面直线连接；（c）大截面分线连接

1—绑线（裸铜线）；2—辅助线（填一根同径线）

（四）导线接头包缠绝缘

（1）导线连接（包括分支）处，为了恢复绝缘，应包缠绝缘带，需要恢复的绝缘强度不应低于原有绝缘层。有黄、绿、红等多种颜色，亦可作为相色带用。

（2）用绝缘带包缠恢复导线接头绝缘层时，缠绕时绝缘带与导线保持约 55°的倾斜角，每周包缠压叠带宽的 1/2。绝缘带应从完好的绝缘层上包起，先裹入 1～2 个绝缘带的带幅宽度，开始包扎。在包扎过程中应尽可能收紧绝缘带，直线路接头时，最后在绝缘层上缠包 1～2 圈，再进行回缠。绝缘带的起始端不能露在外部，终了端应再反向包扎 2～3 回，防止松散。连接线中部应多包扎 1～2 层，使包扎完的形状呈枣核形。

采用黏性塑料绝缘胶布时，应半叠半包缠不少于 2 层。当用黑胶布包扎时，要衔接好，应用黑胶布的黏性使之紧密地封住两端口，防止连接处线芯氧化。为使接头处增加防水防潮性能，应使用自黏性塑料带包缠。

并接头绝缘包扎时，包缠到端部时应再缠 1～2 圈，然后将此处折回，反缠压在里面，应紧密封住端部。包缠完毕要绑扎牢固，平整美观。

（3）连接用电设备上的导线端头和铜接头的导线端，应以橡胶带先缠绕 2 层，然后用黑胶布缠绕 2 层。

四、管配线

将绝缘导线穿在管内配线称为线管配线，管内穿线应在建筑物的抹灰及地面工程结束后进行。

（一）扫管穿线

（1）在穿线前应将管内的积水及杂物清理干净。对于弯头较多或管路较长的钢管，为减少导线与管壁摩擦，可向管内吹入滑石粉，以便穿线。这样有利于管内清洁、干燥，并便于维修和更换导线。

（2）为避免钢管的锋利管口磨损导线绝缘层及防止杂物进入管内，导线穿入钢管前，管口处应装设护圈保护导线；在不进入接线盒（箱）的垂直管口，穿入导线后应将管口密封。导线穿入硬塑料管前，应先清理管口毛刺刃口，防止穿线时损坏导线绝缘层。

（3）导线穿入线管前，如导线数量较多或截面较大，为了防止导线端头在管内被卡住，要把导线端部剥出线芯，并斜错排好，采用$\phi 1.2 \sim \phi 2.0$mm 的钢丝做引线，然后按图 ZY3300401001-9（a）所示与电线缠绕，用钢丝的一端逐渐送入管中，直到在管的另一端露出为止，从此将导线拉出，如图 ZY3300401001-9（b）所示。当导线根数较少时，可将带绝缘导线端头直接与引线钢丝缠绕后，用钢丝穿管拉线。

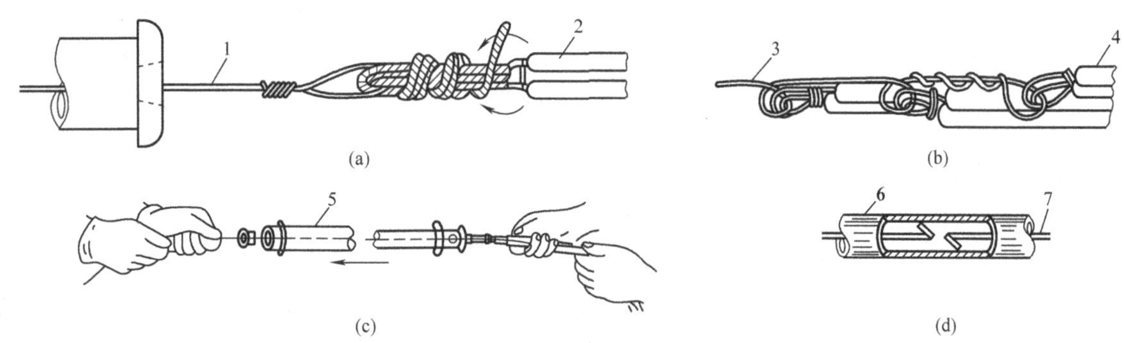

图 ZY3300401001-9　用钢丝穿引导线的方法

（a）～（d）方法 1～4

1、3、7—钢丝；2、4—导线；5、6—线管

（4）当管路较长、弯头较多时，可一人在一端将所有的电线紧捏成一束送入管内，另一人在另一端拉引线钢丝，将导线拉出管外，注意不使导线与管口处摩擦损坏绝缘层。而管路较短、弯头较少时，可把绝缘导线直接穿入管内。当导线穿至中途需要增加根数时，可把导线端头剥去绝缘层或直接缠绕在其他电线上，随其继续向管内拉线即可，但此时管径应满足导线增加的要求。

（二）管内线路敷设要求

（1）根据设计图纸线管敷设场所和管内径截面积，选择所穿导线的型号、规格。但穿管敷设的绝缘导线最小截面，其铜线和铜芯软线不得低于 1.0mm^2、铝线不低于 2.5mm^2。为方便穿线，核算导线允许截流量而考虑 3 根及以上绝缘导线穿于同一根管时，其总截面积（包括外护层）不应超过管内截面积的 40%。两根绝缘导线穿于同一根管时，管内径不应小于两根导线外径之和的 1.35 倍（立管可取 1.25 倍）。

（2）为提高管内配线的可靠性，防止因穿线而磨损绝缘，低压线路穿管均应使用额定电压不低于 500V 的绝缘导线。

（3）配管内所穿电线作用各不相同时，应使用各种颜色的塑料绝缘线，以便于识别，方便与电气器具接线。

（4）若导线接头设置在管内时，既造成穿线难度大，且线路发生故障时不利于检查和修理。因此导线在管内不应有接头和扭结，接头应设在接线盒（箱）内。为此，放线时为使导线不扭结、不出背扣，最好使用放线架。无放线架时，应把线盘平放在地上，从里圈抽出线头，并把导线放得长一些。

（5）为防止短路故障发生和抗干扰的技术性要求，不同回路、不同电压等级和交流与直流的导线，不得穿在同一根管内，但下列几种情况或设计有特殊规定的除外：

1）电压为 50V 及以下的回路。

2）同一台设备的电机回路和无抗干扰要求的控制回路。

3）照明花灯的所有回路。

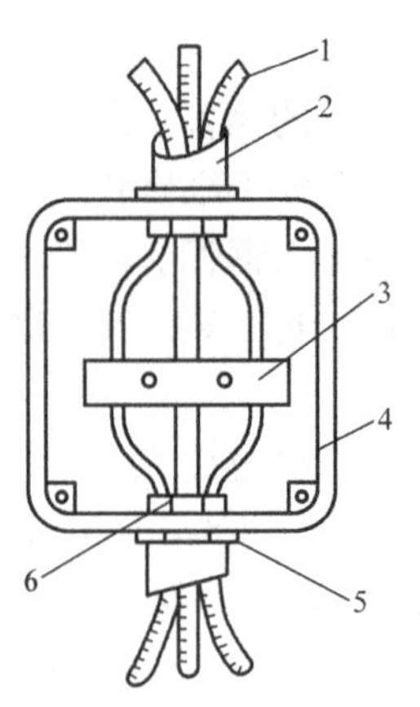

图 ZY3300401001-10　垂直配线用拉线盒的固定方法
1—导线；2—导线保护管；3—线夹；4—拉线盒；5—锁紧螺母；6—护口

4）同类照明的几个回路可穿入同一根管内，但管内导线总数不应多于 8 根。

（6）为满足保持三相线路阻抗平衡、减少磁滞损耗的技术要求，在同一交流回路的导线应穿于同一钢管内。除直流回路导线和接地线外，不得在钢管内穿单根导线。

（7）为保证安全、便于检修，敷设于垂直线路中的导线，当导线的截面、长度和管路弯曲超过规定时，应采用拉线盒中加以固定，如图 ZY3300401001-10 所示。

（8）绝缘电线不宜穿金属管在室外直接埋地敷设，必要时对次要用电负荷且线路较短（15m 以下）的，可穿金属管埋地敷设，但应采取可靠的防水、防腐措施。

（9）导线穿好后，应适当留出余量，一般在出盒口留线长度不应小于 0.15m，箱内留线长度为箱的半周长；出户线处导线预留长度为 1.5m，以便于日后接线。在分支处可不剪公用直通导线，在接线盒内留出一定余量，可省去接线中的不必要接头。

（10）为了确保管内配线质量，还应注意以下几点：

1）用绝缘电阻表测定线路的绝缘电阻，其阻值应符合要求，还应防止有人触及正在测定中的线路和设备。雷电气候条件下，禁止测定线路绝缘。

2）选购导线时要购买厂家的合格产品，防止导线质量差，其表现为塑料绝缘导线的绝缘层与线芯脱壳、绝缘层厚薄不均、表面粗糙、线芯线径不足等。

3）由于在穿线时长度不足而产生管内导线出现接头，此种现象在检查时不易被发现，操作者应及时换线重穿，否则将引起后患。

4）管内穿线困难应查找原因，不得用力强行穿线，否则会损伤导线绝缘层或线芯。

五、线槽配线

在建筑工程中，特别是现代化大型建筑物内，线槽配线已获得广泛应用。线槽按材质可分为塑料线槽和金属线槽两大类；按敷设方式可分为明配或暗配（包括地面内暗装金属线槽配线）两种。线槽的规格，应根据设计图纸的规定选取定型产品或加工制作。

（一）线槽选择

（1）正常环境的室内场所和有酸碱腐蚀介质的场所，一般选择塑料线槽配线，但高温和易受机械损伤的场所不宜采用。

（2）必须选用经阻燃处理的塑料线槽，外壁应有间距不大于 1m 的连续阻燃标记和制造厂标，其氧指数应在 27 以上。若塑料线槽采用高压聚乙烯及聚丙烯制品，其氧指数在 26 以下为可燃型材料，在工程中禁止使用。

（3）弱电线路可采用难燃型带盖塑料线槽在建筑顶棚内敷设。

（4）选用塑料线槽型号应考虑到槽内导线填充率及允许载流导线数量。

（5）金属线槽的选择。

1）正常环境的室内场所明敷一般选用金属线槽配线。由于金属线槽多由薄钢板制成，所以有严重腐蚀的场所不应采用金属线槽配线。

2）选择金属线槽时，应考虑到导线的填充率及允许敷设载流导线根数的规定等要求。

3）选用的金属线槽及其附件，其表面应是经过镀锌或静电喷漆等防腐处理过的定型产品，其规格、型号应符合设计要求并有产品合格证。

4）线槽外观质量上应达到内外光滑、平整，无毛刺、扭曲和变形等现象。

5）地面内暗装金属线槽配线，适用于正常环境下大空间且隔断变化多、用电设备移动性大或敷有多种功能线路的场所，将电线或电缆穿入封闭式的矩形金属线槽内。

地面内暗装线槽应根据强、弱电线路配线情况选择单槽型或双槽分离型两种结构形式。

（二）线槽敷设

1. 线槽敷设一般要求

（1）线槽应敷设在干燥和不易受机械损伤的场所。

（2）线槽的连接应无间断；每节线槽的固定点不应少于两个；在转角、分支处和端部均应有固定点，并应紧贴墙面固定。

（3）线槽接口应平直、严密，槽盖应齐全、平整、无翘角。

（4）固定或连接线槽的螺钉或其他紧固件，紧固后其端部应与线槽内表面光滑相接。

（5）线槽的出线口应位置正确、光滑、无毛刺。

（6）线槽敷设应平直整齐；水平或垂直允许偏差为其长度的 2‰，且全长允许偏差为 20mm；并列安装时，槽盖应便于开启。

（7）建筑物的表面如有坡度时，线槽应随坡度变化。

（8）明配金属线槽及其金属构架、铁件均应做防腐处理。其方法，除设计另有说明外，均刷樟丹油一道、灰油漆两道；深入底层地面为混凝土的金属线槽应刷沥青油一道；埋入对金属线槽有腐蚀性的垫层（焦渣层）时，应用水泥砂浆做全面保护。

（9）明配金属线槽，应使用明装式金属附件；暗配金属线槽，应用暗装式附件。

（10）线槽全部敷设完毕后，应进行调整检查。

2. 金属线槽敷设

（1）暗配金属线槽。地面内暗装金属线槽，将其暗敷于现浇混凝土地面、楼板或楼板垫层内，在施工中应根据不同的结构形式和建筑布局，合理确定线槽走向。

1）当暗装线槽敷设在现浇混凝土楼板内时，楼板厚度不应小于 200mm；当敷设在楼板垫层内时，垫层的厚度不应小于 70mm，并避免与其他管路相互交叉。

2）地面内暗配金属线槽应根据单线槽或双线槽结构形式不同，选择单压板或双压板与线槽组装并配装卧脚螺栓，如图 ZY3300401001-11（a）、（b）所示。地面内线槽的支架安装距离，一般情况下应设置于直线段不大于 3m 或在线槽接头处、线槽进入分线盒 200mm 处。线槽出线口和分线盒不得突出地面，且应做好防水密封处理，图 ZY3300401001-11（c）为线槽出线口的安装示意图。自线槽出线口沿线路走向放置线槽，然后进行线槽连接。

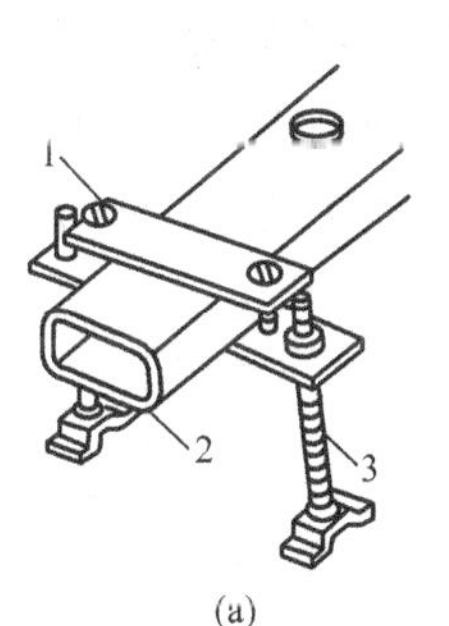

(a)

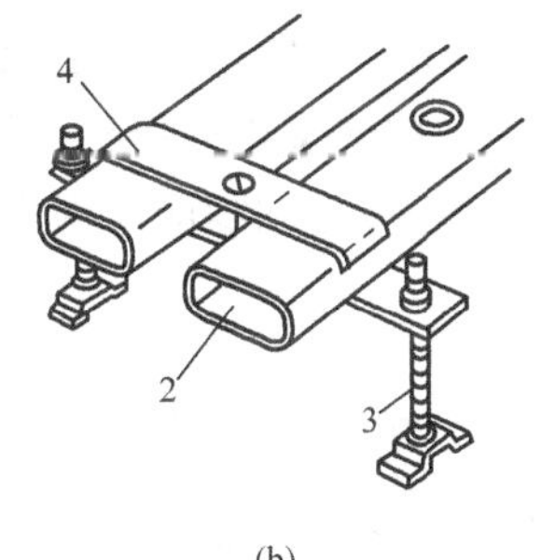

(b)

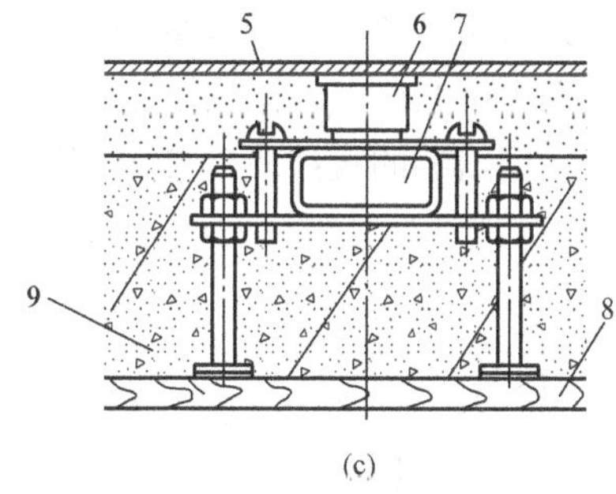

(c)

图 ZY3300401001-11　线槽支架安装示意图

（a）单线槽；（b）双线槽；（c）单线槽地面混凝土内安装剖面

1—单压板；2、7—线槽；3—卧脚螺栓；4—双压板；5—地面；6—出线口；8—模板；9—钢筋混凝土

3）地面内线槽端部与配管连接时，应使用管过渡接头，如图 ZY3300401001-12（a）所示；线槽间连接时，应采用线槽连接头进行连接，如图 ZY3300401001-12（b）所示，线槽的对口处应在线槽连接头中间位置上；当金属线槽的末端无连接时，就用封端堵头堵严，如图 ZY3300401001-12（c）所示。

4）分线盒与线槽、管连接。

a. 地面内暗装金属线槽不能进行弯曲加工，当遇有线路交叉、分支或弯曲转向时，应安装分线盒，图 ZY3300401001-13 所示为分线盒与线槽管连接。当线槽的直线长度超过 6m 时，为方便施工穿线与维护，也宜加装分线盒。双线槽分线盒安装时，应在盒内安装便于分开的交叉隔板。

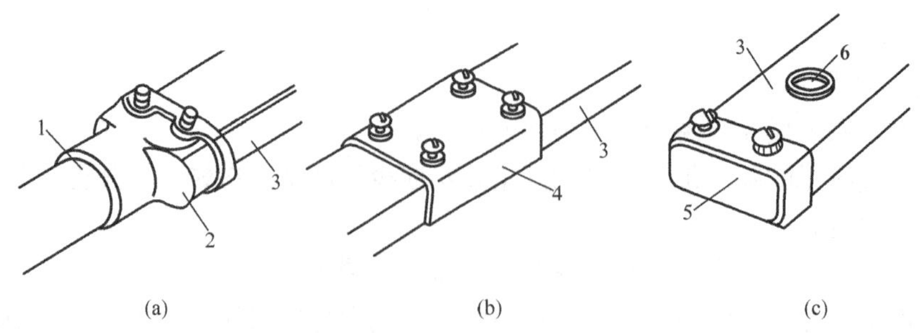

图 ZY3300401001-12　线槽连接安装示意图

1—钢管；2—管过渡接头；3—线槽；4—连接头；5—封接堵头；6—出线孔

b. 由配电箱、电话分线箱及接线端子箱等设备引至线槽的线路，宜采用金属管暗敷设方式引入分线管。图 ZY3300401001-13 中钢管从分线盒窄面引出，或以终端连接器引入线槽。

5）暗装金属线槽应作可靠的保护接地或保护接零措施。

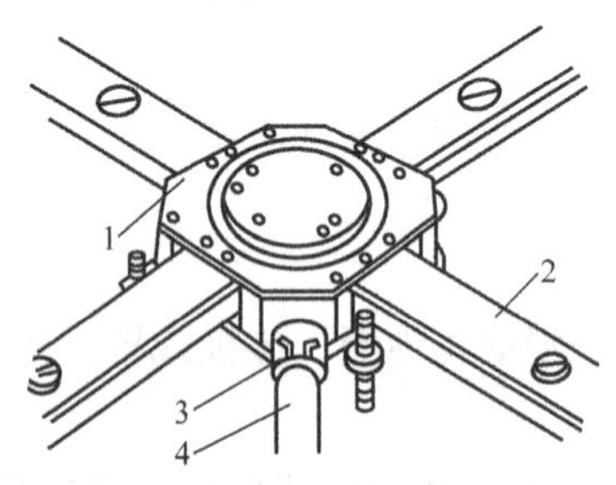

图 ZY3300401001-13　分线盒与线槽、管连接示意图

1—分线盒；2—线槽；3—引出管接头；4—钢管

（2）明配金属线槽。

1）金属线槽敷设时，应根据设计图确定电源及盒（箱）等电气设备、器具的安装位置，从始端至终端找好线槽中心的水平或垂直线，并根据线槽固定点的要求，标出匀分档距线槽支、吊架的固定位置。线槽的吊点及支持点的距离应根据工程具体条件确定，一般应按下列部位设置吊架或支架：① 一般在直线固定间距不应大于 3m 或线槽接头处；② 在距线槽的首端、终端、分支、转角及进出接线盒处应不大于 0.5m。

2）金属线槽在通过墙体或楼板处，应配合土建预留孔洞。金属线槽不得在穿过墙壁或楼板处进行连接，也不应将此处的线槽与墙或楼板上的孔洞加以固定。

3）吊装线槽进行连接转角、分支及终端处，应使用相应的附件。线槽分支连接应采用转角、三通、四通等接线盒进行变通连接，如图 ZY3300401001-14（a）～（c）所示；转角部分应采用立上转角、立下转角或水平转角，如图 ZY3300401001-14（d）～（f）所示；线槽末端应装上封堵进行封闭，如图 ZY3300401001-14（g）所示；金属线槽间的连接应采用连接头，如图 ZY3300401001-14（h）所示。

金属线槽组装的直线段连接应采用连接板，连接处间隙应严密平齐。在线槽中的两个固定点之间，

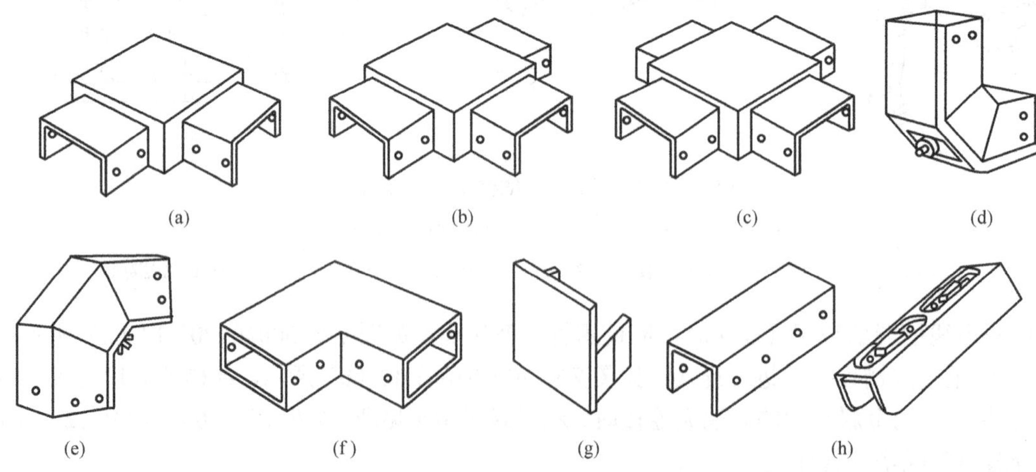

图 ZY3300401001-14　金属线槽本体组装附件

（a）转角接线盒；（b）三通接线盒；（c）四通接线盒；（d）立上转角；（e）立下转角；（f）水平转角；（g）封堵；（h）连接头

金属线槽组装的直线段连接点只允许有一个。

4）金属线槽引出的管线。金属线槽出线口应利用出线口盒进行连接，如图 ZY3300401001-15（a）所示，引出金属线槽的线路，可采用金属管、硬塑料管、半硬塑料管、金属软管或电缆等配线方式。电线、电缆在引出部分不得遭受损伤。盒（箱）的进出线处应采用抱脚进行连接，如图 ZY3300401001-15（b）所示。

5）吊装金属线槽可使用吊装器，如图 ZY3300401001-16（a）所示。先组装干线线槽，后组装支线线槽，将线槽用吊装器与吊杆固定在一起，把线槽组装成型。当线槽吊杆与角钢、槽钢、工字钢等钢结构进行固定时，可用万能吊具［见图 ZY3300401001-16（b）］进行安装；吊装金属线槽在吊顶下吊装时，吊杆应固定在吊顶的主龙骨上。在线槽上当需要吊装照明灯具时，可用蝶型夹卡［见图 ZY3300401001-16（c）］将灯具卡装在线槽上。

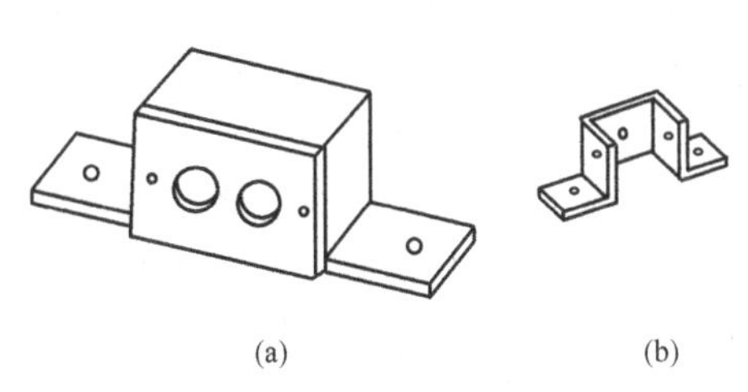

图 ZY3300401001-15　金属线槽与盒、管连接附件

（a）出线口盒；（b）抱脚

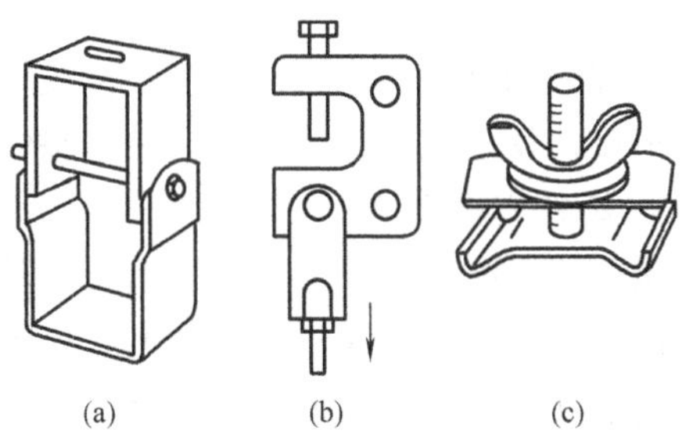

图 ZY3300401001-16　金属线槽吊装器件

（a）吊装器；（b）万能吊具；（c）蝶型夹卡

线槽在预制混凝土板或梁下，可采用吊杆和吊架卡箍固定线槽，进行吊装。吊杆与建筑物楼板或梁的固定可采用膨胀螺栓进行连接，如采用圆钢做吊杆，圆钢上部焊接 ㄱ 形扁钢或扁钢做吊杆，将其用膨胀螺栓与建筑物直接固定，如图 ZY3300401001-17（a）所示；如采用膨胀螺栓及螺栓套筒，将吊杆与建筑物进行固定，如图 ZY3300401001-17（b）所示。

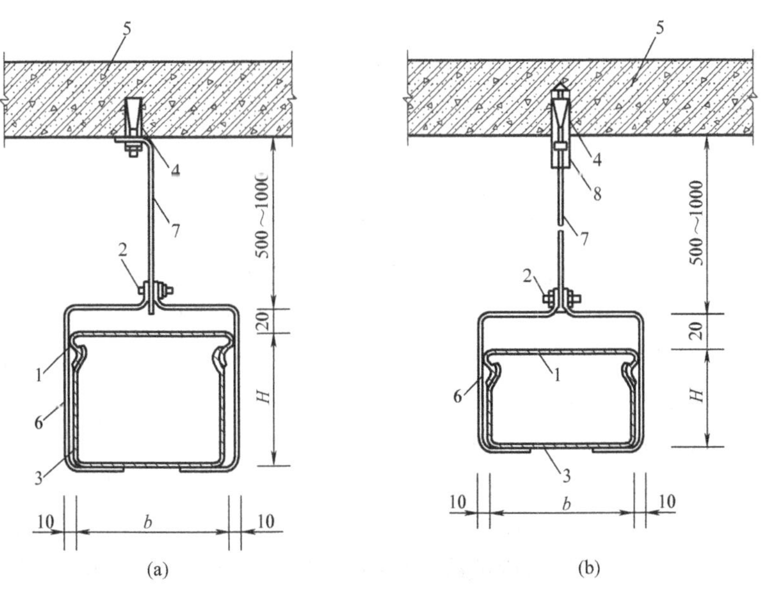

图 ZY3300401001-17　金属线槽在吊架上的安装

（a）扁钢吊架；（b）圆钢吊架

1—盖板；2—螺栓；3—线槽；4—膨胀螺栓；5—预制混凝土板或梁；

6—吊架卡箍；7—吊杆；8—螺栓套筒

6）根据 GB 50303—2002《建筑电气工程施工质量验收规范》要求，归配线槽应紧贴墙面固定安装。金属线槽紧贴墙面安装时，当线槽的宽度较短时，可采用一个塑料胀管将线槽固定；当线槽宽度较

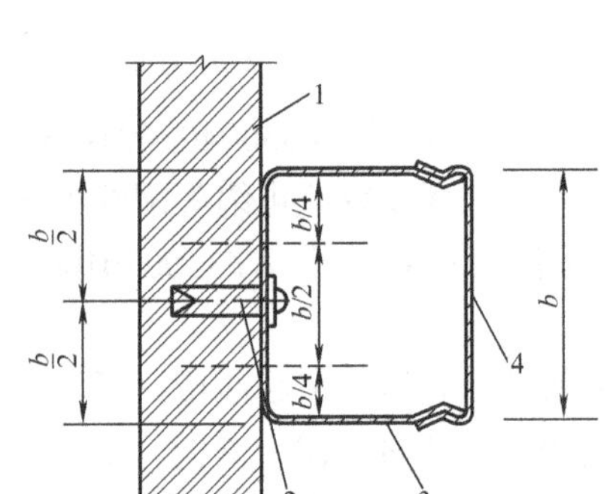

图 ZY3300401001-18 金属线槽贴墙安装

1—墙；2—半圆头木螺钉；3—线槽；4—盖板

长时，可采用两个塑料胀管固定线槽。用一个塑料胀管，一般固定在线槽宽度的中间位置；用两个塑料胀管，其固定间距一般为槽宽的 1/2，螺柱距槽边为槽宽的 1/4，图 ZY3300401001-18 所示为金属线槽贴墙安装示意图（图中虚线为双螺钉固定位置）。金属线槽贴墙安装时，需将线槽侧向安装，槽盖板设置在侧面。固定线槽用半圆头木螺钉，其端部应与线槽内表面光滑相接，以确保不损伤电线或电缆绝缘。

7）金属线槽在穿过建筑物变形缝处应有补偿装置，可将线槽本身断开，在线槽内用内连接板搭接，但不应固定死，以便金属线槽能自由活动。

8）为了保证用电安全，防止发生事故，金属线槽的所有非导电部分的铁件均应相互连接，使线槽本身有良好的电气连续性。线槽在变形缝的补偿装置处应用导线搭接，使之成为连续导体，做好整体接地。金属线槽应有可靠的保护接地或保护接零。

3. 塑料线槽敷设

塑料线槽配线施工与金属线槽施工基本相同，而施工中的一些注意事项，又与硬塑料管敷设完全一至，所以仅对塑料线槽施工中槽底板固定点的最大间距及附件要求作些说明。塑料线槽敷设时，槽底固定点间距应根据线槽规格而定，一般不应大于表 ZY3300401001-2 中数值。塑料线槽布线，在线路连接、转角、分支及终端处应采用相应的塑料附件。

表 ZY3300401001-2　　塑料线槽明敷时固定点最大间距

固定点形式	线槽宽度（mm）		
	20～40	60	80～120
	固定点最大间距 L（m）		
（单排固定点）	0.8	—	—
（双排固定点，间距 30）	—	1.0	—
（双排固定点，间距 50，纵向间距 L）	—	—	0.8

（1）导线敷入线槽前，应清扫线槽内残余的杂物，使线槽保持清洁。

（2）导线敷设前应检查所选择的是否符合设计要求，绝缘是否良好，导线按用途分色是否正确。放线时应边放边整理，理顺平直，不得混乱，并将导线按回路（或系统）用尼龙绑扎带或线绳绑扎成捆，分层排放在线槽内并做好永久性编号标志。

（3）导线的规格和数量应符合设计规定。当设计无规定时，包括绝缘层在内的导线总截面积不应大于线槽内截面积的 60%，电线、电缆在线槽内不宜有接头，但在可拆卸盖板的线槽内，包括绝缘层在内的导线接头处所有导线截面积之和，不应大于线槽内截面积的 75%。在不易拆卸盖板或暗配的线槽内，导线的接头应置于线槽的分线盒内或线槽出线盒内，但暗配金属线槽的电线、电缆的总截面（包括外护层），不宜大于槽内截面的 40%。

（4）强电、弱电线路应分槽敷设，消防线路（火灾和应急呼叫信号）应单独使用专用线槽敷设，其两种线路交叉处应设置有屏蔽分线板的分线盒。

（5）金属线槽交流线路，所有相线和中性线（如有中性线时）应敷设在同线槽内。

（6）同一路径无防干扰要求的线路，可敷设于同一金属线槽内，但同一线槽内的绝缘电线和电缆都应具有与最高标称电压回路绝缘相同的绝缘等级。

（7）在金属线槽垂直或倾斜敷设时，应采用防止电线或电缆在线槽内移动的措施，确保导线绝缘不受损坏，避免拉断导线或拉脱拉线盒（箱）内导线。

（8）引出金属线槽的配管管口处应有护口，防止电线或电缆在引出部分遭受损伤。

【思考与练习】

1. 室内配线的一般要求有哪些？
2. 室内配线有哪些基本方式？
3. 室内电缆敷设的适用范围？

模块 2　照明器具的选用和安装（ZY3300401002）

【模块描述】本模块包含照明器具的选用和照明器具的安装等内容。通过概念描述、图表示意、要点归纳，掌握照明设备的选用原则、安装方法和质量标准。

【正文】

一、照明器具的选用

（一）光源及灯具的选用

（1）一般情况下根据使用场所的环境条件和光源的特征进行综合选用。在选用光源和灯具时，应符合下列要求：

1）民用建筑照明中无特殊要求的场所，宜采用光效高的光源和效率高的灯具。

2）开关频繁、要求瞬时启动和连续调光等场所，宜采用白炽灯和卤钨灯光源。

3）高大空间场所的照明，应采用高光强气体放电灯。

4）大型仓库应采用防燃灯具，其光源应选用高光强气体放电灯。

5）应急照明必须选用能瞬时启动的光源。当应急照明作为正常照明的一部分，并且应急照明和正常照明不出现同时断电时，应急照明可选用其他光源。

（2）根据配光特性选择灯具。

1）在一般民用建筑和公共建筑内，多采用半直射型、漫射型和荧光灯具，使顶棚和墙壁均有一定的光照，使整个室内的空间照度分布均匀。

2）生产厂房多采用直射型灯具，使光通量全部投射到工作面上，高大工厂房可采用探照型灯具。

3）室外照明多采用漫射型灯具。

（3）根据环境条件选择灯具。

1）一般干燥房间采用开启式灯具。

2）在潮湿场所，应采用瓷质灯头的开启式灯具；湿度较大的场所，宜采用防水防潮式灯具。

3）含有大量尘埃的场所，应采用防尘密闭式灯具。

4）在易燃易爆等危险场所，应采用防爆式灯具。

5）在有机械碰撞的场所，应采用带有防护罩的保护式灯具。

（二）照明附件的选用

照明常用的开关、灯座、挂线盒及插座称为照明附件。

1. 灯座

灯座的作用是固定灯泡（或灯管）并供给电源。按其结构形式分为螺口和卡口（插口）灯座；按其安装方式分为吊式灯座（俗称灯头）、平灯座和管式灯座；按其外壳材料分为胶木、瓷质和金属灯座；按其用途还可分为普通灯座、防水灯座、安全灯座和多用灯座等。常用灯座的规格外形和用途见表ZY3300401002-1。

2. 开关

开关的作用是接通或断开照明电源，一般称为灯开关。开关根据安装形式分为明装式和暗装式：明装式有拉线开关、扳把开关（又称平开关）等；暗装式多采用跷板开关和扳把开关。按结构分为单极开关、双极开关、三级开关、单控开关、双控开关、多控开关、旋转开关等。

表 ZY3300401002-1 常用灯座的规格、外形和用途

名称	种类	规格	外形	外形尺寸（mm）	备注
普通插口灯座	胶木 铜质	250V，4A，C22 50V，1A，C15		ϕ34×48 ϕ25×50	一般使用
平装式插口灯座	胶木 铜质	250V，4A，C22 50V，1A，C15		ϕ57×41 ϕ40×35	装在天花板上、墙壁上、行灯内等
插口安全灯座	胶木	250V，4A，C22		ϕ43×75 ϕ43×65	可防触电 还有带开关式
普通螺口灯座	胶木 铜质	250V，4A，E27		ϕ40×56	安装螺口灯泡
平装式螺口灯座	胶木 铜质 瓷质	250V，4A，E27		ϕ57×50 ϕ57×55	同插口
螺口安全灯座	胶木 铜质 瓷质	250V，4A，E27		ϕ47×75 ϕ47×65	同插口
悬挂式防雨灯座	胶木 瓷质	250V，4A，E27		ϕ40×53	装设于屋外防雨
M10 管接式螺口、卡口灯座	胶木 瓷质 铁质	E27 250V，4A，E40 C22		ϕ40×77 ϕ40×61 ϕ40×56	用于管式安装 还有带开关式
安全荧光灯座	胶木	250V，2.5A		29.5 ϕ45×32.5 54	荧光灯管专用灯座
荧光灯启辉器座	胶木	250V，2.5A		40×30×12 50×32×12	荧光灯启辉器专用灯座

模块2 ZY3300401002

3. 插座

插座的作用是为移动式照明电器、家用电器或其他用电设备提供电源的器件。它连接方便、灵活多用，也有明装和暗装之分。按其结构可分为单相双级双孔、单相三级三孔（有一极为保护接零或接地）、三相四级四孔和组合式多孔多用插座等。

4. 挂线盒

挂线盒（或称吊线盒）的作用是用来悬挂吊线灯或连接线路的，一般有塑料和瓷质两种。

常用开关、插座、挂线盒的规格参数见表 ZY3300401002-2。

表 ZY3300401002-2　　常用灯开关、插座、挂线盒的规格参数

名　称	规　格	外　形	外形尺寸（mm）	备　注
拉线开关	250V，4A		ϕ72×30	胶木，还有吊线盒式拉线开关
防雨拉线开关	250V，4A		ϕ72×87	瓷质
平装明扳把开关	250V，5A		ϕ52×40	有单控、双控
跷板式明开关	250V，4A		55×40×30	还有带指示灯式
跷板式一位暗开关 二位暗开关 三位暗开关 四位暗开关	250V，6A，10A 86 系列		86×86 146×86	有单控、双控，单控和双控并有带指示灯式
跷板式一位暗开关 二位暗开关 三位暗开关 四位暗开关	250V，4A 75 系列		75×75 75×100 75×100 75×125	同上
单相二极暗插座 单相二极扁圆两用暗插座 单相三极暗插座 三相四极暗插座	250V，10A 250V，10A 250V，10A 250V，15A 380V，15A 380V，25A		75×75 86×86 75×75 86×86	还有带指示灯式和带开关式
单相二极明插座	250V，10A		ϕ42×26	有圆形、方形及扁圆两用插座
单相三极明插座	250V，6A 250V，10A 250V，15A		ϕ54×31	有圆形、方形

续表

名　称	规　格	外　形	外形尺寸（mm）	备　注
三相四极明插座	380V，15A 380V，25A		73×60×36 90×72×45	
挂线盒	250V，5A 250V，10A		ϕ57×32	胶木，瓷质

二、照明器具的安装

（一）一般要求

（1）灯具的安装高度：室内一般不低于 2.5m，室外一般不低于 3.0m。如遇特殊情况难以达到上述要求时，可采取相应的保护措施或改用 36V 的安全电压供电。

（2）根据不同的安装场所和用途，照明灯具使用的导线线芯最小截面应符合表 ZY3300401002-3 的规定。

表 ZY3300401002-3　　　灯具线芯最小截面

灯具的安装场所及用途		线芯最小截面（mm^2）		
		铜芯软线	铜　线	铝　线
灯头线	民用建筑室内	0.4	0.5	2.5
	工业建筑室内	0.5	0.8	2.5
	室　外	1.0	1.0	2.5
移动用电设备的导线	生活用	0.2	—	—
	生产用	1.0	—	—

（3）室内照明开关一般安装在门边便于操作的位置上。拉线开关安装的高度一般离地 2～3m（或距顶 300～500mm），其拉线出口应垂直向下。跷板开关一般距地面高度宜为 1.3m，距门框的间距一般为 150～200mm，如图 ZY3300401002-1 所示。

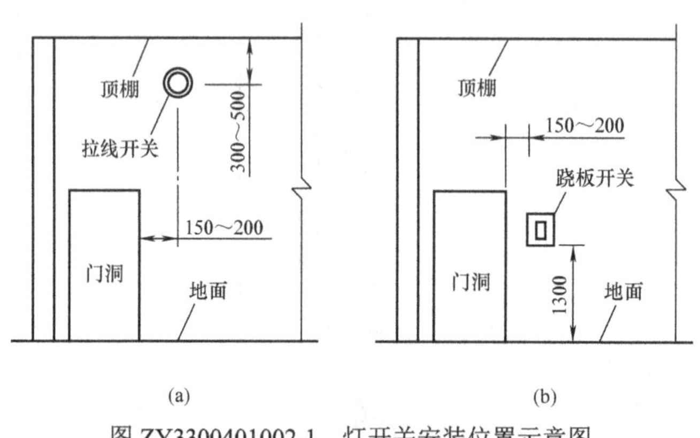

图 ZY3300401002-1　灯开关安装位置示意图
（a）拉线开关；（b）跷板开关

（4）明插座的安装高度不宜小于 1.3m，在幼儿园、小学校及民用住宅，明插座的高度不宜小于 1.8m，暗插座一般离地 0.3m，同一场所安装的电源插座高度应一致。

（5）固定灯具需用接线盒及木台等配件。安装木台前应预埋木台固定件或采用膨胀螺栓。安装时，应先按照器具安装位置钻孔，并锯好线槽（明配线时）；然后将导线从木台出线孔穿出后，再固定木台；最后挂线盒或灯具。

（6）当采用螺口灯座或灯头时，应将相线（即开关控制的火线）接入螺口内的中心弹簧片上的接线端子，零线接入螺旋部分，如图 ZY3300401002-2（a）所示。采用双芯棉织绝缘线时（俗称花线），其中有色花线应接相线，无花单色导线接零线。

模块2　ZY3300401002

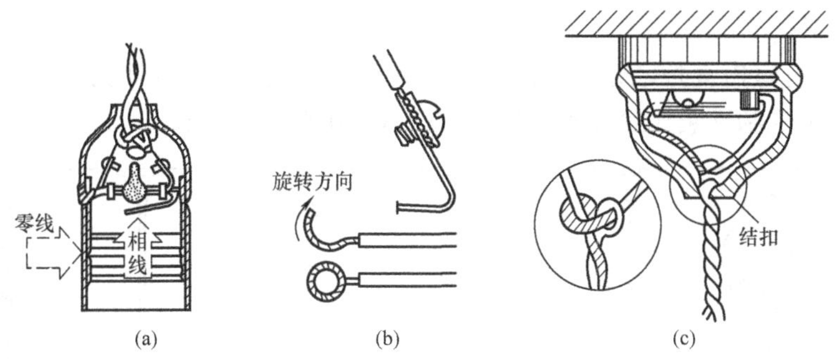

图 ZY3300401002-2　灯头接线、导线连接和结扣做法

（a）灯头接线；（b）导线接线；（c）导线结扣做法

（7）吊灯灯具超过 3kg 时，应预埋吊钩或用螺栓固定，其一般做法如图 ZY3300401002-3 和图 ZY3300401002-4 所示。接线吊灯的质量限于 1kg 以下，超过时应增设吊链。灯具承载件（膨胀螺栓）的埋设，可参照表 ZY3300401002-4 进行选择。

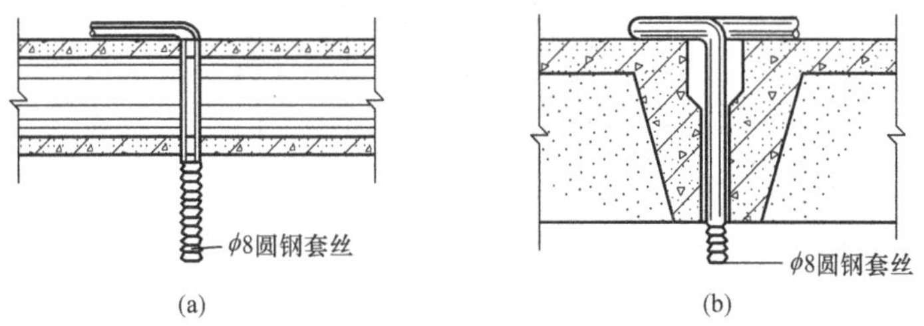

图 ZY3300401002-3　预制楼板埋设吊挂螺栓做法

（a）空心楼板吊挂螺栓；（b）沿预制板缝吊挂螺栓

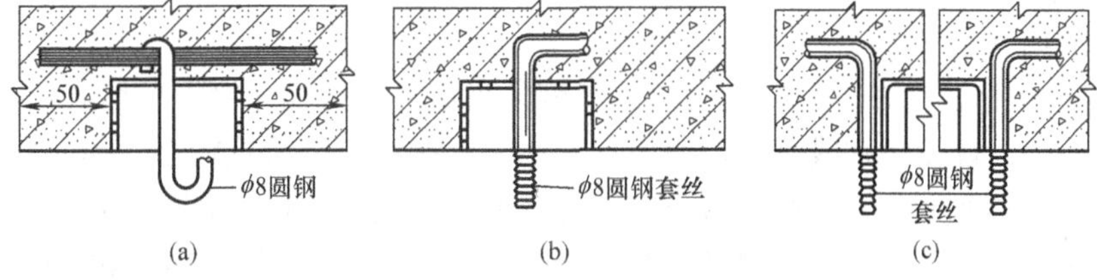

图 ZY3300401002-4　现浇楼板预埋吊钩和螺栓做法

（a）吊钩；（b）单螺栓；（c）双螺栓

（8）吸顶灯具安装采用木制底台时，应在灯具与底台之间铺垫石板或石棉布。荧光灯暗装时，其附件位置应便于维护检修，其镇流器应做好防水隔热处理和防止绝缘油溢流措施。

（9）照明装置的接线必须牢固，接触良好。需要接零或接地的灯具、插座盒、开关盒等的金属外壳，应由接地螺栓连接牢固，不得用导线缠绕。

表 ZY3300401002-4　　膨胀螺栓固定承装荷载表

胀管类别	规格（mm）						承装荷载容许拉力（×10N）	承装荷载容许剪力（×10N）
	胀管		螺钉或沉头螺栓		钻孔			
	外径	长度	直径	长度	直径	深度		
塑料胀管	6	30	3.5	按需要选择	7	35	11	7
	7	40	3.5		8	45	13	8
	8	45	4.0		9	50	15	10
	9	50	4.0		10	55	18	12
	10	60	5.0		11	65	20	14
沉头式胀管（膨胀螺栓）	10	35	6	按需要选择	10.5	40	240	160
	12	45	8		12.5	50	440	300
	14	55	10		14.5	60	700	470
	18	65	12		19.0	70	1030	690
	20	90	16		23.0	100	1940	1300

（二）灯具的安装

照明灯具的安装有室内室外之分。室内灯具的安装方式，应根据设计施工的要求确定，通常有悬吊式（悬挂式）、嵌顶式和壁装式等几种，如图 ZY3300401002-5 所示。

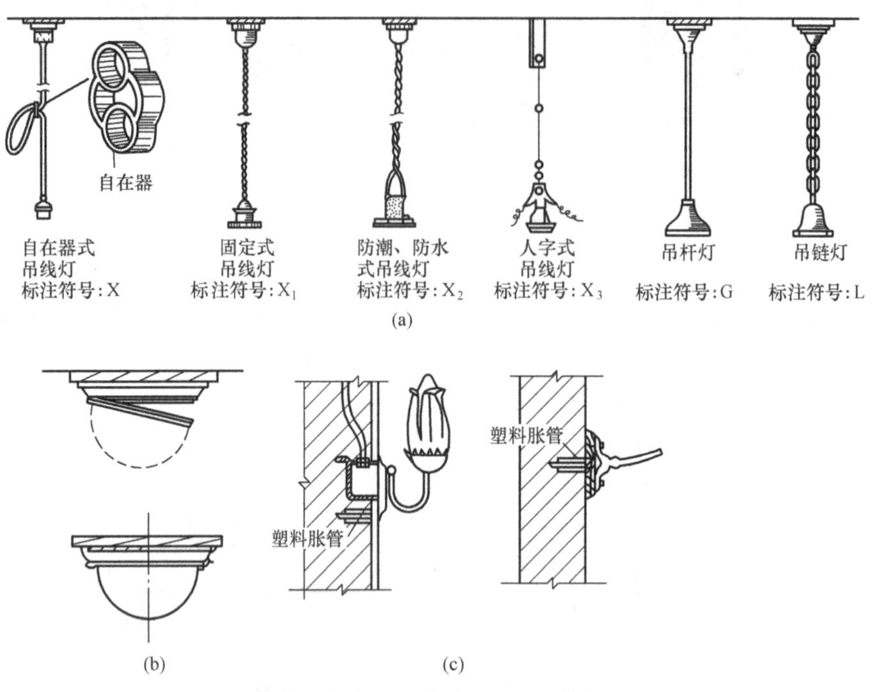

图 ZY3300401002-5 灯具的安装方式

（a）悬吊灯安装（X，G，L）；（b）吸顶灯安装（D）；（c）壁灯安装（B）

1. 悬吊式灯具的安装

此方式可分为吊线式（软线吊灯）、吊链式（链条吊灯）吊管式（钢管吊灯）。

（1）吊线式（X）。直接由软线承重，但由于挂线盒内接线螺钉承重较小，因此安装时需在吊线内打好线结，使线结卡在盒盖的线孔处［见图 ZY3300401002-2（c）］。有时还在导线上采用自在器［见图 ZY3300401002-5（a）］，以便调整灯的悬挂高度。软线吊灯多采用普通白炽灯作为照明光源。

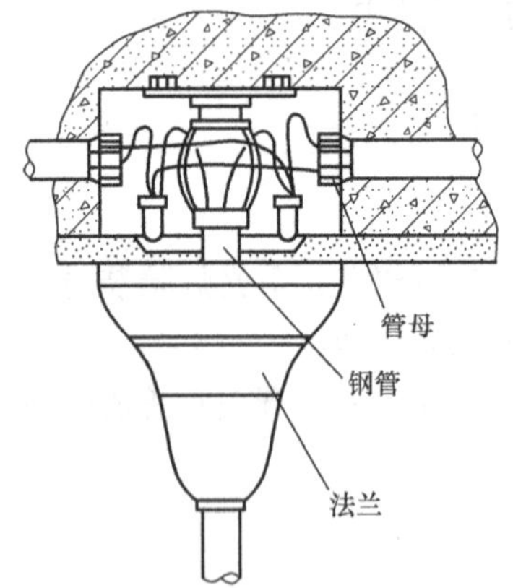

图 ZY3300401002-6 暗管配线吊管灯具的固定方法

（2）吊链式（L）。其安装方法与软线吊灯相似，但悬挂质量由吊链承担。下端固定在灯具上，上端固定在吊线盒内或挂钩上。

（3）吊杆式（G）。当灯具自重较大时，可采用钢管来悬挂灯具。用暗配线安装吊管灯具时，其固定方法如图 ZY3300401002-6 所示。

2. 嵌顶式灯具的安装

其安装方式分为吸顶式和嵌入式。

（1）吸顶式（D）。吸顶式是通过木台将灯具吸顶安装在屋面上。在空心楼板上安装木台时，可采用弓形板固定，其做法如图 ZY3300401002-7 所示。弓形板适用于护套线直接穿楼板孔的敷设方式。

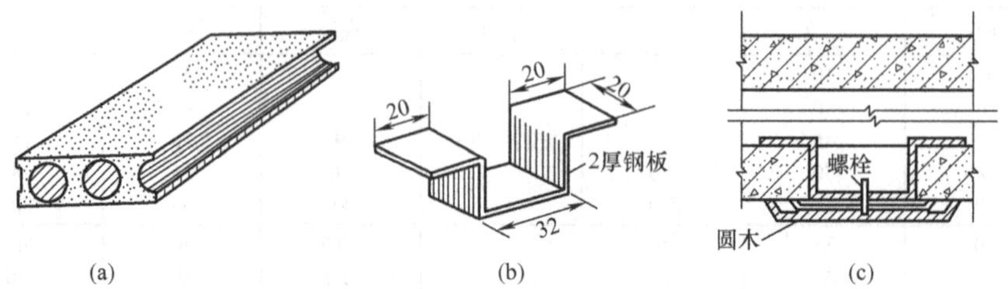

图 ZY3300401002-7 弓形板在空心楼板上的安装

（a）弓形板位置示意；（b）弓形板示意；（c）安装方法

（2）嵌入式（R）。嵌入式适用于室内有吊顶的场所。其方法是在吊顶制作时，根据灯具的嵌入尺寸预留孔洞，再将灯具嵌装在吊顶上，其安装如图 ZY3300401002-8 所示。

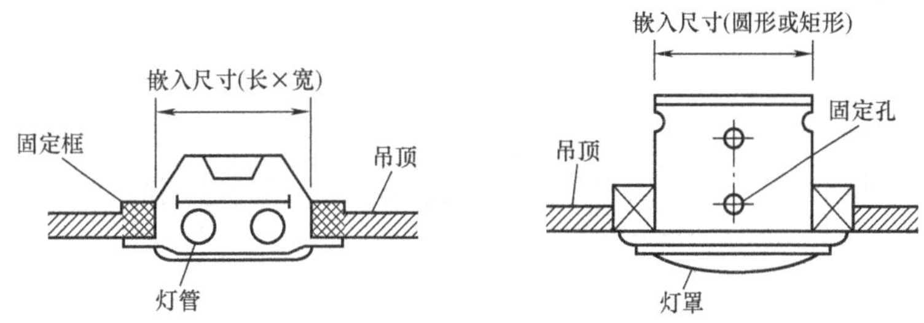

图 ZY3300401002-8　灯具的嵌入安装

3. 壁式灯具的安装（B）

壁式灯具一般称为壁灯，通常装设在墙壁或柱上。安装前应埋设固定件，如预埋木砖、焊接铁件或安装膨胀螺栓等。预埋件的做法如图 ZY3300401002-9 所示。

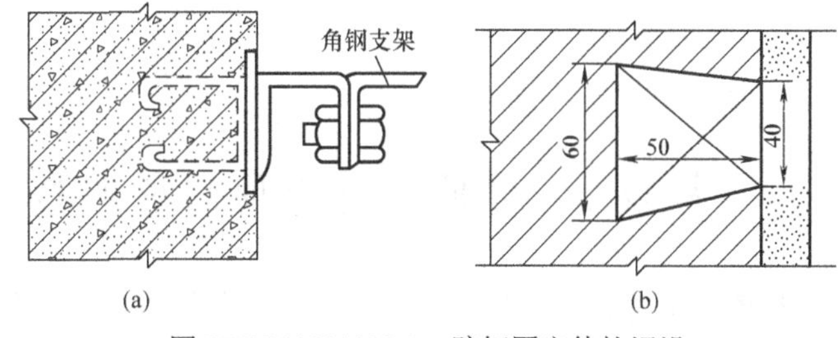

图 ZY3300401002-9　壁灯固定件的埋设

（a）预埋铁件焊接角钢；（b）预埋木砖

（三）开关和插座的安装

明装时，应先在定位处预埋木契或膨胀螺栓（多采用塑料胀管）以固定木台，然后在木台上安装开关和插座。暗装时，设有专用接线盒，一般是先行预埋，再用水泥砂浆填实抹平，接线盒口应与墙面粉刷层平齐，等穿线完毕后再安装开关和插座，其盖板或面板应紧贴墙面。

1. 开关的安装

安装开关的一般做法如图 ZY3300401002-10 所示。所有开关均应接在原相线上，其扳把接通或断开的上下位置在同一工程中应一致。

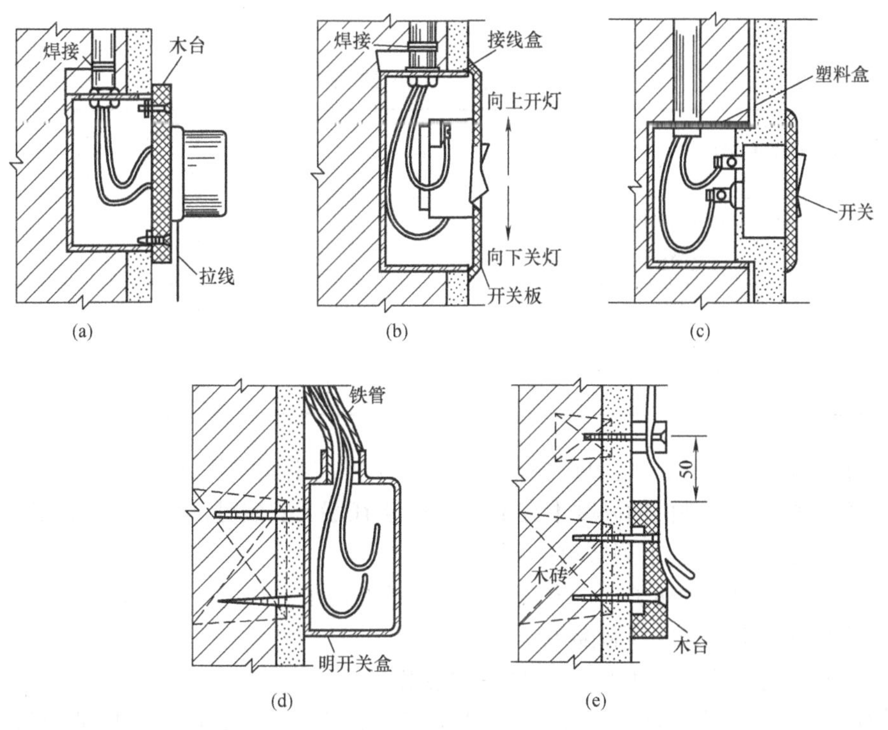

图 ZY3300401002-10　开关的安装

（a）拉线开关；（b）暗扳把开关；（c）活装跷板开关；（d）明管开关或插座；（e）明线开关或插座

2. 插座的安装

安装插座的方法与安装开关相似，其插孔的极性连接应按图 ZY3300401002-11 的要求进行，切勿乱接。当交流、直流或不同电压的插座安装在同一场所时，应有明显区别，并且插头和插座均不能相互插入。

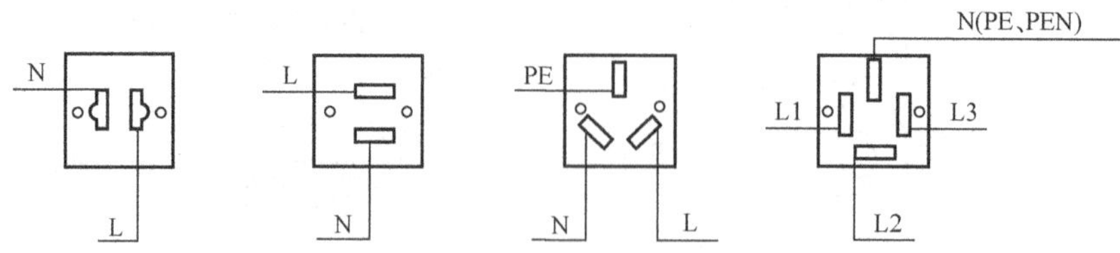

图 ZY3300401002-11 插座插孔的极性连接法

【思考与练习】

1. 照明器具的安装要求？
2. 灯具如何进行选择？

模块 3 照明、动力回路验收技术规范（ZY3300401003）

【模块描述】本模块包含照明回路和动力回路的验收技术规范。通过概念描述、流程介绍、列表说明、要点归纳，掌握照明、动力回路验收项目、流程和技术规范。

【正文】

一、照明回路验收的技术规范

（一）灯具

（1）灯具及其配件应齐全，并应无机械损伤、变形、油漆剥落和灯罩破裂等缺陷。

（2）根据灯具的安装场所及用途，引向每个灯具的导线线芯最小截面应符合表 ZY3300401003-1 的规定。

（3）灯具不得直接安装在可燃构件上；当灯具表面高温部位靠近可燃物时，应采取隔热、散热措施。

表 ZY3300401003-1 导线线芯最小截面

灯具的安装场所及用途		线芯最小截面（mm^2）		
		铜芯软线	铜 线	铝 线
灯头线	民用建筑室内	0.4	0.5	2.5
	工业建筑室内	0.5	0.8	2.5
	室外	1.0	1.0	2.5
移动用电设备的导线	生活用	0.4	—	—
	生产用	1.0	—	—

（4）在变电站内，高压、低压配电设备及母线的正上方，不应安装灯具。

（5）室外安装的灯具，距地面的高度不宜小于 3m；当在墙上安装时，距地面的高度不应小于 2.5m。

（6）螺口灯头的接线应符合下列要求：

1）相线应接在中心触头的端子上，零线应接在螺纹的端子上。

2）灯头的绝缘外壳不应有破损和漏电。

3）对带开关的灯头，开关手柄不应有裸露的金属部分。

（7）对装有白炽灯泡的吸顶灯具，灯泡不应紧贴灯罩；当灯泡与绝缘台之间的距离小于 5mm 时，灯泡与绝缘台之间应采取隔热措施。

（8）灯具的安装应符合下列要求：

1）采用钢管作灯具的吊杆时，钢管内径不应小于 10mm；钢管壁厚度不应小于 1.5mm。

2）吊链灯具的灯线不应受拉力，灯线应与吊链编叉在一起。

3）软线吊灯的软线两端应作保护扣；两端芯线应搪锡。

4）同一室内或场所成排安装的灯具，其中心线偏差不应大于 5mm。

5）日光灯和高压汞灯及其附件应配套使用，安装位置应便于检查和维修。

6）灯具固定应牢固可靠。每个灯具固定用的螺钉或螺栓不应少于 2 个；当绝缘台直径为 75mm 及以下时，可采用 1 个螺钉或螺栓固定。

（9）公共场所用的应急照明灯和疏散指示灯，应有明显的标志。无专人管理的公共场所照明宜装设自动节能开关。

（10）每套路灯应在相线上装设熔断器。由架空线引入路灯的导线，在灯具入口处应做防水弯。

（11）36V 及以下照明变压器的安装应符合下列要求：

1）电源侧应有短路保护，其熔丝的额定电流不应大于变压器的额定电流。

2）外壳、铁芯和低压侧的任意一端或中性点，均应接地或接零。

（12）固定在移动结构上的灯具，其导线宜敷设在移动构架的内侧；在移动构架活动时，导线不应受拉力和磨损。

（13）当吊灯灯具质量大于 3kg 时，应采用预埋吊钩或螺栓固定；当软线吊灯灯具质量大于 1kg 时，应增设吊链。

（14）投光灯的底座及支架应固定牢固，枢轴应沿需要的光轴方向拧紧固定。

（15）金属卤化物灯的安装应符合下列要求：

1）灯具安装高度宜大于 5m，导线应经接线柱与灯具连接，且不得靠近灯具表面。

2）灯管必须与触发器和限流器配套使用。

3）落地安装的反光照明灯具，应采取保护措施。

（16）嵌入顶棚内的装饰灯具的安装应符合下列要求：

1）灯具应固定在专设的框架上，导线不应贴近灯具外壳，且在灯盒内应留有余量，灯具的边框应紧贴在顶棚面上。

2）矩形灯具的边框宜与顶棚面的装饰直线平行，其偏差不应大于 5mm。

3）日光灯管组合的开启式灯具，灯管排列应整齐，其金属或塑料的间隔片不应有扭曲等缺陷。

（17）固定花灯的吊钩，其圆钢直径不应小于灯具吊挂销、钩的直径，且不得小于 6mm。对大型花灯、吊装花灯的固定及悬吊装置，应按灯具质量的 1.25 倍做过载试验。

（18）安装在重要场所的大型灯具的玻璃罩，应按设计要求采取防止碎裂后向下溅落的措施。

（二）插座、开关、吊扇、壁扇

1. 插座

（1）插座的安装高度应符合设计的规定，当设计无规定时，应符合下列要求：

1）距地面高度不宜小于 1.3m；托儿所、幼儿园及小学校不宜小于 1.8m；同一场所安装的插座高度应一致。

2）车间及试验室的插座安装高度距地面不宜小于 0.3m；特殊场所暗装的插座不应小于 0.15m；同一室内安装的插座高度差不宜大于 5mm；并列安装的相同型号的插座高度差不宜大于 1mm。

3）落地插座应具有牢固可靠的保护盖板。

（2）插座的接线应符合下列要求：

1）单相两孔插座，面对插座的右孔或上孔与相线相接，左孔或下孔与零线相接；单相三孔插座，面对插座的右孔与相线相接，左孔与零线相接。

2）单相三孔、三相四孔及三相五孔插座的接地线或接零线均应接在上孔。插座的接地端子不应与零线端子直接连接。

3）当交流、直流或不同电压等级的插座安装在同一场所时，应有明显的区别，且必须选择不同结构、不同规格和不能互换的插座；其配套的插头，应按交流、直流或不同电压等级区别使用。

4）同一场所的三相插座，其接线的相位必须一致。

（3）暗装的插座应采用专用盒；专用盒的四周不应有空隙，且盖板应端正，并紧贴墙面。

（4）在潮湿场所，应采用密封良好的防水防溅插座。

2. 开关

（1）安装在同一建筑物、构筑物内的开关，宜采用同一系列的产品，开关的通断位置应一致，且操作灵活、接触可靠。

（2）开关安装的位置应便于操作，开关边缘距门框的距离宜为0.15～0.2m；开关距地面高度宜为1.3m；拉线开关距地面高度宜为2～3m，且拉线出口应垂直向下。

（3）并列安装的相同型号开关距地面高度应一致，高度差不应大于1mm；同一室内安装的开关高度差不应大于5mm；并列安装的拉线开关的相邻间距不宜小于20mm。

（4）相线应经开关控制；民用住宅严禁装设床头开关。

（5）暗装的开关应采用专用盒；专用盒的四周不应有空隙，且盖板应端正，并紧贴墙面。

（三）照明配电箱（板）

（1）照明配电箱（板）内的交流、直流或不同电压等级的电源，应具有明显的标志。

（2）照明配电箱（板）不应采用可燃材料制作；在干燥无尘的场所，采用的木制配电箱（板）应经阻燃处理。

（3）导线引出面板时，面板线孔应光滑无毛刺，金属面板应装设绝缘保护套。

（4）照明配电箱（板）应安装牢固，其垂直偏差不应大于3mm；暗装时，照明配电箱（板）四周应无空隙，其面板四周边缘应紧贴墙面，箱体与建筑物、构筑物接触部分应涂防腐漆。

（5）照明配电箱底边距地面高度宜为1.5m；照明配电板底边距地面高度不宜小于1.8m。

（6）照明配电箱（板）内，应分别设置零线和保护地线（PE线）汇流排，零线和保护线应在汇流排上连接，不得绞接，并应有编号。

（7）照明配电箱（板）内装设的螺旋熔断器，其电源线应接在中间触点的端子上，负荷线应接在螺纹的端子上。

（8）照明配电箱（板）上应标明用电回路名称。

二、动力回路的验收规范

（一）盘柜的安装

（1）基础型钢安装后其顶部宜高出抹平地面10mm。手车式成套柜按产品技术要求执行基础型钢应有明显的可靠接地。

（2）盘柜安装在振动场所应按设计要求采取防振措施。

（3）盘柜及盘柜内设备与各构件间连接应牢固。主控制盘继电保护盘和自动装置盘等不宜与基础型钢焊死。

（4）盘子箱安装应牢固、封闭良好并应能防潮防尘；安装的位置应便于检查成列安装时应排列整齐。

（5）盘柜台箱的接地应牢固良好。装有电器的可开启的门应以裸铜软线与接地的金属构架可靠地连接。成套柜应装有供检修用的接地装置。

（6）成套柜的安装应符合下列要求：

1）机械闭锁电气闭锁应动作准确可靠。

2）动触头与静触头的中心线应一致，触头接触紧密。

3）二次回路辅助开关的切换接点应动作准确、接触可靠。

4）柜内照明齐全。

（7）抽屉式配电柜的安装尚应符合下列要求：

1）抽屉推拉应灵活轻便，无卡阻、碰撞现象，抽屉应能互换。

2）抽屉的机械联锁或电气联锁装置应动作正确可靠，断路器分闸后隔离触头才能分开。

3）抽屉与柜体间的二次回路连接插件应接触良好。

4）抽屉与柜体间的接触及柜体框架的接地应良好。

（8）手车式柜的安装尚应符合下列要求：

1）检查防止电气误操作的五防装置应齐全并动作灵活可靠。

2）手车推拉应灵活轻便，无卡阻、碰撞现象，相同型号的手车应能互换。

3）手车推入工作位置后动触头顶部与静触头底部的间隙应符合产品要求。

4）手车和柜体间的二次回路连接插件应接触良好。

5）安全隔离板应开启灵活，随手车的进出而相应动作。

6）柜内控制电缆的位置不应妨碍手车的进出并应牢固。

7）手车与柜体间的接地触头应接触紧密，当手车推入柜内时其接地触头应比主触头先接触，拉出时接地触头比主触头后断开。

（9）盘柜的漆层应完整无损伤，固定电器的支架等应刷漆安装于同一室内，且经常监视的盘柜其盘面颜色宜和谐一致。

（二）盘柜上的电器安装

（1）电器的安装应符合下列要求：

1）电器元件质量良好，型号规格应符合设计要求，外观应完好且附件齐全、排列整齐、固定牢固、密封良好。

2）各电器应能单独拆装更换而不应影响其他电器及导线束的固定。

3)发热元件宜安装在散热良好的地方。两个发热元件之间的连线应采用耐热导线或裸铜线套瓷管。

4）熔断器的熔体规格、自动开关的整定值应符合设计要求。

5）切换压板应接触良好，相邻压板间应有足够安全距离，切换时不应碰及相邻的压板。对于一端带电的切换压板，应使在压板断开情况下活动端不带电

6）信号回路的信号灯、光字牌、电铃、电笛、事故电钟等应显示准确、工作可靠。

7）盘上装有装置性设备或其他有接地要求的电器，其外壳应可靠接地。

8）带有照明的封闭式盘柜应保证照明完好。

（2）端子排的安装应符合下列要求：

1）端子排应无损坏，固定牢固，绝缘良好。

2）端子应有序号，端子排应便于更换且接线方便，离地高度宜大于350mm。

3）回路电压超过400V者，端子板应有足够的绝缘并涂以红色标志。

4）强弱电端子宜分开布置，当有困难时应有明显标志并设空端子隔开或设加强绝缘的隔板。

5）正负电源之间以及经常带电的正电源与合闸或跳闸回路之间宜以一个空端子隔开。

6）电流回路应经过试验端子；其他需断开的回路宜经特殊端子或试验端子。试验端子应接触良好。

7）潮湿环境宜采用防潮端子。

8）接线端子应与导线截面匹配，不应使用小端子配大截面导线。

（3）二次回路的连接件均应采用铜质制品，绝缘件应采用自熄性阻燃材料。

（4）盘柜的正面及背面各电气端子牌等应标明编号名称用途及操作位置，其标明的字迹应清晰工整且不易脱色。

（5）盘柜上的小母线应采用直径不小于 6mm 的铜棒或铜管。小母线两侧应有标明其代号或名称的绝缘标志牌，字迹应清晰工整且不易脱色。

（6）屏顶上小母线不同相或不同极的裸露载流部分之间、裸露载流部分与未经绝缘的金属体之间电气间隙不得小于 12mm，爬电距离不得小于 20mm。

（三）二次回路接线

（1）二次回路接线应符合下列要求：

1）按图施工，接线正确。

2）导线与电器元件间采用螺栓连接、插接焊接或压接等，均应牢固可靠。

3）盘柜内的导线不应有接头，导线芯线应无损伤。

4）电缆芯线和所配导线的端部均应标明其回路编号，编号应正确、字迹清晰且不易脱色。

5）配线应整齐、清晰、美观。导线绝缘应良好，无损伤。

6）每个接线端子的每侧接线宜为 1 根，不得超过 2 根。对于插接式端子不同截面的两根导线，不得接在同一端子上。对于螺栓连接端子，当接两根导线时中间应加平垫片。

7）二次回路接地应设专用螺栓。

（2）盘柜内的配线电流回路应采用电压不低于 500V 的铜芯绝缘导线，其截面不应小于 $2.5mm^2$，其他回路截面不应小于 $1.5mm^2$。对电子元件回路弱电回路采用锡焊连接时，在满足载流量和电压降及有足够机械强度的情况下可采用不小于 $0.5mm^2$ 截面的绝缘导线。

（3）用于连接门上的电器、控制台板等可动部位的导线尚应符合下列要求：

1）应采用多股软导线，敷设长度应有适当裕度。

2）线束应有外套塑料管等加强绝缘层。

3）与电器连接时端部应绞紧并应加终端附件或搪锡不得松散断股。

4）在可动部位两端应用卡子固定。

（4）引入盘柜内的电缆及其芯线应符合下列要求：

1）引入盘柜的电缆应排列整齐、编号清晰，避免交叉并应固定，使端子排不受到机械应力。

2）铠装电缆在进入盘柜后应将钢带切断，切断处的端部应扎紧并应将钢带接地。

3）使用于静态保护控制等逻辑回路的控制电缆应采用屏蔽电缆，其屏蔽层应按设计要求的接地方式接地。

4）橡胶绝缘的芯线应外套绝缘管保护。

5）盘柜内的电缆芯线应按垂直或水平有规律地配置，不得任意歪斜交叉连接，备用芯长度应留有适当余量。

6）强弱电回路不应使用同一根电缆并应分别成束、分开排列。

（5）直流回路中具有水银接点的电器、电源正极应接到水银侧接点的一端。

（6）在油污环境应采用耐油的绝缘导线；在日光直射环境，橡胶或塑料绝缘导线应采取防护措施。

【思考与练习】

1. 灯具的验收规范有哪些？

2. 照明电路中开关及插座的验收规范有哪些？

3. 动力回路中盘柜的验收规范有哪些？

第二十章　杆塔基础和杆塔组立技能

模块 1　电杆基坑开挖要求（ZY3300402001）

【模块描述】本模块包含一般电杆基础洞坑及底盘、拉盘基础坑的开挖等内容。通过概念描述、流程介绍、图解说明、要点归纳，掌握基础开挖的基本技术要求和开挖过程中的安全注意事项。

【正文】

一、工作内容

低压架空配电线路电杆基础的施工主要是基础坑的挖掘作业，基础坑的挖掘包括主杆洞坑和拉线坑的挖掘，其中，主杆洞坑分无底盘洞坑和有底盘洞坑两种形式。

二、危险点分析与控制措施

1. 危险点

进行电杆基坑开挖的主要危险点是坑口塌方或坑壁塌方伤人。

2. 控制措施

（1）进行基础开挖前应根据实际地形及土质的具体情况确定开口的大小。

（2）挖坑时应随时注意坑内土壤的变化，当坑内有积水时应注意排水。

（3）进入坑口内进行挖掘时，应严格控制四周坑壁的安全坡度，防止因坡度太陡而导致塌方事故的发生。

三、作业前准备

1. 人员安排

进行电杆基础开挖作业应设现场施工负责人 1 人；现场技术负责人 1 人；其他施工人员若干。其中：

（1）现场施工负责人。全面负责本次现场施工作业，并兼现场安全管理。

（2）现场技术负责人。负责电杆基坑中心定位及坑深的测量。

（3）其他施工人员。负责基坑土石方的开挖工作。

2. 主要工器具

进行电杆基础开挖工作的主要工器具包括挖掘工具（或机械）、基坑定位的测量工具等。

3. 基础坑中心的定位

当配电线路路径确定后，就可以测量确定杆位了。现场杆位基坑中心定位时，根据线路的路径图，并在路径上找到两个以上的线路方向或定位桩，然后根据设计给定的档距，如图 ZY3300402001-1 所示，利用测量的方法进行定位；具体定位的测量方法参考模块 ZY3300405002。

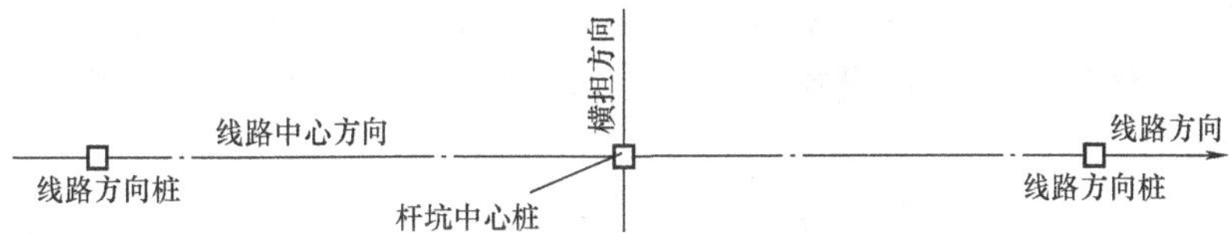

图 ZY3300402001-1　基础中心定位测量示意图

四、操作步骤、质量标准

1. 无底盘电杆主杆坑的开挖

（1）确定电杆坑洞口开口大小。电杆主杆基坑的开挖前，应根据电杆梢径的大小并结合现场实际地形及土质确定开口的大小。一般土质较好的情况下，电杆基坑洞口开口应略大于电杆的梢径。同时，为保证电杆起立的顺利，还应考虑电杆起立的需要，开设一定大小的马道（也叫马槽）。如图ZY3300402001-2（a）所示。

（2）电杆坑的挖掘。挖坑时应逐层依次向下挖掘，为避免因土壤堆积而影响基坑的挖掘和立杆工作的正常进行，应将挖出的土壤适当地放在距离坑口一定距离且又不影响施工的地方。

坑口的挖掘方式应适当加大开口尺寸，以逐层减小的形式向下挖掘，如图 ZY3300402001-2（b）所示，挖掘的过程中随时注意坑口内的土壤变化，避免出现塌方。

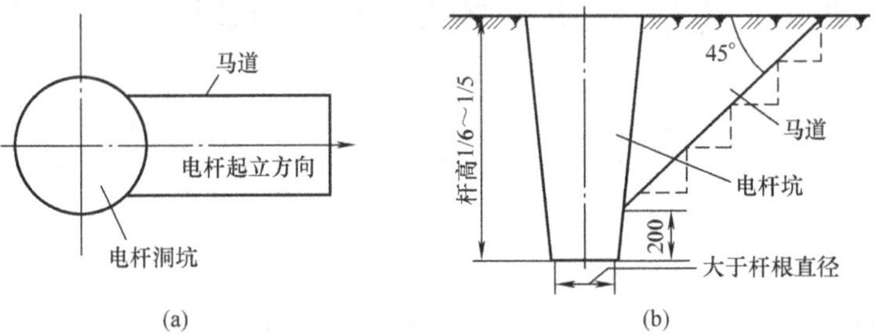

图 ZY3300402001-2　无底盘电杆基础洞坑挖掘平、断面示意图

（a）杆坑挖掘平面图；（b）杆坑挖掘断面图

若地下土壤出现渗水或地下水源充足的地方，挖掘过程中应随时注意排水，避免不必要的工程量损失。

（3）马道的挖掘。当电杆采用人力的方式进行起立时，可根据立杆的要求进行马道的开设。马道的挖掘应在主杆基坑挖到一定深度时开始，马道应挖成斜坡或阶梯形式，如图 ZY3300402001-2 所示。

马道的挖掘宽度应结合电杆根直径的大小确定，以保证杆根能够顺利进入的同时，也能够保持基坑的稳定为宜，马道的方向应与电杆起立的方向一致。

2. 带底盘电杆基础坑的开挖

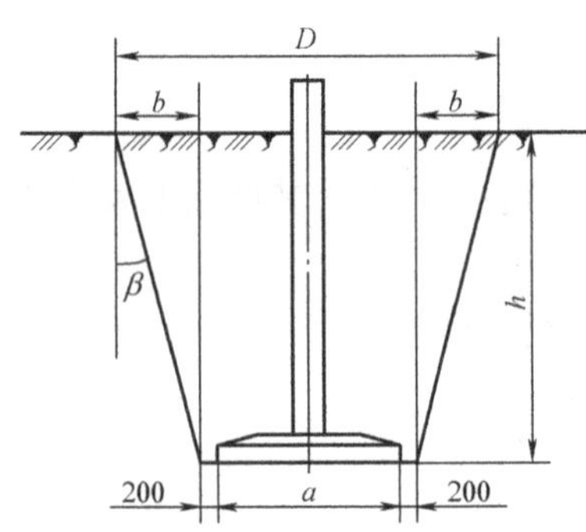

图 ZY3300402001-3　带底盘电杆基础坑断面示意图

（1）确定基础坑的开口大小。带底盘的电杆基础的开口如图 ZY3300402001-3 所示。设土壤的安息角（土壤能保证稳定不塌方的最小堆积倾角）为 β，基础底盘的边长为 a，底盘安装时的活动余度为 200mm，如设基础坑的开口为 D，当基础的埋深为 h 时，基础坑的开口 D 可按经验公式进行计算，即

$$D=a+2b+0.4=a+2h\tan\beta+0.4\ (\mathrm{m}) \quad (ZY3300402001\text{-}1)$$

（2）主杆基础坑的挖掘。主杆坑的开挖与无底盘洞坑的开挖过程基本相似，仍然是逐层向下且保持一定坡度进行挖掘，若洞坑的截面较大（底盘大）且基坑较深时，通常需要工作人员下坑进行挖掘。坑中挖掘时，应由四周顺序向中心自上而下逐层进行挖掘；若出现地下渗水时，应在每层挖掘前选一坑角，先挖一积水坑，并利用抽水设备由坑口向外排水，以确保坑内的工作正常。

3. 拉线坑的开挖

（1）拉线坑中心的定位。如图 ZY3300402001-4（a）所示，设拉线的挂点高度为 H，拉线盘的埋深为 h。根据低压架空配电线路拉线设置的规定，拉线对地夹角一般情况下不宜大于 45°，设拉线对地夹角为 45°，则有

$$L=L_1+L_0-d \quad (ZY3300402001\text{-}2)$$

式中　L ——拉线坑中心与电杆中心的水平距离，m；

L_1 ——拉线出土点与电杆中心的水平距离，$L_1=H$，m；

L_0 ——拉线坑中心与拉线出土点间的水平距离，$L_0=h$，m；

d ——拉线盘的厚度，m。

模块1 ZY3300402001

于是有

$$L=H+h-d \qquad (ZY3300402001\text{-}3)$$

因此，当电杆拉线为普通拉线时，可直接根据式（ZY3300402001-3）计算出拉线的坑口中心，然后按图 ZY3300402001-4（b）所示的平面坑口示意图，用测量的方法完成坑口的定位。

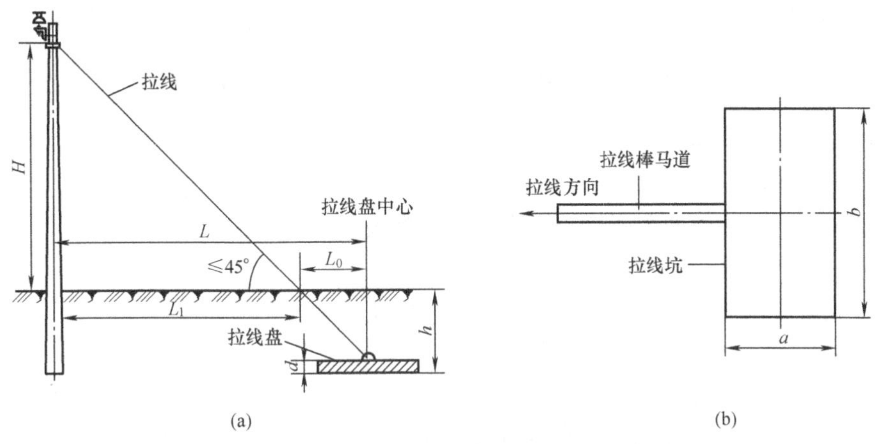

图 ZY3300402001-4　接线盘基础坑位示意图

（a）普通拉线断面结构示意图；（b）拉线坑平面结构示意图

（2）拉线坑的挖掘。拉线坑的挖掘仍然按上述挖掘的方法逐层自上而下的进行挖掘，同时，保证每层挖掘的深度应不大于 200mm，且由四周向中间顺序挖掘。

（3）拉线坑马道的挖掘要求。一般情况下，拉线坑马道的挖掘应在拉线方向上电杆侧进行挖掘，从距拉线坑中心 L_0 距离处向坑中心方向以 45°夹角向下挖掘。为保证挖掘的质量，要求采用钢钎进行挖掘，以保证拉线棒周围土质的稳定，从而确保拉线盘的受力可靠。

五、注意事项

进行基础坑的开挖时既要保证基坑的质量达到设计的要求，同时还应方便工程施工，电杆基础挖掘的主要工艺要求如下：

（1）坑中心位置顺线路方向的位移应不超过设计档距的 5%，横线路方向的位移应小于 50mm。

（2）基础坑深应满足电杆埋深的要求；当设计规定埋深时，其坑深的允许误差为+100、–50mm。

（3）坑口的开口大小应满足立杆的需要，同时还应保证挖掘工作的正常进行。

（4）由于带底盘的主杆基础坑和拉线基础坑相对较大，且洞深，在挖掘时，如果不能及时进行主杆底盘及拉线的埋设作业，为防止下雨后受到雨水的浸泡，保证基础坑底地基结构的稳定可靠，则应保留约 200mm 的洞深，待具体埋设施工开始前完成。

（5）在土质松软处挖坑，应有防止塌方措施，如加挡板、撑木等。不得站在挡板、撑木上传递土石或放置传土工具。禁止由下部掏挖土层。

【思考与练习】

1. 电杆基础挖掘的基本要求有哪些？
2. 如何确定普通拉线坑口的中心位置？
3. 为确保施工质量和施工的安全，在进行电杆基坑挖掘时的注意事项主要有哪些？

模块 2　电杆组装工艺要求（ZY3300402002）

【模块描述】本模块包含单横担、双横担及多横担电杆的组装等内容。通过概念描述、流程介绍、图解说明、要点归纳，掌握电杆组装的基本工艺要求和组装过程中的安全注意事项。

【正文】

一、工作内容

电杆的组装实际上主要是横担的组装；架空配电线路、特别是农村低压架空配电线路中，电杆的横担通常有单横担和双横担，其组装的方式有地面组装和杆上组装两种。当完成电杆起立固定稳固后，在杆上进行横担组装的工艺流程如图 ZY3300402002-1 所示。

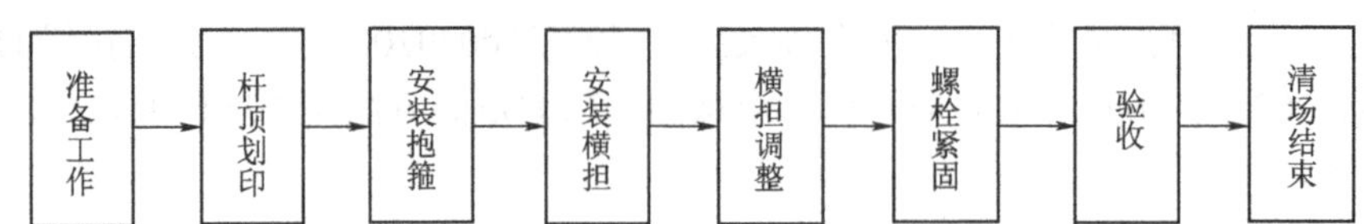

图 ZY3300402002-1 电杆横担的杆上组装工艺流程

二、危险点分析与控制措施

1. 电杆组装的危险点

进行杆上横担组装过程中的主要危险点有高空落物及高空坠落伤人。

2. 控制措施

（1）安装作业人员应按规定着装，进入施工现场的工作人员均应戴安全帽。

（2）杆上操作人员应选择合适的工作点位置，站稳、系好安全带。安全带必须挂在牢固的构件上，不允许挂在杆顶，只许高挂低用，不许低挂高用。

（3）在杆上作业，任何工具、材料要用绳索传递，防止高空落物，严禁高空抛物。

（4）为保证施工现场的安全和作业秩序，在过往人员较多或相对人员集中的地方立杆时应设安全围栏，防止行人误入作业区。

（5）加强现场作业的监护。

（6）组装操作的全过程必须严格按照高空作业的规程、规范执行。

三、作业前准备

1. 人员分工安排

（1）现场工作负责人 1 人，全面负责现场指挥及人员协调。

（2）现场安全监护人 1 人（可由工作负责人兼），负责现场作业过程的安全监护。

（3）杆上安装作业人员 1～2 人，负责杆上全部安装作业。

（4）地面辅助工作人员若干，负责地面工作及与杆上作业人员的配合工作。

（5）根据安全操作规程的规定，杆上作业人员应为经过登高及杆上高处作业专业训练、考核并取得操作合格证的专业人员。

2. 工器具材料准备

（1）主要材料。如图 ZY3300402002-2 所示，进行横担安装的材料主要有：横担抱箍、衬铁抱箍、横担（单横担 1 条；双横担 2 条）、衬铁（单横担一根；双横担两根）、横担垫铁、连接螺栓及用于横担与导线连接的针式绝缘子和蝶式绝缘子等。

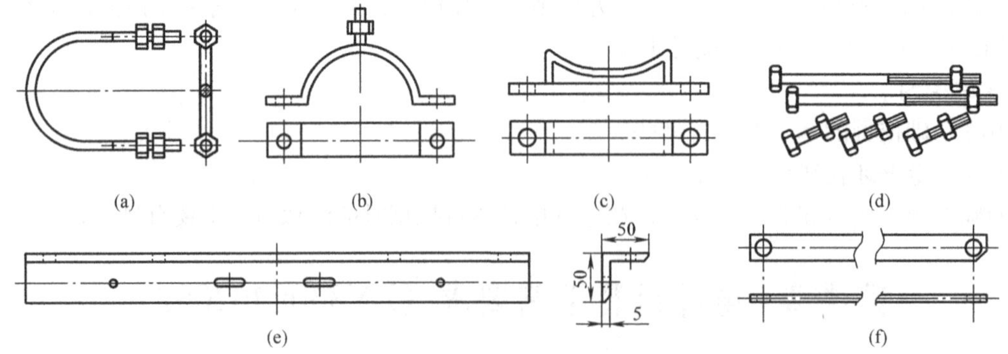

图 ZY3300402002-2 低压配电线路横担组装常用部件

(a) U 形抱箍；(b) 二合抱箍；(c) 横担垫铁；(d) 螺栓；(e) 横担；(f) 衬铁

（2）主要工器具。

1）登杆工具。主要有登高板（也称踩板）、脚扣（也称爬钩）。

2）活络扳手。25cm 和 30cm 各一把。

3）传递绳。白棕绳或尼龙绳。

4）安全带、安全帽等。

3. 工具材料开工前的检查

进行杆上横担组装作业前，应严格按照操作规程的规定办理相应的工作手续，进入现场后应按规定进行电杆杆根及电杆、登杆工具的外观质量检查，并按施工方案和设计的要求，清点相应的工具、材料。如果是新装电杆，则必须在完成电杆定位且杆基回填土并夯实后，才可以进行杆上作业。具体准备工作内容及要求如下：

（1）电杆外观质量的检查。

1）钢筋混凝土电杆的表面应光洁平整，壁厚均匀，无偏心、露筋、跑浆、蜂窝等现象。

2）预应力混凝土电杆及构件不得有纵向、横向裂缝。

3）普通钢筋混凝土电杆及细长预制构件不得有纵向裂缝，横向裂缝宽度不应超过 0.1mm（允许宽度在出厂时为 0.05mm，运至现场时不得超过 0.1mm，运行中为 0.2mm），长度不超过 1/3 周长。

4）杆身弯曲不超过 1‰。

（2）现场材料清点。进行电杆组装前，应按照设计图纸的要求进行材料的清点，其中，横担、撑铁的规格、数量，抱箍的规格等，应符合设计的要求。现场材料的清点应由施工班组的材料负责人直接负责进行。

四、操作步骤、质量标准

1. 直线电杆单横担的组装

直线杆又称中间杆，用于架空线路直线的中间部分，是低压架空线路使用最多一种杆型，如图 ZY3300402002-3（a）所示，具体组装过程如下：

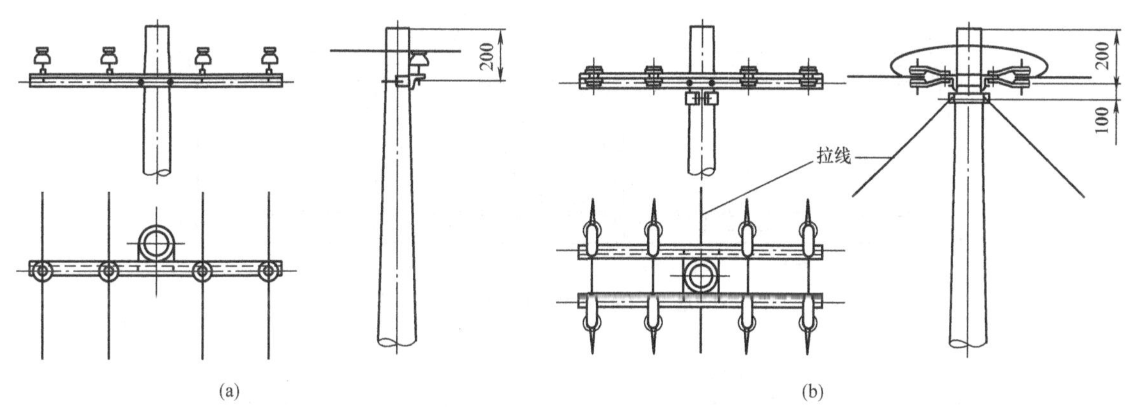

图 ZY3300402002-3　直线、耐张电杆结构示意图

（a）直线杆；（b）耐张杆

（1）上杆划印。安装人员登杆至杆顶，系好安全带站稳后，如图 ZY3300402002-3（a）所示，用钢卷尺由杆顶向下量取横担抱箍的安装尺寸，并用记号笔划印，标记出横担的安装位置。

电杆横担的安装位置通常以电杆的杆顶为基准确定，而电杆的结构、形式均有所不同，因此，确定横担的安装位置，应以设计的要求为依据。

（2）安装横担。当采用 U 形抱箍安装横担时，如图 ZY3300402002-4（a）所示，安装人员在地面工作人员的配合下起吊横担、抱箍，将 U 形抱箍由送电侧穿入，M 形垫铁及横担安装在受电侧（如果电杆为转角或耐张杆，则应安装在拉线侧），在抱箍螺杆上加入垫片，拧上螺帽。

当采用羊角抱箍安装横担时，应先在电杆上安装横担抱箍、撑铁抱箍后，再安装横担及撑铁；抱箍的连接螺栓应由送电侧穿入、受电侧穿出，撑铁装在横担侧，撑铁螺栓应由横担角铁内侧向外穿出。

单横担的安装结果如图 ZY3300402002-4（b）所示。完成横担安装后，按设计的要求在横担上指定的位置进行绝缘子的安装。

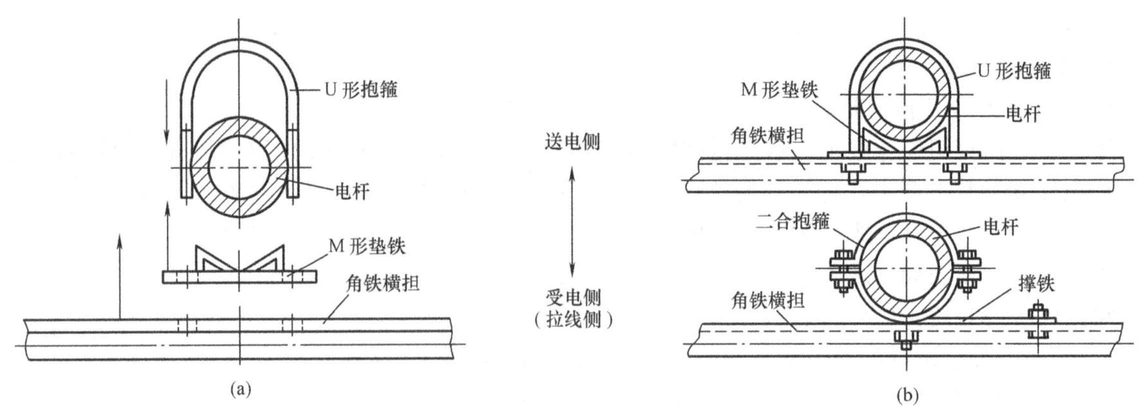

图 ZY3300402002-4 单横担的安装示意图

（a）U 形抱箍横担的安装方法；（b）单横担的安装

（3）调整固定。连接安装完成后，应根据线路方向调整横担的安装方向和横担水平，并完成所有连接螺栓的紧固后，结束安装。

（4）下杆结束操作。检查杆上横担、绝缘子的安装质量，确认符合设计的技术要求无误后，清理杆上作业工具，下杆，结束全部操作。

2. 双横担耐张电杆的组装

一般情况下，双横担的耐张杆又叫承力杆或锚杆，其基本结构如图 ZY3300402002-5 所示。双横担耐张杆的结构相对较直线杆单横担复杂，同时双横担耐张杆通常设计有拉线，安装的工作量大，技术质量要求高，因此，安装前应做好充分的准备工作。

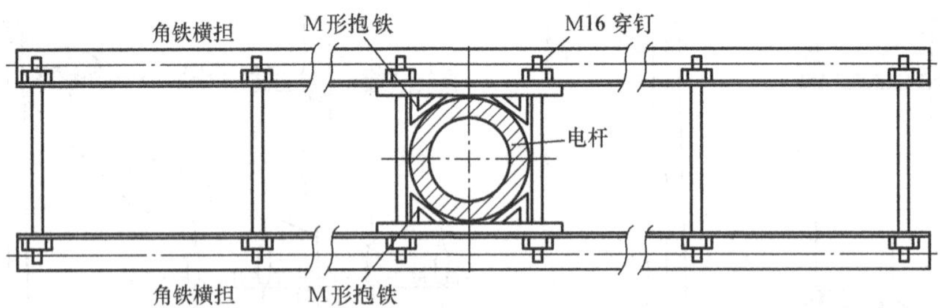

图 ZY3300402002-5 钢筋混凝土杆横担的常见安装方法

双横担耐张杆组装的具体安装过程如下：

（1）上杆划印。安装人员（有条件的情况下，可安排两人上杆安装）登杆至杆顶，系好安全带站稳后，用钢卷尺由杆顶向下量取横担及拉线抱箍的安装位置，并用记号笔在杆身上进行标记。

（2）安装横担。安装人员在地面工作人员的配合下起吊横担、抱箍，并进行安装。安装时，应先将所有穿钉（也称穿心螺栓或加长螺栓）穿入后，加上垫片、螺帽，然后逐一进行紧固。

（3）调整横担。连接安装完成后，调整横担的安装方向与线路方向垂直，调整横担的水平达到规定的要求，并将所有连接螺栓的紧固后，按设计的要求完成绝缘子的安装。

（4）安装拉线。

1）安装拉线抱箍。在横担的下方完成拉线抱箍的安装，调整好拉线的方向，并在抱箍上连接安装拉线的楔形线夹。

2）检查杆上所有安装作业符合设计的技术要求，确认无误后，清理杆上作业工具，下杆。

3）地面完成拉线下把 UT 线夹的安装，并通过拉线将电杆预偏值调整到设计的要求，拧紧 UT 线夹双螺母。

（5）作业结束。现场工作负责人对照设计和施工方案的要求，进行双横担安装的竣工验收，确认合格后，指挥现场人员清理现场，安装作业结束。

五、注意事项

1. 横担组装的基本要求

（1）单横担的组装位置，直线杆应装于受电侧；分支杆、转角杆及终端杆应装于拉线侧。

（2）横担组装应平整，端部上下和左右斜扭不得大于 20mm。

2. 螺栓穿向的规定

电杆横担连接螺栓的安装规定如下：

（1）螺栓应通过各部件的中心线，螺杆应与构件面垂直，螺头平面与构件间不应有间隙。

（2）螺母紧好后，露出的螺杆长度，单螺母不应少于两个螺距；双螺母可与螺母相平。当必须加垫圈时，每端垫圈不应超过两个。

（3）螺栓穿入方向为：顺线路方向由送电侧穿入；横线路方向的螺栓，面向受电侧，由左向右穿入；垂直地面的螺栓由下向上穿入。

【思考与练习】

1. 进行杆上横担安装作业应注意哪些主要事项？

2. 单横担的组装质量主要有哪几项内容？

3. 杆上作业的安全规定主要有哪些？

模块 3　起立电杆工器具的选用（ZY3300402003）

【模块描述】本模块包含绳索、滑轮、抱杆、地锚、牵引设备等电杆起立常用工器具的选择和使用。通过概念描述、公式解析、图表说明、计算举例、要点归纳，掌握电杆起立常用工器具选择原则和使用规定。

【正文】

用于低压配电线路电杆起立的常用工具主要有绳索、滑轮、抱杆、地锚、牵引设备等。在架空电力线路电杆的起立施工中，常因起吊工具的选择、使用不当或保管不善，时而发生绳索磨损、腐蚀及拉断，甚至出现抱杆变形、地锚拔出等故障，从而危及人身和设备的安全。因此，选择合格的起立工具，并掌握其正确的使用方法，对保证线路安全施工具有重要意义。

一、绳索的选择和安全使用

绳索包括白棕绳和钢丝绳，绳索是线路施工中使用最为广泛的工具之一。在进行电杆起立的施工中，为保证其使用的安全、可靠，在使用前必须根据起立电杆的大小和起立过程中的可能出现的最大使用拉力选择绳索的规格，而且在施工过程中要正确使用。

（一）白棕绳

白棕绳（简称麻绳）是用龙舌兰麻（又称剑麻）捻制而成。这种麻纤维的抗拉力和抗扭力强，滤水快，抗海水侵蚀性好，耐磨而富有弹性，受到冲击拉力不易折断。配电线路施工中，常用白棕绳绑扎构件、起吊质量较小的构件、杆塔控制、作调整的临时拉线等。

1. 白棕绳的规格

配电线路施工和运行维护中所使用的部分国产白棕绳的规格及物理特性见表 ZY3300402003-1、表 ZY3300402003-2。

表 ZY3300402003-1　　国产铁锚牌白棕绳规格及有效破断拉力

直径（mm）	每捆长度（m）	每捆质量（kg）	有效破断拉力（kN）
10	218	15	8.6
13	218	27	13.6
16	218	40	18.8
19	218	54	23.9
22	218	76	30.7
24	218	90	37.5
25	218	100	40.9

表 ZY3300402003-2 国产起重白棕绳规格及有效破断拉力（SC-1）

绳直径（mm）	质量（kg/m）	有效破断拉力（kN）		
		Ⅰ级	Ⅱ级	Ⅲ级
6	0.03	3.969	2.626	1.725
8	0.06	6.527	4.312	2.842
10	0.08	9.016	5.978	3.842
12	0.11	11.427	7.595	4.988
14	0.14	15.974	10.682	7.075
16	0.18	19.208	13.132	8.536
18	0.23	24.108	16.268	10.78
20	0.28	30.576	20.678	13.622
22	0.34	36.848	24.892	16.464
24	0.40	42.924	29.008	19.208

注 1. SC 为水产部标准。
2. Ⅰ级、Ⅰ级、Ⅲ级为白棕绳等级。

2. 白棕绳容许拉力

白棕绳使用时的容许使用拉力可按式（ZY3300402003-1）进行计算，即

$$F = \frac{F_b}{KK_1K_2} \qquad (ZY3300402003\text{-}1)$$

式中 F——白棕绳的容许拉力，N 或 kN；

F_b——白棕绳的有效破断拉力，N 或 kN；

K_1——动荷系数；

K_2——不平衡系数；

K——安全系数。

其中 K_1、K_2、K 的取值应根据实际工作中的使用情况，参照表 ZY3300402003-3 选用。

【例 ZY3300402003-1】某直径为 24mm 的国产Ⅰ级白棕绳，若实际工作时：K_1=1.0、K_2=1.1、K=5.5。求该白棕绳的安全承载力为多大？

解 由表 ZY3300402003-2 可知：直径为 24mm 的Ⅰ级白棕绳的有效破坏拉力为 42.924kN，其安全承载力由式（ZY3300402003-1）计算如下

$$F = \frac{42.924}{1.0 \times 1.1 \times 5.5} = 7.095 \text{ (kN)}$$

表 ZY3300402003-3 白棕绳的各种系数（K、K_1、K_2 和 K_Σ）

序号	工作性质及条件	K	K_1	K_2
1	通过滑轮组整立杆塔或紧线时的牵引绳	5.5	1.0	1.1
2	起立杆塔时的吊点固定绳（单杆/双杆）	6	1/1.2	1.2
3	起立杆塔时的根部制动绳（单杆/双杆）	5.5	1/1.2	1.2
4	起立杆塔时的临时拉线	4	1.1	1.2
5	作其他起吊及牵引用的牵引绳及吊点固定绳	5.5	1.0	1.2

注 1. 对旧的起吊白棕绳，在计入安全系数 K 时，应按表中所列数值加大 40%～100%。
2. 对受潮的不浸油白棕绳（素白棕绳），安全系数 K 应按表中所列数值加大 1.0 倍。

3. 白棕绳的基本使用要求

（1）使用前应检查该绳有无破损、受潮、腐烂等缺陷。一般情况下，白棕绳仅能作为一般辅助绳索使用，作为捆绑或在潮湿状态下使用时，其允许拉力应减半。

（2）使用时应将棕绳抖直，受力较大时不得打扣，同时不得在石头等粗糙物体上拉磨，以免断股

模块 3 ZY3300402003

降低拉断强度。

（3）捆绑带棱的构件时，应衬垫木板、麻袋片或草袋等，避免棱角割断绳纤维。另外白棕绳穿过滑轮或卷筒时，滑车的轮槽底直径或卷筒直径应不小于绳直径的10倍，以免绳承受过大的附加弯曲应力。带有连接头的绳，其连接头不得通过滑车，以免受挤降低抗拉强度。

（4）白棕绳不得与油漆、酸、碱等化学物品接触，同时应保存在通风干燥的地方，防止受潮、腐蚀。

（二）钢丝绳

钢丝绳（简称钢绳），钢丝绳是在线路施工中最常用的绳索。进行电杆起立时，常作为固定、牵引、制动系统中的主要受力绳索。

1. 钢丝绳的结构和性能

常用普通钢丝绳的规格主要有6×19（钢丝6股×19根＋绳纤维芯）和6×37（钢丝6股×37根＋绳纤维芯）两种，其基本物理特性见表ZY3300402003-4和表ZY3300402003-5。

表ZY3300402003-4　（6×19）普通结构钢丝绳基本物理特性

直径（mm）		钢丝总断面（mm^2）	参考质量（kg/100m）	钢丝绳公称抗拉强度（N/mm）				
钢丝绳	钢丝			1400	1550	1700	1850	2000
				钢丝绳破坏拉力（kN，不小于）				
6.2	0.4	14.32	13.53	17	19	24	22	24
7.7	0.5	22.37	21.14	25	29	38	35	38
9.3	0.6	32.22	30.45	38	42	55	51	55
11.0	0.7	43.85	41.44	52	53	74	68	74
12.5	0.8	57.27	54.12	68	75	97	90	97
14.0	0.9	72.49	68.50	86	95	123	114	123
15.5	1.0	89.49	84.57	106	118	152	141	152
17.0	1.1	108.28	102.3	129	142	184	170	184
18.5	1.2	128.87	121.8	1530	170	219	202	219
20.0	1.3	151.24	142.9	1798	199	257	238	
21.5	1.4	175.40	165.8	208	231	298	275	
23.0	1.5	201.35	190.3	239	265	342	316	
24.5	1.6	229.09	216.5	272	302	339	360	
26.0	1.7	258.63	244.4	308	340	439	403	

表ZY3300402003-5　（6×37）普通结构钢丝绳基本物理特性

直径（mm）		钢丝总断面（mm^2）	参考质量（kg/100m）	钢丝绳公称抗拉强度（N/mm）				
钢丝绳	钢丝			1400	1550	1700	1850	2000
				钢丝绳破坏拉力（kN，不小于）				
8.7	0.4	27.88	36.21	32.0	35.0	39.0	42.0	46.0
11.0	0.5	43.57	40.69	50.0	55.0	61.0	66.0	71.0
13.0	0.6	62.74	58.98	72.0	80.0	87.0	95.0	102.5
15.0	0.7	85.39	80.27	98.0	108.0	119.0	129.0	140.0
17.5	0.8	111.53	104.8	128.0	141.0	105.0	169.0	182.5
10.5	0.9	141.16	132.7	162.0	179.0	196.5	214.0	231.5
21.5	1.0	174.27	163.8	200.0	221.0	242.5	204.0	285.5
24.0	1.1	210.87	198.2	242.0	268.0	293.5	320.0	346.0
26.0	1.2	250.95	235.9	288.0	318.0	340.5	380.0	416.0

2. 选用钢丝绳的基本要求

钢丝绳在使用过程中，其钢丝受拉伸、弯曲、挤压和扭转等多种应力的作用，其中主要是拉伸应力和弯曲应力。因此，进行钢丝绳的选择时，首先应按拉伸的影响来计算钢丝绳的允许拉力，并利用钢丝绳的有效拉断力来进行验算；考虑弯曲应力影响及因反复弯曲引起的耐久性（疲劳）问题，需通过钢丝绳直径与滑轮直径配合进行补偿。

（1）钢丝绳的允许拉力。钢丝绳的允许拉力 F 可按式（ZY3300402003-2）求得

$$F=\frac{K_3F_b}{KK_1K_2}=\frac{K_3F_b}{K_\Sigma}\ (\text{kN}) \qquad (\text{ZY3300402003-2})$$

式中　F_b——钢丝绳的有效拉断力，kN；

K、K_1、K_2、K_Σ——分别为钢丝绳的使用安全系数、动荷系数、不平衡系数和综合安全系数，详见表 ZY3300402003-6；

K_3——钢丝绳缺陷降低系数，已使用过的钢丝绳，其强度将因各种缺陷有所降低，见表 ZY3300402003-7。

表 ZY3300402003-6　钢丝绳的系数 K、K_1、K_2、K_Σ 值

工作性质	工作条件		K	K_1	K_2	K_Σ
起立杆塔或收紧导线的牵引绳，作其他起吊、牵引用牵引绳	通过滑轮组用人力绞磨		4	1.1	1	4.5
	直接用人力绞磨		4	1.2	1	5
	通过滑轮组用机动绞车、电动绞车		4.5	1.2	1	5.5
	直接用电动绞车、机动绞车、拖拉机或汽车		4.5	1.3	1	6
起吊杆塔时的固定绳	单杆		4.5	1.2	1	5.5
	双杆				1.2	6.5
制动绳	通过滑轮组用制动器制动	单杆	4	1.2	1	4.8
		双杆			1.2	5.75
	直接用制动器制动	单杆	4	1.2	1	5
		双杆			1.2	6
临时固定用拉线	用手扳葫芦或人力绞车		3	1.0	1	3

表 ZY3300402003-7　钢丝绳缺陷降低系数

钢丝绳缺陷情况	K_3	适用场所
新钢丝绳；曾使用过的钢丝绳，但各股钢丝位置未动，磨损轻微，并无绳股凸起现象	1.0	重要场所
各股钢丝已有变位、压扁或凸出现象，但尚未露出绳芯；钢丝绳个别部位有轻微腐蚀；钢丝绳表面上的个别钢丝有尖刺、（断头）现象，每米长度内尖刺数目不多于钢丝总数的 3%	0.75	重要场所
钢丝绳表面上的个别钢丝有尖刺现象，每米长度内尖刺数目不多于钢丝总数的 10%；个别部分有明显的锈痕；绳股凸出不太危险，绳芯未露出	0.5	次要场所
钢丝绳股有明显扭曲。绳股和钢丝有部分变位，有明显凸出现象；钢丝绳全部均有锈痕，将锈痕刮去后，钢丝绳留有凹痕；钢丝绳表面上的个别钢丝有尖刺现象，每米长度内尖刺数目不多于钢丝总数的 25%	0.4	作辅助工作

（2）钢丝绳的有效拉断力

钢丝绳的有效拉断力 F_b 可由式（ZY3300402003-3）求得

$$F_b=A\sigma_b\lambda\ (\text{kN}) \qquad (\text{ZY3300402003-3})$$

式中　A——钢丝绳的总面积，mm^2；

σ_b——钢丝的公称抗拉极限强度见表 ZY3300402003-4 和表 ZY3300402003-5，kN/mm^2；

λ——有效拉断力换算系数，常用普通钢丝绳的有效拉断力换算系数见表 ZY3300402003-8。

表 ZY3300402003-8　常用钢丝绳的有效拉断力换算系数 λ

钢丝绳结构（股×每股钢丝数）	6×7	6×19	6×37
换算系数 λ	0.88	0.85	0.82

【例 ZY3300402003-2】用人力绞磨通过滑轮组起吊 10kV 电杆时，已知最大使用拉力为 16kN，试选择钢丝绳的规格。

解 由表 ZY3300402003-6 查得 K_{Σ}=4.5，采用新钢丝绳，取 K_3=1.0，则钢丝绳所受总拉力

$$F_b=K_{\Sigma}F/K_3=4.5\times16/1.0=72\text{（kN）}$$

因此，对照表 ZY3300402003-4 选用抗拉强度为 1400N/mm^2，直径为 14.0mm 的（6×19）普通钢丝绳，其最大破坏拉力为 86kN 大于 72kN，故满足使用要求。

（3）钢丝绳直径与滑轮直径配合。起重钢丝绳在载荷作用下绕过滑轮和卷筒时，要受到拉伸、弯曲、挤压和扭转的综合应力，可能会加速钢丝绳的疲劳而损坏。为了得到耐久性使用，在所选钢丝绳强度满足要求的前提下，实际使用时还应校验钢丝绳直径和滑轮或卷筒的直径比，并根据实际工作情况，合理选择钢丝绳型式和直径。滑轮直径及轮槽直径如图 ZY3300402003-1（a）所示，其中 D 为滑轮直径，D_0 为轮槽直径。

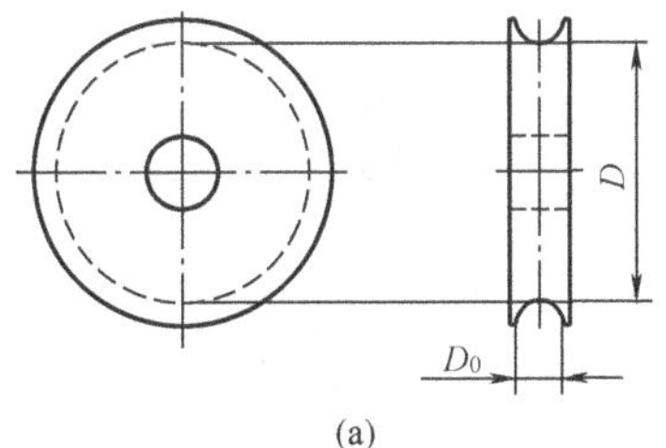

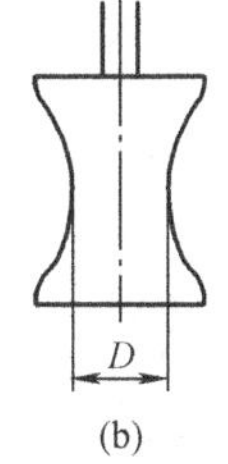

图 ZY3300402003-1 滑轮及绞磨直径示意图

（a）滑轮；（b）绞磨芯

钢丝绳直径与滑轮槽直径的配合可参考表 ZY3300402003-9 进行选择。

表 ZY3300402003-9 **钢丝绳直径与滑轮槽直径的配合**

钢丝绳直径 d（mm）	滑轮槽最小直径（mm）	滑轮槽最大直径（mm）
6～8	$D_0=d+0.4$	$D_0=d+0.8$
8.5～19	$D_0=d+0.8$	$D_0=d+1.6$
20～28.5	$D_0=d+1.2$	$D_0=d+2.4$

（4）钢丝绳直径和滑轮或卷筒直径的配合。起重钢丝绳在载荷作用下绕过滑轮和卷筒时，要受到拉伸、弯曲、挤压和扭转的综合应力，会加速钢丝绳的疲劳而使之损坏。为了得到耐久性使用，应校验钢丝绳直径和滑轮或卷筒的直径比，滑轮或卷筒的直径如图 ZY3300402003-1 所示，校验按式（ZY3300402003-4）进行

$$D=(e-1)d \qquad \text{（ZY3300402003-4）}$$

式中 D ——滑轮或卷筒直径，mm；

d ——钢丝绳直径，mm；

e ——比例系数，对起重滑车 e=11～12，对绞磨卷筒 e=10～11。

【例 ZY3300402003-3】在［例 ZY3300402003-2］中，若滑轮底槽直径为 135mm，校验其能否满足要求。

解 因为 $D=(e-1)d=(10-1)\times14=129$（mm^2）＜135（mm^2）

故：钢丝绳和滑轮的使用配合满足要求。

3. 选择钢丝绳的注意事项

（1）根据具体的使用方式而选择不同的安全系数。

（2）使用前必须严格地检查其外观质量以确保安全。

（3）根据实际使用中的受力合理地选择其直径的大小。

（4）实际使用中可以“以大代小”，不允许“以小充大”。

（5）实行严格的报废制度，杜绝不安全因素。

二、滑轮的应用选择

滑轮在专业中也称滑车，是线路施工中起立电杆的常用工具，主要用于起吊和牵引重物，以改变牵引方向和减少牵引设备牵引力的大小。

1. 滑轮的分类

滑轮在实际使用时分为定滑轮和动滑轮两类，如图 ZY3300402003-2（a）所示；定滑轮可以改变作用力的方向，作导向滑轮，如图 ZY3300402003-2（c）所示。动滑轮可以做平衡滑车，平衡滑轮两侧钢绳受力，因此，动滑轮可以省力。

一定数量的定滑轮和动滑轮组成滑轮组，既可按工作需要改变作用力的方向，又可组成省力滑轮组，如图 ZY3300402003-2（b）所示。

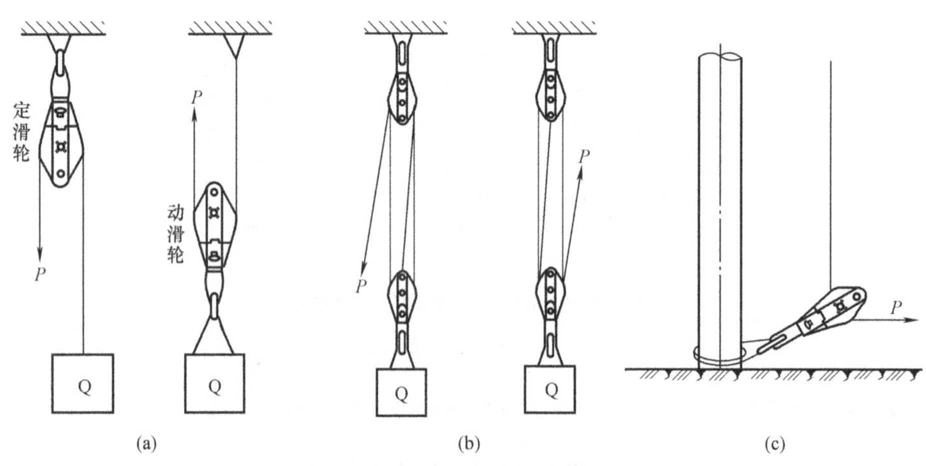

图 ZY3300402003-2 滑轮不同形式的应用

（a）单滑轮；（b）滑轮组；（c）转向滑轮

2. 滑轮的使用选择

（1）滑轮选择的基本要求。

1）选用滑轮是先根据起吊重量和需要的滑轮数，通过查表得滑轮槽底的直径和配合使用的钢丝绳直径，核查所选用的钢丝绳是否符合规定。

2）为保证钢丝绳或白棕绳耐久性，使用钢丝绳的滑轮，滑轮槽底直径和配合使用的钢丝绳直径之比，应符合钢丝绳选用的规定。如果所选用的滑轮与钢丝绳的配合不符合规定，则应选用大一号的滑轮。

3）为延长钢丝绳的使用寿命，滑轮槽直径应符合表 ZY3300402003-9 的规定。

4）确定起吊重量和滑轮数后，根据所需吊钩型式、滑轮需否开口等选用相应的型号。

（2）滑轮提升重物时的拉力计算。

1）定滑轮的拉力 P 计算。如图 ZY3300402003-2（a）中所示的定滑轮提升重物为 Q，由于滑轮的轴承有摩擦阻力，所以拉力 P 必须克服重力和摩擦阻力的联合作用，所以 P 必须大于 Q，通常将比值

$$\eta=Q/P \text{ 或 } P=Q/\eta \qquad \text{(ZY3300402003-5)}$$

称为定滑轮的效率，见表 ZY3300402003-10。

2）动滑轮的拉力 P 计算。如图 ZY3300402003-2（a）中所示的动滑轮，其吊起重物为 Q，由于绳索一端固定，故重量 Q 将由两绳索分别负担各半，因此，在理论上 $P=Q/2$，考虑到滑轮的效率，则有

$$P=Q/2\eta \qquad \text{(ZY3300402003-6)}$$

表 ZY3300402003-10　　定滑轮及动滑轮的效率 η 值

使用情况		定滑轮	动滑轮
钢丝绳	滑动轴承两端绳索平行	0.95	0.977
	滑动轴承两端绳索成 90°	0.96	0.981
	滚动轴承两端绳索平行	0.98	0.990
	滚动轴承两端绳索成 90°	0.985	0.992
麻绳	绳径 ϕ16mm 两端绳索平行	0.92～0.94	0.959～0.972
	绳径 ϕ26mm 两端绳索平行	0.88～0.91	0.943～0.955

3）常用滑轮组的主要性能。表 ZY3300402003-11 中分别列出了不同组合滑轮组的综合效率 η_Σ、单滑轮效率 η 以及提升重物 Q 和所需拉力的对应关系，可供实际应用选择时参考。

【例 ZY3300402003-4】已知滑轮数 n=3，单滑轮效率 η=0.95，重物 Q=3000kg，试求牵引端分别从定滑轮和动滑轮绕出时的牵引拉力 P 为多少。

解　（1）当滑轮从定滑轮绕出时，由表 ZY3300402003-11 查得 η=0.95 时，η_Σ=0.90，于是

$$P=0.37Q=0.37\times3000=1110\text{（kg）}$$

或

$$P=Q/(\eta_\Sigma n)=1110\text{（kg）}$$

（2）当滑轮从动滑轮绕出时，由表 ZY3300402003-11 查得 η=0.95 时，η_Σ=0.925，于是

$$P=0.27Q=0.27\times3000=810\text{（kg）}$$

或

$$P=Q/[\eta_\Sigma(n+1)]=3000/(0.925\times4)=810\text{（kg）}$$

表 ZY3300402003-11　　滑轮组主要性能

滑轮组的滚轮数 n	牵引端从定滑轮引出			牵引端从动滑轮引出		
	2	3	4	2	3	4
滑轮组的连接方式	P Q	P Q	P Q	P Q	P Q	P Q
滑轮组每单滑轮的效率 η	0.94	0.94	0.94	0.94	0.94	0.94
滑轮组的综合效率 η_Σ	0.916	0.883	0.86	0.94	0.912	0.887
提升荷载 Q 所需的牵引力 P	0.54Q	0.378Q	0.29Q	0.355Q	0.274Q	0.226Q
滑轮组每单滑轮的效率 η	0.95	0.95	0.95	0.95	0.95	0.95
滑轮组的综合效率 η_Σ	0.93	0.90	0.88	0.954	0.925	0.904
提升荷载 Q 所需的牵引力 P	0.538Q	0.37Q	0.284Q	0.35Q	0.27Q	0.22Q
滑轮组每单滑轮的效率 η	0.97	0.97	0.97	0.97	0.97	0.97
滑轮组的综合效率 η_Σ	0.95	0.944	0.927	0.968	0.96	0.94
提升荷载 Q 所需的牵引力 P	0.526Q	0.354Q	0.27Q	0.344Q	0.26Q	0.21Q
滑轮组每单滑轮的效率 η	0.98	0.98	0.98	0.98	0.98	0.98
滑轮组的综合效率 η_Σ	0.975	0.967	0.95	0.983	0.976	0.96
提升荷载 Q 所需的牵引力 P	0.51Q	0.344Q	0.26Q	0.34Q	0.256Q	0.208Q
滑轮组拉力 P 的计算公式	$P=Q/(n\eta_\Sigma)$			$P=Q/[(n+1)\eta_\Sigma]$		

注　Q 为提升荷载；n 为滑轮数或工作绳数；η_Σ为滑轮组的综合效率。

3. 滑轮的基本使用注意事项

（1）起重滑轮应根据提升荷载、所需的滑轮数和钢丝绳直径等选用起重滑轮的规格。

（2）使用前应检查滑轮的轮槽、轮轴、夹板和吊环（或吊钩）等各部分是否良好。

（3）检查滑轮边缘有无裂纹、轴承有无变形、轴瓦有无磨损等缺陷，滑轮转动应灵活。

（4）使用前应查明允许荷载。开门滑轮的钩环必须完好，钩鼻不准有伤痕。

（5）滑轮组的绳索在受力之前要检查是否有扭绞、卡绳、磨绳现象。滑轮收紧后，相互距离不宜小于下列要求：

1）牵引力 30kN 以下的滑轮组为 0.5m；

2）牵引力 100kN 以下的滑轮组为 0.7m；

3）牵引力 250kN 以下的滑轮组为 0.8m。

三、抱杆的应用选择

线路施工中用于起立杆塔的抱杆有木抱杆和金属抱杆两种。木抱杆以径缩率（从梢径向下即称直径递增率）较小的圆木刨制而成，基本不需维护，使用方便；由于木材的抗压强度较低，抱杆的承载能力受限制，一般 15m 及以下电杆施工大都利用木抱杆。金属抱杆使用较广的有钢管抱杆、变截面的薄壁钢板抱杆、角钢及圆钢抱杆、铝合金抱杆等。

1. 木抱杆的选择

木抱杆一般选用梢径 10～20cm，径缩率为 0.8%～1.0%，长 5～15m 的杉木或松木制成。木抱杆使用历史长，简单方便，无棱角，弹性大。目前在配电线路电杆起立施工和外拉线小抱杆组立铁塔时仍得到使用。

抱杆受力主要是承受轴向压力的作用，但由于抱杆是细长构件，当压力增大以后，其中部可能发生弯曲而影响其载荷，杆件越长，影响越大。因此，在进行木抱杆的选择时，除了进行外观质量检查外，必要时还应对抱杆的强度进行适当地验算。

2. 钢管抱杆选择的基本要求

钢管抱杆具有操作灵活，起重量大，拆、装、运输方便，经久耐用等优点，进行钢抱杆使用选择时，应结合实际工程的需要进行钢抱杆结构的选择，并根据起重量的大小及现场的场地条件、支承方式选择相应的抱杆组合方式及长短、大小。

3. 抱杆使用的基本注意事项

（1）木抱杆宜用圆松木或杉木制作。圆木应平直，单向弯曲度不得大于抱杆长度的 2%，且不允许有多面弯曲。

（2）木抱杆不得有裂缝、烂心、虫蛀（不包括抱杆表面的虫沟和小虫眼）和腐朽等缺陷。

（3）木抱杆树节的大小，不得大于梢径的 1/3。纤维螺旋程度（非直线的）在每米长度上不得大于梢径的 2/3，且不大于 12cm。

（4）钢抱杆的连接焊缝，不得有裂缝、夹渣、气孔、咬肉和未焊满等缺陷。

（5）钢抱杆应用热镀锌或防锈漆防腐。钢抱杆的中心弯曲不宜超过抱杆全长的 3‰。

（6）厂家制造的抱杆必须有出厂合格证。使用过的抱杆每年作一次荷载试验，其加荷值为允许荷载的 2.0 倍，持续 10min，合格后方得使用。

（7）抱杆的装卸运输，不得使抱杆产生变形或局部弯曲。

四、地锚的使用选择

线路施工中，固定牵引绞磨、牵引滑轮、转向滑轮、临时拉线、制动杆根等均要使用临时锚固工具，要求其承重可靠、施工方便、便于拔出、能重复使用。配电线路施工中常用的锚固工具主要有深埋式地锚、桩锚等。

1. 深埋式地锚

深埋式地锚是送电线路野外施工最常用、最经济的锚固工具。使用时将地锚埋入一定深度的地锚坑内，固定在地锚上的钢绞线或连接在地锚上的钢丝绳套同地面成一定角度从马道引出，填土夯实。

临时地锚应用较多的是圆木深埋地锚，如图 ZY3300402003-3 所示，其次是钢板地锚。

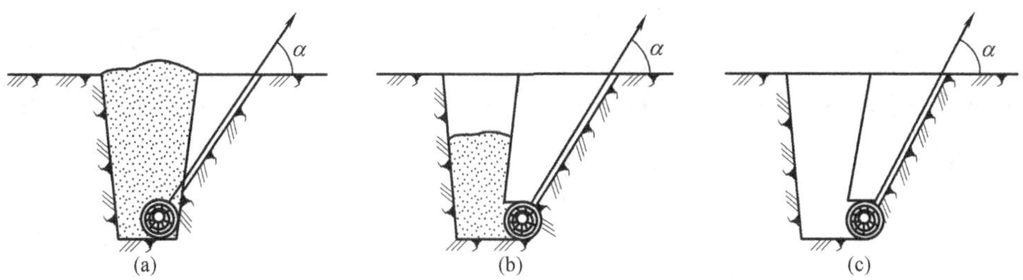

图 ZY3300402003-3　深埋式地锚的型式

（a）普通埋土地锚；（b）半嵌入式局部埋土地锚；（c）全嵌入式不埋土地锚

深埋式地锚所能承担的抗拉力是以埋入地下的圆木直径、长度、埋深、土壤性质以及拉力方向和地平面的夹角来决定的。在一般情况下，圆木本身自重的作用较小，可略去不计。同时也可不考虑地下水影响。

地锚的埋深和圆木直径及长度，视土壤种类和受力的大小而不同。施工时可根据土壤种类和牵引力的大小，由表 ZY3300402003-12 直接查得地锚的埋深和横木的长度及其直径。表中容许拉力是按受力方向对地夹角 45°，地锚的安全系数 K=2 求得的。

表 ZY3300402003-12　　埋入硬塑的黏土或亚黏土中圆木地锚的容许拉力　　kN

圆木直径（cm）		15	18			20			22			25			2×15
圆木长度（cm）		100	100	120	150	100	120	150	120	150	180	120	150	180	100
埋深	100	12.0	12.5	14	16	12.8	14.2	16.4	14.8	17.0	19.2	15.2	17.5	19.8	14.4
	120	18.4	19.0	20.9	23.7	19.3	21.3	24.2	22.0	25.3	28.2	22.7	25.9	29	21.5
	150	32	32.2	35.2	—	32.8	35.7	40	37.0	41.6	46	37.4	42	46.5	36
	180	—	52	—	—	52.3	56.6	—	57.3	63.7	—	58.3	64.8	71.3	55.7
	200	—	—	—	—	68.3	—	—	74	—	—	75.5	83.3	—	—

2. 桩锚

桩锚是以角钢、圆钢、钢管或圆木以垂直或斜向（向受力反方向倾斜）打入土中，依靠土壤对桩体嵌固和稳定作用，承受一定拉力。它承载力比地锚小，但设置简便，省力省时，所以在配电线路施工中得到广泛使用。为增加承载力，可采用单桩加埋横木或用多根桩加单根横木连接在一起，如图 ZY3300402003-4 和图 ZY3300402003-5 所示。

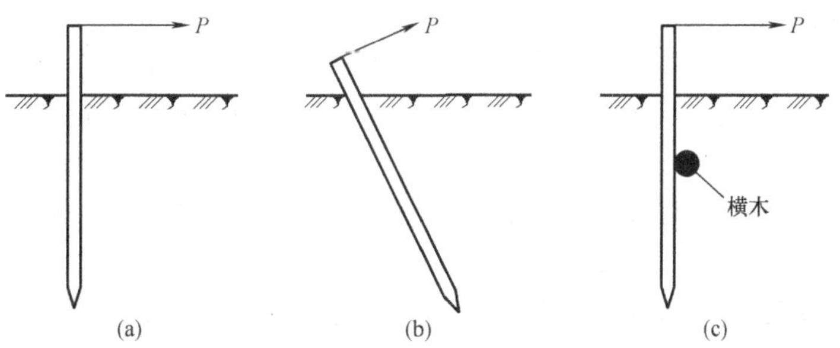

图 ZY3300402003-4　桩锚埋设的型式

（a）垂直打入；（b）斜向打入；（c）加横木

单桩与多根桩加横木的安全承载力分别见表 ZY3300402003-13～表 ZY3300402003-15，表中横木长 l=100cm，横木直径与桩直径 d 相等。

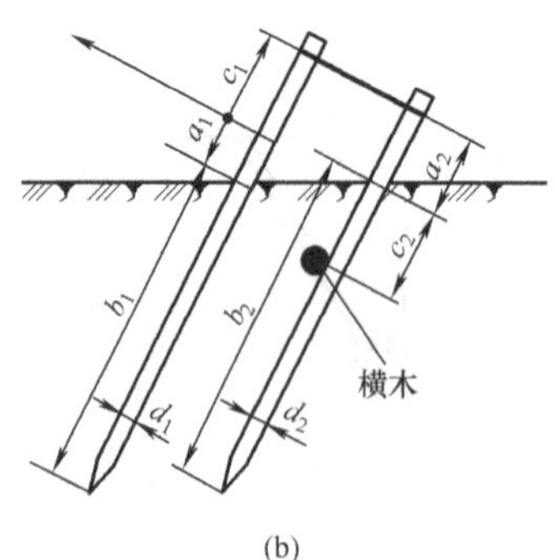

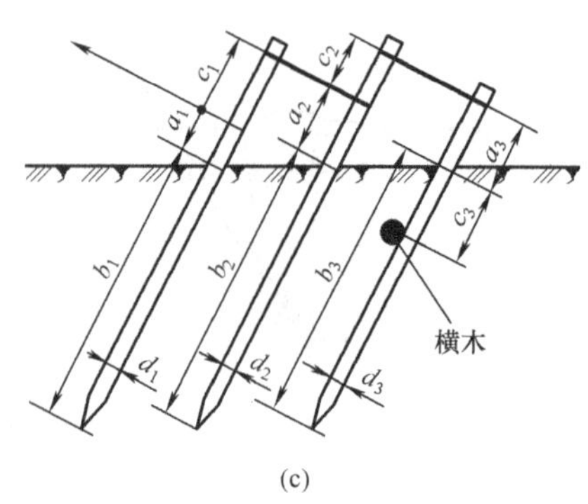

(a) (b) (c)

图 ZY3300402003-5 多桩锚埋设的型式

（a）单桩加横木；（b）双联桩加单横木；（c）三联桩加单横木

表 ZY3300402003-13 单桩加横木的桩锚安全承载力

安全承载力（kN）	如图 ZY3300402003-5（a）中所示尺寸（cm）			
	a	b	c	d
9.8	30	150	40	18
14.7	30	120	40	20
19.6	30	120	40	22
29.4	30	120	40	26

表 ZY3300402003-14 双联桩加单横木的桩锚安全承载力

安全承载力（kN）	如图 ZY3300402003-5（b）中所示尺寸（cm）							
	a_1	b_1	c_1	d_1	a_2	b_2	c_2	d_2
29	30	120	90	22	30	120	40	20
39	30	120	90	25	30	120	40	22
49	30	120	90	26	30	120	40	24

表 ZY3300402003-15 三联桩加单横木的桩锚安全承载力

安全承载力（kN）	如图 ZY3300402003-5（c）中所示尺寸（cm）											
	a_1	b_1	c_1	d_1	a_2	b_2	c_2	d_2	a_3	b_3	c_3	d_3
59	30	120	90	28	30	120	90	22	30	120	40	20
78	30	120	90	30	30	120	90	25	30	120	40	22
98	30	120	90	33	30	120	90	26	30	120	40	24

3. 地锚的基本使用注意事项

线路施工使用地锚、桩锚或地钻时，应注意以下安全事项：

（1）埋置地锚的回填土应夯实，地锚埋深不应低于施工方案设计的埋深。

（2）使用桩锚时，其上拔力应根据相应的土质条件，在使用前通过试验的方式进行确定，以保证上拔安全。

（3）在施工过程中，应随时注意观察地锚受力状况，如发生位移现象，应及时停止工作，妥善处理后再继续工作。

（4）拆除地锚时，应先将与地锚连接的受力拉线等拆除后，在不受力情况下将地锚挖出。

五、绞磨的选择和使用

绞磨（也称绞盘）是依靠人力或汽油泵等原动力以驱动磨轴旋转，磨轴上的磨芯缠绕牵引钢丝绳，当磨芯与钢丝绳之间的摩擦力足够时，便能牵引和提升重物。

图 ZY3300402003-6 所示是依靠人力驱动的手推绞磨，它是由卷绕钢丝绳的磨芯、磨轴、磨杠以及支承磨轴的磨架四大元件组成的。将磨绳如图 ZY3300402003-6（c）所示在磨芯上绕 5～6 圈，然后人推磨杠使磨轴和磨芯转动，利用磨杠与磨芯两者的旋转半径差以使磨芯圆周上产生较大的牵引力。配电线路施工中，应根据电杆的大小用 4～8 人推动绞磨进行牵引。

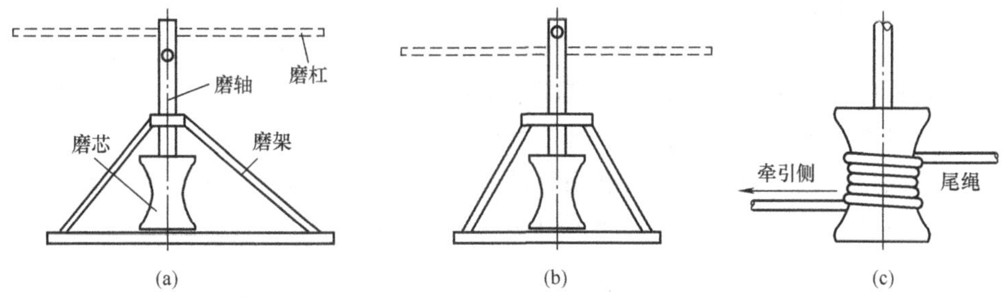

图 ZY3300402003-6　手推绞磨

（a）正面图；（b）侧面图；（c）磨绳在磨芯上的缠绕

由于手推绞磨的结构简单，搬运使用方便，因而仍是目前线路施工立杆紧线时普遍采用的牵引工具。

1. 绞磨的选择要求

一般情况下，进行人推绞磨的使用选择主要是根据绞磨本身的强度要求，结合实际工作的需要确定绞磨的牵引力，同时对磨芯及磨杠强度的使用安全进行校核。

绞磨牵引力的验算是根据磨芯上的输出负荷扭矩与作用在磨杠上的驱动扭矩相平衡的原理而进行的。当略去尾绳端拉力的作用时，人推绞磨所产生的牵引力为

$$Q=2\eta n\varphi FR_L/D_0 \quad \text{（ZY3300402003-7）}$$

式中　Q——绞磨的牵引力，N 或 kN；

η——绞磨的效率，磨轴装在滑动轴承上时取 0.8，磨轴装在滚动轴承上时取 0.9；

n——推磨杠的人数；

φ——考虑所有推磨杠人员的作用力不能同时利用及工作力臂不能同时最大利用的系数，2 个人推磨杠时取 0.8，4 个人推磨杠时取 0.7，6 个人推磨杠时取 0.65，8 个人推磨杠时取 0.6；

F——每个推磨杠人员施于磨杠上的稳定力，取 F=100N，N；

R_L——磨杠的力臂长度，取 $R_L=(0.35\sim0.4)L$，cm；

L——磨杠的全长，cm；

D_0——钢绳卷绕在磨芯上的卷绕直径，牵引时只绕一层钢绳，故 $D_0=D+d$，cm；

D——磨芯直径，cm；

d——牵引钢绳直径，cm。

【例 ZY3300402003-5】有一绞磨的磨杠全长为 3m，磨芯直径为 12cm，滑动轴承，用ϕ12.5mm 的钢丝绳牵引。求 8 个人推动时的绞磨牵引力。

解　已知绞磨为滑动轴承，取 η=0.8；8 个人推磨杠时，取φ=0.6；取 R_L=0.4L。

根据式（ZY3300402003-7）可知绞磨牵引力为

$$Q=\frac{2\eta n\varphi FR_L}{D+d}=\frac{2\times0.8\times8\times0.6\times100\times0.4\times300}{12+1.25}=6955\text{（N）}$$

故：当 8 个人推动绞磨时的牵引力为 6955N。

由此可见，在配电线路施工中，若使用人推绞磨进行电杆起立的牵引时，由于配电线路电杆相对较小，一般只需根据实际现场的具体情况安排推磨的人数，可不考虑磨芯及磨杠的强度。

2. 使用人推绞磨的安全注意事项

（1）磨绳的受力端应在磨芯的下方绕入、上方退出，以免卡绳。磨绳缠绕磨芯的圈数不宜少于 5 圈，拉磨尾绳不少于两人，并距绞磨不小于 2.5m，且不得站在尾绳圈的中间。

（2）当绞磨受力后，不得采用放松尾绳的方法进行松磨。

（3）使用前应检查绞磨的棘轮停止器是否灵活有效。在牵引过程中应随时注意棘轮停止器的动作

情况，以便随时能够制动。

（4）中途需停止工作时，应用棘轮停止器将绞磨制动，并用铁棍别住磨杠，并将尾绳缠在木桩或地锚上，但手不能离开磨杠。

（5）牵引钢绳宜水平进入磨芯。必要时可在磨架前10m左右安装转向滑轮。

（6）在牵引过程中如发生卡绳现象，应立即停止转动。

（7）绞磨的磨轴磨损严重、焊缝裂纹、磨杠有损伤者，不得使用。

另外，用于线路电杆起立施工中的绞磨还有机动绞磨、手摇绞磨（也称手摇绞车）等，关于这类绞磨的使用与维护应参照生产厂家的产品说明书进行，在此不述。

六、卸扣的选择使用

卸扣也称卡环，是线路施工中常用的连接工具。卸扣主要用于钢丝绳（或钢丝绳套，也称千斤）与其他工具如绞磨、地锚、滑轮等进行连接。

1. 卸扣的选择

卸扣的结构如图ZY3300402003-7所示。通常进行卸扣的选择时，首先根据连接处卸扣的受力并结合钢丝绳直径的大小，本着就大不就小的原则，既考虑与钢绳的配合，也要保证使用的安全；常见卸扣的主要尺寸及强度可参考表ZY3300402003-16进行选择。

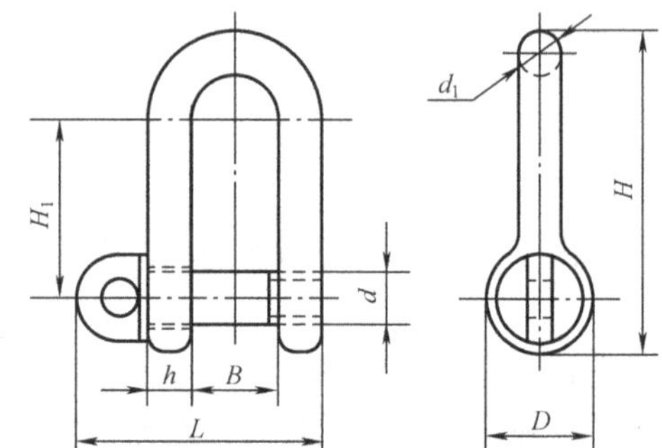

图ZY3300402003-7 卸扣结构示意图

表ZY3300402003-16 卸扣主要尺寸及容许荷载

卸扣号码	容许荷载（kN）	钢绳最大的直径（mm）	D（mm）	H（mm）	H_1（mm）	L（mm）	B（mm）	d（mm）	d_1（mm）	h（mm）
0.2	1.96	4.7	15	49	35	35	12	M8	6	3
0.3	3.234	6.5	19	63	45	44	16	M10	8	3
0.5	4.90	8.5	23	72	50	55	20	M12	10	3
0.9	9.114	9.5	29	87	60	65	24	M16	12	4
1.4	14.21	13	38	115	80	86	32	M20	16	4
2.1	20.58	15	46	133	90	101	36	M24	20	5
2.7	26.46	17.5	48	146	100	111	40	M27	22	5
3.3	32.34	19.5	58	163	110	123	45	M30	24	8
4.1	40.18	22	66	180	120	137	50	M33	27	8
4.9	48.02	26	72	196	130	153	58	M36	30	10

2. 卸扣使用的安全注意事项

（1）当卸扣的U形环变形或销子螺纹损坏后不得使用。

（2）不得将卸扣横向受力使用。

（3）卸扣销子不得扣在能活动的索具内。

（4）卸扣不得处于吊件的转角处，避免出现脱扣。

（5）卸扣应按标记规定的负荷使用，禁止超负荷。

【思考与练习】

1. 进行电杆起立施工的常用工具主要有哪些？各有什么作用？
2. 白棕绳和钢丝绳的安全承载力与哪些因素有关？
3. 白棕绳和钢丝绳在使用中有哪些安全要求？
4. 钢丝绳为什么要与滑轮直径配合？怎样配合？
5. 地锚和桩锚的承载力与哪些因素有关？

6. 抱杆、人推绞磨在使用过程中应注意哪些事项？

模块 4 起立电杆操作方法（ZY3300402004）

【模块描述】本模块包含三脚架法、单抱杆起立法、人字抱杆起立法及吊车起立法等内容。通过概念描述、流程介绍、图解说明、要点归纳，掌握电杆起立过程的基本技术要求和安全注意事项。

【正文】

根据线路施工的基本要求，进行配电线路的电杆起立时，应根据现场地形条件及电杆的大小采取不同的方法进行。对 10kV 及以下配电线路电杆起立的方法主要有：三脚架法、单抱杆起立法、倒落式人字抱杆起立法及吊车起立法几种。

一、三脚架法立杆

（一）作业方法

三脚架立杆是一种工具少、操作人员少、操作工序简单的立杆方法，如图 ZY3300402004-1 所示。

图 ZY3300402004-1 三脚架法起立电杆

如图 ZY3300402004-2 所示，根据三脚架法立杆所采用的三脚架结构不同，其立杆的形式也有所不同。当采用专用三脚架抱杆时，其牵引须采用配套的专用手摇绞车（也称手摇绞磨）。其中，三根支腿一长两短，绞车固定在长脚上，如图 ZY3300402004-2（a）所示。

当采用一般起重用三脚架（三根支腿等长）时，如图 ZY3300402004-2（b）所示，可采用一般起

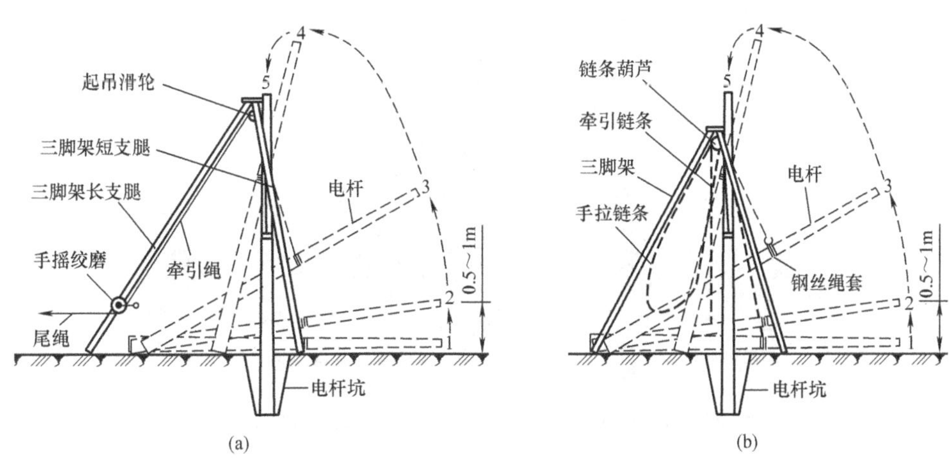

图 ZY3300402004-2 三脚架法起立电杆过程分解示意图

（a）三脚架抱杆起立电杆；（b）起重三脚架起立电杆

重用手拉链条葫芦（也称倒链）作为牵引设备。由于图 ZY3300402004-2（b）中所用工器具取材相对容易，因此，本文主要以图 ZY3300402004-2（b）所示方法为例，介绍三脚架法立杆过程的技术要求和安全事项。

（二）危险点分析及控制措施

1. 三脚架法立杆的危险点

三脚架法立杆主要危险点为倒杆伤人。

2. 控制措施

（1）所有工作人员应服从现场负责人的统一指挥。

（2）严格控制电杆起立过程中的三脚架平衡受力，始终保持电杆平稳地起立且速度均匀，避免大的冲击而出现电杆受力失控的现象。

（3）确保三脚架等所有工具的合格使用，并严格控制各支腿的受力平衡。

（4）除指挥人及指定杆根、三脚架支腿控制操作人员外，其他人员必须远离杆高的 1.2 倍以外的距离。

（5）电杆没有完成回填稳定前，不允许上杆作业。

3. 其他安全事项

（1）工作人员要明确分工、密切配合。在居民区和交通道路上施工时，应有专人看守。

（2）立杆过程中，禁止工作人员杆下穿越、逗留，杆坑内严禁有人工作。

（3）由于三角抱杆的受力将随重物的提升而导致整体起吊重心上升，抱杆稳定性下降，因此，三角抱杆立杆只适用于 10m 以下电杆的起立。

（三）作业前准备

1. 人员安排分工

采用三脚架立杆法应设现场指挥员 1 人、杆下操作人员 2 人、三脚监控人员 3 人、安全监护人员 1 人及辅助人员 3～4 人。

2. 工器具

使用三脚架立杆法所需的主要工器具包括：① 起重工具：三脚架一副、手拉链条葫芦（或其他牵引设备）一套、铁钎两根、钢丝绳套、白棕绳；② 防护用具：安全绳（或安全遮栏）、安全帽和个人工具等。

3. 起立现场布置

三脚架起立电杆的现场布置如图 ZY3300402004-3 所示，具体布置要求如下：

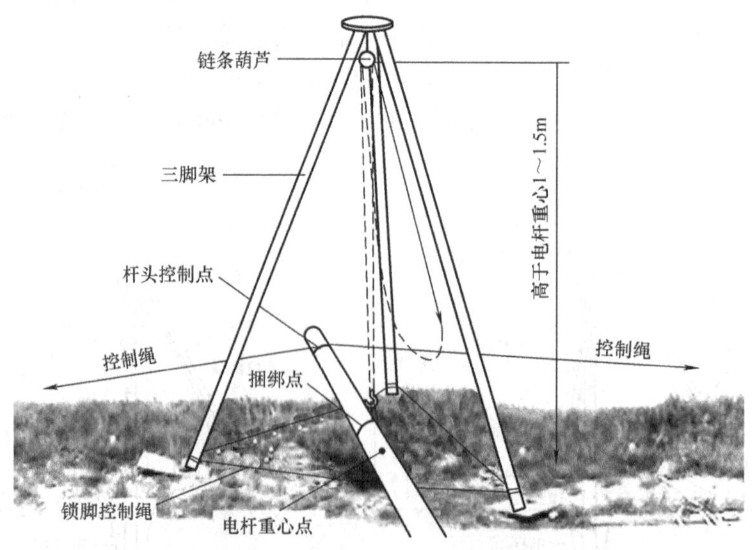

图 ZY3300402004-3 三脚架起立电杆现场布置示意图

（1）将三脚架抱杆杆顶置于杆坑附近，以保证电杆起立后的落位能直接进入杆坑。

（2）三脚架抱杆的有效起吊高度应高于电杆重心 1～1.5m。电杆的起吊捆绑点应高于电杆的重心点。为防止电杆起立撞击抱杆，在电杆的顶部设一临时控制绳。

（3）在各支腿的座脚点处适当采取措施，以防止抱杆根部在电杆起立过程中出现下沉、侧滑。

（4）四周操作控制点应设置在距杆中心 1.2 倍杆高以外，并以此距离设置安全警戒区，防止其他人员的误入。

（四）操作步骤、质量标准

1. 步骤一：起吊受力检查

现场指挥员完成场地检查后，下达起吊命令，杆下工作人员拉动手链开始电杆的起吊。

当电杆抬头 0.5m 时应停止牵引，由各工位工作人员对所在点的各部位受力进行全面检查。对可能出现的不正常现象，应查明原因并及时处理，只有在确认所有受力正常后，方可继续起吊。如图 ZY3300402004-2 中位置 1 所示。

2. 步骤二：电杆起吊

（1）重新进入起吊后，在图 ZY3300402004-2 中位置 2～3 的过程中，杆下操作人员应均匀地拉动葫芦手链，杆根工作人员用钢钎拨动杆根，保持电杆向杆坑位处缓慢平稳地前移。

（2）在图 ZY3300402004-2 的 3～4 起立过程中，随着电杆起吊角度的不断增大，杆下及四周控制操作人员应随时注意电杆重心的变化，随时调整电杆重心的位置及起立方向，以确保起立过程的安全。

（3）如图 ZY3300402004-2 中 4～5 过程所示，当电杆起立超过 75°以上时，应适当放慢牵引速度，同时四周控制绳应适当调整力度，避免电杆起立过程的不必要摆动，以保证三脚架在电杆重心上移时的工作稳定性。

3. 步骤三：电杆定位

（1）当电杆进入杆洞后，杆下工作人员应慢慢将电杆下落并在下落过程中避免电杆与洞壁间发生接触而阻碍电杆的下落，如图 ZY3300402004-4 所示。

图 ZY3300402004-4　三脚架法起立电杆过程分解示意图

（2）电杆落位后，调整葫芦及四周控制临时拉线的力度将电杆校正，并在电杆垂直度校正后及时地按规定进行杆坑的回填土。

根据线路施工的要求，回填时，应每填入 200mm 厚度夯实一次，直到满足设计及验收规程的要求为止。

（3）检查电杆垂直度符合设计要求，清理现场工具，立杆施工结束。

二、单抱杆起立法立杆

（一）作业方法

1. 作业方法及主要特点

单抱杆起立电杆是架空电力线路杆塔组立施工中常见的电杆起立方法。采用单抱杆组立杆塔的方法有多种，根据抱杆结构、材质及强度大小的不同，单抱杆组立杆塔的方式也不相同。本模块仅介绍小型落地式单抱杆起立中、低压配电线路电杆的基本操作方法。其方法的主要特点如下：

（1）立杆的过程简单，操作方便，其安全、稳定性相对人力叉杆要高。

（2）电杆起立方法灵活，立杆时，可根据电杆的大小和地形条件的不同选择适当合适的抱杆和电杆起立的方向。

（3）起重量大，一般小型木质单抱杆可起立 8～15m 各种类型的电杆。

2. 工作原理

单抱杆立杆的方法原理如图 ZY3300402004-5 所示。单抱杆由 4 根临时拉线分别在四周固定杆头，抱杆根部锁在地面的角铁桩上，牵引钢绳的绳头通过起吊滑轮直接绑扎在电杆的吊点处，同时绳尾利用落地转向滑轮与牵引设备相连。立杆时，启动牵引设备从地面吊起电杆，当电杆直立吊起后，将电杆直接插入坑底，完成电杆的起立。

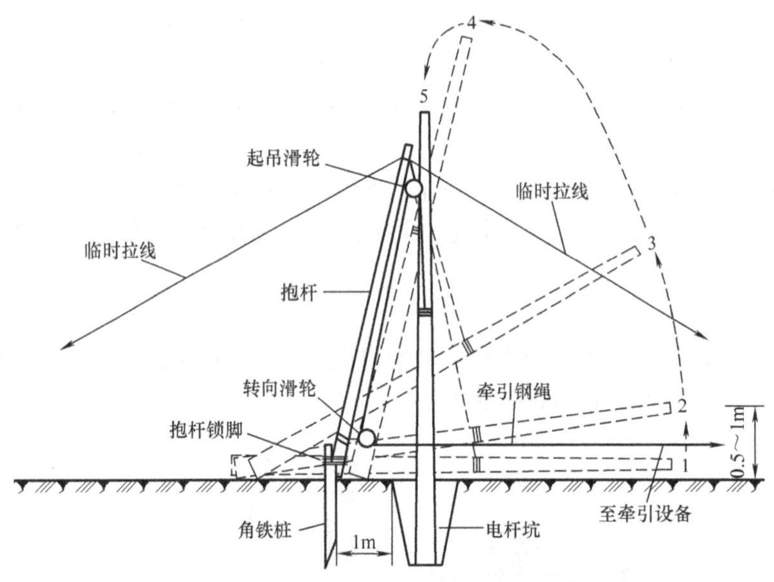

图 ZY3300402004-5 单抱杆立杆方法原理示意图

（二）危险点分析及控制措施

1. 危险点

（1）抱杆强度不够或支撑方式不合理，将导致抱杆折断。

（2）抱杆控制不合理或操作过程中失去稳定性，可能直接造成倒杆事故。

2. 防止措施

（1）严格对抱杆的外观质量进行检查，确保抱杆的质量合格。

（2）合理调整抱杆四周拉线的受力，确保抱杆的工作稳定性。

（3）匀速起吊，杆下工作人员应随时注意起吊过程中电杆的运动，避免由于其他障碍物而影响电杆的起吊平稳。

（4）电杆直立后，应立即制动电杆四周临时拉线。

3. 其他安全事项

（1）在保证抱杆强度（安全系数不低于 4）足够的前提下，抱杆的有效高度（吊点滑轮到地面的垂直高度）至少应高于电杆重心高 1～1.5m，以确保起立过程有足够的起吊空间。

（2）白棕绳的外观质量应符合有关规定的要求，应无霉变、断股、散股等现象。

（3）钢丝绳及钢丝绳套（千斤套）的外观质量应符合有关规定的要求（钢丝绳的安全系数应不低于 4.5，千斤套的安全系数应不低于 10），当出现明显磨损、毛刺、断股、电弧或火烧伤时，不允许使用。

（4）在满足滑轮有足够的机械强度条件下，滑轮的转动应灵活且无明显的外观损伤。

（三）作业前准备

1. 人员安排分工

进行单抱杆立杆应设：现场施工负责人1人，负责现场统一指挥、协调工作；现场专职安全负责人（监护人）1人，负责施工现场的安全监护；杆下操作人员2人，负责进行电杆在坑口处的调整控制；四周临时拉线控制人员各1人，共4人，负责电杆四周临时拉线的调整、控制；其他辅助工作人员若干。

2. 工器具

用于单抱杆立杆的主要工器具有：

（1）抱杆。小木抱杆或小型金属抱杆1根，有效高度应大于电杆吊点高度1～1.5m，安全系数应不低于2。

（2）主牵引绳。钢丝绳1根，长度满足施工场地布置要求，安全系数应不低于4.5。

（3）抱杆临时拉线。白棕绳4根，长度不小于抱杆长度的2倍，安全系数应不低于3.5。

（4）电杆控制绳。白棕绳4根，长度不小于电杆长度的2倍，安全系数应不低于3.5。

（5）滑轮。不少于2只，吊点1只，落地转向1只，强度不得低于可能出现的最大受力。

（6）角铁桩。6根，临时拉线固定用4根，抱杆座脚和牵引设备处各用1根。

另外，用于立杆的辅助工具还有撬杠（钢钎）、千斤套、垫木等。

3. 场地布置

（1）单抱杆座脚应距杆坑口保持约1m的距离；抱杆的倾角应小于15°；抱杆吊点应垂直于电杆中心；杆顶拉线交叉90°分布在四周；拉线固定位置距杆中心1.2倍杆高以外。

（2）电杆的布置方向应与抱杆的倾斜方向一致；电杆吊点位置应高于电杆重心点的高度，且吊点处的捆绑应牢固。

（3）单抱杆座脚处设一角铁桩，角桩的埋深应不小于桩身长度的2/3，用白棕绳将抱杆与角铁桩捆绑稳固。

（4）牵引钢绳的牵引方向应与电杆起立方向平行；牵引绳应避开电杆坑口；牵引设备的位置应不小于电杆高度的1.5倍，且牵引地锚的设置应稳定、可靠。

（四）操作步骤、质量标准

单抱杆立杆的分解过程如图ZY3300402004-5所示，具体过程如下。

1. 起吊受力检查

现场施工负责人宣布开工，启动牵引设备，电杆抬头0.5m左右（如图ZY3300402004-5所示位置2）时停止牵引，安全负责人督促现场工作人员对各部位受力进行检查。

2. 电杆起立

确认各部位受力正常后，继续起立。

当电杆起立到30°左右（如图ZY3300402004-5所示位置3）时，操作人员应通过电杆顶部的临时控制绳调整电杆在空间的位置。同时，杆根处的操作人员应控制电杆根的位置，避免电杆与抱杆及抱杆的拉线碰撞。

3. 电杆落位

当电杆起立接近图ZY3300402004-5所示位置4即将离地时，应放慢牵引速度。同时，杆根下工作人员应注意控制电杆根部，使其缓慢进入杆坑，避免抱杆受到冲击。

4. 电杆调整固定

电杆进入杆坑（如图ZY3300402004-5所示位置5）后，现场负责人应注意指挥工作人员调整电杆控制绳，并严格控制慢放牵引绳使电杆垂直下落至坑底。

5. 回填土

调整电杆四周控制绳使电杆中心位置及垂直度达到设计和规范的要求后，制动四周控制绳，杆坑回填土。回填土的要求与人力叉杆方法的回填土的要求一致。

检查、验收电杆各部件安装质量符合设计和规范的要求，现场负责人宣布清理现场，电杆的起立完成。

三、倒落式人字抱杆起立法立杆

（一）作业方法

倒落式人字抱杆是利用两根结构相同、强度一致、材料相同的抱杆，采用一定方式将杆顶进行连接，形成人字形支撑，使两抱杆共同受力。同时，利用两抱杆组成的平面，以两抱杆根部为支点旋转，并通过旋转带动杆塔旋转，从而达到将地面杆塔立起的目的。其主要特点如下：

（1）起重量大，稳定性好。适用于 15m 及以上的较大电杆的组立。根据所用抱杆的大小，在场地条件合适时，倒落式人字抱杆组立的方法适用于所有中小型杆塔的组立。

（2）场地要求高。倒落式人字抱杆组立要求有足够布置所有工器具的场地，作业面较大。

（3）技术要求较高。控制好整个过程的稳定性是保证作业安全的关键。

倒落式人字抱杆组立的方法在架空电力线路杆塔组立施工中被广泛使用。本模块将介绍倒落式人字抱杆配电线路工程中组立常规电杆的基本要求。

（二）危险点分析及控制措施

1. 危险点

倒落式人字抱杆组立电杆的危险点主要是倒杆伤人。

2. 控制措施

（1）确保所有工器具的合格及使用正常。

（2）除指定杆下工作人员外，其他工作人员禁止进行杆下作业。

（3）严格控制整个起立过程的受力平衡，避免出现电杆摇摆和抱杆的倾斜。

（4）禁止在电杆未完全固定前上杆作业。

3. 其他安全事项

（1）施工现场必须统一指挥并有专职安全员现场监督。

（2）四周操作控制点距杆中心的距离应大于 1.2 倍的杆塔全高。

（3）在完成杆塔校正、拉线制作且电杆定位稳定后方可上杆作业。

（三）作业前准备

1. 人员安排分工

进行倒落式人字抱杆组立施工作业现场主要工作人员及分工为：现场负责人 1 人，负责现场全面统一指挥并兼纵向（起立方向上）控制指挥；现场安全负责人 1 人并兼起立横向控制指挥；杆下作业人员 2～4 人，负责基础坑处电杆的落位及抱杆座脚的调整、控制；杆上作业人员 1 人，负责登杆及杆上的操作；牵引设备操作人员 1 人，负责牵引设备的控制（如是机动牵引设备，则应由专门的专业人员进行操作）；牵引绞磨辅助操作人员 1 人，负责绞磨尾绳的控制；四周临时拉线控制人员 4 人，负责临时拉线的调整、控制；其他辅助人员若干。

2. 工器具

倒落式人字抱杆起立单根电杆所必需的主要工器具有：

（1）人字抱杆。1 副，抱杆的有效高应不低于电杆重心高的 0.8 倍，安全系数不低于 2.5。

（2）总牵引钢丝绳。1 根，安全系数不低于 4。

（3）固定钢丝绳。1 根，安全系数不低于 6。

（4）锁脚制动钢丝绳。2 根，安全系数不低于 6。

（5）牵引滑轮组。1 套，其中牵引钢丝绳的安全系数应不低于 4.5。

（6）总牵引地锚。1 副（含配件），安全系数不低于 2.5。

（7）其他控制地锚。5 副（含配件），安全系数不低于 2。

（8）四周临时拉线。白棕绳 4 根，安全系数不低于 4。

另外，用于立杆的辅助工具还有撬杠（钢钎）、千斤套、垫木等。

3. 场地布置

以单杆双吊点整体起立为例，倒落式人字抱杆组立电杆的现场布置如图 ZY3300402004-6 所示。

主要工器具的具体布置要求如下：

（1）抱杆的初始角应为60°左右（在55°～65°内为宜）。

（2）固定钢丝绳在电杆上的合力点应高于电杆的重心点。

（3）总牵引地锚距电杆中心距离应大于1.5电杆高度。

（4）牵引方向应与电杆的起立方向一致（若是双杆，则应与线路中心线的方向一致）。

（5）抱杆根部的座脚距电杆中心2m左右（电杆长度不超过18m时）。

（6）总牵引地锚中心点、电杆重心点、抱杆座脚中心点、锁脚绳合力点4点的位置在平面上应处在同一直线上（起立方向中心线上）。

（7）四周控制点（包括临时控制拉线、锁脚控等）距电杆中心的距离应不小于1.2倍的电杆高度。

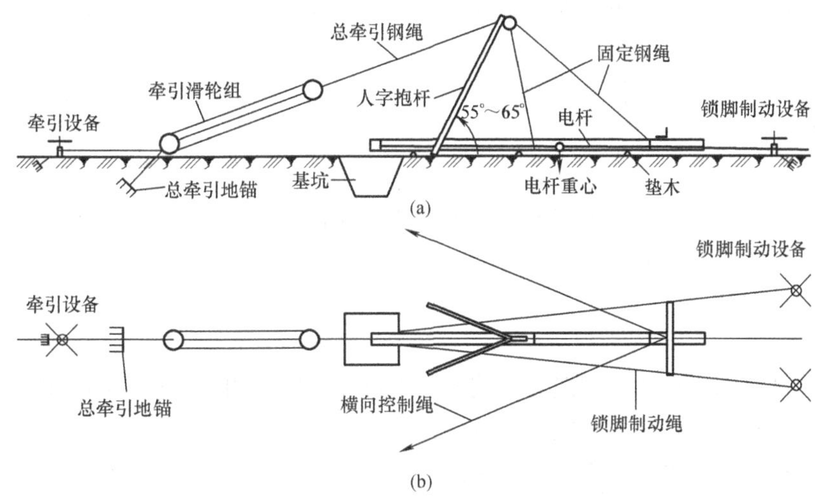

图ZY3300402004-6 倒落式人字抱杆组立法现场布置示意图

（a）布置断面示意图；（b）布置平面图

（四）操作步骤、质量标准

倒落式人字抱杆组立电杆的过程分解如图ZY3300402004-7所示。具体起吊过程如下。

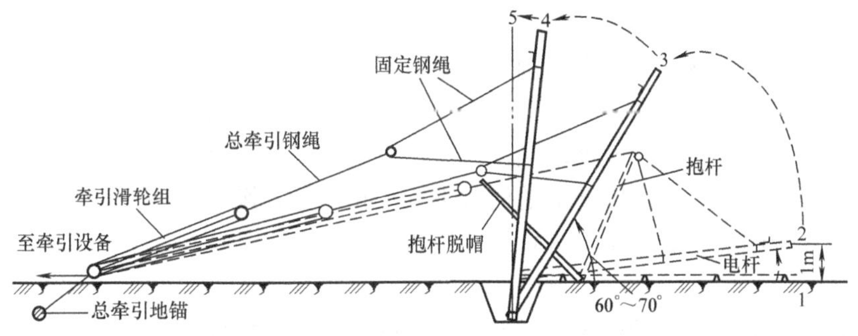

图ZY3300402004-7 倒落式人字抱杆组立电杆过程分解示意图

1. 起吊受力检查

现场准备工作完毕后，经现场工作负责人和安全负责人检查确认无误，由现场工作负责人下令开始起立。当电杆抬头0.5～1m（如图ZY3300402004-7中所示位置2）时，应停止牵引，由现场安全负责人督促各工位进行整体各部位的受力检查；确认所有受力正常后，安全负责人向工作负责人报告，工作负责人再次下令启动牵引设备，继续起立电杆。

2. 电杆起立

如图ZY3300402004-7中位置2～3所示，进入正常起立工作后，在保证牵引设备正常工作的同时，工作负责人观察并指挥调整电杆起立过程各部位的平衡；四周控制人员与杆下工作人员配合，在保证电杆平稳起立的前提下，锁脚控制绳慢慢松出，使电杆在起立至45°左右时，能够顺利将杆根落位，然后匀速起立。

3. 抱杆脱帽

当电杆起立到 60°～70°（如图 ZY3300402004-7 所示位置 3）时，抱杆脱帽（失效——抱杆不再受力），杆下工作人员应迅速将抱杆撤离系统，并放至地面；若这阶段抱杆不能正常脱帽，则杆下工作人员应采取措施，强行使抱杆脱帽撤离，以确保后续起立能正常进行。

4. 电杆调整固定

抱杆脱帽后，适当放慢牵引速度继续起立，当电杆起立至如图 ZY3300402004-7 中所示位置 4（最多不超过 85°）时，工作负责人下令停止牵引，由横向控制（安全负责人）人员协助，分别通过纵、横两个方向指挥，通过调整四周临时拉线将电杆调正（包括电杆的垂直度和横担方向）到图 ZY3300402004-7 所示位置 5。

电杆调正后，由工作负责人下令四周辅助工作人员完成电杆的永久拉线制作。

5. 回填土

回填土的要求与前述人力叉杆立杆的要求基本一致；只是当电杆较大、基础较深时，则按规定应每填入 200mm 厚度土层夯实一次。

6. 施工结束

杆上作业人员上杆撤出所有杆上工器具，紧固所有连接螺栓，并完成所有安装部件检查合格后，清理施工现场，电杆的起立结束。

四、吊车起立法立杆

（一）作业方法

吊车起立电杆是借助吊车的起重能力取代传统抱杆完成电杆的起吊安装的一种立杆工艺。吊车立杆适合于交通条件便利的道路两侧及能够通行到位且土质相对较好的田间地头。吊车立杆具有立杆速度快，相对所需人员、工具少，操作方便、灵活等特点。

由于吊车司机属于特殊工种的操作人员，专业上被称为特种作业人员；按规定，进行吊车起吊的操作人员应是经专业培训合格、并取得相应的合格证的专业人员。

（二）危险点分析及控制措施

1. 危险点

吊车立杆的主要危险点为高空落物伤人。

2. 控制措施

（1）进行电杆捆绑时，捆绑一定要牢固、稳定，不允许有滑动的可能性。

（2）吊车起吊及旋转的过程中，禁止有人在吊物下方行走、逗留及工作。

（3）吊车旋转时动作应均匀，速度适当慢一点，避免吊臂旋转过程中电杆出现过大的摆动。

（4）严格控制吊车在旋转或吊臂伸缩的同时进行重物的提升操作。

（5）电杆未填实稳固前，禁止吊车进行撤钩操作。

3. 其他安全事项

（1）合理安排起吊路线，严禁吊车的吊件从人身或驾驶室上越过。

（2）在吊车工作期间，吊车吊臂上及构件上严禁有人或浮置物。

（3）为保证施工现场的安全和作业秩序，在过往人员较多或相对人员集中的地方立杆时应设安全围栏，防止行人误入作业区。

（三）作业前准备

1. 人员安排分工

现场工作（指挥）负责人 1 人；吊点捆绑扎人员 1 人；杆下作业人员 2 人；其他辅助作业人员若干。

2. 工器具

（1）吊车。1 台。

（2）电杆运输车。1 台。

（3）吊点千斤绳。1 根，安全系数不低于 10。

（4）其他辅助工具（如采用旗语指挥用的红、绿小旗等）及挖掘、夯实工具等。

3. 吊车定位

吊车的定位应根据吊车的具体机械性能确定。进行吊车立杆时，首先应保证吊车落位处的地形应基本平整，且地基稳固；同时应根据现场的具体情况合理地安排吊车与杆坑中心及电杆运输车间的距离（即吊车的回转半径），既要让吊车有安全稳定的工作环境和足够的运转空间，同时又要严格控制作业范围。

由于吊车起重量的大小取决于吊车吨位的大小，而吊车的吨位是以吊车受力时力矩（即吊车吊起的重量与吊车吊臂的有效水平长度的乘积）的大小来表达的，因此，在吊车定位时，合理地控制吊车吊臂的伸长和吊臂对地的倾角，直接关系到吊车起重量的大小，同时，也直接影响吊车及作业现场的安全。具体使用吊车的工作状态，应以吊车司机为主，不能勉强吊车司机进行可能超越吊车承受能力的操作。

（四）操作步骤、质量标准

吊车立杆的操作过程如图 ZY3300402004-8 所示，具体操作步骤如下。

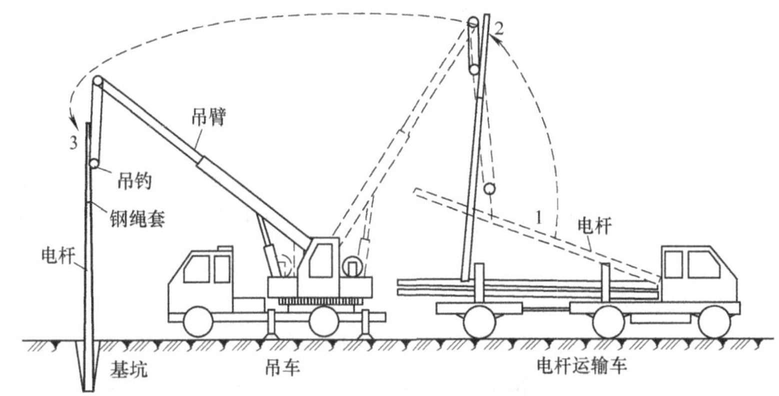

图 ZY3300402004-8　吊车起立电杆过程分解示意图

1. 捆绑电杆吊点

采用吊车立杆时，对电杆吊点位置的选择，首先应保证高于电杆重心，以确保电杆起吊后杆头向上；其次还应考虑电杆的弯矩承受能力，以确保电杆起立后，杆身质量不受到影响。因此，一般情况下，吊点的位置应选择在略高于电杆重心不超过 1m 的位置为宜。

采用钢丝绳套进行吊点捆绑时，钢丝绳应在电杆上至少缠绕 2 圈且外圈应压住内圈，然后用卸扣锁好后直接挂在吊车的吊钩上。

2. 起吊电杆

当捆绑人员完成挂钩离开电杆后，现场工作负责人下令起吊，由吊车司机启动机器缓慢提升电杆；当杆头起立后到如图 ZY3300402004-8 中所示位置 1 时，吊车应停机进行系统的受力检查，确认各部位受力正常、电杆无异常反应时，继续垂直提起电杆（禁止横向拖拉电杆），直到电杆全部腾空，如图 ZY3300402004-8 中位置 2 所示。

3. 电杆落位

吊车司机在现场工作负责人的指挥下，缓慢地转动吊车，将电杆由运输车上方转向电杆基础坑的上方，并在负责人的指挥和地面杆下作业人员的配合下，将电杆缓慢地放入基坑内，直到杆根全部落地，如图 ZY3300402004-8 中位置 3 所示。

4. 电杆调整固定

杆下作业人员在电杆落稳并调整好电杆的位置，向坑内填土（最多不宜超过坑深的 1/3）并将杆根部分夯实后，现场指挥人员分别在纵、横向指挥吊车司机操作吊臂，将电杆的垂直度调整达到设计和验收规程的要求，然后，吊车停机，但仍保持受力状态。

5. 回填土

地面工作人员按规定进行电杆基础坑内分层回填土，并逐层夯实，直到达到设计和验收规范的要求。

杆身全部稳固后，杆上作业人员上杆撤出吊车挂钩，并完成杆上横担的安装；检查无误后下杆清理现场，结束立杆作业。

【思考与练习】

1. 人力叉杆组立电杆时应注意的问题主要有哪些？三脚架立杆时应注意的主要问题有哪些？
2. 简述人力叉杆法组立电杆的全过程。简述三脚架立杆法组立电杆的全过程。
3. 采用单抱杆立杆时应注意哪些问题？
4. 单抱杆立杆时，对现场工器具的基本要求有哪些？
5. 倒落式人字抱杆的稳定性控制主要体现在哪些方面？
6. 采用汽车吊进行电杆组立时应注意的问题有哪些？

模块 5　杆塔组立施工方案的编写（ZY3300402005）

【模块描述】本模块包含杆塔组立施工方案编制基本原则和施工的组织、技术及安全措施的编写要求等内容。通过概念描述、要点归纳，掌握编写杆塔组立施工方案的方法。

【正文】

一、杆塔组立施工方案编制基本原则

1. 杆塔组立施工的特点

杆塔组立施工在架空线路工程中属于高处作业和起重作业的综合工程，具有危险性大、安全要求高、技术性强的特点，因此，进行施工方案编写的过程中，应重点从施工组织、技术及安全要求的角度，强调方案的严谨及相互间的保证。

2. 杆塔组立施工措施的主要内容

杆塔组立施工措施或施工方案应包括：施工具体实施的组织内容，组立杆塔的主要技术要求和安全注意事项（习惯称之为“三措”，即组织措施、技术措施、安全措施）；并明确组织、技术、安全三者间的相互关系，通常组织是技术的前提，技术是安全的保证，安全的最终目的是体现组织工作的正确性。

进行施工措施编写的过程中尽可能做到：语言简练、专业化强，用语规范、准确，结合需要进行图解说明，所有的规范、标准等必须是具有法律性、指导性的文件。

二、杆塔组立组织措施的主要内容

1. 现场描述及方法的选择

杆塔组立的方法很多，选择合适的方法，将直接影响工程的进度、技术指标的实现及安全生产的保证。因此，进行施工组织措施的编写，必须做到以下几点：

（1）认真进行现场勘察，对作业现场的地形、地物、地貌及周边的环境、土质情况，农作物等可能影响施工作业的一切因素，均应做好详细的记录。

（2）根据现场的具体情况，结合实际工作对象的要求，考虑安全及现有人力物力的基本情况，本着市场经济的原则，选择几套切实可行的作业方法。

因此，在制定组织措施的时候，应从施工组织的角度出发，对现场的实际情况进行详细的描述，并结合现场的具体情况，对选定的方法进行比较、说明。

2. 制定组立施工方案及基本作业流程

将上述选定的结果取长补短，综合性地提出切实可行的组立方案，并进行肯定；围绕选定的方法进行组织设计，制定作业进程，对较长工期的工程还应进行分段目标划定。

进行基本作业流程设计时，应充分考虑一切可能因素的影响，同时应符合规程及安全的要求。

3. 人员安排

施工组织的人员安排的基本原则是：充分发挥和调动现场工作人员的积极性，同时又要考虑技术的安全的需要；所有人员的安排及分工职责，必须符合电力生产安全工作规程的要求，如现场监护人必须是具有相当实践经验、工作态度认真负责的专业人员，但规程规定监护人在监护工作期间不允许参入其他工作，因此必须得进行综合考虑。

进行组织措施设计时，对人员的分工、安排应十分明确。

4. 工器具的组织准备

工器具的组织准备通常是建立在具体的杆塔组立方案基础上的，根据选定的杆塔组立方法，确定进行实际操作所需的基本工器具的种类，同时，结合实际操作中各种工具的具体受力分析，进行工具规格的选择和配套，其原则是确保工器具在实际使用过程中的安全。

工器具的选择、配套，在施工方案中通常是以配套表的表格形式进行表达，因此，在进行要具配套表制定时应明确相应工具的名称、规格、数量、对应安全系数的要求等。

5. 材料运输要求

材料运输是整个施工组织过程中不容易表述清楚的，现场的工作环境、交通气候条件都可能对材料的运输造成影响，因此在措施编制时应明确材料的品种、数量、运输起止点、现场存放要求及时间要求，包括消耗性材料的超用量等。

三、杆塔组立的主要技术要求

1. 场地布置的主要技术要求

杆塔组立的方法不同，对场地的布置要求也不同；同样的方法，在不同的环境、地理条件下，布置的要求也不一样。因此，从杆塔组立技术角度的要求，应通过技术措施提供一个具有指导性的布置方案。如对电杆临时拉线的布置，原则上以“对地夹角不大于 45°为宜，在受地形影响的条件下，最大不超过 60°”，这样就便于实际工作中的具体实施。

施工方案的场地布置通常应以平面结合断面图形进行描述，因此，要求在场地布置图编制时，必须使用规定的符号或大家共同明确的术语，且同一个工具在图中不同的位置上所用的符号必须一致，必要时结合文字加以说明。

场地布置图中各工器具的位置、相互间的距离，不一定要统一比例地缩放，相互间可以通过文字、数值等进行表述，使工作人员能够准确的识读。

2. 起立过程关键点主要工器具的受力分析

施工方案应从技术的角度出发，对实际操作过程中的关键点、主要工器具的受力进行准确的分析，以便于施工人员在使用中能够准确地把握。

工器具的受力分析，在方案中可以不将其推导的公式及计算过程全部写出，但具体的受力大小及出现在什么阶段、可能导致的后果等必须交待清楚。

3. 主要工器具的配置要求

对主要工器具的配置要求应以操作规程的规定及技术要求为基准，并强调其组合的安全系数、实际应用时可能受到的影响等，同时还应结合实际情况进行补充说明。

进行杆塔组立施工的主要工器具包括抱杆、牵引钢丝绳，地锚、承力滑轮、临时拉线等。这类工器具配置的合理，可以直接给操作人员一种安全感。

4. 杆塔组立的主要技术指标

杆塔组立的主要技术指标包括：主要材料的外观、结构的完整及几何尺寸、螺栓的穿向、构件连接的紧密程度等。如金属构件表面无锌皮脱落、横担无扭曲变形，横担水平误差等。

四、杆塔组立的安全措施的主要内容

安全措施的所有规定、限制性的要求应以相应的安全操作规程为依据，进行安全措施的编制时，其语言的表达应准确、规范且符合规程的要求。

1. 杆塔组立施工的主要安全注意事项

杆塔组立施工重点强调高处作业人员的规范行为、现场工作人员相互配合要求。主要内容包括：杆上作业人员的站位、安全带及个人保安线的正确使用，上杆、下杆应进行的检查，杆下工作人员的工作范围，杆上和杆下人员的配合要求，相关工器具的正确使用等。

2. 主要工器具的使用安全

主要工器具的使用安全，重点是强调其使用过程中的安全系数，如钢丝绳的安全系数 4～4.5，地锚的安全系数不小于 2 等。

其次是强调工器具的使用方式。如允许使用拉力为 1kN 的钢丝绳，在定滑轮的工作方式下最多只允许起吊 1t 重的重物，如果与动滑轮配合，则可吊起加一倍的重量。

因此，在安全措施中对主要工器具的安全要求必须明确使用条件及场合。

3. 关键点的安全控制

杆塔组立或立杆作业的主要危险点是高空落物及高空坠落伤人，因此在进行关键点安全控制时，应重点强调高处作业的基本要求。

【思考与练习】

1. 简述工程项目施工措施的主要内容。
2. 简要说明进行施工措施编制的基本要求。

第二十一章　10kV 及以下配电线路施工

模块 1　10kV 配电线路施工方案的编写（ZY3300403001）

【**模块描述**】本模块包含 10kV 配电线路施工方案编制基本原则和施工的组织、技术及安全措施的编写要求等内容。通过概念描述、要点归纳，掌握编写 10kV 配电线路施工方案的方法。

【**正文**】

一、配电线路施工方案的主要内容

进行配电线路整体工程施工方案的编写时，相当于整体工程的工作计划，需要全面综合地进行整体考虑。配电线路工程施工方案编写的主要内容有：工程整体概、预算；工程进度及组织措施；施工的技术措施及安全措施。

二、工程概、预算

进行工程的概、预算，首先应进行工程的整体概况简述，围绕着工程项目的具体内容，对工程进行概算，以明确工程可能（或所需）发生的所有费用，同时，围绕着工程项目的展开，提出相应的工程预算。

从组织的角度出发，工程项目的管理人员通过对工程概况的了解，更加明确了工程的具体内容及工程的下一步展开形式，有利于进行工程管理，有利于对工程的精细化。

工程的概、预算，应按工程的设计要求和国家的有关规定进行，同时，也要求进行施工方案编写的同时也对整个工程进行系统的规划。

三、工程的进度设计及施工组织

工程的进度设计及施工组织包括工程项目的分段实施计划及各阶段工程的施工组织。

1. 工程的分段实施计划

进行工程分段划分的目的是便于更好地对各个阶段的工程进行组织实施，分段通常是以工程项目的具体内容进行划分。配电线路工程通常可分为基础工程、杆塔工程和架线工程三个阶段。制定工程分段组织实施计划应符合工程项目的组织管理。

2. 基础工程的施工组织

基础工程组织的具体内容包括配电线路通道的开发、沿线基本情况的了解及具体基础工程的施工等环节。

另外，对基础工程施工人员的组织、工期目标的确定及围绕基础工程开展以质量为中心的生产活动内容，都要是基础工程组织实施所需考虑的内容。

3. 杆塔工程的施工组织

杆塔工程多以高处作业为重点项目，其施工的组织措施中应重点地突出以安全为核心的主题活动内容。杆塔工程组织措施的详细内容可参考模块 ZY3300402005。

4. 架线工程的施工组织

架线工程的特点是施工要求高、流动性大、作业人员分散，因此，在架线工程的施工组织措施中应重点强调工程的质量（导线架设的质量是线路工程的外观体现）及协同作业精神。

四、配电线路施工的技术要求

1. 各分项工程的主要技术指标

基础工程的主要技术指标包括：坑深、混凝土质量、多腿基础的根开、对角线、电杆的埋深等。

杆塔工程的主要技术指标有：杆塔的结构及外观指标、电杆的倾斜度、横担水平度、电杆的外观质量、螺栓的穿向规定等。

架线工程的主要技术指标包括：导线弧垂的误差及平衡、交叉跨越的安全距离、导线的外观质量、导线连接的要求、接头的位置等。

2. 工程实施过程应采取的技术措施

围绕上述各分段工程的主要技术指标内容，制定相应的技术措施时应以实现指标的要求为目的，结合具体工程项目的实施，提出达到规定技术指标而采取的技术手段。

五、配电线路施工的安全措施

对整个配电线路工程的安全措施的制定同样应分段进行，就配电线路工程而言，其安全应重点地放在立杆、立塔及架线分段工程中。

安全措施的所有规定、限制性的要求应以相应的安全操作规程为依据，进行安全措施的编制时，其语言的表达应准确、规范且符合规程的要求。

1. 基础工程的主要安全事项

基础工程的主要安全事项为土石塌方可能对人体造成的伤害；其次是，若基础采用爆破施工时，应强调爆破作业的安全注意事项。

2. 杆塔组立主要安全措施

杆塔组立施工在线路施工中的性质属于起重作业，因此杆塔组立措施应通过对施工过程中主要工器具的使用安全要求，使用方式及使用条件、场合的强调，同时对杆上作业人员的站位、安全带及个人保安线的正确使用，上杆、下杆的安全事项，杆下工作人员的工作范围及杆上、杆下人员的配合要求等，重点强调起重作业现场的安全。

3. 架线工程的主要安全措施

架线工程同样存在大量的杆上、线上的高处作业安全要求，因此，围绕架线工程的操作安全措施编制时重点强调杆、线上高处作业安全的同时，还应重点突出地强调收、紧线过程中各种工器具的使用安全。既要强调工器具使用过程中的安全系数，同时还要强调工器具的使用方式。

【思考与练习】

1. 简要说明进行配电线路整体工程施工方案编写的基本要求。
2. 简述配电线路工程的组织措施、技术措施及安全措施在各分段工程中如何突出重点。

模块2　10kV配电线路竣工验收（ZY3300403002）

【模块描述】本模块包含10kV配电线路竣工验收的基本流程、验收的方法及标准。通过概念描述、流程介绍、图解说明、要点归纳，掌握10kV配电线路竣工验收方法。

【正文】

一、配电线路竣工验收的主要内容

1. 工程项目的验收

配电线路竣工验收的主要项目包括：

（1）导线型号、规格应符合设计要求。

（2）电杆组合的各项误差应符合规定。

（3）电器设备外观完整无缺损，线路设备标志齐全。

（4）拉线的制作和安装应符合规定。

（5）导线的弧垂、相间距离、对地距离及交叉跨越距离符合规定。

（6）导线上无异物。

（7）配套的金具、卡具应符合规定的要求。

2. 工程资料的交接

线路工程结束后，需要移交的工程资料主要有：

（1）施工中的有关协议及文件。

（2）设计变更通知单及在原图上修改的变更设计部分的实际施工图、竣工图。

（3）施工记录图。

（4）安装技术记录。

（5）接地记录，记录中应有接地电阻值、测试时间、测验人姓名。

（6）导线弧垂施工记录，记录中应明确施工线段、弧垂、观测人姓名、观测日期、气候条件。

（7）交叉跨越记录，记录中应明确跨越物设施、跨越距离、工作质量负责人。

（8）施工中所使用器材的试验合格证明。

（9）交接试验记录。

（10）隐蔽工程记录。

二、配电线路施工竣工验收的基本流程

配电线路施工竣工验收的基本操作流程如图 ZY3300403002-1 所示。

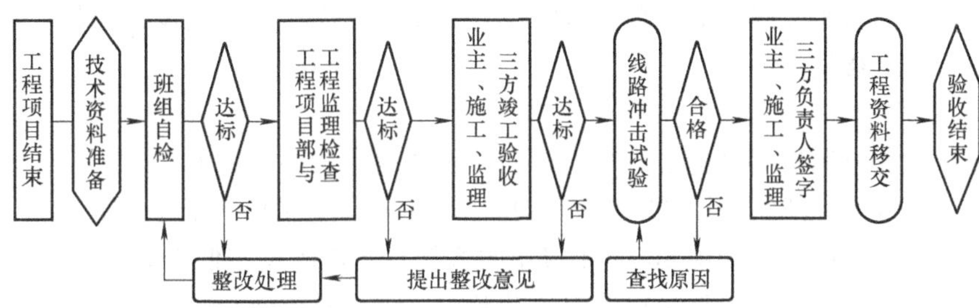

图 ZY3300403002-1　配电线路施工竣工验收基本操作流程

三、配电线路施工竣工验收的方法

1. 隐蔽工程的验收

架空电力线路隐蔽工程的项目有基础工程、接地工程、导线连接。

隐蔽工程的特点在于工程项目的施工结束便进入隐蔽状态，其施工过程的部分技术指标将无法直接进行检查验收，即便发现问题也无法纠正或纠正过程的难度极大。因此，根据线路工程验收规范的规定，对隐蔽工程的验收应与工程项目的进行过程同步进行，以便及时发现问题及时纠正，做到工程项日结束，验收结束。

（1）基础工程检查验收的主要方法。

1）原材料的检查验收。重点检查水泥、砂、石、钢筋的材质是否达到工程设计要求，且符合验收规范的要求。

2）内部结构的检查验收。重点检查基础的坑深、内部配筋的数量、规格，混凝土的配比、和易性及混凝土的搅拌、捣固等浇制过程中的技术指标是否达到设计和验收规程的要求。

3）外观质量的检查验收。重点检查基础的外部结构尺寸、基础坑中心的偏移、根开对角线，检查混凝土的保养过程及拆模后的外观质量是否符合设计和验收规范的要求。

（2）接地工程的检查验收要点。

1）检查接地体的材料及接地体的加工制作质量是否达到设计和验收规范的要求。

2）检查接地槽（沟）的深度是否达到施工规定的要求。

3）检查接地体的埋设结构是否符合设计和验收规范的要求。

（3）导线连接检查验收的关键环节。

1）检查接头处导线、接续管的清洗是否符合规定的要求，是否按要求对接头处导线及接续管表层涂了导电脂。

2）检查导线连接的操作过程（如：缠绕绑扎的紧密程度、压接压模后的停留时间等）是否符合操作规程的要求。

3）检查导线连接后的外观尺寸、接头表面的外观质量是否达到设计和验收规范的要求。

2. 杆塔结构的验收

杆塔工程的验收，通常主要在外观结构上，主要内容有：

（1）有无材料缺陷、缺件。

（2）各主要部件有否受力不合理而导致的结构变形。

（3）构件外观有无损伤、锌皮脱落等现象。

（4）连接螺栓的穿向是否符合规定的要求，螺栓的紧固力度是否达到设计和规范的要求。

（5）杆塔的垂直度、横担的水平、拉线的安装是否达到设计和规范的要求。

3. 导线架设质量的检查验收

根据线路验收规范的要求，对配电线路导线架设的检查验收，重点是导线架设质量的检查、验收。主要内容有：

（1）导线的质量是否达到工程及验收规范的要求。

（2）导线外观损伤处理是否符合规范的要求。

（3）导线的连接使用、接头的连接强度及位置是否符合规定的要求。

（4）导线与杆塔构件及周边环境的电气距离是否达到运行规定的要求。

（5）导线架设后的弧垂及导线对线路下方跨越物的安全距离是否达到设计和验收规程的要求。

四、配电线路的交接试验

1. 线路绝缘测试

线路绝缘测试是通过测量绝缘电阻进行检查的，主要内容及要求如下：

（1）中压架空绝缘配电线路使用 2500V 绝缘电阻表测量，电阻值不低于 1000MΩ。

（2）低压架空绝缘配电线路使用 500V 绝缘电阻表测量，电阻值不低于 0.5MΩ。

（3）测量线路绝缘电阻时，应将断路器或负荷开关、隔离开关断开。

2. 相位检查

通过外观及相位测试仪检查相位正确。

3. 冲击合闸试验

线路工程验收的最后环节是对线路进行冲击合闸试验。

按规定，进行冲击合闸试验应在额定电压下对空载线路冲击合闸 3 次，以合闸过程中线路绝缘无损坏为合格。

五、配电线路竣工验收的注意事项

进行配电线路竣工验收，应严格按照国家有关工程验收的技术标准、规范进行，验收过程中应注意以下几点：

（1）线路工程竣工验收应由本工程的主要技术、项目负责人与工程监理及业主三方共同进行。

（2）参与验收的人员必须是专业人员。

（3）应实事求是地进行验收。

（4）验收的主要依据是国家相应的验收规范、设计原始技术资料及工程施工记录、设计更改通知书等具备法律效果的文件。

【思考与练习】

1. 配电线路工程验收的主要项目有哪些？

2. 简述进行竣工验收的基本流程。

3. 简要说明对具体工程项目验收的主要内容。

模块 3 10kV 配电线路导线架设（ZY3300403003）

【模块描述】本模块包含 10kV 配电线路导线的展放、紧线及导线的固定等内容。通过概念描述、流程介绍、图表说明、要点归纳，掌握 10kV 配电线路导线架设的基本操作流程、质量标准和安全技术要求。

【正文】

一、配电线路导线架设操作的主要工作内容

配电线路导线架设施工的主要工作内容包括：导线的展放，紧线及弧垂观测、导线的固定。

其中，放线工作可以采用人力拖拉展放和小型机械牵引展放，中、低压裸导线的展放以人力展放为主；紧线操作的方法有杆上收线车紧线、人力牵引紧线、汽车牵引紧线等；导线的固定包括针式绝缘子的顶扎法固定、颈扎法固定和蝶式绝缘子的耐张绑扎。

二、配电线路导线架设操作的危险点及防护措施

1. 危险点分析

导线架设操作过程的危险点主要有：

（1）导线展放过程中或跨越障碍物时可能受到损伤。

（2）杆上作业人员高空落物或高空坠落。

（3）收线过牵引力过大，可能造成倒杆、断线。

（4）导线连接或固定绑扎不牢固，可能造成跑线。

2. 防护措施

（1）放线前应清除放线通道内的障碍物，在岩石等坚硬地面处，应采取防止导线损伤的措施。交通道口应设专人监护，防止车辆挂线伤人。

（2）沿线的关键点处设专人进行导线展放过程的监护，确保导线展放的安全。

（3）进行杆上高处作业时应有专人进行地面监护，严禁高空抛物。

（4）紧线过程中应随时注意导线是否被障碍物挂住，拉线和杆根是否牢固。

（5）按规定进行弧垂的调整和挂线时紧线力度的控制，避免过牵引。

（6）严格按规定的要求进行导线在绝缘子上的固定绑扎，确保导线的固定稳固。

三、导线架设的准备工作

1. 人员分工安排

进行导线架设施工的主要人员安排如下：

（1）现场施工负责人 1 人。全面负责导线架设施工的现场组织与指挥。

（2）沿线护线人员若干。其中，线轴出口处 1 人；每个跨越点 1 人；沿线其他可能对导线造成损伤的关键点处应分别安排人员护线。

（3）领线员 1 人。负责引领导线展放行径方向。

（4）拖线人员若干。根据导线的大小及拖线距离长短，按每人 300～400N 的牵引力进行安排。

（5）登杆作业人员若干。负责导线上杆及穿越放线滑轮。

（6）弧垂观测人员若干。负责紧线时进行导线的弧垂观测。

2. 材料及工器具的准备

进行导线架设施工的材料及主要工器具见表 ZY3300403003-1。

表 ZY3300403003-1　　导线架设施工材料及主要工器具

序号	工器具名称	规　格	单位	数量	备　注
1	导线	按设计要求	m	若干	根据放线段的长度加适当的余量
2	线轴（或放线车）	立式	个	1～3	根据放线方式确定
3	放线滑轮	立式或悬式	组	若干	放线段直线杆上 3 个一组
4	地锚	角桩、圆木等	组	若干	
5	大锤	不小于 12 磅	个	若干	
6	断线钳	—	把	若干	至少应保证紧线场的使用
7	牵引绞磨	1kN	个	1	或采用人力、收线器紧线方式进行
8	登杆工具	—	套	若干	每个上杆作业人员必备

续表

序号	工器具名称	规　格	单位	数量	备　注
9	钢丝绳套	长短规格不等	根	若干	根据使用需要进行安排
10	临时拉线	钢绞线不小于ϕ50mm	组	若干	另附配套组件
11	弧垂板	—	组	若干	根据观测点的数量确定
12	吊绳	白棕绳	根	若干	导线过滑轮提线
13	对讲机（或红白旗）	—	部	若干	保持放线过程的通信畅通
14	个人工具	—	套	若干	
15	扎丝扎线	直径不小于2mm	卷	若干	用于导线在绝缘子上的固定绑扎
16	安全标识	安全绳、牌等	组	若干	
17	运输车辆	工程车	辆	若干	用于现场工器具、材料运输

3. 场地布置准备

（1）设置临时拉线。由于配电线路的放线通常是以耐张段为放线单元，因此，在放线段的起始及终止的耐张杆上，均应安装临时拉线。临时拉线的对地夹角以 45°为宜，地形条件受限制时，不得小于 30°。

（2）搭设放线跨越架。按规定在放线段跨越公路、铁路、通信线等处搭设越线架，具体要求见模块 GYND00304004。

（3）放线通道清理。为保证放线工作的顺利进行，在放线前应对线路通道内的树障进行清理，同时应对线路通道内可能影响线路正常运行的其他障碍物进行清理。

（4）线轴架设。根据配电线路及人力放线的特点，一般情况下，放线线轴可以直接架设在地面，也可架设在相应的运输车辆上，如图 ZY3300403003-1 所示。

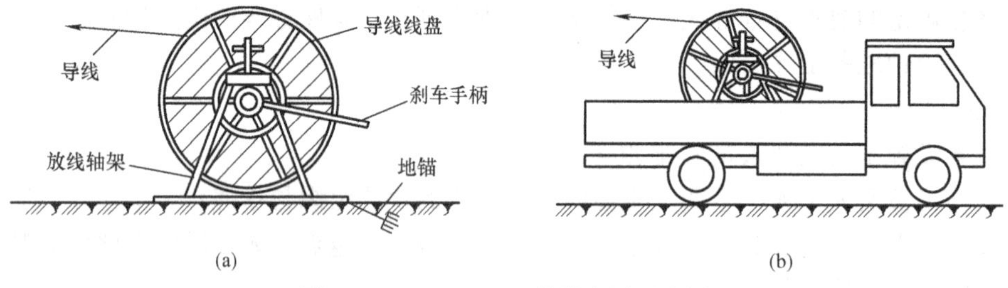

图 ZY3300403003-1　线轴布置示意图

（a）线轴在地面的布置示意图；（b）线轴在车辆上的布置示意图

四、导线架设的操作过程

（一）放线

1. 拖线

10kV 及以下配电线路的导线放线通常采用人力拖线展放，导线拖放过程中应重点注意以下几个方面的问题：

（1）拖线时应根据放线距离的长短及导线的大小并结合地形条件，合理地安排拖线的人力。人力拖线展放导线应在领线员的带领下进行，如图 ZY3300403003-2 所示。领线员应由熟悉地形、熟悉线路走向的人员承担。

（2）拖线时应保持拖线的方向及行经路线的直行，避免 S 形路径行走，以降低拖线的阻力。

（3）拖线的牵引速度应均匀，并始终保持与放线场及沿线各护线点的通信畅通，尽可能地降低导线可能受到的磨损。

（4）拖线时，应保持各相导线平行的展放，导线在拖行的途中不得交叉。

（5）为防止导线拖放过程中在坚硬物上摩擦，应设专人沿线进行护线。沿线护线员应随时注意观察导线展放的质量，并在可能对导线造成损伤的部位，采取必要的渡线保护措施。当发现导线受损情况时，及时报告现场工作负责人，并对导线受损部位进行标记，以便在紧线前进行及时处理。

图 ZY3300403003-2　人力拖放导线

2. 导线翻越跨越架及杆塔

导线每拖放到一基杆塔处，应由登杆人员用吊绳将导线提起放入滑轮后，再继续向前展放，如图 ZY3300403003-3 所示。导线穿越跨越架时，应将导线用引绳由跨越架的一侧牵引到另一侧后，再继续拖放。导线穿越滑轮、跨越架时应注意以下问题：

（1）导线上杆穿越放线滑轮及跨越架时，应采用引绳提吊的方法进行。

（2）导线吊上电杆后，应立即嵌入放线滑轮内，不能搁在横担上。

（3）导线放入放线滑轮后，应注意检查滑轮开口是否关闭锁好，导线是否出现扭曲，确保导线在放线滑轮中顺畅无阻。

（4）导线过滑轮时地面牵引人员在导线对地夹角较大时，应注意放慢牵引速度，避免导线在放线滑轮上由于包角过大而导致弯曲过程中造成损伤。

（5）导线在跨越架上翻越时，地面控制人员应注意调整导线的位置，避免导线在跨越架上与可能露出的金属发生接触而导致导线的受损，同时应注意三相导线在跨越架上的位置，避免出现相间的交叉。

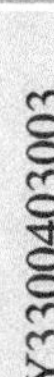

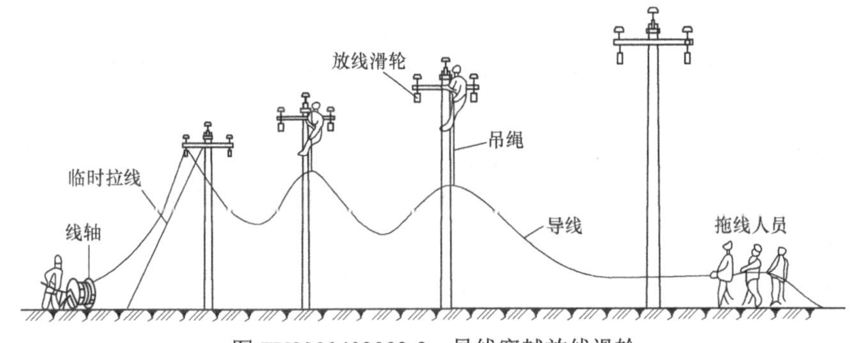

图 ZY3300403003-3　导线穿越放线滑轮

3. 收余线

根据导线架设施工的质量要求，收线前应对放线过程中发现的导线断股、严重损伤等重要缺陷，及时通知有关人员进行重新接续处理。对导线一般轻微损伤缺陷，应根据有关规定在导线升空前进行绑扎、修补处理。

为保证展放导线及线路下方被跨越设施的安全，在导线放通并完成对损伤导线的处理后应立即进行余线回收工作（简称收余线），使导线升空离开地面及跨越架。余线的回收牵引方式有两种：

（1）在导线截面较小或展放距离较短时，可直接利用人力牵引的方法，将导线直接拖离地面。如图 ZY3300403003-4 所示。

（2）当导线截面较大或展放距离较长时，则应采用人力绞磨或机械绞磨牵引收余线。

收余线开始前，现场工作负责人应询问有关沿线护线人员，了解沿线导线落地情况，确认导线可以保证升空质量后，开始指挥余线回收操作。

余线回收过程中，牵引侧工作人员应注意牵引力量和牵引速度的控制，并保持通信的畅通。沿线各控制点的护线人员应密切注意导线离地瞬间的情况，当发现导线升空受阻时，应及时通知现场指挥员停止牵引，直到故障排除后，再通知现场工作负责人继续牵引，直到导线全部离开地面并与线路下方被跨越物有足够的安全距离。

完成放线的余线回收导线升空后，若不能及时地进行紧线、弧垂观测，应将线头临时绕在终端杆的杆根上或拴在事先设置好的锚线器上，并采取相应的防护措施，确保导线的安全。

图 ZY3300403003-4　人力牵引收余线

（二）紧线及弧垂观测

在条件、时间允许的前提下，在完成导线余线回收的过程后，便可直接开始紧线施工，并同时进行事先选择的弧垂观测档进行弧垂的调整、观测。

1. 紧线操作的步骤

架空电力线路施工中，导线的紧线施工与弧垂观测是同时进行的，紧线的过程实际上也是弧垂调整的过程，弧垂观测的结果也是紧线施工的最终结果。

紧线施工与收余线的方法基本相同，只是紧线时的张力较大。因此，当放线段距离相对较长时，尽可能地采取人力绞磨或机械绞磨进行牵引。10kV 及以下的配电线路紧线施工通常采用人力牵引或收线车紧线的方式进行，本模块以地面人力绞磨的紧线方式介绍紧线的操作步骤。

（1）紧线端工作人员用紧线器将导线卡好，并用 U 形环与牵引钢丝绳连接，钢丝绳穿过地面转向滑轮与人力绞磨连接。

（2）绞磨操作人员推动绞磨使导线受力时停止牵引，检查各部位的受力是否正常；同时，紧线场工作负责人（一般由向现场工作负责人兼）与沿线各弧垂观测点及护线点联系，确认所有紧线准备工作无误后，开始紧线操作。

（3）根据事先制定好的紧线施工方案，紧线工作人员配合现场弧垂观测人员进行弧垂观测的同时完成全部紧线操作。

（4）每相紧线完成后，应立即进行耐张杆处导线的划印，同时将导线在杆上或地面锚好，杆上锚线可用收线车或双钩紧线器进行，地面可将导线锚在锚线器或桩锚上。所有导线的紧线全部完成后，紧线操作结束。

2. 弧垂观测

为保证架空电力线路的运行安全及线路下方被跨越设施的安全，根据架空线路施工的要求，在导线紧线的同时，应对展放的导线进行弧垂观测。具体观测方法及步骤如下：

（1）在选好的观测档中，根据实际地形确定观测方向后，在观测者对方的电杆上，由放线滑轮的顶端向下量取计算弧垂观测距离并绑好弛度板。弛度板应面向观测者，横杆对准弧垂测量高度。如图 ZY3300403003-5 所示，其弧垂的调整应按下列顺序进行。

1）在有多个观测档进行弧垂调整的前提下，为保证弧垂的观测精度，应由远离紧线端的一档开始，逐档向紧线端顺序调整。

为保证弧垂调整过程的平衡及电杆横担的稳定性，通常在上一档调整完成稳定后再进行下一档的调整。

2）三相三角形排列导线弧垂的调整时，应先对称调整两个边相，然后进行中相的调整。

（2）当导线弧垂与观测者视线接近时，应通知紧线场停止牵引。

（3）当导线停止牵引并静置 1min 左右仍无变化时，方可通知紧线端杆上作业人员进行划印。

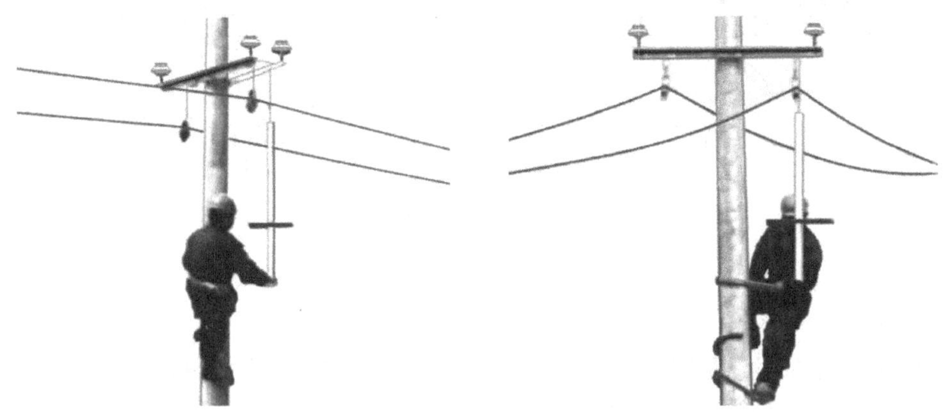

图 ZY3300403003-5　现场弧垂观测

3. 弧垂观测的质量标准

按规定，10kV 及以下电力线路的导线弧垂的误差不应超过设计弧垂的±5%。同档内各相导线弧垂宜一致，水平排列的导线弧垂相间误差应不大于 50mm。

有关弧垂观测的其他技术要求参考弧垂观测（GYND00304005）的相关内容。

（三）挂线及导线在绝缘子上的固定

1. 导线挂线及固定的操作

当线路采用螺栓式耐张线夹固定的挂线操作可参照导线架设（GYND00304004）中的挂线方法进行，当线路采用蝶式绝缘子进行耐张导线固定时，其挂线的操作方法如下：

（1）当线路完成导线弧垂观测、调整稳定后，如图 ZY3300403003-6 所示，用收线车将导线用卡线器固定。

（2）杆上作业人员将导线的尾线穿过挂板铁，然后按图 ZY3300403003-6 所示的方法将导线折回套在蝶式绝缘子上；然后参照导线在绝缘子上的绑扎、线夹上的安装操作（GYND00503004）的终端绑扎方法完成导线的固定操作。

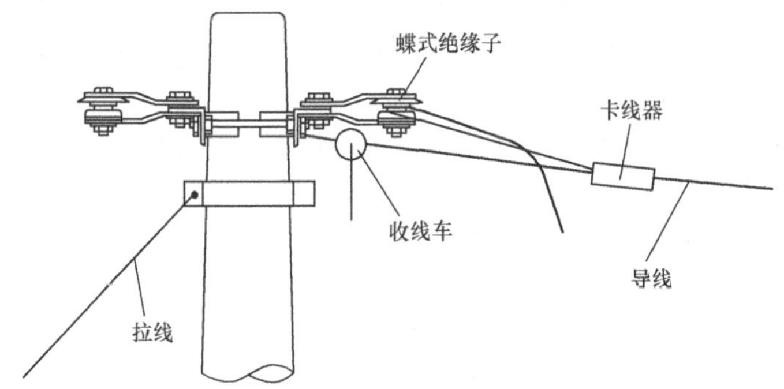

图 ZY3300403003-6　导线在耐张绝缘子上的固定示意图

（3）导线在直线及转角杆针式绝缘上的固定操作参照导线在绝缘子上的绑扎、线夹上的安装操作（GYND00503004）直线杆绑扎法和转角杆绑扎法的操作进行。

（4）检查绑扎质量，确认无误，导线固定的操作完成。

2. 导线在绝缘子上固定的基本要求

（1）导线在绝缘子上绑扎用扎线应与导线材料相同，扎线的直径应不小于 2mm。

（2）钢芯铝绞线绑扎前应在导线上按图 ZY3300403003-7 所示方法缠绕铝包带，以实现对导线的保护，铝包带的缠绕应与导线外层线股绞制方向一致，缠绕长度应超出与绝缘子接触部分 20～30mm。

（3）扎线的缠绕应紧密、平整。

（4）完成绑扎后，扎线首尾线头应拧紧，并将其压平紧贴在绝缘子上。

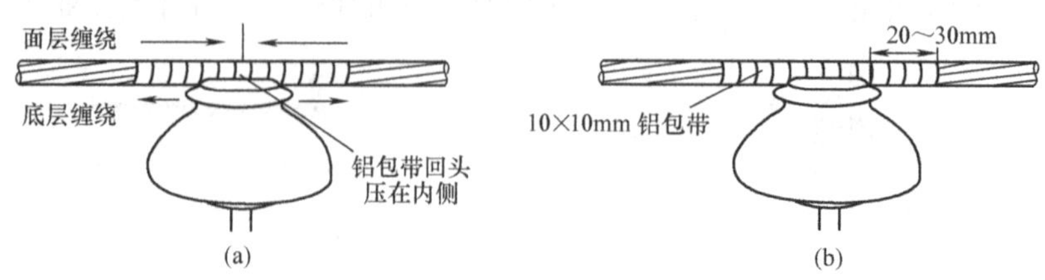

图 ZY3300403003-7　导线铝包带缠绕示意图

（a）缠绕方向；（b）缠绕长度要求

（四）结束操作

当完成全部电杆上的导线固定后，杆上工作人员清理杆上作业工具下杆，杆上工作人员与地面工作人员配合，清理现场，导线架设操作完成。

【思考与练习】

1. 导线展放过程中应重点注意哪些问题？
2. 导线翻越电杆及跨越架时应注意哪些问题？
3. 简述紧线及弧垂调整的注意事项。
4. 简单说明导线在绝缘子上固定的基本要求主要有哪些。

模块 4　10kV 绝缘配电线路导线架设（ZY3300403004）

【模块描述】本模块包含 10kV 架空绝缘配电线路导线的放线、紧线及导线在杆上的固定安装等内容。通过概念描述、流程介绍、图表说明、要点归纳，掌握 10kV 绝缘配电线路导线架设的基本操作流程、质量标准和安全技术要求。

【正文】

一、作业内容

1. 架空绝缘导线架设的主要工作内容

绝缘导线架设的主要工作包括放线、紧线及观测弧垂和导线在杆上的固定安装等内容。由于导线的形式不同，因而在实施过程中与一般架空配电线路架设施工的操作方法及技术要求上有所不同。

2. 绝缘导线放线的一般技术规定

根据 DL/T 602—1996《架空绝缘配电线路施工及验收规程》的要求，绝缘导线放线的一般技术规定如下：

（1）架设绝缘线宜在干燥天气进行，气温应符合绝缘线制造厂的规定。一般情况下，架空绝缘线敷设时的温度应不低于−10℃；

（2）架设绝缘线的放线滑轮应采用塑料或套有橡胶护套的铝滑轮；

（3）绝缘线不得在地面、杆塔、横担、绝缘子或其他物体上拖拉，以防损伤绝缘层；

（4）绝缘导线放线若采用机械牵引时，牵引绳与导线间宜采用网套连接牵引。

二、危险点分析与控制措施

1. 危险点分析

绝缘导线架设的危险点除了 10kV 配电线路导线架设（ZY3300403003）所提及的内容外，主要有放线操作不当或收紧线的牵引力过大可能导致绝缘导线绝缘层的损伤。

2. 控制措施

（1）严格注意加强对放线过程中导线绝缘层的保护，沿线危险点处设专人进行导线的监护。

（2）严格控制绝缘导线弧垂和挂线时的紧线力度。

3. 其他控制措施

参照 10kV 配电线路导线架设（ZY3300403003）中控制措施的要求执行。

三、作业前准备

绝缘导线架设前的主要准备工作可参考 10kV 配电线路导线架设（ZY3300403003）进行。除此之外，还应根据绝缘导线的特点，重点做好下列作业前的准备。

（1）施工前应认真勘查现场，根据现场地形地貌、环境特点与条件等，编制与实际现场相适应的施工方案。

（2）施工前应对线路使用的绝缘线、金具等材料进行外观检查，确保绝缘线及金具等材料的外观质量符合设计和验收规范的要求。

（3）绝缘导线放线工具的配置要求。

1）绝缘导线放线滑轮直径不应小于绝缘线外径的 12 倍，槽深应不小于绝缘线外径的 1.25 倍，槽底部半径不小于 0.75 倍绝缘线外径，轮槽倾角为 15°。

2）绝缘线的卡线器应使用网套或面接触的卡线器。

四、操作步骤、质量标准

（一）导线展放

绝缘导线的展放过程与一般导线的放线过程相同，主要有拖线、穿越放线滑轮和跨越架、收余线三个阶段，具体放线步骤及质量要求如下。

1. 拖线

由于低压架空绝缘导线截面一般较小，因此，绝缘导线的拖线一般情况下仍以人力拖放为主；拖线在专门的领线员的带领下行进。具体拖放的要求如下：

（1）如图 ZY3300403004-1 所示，拖线时应合理安排拖线人员的间距，避免导线在拖放的过程中与地面发生接触而导致绝缘的损伤；

（2）拖线过程中应注意对导线的检查，发现导线的损伤应立即做上标记，以便在紧线前进行处理。

图 ZY3300403004-1　绝缘导线人力拖放

2. 导线穿越放线滑轮及跨越架

导线穿越放线滑轮的操作如图 ZY3300403004-2 所示。绝缘导线在穿越放线滑轮时，为避免可能造成导线的过大弯曲变形，对于小截面绝缘导线而言，应按图 ZY3300403004-2（a）所示的方法直接用白棕绳牵引导线过滑轮；当绝缘导线截面较大时，可按图 ZY3300403004-2（b）所示的方法，用过白棕绳在杆下将导线提升后穿入放线滑轮。

导线穿越放线跨越架时，其操作可参照图 ZY3300403004-2（a）所示的方法，用白棕绳牵引导线从跨越架的一侧向另一侧进行穿越。穿越时应注意避开导线与跨越架上金属构件的接触，以避免导线绝缘的受损。

3. 收余线

按放线操作程序的要求，收余线前应将导线的损伤部分处理后再行升空。因此，在收余线前必须完成对展放过程中所发现的绝缘导线损伤进行处理。具体处理的规定如下：

（1）对绝缘导线线芯损伤的处理。

1）绝缘导线线芯截面损伤不超过导电部分截面的 17%时，可敷线修补，敷线长度应超过损伤部分，每端缠绕长度超过损伤部分不小于 100mm。

2）线芯截面损伤在导电部分截面的 6%以内，损伤深度在单股线直径的 1/3 之内，应用同金属的单股线在损伤部分缠绕，缠绕长度应超出损伤部分两端各 30mm。

3）线芯在同一截面内，损伤面积超过线芯导电部分截面的 17%或钢芯断一股时，应锯断重接。

(a) (b)

图 ZY3300403004-2 绝缘导线过放线滑轮的操作

（a）直接牵引过滑轮示意图；（b）提升导线过滑轮

（2）对绝缘导线绝缘层损伤的处理。规定：绝缘层损伤深度在绝缘层厚度的 10%及以上时应进行绝缘修补。具体修补方法如下：

1）用绝缘自黏带缠绕，每圈绝缘自黏带间搭压带宽的 1/2，补修后绝缘自黏带的厚度应大于绝缘层损伤深度，且不少于两层。

2）用绝缘护罩将绝缘层损伤部位罩好，并将开口部位用绝缘自黏带缠绕封住。

（3）收余线。绝缘导线收余线的操作，可参照 10kV 配电线路导线架设（ZY3300403003）的操作方法进行，具体操作时应针对绝缘导线的特点重点注意以下几方面的操作：

1）收线时的牵引速度以慢速为宜，并保持速度的均匀，避免导线绝缘可能因冲击力而造成的损伤；

2）加强沿线各控制点的观察，以免导线绝缘与沿线障碍物接触而可能造成的损伤；

3）发现导线有缠绕和金钩等损坏导线质量现象时，应立即停止牵引，排除故障后再行牵引。

（二）紧线及弧垂观测

1. 紧线

绝缘导线紧线操作可参照 10kV 配电线路导线架设（ZY3300403003）的操作过程进行，具体紧线操作的技术、质量要求如下：

（1）绝缘导线的紧线方式。

1）绝缘导线紧线宜采用松弛的方式进行紧线。

2）绝缘导线紧线的卡线器应使用网套或面接触的卡线器，并在绝缘线上缠绕塑料或橡胶包带，防止卡伤绝缘层。

（2）绝缘导线紧线张力的控制。

1）绝缘导线的紧线张力应严格按规程和设计的要求进行控制，避免过牵引。

2）集束线紧线时，应将整个线束夹住，不得只叼住其中一部分导线。

3）用钢绞线支撑的集束线，在挂线施工中应先将钢绞线紧好，然后用能在钢绞线上滑走的托架将线托起进行挂线施工，挂线可由紧线段的中间向两侧进行。为施工方便，可在两端将绝缘线紧起，但牵引力不得超过导线破坏力的 1/5。

2. 弧垂观测

绝缘导线的弧垂观测仍以等长法弧垂观测为主；具体操作参考 10kV 配电线路导线架设（ZY3300403003）的观测操作过程。绝缘导线完成弧垂观测后应满足下列要求：

（1）绝缘导线的弧垂误差。绝缘线的安装弛度按设计给定值确定，绝缘线紧好后，同档内各相导线的弛度应力求一致，施工误差不超过±50mm。

（2）绝缘导线对地距离。绝缘线在最大弧垂时，对地面及线路下方跨越物的最小垂直距离应符合表 ZY3300403004-1 的要求。

（3）绝缘线路边线与永久建筑物之间的距离。在最大风偏的情况下，中压不应小于 0.75m（人不能接近时可为 0.4m），低压不应小于 0.2m。

表 ZY3300403004-1　绝缘线在最大弧垂时，对地面及线路下方跨越物的最小垂直距离　m

线路经过地区	线路电压		线路经过地区	线路电压	
	中压	低压		中压	低压
繁华市区	6.5	6.0	至电车行车线	3.0	3.0
一般城区	5.5	5.0	至河流最高水位（通航）	6.0	6.0
交通困难地区	4.5	4.0	至河流最高水位（不通航）	3.0	3.0
至铁路轨顶	7.5	7.5	与索道距离	2.0	1.5
城市道路	7.0	6.0	人行过街桥	4.0	3.0

（三）绝缘导线的固定

根据操作规程的规定，导线完成紧线及弧垂调整后，应以最快的速度将导线在绝缘子上进行固定安装。一般情况下，绝缘导线在针式和蝶式绝缘子上的固定方法如图 ZY3300403004-3 所示。

（1）绝缘导线在针式绝缘子上的固定安装。若导线水平排列，直线杆采用低压针式绝缘子的固定如图 ZY3300403004-3（a）所示；线路转角杆采用低压针式绝缘子的固定如图 ZY3300403004-3（b）所示；具体安装固定的操作方法可参照导线在绝缘子上的绑扎、线夹上的安装操作（GYND00503003）中顶扎法和颈扎法的操作进行。

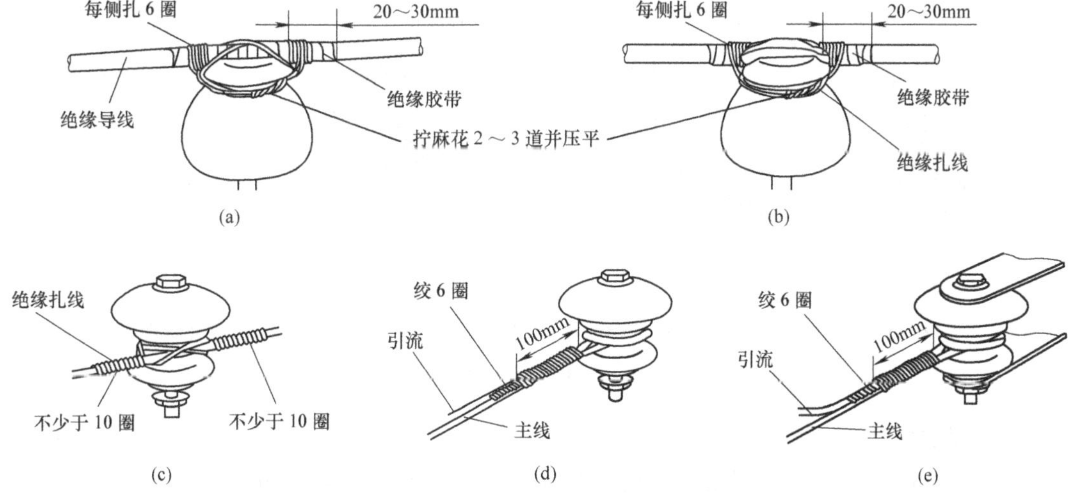

图 ZY3300403004-3　绝缘导线在绝缘子上固定方法示意图

（a）直线针式绝缘子顶扎固定；（b）转角针式绝缘子颈扎固定；（c）直线蝶式绝缘子固定；（d）耐张蝶式绝缘子固定；（e）耐张蝶式绝缘子固定

（2）绝缘导线在蝶式绝缘子上的固定安装。若低压绝缘导线垂直排列，采用蝶式绝缘子在直线杆或转角度 5°以内的转角杆上的固定安装，可按图 ZY3300403004-3（c）所示方法进行。直线杆上按工程统一的方向侧安装，转角杆一律安装在转角的外角方向侧。具体的绑扎操作步骤如下：

1）把导线紧贴在绝缘子颈部嵌线槽内，把绑线短头一端留出足够在嵌线槽中绕一圈和在导线上绕 10 圈的长度，将绑线压在导线上，并与导线成 X 状相交，如图 ZY3300403004-4（a）所示；

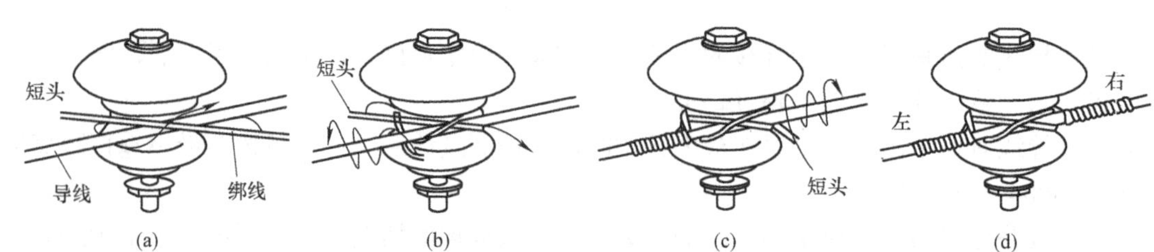

图 ZY3300403004-4 低压绝缘导线在直线杆蝶式绝缘子上的固定操作过程分解图

（a）～（d）步骤 1）～4）

2）把绑线从导线右下侧绕嵌线槽背后至导线左边下侧，按逆时针方向绕正面嵌线槽，与前圈绑线交叉从导线右边上侧绕出，如图 ZY3300403004-4（b）所示；

3）接着将扎线贴紧并围绕绝缘子嵌线槽背后至导线左边下侧，在贴近绝缘子处开始，将扎线在导线上紧缠 10 圈（或不少于 10 圈）后，剪除余端，如图 ZY3300403004-4（c）所示；

4）把扎线的另一端围绕嵌线槽背后至导线右边下侧，也在贴近绝缘子处开始，将轧线在导线上紧缠 10 圈（不少于 10 圈）后，剪除余端，完成绑扎后的效果如图 ZY3300403004-4（d）所示。

（3）在线路起始、终端杆上及下户、接户线的终端支持点，若绝缘导线截面较小，且采用蝶形绝缘子上固定，可按图 ZY3300403004-3（d）、（e）所示方法进行安装。具体绑扎操作过程及方法如下：

1）把收紧后的导线末端先在绝缘子嵌线槽内缠绕 1 圈，如图 ZY3300403004-5（a）所示；

2）接着把导线的端线压第 1 圈已缠绕的导线，再围绕第 2 圈后，将两导线（主线和端线）合并在绝缘子的中间，如图 ZY3300403004-5（b）所示；

3）把扎线短的一端由下向上在两导线间隙中穿入，并将扎线端头嵌入两导线末端并合处的凹缝中，扎线按图 ZY3300403004-5（c）中箭头指向把两导线上紧密地缠绕在一起；

4）当扎线在两导线上紧缠不少于 100mm 长度后，将扎线与扎线端头用钢丝钳紧绞 5～6 圈，剪去余端，把绞线端头紧贴在两导线的夹缝中，绑扎完成，效果如图 ZY3300403004-5（d）所示。

（4）绝缘导线在绝缘子上的固定绑扎，应使用直径不小于 2.5mm 的单股塑料铜线。

（5）绝缘线与绝缘子接触部分应用绝缘自黏带缠绕，缠绕长度应超出绑扎部位或与绝缘子接触部位两侧各 30mm。

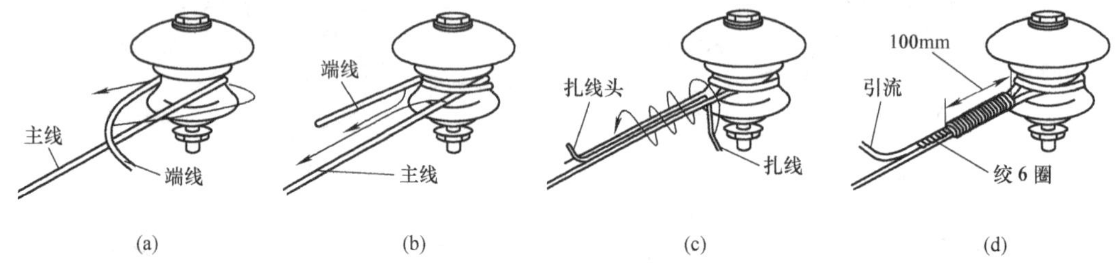

图 ZY3300403004-5 低压绝缘导线在终端杆蝶形绝缘子上固定绑扎过程分解图

（a）～（d）步骤 1）～4）

（四）结束操作

完成上述导线固定安装后，现场工作负责人组织相应的技术、质量管理人员进行现场验收，确认安装质量达到设计的规程的要求后，工作人员清理现场工器具，导线架设工作结束。

五、注意事项

绝缘导线架设施工过程中主要应注意的事项如下：

（1）加强放线过程中对绝缘导线绝缘层的保护，且施工前应对绝缘导线、金具等材料进行外观检查，确保所用材料符合设计和规程的要求。

（2）对绝缘层损伤的恢复处理，应采用绝缘自黏带进行补修。补修后绝缘自黏带的厚度应大于绝缘层损伤深度，且不少于两层。必要时，应在底层采用防水专用绝缘胶带进行防水处理。

（3）用绝缘护罩将绝缘层损伤部位罩好，并将开口部位用绝缘自黏带缠绕封住。

（4）绝缘导线应采用松弛的方式进行紧线，紧线的卡线器应使用网套或面接触的卡线器，并在绝缘线上缠绕塑料或橡胶包带，防止卡伤绝缘层。

（5）绝缘导线架设的最大弧垂条件下，导线对地面及跨越物的最小垂直距离应符合有关规定的要求。

【思考与练习】

1. 简述绝缘导线架设施工与普通导线架设的主要区别。
2. 绝缘导线的放、紧线操作的主要技术要求有哪些？
3. 简要说明绝缘导线损伤及绝缘处理的主要要求。
4. 绝缘导线的固定安装方法主要有哪些？各有什么要求？

模块5　10kV配电线路导线拆除（ZY3300403005）

【模块描述】本模块包含10kV配电线路导线拆除施工的准备、拆除过程及拆除的操作流程和安全技术要求。通过概念描述、流程介绍、图解说明、要点归纳，掌握10kV配电线路导线拆除的基本操作流程、质量标准和安全技术要求。

【正文】

10kV配电线路导线拆除操作是配电线路改造中一项经常性的工作，同时，导线拆除操作又是一项技术性较强的综合性作业。因此，施工的技术设计及作业过程的操作安全措施的制定将直接影响整个施工过程的顺利进行。

一、工作内容

1. 工作内容

10kV配电线路导线拆除工作采用停电作业方式进行，其主要工作内容包括：

（1）将所需检修或改造线路的导线全部或局部整段拆除。

（2）根据操作规程的要求将拆除的导线进行回收。

本模块主要通过对配电线路局部整段导线的拆除及回收施工的过程，介绍导线拆除施工的主要技术要求及安全注意事项。

2. 基本操作工艺流程

配电线路导线拆除操作的基本工艺流程如图ZY3300403005-1所示。

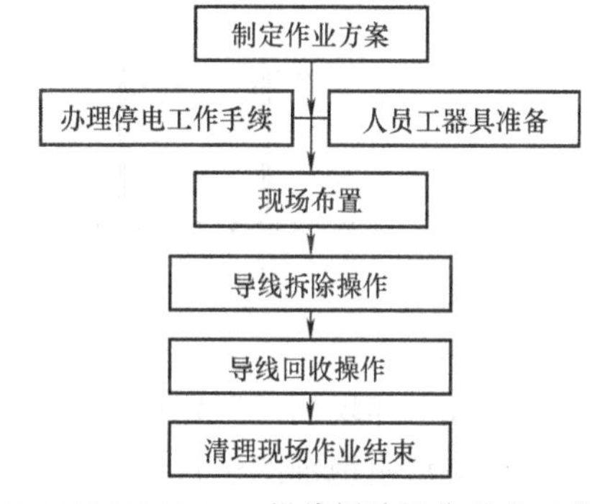

图ZY3300403005-1　导线拆除操作基本工艺流程

二、危险点分析与控制措施

1. 危险点

进行导线拆除操作的危险点主要有跑线、高空落物、高空坠落伤人。

2. 控制措施

（1）高处作业人员应严格地遵守高处作业的操作规程。

（2）使用合格的锚线设备，并严格地按照事先制定的作业方案进行松、收线操作。

（3）杆下工作人员应密切配合杆上人员进行操作，并不得在松弛的导线下方进行工作。

（4）杆上、杆下人员传递工具应用传递绳进行，禁止高空抛接物件。

（5）导线拆除过程中，除两端耐张杆上松线操作人员外，其他直线杆上禁止上杆作业。

3. 其他安全注意事项

（1）撤线和收线工作均应设专人统一指挥、统一信号，应检查紧线工具及设备，确保良好。

（2）所撤线段导线为与线路、铁路、公路、河流等交叉跨越的线路时，应先取得有关部门的同意，采取安全措施，如搭设可靠的跨越架、在路口设专人持信号旗看守等。

（3）撤线、收线前应先检查拉线、拉桩及杆根。如不牢固时，应加设临时拉绳加固。

（4）严禁采用突然剪断导线的作法撤线。

三、作业前准备

1. 制定作业方案

根据电力安全工作制度的要求，作业前应组织相关人员进行现场勘察，并根据作业内容及场地条件制定相应的工作计划和进行施工作业方案的制定。作业方案所包括的主要内容如下：

（1）作业时间、地点（现场环境）、工作内容、范围简介。

（2）人员组织、安排、分工。

（3）工器具准备及配套。

（4）工作目的及相应采取的作业方法及技术、安全措施。

（5）作业验收的相关技术质量要求。

2. 人员组织安排

进行导线拆除工作所需工作人员如下：

（1）松线场工作负责人 1 人。松线场工作负责人即为整个拆线工作的总负责人，全面负责整个拆线的施工组织和松线场的拆线工作。

（2）收线场工作负责人 1 人。全面负责收线场的施工组织，并协调、配合松线场的全面拆线工作。

（3）现场安全监护人每个工作点 1 人。负责监护各工作点操作人员的安全。

（4）杆上作业人员若干。负责杆上导线拆除工作。

（5）杆下工作人员若干。负责协助杆上作业人员进行导线的拆除工作。

（6）其他辅助工作人员若干。负责拆除导线的回收、清理等辅助工作。

3. 工器具的准备

进行导线拆除工作所需的工器具主要有：牵引钢绳、牵引设备、锚线设备、导线夹头、放线滑轮、通信设备、收线器等。

4. 现场的布置

设导线拆除现场如图 ZY33004030005-2 所示。具体拆线作业的场地布置要求如下：

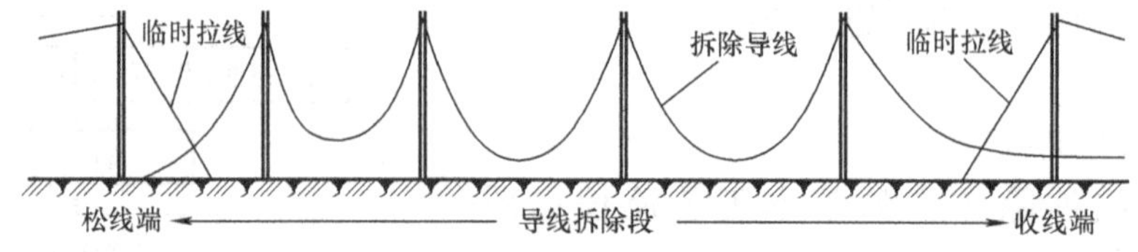

图 ZY3300403005-2 导线拆除现场示意图

（1）松线操作现场主要以松线布置为主，收线操作现场主要以收线布置为主，两端应分别设置牵引装置；其中牵引地锚的位置应保证牵引绳对地夹角尽可能小一点较合适，受地形条件限制时不宜大于 45°。

（2）牵引操作控制点应距松线杆 1.2 倍的杆高距离以外。

（3）设置临时拉线。按规定，导线拆除工作应在导线拆除线段两端的耐张杆设置临时拉线。考虑到操作的安全和尽可能缩短线路的停电时间，临时拉线的安装待完成停电后进行，临时拉线的地锚应在停电前完成。临时拉线设置的具体要求如下：

1）临时拉线的方向应设在两相邻线段的直线延长线的方向上；

2）临时拉线对地夹角应不大于 45°，若受地形条件影响最小不得小于 30°；

3）独立埋设临时拉线地锚，临时拉线地锚不允许与牵引设备共用地锚，且地锚的设计强度应能保证拆线时导线承受可能出现的最大导线过牵引力。

四、操作步骤、质量标准

根据导线拆除的基本操作工艺流程的要求，办理停电工作手续并完成整个工作开工前的现场布置后，各工位作业人员按规定的要求进入作业现场指定的工位待命。

接停电通知完成相关杆位的验电、挂接地线的操作后，如图 ZY33004030005-3 所示，现场工作总负责人命令开始作业。其操作过程及相应的技术要求如下：

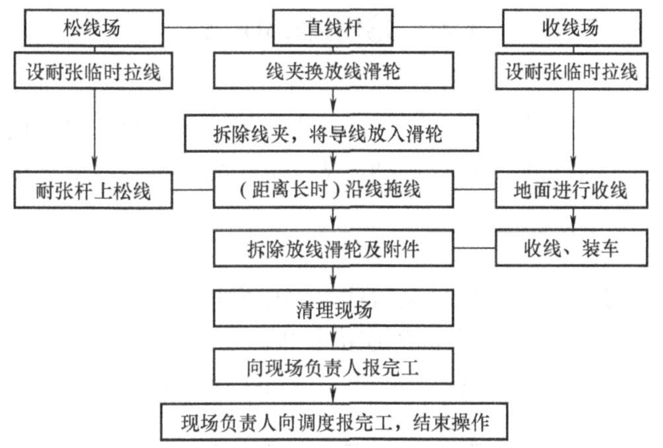

图 ZY3300403005-3　导线拆线操作过程流程

1. 安装耐张杆临时拉线

（1）拆线段两端的工作人员分别上杆，在相应的耐张杆上进行临时拉线的安装。

（2）临时拉线在杆上的固定点以不影响拆线工作为宜。

（3）临时拉线收紧的力度以保证其相邻线路的弧垂在导线拆除后不发生变化为宜。

（4）拆线后的耐张杆临时拉线应按终端杆永久性拉线要求进行制作、安装。

2. 直线杆上安装放线滑轮

（1）当拆线段距离（档数较多）较长时，为保证导线拆除工作的顺利进行，还应分别对每基电杆上设置放线滑轮。

（2）放线滑轮在电杆上的位置应保证导线拆除时线路始终处在直线状态，避免导线在电杆上转角而可能造成导线在滑轮上跳槽、卡线等现象的出现。

3. 导线拆除的锚线操作及主要技术要求

为保证导线拆除操作的安全、顺利进行，完成上述必需的准备工作后，应在导线拆除段的线路两端进行锚线。其锚线的主要技术要求如下：

（1）选择规格与所拆除导线规格配套的导线夹头（俗称紧线器或卡线器）进行卡线。

（2）松、收线场应分别设置一长一短两套卡线装置。其中：短的卡线装置用收线车控制，用于开始张力较大时的松线作业；长的卡线装置用于导线失去张力后的导线放下操作。

（3）锚线装置应安全、稳定、工作可靠。

（4）锚线设施应灵活且操作方便。

4. 松线、收线操作及主要技术要求

架空配电线路导线的拆除工作是一项综合性很强的操作，在两端导线锚好且沿线直线杆上的放线滑轮更换完毕，经检查准备无误后，由现场工作负责人统一指挥。

（1）首先将导线用卡线器和收线车收紧后，拆除导线的耐张线夹，并将尾端放入放线滑轮中用另一套长锚线绳将尾线卡住。

（2）长锚线绳通过地面牵引设备受力后，拆除杆上短锚线绳，杆上作业人员下杆。

（3）地面工作人员可在导线完全失去张力后，用人工拖拉的方式进行收线。

（4）收线的过程中应保持均匀的收线速度，确保收线过程的安全。

（5）收线场地面其他辅助工作人员将收回的导线盘好，并绑扎装车。

【思考与练习】

1. 简述导线拆除工作的基本工作流程。

2. 进行导线拆除工作应注意的主要安全问题有哪些？

模块 6　配电室、配电箱、箱式变电站电气接线（ZY3300403006）

【模块描述】本模块包含配电室、配电箱、箱式变电站进出线及各电气设备间的连接安装等内容。通过概念描述、流程介绍、图解说明、要点归纳，掌握主要配电设备的电气接线方法和基本技术要求。

【正文】

一、作业内容

配电室、配电箱、箱式变电站的电气安装接线以停电操作方式进行，其主要作业内容包括配电室、配电箱、箱式变电站进出线及各电气设备间的连接安装。安装接线施工在完成相应设备的定位和固定安装后开始，其接线操作的基本工艺流程如图 ZY3300403006-1 所示。

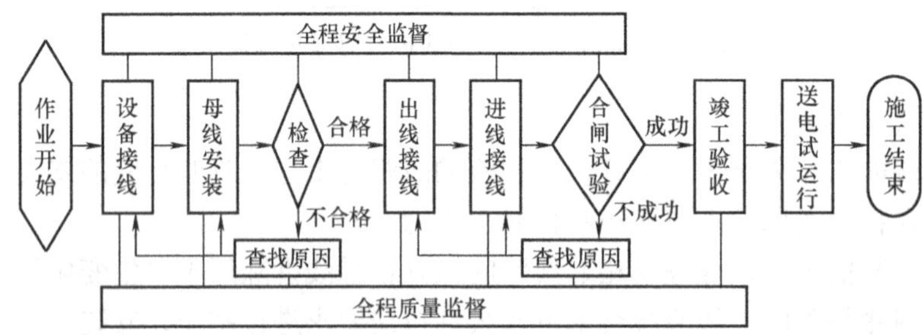

图 ZY3300403006-1　配电室、配电箱、箱式变电站的电气安装接线操作基本工艺流程

二、危险点分析与控制措施

1. 危险点分析

（1）停电措施不力或操作步骤不当可能造成操作人员触电事故。

（2）接线错误可能导致设备的损坏。

2. 控制措施

（1）严格按停电操作和电气接线的操作程序进行操作，现场设专门的安全监护人。

（2）室内有带电设备时，应加装防护设置，操作人员应始终保持对带电体的足够安全距离。

（3）严格按照设计图纸的要求进行接线。

（4）加强导线接头的质量检查，确保各连接点的连接质量达到验收规范的要求。

3. 其他安全措施

（1）使用梯子登高作业时，应有专人扶梯。临近带电体的作业，应使用绝缘硬梯作业。

（2）接线操作前应检查柜、箱等是否固定牢固，以防柜、箱倒落伤人。

（3）正确、规范地使用剥线、断线工器具，避免由于工器具使用不当而造成人体的伤害。

（4）通电合闸试验时，应安排专业人员对相关的设备进行监察，发现问题立即报告现场工作负责人，并停止操作；待查明原因并处理后，继续试验。

三、作业前准备

进行配电室、配电箱、箱式变电站的电气安装接线操作前的准备工作主要有：

1. 制定作业方案

根据作业对象所处的工作环境、地理条件和设计的要求，制定相应的作业方案，并按照设计的和操作规程的要求采取相应的技术措施和安全措施；在扩建或改建及设备周边有影响接线安装作业的带电设备时，为保证操作过程的顺利进行，应按规定办理停电手续。

2. 人员分工

进行配电室、配电箱、箱式变电站的电气安装接线应设现场工作负责人和安全监护人各一人；根据具体接线操作的需要，安排接线操作人员若干；为保证操作质量应设现场技术负责人一人；其他作业辅助人员若干。

3. 工器具、材料准备

装接线操作前，应根据设计要求准备好相应的作业工具及必备的安装材料。配电室、配电箱、箱式变电站的电气安装接线的主要工器具及材料参考表 ZY3300403006-1。

表 ZY3300403006-1　配电室、配电箱、箱式变电站安装接线的主要工器具及材料（参考）

序号	名　称	规　格	单位	数量	备　注
1	平口起子	中号	把	若干	
2	梅花起子	中号	把	若干	
3	扳手	8～12in	把	若干	
4	断线钳、剪、锯		把	若干	用于开断导线或接线排等
5	剥线器、钳		把	若干	用于剥离导线绝缘
6	绝缘架梯		副	若干	
7	绝缘操作杆	3m	根	1	选配
8	接地线		组	2	在规定试验周期内试验合格
9	接地棒		副	2	在规定试验周期内试验合格
10	接地电阻测试仪	ZC-8	块	1	性能良好且检验合格
11	高压验电器、低压验电笔	10kV，500V	只	各 1 支	在规定试验周期内试验合格
12	万用表		块	1	性能良好且检验合格
13	绝缘电阻表（2500V）	2500MΩ	块	1	在规定试验周期内试验合格
14	照明灯具或应急灯		盏	若干	电量充足
15	电缆头		套	若干	作电缆进出及过渡连接
16	液化气罐、喷枪		套	1	无泄漏，制作电缆头用
17	导线	按设计要求	m	若干	按规定要求分色使用
18	母线铜排	按设计要求	m	若干	按规定要求分色使用
19	铜铝过渡接线端子	设计要求各种规格	个	若干	按设计要求使用
20	绝缘带	10kV 自黏绝缘带	卷	若干	按规定要求分色使用
21	防水带		卷	若干	
22	保护带		卷	若干	

注　上述工器具应根据具体的作业对象进行配置。

4. 作业现场准备

根据作业内容的要求，进入安装接线作业现场时，作业现场应完成设备的固定、设备外壳的接地及相应带电体的防护设置等必需的准备工作，因此，要求作业前应做好下列准备：

（1）检查各设备的固定安装是否牢固，且与设计的要求是否相符，对未达到安装要求的设备应在接线前重新安装；

（2）检查设备的接地电阻是否符合设计和规定的要求（以设计规定为主）；

（3）对周边可能影响接线安装作业的带电设备或带电体装设防护措施，并对相应的危险点进行标识；

（4）检查设备上各接线端子是否与设计相符；各连接端子与设备内部的连接是否可靠。

四、操作步骤、质量标准

根据工艺流程图 ZY3300403006-1 所示，完成上述作业前的准备工作后，按计划安排进入作业现场，即可开始进行配电室、配电箱、箱式变电站的电气安装接线。

（一）设备连接

配电室、配电箱、箱式变电站内通常是由多种电气设备组合而成。因此，首先应根据设计图纸的要求进行设备间的连接安装接线。当设备间用导线连接时，具体操作步骤如下：

1. 配线

接线前应根据设计图纸的要求进行配线，一般情况下，配电箱内的配线电流回路应采用额定电压不低于 500V 的铜芯绝缘导线，其截面不应小于 $2.5mm^2$，其他回路截面不应小于 $1.5mm^2$；对电子元件回路、弱电回路采用锡焊连接时，在满足载流量和电压降及有足够机械强度的情况下，可采用不小于 0.5mm² 截面的绝缘导线。

按上述要求，在接线前应将所需配电箱、柜内各设备连接的导线按表 ZY3300403006-2 的规定，按相（或极）分色进行配齐。

表 ZY3300403006-2 电气设备连线导线颜色的规定

交、直流	交　流					直　流	
颜色	黄色	绿色	红色	黑色	黄绿交替色	褚色	兰色
线别	A 相	B 相	C 相	PE	PEN	正极	负极

2. 裁线

按设备间的距离和设备连接安装的要求分组进行裁线，其导线裁割的长度应保证横平竖直的接线要求；同时，对用于连接门上的电器、控制台板等可动部位的导线应选择采用多股软导线，敷设长度应有适当裕度。

3. 接线

接线时应根据设备接线图的要求分组由某设备的一端向另一设备的一端进行，应在保证每个端子接头电气性能的条件下，接头要牢固可靠。具体技术要求如下：

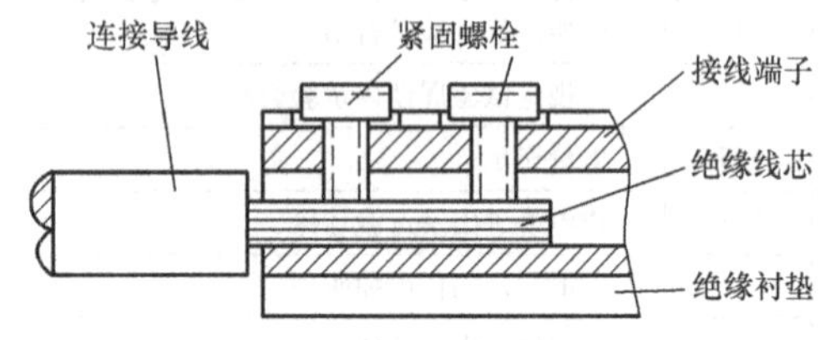

图 ZY3300403006-2 导线与接线端子的连接

（1）连接门上的电器、控制台板等可动部位的导线接线时，应对线束加装外套塑料管等加强绝缘层，与电器连接的端部应绞紧，并应加终端附件或搪锡，且不得松散、断股；在可动部位两端应用卡子固定。

（2）在如图 ZY3300403006-2 所示端子排上接头时，绝缘层剥削的长度应保证两个紧固螺栓能够正常压紧。

（3）设备间截面较大的电气主接线接线时，应在完成绝缘层剥削并将导体连接部分用汽油清洗干净后，在导体表面涂上电力脂，以确保接头连接的电气性能符合设计的要求。

（二）母线安装

1. 母线相序及排列方式

按规定，配电室、配电箱、箱式变电站的交流母线相序及直流母线极性的排列方式，应严格地按照设计的要求进行安装。当设计无规定时，交、直流母线的排列方式应按表 ZY3300403006-3 和表 ZY3300403006-4 的规定进行安装。

表 ZY3300403006-3 配电室母线相序排列方式的规定

相　别	垂直排列	水平排列	前后排列	排列参考方向
U	上	左	远	配电室内面向配电屏
V	中	中	中	
W	下	右	近	
N，PEN	最下	最右	最近	

注 1. 在特殊情况下，如果按此相序排列会造成母线配置困难，可不按本表规定。
2. N 线或 PEN 线如果不在相线附近并行安装，其位置可不按本表规定。

表 ZY3300403006-4 低压配电箱母线相序排列方式的规定

母线排列方式	交流母线			直流母线		排列方式参考方向
	A 相	B 相	C 相	正极	负极	
从左到右排列	左侧	中间	右侧	左	右	面对柜（盘）
从上到下排列	上侧	中间	下侧	上	下	面对柜（盘）
从远至近排列	远端	中间	近端	后	前	由柜（盘）后向柜（盘）面

2. 母线的色标规定

为保证可靠及运行、维护过程中检修的方便，母线或配电箱汇流排安装完成时，应按规定的要求涂刷油漆进行涂色标识，其各相（极）的颜色应符合下列规定：

（1）三相交流母线。A 相为黄色，B 相为绿色，C 相为红色，其中单相交流母线应与引出相的颜色相同。

（2）直流母线。正极为赭色，负极为蓝色。

（3）直流均衡汇流母线及交流中性汇流母线。不接地者为紫色，接地者为紫色带黑色条纹。

（4）封闭母线。其母线的外表面及外壳内表面涂无光泽黑漆，外壳外表面涂浅色漆。

3. 配电室、配电箱、箱式变电站的母线与母线、母线与电器端子连接安装

配电室及箱式变电站用母线宜采用矩形硬裸铝母线或铜母线，其截面在满足允许载流量、热稳定和动稳定要求的同时，支持母线的金属构件、螺栓等均应镀锌，母线安装时接触面应保持洁净，螺栓紧固后接触面紧密，各螺栓受力均匀。

配电室、配电箱、箱式变电站的母线与母线、母线与电器端子连接安装应按以下规定操作：

（1）铜与铜连接时，室外高温且潮湿或对母线有腐蚀性气体的室内，必须搪锡，在干燥的室内可直接连接。

（2）铝与铝连接时，可采用搭接的方式，搭接时应净洁表面并涂以导电膏。

（3）铜与铝连接时，在干燥的室内铜导体应搪锡；室外或较潮湿的室内应使用铜铝过渡板，铜端应搪锡。

（4）相同布置的主母线、分支母线、引下线及设备连接线应一致，横平竖直，整齐美观。

（5）条矩形母线采用螺栓固定搭接时，连接处距支柱绝缘子的支持夹板边缘不应小于 50mm；上片母线端头与下片母线平弯开始处的距离不应小于 50mm，如图 ZY3300403006-3（a）所示。

（6）条形母线扭转 90°时，其扭转部分的长度应为母线宽度的 2.5～5 倍，如图 ZY3300403006-3（b）所示。

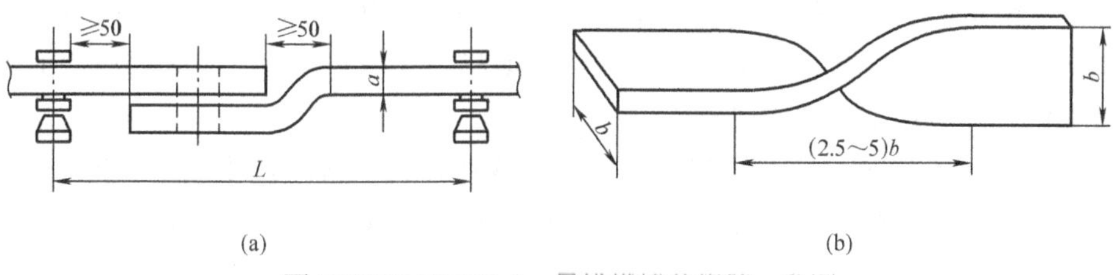

图 ZY3300403006-3　母线搭接及旋转示意图

（a）矩形母线搭接；（b）母线旋转 90°

a—母线厚度；b—母线宽度；L—母线两支持点之间的距离

（7）矩形母线应减少直角弯曲，需要弯曲时应按图 ZY3300403006-4 的方式进行加工，其弯曲处不得有裂纹及显著的折皱，母线的最小弯曲半径应符合表 ZY3300403006-5 的规定，多片母线的弯曲度应一致。

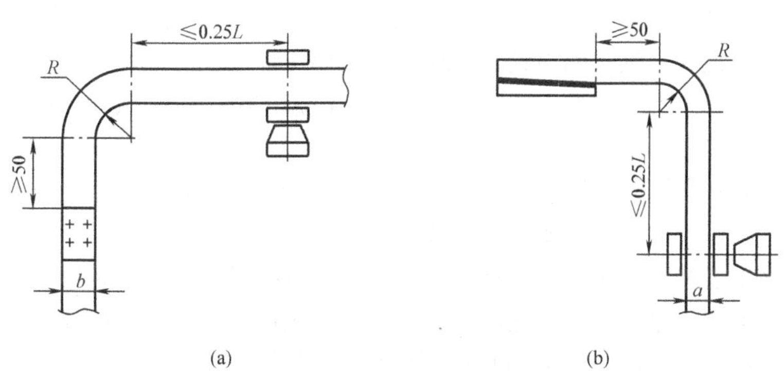

图 ZY3300403006-4　硬质矩形母线弯曲加工示意图

（a）立弯母线；（b）平弯母线

a—母线厚度；b—母线宽度；L—母线两支持点之间的距离；R—弯曲半径

（8）条形母线接头螺孔的直径宜大于螺栓直径1mm；钻孔应垂直、不歪斜，螺孔间中心距离的误差应为±0.5mm。

表 ZY3300403006-5　　矩形母线最小弯曲半径（*R*）值

母线种类	弯曲方式	母线断面尺寸（mm×mm）	最小弯曲半径 *R*（mm）		
			铜	铝	钢
矩形母线	平弯	50×5 及其以下	2*a*	2*a*	2*a*
		125×10 及其以下	2*a*	2.5*a*	2*a*
	立弯	50×5 及其以下	*b*	1.5*b*	0.5*b*
		125×10 及其以下	1.5*b*	2*b*	*b*

（9）条形母线的接触面加工必须平整、无氧化膜。经加工后其截面减少值：铜母线不应超过原截面的3%；铝母线不应超过原截面的5%。

（三）室（箱）内接线检查

完成上述配电室、配电箱、箱式变电站室（箱）内电气接线安装后，应根据设计图纸的要求进行接线检查，其主要内容如下：

（1）检查设备间的连接是否与设计图纸一致，导线的相序和颜色是否符合规定的要求。

（2）检查导线接头安装及紧固是否满足设计和规范的要求。

（3）检查连接导线的外观是否横平竖直，导线的弯曲是否符合规定的要求。

（4）用万用表测试连接导线是否有断开现象。

（5）检查裸母线间的相互间隔是否符合设计的要求，母线的支持及连接是否紧固、稳定。

对检查中发现的问题应找出其原因后立即纠正，确保设备间的连接符合设计的要求，以避免通电后可能造成的设备损坏。

（四）配电室、配电箱、箱式变电站进出线的安装

一般情况下，配电室、配电箱、箱式变电站进出引线可架空明敷或暗敷。明敷设宜采用耐气候型电缆或聚氯乙烯绝缘电线，暗敷设宜采用电缆或直埋塑料绝缘护套电线。箱式变电站的进出引线则多采用电缆。具体的安装应按下列要求进行。

（1）采用架空明敷安装时，应选用耐气候型的绝缘线作为主接线，安装在40mm×40mm×4mm以上规格的角钢支架上。穿墙时，绝缘电线应加套保护管。出线的室外应做滴水弯，滴水弯最低点距离地面不应小于2.5m。

（2）采用直埋塑料绝缘塑料护套电线时，应在冻土层以下且不小于0.8m处敷设，引上线在地面以上和地面以下0.8m的部位应装设保护套管。

（3）采用低压电缆作进出线时，应符合低压电力电缆的下列规定。

1）敷设电缆时，应防止电缆扭伤和过分弯曲。电缆弯曲半径与电缆外径比值：聚氯乙烯护套多芯电力电缆不应小于10倍，交联聚乙烯护套多芯电力电缆不应小于15倍。

2）低压塑料绝缘电力电缆室内终端头可采用自黏性绝缘带包扎或采用预制式绝缘护套；室外终端头宜采用热缩终端头加绝缘带包扎或预制式绝缘护套加绝缘带包扎的方式。

3）农村低压三相四线制系统的电力电缆应选用四芯电缆。不应采用三芯电缆另加单芯电缆作零线，严禁利用电缆外皮作零线。

（4）电缆头的制作应符合规定的要求，且电缆头的制作应由专业人员进行；具体制作要求参考10kV及以下电力电缆头的制作方法和工艺要求（ZY3300406003）。

（5）配电箱的进出引线，应采用具有绝缘护套的绝缘电线或电缆，穿越箱壳时加套管保护。

（6）配电室、配电箱、箱式变电站进出线的导体截面应按允许载流量选择。主进回路按变压器低压侧额定电流的1.3倍计算，引出线按该回路的计算负荷选择。

（五）结束操作

完成进出线的安装后，应由现场技术负责人对照设计要求进行全面的检查，并完成通电前的所有

测试，确认所有接线符合设计和规范的要求，报现场施工负责人向调度申请合闸试验；合闸试验成功后，清理工作现场，拆除现场临时电源、接地及其他作业工器具；接线操作结束。

五、注意事项

（1）进行配电室、配电箱、箱式变电站接线安装的施工人员必须是熟练的专业人员。

（2）接线施工人员在作业前应熟悉设计图纸及相应的规程规范。

（3）所有接线必须严格按照图纸的要求进行，接头的安装应符合验收规范的要求。

（4）接线操作过程中，每完成一个单元操作并检查无误后，才允许进行下一单元的操作，以确保每道工序达到设计和规范的要求。

【思考与练习】

1. 配电室、配电箱及箱式变电站接线的基本要求主要有哪些？
2. 配电室母线相序的排列有什么规定？
3. 配电室母线与母线、母线与电器端子连接的规定主要有哪些？
4. 配电箱进出线的排列相序（极性）有什么规定？
5. 配电室、配电箱主要电器的基本接线要求主要有哪些？

第二十二章　10kV 及以下配电线路运行维护及事故处理

模块 1　配电线路巡视检查（ZY3300404001）

【模块描述】本模块包含 10kV 及以下配电线路巡视目的、巡视种类、巡视内容及质量要求。通过概念描述、流程介绍、列表说明、要点归纳，掌握配电线路巡视检查方法。

【正文】

一、配电线路巡视的一般规定

下面内容主要介绍配电线路巡视的目的、方法和要求、周期、分类。

1. 配电线路巡视的目的

（1）及时发现缺陷和威胁线路安全的隐患。

（2）掌握线路运行状况和沿线的环境状况。

（3）通过巡视，为线路检修和消缺提供依据。

2. 配电线路巡视的方法和要求

（1）巡线工作应由有电力线路工作经验的人员担任。单独巡线人员应考试合格并经工区（公司、所）主管生产领导批准。电缆隧道、偏僻山区和夜间巡线应由两人进行。在暑天或大雪等恶劣天气下，必要时由两人进行。单人巡线时，禁止攀登电杆和铁塔。

（2）雷雨、大风天气下或事故巡线，巡视人员应穿绝缘鞋或绝缘靴；暑天、山区巡线应配备必要的防护工具和药品；夜间巡线应携带足够的照明工具。

（3）夜间巡线应沿线路外侧进行；大风巡线应沿线路上风侧前进，以免触及断落的导线；特殊巡视应注意选择路线，防止洪水、塌方、恶劣天气等对人的伤害。

（4）事故巡线应始终认为线路带电。即使明知该线路已停电，也应认为线路随时有恢复送电的可能。

（5）巡线人员发现导线、电缆断落地面或悬吊空中，应设法防止行人靠近断线地点 8m 以内，以免跨步电压伤人，并迅速报告调度和上级，等候处理。

3. 配电线路巡视的周期

（1）定期巡视。市区中压线路每月一次，郊区及农村中压线路每季至少一次，低压线路每季至少一次。

（2）特殊巡视。根据本单位情况制订，一般在大风、冰雹、大雪等自然天气变化较大的情况下进行。

（3）夜间巡视。一般安排在每年高峰负荷时进行，1～10kV 每年至少一次，对于新线路投运初期应进行一次。

（4）故障巡视。在发生跳闸或接地故障后，按调度或主管生产领导指令进行。

（5）监察性巡视。根据本单位情况制订，对重要线路和事故多发线路，每年至少一次。

4. 配电线路巡视的分类

巡视的种类一般有定期巡视、特殊巡视、夜间巡视、故障巡视、监察性巡视。

（1）定期巡视。定期巡视也叫正常巡视，由专职巡线员按规定的巡视周期巡视线路，主要是检查线路各元件运行情况，有无异常损坏现象，掌握线路及沿线的情况，并向群众做好防护宣传工作。

（2）特殊巡视。特殊巡视主要是在节日、天气突变（如导线覆冰，大雾、大风、大雪、暴风雨等特殊天气情况以及河水泛滥、山洪暴发、地震、森林起火等自然灾害）、线路过负荷以及特殊情况发生时进行。特殊巡视不一定要对全线路进行检查，只是对特殊线路的特殊地段进行检查，以便发现异常现象采取相应措施。

（3）夜间巡视。夜间巡视是利用夜间对电火花观察特别敏感的特点，有针对性地检查导线接点及各部件节点有无发热、绝缘子因污秽或裂纹而放电的现象。

（4）故障巡视。故障巡视主要是为了查明线路故障原因，找出故障点，便于及时处理并恢复送电。

（5）监察性巡视。监察性巡视由各单位负责人及技术员进行，目的是除了解线路和沿线情况，还可以对专职巡视员的工作进行检查和督导。监察性巡视可全线检查，也可对部分线路抽查。

二、配电线路巡视的流程

（1）核对巡视线路的技术资料，做到心中有数。

（2）根据巡视线路的自然状况，准备巡视所需的工器具。

（3）召开班前会，交代巡视范围、巡视内容，落实责任分工。

（4）做好危险点分析，采取周密的安全控制措施。

（5）学习标准化作业指导卡后，到巡视地段后核对线路名称和巡视范围，进行巡视。

（6）巡视结束后记录巡视手册。

三、配电线路巡视项目及要求

线路巡视的内容包括杆塔、导线、电缆、横担、拉线、金具、绝缘子及沿线情况。

1. 杆塔

（1）杆塔是否倾斜，根部是否有腐蚀，基础是否缺土，有无冻鼓现象，杆塔有无被车撞、被水淹的可能性。

（2）混凝土杆是否有裂纹、水泥脱落及钢筋外露等情况，铁塔构件是否弯曲、变形、锈蚀、丢失。

（3）木杆有无腐朽、烧焦、开裂，绑桩有无松动，木楔是否变形或脱出。

（4）各部件螺栓是否松动，焊接处是否开焊或焊接不完整、锈蚀。

（5）杆号牌或警示牌是否齐全、明显。

（6）杆塔周围有无杂草及攀附物，有无鸟巢等。

2. 导线

（1）各相导线弧垂是否平衡，有无过松或过紧，对地距离是否符合规程规定。

（2）导线有无断股、锈蚀、烧伤等，接头有无过热、氧化现象。

（3）跳线或引线有无断股、锈蚀、过热、氧化现象，固定是否规范。

（4）绑线有无松动、断开现象。

（5）绝缘导线外皮是否鼓包变形、受损、龟裂。

（6）导线邻近、平行、交叉跨越距离是否符合规程规定。

（7）导线上是否有杂物悬挂。

3. 横担

（1）铁横担是否锈蚀、变形、松动或严重歪斜。

（2）木横担是否腐朽、烧损、变形、松动或严重歪斜。

（3）瓷横担有无污秽、损伤、裂纹、闪络、松动或严重歪斜。

4. 拉线

（1）拉线有无松弛、破股、锈蚀现象。

（2）拉线金具是否齐全，有无锈蚀、变形，连接是否可靠。

（3）水平拉线对地距离是否符合规程规定，有无妨碍交通或易被车撞等危险。

（4）拉线有无护套。

（5）拉线棒及拉线盘埋深是否符合规程规定，有无上拔，基础是否缺土。

5. 金具及绝缘子

（1）金具是否锈蚀、变形，固定是否可靠。

（2）开口销有无锈蚀、断裂、脱落，垫片是否齐全，螺栓是否坚固。

（3）绝缘子有无污秽、损伤、裂纹或闪络现象。

（4）绝缘子有无歪斜现象，铁脚有无锈蚀、松动、变形。

6. 标志

（1）杆塔编号悬挂或刷写是否规范，是否符合规程规定。

（2）警示标志是否齐全、规范，是否符合规程规定。

（3）设备标志、调度编号是否齐全、规范，是否符合规程规定。

（4）标志固定是否可靠。

7. 沿线情况

（1）防护区内有无堆放的柴草、木材、易燃易爆物及其他杂物。

（2）防护区内有无危及线路安全运行的天线、井架、脚手架、机械施工设备等。

（3）防护区内有无土建施工、开渠挖沟、植树造林、种植农作物、堆放建筑材料等危害线路的运行。

（4）防护区内有无爆破、土石开方损伤导线的可能。

（5）线路附近的树木、建筑物与导线的间隔距离是否符合规程规定。

（6）邻近的电力、通信、索道、管道及电缆架设是否影响线路安全运行。

（7）河流、沟渠边线的杆塔有无被水冲刷、倾倒的危险。

（8）沿线是否有污染源。

（9）线路巡视和检修通道是否畅通。

四、危险点分析及安全控制措施

危险点分析及安全控制措施见表 ZY3300404001-1。

表 ZY3300404001-1　　危险点分析及安全控制措施

危险点	控制措施
狗咬、蜂蛰、交通意外、溺水、摔伤	巡线路过村屯和可能有狗的地方先吆喝，备用棍棒，防备被狗咬
	发现蜂窝时不要触碰。带治疗蜂蛰、蛇咬药及防中暑的药品
	横过公路、铁路时，要注意观望，遵守交通法规，以免发生交通意外事故
	过河时，不得趟不明深浅的水域，不得踩薄或疏松的冰。过没有护栏的桥时，要小心防止落水
	巡线时应穿工作鞋，路滑或过沟、崖、墙时防止摔伤，沿线路前进，不走险路
	单人巡视时禁止攀登杆塔
触电伤害	沿线路外侧行走，大风巡线应沿线路上风侧前进
	发现导线断落地面或悬吊空中，应设法防止行人靠近断线地点 8m 以内
	登杆塔检查时与带电体保持足够的安全距离，带电体上有异物时严禁用手直接取下

五、案例

（1）巡视任务：某低洼地段 10kV 线路 1～10 号特殊巡视。

（2）巡视人：两人同时进行巡视。

（3）工器具准备：绝缘靴 2 双、绝缘手套 2 双、绝缘棒 1 组、干木棒 1 根、绝缘绳 1 条。

（4）危险点及安全措施：2 号与 3 号间跨越小河流。手拄干木棒试探泥水深度。

（5）巡视过程。大雨过后，两人核对某低洼地段 10kV 线路技术资料，准备好工器具，对危险点进行准确分析，穿好绝缘靴，戴好绝缘手套，拿绝缘棒和干木棒对线路进行巡视。步行到达巡视地段，按巡视指导卡程序对线路进行巡视。经巡视，线路杆根无泥土流失，电杆没有倾斜，拉线底把没有上拔现象，导线、金具、绝缘子等无雷击放电现象。巡视结束后记录到巡视手册中。

【思考与练习】

1. 配电线路巡视的目的是什么？
2. 配电线路巡视的项目有哪些？

模块 2 配电线路运行维护及故障处理（ZY3300404002）

【模块描述】 本模块包含 10kV 及以下配电线路运行标准、维护标准及故障处理原则、分类、处理方法及步骤等内容。通过概念描述、流程介绍、列表说明、案例分析、要点归纳，掌握配电线路运行标准及故障处理方法。

【正文】

一、配电线路运行维护标准

1. 配电线路运行标准

（1）杆塔偏离线路中心线不应大于 0.1m。

（2）木杆与混凝土杆倾斜度（包括挠度）：转角杆、直线杆不应大于 15/1000，转角杆不应向内角侧倾斜，终端杆不应向导线侧倾斜，终端杆向拉线倾斜应小于 200mm。

（3）铁塔倾斜度：50m 以下倾斜度应不大于 10/1000，50m 及以上倾斜度应不大于 5/1000。

（4）混凝土杆不应有严重裂纹、流铁锈水等现象，保护层不应脱落、酥松、钢筋外露，不宜有纵向裂纹，横向裂纹不宜超过周长的 1/3，且裂纹宽度不宜大于 0.5mm；木杆不应严重腐朽；铁塔不应严重锈蚀，主材弯曲度不得超过 5/1000，各部螺栓应坚固，混凝土基础不应有裂纹、酥松、钢筋外露现象。

（5）线路上的每基杆塔应统一标志牌，靠道路附近的电杆应统一挂在朝道侧，一条线路的标志牌基本在一侧。

（6）横担与金属应无严重锈蚀、变形、腐朽。铁横担、金具锈蚀不应起皮和出现严重麻点，锈蚀表面积不宜超过 1/2。木横担腐朽深度不应超过横担宽度的 1/3。

（7）横担上下倾斜、左右偏歪不应大于横担长度的 2%。

（8）导线通过的最大负荷电流不应超过其允许电流。

（9）导（地）线接头无变色和严重腐蚀现象，连接线夹螺栓应坚固。

（10）导（地）线应无断股；7 股导（地）线中的任一股导线损伤深度不得超过该股导线直径的 1/2；19 股及以上导（地）线，某一处的损伤不得超过 3 股。

（11）导线过引线、引下线对电杆构件、拉线、电杆间的净空距离：1～10kV 不小于 0.2m，1kV 以下不小于 0.1m。每相导线过引线、引下线对邻相导体、过引线、引下线的净空距离：1～10kV 不小于 0.3m，1kV 以下不小于 0.15m。高压（1～10kV）引下线与低压（1kV 以下）线间的距离：不应小于 0.2m。

（12）三相导线弧垂应力求一致，弧垂误差应在设计值的–5%～+10%之内；一般档距导线弧垂相差不应超过 50mm。

（13）绝缘子、瓷横担应无裂纹，釉面剥落面积不应大于 100mm^2，瓷横担线槽外端头釉面剥落面积不应大于 200mm^2，铁脚无弯曲，铁件无严重锈蚀。

（14）绝缘子应根据地区污秽等级和规定的泄漏比距来选择其型号，验算表面尺寸。

（15）拉线应无断股、松弛和严重锈蚀。

（16）水平拉线对通车路面中心的升起距离不应小于 6m。

（17）拉线棒应无严重锈蚀、变形、损伤及上拔等现象。

（18）拉线基础应牢固，周围土壤无凸起、淤陷、缺土等现象。

（19）接户线的绝缘层应完整，无剥落、开裂等现象；导线不应松弛；每根导线接头不应多于 1 个，且应用同一型号导线相连接。

（20）接户线的支持构架应牢固，无严重锈蚀、腐朽。

（21）导线的限距及交叉跨越距离应符合表 ZY3300404002-1～表 ZY3300404002-4。

表 ZY3300404002-1　导线最大计算弧垂情况下与地面最小距离　m

线路经过地区	线路标称电压（kV）	
	1～10	1以下
居民区	6.5	6
非居民区	5.5	5
不能通航也不能浮运的河、湖（至冬季冰面）	5	5
不能通航也不能浮运的河、湖（至 50 年一遇洪水位）	3	3
交通困难地区	4.5（3）	4（3）
步行可到达的山坡	4.5	3.0
步行不能到达的山坡、峭壁和岩石	1.5	1.0

注　括号内为绝缘线数值。

表 ZY3300404002-2　导线最大计算弧垂情况下对永久建筑物之间最小垂直距离　m

接近物	接 近 条 件	对应线路电压等级（kV）		
		1～10	1以下	备　注
永久建筑物	线路导线与永久建筑物之间的垂直距离在最大计算弧垂情况下（相邻建筑物无门窗或实墙）	3（2.5）	2.5（2）	1～10kV配电线路不应跨越屋顶为易燃材料做成的建筑物

注　括号内为绝缘线数值。

表 ZY3300404002-3　导线最大计算弧垂情况下对永久建筑物之间最小水平距离　m

接近物	接 近 条 件	对应线路电压等级（kV）		
		1～10	1以下	备　注
永久建筑物	线路导线与永久建筑物之间的水平距离在最大风偏情况下（相邻建筑物无门窗或实墙）	1.5（0.75）	1（0.2）	相邻建筑物无门窗或实墙

注　括号内为绝缘线数值。

表 ZY3300404002-4　架空配电线路与铁路、道路、河流、管道、索道及各种架空线路交叉的基本要求（最小垂直距离）　m

项　目			线路电压（kV）		备　注
			1～10	1以下	
铁路	标准轨距	至轨顶	7.5	7.5	
	窄轨		6.0	6.0	
	电气化铁路	接触线或承力索	平原地区配电线路入地		山区入地困难时，应协商，并签订协议
公路	高速公路，一级公路	至路面	7.0	6.0	
	二、三、四级公路				
河流	通航	至常年高水位	6.0	6.0	最高洪水位时，有抗洪抢险船只航行的河流，垂直距离应协商确定
		至最高航行水位的最高船桅顶	1.5	1.0	

续表

项　目			线路电压（kV）		备　注
			1～10	1以下	
河流	不通航	至最高洪水位	3.0	3.0	最高洪水位时，有抗洪抢险船只航行的河流，垂直距离应协商确定
		冬季至冰面	5.0	5.0	
弱电线路	一、二级	至被跨越物	2.0	1.0	
	三级				
电力线路（kV）	1以下	至导线	2.0	1.0	
	1～10		2.0	2.0	
	35～110		3.0	3.0	
	154～220		4.0	4.0	
	330		5.0	5.0	
	500		8.5	8.5	
特殊管道	电力线在下面	电力线在下面	3.0	2.0	
一般管道、索道		电力线在下面至电力线上的保护设施	1.5	1.5	
人行天桥			5（4）	4（3）	

注　括号内为绝缘导线数值。

（22）配电线路通过林区（树木）的安全距离。1～10kV配电线路通过林区应砍伐出通道，通道净宽度为导线边线向外侧水平延伸5m，当采取绝缘导线时不应小于1m。配电线路通过公园、绿化区和防护林带，导线与树木的净空距离在最大风偏情况下不应小于3m。配电线路通过果林、经济作物以及城市灌木林，不应砍伐通道，但导线与树梢的距离不应小于1.5m。

配电线路的导线与街道行道树之间的最小距离应符合表ZY3300404002-5。

表ZY3300404002-5　　配电线路的导线与街道行道树之间的最小距离　　m

最大弧垂情况的垂直距离		最大风偏情况下的水平距离	
1～10kV	1kV以下	1～10kV	1kV以下
1.5（0.8）	1.0（0.2）	2.0（1.0）	1.0（0.5）

注　括号内为绝缘导线数值。

（23）配电线路与其他物体的安全距离。配电线路与甲类厂房、库房，易燃材料堆场，甲、乙类液体储罐，液化石油气储罐，可燃、助燃气体储罐最近水平距离，不应小于杆塔高度的1.5倍，丙类液体储罐不应小于1.2倍（甲、乙、丙分类按GB 50016—2006《建筑设计防火规范》规定）。

（24）跨越道路的拉线对地距离。跨越道路的水平拉线，对路边缘的垂直距离不应小于6m。拉线柱的倾斜角宜采用10°～20°。

（25）接户线的限距应符合表ZY3300404002-6和表ZY3300404002-7。

表ZY3300404002-6　　接户线受电端的对地面垂直距离

1～10kV	1kV以下
4.0m	2.5m

表 ZY3300404002-7 跨越街道的 1kV 以下接户线至路面中心的垂直距离

最大弧垂情况的垂直距离		最大弧垂情况的垂直距离	
1kV以下	具体条件	1kV以下	具体条件
6.0m	有汽车通过的街道	3.0m	胡同（里、弄、巷）
3.5m	汽车通过困难的街道、人行道	2.5m	沿墙敷设

2. 配电线路维护标准

为了保证配电线路安全、可靠、经济运行，采取正确的维护方法来管理非常重要。首先，要加强配电线路的巡视，掌握配电线路运行状态及相关缺陷，根据缺陷情况制订相应的消缺计划；其次，要采取正确的处理方法，对各种缺陷或隐患进行整改处理，达到运行标准；最后做好技术统计，分析并掌握线路运行情况。

（1）电杆移位。电杆移位可采用机械（吊车或紧线器等）和人工两种方法。无论是哪一种，首先对电杆加装 4 个相对方向的拉线进行固定保护，然后拉动绳索将杆根校正垂直，基础填土、夯实，恢复并紧固导线。

（2）电杆扶正。电杆扶正可采用机械（吊车或紧线器等）和人工两种方法。无论是哪一种，都要在正杆侧杆根处垂直挖深 1m 左右，避免杆身受力过大而折断。

直线杆顺线路方向倾斜时，要松开导线进行正杆，垂直线路倾斜时可在不停电的情况下进行。

转角杆、终端杆与直线杆基本相同，要注意调整拉线受力和导线弧垂。

（3）拉线调整。由于杆倾斜扶正后的拉线要先正杆，再进行调整或重做，由于拉线断股或锈蚀严重更换拉线时要先做好临时拉线，地锚上拔时要用 UT 线夹进行调整，螺母紧固在 UT 线夹螺纹中心为宜，并加双帽固定。

（4）导线接头过热处理。普通导线连接接头可打开去除氧化面，然后涂上中性凡士林油重新连接，使用线夹连接的导线接头要打开重做。

（5）砍树。在线路带电情况下，砍剪靠近线路的树木时，工作负责人应在工作开始前，向全体人员说明“电力线路有电，人员、树木、绳索应与导线保持 1m 的安全距离”。

砍剪树木时，应防止马蜂等昆虫或动物伤人。上树时，不应攀抓脆弱和枯死的树枝，并使用安全带。安全带不得系在待砍剪树枝的断口附近或以上。不应攀登已经锯过或砍过的未断树枝。

砍剪树木应有专人监护。待砍剪的树木下面和倒树范围内不得有人逗留，防止砸伤行人。为防止树木（树枝）倒落在导线上，应设法用绳索将其拉向与导线相反的方向。绳索应有足够的长度，以免拉绳的人员被倒落的树木砸伤。砍剪山坡树木应做好防止树木向下弹跳接近导线的措施。

树枝接触或接近高压带电导线时，应将高压线路停电或用绝缘工具使树枝远离带电导线至安全距离。此前严禁人体接触树木。

大风天气，禁止砍剪高出或接近导线的树木。

使用油锯和电锯的作业，应由熟悉机械性能和操作方法的人员操作。使用时，应先检查所能锯到的范围内有无铁钉等金属物件，以防金属物体飞出伤人。

二、配电线路故障处理

（一）故障处理原则

配电线路故障处理本着“缩短停电时间，缩小停电面积，迅速排除故障，尽快恢复送电”的原则。

（二）配电线路故障的分类

配电线路故障分为短路和断路两种。

1. 短路

短路分为接地和相间短路。接地又分为永久性接地和瞬间接地，主要是由倒断杆、接点过热、绝缘子击穿、雷击、树碰线或外力破坏等因素导致的。相间短路又分为两相短路和三相短路，主要是由上述原因引起，但没有接地，致使两相或三相导线连接造成的。

2. 断路

由于倒断杆、接点过热、雷击或外力破坏等因素使导线断开，但未形成短路，影响正常供电。

（三）配电线路故障处理方法和步骤

1. 倒杆故障

由于电杆基础未夯实、埋深不够、积水或冲刷、外力碰撞、线路受力不均造成电杆倾斜、混凝土杆水泥脱落露筋等都容易引起倒杆事故，要及时进行处理。

（1）发生倒杆事故后，立即派人巡线，在出事地点看守，应认为线路带电，防止行人靠近。

（2）立即向上级领导汇报事故现场情况及事故原因，如自然现象造成的事故应在上级领导的批准下通知保险公司等有关部门，以便索赔。

（3）拉开事故线路上级控制开关或接到领导通知确认线路停电，做好工作地段两端的安全措施后，方可开始抢修。

（4）组织人员，准备工具、材料，更换不能使用的金具及绝缘子，扶正或更换电杆，夯实基础。

（5）电杆组立或扶正要注意埋深，底盘和卡盘要牢固可靠。

2. 断线故障

受雷雨天气影响，或绝缘子闪络，或大风摇摆及外力破坏，都有可能发生断线事故，多发生在绝缘子与导线的结合部位。

（1）发生断线事故后，立即派人巡线，在出事地点看守，断落到地面的导线，应防止行人靠近接地点 8m 以内。

（2）立即向上级领导汇报事故现场情况及事故原因，如自然现象造成的事故应在上级领导的批准下通知保险公司等有关部门，以便索赔。

（3）拉开事故线路上级控制开关或接到领导通知确认线路停电，做好工作地段两端的安全措施后，方可开始抢修。

（4）组织人员，准备工具、材料，更换不能使用的金具及绝缘子，进行导线连接处理。

（5）导线断线，应将断线点在超过 1m 以外剪断重接，并用同型号导线连接或压接。

（6）将连接好的导线放在横担上方，用两套紧线器在横担两侧分别紧线，调匀弧垂后进行立瓶绑扎。

（7）避免在一个档距内有两个接头。

（8）搭接或压接的导线接点应距固定点 0.5m。

（9）断股损伤截面不超过铝股总面积的 7%，可缠绕处理,缠绕长度应超过损伤部位两端 100mm。

（10）断股损伤截面超过铝股总面积的 7%而小于 25%，可用补修管或加备线处理，补修管长度超出损伤部分两端各 30mm。

（11）断股损伤截面超过铝股总面积的 25%，或损伤长度超过补修管长度，或导线出现永久性变形，应剪断重接。

3. 绝缘子故障处理

受雷击、污闪、电晕、自然老化因素等影响，易使绝缘子的绝缘能力下降，从而引起线路故障。

（1）绝缘子因脏污造成绝缘水平下降，应定期进行巡视、清扫和测量，发现不合格的及时更换。

（2）在污染严重地区可在绝缘子表面涂防污涂料，也可使用防污绝缘子。

（3）由于绝缘子老化造成的绝缘下降，应及时更换。

（4）在高电压作用下，因导线周围电场强度超过空气击穿强度，会对绝缘子造成电晕伤害，应采用加大导线半径的方法来处理。

三、案例

以断杆处理为例，介绍事故的处理。

1. 事故原因

该线路处于交通事故多发地段，电杆被汽车撞坏，导致导线相间短路，是事故发生的主要原因。

2. 事故现象

某 10kV 线路出线开关跳闸，重合闸未成功。经故障巡视发现，10kV线路电杆被汽车撞断，导线相间短路，是造成事故的主要原因。

3. 事故处理

（1）切除事故线路，保护现场，向领导汇报，组织人力、物力，启动事故抢修预案。

（2）抢修步骤：

1）巡视人员在现场看守，防止行人进入导线落地点 8m 以内，并立即向所长汇报。

2）所长向调度汇报事故情况后，启动事故应急预案。

3）立即组织人员填写事故应急抢修单，准备抢修材料和工具。

4）做好故障线路两端的安全措施后，进行抢修。

5）抢修工作结束后，完全拆除安全措施，所有人员撤离现场，恢复送电。

4. 危险点分析及控制措施

危险点分析及控制措施见表 ZY3300404002-8。

表 ZY3300404002-8　　危险点分析及控制措施

危险点	安全控制措施
倒杆	立、撤杆工作要设专人统一指挥，开工前讲明施工方法。在居民区和交通道路附近进行施工应设专人看守
	要使用合格的起重设备，严禁超载使用
	电杆起离地面后，应对各部吃力点做一次全面检查，确无问题后继续起立。起立 60° 后应减缓速度，注意各侧拉绳，特别要控制好后侧头部拉绳防止过牵引
	吊车起吊钢丝绳扣子应调绑在杆的适当位置，防止电杆突然倾倒
高处坠落及物体打击伤人	攀登杆塔前检查脚钉是否牢固可靠
	杆塔上转移作业位置时，不得失去安全带保护。杆塔上有人工作时，不得调整或拆除拉线
	现场人员必须戴好安全帽。杆塔上作业人员要防止掉东西，使用工器具、材料等应装在工具袋里，工器具的传递要使用传递绳。杆塔下方禁止行人逗留
砸伤	吊车的吊臂下严禁有人逗留，立杆过程中坑内严禁有人，除指挥人及指定人员外，其他人应在电杆 1.2 倍杆高的距离以外
	修坑时，应有防止杆身滚动、倾斜的措施
	利用钢钎做地锚时，应随时检查钢钎受力情况，防止过牵引将钢钎拔出
	已经立起的电杆只有在杆基回填土全部夯实，并填起 300m^3 的防沉台后方可撤去叉杆和拉绳

5. 事故分析及防范措施

电杆组立在路旁，缺少提醒标志，行车较多，对电杆安全造成隐患。应采取以下防范措施：

（1）在电杆下部刷上红白相间的荧光粉条，以便提醒汽车司机注意道路旁的电线杆。

（2）与交通管理部门联系，在道路旁安置交通安全提示牌，提醒汽车司机注意交通安全。

（3）探讨电杆迁移的可能性。

（4）对电杆加护桩或砌墩。

【思考与练习】

1. 配电线路对地、对树、对路的安全距离是多少？

2. 简述配电线路故障的分类。

模块 3　配电线路缺陷管理（ZY3300404003）

【模块描述】本模块包含 10kV 及以下配电线路缺陷分类、缺陷标准及缺陷管理等内容。通过概念描述、流程介绍、案例分析、要点归纳，掌握配电线路缺陷管理方法。

【正文】

一、配电线路缺陷分类及缺陷标准

(一) 缺陷分类

按缺陷的紧急程度可分为紧急缺陷、重大缺陷和一般缺陷。

(1) 紧急缺陷。是指严重程度已使设备不能继续安全运行，随时可能导致发生事故和危及人身安全的缺陷。必须立即消除，或采取必要的安全措施，尽快消除。

(2) 重大缺陷。是指设备有明显损伤、变形，或有潜在的危险，缺陷比较严重，但可以在短期内继续运行的缺陷。可在短期内消除，消除前要加强巡视。

(3) 一般缺陷。是指设备状况不符合规程要求，但对近期安全运行影响不大的缺陷。可列入年、季、月检修计划或日常维护工作中消除。

(二) 缺陷标准

1. 导线

(1) 紧急缺陷。

1) 单一金属导线断股或截面损伤超过总截面的 25%。

2) 钢芯铝线的铝线断股或损伤超过铝截面的 50%。

3) 钢芯线的钢芯独股钢芯有损伤或多股钢芯有断股。

4) 受张力的直线接头有抽笺或滑动现象。

5) 接头烧伤严重、明显变色，有温升现象。

(2) 重大缺陷。

1) 单一金属导线断股或截面损伤超过总截面的 17%。

2) 钢芯铝线的铝线断股或损伤截面超过总截面的 25%。

3) 导线上悬挂杂物。

4) 交叉跨越处导线间距离小于规定值的 50%。

(3) 一般缺陷。

1) 单一金属导线断股或截面损伤为总截面的 17%。

2) 钢芯铝线的铝线断股或损伤为总截面的 25%以下。

3) 导线有松股。

4) 不同金属、不同规格、不同结构的导线在一个耐张段内。

5) 导线接头接点有轻微烧伤并有发展的可能。

6) 导线接头长度小于规定值。

7) 导线在耐张线夹或茶台处有抽笺现象。

8) 固定绑线有损伤、松动、断股。

9) 导线间及导线对各部距离不足。

10) 导线弧垂不合格、不平衡。

11) 金属导线过引接续无过渡措施。

12) 铝线或钢芯铝线在立瓶、耐张线夹处无铝包带。

13) 引下线、母线、跳接引线松弛。

14) 绝缘线老化破皮。

2. 杆塔

(1) 紧急缺陷。

1) 水泥杆倾斜度超过 15°。

2) 水泥杆杆根断裂。

3) 水泥杆受外力作用产生错位变形露筋超过 1/3 周长。

4) 铁塔主材料弯曲严重，随时有倒塔危险。

（2）重大缺陷。

1）水泥杆倾斜度超过 10°。

2）木杆杆根截面缩减至 50%及以下。

3）水泥杆受外力作用露筋超过 1/4 周长或面积超过 $10cm^2$。

4）水泥杆严重腐蚀、酥松。

（3）一般缺陷。

1）杆塔基础缺土或因上拔及冻鼓使杆塔埋深小于标准埋深的 5/6。

2）水泥杆倾斜度超过 5°。

3）水泥杆露筋、流铁水，保护层脱落、酥松，法兰盘锈蚀。

4）水泥杆纵向裂纹长度超过 1.5m、宽度超过 2mm，横向裂纹超过 2/3 周长、宽度超过 1mm。

5）木杆腐朽、水泥杆脚钉松动。

6）铁塔保护帽酥松、塔材缺少、锈蚀。

7）无标志牌、相位牌、警告牌。

3. 拉线

（1）紧急缺陷。受外力作用，接线松脱对人身和设备安全构成严重威胁。

（2）重大缺陷。张力拉线松弛或地把抽出。

（3）一般缺陷。

1）拉线或拉线棒锈蚀截面达到 20%以上。

2）拉线或拉线棒小于实际承受接力。

3）拉线松弛。

4）拉线对各部距离不足。

5）UT 线夹装反、缺件。

6）穿越导线的拉线无绝缘措施。

7）拉线地锚坑严重缺土。

4. 绝缘子

（1）紧急缺陷。

1）绝缘子击穿接地。

2）悬式绝缘子销针脱落。

（2）重大缺陷。

1）绝缘电阻为零。

2）瓷裙破损面积达 1/4 及以上。

3）有裂纹。

（3）一般缺陷。

1）瓷裙缺口，瓷釉烧坏，破损表面超过 $1cm^2$。

2）铁件弯曲，螺帽松脱。

3）绝缘子电压等级不符合要求。

5. 横担、金具及变台

（1）重大缺陷。

1）横担变形导致相间短路。

2）木横担腐朽断面积超过 1/2。

3）落地式变台无围栏。

（2）一般缺陷。

1）铁横担歪斜度超过 15/1000，木横担超过 1/50。

2）木横担腐朽断面积超过 1/3。

3）横担变形，金具、横担严重锈蚀腐深度达到1/3。

4）横担缺件。

6. 线路防护

（1）重大缺陷。导线对地（公路、铁路、河流等）距离不符合规程要求，与建筑物的水平距离小于0.5m、垂直距离小于1m。导线距树很近，使树木烧焦。

（2）一般缺陷。

1）导线与建筑物、树木等的水平或垂直距离不足。

2）在线路防护区内存在堆放、修筑、开挖、架线等威胁线路安全的现象。

二、配电线路缺陷管理

配电线路缺陷是指运行中的设施发生异常情况，不能满足运行标准，产生不良后果的缺陷。配电线路缺陷管理应做到以下方面：

（1）缺陷管理机制。成立缺陷管理小组，明确责任分工、消缺时间和保证措施等。

（2）缺陷规定消除时间。紧急缺陷必须尽快消除（一般不超过24小时）或采取必要的安全技术措施临时处理；重大缺陷应在短期（1个月）内消除，消除前应加强巡视；一般缺陷列入年、季、月工作计划消除。重大及以上缺陷消除率为100%，一般缺陷年消除率不能低于95%。

（3）缺陷处理程序。

1）巡视人员发现缺陷后登记在缺陷记录上，并上报运行管理单位技术负责人。

2）技术员审核后交运行管理单位主管人员决定处理意见。重大及以上缺陷应上报县级农电公司主管领导，共同研究处理意见。

3）巡视人员发现紧急缺陷时应立即向有关领导汇报，管理人员组织作业人员迅速处理，消缺后登记在缺陷记录上。

4）缺陷处理完毕后，由技术员现场验收并签字，不合格时将此缺陷重新按缺陷处理程序办理。

5）缺陷处理完毕后，应登记在检修记录中，相关处理人员和验收人员签字存档。

6）春、秋检中发现并已处理的缺陷不再执行缺陷处理程序，但应统计在当月的总消除中，发现未处理的缺陷应执行缺陷处理程序。

7）登记的缺陷应分为高压、低压、设备等部分。

（4）消除的缺陷必须保证质量，确保在一年内不能再出现问题。

三、案例

某日张某发现某10kV线路1号杆倾斜不到10°，随后登记在巡线手册中，并标明属一般缺陷。上报供电所技术员，经技术员审核后签字，安排在春检工作中消除。随后，所长同技术员安排以张某为工作负责人的5人作业班组进行扶杆工作，工作结束后，技术员验收合格，登记在检修记录中，工作负责人、技术员签字存档，消缺完成。

【思考与练习】

1. 配电线路缺陷分类是怎样规定的？

2. 配电线路缺陷消除时间是怎样规定的？

模块4 配电线路事故抢修（ZY3300404004）

【模块描述】本模块包含10kV及以下配电线路事故抢修流程、事故抢修要求、故障点的查找等内容。通过概念描述、流程介绍、框图示意、要点归纳，掌握配电线路事故抢修方法。

【正文】

一、配电线路事故抢修流程

正确的事故抢修流程是事故抢修质量的保证，是正确指挥的理论依据。应以“时间短、动作快、抢修准、质量高”为原则，按照“接收事故信息，查找事故点，启动抢修预案，事故处理，恢复送电，总结分析”的流程进行。

（1）接到故障通知后，立即通知运行管理单位人员进行巡线，查找故障点。

（2）在故障现场看守，防止行人误入带电区域而造成人员伤亡，已造成人员伤亡的要及时向领导汇报，并联系相关救护人员。

（3）进行现场勘查，做好抢修计划，并向领导汇报。

（4）启动事故抢修预案，做好人员分工以及工器具、材料的准备，填写事故应急抢修单。

（5）确认线路已停电，在故障线路两端做好安全措施后，开始抢修作业。

（6）抢修作业结束后，技术人员对现场进行验收，与作业人员一起在事故应急抢修单上签字确认，并带回单位保存。

（7）召开事故分析会，总结事故教训。

配电线路事故抢修流程如图 ZY3300404004-1 所示。

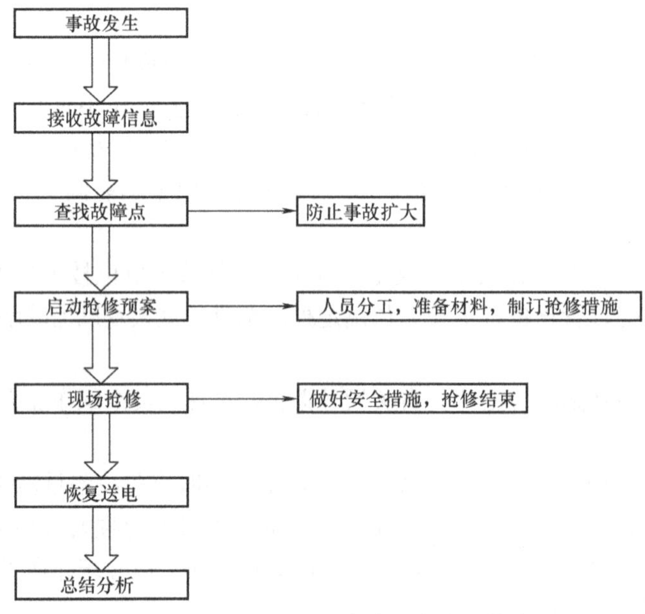

图 ZY3300404004-1　配电线路事故抢修流程

二、配电线路事故抢修要求

配电线路事故报修要制订事故抢修预案，建立健全抢修机制，明确启动条件，明确人员分工，做好事故抢修准备工作，保证抢修质量和时间，做好现场危险点分析和安全控制措施，抢修结束后做好事故分析。

抢修预案内容应包括：

（1）成立事故抢修领导小组，明确抢修小组总指挥，明确相关抢修人员的职责。

（2）明确事故抢修原则，保证尽快消除事故，减少停电时间。

（3）明确事故抢修标准，达到安全可靠运行。

（4）明确事故抢修保证措施，如：人员组织要得力，车辆安排要充足，使用合格的工器具和材料。

（5）建立健全抢修相关人员与政府、医疗、保险等部门的联络机制，保证沟通顺畅，便于解决因事故带来的其他影响。

（6）明确事故抢修启动条件，避免盲目进行事故抢修，造成人员或设施受损及材料的浪费。

三、配电线路故障点的查找

正确分析和判断故障点是故障抢修的关键，及时准确查找故障点是故障抢修的保障。

（1）通过报修电话或停电通知，对停电线路进行确认。

（2）对于发生接地的线路要从变电站出线开始巡视查找故障点，采取分级测试的方法查找。

（3）人工巡视时要向群众搜集故障信息，并按线路巡视要求进行。

（4）查到故障点后，应保护好现场，防止故障扩大，做好故障处理的前期工作。

（5）当故障点没有找到时，可采用分段排除法判断。停分支线，送主干线，逐级试送，判断故障线路，缩小故障面积，然后查找故障点。

（6）可以通过线路安装的故障指示仪来判断故障线路，查找故障点。

（7）断路故障点查找重点要考虑导线接点是否断开、外力破坏等因素。

（8）短路故障点查找重点要考虑导线引流、树害及外力破坏等因素。

（9）接地故障点查找重点要考虑避雷器或绝缘子是否击穿，导线是否与树接触，过引线是否与横担相接等因素。

四、案例

下面介绍短路跳闸事故的处理的案例。

1. 故障类型及危害

夏季，某日雷雨过后，某 10kV 线路速断跳闸，全镇 2 万户居民生活用电全部中断。

2. 故障原因

接到故障巡线通知后，抢修人员沿变电站出线进行故障巡视。通过对各分歧线路逐一排查，确定线路末级分歧线路 2 号杆受雷击，三相导线落地，是造成本次事故的直接原因。

3. 故障处理步骤

（1）切除事故线路，保护现场，向领导汇报，组织人力、物力，启动抢修预案。

（2）抢修步骤：

1）巡视人员在现场看守，防止行人进入导线落地点 8m 以内，并立即向站长汇报。

2）站长向调度汇报事故情况后，启动抢修预案。

3）立即组织人员填写事故应急抢修单，准备抢修材料和工具。

4）做好故障线路两端的安全措施后，进行抢修，达到运行标准。

5）抢修工作结束后，完全拆除安全措施，所有人员撤离现场，恢复送电。

4. 危险点分析及控制措施

危险点分析及控制措施见表 ZY3300404004-1。

表 ZY3300404004-1　　危险点分析及控制措施

危险点	控制措施
高空坠落物体打击伤人	上杆前检查登杆工具及脚钉是否完好
	作业人员必须戴好安全帽，杆上作业必须使用安全带、工具袋，工具、材料用小绳传递，地面应设围栏
	使用扳手应合适好用，防止伤人
感电伤人	线路作业前，必须对线路做好安全技术措施
	对一经操作即可送电的分段开关、联络开关，应设专人看守

5. 事故分析

通过班后会总结，本次事故的主要原因是雷击导线所致。今后在工作中采取安装线路防雷针式绝缘子的方法可以减轻雷击损害，对空旷线路要重点巡视。

【思考与练习】

1. 配电线路事故抢修的流程是什么？

2. 配电线路事故抢修的要求是什么？

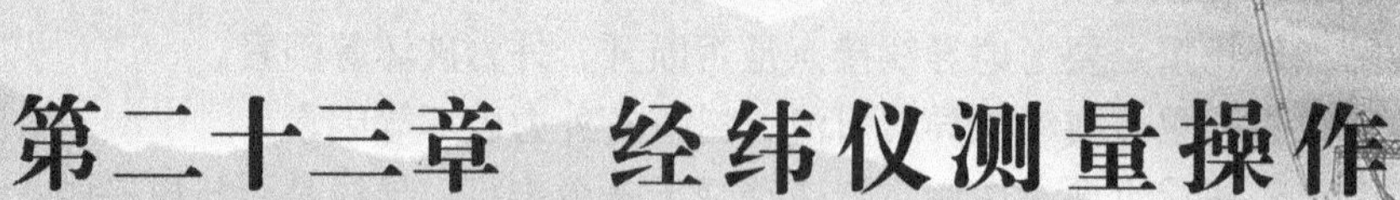

第二十三章　经纬仪测量操作

模块 1　经纬仪的使用（ZY3300405001）

【模块描述】本模块包含经纬仪基本结构、性能特点、基本操作方法及使用维护等内容。通过概念描述、结构剖析、图解说明、要点归纳，掌握经纬仪的操作方法。

【正文】

通常用于架空输配电线路工程的光学经纬仪主要有 J6 和 J2 两种型号，由于 J6 测量精度相对较低，目前在线路工程施工安装测量及运行与维护工作中的具体使用相对也少，因此，下面主要以国产 J2 普通光学经纬仪为例，介绍普通光学经纬仪的基本结构、基本操作要求及使用注意事项。

一、经纬仪的基本组成

1. 普通光学经纬仪的基本结构

普通光学经纬仪的种类很多，构造大致相同，较为典型的结构见图 ZY3300405001-1 给出的苏州光学仪器厂生产的 J2 型经纬仪。

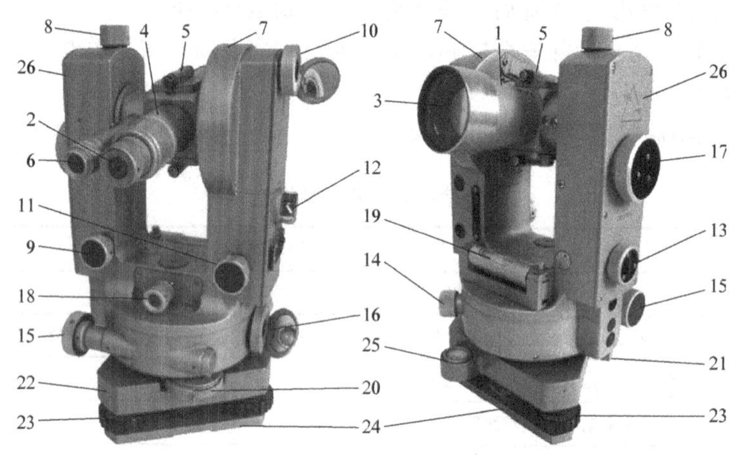

图 ZY3300405001-1　苏州 J2 型光学经纬仪的基本结构

1—望远镜；2—望远镜目镜；3—物镜；4—物镜调节螺旋；5—光学瞄准器；6—读数显微镜；7—竖直度盘；8—竖盘制动螺旋；9—竖盘微调螺旋；10—竖盘进光镜；11—竖盘指标水准管微调；12—竖盘指标水准管显示窗；13—水平、竖直度盘换像手轮；14—水平度盘制动螺旋；15—水平度盘微调螺旋；16—水平度盘进光镜；17—测微器调节手轮；18—光学对中器；19—水准管；20—水平度盘变位手轮；21—基座中心轴套固定螺旋；22—底座；23—脚螺旋；24—底座连接板；25—水准盒；26—仪器支架

2. 光学经纬仪各部件的主要作用

普通光学经纬仪的结构大致可分为基座、度盘、照准部等三大部分，如图 ZY3300405001-2 所示。

（1）基座。基座主要指由仪器的底座连接板、脚螺旋及底座共同组成的部分结构，基座通过中心轴套与上端部件连接组成经纬仪的整体。基座的主要作用有：

1）通过底座连接板与三脚架连接，使经纬仪得到支撑。

2）通过中心轴套与仪器主体结构连接并调整底板在三脚架面的位置，使得光学对中器通过中心轴套完成经纬仪竖轴与地面点的光学对中。

3）通过三个脚螺旋配合水准管在不同位置上的调整，使经纬仪的水准管轴分别处于水平，从而建立经纬仪测量的基准水平面。

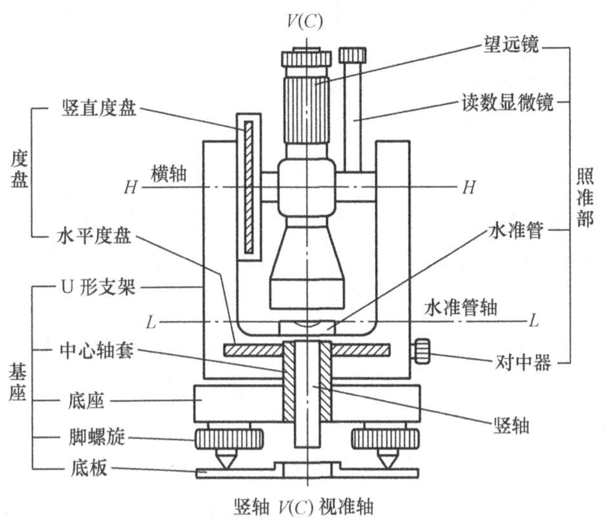

图 ZY3300405001-2　光学经纬仪的结构

（2）度盘。度盘部分包括度盘（水平和竖直各一块）、度盘离合或换位装置、制动与微动调节装置等。其中，光学经纬仪的度盘是一个由光学玻璃制成的内置于仪器内部的圆形度盘，在度盘上顺时针0°～360°分度光刻分划注记。与度盘相关联主要部件的作用如下：

1）水平度盘。水平度盘固定在竖轴的中心外轴空心轴套上，通过相关连接部件紧固在中心轴套上与望远镜同步绕竖轴在水平方向旋转。水平度盘利用度盘位置上的分划刻度线对测量过程中望远镜相应观测目标点在水平面上相互位置的角度变化关系进行度量分划。

2）竖直度盘。竖直度盘垂直内置于横轴望远镜的一侧，通过相关连接部件与望远镜固定在横轴的空心轴套上与望远镜同步绕横轴在竖直方向旋转。竖直度盘利用度盘位置上的分划刻度线对测量过程中望远镜相应观测目标点在垂直平面上相互位置的角度变化关系进行度量分划。

3）制动与微动调节装置。经纬仪的制动与微动调节装置分别在水平与竖直方向各配备一组。制动装置主要用在水平、竖直方向对照准部的控制操作，当相应的制动装置处于制动状态时，照准部在水平、竖直方向处于锁定，此时若需进行瞄准目标的调整则需要用相应的水平、竖直微调螺旋进行调整，解除制动时，照准部可以在水平、竖直方向自由地旋转。

经纬仪制动与微动调节装置正确地配合使用，是经纬仪在测量过程中对测量目标的初瞄和细瞄操作的基本保证。

4）度盘离合器、变位手轮。部分经纬仪设置有度盘变位手轮但没有度盘离合器，另有部分经纬仪同时设置有度盘离合器和变位手轮，如图 ZY3300405001-3 所示。无论是离合器还是变位手轮，都只能是对水平度盘与照准部在水平方向的操作产生影响。

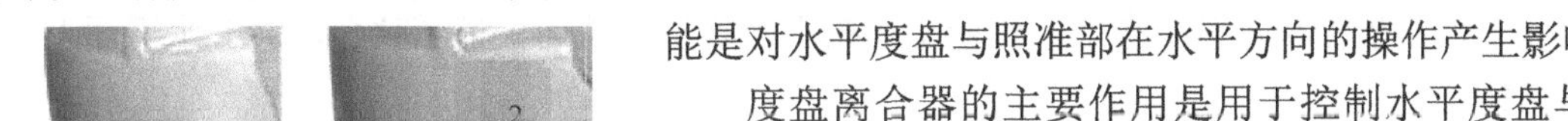

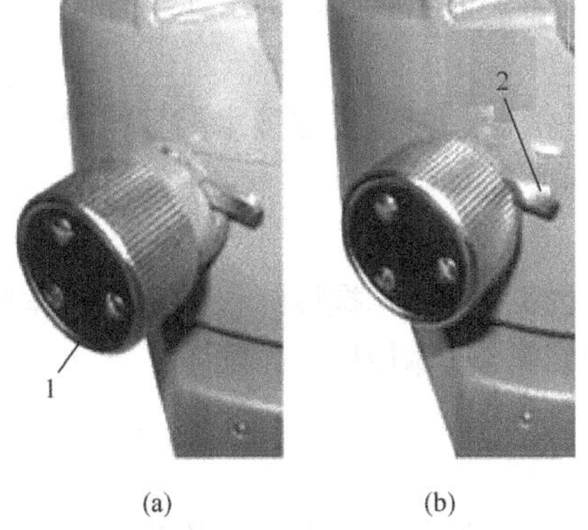

图 ZY3300405001-3　离合器和变位手轮

（a）开启状态；（b）关闭状态

1—变位调节手轮；2—离合器扳手

度盘离合器的主要作用是用于控制水平度盘与照准部之间的离合关系，通常离合器安装在经纬仪的底部水平度盘的外壳上随照准部一同旋转。如图 ZY3300405001-3（b）所示，扳动离合器扳手压下变位手轮关闭离合器时，水平度盘与照准部联锁同步旋转，此时从读数显微镜中看到的无论照准部旋转在任何位置上水平度盘的刻度指示是不变的；如图 ZY3300405001-3（a）所示，压下扳手弹起变位手轮开启离合器时，水平度盘与照准部分离，即水平度盘处在固定位置不再随照准部同步旋转。

变位手轮的作用主要在于调整测量过程中度盘的起始位置（如调节起始度盘数为整数，以方便测量过程中对测量数据的处理)。如图 ZY3300405001-3（b）所示，压下变位轮并旋转便可改变此刻的水平度盘位置。

（3）照准部。照准部主要指经纬仪基座上部能绕着竖轴旋转的部分构件，通常由望远镜、读数显微镜、光学对中器、水准管及相应光学系统和与之配合的调节螺旋等共同组成，以实现仪器的目标观测瞄准及度盘的数据读取。其各部件的主要作用如下：

1）望远镜。经纬仪望远镜利用物镜、目镜的调节十字丝与物像目标的照准，实现经纬仪对远处目标的瞄准。其中，十字丝（见图 ZY3300405001-4）中丝和竖丝的交点与望远镜的光心重合组成望远镜的视准轴（*C—C* 轴）；物镜调节螺旋主要对物像的焦距进行调整；目镜螺旋主要调节十字丝的成像。另外，为方便目标的快速捕捉，在望远镜的上下还分别装设的光学瞄准器主要用于对观测目标的初瞄。

2）读数显微镜。读数显微镜由一套较为复杂的光学系统组成。J2 光学经纬仪通过水平、竖直度盘换像轮和相应的进光镜，分别将水平度盘和竖直度盘上的刻度分划指标及测微尺上的分划指标，通过一系列的棱镜反射、折射到读数显微镜放大成像，从而实现测量所需数据的读取。

3）光学对中器。光学对中器是光学经纬仪实现竖轴与地面目标点对正的主要部件（见图 ZY3300405001-5），它通过设置在仪器竖轴中心的棱镜将地面目标点的成像垂直反射到对中镜，以便观测者能够直接从对中镜中找到地面的目标点，从而实现仪器与地面目标点的对中。

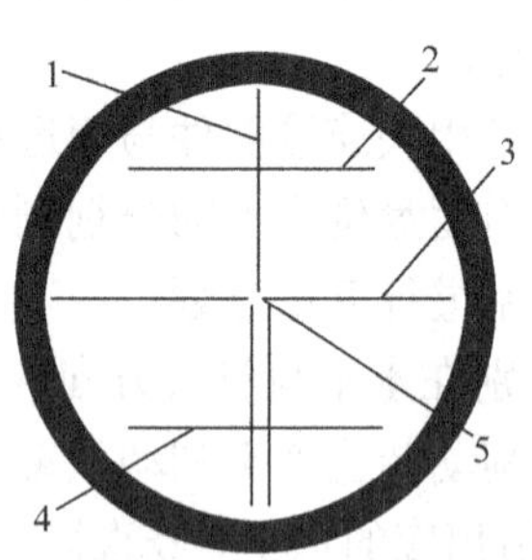

图 ZY3300405001-4　望远镜十字丝

1—竖丝；2—上丝；3—中丝；4—下丝；5—光心

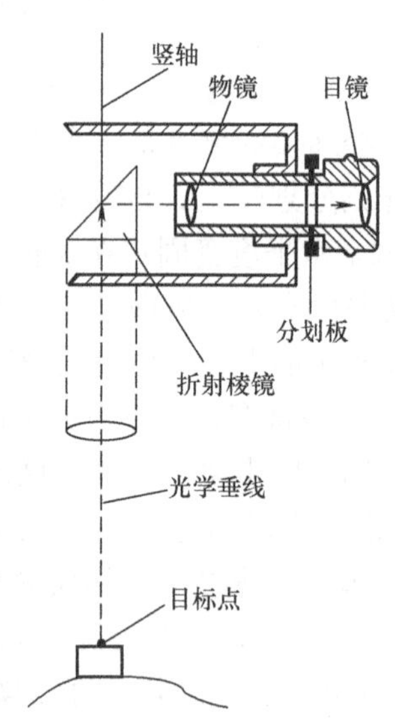

图 ZY3300405001-5　光学对中器示意图

4）水准管。经纬仪利用水准管建立的水准轴（*L—L* 轴）为经纬仪提供水平基准。由于水准管轴与仪器的横轴（*H—H* 轴）在仪器位置上处于平行，因此，当仪器在水准管轴处于水平状态进行旋转时，也就保证了仪器竖轴在垂直状态下，仪器工作在水平状态，从而保证了仪器能够在水平面上完成相应的测量工作。

另外，照准部还包括测微器、竖盘补偿器（部分经纬仪不带补偿器，但有望远镜水准管）等与读数相配合的部分零部件，有关此构件的功能作用将在经纬仪的使用中加以详述。

二、经纬仪的基本操作

采用光学经纬仪进行工程测量，首先必须熟练、规范地使用经纬仪，并掌握经纬仪的基本操作要求。经纬仪的使用操作内容主要有仪器的安置、调焦和照准及读数等。具体使用操作如下：

1. 经纬仪的安置

经纬仪的安置主要包括对中与整平。

（1）对中。根据测量的有关规定，通常将测量操作过程中仪器架设处的地面目标点称为测站，仪器观测瞄准的目标点称为测点。每架设一次仪器，只能建立一个测站，但可以完成对若干测点的测量。

所谓经纬仪的对中，实质是使经纬仪的中心与地面测站标志中心处于同一铅垂线上对正。由于光学经纬仪上设置了光学对中器，因此，光学经纬仪既可以用垂球（或称铅锤、吊线锤）对中，也可用光学对中器对中。光学对中器相对垂球的优点是在对中过程中不受外界风力的影响，这样就使得仪器的安置精度得以提高。因此，为保证光学经纬仪有效的测量精度，在仪器安置时应采用光学对中器完成对中（初学者可以借助铅锤辅助完成仪器的对中）。

具体操作方法如下：

1）将三脚架打开置于地面桩位上方，从仪器箱中取出经纬仪，通过底座连接板与脚架紧固螺栓的连接将经纬仪固定在三脚架上。

2）松开所有脚架滑板紧固螺栓将仪器提升到胸口以上（望远镜与下额同高较合适），将脚架其中（远离操作者的）一腿紧固螺栓拧紧并踩入土中定位，同时双手持另两腿滑板并收到适当位置握紧，如图 ZY3300405001-6（a）所示。

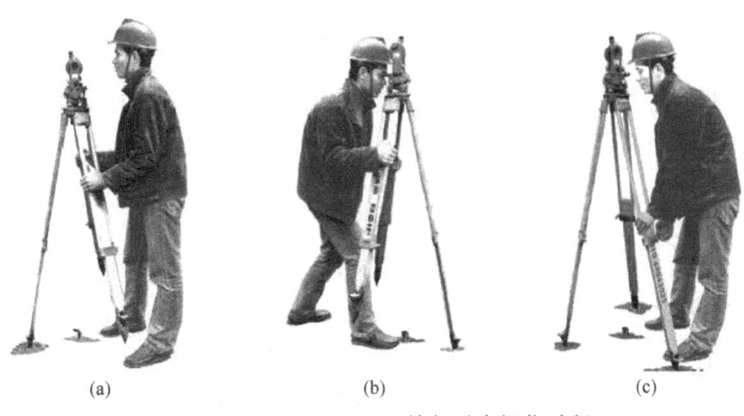

图 ZY3300405001-6　经纬仪对中操作过程

（a）步骤 1；（b）步骤 2；（c）步骤 3

3）身体直立保持仪器架面基本水平，目测调整仪器竖轴基本垂直于地面目标上方后，从光学对中器中观测视窗中地面目标点接近如图 ZY3300405001-7 所处的位置。

4）如图 ZY3300405001-6（c）所示，松开双手放下紧握的滑板并将脚尖踩入泥土中，通过观察水准盒中水泡的位置分别调整两腿高度，使水准盒中水泡居中并拧紧脚架紧固螺栓（此过程也叫初平的过程）。

5）松开仪器底座紧固螺栓，平行调整仪器位置使对中器视窗中目标点处于十字丝或内圆圈中心（部分仪器对中器只有十字丝而没有圆圈）（见图 ZY3300405001-7），再次拧紧底座紧固螺旋，仪器的初对中结束。

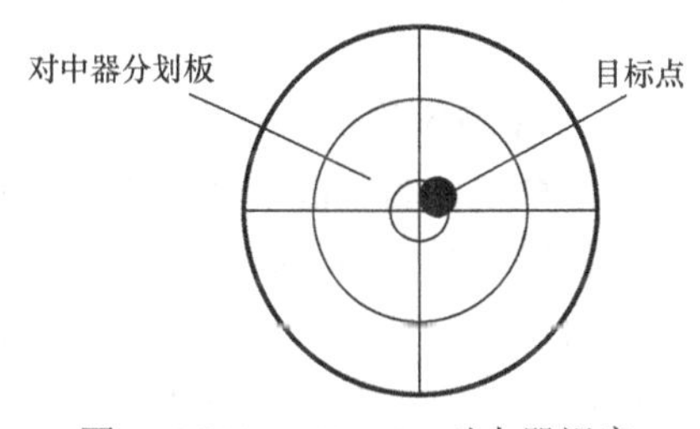

图 ZY3300405001-7　对中器视窗

（2）整平。所谓整平是通过调节经纬仪的脚螺旋，并通过水准管的水平显示使经纬仪水平度盘置于水平面上的过程。经纬仪的整平精度将直接相应测量的精度的高低，同时也是保证完成以水平面为测量基准的工程测量关键。具体操作过程如下：

1）将经纬仪旋转。如图 ZY3300405001-8（a）所示，观测者双手各持一个脚螺旋，观察水泡位置进行同向（同时向内或同时向外）调整至水泡居中，其中，左手拇指的运动方向即为水泡移动的方向（如图中箭头所指方向）。

2）将经纬仪旋转 90°。如图 ZY3300405001-8（b）所示，观测者用左手调整另一个脚螺旋，观察水泡位置并同样调整至水泡居中。

3）将经纬仪回位到图 ZY3300405001-8（a）所示位置检查水准管水泡是否发生位置变化，如有变化只需用一只手调整其中一个脚螺旋再次使水泡居中，然后回位图 ZY3300405001-8（b）所示位置同样操作使水泡居中。

4）将经纬仪转动任意角度，观察水准管水泡位置是否居中，一般情况下，若经纬仪不存在过大的误差或水准管不出现损坏，经过上述过程的调整后，水准管中的水泡应基本能保证居中，否则，应按规定送专门部门（机构）进行维修、校正。

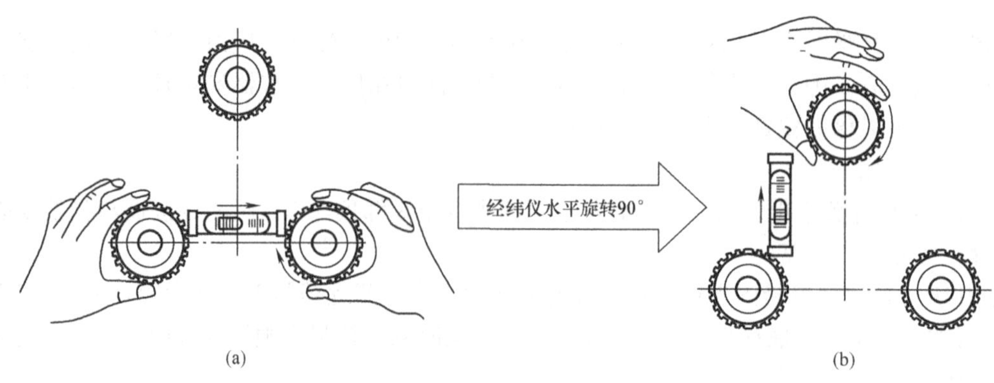

图 ZY3300405001-8 经纬仪整平时的脚螺旋调整

（a）调整脚螺旋；（b）经纬仪水平旋转 90° 调整脚螺旋

（3）再对中再整平。由于经纬仪竖轴垂直于横轴的结构特点，往往在完成整平后其对中的结果会多少有所变化，而再次移动仪器的位置也有可能使整平的结果发生偏移，因此，在经纬仪的对中整平的过程中需要反复进行几次。

具体操作过程如下：

1）重复对中过程第 5）步，观察光学对中器中目标点的位置，如发生位移变化，则轻轻松开底座紧固螺旋，按图 ZY3300405001-9 中所示（实线或虚线）移动方向将仪器平行移动，使之重新达到再次对中后拧紧底座紧固螺栓。

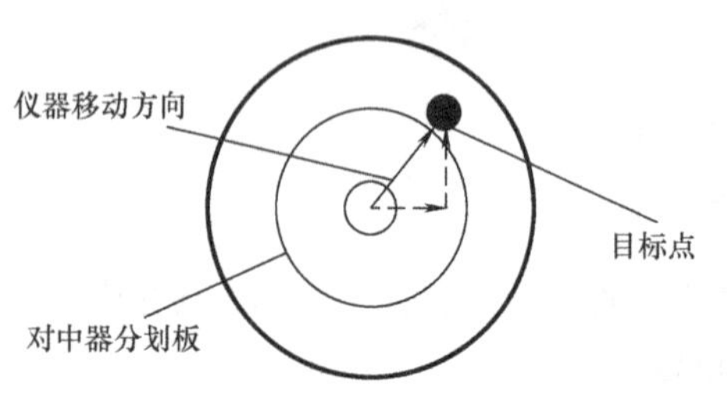

图 ZY3300405001-9 再对中调整

2）重复整平过程 3）～4）的步骤再次进行仪器的整平，此次调整通常不会有太大的调整量（只要再对中的过程中仪器没有过大的旋转），因此，必须保持动作力度轻一点，速度也要慢一点为宜。

3）再次检查对中、整平，如仪器安置对中、整平的结果不超过规定（对中误差不大于 1mm，水泡偏移中心不超过 1 格）的范围，则仪器安置完成。

2. 经纬仪的瞄准对光

经纬仪的目标瞄准实际上就是调焦和照准的过程，是利用经纬仪望远镜的光学成像调焦原理对观测目标进行目镜对光、物镜对光、视差消除的过程，是正确完成目标照准、保证测量精度的重要环节。

（1）经纬仪的目标瞄准。经纬仪的目标瞄准包括粗瞄和细瞄两个阶段。其中，粗瞄是通过望远镜上的准星或瞄准镜将目标大致地对准；细瞄是在粗瞄的基础上，通过仪器上相关调节旋钮的调整，将目标对象进行仔细地对准。

（2）经纬仪的对光。

1）目镜对光。进行目镜对光时，首先松开望远镜制动螺旋与照准部制动螺旋，将望远镜朝向天空或明亮背景，调节望远镜的目镜螺旋进行目镜对光，使十字丝清晰可见，如图 ZY3300405001-10（b）所示。而图 ZY3300405001-10（a）所示图像过于粗实，不便于对目标的观测，同时还可能由于视差而导致测量误差。

2）物镜对光。物镜对光是对目标物像进行照准的过程。

第一步，利用望远镜上的光学瞄准镜或准星粗略对准所要观测的目标，然后拧紧相应在水平和竖直方向的望远镜制动螺旋，必要时配合调整相应的微调螺旋，此过程在专业上称为初瞄，其目的是为了保证在望远镜内能够准确的照准目标。

第二步，转动望远镜物镜调节螺旋，使目标清晰可见［以图 ZY3300405001-11（b）所示为宜］，同时配合水平和竖直微调螺旋的调整使目标在望远镜中的成像与十字丝对正，从而完成目标的细瞄。而图 ZY3300405001-11（a）所示图像模糊不清，不便于对目标的准确观测，也可能使测量的精度下降。

（3）视差消除。通常目标的照准就是使望远镜十字丝交点精确照准目标，按有关测量操作的规定，要保证照准的准确性，提高有效测量的精度，必须在照准的过程中消除视差。

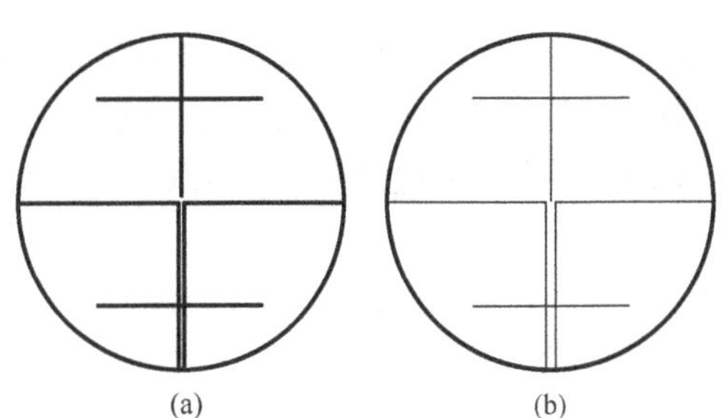

图 ZY3300405001-10　目镜对光视窗显示

（a）图像过于粗实；（b）十字丝清晰可见

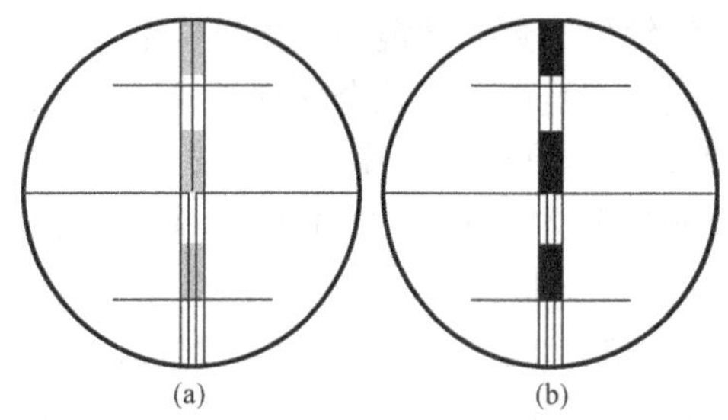

图 ZY3300405001-11　物镜对光视窗显示

（a）图像模糊；（b）目标清晰

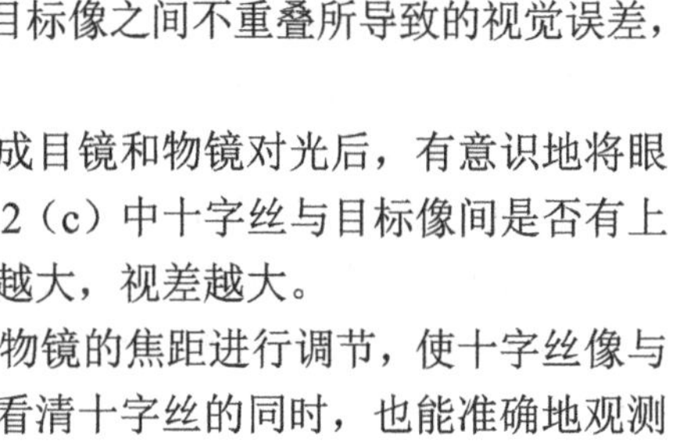

1）视差。即经纬仪望远镜进行观测目标照准时，十字丝像与目标像之间不重叠所导致的视觉误差，如图 ZY3300405001-12（a）所示。

2）检查视差的方法。如图 ZY3300405001-12（b）所示，完成目镜和物镜对光后，有意识地将眼睛在目镜处作上下（左右）的微小移动，观察图 ZY3300405001-12（c）中十字丝与目标像间是否有上下（左右）相对移动，如有移动，则表明有视差存在，相对移动越大，视差越大。

3）消除视差的方法。有意识地在照准目标后，分别对目镜和物镜的焦距进行调节，使十字丝像与目标像在图 ZY3300405001-12（a）中“6”位置重合，保证既能看清十字丝的同时，也能准确地观测到目标对象，且当再次进行视差检查时，看不到（或很微小的）十字丝与目标像的相对移动。

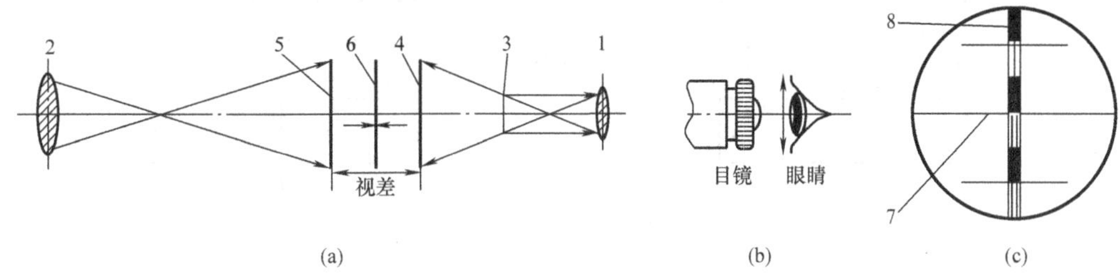

图 ZY3300405001-12　视差分析示意图

（a）视差形成原理；（b）眼睛移动；（c）物镜对光视窗显示

1—目镜；2—物镜；3—十字丝；4—十字丝像；5—目标像；

6—十字丝像与物像重合像；7—十字丝；8—标志杆

3. 经纬仪的读数

光学经纬仪的读数方法对不同规格、不同显微镜的视窗设计也不相同，测量的结果通常是靠测量数据的读取和数据处理而体现出来，因此，正确、规范、准确地完成经纬仪读数，是保证经纬仪测量数据准确性的关键因素之一。

（1）J2 经纬仪的读数。图 ZY3300405001-13 所示是目前国产 J2 经纬仪的典型设计读数视窗，图 ZY3300405001-13（a）、图 ZY3300405001-13（b）分别为这种数字视窗的两种不同的显示方式。其中，主度盘窗口上端显示度盘 0～360°分划位置，缺口中 0～5 显示每 10′的分划数字；测微尺窗口满度为 10′，从 0′～9′分 10 个尺段，每个尺段又每 10″标记等分 60 小格，每小格 1″；测微尺视窗中间有一条游标指示线作为测微尺的读数基准，分别显示在度盘相差 180°的位置上取像进行影像重合。

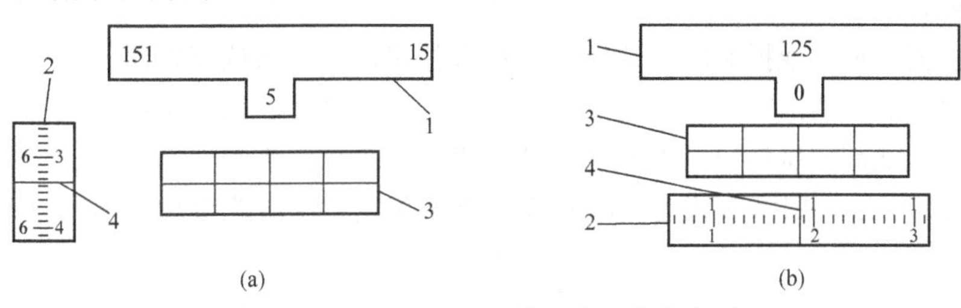

图 ZY3300405001-13　数字化视窗结构图

（a）显示方式一；（b）显示方式二

1—主度盘窗口；2—测微尺窗口；3—影像重合显示窗口；4—测微尺指标线

经纬仪读数显微镜的视窗结构不同，其读数方法也有所不同，但无论哪种视窗结构的读数，其具体的读数都是由以下几个部分构成：① 视窗主度盘刻度读数，读取“度”的整数、“分”的十位数；② 测微尺刻度读数，读取“分”、“秒”的整数；③ 最小刻度估读数，按规定对最小刻度估读 1/10。

例如图 ZY3300405001-13（a)，读数步骤为：

1）第一步：主度盘视窗 151°完整显示，读数“151°”；中央缺口显示 5，读“50′”。

2）第二步：测微尺左侧 6′尺段，读数“6′”；右侧“秒”的整数读“33″”。

3）第三步：最小刻度“秒”估读“0.4″”。

4）最终读数为：150°50′＋6′33″＋0.4″=151°56′33.4″。

同理图 ZY3300405001-13（b）中所示读数为：125°0′＋1′18″＋0.5″= 125°1′18.5″。

（2）经纬仪读数的基本要求。进行经纬仪读数时应注意以下几点：

1）目标对准后，应调节测微轮，使图 ZY3300405001-14（a）所示的中间双像对径符合影像窗口中的上下刻度线重合后方可进行读数，如图 ZY3300405001-14（b)。

2）如是竖直度盘的读数，在完成瞄准目标后，还必须调整望远镜（竖直度盘指示）水准管水平或打开竖盘跟踪补偿器对竖盘进行补偿，待度盘刻度显示稳定后按（1）的要求进行读数。

3）按规定，要保证测量的精度，应对度盘最小刻度估读 1/10，J2 的最小刻度为 1″，估读 1/10 为 0.1″。

图 ZY3300405001-14　J2 经纬仪读数视窗的调整

（a）读数示例一；（b）读数示例二

三、经纬仪的使用与维护

经纬仪属于精密仪器，也是主要的测量设备，正确、规范地使用和维护好仪器，是保证测量工作顺利进行及提高测量精度的基本前提。因此，在使用经纬仪时应注意以下事项：

（1）初学者或第一次接触的新仪器，在仪器使用前，应仔细阅读该仪器的使用说明书，熟悉仪器各部件的结构特征及基本使用要求。

（2）仪器开箱前，应仔细观察好仪器在箱中的放置形式，以便仪器装箱时或取仪器时，应一手握住照准部支架。

（3）仪器不使用时，应将其装入箱内，置于干燥处，注意防震、防尘和防潮。

（4）若仪器工作处的温度与存放处的温度差异太大，应先将仪器留在箱内，直到它适应环境温度后再使用仪器。阳光下测量应避免将物镜直接瞄准太阳。若在太阳下作业应安装滤光器。避免在高温和低温下存放和使用仪器，亦应避免温度骤变（使用时气温变化除外）。

（5）仪器运输应将仪器装于箱内进行，运输时应小心避免挤压、碰撞和剧烈震动，长途运输最好在箱子周围使用软垫。

（6）仪器安装至三脚架或拆卸时，要一只手先握住仪器，以防仪器跌落。

（7）外露光学件需要清洁时，应用脱脂棉或镜头纸轻轻擦净，切不可用其他物品擦拭。

（8）不可用化学试剂擦拭塑料部件及有机玻璃表面，可用浸水的软布擦拭。

（9）仪器使用完毕后，用绒布或毛刷清除仪器表面灰尘。仪器被雨水淋湿后，应及时用干净软布擦干并在通风处放一段时间。

【思考与练习】

1. 普通光学经纬仪主要由哪几大部分组成？各部分的主要作用有哪些？

2. 简要说明经纬仪基本操作内容。

3. 普通 J2 光学经纬仪的读数有什么要求？通常需按哪几部分读取？

4. 经纬仪的使用、维护应重点做好哪些工作？

模块 2　经纬仪在配电线路测量中的应用（ZY3300405002）

【模块描述】本模块包含配电线路工程测量的基本知识、基本测量方法、基本测量内容及线路交叉跨越测量等内容。通过概念描述、术语说明、公式解析、图解示意、计算举例、要点归纳，掌握经纬仪在配电线路测量中的应用。

【正文】

一、配电线路工程测量的基本知识

1. 测量的三要素

在测量学中将水平距离的测量、水平角的测量、高程或高差的测量这三项基本的测量操作称为测量工作的三要素。

地面上两点间连线的长度在水平面上的投影长度称为水平距离。利用测量的方法对水平面投影长度测量的过程在专业上叫做水平距离的测量。

地面上某两目标点相对一固定参考点连线在水平面上投影的夹角叫水平角。对地面目标点间的水平角度量的过程专业上叫水平角的测量。

测量工作的实质就是确定地面上点的位置，只要通过测量的方法确定这个地面点所具备的高程或与参考点的高差及该点相对某一参考点相应的方向、水平距离，该点在地面上的位置便是唯一的了。

2. 测量的基本原则

（1）从整体出发。遵循“先整体后局部，先控制后碎部，由高精度到低精度”的原则。

要保证工程质量满足设计及规范的要求，首先必须控制好线路工程的整体结构，只有在保证较高精度的整体结构的前提下，进一步地做好每个局部环节的工作才会显得有意义。

（2）以设计为依据。在满足设计要求的前提下，尽可能地提高测量精度。

所有的测量过程必须以设计要求为依据，以工程验收规范为准则，为保证工程质量，应在满足设计要求的前提下，在条件允许的情况下，尽可能地提高测量精度以达到提高施工精度的目的。

（3）测量过程中必须“重检查，重复核”，确保测量质量。

在线路工程测量的过程中，只有认真做到对每个项目的测量结果勤检查，才能及时发现并纠正测量工作中可能出现的错误，只有认真对施工作业的过程常复核才能对工程的技术指标及时调整、准确控制，避免不必要的工程质量事故出现。

二、配电线路工程测量的基本测量方法

1. 角度测量

（1）水平角测量。如图 ZY3300405002-1 所示，采用测回法测量，在测站 O 架设经纬仪并完成仪器的对中、整平，在目标测点 A、B 分别立标志杆。

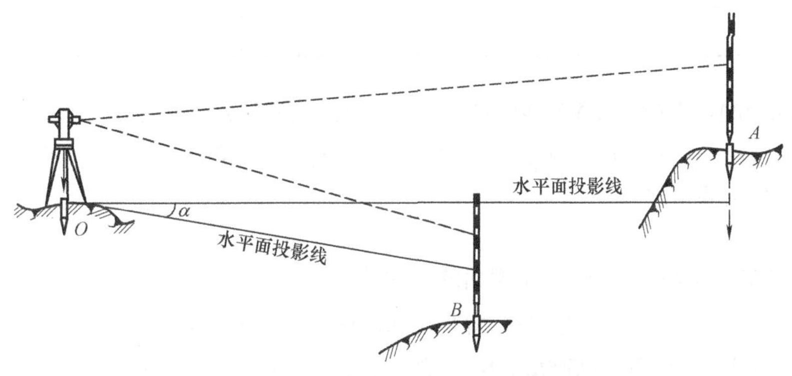

图 ZY3300405002-1　水平角测量示意图

1）前半测回（盘左测量）。

a. 如图 ZY3300405002-1 所示，利用瞄准镜在 O 点对准 A 点后制动水平度盘，调节水平微动旋钮使望远镜中竖丝与目标点 A 处的标志杆对正；调节经纬仪变位手轮使水平度盘位置 α_{A1} 接近 0°00′00″，读取水平度盘上的读数 α_{A1}，并将数据记入测量记录表（如表 ZY3300405002-1）中。

b. 松开水平制动旋钮，同上述方法水平转动仪器照准部瞄准 B 点后读取水平度盘上的读数 α_{B1}，并将所读数据记入表 ZY3300405002-1 中。

c. 前半测回测量结果。设前半测回测量的水平角 $\angle A_1OB_1=\alpha_1$，则有

$$\alpha_1=\alpha_{B1}-\alpha_{A1} \tag{ZY3300405002-1}$$

2）后半测回（盘右测量）。

a. 翻转经纬仪望远镜镜头再次瞄准 A 点，同上述方法读取水平度盘上的读数 α_{A2}，并将数据记录在表 ZY3300405002-1 中。

b. 水平转动仪器照准部瞄准 B 点，读取水平度盘上的读数 α_{B2}，将数据记录在表 ZY3300405002-1 中。

c. 后半测回测量结果。设后半测回测量的水平角 $\angle A_2OB_2=\alpha_2$，则有

$$\alpha_2=\alpha_{B2}-\alpha_{A2} \tag{ZY3300405002-2}$$

3）测量结果的数据处理。

a. 当 $|\alpha_2-\alpha_1|\leqslant 1'$ 时，设水平角 $\angle AOB=\alpha$，则有

$$\alpha=\frac{\alpha_2+\alpha_1}{2} \tag{ZY3300405002-3}$$

b. 若 $|\alpha_2-\alpha_1|>1'$，按规定应检查测量过程及记录数据是否有误，并找出原因重新测量。

表 ZY3300405002-1　　测回法水平角测量记录表

日期：××-××-××　　天气：×××　　观测：×××
地点：×××　　仪器：J2　　记录：×××

测站	竖盘位置	测点	水平度盘读数			半测回角度值			一测回平均值			测量示意简图
			°	′	″	°	′	″	°	′	″	
O	盘左	A	0	00	16	42	36	08	42	36	07	
		B	42	36	24							
	盘右	A	180	00	36	42	36	06				
		B	222	36	29							

【例 ZY3300405002-1】如图 ZY3300405002-1 所示，已知采用测回法正、倒镜测量的结果（见表 ZY3300405002-1）：α_{A1}=0°00′16″、α_{B1}=42°36′24″，α_{A2}=180°00′36″、α_{A2}=222°36′42″。分别求出半测回角度值及对应的水平角。

解

（1）根据式（ZY3300405002-1），前测回的结果为

$$\alpha_1=42°36'24''-0°00'16''=42°36'08''$$

（2）同理，根据式（ZY3300405002-2），后测回的结果为

$$\alpha_2 = 222°36'42'' - 180°00'36'' = 42°36'06''$$

（3）$|\alpha_2 - \alpha_1| = |42°36'06'' - 42°36'08''| = 2'' < 1'$

符合工程测量规程测回法的测量要求。

于是根据式（ZY3300405002-3），可得水平角为

$$\alpha = \frac{42°36'08'' + 42°36'06''}{2} = 42°36'07''$$

测量记录及数据整理结果见表 ZY3300405002-1。

（2）竖直角测量。如图 ZY3300405002-2 所示，在测站 O 架设经纬仪并完成仪器的对中、整平，在被测目标点 A 立标志杆或视距尺（如果被测目标是一个明确的对象，可以不立标志杆）。

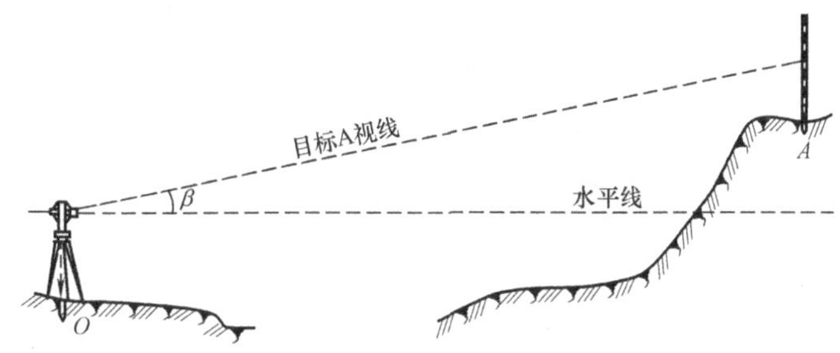

图 ZY3300405002-2　竖直角的测量示意图

1）前半测回（盘左）。

a. 首先利用瞄准镜在 O 点对准 A 点（或所测对象目标）后制动水平度盘，调节水平微动旋钮使望远镜中竖丝与目标点 A 处的标志杆（或所测对象目标）对正，使经纬仪与观测对象在水平方向完成瞄准。

b. 对准对象上下转动望远镜，找到观测部位后锁紧望远镜竖直制动旋钮，调节竖直度盘微调螺旋，利用望远镜视窗的中丝准确对准观测目标的观测部位。

c. 对带竖盘补偿器的经纬仪，打开竖盘补偿开关（旋转开关旋钮到“ON”位置）（或无竖盘补偿器的经纬仪，调整竖直度盘指示水准管的水泡居中），静置 1～2s，使读数显微镜中的指标刻划线稳定。

d. 调整测微手轮使读数显微镜中影像重合显示，视窗中的刻划线上下重合，而后读取度盘上的读数 β_{A1}，并将所读数据记入测量记录表中（见表 ZY3300405002-2）。

2）后半测回（盘右）。

a. 松开经纬仪水平和竖直制动旋钮，将经纬仪照准部水平旋转 180°，分别从水平方向和竖直方向再次瞄准目标 A 点。

b. 重复上述前半测回 c.～d. 的过程，将后半测回测量的竖直度盘读数 β_{A2} 记入表 ZY3300405002-2 中。

3）竖直角的计算及测量数据处理。

a. 前半测回竖直角的计算。已知竖直度盘读数为 $\beta_{A1} < 90°$，所测竖直角为仰角，设前半测回测量的竖直角为 β_1，有

$$\beta_1 = 90° - \beta_{A1} \qquad (ZY3300405002\text{-}4)$$

b. 后半测回竖直角的计算。已知竖直度盘读数为 $\beta_{A2} > 270°$，所测竖直角为仰角，设后半测回测量的竖直角为 β_2，有

$$\beta_2 = \beta_{A2} - 270° \qquad (ZY3300405002\text{-}5)$$

c. 测量数据处理。

① 当 $|\beta_2 - \beta_1| \leqslant 1'$ 时，设所测竖直角为 β，则有

$$\beta = \frac{\beta_2 + \beta_1}{2} \qquad (ZY3300405002\text{-}6)$$

② 当 $|\beta_2 - \beta_1| > 1'$ 时，按规定检查测量过程及记录数据是否有误，并找出原因重新测量。

（3）角度测量的注意事项。

1）采用测回法进行竖直角测量时，必须使经纬仪的水平度盘前半测回与后半测回的位置在水平方向上变化 180°，以真正通过正、倒镜的过程降低测量仪器部分指标偏差可能带来的不必要的误差。

2）进行竖直角的测量时，为保证测量数据的准确性，必须严格按照工程测量和经纬仪的基本操作规定进行竖盘的零补偿，即打开补偿器或调整竖盘补偿水准管水平。

3）竖直度盘的读数应在打开补偿器后视窗中刻划线稳定且完成测量尺调整后进行。

4）两次半测回的结果应不大于 1′，若达不到规定的要求，应仔细查找原因后重新进行测量。

5）当前半测回与后半测回的角度差值较大时，应仔细检查度盘的指标差是否超过对应测量经纬仪的允许指标差（各种经纬仪竖直度盘指标差详见相应的产品使用说明书）或仪器的安置是否满足测量的要求。

表 ZY3300405002-2　　竖直角测量记录表

日期：××-××-××　　天气：×××　　观测：×××

地点：×××　　仪器：J2　　记录：×××

测站	竖盘位置	测点	仰俯角	竖直度盘读数			竖直角的计算			半测竖直角			竖直角			测量示意图
				°	′	″	°	′	″	°	′	″	°	′	″	
O	盘左	A	仰	β_{A1}			$\beta_1=90°-\beta_{A1}$			β_1			$\lvert\beta_2-\beta_1\rvert\leqslant 1'$ $\beta=\dfrac{\beta_2+\beta_1}{2}$			β　A　O　水平线
	盘右			β_{A2}			$\beta_2=\beta_{A2}-270°$			β_2						

2. 直线测量

直线测量是指建立在同一水平投影直线方向上的直接定点、定线的测量。

（1）重转法直线定线测量。

1）测量过程。

a. 如图 ZY3300405002-3 所示，首先校核 A、B 两点确定为线路中心线上的点，然后将仪器安置在 B 点进行精确对中、整平。

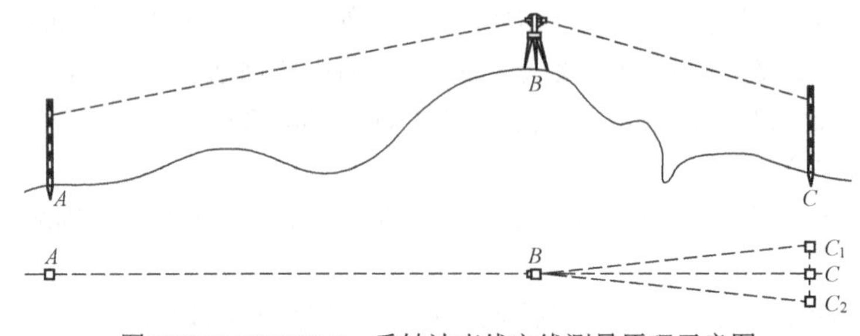

图 ZY3300405002-3　重转法直线定线测量原理示意图

b. 用仪器正镜（盘左）照准 A 点，调整水平制动螺旋制动水平度盘，调转望远镜回头按设计的距离要求定一点 C_1。

c. 松开水平制动螺旋，将仪器水平旋转 180°，仪器倒镜（盘右）重复 b. 的过程定一点 C_2。

2）测量结果处理。

a. 若 C_1 与 C_2 重合，则 $C_1=C_2=C$，C_1 与 C_2 都是线路直线段 AB 延长线上的点。

b. 若 C_1 与 C_2 不重合，则取 C_1 与 C_2 连线的中点定一点 C，C 就是 AB 延长线上的点。

3）方法特点及基本技术要求。

a. 方法特点。用途较广、操作可靠性高是重转法最大的特点。由于采用了正、倒镜取中的原理，在测量中将正镜测量可能产生的正误差与倒镜测量可能产生的负误差相互抵消，因此该方法能补偿由于仪器、操作（如仪器竖直中心偏心）等方面带来的不必要的误差，从而提高了测量的精度。

b. 主要技术要求。为保证测量结果的精确度，要求在测量时保证 AB 的距离应远大于 BC，以尽可能地将测量中可能产生的横向误差降到最低，同时，定点完成后应对所定点 C 进行半测回水平角的测试，若误差不超过±1′，则结果有效。

（2）前视法直线定线测量。

1）测量过程。

a. 如图 ZY3300405002-4 所示，按规定校核 A、B 两点确定为线路中心线上的点，然后将仪器安置在 A 点进行精确对中、整平，前视照准 B 点后制动水平度盘。

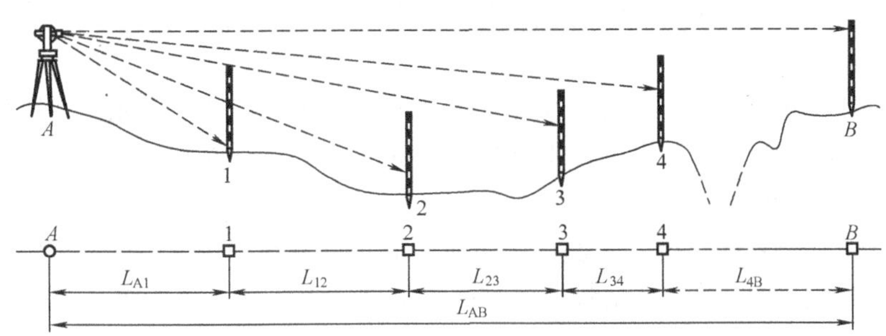

图 ZY3300405002-4　前视法直线定线测量原理示意图

b. 根据设计对各点间的水平距离要求，分别测定各点间距离，依次投测确定 1、2、3、4、…点的具体位置。

2）测量结果。此方法只要在 A 点仪器对准 B 点的测量横向误差不超过规定的要求，由此所测定的其他点的位置，如果相互间的水平距离满足设计要求，如果不存在人为操作误差，所定出各点的横向偏移误差应满足设计要求。

（3）几何法直线定线测量。通常将线路直线在水平方向上不通视的条件下采用对称几何图形的方法所进行的定线测量，称为几何法（或间接）直线定线测量。下面以矩形法直线定线为例，简单介绍几何法测量的原理及技术要求。

1）测量过程。

a. 如图 ZY3300405002-5 所示，通过已测定的直线段上的点 A、B 在 B 点架仪器，并进行精确对中、整平，后视 A 点，分别正、倒镜取中并量取（或用仪器测出）L_{BE} 的长度在接近障碍物附近的地方前视确定一点 E。

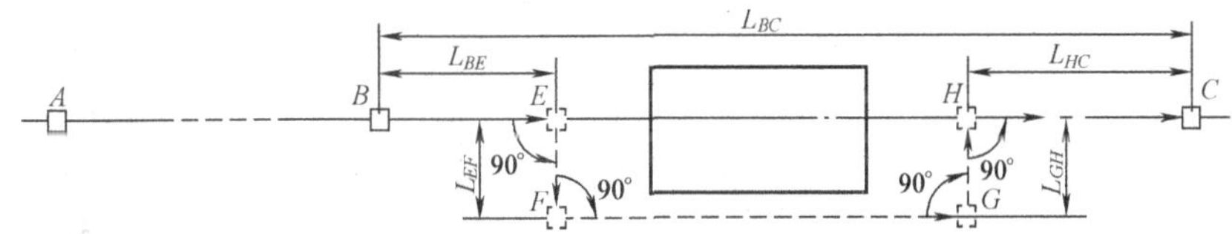

图 ZY3300405002-5　矩形法直线定线测量原理示意图

b. 在 E 点精确地安置仪器并将仪器照准 B、A，校核仪器位置确定在直线 AC 上。按测回法的要求后视 B 点，分别正、倒镜测定 90°直角取中，并用钢卷尺量取 L_{EF} 长度前视定 F 点。

c. 同理依次在 F、G、H 点安置仪器，后视前一点，分别正、倒镜测定 90°直角取中，并相应地量取 L_{FG}、L_{GH}、L_{HC} 的距离前视测定下一个目标点 G、H，最后回到直线上定出 C 点。

2）测量结果。经过上述测量，如果满足下列要求且没有其他意外和人为误差，所定出的直线点 C 即可确定为线路中心线上的点。

a. 测量过程中横向水平距离的取值 L_{EF}=L_{GH} 的误差不超过测量规程的规定值。

b. 设直线上点 B 到点 C 间的水平距离为 L'_{BC}，则

$$L'_{BC}=L_{BE}+L_{FG}+L_{HC}=L_{BC} \quad (ZY3300405002-7)$$

式中　L_{BC}——设计水平距离。

c. C 点的位置与设计图纸（线路平、断面图）的标记一致。

（4）直线测量的注意事项。

1）要保证直线定线测量的准确，首先应严格校核所选定的参考基准点位置的正确性，同时，仪器

在测站点的安置必须稳定。

2）仪器的安置质量标准应保证对中误差不大于 3mm，水平汽泡偏移不大于 1 格。

直线的间接定线可采用钢尺量距的矩形法、等腰三角形法（或光电测距的支导线法）等方法，其测距的基本技术要求如下：

1）对各点的水平距离的测量误差应有效地控制在误差允许的范围内。

2）完成所有点的定位后，应对所有的定点进行一次复核（测量原则为“重检查，重复核”），以确保所定点的准确无误。

3）采用直接直线定位测量时，为保证测量定点的有效、可靠，对一般光学经纬仪而言，两点间的距离必须是在仪器的有效测程（一次测程不宜超过 500m）以内，如果用全站仪代替光学经纬仪进行测量，效果将更好，也更迅速。

4）采用几何法定线测量时，角度的设置测定应采取正倒镜两次测量、点位取中的方法定点，且角度的读数应按规定读到仪器的最小刻度数，同时两次测回的差值应满足要求（对 J6 不大于 0.5′，对 J2 不大于 15″）。

3. 距离高差测量

在电力线路工程中距离的测量方法有直接测量和间接测量两种。直接测量法通常都是利用丈量工具（如钢卷尺、皮尺等）直接丈量而得到所需的距离；间接测量的方法较多，采用经纬仪测量的视距法就是其中的一种。由于采用丈量工具直接测量的距离受丈量工具长度的影响，通常进行线路测量时不宜采用，因此下面主要介绍视距法进行距离、高差测量。

（1）测量方法。图 ZY3300405002-6（a）所示为视准轴倾斜时的视距、高差测量原理示意图。视距测量时，首先将仪器安置在 A 点完成对中、整平，并在 B 点处竖视距尺。然后用望远镜分别正、倒镜照准 B 点的视距尺，如图 ZY3300405002-6（b）所示，依次读取十字丝上、中、下丝对应在视距尺上的读数 M、S、N 和对应的竖直角读数 β，并将所读数据记录在测量记录表中，见表 ZY3300405002-3。

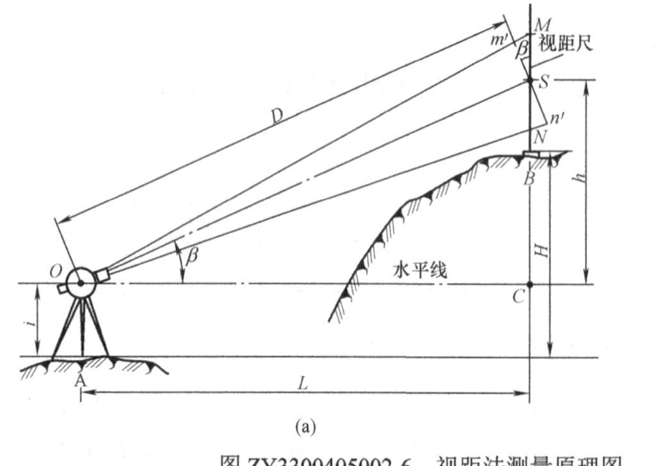

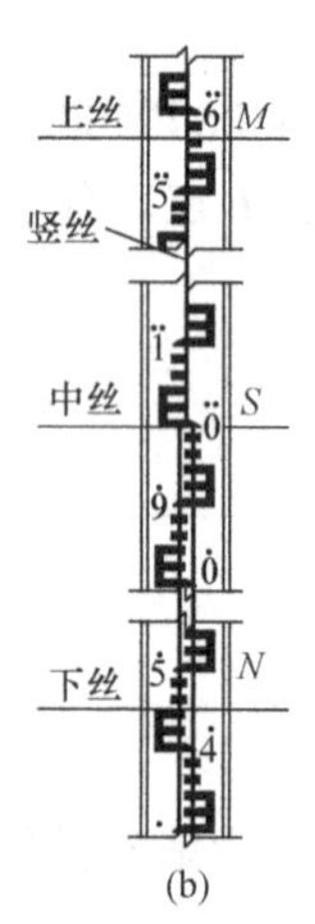

图 ZY3300405002-6 视距法测量原理图

（a）测量原理；（b）视距尺的读数

（2）测量数据整理计算。

1）视距的计算。

a. 当视准轴倾斜与水平面存在竖直夹角 β 时，则视距尺尺面与视准轴间的夹角为 $90°+\beta$，设垂直于视准轴的尺间隔为 R'，则有

$$R' = m' - n' = (M - N)\cos\beta = R\cos\beta \qquad \text{(ZY3300405002-8)}$$

于是，设仪器中心到视距尺中丝位置的倾斜视距为 D，则

$$D=100R\cos\beta \qquad \text{(ZY3300405002-9)}$$

式中：$R=M-N$。

b. 当视准轴水平时，由于 $\beta=0$，$\cos0°=1$，所以 $R'=R$。设视准轴水平时的视距为 D_0，则

$$D_0=100R \quad (ZY3300405002\text{-}10)$$

2）水平距离的计算。

a. 当视准轴倾斜时，设斜视距 D 对应的水平距离为 L，由图 ZY3300405002-6（a）可知

$$L=D\cos\beta=100R\cos^2\beta \quad (ZY3300405002\text{-}11)$$

b. 当视准轴水平时，设斜视距 D_0 对应的水平距离为 L_0，于是有

$$L_0=D_0=100R \quad (ZY3300405002\text{-}12)$$

工程测量规程规定，进行视距测量时，当竖直角$\beta\leqslant2°$、视距小于 400m 或$\beta\leqslant3°$、视距小于 200m 时，其测量的水平距离可以不进行倾斜改正，即原则上认为

$$L=L_0=D=100R \quad (ZY3300405002\text{-}13)$$

3）高差、高程计算

a. 高差 h 的计算。

如图 ZY3300405002-6（a）所示，在 OSC 组成的三角形中，竖直角为β，水平距离为 L，设计算高差 h，则

$$h=L\tan\beta=100R\cos^2\beta\tan\beta=100R\sin\beta\cos\beta \quad (ZY3300405002\text{-}14)$$

因此 $$h=100R\sin\beta\cos\beta \quad (ZY3300405002\text{-}15)$$

b. 测量高差 H 的计算。

如图 ZY3300405002-6（a）所示，设待测点 A、B 间的高差为 H，则有

$$H=h-S+i=100R\sin\beta\cos\beta \quad (ZY3300405002\text{-}16)$$

式中 S——中丝读数；

i——仪高。

根据三角函数的倍角变换关系 $2\sin\beta\cos\beta=\sin2\beta$，于是测量高差为

$$H=50R\sin2\beta-S+i \quad (ZY3300405002\text{-}17)$$

c. 测点高程的计算。

如图 ZY3300405002-6（a）所示，已知测站 A 点的高程为 H_A，设待测 B 点的高程为 H_B，则有

$$H_B=H_A+H_{AB} \quad (ZY3300405002\text{-}18)$$

【例 ZY3300405002-2】采用 J2 经纬仪在测站 A 分别测量对 B、X、Y 点的视距、高差，已知仪高 i=1.42m，测站 A 点的高程 H_A= 58.16m，正、倒镜测量的视距尺读数及竖直角分别记入表 ZY3300405002-3。求 A 相对各点的水平距离 L、计算高差 h、测量高差 H 及各点的高程。

解 A 对 B 点测量时：

齿间隔 $$R=\frac{(2.570-1.45)+(2.573-1.451)}{2}=1.121\text{（m）}$$

竖直角 $$\beta_{AB1}=90°-83°26'49''=6°33'11''$$

$$\beta_{AB2}=276°33'19''-270°=6°33'19''$$

$$|\beta_{AB2}-\beta_{AB1}|=0°00'08''<1''$$

满足规程要求。

于是： $$\beta_{AB}=(\beta_{AB2}+\beta_{AB1})/2=6°33'15''$$

水平距离 L_{AB}

$$L_{AB}=100R\cos^2\beta_{AB}100\times1.121\times\cos^2 6°33'15''=110.64\text{（m）}$$

计算高差 h_{AB}

$$h_{AB}=L_{AB}\tan\beta_{AB}=110.64\times\tan6°33'15''=12.71\text{（m）}$$

测量高差 H_{AB}

$$H_{AB}=h_{AB}-2.00+1.42=12.71-2.000+1.42=12.13\text{（m）}$$

测点高程 H_B

$$H_B = H_A + H_{AB} = 58.16 + 12.13 = 70.29\ （\text{m}）$$

同理可计算 A 点相对 X 点和 Y 点的上述数据，具体结果见表 ZY3300405002-3。

表 ZY3300405002-3　　　距离、高差测量记录表

测量日期：××-××-××　　天气：××××××　　观测：×××　　记录：×××

仪器型号：J2　　测站名称：A　　仪高：1.42m　　测站高程：58.16m

测点名称	竖盘位置	视距尺读数（m）			尺间隔 R（m）	竖盘读数	竖直角 β	水平距离 L（m）	计算高差 h（m）	测量高差 H（m）	测点高程（m）	备注
		上丝	中丝	下丝								
B	左	2.570	2.000	1.450	1.121	83°26′49″	+6°33′15″	110.64	+12.71	12.13	70.29	一测回观测
	右	2.573	2.000	1.451		276°33′19″						
X	左	2.645	2.200	1.759	0.866	96°33′19″	−6°33′15″	85.47	−9.81	−11.36	46.79	一测回观测
	右	2.646	2.200	1.760		263°26′49″						
Y	左	2.726	1.890	1.060	1.667	94°26′49″	−4°26′45″	165.70	−12.88	−13.35	44.81	一测回观测
	右	2.730	1.890	1.062		265°33′19″						
测量示意图	水平线；S_B=2.000m；S_X=2.200m；S_Y=1.890m；i=1.42m；H_A=58.16m；A；B；X；Y											

三、配电线路工程基本测量内容

1. 线路复测

线路工程开工前，根据线路工程的规定和施工的要求，以设计图纸为依据而对设计线路所定立的线路各桩位进行复查、核定的测量过程，在专业上称为线路复测。

（1）线路复测的主要内容。线路复测的内容及工作任务主要有以下部分：

1）线路中心方向的复测。线路中心方向的复测是根据线路工程的路径图，以线路中心线为基准，分别对线路以直线段为单元进行全面测定，确定线路走向及沿线地形、地物地貌与设计图纸相符。

2）杆塔中心的复测。按直线定线测量的方法，根据定线测量的有关规定，对线路设计的电杆定位点（杆位中心桩）的位置进行复测，以校核实地的电杆定位点是否与设计相符。

3）档距、高程的复测。为保证线路能够安全、稳定地运行，在架空电力线路工程复测的过程中应对以下地形危险点处重点复核：

a. 导线对地距离有可能不够的地形凸起点的标高。

b. 杆塔位间被跨越物的标高。

c. 相邻杆塔位的相对标高。

4）线路转角度的复测。线路的转角点是设计对线路进行分段及改变线路方向的标志点，线路转角度的大小直接关系到线路转角电杆的受力方向，因此，在线路复测过程中应重点对线路的转角点进行准确的复测。

5）补桩和加辅助桩。复测中发现的桩位丢失或移位必须在复测的现场重新测设并按设计的要求进行补桩。同时，为保证线路复测后桩位的可靠性和方便工程施工、检测，通常在进行线路复测的过程中对线路上的部分特殊桩位（如杆塔位中心、转角点等）周围加设辅助桩。

（2）线路复测的基本要求。根据工程测量和线路验收规范的要求，进行线路复测施工测量的基本允许误差如下：

1）电杆中心位置复测的横向允许误差不应超过 50mm。

2）档距的复测：10kV 及以下架空电力线路不应超过设计档距的 3%，绝缘架空电力线路不应超过设计档距的 5%。

3）线路转角度的复测：允许角度误差不超出±1′30″。

4）高程的复测：允许高差误差不超出±0.5m。

5）在线路复测的过程中应补齐丢掉的设计定点的桩位，测通全线。

2. 电杆基础分坑测量

基础的分坑测量的主要工作内容包括基础中心的定位与坑口的放样。

（1）一般直线电杆基础的分坑测量。一般电杆基础包括无拉线、无底盘的电杆基础和带拉线、底盘的基础两种形式。其分坑示意图如图 ZY3300405002-7 所示。

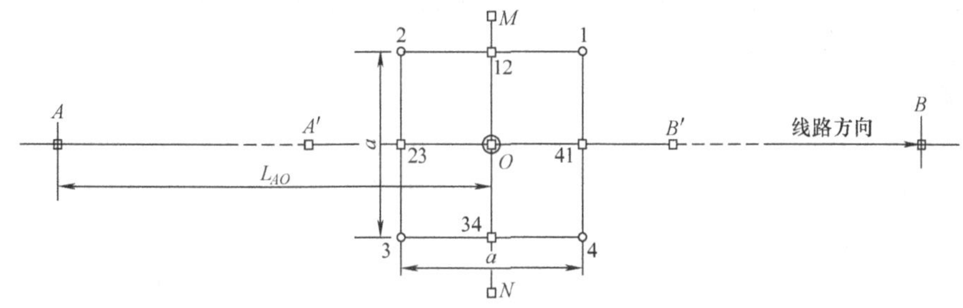

图 ZY3300405002-7 一般直线电杆分坑示意图

1）无拉线、无底盘的一般直线电杆基础分坑。

a. 首先在线路方向上测定线路方向上的直线 AB，并用直线测量的方法方校核电杆中心 O 在线路直线方向上。

b. 从设计图纸查出电杆基础中心到点 A、B 的距离 L_{AO}、L_{OB}，用距离测量的方法测定 O 的具体位置，并在 O 点附近线路方向上钉立方向控制桩 A'、B'，A'、B' 距离中心 O 的距离应不超过 5m。

当地面为平地且线路档距也不太大时，可直接用钢卷尺丈量确定 O 点的位置；若地形起伏较大或线路档距较大时，应采用测量仪器按视距法的原理对 O 点位置进行测定。

c. 在电杆中心 O 点处加设垂直于线路方向 AB 的横向控制桩 M、N，M、N 距电杆中心 O 的距离应控制在 2m 左右（以不影响挖坑的距离为宜）。

完成上述操作后，万一在施工过程中出现 O 桩的丢失，通过 M、N 和 A'、B' 拉直线，就可以重新找到 O 点的位置。

2）带主杆底盘的直线电杆基础分坑。设基础坑的开口大小为 a，如图 ZY3300405002-7 所示，在完成上述 a. ～c. 的操作后，以 O 点为基准，分别在 M、N 和 A'、B' 的方向上量取半坑口宽度 $a/2$ 的距离定立 12、23、34、41 四个坑边中心桩，并以这 4 个桩为基准进行坑口的放样。具体操作方法如下：用一钢卷尺或皮尺，取长度为 a 的尺长，由两人分别将两端对准两相邻边中心桩 12、23，另一人在尺的中点处将尺拉直，定出基础的角点 2；以此类推，重复上述操作过程，分别定出基础坑的四个角顶点 1、2、3、4，结束基础的分坑。

（2）转角电杆基础的分坑测量。图 ZY3300405002-8 所示为一转角电杆基础的分坑示意图，对于转角电杆基础的分坑应重点做好以下方面的工作。

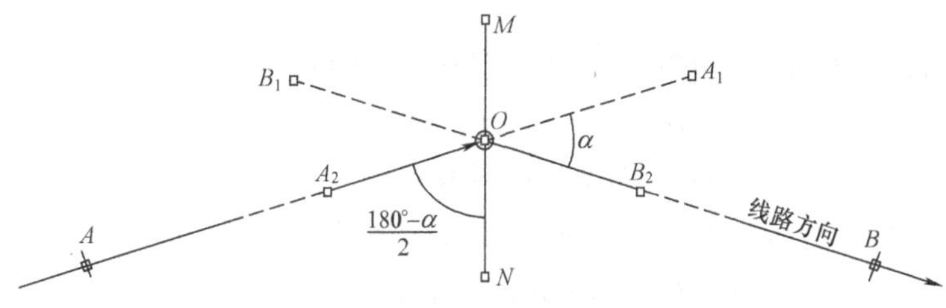

图 ZY3300405002-8 转角电杆分坑示意图

1）测定转角点，定出角平分线。具体测量操作过程如下：

a. 在直线 AA_1 侧，以线路中心线为基准测定直线，并在直线上定立 A_1、A_2 点。

b. 同理在直线 BB_1 侧定出 B_1、B_2 点。

c. 通过连线 A_1、A_2 和 B_1、B_2，在两直线交叉点处定电杆中心桩 O。

说明：利用两侧直线交叉确定转角点，目的是既能检验原转角桩的位置是否出现变化，也是为了确保直线的准确。

d. 在 O 点用测量仪器准确地测定线路的转角度 α，并与设计值比较，确认符合设计要求且在测量规程允许范围内。

e. 以 OA_2（或 OB_2）为基准，将仪器旋转（$180°-\alpha$）/2 定出线路转角点处的角平分线 MN。

2）按一般电杆基础分坑方法完成坑中心定位和坑口放样。

完成上述测量操作后，便可参照直线电杆的基础分坑方法进行电杆主杆坑中心定位及坑口放样，从而完成转角电杆基础的分坑测量。

3. 拉线基础的分坑及拉线长度的计算

架空配电线路中电杆的拉线形式很多，但拉线的分坑方法基本相同，所不同的只是拉线方向的确定及拉线数量的多少取决于线路转角度的大小。下面以线路直线耐张四拉线的电杆重点介绍拉线坑中心的定位及分坑中拉线的有关计算。

（1）拉线基础的分坑测量。如图 ZY3300405002-9 所示，其具体分坑测量过程如下：

1）按上述直线杆分坑的方法确定电杆中心 O，同时完成横向控制线 MN 的定位。

2）以线路方向 A_1A、B_1B 或横担方向上 M、N 为参考方向，将测量仪器旋转 45°，分别用钢卷尺量取 D_0、D 的长度定立拉线棒出土点 1_0 和拉线坑中心点 1，如图 ZY3300405002-9（b）所示。

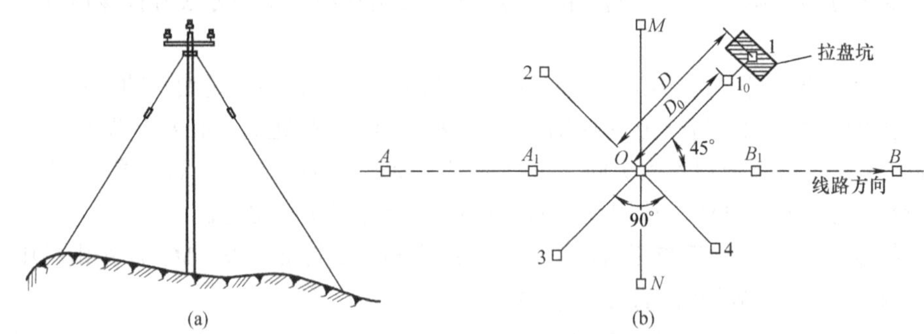

图 ZY3300405002-9　电杆拉线基础分坑示意图

（a）拉线电杆结构；（b）拉线电杆基础分坑示意

3）根据拉线盘结构尺寸和现场土质确定拉线坑的开口大小，参考直线电杆底盘坑口放样的方法确定拉线坑口的位置。

其中：D_0、D 的长度是由电杆结构的计算得到，详细内容见图 ZY3300405002-10。

（2）拉线长度的计算。如图 ZY3300405002-10 所示，若电杆长度为 H_0，电杆的埋深为 h_2，拉线抱箍距杆顶的距离为 h_3，拉线盘的埋深为 h_1，拉线盘厚度为 h_0，当拉线坑中心与电杆中心的高差为 h 时，设拉线与电杆中心轴线的夹角为 β（$30° \leqslant \beta \leqslant 45°$），杆中心到拉线坑中心的距离 D，杆中心到拉线棒出土点的距离 D_0。

1）拉线分坑数据计算。

当电杆中心高于拉线中心时，如图 ZY3300405002-10（a）所示，有

$$D=(H_0-h_2-h_3+h+h_1-h_0)\tan\beta \tag{ZY3300405002-19}$$

$$D_0=(H_0-h_2-h_3+h)\tan\beta \tag{ZY3300405002-20}$$

当电杆中心低于拉线中心时，如图 ZY3300405002-10（b）所示，有

$$D=(H_0-h_2-h_3-h+h_1-h_0)\tan\beta \tag{ZY3300405002-21}$$

$$D_0=(H_0-h_2-h_3-h)\tan\beta \tag{ZY3300405002-22}$$

2）拉线下料长度的计算。如图 ZY3300405002-10 所示，若拉线的上、下连接金具有效长度为 l_1、

l_2（l_1、l_2 的长度包括楔形线夹、延长环、UT 线夹等部件，应按实际尺寸进行量取），拉线棒长 l，上、下拉线回头长度 l_{10}、l_{20}（规定 $l_{10}\geqslant 300$mm、$l_{20}\leqslant 500$mm，实际应用时可取 $l_{10}+l_{20}$=800mm），钢绞线的有效长度 L_0，设拉线的实际下料长度为 L，则有

$$L_0=D/\cos\beta-l-l_1-l_2 \quad (ZY3300405002\text{-}23)$$

$$L=L_0+l_{01}+l_{02}=L_0+0.8 \quad (ZY3300405002\text{-}24)$$

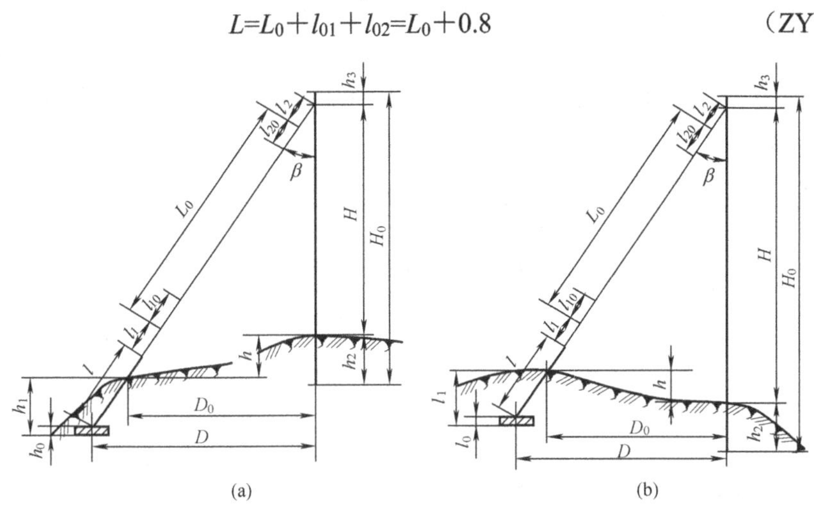

图 ZY3300405002-10　拉线计算原理图

（a）电杆中心高于拉线中心；（b）电杆中心低于拉线中心

【例 ZY3300405002-3】如图 ZY3300405002-10（a）所示，电杆长 10m，电杆埋深 2m，拉线抱箍距杆顶 300mm，拉盘中心厚 0.15m，拉棒长度为 3m，拉棒埋深 1.6m，上、下拉线连接金具的总长度为 0.5m。设拉线中心与电杆中心等高，问按正常情况进行拉线制作时，一根拉线所需的钢绞线下料长度为多少？

解　因地形平整，正常制作时取拉线对电杆的夹角 β=45°，于是有

$$L_0=(H_0-h_2-h_3+h_1-h_0)/\cos\beta-l-l_1-l_2$$
$$=(10-2-0.3+1.6-0.15)/\cos45°-3-0.5$$
$$=9.44\text{（m）}$$

所以

$$L=L_0+l_{01}+l_{02}=L_0+0.8=9.44+0.8$$
$$=10.24\text{（m）}$$

因此钢绞线的实际下料长度为 10.24m。

4. 基础分坑测量的注意事项

（1）进行基础分坑前，必须按照“先整体，后局部”的原则对杆中心进行校核测量，确认电杆中心位置准确无误。

（2）应根据工程的实际情况，在保证坑中心控制稳定、可靠的前提下，尽可能方便施工需要。

（3）无论采用什么形式进行坑中心控制，必须保证每个中心桩位至少有两个或以上的制约条件。

（4）坑口的放样应根据实际的地形及相应的地理特性结合工程的要求进行。

四、线路交叉跨越测量

架空电力线路交叉跨越是指电力线路与其他设施在空间出现的相互交叉跨越现象。交叉跨越测量主要是利用测量的方法测定线路与其他设施在跨越点处的空间间隔距离，测量的目的是验算电力线路与其他跨越设施相互间是否安全。交叉跨越测量实质上是距离、角度测量的综合应用。

1. 交叉跨越的测量

（1）测量过程。如图 ZY3300405002-11 所示，一条高压电力线路与另一条低压电力线路在 Q 点处发生交叉跨越，要测定两条电力线路在跨越点处是否具有足够的安全距离，具体测量的方法如下。

1）由一辅助测量工作人员用目测的方法在线路下方确定两条电力线路交叉点 Q，并在 Q 点处立一标志杆。

2）另一测量人员在两线路侧面选出一点 O，且 OQ 间的距离不要太远（以保证对高压线路的测量竖直夹角不大于 45°为宜），并在 O 点完成仪器的安置（应着重将仪器整平）。

3）用仪器瞄准 Q 点标志杆（精确测量时应立视距尺），然后锁定水平度盘，测定 OQ 间的水平距离 L_{OQ}。

4）将仪器镜头依次向上测定低压线的上线和高压线的下线，并同时准确测定竖直角 β_N 和 β_M。

（2）测量数据整理计算。设测定后的 OQ 间的水平距离为 L_{OQ}（具体计算参照视距法测量水平距离的方法计算），如图 ZY3300405002-11 所示，若低压（上）导线的相对高度为 H_N，高压（下）导线的相对高度为 H_M，则有

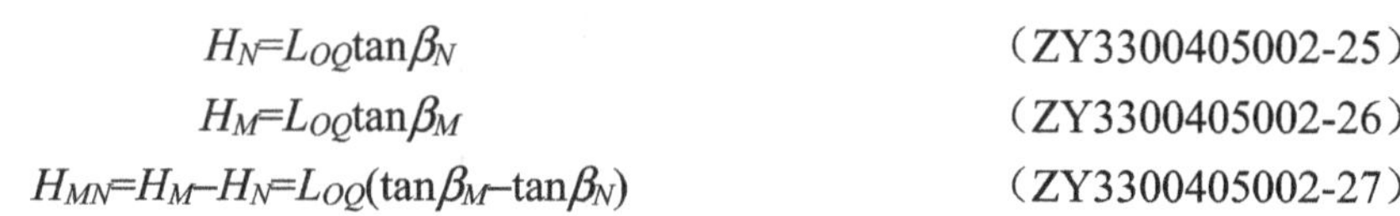

$$H_N=L_{OQ}\tan\beta_N \quad （ZY3300405002-25）$$

$$H_M=L_{OQ}\tan\beta_M \quad （ZY3300405002-26）$$

$$H_{MN}=H_M-H_N=L_{OQ}(\tan\beta_M-\tan\beta_N) \quad （ZY3300405002-27）$$

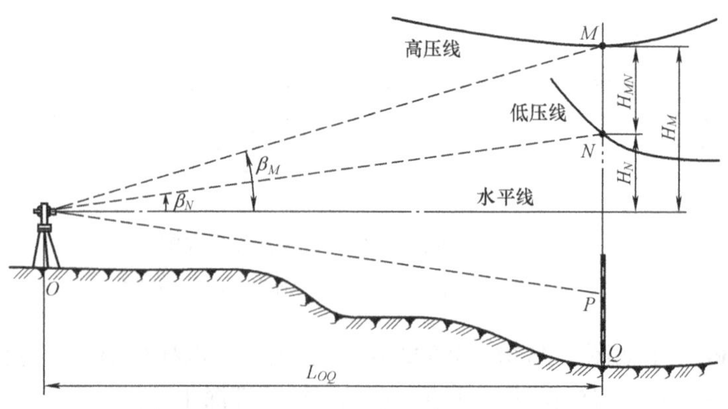

图 ZY3300405002-11 交叉跨越测量原理图

最后将测量计算的结果与相应电压等级所必须保证的最小安全距离比较，以确定是否安全。若 H_{MN} 大于等于高压线的最小允许安全距离，交叉跨越安全合格。

2. 交叉跨越测量的基本注意事项

（1）交叉跨越点的位置应准确，仪器架设的位置应保证能够准确地观测所观测的对象。

（2）地面水平距离的测量精度应满足规定的要求（精确到厘米级）。

（3）跨越距离应以两跨越物间的最小距离为测量目标。

（4）在裸导线的下方进行跨越距离测量时，禁止使用金属标志杆或金属视距尺，以确保测量人员的安全。

（5）若测量时并非当地环境的最高气温时，交叉跨越距离的计算值应按当地最高气温进行修正，其修正值可作为验算安全距离的依据。

【思考与练习】

1. 测量的基本要素主要有哪几点？如何根据已知的条件确定地面上某一未知点的位置？
2. 简要说明 J2 型经纬仪测量竖直角的基本要求和操作要点。
3. 简述重转法的工作原理。
4. 基础分坑测量的主要工作任务有哪些内容？分别有什么要求？
5. 如何保证对基础坑位中心控制的稳定可靠性？
6. 交叉跨越测量的主要工作目的及测量的要求主要有哪些？

第二十四章　电　力　电　缆

模块1　电力电缆基本知识（ZY3300406001）

【模块描述】本模块包含电力电缆的基本结构、型号和种类。通过概念描述、术语说明、图表示意、要点归纳，掌握电力电缆的基本知识。

【正文】

一、电力电缆基本知识

1. 电力电缆额定电压 U_O/U 及其划分

（1）U_O/U 的概念。U_O 是指设计时采用的电缆任一导体与金属护套之间的额定工频电压。U 是指设计时采用的电缆任两个导体之间的额定工频电压。

为了完整地表达在同一电压等级下不同类别的电缆，现采用 U_O/U 表示电缆的额定电压。

（2）我国对电缆额定电压 U_O/U 的划分。电缆 U_O/U 的划分与类型的选择，实际是根据电网的运行情况、中性点接地方式和故障切除时间等因素来选择电缆绝缘的厚度。将 U_O 分为两类数值，见表ZY3300406001-1。

表 ZY3300406001-1　　我国电力电缆额定电压 U、U_O

U（kV）	U_O（kV）		U（kV）	U_O（kV）	
	Ⅰ	Ⅱ		Ⅰ	Ⅱ
3	1.8	3	20	12	18
6	3.6	6	35	21	26
10	6	8.7	110	64	—
15	8.7	12	220	127	—

2. 电力电缆型号的编制原则

为了便于按电力电缆的特点和用途统一称呼，使设计、订货、缆盘标记更为简易以及防止出现差错，专业单位用型号表示不同门类的产品，使其系列化、规范化、标准化、统一化。我国电力电缆产品型号的编制原则如下：

（1）一般由有关汉字的汉语拼音字母的第一个大写字母表明电力电缆的类别特征、绝缘种类、导体材料、内护层材料及其他特征，见表 ZY3300406001-2。

表 ZY3300406001-2　　电力电缆的类别特征、材料

类别特征	绝　缘　种　类	导体材料	内护层材料	其他特征
K—控制 C—船用 P—信号 B—绝缘电线 ZR—阻燃 NH—耐火	Z—纸 X—橡胶 V—聚氯乙烯（PVC） Y—聚乙烯（PE） YJ—交联聚氯乙烯（XLPE）	T—铜芯（省略） L—铝芯	Q—铅包 L—铝包 Y—聚乙烯护套（PE） V—聚氯乙烯护套（PVC）	D—不滴漏 F—分相金属套 P—屏蔽 CY—充油

（2）对外护层的铝装类型和外被层类型则在汉语拼音字母之后用两个阿拉伯数字表示，第一位数

字表示铠装层，第二位数字表示外被层，见表 ZY3300406001-3。

表 ZY3300406001-3　　电力电缆护层代号

代号	加 强 层	铠 装 层	外被层或外护套
0	—	无	—
1	径向铜带	联锁钢带	纤维外被
2	径向不锈钢带	双钢带	聚氯乙烯外护套
3	径、纵向铜带	细圆钢丝	聚乙烯外护套
4	径、纵向不锈钢带	粗圆钢丝	—

（3）部分特点由一个典型汉字的第一个拼音字母或英文缩写来表示，如橡胶聚乙烯绝缘用橡（XIANG）的第一个字母 X 表示，铅（QIAN）包用 Q 表示等。为了减少型号字母的个数，最常见的代号可以省略，如导体材料在型号中只用 L 表明铝芯，铜芯 T 字省略，电力电缆符号省略。

各种型号电缆在选型时既要保证电缆安全运行，能适应周围环境、运行安装条件，又要经济、合理。

二、电力电缆的基本结构和种类

1. 电力电缆的基本结构

电力电缆是指外包绝缘的绞合导线，有的还包有金属外皮并加以接地。因为是三相交流输电，所以必须保证三相送电导体相互间及对地间的绝缘，因而必须有绝缘层。为了保护绝缘和防止高电场对外产生辐射干扰通信等，又必须有金属屏蔽护层。另外，为防止外力损坏还必须有铠装和护套等。因此电力电缆的基本结构必须有线芯（又称导体）、绝缘层、屏蔽层和保护层四部分，这四部分的结构上的差异就形成了不同的电缆种类，它们的作用和要求阐述如下：

（1）线芯。它是电缆的导电部分，用来输送电能。应采用导电性能好、机械性能良好、资源丰富的材料，以适宜制造和大量应用。

（2）绝缘层。它将线芯与大地以及不同相的线芯间在电气上彼此隔离，从而保证电能输送，因此绝缘层也是电缆结构中不可缺少的组成部分。

（3）屏蔽层。6kV 及以上的电缆一般都有导体屏蔽层和绝缘屏蔽层。导体屏蔽层的作用是消除导体表面的不光滑（多股导线绞合会产生的尖端）所引起导体表面电场强度的增加，使绝缘层和电缆导体有较好的接触。同样，为了使绝缘层和金属护套有较好接触，一般在绝缘层外表面均包有外屏蔽层。

（4）保护层。保护层的作用是保护电缆免受外界杂质和水分的侵入，以及防止外力直接损坏电缆，因此其质量对电缆的使用寿命有很大影响。保护层一般由内护套、外护层（内衬层、铠装层和外被层或外护套）等部分组合而成。

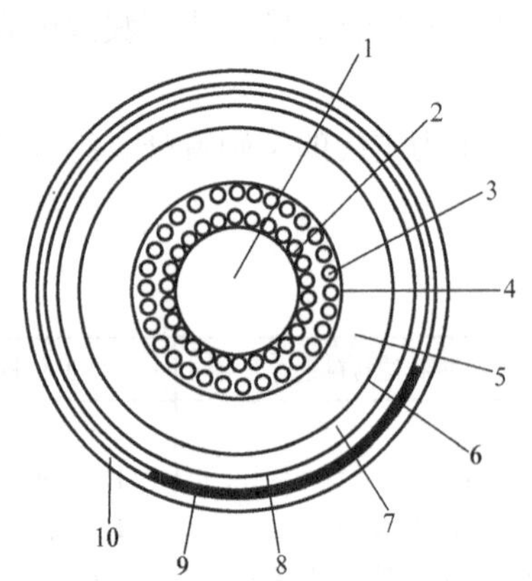

图 ZY3300406001-1　单芯自容式充油电力电缆结构

1—油道；2—螺纹管；3—线芯；4—线芯屏蔽；5—绝缘层；6—绝缘屏蔽；7—铅护套；8—内衬垫；9—加强铜带；10—外护套

2. 电力电缆的种类

（1）按电压等级可分为：1、3、6、10、20、35、60、110、220、330、500kV 等。

（2）按电缆芯数可分成：单芯（用于传输直流电及特殊场合，如高压电机引出线）、两芯（用于传输单相交流电或直流电）、三芯（用于三相交流电网中）、四芯（用于低压配电线路或中性点接地的三相四线制电网中）、五芯以上（TN-S 系统）。

（3）按电缆结构和绝缘材料种类的不同分为：

1）自容式充油纸绝缘型电缆，结构如图 ZY3300406001-1 所示。

单芯自容式充油电缆结构与普通的油纸电缆相比有以下特点：

a. 图 ZY3300406001-1 中线芯中心由螺旋管支撑形成中心油道，油道和端部的供油装置（压力箱）连通，消除了内部温度变化而产生的气隙，因此其允许工作场强提高了。

b. 为了使电缆内部的油在油道中流畅及提高浸渍补充速度，使用的油是低黏度的。为了提高电缆的绝缘水平，采用的油是绝缘强度高、介质损耗低、纯净和经真空处理的低黏度的绝缘油，如十二烷基苯合成油等。

c. 充油电缆是在高于大气压的油压条件下工作的，因而电缆内部的气隙大大减少，油压越高则电缆内部的气隙越少，绝缘所适用的电压等级可以更高。由于电缆内部始终有压力存在，为了加强内护层的机械强度，在外护层中多了一层加强层的结构，这是一层比内护层机械强度高很多的材料，一般用钢带或不锈钢带包绕在内护层外，从而使内护层的机械强度增强。

2）橡塑电缆，交联聚乙烯电缆结构如图 ZY3300406001-2 所示。

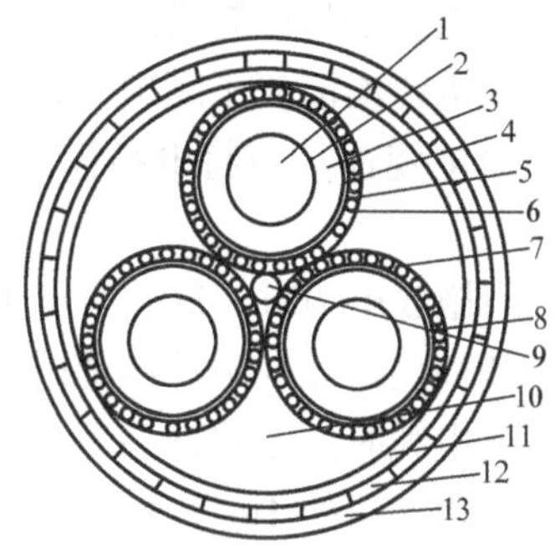

图 ZY3300406001-2　交联聚乙烯电缆结构图

1—线芯；2—线芯屏蔽；3—交联聚乙烯绝缘；4—绝缘屏蔽；5—保护带；6—铜丝屏蔽；7—螺旋铜带；8—塑料带；9—中心填芯；10—填料；11—内护套；12—铠装层；13—外护层

橡塑电缆的绝缘层采用可塑性材料，如橡胶、聚氯乙烯、聚乙烯和交联聚乙烯等绝缘强度高的可塑性材料，在一定的温度和压力下用挤注的方式制成。

【思考与练习】

1. 解释 U_0、U 的含义。
2. 简述电缆型号的编制原则。
3. 解释下列电缆型号含义：

（1）VV22；

（2）YJV22。

4. 电缆的基本结构有哪几部分？
5. 试标出交联聚乙烯电缆结构图（见图 ZY3300406001-3）中的相应名称：

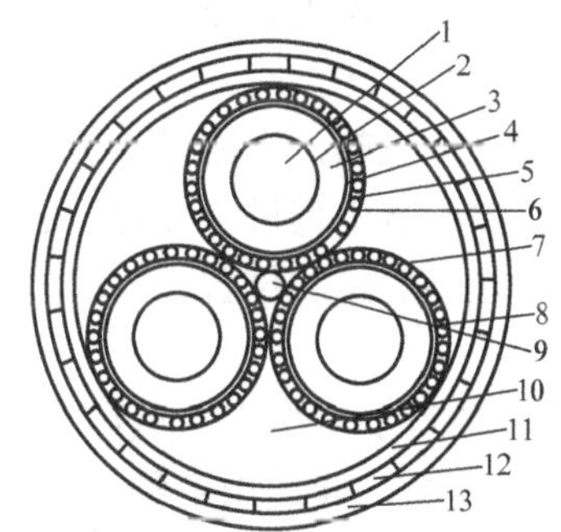

图 ZY3300406001-3　交联聚乙烯电缆结构图

1—（　　　　）；2—（　　　　）；3—（　　　　）；4—（　　　　）；5—（　　　　）；
6—（　　　　）；7—（　　　　）；8—（　　　　）；9—（　　　　）；10—（　　　　）；
11—（　　　　）；12—（　　　　）；13—（　　　　）

模块 2　电力电缆的敷设施工（ZY3300406002）

【模块描述】本模块包括电力电缆敷设施工的一般知识，施工安装程序及注意事项。通过概念描述、流程介绍、列表说明、要点归纳，掌握直埋电缆敷设、室内及沟道内电缆敷设操作程序及电缆敷设的质量标准。

【正文】

目前电缆敷设仍然是动员较多的人力进行敷设。机械化敷设电缆也正在一些工程中应用，方法是采用电动滚盘机和多架电动牵引机，分别推送和曳引电缆。这样敷设时人数大为减少，但准备工作较多，机械维修工作量大。对于电力电缆敷设施工安装操作，本模块重点介绍直埋电缆敷设、室内及沟道内电缆敷设安装操作程序及电缆敷设的质量标准。

一、危险点分析与控制措施

（1）挖掘电缆沟前应了解地下设施埋设情况，并应采取措施防止损坏地下设施或发生触电事故。

（2）敷设电缆前，应将电缆盘架设稳固，并将电缆盘上突出的钉子等拔掉，以防转动时损伤人员。

（3）人力施放电缆时，每人所承担的质量不得超过35kg。所有人员均应站在电缆的同一侧，在拐弯处应站在其外侧。往地下放电缆时，应按先后顺序轻轻放下，不得乱放。

（4）施放电缆时，不得在易坍塌的沟边 0.5m 以内行走。在墙洞、沟口、管口及隔层等处施放电缆时，人员应距洞口处 1m 以上。

（5）剥除电缆麻皮、铠装时应戴手套、口罩，防止沥青中毒。

（6）在腐蚀环境中敷设电缆时，电缆不宜做中间接头。

二、作业前的准备

1. 电缆敷设施工前期相关图纸资料的掌握

（1）熟悉电缆施工图并根据图纸编制施工预算。

（2）了解电缆线路设计图，一般包括：了解该工程的设计方案，所需要各种材料、工作量、工作范围；简要掌握施工前后的电气系统变化及新线路的名称；明确电缆起始点至终点的具体位置。

2. 电缆线路的路径选择

电缆线路在正常条件情况下，其寿命在 30 年以上。其投资费用为架空线路的 5 倍以上，且线路不易变动，因此必须慎重选择合适的电缆线路路径。当施工中发现有异常情况不利电缆线路今后安全运行时，施工人员应向有关部门提出更改设计，使电缆线路的路径更加合理，其原则如下：

（1）安全运行方面。尽可能避免各种外来损坏，提高电缆线路的供电可靠性。

（2）经济方面。从投资最省的方面考虑。

（3）施工方面。电缆线路的路径必须便于施工和投运后的维修。

3. 电缆保护管的加工及埋设

电缆从沟道至设备这一段常常是穿管敷设的，为的是保护电缆不受机械损伤和避免过多地砌筑分支沟道。由于电缆保护管要在土建施工时配合土建进行预埋，这就要求施工人员不仅要熟悉电缆施工图纸，还要了解电气设备的布置情况和设备的接线位置，才能将位置预埋准确。

4. 电缆支架配制和安装

除直埋于地下的电缆外，电缆都要敷设于支架上。电缆支架现有角钢架、装配式支架及电缆托架等。其中角钢支架历史最长，因其强度高，能适用各种场合，制作也方便，所以仍广泛应用。装配式支架的立柱和翼板是工厂制造的，现场安装比较方便，对于加快施工进度、节约钢材，有显著的效果，在生产厂房中已大量使用。电缆托架即是连续刚性电缆托架的简称，现在国内已开始生产和大量应用。

5. 电缆的搬运、保管、检查和封端

（1）电缆的搬运。电缆应缠在盘上运输，人力推动时应顺电缆圈匝缠紧的方向或盘上标明的箭头方向滚动，否则会造成电缆松散、缠绞，以后放线困难。用车辆运输时，应将电缆盘立放于车上并临时固定，卸车时不许将盘抛下，要顺跳板滚下来或吊下来。大电缆盘滚动较吃力，特别是道路不好时更费劲，最好用铲车搬运。短电缆可以按规定的最小弯曲半径卷成圈，四点捆紧后搬运。

（2）电缆的保管。电缆应集中保管、分类存放，盘上应标明型号、电压、芯数、截面及长度等，并有制造厂的合格证。存放地点要干燥、地基坚实、易于排水，电缆盘排列整齐，盘之间应有通道，便于随时领取，电缆盘应立放禁止平放。电缆盘如果损坏，要进行修理，不能置之不理，否则以后倒盘都困难。

（3）电缆检查。对于新到现场的电缆都应进行一次外观检查，除检查电缆盘的完整与否以外，还应检查电缆端头封头情况。规格型号不清的电缆，要剥开查明后，重新标志于盘上。在保管期间应每3个月全面检查一次，平时发现缺陷也要及时处理。

（4）电缆封端。塑料电缆和橡皮电缆也应封端防水分进入，水分浸入后铠装易锈蚀，还会促进绝缘老化。封端方法可以用塑料封头套，也可以用黏性塑料带包缠，用黑胶布包缠质量稍差。

6. 电缆施工工具准备

电缆施工中除去一般常用工具必须备齐以外，还应备齐有关专用工具，工程开始前应对专用工具进行清理检查维修，使之处于完好状态。

（1）电缆敷设的专用工具。电缆敷设目前仍是人工敷设，专用工具有电缆放线架、滚筒、厚壁钢管等。机械敷设专用工具有卷扬机、电缆输送机、防捻器等。

（2）电缆牌。放电缆前，一定要将电缆牌准备好，电缆牌上应有以下内容：电缆编号、电缆型号规格、起点、终点等。

（3）电缆接头的专用工具。主要有电缆剥、切、削专用工具，机械压力钳，喷灯或燃气喷枪，电工工具，电烙铁及相关材料等，皆应配备齐全。

冬季施工，电缆存放地点在敷设前24h内的平均温度以及敷设现场的温度如果低于表ZY3300406002-1中规定的数值，要采取加热电缆的措施，否则不能敷设。

表 ZY3300406002-1　　电缆最低允许敷设温度

电缆类型	电缆结构	最低允许敷设温度（℃）
控制电缆	耐寒护套、橡皮绝缘聚氯乙烯护套、全塑电缆	−20、−15、−10
塑料绝缘电力电缆	高低压电缆	0
油浸纸绝缘电力电缆	充油或一般油纸	−10 或 0
橡皮绝缘电力电缆	橡皮或聚氯乙烯护套、铅护套钢代铠装	−15、−7

三、电缆敷设的质量标准及步骤

1. 电缆敷设的一般工艺质量标准

（1）电缆敷设应做到横看成线，纵看成行，引出方向一致，裕度一致，相互间距离一致，避免交叉压叠，整齐美观。

（2）在下列地点，电缆应穿入保护管内：

1）电缆引入及引出建筑物、隧道、沟道处。

2）电缆穿过楼板及墙壁处。

3）引至电杆上或沿墙敷设的电缆离地面2m高的一段。

4）室内电缆可能受到机械操作的地方，室外电缆穿越道路时以及室内人容易接近的电缆距地面2m高的一段。

5）装在室外容易被碰撞处的电缆应加装保护管，保护管的埋入深度为0.2～0.3m。

6）电缆穿越变配电所层面，均要用防火堵料封堵。电缆穿入变配电所的孔或洞均经封堵密封，有效防水。

（3）在下列地点电缆应挂标志牌：电缆两端，改变电缆方向的转角处，电缆竖井口，电缆的中间接头处。

（4）电缆在下列各点用夹头固定：水平敷设直线段的两端，垂直敷设的所有支持点，电缆转角处弯头的两侧，电缆端头颈部，中间接头两侧支持点。

（5）单芯电缆的固定支架不应形成磁回路，如夹头应采用铜、铝或其他非磁性的材料。单芯电缆穿入的导管同样需要采用非磁性材料。

（6）电缆的弯曲半径与电缆外径的比值应符合表ZY3300406002-2的规定。

表 ZY3300406002-2　　电缆最小允许弯曲半径与电缆外径的比值

电缆种类	电缆护层结构	单芯	多芯
油浸纸绝缘电力电缆	铠装或无铠装	20	15
橡塑绝缘电力电缆	有金属屏蔽层	10	8
	无金属屏蔽层	8	6
	铠装		12
控制电缆	铠装		10
	非铠装		6

（7）控制电缆（尤其是用于电流回路）不允许有中间接头，只有敷设长度超过制造长度才允许有接头。

（8）多根电力电缆并列敷设时，电缆接头不要并排装接，应前后错开。接头盒用托板托置，并用耐电弧隔板隔开，托板及隔板两端要伸出接头盒 0.6m 以上。也可采用套一段钢管来保护。

（9）敷设电缆时，电缆应从电缆盘上端引出，用滚筒架起防止在地面摩擦，不要使电缆过度弯曲。注意检查电缆，电缆上不能有未消除的机械损伤（如压扁、拧绞、铅包折裂及铠装严重锈蚀断裂等）。

（10）铠装电缆在锯切前，应在锯口两侧各 50mm 处用铁丝绑牢。塑料绝缘电缆做防水封端。

（11）机械牵引敷设电缆时，牵引强度不要大于表 ZY3300406002-3 所列数值。装牵引头敷设时，线芯承受拉力一般以线芯导线抗拉强度的 25%为允许拉力。

表 ZY3300406002-3　　电缆最大允牵引强度

牵引方式	允许牵引强度（kgf/cm^2）			
	铜芯	铝芯	铅包	铝包
牵引头	7	4		
钢丝网套			1	4

注　$1kgf/cm^2$=0.098MPa。

（12）用机械牵引电缆时，线头必须装牵引头。短电缆可以用钢丝网套牵引，卷扬机的牵引速率一般为 6～7m/min。

（13）敷设电缆时，应专人指挥，以鸣哨和扬旗为行动指令。路线较长时应分段指挥，全线听从指挥统一行动。如人员不足，可分段敷设，但速度较慢。敷设中遇转弯或穿管来不及时，可将电缆甩出一定长度的大弯作为过渡，以后再往前拉。

（14）电缆进入沟道、隧道、竖井、建筑物、屏柜内以及穿入管子时，出入口应封闭，防止小动物、防水及防火等灾害。封闭方法可根据情况选择，如用玻璃丝棉、保温材料、铁板、沥青等。

（15）电缆敷设时常以铁丝临时绑扎固定，待敷设完毕后，应及时整理电缆，将电缆按设计位置排列放置，电缆理直，并按前述要求用卡子固定、补挂电缆牌等，在上屏的地方应留有适量的弯头裕度。

（16）电缆敷设后，在填土前，必须及时通知资料人员进行电缆和接头位置等的丈量登录和绘图。

2. 直埋电缆敷设操作步骤

室外电缆在无沟道相通的情况下，常用直接埋于地下的方式敷设。电缆必须埋于冻土层以下，沟底要求是良好的软土层，没有石块和其他硬质杂物，否则应铺上不小于 100mm 厚的沙或软土层。电缆上面也要覆盖一层不小于 100mm 厚的软土或沙层。覆盖层上面用混凝土板或砖块覆盖，宽度超过电缆两侧各 50mm，防止电缆受机械损伤。板上面再将原土回填好。

直埋电缆要求有一定的机械强度，又要能抗腐蚀，因此要选用带麻被外护层的铠装电缆或有塑料外护层的铠装塑料电缆。敷设路线上有腐蚀性土壤时，应按设计规定处理，否则不能直埋，还应考虑有无其他危害。

电缆直埋敷设应有一定的波浪形摆放，以防地层不均匀沉陷损坏电缆。电缆中间接头盒应置于面积较大的混凝土板上，接头盒排列位置应互相错开，接头两端电缆要有一定的裕度。电缆及接头盒位置应设立标志桩，通常用混凝土制作方形或三角形标志桩。还应绘制电缆敷设位置图以便移交运行单位。

3. 室内、沟道及隧道内电缆敷设操作步骤

（1）沟道、隧道、室内电缆敷设除应按一般工艺要求进行。

（2）电缆沟内敷设安装电缆的方法和技术要求。由于电力网的迅速发展，电缆线路日益增多，许多地方采用直埋式敷设方法安装的电缆线路，已很难适应电网的发展需要，于是用电缆沟方式敷设电缆线路的方法就产生了，这种方法一般能使几条电缆线路上下、近距离安装。

1）电缆沟内的电缆敷设安装方法。一般电缆施工部门不自行建造电缆沟，故在电缆线路路径确定以后，需委托土建单位施工。电缆沟内敷设电缆的方法与直埋电缆的敷设方法相仿，一般可将滚轮放在沟内，施放完毕后，将电缆放于沟底或支架上，并在电缆上绑扎记载线路名称的铭牌。敷设后，同样需按要求清理现场，及时、正确、清楚填好敷设安装的质量报表，交有关管理部门。

2）电缆沟的电缆敷设安装规范要求。

a. 敷设在不填黄沙的电缆沟（包括户内）内的电缆，为防火需要，应采用裸铠装或阻燃（或耐火）性外护层的电缆。

b. 电缆线路上如有接头，为防止接头故障时殃及邻近电缆，可将接头用防火保护盒保护或采取其他防火措施。

c. 电缆沟的沟底可直接放置电缆，同时沟内也可装置支架，以增加敷设电缆的数量。

d. 电缆固定于支架上，水平装置时，外径不大于 50mm 的电力电缆及控制电缆，每隔 0.6m 一个支撑；外径大于 50mm 的电力电缆，每隔 1.0m 一个支撑。排成正三角形的单芯电缆，应每隔 1.0m 用绑带扎牢。垂直装置时，每隔 1.0～1.5m 应加以固定。

e. 电力电缆和控制电缆应分别安装在沟的两边支架上，若不能，则应将电力电缆安置在控制电缆之上的支架上。

f. 电缆沟内全长应装设有连续的接地线装置，接地线的规格应符合规范要求。其金属支架、电缆的金属护套和铝装层（除有绝缘要求的例外）应全部与接地装置连接，这是为了避免电缆外皮与金属支架间产生电位差，从而发生交流电蚀或单位差过高危及人身安全。

g. 电缆沟内的金属结构物均需采取镀锌或涂防锈漆的防腐措施。

4. 管道内电缆的敷设操作步骤

电缆穿管敷设时，应先疏通管道，可用压缩空气吹净，或用粗铁丝绑上一点棉纱、破布之类通入管内清除污脏。管路不长时，可直接将电缆穿送入。当管线长或有两个直角弯时，可先将一根 8～10 号铁丝穿入管内，一端扎紧于电缆上，以后一头曳引、一头穿送，为了加强润滑，还可在管口及电缆上抹上滑石粉或工业凡士林。

（1）电缆穿入单管时，应符合下列规定：

1）铠装电缆与其他电缆不得穿入同一管内。

2）一根电缆管只允许穿一根电力电缆。

3）敷设于混凝土管、陶土管、石棉水泥管内的电缆，宜用塑料护套电缆，以防腐蚀。

（2）排管内电缆的敷设安装和技术要求。在一些无条件建造电线隧道和电缆沟，而路面又不允许经常开挖的地方，建造电缆排管也是一种简易有效的方法。排管是将预先造好的管子按需要的孔数排成一定的形式，有必要时再用水泥浇铸成一个整体。管子应用对电缆金属护层不起化学作用的材料制成，例如陶瓷管、石棉水泥管、波纹塑料管和红泥塑料管等。

1）排管的建设。根据市政道路的建设规划和城市电网的发展规划，制订排管设计方案，经有关部门批准后，由土建工程队伍实施。一般应在每隔 150～200m 处及排管转弯处和分支处，建筑一个工作井。工作井的实际尺寸需要考虑电缆接头安装、维护、检修的方便。排管通向工作井应有不小于 0.1% 的倾斜度，以便管内的水流向工作井。

2）敷设前的准备工作。一般敷设在排管中的电缆应无机械销装保护，因此敷设时要特别小心，防

止机械损伤。准备工作如下：详细检查管子内部是否通畅，管内壁是否光滑，任何不平和有尖刺的地方都会造成电缆外护套的损坏。检查和疏通排管可用两端带刃的铁制心轴，其直径比排管内径略小些。用绳子扣住心轴的两端，然后将其穿入排管来回拖动，可消除积污并刨光不平的地方。用直径比排管内径略小的钢丝刷刷光排管内壁。排管口及工作井口应套以光滑的喇叭口管以达到平滑过渡的目的。

3）排管内电缆的敷设。排管内的电缆敷设基本方法和直埋电缆敷设相似。

a. 将电缆盘放在工作井底面较高一侧的工作井外边，然后用预先穿入排管内部表面无毛刺的钢丝绳与电缆牵引头相连，把电缆放入排管并牵引到另一个井底面较低的工作井。

b. 如果排管中间有弯曲部分，则电缆盘应放在靠近排管弯曲一端的工作井口，这样可减少电缆所受的拉力。

c. 牵引力的大小与排管对电缆的摩擦系数有关，一般约为电线质量的 50%～70%。

d. 为了便于施放电缆，减少电缆和管壁间的摩擦力，电缆入排管前，可在其表面涂上与其护层不起化学反应的润滑脂。

4）排管内的电缆敷设安装规范要求。

a. 一般敷设在排管内的电缆采用无铠装裸电缆或塑料外护套电缆。

b. 管内径不应小于电缆外径的 1.5 倍，且不得小于 100mm，以便于敷设电缆。管子内壁要求光滑，保证敷设时不损伤电缆外护套。

c. 敷设时的牵引力不得超过电缆最大的允许拉力。

d. 有接头的工作井内的电缆应有重叠，重叠长度一般不超过 1.5m。

e. 工作井应有良好的接地装置，在井壁应有预埋的拉环以方便敷设时牵引。

【思考与练习】

1. 简述电缆沟内敷设的安装规范要求。

2. 简述电缆直埋敷设的工艺要求。

模块 3 10kV 电力电缆头制作（ZY3300406003）

【模块描述】本模块包括 10kV 及以下电力电缆头的制作步骤、工艺要求及质量标准等内容。通过概念描述、流程介绍、图表说明、要点归纳，掌握 10kV 及以下电力电缆头的制作。

【正文】

一、工作内容

10kV 及以下电力电缆头的制作安装。

二、危险点分析与控制措施

1. 触电伤害

（1）停、送电按操作规程进行，明确操作人、监护人。核对线路名称、色标，核对设备的控制范围，防止错、漏停电源及反送电。

（2）验电工作应由两人进行，一人验电，一人监护。验电要使用合格且电压等级相同的验电器，验电人员应戴绝缘手套。

（3）装设接地线工作，先接接地端、后接导线端，拆时与此相反。挂拆接地线时人体不得触及导线和接地线。电缆头装设接地线必须逐相放电后再进行。保证工作人员必须在接地线保护范围内工作。

（4）作业完毕后，拆除全部接地线并核对接地线数量。

2. 试验过程中造成触电伤害

（1）试验现场应装设遮栏，并向外悬挂“止步，高压危险！”的标示牌，试验时电缆另一端应派专人看护。

（2）变更试验接线时，应首先断开试验电源，将被试电缆逐相多次放电，并将升压设备的高压部分短路接地。

（3）试验没有结束前，禁止攀登试验电缆头所在杆塔。

（4）测电缆绝缘电阻时，测完一相后，应将该相放电后方可进行另一相测量工作。

3. 人员绊伤、摔伤

（1）吊装、拆接电缆时，应先检查杆根、登高工具是否良好，安全带应系在牢固的构件上，使用梯子应有人扶持或绑牢。

（2）电缆穿入保护管时，施工人员的手臂与管口应保持一定距离。

（3）动用锹、镐挖掘地面时作业人员与挖掘者保持一定的安全距离。

（4）作业人员应注意防止被地下障碍物绊倒。

（5）根据作业环境，必要时装设安全围栏。

4. 防火及烧伤

使用喷枪（灯）制作电缆头工作设专人负责，符合相关要求。使用喷枪（灯）时，喷嘴不准对着人体及设备。

5. 交通事故

车辆行驶符合交通安全管理要求，严禁人货混装。

6. 物体打击伤害

所有工作人员必须正确佩戴安全帽，防止上端掉落材料、工器具，砸伤下方工作人员，应使用传递绳传递工具、材料。

三、作业前准备

1. 作业工具、材料配备

（1）安装所需工器具。绝缘拉杆、验电器、绝缘手套、高压接地线、安全围栏、警示牌、绝缘电阻表、钢锯、锉刀、断线钳、压接钳、套筒扳手、电工工具、喷枪（灯）。

（2）所需材料。热收缩式电缆附件、高压绝缘带、电缆支架、电缆卡具、电缆保护管、螺栓、清洗剂、砂布、接线端子、铜绑线、清洁布。

2. 作业条件

室外安装应在良好天气下进行，如遇雷、雨、雪、雾不得进行作业，室内安装应具备照明通风条件。

四、操作步骤、质量标准

1. 10kV 交联聚乙烯绝缘电缆热收缩型终端制作工艺

（1）剥切电缆的外护层，锯钢铠、内衬层、铜带屏蔽、半导电屏蔽层和导体端都绝缘。

首先校直电缆，按图 ZY3300406003-1 给出的尺寸进行剥切。户外终端自电缆末端量取 700mm，户内终端自电缆末端量取 500mm（*K* 值依据接线端子孔深尺寸确定）。在外护套上刻一环形刀痕，向电缆末端切开并剥除电缆外护层。在钢销切断处内侧用绑线绑扎钢铠装层，锯切钢带，锯口要整齐。对于无销装的电缆，则绑扎电缆线芯。钢带断口外保留 10mm 内衬层，其余切除。除去填充物，分开绝缘线芯。

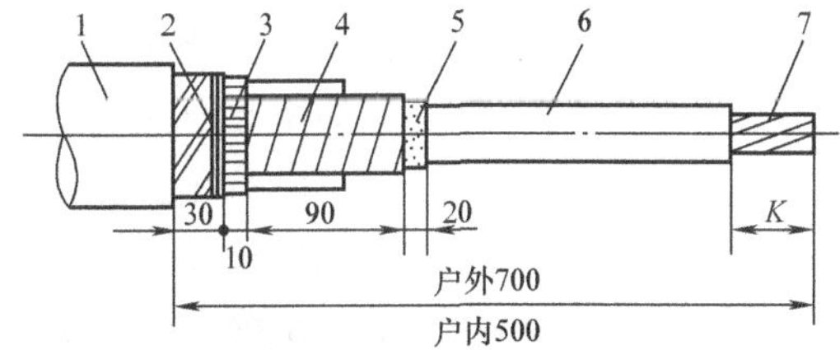

图 ZY3300406003-1 10kV 交联聚乙烯绝缘电缆热收缩型终端剥切尺寸（单位：mm）

1—外护套；2—钢带铠装；3—内衬层；4—铜带屏蔽；5—半导电层；6—电缆绝缘；7—导体

（2）焊接地线。将编织接地铜线一端拆开均分为三份。将每一份重新编织后分别绕包在三相屏蔽层上并绑扎牢固，锡焊在各相铜带屏蔽上。对于铠装电缆需用镀锡铜线将接地线绑在钢铠上并用焊锡焊牢再行引下。对于无铠装电缆可直接将接地线引下。

在密封段内，用焊锡熔填一段 15～20mm 长编织接地线的缝隙，用做防潮段，如图 ZY3300406003-2 所示。

（3）安装分支套。用自黏带或填充胶填充三芯分支处及铠装周围，使外形整齐呈苹果形状，如图 ZY3300406003-3 所示。清洁密封段电缆外护套。在密封段下段做出标记，在编织接地线内层和外层各绕包热熔胶带 1～2 层，长度约 60mm，将接地线包在当中。套进三芯分支套，尽量往下使下口到达标记处。先从分支套指根部向下缓慢环绕加热收缩，完全收缩后下口应有少量胶液挤出。再从分支套指根部向上缓慢环绕加热直至完全收缩。从分支套中部开始加热收缩有利于排出套内的气体。

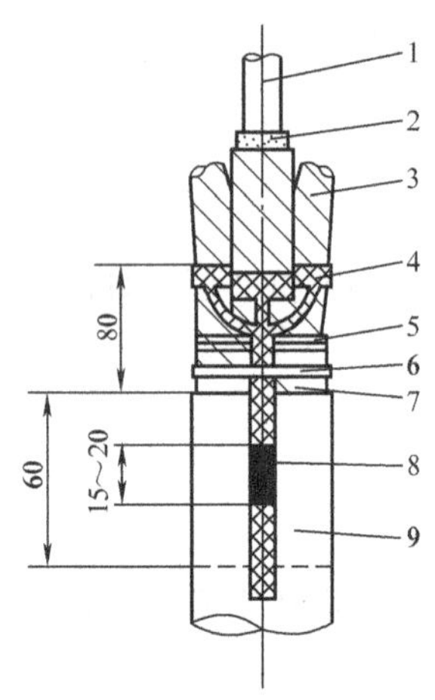

图 ZY3300406003-2　10kV 交联聚乙烯绝缘电缆热收缩型终端接地线和防潮段（单位：mm）

1—绝缘线芯；2—半导电层；3—铜带屏蔽；4—接地线及焊点；5—钢铠绑孔；6—接地线绑孔；7—钢带铠装；8—防潮段；9—密封段

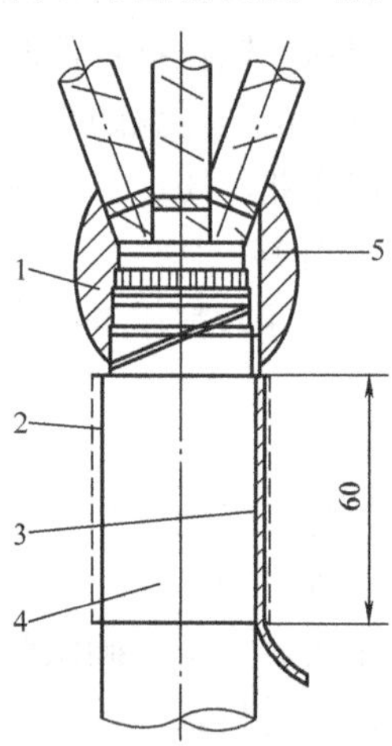

图 ZY3300406003-3　10kV 交联聚乙烯绝缘电缆热收缩型终端填充三芯分支处（单位：mm）

1—自黏带或填充胶；2—密封胶；3—防潮段；4—密封段；5—接地线

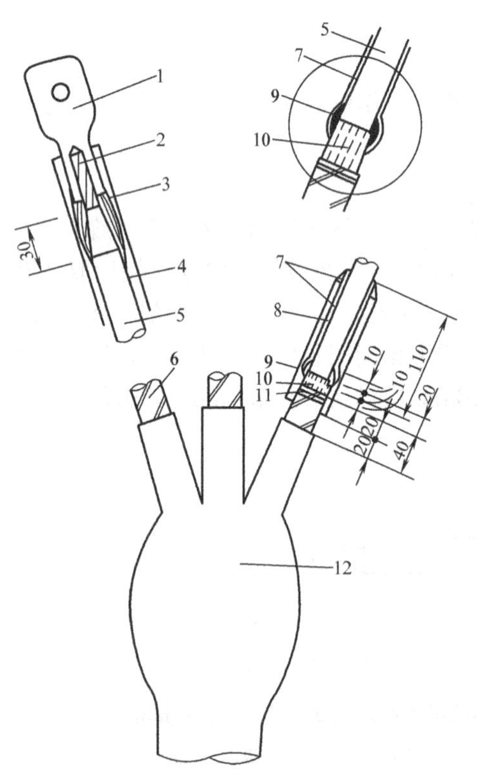

图 ZY3300406003-4　10kV 交联聚乙烯绝缘电缆热收缩型终端剥切铜带屏蔽（单位：mm）

1—接线端子；2—导线；3—自黏带填充；4—热收缩管；5—电缆绝缘线芯；6—铜带屏蔽；7—自黏带；8—应力控制管；9—半导电带；10—半导电层；11—绑线；12—分支套

（4）剥切铜带屏蔽、半导电层、绕包自黏带。从分支套手指端部向上量 40mm 为铜带屏蔽切断处，先用铜线将铜带屏蔽绑扎再进行切割，切断口要整齐。保留半导电层 20mm，其余剥除。剥除要干净，不要伤损主绝缘。对于残留在主绝缘外表的半导电层，可用细砂布打磨干净。用溶剂清洁主绝缘，用半导电带填充半导电层与主绝缘的间隙 20mm，以半叠绕方式绕包一层，与半导电层和主绝缘各搭接 10mm，形成平滑过渡，如图 ZY3300406003-4 所示。从半导电层中间开始向上以半叠绕方式绕包自减带 1～2 层，绕包长度 110mm。绕包半导电带和自新带时，都要先将其拉伸至其原来宽度的二分之一，再进行统包。

（5）压接接线端子。电缆绝缘线芯末端的绝缘剥切长度 K 为接线端子孔深加 5mm，绝缘线芯端部绝缘削成铅笔头形状，长度为 30mm。用压钳和模具进行接线端子压接，压后用锋刀或锉刀修整棱角毛刺。清洁端子表面，用自黏带填充压坑及不平之处，并填充线芯绝缘末端与接线端子之间。自黏带与主绝缘及接线端子各搭接 5mm，形成平滑过渡。

（6）安装应力控制管。清洁半导电层和铜带屏蔽表面，清洁线芯绝缘表面，确保绝缘表面没有炭迹。套入应力控制管，应力控制管下端与分支套手指上端相距 20mm。用微弱火焰给应力控制管自下而上环绕加热，使其收缩。在应力控制管上端包绕自黏带，使其平滑过渡，如图 ZY3300406003-4 所示。

（7）套装热收缩管。清洁线芯绝缘表面、应力控制管及分支套表面。在分支套手指部和接线端子根部，包绕热熔胶带（有的配套供货的热收缩管内侧已涂胶，则不必再包热熔胶带）。套入热收缩管，热收缩管下部与分支套手指部搭接 20mm，用弱火焰自下往上环绕加热收缩。完全收缩后管口应有少量胶液挤出。

在热收缩管与接线端子搭接处及分支套根部，用自黏带拉伸至原来宽度的二分之一，以半叠绕方式绕包 2～3 层，包绕长度为 30～40mm，与热收缩管和接线端子分别搭接，确保密封。

（8）安装雨裙。户外终端必须安装雨裙。清洁热收缩管表面，套入三孔雨裙，下落到分支套手指根部，自下而上加热收缩。再在每相上套入两个单孔雨裙，找正后自下而上加热收缩。

2. 10kV 交联聚乙烯绝缘电缆热收缩型中间接头制作工艺

下面将以 10kV 交联聚乙烯绝缘电缆热收缩型中间接头为例，具体叙述 10kV 交联聚乙烯绝缘电缆热收缩型中间接头的安装操作工艺。

10kV 交联聚乙烯绝缘电缆中间接头制作除了参考 10kV 交联聚乙烯绝缘电缆终端制作的有关要求外，还要注意到中间接头。由于中间接头处电缆铜带屏蔽已断开，故要包铜丝网并与两根电缆的铜带屏蔽绑扎用锡焊牢；压接连接管时，先压两端后压中间；接头施工完毕要待完全冷却后才可移动，否则容易损坏接头的绝缘和密封。

（1）剥切电缆。按图 ZY3300406003-5 所示尺寸，将 2 根待接电缆两端 2m 内校直、锯齐；两端分别剥去 500mm 和 1000mm 外护套，清理外护套表面，并将剥切口以下 100～200mm 外护套打磨粗糙；外护套向上留 30mm 钢带，其余剥去，锉光表面；钢带向上留 60mm 内护套，其余剥去，把余下的内护套表面打磨粗糙；三相分开，剥去的内衬物保留备用；按图 ZY3300406003-5 所示尺寸切除铜屏蔽、半导电层、绝缘层（E=1/2 连接管长＋3mm）；用 PVC 带分别包扎线芯端头。剥切电缆时，锯钢带不应损伤内护套，剥切过程中要求断面整齐，剥内护套不应损伤屏蔽层。

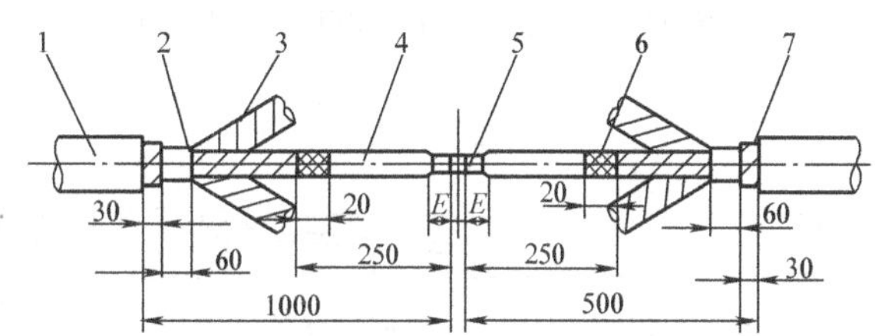

图 ZY3300406003-5 护套和钢带剥除示意图

1—外护套；2—内护套；3—铜屏蔽；4—主绝缘；5—线芯；6—半导电层；7—铠装

（2）安装应力管。按图 ZY3300406003-6 所示尺寸，将半导电层末端倒角，使半导电层与绝缘层平滑过渡；用细砂纸打磨绝缘层表面，以除去残留的半导电颗粒和刀痕；绝缘端部倒角 2×45°；用清洗巾清洁绝缘层和半导电层表面，在绝缘与半导电层上均匀地抹上一层硅脂；在中心两侧的各相上套入应力管，加热收缩应力管（要求应力管覆盖绝缘层的长度为 70mm）；在应力管端部绕少量密封胶，使应力管与绝缘之间无明显台阶。注意清洗时必须由绝缘层擦向半导电层，切勿反向，而且每片清洗巾每面只能擦一次切勿多次重复使用；加热收缩温度应控制恰当（110～120℃），避免过火烧伤热收缩材料。

（3）套入各种管材。按图 ZY3300406003-7 所示尺寸，在剥切较长的 A 端套入护套管、内外绝缘管和外半导电管，在 B 端套入内半导电管和铜网。

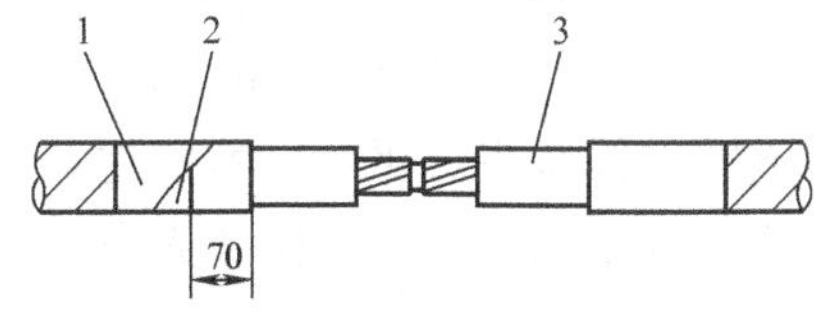

图 ZY3300406003-6 应力管安装示意图

1—应力管；2—半导电层；3—绝缘层

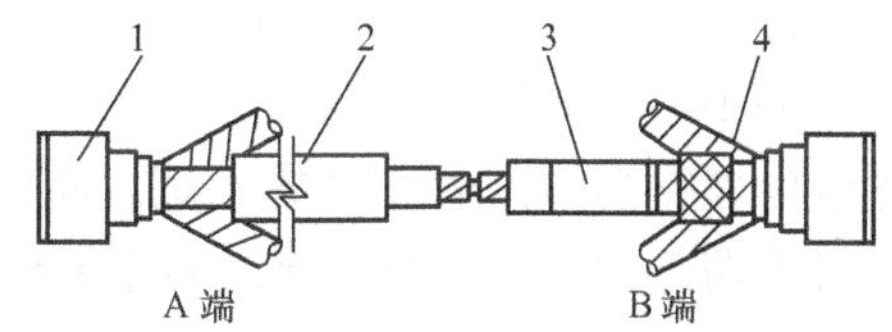

图 ZY3300406003-7 管材安装示意图

1—护套管；2—热缩管；3—内半导电管；4—铜网

（4）安装连接管。将2根电缆线芯根据相色分别插入连接管，按照压接标准用压钳压紧；锉平连接管上的棱角、毛刺，清除金属尘粒；连接管上绕包半导电带至线芯根部，使连接管与线芯上无明显凹陷处。

（5）安装内半导电管。按图ZY3300406003-8所示尺寸，将内半导电管放置中间部位，加热收缩；两端绕密封胶均匀过渡。

（6）安装内、外绝缘管。按图ZY3300406003-9所示尺寸，内绝缘管搭接一端铜屏蔽30mm左右，加热收缩；清洁内绝缘管表面，把外绝缘管置中，加热收缩。两端绕填充带均匀过渡。

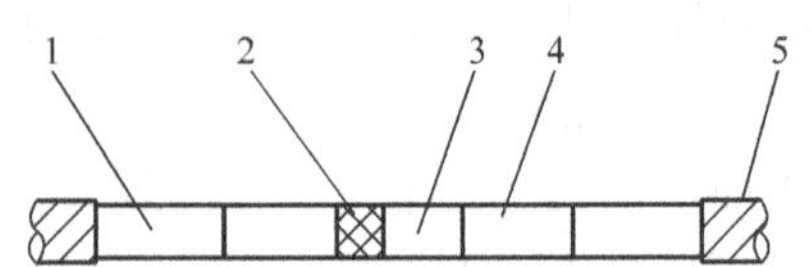

图ZY3300406003-8 内半导电管安装示意图

1—应力管；2—半导电带；3—内半导电管；4—绝缘层；5—铜屏蔽

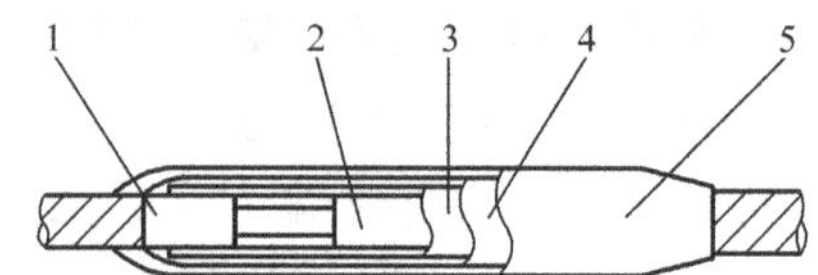

图ZY3300406003-9 内、外绝缘管安装示意图

1—应力管；2—内半导电管；3—内绝缘管；4—外绝缘管；5—外半导电管

（7）安装外半导电管（参见图ZY3300406003-9）。将一根外半导电管套至绝缘管外，一端与铜带搭接30mm左右，从搭接处向接头中心加热收缩；用半导电带绕包末端的台阶；将另一根外半导电管套至绝缘管外，与另一端铜带搭接30mm，从搭接处向接头中心加热收缩；两端用半导电带绕包至铜屏蔽搭接20mm。

（8）安装接地线。拉开铜网，每相各加一根接地铜编织线，地线两端用铜扎线扎紧并与铜网一起在铜屏蔽上焊牢；恢复内衬物，用PVC带将三相线芯绑紧。

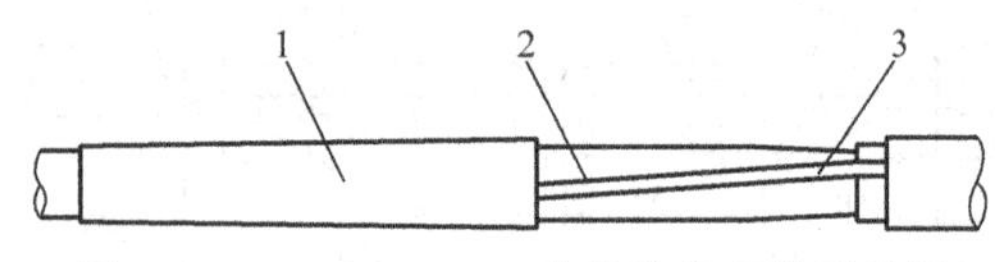

图ZY3300406003-10 内外护套安装示意图

1—外护套管；2—内护套管；3—接地铜编织线

（9）安装内外护套（参见图ZY3300406003-10）。在两端内护套上绕密封胶，收缩内护套管，两护套管搭接处绕密封胶；用接地铜编织线连接两端的钢铠，用铜扎线扎紧焊牢；在外护套两端绕密封胶，缩外护套管，两护套管搭接处绕密封胶，要求相互搭接60mm，安装完毕。

五、注意事项

安装热收缩型终端和中间接头时应注意以下方面的事项。

1. 安装工具

（1）加热工具。推荐采用丙烷气体喷灯或大功率工业用电吹风机作为热收缩部件的收缩加热工具。在条件不具备的情况下，也允许采用丁烷、液化气或汽油喷灯作为收缩加热工具。

（2）导体连接工具。当导体连接采用压接方式时，建议采用六角或半圆形围压（又称环压）模具，模具尺寸应符合GB 14315的规定。如果采用点压（又称坑压）模具，则要求有更严格的填充和密封措施。

（3）绝缘剥切工具。剥切挤包绝缘电缆的绝缘时，建议采用专用剥切工具，以确保不伤及导体。

（4）安装电缆终端和中间接头所需要的常用工具如手锯、电工用刀、钢丝钳等，必须齐全、清洁。

2. 剥切电缆、压接接线端子

（1）剥切电缆。电缆末端剥切按产品安装说明书规定的顺序进行。剥除电缆的每一道工序都必须保证不损伤内层需要保留的部分。

剥除挤包电缆绝缘外半导电层时应特别注意，在裸露的绝缘表面上不可留有刀痕或半导电层残迹。如果电缆为不可剥离的半导电层，允许在剥除过程中削去部分绝缘（厚度不大于0.5mm），但绝缘表面应尽量处理得当，光滑、圆整。剥除后，半导电层端面应与电缆轴线垂直、平整。特别注意，该处绝缘不得损伤。如果不采用喷涂或刷涂半导电漆工艺，则电缆外半导电层端面必须削成光滑且与电缆轴线夹角不大于30°的圆锥体面。

（2）压接导体接线端子或导体连接管。三芯电缆压接导体接线端子时，必须注意三个端子的平面部分方向应便于安装连接。压接后，必须除去飞边、毛刺，清除金属粉末。

3. 安装接地线和过桥线

钢带铠装的三芯挤包绝缘电缆，铜屏蔽层与钢带的接地按照用户要求也可用 2 根互相绝缘的接地线分开焊接，钢带接地应采用 6～10mm^2 绝缘软铜线焊接后引出。对纸绝缘电缆，接地线应焊在铅护套和钢带上。

以铜带作为屏蔽层的挤包绝缘电缆，接地线或过桥线应按电缆导体截面积从表 ZY3300406003-1 中选取相应截面的编织铜线焊接在铜带上，然后引出。

表 ZY3300406003-1　　接地线和过桥线的推荐截面积

电缆线芯截面积（mm^2）		接地线或过桥线推荐截面积（mm^2）
铜	铝	
35 及以下	50 及以下	10
50～120	70～150	16
150～400	185～400	25

三芯电缆每相屏蔽层都应缠绕接地线并焊接，仍以一根接地线引出。若以铜丝作为屏蔽层的挤包绝缘电缆，则可将铜丝翻下，扭绞后引出。10kV 及以下纸绝缘电缆接地线焊在铅护套及钢带上。

对于中间接头，建议用电缆附件专用铜丝网套作为接头屏蔽层。将铜丝网套套在中间接头的外半导电层上，并与两端电缆的铜屏蔽层绑扎、焊接，构成接头屏蔽层。

4. 加密封填充胶

电缆绝缘末端与导体接线端子之间及接线端子压接变形处必须包以密封填充胶带，要求密实、平整。纸绝缘电缆应采用能耐受一定油压的耐油密封填充胶带。

10kV 及以下的三芯纸绝缘电缆，在三芯分叉处应绕包能耐受一定油压的耐油密封填充胶带。其操作要求按产品安装说明书的规定。

5. 安装热收缩管、分支套、雨裙

若热收缩管长度大于产品安装说明书规定的尺寸，可以按规定尺寸切去多余部分。切口应平整、无凹口。注意应力管不可切除。

热收缩管和热收缩分支套的收缩覆盖物表面应预先清洗干净，不得有油污、杂物。纸绝缘电缆的绝缘表面按产品安装说明书的规定处理，当环境温度在 10℃以下时，应对被覆盖物预热。

按照产品安装说明书规定的部位开始，沿着圆周方向均匀加热。火焰方向与热收缩管轴线夹角以 45°为宜，缓慢向前推进，加热时必须不断地移动火焰位置，不可对准一个位置加热时间过长。要求收缩后的热收缩管表面无烫伤痕迹，光滑、平整，内部不应夹有气泡。

纸绝缘电缆终端或中间接头若采用半导电分支套和应力管，则应使半导电分支套与铅包和应力管之间保持良好接触，以满足电性能的要求。

6. 相序标志管

电缆终端的相色管，如安装在接线端子下端，则要求该管有良好的抗漏痕和抗电蚀性能，否则应靠下部安装。

【思考与练习】

1. 简述热收缩管、分支套、雨裙的安装工艺要求。
2. 简述 10kV 交联聚乙烯绝缘电缆热收缩型终端制作工艺步骤。

模块 4　电力电缆线路运行维护（ZY3300406004）

【模块描述】本模块包括电力电缆线路运行与维护的基本概念、电力电缆线路常见故障分析及排除、电力电缆一般试验项目及标准等内容。通过概念描述、要点归纳，掌握电力电缆线路运行与维护方法。

【正文】

一、电力电缆线路的运行维护要求

据统计，很大部分的电缆线路故障是因外来机械损伤产生的，因此为了减少外力损坏、消除设备缺陷保证可靠供电，就必须对电缆线路作好巡视监护工作，以确保电缆安全运行。

电缆线路的巡视监护工作由专人负责，配备专业人员进行巡视和监护，并根据具体情况制订设备巡查的项目和周期。下面介绍35kV及以下电压等级的电缆线路巡视监测工作的一般方法。

1. 巡视周期

（1）一般电缆线路每3个月至少巡视一次。根据季节和城市基建工程的特点应相应增加巡视的次数。

（2）竖井内的电缆每半年至少巡视一次。

（3）电缆终端每3个月至少巡视一次。

（4）特殊情况下，如暴雨、发洪水等，应进行专门的巡视。

（5）对于已暴露在外的电缆，应及时处理，并加强巡视。

（6）水底电缆线路，根据情况决定巡视周期。如敷设在河床上的可每半年一次，在潜水条件许可时应派潜水员检查，当潜水条件不允许时可采用测量河床变化情况的方法代替。

2. 巡视的工作内容

（1）对敷设在地下的电缆线路应查看路面是否有未知的挖掘痕迹，电缆线路的标桩是否完整无缺。

（2）电缆线路上不可堆物。

（3）对于通过桥梁的电缆，应检查是否有因沉降而产生的电缆被拖拉过紧的现象，是否有由于振动而产生金属疲劳导致金属护套龟裂的现象，保护管或槽有否脱开或锈蚀。

（4）户外电缆的保护管是否良好，有锈蚀及碰撞损坏应及时处理。

（5）电缆终端是否洁净无损，有无漏胶、漏油、放电现象，接地是否良好。

（6）观察示温蜡片确定引线连接点是否有过热现象。

（7）多根电缆并列运行时，要检查电流分配和电缆外皮温度情况，发现各根电缆的电流和温度相差较大时，应及时汇报处理，以防止负荷分配不均引起烧坏电缆。

（8）隧道巡视要检查电缆的位置是否正常，接头有无变形和漏油，温度是否正常，防火设施是否完善，通风和排水照明设备是否完好。

（9）电缆隧道内不应积水、积污物，其内部的支架必须牢固，无松动和锈烂现象。

（10）发现违反电力设施保护的规定而擅自施工的单位，应立即阻止其施工，对按规定施工的单位，应做好电缆地下的分布情况现场交底工作，并加强监视和配合施工单位处理好施工中发生的与电缆线路有关的问题。

二、电缆线路常见故障分析、排除

电缆故障是指电缆在预防性试验时发生绝缘击穿或在运行中因绝缘击穿、导线烧断等而迫使电缆线路停止供电的故障。本模块主要介绍电缆运行管理的内容，将全面叙述电缆线路的常见故障的类型、现象、危害、原因、处理。

1. 电缆线路故障的类型

（1）按故障部位划分，电缆线路故障可分为：

1）电缆本体故障；

2）电缆附件故障；

3）充油电缆信号系统故障。

（2）按故障现象划分，电缆线路故障可分为：

1）电缆导体烧断、拉断而引起电缆线路故障；

2）电缆绝缘被击穿而引起电缆线路故障。

（3）按故障性质划分，电缆线路故障可以分为：

1）接地故障；

2）短路故障；

3）断线故障；

4）闪络性故障和混合故障。

2. 电缆线路故障的原因

在电缆线路的运行管理中，分析电缆故障发生的原因是非常重要的，从而达到减少电缆故障的目的。下面根据故障现象对不同部位的电缆线路故障进行详细分析。

（1）电缆本体常见故障原因。

1）电缆本体导体烧断或拉断。电缆本体的导体断裂现象在电缆制造过程中一般不存在，它一般发生在电缆的安装、运行过程中。

2）电缆本体绝缘被击穿。电缆绝缘被击穿的故障比较普遍，其原因主要有：

a. 绝缘质量不符合要求。绝缘质量受设计、制造、施工等方面因素的影响。

b. 绝缘受潮。绝缘受潮会导致绝缘老化而被击穿。

c. 绝缘老化变质。电缆绝缘长期在电和热的双重作用下运行，其物理性能将发生变化，导致绝缘强度降低或介质损耗增大，最终引起绝缘损坏发生故障。

d. 外护层绝缘损坏。对于超高压单芯电缆来讲，电缆的外护层也必须有很好的绝缘，否则将大大影响电缆的输送容量或造成绝缘过热而使电缆损坏。

（2）电缆附件常见故障原因。这里所说的电缆附件指电缆线路的户外终端、户内终端及接头。电缆附件故障在电缆事故中居很大比例，且大部分布生在10kV及以下的电缆线路上，主要有以下原因：

1）绝缘击穿；

2）导体断裂。

3. 电缆线路常见故障缺陷的处理方法

电缆线路发生故障后，必须立即进行修理工作，以免水分大量侵入，扩大故障范围。消除故障必须做到彻底、干净，否则虽经修复可用，日久仍会引起故障，造成重复修理，损失更大。故障的修复需要掌握两项重要原则：① 电缆受潮部分应予锯除；② 绝缘材料或绝缘介质有炭化现象应予更换。

运行管理中的电缆线路故障可分为运行故障和试验故障。

（1）运行故障。运行故障是指电缆在运行中，因绝缘击穿或导体损而引起保护器动作突然停止供电的事故，或因绝缘击穿发单相接地，虽未造成突然停止供电但又需要退出运行的故障。运行中发生故障多半造成电缆严重烧伤，需消除故障重新接复，但单相接地不跳闸的故障尚可局部修理。

1）电缆线路单相接地（未跳闸）。此类故障一般电缆导体的损伤只是局部的。如果是属于机械损伤，而故障点附近的土壤又较干燥时，一般可进行局部修理，加添一只假接头，即不将电缆芯锯断，仅将故障点绝缘加强后密即可。20～35kV分相铅包电缆，修理单相或两相的则更多。

2）电缆线路其他接地或短路故障。发生除单相接地（未跳闸）以外的其他故障时，电缆导体和绝缘的损伤一般较大，已不能局部修理。这时必须将故障点和已受潮的电缆全部锯除，换上同规格的电缆，安装新的电缆接头或终端。

3）电缆终端故障。电缆终端一般留有余线，因此发生故障后一般进行彻底修复，为了去除潮气，将电缆去除一段后重新制作终端。

（2）试验故障。试验故障是指在预防性试验中绝缘击穿或绝缘不良而必须进行检修才能恢复供电的故障。

1）定期清扫。一般在停电做电气试验时擦净即可。不停电时，应拿装在绝缘棒上的油漆刷子，在人体和带电部分保持安全距离的情况下，将绝缘套管表面的污秽扫去，如果是电缆漏出的油等油性污秽，可在刷子上沾些丙酮擦除。

2）定期带电水冲。在人体和带电部分保持安全距离的情况下，用绝缘水管通过水泵用水冲洗绝缘套管，将污秽冲去。

（3）电缆的白蚁危害。白蚁的食物主要是木材、草根和纤维制品等，电缆的内、外护层并非是白蚁的食料，但在它们寻找食物的过程中会破坏电缆的外护层。白蚁能把电缆护层咬穿，使电缆绝缘受潮而损坏。因此电缆线路上还必须对白蚁的危害加以防治，其方法有：

1）在发现有白蚁的地区采用防咬护层的电缆。

2）当敷设前或敷设后对电缆线路还未造成损坏时，可采用毒杀的方法防止白蚁的危害。

（4）电缆线路的机械外力损伤的预防。电缆线路的机械外力损伤占电缆线路故障原因的很大部分，而非电缆施工人员引起的电缆机械外力损伤故障占了绝大部分，这严重威胁了电缆线路的运行，因此必须做好预防机械外力损伤的工作，防止不必要的损坏。

三、电力电缆一般试验项目及标准

电缆终端和中间接头制作完毕后，应进行电气试验，以检验电缆施工质量。电缆工程施工后的交接试验应按照 GB 50150 的规定。应进行的试验项目如下：

（1）测量绝缘电阻。

（2）交流耐压试验及泄漏电流测量。

（3）检查电缆线路的相位。

（4）充油电缆的绝缘油试验。充油电缆还应进行护层试验、油流试验及浸渍系数试验等。

1. 绝缘电阻试验

测量绝缘电阻是检查电缆线路绝缘状况最简单、最基本的方法。测量绝缘电阻一般使用绝缘电阻表。测量过程中，应读取电压 15s 和 60s 时的绝缘电阻值 R_{15} 和 R_{60}，而 R_{60}/R_{15} 的比值称为吸收比。在同样测试条件下，电缆绝缘越好，吸收比的值越大。

电缆的绝缘电阻值一般不作具体规定，判断电缆绝缘情况应与原始记录进行比较，一般三相不平衡系数不应大于 2.5。由于温度对电缆绝缘电阻值有影响，在做电缆绝缘测试时，应将温度、湿度等天气情况做好记录，以备比较时参考。

1kV 以下电压等级的电缆用 500～1000V 绝缘电阻表；1kV 以上电压等级的电缆用 1000～2500V 绝缘电阻表。

测量电力电缆绝缘电阻的步骤及注意事项如下：

（1）试验前电缆要充分放电并接地，方法是将电缆导体及电缆金属护套接地。

（2）根据被试电缆的额定电压选择适当的绝缘电阻表，并做空载和短路试验，检查仪表是否完好。

（3）若使用手摇式绝缘电阻表，应将绝缘电阻表放置在平稳的地方，将电缆终端套管表面擦净。绝缘电阻表有三个接线端子：接地端子 E、屏蔽端子 G、线路端子 L。为了减小表面泄漏可这样接线：用电缆另一导体作为屏蔽回路，将该导体两端用金属软线连接到被测试的套管或绝缘上并缠绕几圈，再引接到绝缘电阻表的屏蔽端子上。

（4）应注意：线路端子上引出的软线处于高压状态，不可拖放在地上，应悬空。摇测方法是“先摇后搭，先撤后停”。

（5）手摇绝缘电阻表，到达额定转速后，再搭接到被测导体上。一般在测量绝缘电阻的同时测定吸收比，故应读取 15s 和 60s 时的绝缘电阻值。

（6）每次测完绝缘电阻后都要将电缆放电、接地。电缆线路越长、绝缘状况越好，则接地时间越长，一般不少于 1min。

2. 交流耐压试验和泄漏电流测量

交流电压试验结合局部放电测量被证明效果良好。现场的局部放电试验主要是检查电缆附件及接头。因为电缆本身已进行出厂检验，现场还做了外护套试验，是不会有问题的。局部放电试验正广泛应用于现场试验。目前主要是利用超高频和超声波进行现场局部放电探测，测量点主要是接头和终端。

3. 电缆相位检查

电缆敷设完毕在制作电缆终端前应核对相位，终端制作后应进行相位标志。这项工作对于单个用电设备关系不大，但对于输电网络、双电源系统和有备用电源的重要用户以及有并联电缆运行的系统有重要意义，相位不可有错。

核对相位的方法很多。比较简单的方法是在电缆的一端任意两根导体接入一个用 2～4 节干电池串联的低压直流电源，假定接正极的导体为 A 相，接负极的导体为 B 相，在电缆的另一端用直流电压表或万用表的 10V 电压挡测量任意两根导体。

【思考与练习】

1. 简述电缆线路巡视周期。
2. 电缆线路维护工作的内容是什么？
3. 按故障性质划分电缆线路故障有几种类型？
4. 电缆故障修复需要掌握的重要原则是什么？
5. 什么是电力电缆的吸收比？如何判断其绝缘性能？

第二十五章　登　高　操　作

模块1　登高工具的使用（GYND00501001）

【模块描述】本模块包含脚扣、登高板和梯子等常用登高工具的用途、结构、性能和使用方法等内容。通过概念描述、结构介绍、图解示意、要点归纳，掌握登高工具的使用。

【正文】

电工常用登高工具有脚扣、登高板和梯子等。

一、脚扣

电工常用的脚扣为可调式铁脚扣，主要用来攀登拔梢水泥杆，其外形如图GYND00501001-1所示。

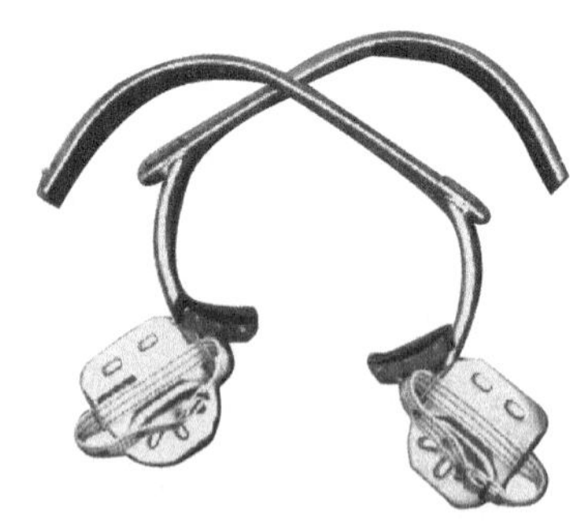

图GYND00501001-1　脚扣外形图

脚扣在使用前必须仔细检查金属材料各部分焊缝无任何裂纹腐朽现象、无可目测到的变形，脚扣带是否完好牢固，如有损坏应及时更换，不得用绳子或电线代替，橡胶防滑条（套）应完好、无裂损。

1. 使用方法

在登杆前应在距地面30～50cm或适当的位置处，挂好脚扣，双脚踏在脚扣上，分别单脚着力对脚扣进行人体荷载冲击试验，检查脚扣是否牢固可靠。穿脚扣时，脚扣带的松紧要适当，应防止脚扣在脚上转动或脱落。

上杆时，一定按电杆的规格，调节好脚扣的大小，使之牢靠地扣住电杆，上、下杆的每一步都必须使脚扣与电杆之间完全扣牢，否则容易出现下滑及其他事故。雨天或冰雪天登杆容易出现滑落伤人事故，故不宜登杆。

2. 试验标准

脚扣每年应进行一次静负荷试验，施加1176N静压力试验，持续时间为5min。

二、登高板

登高板是选用质地坚韧的木材，如水曲柳、柞木等，制成30～50mm厚的长方体踏板，再用白棕绳或锦纶绳的两端系结在踏板两头的扎结槽内，在绳的中间穿上一个铁制挂钩而成，其外形如图GYND00501001-2所示。绳长应保持操作者一人高加手长。

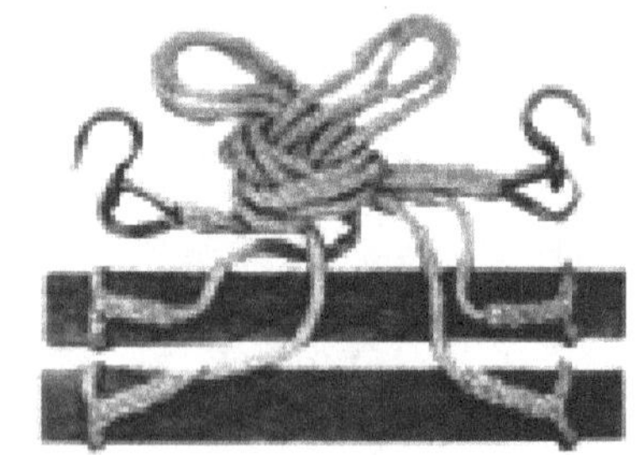

图GYND00501001-2　登高板外形图

使用前应检查登高板，做到脚踏板木质无腐朽、劈裂及其他机械或化学损伤，绳索无腐朽、断股和松散，绳索同脚踏板要固定牢固。

1. 使用方法

登杆前应在距地面30～50cm或适当的位置处先挂好踏板，双脚踏在踏板上，用人体作冲击荷载试验，来检验踏板的可靠性。

登高板挂钩必须正钩，即钩朝外，切勿反钩，以免造成脱钩事故，而且金属钩要求无损伤及变形。

2. 试验标准

登高板每半年应进行一次静负荷试验，施加2205N静压力试验，持续时间为5min。

三、梯子

电工在登高作业用梯时，要特别注意人身安全。登高工具必须牢固可靠，方能保障登高作业的安全。电工常用的梯子有直梯和人字梯两种，如图 GYND00501001-3 所示。直梯常用于户外登高作业，人字梯通常用于户内登高作业。竹（木）梯应每半年应进行一次静负荷试验，施加 1765N 静压力试验，持续时间为 5min。

梯子使用时应注意事项如下：

（1）梯子应坚固完整，梯子的支柱应能承受作业人员及所携带的工具和材料在攀登时的总重量，硬质梯子的横木应嵌在支柱上，梯阶的距离不应大于 40cm，并在距梯顶 1m 处设限高标志，直梯的两端支柱与横木间应有防开脱措施。梯子不宜绑接使用。

（2）直梯的两脚应各绑扎胶皮之类的防滑材料，人字梯应在中间绑扎两道防自动滑开的安全绳。

（3）电工在梯上作业时，为了扩大人体作业的活动幅度和保证不致因用力过度而站立不稳，必须按图 GYND00501001-3（c）所示的方法站立。

（4）登在人字梯上操作时，切不可采取骑马方式站立，以防人字梯两脚自动滑开时造成严重的事故。而且采取骑马站立的姿势，对人体操作时也极不灵活。

（5）使用梯子时，要有人扶持或绑牢。

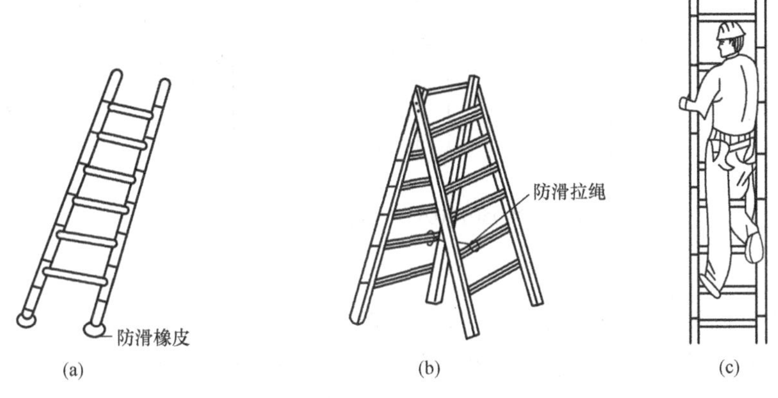

图 GYND00501001-3 电工常用梯子

（a）直梯；（b）人字梯；（c）在梯上作业站立姿势

【思考与练习】

1. 用脚扣、登高板登杆前如何作冲击试验？
2. 电工在登高作业用梯时有哪些注意事项？

模块 2 脚扣、登高板登杆操作方法和步骤（GYND00501002）

【模块描述】本模块包含使用脚扣、登高板进行登杆操作的方法、步骤及注意事项等内容。通过概念描述、图解分步示意、要点归纳，掌握登杆操作。

【正文】

一、登杆方法

登杆工具可分为脚扣和登高板两种，常用的脚扣又分为用于登水泥杆带胶套的不可调铁脚扣、带胶皮的可调式铁脚扣和用于登木质电杆的可调式铁脚扣。登高板的使用，一般不受杆质和杆径的限制。

1. 脚扣登杆

脚扣登杆操作方法和步骤如下：

登杆前应根据杆根部的直径调整好适合的脚扣节距，使脚扣能牢靠地扣住电杆，以防止下滑或脱落到杆下。登杆时，两手扶杆，用一只脚稳稳地扣住电杆，另一只脚准备提升，如左脚向上跨时右手同时向上扶住电杆，接着右脚向上跨扣、踩稳，右手应同时向上扶住电杆，这时再提起左脚向上攀登。两只脚应交替上升，步子不宜过大，身体上身前倾，臀部后坐，双手切忌按抱电杆。

下杆方法基本是上杆动作的重复，只是方向相反。但如果水泥杆是拔梢杆，在开始上杆时选择好的脚扣节距在登到一定高度以后，可适当收缩使其适合变细的杆径，这样才能使脚扣扣牢电杆；在下杆时应逐渐伸展脚扣的节距以适应逐渐增大的杆径。具体调节方法为：调节左脚脚扣时，右脚踩稳，左脚脚扣从杆上拿出并抬起，左手扶住电杆，右手绕过电杆往左脚脚扣上半部拉出或推进到合适的位置，来达到调节的目的；若调节右脚则程序正好相反。脚扣登杆方法和步骤如图 GYND00501002-1 所示。

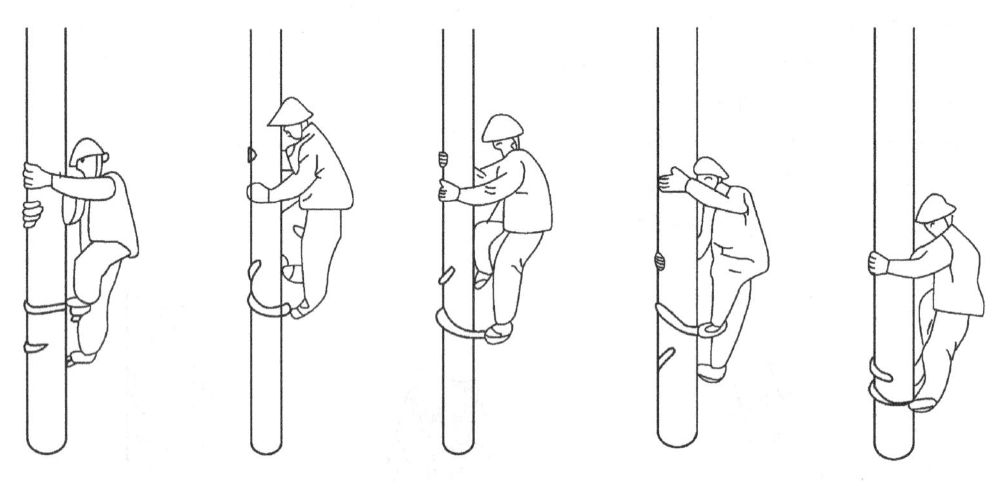

图 GYND00501002-1 脚扣登杆方法和步骤

2. 登高板登杆

上杆时，先把一个登高板钩在电杆上，高度以操作者能踏上为宜，另一个登高板的踏板反挂在肩上；用右手握住挂钩端双根棕绳，并用大拇指顶住挂钩，左手握住左边贴近木板的单根棕绳，把右脚跨上踏板，然后右手用力使人体上升，待重心转到右脚，左手即向上扶住电杆，如图 GYND00501002-2（a）和图 GYND00501002-2（b）所示。当人体上升到一定高度时，松开右手并向上扶住电杆使人体立直，将左脚绕过左边单根棕绳踏入木板内，如图 GYND00501002-2（c）所示。待人体站稳后，在电杆上方持上另一个登高板的踏板，然后右手紧握上一只踏板的双棕绳，并用大拇指顶住持钩，左手握住右边贴近木板的单根棕绳，把左脚从下踏板上左边的单根棕绳内绕出，改成站立在下踏板的正面，接着将右脚跨上上踏板，手脚同时用力，使人体上升，如图 GYND00501002-2（d）所示。当人体左脚离开下踏板后，需要将下面的踏板解下，此时左脚必须抵在下踏板持钩的下面，然后用左手将踏板持钩摘下，向上站起，如图 GYND00501002-2（e）所示。之后重复上述各步骤进行攀登，直至所需高度为止。

下杆与上杆程序相反。开始，人体站稳在现用一只踏板上（左脚绕过左边棕绳在木板上），把另一只踏板挂在下方电杆上，然后右手紧握踏板挂钩处两根棕绳，并用大拇指抵住挂钩，左脚抵住电杆向下伸，随即用左手握住下踏板的挂钩处，人体也随左脚的下落而下降，同时把下踏板降到适当位置，将左脚插入下踏板两棕绳间并抵住电杆（或下踏板的挂钩下放至左脚上部，以防挂钩松动下滑），如图 GYND00501002-3（a）所示。接着，将左手握住上踏板的左端棕绳，同时左脚用力抵住电杆，以防止踏板滑下和人体摇晃，如图 GYND00501002-3（b）所示。双手紧握上踏板的两根棕绳，左脚抵住电杆不动，人体逐渐下降，双手也随人体下降而下移握紧棕绳的位置，直至贴近两端木板，此时人体向后仰开，同时右脚从踏板中退下，使人体不断下降，直至右脚踏到下踏板，如图 GYND00501002-3（c）和图 GYND00501002-3（d）所示。把左脚从下踏板两根棕绳内抽出，人体贴近电杆站稳，左脚下移并绕过左边棕绳踏到踏板上，如图 GYND00501002-3（e）所示。以后步骤重复进行，直至人体双脚着地为止。

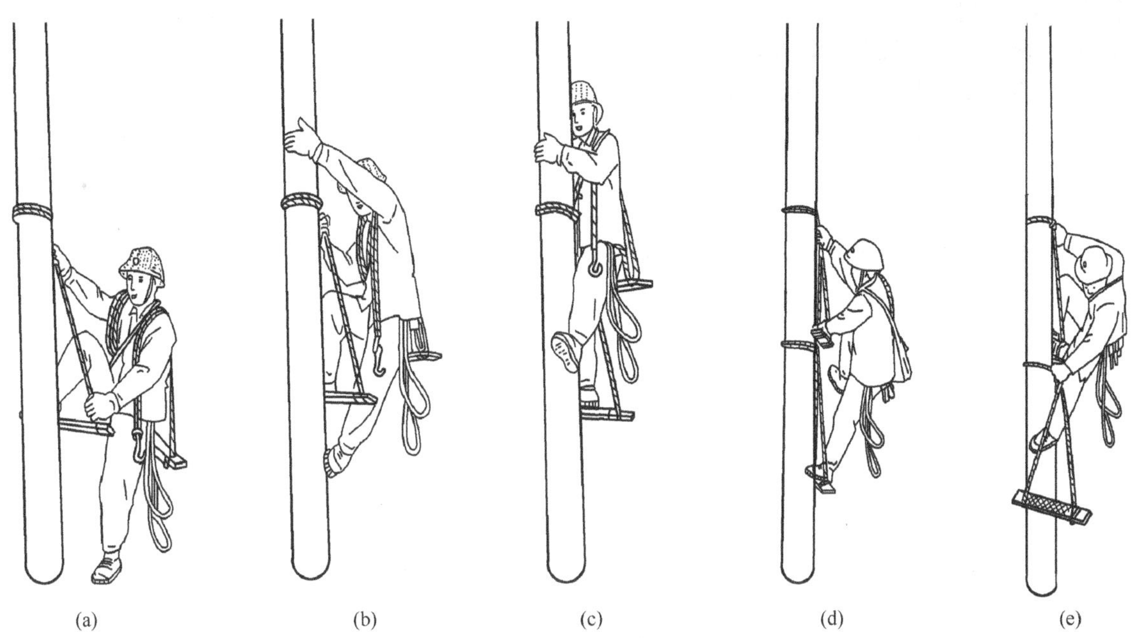

图 GYND00501002-2　登高板登杆方法

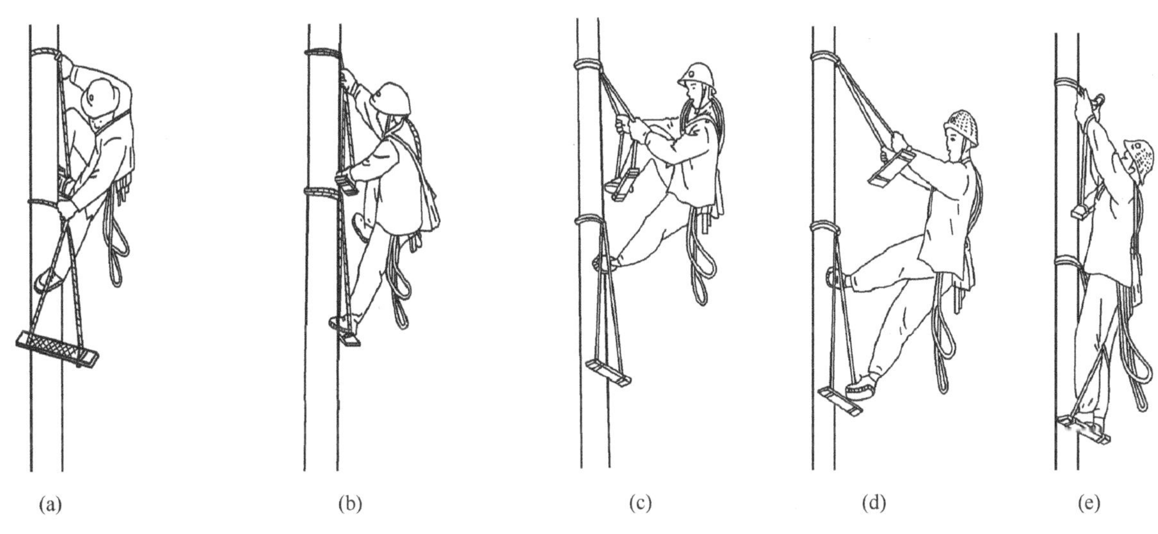

图 GYND00501002-3　登高板下杆方法

二、登杆操作注意事项

登杆操作练习时必须有专人监督、保护。

1. 使用脚扣登杆的注意事项

（1）在登杆前应对脚扣进行人体荷载冲击试验，检查脚扣是否牢固可靠。穿脚扣时，脚扣带的松紧要适当，以防止脚扣在脚上转动或脱落。

（2）使用脚扣上、下杆全过程必须有保险带保护。

（3）上杆时，一定按电杆的规格调节好脚扣的大小，使之牢靠地扣住电杆，上、下杆的每一步都必须使脚扣与电杆之间完全扣牢，否则容易出现下滑及其他事故。

（4）雨天或冰雪天登杆容易出现滑落伤人事故，故不宜登杆。

2. 使用登高板登杆注意事项

（1）登高板使用前，一定要检查踏板有无开裂或腐朽，绳索有无腐蚀或断股现象，挂钩及焊接处有无锈蚀、开裂痕迹。若发现应及时更换处理，否则登杆容易出现滑落伤人事故。

（2）在登杆前应对登高板进行人体荷载冲击试验，检查登高板各部位是否牢固可靠。

【思考与练习】

1. 使用脚扣登杆有哪些注意事项？
2. 使用登高板登杆有哪些注意事项？

第二十六章　常　用　绳　扣

模块 1　工程常用十个绳扣的打法（GYND00502001）

【模块描述】本模块包含工程常用十个绳扣的名称、用途和特点。通过图解示意、要点归纳，掌握工程常用十个绳扣的打法。

【正文】

工程常用的十个绳扣打法如下。

（1）图 GYND00502001-1 所示为直扣，直扣是临时将麻绳的两端接在一起，能自紧，容易解开。

（2）图 GYND00502001-2 所示为活扣，活扣的用途和直扣相同，但它用于需要迅速解开的情况。

（3）图 GYND00502001-3 所示为紧线扣，紧线扣紧线时用来绑接导线，也可用于拴腰绳系扣。

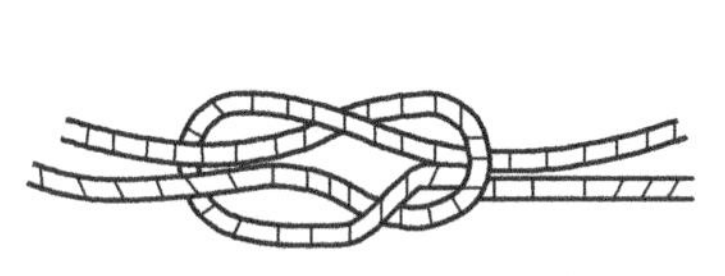

图 GYND00502001-1　直扣

图 GYND00502001-2　活扣

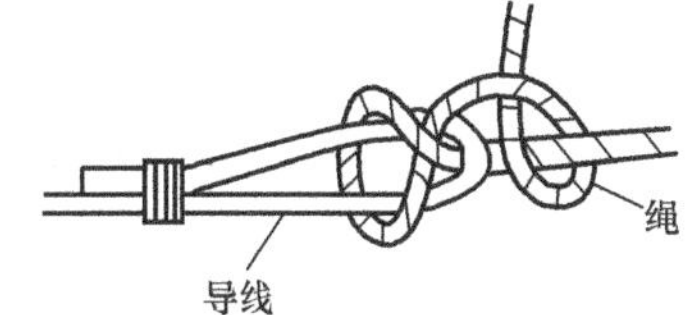

图 GYND00502001-3　紧线扣

（4）图 GYND00502001-4 所示为双套结（猪蹄扣），双套结（猪蹄扣）在传递物件和抱杆顶部等处绑绳时用。

（5）图 GYND00502001-5 所示为抬扣，在抬重物时用抬扣，调整或解开都比较方便。

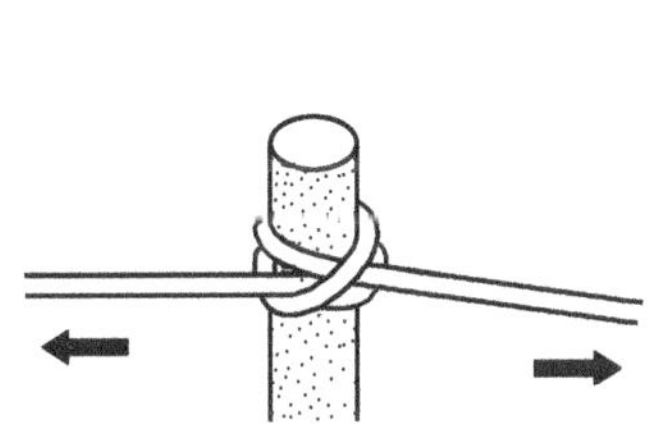

图 GYND00502001-4　双套结（猪蹄扣）

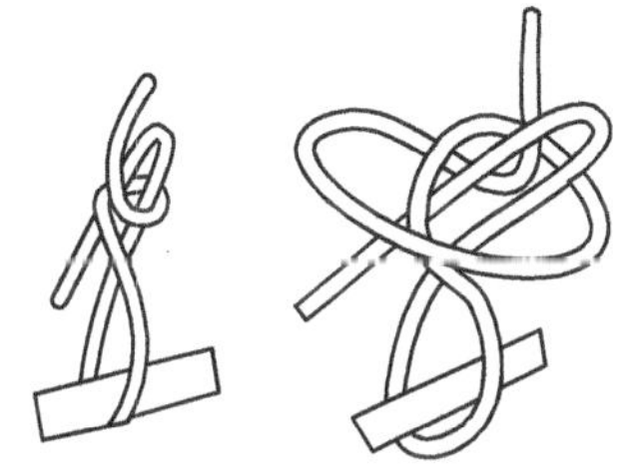

图 GYND00502001-5　抬扣

（6）图 GYND00502001-6 所示为倒扣，倒扣在临时拉线往地锚上固定时用。

（7）图 GYND00502001-7（a）所示为背扣，在杆上作业时，上下传递工具、材料等时用背扣。

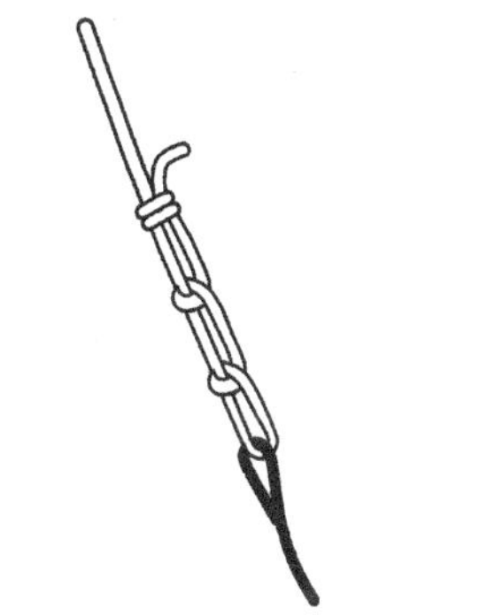

图 GYND00502001-6　倒扣

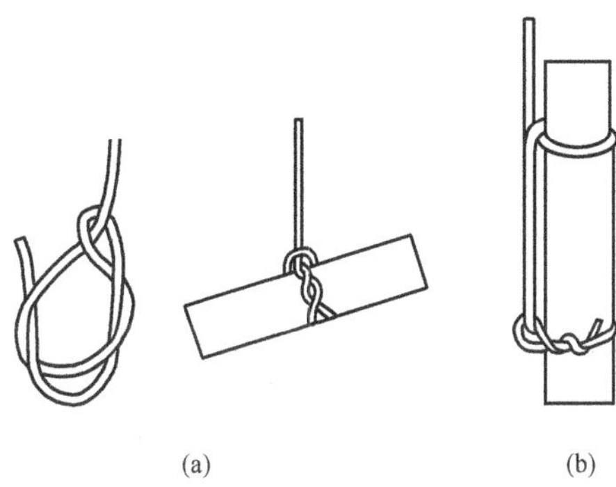

图 GYND00502001-7　背扣和倒背扣

（a）背扣；（b）倒背扣

（8）图 GYND00502001-7（b）所示为倒背扣，在垂直起吊轻而细长的物件时用倒背扣。

（9）图 GYND00502001-8 所示为拴马扣，在绑扎临时拉绳时用拴马扣。

（10）图 GYND00502001-9 所示为瓶扣，在吊物体时用此扣，物体吊起时能保证不摆动，而且扣结较结实可靠，吊瓷套管等物体多用此扣。

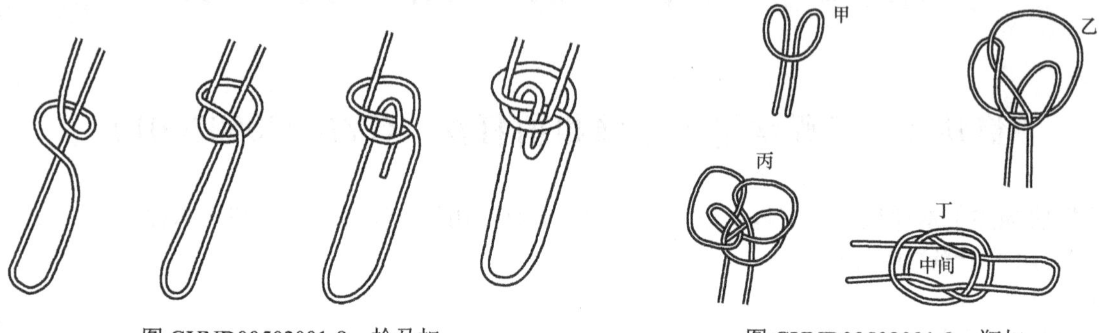

图 GYND00502001-8　拴马扣

图 GYND00502001-9　瓶扣

【思考与练习】

1. 练习工程常用十个绳扣打法。

第二十七章 杆 上 作 业

模块 1 拉线制作、安装（GYND00503001）

【模块描述】本模块包含拉线制作工具、材料的选择、制作安装的工艺标准及作业流程等内容。通过概念描述、术语说明、公式解析、计算举例、图解分步示意、流程介绍，掌握拉线的制作和安装。

【正文】

一、工作内容

10kV 及以下配电网系统中拉线制作安装的方法、工艺流程及质量标准以及安全注意事项等。

二、危险点分析与控制措施

1. 防触电伤害

（1）防止导线或拉线万一触及带电线路。控制措施：带电线路危及施工安全时应配合停电，并验电挂接地线。

（2）严防误登、误操作。控制措施：登杆前核对线路双重名称及杆号，确认无误后方可登杆，设专人监护以防误登、误操作。

2. 防高空坠落

控制措施如下：

（1）作业人员登杆前，检查登杆工具是否安全可靠，确认无误后方可登杆。

（2）作业人员登杆时做到："脚踩稳、手扒牢、一步一步慢登高，到达位置站好工作位，安全带、保护系牢靠"，保护严禁低挂高用。

（3）安全带应系在牢固可靠的构件上，如转换工作位置时，不准失去安全带的保护。

3. 防高空坠物伤人

控制措施如下：

（1）地面人员尽量避免停留在杆下。

（2）地面人员戴好安全帽。

（3）工具材料用绳索传递，尽量避免高空坠物。

（4）操作跌落式熔断器时，操作人员应选好操作位置，防止熔体管跌落伤人。

4. 防电杆倾倒伤人

控制措施如下：更换耐张、T 接、终端、分角拉线时，根据拉线受力情况，必须用钢丝绳打上临时拉线，临时拉线必须牢固可靠。

三、作业前准备

（一）人员分工及要求

作业人员：2 人，指定 1 人为工作负责人。

工作负责人交代工作任务，进行人员分工，还应明确专责监护人（由工作负责人担任）的监护范围和被监护人及其安全责任等。

（二）材料、工器具准备

1. 工器具准备

（1）材料。拉线抱箍、二连板或延长环、楔形线夹、UT 形线夹、螺栓、拉线绝缘子（根据需要）等。要求规格型号正确、质量合格、数量满足需要。

（2）工器具。要准备下列工器具，要求质量合格、安全可靠、数量满足需要。

1）停电操作工具：绝缘杆、验电器、接地线、绝缘手套、绝缘靴、标示牌等；

2）登高工具：脚扣或登高板、安全帽、安全带等；

3）防护工器具：个人保安线、防护服、绝缘鞋、手套等；

4）个人五小工具：电工钳、扳手、螺丝刀、小榔头、小绳等；

5）牵引工具：手拉葫芦或双勾紧线器、钢线紧线钳、钢丝绳及钢丝绳套、U 形环、绳索等；

6）其他工具：断线钳、铁锨、皮卷尺等。

2. 消耗性材料准备

消耗性材料一般有钢绞线、铝包带或细铁丝等。

（三）工器具检查

作业人员应检查登高工具、安全工器具、工器具的合格证要齐全，并都在试验周期内。

（四）拉线长度计算

（1）拉线坑口定位，如图 GYND00503001-1 所示，计算公式如下

$$L_0 = L_1 + L_2 = (h + h_0)/\tan\theta = (h + h_0)\tan\theta$$

式中 L_1——拉线棒出土至杆塔中心距离，简称拉距；

L_0——拉线坑中心至杆塔中心距离；

L_2——拉线坑中心至拉线棒出土处距离；

h_0——拉线盘埋深；

h——拉高；

θ——拉线对地面夹角。

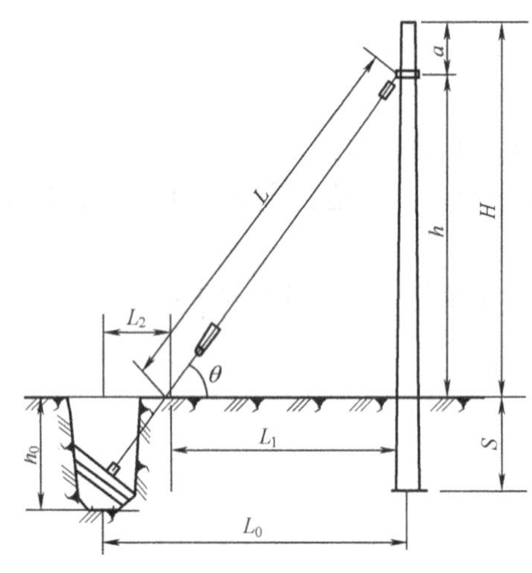

图 GYND00503001-1 拉线坑口定位和平地普通拉线的拉高与拉距的测量

（2）拉距与拉高，拉线的长度取决于拉距与拉高。用 r 表示距高比，则 $r=L_1/h$，r 的取值范围在 0.75～1.25 之间，一般情况下取 $r=1$ 为宜。农村普通架空线路中，r 可取 0.75。

（3）平地普通拉线的拉高与拉距的测量，如图 GYND00503001-1 所示。从电杆顶部向下 a 处与地平面的垂直距离为拉高，可在立杆后实测，也可在选定电杆后按下列公式计算

$$h=H-S-a \text{（m）}$$

式中 H——电杆全长；

S——电杆埋深。

$$a=0.20+b$$

式中 0.20——横担到杆顶的距离，m；

b——拉线抱箍装在横担以下的距离，m，应不大于 0.30m。

【例 GYND00503001-1】 电杆全长 $H=10$m，$S=H/6=10/6=1.67$（m）。

解 拉高计算：设 $b=0.1$m，则 $h=10-1.67-0.25=8.08$（m）。

如果距高比取 0.75，则拉距为 $L_1=rh=0.75\times8.08=6.06$（m）。

如果距高比取 1，则拉距为 $L_1=rh=1\times8.08=8.08$（m）。

（4）拉线长度计算公式如下

$$L=h/\sin\theta$$

式中 θ——拉线与电杆的夹角，一般取 45° 左右，当受地形限制时应在 30°～60° 范围内。

（5）选取钢绞线长度，如图 GYND00503001-2 所示，计算方法如下

$$l=L-(l_1+l_2+l_3)+0.8$$

式中 L——拉线全长（不包括拉杆长度），m；

l_1——电杆中心线与拉线挂点延长线交点至拉线挂点的距离，m；

l_2——楔形线夹内钢绞线弯曲处与拉线挂线点距离，m；

l_3——UT 形线夹螺母平扣时钢绞线弯曲处与拉线棒端的距离，m；

0. 8——钢绞线预留长度，m，上端预留 0.4m，下端预留长度 0.4m。

拉线长度与电杆高度对照表见表 GYND00503001-1。

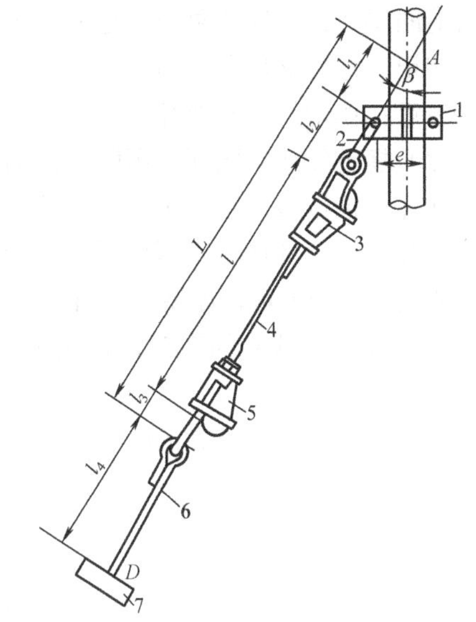

图 GYND00503001-2　选取钢绞线长度示意图

1—拉线抱箍；2—拉线连板；3—楔形线夹；4—钢绞线；5—UT 形线夹；6—拉线棒；7—拉线盘

四、操作步骤、质量标准

（一）保证安全的组织措施和技术措施

1. 保证安全的组织措施

（1）现场勘察制度：由工作负责人、安全员组织相关人员到现场进行勘察，工作负责人根据勘察结果编制“标准化作业指导书”。

（2）工作票制度：根据施工任务提前填写工作票。填写“电力线路第一种工作票”（更换低压拉线时，应填写“低压第一种工作票”），经工作票签发人审批签字、工作负责人审核认可并签字后，一份留存工作票签发人或工作许可人处，另一份应提前交给工作负责人。

表 GYND00503001-1　　拉线长度与电杆高度对照表　　m

拉线角度为 45°	电杆高度	5	8	10	12	15
	拉线长度	8.5	11.4	14.2	17	19.8
拉线角度为 60°	电杆高度	5	8	10	12	15
	拉线长度	7	9.3	11.6	13.9	16.2

（3）工作许可制度：许可人对工作票、现场安全措施等进行审查，确定已全面采取安全措施后，下达许可开工命令。

（4）工作监护制度：工作负责人或安全员担任监护人。分组作业时，工作负责人应指定各小组监护人；监护人必须始终在工作现场，及时纠正违反安全的行为。

（5）工作间断制度：特殊情况工作间断时，工作地点全部接地线仍保留不动。

（6）工作终结制度：工作负责人督促全体人员撤离现场，采取的现场安全技术措施已全部拆除，再对现场设备进行复查，并填写完工报告。

2. 保证安全的技术措施

（1）开工前召开班组会认真组织全体工作人员进行技术交底。

（2）停电当日，配电网当值调度员应按照批准的停电申请书日期、时间通知变电站值班员，将线路由运行状态转检修状态。

（3）得到停电许可后，施工班组在现场用相同电压等级且合格验电器在施工线路验电。

（4）验明确无电压后，迅速在施工线路二侧及各分支线路上各挂一组以上接地线。

（5）检查电杆本体及埋没状况符合要求，新立电杆埋深为杆高的 1/6 并已加固。

（6）应使用合格的工器具。

（7）进入工作现场，所有人员必须戴安全帽。

（二）拉线上把制作、安装

1. 拉线上把制作

（1）准备工具、材料。在线头断口处两侧用铝包带缠绕或用细铁丝各绑扎一部分，封好头。用断线钳剪断钢绞线，断头处不应散股。抓住钢绞线一端的线头，用钢卷尺从线头处量 50cm，用记号笔划好印记。穿进楔形线夹内。

注意：楔形线夹不要穿反。

（2）扼钢绞线的圆弧。用脚踩住钢绞线，两手从印记处朝怀里扼圆弧，抓住线尾，在主线之间左右来回扼纯钢绞线，用左手的虎口勒住圆弧，把主线和副线向外拉，扼成壶把状，这主要是防止钢绞线的圆弧不能弯曲或变形或圆弧处松散，动作姿势如图 GYND00503001-3 所示。圆弧扼的大小要适中，能放进舌板即可，如图 GYND00503001-4 所示。将楔形线夹的套筒穿入，左手抓住主线与线尾，右手用木槌敲击线夹的套筒，直至钢绞线与舌板、套筒接触紧密，无间隙，如图 GYND00503001-5 所示。

注意：尾线应在线夹的凸肚处。钢绞线与舌板、套筒接触紧密，无间隙。

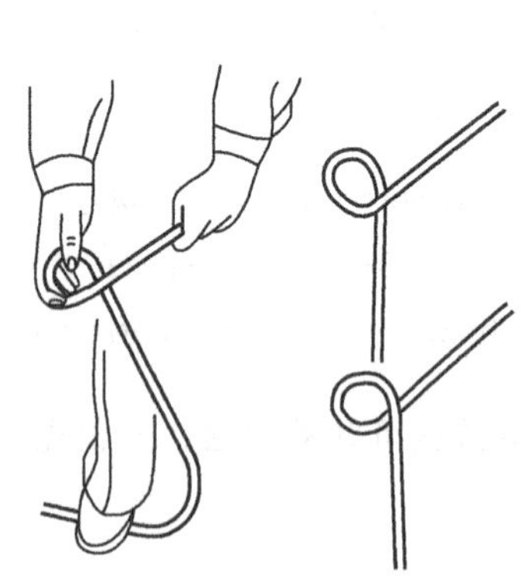

图 GYND00503001-3　扼钢绞线的圆弧

图 GYND00503001-4　钢绞线与舌板

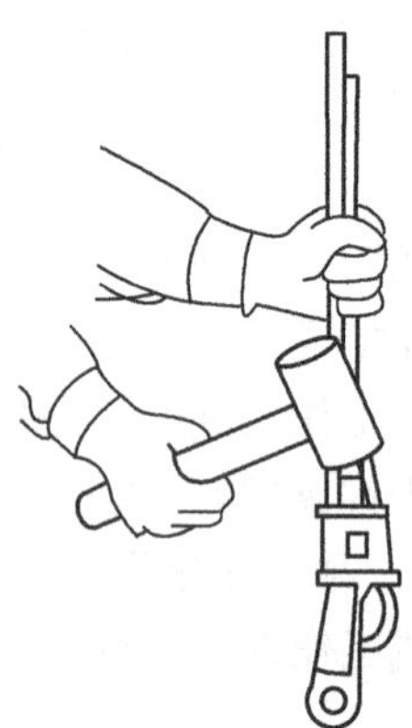

图 GYND00503001-5　木槌敲击线夹姿势

（3）尾线用钢线卡子或 10 号铁丝进行绑扎。钢线卡子卡钢绞线尾线的要求：

钢线卡安装在距尾线端 50mm 左右处，且 U 形螺钉应在尾线侧；尾线端要用细铁丝或铝包带绑紧，以免端部松散；做好的主、副线应平服，不应扭曲，如图 GYND00503001-6 所示。

10 号铁丝绑扎钢绞线尾线要求如下：

两人配合，一人抓住楔形线夹，一人绑扎。将 10 号铁丝圈成圆盘，放开铁丝的线头，量好尺寸，一般在 20cm 左右。在靠近铁丝的圆盘处，扼好小环，从楔形线夹的出线端平口处向外量好距离 25cm 左右，在尾线侧将铁丝的小环套进钢绞线，开始一圈挨一圈地缠绕。要求不得破坏铁丝和钢绞线的镀锌层。当缠绕到 8～10cm 时，开始做收尾小辫。一般绞 3～4 个绞合，且绞合均匀。收尾小辫应在主、副线之间压平。做好的主、副线不应扭曲或出现麻花状，如图 GYND00503001-7 所示。

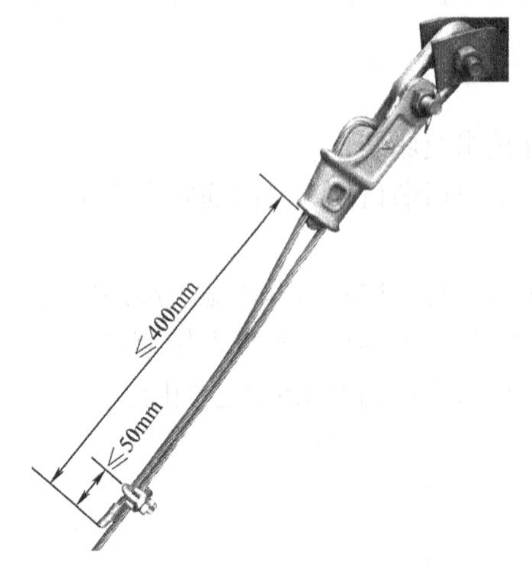

图 GYND00503001-6　钢线卡子卡钢绞线尾线

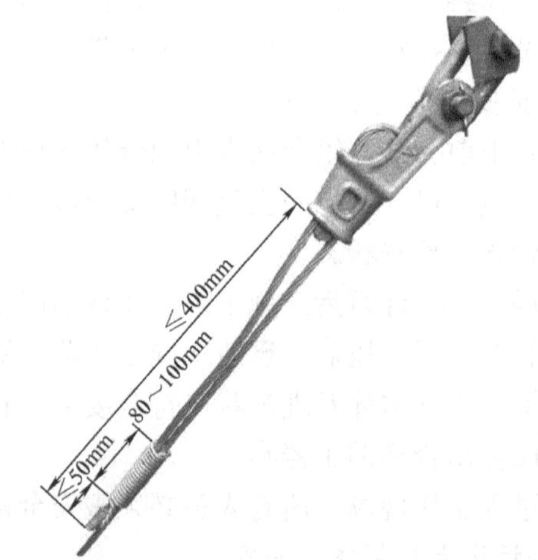

图 GYND00503001-7　铁丝绑扎钢绞线尾线

2. 拉线上把安装

（1）检查材料。

（2）工器具检查。

（3）登杆前必须作的检查如下：

1）检查安全帽是否戴牢。

2）打开安全带、工器具件套、传递绳进行检查。

3）用脚踩踏电杆根部，以检查根部泥土松实情况。

4）绕电杆一周，并观察电杆杆身，以检查电杆质量（裂纹或其他缺陷）。

5）查看电杆 3m 线位置，以检查电杆埋深。

6）将脚扣放置在电杆上距地面适当的位置，双脚踏在脚扣上，并系好安全带。用身体的重量单脚向下重压冲击，轮流对两脚扣进行人体冲击试验；手扶安全带，身体向后用力靠。对安全带进行人体冲击试验（如用登高板登杆，应该对两登高板分别进行人体冲击试验）。

（4）登杆。上、下电杆必须把安全带围在电杆上。登杆过程中不得发生不安全现象，如脚扣滑落，动作不熟练，使两脚扣上下交替过程中相互碰撞，身体晃动过大以及上下过程中迈步过大等。必须直线上下电杆，不得偏移和滑脱脚扣。

（5）杆上拉线上把安装。

1）上杆进入工作位置。杆上作业人员在杆上站好位置，在距杆顶适当的位置系好安全带、保险绳和传递绳；安全带系好后必须检查扣环是否扣牢。

操作人员在工作位置操作时的身体站立姿势如下：

a. 操作者在电杆右侧作业。此时操作者右脚在下，左脚在上，即身体重心放在右脚，以左脚辅助。估测好人体与作业点上下、左右的距离，找好角度，系牢安全带后即可开始作业。

b. 操作者在电杆左侧作业。此时操作者左脚在下，右脚在上，即身体重心放在左脚，以右脚辅助。估测好人体与作业点上下、左右的距离，找好角度，系牢安全带后即可开始作业。

c. 操作者在电杆正面作业。此时操作者可根据自身方便，采用 a.的方式或采用 b.的方式进行作业，也可根据负荷轻重、材料大小采取一点定位，选好距离和角度，系好安全带后进行作业。

操作者在杆上传递物件时，要保持正确的站立姿势，并且位置要合适。如图 GYND00503001-8 所示为在左侧传递物件时的站姿。

图 GYND00503001-8　在左侧传递物件时的站姿

2）拉线上拉把安装。安装拉线抱箍，紧固好螺栓。地面人员系好上拉线把，用吊绳传递，杆上作业人员套好楔形线夹，拧紧螺母，别忘记装好开口销或闭口销。

注意：按如图 GYND00503001-6 或图 GYND00503001-7 所示要求进行绑扎。

a. 固定拉线抱箍各上拉线把水平穿向的螺栓一律面向受电侧从左向右穿。

b. 开口销或闭口销从上向下穿。

（6）下电杆。

1）检查杆上、横担上有无遗留物。

2）下杆动作与上杆动作相同。下到杆根处，应一脚先落地，另一脚再落地，不允许跳跃落地，脚扣不得滑脱。

3）下杆后解下安全带传递绳并整理好，准备拉线下把制作安装。

（三）拉线下把制作安装

（1）检查工器具、材料。

（2）操作步骤如下。

1）操作人员将紧线器的钢丝绳扣环固定在拉棒上，地面人员双手拽起拉线。

2）操作人员托住紧线器的拉头（卡线器），将拉线夹住固定好，可用木槌敲击紧线器的上部，使拉头（卡线器）不滑脱。

3）转动棘轮，紧拉线。当紧到一定位置时，地面人员应检查电杆梢部和杆根。

4）杆梢应偏移一个杆梢直径的位置，这样，当导线紧好后，杆梢正好回到原来的位置。

5）地面人员叫停后，回到拉棒位置，准备好断线钳，紧线人员量好尺寸，一般取拉棒环下口10cm，在钢绞线两个点绑扎，用细铁丝或缠绕铝包带，在两点中间剪断钢绞线，断头处不得松散，套入T形套筒。

6）扼圆弧，连同舌板、钢绞线一起穿入T形套筒，用木槌敲击T形套筒，使钢绞线、舌板与套筒接触紧密，不得有间隙，收紧拉线。使拉棒、拉线与紧线器的钢丝绳在同一直线上。

7）可用身体向下压拉线，目的是检查在泥土中的拉棒与拉盘连接的U形环是否受力。如拉棒上拔，应继续收紧拉线，使拉棒、拉盘、U形环钢绞线真正受力，并在一直线上。

8）尾线应在线夹凸肚处。在拉棒的环中穿入UT形线夹的U形环，将U形环的开口处朝上，穿入T形套筒的两只眼孔内，放好垫片，拧紧螺母，应有不小于1/2螺杆丝扣长度可供调节。如图GYND00503001-9所示。

9）钢线卡子卡钢绞线尾线要求如图GYND00503001-10所示。

a. 尾线端要用细铁丝或铝包带绑紧，以免端部松散。

b. 钢线卡子安装在距尾线端50mm左右处，且U形螺丝卡在尾线侧。

c. 做好的主、副线应平服，不应扭曲。

d. 拧紧并帽，松开紧线器，拉线下把制作完成。

10）用10号铁丝绑扎尾线时要求同拉线上把制作。工艺尺寸如图GYND00503001-11所示。

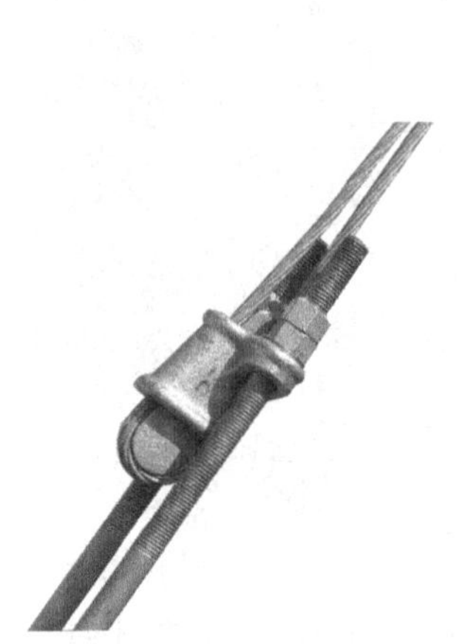

图GYND00503001-9 UT形线夹安装示意图

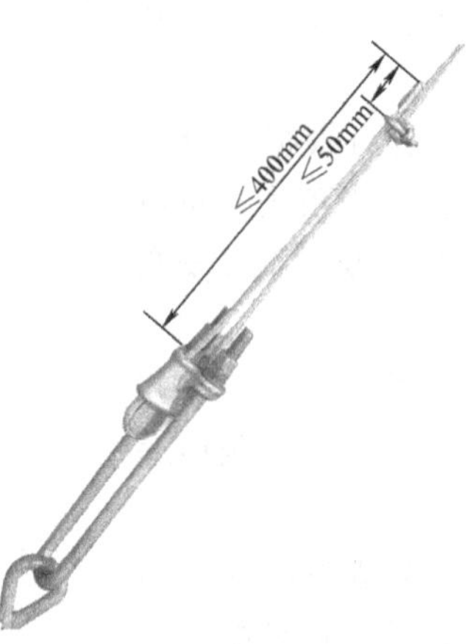

图GYND00503001-10 钢线卡子卡钢绞线尾线

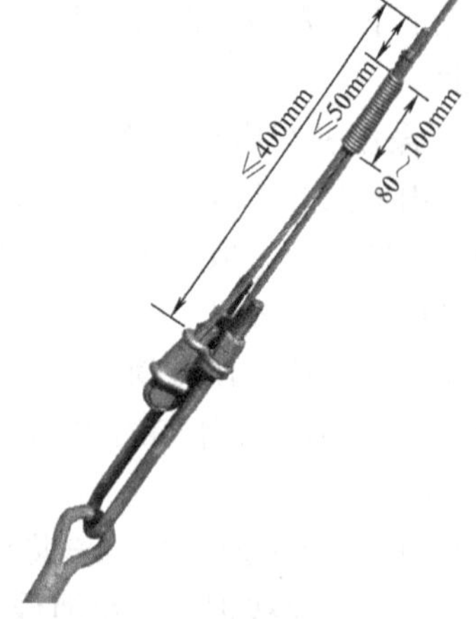

图GYND00503001-11 铁丝绑扎钢绞线尾线

（四）工艺要求

（1）安装前对UT形线夹和楔形线夹的丝扣上应涂润滑脂。

（2）线夹舌板与拉线接触应紧密，受力后，无滑动现象，线夹的凸肚应在尾侧，安装不得损伤拉线。

（3）拉线弯曲部分不应有明显松股，拉线断头处与拉线主线应可靠固定，线夹露出的尾线长度不宜超过400mm。

（4）UT形线夹的螺杆应露出丝扣，并应有不小于1/2螺杆丝扣长度可供调紧。调整后，UT形线夹的双螺母应并紧，同一组拉线使用双线夹时，其尾线端的方向应作统一规定。

（五）拉线绝缘子的制作安装

（1）拉线上把楔形线夹、UT形线夹的制作安装同前所述。

（2）拉线绝缘子的制作，以制作低压拉线绝缘子为例。

1）从楔形线夹的圆弧顶端，用钢卷尺量取适当长度的钢绞线，并用记号笔做好记号。

2）用18号铁丝在记号的两端进行绑扎、绞紧，用断线钳剪断。

3）先做绝缘子的上侧部分，如图GYND00503001-12所示，左侧为拉线绝缘子的上侧部分。然后再做拉线绝缘子的下侧部分，图GYND00503001-12的右侧为拉线绝缘子的下侧部分，各部位尺寸参考如图GYND00503001-12所示。

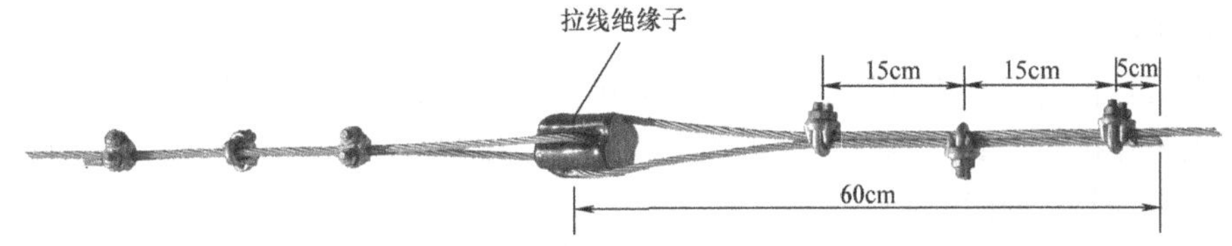

图GYND00503001-12 低压拉线绝缘子的制作示意图

操作步骤如下：

1）用钢卷尺量取尺寸60cm，并用记号笔做好记号；

2）将3支钢线卡和拉线绝缘子穿入钢绞线，用脚踩住钢绞线，抓住线头，在记号处弯曲钢绞线并扼圆弧；

3）在主线侧将3支钢线卡子穿入尾线，第2支卡子应反向穿入，在线尾5cm处开始安装钢线卡子，要求每支卡子间的距离为15cm，必须一正一反交替安装；

4）尾线应在拉线绝缘子的上侧；

5）用同样的方法制作绝缘子的下侧部分。

（3）拉线绝缘子的安装要求。DL/T 5220—2005《10kV及以下架空配电线路设计技术规程》中规定：钢筋混凝土电杆，当设置拉线绝缘子时，在断拉线情况下拉线绝缘子距地面处不应小于2.5m，地面范围的拉线应设置保护套。

为达到上述要求，不同长度的拉线，其绝缘子的安装位置也不相同，因此施工中需要经过计算，确定绝缘子的安装位置。

五、作业结束（竣工）

（1）施工作业结束后，工作负责人依据施工验收规范对施工工艺、质量进行自查验收。

（2）整理工具、材料，清理工作现场。

（3）办理工作终结手续。

【思考与练习】

1. 杆上作业登杆前必须作哪些检查？
2. 保证安全的技术措施有哪些？
3. 杆上作业防高空坠落有哪些控制措施？
4. 杆上作业防高空坠物伤人有哪些控制措施？
5. 拉线UT形线夹制作有哪些工艺标准？
6. 低压拉线绝缘子安装高度有何规定？

模块2 接户线安装（GYND00503002）

【模块描述】本模块包含接户线安装工具、材料的选择、准备以及制作安装的作业流程、工艺标准。通过概念描述、术语说明、流程介绍、图解分步示意，掌握接户线安装技能。

【正文】

一、工作内容

低压接户线安装制作安装的方法、工艺流程、质量标准以及安全措施等。

二、危险点分析与控制措施

1. 防触电伤害

（1）防止架空线路突然带电。控制措施：验电、挂接地线。

（2）严防误登、误操作。控制措施：登杆前核对线路双重名称及杆号，确认无误后方可登杆，设专人监护以防误登、误操作。

2. 防高空坠落

控制措施如下：

（1）作业人员登杆前，检查登杆工具是否安全可靠，确认无误后方可登杆。

（2）作业人员登杆时做到“脚踩稳、手扒牢、一步一步慢登高，到达位置站好工作位，安全带、保护绳要系牢靠”，严禁低挂高用。

（3）安全带应系在牢固可靠的构件上，如转换工作位置时，不准失去安全带保护。

3. 防高空坠物伤人

控制措施如下：

（1）地面人员尽量避免停留在杆下；

（2）地面人员戴好安全帽；

（3）工具材料用绳索传递，尽量避免高空坠物。

4. 防电杆倾倒伤人

控制措施如下：电杆有拉线时检查拉线应受力，电杆无裂隙缝，杆根牢固可靠、埋深符合要求。

三、作业前准备

（一）人员分工及要求

作业人员2人，指定1人为工作负责人。

工作负责人交代工作任务，进行人员分工，还应明确专责监护人（由工作负责人担任）的监护范围和被监护人及其安全责任等。

（二）工器具、材料准备

1. 工器具准备

准备工器具要求：质量合格、安全可靠、数量满足需要。

（1）安全工具：验电器、接地线、绝缘手套、标示牌等。

（2）登高工具：脚扣或登高板、安全帽、安全带等。

（3）防护工器具：个人保安线、防护服、绝缘鞋、手套等。

（4）其他工具：断线钳、扳手、铁锹、皮卷尺、电工刀、梯子等。

2. 消耗性材料准备

所采用的器材、材料应符合国家现行技术标准的规定，并应有产品质量证明。

（1）绝缘导线。最小导线截面不应小于：铜导线为 $10mm^2$，铝导线为 $16mm^2$；额定电压不应低于450V/750V。

（2）电源箱。自动空气开关（带漏电保护器）或熔断器，单（或三相）相电能表等电气元件；电气元件之间连接已完成。

（3）金具。横担、支架使用的角钢规格不应小于 50mm×50mm×5mm，圆钢U形抱箍，拉环使用的圆钢规格不应小于ϕ12mm，穿钉螺栓，接户线用并沟线夹（异径或跨径并沟线夹）。

（4）绝缘子。低压蝶式绝缘子，根据导线规格选择。

（5）其他材料。防水自黏胶带、电力复合脂、细钢丝刷、0号砂纸。

（三）工器具检查

作业人员检查登高工具、安全工器具、工器具合格证应齐全，并都在试验周期内。准备齐全。

四、操作步骤、质量标准

（一）保证安全的组织措施和技术措施

1. 保证安全的组织措施

（1）现场勘察制度：由工作负责人、安全员组织相关人员到现场进行勘察，工作负责人根据勘察结果编制“标准化作业指导书”。

（2）工作票制度：根据施工任务提前填写工作票。填写“电力线路第一种工作票”（或“低压第一种工作票”），经工作票签发人审批签字、工作负责人审核认可并签字后，一份留存工作票签发人或工作许可人处，另一份应提前交给工作负责人。

（3）工作许可制度：许可人对工作票、现场安全措施等进行审查，确定已全面采取安全措施后，下达许可开工命令。

（4）工作监护制度：工作负责人或安全员担任监护人。分组作业时，工作负责人应指定各小组监护人；监护人必须始终在工作现场，及时纠正违反安全的行为。

（5）工作间断制度：特殊情况工作间断时，工作地点全部接地线仍保留不动。

（6）工作终结制度：工作负责人督促全体人员撤离现场，采取的现场安全技术措施已全部拆除，再对现场设备进行复查，并填写完工报告。

2. 保证安全的技术措施

（1）开工前召开班组会认真组织全体工作人员进行技术交底。

（2）停电当日，配电网当值调度员应按照批准的停电申请书日期、时间通知变电站值班员，将线路由运行状态转检修状态。

（3）得到停电许可后，施工班组在现场用相同电压等级且合格验电器在施工线路验电。

（4）验明确无电压后，迅速在施工线路二侧及各分支线路上各挂一组以上接地线。

（5）检查电杆本体及埋设状况符合要求，新立电杆埋深为杆高的 1/6 并已加固。

（6）应使用合格的工器具。

（7）进入工作现场，所有人员必须正确戴安全帽。

（二）接户线接户侧安装

进户端墙上横担、支架已安装到位，接户线的进户端固定点对地距离不应低于 2.7m。进户电源表箱已按要求安装到位，表箱底部距地面高度为 1.8～2.0m。

操作流程：绝缘子安装→接户线展放→接户线绑扎。

1. 绝缘子安装

绝缘子的安装形式如图 GYND00503002-1 所示。

图 GYND00503002-1　绝缘子安装

（1）直梯或人字梯放置正确，并有人扶持，人在梯上站位正确。

（2）绝缘子安装牢固，螺栓由下向上穿，且垫片齐全，紧固螺栓受力均匀。低压蝶式绝缘子与导线配合参考表见表 GYND00503002-1。

表 GYND00503002-1　　低压蝶式绝缘子与导线配合参考表

绝缘子型号	适用导线（mm^2）	绝缘子型号	适用导线（mm^2）
ED–1	95～185	ED–3	16～35
ED–2	50～70	ED–4	10 及以下

2. 接户线展放

接户线展放方法正确，不应有扭绞、死弯，展放同时应检查接户线有无断裂及绝缘层破损等缺陷，展放长度要适中。

模块 2 GYND00503002

3. 接户线绑扎

接户线终端绑扎的形式如图 GYND00503002-2 所示。接户线绑扎方法及工艺要求如图 GYND00503002-3 所示。

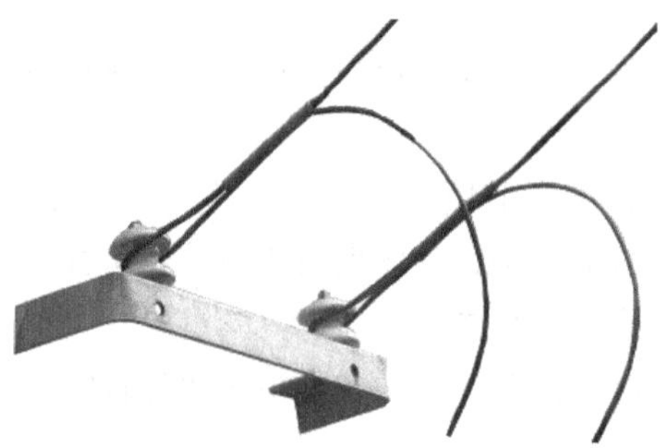

图 GYND00503002-2　接户线终端绑扎的形式

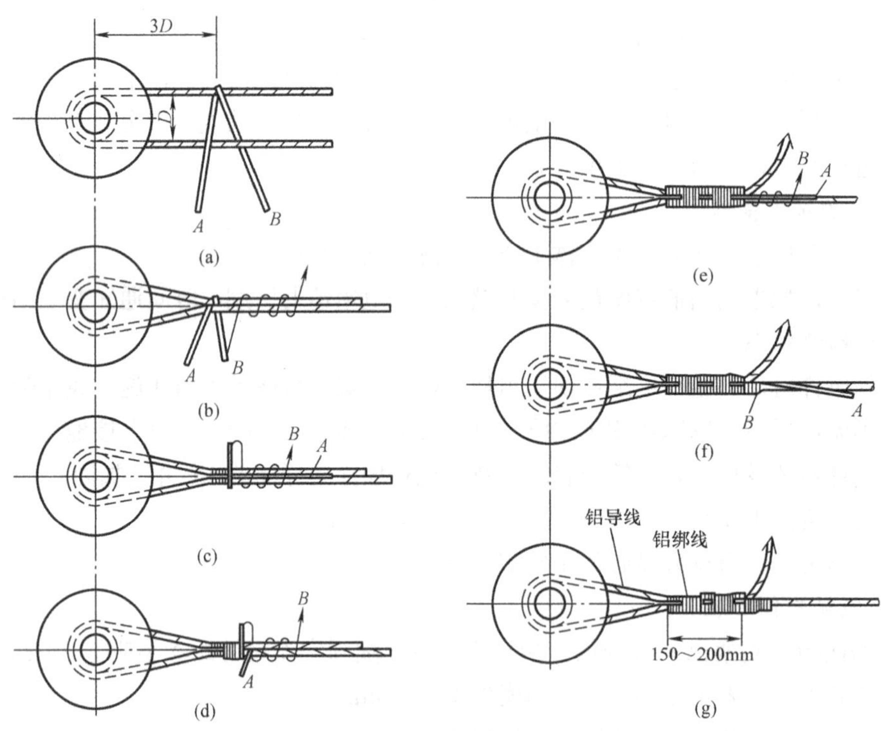

图 GYND00503002-3　接户线终端绑扎方法及工艺要求

把进户线在绝缘子上绕一圈，尾线留适当的长度，把绑线盘成圆盘（绑线长度根据所需绑扎的导线截面及绑扎长度来确定），在绑线一端留出一个短头，其长度为 200～250mm，把绑线短头夹在导线与折回导线之间，然后将绑线在两导线上绑扎 4～5 圈后，将短头压倒，折回到二线之间，用绑线将两导线及短头三者一并继续绑到达要求尺寸，用绑线和压下的短头拧成一个小辫，剪去多余绑线后压平。导线绑扎长度见表 GYND00503002-2。

表 GYND00503002-2　　导 线 绑 扎 长 度

导线种类	导线规格（mm）	绑线直径（mm）	绑扎长度（mm）	导线种类	导线规格（mm^2）	绑线直径（mm）	绑扎长度（mm）
单股线直径	ϕ3.2 以下	2.0	≥40	多股线截面	16～25	2.0～2.3	≥100
	ϕ3.2～3.53	2.0～2.3	≥60		35～50	2.5～3.0	≥120
	ϕ4.0	2.0～2.3	≥80		70 及以上	2.5～3.0	≥150

（三）接户线电源侧安装

操作流程：横担、支架安装→绝缘子安装→接户线架设绑扎→接电前检查验收→安装接户线并沟线夹→竣工。

1. 登杆前的准备工作

（1）材料选择。接户横担 1 根、圆钢 U 形抱箍 1 副、接户线并沟线夹 2 副、低压蝶式绝缘子及穿钉 2 套、2.5～4.0mm^2 单股绑扎线。

（2）登杆前必须作的检查：

1）检查安全帽是否戴牢。

2）打开安全带、工具件套、传递绳进行检查。

3）用脚踩踏电杆根部，以检查根部泥土松实情况。

4）绕电杆一周，并观察电杆杆身，以检查电杆质量（裂纹或其他缺陷），如有拉线应检查拉线是否受力，拉线地锚处泥土无松动。

5）查看电杆 3m 线位置，以检查电杆埋深。

6）将脚扣放置在电杆上距地面适当的位置，双脚踏在脚扣上，并系好安全带，用身体的重量单脚向下重压冲击，轮流对两脚扣进行人体冲击试验；手扶保险带，身体向后用力靠。对安全带进行人体冲击试验（如用登高板登杆，应该对两登高板分别进行人体冲击试验）。

2. 登杆

用脚扣上、下电杆必须把保险带围在电杆上。登杆过程中不得发生不安全现象，如脚扣滑落，动作不熟练，使两脚扣上下交替过程中相互碰撞，身体晃动过大以及上下过程中迈步过大等。必须直线上下电杆，不得偏移和滑脱脚扣。

3. 杆上接户线安装

（1）上杆进入工作位置。作业人员在上杆人体至距线路 70cm 时停止登杆，系好安全带、保险绳，进行验电、挂接地线，操作方法符合《国家电网公司电力安全工作规程》要求。

作业人员在杆上站好位置，在距杆顶适当的位置系好安全带、保险绳和传递绳，安全带系好后必须检查扣钩是否扣牢，并确认牢固。并根据相关规程规定需要时按要求挂好个人保安线。

操作人员在工作位置操作时的身体站立姿势如下：

1）操作者在电杆右侧作业。此时操作者右脚在下，左脚在上，即身体重心放在右脚，以左脚辅助。估测好人体与作业点上下、左右的距离，找好角度，系牢安全带后即可开始作业。

2）操作者在电杆左侧作业。此时操作者左脚在下，右脚在上，即身体重心放在左脚，以右脚辅助。估测好人体与作业点上下、左右的距离，找好角度，系牢安全带后即可开始作业。

3）操作者在电杆正面作业。此时操作者可根据自身方便，采用 1）或 2）的方式进行作业，也可根据负荷轻重、材料大小采取一点定位，选好距离和角度，系好安全带、安全绳后进行作业。

操作者在杆上传递物件时要保持正确的站立姿势，并且位置合适。如图 GYND00503002-4 所示为在左侧传递物件时的站姿。

图 GYND00503002-4　在左侧传递物件时的站姿

（2）进户横担、绝缘子安装。

1）横担安装位置适当，距上层横担不小于 30cm，且安装应紧固、横平、不歪扭。

2）绝缘子安装紧固。

（3）接户线在绝缘子上绑扎。

1）绑扎要求：绑扎方法及工艺要求如图 GYND00503002-3 所示，绑扎长度见表 GYND00503002-2。

2）架设后接户线之间应平直、两线弧垂一致。

（4）下电杆。

1）检查杆上、横担上有无遗留物。

2）下杆动作与上杆动作相同；下到杆根处，应一脚先落地，另一脚再落地，不允许跳跃落地，脚扣不得滑脱。

（四）接户线验收、接电

1. 电表箱检查

电表箱内各电气元件安装平整、牢固；电气距离符合要求；电能表、开关或熔断器容量选择合适；检查合格后断开开关或熔断器。

2. 接户线检查

（1）接户线应平直、无扭曲、弧垂一致。

（2）接户线距地面的要求：

1）接户线和进户线对公路、街道和人行道的垂直距离，在电线最大弧垂时，不应小于下列数值：① 公路路面为6m；② 通车困难的街道、人行道为3.5m；③ 不通车的人行道、胡同为3m。

图 GYND00503002-5 接户线与低压线路电源连接

2）接户线、进户线与通信线、广播线交叉时，其垂直距离不应小于下列数值：① 接户线、进户线在上方时为0.6m；② 接户线、进户线在下方时为0.3m。

3. 接户线与表箱连接

接户线接户端与表箱连接，连接牢固，电能表接线盒应加封。

（五）接户线与低压线路电源连接

接户线与低压线路电源连接的安装形式如图 GYND00503002-5 所示。

（1）登杆进入工作位置，并做好安全措施。

（2）接户线与低压线路连接。

1）做好接户并沟线夹、导线接触表面清洁处理。

2）进行引流线安装：

a. 先搭接零线，后相线；

b. 用接户并沟线夹（或异径并沟线夹）安装引流线时，线头一般指向电源侧，且搭接点距绝缘子不小于15cm；

c. 接户并沟线夹（或异径并沟线夹）引出线处应做防水弯；

d. 并沟线夹及导线搭接处应作防水处理；

e. 引流线与其他相线应保持足够的安全距离。

（六）下杆

（1）检查杆上、横担上有无遗留物。

（2）按相关规程要求拆除接地线，如使用个人保安线，应先拆除个人保安线后再拆除接地线。

（3）解开保险绳、传递绳下杆。

下杆动作与上杆动作相同，下到杆根处，应一脚先落地，另一脚再落地，不允许跳跃落地，脚扣不得滑脱。

（4）下杆后解下安全带、传递绳、随身工具并整理好。

（5）清理现场，做到工完、料尽、场地清。

五、作业结束（竣工）

（1）施工作业结束后，工作负责人依据施工验收规范对施工工艺、质量进行自查验收。

（2）办理工作终结手续。

【思考与练习】

1. 登杆前必须作哪些检查？

2. 接户线和进户线对公路、街道和人行道的垂直距离有何规定？

3. 接户线安装防高空坠落有哪些控制措施？

模块3　架空导线紧线、放线操作（GYND00503003）

【模块描述】本模块包含 10kV 及以下架空线路紧线、放线作业施工准备阶段、作业阶段、作业结束三阶段的作业流程和工艺要求等内容。通过概念描述、术语说明、流程介绍、图解示意，掌握架空线路紧线、放线施工作业。

【正文】

一、工作内容

10kV 及以下架空线路放线、紧线作业施工方法、工艺流程及质量标准以及安全注意事项。

二、危险点分析与控制措施

1. 防交叉跨越时触电伤害

控制措施：跨越停电线路验电、挂接地线；跨越带电线路应按要求先搭设跨越架，放线时派专人看守。

2. 防交通事故

控制措施：严格遵守交通规则，不超速、不疲劳驾车。

3. 防误登带电线路

控制措施：认真核对停电线路名称和杆塔编号。

4. 防倒杆断线

控制措施：检查电杆拉线是否牢固，紧线、放线必须打临时拉线，严禁采用突然开断导线的做法松线。

5. 防导线及牵引绳抽人

控制措施：紧线、放线时人员不得站在已受力的导线、牵引绳下方及内角侧。

6. 防杆身滚动伤人

控制措施：钢丝绳应套在适当的位置，倒杆范围内严禁有人。

7. 防工器具使用伤人

控制措施：检查工器具是否合格、配套、齐全。

8. 防感应电伤人

控制措施：挂接地线时要戴绝缘手套，先接接地端，后挂导线端；一人操作，一人监护；使用合格绝缘棒，人体不得触碰导线和地线。接地线为多股软铜线构成，其截面不小于 $25mm^2$；所挂接地线与导线接触要可靠；攀登时，动作不宜过大，匀步攀登。

9. 防高空中坠落

控制措施：杆上作业时必须系安全带，并应系在牢固构件上；扣环要扣牢；转位时，不得失去安全带保护；杆上有人作业时不得调整或拆除拉线；禁止杆上人员使用通信工具、吸烟而影响注意力。

10. 防物体打击

控制措施：现场工作人员必须戴安全帽；杆上人员要防止掉东西，使用的工具、材料等应放在工具袋内；作业下方防止行人逗留；用绳索传递物品，新立电杆应设置围栏，防止有行人靠近。

11. 防工器具失效

控制措施：紧线和撤线尤为注意，每个工序进行受力振动检查，无异常后再进行下一步工序。

12. 防跑线伤人

控制措施：检查工器具连接是否牢固，并打两道保护绳；关上滑车保险；工作人员不得站在导线内角侧。

13. 防现场遗漏物

控制措施：仔细检查，确保无遗漏物或缺陷，送电前进行复查。

14. 防暑降温

控制措施：带足必要的饮用水，体力不支或身体突发不适时，必须立即停止工作，并及时就医。

三、作业前准备

（一）人员分工、明确工作任务

（1）工作负责人 1 名，职责范围如下：

1）工作票上所填写的安全措施是否正确完备；

2）所派的工作负责人和工作班人员是否适当和充足、精神状态是否良好；

3）正确安全地组织工作；

4）工作前对工作班成员交代安全措施和技术措施；

5）严格执行工作票所列安全措施，必要时还加以补充；

6）工具是否齐全；

7）督促、监护工作人员遵守《国家电网公司电力安全工作规程（线路部分）》；

8）工作班人员变动是否合适。

（2）现场安全员 1 名（根据线路情况可增设），职责范围如下：

1）协助工作负责人检查作业现场安全措施，并保证其完整可靠；

2）协助工作负责人做好作业现场危险点预控和作业全过程安全监督工作；

3）认真执行《国家电网公司电力安全工作规程（线路部分）》要求和现场安全措施，互相关心施工安全，并监督《国家电网公司电力安全工作规程（线路部分）》和现场安全措施的实施。

（3）兼职材料员 1 名，职责范围：负责材料检查、验收和运输。

（4）线路工（技工）若干名，职责范围如下：

1）明确工作票所列工作范围和工作内容；

2）明确工作票所列的工作范围内保证安全的组织措施和技术措施；

3）明确作业现场危险点预控和作业全过程安全相互监督工作；

4）明确施工工艺的技术标准。

（5）辅助工若干名，职责范围如下：

1）明确工作票所列的工作范围内保证安全的组织措施和技术措施；

2）严格执行用工协议中各项规定，服从分工；

3）积极、主动配合施工班组完成工作任务。

（二）主要工器具、材料准备

1. 主要工器具准备

（1）个人常用工具：脚扣或登高板、安全帽、安全带、件套工具等。

（2）安全工器具：验电笔、绝缘手套、绝缘棒、接地线、警告标志、遮栏等。

（3）放、紧线工器具：滑车、紧线器、放线架、断线钳（大剪刀）、钢钎、地钻、防纽钢绳、旋转连接器（万向接）、绞磨、卸扣、液压钳、索套等。

作业人员检查登高工具、安全工器具、工器具合格证应齐全，并都在试验周期内。

2. 材料准备

应准备钢芯铝绞导线、金具、绝缘子、钢绞线、接续管、铝包带、绑扎线等。

（三）施工现场布置

（1）影响紧线、放线的障碍物已清除完毕。

（2）临时拉线、地描、放线架、绞磨等紧、放线牵引设施已布置完成。

（3）跨越架已搭设完毕。

（4）需要停电的弱电线路已联系好并做好安全防护。

四、操作步骤和质量标准

（一）安全的组织措施和技术措施

1. 保证安全的组织措施

（1）现场勘察制度：由工作负责人、安全员组织相关人员到现场进行勘察，工作负责人根据勘察结果编制“标准化作业指导书”。

（2）工作票制度：根据施工任务提前填写工作票。

（3）工作许可制度：许可人对工作票、现场安全措施等进行审查，确定已全面采取安全措施后，下达许可开工命令。

（4）工作监护制度：工作负责人或安全员担任监护人。分组作业时，工作负责人应指定各小组监护人；监护人必须始终在工作现场，及时纠正违反安全的行为。

（5）工作间断制度：特殊情况工作间断时，工作地点全部接地线仍保留不动。

（6）工作终结恢复送电制度：工作负责人督促全体人员撤离现场、采取的现场安全技术措施已全部拆除，再对现场设备进行复查后，具备送电条件后，恢复送电，并填写完工报告。

2. 保证安全的技术措施

（1）开工前召开班组会认真组织全体工作人员进行技术交底。

（2）停电当日，配电网当值调度员应按照批准的停电申请书日期、时间通知变电站值班员，将线路由运行状态转检修状态。

（3）得到停电许可后，施工班组在现场用相同电压等级且合格验电器在施工线路验电。

（4）验明线路确无电压后，迅速在施工线路两侧及各分支线路上各挂一组以上接地线。

（5）放线时注意导线不得有硬弯、松股、断股等现象，应防止被划伤、挂伤。

（6）检查电杆本体及埋没状况符合要求，新立电杆埋深为杆高的 1/6 并已加固。

（7）应使用合格的起重工具。

（8）进入工作现场，所有人员必须戴安全帽。

（二）作业步骤

作业步骤为导线展放线→杆上绝缘子安装→紧线→绑扎→搭接过引线、引下线。

（三）工艺标准

1. 导线展放线

将导线运到线路首端（紧线处），用放线架架好线轴，然后放线。

一般放线有两种方法：人力放线和固定机械牵引放线。

（1）人力放线。放线时要有技工在前面领路，对准方向，并注意经常观察信号，控制放线速度。放线到一杆塔时，应超越该杆塔适当距离，然后停止牵引，将线头拉回，与放线滑车引绳索相连，使架空线穿过滑车后继续牵引，牵引过程中遇到障碍，领线人员应组织人员采取正确的方法跨越。

（2）固定机械牵引放线。放线时应先将牵引绳分段至施工段内各处，用人力放线方法展放牵引绳，并使其依次通过杆上放线滑车，牵引绳与牵引绳之间用旋转连接器或抗弯连接器连接，使整个施工段内牵引绳接通，然后一端与架空线相连，一端与固定机械相连，用机械卷回牵引绳，拖动架空线展放。

线盘架设方向要对准放线方向，以免线盘产生过大摆动和走偏，放线时，要求导线从线盘上端绕出。放线过程中，应对导线进行外观检查，不应发生磨伤、断股、扭曲、金钩、断头等现象。当导线发生损伤时，应该按相关技术规程要求进行处理。

导线应避免接头，不可避免时，接头应符合下列要求：

1）在同一档距内，同一根导线上的接头不应超过一个。导线接头位置与导线固定处的距离应大于 0.5m。

2）不同金属、不同规格、不同绞制方向的导线严禁在档距内连接。

当导线采用钳压管连接时，应清除导线表面和管内壁的污垢。连接部位的铝质接触面应涂一层电力复合脂，用细钢丝刷清除表面氧化膜，保留涂料，进行压接。压口数及压口位置，深度等应符合相关规范规定。

2. 杆上作业

（1）登杆前必须作的检查。

1）检查安全帽是否戴牢；

2）打开安全带、工具件套、传递绳进行检查；

3）用脚踩踏电杆根部，以检查根部泥土松实情况；

4）绕电杆一周，并观察电杆杆身，以检查电杆质量（裂纹或其他缺陷）；

5）查看电杆 3m 线位置，以示检查电杆埋深；

6）将脚扣放置在电杆上距地面适当的位置，双脚踏在脚扣上，并系好安全带。用身体的重量单脚向下重压冲击，轮流对两脚扣进行人体冲击试验；手扶保险带，身体向后用力靠。对安全带进行人体冲击试验（如用登高板登杆，应该对两登高板分别进行人体冲击试验）。

（2）登杆。

上、下电杆必须把保险带围在电杆上。登杆过程中不得发生不安全现象，如脚扣滑落，动作不熟练，使两脚扣上下交替过程中相互碰撞，身体晃动过大以及上下过程中迈步过大等。必须直线上下电杆，不得偏移和滑脱脚扣。

上杆进入工作位置。杆上作业人员在杆上站好位置，在距杆顶适当的位置系好安全带、保险绳和传递绳；安全带系好后必须检查扣环是否扣牢。

操作人员在工作位置操作时的身体站立姿势如下：

1）操作者在电杆右侧作业。此时操作者右脚在下，左脚在上，即身体重心放在右脚，以左脚辅助。估测好人体与作业点上下、左右的距离，找好角度，系牢安全带后即可开始作业。

图 GYND00503003-1 在左侧传递物件时的站姿

2）操作者在电杆左侧作业。此时操作者左脚在下，右脚在上，即身体重心放在左脚，以右脚辅助。估测好人体与作业点上下、左右的距离，找好角度，系牢安全带后即可开始作业。

3）操作者在电杆正面作业。此时操作者可根据自身方便，采用 1）或 2）的方式进行作业，也可根据负荷轻重、材料大小采取一点定位，选好距离和角度，系好安全带后进行作业。

操作者在杆上传递物件时要保持正确的站立姿势，并且位置合适。如图 GYND00503003-1 所示为在左侧传递物件时的站姿。

（3）绝缘子安装。绝缘子安装应符合相关技术规程要求，根据不同导线截面选用绝缘子。

1）绝缘子安装应有符合下列规定：安装牢固、连接可靠、防止积水；安装应清除表面灰垢、附着物及不应有的涂料；绝缘子裙边与带电部位间隙不应小于 50mm。

2）悬式绝缘子安装还应符合下列规定：与电杆、电线金具连接处，无卡压现象；耐张串上的弹簧销子、螺栓及穿钉应由上向下穿；悬垂串上的弹簧销子、螺栓及穿钉应向受电侧穿入。两边线应由内向外，中线应面向受电侧由左向右穿入或向统一方向。

（4）紧线。紧线工具目前常用硬质铝合金三角卡线器。卡线器与裸导线接触面之间必须加铝包带、铜绑线等缓冲衬垫物，选用规格要与导线直径配套。在线路末端将导线固在耐张线夹上或绑回头挂在蝶式绝缘子上。在首端杆上，挂好紧线器，先将两边线用人力初步拉紧，然后用紧线器紧线。先紧两边相导线再紧中间相导线。紧线器紧线操作方法如图 GYND00503003-2 所示。

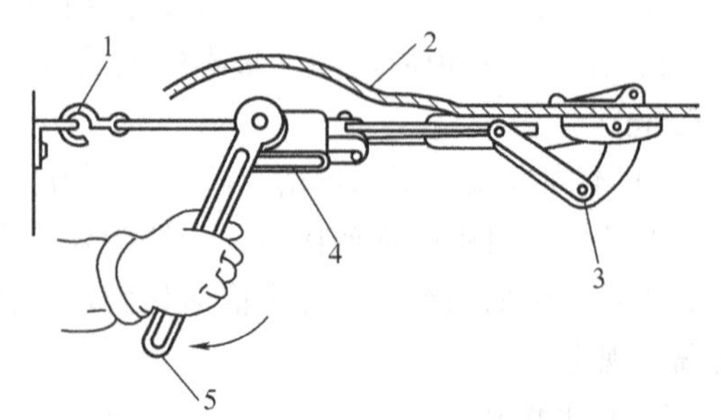

图 GYND00503003-2 紧线器紧线操作方法示意图

1—定位钩；2—导线；3—卡线器（夹头）；4—收紧齿轮；5—手柄

无论杆塔是否有永久拉线，紧线时都应设置临时拉线，作为对杆塔的补强。

1）临时拉线装设在耐张杆塔导线反向延长线上，平衡，导线过牵引张力，一般用钢丝绳作临时前拉线。

2）临时拉线上端绑扎点应靠近挂线点，绑扎处垫方木，并缠绕垫衬物。临时拉线下端通过调节装置连到锚桩上，拉线对地夹角小于 45°。

3）锚线端临时拉线收紧，使杆塔预偏（向紧线反方向预偏）紧线端临时拉线在紧线、划印、挂线后，放松挂线牵引绳前，收紧临时拉线，以保证两端耐张杆塔在紧线画印时的正直，即档距的正确。

（5）导线在绝缘子上的固定。

1）导线用螺栓式耐张线夹固定。导线在螺栓式耐张线夹上的固定采用紧线器紧线时，先直接将紧线器的固定端挂在耐张线夹上，当完成导线弧垂观测后，将导线与耐张线夹进行比对，留足引流跳线的长度后，将导线开断，然后按规定在导线上进行铝包带的缠绕，穿入线夹，盖上压舌芯，拧紧螺栓后松开收线器。操作示意如图 GYND00503003-3 所示。

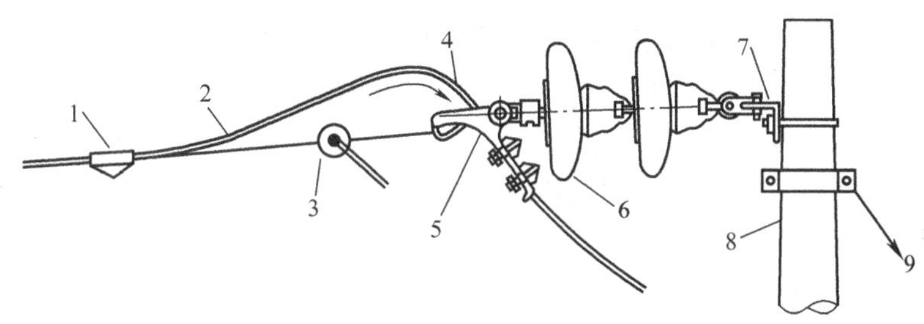

图 GYND00503003-3 导线在螺栓式耐张线夹上的固定操作示意图

1—卡线器；2—导线；3—紧线器；4—铝包带缠绕；5—耐张线夹；
6—悬式绝缘子；7—角铁横担；8—电杆；9—拉线抱箍

裸铝导线在耐张线夹上或在蝶式绝缘子上固定时，应缠包铝带，缠绕方向应与导线外层绞股方向一致，缠绕长度应超出接触部分 30mm。

2）导线在蝶式绝缘子上的固定。裸铝导线在蝶式绝缘子上的绑扎长度值见表 GYND00503003-1。

表 GYND00503003-1　　裸铝导线在蝶式绝缘子上的绑扎长度值

导线截面（mm^2）	绑扎长度（mm）
LJ–50、LGJ–50 及以下	≥150
LJ–70	≥200

绑扎用的绑线，应选择与导线同金属的单股线，其直径不应小于绞线单股导线直径（一般要求导线直径大于等于 2mm）。

直线杆的导线在针式绝缘子上的固定绑扎，应先由直线角度杆或中间杆开始，然后逐个向两端绑扎。

针式绝缘子绑扎应符合下列要求：直线角度杆的导线应固定在针式绝缘子转角外侧的槽内；直线跨越杆的导线应采用双绝缘子固定，导线本体不应在固定处出现角度；高压线路直线杆的导线应固定在针式绝缘子顶部的槽内，并绑双十字；低压线路直线杆的导线可固定在针式绝缘子侧面的槽内，可绑单十字。

（6）搭接过引线、引下线。10kV 及以下架空电力线路应该采用并沟线夹连接过引线、引流线，线夹数量不应少于 2 个，接户引下线可采用一个异径线夹，若引下线线径相差大时可采用跨径接户线夹。连接面应平整、光洁；导线及并沟线夹槽内应清除氧化膜，涂电力复合脂。

过引线应呈均匀弧度、无硬弯，必要时应加装绝缘子。铜、铝导线的连接应使用铜铝过渡线夹。

1～10kV 线路每相过引线、引下线与邻相的过引线、引下线或导线之间，安装后的净空距离不应小于 300mm；1kV 以下线路不应小于 150mm。

线路的导线与拉线、电杆或构架之间安装后的净空距离，1～10kV 时，不应小于 200mm；1kV 以下时，不应小于 100mm。

五、作业结束（竣工）

1. 检查验收

工程竣工自验收项目：

（1）由工作负责人组织安全员、技术人员及相关人员对工作现场进行自验收；

（2）填写杆塔明细表、交叉跨越记录、绘制竣工图；

（3）填写线路杆塔自验收卡、拉线自验收卡；

（4）所布置的工作任务已保质保量完成；

（5）施工期间发现的缺陷已全部处理。

2. 清理现场、办理工作终结手续

现场进行如下检查：

（1）工作负责人通知按照安全措施操作票所列各项内容撤除安全措施；

（2）检查场地已打扫干净，工器具、多余材料已回收保管好；

（3）在现场召开收工会；

（4）办理工作终结手续，向当值调度员或运行单位停电可许人汇报工作已终结，可以恢复供电。

【思考与练习】

1. 杆上作业登杆前必须作哪些检查？

2. 架空线路导线接头连接应符合哪些要求？

3. 杆上作业防高空坠落有哪些控制措施？

4. 杆上作业防高空坠物伤人有哪些控制措施？

5. 搭接过引线、引下线有哪些工艺要求？

模块4 导线在绝缘子上的绑扎、线夹上的安装操作（GYND00503004）

【模块描述】本模块包含导线绑扎固定的一般要求、导线在绝缘子上绑扎固定方法和操作步骤、导线在耐张线夹上的固定方法和操作步骤等内容。通过概念描述、术语说明、流程介绍、图解示意，掌握各种绑扎、固定操作。

【正文】

一、导线绑扎固定的一般要求

架空配电线路的导线在针式绝缘子及蝶式绝缘子上的固定，普遍采用绑线缠绕法。

在绝缘子、瓷横担上固定导线，必须使用与导线同一金属的合格绑线。裸铝线与绝缘子、瓷横担（或金具）的接触部分应密缠铝包带，不留缝隙，缠绕长度应超出绑扎部分（或金具外）30mm。$35mm^2$以下的铜、铝导线用直径为2.11mm的绑线，超过$35mm^2$的铜导线用直径为2.49mm的绑线，铝导线用直径为2.60mm的绑线。

二、导线在绝缘子上绑扎固定方法

1. 绝缘子顶扎法

绝缘子顶扎法是将导线固定在绝缘子顶部槽内。导线在直线杆绝缘子上的顶部绑扎法固定操作过程如图GYND00503004-1所示。

具体操作步骤如下：

（1）将绑扎线留出长度为250mm的短头由导线下方自脖颈外侧穿入，将绑扎线在绝缘子脖颈的外侧由导线的下方绕到导线上方，绑扎线与导线绕向同向缠绕3圈，如图GYND00503004-1（a）所示。

（2）将绑扎线在绝缘子脖颈上由外侧绕到绝缘子另一侧的导线上，用（1）中所述方法缠绕3圈，如图GYND00503004-1（b）所示。

（3）绑扎线自绝缘子脖颈的内侧绕到左侧导线下面，由导线外侧向上，经过绝缘子顶部交叉压住导线，然后从绝缘子右侧向下经过导线由脖颈外侧绕过导线，经过绝缘子顶部交叉压住导线，如图 GYND00503004-1（c）所示。

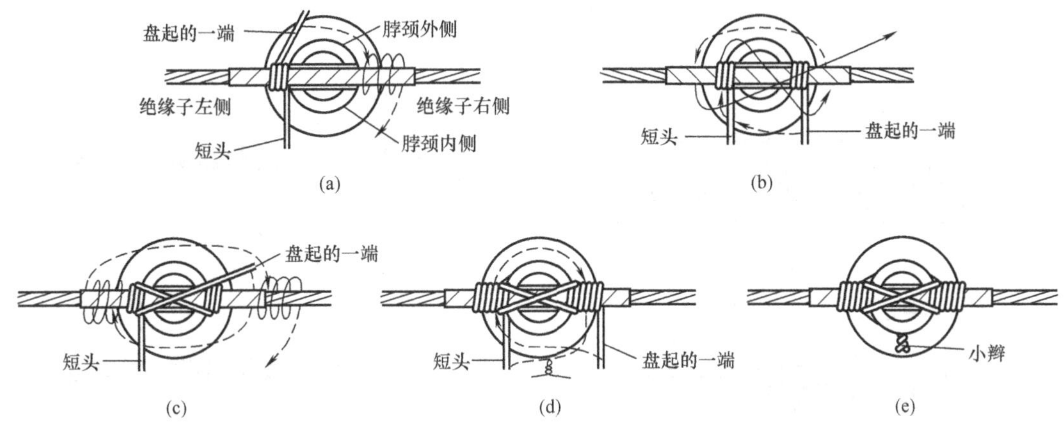

图 GYND00503004-1 绝缘子顶部绑扎法操作步骤分解示意图

（4）继续用（3）所述方法分别在绝缘子两端导线上分别缠绕 3 圈，如图 GYND00503004-1（d）所示。

（5）扎丝从绝缘子右侧绝缘子的脖颈内侧，经导线下方绕绝缘子脖颈 1 圈与短头在绝缘子脖颈内侧中间拧 1 个小辫，剪断余扎线并将小辫压平，如图 GYND00503004-1（e）所示。

2. 绝缘子颈扎法

颈扎法是将导线固定在针式绝缘子、蝶式绝缘外侧的脖颈上或瓷横担顶部第一脖颈上。导线在绝缘子上的颈扎法操作步骤分解示意图如图 GYND00503004-2 所示。

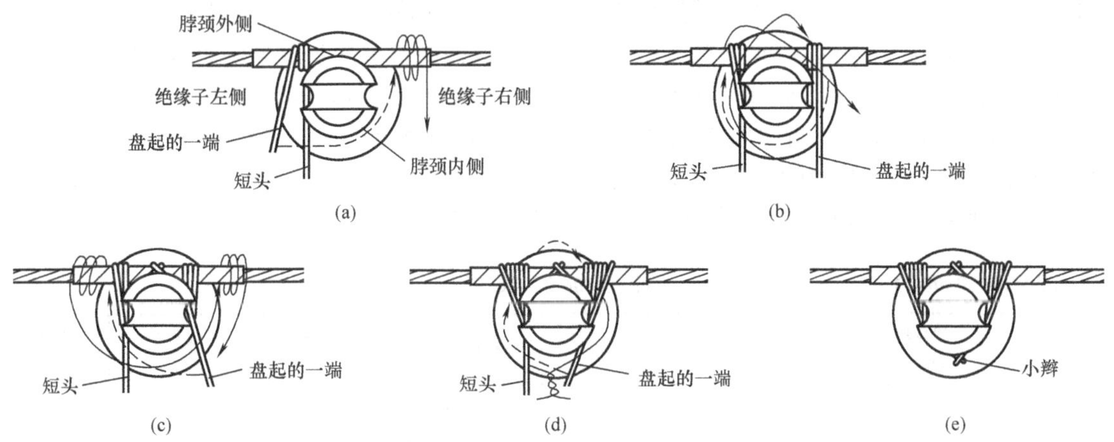

图 GYND00503004-2 绝缘子颈部绑扎法操作步骤分解示意图

具体操作步骤如下：

（1）将扎丝留出一个长度为 250mm 的短头，由绝缘子脖颈外侧的导线下方穿向脖颈内侧，将扎丝由下向上在导线上扎 3 圈，如图 GYND00503004-2（a）所示。

（2）扎丝自绝缘子脖颈内侧短头下从绝缘子左侧向右绕至导线下，再从脖颈外侧绕向上方后，在导线扎 3 圈，如图 GYND00503004-2（b）所示。

（3）把盘起来的扎丝自绝缘子脖颈绕到另一侧，从导线上方在脖颈外侧交叉压在导线上，然后从导线下方继续由脖颈内侧自右向左绕到另一侧，从导线下方在脖颈外侧再次交叉压导线由上方引出，如图 GYND00503004-2（c）所示。

（4）然后用扎丝在绝缘子脖颈内侧绕过导线，分别在两端导线上每端扎 3 圈，如图 GYND00503004-2（d）所示。

（5）把盘起来的扎丝在绝缘子脖颈的导线下方绕 1 圈，最后将扎丝与短头在绝缘子脖颈内侧中间拧 1 个小辫，剪去多余部分压平，完成绑扎，如图 GYND00503004-2（e）所示。

3. 绝缘子终端绑扎法

终端绑扎法适用于将导线固定在蝶式绝缘子上，终端绑扎法操作步骤分解示意图如图 GYND00503004-3 所示。

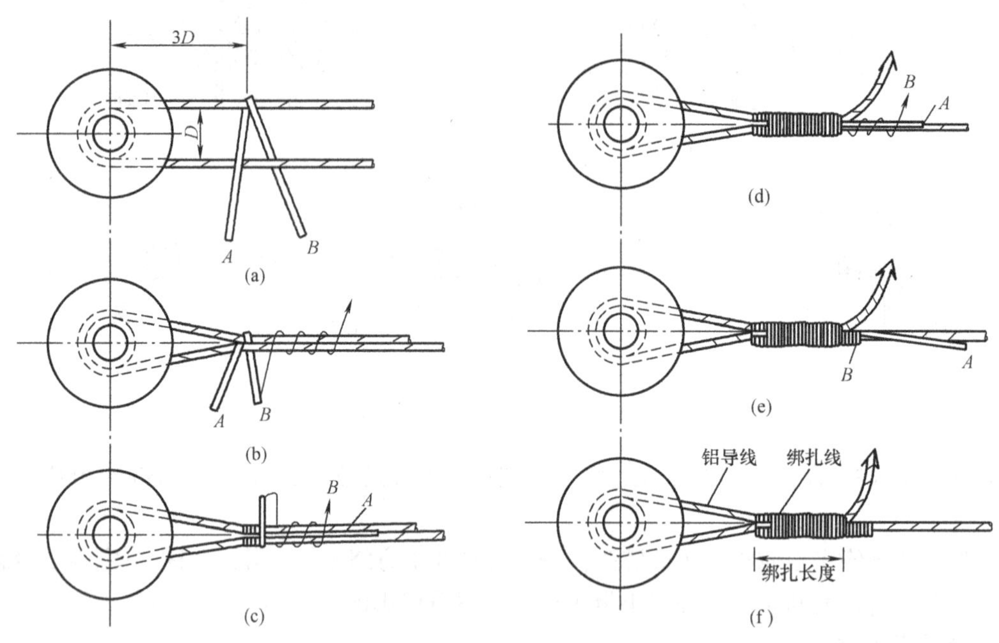

图 GYND00503004-3 终端绑扎法

具体操作步骤如下：

（1）先在导线与蝶式绝缘子接触部分缠绕铝包带（若是铜导线可不缠铝包带）。

（2）把绑线盘成圆盘（绑线长度根据所需绑扎的导线截面及绑扎长度来确定），在绑线一端留出一个短头，其长度为 200～250mm，把绑线短头夹在导线与折回导线之间，然后将绑线在两导线上绑扎 4～5 圈后，将短头压倒，折回到 2 线之间，用绑线将两导线及短头三者一并继续绑，到达要求尺寸，导线绑扎长度见表 GYND00503004-1。

（3）用绑线和压下的短头拧成 1 个小辫，剪去多余绑线后压平。

表 GYND00503004-1　　导线绑扎长度

导线种类	导线规格（mm）	绑线直径（mm）	绑扎长度（mm）	导线种类	导线规格（mm^2）	绑线直径（mm）	绑扎长度（mm）
单股线直径	ϕ3.2 以下	2.0	≥40	多股线截面	16～25	2.0～2.3	≥100
	ϕ3.2～3.53	2.0～2.3	≥60		35～50	2.5～3.0	≥120
	ϕ4.0	2.0～2.3	≥80		70 及以上	2.5～3.0	≥150

三、导线在耐张线夹上的固定方法

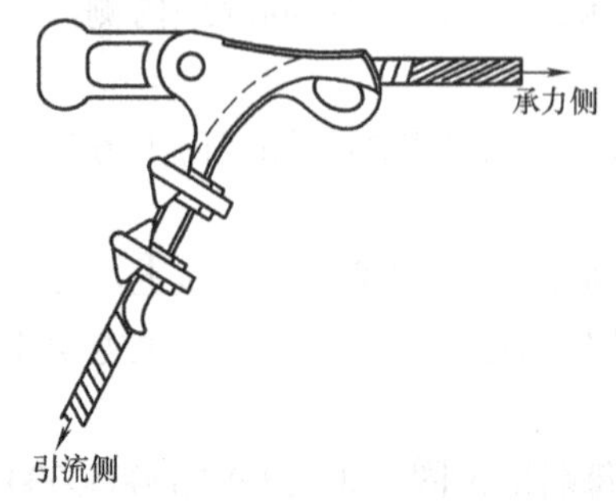

图 GYND00503004-4 导线在耐张线夹上的固定方法

当配电线路耐张杆采用悬式绝缘子时，导线与悬式绝缘子之间采用耐张线夹固定。目前耐张线夹普遍采用倒装式，固定方法如图 GYND00503004-4 所示。

当导线收紧到符合弧垂标准以后，可将导线固定在耐张线夹上。在使用紧线器紧线时，紧线器前端钩到与导线连接的夹具上，后端钩挂在耐张线夹前部的圆环内。这样导线紧好后可直接将导线固定到耐张线夹里，而弧重不发生变化。

固定前，先将导线与耐张线夹的接触部分缠绕铝包带，缠绕和长度以两端各露出线夹 30mm 为准；然后将耐张线夹的 U 形螺栓卸下，将导线穿入线夹内，装上全部 U 形螺栓及压舌，并用手拧紧，再用活动扳手逐个将螺栓拧紧。在拧紧过程中，受力要均衡，不得使线夹的压舌偏斜和卡碰。所有螺栓拧紧后，再逐个检查并复紧一次。

【思考与练习】

1. 导线在耐张线夹上的固定有什么要求？
2. 进行导线绑扎操作练习。

第七部分

营 业 业 务

第二十八章 业务受理与业务扩充

模块 1 业务扩充的内容（GYND00801001）

【模块描述】本模块包含业扩报装的定义和业扩报装的内容。通过概念描述、术语说明、要点归纳，掌握业务扩充的主要内容。

【正文】

正确理解业扩的内容是确保业扩报装的质量、提高业扩报装效率的重要因素，本节主要介绍业扩的定义和内容。

一、业务扩充的定义

业务扩充（即业扩或业扩报装），是电力企业营业工作中的习惯用语，即为新装和增容客户办理各种必需的登记手续和一些业务手续。业务扩充是供电企业电力供应和销售的受理环节，是电力营销工作的开始。

二、业务扩充的主要内容

业务扩充工作的主要内容包括：

（1）受理客户新装、增容和增设电源的用电业务申请。

（2）根据客户和电网的情况（通过现场查勘），制订供电方案。

（3）组织因业务扩充引起的供电设施新建、扩建工程的设计、施工、验收、启动。

（4）对客户内部受电工程进行设计审查、中间检查和竣工验收。

（5）签订供用电合同。

（6）装表接电。

（7）汇集整理有关资料并建档立户。

1. 新装用电

供电所的业扩工作主要是低压新装，低压新装也是供电所增供扩销的一个重要途径。新装用电指要求用电的申请者就所需用电容量，申请与供电企业建立长期的供用电关系。

2. 增加用电

增加用电容量指原有用户由于原协议约定的用电容量或注册容量不能满足用电需要，申请在原约定用电容量的基础上增加新的用电容量。

【思考与练习】

1. 什么是业务扩充？

2. 业务扩充的主要内容包括哪些？

模块 2 供电方案的确定（GYND00801002）

【模块描述】本模块包含现场查勘的内容、确定低压供电方案的依据、供电方案所要明确的内容、供电所答复客户供电方案的时限、供电方案的有效期等内容。通过概念描述、术语说明、案例介绍，掌握确定供电方案的基本知识。

【正文】

供电方案主要是解决供多少、如何供的问题，供电方案的正确与否将影响电网的结构与运行是否合理、灵活，用电的供电可靠性是否得到满足等。因此，正确的供电方案是确保安全、稳定、经济、合理供电和用电的重要环节，也为正确执行电价分类、正确安装电能计量装置、合理收费等工作创造必要的条件。

一、现场勘察

必须经过现场勘察以后才能确定供电方案，注意客户的用电地点、用电设备容量、供电电压、客户用电性质和执行电价类别，供电区域内电网结构、用电的可行性和安全性、电能计量方式和计量装置的安装地点、客户提供的资料的真实性、有无影响系统电能质量的设备等。

二、确定供电方案

1. 确定供电方案的基本原则

（1）应能满足供用电安全、可靠、经济、运行灵活、管理方便的要求，并留有发展余度。

（2）符合电网建设、改造和发展规划的要求；满足客户近期、远期对电力的需求，具有最佳的综合经济效益。

（3）具有满足客户需求的供电可靠性及合格的电能质量。

（4）符合相关国家标准、电力行业技术标准和规程，以及技术装备先进要求，并应对多种供电方案进行技术经济比较，确定最佳方案。

2. 确定供电方案的基本要求

（1）根据客户的用电容量、用电性质、用电时间，以及用电负荷的重要程度，确定高压供电、低压供电、临时供电等供电方式。

（2）根据用电负荷的重要程度确定多电源供电方式，提出保安电源、自备应急电源、非电性质的应急措施的配置要求。

（3）客户的自备应急电源、非电性质的应急措施、谐波治理措施应与供用电工程同步设计、同步建设、同步投运、同步管理。

3. 确定低压供电方案的依据

低压新装根据客户的用电申请要求、性质以及现场勘察的信息确定供电方案。

4. 供电方案所要明确的内容

供电方案要确定客户的供电容量、供电电压、供电方式、电能计量方式、供电电源点、供电线路路径、客户用电性质及执行电价类别等。

5. 供电所答复客户供电方案的时限

供电所答复客户供电方案的时限要遵守供电服务承诺的约定，根据国家电网公司公布的供电服务“十项承诺”的规定，供电方案答复期限为：居民客户不超过 3 个工作日，低压电力客户不超过 7 个工作日，高压单电源客户不超过 15 个工作日，高压双电源客户不超过 30 个工作日。

三、供电方案的有效期

《供电营业规则》第二十一条规定：供电方案的有效期是指从供电方案正式通知书发出之日起至受电工程开工日为止。高压供电方案的有效期为 1 年，低压供电方案的有效期为 3 个月，逾期注销。客户遇有特殊情况，需延长供电方案有效期的，应在供电方案有效期到期前 10 天向供电企业提出申请，供电企业应视情况予以办理延长手续，但延长时间不得超过上述规定期限。

四、举例介绍

【例 GYND00801002-1】 一农村居民客户新建一栋两层居民楼房，向供电所申请用电，受理后，供电所工作人员到客户处勘察，了解客户用电地址、设备及供电情况，列出客户用电设备清单，确定了该用电容量合计为 15kW，经过分析，附近的配电变压器容量和线路容量可以接入该客户的设备容量，确定由彭枫台区变压器和 380V 彭枫Ⅰ线供电，搭头位置（彭枫线 12 号杆处）、新架 1 基 8m 低压电杆，新架线路长度 50m，单回路供电，计量方式为低供低计，电能表安装位置在 1 楼户外左边窗户上部，安装预购电能表，用电性质为居民生活照明用途等。居民照明用电申请表如下所示。

居民照明用电申请表

2008 年 7 月 15 日　　　　　　　　　　　　　　　　　　　　　低 0080 字第 123 号

<table>
<tr><td colspan="4">户名　张三</td><td colspan="5">用电地址　彭枫大街 456 号</td></tr>
<tr><td colspan="2">联系人：张三</td><td colspan="4">电话：0335–3385678</td><td colspan="3">通信地址：彭枫大街 456 号</td></tr>
<tr><td colspan="2">邮政编码：066600</td><td colspan="4">预计用电时间：2008 年 7 月 30 日</td><td colspan="3">行业分类：居民生活照明</td></tr>
<tr><td rowspan="9">新增装设备明细表</td><td>建筑名称</td><td>建筑面积（米²）</td><td>瓦/米²</td><td>照明用电（千瓦）</td><td>空调用电（千瓦）</td><td>家用电器（千瓦）</td><td>其他电器设备（千瓦）</td><td>总计设备容量（千瓦）</td></tr>
<tr><td>二层小楼</td><td>300</td><td>15</td><td>4</td><td>3</td><td>6</td><td>2</td><td>15</td></tr>
<tr><td></td><td></td><td></td><td></td><td></td><td></td><td></td><td></td></tr>
<tr><td></td><td></td><td></td><td></td><td></td><td></td><td></td><td></td></tr>
<tr><td></td><td></td><td></td><td></td><td></td><td></td><td></td><td></td></tr>
<tr><td></td><td></td><td></td><td></td><td></td><td></td><td></td><td></td></tr>
<tr><td></td><td></td><td></td><td></td><td></td><td></td><td></td><td></td></tr>
<tr><td></td><td></td><td></td><td></td><td></td><td></td><td></td><td></td></tr>
<tr><td>合计</td><td>300</td><td>15</td><td>3</td><td>3</td><td>6</td><td>4</td><td>15</td></tr>
<tr><td rowspan="5">原装设备</td><td>建筑名称</td><td>建筑面积（米²）</td><td>瓦/米²</td><td>照明用电（千瓦）</td><td>空调用电（千瓦）</td><td>家用电器（千瓦）</td><td>其他电器设备（千瓦）</td><td>总计设备容量（千瓦）</td></tr>
<tr><td></td><td></td><td></td><td></td><td></td><td></td><td></td><td></td></tr>
<tr><td></td><td></td><td></td><td></td><td></td><td></td><td></td><td></td></tr>
<tr><td></td><td></td><td></td><td></td><td></td><td></td><td></td><td></td></tr>
<tr><td>合计</td><td></td><td></td><td></td><td></td><td></td><td></td><td></td></tr>
<tr><td colspan="9">原装电能表：</td></tr>
<tr><td colspan="9">备注：经现场勘察核实用电容量为 15 千瓦，确定由彭枫台区变压器、380V 彭枫 I 线供电，搭头位置（彭枫 I 线 12 号杆处）、新架 1 基 8 米低压电杆，新架线路长度 50 米，单回路供电，计量电能表安装位置在 1 楼户外左边窗户上部，安装 40（A）预购电能表一块。</td></tr>
<tr><td colspan="9">本人对申请书所填写内容真实性负责，并遵守《居民生活用电须知》。
申请人签名：张三　　　　　　　　　　申请日期：2008 年 7 月 15 日</td></tr>
</table>

1. 请逐栏填写清楚。
2. 增容客户需持原供用电合同。
3. 家用电器是指彩电、冰箱、电风扇、电炊具、电热器等。

【思考与练习】

1. 现场勘察需要注意哪些事项？
2. 供电所答复客户供电方案的时限是如何规定的？

模块 3　低压用电工程验收项目及标准（GYND00801003）

【模块描述】本模块包含低压用电工程验收项目、验收条件、验收标准及验收准备等内容。通过概念描述、要点归纳，掌握低压用电工程验收项目及标准。

【正文】

1. 验收时间

低压客户工程施工结束以后，由供电所组织验收。

2. 验收条件

（1）工程项目按设计规定全部竣工。

（2）自验收合格。

（3）竣工验收所需资料已准备齐全。

3. 验收项目

（1）工程施工是否依照施工图纸、设计说明和施工要求并按照相关规范进行施工，工程中发生的施工变更是否按规定程序进行。

（2）工程量是否全部完成。

（3）工程决算资料。

（4）所用设备材料质量是否符合规定要求。

（5）施工工艺是否达标，有无安全隐患。

（6）工程相关档案资料收集、整理是否齐全。

（7）各种电气设备试验是否合格、齐全。

（8）变电所（室）土建是否符合规定标准。

（9）全部工程是否符合安全运行规程以及防火规范等。

（10）安全工器具是否配备齐全，是否经过试验。

（11）操作规程、运行值班制度等规章制度的审查。

（12）作业电工、运行值班人员的资格审查。

4. 验收标准

（1）工程建设批复、规划、设计等相关文件资料。

（2）DL/T 499—2001《农村低压电力技术规程》。

（3）DL 477—2001《农村低压电气安全工作规程》。

（4）相关规程。

5. 验收准备

工程施工结束后，施工单位必须首先进行自验收，验收合格后提供工程竣工图、隐蔽工程记录、设备材料使用清单等资料，提交竣工申请报告，申请验收。

【思考与练习】

1. 低压用电工程验收应选择在什么时间？

2. 低压用电工程验收哪些项目？

模块 4　供电可行性审查论证（GYND00801004）

【模块描述】本模块包含用电申请容量核查、供电可靠性审查、供电可能性、合理性审查。通过概念描述、术语解释、要点归纳，了解供电可行性审查论证一般要求。

【正文】

一、用电申请容量核查

电力客户申请用电是《中华人民共和国电力法》赋予的一项权利。为了体现公司服务宗旨并对客户负责，应综合客户用电申请原因。若是新增客户，按照客户提出近期申请计划和将来发展规划的计算负荷，对申请容量进行审查；若是增容客户，则应对原供电容量的使用情况等进行核查论证，测算在原有容量中通过其内部挖潜改造，有多少可利用的富余容量，对其不足部分需新增多少容量，这样就可以撤销或减少申请用电容量。

二、供电可靠性审查

客户根据自己的生产需要和资金状况提出双路电源的需求，供电企业可以对客户进行技术指导，在供电条件许可的情况下尽量满足客户需求。另外，供电企业应该核查客户的负荷性质，如属于高危（重要）客户，则供电企业应督促客户配备双电源供电，同时应自备应急电源和非电保安措施。

双电源供电指由两个独立的供电线路向一个用电负荷实施的供电。这两条线路由两个电源供电，即由两个变电站或一个有多台变压器单独运行的变电站中的两段母线分别提供电源。其中一个电源故障时，不会因此而导致另一个电源同时损坏。

保安电源供给用户保安负荷的电源。当常用电源或主要电源故障断电时，保安电源用来保证对用户保安负荷连续供电，以防发生人身伤亡和设备事故，造成重大经济损失和政治影响。保安电源必须是与其他电源无联系而能独立存在的电源，或与其他电源有较弱的联系，当其中一个电源故障断电时，不会导致另一个电源损坏的电源。

三、供电可能性审查

供电可能性是确定如何供电的问题。对电力客户进行供电必要性审查后，供电公司要落实供电资源渠道，并根据客户的用电性质、用电地址、用电变压器容量及用电负荷，结合当地区域变电所的供电能力、输配电网络的现有分布情况，来确定是否具备对该客户供电的条件，即进行供电可能性的审查。当供电能力受限制时，应对相应的输、变、配电设备进行统一规划建设。

电力客户新建受电工程项目在立项阶段，事先应与供电公司联系，就工程供电的可能性、用电容量和供电条件等达成意向性协议，方可审批、确定项目。未履行上述手续的，电力公司有权拒绝受理其用电申请。

四、供电合理性审查

根据国家的能源政策和环境保护的有关规定，审查电力客户能源使用是否合理，应严格控制高耗能设备。客户在设备选型配套中，是否采用用电单耗小、效率高的设备和国家推广的新技术、新工艺。对受电变压器容量在100kVA及以上者，应按要求进行无功补偿。

根据电力客户的用电性质和用电容量、未来电力发展规划，审查变压器申请容量是否合理，确定变压器容量时既要考虑现有负荷状况，又要考虑留有发展余地；既要满足高峰负荷时的用电需求，又要防止低谷负荷时变压器轻载、空载无功损耗大的问题；通常以客户总负荷不超过其所供配电变压器额定容量的70%较好，并选用国家推广的低损耗变压器。

批准变压器申请容量后，要进一步论证供电电压和供电线路回路数，论证是新建变电站还是从现在已有变电站中出线，是采用架空线路供电，还是采用电力地埋电缆供电等。上述问题既是供电合理性审查的主要内容，又是确定供电方案中所要解决的问题。

【思考与练习】

1. 供电可行性审查论证主要有哪些部分？
2. 电力客户是否需要双电源取决于什么？
3. 电力客户新建受电工程项目在立项阶段应履行哪些手续，电力公司才可受理其用电申请？

模块5　10kV电力客户供电方案（GYND00801005）

【模块描述】本模块包含确定供电方案基本原则、供电条件勘察、确定变压器容量、确定供电电压、确定供电方式、确定电能计量方式、答复客户等内容。通过概念描述、条文说明、公式解析、列表示意、案例分析、要点归纳，熟悉10kV电力客户供电方案的内容及要求。

【正文】

确定供电方案是业扩报装工作的一个重要环节。供电方案要解决的主要问题为两部分：第一是供多少，第二是如何供。供多少，是指确定受电容量是多少比较适宜。如何供电的主要内容是确定供电电压等级，选择供电电源，明确供电方式与计量方式等。

供电方案制订得正确与否，将直接影响电网的结构与运行，影响电力客户所需的供电可靠性和电压质量能否得到满足和保证。此外，供电方案还为正确执行分类电价，正确选择、安装电能计量装置，合理计收电费以及建立供用双方的业务关系，解决日常用电中的各种问题奠定了一定的基础，创造了必要的条件。因此，从电力客户申请用电开始，就要抓住这个关键环节。

一、确定供电方案基本原则

（1）在工程投资经济合理基础上，满足电力客户对供电安全、可靠、经济、合理的原则。

（2）电力客户受电端电压符合规定要求。

（3）考虑运行、检修维护方便，施工建设的可能性。

（4）结合区域电网规划、当地供电条件等因素。

（5）考虑客户未来发展的前景。

（6）对特殊用电设备，要考虑对电网的影响。

（7）工程投资与供电损耗一起进行技术经济比较。

二、供电条件勘察

供电公司在受理电力客户用电申请后，应组织人员对电力客户用电申请资料进行现场勘察，以便制订更为合理的供电方案。

现场勘察由供电公司用电营销部门统一组织，勘察人员由用电检查人员（或客户经理）、线路和变电工程技术人员组成。勘察内容主要包括：

（1）对电力客户用电申请，核查一般资料，包括户名、用电地址、联系人与联系电话、行业分类、项目批文、投资金额、用电类别等。

（2）核查用电现状及用电容量，包括电源性质、原装容量、新增容量、合计容量等。

（3）制订审批的供电方案草案，主要包括受电点、用电范围、主接线方式、运行方式、变电站布置形式、双电源联锁装置、负荷等级、电源性质、确定容量、电压等级、计量方式、互感器变比、无功补偿、供电线路名称、受电变压器容量等。

三、确定变压器容量

电力客户申请用电后，首先要审核申请的受电变压器容量是否合理。通过审核客户的负荷计算是否正确（目前的用电量和今后的发展前景），综合安全与经济两大因素，论证并确定变压器的台数与容量。

对于用电容量较小的城镇居民、市政照明负荷、中小型工商业和一些小型动力负荷，一般都以低压供电。在确定供电容量时，可根据负荷计算和负荷预测，或者以安装的用电设备提出的用电容量来确定变压器的容量。

对于用电容量较大的电力客户，一般规定为容量在 100kW 及以上的用户，在确定用电变压器容量时，首先审查客户负荷计算是否正确，如果采用需用系数计算负荷时，计算负荷确定后，一定要根据无功补偿应达到的功率因数，求出相应的视在功率，再利用视在功率选择变压器容量。

1. 审核负荷计算

在已知设备容量的前提下，采取需用系数法求出计算负荷，即

$$P=K_c\sum P_c \qquad \text{(GYND00801005-1)}$$

式中 P——计算负荷，kW；

$\sum P_c$——用电设备容量，kW；

K_c——需用系数。

计算负荷求出后，根据无功补偿要求达到的功率因数，可分别求出相应的无功功率和视在功率，即

$$Q=P\tan\varphi \qquad \text{(GYND00801005-2)}$$

$$S=P/\cos\varphi \qquad \text{(GYND00801005-3)}$$

式中 P——计算负荷，kW；

Q——与 P 相对应的无功功率，kvar；

S——变压器的视在功率，kVA；

$\cos\varphi$——规定的功率因数；

$\tan\varphi$——与 $\cos\varphi$ 相对应的正切函数值。

2. 确定变压器容量的原则

（1）在满足近期电力需求的前提下，保留合理的备用容量，为未来发展留有余地。一般来讲，备用容量不宜过大，否则变压器利用率低，客户设备投资和运行费用高，电网无功损耗大功率因数低。

（2）在确保变压器不超载及安全运行的前提下，同时考虑减少电网的无功损耗，一般选择计算负荷等于变压器额定容量的 70%～75%为宜，这个容量是比较安全经济的。

（3）对于用电季节性强、负荷分散性大的客户，既要能满足旺季或高峰期用电的需要，又要防止用电淡季或低谷期变压器轻载、空载，无功损耗过大。例如，对于农业排灌泵站和一些临时用电，可适当降低单台变压器容量，增加变压器台数，即采取小容量密布点的方式加以解决。

确定变压器容量是一项重要而复杂的工作，一定要满足安全、经济、合理的要求。

四、确定供电电压

对用户供电电压，应根据用电容量、用电设备特性、供电距离、供电线路的回路数、当地公共电网现状、通道等社会资源利用效率及其发展规划等因素，经技术经济比较后确定：

1. 供电电压等级标准

（1）低压供电电压：单相 220V，三相 380V。

（2）高压供电电压：10、20、35（63）kV。

除发电厂直配电压可采用 3kV 或 6kV 外，其他等级的电压应逐步过渡到上述额定电压。电力客户需要的电压等级不在上述范围时应自行采取变压措施解决。

（3）供电公司供电的额定频率为交流 50Hz。

2. 供电电压的选择

供电公司对电力客户的供电电压，应从供用电的安全、经济、合理和便于管理等综合效益出发，依据国家的有关政策和规定、电网的规划、用电需求以及当地供电条件等因素，进行技术经济比较，与客户协商确定。

（1）客户单相用电设备总容量不足 10kW 的可采用低压 220V 供电，但有单台设备容量超过 1kW 的单相电焊机、换流设备时，客户必须采取有效的技术措施以消除对电能质量的影响，否则应改为其他方式供电。

（2）客户用电设备总容量在 100kW 及以下或需用变压器容量在 50kVA 及以下者，可采用低压三相四线制供电，特殊情况也可采用高压供电。

（3）对于用电设备总容量超过 250kW 或需用变压器容量超过 160kVA 的客户，一般采用 10kV 供电。

（4）对于大容量、远距离的大电力客户，根据需要与可能，可采用 35～220kV 供电。

（5）对于农村用电，应根据负荷大小和距离远近，采用 35～110kV 输电，10kV 配电。在灌溉用电较多的地区，10kV 级电压很难保证合格的电压质量，可采用 35kV 直配电和 35kV 降压 10kV 配电两种联合供电的方式。

五、确定供电方式

营销管理部门应根据用电地点、用电容量和确定的供电线路回路数，并经详细调查用户周围的地理条件、电源布局、电网供电能力和负荷等情况后，拟定供电方式，其主要内容包括确定供电电源和选择供电线路两部分。

1. 确定供电电源

（1）按照就近供电的原则选择供电电源。供电距离近，电压损耗低，电压质量容易保证。

（2）客户需要备用电源、保安电源时，供电公司应按其负荷重要性、用电容量和供电的可能性，与客户协商解决。

备用电源是指供电设施发生故障或检修时，能使客户的部分或全部生产过程正常用电而设置的电源；保安电源是指正常电源故障情况下，为保证客户重要负荷仍能连续供电和不发生事故而设置的电源。

重要负荷是指对中断供电后会产生下列后果之一者：

1）造成人身伤亡者。

2）造成环境严重污染者。

3）造成重要设备损坏，连续生产长期不能恢复者。

4）在政治上造成重大影响者。

客户重要负荷的保安电源可由供电公司提供，也可由客户自备。遇有下列情况之一者，保安电源应由客户自备：

1）在电力系统瓦解或不可抗力造成供电中断时，仍需保证供电的。

2）客户自备电源比电力系统供给更为经济合理的。

（3）对基建工地、农田水利、市政建设等非永久性用电，可供给临时电源。临时用电期限除经供电公司准许外，一般不得超过 6 个月～4 年，逾期不办理延期或永久性正式用电手续的，供电公司应中止供电。

使用临时用电的客户不得向外转供电，如需改为正式用电，应按新装用电办理。因抢险救灾需要紧急供电时，供电公司应迅速组织力量架设临时电源供电。其工程费和电费应由地方政府有关部门负责从救灾经费中拨付。

（4）供电公司对客户一般不采用趸售方式供电，电网经营企业与趸购转售电的单位应就趸购转售事宜签订供电合同，明确双方的权利和义务。趸购转售电单位需新装或增加趸购容量时，应按规定办理新装增容手续。

（5）用电客户不得自行转供电。在公用供电设施尚未到达的地区，供电公司在征得该地区有供电能力的直供客户同意后，可采用委托方式向其附近的客户转供电力，但不得委托重要的国防军工客户转供电。

（6）为保障用电安全、便于管理，客户应将重要负荷与非重要负荷、生产用电与生活区用电分开配电。

2. 选择供电线路

可根据用户的负荷性质、负荷大小、用电地点和线路走向等选择供电线路及其架设方式。根据我国目前的情况，郊区县以架空线为主。对于城市电网，正逐步考虑电缆入地的配电问题，已从 35、20、10kV 和 380V 全面展开，美化了城市，减少了道路占用。报装时，电力线路建议按经济电流密度选择导线。

在供电线路走向方面，应选择在正常运行方式下具有最短的供电距离，以防止发生近电远供或迂回供电的不合理现象。

六、确定电能计量方式

供电公司应在用户每一个受电点按不同电价类别，分别安装电能计量装置，且每个受电点作为用户的一个计费单位。具体要求参照 DL/T 448—2000《电能计量装置技术管理规程》相关规定。

1. 明确电能计量点

计量点就是用电计量装置或计费电能表的安装位置，应在供电方案中予以明确规定，以便在设计变电所时预留安装位置，作为计收电费的依据。所谓电能计量装置包括计费电能表（有功、无功电能表及最大需量表）和电压、电流互感器及二次连接线或二次导线。计费电能表及附件的购置、安装、移动、更换、校验、拆除、加封、启封及表计接线等，均由供电公司负责办理，用户应提供工作上的方便。

（1）对于高压供电用户原则上电能计量装置应安装在变压器的高压侧，在高压侧计量。对于用电容量较小的用户，10kV 供电、容量在 500kVA 及以上者，或 35kV 供电、容量在 315kVA 及以下者，也可在变压器的低压侧装表计量。计费时，应负担变压器本身的有功、无功损耗和线路损耗。

（2）对于专用线路供电的高压用户，应以产权分界处作为计量点，也可在供电变压器处装表计量。如果供电线路属于用户，则应在电力部门变电所出线处安装电能计量装置。

（3）对于有冲击性负荷、不对称负荷、谐波负荷和整流用电的用户，计量装置必须装在用户受电变压器一次侧。为了使计量点能够反映用户消耗的全部电能，对于双电源供电的用户，每路电源进线均应装设与备用容量相对应的电能计量装置。对大容量内桥接线的用户，计量点应设在主变压器的电源侧。电流互感器的变比可按单台主变压器的额定电流选择，以提高计量的准确度。对于单电源供电的用户，原则上只装设一套电能计量装置。但是，如因季节性用电主变压器容量与实际用电悬殊，也可酌情加装计量表计分别计量。对于双电源供电、经常改变运行方式的用户，应保证电能计量点在任何方式下都能正确计量，防止发生电能表失电情况。

2. 确定电能计量方式的原则

（1）用电计量装置原则上应装在供电设施的产权分界处。如不在分界处，变压器的有功、无功损耗和线路损失由产权单位负担。对高压供电用户应在高压侧计量，经双方协商同意，也可在低压侧计量，但应加计变压器损耗。

（2）电能计量装置尽可能做到专用。装设在 35kV 及以下的计量装置应设置专用互感器或专用计量柜。属高压供电用户，应按照计费的要求，提供或移交计量专用柜，包括计量用互感器，并应妥善地运行、维护和保管。自行投资建设专用变电所的用户，应当在供用电合同中予以明确，并为变电所设计的内容之一。

（3）根据《电热价格》规定，普通工业用户、非工业用户的生活照明与生产照明用电，大工业用户的生活照明用电都应分表计量，按照明电价交、收电费。在用户报装时，必须明确规定分线分表或装两套表，计量收费。

（4）对于农村用户应以村为单位，对排灌、动力和照明用电，实行分线分表计量收费，并在送电前加以检查落实。对农村趸售用户应以上述三种用电的实际构成确定趸售电价，从用户报装开始，就应予以明确。

（5）对执行两部制电价，依功率因数调整电费的用户，必须装设有功与无功电能表。

对于不同电价类别的负荷除分别装设计量装置外还可以采取定比定量的方式计算。电能计量装置装设后，用户应妥为保护，不应在表前堆放影响抄表或计量准确性和不安全的物品，要防止发生计费电能表丢失、损坏或过负荷烧坏等情况。供电公司应当按国家批准电价，依据用电计量装置的记录计算并收取电费。

七、答复客户

经现场勘察后，营销部门将勘察单按职责分工呈报上级，履行公司内部供电方案审批手续，审批后将供电方案审批单传递给用电营业机构，由用电营销部门向客户开出同意供电通知单，对客户用电申请予以正式答复。答复的主要内容是：户名、地址、主接线方式、运行方式、电源性质、容量、供电线路、电压等级、计量方式、进（接）户方式、变压器容量等。

书面通知单答复客户的期限为：居民客户不超过 3 天；低压电力客户不超过 7 天；高压单电源客户不超过 15 天；高压双电源客户不超过 30 天。客户应根据确定的供电方案进行受电工程设计。

八、举例介绍

供电方案应以经供电方与用户协商确定的供电方案为依据，并按照各省供电公司制定的《电力用户业扩工程技术规范》中相关规定和国家、省级颁布的标准、规范以及电力行业标准进行。如用户委托设计任务的内容与供电方案的内容不一致，应以供电方案为准。任何设计单位，不得变更供电方案中所确定的供电电压等级、受电容量、电气主接线、两路电源的运行方式、保安措施、计量方式、计量电流互感器变比。

××供电公司的非居民客户用电申请表如下所示。

表正面

××供电公司
非居民客户用电申请表

总户号：200188111

<table>
<tr><td>户名</td><td colspan="3">××创业投资发展有限公司</td><td>用电地址</td><td colspan="3">×××区创投工业坊 30 号房</td></tr>
<tr><td>开户银行</td><td colspan="3">农行某支行</td><td>银行账号</td><td colspan="3">123456789012345</td></tr>
<tr><td>电费托收银行</td><td colspan="3">农行某支行</td><td>银行账号</td><td colspan="3">123456789012345</td></tr>
<tr><td>单位性质</td><td>集体</td><td>行业</td><td>房地产</td><td>用电期限</td><td colspan="3">☑正式用电　□临时用电</td></tr>
<tr><td>联系人</td><td colspan="3">张三</td><td>联系电话</td><td colspan="3">12345678</td></tr>
<tr><td colspan="2">新（扩）建项目批准文号</td><td colspan="3">江园经投登字［2008］50 号</td><td>传真：
E-mail：</td><td colspan="2">12345678</td></tr>
<tr><td rowspan="2">申请容量</td><td colspan="2">新装</td><td colspan="2">原装</td><td>增容</td><td colspan="2">合计</td></tr>
<tr><td colspan="2">630kVA</td><td colspan="2"></td><td></td><td colspan="2">630kVA</td></tr>
<tr><td>供电方式</td><td colspan="7">□单相　□三相　☑单电源　□多电源</td></tr>
<tr><td rowspan="9">用电设备容量明细</td><td colspan="2">设备名称</td><td>台数</td><td>容量（kW）</td><td>设备名称</td><td>台数</td><td>容量（kW）</td></tr>
<tr><td colspan="2">生产流水线</td><td>1</td><td>200</td><td>办公楼照明</td><td></td><td>10</td></tr>
<tr><td colspan="2">升降机</td><td>1</td><td>30</td><td>办公楼空调</td><td>10</td><td>20</td></tr>
<tr><td colspan="2">车间空调器</td><td>4</td><td>40</td><td>办公楼插座</td><td>10</td><td>20</td></tr>
<tr><td colspan="2">水泵</td><td>2</td><td>20</td><td>生活区照明</td><td></td><td>10</td></tr>
<tr><td colspan="2">生产用插座</td><td>10</td><td>50</td><td>生活区空调</td><td>10</td><td>20</td></tr>
<tr><td colspan="2"></td><td></td><td></td><td>生活区插座</td><td>10</td><td>20</td></tr>
<tr><td colspan="2"></td><td></td><td></td><td></td><td></td><td></td></tr>
<tr><td colspan="2"></td><td></td><td></td><td></td><td></td><td></td></tr>
<tr><td>客户申明</td><td colspan="7">本申请表中的信息和提供的相关文件资料真实准确，谨此确认。
用电客户：　　　　　　经办人：张三
（签章）　　　　　　（签字）
申请日期：2008 年 6 月 28 日</td></tr>
</table>

表反面

××供电公司供电方案答复意见书

<table>
<tr><td rowspan="1">供电方案答复意见</td><td colspan="6">××创业投资发展有限公司：
关于贵单位于2008年6月28日对位于×××区创投工业坊30号房的用电项目向我公司递交的用电申请，经现场勘察，现将意见答复如下：
1. 供电电源：113南城线
2. 供电电压：10kV
3. 电源进线方式：电缆进线
4. 负荷性质：一般负荷
5. 供电方式：单电源供电
6. 电气主接线方式：线路变压器组
7. 确定需用（装接）变压器容量、变压器类型：630kVA节能型变压器一台
8. 电能计量方式：高供高计，力总灯分
9. 总表TA变比、分（套）表变比或电能表容量：
力总：高压侧计量 TA50/5A；TV10/0.1kV；3×1.5（6）A、3×100V 多功能电能表一具。灯分：低压侧分计量TA100/5A；3×4×1.5（6）A、3×380/220V有功电能表一具
10. 根据经贸委加强电力需求侧管理要求，现场需安装电力负荷管理终端装置

申请编号：200888111-1
客户经理：王五　　联系电话：23456781
××供电公司客户服务中心
2008年7月5日</td></tr>
<tr><td>客户须知</td><td colspan="6">◆ 客户对供电公司答复的供电方案有不同意见时，应在一个月内提出意见，双方可再行协商确定。
◆ 高压供电方案的有效期为一年，低压供电方案的有效期为三个月，逾期注销。客户遇有特殊情况，需延长供电方案有效期的，应在有效期到期前十天向供电公司提出申请。
◆ 客户应根据既定的供电方案，委托取得国家相应资质的电力送变电工程勘测（设计）单位进行受电工程设计。
◆ 客户应选择取得《承装（修、试）电力设施许可证》的合法企业进行受电工程施工。</td></tr>
<tr><td>客户签收记录</td><td>签收人</td><td>×××</td><td>联系电话</td><td>12345678</td><td>签收日期</td><td>××</td></tr>
</table>

【思考与练习】

1. 对高压供电用户的电能计量装置应如何安装？
2. 我国目前给电力用户供电电压等级标准有哪些？
3. 供电方案包括哪些主要内容？
4. 国家电网公司对供电方案书面通知单答复客户的期限有何要求？

模块6 10kV电力客户配电线路方案（GYND00801006）

【模块描述】本模块包含电源点的选择确定、双电源或备用电源供电选择等内容。通过概念描述、术语解释、图解示意、要点归纳，了解10kV电力客户配电线路方案的选择。

【正文】

一、电源点的选择确定

（1）供电电源点的确定应符合下列规定：

1）电源点应具备足够的供电能力，能提供合格的电能质量，以满足用户的用电需求，确保电网和用户变电所的安全运行。

2）对多个可选的电源点选择，应进行技术经济比较后确定。

3）应根据电力客户的负荷性质和用电需求，来确定电源点的回路数和种类，满足客户的需求，保证可靠供电。

4）应根据城市地形、地貌和城市道路规划要求就近选择电源点，线路路径应短捷顺直，减少与道路的交叉，避免近电远供、迂回供电。

（2）一级负荷的供电应符合下列规定：

1）一级负荷应由两个电源供电；当一个电源发生故障时，另一个电源不应同时受到损坏。

2）重要用户应增设应急电源，并严禁将其他负荷接入应急供电系统。

（3）二级负荷的供电电源应符合下列规定：

1）二级负荷的供电系统宜由两回线路供电。

2）在负荷较小或地区供电条件困难时，二级负荷可由一回6kV及以上专用的架空线路或电缆供电。当采用架空线时，可为一回架空线供电；当采用电缆线路时，应采用两根电缆组成的线路供电，其每根电缆应能承受100%的二级负荷。

（4）三级负荷的电力客户由单电源供电。

（5）由两回及以上供配电线路供电的客户，宜采用同等级电压供电。但根据各负荷等级的不同需要及地区供电条件，也可采用不同电压等级供电。

（6）同时供电的两回及以上供配电线路中一回路中断供电时，其余线路应能承担100%一、二级负荷的供电。

（7）低压电力客户电源点的确定应符合下列规定：

1）应就近接入低压配电网。

2）低压客户选择电源点时，宜采取下列措施，降低电源系统负荷的不对称度：

a. 由地区公共低压电网供电的220V照明负荷，除单相变压器供电外，线路电流在80A及以下时，可采用220V单相供电；在80A以上时，宜采用220V/380V三相四线制供电。

b. 220V单相或380V两相用电设备接入220V/380V三相系统时，宜使三相平衡。

（8）居住区电源点的选择应符合各省地方有关规定：

1）电源要求。

a. 居住区一级负荷应由双电源供电。

b. 居住区二级负荷宜由双回路供电。

c. 居住区三级负荷一般由单电源供电，可视电源线路裕度及负荷容量合理增加供电回路。

2）高压供电。居住区宜采用配电所（环网柜）和变电所方式，可采用环网柜、分支箱和箱式变压器方式，或两者相结合的方式实行环网供电。

3）低压供电。

a. 新建居住区，低压供电半径不宜超过150m。

b. 0.4kV电缆分接可采用低压分支箱，位置应接近负荷中心。

c. 变电所应装设低压无功补偿装置，箱式变压器具备条件时宜装设低压无功补偿装置。

d. 低压线路应采用三相四线制，各相负载电流不平衡度应小于15%。

e. 低压电缆及单元接户线、每套住宅进户线截面应力求简化并满足规划、设计要求。

（9）对有特殊负荷（如电气化铁路单相整流型负荷、轧钢冲击负荷等）用户，可能会引起公共电网产生负序、谐波和电压波动、发电机组功率振荡，必须研究其对公共电网的电能质量影响，提出解决措施和解决方案，在满足 GB/T 12326—2008《电能质量　电压波动和闪变》、GB/T 12325—2008《电能质量　供电电压偏差》、GB/T 14549—1993《电能质量　公用电网谐波》等标准的条件下，方可接入系统。

二、双电源或备用电源供电

客户双电源供电或备用电源的配置主要取决于负荷性质和客户自身生产需要以及资金状况。对于电网供电条件许可的应尽量满足客户双电源或备用电源的需求。对于Ⅰ级负荷，应由两个或多个电源供电。业扩部门应根据客户提供的用电负荷性质，严格审核是否需要双电源供电，对于确实需要双电源供电的客户，应在确定供电方式时明确用双电源供电。如果电网没有条件供给双电源，客户应自备发电机组。如果Ⅰ级客户不愿意或拒绝双电源供电方案，供电公司应说服客户采用双电源供电，否则一切后果与损失应由客户承担。对于Ⅱ级负荷，一般不批准双电源供电方式。如果客户用电量比较大，可以采用双回路供电，以保证线路在检修时不会造成客户全部停电的情况。

供电线路方案选择时，除了考虑应具有最短的供电距离外，还应考虑电压质量。如图 GYND00801006-1 所示，A 为电源，1～4 为负荷。当申请用电的客户在点 5 时，从图中可以看出点 5 离点 4 的距离最短，如果点 5 由点 4 架空线路 L_{4-5} 供电，那么点 5 成为电源 A 的供电末端，电压质量就很难保证。为了解决迂回供电的不合理现象，可以从电源 A 架设 L_{A-5} 线路，这样线路投资虽然增加了一点，但线路损耗可以减少，电压质量可以得到保证。再如图 GYND00801006-2 所示，点 3 的负荷由电源 B 供电比由点 2 供电更为合理。总之，供电线路路径的选择应从技术、经济两方面来综合考虑。

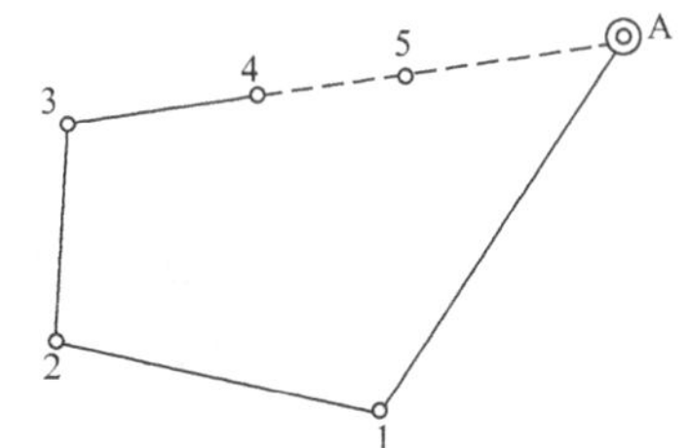

图 GYND00801006-1　单电源供电线路走向图

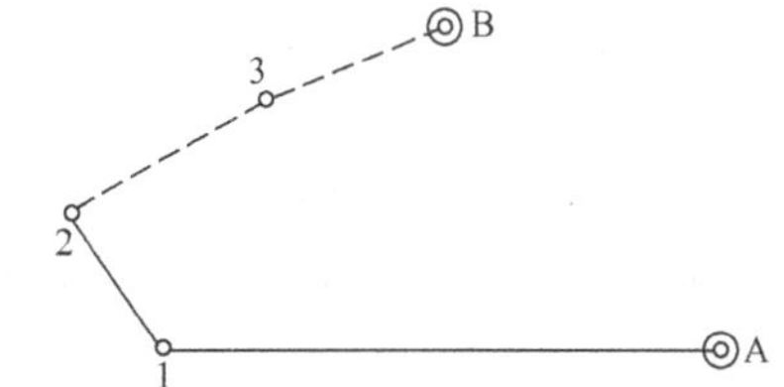

图 GYND00801006-2　双电源供电线路走向图

客户变电站的接线，也应从技术、经济等方面来考虑，有关变电站接线的类型、特点、应用等问题，在电气部分课程中作详细的叙述，这里不再赘述。

另外，营销部门批复供电方式时，应紧密结合城市建设规划，把业扩工程与城市电网建设和改造结合起来，以减少不必要的重复投资，使电网布局既经济又合理。

【思考与练习】

1. 一级负荷的供电电源一般应有哪些要求？
2. 二级负荷的供电电源一般应有哪些要求？
3. 电力客户采用双电源或备用电源供电由什么决定？

模块 7　高压用户新装的设计审核与现场竣工检验（GYND00801007）

【模块描述】本模块包含受电工程（变配电所）的设计审核、工程竣工检验等内容。通过概念描述、术语解释、要点归纳、案例介绍，了解高压用户新装的设计审核与现场竣工检验的主要内容及要求。

【正文】

一、受电工程（变配电所）的设计审核

1. 设计单位资质审核

设计单位应有相应资质。

2. 审核依据

（1）国家、行业及地方的相关法规、规范、标准及政策。

（2）用户申请用电以及设计单位提供的用电性质及用电需求资料。

（3）供电方案答复。

（4）运行、维护工作的需要和经验。

3. 设计方案审核要点

供电企业应当审核的用户受电工程设计文件和有关资料一般包括：

（1）低压用户。负荷组成和用电设备清单。

（2）高压用户。

1）受电工程设计及说明书。

2）用电负荷分布图。

3）负荷组成、性质及保安负荷。

4）影响电能质量的用电设备清单。

5）主要电气设备一览表。

6）主要生产设备、生产工艺耗电以及允许中断供电时间。

7）高压受电装置一、二次接线图与平面布置图。

8）用电功率因数计算及无功补偿方式。

9）继电保护、过电压保护及电能计量装置的方式。

10）隐蔽工程设计资料。

11）配电网络布置图。

12）自备电源及接线方式。

供电企业如确需用户提供其他资料，应当提前告知用户。供电企业审核用户受电工程设计文件和有关资料的期限自受理之日起，低压供电用户不超过 8 个工作日，高压供电用户不超过 20 个工作日。

4. 施工设计审核要点

施工设计应在已审核确定的设计方案基础上完成。新技术、新设备选用具有合理性。

（1）重要用户选用新技术、新设备宜掌握其理论论证、型式试验数据及一定时间的运行经验；进口设备的可靠性应有合同保证。

（2）一次设备选型（含规格）符合环境条件、正常运行的负荷、电压及动热稳定。断路器还应符合通断电流的要求，成套配电装置还应符合“五防”要求。

（3）配电装置、控制设备的布置及走线合理，安全距离符合规范及运行要求，整体布局紧凑，不浪费建筑面积。

（4）继电保护、自动装置及常测仪表接线正确，符合规范要求；设备选型（规格）与互感器匹配。符合整定要求，符合环境条件；继电保护、自动装置整定值符合灵敏性、选择性和可靠性要求；互感器二次回路负载符合规范规定。

（5）控制、保护、交直流屏（台）的排列、盘面布置合理，符合规范要求。

（6）直流电源（蓄电池、硅整流、电容储能）容量满足使用方式（包括事故情况下）要求；直流系统接线及保护、监测（绝缘、电压、电流、声光）符合规范要求。

（7）配电装置的防误装置、连锁装置符合标准及本所控制操作的要求（包括与生产工艺要求的连锁）。

（8）控制电缆的选用（型号、规格）及配置符合规范规定，其敷设途径应在一次设备正常运行条件下能进行维护工作。

（9）无功补偿容量及其配置方式、投切方案合理，并符合规程要求。

（10）过电压保护装置配置、选型、保护范围符合规范规定，并与进线段保护匹配。

（11）接地网、接地装置及接地线的配置，符合规范规定。接地电阻不大于规定值。

（12）建筑物内部分隔合理，内外通道、门窗、沟井符合规范要求（人身安全、防火防汛通风、设备装运）；建筑物、构筑物结构设计符合当地地震防范等级要求。

（13）照明回路配置合理，灯具位置符合安全和维护要求，不同场所的插座应适应单相、三相及容量的需要。一个室内的照明灯具应错位控制。

（14）施工设计文件、图纸齐全，符合施工所需。

审核后的受电工程设计文件和有关资料如有变更，供电企业复核的期限为：高压供电用户一般不超过 15 个工作日，低压供电用户一般不超过 5 个工作日。

二、工程竣工检验

施工单位按标准要求竣工验收合格。相关资料收集齐全后填写客户电气安装竣工检验申请表（申请参考表样例见后），由供电公司组织人员验收。供电公司根据客户提交的受送电工程竣工报告，验证资料齐全后组织竣工检验。

1. 工程竣工检验依据

供电企业对用户受电工程的竣工检验应当符合 GB 50150—2006《电气装置安装工程　电气设备交接试验标准》、GB 50169—2006《电气装置安装工程　接地装置施工及验收规范》、GB 50168—2006《电气装置安装工程　电缆线路施工及验收规范》、GB 50171—1992《电气装置安装工程　盘、柜及二次回路结线施工及验收规范》、GB 50172—1992《电气装置安装工程　蓄电池施工及验收规范》、GB 50173—1992《电气装置安装工程　35kV 及以下架空电力线路施工及验收规范》、GBJ 147—1990《电气装置安装工程　高压电器施工及验收规范》、GBJ 148—1990《电气装置安装工程　电力变压器、油浸电抗器、互感器施工及验收规范》、GBJ 149—1990《电气装置安装工程　母线装置施工及验收规范》、JGJ 16—2008《民用建筑电气设计规范》等国家和行业标准。

2. 工程竣工资料

（1）工程竣工图及说明（工程竣工图应加盖施工单位“竣工图专用章”）。

（2）变更设计的证明文件。

（3）主设备（变压器、断路器、隔离开关、互感器、避雷器、直流系统等）安装技术记录。

（4）电气试验及保护整定调试报告（含整组试验报告）。

（5）安全工具的试验报告（含常用绝缘、安全工器具）。

（6）主设备的厂家说明书、出厂试验报告、合格证。

（7）隐蔽工程施工及试验记录。

（8）运行管理的有关规定。

（9）值班人员名单和上岗资格证书。

（10）供电企业认为必要的其他资料或记录。

组织竣工检查时限：自受理之日起，低压电力客户不超过 5 个工作日，高压电力客户不超过 7 个工作日。对检验不合格的，应及时以书面形式通知客户，同时督导其整改，直至合格。

3. 工程竣工检验的具体内容

（1）客户工程的施工是否符合审查后的设计要求，隐蔽工程是否有施工记录。

（2）设备的安装、施工工艺和工程选用材料是否符合有关规范要求。

（3）一次设备接线和安装容量与批准方案是否相符，对低压客户应检查安装容量与报装是否相符。

（4）检查无功补偿装置是否能正常投入运行。

（5）检查计量装置的配置和安装，是否正确、合理、可靠，对低压客户应检查低压专用计量柜（箱）是否安装合格。

（6）各项安全防护措施是否落实，能否保障供用电设施运行安全。

（7）高压设备交接试验报告是否齐全准确。

（8）继电保护装置经传动试验动作准确无误。

（9）检查设备接地系统，应符合 GB 50169—2006 的要求。接地网及单独接地系统的电阻值应符合规定。

（10）检查各种联锁、闭锁装置是否齐全可靠。检查多路电源、自备电源的防误联锁装置及协议签订情况。

（11）检查各种操动机构是否有效可靠。电气设备外观清洁，充油设备不漏不渗，设备编号正确、醒目。

（12）客户变电所（站）的模拟图板的接线、设备编号等应规范，且与实际相符，做到模拟操作灵活、准确。

（13）新装客户变电所（站）必须配备合格的安全工器具、测量仪表、消防器材。

（14）建立本所（站）的倒闸操作、运行检修规程和管理等制度，建立各种运行记录簿，备有操作票和工作票。

（15）站内要备有一套全站设备技术资料和调试报告。

（16）检查客户进网作业电工的资格。

用户受电工程启动竣工检验的期限：自接到用户受电装置竣工报告和检验申请之日起，低压供电用户不超过 5 个工作日，高压供电用户不超过 7 个工作日。

三、举例

竣工检验申请表（参考表样）如下所示：

× × 供 电 公 司

客户电气安装竣工验收申请表

<table>
<tr><td>户名</td><td colspan="2">××创业投资发展有限公司</td><td>地址</td><td colspan="3">×××区创投工业坊 30 号房</td><td rowspan="3">客户盖章</td><td rowspan="3"></td></tr>
<tr><td rowspan="2">报装容量</td><td colspan="2">新装</td><td>原装</td><td colspan="2">增容</td><td>合计</td></tr>
<tr><td colspan="2">630kVA</td><td></td><td colspan="2"></td><td>630kVA</td></tr>
<tr><td rowspan="9">用电设备容量明细</td><td>设备名称</td><td>台数</td><td>容量（kW）</td><td>设备名称</td><td>台数</td><td>容量（kW）</td><td colspan="2">无功补偿方式及容量</td></tr>
<tr><td>生产流水线</td><td>1</td><td>200</td><td>办公楼照明</td><td></td><td>10</td><td colspan="2" rowspan="8">（实行功率因数考核的客户填报）
1. 设计数据：
预计有功负荷 500kW
预计平均自然功率因数值 0.8
功率因数考核标准 0.9
所需电容器补偿 133kvar
2. 电容器原装 台 kvar
新装 9 台 15kvar
3. 投切方式 手/自动投切</td></tr>
<tr><td>升降机</td><td>1</td><td>30</td><td>办公楼空调</td><td>10</td><td>20</td></tr>
<tr><td>车间空调器</td><td>4</td><td>40</td><td>办公楼插座</td><td>10</td><td>20</td></tr>
<tr><td>水泵</td><td>2</td><td>20</td><td>生活区照明</td><td></td><td>10</td></tr>
<tr><td>生产用插座</td><td>10</td><td>50</td><td>生活区空调</td><td>10</td><td>20</td></tr>
<tr><td></td><td></td><td></td><td>生活区插座</td><td>10</td><td>20</td></tr>
<tr><td></td><td></td><td></td><td></td><td></td><td></td></tr>
<tr><td></td><td></td><td></td><td></td><td></td><td></td></tr>
</table>

续表

<table>
<tr><td>安装单位竣工报告</td><td>1. 安装电工姓名 李四
电工合格证号码 12345
2. 承装（修、试）许可证号
4-2-00004-2005
3. 安装竣工日期 2008 年 09 月 28 日
4. 相关材料附后</td><td>安装单位公章：</td></tr>
<tr><td colspan="3">以下信息由供电企业填写</td></tr>
<tr><td>受理登记</td><td colspan="2">资料齐全，受理竣工报验。
受理人 ××× 2008 年 09 月×日</td></tr>
<tr><td>竣工报验须知</td><td colspan="2">1. 客户受电工程施工、试验完工后，应向供电企业提出工程竣工报告，报告应包括：
1）工程竣工图及说明； 2）电气试验及保护整定调试记录；
3）安全用具的试验报告； 4）隐蔽工程的施工及试验记录；
5）运行管理的有关规定和制度； 6）值班人员名单及资格；
7）供电企业认为必要的其他资料或记录。
2. 供电企业接到客户的受电装置竣工报告及检验申请后，将及时组织检查。对检验不合格的，供电企业将以书面形式一次性通知客户改正，改正后方予以再次检查，直至合格。自第二次检验起，每次检验前客户须按规定交纳重复检验费。</td></tr>
</table>

【思考与练习】

1. 受电变配电所设计审核的依据是什么？
2. 受电变配电所设计方案审核要点有哪些？
3. 工程竣工资料主要包括哪些内容？
4. 工程竣工检验的具体内容包括哪些？

模块 8 高压用户新装接电前应履行完毕的工作内容（GYND00801008）

【模块描述】本模块包含新装接电前应履行完毕的各项工作介绍，包括签订供用电合同、受电设备继电保护、自动装置整定、受电变电所现场竣工检验、计费计量装置安装、供电设施施工、客户的联系名称及编号、制定启动方案等内容。通过概念描述、术语解释、要点归纳，熟悉高压用户新装接电前应履行完毕的工作内容。

【正文】

电力客户在结清一切业务费用及电费逾欠（扩建、改建用户）的前提下，新装接电前应履行完毕以下工作。

一、签订供用电合同

供用电合同标准格式的填写及非标准格式的起草，宜由用电检查员（或客户经理）根据相关法规、电力公司有关制度及本供用电项目过程中的有效文件、资料，在协调供电公司内部相关部门（一般为调度、运行管理、电费抄核收等部门）意见的基础上，并经业务主管审核，完成草本，经与电力客户协商一致，由双方各自的合同授权委托代理人批准，履行供用电合同签订手续。合同正本应由供电公司（或电力营销部门）档案管理部门归档。根据需要，各相关部门可分存副本或进入计算机信息管理系统共享。

二、受电设备继电保护、自动装置整定

若受电变电所的主变压器、受电断路器继电保护、自动装置规定由供电公司整定、校验，应由用电检查人员（或客户经理）在校验之前向供电公司继电保护专职部门提出整定要求及需用日期，同时提供以下技术资料。现场校验宜在竣工检验之前完成。

（1）受电变电所主接线，受电电压级变压器的额定容量、电压电流比、百分阻抗、绕组联结组别、中性点接地状况，受电电压级电动机的类型、额定功率、功率因数、启动方式（全压或降压、降压设备及其规格，重载或轻载）、额定电压下启动电流。

（2）供电线路名称及编号（供电工程中新放供电线路，则提供供电线路电源站名、供电线路类型、规格及长度）。

（3）可能的运行方式（对保护及整定有影响的）。

（4）相关继电保护、自动装置原理图及设备型号、规格。

三、受电变电所现场竣工检验

变电所现场竣工检验由供电公司用电检查人员（或客户经理）根据有关电气工程施工验收规程组织完成。参与竣工检验人员有供电公司有关技术人员、施工单位技术人员、电力客户电气负责人等。

四、计费计量装置安装

（1）根据计量装置设备准备的需要，用电检查人员（或客户经理）应提前向供电公司表计管理部门书面提出计量装置需用信息（型号、规格、数量及需用时间）。计量互感器应在受电变电所施工期间提供，电力客户提供的计量设备应通知客户在施工前经供电公司有权计量鉴定部门（或当地电能表强制鉴定站）检验合格。

（2）采用非常规的计量装置设备应取得有权计量管理部门的认可，并就设备资产、备品等事项同电力客户协商一致。

（3）计量装置的接线安装应安排在供用电合同签订后，宜紧接受电变电所竣工检验完工后。

五、供电设施施工

应由生产运行部门（或工程部门）向调度部门提供工程完工报告，并提供相应的电网变更前后接线图，相关保护（包括自落熔丝）变更前后的型式和定值。

六、制定启动方案

（1）启动方案由用电检查人员（或客户经理）经协调供电公司调度部门及客户进行编写，并经相关技术主管批准。在受电变电所送电前分送参加受电变电所启动的供电公司有关部门及客户。对于涉及电网（电厂）要进行复杂操作或用户内部涉及电源解、并等较复杂操作，必要时宜通过会议协调启动方案，明确各方的准备工作，操作任务及相互配合。

（2）启动方案内容如下：

1）启动日期、时间。

2）启动条件。包括启动设备安装调试完毕，由施工单位出具相关试验报告。一、二次设备电气搭接完好，相位正确，经验收合格，具备投运条件。

3）启动前的检查内容。包括送电当前受电变电所一、二次设备的巡视检查内容；送电前供电设施需要进行的巡视检查、电气试验报告、缺陷处理等情况向调度汇报。

4）启动操作内容。包括配电电网需要进行的操作，受电变电所内的送电范围及相应的操作票（包括检查相序正确、多电源相位核对）。

5）送电过程中可能发生的异常、缺陷及故障处理的预案。

6）参加启动的人员，新装送电用户负责人（与供电公司调度部门联系送电），受电变电所操作人、监护人。

【思考与练习】

1. 高压用户新装接电前应履行完毕的工作内容有哪几项？
2. 启动方案主要由哪几部分组成？
3. 受电变电所现场竣工检验由哪些人参与？

第八部分

营销业务应用系统

第三十九章 电力营销管理信息系统应用

模块1 农电营销管理信息系统基本知识（GYND00701001）

【**模块描述**】本模块包含农电营销信息系统的定义和作用等基本知识。通过概念描述、术语说明、要点归纳，掌握农电营销信息系统的基本知识。

一、农电营销管理信息系统定义

1. 信息

信息是用语言、文字、数字、符号、图像、声音、情景、表情、状态等方式传递的内容。在信息系统中，“信息”是指经过加工后的数据。

2. 系统

系统是由相互联系、相互作用的若干要素按一定的法则组成并具有一定功能的整体，也可以说是为了达到某种目的的相互联系的事物的集合。

系统有两个以上要素，各要素和整体之间、整体和环境之间存在一定的有机联系。系统由输入、处理、输出、反馈、控制五个基本要素组成。

3. 信息系统

一个系统，输入的是数据，经过处理，输出的是信息，这个系统就是信息系统。

4. 管理信息系统

从信息学的角度看，管理过程就是信息的获取、加工和利用信息进行决策的过程。管理工作的成败取决于能否做出有效的决策，而决策的正确与否在很大程度上取决于信息的质量。

管理信息是由信息的采集、传递、储存、加工、维护和使用六个方面组成的，任何地方只要有管理就必然有信息，如果形成系统就形成管理信息系统。

5. 农电营销管理信息系统

农电营销管理信息系统是建立在计算机网络基础上覆盖农电管理全过程的计算机信息处理系统。供电所不仅可以在本地局域网上使用农电营销管理信息系统完成农电管理业务，而且其各级主管部门可以远程监督、管理各下级业务单位农电管理业务情况，了解业务进度，为供电企业营业业务提供一个计算机信息化管理工具，为管理人员提供供电营业信息和各类查询、统计分析数据。

二、农电营销管理信息系统的作用

农村供电所是直接面向农业、农民、农村供用电服务的窗口，成年累月地处理着业扩报装、电量电费、电能计量、用电检查、配电网线损、配电生产、客户服务等方面的业务，所涉及的业务事项相对琐碎繁杂，服务的范围点多、面广，记录台账多、基础数据量大，且处理过程复杂。由于这些业务具有数据量大、加工处理过程复杂工作负担重等特点，采用手工处理方式，光靠台账记录，靠人查找、统计、汇总分析，不但要耗费大量的人力，而且速度慢，容易出错，很难做到准确、完整、及时，无法满足管理好配用电业务工作的需要。同时，由于信息通信和传输手段的落后，造成信息不统一，使得各个部门之间缺乏有效协调，重复劳动，从而带来的资源浪费也是非常严重。业务数据零散不全，各专业统计口径不统一、差错漏洞多、信息不能共享等诸多弊端，都是过去一直困扰着基层供电部门的难题。

农电营销管理信息系统投入运用以后，通过加强管理，能发挥以下作用：

（1）提升农电管理水平。农电营销管理信息系统可将农村供电所的日常工作全面纳入计算机管理，实现农电管理规范化、科学化、现代化，提高工作效率；加快资金回收，加强管理，堵住漏洞。

（2）提供新的营销服务平台。可使农电管理流程规范统一、信息传递快捷通畅；系统还可以设立网上营业厅，通过互联网，用电客户可以便捷地了解安全用电常识、电力法规、电量电费、收费标准和缴纳电费。

（3）提供强大的管理手段。各种实时报表显示各项工作的进度，如电费回收进度，线损报表显示哪些线路、哪些台区线损偏高，有的放矢抓管理。

农电营销管理的信息化是规范农电工作管理、提高工作效率、提升管理水平、降低电力企业成本、更好地为广大客户服务的基础，是实现国家电网公司农电发展战略目标的一个重要手段。

【思考与练习】

1. 运用农电营销管理信息系统能实现哪些功能？
2. 农电营销管理信息系统由哪些基本要素组成？

模块2 农电营销管理信息系统各子系统介绍（GYND00701002）

【模块描述】本模块包含农电营销管理信息系统各子系统的功能介绍，包括营销基础资料管理、抄核收业务、电费账务管理、计量管理、业扩与变更、线损管理等功能模块。通过概念描述、术语说明、要点归纳，掌握农电营销信息系统各子系统功能。

【正文】

按照供电所的业务范围和岗位责任，电力营销管理信息系统主要包括营销基础资料管理、抄核收业务、电费账务管理、计量管理、业扩与变更、线损管理等功能模块。

一、营销基础资料管理

1. 客户档案管理

保存和管理与客户有关的所有供电业务信息，具有客户信息新增、查询、删除、修改功能。

2. 供用电合同管理

根据客户及供电方案信息、合同模板或原有合同，生成合同文本内容，并能对合同文本进行编辑、打印输出，记录纸质合同文档存放位置及变更记录。具有供用电合同新签、变更、续签、补签、终止功能。

3. 台区和线路资料管理

对线路和台区基础数据维护和保存，这是电量电费和线损计算、统计必需的基础数据，具有线路、台区参数新增、查询、删除、修改等维护功能。

二、抄核收业务

1. 抄表

抄表业务主要包括以下工作环节：

（1）抄表派工。抄表派工主要是将抄表工作分派给抄表人员，包括客户表计抄录、供电台区表计抄录以及企业用户计量数据抄录等。抄表派工又分为纸质抄表派工单抄表和抄表机抄表。前者是将客户的名单（列表）打印在纸质工单上，抄表过程中将客户抄码记录在工单上；后者则将用户数据从营销系统中导入抄表机，抄表过程中只需将抄码输入抄表机即可，这种抄表方式能较好地控制抄表质量，随时发现营销过程的问题，提高抄表准确率，并能在抄表时给客户提供相关的电量电费情况。

（2）抄码录入。抄码录入是将抄表派工的工作结果录入营销管理信息系统的过程，针对上述两种抄表派工类别，抄码录入也分为两种情况：对于纸质工单抄表派工，须将用户本月抄码依次手工录入营销管理系统；对于抄表机抄表，只需将抄表机与计算机连接，把数据上传即可。上传时间短，确保基础数据的准确。

2. 电费计算复核

电费计算复核业务包括以下工作环节：

（1）电费计算、复核。电费计算、复核是在系统中按相应设定的电费计算规则和电价种类，分公用变压器和专用变压器计算出每个用电客户的本月电量、电费，复核员再对计算出来的电费进行审核，确认后发行的过程，然后进入收费阶段。

电费计算环节中，营销系统应提供多种模板以适应不同计算的需要，如按比例分摊电量、固定电能等；另外根据专用变压器客户，也可提供相应的电费计算模板。

（2）复核客户电费。对客户电费的复核，是营销业务至关重要的一环，系统提供多种数据筛选和统计功能，筛选出电费数据变化较大的客户，帮助复核员快速审核数据，例如：

1）通过本月数据与上月数据比较，过滤出波动率大于 n%的客户，n 值由复核员设定。

2）列出本月抄码低于上月抄码的客户，确认电能表是否翻度或换表。

3）按设定电量值将客户分组，并统计客户数和用电量、电费。

4）筛选出零用电客户。

（3）电费修改。对于已经审核发行的电费，如有特殊情况需要修改，需专人负责提供相应的抄码修改情况、电量冲减、电费追补的具体材料，并由主管部门负责审批。

（4）违约金管理。对于逾期不缴费的客户，系统自动计算违约金，通过履行相关的手续后，系统提供电费违约金减免功能。

3. 收费

营销管理信息系统提供多种收费方式，针对不同客户及供电区域的情况给出不同的缴费方式：如十分偏远且交通不便利的山区，采取电费走收的方式；对于客户相对较为集中的地区，可以采取坐收的方式；为方便客户及减少资源浪费，可以采取代收、代扣、托收的收费方式；对于电费回收风险较大的客户，可以采取预购电等方式。

对所有电费发票和收据进行统一的规范化管理，记录所有进出单位的各类票据票号及票据使用情况，具有登记领用、打印记录、查询统计功能。

三、电费账务管理

传统的账务管理上，营销与财务在电费管理上时有脱节，营销人员缺乏相关的财务专业知识，财务部门不能准确得到营销数据，造成营销与财务电费账务不一致。营销管理信息系统较好地解决了这一问题。

1. 生成报表

系统对收费员的每一笔电费自动归类，实时生成报表，月末关账后固定数据，自动生成本月电费、预存电费、陈欠电费相关数据，同时系统自动辅助复核，确保各类数据的准确无误，并根据财务对电费统计报表的要求，系统每月实收电费及欠费能按照基本电费、电度电费等方式分类。

2. 收费管理

系统按收费员、按时间段提供收费查询，对“日清日结”制度提供良好的技术平台。另外，可以按月份分台区、线路、供电所、县公司、市公司逐级统计客户电费回收率报表，可以按回收率对供电所和台区排名，可以按回收率对台区进行筛选，具备欠费统计、查询、催缴及欠费停电功能等。

四、计量管理

1. 计量流程管理

流程管理即对从计量资产校验入库，然后配送到各单位，再装配给用户的过程进行管理，确保计量资产数据库数据完整。包括计量资产入库、县公司分配、供电所领用及计量资产退回等工作流程。

2. 计量资产管理

计量资产管理是对供电所使用的所有计量器具（包括电能表、电流互感器、电压互感器、封印钳、封签）进行管理，系统提供各种查询方式，方便查询各计量资产设备的信息，并能根据各种条件统计计量资产的数据。另外，根据计量装置的有效期，自动提示轮换周期等信息。

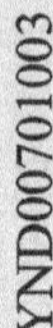

五、业扩与变更

1. 业务扩充

业务扩充是指根据用户的用电申请制定可行的供电方案，组织工程验收，装表接电，与客户签订供用电合同，建立起客户与供电企业的供用电关系。

主要包括以下工作流程：用电申请、受理申请、现场查勘、提出并确定供电方案、装表接电、签订供用电合同及有关协议、资料建档。

2. 变更用电

在不增加用电容量和供电回路的情况下，客户由于自身经营、生产、建设、生活等变化而向供电企业申请，要求改变由供用电双方签订的《供用电合同》中约定的有关用电事宜的行为。

低压业务变更用电主要有以下业务：故障表计轮换、周期换表、容量变更换表、更名或过户、迁址、销户等。

六、线损管理

营销管理信息系统具有线损计算、分析、统计等功能。

1. 线损计算

计算出当月和本年累计的低压、高压、综合线损，为线损统计和线损分析提供有力的数据支持。

2. 线损指标设置

给每个单位设置线损相关的数据指标，用实际线损率与指标比较，反映出线损管理水平上升或下降幅度，找出差距和不足，是考核线损的主要依据。

3. 线损分析

线损分析是指根据线损计算的结果，以及线损指标数据，对各级单位的线损情况进行分析，找到线损管理中的不足，为下一阶段节能降损工作指明重点和方向。

4. 线损统计

按月，分市、县、所、线路、台区统计低压、高压、综合损失电量，低压、高压、综合损失率，以及本月与本年指标、与上月线损率、与去年同期线损率的比较，累计与本年指标、与上年同期的比较。

根据线损率对县总站、供电所、线路、台区排名，根据指定线损率范围筛选台区、线路、所，统计数量。

【思考与练习】

1. 按照供电所的业务范围和岗位责任，电力营销管理信息系统主要包括哪些功能？
2. 电力营销管理信息系统一般应能提供哪些收费方式？

模块3 农电营销管理信息系统的操作应用（GYND00701003）

【模块描述】本模块包含农电营销管理信息系统各营销业务的实现过程以及相关业务的办理情况介绍，包括抄表、数据审核、收费、电费账务管理、计量资产管理、业务扩充与变更用电、线损管理等内容。通过概念描述、流程介绍、系统截图示意、要点归纳，掌握农电营销管理信息系统的操作应用。

【正文】

本模块说明系统中各营销业务的实现过程以及相关业务的办理情况，达到了解、熟练操作的目的。

一、抄核收在系统中的应用

1. 抄表

进入系统后，选择抄表员岗位，点击“抄表派工”后，选中线路和台区后可以打印该台区抄表派工单（见图 GYND00701003-1），供抄表人员抄表，派工单上可以打印上月表码，也可以不打印上月表码，以防止个别人员在上月表码的基数上估抄。

图 GYND00701003-1　打印抄表派工单

将抄表机连接到计算机，进入农电营销系统，点击“抄表机”后，选择抄表员，选择所要抄表的台区，可以选择一个或多个台区，然后生成抄表数据，下载至抄表机后进行抄表。抄表后，再将抄表机与计算机相连，点击“数据上传”，将数据上传到系统，如图 GYND00701003-2 所示。

图 GYND00701003-2　抄表机数据下载

电费明细计算：计算客户本月电量电费、累计欠费等，然后再进行下一步操作。

2. 数据审核

先进行台区电费计算，如图 GYND00701003-3 所示。

模块 3　GYND00701003

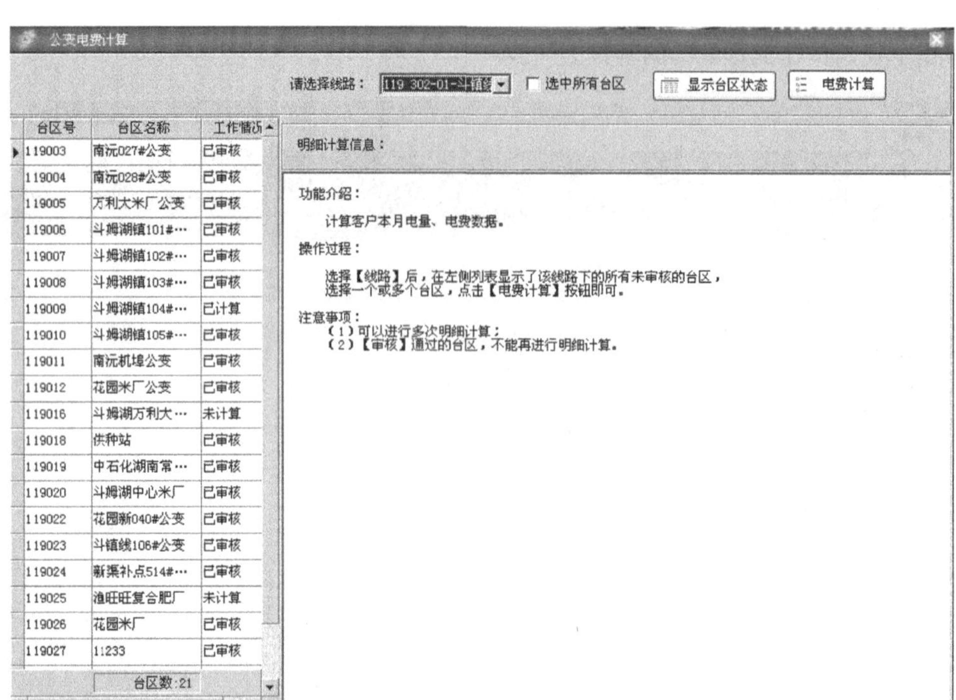

图 GYND00701003-3 台区电费明细计算

点击“数据审核”后，选中线路和待审核的台区：

（1）通过本月数据与上月数据比较，过滤出波动率大于 *n*%的客户，*n* 值由复核员设定。

（2）列出本月抄码低于上月抄码客户，确认是否翻度、换表或错抄。

（3）按设定电量值将客户分组，并统计客户数和用电量、电费。

（4）筛选出零用电客户和动力客户。

无问题后点击“审核合格”，如图 GYND00701003-4 所示。

图 GYND00701003-4 数据审核

3. 收费

以电费坐收为例，点击“电费坐收”后，可以按姓名、户号、抄表顺序号、电话号码、电能表表号等多种查询方式查找客户，查到客户以后，显示出客户的姓名、户号、地址、电量、电价、电费、欠费（有预存电费则欠费为负）、缴费记录等信息。收费员与客户核对相关信息后，输入客户缴费金额，收取电费，打印发票，将发票联交客户，存根保留备查，如图 GYND00701003-5 所示。

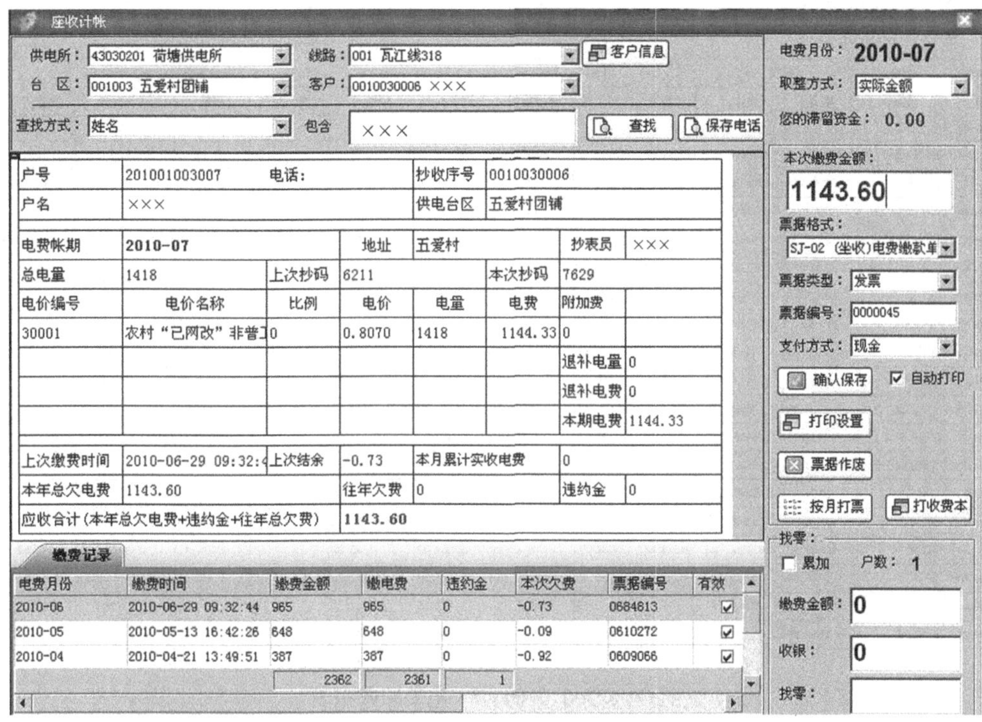

图 GYND00701003-5　电费坐收

对于预购电用户，选择相应的电能表厂家，插入购电卡时即可读出相应的客户数据，如图 GYND00701003-6 所示。

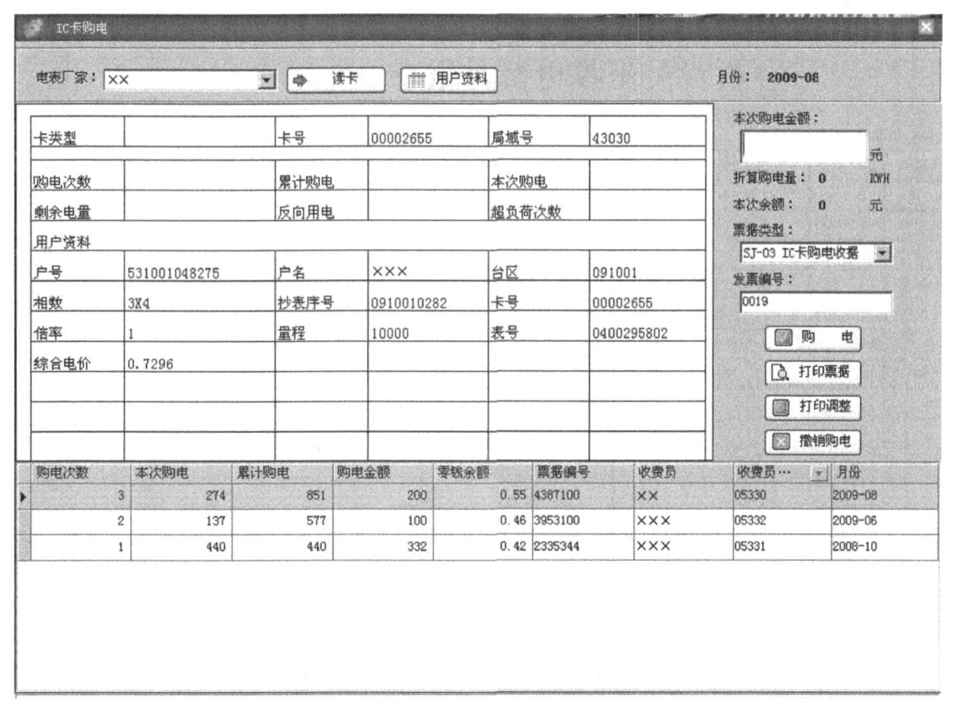

图 GYND00701003-6　读卡售电

4. 电费账务管理

系统对收费员的每一笔电费自动归类，实时生成报表，月末关账后固定数据，自动生成本月电费、预存电费、陈欠电费相关数据，同时系统自动辅助复核，使各类数据准确，如图 GYND00701003-7 所示。

电费回收报表

报表月份：2008 年 11 月　类型：◉全部 ○公变 ○专变　打印操作：查询 页面设置 预览 打印

单位编号	单位名称	应收		月初			本月实收					
		本月	累计	月初预缴	月初欠费	预缴划扣	缴本月	缴往月	缴往年	预缴	实收合计	实收本月
序号		1	2	3	4	5	6	7	8	9	10	11
43030543	石鼓供电所	288855.82	4081575.50	160291.08	47607.53	66977.17	99883.05	4007.35	4.08	39210.84	143105.32	170,867.57
039	罗镭线	87769.67	1076560.65	43124.61	31133.85	18937.62	27326.18	1253.94	4.08	10325.73	38909.93	47,517.74
039001	石鼓镇街一变	19353.91	257645.78	2540.37	23934.85	1432.32	1703.08	428.81	0	270.41	2402.30	3,564.21
039002	石鼓镇街二变	12165.18	164481.82	1106.06	3241.22	709.62	1546.35	0	0	492.55	2038.90	2,255.97
039003	珠山一变	8363.32	80153.96	5788.77	293.87	3049.73	3293.43	216.26	0	865.86	4375.55	6,559.42
039004	珠山二变	3438.40	35698.55	2507.92	390.62	948.02	1709.20	20.21	0	656.49	2385.90	2,677.43
039005	将军一变	5142.78	57266.29	5835.70	232.05	2427.66	1827.25	87.30	0	1157.97	3072.52	4,342.21
039006	将军二变	7028.46	79431.88	5271.45	308.46	2346.58	2175.94	39.33	4.08	1234.95	3454.30	4,561.85
039007	兴旺一变	3548.97	34588.23	3243.45	316.48	1459.39	1629.33	140.05	0	973.42	2742.80	3,228.77
039008	兴旺二变	4575.49	48552.74	5278.75	125.47	2158.08	1713.93	95.19	0	1630.68	3439.80	3,965.20
039009	安乐一变	3686.85	41863.42	3907.69	295.65	1580.95	1459.91	41.94	0	1085.67	2587.52	3,082.80
039010	石鼓镇街三变	16489.05	231975.75	1792.97	1684.39	859.02	9081.78	66.87	0	632.19	9780.84	10,007.67
039011	安乐三变	2701.31	30303.91	3992.90	129.31	1403.54	684.73	117.98	0	868.69	1671.40	2,206.25
039012	安乐二变	1275.95	14598.32	1858.58	181.48	584.71	501.25	0	0	456.85	958.10	1,085.96
040	罗歇线	110908.43	1311896.94	91523.48	5634.21	35668.69	33653.38	1533.02	0	21618.42	56804.82	70,853.09
040001	栗红村	5776.38	52581.64	3159.94	400.75	1230.46	967.59	157.20	0	996.21	2121	2,355.25
040002	欧冲一变	3822.06	39548.38	4072.41	142.99	1597.43	1607.56	67.29	0	1111.85	2786.70	3,272.28
040003	欧冲二变	2651.27	30506.55	2393.49	132.20	1092.16	845.83	62.12	0	499.05	1407	2,000.11

图 GYND00701003-7　电费回收报表

也可以根据“日清日结”制度要求，提供相关的数据，如图 GYND00701003-8 所示。

收费员月报

报表月份：2009 年 08　单位：43030544 分水供电所　收费员：05071 唐特科03　类型：○电费月份 ◉自然月份　打印操作：查询 页面设置 预览 打印

收费员坐收电费月报表

收费员：05071 ×××03　　月份：2009年08月份　　共 1 页　第 1 页

日期	客户单位	收费金额	收费次数	其中违约金	冲账金额	冲账次数	作废金额	作废次数	使用票据
合 计		21269.70	571	26.10	0	0	168	5	576
2009-08-02	分水供电所	657.50	14	0	0	0	10	1	15
2009-08-04	分水供电所	0	0	0	0	0	30	1	1
2009-08-05	小计	8993.20	246	18	0	0	65	2	248
	山桥供电所	212	4	0	0	0	0	0	4
	分水供电所	8781.20	242	18	0	0	65	2	244
2009-08-13	分水供电所	11619	311	8.10	0	0	63	1	312

图 GYND00701003-8　收费员坐收电费日报表

系统可以实时提供收费情况查询，如图 GYND00701003-9 所示。

用户号	用户名	缴费金额	违约金	本次结余	缴费时间	电费月份	发票号	收费员	缴本月电费	缴本年欠费	缴往年欠费
543041013112	XXX	200	0	29.64	2008-11-22 08:20:57	2008-11	2437254	XXX	200	0	0
543041015063	XXX	180	0	27.18	2008-11-22 08:21:15	2008-11	2437255	XXX	180	0	0
543039009371	XXX	31	0	-0.84	2008-11-22 08:22:37	2008-11	2437256	XXX	30.16	0	0
543039009438	XXX	50	0	-37.82	2008-11-22 08:22:47	2008-11	2437257	XXX	12.18	0	0
543039009385	XXX	20	0	-8.21	2008-11-22 08:22:57	2008-11	2437258	XXX	11.79	0	0
543039009471	XXXXX	10	0	-0.94	2008-11-22 08:23:05	2008-11	2437259	XXX	9.06	0	0
543039009397	XXX	95	0	-77.58	2008-11-22 08:23:15	2008-11	2437260	XXX	17.44	0	0
543039009398	XXX	50	0	-39.60	2008-11-22 08:23:24	2008-11	2437261	XXX	10.40	0	0
543039009394	XXX	20	0	-18.02	2008-11-22 08:23:31	2008-11	2437262	XXX	1.98	0	0
543039009400	XXX	51	0	-2.46	2008-11-22 08:23:41	2008-11	2437263	XXX	48.54	0	0
543039009401	XXX	16	0	-0.28	2008-11-22 08:23:50	2008-11	2437264	XXX	15.72	0	0
543039009403	XXX	17	0	-2.40	2008-11-22 08:24:03	2008-11	2437265	XXX	14.60	0	0
543039009411	XXX	1.20	0	-0.03	2008-11-22 08:24:12	2008-11	2437266	XXX	1.17	0	0
543039009418	XX	20	0	-0.81	2008-11-22 08:24:18	2008-11	2437267	XXX	19.19	0	0
543039009423	XXX	20	0	-1.71	2008-11-22 08:24:25	2008-11	2437268	XXX	18.29	0	0
543039009442	XXX	10	0	-0.55	2008-11-22 08:24:41	2008-11	2437269	XXX	9.45	0	0
100		5040.50	13.20						3277.08	324.75	0

图 GYND00701003-9　收费查询

二、计量资产管理

计量资产管理即对从计量资产校验入库，然后配送到各单位，再装配给用户的过程进行管理，确保计量资产数据完整。包括计量资产入库、县总站分配、供电所领用及计量资产退回等工作流程。

电能表在计量中心入库，基层单位只需要领用即可，入库流程如图 GYND00701003-10 所示。

计量资产管理
请选择资产类型：电能表　局编号从　到　查询
明细信息：
局编号 | 厂号 | 单位 | 厂名 | 型号 | 类别 | 相线 | 倍率 | 量程 | 有效期 | 电流
新建　删除数据　新增入库　参数模板选择
详细信息：
局编号起：040000123456　局编号止：040000200000　该编号为计量中心定义的全省唯一编号
厂　名：XX　出厂编号起 040000123456　该编号为出厂编号或自定义编号
型　号：DDS4　类　别：全电子式　相　线：1X2
量　程：100000　校验日期：2009年 8月15日　有效期限：10
电　流：10(40)A　电　压：220V　起　码：0
常　数：　脉冲常数：1600　精　度：　倍　率：1

图 GYND00701003-10　电能表入库流程

输入相关的表计数量及参数，一次性可以批量完成。

基层单位点击“表计领用”即可使用分配过来的表计。

三、业务扩充与变更用电

操作流程（以低压新装为例）如下：

模块3
GYND00701003

（1）业务受理。在业务类别中选择低压新装，然后双击，在下方工单内容中可以看到申请的工单内容，如图 GYND00701003-11、图 GYND00701003-12 所示。

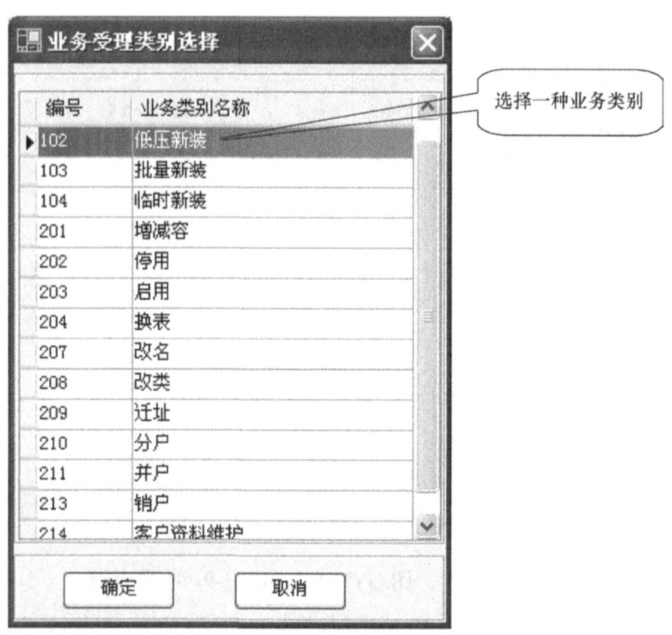

图 GYND00701003-11 选择业务种类

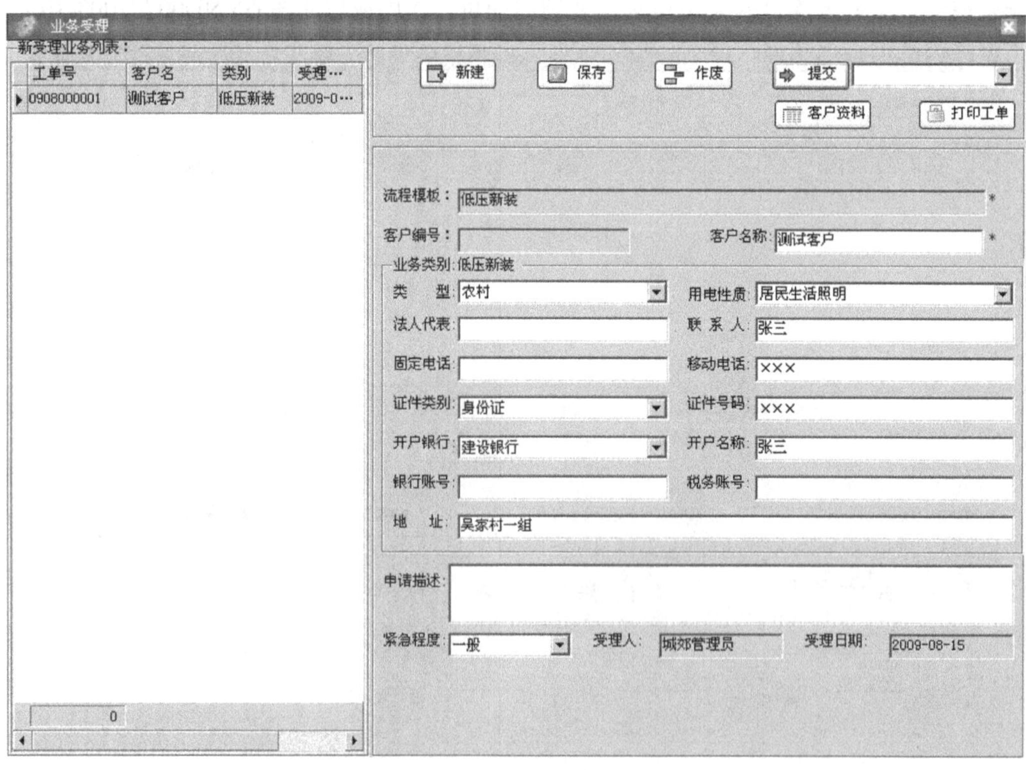

图 GYND00701003-12 业务受理

（2）查勘。输入查勘数据，如图 GYND00701003-13 所示。

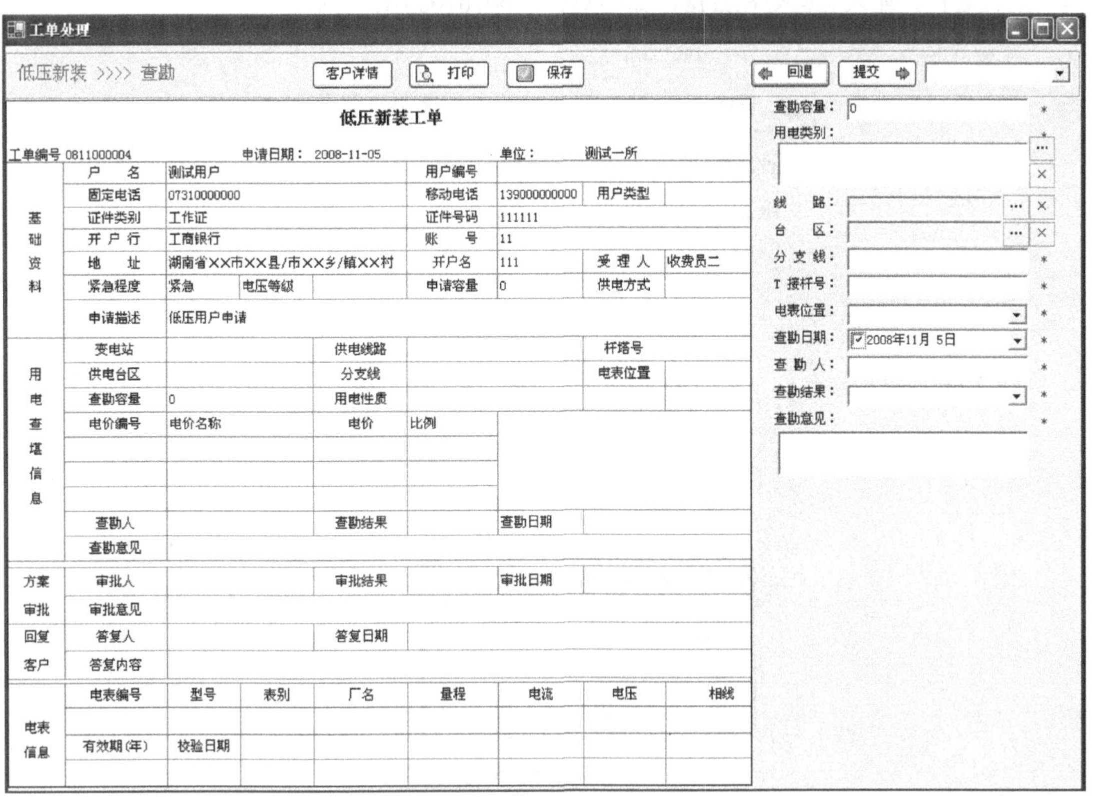

图 GYND00701003-13　查勘

（3）审批。输入审批数据，如图 GYND00701003-14 所示。

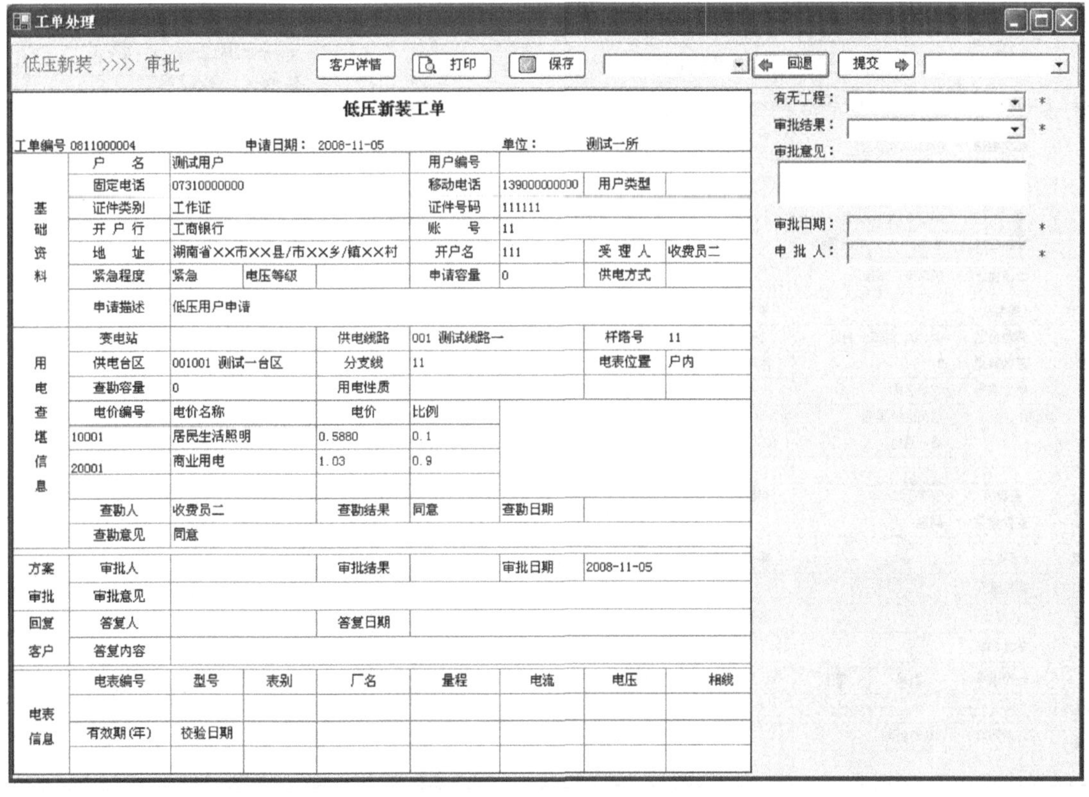

图 GYND00701003-14　审批

（4）工程委托。输入工程委托数据，如图 GYND00701003-15 所示。

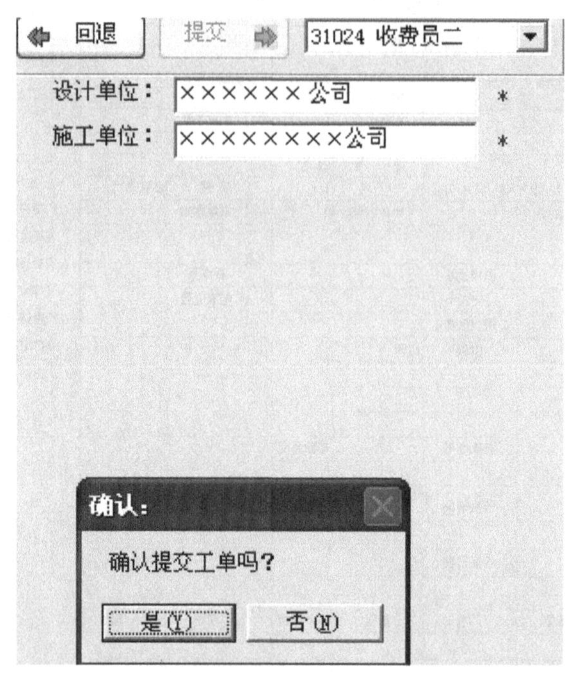

图 GYND00701003-15　工程委托

（5）工程验收。输入工程验收数据，如图 GYND00701003-16 所示。

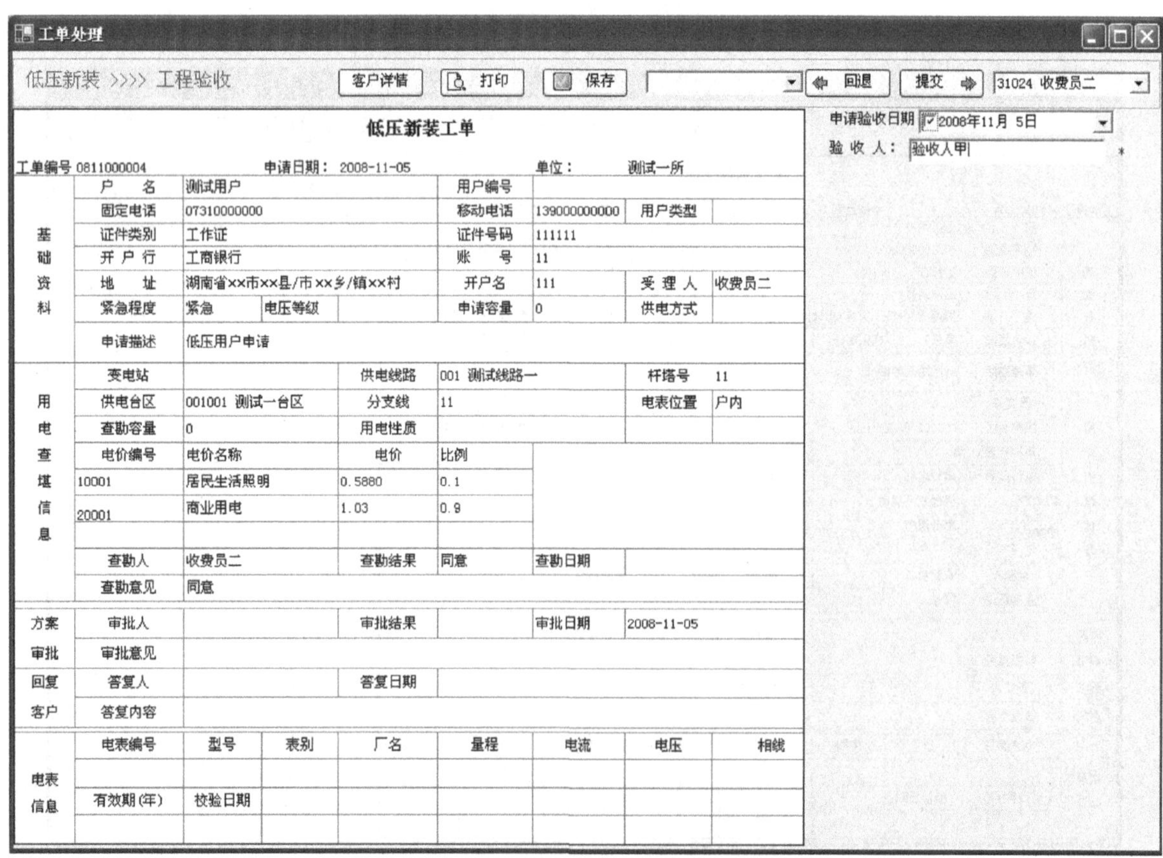

图 GYND00701003-16　工程验收

（6）配表。输入所配表计数据，可以配合使用表计条形码扫描枪，如图 GYND00701003-17 所示。

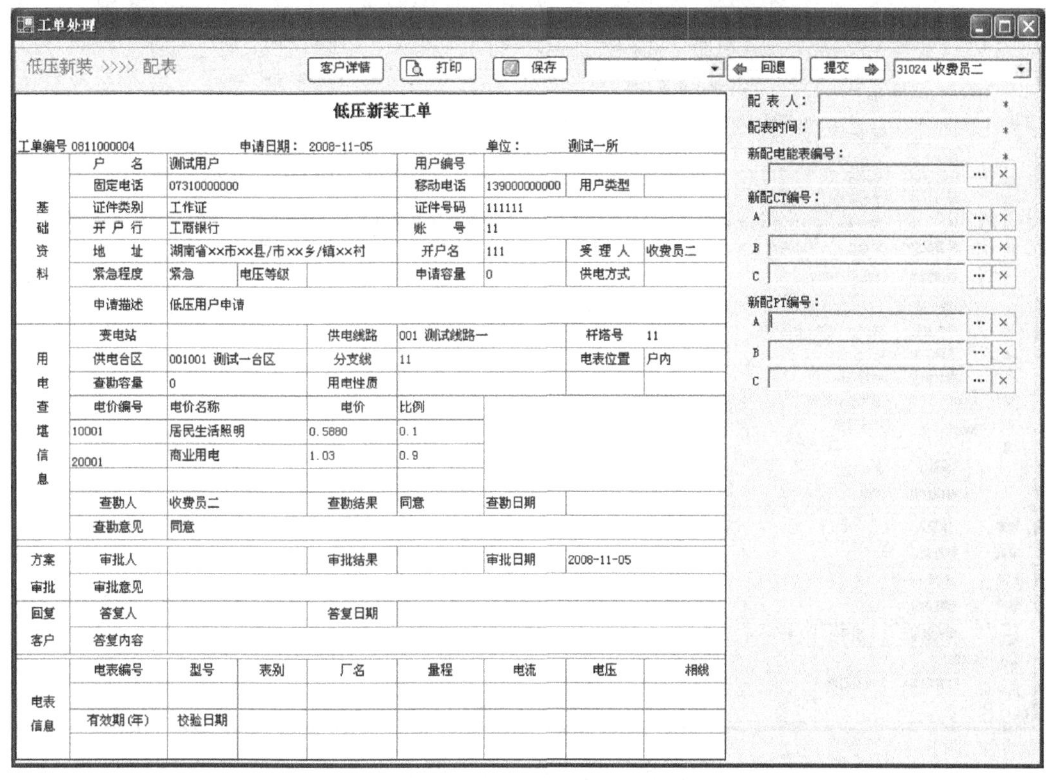

图 GYND00701003-17　配表

（7）签订合同。输入供用电合同数据，如图 GYND00701003-18 所示。

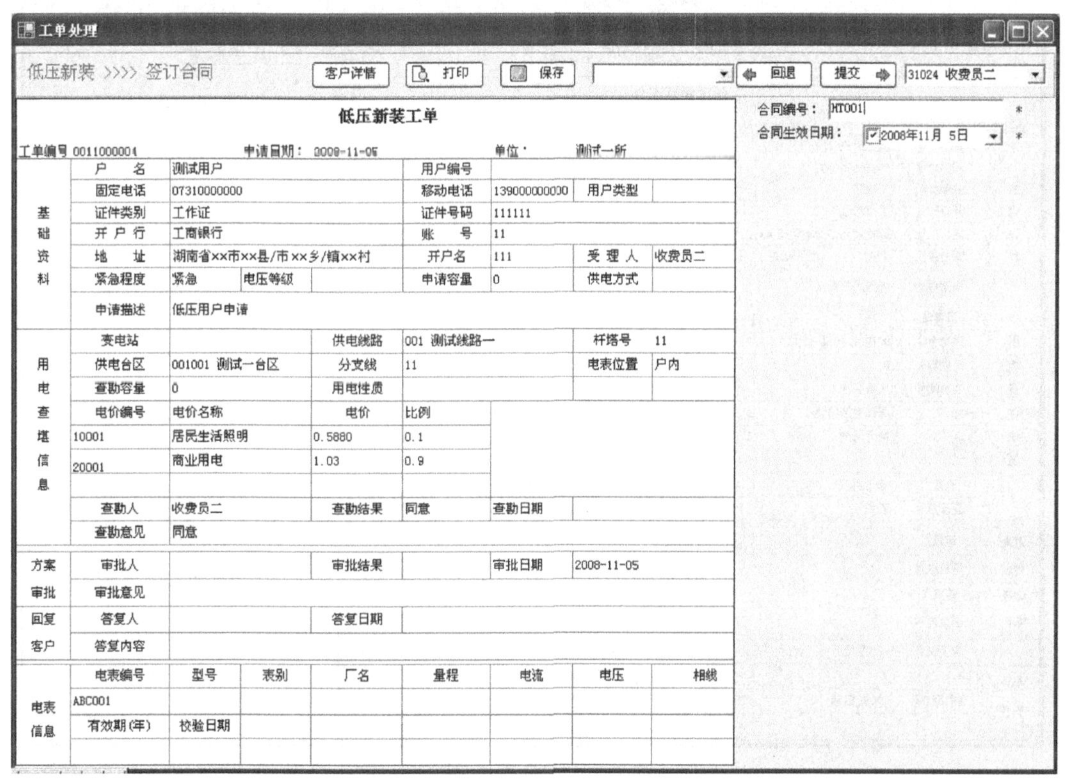

图 GYND00701003-18　签订合同

（8）装表接电。输入装表接电数据，如图 GYND00701003-19 所示。

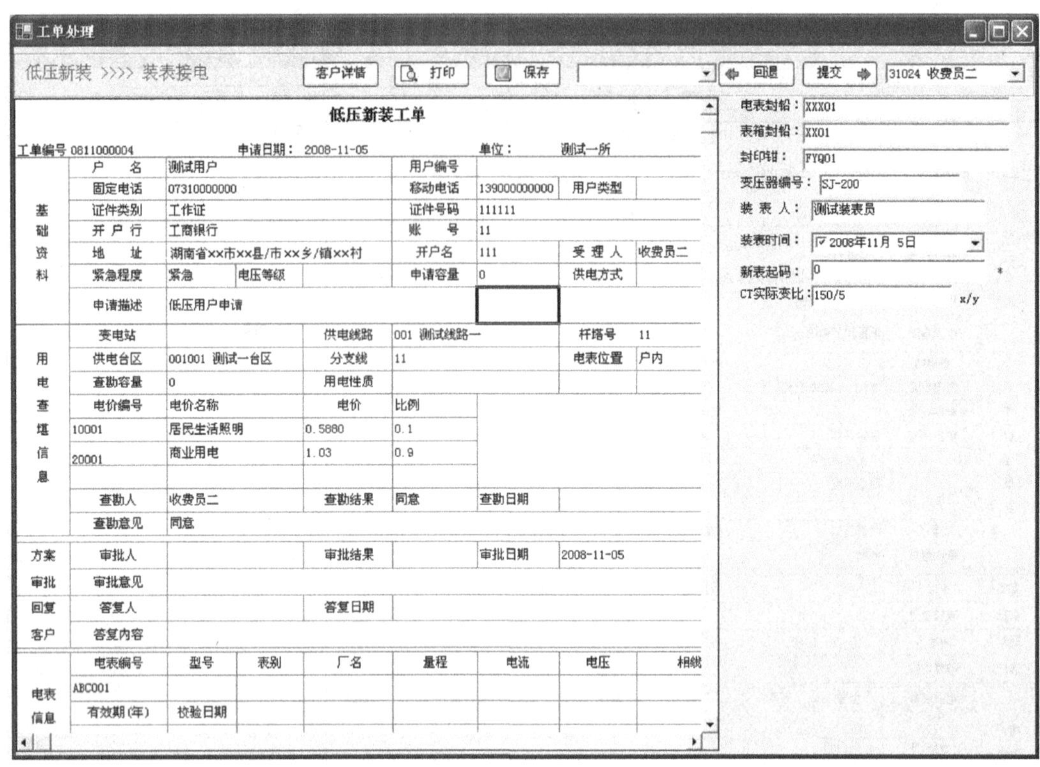

图 GYND00701003-19　装表接电

（9）资料归档。直接点击提交，提交完成后，该客户的工单流程全部完成，如图 GYND00701003-20 所示。

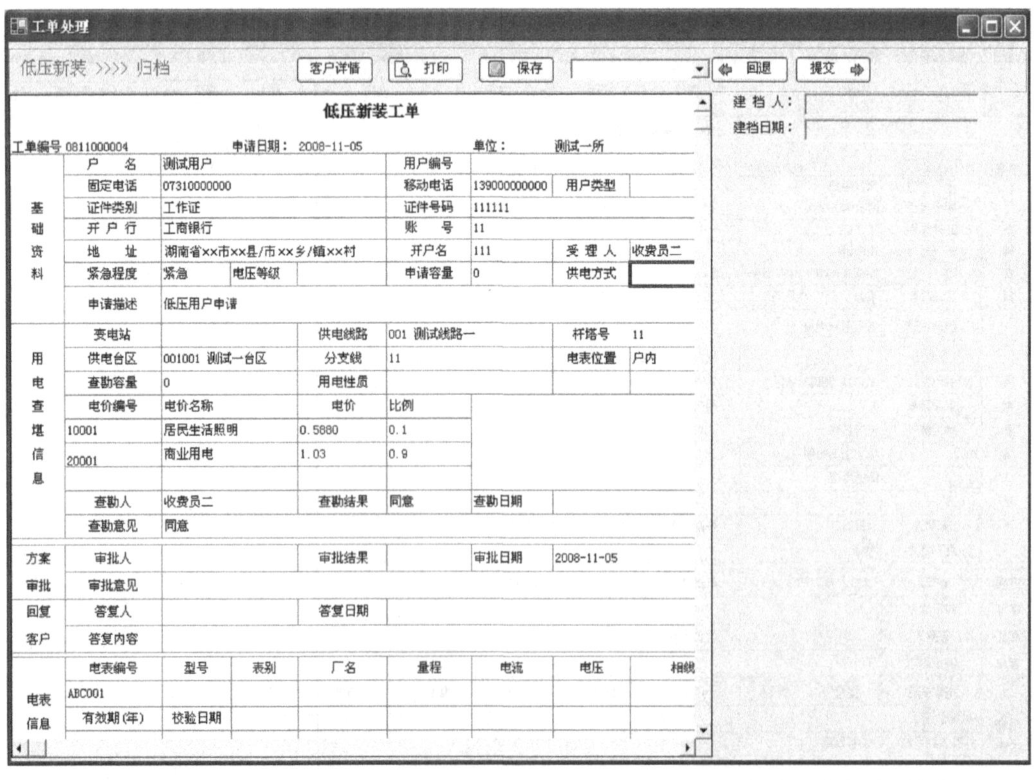

图 GYND00701003-20　资料归档

模块3　GYND00701003

四、线损管理

在报表管理中根据需要可以分别查询到系统自动产生的线损、电量、电费报表，实时查看工作业绩完成情况。低压线损报表如图 GYND00701003-21 所示。

低压线损报表

报表月份：2008 年 11 月　打印操作：　查询　页面设置　预览　打印

低压线损报表

填报单位：××供电所　　电费月份：　　单位：KWH、%

单位编号	单位名称	低压供电量		售电量		低压损失量		低压损失率		线损分析			
		本月	累计	本月	累计	本月	累计	本月	累计	本年低压指标	本月较本年指标高+(低-)	本月较上月线损高+(低-)	本月较去年同期高+(低-)
	[1]	[2]	[3]	[4]	[5]	[8]	[9]	[10]	[11]	[12]	[13]	[14]	[15]
43030543	××供电所	513482	6986288	458942	6331762	54540	654526	10.62	9.37	0	10.62	0.04	3.67
039	罗镇线	152977	1877785	139686	1711107	13291	166678	8.69	8.88	0	8.69	0.53	-0.48
039001	××镇街一变	31800	422820	29788	399569	2012	23251	6.33	5.50	0	6.33	0.53	5.18
039002	石鼓镇街二变	21060	281820	19701	265851	1359	15969	6.45	5.67	0	6.45	3.24	1.50
039003	珠山一变	15582	154297	13664	133496	1918	20801	12.31	13.48	0	12.31	0.05	-6.31
039004	珠山二变	6520	66480	5797	60303	723	6177	11.09	9.29	0	11.09	4.53	-4.13
039005	将军一变	9990	105877	8315	91532	1675	14345	16.77	13.55	0	16.77	8.24	-8.55
039006	将军二变	11760	142710	11095	126329	665	16381	5.65	11.48	0	5.65	-3.02	-5.45
039007	兴旺一变	6672	66995	5988	58382	684	8613	10.25	12.86	0	10.25	-3.78	6.15
039008	兴旺二变	8640	94770	7778	82435	862	12335	9.98	13.02	0	9.98	-1.16	-14.01
039009	安乐一变	7110	81150	6259	70998	851	10154	11.97	12.51	0	11.97	-0.91	-2.00

图 GYND00701003-21　低压线损报表

系统也可以实时提供 10kV 线路高压线损报表查询，如图 GYND00701003-22 所示。

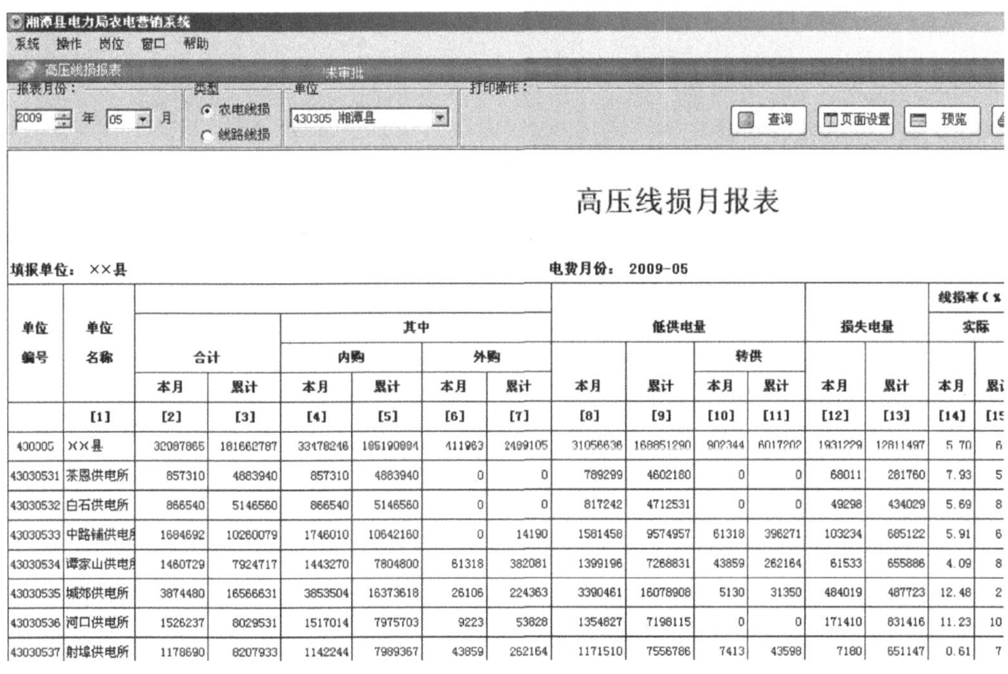

湘潭县电力局农电营销系统

系统　操作　岗位　窗口　帮助

高压线损报表　未审批

报表月份：2009 年 05 月　类型：◉ 农电线损　○ 线路线损　单位：430305 湘潭县　打印操作：　查询　页面设置　预览

高压线损月报表

填报单位：××县　　电费月份：2009-05

单位编号	单位名称	合计		其中				低供电量				损失电量		线损率(%	
				内购		外购				转供				实际	
		本月	累计	本月	累计	本月	累计	本月	累计	本月	累计	本月	累计	本月	累计
	[1]	[2]	[3]	[4]	[5]	[6]	[7]	[8]	[9]	[10]	[11]	[12]	[13]	[14]	[15
430305	××县	32087865	181662787	33178246	185190884	411963	2489105	31056636	168851290	902344	6017202	1931229	12811497	5.70	6
43030531	茶恩供电所	857310	4883940	857310	4883940	0	0	789299	4602180	0	0	68011	281760	7.93	5
43030532	白石供电所	866540	5146560	866540	5146560	0	0	817242	4712531	0	0	49298	434029	5.69	8
43030533	中路铺供电所	1684692	10260079	1746010	10642160	0	14190	1581458	9574957	61318	396271	103234	685122	5.91	6
43030534	谭家山供电所	1460729	7924717	1443270	7804800	61318	382081	1399196	7268831	43859	262164	61533	655886	4.09	8
43030535	城郊供电所	3874480	16566631	3853504	16373618	26106	224363	3390461	16078908	5130	31350	484019	487723	12.48	2
43030536	河口供电所	1526237	8029531	1517014	7975703	9223	53828	1354827	7198115	0	0	171410	831416	11.23	10
43030537	射埠供电所	1178690	8207933	1142244	7989367	43859	262164	1171510	7556786	7413	43598	7180	651147	0.61	7

图 GYND00701003-22　高压线损报表

【思考与练习】

1. 简述抄表机数据的下载和上传过程。
2. 在系统坐收电费时可以通过哪些查询方式找到客户？

模块 3　GYND00701003

第九部分

电能计量装置安装与检查

第三十章 电能计量装置安装

模块 1 单相电能计量装置的安装（GYND00901001）

【模块描述】本模块包含单相电能计量装置安装前的准备工作、接线图识读、安装工艺流程和技术要求、完工检查等内容。通过概念描述、流程介绍、图解示意、要点归纳，掌握单相电能计量装置的安装。

【正文】

一、作业内容

作业内容主要包括装接作业票的填写、接线图的识读、工具准备、材料选取、电压回路安装接线、电流回路安装接线及安装后质量检查等，适用于单相电能计量装置停电或电源进线带电的安装接线工作。

二、危险点分析与控制措施

单相电能计量装置安装的危险点与控制措施主要有以下几点：

（1）注意剥削导线时不要伤手。操作中要正确使用剥线、断线工具。使用电工刀时刀口应向外，要紧贴导线成45°角左右切削。

（2）配线时不让线划脸、划手。

（3）使用仪表时应注意安全，避免触电、烧表、触电伤害和电弧灼伤。

（4）使用有绝缘柄的工具，必须穿长袖工作服，接电戴好绝缘手套。

（5）临时接入的工作电源必须用专用导线，并装有剩余电流动作保护器。

（6）防止高处坠落、高处坠物和人员摔伤。正确使用梯子等高空作业工具。

（7）作业前应认真检查周边环境，发现影响作业安全的情况时应做好安全防护措施。

（8）正确使用、规范填写电能计量装置装接作业票。

电能表带电装（拆）作业票式样如表 GYND00901001-1 所示。工作过程中应正确使用、规范填写。

三、作业前准备

1. 着装检查

操作人员作业前应进行着装检查：检查并戴好安全帽，检查工作服并扣好衣扣和袖口，检查绝缘鞋并系好鞋带，检查并戴好纱手套。

2. 工具准备与检查

（1）工具种类。作业时应配齐螺丝刀、剥线钳、尖嘴钳、钢锯或断线钳、冲击电钻、小榔头、套筒扳手、压接钳、钳型电流表、万用表、封印钳及铅封、低压验电笔等工具。

（2）工具检查。作业前，应逐件检查工具、仪表、设备及材料，确保安全可用。

1）通用工具的检查。依次检查螺丝刀、剥线钳、尖嘴钳、钢锯或断线钳、冲击电钻、小榔头、套筒扳手、压接钳、卷尺、封印钳等的规格、外观质量及机械性能。

2）电气安全器具的检查。检查低压测电笔外观质量和电气性能，并在确认有电的电源插座上试电，发音时为正常。

3）测量仪表检查。检查钳型电流表、万用表、500V 绝缘电阻表的外观和电气性能。

3. 材料准备与检查

作业前应配备并检查的材料主要有：按负荷大小选择确定的截面符合要求的黄、红色塑料绝缘

表 GYND00901001-1　　××供电企业电能表带电装（拆）作业票（试行）　　No:

<table>
<tr><td>单　位</td><td colspan="2"></td><td>工作任务</td><td colspan="2"></td></tr>
<tr><td>户　号</td><td></td><td>户名</td><td></td><td>地点</td><td></td></tr>
<tr><td colspan="4">工作许可人：</td><td colspan="2">工作负责人：</td></tr>
<tr><td colspan="6">工作班成员：　　　　共　人</td></tr>
<tr><td colspan="6">计划工作时间：　年　月　日　时至　年　月　日　时</td></tr>
<tr><td colspan="6">工作任务和现场安全措施交代（完成后打√）</td></tr>
<tr><td colspan="6">工作任务交代：（　）现场安全措施交代：（　）
其他：</td></tr>
<tr><td colspan="6">工作危险点告知　（完成后打√）</td></tr>
<tr><td colspan="6">触电伤害：（　）电弧灼伤：（　）高处坠落：（　）高处坠物：（　）损坏设备：（　）人员摔伤：（　）
周边环境：（　）
其他：</td></tr>
<tr><td colspan="6">工作人员状况检查（完成后打√）</td></tr>
<tr><td colspan="6">精神状态：（　）衣着：（　）安全帽：（　）安全带：（　）
其他：</td></tr>
<tr><td colspan="6">工作负责人签名：　　　　工作班成员签名：</td></tr>
<tr><td colspan="6">现场作业程序（每项完结后由工作负责人打√）</td></tr>
<tr><td colspan="6">1. 离地 2.0m 以上登高作业应系好安全带，在梯子上作业应有人扶持（　）
2. 检查金属表箱接地，确认良好（　）
3. 对金属表箱外壳验电，确认不带电（　）
4. 检查用户侧开关已断开（　）悬挂警示牌（　）
5. 交代保留带电部分（　）
6. 逐相拆开电源进、出相线，并用绝缘胶带包扎（　）
7. 电能表安装并检查施工工艺符合标准要求（　）
8. 逐相拆开绝缘胶带，逐一搭接电源进、出相线（　）
9. 检查接线是否正确（　）
10. 测量电压，测得的电压应在合格电压范围内（　）
11. 取下警告牌，检查负荷侧开关合上，并观察电能表运行正常（　）
12. 清洁工作现场，清点物品，工作终结，人员安全撤离工作现场（　）
13. 其他补充安全措施：</td></tr>
<tr><td colspan="6">工作终结时间：　年　月　日　时
工作负责人签名：</td></tr>
</table>

以上出工前事先填好

以上在现场班前会时填写

此处在现场安装作业时，工作负责人完结每项工作后在（）内打√

此处在工作终结后如实填写

铜芯线若干，5mm×150mm 尼龙扎带足量，红、蓝两色绝缘胶带、封印辅件，要求数量适量、规格合格且质量良好。

4. 设备准备与检查

需配备的材料主要有：单相电能表一只，空气开关两只，计量箱一只。

电能表要求外观无损伤，铭牌齐全，规格正确，接线孔完整无错。在计量箱上检查已经安装好的自动空气开关的外观、型号、铭牌参数。要求自动空气开关设备的外观无损伤，铭牌齐全，规格正确，接线端子完整。

5. 安装场所检查

检查电能计量装置安装场所是否符合安装要求，主要检查内容为：周围环境应干净明亮，不易受损、受振，无磁场及烟灰影响；无腐蚀性气体、易蒸发液体的侵蚀。运行安全可靠，抄表读数、校验、检查、轮换方便；装表点的气温应不超过电能表标准规定的工作温度范围。电能表原则上应装于室外的走廊、过道内及公共的楼梯间，或装于专用配电间内（二楼及以下）；高层住宅一户一表，宜集中装于公共楼梯间内。

6. 接线图的阅读

操作人员在装表接电前应熟悉单相电能计量装置接线图，以保证接线正确。

对直接接入式单相有功电能表，我国目前采用“一进一出”接线方式。其接线原理如图 GYND00901001-1 所示。

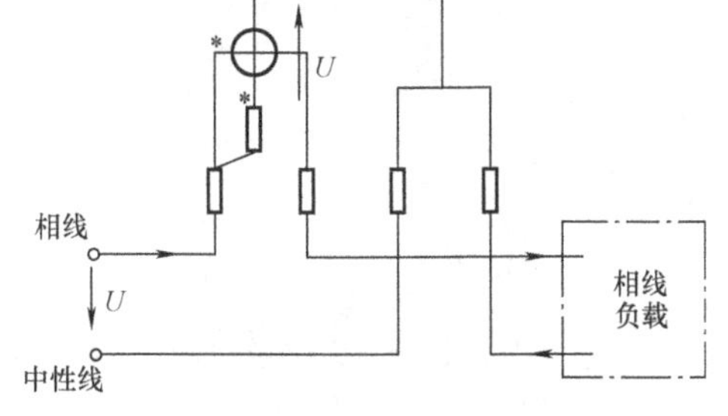

图 GYND00901001-1　单相有功电能表“一进一出”直接接入式

单相直入式电能表“一进一出”接线方式的特点是：① 接线标准，“一进一出”属于标准正确接线：“1、3 进，2、4 出”，接线简单明了，符合 DL/T 825—2002《电能计量装置安装接线规则》。② 安全性好，“一进一出”接线方式相邻表尾接线端同电位，相对安全，即 1 和 2、3 和 4 均为同电位，只是 2 和 3 间隔不同电位，故在接线盒上绝缘间隔加厚、突出，既增强绝缘，又便于安装表尾盖板。这种接线方式主要适用于负荷电流小于或等于 50A，即负荷功率小于或等于 10kW 的单相低压生活照明用电客户的单相负载有功电量计量，适用的电能表规格主要为电压 220V，电流 5（20）、5（30）、5（40）、10（40）A 等。

DL/T 448—2000《电能计量装置技术管理规程》规定：低压单相供电的负载，当电流大于 50A 时（相当于单相负载大于 10kW 时），宜采用经电流互感器接入式。必要时，单相负载大于 10kW 的情况可以改为三相供电。也就是说，直接接入式电能表的额定最大电流的上限为 60A（120%×50A）。这是根据长期的运行经验得出的结论，因为当直接接入式电能表的额定最大电流的超过 60A 时，表尾接线端子易过热受损、加大计量误差，甚至烧毁表尾接线盒，造成故障。

四、操作过程、质量要求

单相计量装置的安装接线操作过程应严格按照《电能表带电装（拆）作业票》规定的相关程序进行，这里主要介绍现场作业中的接线过程。

直接接入式单相电能计量装置元件布置如图 GYND00901001-2 所示，工艺接线、走线及接线步骤如图 GYND00901001-3 所示。总体要求导线走线时要遵循“从上到下、从左到右；正确规范、层次清晰；布置合理、方位适中；集束成捆、互不交叠；横平竖直、边路走线”。

1. 电能表进线接线

即电能表与自动空气开关 DZ1 下接线端间接线。

（1）线长测量。在初步确定线路的走向、路径和方位后，用卷尺丈量从自动空气开关 DZ1 下桩头与电能表表尾之间导线的长度，如图 GYND00901001-4 所示。

（2）导线截取。首先用卷尺丈量一根导线且留有适当的裕度后截取，然后按相同长度截取另一根导线。

图 GYND00901001-2　单相电能表表箱

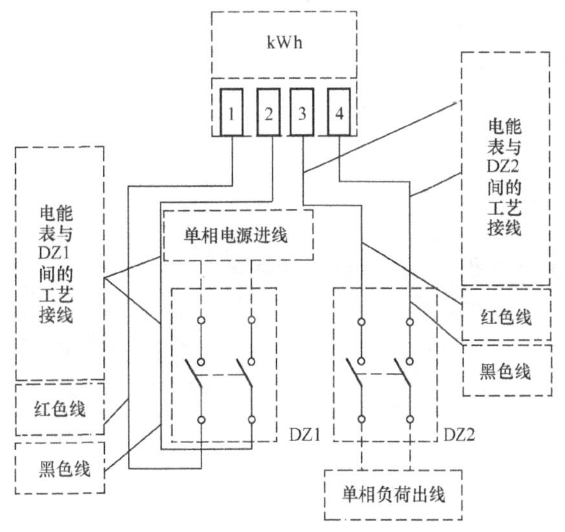

图 GYND00901001-3　单相电能表内部接线示意图

图 GYND00901001-4 线长测量

（3）电能表进线端线头剥削。如图 GYND00901001-5 所示，先根据接线孔深确定剥削长度，用电工刀或剥线钳分别剥去每根导线线头的绝缘层，然后清净线头表面氧化层。注意：导线线头的剥削长度为接线孔的深度，用电工刀剥削时电工刀要紧贴导线成 45° 角左右切削。

（4）表尾进线端接线。如图 GYND00901001-6 所示，导线线头与表尾接线孔连接时，要按红色、蓝色分次接入表尾 1、3 接线孔，并用螺钉针压式固定。注意：导线线头紧固时先从左至右依次进行。

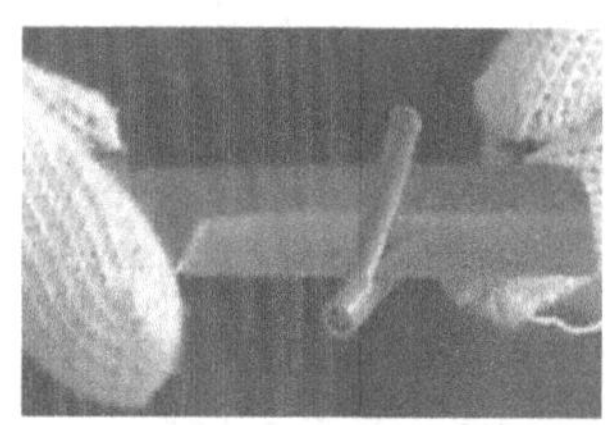

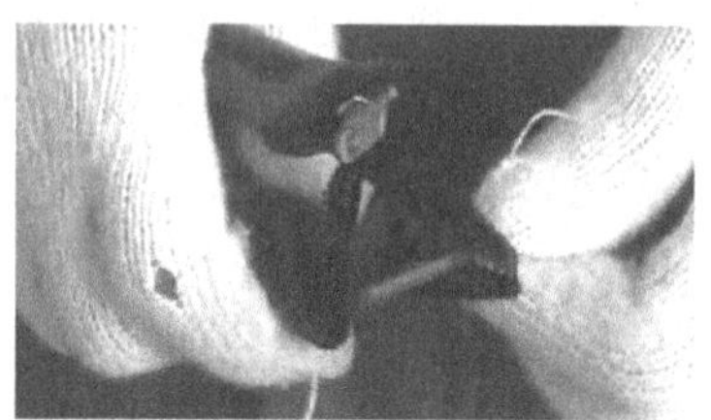

图 GYND00901001-5 导线剥削

（5）导线走线。导线的走线方位，依据“横平竖直、走边路”的原则进行布置；导线的弯角按单根进行弯曲，其曲率半径不小于 3 倍导线的外径。注意走线时，要求从上到下、从左到右，横平竖直、层次清晰，布置合理、美观大方，成捆集中、边路走线。电能表表尾导线要注意上下叠压的次序，从外到里按红、黄两色导线依次布置。

（6）自动空气开关 DZ1 下接线端余线处理。如图 GYND00901001-7 所示。当导线至自动空气开关 DZ1 下接线端时，要对多余线头进行处理。首先分别量取各线头需要剥削的长度尺寸，并划好线，再用钳剪去多余线头。

（7）自动空气开关 DZ1 下接线端线头剥削。线头绝缘层的剥削方法与前面相同。

（8）自动空气开关 DZ1 下接线端接线。导线线头与自动空气开关 DZ1 下端接线孔连接时，要按红色、蓝色分次接入自动空气开关 DZ1 两接线孔，并用螺钉针压式固定。

（9）导线捆绑。用 3mm×150mm 的尼龙扎带把导线捆绑成型，绑扎时要注意布局合理、位置适当、间距均匀。

2. 电能表与自动空气开关 DZ2 间接线

电能表与自动空气开关 DZ2 间工艺接线过程主要分线长测量、导线截取、表尾出线端线头切削、表尾出线端表尾接线、导线走线、自动空气开关 DZ2 上接线端余线处理、自动空气开关 DZ2 上接线端线头切削、自动空气开关 DZ2 上接线端接线、导线捆绑九个步骤，其操作方法和要求与电能表进线接线操作中对应的环节相同。不同之处是：导线线头与表尾接线孔连接时，要按红色、蓝色分次接入表尾 2、4 接线孔。

图 GYND00901001-6 表尾接线

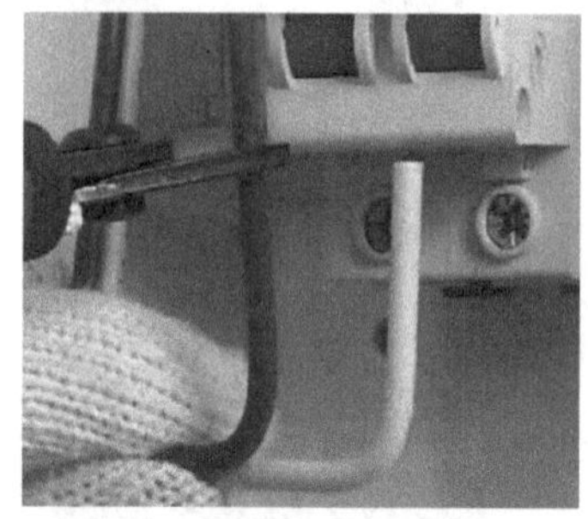

图 GYND00901001-7 余线处理

3. 结束工作

（1）接线整理。对整个计量箱工艺接线进行最后检查，确认接线正确，然后修剪尼龙扎带，在距离根部 2mm 处用斜口钳剪去扎带尾部的多余长度。

（2）停电接线检查。如图 GYND00901001-8 所示，用万用表对接线进行一次全面检查，确认接线正确。

（3）通电检查。如图 GYND00901001-9 所示，对电能表通电，并用万用表检查各回路的通断情况，听电能表声音是否正常。

（4）电能表接线盒封印。如图 GYND00901001-10 所示，用封印钳将电能表接线盒封印。

（5）计量箱封印。如图 GYND00901001-11 所示，拧紧计量箱外壳螺钉，用封印钳将电能表计量箱封印。

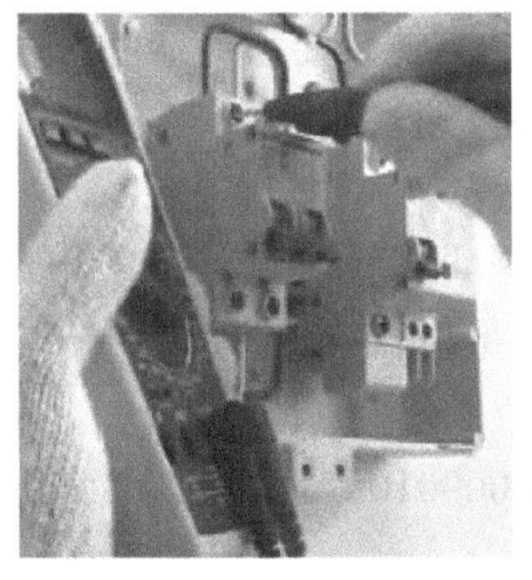

图 GYND00901001-8　停电接线检查

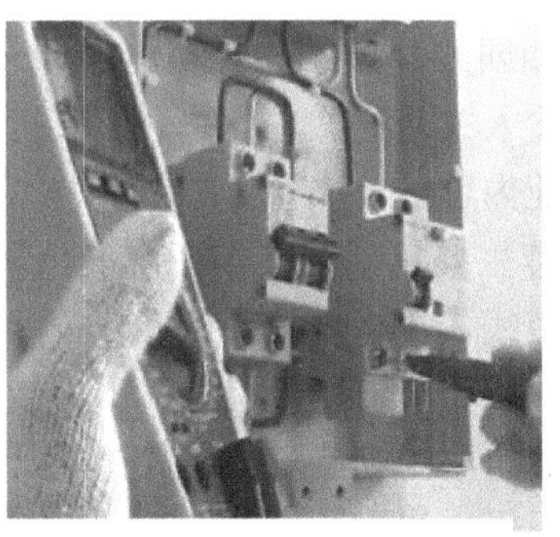

图 GYND00901001-9　通电接线检查

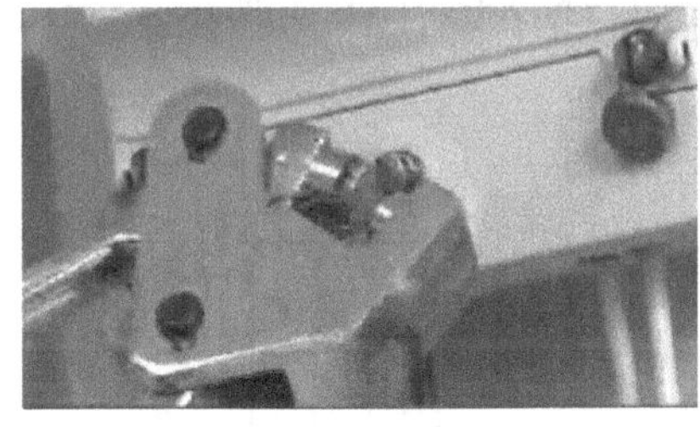

图 GYND00901001-10　电能表接线盒封印

图 GYND00901001-11　计量箱封印

（6）工器具整理。逐件清点、整理工器具，分别放回工具包和工具箱中。

（7）材料整理。逐件清点、整理剩余材料及附件，整理并带走。

（8）现场清理。清理计量柜及操作现场，在整个工作过程中做到文明施工、安全操作。

（9）抄录电能表示数、电流互感器变比、铭牌等相关数据，填写装表接电工作票的各项内容，且要求用户签字认可。

五、注意事项

安装过程中应注意导线绝缘层不要损伤，每个接线孔只能接一根导线线头，接线孔外不能裸露导线线头，表尾针式接头不能只压一只螺钉。导线弯角曲率半径不小于导线外经的 3 倍，导线绑扎均匀、位置合理，导线应腾空，尽量不贴盘面。导线直角拐弯时不出现硬弯。

安装完成后，总体效果如图 GYND00901001-12 所示，注意图中电源线、负荷侧出线未连接。

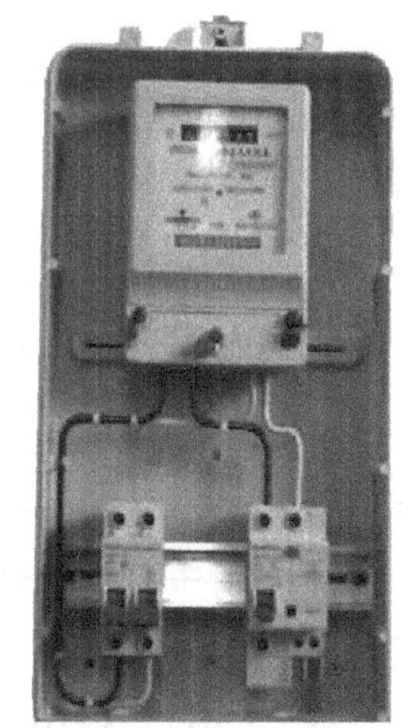

图 GYND00901001-12　总体布局

【思考与练习】

1. 直接接入式单相电能计量装置的接线安装操作过程分哪几个步骤进行？
2. 单相电能计量装置安装的危险点与控制措施有哪些？

3. 单相电能计量装置安装的结束工作主要有哪些？

4. 画出一进一出式单相电能计量装置的接线图。

模块2 直接接入式三相四线电能计量装置的安装（GYND00901002）

【模块描述】本模块包含直接接入式三相四线电能计量装置的接线图、安装准备工作、安装接线、工艺要求及接线检查等内容。通过概念描述、流程介绍、图解示意、要点归纳，掌握直接接入式三相四线电能计量装置的安装。

【正文】

低压三相四线制系统的有功电能计量，应安装三相四线有功电能计量装置，主要有直接接入式和经互感器接入式两种。本模块介绍直接式三相四线电能计量装置的安装。

一、作业内容

作业内容主要包括装接作业票的填写、接线图的识读、工具准备、材料选取、电源刀开关与电能表间工艺接线、电能表与负荷刀开关间的工艺接线及安装后质量检查等。

二、危险点分析与控制措施

危险点分析与控制措施与单相电能计量装置的安装（GYND00901001）的危险点分析与控制措施相同。在此不再重述。

三、作业前准备

1. 接线图识读

直接接入式三相四线有功电能计量装置的接线原理如图 GYND00901002-1 所示 ，表尾接线图如图 GYND00901002-2 所示。

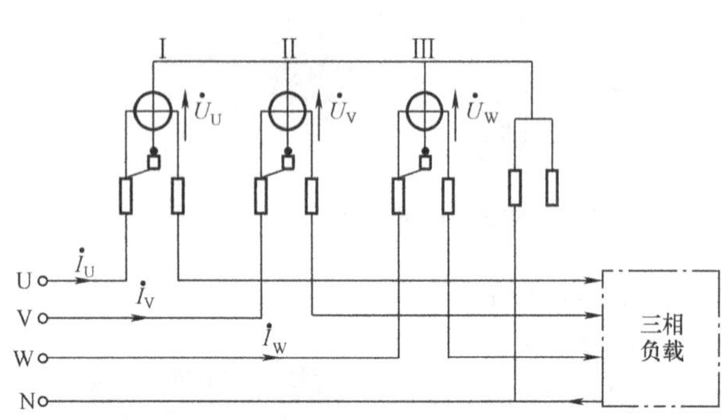

图 GYND00901002-1 三相四线有功电能计量装置的直接接入式接线原理

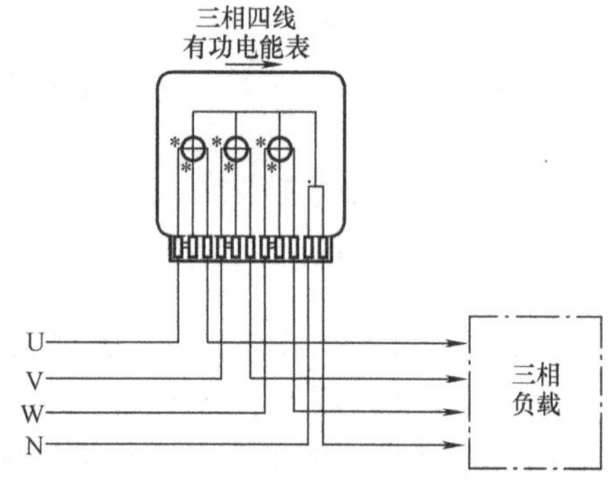

图 GYND00901002-2 三相四线有功电能计量装置的直接接入式表尾接线

电能表内部三个计量元件分别加上对应相的相电流和相电压，计量的总功率表达为

$$P' = 3U_{ph}I_{ph}\cos\varphi$$

式中 U_{ph}、I_{ph}、$\cos\varphi$——相电压、相电流有效值和每相负载的阻抗角。

这种接线一般用于低压 380/220V 的供电系统中，计量不对称生活照明用电的总表，负荷电流小于或等于 50A 的情况。适用于这种计量方式电能表的规格主要有：电压 3×380/220V，电流 3×5（20）、3×5（30）、3×10（40）A 三种。

三相四线电能表中性线的接法与单相电能表不同，其总中性线直接由电源接至负载，电能表的中性线用 2.5mm^2 及以上的铜芯绝缘线“T”接到总中性线上，如图 GYND00901002-1 所示。如采用图 GYND00901002-2 所示接法时，中性线实际上是不剪断的，而是中间剥去绝缘层后整根接入的。这样做为的是：若中性线剪断接入时，如在电能表表尾接触不良，则容易造成中性线断开，会使负载的中性点与电源的中性点不重合，负载上出现电压不平衡，有的过电压、有的欠电压，因此设备不能正常工作，承受过电压的设备甚至还会被烧毁。而“T”形接法时，总中性线是在没有断口的情况下直接接到用户设备上，不会发生上述情况。同时注意，“T”接处应恢复绝缘并且铅封于表箱内，以防接口处被窃电及产生不安全因素。

2. 着装检查、工具准备与检查

操作人员作业的着装检查、工具种类、工具检查要求与单相电能计量装置的安装（GYND00901001）基本相同，此外，还应配上相序表。

3. 材料准备与检查

（1）材料种类。配备的材料主要有：按负荷大小选择确定的截面符合要求的黄、绿、红、蓝四色塑料绝缘铜芯线，带 TA 接入时应配 $4mm^2$ 塑料绝缘铜芯线，尼龙扎带足量，黄、绿、红、蓝四色绝缘胶带等。

（2）材料检查。作业前应检查导线、5mm×200mm 尼龙扎带、绝缘胶带、封印辅件的数量、型号、规格、质量是否符合要求。

4. 设备准备与检查

（1）设备种类。需配备的材料主要有：三相四线直入式有功电能表、电源刀开关、出线刀开关、出线漏电断路器、计量箱各一只。

（2）设备与安装场所检查。表箱内部设备配置与布置如图 GYND00901002-3 所示，设备与安装场所检查要求与单相电能计量装置安装（GYND00901001）基本相同。

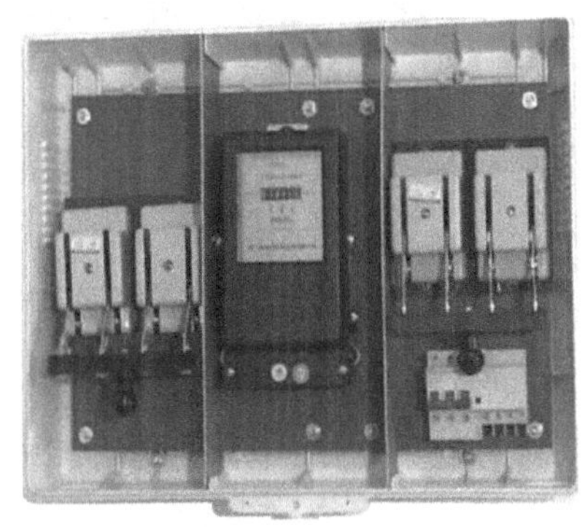

图 GYND00901002-3　直接接入式三相四线电能表内部设备配置与布置

5. 熟悉安装接线图

直接接入式三相四线电能表计量表箱内的接线及走线方式如图 GYND00901002-4 所示。

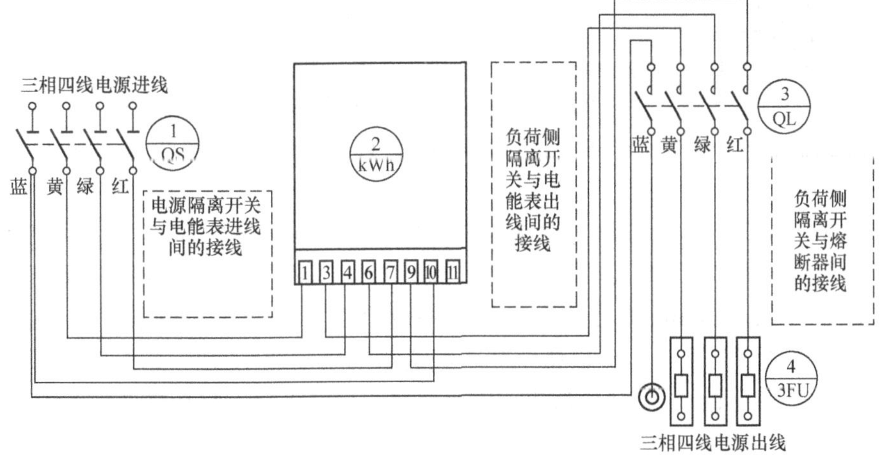

图 GYND00901002-4　直接接入式三相四线电能表计量表箱内的接线及走线方式

四、安装步骤、质量标准

1. 计量箱安装检查

计量箱在装表接电前，主要检查内容为：安装是否牢固、离地高度是否达到 1.8m，箱内设备安装是否符合要求，确认进线电源已断开、出线无倒送电的可能，并做好验电、挂接地线等安装措施。

2. 电源刀开关与电能表间接线

（1）线长测量与导线截取。在初步确定线路的走向、路径和方位后，量取从电源刀开关下桩头与电能表表尾之间的导线长度。按 U、V、W、N 三根相线和一根中性线，分别选用黄、绿、红、蓝四色塑料绝缘铜芯导线，按量取的长度并留有一定的裕度后截取。应注意：① 选用 $6mm^2$ 蓝色的铜芯线作为进表中性线；② 与相线格相同的铜芯线作为主中性线，其长度要考虑直送至出线刀开关的上桩头。

（2）电源刀开关端线头剥削。方法与要求和单相电能计量装置的安装（GYND00901001）基本相同。

（3）电源刀开关端线头制作。主导线接线铜端子采用液压钳压接，进表中性线弯圆形线头采用尖嘴钳制作。应注意：① 液压钳使用时要正确选取钳口压接模规格，其尺寸与铜端子相匹配。线头压接时，第一道先压近导线绝缘层一端、压痕距导线绝缘层 3～5mm；第二道再压近铜端子螺孔一端，两模之间留取一定的距离。② 进线中性线只要求制作弯圆形线头。线头制作质量要求如图GYND00901002-5 所示。

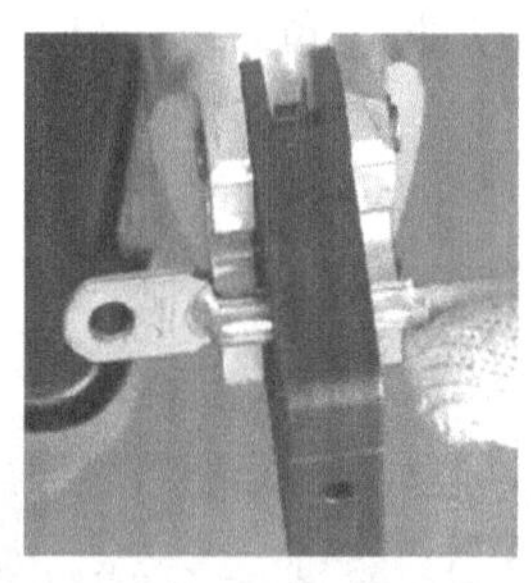
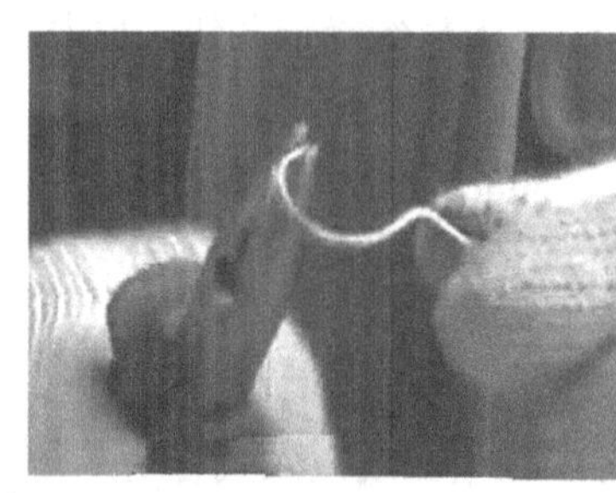
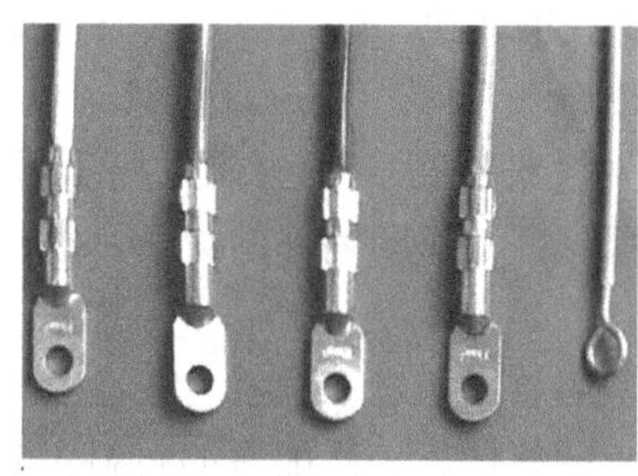

图 GYND00901002-5 线头制作方法及工艺质量要求示意图

（4）电源刀开关端绝缘恢复。绝缘胶带由导线根部距铜接头端部两个绝缘带宽度处开始起绕，以斜向 45°、1/2 带宽交叠，来回缠绕两层即可。线头绝缘恢复方法如图 GYND00901002-6 所示。

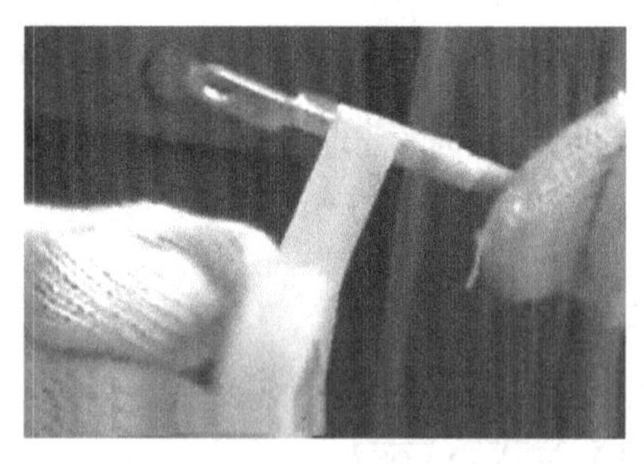

图 GYND00901002-6 线头绝缘恢复方法

（5）电源刀开关端线头连接。导线线头接线端子采用螺钉平压式与电源刀开关的下桩头连接；两根蓝色中性线和三根黄、绿、红相线在设备上的布置，按面向计量箱从上到下、从左到右依次排列；其中两根中性线线头接于电源刀开关左下方桩头，三根相线的接线端子分别接于电源刀开关下桩头相应的接线柱上。应注意：① 考虑到操作的方便性，连接前可以对线头端进行适当的整理，然后再进行连接。② 电源刀开关左下方的接线桩头需引出两根不同规格的蓝色中性线，其中与相线规格相同的中性线直接送至出线刀开关、6mm^2 的中性线送至电能表表尾中性线端。

（6）导线走线。导线的走线方位与要求与单相电能计量装置的安装（GYND00901001）基本相同。电能表表尾导线要注意上下叠压的次序，黄、绿、红、蓝四色线依次分层布置，不得交错重叠。

（7）导线捆绑。用 5×200mm 的尼龙扎带把导线捆绑成型，绑扎时要注意工艺要求。

（8）表尾进线端余线处理。当三根相线和一根进表的中性线送至电能表表尾进线端，另一根中性线送至出线刀开关上桩头后，要对多余线头进行处理，分别量取各线头需要剥削的长度并划好线，剪去多余线头。

（9）表尾进线端线头剥削与接线。表尾导线线头剥去绝缘层后，除去表面氧化层，并绞紧导线线头。导线线头与表尾接线孔连接时，要按相色、分层次接入，即表尾 1、4、7、10 号接线孔，依次插进黄、绿、红、蓝色四种颜色的导线线头，并用螺钉针压式固定。导线线头紧固时应先上后下、从左至右依次进行，并要紧两遍。

3. 电能表与负荷刀开关间的工艺接线

电能表与负荷刀开关间的工艺接线主要分线长测量、导线截取、负荷刀开关端线头剥削、负荷刀开关端线头制作、负荷刀开关端绝缘恢复、负荷刀开关端头连接、导线走线、导线捆绑、表尾进线端余线处理、表尾出线端线头剥削、表尾出线端接线十一个步骤进行。其操作要点与要求与电源刀开关与电能表间工艺接线对应环节基本相同。应注意以下几点：

（1）截取导线时，不需截取 6mm² 中性线。

（2）负荷刀开关上端头连接时，导线线头与接线端子采用螺钉平压式与电源刀开关的下桩头连接；一根蓝色中性线和三根黄、绿、红相线在设备上的布置，按面向计量箱从上到下、从左到右依次排列；其中一根中性线线头接于负荷刀开关左下方桩头，三根相线的接线端子按黄、绿、红从左向右分别接于负荷刀开关上桩头相应的接线柱上。应注意：考虑到操作的方便性，连接前可以对线头端进行适当的整理，然后再进行连接。

（3）表尾出线端接线时，导线线头与表尾接线孔连接时，表尾 3、5、9 号接线孔，依次插进黄、绿、红色三种颜色的导线线头，并用螺钉针压式固定。

4. 结束工作

与单相电能计量装置的安装（GYND00901001）基本相同。总体工艺要求及效果如图 GYND00901002-7 所示。

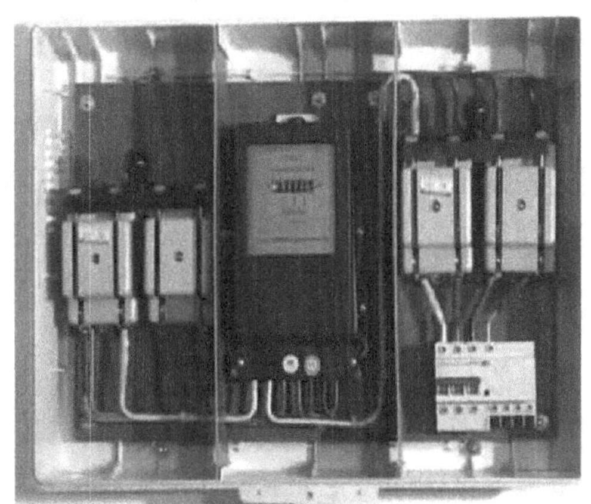

图 GYND00901002-7　直接接入式三相四线电能表安装后总体工艺要求及效果

五、注意事项

安装的注意事项除单相电能计量装置的安装（GYND00901001）中所述的内容外，还应特别注意，安装中不能发生如下错误或不规范情况。

1. 原理上接线错误

（1）相序不按正相序接入，造成计量误差。接线时不能将相线对换，如图 GYND00901002-8 所示。

（2）剩余电流动作断路器的相线、中性线对换。造成不能可靠安全工作，如图 GYND00901002-9 所示。

（3）表尾相线、中性线调换，不能正确计量且易烧表，如图 GYND00901002-10 所示。

（4）表尾进出线接反，不能正确计量。

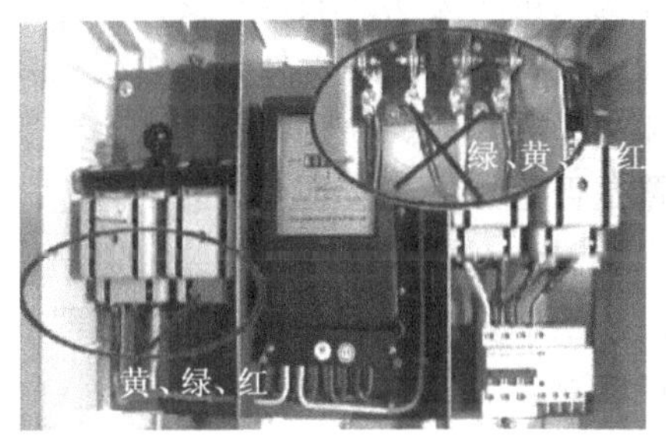

图 GYND00901002-8　相序不正确

图 GYND00901002-9
断路器相线、中性线对换

图 GYND00901002-10
表尾相线、中性线调换

2. 工艺上的错误与不规范

（1）中性线穿越电能表接线。电能表表尾中性线应采用分支连接，不应采用断开接线。

图 GYND00901002-11　弯圆方向与螺母旋紧方向相反

（2）表尾线头剥削过长造成露芯，易被窃电且不安全。

（3）表尾接线端子只压一只螺钉，造成发热和烧表事故。

（4）不同规格导线在接线柱处叠压不规范。不同规格导线在接线柱处叠压时应大导线在下，小导线在上，以防减少接触面积造成接触不良。

（5）线鼻子弯圆方向与接线柱螺母旋紧方向相反，易造成螺母旋紧操作不方便且易使线鼻子弯圆变形而使接触不良，如图 GYND00901002-11所示。

【思考与练习】

1. 直接式三相四线电能计量装置的接线安装操作过程分哪几个步骤？
2. 画出三相四线电能表的原理接线图和表尾接线图。
3. 直接接入式相四线电能计量装置安装时对中性线有何特别规定？
4. 直接接入式相四线电能计量装置安装时常见的错误有哪些？

模块3　装表接电工作结束后竣工检查（GYND00901003）

【模块描述】本模块包含装表接电工作结束后竣工检查的检查资料整理、现场核查和通电试验等内容。通过概念描述、要点归纳，掌握装表接电工作结束后的竣工检查。

【正文】

电能计量装置投运前应由相关管理部门组织专业人员进行全面的验收。其目的是：及时发现和纠正安装工作中可能出现的差错；检查各种设备的安装质量及布线工艺是否符合要求；核准有关的技术管理参数，为建立用户档案提供准确的技术资料。

验收的项目及内容应包括技术资料、现场核查、验收试验、验收结果的处理。

一、技术资料检查

装表接电工作结束后竣工检查的检查资料主要包括：电能计量装置计量方式原理接线图，一、二次接线图，施工设计图和施工变更资料；电压、电流互感器安装使用说明书、出厂检验报告、法定计量检定机构的检定证书；计量柜（箱）的出厂检验报告、说明书；二次回路导线或电缆的型号、规格及长度；电压互感器二次回路中的熔断器、接线端子的说明书等；高压电气设备的接地及绝缘试验报告；施工过程中需要说明的其他资料。

二、现场核查

（一）现场核查主要内容

装表接电工作结束后竣工检查的现场核查的主要内容包括：计量器具型号、规格、计量法定标志、出厂编号等应与计量检定证书和技术资料的内容相符；产品外观质量应无明显瑕疵和受损；安装工艺质量应符合有关标准要求，检查电能表、互感器安装是否牢固，位置是否适当，外壳是否根据要求正确接地或接零等；电能表、互感器及其二次回路接线情况应和竣工图一致。检查电能表，互感器一、二次接线及专用接线盒，接线是否正确，接线盒内连接片位置是否正确，连接是否可靠，有无碰线的可能，安全距离是否足够，各接点是否坚固牢靠等；检查进户装置是否按设计要求安装，进户熔断器熔体选用是否符合要求；检查有无工具等物件遗留在设备上；按工单要求抄录电能表、互感器的铭牌参数数据，记录电能表起止码及进户装置材料等，并告知用户核对。

（二）安装质量检查

1. 电能表

（1）电能表的安装场所应符合的规定。周围环境应干净明亮，不易受损、受震，无磁场及烟灰影响。无腐蚀性气体、易蒸发液体的侵蚀。运行安全可靠，抄表读数、校验、检查、轮换方便。电能表原则上装于室外的走廊、过道内及公共的楼梯间，或装于专用配电间内（二楼及以下）。高层住宅一户一表，宜集中安装于二楼及以下的公共楼梯间内。装表点的气温应不超过电能表标准规定的工作温度范围，即对P、S组别为0～+40℃；对A、B组别为−20～+50℃。

（2）电能表的一般安装规范要求。高供低计的用户，计量点到变压器低压侧的电气距离不宜超过20m。电能表的安装高度，对计量屏，应使电能表水平中心线距地面在0.8～1.8m的范围内，对安装于墙壁的计量箱宜为1.6～2.0m。

装在计量屏（箱）内及电能表板上的开关、熔断器等设备应垂直安装，上端接电源，下端接负荷。相序应一致，从左侧起排列相序为U、V、W或U（V、W）、N。电能表的空间距离及表与表之间的距离均不小于单相表30mm、三相表80mm。

电能表安装必须牢固垂直，每只表除挂表螺钉外，至少还有一只定位螺钉，应使表中心线向各方向的倾斜度不大于 1°。

在装表接线时，必须遵守以下接线原则：单相电能表必须将相线接入电流线圈，三相电能表必须按正相序接线，三相四线电能表必须接中性线，电能表的中性线必须与电源中性线直接联通，进出有序，不允许相互串联，不允许采用接地、接金属外壳等方式代替，进表导线与电能表接线端钮应为同种金属导体。

进表线导体裸露部分必须全部插入接线盒内，并将端钮螺钉逐个拧紧。线小孔大时，应采取有效的补救措施。带电压连接片的电能表，安装时应检查其接触是否良好。

零散居民户和单相供电的经营性照明用户电能表的安装要求：电能表一般安装在户外临街的墙上，装表点应尽量靠近沿墙敷设的接户线，并便于抄表和巡视的地方，电能表的安装高度应使电能表的水平中心线距地面 1.8～2.0m。电能表的安装采用专用电能表箱的方式。电能表的电源侧应采用电缆（或护套线）从接户线的支持点直接引入表箱，电源侧不装设熔断器，也不应有破口、接头的地方。电能表的负荷侧，应在表箱外的表板上安装熔断器和总开关，熔体的熔断电流宜为电能表额定最大电流的 1.5 倍左右。电能表及电能表箱均应分别加封，用户不得自行启封。

2. 进户装置

（1）接户线。从低压配电线路到用户室外第一支持点的一段线路，或由一个用户接到另一个用户的线路，称为接户线。每一路接户线，支持进户点应不多于 10 个，线长应不超过 60m。超过 60m 时，应按低压配电线路架设。

接户线的档距不应大于 25m，超过 25m 时应装设接户杆，超过 40m 时应按低压配电线路架设。沿墙敷设的接户线，档距不应大于 6m。同杆架设的接户线横担与架空线横担的最小距离为 0.3m。接户线的对地距离不应小于 2.5m。

接户线与建筑物有关部分的距离不应小于下列数值：与接户线下方窗户的垂直距离为 0.3m；与接户线上方阳台或窗户的垂直距离为 0.8m；与窗户或阳台的水平距离为 0.75m；与墙壁构架的距离为 0.05m。

接户线与通信线或广播线等弱电线路交叉时，接户线在上方时为 60cm，接户线在下方时为 30cm。

接户线的线间距离应符合相关要求。接户线应采用绝缘导线，三相四线制中性线的截面不宜小于相线截面，单相制中性线的截面与相线截面相同。当接户线的材料与低压配电线路的材料不一致时，应采取铜、铝过渡措施。在人口密集的城市和有特殊要求的场所，接户线可采用电缆的方式。

装置在接户线上的绝缘子，其工作电压不应低于 500V。瓷釉表面应光滑，无裂纹、破损现象。自电杆上引下的接户线，两端均应绑扎在绝缘子上。装置在建筑物上的接户线支架必须固定在建筑物的主体上，不应固定在建筑物的抹灰层或木结构房屋的板壁上。接户线支架应端正牢固，支架两端水平差不应大于 5mm。

在低压配电线路接入单相负荷时，应考虑配电线路电流平衡分配。

（2）进户线。由接户线引到计量装置的一段导线称为进户线。进户线应采用护套线或硬管布线，其长度一般不宜超过 6m，最长不得超过 10m。进户线应是绝缘良好的铜芯导线，其截面的选择应满足导线的安全载流量。

进户点的选择应符合下列条件：进户点处的建筑物应坚固，并无漏水情况；便于进行施工、维修和检修；靠近供电线路和负荷中心；尽可能与附近房屋的进户点取得一致。

进户线穿管引至电能计量装置，应符合下列条件：管口与接户线第一支持点的垂直距离宜在 0.5m 以内；金属管或塑料管在室外进线口应做防水弯头，弯头或管口应向下；穿墙硬管的安装应内高外低，以免雨水灌入，硬管露出墙部分不应小于 30mm；用钢管穿线时，同一交流回路的所有导线必须穿在同一根钢管内，且管的两端应套护圈；管径选择，宜使导线截面之和占管子总截面的 40%；导线在管内不准有接头；进户线与通信线、广播线进户点必须分开。

进户线引入到用电计量装置前，相线宜装进户熔断器（或自动开关），中性线不装熔断器。进户熔断器应装在封闭式进户保险（开关）箱内或计量箱（屏）内，安装位置应便于维护操作。进户熔断器的选择应略大于熔体的容量，一般熔断电流可按电能表额定最大电流的 1.5～2 倍选用。

3. 电流互感器

低压电流互感器的安装一般应遵循以下安装规范：

（1）电流互感器安装必须牢固，互感器外壳的金属外露部分应可靠接地。同一组电流互感器应按同一方向安装，以保证该组电流互感器一次及二次回路电流的正方向均为一致，并尽可能易于观察铭牌。

（2）电流互感器二次侧不允许开路，对双二次侧互感器只用一个二次回路时，另一个未用的二次侧应可靠短接。低压电流互感器的二次侧可不接地。

4. 二次回路

（1）电能计量装置的一次与二次接线，必须根据批准的图纸施工。二次回路应有明显的标志，最好采用不同颜色的导线。二次回路走线要合理、整齐、美观、清楚。对于成套计量装置，导线与端钮连接处，应有字迹清楚、与图纸相符的端子编号排。

（2）二次回路的导线绝缘不得有损伤，不得有接头，导线与端钮的连接必须拧紧，接触良好。

（3）低压计量装置的二次回路连接方式：低压计量装置的二次回路连接方式应采用分相接线（DL/T 825—2002《电能计量装置安装接线规则》4.2.1 款）。每组电流互感器二次回路接线应采用分相接法。电压线宜单独接入，不与电流线公用，取电压处和电流互感器一次间不得有任何断口，且应在母线上另行打孔连接，禁止在两段母线连接螺钉上引出。当需要在一组互感器的二次回路中安装多块电能表（包括有功电能表、无功电能表、最大需量表、多费率电能表等）时，必须遵循以下接线原则：

每块电能表仍按本身的接线方式连接；各电能表所有的同相电压线圈并联，所有的电流线圈串联，接入相应的电压、电流回路；保证二次电流回路的总阻抗不超过电流互感器的二次额定阻抗值；电压回路从母线到每个电能表端钮盒之间的电压降，应符合 DL/T 448—2000《电能计量装置技术管理规程》中的要求。

5. 计量屏（箱）

低压非照明电能计量装置的安装要求如下：

（1）由专用变压器供电的低压计费用户，其计量装置可选用以下两个方案之一：一是将变压器低压侧套管封闭，在低压配电间内装设低压计量屏的计量方式。低压计量屏应为变压器过来的第一块屏；变压器至计量屏之间的电气距离不得超过 20m，应采用电力电缆或绝缘导线连接，中间不允许装设隔离开关等开断设备，电力电缆或绝缘导线不允许采用地埋方式；二是对于严重窃电，屡查屡犯的农村用户，可采取将变压器低压侧套管封闭，在变压器低压封闭套管侧装设计量箱的计量方式。

（2）由公用变压器供电的动力用户，宜在产权分界处装设低压计量箱计量。

三、验收试验（通电检查）

验收试验（即通电检查）的主要内容有：

检查二次回路中间触点、熔断器、试验接线盒的接触情况。对电能计量装置通以工作电压，观察其工作是否正常；用万用表（或电压表）在电能表端钮盒内测量电压是否正常（相对地、相对相），用试电笔核对相线和中性线，观察其接触是否良好。

进行电流、电压互感器实际二次负载及电压互感器二次回路压降的测量。

接线正确性检查。用相序表核对相序，引入电源相序应与计量装置相序标志一致。带上负荷后观察电能表运行情况；用相量图法核对接线的正确性及对电能表进行现场检验，对低压计量装置该工作需在专用端子盒上进行。

对计量电流、电压互感器按规程进行现场误差及二次负荷等试验。

对最大需量表应进行需量清零，对多费率电能表应核对时针是否准确和各个时段是否整定正确。

四、验收结果的处理

经验收的电能计量装置应由验收人员及时实施封印。封印的位置为互感器二次回路的各接线端子、电能表端钮盒、封闭式接线盒、计量柜（箱）门等；实施铅封后应由运行人员或用户对铅封的完好签字认可。

检查工作凭证记录内容是否正确、齐全，有无遗漏；施工人、封表人、用户是否已签字盖章。以上全部齐整后将工作凭证转交营业部门归档立户。转交前应将有关内容登记在电能计量装置台账上，填写电能计量装置账、册、卡。

经验收的电能计量装置应由验收人员填写验收报告，注明“计量装置验收合格”或者“计量装置验收不合格”及整改意见，整改后再行验收。验收不合格的电能计量装置禁止投入使用。

对成套电能计量装置，验收时应重点检查的项目有：计量装置的设计应符合 DL/T 448—2000 的要求；计量装置所使用的设备、器材，均应符合国家标准和电力行业标准，并附有合格证件。各种铭牌标志清晰；电能表、互感器的安装位置应便于抄表、检查及更换，操作空间距离、安全距离足够；计量屏（箱）可开启门应能加封；一、二次接线的相序、极性标志应正确一致，固定支持间距、导线截面应符合要求，引入电源相序应与计量装置相序标志一致；核对二次回路导通情况及二次接线端子标致是否正确一致，计量二次回路是否专用；检查接地及接零系统；测量一次、二次回路绝缘电阻，检查绝缘耐压试验记录；各种图纸、资料应齐全。

【思考与练习】

1. 装表接电工作结束后竣工检查的现场核查的主要内容包括哪些？
2. 通电检查有哪些内容？
3. 装表接电工作结束后竣工验收结果如何处理？

模块 4　经 TA 接入式三相四线电能计量装置的安装（GYND00901004）

【模块描述】本模块包含经 TA 接入式三相四线电能计量装置的接线图、安装准备工作、安装接线、工艺要求及接线检查等内容。通过概念描述、流程介绍、图解示意、要点归纳，掌握带 TA 接入式三相四线电能计量装置的安装。

【正文】

一、作业内容

安装的作业内容主要包括装接作业票的填写、接线图的识读、工具准备、材料选取、一次回路的安装接线、二次回路的安装接线及安装后质量检查等。

二、危险点分析与控制措施

与单相电能计量装置的安装（GYND00901001）基本相同，但应特别强调以下几点：

（1）电压回路在电源侧隔离开关接线时，隔离开关上桩头有可能带电，必须验电，并做好安全措施，保持足够的安全距离，以防触电。

（2）电流互感器二次侧接地端必须接入接地螺栓，不可将接地与中性线绝缘支柱混接，以防失去可靠接地。

（3）当二次回路均采用相同颜色的导线时，各接线端子标号必须标注正确，以防出现错接线现象。

三、作业前准备

1. 接线图的识读

经 TA 接入式三相四线电能计量装置接线方式一般宜采用电压电流分线接入式，如图 GYND00901004-1 所示，主要适用于三相四线总表、一次负荷电流大于 50A（相当于三相负荷大于 25kW）的情况。电能表的规格主要有：电压 3×380/220V；电流 3×1.5（6）A、3×3（6）A 等。

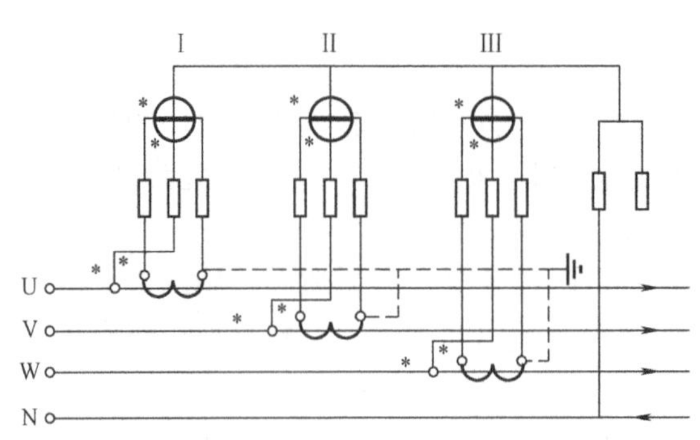

图 GYND00901004-1 三相四线有功电能表经 TA 接入式电压、电流线分线接法接线

2. 着装检查、工具准备与检查、材料准备与检查、设备准备与检查、电能计量装置安装场所检查

着装检查、工具准备与检查、材料准备与检查、设备准备与检查、电能计量装置安装场所检查与单相电能计量装置的安装（GYND00901001）基本相同，但设备检查时应特别注意电流互感器的检查。电流互感器在安装前的检查内容包括：核对电流互感器的变比是否与装接单上规定的一致；电流互感器的极性核对：单电流比的电流互感器，一次绕组出线端首端标为 P1，末端标为 P2，二次绕组出线端首端标为 S1，末端标为 S2。安装时应使主回路电流从 P1 流入，P2 流出；S1 与电能表电流接线端子电流进线端子相接，S2 与电能表电流接线端子电流出线端子相接。带联合接线盒时，必须特别注意上述端子的对应关系，否则就会造成错接线引起计量错误。

图 GYND00901004-2 经 TA 接入式三相四线电能装置设备配置与布置

3. 熟悉安装接线图

设备配置与布置如图 GYND00901004-2 所示，设备间接线和走线方式如图 GYND00901004-3 所示，安装接线前应熟悉掌握，并使实际接线与图纸对应。

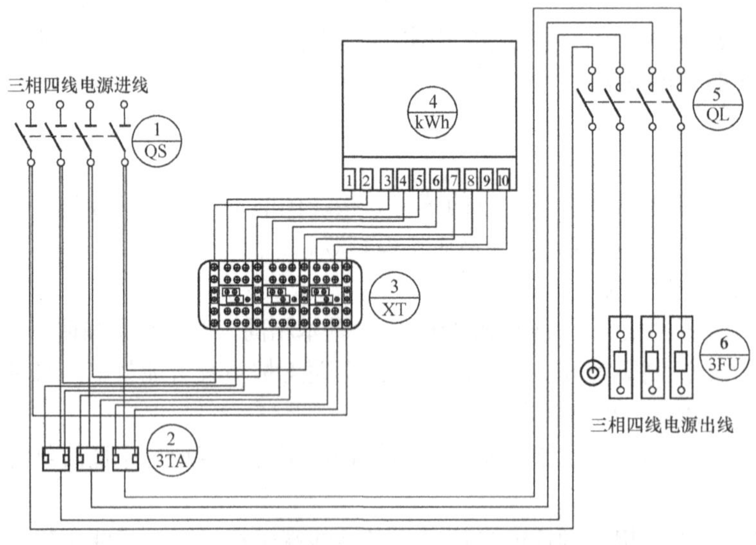

图 GYND00901004-3 经 TA 接入式三相四线电能计量装置的接线布置

四、操作步骤、质量标准

1. 一次回路的安装接线

计量箱、计量柜中的一次回路接线，一般在出厂前已由生产厂家安装完成，其布线、线长测量、导线截取、线头剥削、线头制作、绝缘恢复、线头连接、捆绑及余线处理与直接接入式三相四线电能计量装置的安装（GYND00901002）操作中相关部分相同。

2. 二次回路的安装接线

二次回路是指电流互感器二次端子到电能表接线端子之间的电流回路。电压电流分线接法中还包括电能表的电压回路。二次回路接线时，电流回路的导线截面不小于 $4mm^2$，其他回路不小于 $2.5mm^2$，导线应采用 500V 的绝缘导线。带接线盒的电能计量装置接线时应先接负荷端，后接电源端。

（1）电能表至接线盒之间的接线。电能表至接线盒之间的电压、电流回路导线一般采用不小于 $4mm^2$ 的单股铜芯线。其安装操作分线长测量与截取、线头剥削、导线走线、电能表表尾进出线端子接线、接线盒电能表侧出线端子接线五个步骤进行，其操作要点和方法与直接接入式三相四线电能计量装置的安装（GYND00901002）基本相同。但应注意：

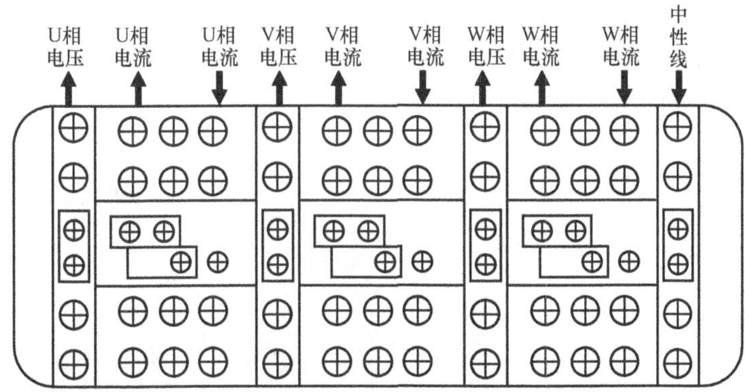

图 GYND00901004-4　接线盒电能表侧出线端子接线方式

1）导线线头与表尾接线孔连接时，要分清相色、分清电压、电流端子，分清接线端子，按标号依次接入，即表尾 1、3、4、6、7、9 号接线孔，依次插进黄、绿、红、黑色四种颜色的电流导线（或对应标号的接线端子）线头，2、5、8 依次插进黄、绿、红、黑色四种颜色的电压导线（或对应标号的接线端子）线头，10 号插进黑色的中性线导线（或对应标号的接线端子）线头，并用螺钉针压式固定。注意：每根导线线头紧固时应先拧紧上面一颗螺钉，后拧紧下面一颗螺钉，以保证两颗螺钉均能拧紧，保证导线不松动。

2）接线盒出线端导线线头剥去绝缘层后，用毛巾清净线头表面氧化层。导线线头与表尾接线孔连接时，要分清相色、分清电压、电流端子（或对应标号的接线端子）依次接入，即应按图 GYND00901004-4 要求接入，并用螺钉针压式固定。注意：每根导线线头紧固时应先拧紧下面一颗螺钉，后拧紧上面一颗螺钉，以保证两颗螺钉均能拧紧，保证导线不松动。

（2）电压回路、电流互感器至接线盒之间的电流回路的接线。根据 DL/T 825—2002《电能计量装置安装接线规则》电能计量装置安装接线规则，电流互感器至接线盒之间的电流回路导线应采用单股绝缘铜质线；各相导线应分别采用黄、绿、红色线，中性线应采用黑色线或采用专用编号电缆。截面一般不小于 $4mm^2$。其安装接线分线长测量与截取、线头剥削、接线端子编号标注、导线走线、电流互感器端接线端子接线、接线盒互感器侧出线端子接线、接线盒电压回路接线、导线捆绑八个步骤进行。其操作要点和方法与直接接入式三相四线电能计量装置的安装（GYND00901002）基本相同。但应注意：

1）剥去每根导线线头的绝缘层后，套入方向套，并根据接图上的编号，对每个方向套进行编号。

2）采用电压电流分线接法时，电流互感器二次侧必须可靠接地。此时，三只电流互感器二次侧的 S2 接线端子用相同的导线短接，并接至计量箱上接地端子螺钉上。采用电压电流共线接法时，电流互感器二次侧不允许接地。

3）导线线头与接线盒接线孔连接时，要分清相序依次接入接线盒的进线端子上，即应按图 GYND00901004-5 要求接入。

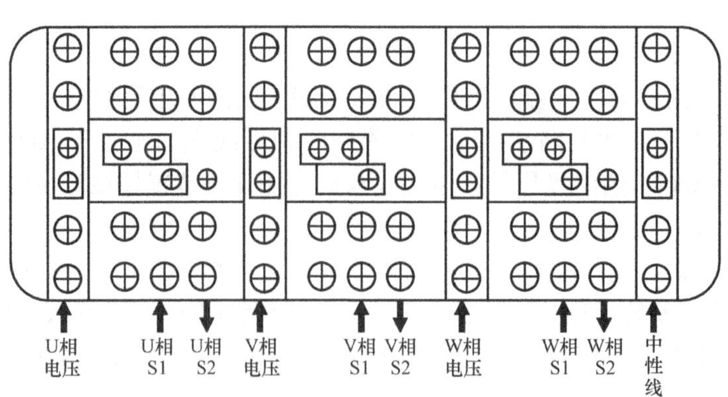

图 GYND00901004-5 接线盒互感器侧出线端子接线方式

4）采用电压电流分线接法时，接线盒的电压应从计量箱（柜）的电源闸刀处取样。导线接入接线端子时必须按图 GYND00901004-5 规定的位置接入。

图 GYND00901004-6 接线盒与电能表间接线

图 GYND00901004-7 电流互感器与接线盒接线

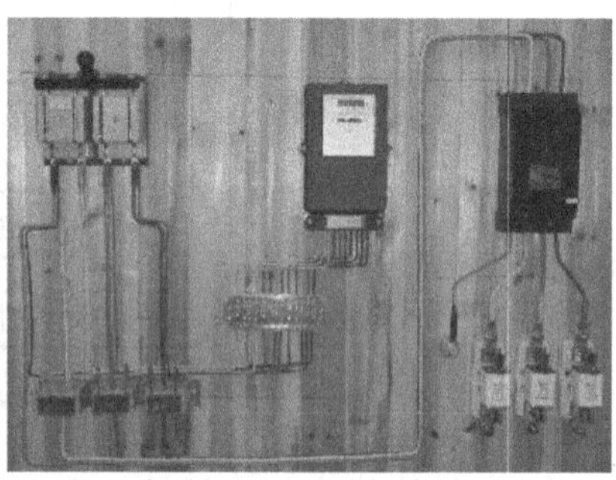

图 GYND00901004-8 整体接线效果

五、注意事项

与单相电能计量装置的安装（GYND00901001）基本相同，但应特别注意：

（1）要进行接线端子编号的再次核对，并对各接线端子螺钉进行一次检查紧固。

（2）送电后检查电能表运行是否正常，检查电流互感器运行声音、温升是否正常等。

（3）接线完成后应对电能表、联合接线盒、电流互感器等处加封印。

（4）电流互感器的极性一定要核对，一次应保证电流从 P1 流入，从 P2 流出。二次应保证电流从 S2 流入，从 S1 流出。

图 GYND00901004-9 计量柜中的电流互感器接线

图 GYND00901004-10 计量柜中的电流互感器与电能表间接线

（5）经 TA 接入式三相四线电能计量装置几个关键部分的接线如图 GYND00901004-6、图 GYND00901004-7 所示，总体效果如图 GYND00901004-8 所示。

说明：图 GYND00901004-6～图 GYND00901004-8 是为了便于说明而制作的配电盘中的接线，

在实际电能计量柜中接线情况如图 GYND00901004-9 和图 GYND00901004-10 所示。

【思考与练习】

1. 经 TA 接入式三相四线电能计量装置安装操作过程分哪几个步骤进行？
2. 画出经 TA 接入式三相四线带接线盒电能计量装置的原理接线图。

第三十一章 电能计量装置接线检查

模块1 单相电能表错误接线分析（GYND00902001）

【模块描述】本模块包含单相电能表接线检查的意义、基本步骤、外观检查、常见错接线形式及检查方法等内容。通过概念描述、原理介绍、图解示意、案例分析、要点归纳，掌握单相电能表错误接线检查、分析方法。

【正文】

一、接线检查分析的目的

电能计量装置的准确性不仅取决于电能表、互感器的等级，还与它们的接线有关。即使电能表和互感器本身准确性很高，接线错误也会导致整套计量装置发生误差，有时甚至会造成仪表损坏或造成人身伤亡事故。窃电也是让计量装置接线发生错误，使之少计、不计或反计，结果使电力企业受损失，因此对运行中的电能计量装置必须进行定期或不定期检查。

检查的目的是：检查计量装置的防窃电装置是否完好，运行情况是否正确，是否发生故障和损坏，接线方式是否正确，为计算退、补电量及电量纠纷提供依据。

二、危险点分析与控制措施

单相电能计量装置错接线检查分析的危险点与控制措施主要有：使用仪表时应注意安全，避免触电、烧表、触电伤害和电弧灼伤；使用有绝缘柄的工具以防触电；必须穿长袖工作服，戴好绝缘手套，保证剩余电流动作保护器能正确动作；要有防止高处坠落、高处坠物和人员摔伤，正确使用梯子等高空作业工具；作业前应认真检查周边环境，发现影响作业安全的情况时应做好安全防护措施；带电更正接线时，应防止相零短路。

三、检查前准备工作

1. 了解电力客户的基本情况

包括：客户负荷的性质、是否满足测试要求、用电情况是否发生变化、是否存在窃电的疑点等。

2. 工具、仪表准备与检查

单相电能表错误接线检查分析时应准备以下工具与仪表：个人常用工具，包括螺丝刀、扳手、钢丝钳、验电笔、铅封钳。高处检查时还需准备梯子、安全带等登高工具；测量仪表包括伏安相位表（或万用表、相序表、相位表等）；材料包括单股铜芯绝缘导线、铅封及铅封线。对以上工具、材料、仪表应逐件清点并检查。

3. 着装

着装要求戴好安全帽，扣好工作服衣扣和袖口，系好绝缘鞋鞋带，戴好纱手套。

四、现场检查步骤及要求

1. 单相电能表的外观检查

对电能计量装置进行接线检查时，应先对电能表的外观进行检查，主要内容为：

（1）检查电能表进出线接线是否固定好，预留是否太长，安装是否垂直、牢固，表盖及接线盒是否齐全和紧固，电能表固定螺钉是否完好牢固，表壳有无机械损坏，表箱是否锁好，电能表安装处是否有机械振动、热源、磁场干扰等不利因素。

（2）核对电能表的参数。包括型号、规格、户号、局号等。

（3）观测电能表是否运转正常。看转盘或脉冲，正常连续负荷情况下，电能表转速应平稳且无反转；听声音，不应发出摩擦声和间断性卡阻声；摸振动，正常情况下手摸表壳应无振动感，否则说明表内计度器机械传动不平稳，响声和振动同时出现。

（4）检查铅封。正常的新型防撬铅封表面应光滑平整、完好无损，一旦启封过也就破坏了原貌，要想复原是不可能的。根据本单位对铅封的分类及使用范围的规定，检查铅封的标识字样，防撬铅封通常分为校表、装表、用电检查三类字样，各自均应有其适用范围，仔细检查就能发现铅封是否是伪造。

（5）检查电能表的接线。如有必要，打开铅封检查电能表的表尾接线。

2. 单相电能表的常见错接线检查

下面结合案例，详细介绍单相电能表的常见错接线形式及检查方法。

（1）错接线形式一：电压小钩断开。错误接线如图 GYND00902001-1 所示。错接线下计量结果表达式为 $P=0$ ，后果是电能表停转，不计电量。

检查方法：观察电能表运行情况，打开接线盒检查电压小钩连接情况。

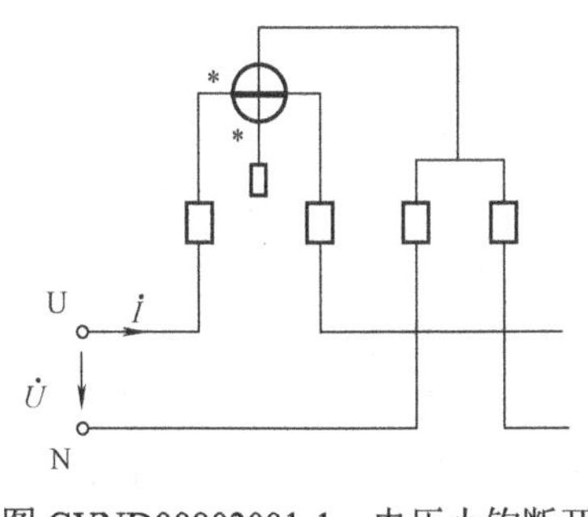

图 GYND00902001-1　电压小钩断开

（2）错接线形式二：中性线与相线接反。错误接线如图 GYND00902001-2 所示。错接线形式下的计量结果表达式为 $P=UI\cos\varphi$，错接线的后果是正常用电情况下电能表仍正常转动。但存在的主要问题是用户易利用“一火一地”方式窃电，易触电，且不安全。

检查方法是不断开电源，用万用表分别测量电能表进线的 1 号接线端子的对地电压，如读数为 220V，表明接线正确，如读数接近 0，表明接线错误，此线为电源中性线。

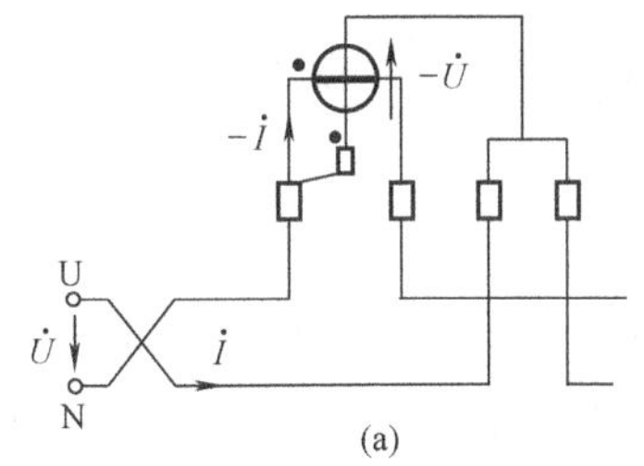

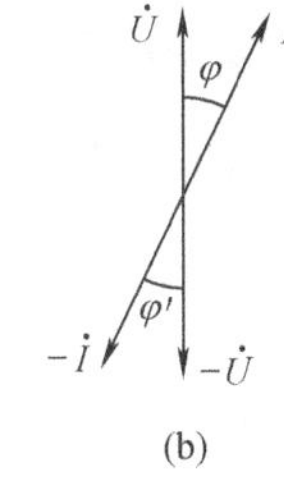

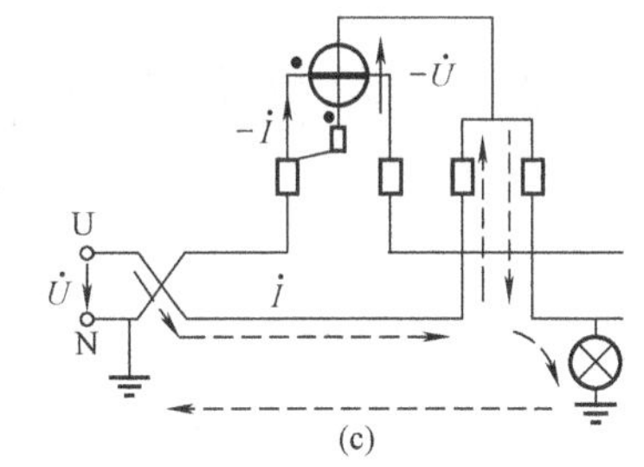

图 GYND00902001-2　相线与中性线颠倒

（a）接线图；（b）相量图；（c）“一火一地”接线示意图

（3）错接线形式三：电源与负载线在电能表端子接反。错误接线如图 GYND00902001-3 所示。错接线的计量结果表达式为 $P=-UI\cos\varphi$，后果是电流反相进表，电能表反转，读数可取反转读数的绝对值，但有一定的误差。

检查方法是观察电能表运行情况，判断电能表是否反转。打开电能表接线盒，将电能表 1、2 号对换，观察电能表转向，如正转，表明原接线错误。

（4）错接线形式四：电流线圈与电源短路。即电能表电流线圈并接于电源电压上，错误接线如图 GYND00902001-4 所示，后果是电能表电流线圈烧毁。

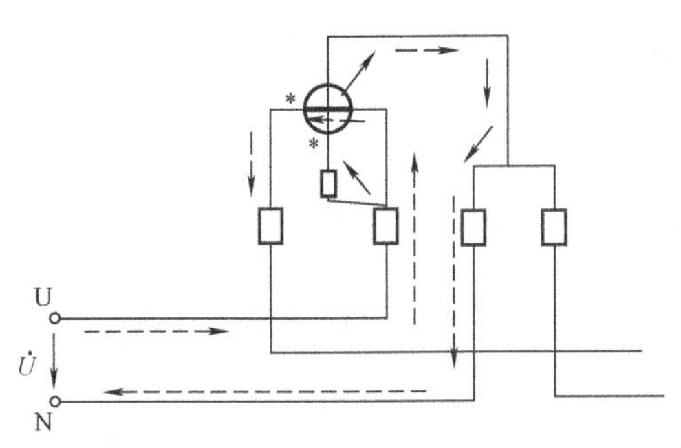

图 GYND00902001-3　电源线与负载线接反

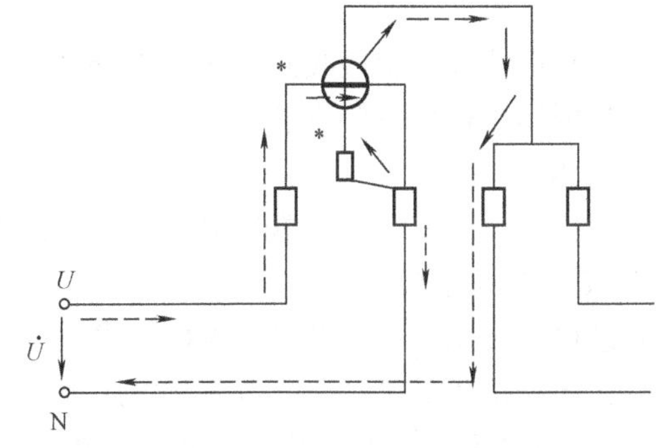

图 GYND00902001-4　电流线圈与电源短路

（5）错接线形式五：电压小钩接于电流线圈的出线端。错误接线如图 GYND00902001-5 所示，后果是在用户未用电时出现有压无载的潜动；当用户用电时多计电量。

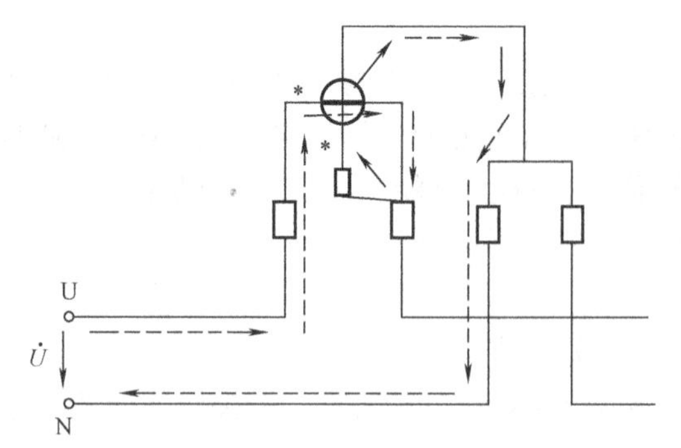

图 GYND00902001-5 电压小钩接于电流线圈出线端

检查方法是断开用户用电设备，观察电能表是否走动。打开接线盒检查电压小钩连接情况。

五、注意事项

（1）带电更正接线时，应先将原接线做好标记。

（2）拆线时，先拆电源侧，后拆负荷侧；恢复时，先接负荷侧，后接电源侧。

（3）工作完成应清理、打扫现场，不要将工具或线头留在现场，并应再复查一遍所有接线，确保无误后再送电。

（4）送电后，观察电能表运行是否正常。

（5）应正确加封印。

（6）如属客户窃电，应及时取证，并尽可能取得客户签字确认。

【思考与练习】

1. 电能表的外观检查的主要内容有哪些？
2. 单相电能表常见错接线形式有哪些？检查要点是什么？
3. 请列举出单相电能表的常见错接线形式下的计量结果。

模块 2 直接接入式三相四线电能计量装置的接线检查方法（GYND00902002）

【模块描述】本模块包含直接接入式三相四线电能计量装置的常见错误接线形式、检查方法和安全注意事项等内容。通过概念描述、原理介绍、图解示意、案例分析、要点归纳，掌握直接接入式三相四线电能计量装置错误接线检查、分析方法。

【正文】

一、检查目的

直接接入式三相四线电能计量装置的核心是三相四线电能表，虽然接线比较简单，但由于人为等因素，也经常有错接线的情况发生，而且主要用于低压电路的总表，计量的电量大，因而错接线的影响也大。因此，对已投入运行的直接接入式三相四线电能计量装置接线要有针对性地进行检查。

二、危险点分析与控制措施

与单相电能表错误接线分析（GYND00902001）相同。但应特别注意：一是测试、检查时要防止相间短路；二是要防止中性线断线烧坏的用电设备。

三、检查前准备工作

与单相电能表错误接线分析（GYND00902001）相同。

四、现场检查步骤与要求

1. 外观检查

外观检查内容及要求与单相电能表错误接线分析（GYND00902001）相同。

2. 表尾接线检查

通过检查表尾接线可发现直接接入式三相四线电能计量装置的常见错误接线形式及计量结果。

（1）错误接线形式之一：电流或电压断线。

1）一相电流断开或一相电压断开。如图 GYND00902002-1（a）、（b）所示，假设 U 相二次电流断线或电压断线。计量结果为 $P'=2UI\cos\varphi$，正确接线时的计量结果为 $P'=3UI\cos\varphi$，因此只计量了两相的电量，少计量了一相的电量。

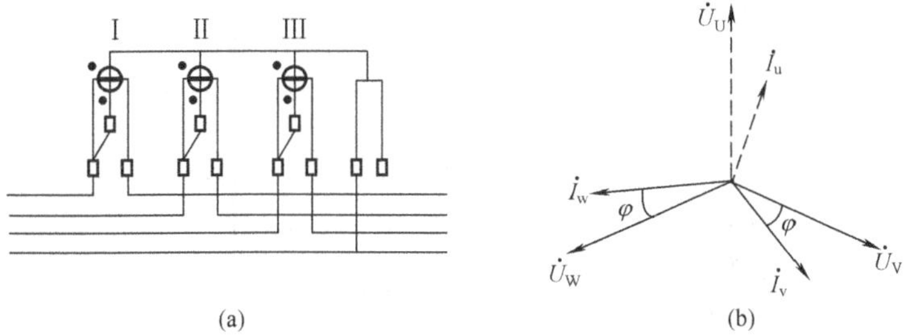

图 GYND00902002-1　三相四线有功电能表 U 相电流或电压断线

（a）接线图；（b）相量图

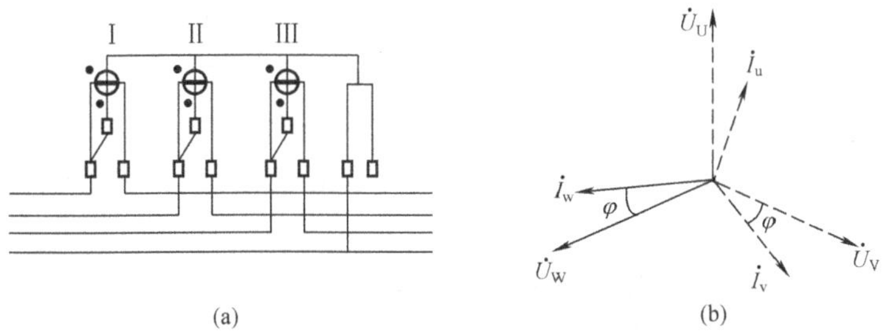

图 GYND00902002-2　三相四线有功电能表 U、V 相电流或电压断线

（a）接线图；（b）相量图

2）二相电流或二相电压断线。如图 GYND00902002-2（a）、（b）所示，假设 U、V 相二相电流或电压断线。计量结果为 $P'=UI\cos\varphi$，只计量了 1/3 的电量，少计量了两相的计量。

3）三相电流或三相电压断线。 计量结果为 $P'=0$，电能表不转。

（2）错误接线形式之二：电流进线接反。

1）一相电流接反。如 GYND00902002-3（a）、（b）所示，假设 U 相电流接反。计量结果为 $P'=UI\cos\varphi$，只计了 1/3 电量少计了二相的电量。

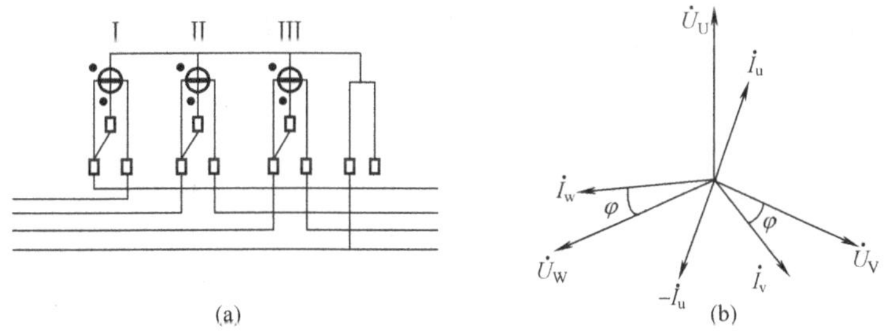

图 GYND00902002-3　三相四线有功电能表 U 相电流接反

（a）接线图；（b）相量图

2）两相电流接反。这种错接线情况的接线图略，相量图如图 GYND00902002-4 所示，计量结果为 $P'=-UI\cos\varphi$，倒走 1/3 电量。

3）三相电流接反。计量结果为 $P'=-3UI\cos\varphi$，电能表倒走一倍电量。

直接接入式三相四线电能计量装置各种错误接线情况下的功率表达式如表 GYND00902002-1 所示。

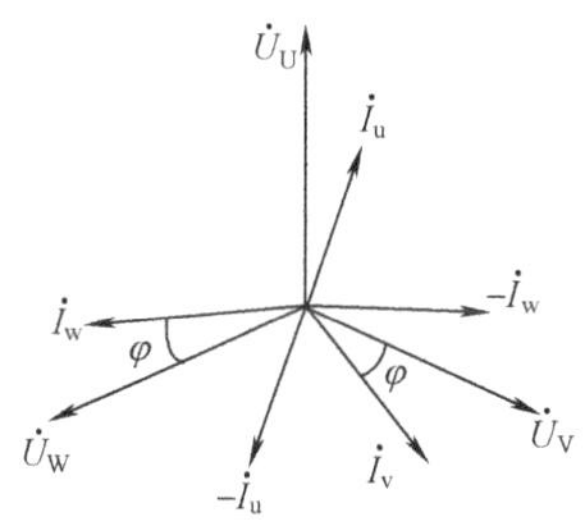

图 GYND00902002-4　三相四线有功电能表二相电流接反相量图

模块 2
GYND00902002

表 GYND00902002-1　　直接接入式三相四线电能计量装置各种错误接线下的功率表达式

序号	1			2		
错接线情况	电压、电流断线			电流极性接反		
	①	②	③	①	②	③
	一相电压或电流线断开	二相电压或电流线断开	三相电压或电流线断开	一相电流反进	二相电流反进	三相电流反进
计量结果	$2U_{\varphi}I_{\varphi}\cos\varphi$	$U_{\varphi}I_{\varphi}\cos\varphi$	0	$U_{\varphi}I_{\varphi}\cos\varphi$	$-U_{\varphi}I_{\varphi}\cos\varphi$	$-3U_{\varphi}I_{\varphi}\cos\varphi$
造成后果	计量 2/3 电量	计量 1/3 电量	不 转	计量 1/3 电量	反转、计量 1/3 电量（有误差）	反转、正确电量（有误差）

3. 表尾接线检查方法

（1）断压法。对电压断线的检查方法，可用两种方法：一是断开电路，用万用表逐相测量电压进线接线端子与中性线端子间的直流电阻，如万用表显示导通，则电能表该相无电压断线错误；如万用表显示断线，则电能表该相存在电压断线错误。二是不断开电路，逐相断开电压连接片，仔细观察电能表的转速或脉冲，如电能表的转速或脉冲不变，则该相电压断线；如电能表的转速或脉冲变慢，则表明该相电压正常。

（2）短接电流法。对电流断线的检查方法是，在不断开电路的情况下，逐相短接电流接线端子，仔细观察电能表的转速或脉冲，如电能表的转速或脉冲不变，则存在电流断线错误；如电能表的转速或脉冲变慢，则表明该相电流正常。

（3）电流接反的检查方法。对电流接反的错误检查方法，一是在不断开电路的情况下，逐相换接电流进出线接线端子导线，仔细观察电能表的转速或脉冲，如电能表的转速或脉冲下降，则表明该相原电流未接反；如电能表的转速或脉冲变快，则表明该相原电流接反。二是不断开电路的情况下，用伏安相位表测量各相电流相位，作出相量图，如电压相量与电流相量夹角为φ，则表明电流未接反；如夹角为 $180°-\varphi$，则表明电流接反。具体检查将在经 TA 接入的三相四线电能计量装置接线检查（ZY3400303002）中介绍。

五、注意事项

注意事项与单相电能表错误接线分析（GYND00902001）基本相同，但要特别注意：

（1）拆开的线头应可靠固定，以防碰及计量箱（柜）及人体，造成触电。

（2）使用相序表、万用表时，应正确使用，防止损坏仪表。

【思考与练习】

1. 直接接入式三相四线电能计量装置常见错接线形式有哪些？检查要点是什么？

2. 请列举出直接接入式三相四线电能计量装置的常见错接线形式下的计量结果。

第十部分

营销服务行为规范

第三十二章　行为规范与礼仪

模块1　服务程序和行为规范（GYND00601001）

【模块描述】本模块包含业务受理、收费、咨询、投诉、举报受理、故障抢修、抄表等供电服务的工作流程和行为规范。通过概念描述、案例分析、要点归纳，掌握供电服务工作流程和行为规范。

【正文】

学习服务程序和行为规范，按照标准开展工作，是提高工作效率、展示企业良好社会形象的需要。下面讲述业务受理等五种电力营销服务工作程序和行为规范。

一、业务办理

正确受理客户电力新装、增容、用电业务变更等业务。

（一）工作流程

（1）受理申请，指导客户填写相关内容，登记受理日期。

（2）客户申请资料核查，受理后，录入营销管理信息系统。

（3）现场查勘，确定供电方案（查勘人员填写完成日期、签字），将查勘意见录入营销管理信息系统。

（4）负责人审批（填上审批日期并签字）。在营销管理信息系统中录入审批意见等。

（5）前台答复客户供电方案，通知客户缴费（填写答复日期）。

（6）配表，现场装表（现场人员签字、填上装表日期）。

（7）完工、签订合同，送电（客户确认签字），录入新表起码、封印编号等信息。

（8）前台输入客户相关信息，并将客户资料汇总。

（9）复核、建卡归档。

（二）服务行为规范

（1）客户来到柜台前，应主动礼貌迎接，起身微笑示坐，待客户落座后，询问客户有什么需求。例如："您好，请坐！请问您需要办理什么业务？"

（2）当等待了较长时间的客户开始办理业务时，应欠身或微笑点头打招呼，礼貌地向客户致歉。例如："对不起，让您久等了！"

（3）客户所办业务不属于自己职责时，热情向客户解释并告知客户应去的部门。例如："对不起，您的事情应该到××找××同志，请往这边走！"

（4）接待中，注意聆听客户需求和提出的问题，双手接收递送客户的文件或资料。

（5）根据客户用电业务类别，向客户说明需提供身份证、房产证等有关资料，办理的基本流程，相关的收费项目和标准，并提供业务咨询和投诉电话号码。

（6）核查客户是否符合所申请业务的条件，若不符合，要向客户说明原因及可能解决的方法。例如，客户尚有未结电费时告知客户："对不起，您还有××费用尚未结清，暂时无法办理，请您结清后再来办理。"客户相关证件和资料未带齐时告知客户："对不起，您还需要准备××资料再来办理。"

（7）指导客户填写业务申请表。要将表格用双手递给客户，并提示客户参照书写示范样本正确填写。客户填写完后，应核查申请表中填写的内容与所提供的相关证件、资料信息是否一致，并请客户填写申请日期、住址及联系电话号码，并告知客户会派工作人员上门查勘。

（8）业务受理人员应立即将工作传票传递给查勘人员。现场查勘后，确定计量方式，报负责人审批。批准后，前台工作人员通知客户，告知客户供电方案和相关费用标准。例如："您申请××业务手续办好了，您可到营业厅缴纳××费用××元。”

供电方案答复日期：居民用户不超过 3 个工作日，低压电力用户不超过 7 个工作日。

（9）客户及时缴纳相关费用，工作传票流转到下一装表、接电程序。

（10）现场人员安装好电能表，应请客户签字确认。

（11）接电。签订好供电合同后，客户申请用电，受电装置检验合格并办理相关手续后，居民客户 3 个工作日内送电，非居民客户 5 个工作日内送电。

（12）检查该项业务办理是否超过服务规定时限。如果超规定时限，是客户原因要注明；是内部业务流转、办理超时限，认真查找原因，提出改进措施，并对责任人按有关规定提出考核意见。

（13）客户资料归档。业务流程要实行闭环管理。

二、费用收取

按标准收取客户电费、业务费用等。

（一）工作流程

（1）受理缴费。进入营销管理信息系统客户业务收费界面，调出该客户待收费信息。

（2）核对客户号、姓名、收费标准、收费金额等信息准确一致。

（3）收取现金，在系统中正确录入实收金额。

（4）正确开具相应票据。

（二）服务行为规范

（1）接到客户缴费现金、支票或交费通知单时，保持微笑，行注目礼，并主动向顾客问候：“您好！”并双手递接。

（2）当客户说明缴费项目后，确认客户信息是否正确。当发现不准确时，应立即通知相关营业人员更改，并向客户致歉、安抚顾客。

（3）缴费时，应唱收唱付，准备充足的零钱，告诉客户需缴费金额。当收到的现金不足时，应礼貌地提醒客户，例如：“对不起，您应缴的金额为××元，还差××元。”

（4）开具票据后，将发票和找零双手递给客户并唱付。例如：“这是发票和找您的××元，请您点清收好。”

（5）客户离开时，应起身微笑与客户告别，例如：“请您慢走，再见！”

三、咨询、投诉和举报

受理客户来人、来电及意见簿中的咨询、投诉举报。

（一）工作流程

（1）接待客户来人、来电，记录受理日期，客户的基本信息及咨询、投诉、举报内容。

（2）根据法律法规及电力部门各类规章制度对客户提出的问题加以分析。

（3）对客户提出的问题给予答复，并记录。对难以答复的问题有引导和汇报责任，作好记录，并在规定时限内将处理意见答复客户。

（4）及时回访客户。

（二）服务行为规范

（1）受理客户咨询时，要认真倾听，并详细记录客户咨询的内容。在正确理解客户咨询内容后，方可按相关规定提供答复或引导客户到相关服务岗位。对于现场无法答复的咨询可请示负责人，或请客户留下联系电话，待了解情况后及时答复客户。

（2）受理客户投诉时：

一是按先处理心情后处理事情的原则接待客户，认真倾听客户意见，让客户多说，努力化解客户的不满情绪。

二是对客户反映的问题作适当解释或提出解决的方法。如果无法处理时，应及时请示主管，避免与客户发生冲突。

三是在受理业务过程中遇到其他客户投诉时，要向正在办理业务的客户表示歉意，请其稍后，立即报告负责人或请其他营业人员协助处理投诉，不得以任何理由推诿。

四是对于意见簿上的客户投诉，可以直接答复的，按客户留下的联系方式答复，同时将处理意见和办理日期写在意见簿上；无法直接答复的要及时向负责人或相关部门反映，在5天内答复客户，并将处理意见写在意见簿上。

（3）受理客户举报时，首先感谢客户的举报。例如："非常感谢您向我们反映这个问题，我们将会认真调查核实。"记录下客户举报内容后要与客户确认，如果客户愿意，请其在举报记录上签字确认或留下联系方式，并在10天内答复。

（4）对投诉、举报的客户要进行回访，询问处理是否满意，并作好回访记录及回访日期。

四、抢修服务

24h电力故障抢修，及时抵达故障现场，迅速排除故障，恢复正常供电。到达故障现场抢修的时限为：农村90min，特殊边远山区2h。

（一）受理流程

（1）24h服务热线受理客户电力抢修服务。

（2）抢修人员接受报修工作单。

（3）到达故障现场，并向服务热线报告到达时间。

（4）查明故障原因。

（5）排除故障。

（6）故障若是为客户责任，按物价部门批准的收费标准收费。

（7）报告服务热线处理完毕。

（二）服务行为规范

（1）穿戴好工作服、安全帽、工号牌或（工作牌），穿绝缘鞋，检查工具和材料是否齐全，作好安全准备。

（2）电话确认故障地址。例如："您好，请问您是××吗？我是××供电所抢修人员，请问您报修的地址是××吗？"

（3）及时到达现场，并向服务热线报告到达时间。

（4）如果有特殊原因未按时到达应主动向客户致歉并告之预计到达时间，并向服务热线报告未能及时到达的原因及预计到达现场时间。例如："对不起，有××特殊情况还请您等待××分钟，请多多谅解。""对不起，让您久等了，请原谅。"

（5）与客户见面时，须主动自我介绍并出示证件、表明身份、说明来意。例如："您好，我是××供电所抢修人员，来干××事，请您配合。"

（6）需要进入居民室内时，应征得客户同意后方可进入。

（7）到现场工作时，应尊重客户的风俗习惯，工具和材料应摆放有序。

（8）按"客户故障报修处理工作单"核对信息，如故障地点、故障设备和故障现象等。

（9）判明故障部位，如属客户资产，应向客户说明抢修服务收费标准，请其确认后进行抢修，如果客户自行处理，应提醒客户有关安全注意事项等。

（10）分析故障现象，判明故障原因，做好安全措施，按有关专业规程抢修。

（11）在抢修现场，客户若询问故障原因或修复时间，应向客户耐心解释。例如"请您再等等"，不得说"早着呢"、"等着吧"、"不知道"等服务忌语。

（12）按相关收费标准收费并提供发票。

一是告之客户费用。例如："按规定，我们要收您××费××元。"

二是收现金时，应唱收唱付。例如："收您××元，找您××元，请清点收好。"

（13）收现金后出具发票。例如："这是您的发票，请收好。"

（14）收取施工费时，客户有疑问或拒付时，应耐心解释，不得与客户争执。例如："我们的收费标准是经物价部门核准的，依据××收取。请您配合我们的工作。"

（15）作业结束后，向客户交代有关安全注意事项。

（16）清扫现场。整理工具、材料。

（17）向客户借用的物品，用完后应先清洁再轻轻放回原处，并向客户致谢。例如“您的××还您，谢谢！”如在工作中损坏了客户设施，应向客户致歉，及时修复或等价赔偿。

（18）主动征求客户意见，请客户将意见填在“征求意见书（卡）”上。例如：“请您填写意见，谢谢！”

（19）询问客户是否还有其他需求。例如：“故障处理好了，您看是否还有其他问题。”

（20）故障排除后，立即报告服务热线。

（21）离开现场时，感谢客户配合并留下“95598”服务电话。

（22）服务热线回访客户，询问客户是否满意。

（23）按要求填写抢修工单，整个服务流程要实行闭环管理。

五、抄表服务（本节仅介绍手抄内容，抄表有关知识见第二十四章）

正确抄录客户表码读数，检查电能表铅封、运转情况是否正常。

（一）工作流程

（1）用电检查。

（2）核对客户名、客户号。

（3）抄录表码。

（二）行为规范

（1）做好抄表准备工作，统一着装，佩戴工号牌，备齐必要的抄表工具。按规定的日期和抄表线路抄录客户电能表表码。

（2）到达客户住处，应主动向客户自我介绍，并出示证件。例如：“您好，我是××供电所工作人员，来抄您的表码，请您配合，谢谢！”

（3）需进客户家抄表码时，应征得客户同意方可进入。例如：“我可以进来吗？”“请您带我去看一下电表好吗？”“打扰您了，谢谢！”客户家中无人不可入内。

（4）抄表时，应该细看、细算、细对照，遇有电量突增或突减时，要仔细询问。例如：“请问这个月用电有什么特殊情况吗？”

（5）填发电费通知单时，应填写齐全，准确无误，交给客户，若客户不在，可委托邻居代收或粘贴在表箱上。例如：“这是您的电费通知单，电量是××，电费是××，请按要求缴纳电费，请收好。”

（6）因错抄引起电费突增时，应向客户如实说清，道歉，取得谅解。例如：“对不起，由于我们工作失误，电费多收，下个月一定给您冲减回来。”

（7）客户表损坏或丢失时，态度应保持冷静，耐心询问，按实填好调查报告书。例如：“请您详细地介绍一下有关情况好吗？”

（8）发现客户违章窃电时，应注意态度，既按章处理，又以理服人。例如：“同志，这是违约窃电行为，我们要按章处理。”

（9）遇到个别客户发火时，应耐心解释，不要与客户争吵。例如：“有事慢慢商量，我们工作有缺点，请提意见。”“我们一定认真研究，帮您解决××问题。”

（10）离开客户家时，应礼貌道别。例如：“打扰了，再见。”

【思考与练习】

1. 简述办理电力客户新装（低压）的工作流程。

2. 简述业务收费工作流程。

模块2 营销服务礼仪（GYND00601002）

【模块描述】本模块包含营销服务中行为举止、用语礼仪、电话礼仪、接待礼仪、仪容仪表等内容。通过概念描述、要点归纳，掌握营销服务礼仪。

【正文】

礼仪是人与人之间互相尊重的一种关系和过程。现在谈的礼仪和传统文化讲的礼仪有一些差异。

传统文化讲的礼仪是个大概念，包括礼节、礼貌、礼俗、礼教等，是精神风貌折射出来的一种文化现象。现在通常说的礼仪更多是其中的礼节，是最基本的社会行为规范。礼仪的内容十分丰富，下面结合电力营销服务工作介绍几种常用礼仪。

一、行为举止礼仪

（1）行为举止应做到自然、文雅、端庄、大方。站立时，抬头、挺胸、收腹，双手下垂置于身体两侧或双手交叠自然下垂，双脚并拢，脚跟相靠，脚尖微开，不得双手抱胸、叉腰。坐下时，上身自然挺直，两肩平衡放松，后背与椅背保持一定间隙，不用手托腮或趴在工作台上，不抖动腿和跷二郎腿。走路时，步幅适当，节奏适宜，不奔跑追逐，不边走边大声谈笑喧哗。尽量避免在客户面前打哈欠、打喷嚏，难以控制时，应侧面回避，并向对方致歉。

（2）为客户提供服务时，应礼貌、谦和、热情。接待客户时，应面带微笑，目光专注，做到来有迎声、去有送声。工作发生差错时，应及时更正并向客户道歉。

（3）当客户的要求与政策、法律、法规及本企业制度相悖时，应向客户耐心解释，争取客户理解，做到有理有节。遇有客户提出不合理要求时，应向客户委婉说明。不得与客户发生争吵。

（4）为行动不便的客户提供服务时，应主动给予特别照顾和帮助。对听力不好的客户，应适当提高语音，放慢语速。

（5）与客户交接钱物时，应唱收唱付，轻拿轻放，不抛不丢。

二、会话用语礼仪

与客户会话时，应亲切、诚恳、谦虚，使用文明礼貌用语，严禁说脏话、忌语。语音清晰，语气诚恳，语速适中，语调平和，语意明确言简，提倡讲普通话。与客人交谈时，要专心致志，面带微笑，不能目光呆滞、反应冷淡。尽量少用生僻的电力专业术语，以免影响与客户的交流效果。认真倾听，注意谈话艺术，不随意打断客人的话语。

三、接待礼仪

（一）接待

客户服务人员接待客户时，应面带微笑、热情礼貌，做到来有迎声、去有送声、有问必答、百问不厌。如果客户要求办理的业务不属于本职范围，客户服务人员也应认真倾听、热心引导、快速衔接，带领客户找到经办人员或为客户提供办理该业务的部门地址和联系电话。

客户服务人员在接待客户业务时应仔细询问客户的办事意图，并快速办理相关业务。当遇到两位以上客户办理业务时，既要认真办理前面客户的业务，又要礼貌地与后面的客户打招呼，请其稍后。接到同一客户较多业务时，应帮助客户分清轻重缓急，合理安排好前后顺序，缩短客户办事时间。遇到不能办理的业务时，应向客户说明情况，争取客户的理解和谅解。

（二）沟通

客户服务人员与客户沟通要冷静、理智、策略，应耐心听取客户的意见，虚心接受批评，诚恳感谢客户提出的建议，做到有则改之，无则加勉。如果属于自身工作失误，应立即向客户赔礼道歉。如果受了委屈，应冷静处理，不感情用事，不顶撞和训斥客户，更不能与客户发生争执。拿不准的问题，不回避、不否定、不急于下结论，应及时向领导汇报后再答复客户。

四、仪容仪表

（1）供电服务人员上岗必须统一着装，并佩戴工号牌。

（2）保持仪容仪表美观大方，不得浓妆艳抹，不得敞怀，将长裤卷起，不得戴墨镜。

1）发型得体。男性头发前不盖眉，侧不掩耳，后不及领，女性梳理得当。

2）面部清爽。男性宜每日剃须修面，女性宜淡妆修饰。保持口腔清洁。

3）表情自然。目光温顺平和，嘴角略显笑意。

4）手部清洁。定期修剪指甲并保持手部洁净。女性在正式场合不宜涂抹浓艳的指甲油。

五、电话礼仪

（一）拨打电话

（1）选择恰当的拨打时间，以不影响对方工作和休息为宜。

（2）开始通话，先问候对方，然后主动自我介绍。电话突然中断，由主叫方立即重拨，并向对方说明。如拨错电话，应向对方道歉。

（3）通话时集中沟通主要议题，提高通话效率。

（4）结束通话时，以主叫方或尊者先挂断为宜。

（二）接听电话

（1）拿起话筒，主动问好，然后进行交谈。如果接听较迟，先表示歉意。

（2）接听电话时，温和应答。

（3）如遇对方误拨的电话，应耐心说明，不可恶语相加。

（4）如替他人接听，应作好记录并及时转达。

【思考与练习】

1. 简述会话用语礼仪的内容。

2. 简述仪表仪容礼仪的内容。

第三十三章 服 务 技 巧

模块 1 服务技巧基本知识（GYND00602001）

【模块描述】本模块包含“看”、“听”、“笑”、“说”、“动”等五项专业化服务技巧知识。通过概念描述、术语说明、要点归纳，掌握服务技巧基本知识。

【正文】

客户服务的基本功包括五项：看、听、笑、说、动。分别掌握这五个要素的要点，灵活恰当运用，能提高客户满意度。

一、看

（1）观察客户要求目光敏锐，行动迅速，在与客户第一次接触时，就要准确地对客户的需求作出初步判断。

（2）观察客户要求我们做到真心投入感情，对不同的客户区别对待。

对烦躁型客户，要有耐心，温和地与客户交谈；对于依赖型客户，要提一些有益的建议，但是不要施加太大的压力；对于不满意电能质量或服务的客户，要坦率，有礼貌，同时保持自控能力；对于常识性错误的客户，要用有效的方法待客，以友好的态度回报。

二、听

1. 如何聆听

在听的过程中不随便打岔，并且用行动表现你在听，比如注视对方的眼睛、点头附和等。聆听的时候摒除偏见，洗耳恭听，并且要仔细思考对方的意思。有时候还要能够听出弦外之音，才能找到问题所在和解决之道。

2. 聆听的体态

在聆听的时候要采用适当的方式和态度，这既是个人应有的表现，也是对客户的尊重。总的来说，有下面五个方面的要素：

（1）浅坐，身体前倾。按照礼仪要求，浅坐应当是只坐椅子的 1/3 部分，但是可以根据个人身高、体重的具体情况进行适当调整，体态稍胖些的人可以坐椅子的 1/2 左右。不管怎样，有一点必须注意，那就是坐的时候后背不可以靠在椅子背上，一定要保持身体微微向前倾的姿势。

（2）微笑。微笑是国际通用的礼仪，通过微笑可以向客户表达友善之意，也可以调节双方沟通的氛围，保持微笑的表情是服务人员的必修课。

（3）点头、附和。每一个人在说话的时候，都会潜意识地希望得到别人的附和，即使只是“哦”、“唔”等简单的表示亦可。通过点头、附和，一方面显示自己在认真地聆听，另一方面可以鼓励对方继续说下去。

（4）目光交流。所谓目光交流就是在对方说话的时候与其进行眼神的对视。要提醒的是，目光交流要把握好分寸，如果一直盯着对方看会显得没有礼貌，给对方施加了压力，特别是异性之间如果不是很熟悉，更要注意把握好度。

（5）作记录。聆听的时候，如果觉得有必要，不妨拿出笔记本作记录。通过作记录，既可以避免遗忘客户的意思和要求，又充分表达了对客户的尊重。

三、笑

微笑是人类共同的语言，也是全世界最美的语言，人们常说“伸手不打笑脸人”，可见微笑具有非凡的魅力。具体来说，微笑可以消除隔阂，有益身体健康，能够获得对方好感，还可以调节自己和对方的情绪。面对发怒的客户，服务人员的微笑能够平息客户的怒气，缓解客户的情绪。因此学会微笑、保持微笑是客户服务人员必修的课程。

可是有的时候我们会笑不出来，一般来说，工作中的烦恼、人际关系的复杂、生活的琐碎事情会偷走我们的微笑。所谓“境由心生”，只有保持良好的心态，才能获得良好的情绪。外部因素是客观存在的，面对种种不如意，单纯的怨天尤人没有任何作用，不如以积极的心态去勇敢面对，这样才有可能解决困难，让微笑重新回到我们的脸上。

微笑必须与眼睛相结合，与语言相结合，与身体相结合，这就是微笑的三结合技巧。微笑只是一个面部表情，只有与眼睛、身体、语言相结合，才能表达得更生动。例如：有些饭店的迎宾小姐在客人进来的时候，都会说“欢迎光临”。但是她们嘴里说着，眼睛却不看客户，即使在微笑，也是生硬的微笑，仿佛是在背一句口诀，这就是微笑没能与眼睛结合起来的事例。而经过专业化训练的空姐站在机舱门，一边看着客人点头微笑，一边说“下午好”，客人的感觉当然会非常好。仔细观察还会发现，空姐的动作都非常的标准，她们流露出来的笑意与她们的语言结合在一起，同时也和身体动作、体态语言结合在一起。

四、说

在听完对方的陈述之后，要提出专业性的、实质性的问题，发问的时候要正视对方的眼睛。对于对方的问题，应当在把整个情形听完整，了解他的明示和暗示的内容之后再回答。

在听完客户陈述之后，我们有六种回应的方式，分别是：

（1）评价式。当主题讨论得很深入的时候，表达自己的意见。

（2）碰撞式。帮助对方澄清想法，或者情感上的矛盾点。

（3）转移式。将焦点转移到主题上来，或者相似的经历等。

（4）探测式。要求对方澄清内容，或者了解更详细的信息。

（5）重复式。复述对方的内容以确认是否理解。

（6）平静式。通过降低感情强度和消除情绪障碍，让对方平静下来。

五、动

动作是一个人整体的外在表现，具体到一举手、一投足。言谈举止的整体状况，不仅仅局限于身体语言本身，还包括眼神、表情和整个身体的协调性和生动性。所以判断某个体态语言的明确含义，要看整体的体态语言，身体语言不仅要与有声语言相联系，还要和语气、语调以及交际的场合相联系。

服务人员的一个不良习惯，会传递给客户许多负面的信息，给客户留下不良印象，如当众剔牙，因此必须改正。

【思考与练习】

1. 在听完客户陈述之后，有哪些回应方式？

2. 微笑能达到什么效果？

模块2 利用服务技巧与客户沟通（GYND00602002）

【模块描述】本模块包含沟通的定义、与客户沟通的技巧、沟通的步骤等内容。通过概念描述、术语说明、要点归纳，掌握运用服务技巧与客户进行沟通。

【正文】

一、沟通的定义

沟通是人们在互动过程中，通过某种途径和方式将一定的信息从发送者传递给接收者，并获取理解的过程。简单地说，沟通是指人与人之间进行交换信息和传达思想的过程。

二、与客户沟通的基本原则

（1）积极倾听，适当反馈。

（2）不随便打断对方讲话。

（3）不直接纠正和否定对方的观点。

（4）保持同情心。

（5）注意非语言信息在沟通中的作用。

三、沟通的步骤

1. 了解客户的期望值

客户满意本质上是客户期望值与自身服务能力之间的差异，所以，要先了解清楚客户的期望值是什么。首先，要用心地去倾听对方的谈话。

下面的例句可以深入地了解客户潜在的期望：

请问，您最需要什么帮助？

我怎样做才能帮您？

这个问题，我们怎么解决呢？

除此之外，您还需要干什么呢？

2. 管理客户的期望值

通过上述提问，了解了客户的期望，然后要管理客户的期望。

（1）判断客户的期望是真实，还是虚张声势。

（2）不要争辩或将自己的观点强加于人，这不利于客户接受。

（3）注意判断客户的情绪，在情绪低落时管理客户期望难度高。

如果能做到满足客户期望，就要及时提供真实、准确的信息给客户，让客户满意而归。如果不能满足，最重要的工作就是引导客户的期望值。

对于无理要求，直接拒绝。例如："对不起，您的要求，我们不能满足。"

要求合理，现在无法满足，提供多选方案，但不宜超过三个。例如："您提出的建议有道理，但目前我们还做不到，为了弥补不足，我有两个对你有帮助的办法，供你选择。"

当客户的建议难以接受时，要肯定客户意见中积极的部分，并巧妙地讲出自己的看法，让客户更容易接受你的建议，展示积极的结果，强调"能够"向客户提供有什么有效服务。

【思考与练习】

1. 与客户沟通有哪些基本原则？

2. 如果不能满足客户的期望值，客户服务人员该如何处理？

第十一部分

供电所管理

第三十四章　营　销　管　理

模块 1　供电所营销管理（GYND00101001）

【模块描述】本模块包含供电所营销管理工作内容及业扩报装管理、电费电价管理、电能计量管理、用电检查管理、供用电合同管理等内容。通过概念描述、条文说明、要点归纳，掌握国家电网公司对供电所营销管理的要求。

【正文】

一、供电所营销管理工作内容

供电所营销管理主要包括以下内容：

（1）以为农民生活、农村经济、农业生产服务为宗旨，以经济效益为中心，开拓电力市场，建立全过程的营销管理机制，规范营销管理工作。

（2）负责抄表、核算、收费及其他日常用电营业工作。受理客户业扩报装，做到用电申请受理、勘察、装表、接电、用电的全过程，都有人负责、有人监督。

（3）严格执行国家电价政策和物价部门批准的电价标准，做到电价准确、电费账务清楚。

（4）农村居民用电全部实现一户一表，健全客户营业档案，全面实行供电“四到户”管理。

（5）按业务界定负责供电区域内计量装置的安装、维护、管理工作，做到计费准确、公正。

（6）推行计算机在营销工作中的应用，建立县（市）、乡（镇）一体化的营业管理体系。

（7）定期或不定期地开展用电检查和营业普查。

二、业扩报装管理

主要内容有：

（1）受理营业区域内客户的新装、增容、变更用电和临时用电等业务，做到“一口对外”。

（2）严格按规定的时间办理相关手续，按时限要求进行现场勘察，确定供电方案，并正式通知客户。

（3）负责或参与对业扩工程施工的中间检查，发现问题及时通知用户处理。

（4）安装竣工后，按公司承诺标准执行。

（5）送电前应严格按照国家规定收取用电业务的各种费用。

（6）低压新装工作要有明晰的工作流程，按照供电所标准化作业相关流程办理。

三、电能计量管理

主要内容有：

（1）对客户计量装置实行统一管理，建立计量装置台账，落实周期检定计划，确保计量准确性。有条件的县（市）供电企业可在供电所设校表点，以方便客户。

（2）根据客户的报装容量、负荷性质和负荷变化情况配置计量装置。农村低压客户计量装置配置方案由供电所确定，高压客户的计量装置按业务界定，由供电所提出初步配置方案，报县供电企业批准后执行。

（3）在抄表时要注意检查计量装置运行情况，定期对计量装置进行检查，发现问题及时处理。

（4）客户要求校验电能表时，应尽快办理，并按规定收取校表费，如客户对校验结果有异议时，可要求计量监督部门处理。

《供电营业规则》有关计量装置的规定如下：

（1）计量装置的购置、安装、移动、更换、校验、拆除、加封及表计接线等，均由供电企业负责办理，客户应提供工作上的方便。

（2）供电企业应在客户每一个售电点内按不同电价类别分别安装用电计量装置。难以按售电类别分别装设时，可装设总计量装置，按其不同类别的用电容量确定用电比例。

（3）计量装置原则上应装在供电设施的产权分界处，不在产权分界处时，线路与变压器损耗的有功与无功电量均需由产权所有者承担。

（4）客户用电设备容量在 100kW 或变压器容量在 50kVA 以下者，采用低压三相四线置供电。装三相四线计量装置。客户单相设备容量不足 10kW 时，采用低压 220V 供电。

（5）用电设备容量是指客户所有电器设备铭牌上标定的额定功率，如果铭牌上有分挡使用容量，应按其中最大容量计算。

客户负荷电流在 50A 以下者宜采用直接接入式电能表，50A 以上时应采用经电流互感器接入式电能表。

（6）临时用电客户应安装用电计量装置，对不具备安装条件的，可按用电容量、使用时间、规定的电价计收电费。

（7）供电企业在新装、换装及现场校验后，应对用电计量装置加封。

（8）私自迁移、更动和擅自操作供电企业的用电计量装置、电力负荷装置，属居民客户的，应承担每次 500 元的违约使用电费；其他客户应承担每次 5000 元的违约使用电费。

（9）供电企业必须按规定的周期校验、轮换计费电能表，并对计费电能表进行不定期检查。发现计量失常时，应查明原因。客户认为供电企业装设的计费电能表不准时，有权向供电企业提出校验申请，在客户交付验表费后，供电企业应在 7 天内校验，并将校验结果通知客户。如计费电能表误差在允许范围内，验表费不退；如计费电能表误差超出允许范围，除退还验表费外，应按规定退补电费。客户对校验结果有异议时，可向供电企业上级计量检定机构申请检定。客户在申请验表期间，其电费应按时缴纳，验表确认后，再退补电费。

四、电费电价管理

供电所应加强电费规范化管理、严格执行电价政策，杜绝电费收缴中的“人情电、关系电、权力电”和搭车收费现象。对农村电力营销坚持“五统一”（统一电价、统一发票、统一抄表、统一核算、统一考核）、“四到户”（销售到户、抄表到户、收费到户、服务到户）、“三公开”（电量公开、电价公开、电费公开）。

（1）建立定期抄表制度。按照规定的日期和周期对电能表进行实抄，积极推广先进技术，提高抄、核、收的工作效率，计费电能表实抄率要达到 100%。

（2）使用县供电企业统一配备的抄表卡、抄表器，努力实现应用营销信息系统进行电费核算，确保电价执行正确，电量、电费计算准确无误。

（3）合理设置电费回收点。推广农村金融机构代收电费、电费储蓄和预付电费等多种的电费管理方式，确保电费回收率达到 100%。

凡在供电所立户的客户按照供用电双方签订的《供用电合同》中的电费结算方式结算电费，电费收取工作由收费员、营业收费专责负责，各供电所可根据本地具体情况分别采取走收、营业网点收费和与银行联合收费等方式。有条件在客户自愿的基础上可实行预付费售电。

（4）加强电费的票据管理。所有电费票据由县供电企业统一配发，并严格领取和使用，电费票据应反映出电能表起止码、电量、电价和各类电费等内容，要实行计算机开票到户。

（5）加强电价、电费管理，定期接受县供电企业的专项检查，对发现的问题及时解决。加强内部考核，严格控制电费电价差错率。

（6）抄、核、收工作流程按照供电所标准化作业相关流程办理。

五、用电检查管理

1. 用电检查工作的职责

（1）宣传贯彻国家有关电力供应与使用的法律、法规、方针、政策以及国家和电力行业标准、管理制度。

（2）宣传和推广节约用电措施。

（3）开展安全用电知识宣传和普及。

（4）参与对客户重大电气事故的调查。

（5）根据实际需要，定期或不定期地对客户的安全用电、节约用电情况进行指导。

（6）用电新技术的推广、应用。

2. 用电检查工作要求

（1）以国家有关电力供应与使用的政策法规及电力行业的标准为准则，对客户的电力使用定期进行检查。

（2）检查人员进行现场检查时，人数不得少于 2 人，并要向被检查客户出示《用电检查证》。

（3）经现场检查确认客户的设备状况、用电行为、运行管理等方面有不符合安全规定的，或者在电力使用上有明显违反国家有关规定的，用电检查人员应开具《用电检查结果通知书》或《违约用电、窃电通知书》，一式两份，一份送达客户并由客户代表签收，一份存档备查。

（4）对用电检查中发现的问题要及时按程序上报，并交有关部门处理。

3. 用电检查的范围

（1）对客户的电气设备进行日常检查工作。

（2）变更用电业务的检查。

（3）组织开展营业普查工作。

（4）参与客户用电事故的处理。

（5）向客户提供技术服务。

（6）对客户履行《供用电合同》的检查。供电企业与客户签订《供用电合同》后，用电检查人员应结合日常工作，对客户履行供用电合同的情况进行检查，主要是查客户有无违反《供用电合同》有关条款的行为，如有，按双方约定的违约条款进行处理，并负责到期合同的续签工作。

（7）对客户不并网自备发电机的管理：客户不并网自备发电机的运行情况直接与对外及客户的设备和人身安全相联系，因此，对客户不并网自备发电机的管理工作十分重要。客户需要安装自备发电机时，应由客户向供电企业提出，由用电检查人员赴现场查勘同意后，并应符合安装条件和技术条件，方可安装。

（8）用电检查的主要范围是客户受电装置，但被检查的客户有下列情况之一者，检查的范围可延伸到相应目标所在处：

1）有多类电价的，可延伸到按不同电价计费的用电设备。

2）有自备电源设备的，可延伸检查到自备电源与电网电源的分界点。

3）有二次变压配电的，可延伸检查到二次变压器的接地装置，绝缘性能和过电流、过电压、短路、瓦斯保护等装置。

4）有影响电能质量的用电设备的，可延伸检查到有大电流频繁启动的设备和谐波源设备。

5）有违章现象的，可延伸检查到违章的用电设施和责任人。

6）按客户主动要求帮助检查的内容和范围。

7）法律规定的其他用电检查，如文化娱乐场所、仓库和易燃易爆场所等预防电气火灾事故的检查。

根据《用电检查管理办法》第二章第六条规定，客户对其设备的安全负责。用电检查人员不承担因被检查的设备不安全引起的任何直接损坏或损坏的赔偿责任。

六、供用电合同管理

供用电合同是经济合同的一种，是电力工业企业与客户之间就电力供应、合理使用等问题，经过协商，建立供用电关系的一种协议。在装表接电之前，用合同的形式明确权利、义务和经济责任是十分必要的，特别是对一些容量较大的客户，尤为重要。

1. 供用电合同要求

（1）供电所负责授权范围内供电所合同的签订、续签和存档。

（2）供用电合同的条款与内容要明确产权界定、客户的用电需求、供电方式、供用电双方的权利和义务。

（3）供用电合同的变更或解除应依照有关法律、法规，及时与客户协商修改有关内容。当国家有关政策、规定发生变化时，应及时修改相应条款。

（4）《供用电合同》履行期限可在合同内进行约定，合同到期或条款变更时应重新签订。

2. 供用电合同管理

（1）合同签订。合同的签订必须授权委托代理人与客户进行签订，同时经县供电公司合同专责审核后方能盖章生效，其他人不得随意签订合同。

（2）妥善保管。签好的合同，供用电双方各执一份。营业部门应将合同作为一项重要的客户资料加以保存。建有户务资料袋，并将合同与其他资料一起编排目录，当作客户档案妥为保管备查，不得损坏、遗失。

（3）及时修改。随着客户申请变更用电业务事项，供用电双方必须及时协商修改有关的合同内容，以保证其完整性，并便于双方共同执行。

（4）内外相符。要做到合同与账、卡资料记录相符。对客户坚持调查核实的方法，确保合同内容与客户用电实际相符。

【思考与练习】

1. 供电所营销管理主要包括哪些内容？
2. 供电所电费电价管理包含哪些内容？
3. 开展用电检查工作有哪些要求？
4. 用电检查的范围包括哪些？

第三十五章 生 产 管 理

模块 1 供电所生产运行管理（GYND00102001）

【模块描述】本模块包含供电所生产运行管理、设备管理、设备检修管理、电能品质管理、电能损耗（线损）管理等内容。通过概念描述、条文说明、要点归纳，掌握国家电网公司对供电所生产运行管理的要求。

【正文】

一、生产运行管理的主要任务和内容

1. 主要任务

供电所的生产管理是县级供电企业生产管理中的一部分，是根据县供电企业确定的目标、方针、计划和下达的具体生产任务组织生产活动，对经营决策的实现起着保证作用。主要任务是进行供电所的生产运行管理、检修管理、电压和无功管理、供电可靠性管理。

2. 主要内容

供电所生产管理的主要职责是加强设备维护管理，提高设备健康和可靠运行水平，保证电能供应质量达到标准，全面完成生产任务，实现安全生产管理目标，做到安全、可靠、经济供电。其主要内容如下：

（1）认真贯彻执行国家有关电力生产的方针、政策、法律法规和电力行业有关生产的技术规程、标准和制度，建立生产技术管理责任制。

（2）负责电网运行建设规划。严格执行设备和生产管理规章制度，做到设备管理分工明确，责任到人；定期进行设备巡视检查，对设备缺陷要作好记录；并按设备缺陷等级分类处理，实现设备完好率 100%。

（3）负责电气设备和设施的全过程管理。按照“应修必修、修必修好”的原则，搞好设备检修、维护、检验试验工作，及时消除设备缺陷，不断地提高设备健康水平，保证设备安全可靠运行。

（4）负责电力设施的保护工作，努力维护电力设施安全运行的必要环境。

（5）加强配电网电压管理，按规定明确电压监测点并装设电压监测仪（表），采取措施提高电能质量，一般客户端电压合格率要达到 90%以上。

（6）加强负荷管理，防止设备过负荷运行和三相负荷严重不平衡运行。

（7）严格界定设备的产权分界点，对客户要求的代理维护工作，必须签订“代理维护协议”，依据产权归属明确各方的责任，并报县供电企业批准后实施。

（8）按有关规程要求，对供电区域内配电线路及设备设立明显的标志。

（9）建立健全设备和生产管理的各种技术资料、台账、记录；按规定及时编报生产工作计划、设备停电检修计划、设备大修和更新改造计划。

（10）根据设备状况和检修计划，编制备品备件的储备计划，并进行分类存放、妥善保管。

（11）积极组织经济运行，不断降低生产成本，提高劳动生产率。

（12）推广应用新技术、新设备、新材料、新工艺，推行标准化作业，做好环保工作。

二、生产运行管理

1. 电力线路、设备的巡视工作

（1）工作内容及要求。电力线路设备的巡视分为定期巡视、夜间巡视、特殊性巡视、故障性巡视和监察性巡视。

1）电力设备在运行期间，由于受到温度、湿度、外界作用力等种种因素影响，不可避免地要产生各类缺陷，这些缺陷有很多是直接暴露出来的，如导线断股、瓷件破损、变压器响声异常等；另外还会有危及人身或线路安全运行的隐患，如违章建筑、树障、山体滑坡等。这些缺陷和隐患一般通过定期巡视就能及时发现。

2）由于某些特殊缺陷需要在夜间才能发现，如接头打火、瓷绝缘串闪络放电。因此需要在负荷高峰期、雨雾等天气进行夜间巡视。

3）在天气恶劣（如台风、暴雨、覆冰等）、河水泛滥、火灾和其他特殊情况下，还要进行特殊性巡视检查。

4）在配电线路发生故障时，为了查清故障点，及时消除故障恢复线路正常供电，还要组织人员进行故障性巡视。

5）此外，还要由所长和专责技术人员进行监察性巡视，目的是了解线路、设备状况，并检查、指导巡线员的工作。

电力线路设备的定期巡视周期，一般高压线路每月一次，低压线路每周一次。

（2）工作流程。

1）按县供电企业要求组织开展各类巡视工作，巡视内容按 SD 292—1988《架空配电线路及设备运行规程》的规定项目进行。

2）巡视人员如实填写巡视记录，对于巡视中发现的缺陷进入缺陷处理流程。

3）不定期组织所长和技术人员进行监察性巡视，及时了解线路及设备运行状况，并检查、指导巡视人员工作。

4）对于未按要求进行巡视或巡视工作不到位的人员按有关考核标准进行考核。

2. 设备管理

（1）设备台账。设备台账是供电所的基础资料，台账管理工作是供电所生产管理的基础工作。

对于供电所管辖的电力设备，供电所应根据公司规定如实建立各类设备的基础资料台账，要做到“设备有编号、型号正确，与实际相符、元件不遗漏”，有条件的应将所有基础资料台账录入计算机，利用计算机进行管理，实现资源共享。

建立的台账，由专人负责，根据设备投运、更改情况及时更新。设备的名称、型号等参数应规范，符合有关术语标准；单位应统一，便于统计汇总；要将设备统一编号，便于管理；设备的产权、投运日期等应正确无误，能够为其他工作提供基础信息。对因各类工程（如高低压业扩工程、技改工程、农网改造工程等）发生的设备变动，均应于设备投运后建立新的设备台账，该项工作必须按期如实进行。定期向有关部门填报设备变动情况报表，录入计算机的各类基础资料档案要及时进行修改、完善。

（2）设备评级。设备按其完好程度分为一、二、三类，一、二类设备称为完好设备。完好设备与全部设备的比例，称为设备完好率，以百分数表示，即

$$\text{设备完好率}=\frac{\text{一类设备}+\text{二类设备}}{\text{全部设备}}\times 100\%$$

供电所根据上级供电公司下发的设备评级标准，以设备单元为基本统计单位，定期进行设备评级工作。在评级时，要对设备的每一个元件按照标准进行评价，如一个单元内的重要设备元件同时有一、二类者应评为二类，同时有二、三类者应评为三类。

按电力行业定级管理办法的标准和要求，组织所内定级小组所有成员，定期对高低压设备进行定级。如实填写《定级记录》。

3. 预防性试验工作

电气设备的预防性试验是为了保证电力系统的安全运行，预防电气设备的损坏，通过试验手段掌握电气设备的状态，从而进行相应的维护、检修，甚至调换，是防患于未然的有效措施。新安装和大修后的电气设备，要进行试验，称为交接验收试验。其目的是鉴定电气设备本身及其安装和大修的质量，以判断设备能否投入运行。

安全员必须进行抽查，预防性试验不合格项目中涉及需更换的材料设备，使用后进行记录，所内无法处理的，实施“技改工作流程”，以书面形式上报上级供电公司有关部门，经批准下达计划后，及时组织人员实施，直至全部合格。

三、设备检修管理

设备检修是设备全过程管理的一个环节，是延长设备使用寿命，最大限度发挥设备效能的基本手段。设备检修必须坚持“预防为主、安全第一、质量第一”的方针，按照计划检修与状态检修并重和“应修必修、修必修好”的原则，把周期检修和诊断检修结合起来，不断改善设备的技术状况和提高设备的技术性能。

1. 设备检修原则

电力生产对安全可靠性要求很高，因此设备的检修应遵循以下原则：

（1）贯彻“预防为主”的检修方针，做到“应修必修、修必修好”。“应修”包括达到预定检修间隔或经过分析论证可以延长检修间隔或在特殊情况下必须缩短检修间隔时，应按计划对设备进行检修。“修好”是对检修质量的要求，应注意采用科学的方法和先进的修理技术，加强设备维护，改进检修管理，延长检修周期。

（2）检修计划要按电网统一安排，搞好协调配合，减少设备停运时间，提高电网运行可靠性和设备可用率。

（3）设备检修要与技术更新相结合，针对设备存在缺陷和电网不断发展完善的需要，作出设备更新改造计划，有计划地结合检修进行。

2. 设备检修分类

（1）大修。设备大修是对设备进行全面检查、维护、消缺和改进等的综合性工作，目的是恢复设备的设计性能。设备大修一般应按规定周期和预定的项目、标准进行。

（2）小修。是对设备进行扩大性的检查、维护、保养、消缺。

（3）临时检修（非计划性检修）。设备在运行中发生严重异常，必须在计划外退出运行进行检修者，一般称为临时检修（临检）。临时检修应经调度批准，一般作为小修处理。当缺陷严重，修理费用较高时，经批准也可按大修处理。

（4）事故检修。设备因事故自动退出运行或因严重异常不能等待调度批复需立即停止运行所进行的检修，称为事故检修。事故抢修由供电所组织，必要时应集中所有人力、物资、车辆以尽快速度恢复运行。为能及时修复线路故障，供电所应常年组织好抢修队伍，值班电话畅通无阻，无论任何时间、任何天气下事故发生时作到及时处理。

3. 设备春秋查工作

（1）根据公司《春秋查工作计划》，充分结合本所实际，制定春秋查工作计划上报公司有关部门，详细内容包括：

1）内查。查领导安全意识，查安全思想，查规章制度的执行情况，查劳动纪律，查安全工器具，并进行《国家电网公司电力安全工作规程（线路部分）、（变电部分）》考试。

2）外查。春查主要为迎峰度夏作准备，除按巡视管理工作进行巡视外，还应重点检查以下项目，如杆塔有无裂纹、歪斜，导线接头有无松动、破损，绝缘子有无脏污、裂纹、闪络痕迹，各类交叉跨越距离是否能在最高温度时满足规程要求，配电变压器三相负荷是否调整平衡，避雷器各部件是否完好正常，接地电阻是否符合规程要求，出线走廊是否符合规定，柱上设备有无损坏现象，低压线路有无私拉乱接现象。秋查主要是检查负荷高峰期过后的绝缘状况和为防寒防风防冻作准备，重点检查导线有无松动、破损现象，电杆有无严重裂缝及倾斜，线路下有无堆积柴草现象，有无缺少杆号牌和警示牌现象。

（2）检修工作开始前由安全员填写检修任务单，将工作任务、具体要求分配给每位工作人员，做到检修项目、检修范围、检修人员“三不漏”。

（3）根据线路运行情况，按照不同线路的健康水平，可分别对待，采取“状态检修”或“停电检修”。

（4）状态检修主要以巡视为主，为明确责任，必须粘贴“巡视标志卡”，同时将发现的缺陷记录，安全员汇总后执行缺陷处理流程；停电检修则要在停电后逐杆逐变台进行清扫和消缺，涉及停电工作，执行相应的停电工作流程。

（5）春、秋查工作所内自查：工作人员将检修任务单返还安全员，安全员对现场检修情况进行抽查，发现检修有漏检或未检现象要立即限期整改，根据全所春秋查完成情况填写相关记录，将春、秋查工作总结上报公司有关部门。

（6）春、秋查工作如公司组织的验收未通过，要按公司提出的要求限期整改，直至合格为止。

4. 事故抢修工作

（1）明确工作内容及要求。对于事故抢修，首先要保持 24h 所内值班和值班电话的通畅，其次要做好本所常用备品备件的储备，最后还要在恶劣天气时作好抢修准备。

对于事故抢修，可以不填工作票，但要履行许可手续。

（2）规范事故抢修工作流程。供电所在下列几种情况下要进行事故抢修：

1）接到客户报告或急修电话，并核实无误后。

2）事故巡线后发现故障点需停电处理时。

四、电压和无功管理

1. 工作内容

（1）贯彻执行上级有关电压和无功专业方面的文件、规程和管理制度。制定本供电所电压和无功管理工作计划和完善改进电压质量及提高无功补偿的技术措施。

（2）对整个供电区域电网的电压质量和设备情况进行定期巡视检查，做好基础数据的统计、分析和上报。

（3）建立定期分析例会，对电压质量进行定期及时分析，加强电压和无功设备的运行管理，提高设备健康水平和投运率。

2. 工作要求

（1）电压质量标准按照原电力部颁发的《电力系统电压和无功电力管理条例（试行）》的有关规定执行。

居民客户端电压合格率按网省公司承诺标准执行。10kV 线路电压允许波动范围为额定电压的±7%；低压线路到户允许波动范围：380V 为额定电压的±7%，220V 为额定电压的+7%、−10%。

（2）供电所农村居民客户端电压合格率考核指标根据各地的供电承诺指标而定。

（3）电压监测和统计以及无功补偿容量的确定按照《国家电网公司农村电网电压质量和无功电力管理办法》的有关规定执行。电压监测点按要求定期轮换。

（4）加强对电压监测装置的运行、巡视检查，发现问题及时上报，提高监测的准确性。

（5）无功补偿方式应采用：集中补偿与分散补偿相结合，以分散补偿为主；高压补偿与低压补偿相结合，以低压补偿为主；调压与降损相结合，以降损为主。

（6）对无功补偿设备进行定期巡视检查，发现问题及时处理，确保设备可投运率 95%及以上。

（7）掌握配电网络的电压情况，当电压变化幅度超过规定指标时，要采取措施提高电压质量。

五、供电可靠性管理

1. 工作内容

（1）贯彻执行上级有关供电可靠性专业方面的文件、规程和管理制度。

（2）对电网的供电可靠性进行定期分析，作好基础数据的统计、分析、汇总，并按时上报。

2. 工作要求

（1）供电可靠性的计算方法按照《供电系统用户供电可靠性管理办法》执行。

（2）供电可靠率指标根据各地供电承诺指标而定。

（3）作好设备缺陷登记及检修计划上报，加强计划停电的管理，充分利用 10kV 线路检修停电及变电站检修停电期间进行设备维护和缺陷处理，对影响同一电源线路的缺陷要进行集中处理，尽量减少停电次数和停电时间。

（4）进行配网施工和检修时，要做好施工方案优化和施工前准备工作，尽量缩短停电时间。

（5）加强故障抢修管理，保证检修工具和检修材料的及时充足供应；加强临时停电管理，控制停电时间。

（6）加强对配电设备的巡视、预防性试验和缺陷管理，做好配变的负荷监测工作。

（7）加强配电设备的防护工作，防止发生外力破坏事故。

（8）认真作好客户的技术服务，指导客户提高设备的安全可靠性。

（9）定期召开分析例会，对供电可靠性进行定期及时分析，使供电可靠率得到保证并不断提高。

六、供电所电能损耗（线损）管理

1. 线损管理的意义

线损率是电网经济运行管理水平和供电企业经济效益的综合反映，是供电企业的一项重要经济技术指标。同时，线损管理涉及面广、跨度较大，又是一项政策性、业务性、技术性很强的综合性工作。供电所作为供电企业的最基层单位，线损管理水平的高低，特别是低压线损率指标的水平直接关系到县供电企业的经营业绩，甚至在一定程度上影响和决定县供电企业的生存与发展，应予以高度重视。

2. 线损管理工作内容

（1）供电所线损管理范围为所辖线路、配电变压器的电能损失。

（2）负责线损指标的分解、落实和考核，制定降损措施。

（3）及时准确统计、分析、上报有关线损管理报表。

3. 线损管理工作要求

（1）制定降损计划、措施、考核方案，每月上报线损统计、分析情况。

（2）10kV 配电线路以变电站出线总表与线路连接的配电变压器二次侧计量总表为考核依据；低压线路以配电变压器二次测计量总表和该变压器所连接的低压客户计费表为计算考核依据。

（3）线损指标要责任到人，完成情况要与经济责任挂钩，奖优罚劣，严格考核和兑现。

（4）建立线损分析例会制度，及时发现和纠正问题，并对线损情况进行预测，制定降损措施。

（5）加强计量和营业管理，杜绝估抄、漏抄、错抄行为，查处违约用电，打击窃电。

（6）制定降损技术措施。

4. 供电所线损率的分析

线损分析是线损管理工作的最后一道环节，其目的在于鉴定网络结构和运行的合理性，找出计量装置、设备性能、用电管理、运行方式、理论计算、抄收统计等方面存在的问题，以便采取降损措施。另外，通过客观的统计分析，可以分清线损管理责任，是全面落实县供电企业线损指标考核的依据和基础，其重要性不言而喻。

供电所应每月召开一次线损分析会，针对每条线路、每个台区、每个电压等级的线损进行全面详细的剖析，指出存在的问题，建议应采取的措施。

5. 降低线损的主要措施

（1）技术指标。

1）电能损失率指标：10kV 线路综合损失率（包括公用配电变压器损失）$\leqslant$10%，低压线路损失率$\leqslant$12%。

2）功率因数指标：农村生活和农业线路 $\cos\varphi \geqslant 0.85$，工业、农副业专用线路 $\cos\varphi \geqslant 0.90$。

（2）降低线损的技术措施。

1）作好电网中、长期规划和近期实施计划，抓住农网改造机遇，加强电网电源点的建设，提升电压等级，降低网络损耗。

2）准确预测农村用电负荷，科学选择变压器容量和确定变压器的布点，缩短低压线路供电半径，保证电压质量，减少线损。

3）合理规划和设计 10kV 和低压线路，改造卡脖子线路和迂回线路。

4）淘汰、更换高能耗变压器，使用节能型变压器。

5）淘汰、更换技术等级低的计量装置。

6）根据电网中无功负荷及分布情况，合理选择无功补偿设备和确定补偿容量，降低电网损耗。

7）逐步提高线路绝缘化水平，减少泄漏损耗。

8）搞好三相负荷平衡。一般要求配电变压器低压出口电流的不平衡度不超过 10%，低压干线及主干支线始端的电流不平衡度不超过 20%。

（3）降低线损的管理措施。

1）首先应实事求是、合理确定低压线损考核指标，主要是低压线损管理指标。

2）在对村（台区）的农村低压线损考核管理中，要纠正片面的“全奖全赔”指标承包的方法，完成线损指标要与各专责工资奖罚直接挂钩，而不能与电费收缴直接挂钩。要坚决制止违规分摊低损电量和堵住折算电量及虚假统计的问题。

3）台变总表和客户表计的准确计费是直接影响低压线损情况的重要因素，必须依法进行表计的检测，加强对农村户表和集装表箱的检查管理。

4）供电所应量化对设备的日常巡视管理工作，并落实到人。作到定期测试和合理调整、平衡变台低压出线三相负荷，加强设备维护管理，及时处理设备缺陷，努力提高线路的安全运行水平，减少供电设备的漏电损失。

5）加强电费核算环节，采用微机系统管理，建立和完善农户用电基础数据，并依据基础数字对农村低压线损指标的统计分析；对个别异常情况，要加大检查力度和及时采取相应的得力措施。

6）供电所要把农村低压线损管理作为重要指标分解落实到人，实行专责管理；要建立健全具体的管理分析制度和低压线损指标考核台账，定期进行分析和公布指标完成情况，并切实作到奖罚兑现。

7）要加强农村用电宣传工作和依法用电管电，积极争取各部门的支持与配合，严厉打击和坚决制止偷窃电行为，努力建立起一个规范的农村用电市场秩序。

8）强化业扩工作流程管理，提高安装工艺质量。

【思考与练习】

1. 生产运行管理的主要任务是什么？

2. 电力线路设备的巡视分为哪几类？

3. 设备评级分类的基本原则是什么？

4. 供电所台账管理要求有哪些？

5. 请简述设备检修分哪几类。

6. 供电电压允许偏差是如何规定的？

7. 降低线损的技术措施有哪些？

第三十六章 安 全 管 理

模块1 供电所安全管理（GYND00103001）

【模块描述】本模块包含供电所安全管理的重要性及体系、安全管理的内容和要求、安全管理工作的实施和事故调查分析等内容。通过概念描述、条文说明、要点归纳，掌握国家电网公司对供电所安全管理的要求。

【正文】

一、安全管理重要性

供电所作为县级供电企业的派出机构，其安全生产管理处于供电企业管理的执行地位，供电所安全管理直接关系到整个电力系统的经济运作，体现着“人民电业为人民”的服务宗旨。如果不能保证安全供电将直接影响电能的传输和使用，不仅给供电企业本身带来损失，而且对所供区域的经济和人民生活造成重大影响，甚至产生严重后果，同时也关系着供电所职工的工作安全和健康。因此，保证安全供用电是供电所管理的第一要务，也是供电所管理水平的综合体现。

二、安全管理目标

供电所安全目标是根据上级安全生产总目标和本所的实际情况，制定出本所及个人的分目标。总目标指导分目标，分目标保证总目标，形成全企业的目标体系，并把目标完成情况作为对个人进行考核的依据。根据国家电网公司颁布的《国家电网公司电力安全工作规程（变电部分）、（线路部分）》（简称《安规》）要求，供电所安全生产的控制目标是：

（1）控制未遂和异常，不发生轻伤和障碍。

（2）不发生中低压的电力设备事故和电力设施失窃事件。

（3）不发生本所负同等及以上责任的触电伤亡事故。

三、安全管理的体系

供电所安全管理涉及各专业、各客户，贯穿于整个供用电过程的始终，必须作为一项系统工程来管理，才能实现运转、监督和保障到位。具体要建立起供电所安全管理的五个体系：

（1）思想保证体系。主要是处理好安全与生产、安全与效益的关系，统一全所人员思想，贯彻安全生产的方针政策和上级安全工作的指示，做到责任明确，有计划、有布置、有检查、有总结、有整改措施，在各项工作实施过程中保证安全生产。

（2）组织保证体系。主要是明确所长、管理人员及专职电工的安全责任制，明确安全监督人员的管理细则和安全监督网的组织保证，做到在整个供用电（含施工）管理工作过程流程明细、分工明确、措施得力、上下贯通、指挥灵活、监督到位。

（3）管理保证体系。主要任务是确保各岗位的工作人员都是经过培训合格的人员，保证用户侧电气操作人员是经过劳动部门、电力部门培训并取得进网证的特种工，才能保证供电过程不违章，使用人员有章可循。

（4）两措保证体系。主要是从新建、投运到维护、检修始终确保设备安全管理在监控之中，使安措、反措得到贯彻落实。

（5）信息反馈保证体系。主要是监督各体系的运行状态，通过信息流程，会议汇报、报表等手段反馈各体系运转信息，从而制定新的工作目标，强化人员安全管理意识，保证供电所安全生产工作顺利进行。

四、安全管理内容和要求

1. 主要工作内容

（1）承担供电区域内所辖配电网的安全运行、维护检修和电力设施保护工作。根据职能划分，配合做好所辖配电网的规划及配电网的建设与改造工作。

（2）加强现场作业安全管理，保障作业人员的安全。

（3）负责供电区域产权范围内剩余电流动作保护装置的检测和维护管理。

（4）组织开展本所人员安全知识、业务技能培训。

2. 安全管理要求

（1）健全安全生产管理的基础工作。

1）坚持"安全第一、预防为主、综合治理"的方针，认真贯彻执行国家有关安全生产的方针、政策、法律法规和电力行业有关安全生产的规程、标准和制度。

2）建立健全以所长为第一责任人的安全生产责任制，明确各类人员的安全生产职责。

3）配齐安全生产规章制度，结合本所实际制定相关细则。

4）定期组织开展安全活动和安全分析。

5）建立健全安全生产管理的各种技术资料、台账、记录，按规定及时编报反事故措施计划、安全技术措施计划、设备大修和更新改造计划。

（2）严格界定设备的产权分界点，依产权归属明确各方的安全责任。

（3）按有关规程的要求，对供电区域内所辖配电线路及设备设置明显的标志，主要内容如下：

1）配电线路名称和杆塔编号。

2）配电台区的名称和编号。

3）相位标志。

4）线路开关、隔离开关的调度名称及编号。

5）变压器、电容器、电缆端头、柱上开关和隔离开关、户外配电箱（柜）以及配电设备经过特殊地段的警示牌。

（4）对供电区域内设备管理分工明确，责任到人。并按照有关规程要求开展设备的巡视、检查试验、维护和检修。对设备缺陷要作好记录，并按缺陷等级分类处理。

（5）对供电设备进行操作和检修时，必须严格执行"两票三制"：

1）从事电气操作和作业时，认真执行《安规》，严格遵守操作票、工作票管理制度，做好保证安全的组织措施和技术措施；

2）开展反"六不"严重违章，落实"三防十要"反事故措施；

3）积极开展现场标准化作业；

4）供电所工作票签发人、工作负责人、工作许可人、工作监护人由县供电企业组织培训、考试，并发文公布；

5）工作票、操作票应按月统计、妥善保管；"两票"合格率应达到100%。

（6）根据《用电检查管理办法》的规定，定期或不定期地对供电区域内的客户安全用电情况进行检查。对检查中发现的问题应以书面形式通知客户，并按相关规定处理。

（7）加强设备的负荷管理，防止设备过负荷运行和三相负荷严重不平衡运行。

（8）宣传《中华人民共和国电力法》、《电力供应与使用条例》、《电力设施保护条例》等法律法规和电力行业的规章制度，做好电力设施的保护和安全用电知识的普及工作。

（9）按"择优选购、按需配备、登记造册、定期检验、坏的封修、缺的补齐、正确使用、妥善保管"的三十二字原则，搞好安全工器具和施工工具的配备、检验、使用和保管。

（10）根据设备状况和备品备件管理制度，编制备品备件的计划，配齐备品备件，分类存放，妥善保管，用后及时补齐。

（11）发生农电生产和农村触电伤亡事故，应及时报告县供电企业并立即组织事故处理。

1）坚持"四不放过"的原则，协助县供电企业搞好事故的调查、分析、处理和上报。

2）尽快查出事故地点和原因，消除事故根源，防止事故扩大。

3）尽量缩小事故停电范围和减少事故损失，对已停电的用电客户要尽快恢复供电。

五、安全管理工作的实施

供电所的安全管理工作，按电压等级分为10kV配电设备的安全管理、低压设备的安全管理、客户侧安全管理三个方面。具体工作内容主要包括："两票"管理、"三制"管理、危险点预控措施票管理、"两措"（反措与安措）管理、安全教育活动和安全统计分析、电气安全工器具管理、车辆交通安全管理、消防安全管理、剩余电流动作保护器管理、安全检查、电力设施保护、安全性评价、安全宣传等内容。

在电气设备上从事相关作业时，安全管理人员和作业人员应严格执行《安规》、DL 493—2001《农电安全用电规程》规定的组织措施和技术措施。其中，在低压电气设备上工作，保证安全的组织措施有：工作票制度，工作许可制度，工作监护制度和现场看守制度，工作间断和转移制度，工作终结、验收和恢复送电制度。在全部停电和部分停电的电气设备上工作时，必须完成停电（断开电源）、验电、挂接地线、装设遮栏和悬挂指示牌等技术措施。

（一）"两票"、"三制"管理

1."两票"管理

电力系统人员将运用于电气设备工作的工作票、操作票合称为"两票"，实施"两票"工作的全过程称为"两票"管理。

（1）"两票"管理应遵守的规程。

1）在高压线路及设备上工作应遵守《安规》的规定。

2）在低压线路和电气设备上工作应遵守DL 477—2001《农村低压电气安全工作规程》的规定。

（2）工作票管理。工作票是依据工作计划，执行电气设备设施的安装、检修、试验、消缺、维护等工作的作业文件。根据工作条件分别填用电力线路第一种工作票、电力线路第二种工作票、低压第一种工作票（停电作业）、低压第二种工作票（不停电作业）。这四种工作票的格式、工作票的使用范围见《安规》和DL 477—2001。

（3）操作票管理。当电气设备由一种状态转换到另一种状态或改变电力系统的运行方式时，需要进行一系列的操作，这种操作叫电气设备的倒闸操作。运行人员依据运行负责人的命令，执行设备操作的作业文件叫操作票。操作票的书面格式应符合《安规》和DL 477—2001。

2."三制"的监督和检查工作管理

电力系统为了保证设备的安全运行，执行交接班制、巡回检查制度、设备定期试验轮换制，上述三个制度的简称为"三制"。供电所执行"三制"的主要内容是严格执行安全生产责任制，切实落实各项安全生产经营工作程序，有计划地进行线路、设备巡视检查和设备定期检验、试验、检修、维护工作。供电所所长和安全员负责对"三制"执行情况进行监督、检查，并向上级报告检查结果，提出改进建议，并作好监督检查。

监督检查的主要内容是：

（1）是否认真执行设备巡视维护制度、设备缺陷管理制度、设备运行管理制度等有关安全生产管理制度。

（2）是否按规定进行设备巡视检查，巡视路段、内容是否存在漏项，巡视记录是否齐全完整。

（3）是否按期完成设备预防性试验计划，检验试验的周期、项目是否符合规程规定，记录是否齐全完整。

（4）是否按期完成设备检修（大修、小修）计划，检修的项目、质量是否符合规程的规定，记录是否齐全完整。

（5）供电所所长和安全员在进行"三制"检查和其他安全检查后，要及时填写《安全检查记录》。

（二）危险点预控措施票的管理

实施危险点预控法的作业文件称为危险点预控措施票。危险点预控法是引导职工对电力生产中的每项工作，根据作业内容、工作方法、环境、人员状况等分析可能产生危及人身或设备安全的危险因素，也就是不安全因素，再依据规程规定，采取可靠的防范措施，以达到防止事故发生的目的。对作业全过程的危险因素进行分析控制，是针对性很强的一种补充安全注意事项。它便于提高职工的安全意识，增强职工的自我防护能力，有利于纠正习惯性违章，是电力安全生产规范化管理的重要内容。

1. 填写危险点预控措施票的基本要求

（1）真实性。每一个操作任务，每一个施工现场，都有不同特征的作业危险点，要调查研究分析，不能照抄照搬、弄虚作假应付检查。

（2）具体性。作业点控制措施的制定应深入现场实地调查，根据作业任务，对照有关规程条款和事故通报有关防范措施，结合工区地理、气候、现场条件，工器具，高低压施工跨越，邻近带电部位和人员素质等情况，认真分析研究，做到内容具体，便于操作。

（3）全面性。要有全过程控制措施，要从明显的、隐蔽的各个环节，开工前的准备、工作中和完工的各个环节，组织工作人员进行全面的分析讨论。

（4）专责性。制定好的危险点预控措施，必须在开工前及时向工作班成员宣讲，交代清楚，并指定专人落实负责，必须实行全过程专人监控，及时纠正和查处违章。

（5）完整性。对已执行的危险点控制措施，要认真总结经验，查找不足和隐患，以利于下次执行得更好。

2. 危险点预控措施票程序

（1）在接受工作任务后，工作负责人组织工作班成员讨论分析存在的危险因素并制定具体的控制措施。

（2）工作负责人负责填写《现场作业危险点及控制措施票》，控制措施应明确、具体，责任落实到人。

（3）《现场作业危险点及控制措施票》经主管人审核批准后，工作负责人组织落实控制措施。

（4）到达工作现场后，工作负责人再次指明危险点和控制措施，并严格监护执行；发现问题及时纠正。

（5）工作完成后，工作负责人按规定妥善保存《现场作业危险点及控制措施票》。

（三）“反事故措施计划”和“安全技术劳动保护措施计划”的执行

1. “两措”的工作任务

“反事故措施计划（反措）”和“安全技术劳动保护措施计划（安措）”简称为“两措”。

“反措”的主要任务是采取组织和技术措施，消除设备隐患，提高设备可靠性，保证电网安全、人身安全和设备安全。

“安措”的主要任务是加强劳动保护工作，改善生产工作条件，防止伤亡事故，预防职业病和职业危害，保证职工身心健康。

2. 工作流程

“两措”是由计划编制—计划实施—效果检验评价—工作总结四个阶段组成的闭环管理过程，是一个计划期完成后即进入下一个计划期的螺旋状不断盘升的过程。

（四）电气安全工器具的管理

电气安全工器具是指电气作业中，为了保证作业人员的安全，防止触电、坠落、灼伤等工伤事故必须使用的各种电工专用工具或用具。电气安全工器具管理是整个安全管理工作的重要内容，对安全生产至关重要。

1. 电气安全工器具管理范围

（1）电器部分：绝缘棒、绝缘手套、绝缘靴、绝缘鞋、绝缘测绳、绝缘钳、线路接地线、配电变压器高压接地线、低压接地线等。

（2）机械部分：安全带、安全帽、防护网、护目眼镜。

2. 配备原则

安全工器具最低定额的数量确定原则，以满足本班进行工作时，能按规程要求布置安全措施和使用安全护具不留余量为准，但对易损的安全工器具，应有适量的储备，以备损坏后及时补充。

3. 安全工器具管理

（1）每年的年底各单位将下一年度安全工器具购置计划一式两份报安监部门。安监部门根据安全用具最低定额的数量确定原则，审核下发配置计划。

（2）安全工器具的领用，由基层单位的安全员到安监部门办理领用手续，领取前认真检查工器具的试验报告合格证是否齐全，并对每一件进行外观检查，领料必须有安监部门主管人员签字后方可发放。建立安全工器具台账，做到账、物、试验报告三齐全。安全工器具有专门库房，摆放整齐，账、卡、物相符。

（3）安全员负责安全工具的管理、使用、监督，领用工器具进行登记。

（4）安全工器具在交接班时和使用前应认真检查，发现有损坏的应及时停止使用，并尽快修理和更换，不合格的应及时销毁并登记入档，不得与合格品混放在一起。

（5）各种安全工器具均按《安规》规定的周期进行试验，试验后应有试验报告，并将试验日期及被试品的编号一起记入记录簿内，各种安全工器具均不得超过试验周期。安全工器具试验后，在适当的位置贴上统一的试验标签。各种安全工器具应有明显的编号，每月进行一次外观检查。

（五）安全教育活动和安全统计分析

1. 安全活动

每周（星期）进行一次的安全活动，是对全体职工进行安全思想教育的有效方法，是提高职工安全意识、消除不安全因素、预防事故发生的有力措施，供电所所长应切实抓好落实。

2. 月度安全分析会

每月进行安全分析，是供电所及时查找安全管理工作的薄弱环节，不断地提高安全管理水平的重要工作，必须认真执行。

安全分析会的主要内容如下：

（1）各班组汇报本班组当月安全情况。

（2）供电所安全员汇报全所安全情况。

（3）所长对全月安全情况进行全面总结。

3. 安全教育培训

安全教育培训工作是提高职工安全思想意识、提高安全作业技能的重要措施，供电所要根据实际情况，有计划地开展安全教育和培训工作。每位农电工应熟知《安规》、DL 493—2001、DL 477—2001、DL/T 499—2001《农村低压电力技术规程》，经考试合格后持证上岗。

安全教育培训的主要内容如下：

（1）安全规程、安全措施的研讨。

（2）登高作业、安全工器具的正确使用等标准化作业培训、训练。

（3）专业安全工作方法研讨。

（4）防火知识及消防器材的应用。

（5）新技术、新工艺、新材料的安全运用。

（6）触电急救常识。

（六）事故调查分析

凡触及农村电力设施或用电设施所造成的人身触电伤亡事故、电网事故、设备事故均属农村用电安全事故范畴，应按照 DL/T 633—1997《农电事故调查统计规程》和《国家电网公司农电事故调查与统计规定》（国家电网农［2004］5 号）的要求，遵循“四不放过”（事故原因不清楚不放过，事故责任者和应受教育者没有受到教育不放过，没有采取防范措施不放过，事故责任者没有受到处罚不放过）的原则，进行调查处理和统计报告，通过事故调查分析，找出事故原因及责任总结，经验教训，采取防范措施，开展反事故斗争达到安全用电，保障人民生命和财产的目的。

事故调查、分析工作流程参见《国家电网公司农电事故调查与统计规定》（国家电网农［2004］5 号）。

（七）消防安全

提高防火意识，预防火灾事故的发生，是安全管理的重要工作内容。供电所应以落实 DL 5027—1993《电力设备典型消防规程》为重点，不断加强防火工作管理。

（1）增强全员防火意识。充分利用宣传媒介对全体职工进行防火安全教育，落实各级人员防火责任制，预防火灾事故的发生。

（2）建立防火工作组织，培养防火骨干，组建防火工作网络，健全防火管理制度。

（3）明确配电室、营业厅（室）、库房等重点防火部位，对严禁烟火的重点部位应标志醒目的警告牌，禁止在附近焚烧各种杂物。

（4）按 DL 5027—1993 规定，配齐消防器具，做到人人能正确使用消防器具，掌握安全灭火的操作方法。

（5）消防龙头、消防带应存放在专用箱内严加保管。其他消防器具应存放在固定地点，每个消防器具应挂检查记录卡，每半年检查一次，保证消防器具的完好性，并作好记录。

（6）做好消防器具的防冻、保暖工作并防止阳光暴晒。

（7）供电所每月对消防器具进行检查维护和清扫工作，并填写《消防安全管理工作记录》。

（8）供电所所长和安全员要定期进行防火检查，发现问题及时处理，并填写《消防安全管理工作检查记录》。

（八）车辆交通安全

搞好车辆交通安全管理、防止交通事故是保证人身安全的重要措施。交通事故是指车辆驾驶人员、行人、乘车人员以及其他在道路上进行与交通有关活动的人员，因违反国家《中华人民共和国道路交通安全法》和其他交通法规、规章的行为、过失造成人身伤亡或者财产损失的事故。因此，交通安全管理的内容包括机动车辆管理、驾驶员管理和职工的交通安全教育。

（九）剩余电流动作保护器的管理

推广和使用剩余电流动作保护器是安全用电、有效防止人身触电的一项重要技术措施，也是防止因漏电而引起的电气火灾和电气设备损坏事故的技术措施。

（1）所有配电变压器都必须安装线路剩余电流动作保护器，并正常投入使用；客户应主动安装使用家用剩余电流动作保器。

（2）线路剩余电流动作保护器由供电所负责指导安装，客户家用剩余电流动作保护器按规定安装。配电台区变压器及家用剩余电流动作保护器的安装费用由设备产权所有者承担。

（3）剩余电流动作保护器必须购置国家批准的定点厂家生产的合格产品。

（4）剩余电流动作保护器安装点以后的线路绝缘性应良好，否则会发生误动影响正常供电或使剩余电流动作保护器无法投入运行。

（5）低压电网总保护采用电流型剩余电流动作保护器时，变压器中性点应直接接地；电网的零线不得有重复接地，并应保持与相线一样的良好绝缘；剩余电流动作保护器安装点后的中性线与相线，均不得与其他回路共用。

（6）照明以及其他单相用电负荷要均匀分配到三相电源线上，偏差大时要进行调整，力求使各相漏电电流相等；当低压线路为地埋线时，三相的长度宜相近。

剩余电流动作保护器安装要求、动作值的整定、运行维护管理参照 DL/T 499—2001、GB 13955—2005《剩余电流动作保护装置安装和运行》、DL/T 736—2000《剩余电流动作保护器农村安装运行规程》相关内容。

（十）安全性评价

安全性评价定义是：综合运用安全系统工程的方法，对系统的安全性进行度量和预测，通过对系统存在的危险性进行定性和定量分析，确认系统发生危险及其严重程度，提出必要措施，以寻求最低事故、最小事故损失和最良好的安全投资效益。

1. 安全性评价的作用

（1）通过安全性评价，对企业安全可靠性进行一次综合性诊断，挖掘出安全生产责任制、设备设施、生产环境、安全管理等方面的薄弱环节，揭示出安全隐患和安全风险程度，并实现初步量化，为各级领导对安全工作的决策提供有效依据。

（2）实现安全大检查工作的系统化、规范化、科学化、标准化，提高安全大检查的实效，为制定“两措”计划提供可靠依据。

（3）通过安全性评价工作，有利于克服盲目乐观情绪，对全体职工是一次全面、深刻的安全教育。

（4）评价项目和查证方法是一部很好的岗位培训教材，层层分解，纳入到日常工作中，借以提高安全工作管理水平。

2. 安全性评价的内容

安全性评价的目的是从防止电网事故、人身事故、设备事故出发评价企业安全基础状况。评价内容以反映上述事故的有关危险因素为主。安全基础是指保证安全生产必须具备的基本条件，包括生产设备、劳动安全和作业环境、安全生产管理三个方面。主要评价内容包括：

（1）安全生产责任制是否完善落实。

（2）生产、安全规章制度是否健全并认真贯彻执行。

（3）生产设备、设施是否符合安全条件。

（4）生产工具、器具、机具是否符合安全条件。

（5）人员技术素质是否达到安全工作要求。

（6）“两措”计划是否落实。

（7）生产劳动环境是否符合安全要求。

（8）抵抗重大自然灾害的措施是否落实。

安全性评价是依据规程、制度制定评价标准，依据评定标准进行逐条逐项检查核实并逐项打分，进行量化统计。

（十一）安全用电宣传

供电所安全管理需要有计划有实效地向广大客户进行多种形式的安全用电宣传，普及安全用电知识，预防事故的发生，更好地为“三农”服务。农村安全用电管理的主要内容包括以下方面：

（1）加强安全用电目标管理，与村民小组、用电客户签订安全用电合同，做到安全目标人人明白，安全用电人人有责。

（2）开展安全用电宣传工作，利用会议、广播、有线电视、标语、板报、案例图片等多种形式，广泛深入地宣传安全用电知识，普及触电急救常识，增强群众安全用电意识。

（十二）《电力设施保护条例》的实施

电力设施的保护是供电所一项重要的工作。其目的是贯彻《电力设施保护条例及实施细则》，保证电力线路畅通运行，确保安全供电、防止人民生命财产受到损害。供电所是电力设施保护直接责任者，对电力设施保护起着关键作用。

【思考与练习】

1. 供电所安全生产的控制目标是什么？
2. 事故调查“四不放过”是指什么？
3. “反事故措施计划”和“安全技术劳动保护措施计划”的含义什么？
4. 供电所安全管理工作中“两票”、“三制”指的是什么？
5. 电气安全工器具管理范围有哪些？
6. 安全活动的内容有哪些？
7. 安全性评价的作用是什么？

第三十七章 综 合 管 理

模块1 供电所经济活动分析（GYND00104001）

【模块描述】本模块包含供电所经济活动分析的意义和内容。通过概念描述、条文说明、案例分析、要点归纳，掌握供电所经济活动分析的方法。

【正文】

一、供电所经济活动分析的意义

供电所的经济活动分析是以电力市场的营销为主要内容的综合性评价和需求侧管理的分析工作，通过对所辖营业区域内农村电网的安全生产、供电可靠性、电压合格率、售电量、行业用电结构、平均单价、线损率、电费回收等方面进行分析，发现生产经营工作中存在的问题，提出改进措施，对于有价值的分析结论及时向上级部门建议，为领导决策提供科学依据。开展经济活动分析对提高生产经营管理水平，降低生产成本，增加企业经济效益和社会效益都有着重要的意义。

二、供电所经济活动分析的内容（指一个分析周期内）

1. 安全运行分析

（1）设备故障情况及分析。

（2）设备缺陷、处理情况及分析。

（3）安全运行方面所做的主要工作。

（4）存在的问题、解决办法以及下一步重点工作。

2. 营销分析

（1）各类指标完成情况以及同期比较情况（表格）。

（2）售电量、分类电量、重点客户电量情况分析。

（3）平均电价完成情况分析。

（4）抄核收完成情况分析。

（5）营销管理方面所做的主要工作。

（6）存在的主要问题、解决办法以及下一步重点工作。

（7）有关指标的预测。

3. 无功电压分析

（1）设备配置情况分析。

（2）无功电压指标完成情况分析。

（3）无功电压管理方面所做的主要工作。

（4）存在的问题、解决办法以及下一步重点工作。

4. 可靠性分析

（1）线路运行基本情况。

（2）可靠性指标分析。

（3）各类停电性质分类。

（4）停电原因及影响程度分析。

（5）存在的问题及差距。

（6）下一步提高可靠性的主要措施。

5. 线损分析

（1）指标完成情况。

（2）10kV 高压线损分析（含变压器损耗）。

（3）分台区低压线损分析。

（4）降低线损所做的主要工作及存在问题。

（5）下一步降损计划。

根据上述分析情况，进行经济责任制考核，并通报情况。

三、供电所经济活动分析实例（以供电所线损分析为例）

（一）线损完成指标统计、分析

1. 本月线损指标情况

本月用电指标完成概况。

综合变压器台数 85 台，与去年同期对比见表 GYND00104001-1。

表 GYND00104001-1　　同 期 线 损 对 比

项　目	供电量（kWh）	售电量（kWh）	损失电量（kWh）	线损率（%）
本期	3 606 240	3 436 125	170 115	4.72
上期	6 268 260	5 942 628	325 632	5.19
去年同期	3 625 187	3 596 244	28 943	0.80

2. 分台区线损分析

（1）台区线损结构见表 GYND00104001-2。

表 GYND00104001-2　　台 区 线 损 结 构

线 损 结 构	台　数	比　例（%）
负线损	5	5.88
10%以下	74	87.06
10%～20%	4	4.71
20%～30%	2	2.35
30%以上	0	0.00
合计	85	100.00

（2）线损超 10%（不含变压器固定损耗）的台区见表 GYND00104001-3。

表 GYND00104001-3　　线损超 10%（不含变压器固定损耗）的台区

综合变压器线损明细表（2008 年 10 月）				
配电变压器名称	低压线损（不含变压器固定损耗）			
	供电量（kWh）	售电量（kWh）	损失电量（kWh）	线损率（%）
塘村配电变压器	39 849.5	35 476	4373.5	10.98
连村配电变压器	49 800	36 478	13 322	26.75
塘西配电变压器	31 034	22 644	8390	27.03
陆村配电变压器	16 380	13 937	2443	14.91
界湖配电变压器	25 381.6	22 778	2603.6	10.26
水路配电变压器	7248	6488	760	10.49

（3）线损为负的台区见表 GYND00104001-4。

表 GYND00104001-4　　　　线损为负的台区

综合变压器线损明细表（2008 年 10 月）				
配电变压器名称	低压线损（不含变压器固定损耗）			
	供电量（kWh）	售电量（kWh）	损失电量（kWh）	线损率（%）
东塘配电变压器	57 400	64 019	–6619	–11.53
三塘配电变压器	45 420	47 190	–1770	–3.90
庙前配电变压器	14 150	14 661	–511	–3.61
塘桥配电变压器	12 300	12 863	–563	–4.58
湖家缘 2 号变压器	8880	14 642	–5762	–64.89

（4）线损波动台区见表 GYND00104001-5。

表 GYND00104001-5　　　　线损波动台区

综合变压器线损明细表（2008 年 10 月）						
配电变压器名称	低压线损（不含变压器固定损耗）					
	上月供电量（kWh）	上月售电量（kWh）	线损率（%）	本月供电量（kWh）	本月售电量（kWh）	线损率（%）
桥东配电变压器	18 400	17 141	6.84	12 521	12 451	0.56
香家配电变压器	72 880	67 271	7.70	38 800	38 089	1.83
后港配电变压器	49 260	46 331	5.95	28 530	27 555	3.42

（5）连续 2 月线损不达标台区见表 GYND00104001-6。

表 GYND00104001-6　　　　连续 2 月线损不达标台区

综合变压器线损明细表（2008 年 10 月）						
配电变压器名称	低压线损（不含变压器固定损耗）					
	上月供电量（kWh）	上月售电量（kWh）	线损率（%）	本月供电量（kWh）	本月售电量（kWh）	线损率（%）
石塘配电变压器	126 600	110 521	12.70	52 993	49 129	7.29
石家配电变压器	63 900	58 510	8.44	39 849.5	35 476	10.98

3. 本月线损异常台片情况分析及降损措施（举例）

（1）本月线损超 10%台片情况分析。连村配电变压器供电量 49 800kWh，售电量 36 478kWh，线损 26.75%。

电费组：该配电变压器本月应抄户数 85 户，实抄户数 85 户，抄表准确到位，无估抄、漏抄、错抄，抄表率 100%；其中零度户 7 户经核实确为零度户；在本月抄表过程中发现有 7 户挂靠关系不准确，合计电量 1481kWh，本月实际线损(49 800–36 478–1481)/49 800×100%=23.78%，封印完好，无其他异常情况。

营销组：去年配电变压器下批准容量 612kW，用户数 86 户；今年配电变压器容量 100kVA，批准容量 571kW，用户数 85 户；配电变压器下用户数、批准容量略有减少，营业情况无异常。

运行维护组：

1）线路主线：西线 1—4 号杆（LGJ50mm^2）452m，9、10、11 号分杆分支线（BVL16mm^2）410m，东线 1—4 号杆（LGJ50mm^2）102m，5—13 号杆（LGJ25mm^2）355m，供电半径 436mm，用户数为 85 户，用电量 49 800kWh。

2）配电变压器容量 160kVA、115.2kW，实测容量 30.01kW。

3）该配电变压器首端电压是 235V，末端电压 232V 比额定电压高 12V，实测负荷电流 A 相 45A，

B 相 72A，C 相 54A，N 相 34A。

技术管理：该配电变压器（原 100kVA）在 9 月 26 日已作增容为 315kVA，供电容量已满足，用电高峰时单相用电负荷大，电压降较大是增加线损的原因。

拟采取的措施：根据用电容量及回路用电负载大情况，已得到线路改造批准计划，项目计划在 2009 年 1 月前实施工程；根据运行维护组实测负荷结果 N 相电流较大，应对三相负荷不平衡进行调整，在 12 月月底前实施。

（2）本月线损为负的台区情况分析。东塘配电变压器供电量 57 400kWh，售电量 64 019kWh，线损率–11.53%。

电费组：该配电变压器本月应抄户数 171 户，实抄户数 171 户，上期抄表时有 2 户漏抄，总户号 480004780 涉及电量 6285kWh，总户号 480003323 涉及电量 1893kWh 无法抄见，因以往电量较大，无法估抄，在本月用户回来后抄见，导致上期线损过大，本月线损过小，抄表率 98.83%；其中零度户 1 户经核实确为零度户；挂靠关系准确，封印完好，无其他异常情况，本月实际线损（57 400–64 019–8178)/57 400×100%=2.71%。

营销组：去年配电变压器下用户数 190 户，批准容量 1336kW；今年配电变压器容量 160kVA，配电变压器下用户数 171 户，批准容量 1180kW；配电变压器下用户数减少 19 户、批准容量减少 218kW。

运行维护组：该配电变压器低压线路运行正常。

技术管理：该配电变压器低压线路运行正常。

拟采取的措施：加强抄表质量检查，杜绝漏抄。

（3）本月线损波动台片情况分析。香家洋配电变压器上月供电量 72 880kWh，售电量 67 271kWh，线损 7.70%，本月供电量 38 800kWh，售电量 38 089kWh，线损率 1.83%。

电费组：该配电变压器本月应抄户数 159 户，实抄户数 159 户，抄表准确到位，无估抄、漏抄、错抄，抄表率 100%；其中零度户 9 户经核实确为零度户；该配电变压器挂靠关系准确，封印完好，无其他异常情况。

运行维护组：

1）线路主线（LGJ50mm^2）534m，各分支线（LGJ35mm^2）共计 63m，（LGJ25mm^2）共计 83m，各分支线合计（BLV16mm^2）1136m，供电半径 821m。

2）配电变压器容量 250kVA，额定负荷电流 360.8A，在白天实测负荷电流 A 相 55A，B 相 50A，C 相 56A，在 N 相电流 14A，首端电压 232V，末端电压 227V。

从以上数据分析，该配电变压器供电半径和供电量的线损百分比成正比，线路设备运行正常。

技术管理：请电费组加强台区抄表时间与关口表时间的统一。

（4）连续 2 月线损不达标台区分析。石家配电变压器供电量 39 849.5kWh，售电量 35 476kWh，线损 10.98%。

电费组：该配电变压器本月应抄户数 145 户，实抄户数 144 户，估抄 1 户（480008736），经后期复抄发现少抄电量 657kWh，本月实际线损(39 849.5–35 476–657)/39 849.5×100%=9.93%，本月抄表率 99.31%；其中零度户 8 户经核实确为零度户；该配电变压器挂靠关系准确，封印基本完好，无其他异常情况；该配电变压器已增容，近期线损逐月上升，但要线损达标，大部分陈旧线路必须改造。

营销组：去年配电变压器下批准容量 712kW，用户数 143 户；今年配电变压器容量 160kVA，批准容量 739kW，用户数 145 户；配电变压器下用户数、批准容量略有增加。

运行维护组：

1）东占线主线 1—10 号杆（LGJ70mm^2）213m，1、6 号杆分支线路（LGJ35mm^2）292m，2、4、5、8、10 号杆分支线路（LGJ25mm^2）320m，8、9 号杆分支线路（BLV16mm^2）90m，供电半径 448m、用户数为 145 户，用电量 39 849.5kWh。

2）配电变压器容量 160kVA、115.2kW，实测负荷 10.36kW。

3）该配电变压器首端电压是 231V，末端电压 221V 比额定电压高 1V，实测负荷电流 A 相 31A，B 相 31A，C 相 7A，N 相 34A。

技术管理：该配电变压器配电变压器为 160kVA，配电线路 2012m，其中支线路导线截面小（LGJ25mm^2 及以下线路达 627m），高峰用电负荷大，导线截面小且线路长是线损大的主要原因。

拟采取的措施：该配电变压器目前已作计划在 2009 年度进行增容及线路改造；根据运行维护组实测负荷结果 N 相电流较大，应对三相进行负荷调整，工作在 12 月底前落实。

（二）降低线损主要工作

1. 管理线损工作

（1）对用户计量进行巡视检查并进行加封。

（2）核准用户的挂靠关系。

（3）对私增容量的用户加大检查、查处、整改的力度。

（4）对零度表计进行了核对。

（5）作好抄表质量分析，加强抄、核、收管理，杜绝抄表不同步、漏抄、错抄和估抄，提高抄表的准确性。

（6）加强用电检查。

（7）对线损不达标和波动过大的 17 只台区进行抄表质量复核。

（8）对总保护和分保护的投运率进行了检查。

（9）结合秋季大检查，对查出的树木碰线、建筑物的台区进行消缺工作。

（10）对 3 只台区调整三相负荷。

（11）对 5 只台区调整负荷中心，调整供电半径。

（12）改造线路，增加线路线径。

2. 技术线损管理工作

供电所依据 9 月线损分析报告中台区列有技改降损措施与工作计划部分，结合年度迎峰度夏工程计划、配网改造及新农村建设工程计划、月度消缺技改、平衡负荷工作计划进行落实技改工程。

（1）针对供电容量不够，变压器严重超载，单回路用电负荷大线路超载运行，供电半径过大，末端电压低于 198V 的台区进行按计划实施改造工程，落实技改方案，结合上面分析制定详细的降低线损措施。

（2）经实施 9 月技术计划降损措施后，10 月线损明显下降，但依然不符合台区考核标准的，应查找并分析原因。

（3）另有 2 个台区（某甲配电变压器、某乙配电变压器）因原计划技改工程延期将在 2009 年 1 月体现降损效果。

针对配电设备、配电线路陈旧、触点不良发热，三相负荷不平衡按月度消缺技改、切割转移负荷工作计划实施运维技改工程 2 项。

（三）下月份线损管理主要工作计划

（1）对 11 月线损异常的台区进行复抄，有无错抄、漏抄、估抄的现象，并分析出线损和 10 月抄表台区的线损进行对比，并找出原因。

（2）加大对违约用电用户的检查。

（3）组织二次对窃电检查。

（4）对台区用户封印检查。

（5）加大对台区巡视检查力度。

【思考与练习】

1. 供电所安全运行分析的主要内容有哪些？
2. 供电所营销分析的主要内容有哪些？
3. 供电所无功电压分析的主要内容有哪些？
4. 供电所可靠性分析的主要内容有哪些？
5. 供电所线损分析的主要内容有哪些？

第三十八章 培训管理

模块1 培训授课技巧（GYND00105001）

【模块描述】本模块包含电力行业职业技能培训的模式及培训方法等内容。通过对职业技能培训方法的介绍与讲解，掌握培训授课的技巧。

【正文】

一、电力行业职业技能培训的模式

在现代电力生产中，劳动者依靠体力的比重逐渐减少，依靠科学技术的比重愈来愈大。为此，必须采用科学技术对劳动者进行培训，使其由“体力型”、“经验型 ”转变为“科技型”，适应现代化电力生产发展的需要，提高劳动生产率，从而达到提高企业经济效益和社会效益的目的。而提高劳动者的科技素质，必须依靠职业技术教育。人们接受教育培训和进行培训训练活动，总有一定的方式、步骤，这就是说应按照一定的培训模式开展培训活动。

1. 电力职业岗位技能等级培训系统

职业培训是以提高员工从事某职业所必需的就业能力与在岗工作能力为目的。为此，应根据生产发展、劳动就业和胜任工作的要求，在科学分析的基础上，合理安排培训内容，采取适当的培训方式，最后考核发证。所以，职业培训系统的结构和软件结构要有较强的针对性、适用性和较大的灵活性，贯彻“先培训、后就业，先培训、后上岗”的制度，执行“干什么学什么，缺什么补什么”的原则。

（1）电力职业技能培训，对于运行类职业人员应在电力系统仿真模拟中心进行培训，考核合格发给相应的培训证书，以此为凭证到职业技能鉴定机构参加职业技能考核鉴定，获取职业资格证书，以便从业、转业、上岗及升级。

（2）从事电力生产的职业人员，上岗前必须经过培训。无论来自何类何等职业学校的毕业生，也无论原有文化程度和技术基础程度如何，都要根据企业特点和岗位要求进行短期培训，以便能胜任所在岗位的工作。

2. 电力职业岗位技能等级培训的途径

技能是经过学习形成的，但领会、理解不能代替技能操作的练习，掌握技能必须反复进行动手、动脑的练习。所以，科学的训练是学习者掌握操作技能的基本途径。职业岗位技能培训是教师的“教”和学生的“学”的共同活动。职业岗位技能培训的教学应采取更加灵活多样的方式方法，且注重实践性的训练。

二、职业技能培训教学方法

培训教学活动通常是结合工作需要开展的，内容十分丰富，培训方法也多种多样。主要有以下几种。

1. 直接传授式

直接传授式是指教师按照一定的培训目的和计划要求，利用较为固定的教材，向学生传授知识和技能的培训方式。这种方法的主要特征是信息交流的单向性和培训对象的被动性，是较为传统的培训培训形式。尽管这种方法有不少弊端，但仍有其独特作用。其具体形式主要有：

（1）个别指导。类似于一般培训中的“个别教学制”。传统的“师傅带徒弟”就属于培训教学活动的“个别指导”形式。这种方法能清楚地掌握培训进度，让培训对象集中注意力，很快适应工作要求。

（2）开办讲座。类似于传统教学中的“班级授课制”形式。主要是由一名主讲人向众多的培训对象同时介绍同一个专题知识。这种培训形式比较省时省事，但是如果没有一定的语言组织技巧，讲座就不能达到应有的效果。

2. 参与式

参与式也称互动式培训。这类方法的主要特征是：每个培训对象积极主动参与培训活动，从亲身参与中获得知识、技能。这类培训活动的形式一般较为灵活，培训内容的针对性一般较强。在这种培训中，学员的主动性能在很大程度上得到调动，但教师仍然具有一定的主导作用，通常是在教师的引导下，学员主动参与培训。其主要方法有：

（1）案例研究。案例研究方法是针对某个特定的问题，向参加者展示真实性背景，提供大量背景材料，由参加者依据背景材料来分析问题，提出解决问题的方法，从而培养参加者分析、解决实际问题的能力。

（2）角色扮演。采用这种方法，参加者身处模拟的日常工作环境之中，按照他在实际工作中应有的权责来担当与其实际工作类似的角色，模拟性地处理工作事务。通过这种方法，参加者能较快熟悉自己的工作环境，了解自己的工作业务，掌握必需的工作技能，尽快适应实际工作的要求。

角色扮演的关键问题是排除参加者的心理障碍，让参加者意识到角色扮演的重要意义，减轻其心理压力。

（3）模拟训练法。一般是借用仿真技术进行的培训，具有工作现场的真实性。模拟训练法适用于对操作技能性强、生产设备技术含量高的岗位培训，它把参加者置于模拟的现实工作环境中，让参加者反复操作，解决实际工作中可能出现的各种问题。

（4）参观访问。有计划、有组织地安排员工到有关单位参观访问，也是一种培训方式。员工有针对性地参观访问，可以从其他单位得到启发，巩固所学的知识和技能。

（5）会议。很少有人把参加会议视为一种培训方式。实际上，参加会议能使人们相互交流信息、启发思维，了解到某一领域的最新情况，开阔视野，是一种很好的培训方式。

3. 体验式

体验式培训法是目前在国外较为流行的一种方法，这种培训形式完全是由学员自己根据某一项目的要求，进行某一项目的训练，教师只起辅助说明作用，并在训练结束后，组织学员就训练的情况进行讨论。具体形式有：

（1）小组培训。小组培训的目的是树立参加者的集体观念和协作意识，教会他们自觉地与他人沟通和协作，齐心协力，保证公司目标的实现。因此，小组培训的效果在短期内不明显，要在一段时期之后才能显现出来。

举办小组培训的要点如下：

1）每个小组培训项目的人数为4～6人，每个参加者要自始至终，不得中途退出。

2）每个小组最好由不同性格、不同知识和技能的人员组成。

3）培训人员只起帮助、指导的作用，观察参加者的行为，掌握进度，而不能随意打断。

4）小组培训要集中解决某一个问题，在解决问题的过程中让参加者领悟沟通和协作的重要性。

（2）室内培训游戏。在室内组织学员做具有一定目的的游戏，然后在教师的带领下进行分析、总结，使学员认识许多工作中的道理。

（3）户外体验式训练。指学员分成若干小组，参加各种户外的训练项目，然后在教师的组织下进行分析讨论，发现训练中的问题，并指出这些问题对今后工作的影响。

【思考与练习】

1. 培训方法主要有几种形式？
2. 互动式培训方法的主要特征是什么？

模块 2　制定并编制培训方案、计划（GYND00105002）

【模块描述】本模块包含培训方案的编制与开发，编制、开发培训方案应遵循的原则，培训方案实施计划的构成要点等内容。通过概念描述、术语说明、要点归纳、案例介绍，掌握编制培训方案、计划方法。

【正文】

一、培训方案的编制与开发

培训方案开发实质上就是一个为满足培训需求、开发、制定、选择培训对象、培训内容、培训手段及培训形式与方法的一次性活动过程。培训方案开发是培训需求分析预测的直接结果。没有培训需求，就谈不上培训方案的开发。

下面就培训方案的构成框架作简单介绍。

（1）培训方案名称。培训方案名称就是一个培训项目具体外在的、直观的称谓。培训名称应简单、明确，突出该培训项目的主题和中心内容，如：新员工岗前安全生产规程培训班、×××网公司 2009 年第一期财务管理培训班等。

（2）培训需求预测分析。通过对《培训需求征集方案》（见表 GYND00105002-1）、《培训需求说明书》（见表 GYND00105002-2）、《员工培训需求调查表》（见表 GYND00105002-3）的填写、分析研究，进行科学的培训需求预测。培训需求预测是根据企业发展需要，通过分析企业发展现状，从员工的角度出发，找出企业发展中所存在的差距或潜在能力，并以此确定培训目标，设计培训方案的方法。它是开发培训方案的前提和基础，是一切培训计划实施的出发点。其核心内容主要体现在对培训对象、企业需求、个人需求的分析和培训内容的预测上。

表 GYND00105002-1　　培训需求征集方案

单位（部门）：　　　　编制时间：　　年　月　日

序号	项　目	内　容
1	需求征集内容提纲	（按项目要求填写）
2	需求征集方式	（按项目要求填写）
3	需求征集对象	（按项目要求填写）
4	参加人员	（按项目要求填写）
5	时间安排	（按项目要求填写）
主管领导意见		签名：（盖章）
审　核		签名：（盖章）

注　1. 每张表限填一项培训，不可多项同时填写。
　　2. 如表格填写空间不够，可附纸另写。

表 GYND00105002-2　　培训需求说明书

培训项目名称：　　　　编制时间：　　年　月　日

序号	项　目	内　容
1	培训对象	×××××××岗位
2	调查对象	××××××××人员
3	组织期望	××××开展培训预期达到的效果
4	岗位业务内容和要求	××××参培人员岗位业务内容及能力要求
5	人员能力现状	×××具备，××××达到
6	培训需求	××根据现状需开展什么培训、培训规模及培训方式
审　核		签名： 年　月　日

申报单位、部门：　　　　编制人：

（3）培训方案系统设计。培训方案开发是一项系统工程，必须进行科学系统的设计，它不仅指事先搞好预测，还包括方案开发的计划书等。方案开发计划书，是培训方案开发工作的流程图，是保证方案开发质量的重要技术文件。系统设计重在体现方案的合理性、可行性和实用性。包括培训目标的确定、课程设置、教材选定、教师确定、培训方式、培训周期、质量要求评估及各教学环节的整体安排。

表 GYND00105002-3 员工培训需求调查表

单位（部门）： 填表日期： 年 月 日

<table>
<tr><td>姓名</td><td>（可不填）</td><td>性别</td><td colspan="2"></td><td>年龄</td><td></td><td>工作年限</td><td></td></tr>
<tr><td>学历</td><td></td><td colspan="2">单位（部门）</td><td colspan="2"></td><td>现任职务</td><td colspan="2">（可不填）</td></tr>
<tr><td colspan="2">你认为比较成功的公司内部培训（培训名称或内容）</td><td colspan="7">（举例说明）</td></tr>
<tr><td colspan="2">对培训内容的建议</td><td colspan="7">（简要叙述）</td></tr>
<tr><td colspan="2">对培训形式及方法的建议</td><td colspan="7">（简要叙述）</td></tr>
<tr><td colspan="2">个人在工作及生活中的主要困难</td><td colspan="7">（简要叙述）</td></tr>
<tr><td colspan="2">谈谈企业中存在的问题</td><td colspan="7">（重点论述）</td></tr>
</table>

（4）培训方案实施。培训方案实施是培训的具体操作运作过程。是按培训实施计划将方案开发成果落在实处的具体体现，培训管理者要严格管理、加强监督，实现方案开发的价值和意义。组织实施过程中，要坚持灵活性和创新性。培训实施是培训方案开发的实质性过程和关键阶段，是培训方案开发的目的所在。不能实施或实施不好的培训方案，就会失去方案开发的意义。

培训方案实施计划的含义：培训方案实施计划是指在全面、客观的培训需求分析的基础上，对某一培训方案做出的培训目标、培训时间、培训地点、培训教师、培训对象、培训方式和培训内容等进行的预先系统设计。

培训方案实施计划是培训方案实施的指导性文件，应用非常广泛。 相对于年度综合培训计划而言，更具体，更具可操作性，一般具有目标单一、各项计划元素细化、易操作等特点。

（5）培训方案实施效果评估。不仅要进行培训方案实施前的评估，还要进行实施效果评估。评估是一项重要的活动，需要设置多个指标体系，全方位评价培训的效果和效益，是对整个培训方案开发、实施工作的总结、回顾，也是为下一个培训方案开发与实施积累经验、改进方法的过程。

二、编制、开发培训方案应遵循的原则

（1）服务性原则。开发培训方案必须明确目的，以企业发展需要为出发点和落脚点服从和服务于企业对人员素质提升的实际需求，这也是企业培训部门和培训工作者的价值所在。

（2）针对性原则。培训内容的安排必须建立在准确的培训需求预测的基础上，是与培训对象密切相关的，而不能是一般性的普通内容。

（3）实效性原则。开发培训方案必须考虑到培训方案的质量与效果。因此，每一个环节的把握都要与最终的培训效果相联系，保证培训方案的切实有效。

（4）适时性原则。开发培训方案一定要很好地把握时机，积累性培训不能因为所谓“培训规模”而过于滞后；即时性培训抓紧安排，不可拖延；前瞻性培训既不能滞后，又不能过于超前。要特别注意企业一些应急性培训方案，必须及时开发、实施，不可错过“时机”。

（5）可行性原则。开发培训方案必须强调可操作性，便于实施。

（6）系统性原则。开发培训方案是一项系统工程。一方面，要统筹考虑培训目标、培训内容、培训方法、培训时间安排等；另一方面，在开发培训方案时，还要充分考虑其他各相关方面因素的影响，如实施条件因素的影响等。

三、培训方案实施计划的构成要点

为什么要进行培训，谁接受培训，接受谁的培训，学习些什么内容，如何培训等，都是企业培训方案实施计划要回答的问题，正是这些问题，构成了企业培训方案实施计划的基本要素。具体来说，一份完整的培训方案实施计划（见表 GYND00105002-4）应包括如下内容：

（1）培训目的。培训目的主要是回答为什么要进行培训的问题。无论何种培训计划，都要围绕培训目的进行设计。明确的培训目的可以将培训计划以及培训导向成功。

（2）培训目标。培训目标主要解决培训要达到何种标准的问题，它是在培训目的基础上确定的。目标的确定还可以有效地指导受训者找到解决复杂问题的答案，进一步了解自己在组织中所起的作用以及今后发展和努力的方向，为今后的工作制定切实可行的计划。

（3）培训对象及类型。培训对象及类型即确定谁接受培训和进行何种类型的培训。这项内容一般在培训需求分析中，通过对工作任务的系列调查和综合分析便可确定。培训类型主要有知识更新类型、思维变革类型、潜能开发类型、岗位培训类型（适应性岗位培训、规范性岗位培训）等。

（4）培训内容。培训内容是与培训对象相辅相成的，有什么样的培训对象，就有什么样的培训内容，它是根据培训对象的需求而确定的。

（5）培训的组织范围。培训的组织范围在这里是指培训对象的确定范围和组织渠道。培训的组织范围一般包括五个层次，即个人、部门、组织、系统、公共。

1）个人。指企业中针对个人的岗位培训。如学徒培训、自学等均属此层次的培训。

2）部门。指针对企业中某一工作部门的培训。通常是根据某些部门在生产工作过程中暴露的突出问题和需要提升的问题开展的培训。如针对新技术、新设备实施开展的新工艺培训等。

3）组织。指针对整个组织的全体员工的培训。如通常的岗位操作、安全和管理等必须让企业全体员工掌握的知识与技能的培训。

4）系统。指针对某公司系统人员进行的培训。这类培训一般都由公司系统职能部门或行业协会组织，其培训内容主要有系统特有技术技能和管理培训、安全法规、规程培训等。

5）公共。指适用于所有公共领域的培训。如文化基础知识培训、计算机技能培训、公共职称类培训等都属这类培训。

表 GYND00105002-4　　培 训 实 施 计 划

单位、部门：　　　　　　　　年　月　日

培训名称：××××××××××××××××培训班			
培训目的： 通过××××××××××××××××××××××××××，掌握××××××××××××××××××××××××××××××，进一步提高×××××××××××××××××××××××××××××××××××，达到××××××××××××××××××××××要求。			
培训内容： 1. ×××××××××××××××××××××× 2. ×××××××××××××× 3. ××××××			
培训对象及拟参加人员（人员多时附清单） ×××××　×××××　××××× ×××××　××××× ×××××			
培训方式	理论（实操）教学	负 责 人	××××
考核方式	笔试（技能）	起止时间	年 月 日至 月 日
培训教师	×××××　×××××	培训地点	×××××
所需经费　　仟　　佰　　拾　　元			
（各项费用明细） 1. ×××××××××× 2. ×××××××			
领导意见	签名：　　　　日期：		

（6）培训规模。培训的规模受很多因素影响，如人数、场所、培训的性质、设备工具以及费用等。一般情况下，技术要求较为专业的培训，其规模都较小；如果培训只针对个人，则不需组成专门的教学班，只需提供培训设备、方法、程序、教材及其他教学条件和指导教师即可。如果接受培训的学员较多，且时间长，就要考虑培训场所、食宿、师资、教材、方法、程序，并制定出必要的考勤制度、作息时间表和组建临时的学员社团及组织管理机构等。

（7）培训时间。培训时间安排受培训的内容、费用、生源等其他与培训有关的因素影响。如专题报告一般安排半天到一天即可；较为复杂的培训内容，一般要集中培训，其时间因培训内容而定。有些以提高岗位技能为特点的继续教育常常安排在双休日或分阶段进行。培训时间还有一层含义：培训时机。一个培训方案实施计划的制定与落实需要把握时机。过于超前不行，滞后也会失去培训的意义。培训时间的安排，还要考虑培训对象的某些特殊因素等。

（8）培训地点。培训地点一般指学员接受培训的所在地和场所。如只针对个人的岗位技能培训，一般都安排在工作现场或车间；其他类型的培训可以安排在工作现场，也可以安排在特定城市和培训机构的实训室、计算机房、教室等。培训地点的选择也应考虑到交通的便捷和周边环境是否安全、安静等因素。

（9）培训的方式、方法。培训方式主要指培训所采取的组织形式，如集中培训或分散培训、在职培训还是脱产培训、企业内训或委托培训等方式；培训方法是指培训教学工作采取的具体技巧与手段，如运用讲授法培训或案例法培训，是理论培训或现场教学培训等。采用何种培训方式、方法，主要是由培训目的、目标、对象、内容、经费及其他条件决定的。如独立的小型组织的培训常采用分散的、一个单位一个单位的方式进行。高层培训、管理培训、员工文化素质培训、某些基本技能培训等常采用集中的方式进行。专业技能培训主要采用边实践边学习的方法进行。

（10）培训教师。能否选择到合适的教师，直接关系到培训效果的好坏。因此，企业培训方案实施计划的制定，一定要根据以上相关内容考虑教师问题。如果是个人自我发展训练，由具有工作经验的同事或上级作为指导教师即可。其他培训一般均要聘请专职教师或经验丰富的管理者、技师、相关专家作为教师。企业内部培训，一般以专职教师为骨干、兼职教师为主体，承担培训教学工作。

（11）考评方式。每个培训方案实施后，均要对受训人员进行考评，这也是对培训效果的一个检验。考评方式一般分为笔试、面试、操作三种方式，笔试又分为开卷和闭卷等。

（12）经费投入。一个完整的培训方案实施计划，应当有培训经费预算，以便有效地反映培训成本，为培训方案效益效果评估提供经费投入方面的依据。不同的方案，其预算内容是不同的，不同的企业，也有不同的具体要求。

（13）培训效益、效果的预期。培训效益、效果预期是非常重要的，同培训的目标要求和评价标准密不可分。培训效益、效果的预期能够量化的，尽可能量化，不能量化的，也要有理有据，说服力强。

【思考与练习】

1. 如何进行培训的需求分析？
2. 编制、开发培训方案应遵循什么原则？
3. 培训方案实施计划应包括哪些内容？

第十二部分

常用工具、仪表使用

第 1 章

[illegible]

第三十九章 常用工具使用

模块 1 通用电工工具的使用（GYND00401001）

【模块描述】本模块包含验电器、钢丝钳、尖嘴钳、断线钳、剥线钳、螺丝刀、电工刀、活络扳手、电烙铁等通用电工工具的用途、结构、性能和使用方法等内容。通过概念描述、结构介绍、图解示意、要点归纳，掌握通用电工工具的使用。

【正文】

电工工具是指一般专业电工都要使用的工具。正确地使用及维护工具不但能提高工作效率和施工质量，而且能减轻疲劳，保证操作安全和延长工具使用寿命。以下就常用电工工具和其他电工工具分别给予说明。

一、验电器

验电器分高压和低压两类，通常低压的称验电笔，高压的称验电器。

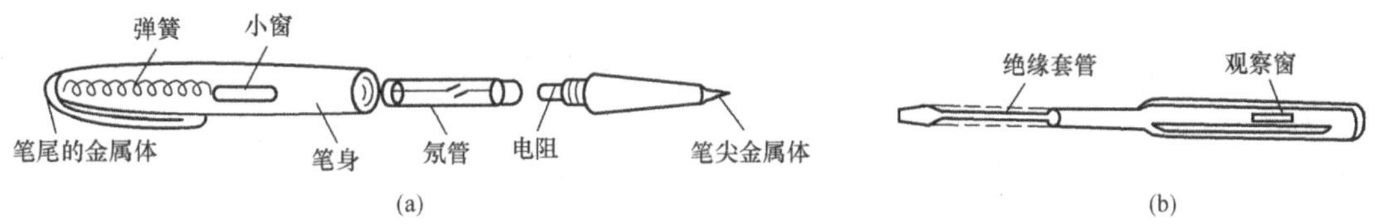

图 GYND00401001-1 低压验电笔

（a）钢笔式验电笔；（b）螺丝刀式验电笔

1. 低压验电笔

低压验电笔有钢笔式、螺丝刀式和数字显示式等三种。一般钢笔式、螺丝刀式的验电笔是由笔尖金属体（工作触头）、降压电阻、氖管、笔尾的金属体、弹簧和观察窗组成，如图 GYND00401001-1 所示。低压验电笔是用来测量对地电压 250V 及以下的电气设备，只要带电体与大地之间的电位差超过一定数值，验电笔就会发出辉光，它主要用于检查低压电气设备和低压线路是否带电，还可以用于：

（1）区分相线（火线）和中性线（地线或零线）。测试时低压电笔的氖管发亮的是相线，不亮的则是地线。

（2）区分交流或直流电。交流电通过验电笔氖管时，两极附近都发亮；而直流电通过验电笔氖管时，仅一个电极附近发亮。

（3）判断电压的高低。如果测试时低压验电笔氖管发光呈暗红、轻微亮，则电压较低，一般低于 36V，氖管不发光（除另外注明验电范围的验电笔）。

（4）另一种情况特别需要注意，当零线断线后，验电笔的氖管也发光。

使用低压验电笔验电时，必须按照图 GYND00401001-2（a）和图 GYND00401001-2（b）所示的正确握法把笔握妥，以手指触及笔尾的金属体，使氖管小窗口或液晶显示窗背光朝向自己。

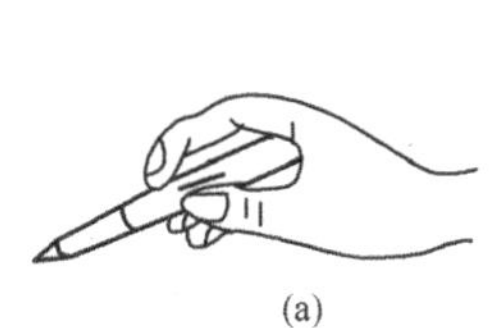
(a)
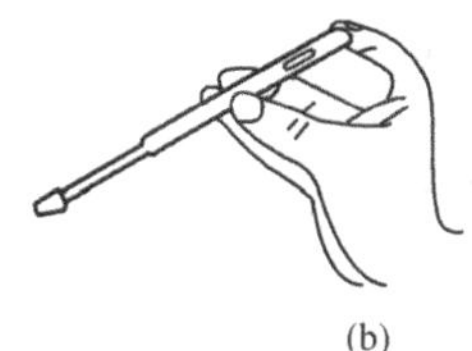
(b)
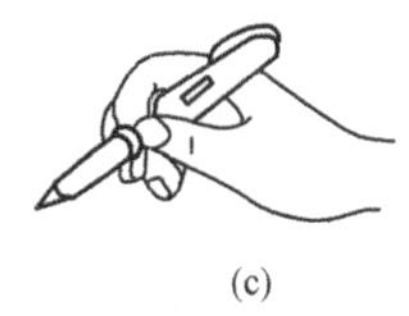
(c)
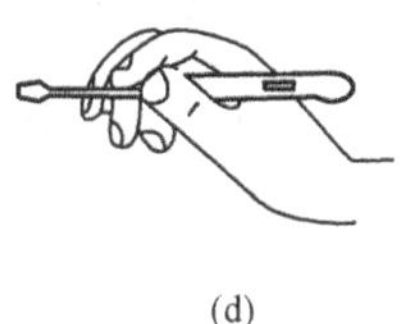
(d)

图 GYND00401001-2 低压验电器的握法

（a），（b）正确握法；（c），（d）错误握法

2. 高压验电器

高压验电器又称高压测电器，10kV 高压验电器由金属钩、氖管、氖管窗、固紧螺钉、护环的握柄等组成，如图 GYND00401001-3 所示。

使用高压验电器时，应特别注意手握部位不得超过护环，握法如图 GYND00401001-4 所示。

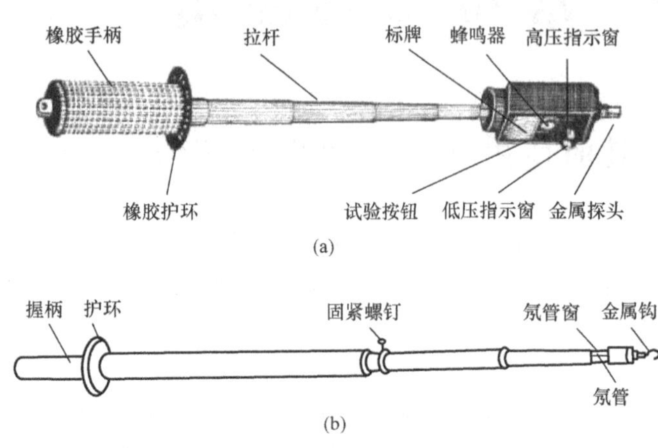

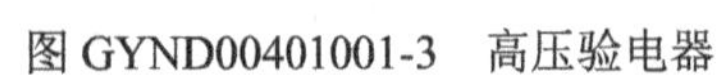

图 GYND00401001-3 高压验电器

（a）拉杆式声光验电器；（b）拉杆式高压验电器

图 GYND00401001-4 高压验电器的握法

3. 使用验电器的安全事项

（1）验电器在使用前应在确有电源处试测，证明验电器确实完好，方可使用。

（2）使用时应逐渐靠近被测物体，直至氖管发光，只有在氖管不发光时，验电器才可与被测设备或线路接触。

（3）测试时切忌将金属探头同时碰及两带电体或同时碰及带电体和金属外壳，以防造成相间和相地短路。

（4）室外使用高压验电器时，必须在电气良好的情况下进行。在雪、雨、雾及湿度较大的情况下不宜使用，以防发生危险。

（5）使用高压验电器测试时必须穿绝缘鞋、戴符合耐压要求的绝缘手套，同时不可以一个人单独测试，必须有人监护；测试时要防止发生相间或对地短路，人体与被测带电体应保持足够的安全距离，验 10kV 电压的线路或设备时为 0.7m 以上。

二、钢丝钳

钢丝钳由钳头、钳柄组成，钳头包括钳口、齿口、刀口、侧口；钳柄上套有额定工作电压 500V 的绝缘套管。钢丝钳的规格用全长表示，有 150mm、175mm 和 200mm 三种，其构造和用途如图 GYND00401001-5 所示。

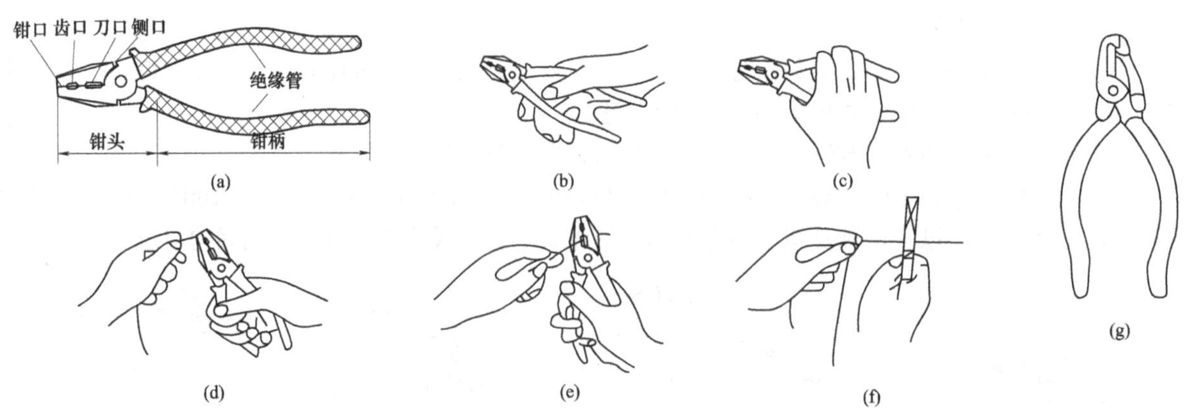

图 GYND00401001-5 钢丝钳的构造和用途

（a）钢线钳；（b）握法；（c）紧固螺母；（d）钳夹导线头；（e）剪切导线；（f）侧切钢丝；（g）裸柄钢丝钳（电工禁用）

钢丝钳常用来剪切导线、弯绞导线、拉剥导线绝缘层以及紧固和拧松螺钉。通常剪切导线用刀口；剪切钢丝用侧口；扳旋螺母用齿口；弯绞导线用钳口。当用钢丝钳来剥削导线头的绝缘层时，用左手抓紧导线，右手握住钢丝钳，量取好要剥脱的绝缘层长度，刀口夹住导线绝缘层，用力要合适，不能损伤导线的金属体，沿钳口夹压的痕迹，靠绝缘层和导线的摩擦力将绝缘层拉掉。

使用钢丝钳时应注意：

（1）使用钢丝钳时，必须检查绝缘柄的绝缘是否良好；

（2）使用钢丝钳剪切带电导线时，不得用刀口同时剪两根或两根以上导线，以免相线间或相线与零线间发生短路故障；

（3）使用钢丝钳时，刀口面应向操作者一侧，钳头不可以代替锤子作敲打工具使用；

（4）钢丝钳活动部位应适当加润滑油作防锈维护。

三、尖嘴钳

尖嘴钳由尖头、刃口和钳柄组成，如图 GYND00401001-6 所示。尖嘴钳的规格以全长表示，常用的有 130mm、160mm 和 180mm。电工用尖嘴钳在钳柄套有额定工作电压为 500V 的绝缘套管。尖嘴钳的头部尖细，适用于狭小空间的操作使用，其握法与钢丝钳的握法相同。

尖嘴钳的主要用途：

（1）尖嘴钳能夹持较小的螺钉、垫圈、导线等元件；

（2）带有刃口的尖嘴钳能钳断细小的金属丝；

（3）在进行低压控制电路安装时，尖嘴钳能将导线弯成一定圆弧的接线端环。

四、断线钳

断线钳也称为斜口钳。有绝缘柄的断线钳，柄上套有额定工作电压 500V 的绝缘套管，如图 GYND00401001-7 所示，断线钳主要用来剪断较粗的电线和金属丝。

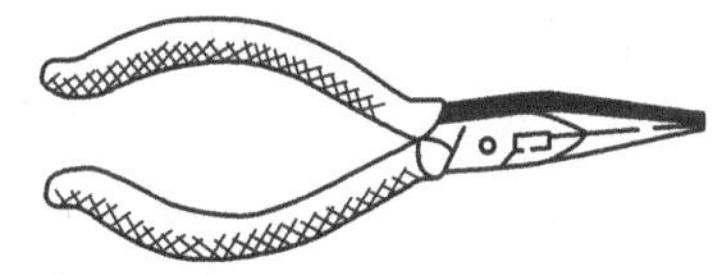

图 GYND00401001-6　尖嘴钳

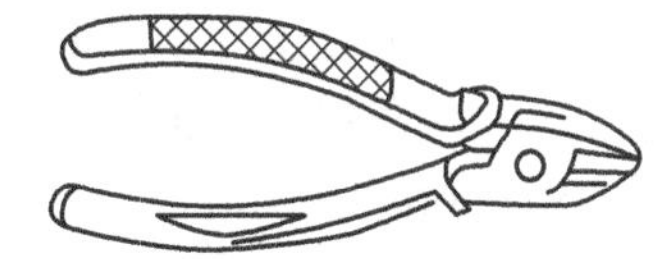

图 GYND00401001-7　断线钳

五、剥线钳

剥线钳是由刀口、压线口和钳柄组成，其规格以全长表示，常用的有 140mm 和 180mm 两种。剥线钳的柄上套有额定工作电压 500V 的绝缘套管，如图 GYND00401001-8 所示。

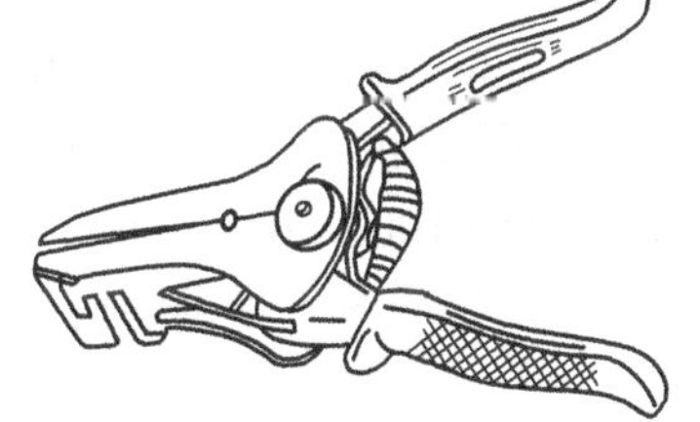

图 GYND00401001-8　剥线钳

剥线钳用于剥除线芯截面为 $6mm^2$ 以下塑料线或橡胶绝缘线的绝缘层。剥线钳的刀口有直径为 0.5～3mm 的切口，以适应不同规格的线芯剥削。

使用剥线钳剥去绝缘层时，剥削的绝缘层长度定好后，左手持导线，右手握钳柄，导线端部绝缘层被剖断自由飞出。使用时应将导线放在大于芯线直径的切口上切削，以免切伤芯线。

六、螺丝刀

螺丝刀又称旋凿或起子，是用来紧固和拆卸各种螺钉，安装或拆卸元件的。

螺丝刀是由刀柄和刀体组成。刀柄有木柄、塑料柄和有机玻璃柄三种。刀口形状有“一”字形和“十”字形两种，如图 GYND00401001-9 所示。电工螺丝刀刀体金属部分带有绝缘管。

使用螺丝刀时的注意事项：

（1）电工不可用金属杆直通柄顶的螺丝刀，否则很容易造成触电事故；

（2）使用螺丝刀紧固或拆卸带电的螺钉时，手不得触及螺丝刀的金属杆，应在螺丝刀的金属杆上套上绝缘套管；

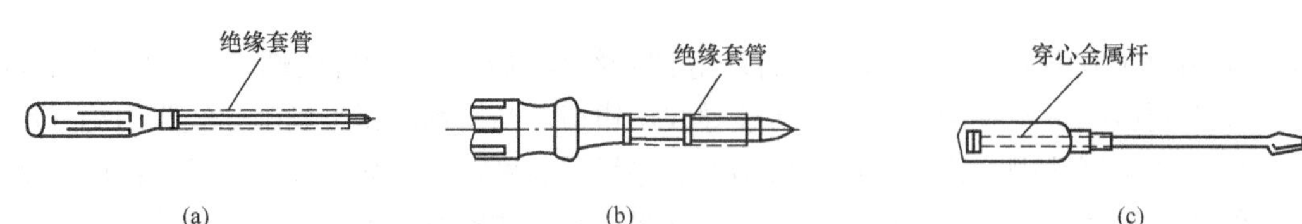

图 GYND00401001-9　螺丝刀

（a）一字螺丝刀；（b）十字螺丝刀；（c）穿心金属螺丝刀

（3）螺丝刀操作时，用力方向不能对着别人或自己，以防脱落伤人；

（4）螺丝刀口放入螺钉槽内，操作时用力要适当，不能打滑，否则会损坏螺钉的槽口；

（5）不允许用螺丝刀具代替凿子使用，以免手柄破裂。

七、电工刀

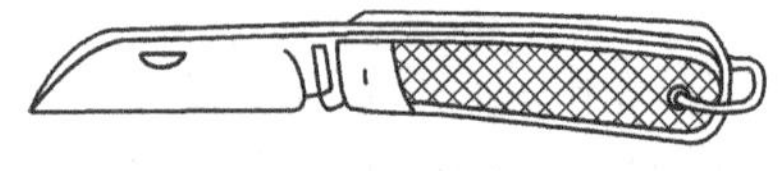

图 GYND00401001-10　电工刀外形

电工刀是用来剥削导线绝缘，削制木榫、切割木台缺口等。其外形如图 GYND00401001-10 所示。电工刀分普通式、三用式两种。使用时应左手持导线，右手握刀柄，刀口稍倾斜向外。刀口常以 45° 角倾斜切入，25° 角倾斜推削使用。电工刀用完后应将刀体折入刀柄内。

电工刀的使用注意事项：

（1）使用电工刀时刀口应向人体外侧用力；

（2）电工刀刀柄是无绝缘保护的，故不能在带电导线或器材上剥削，以免触电；

（3）不允许用锤子敲打刀片进行剥削。

八、活络扳手

扳手是用来紧固和松开螺母的一种常用工具。常用扳手有活络扳手、呆扳手、梅花扳手、两用扳手、套筒扳手、内六角扳手、扭力扳手和专用扳手等，各种扳手都有其不同规格。

活络扳手的钳口可以在规定的范围内任意调整大小，使用方便，故普遍采用，并作为电工常用工具，其结构如图 GYND00401001-11（a）所示，它主要由头部和柄部两部分组成。头部由活络扳唇、呆扳唇、扳口、蜗轮、轴销和手柄等部分组成，活络扳手的规格用长度×最大开口宽度表示，单位为 mm，例如：150mm×19mm 表示活络扳手长度 150mm，开口宽度 19mm。

活络扳手的使用方法：

（1）根据螺母的大小，用两手指旋动蜗轮以调节扳口的大小，将扳口调到比螺母稍大些，卡住螺母，再用手指旋蜗轮使扳口紧压螺母。扳动大螺母时力矩较大，手要握在近柄尾处，如图 GYND00401001-11（b）所示；扳动小螺母时力矩较小，又因为螺母过小容易打滑，手应握在近头部的地方，施力时手指可随时旋调蜗轮，收紧活络扳唇，以防打滑，如图 GYND00401001-11（c）所示。

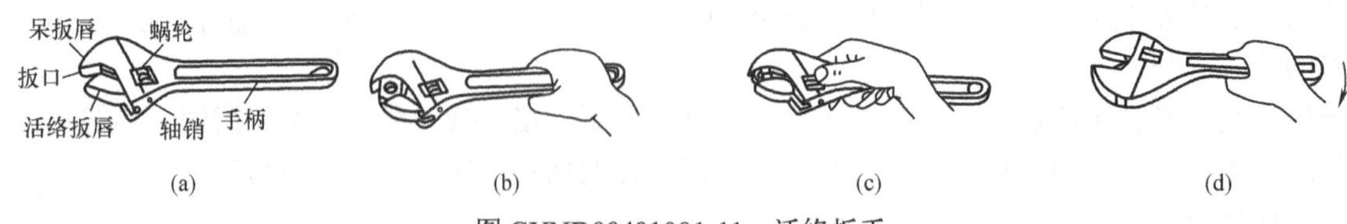

图 GYND00401001-11　活络扳手

（a）活络扳手的构造；（b）扳较大螺母时的握法；（c）扳较小螺母时的握法；（d）错误握法

（2）活络扳手不可反用，以免损坏活络扳唇，如图 GYND00401001-11（d）所示。也不可用钢管接长柄施力，以免损坏扳手。

（3）不应将活络扳手作为撬棒和锤子使用。

九、电烙铁

电烙铁是在焊接过程中对焊锡加热并使之熔化的最常用的电热工具，其结构如图 GYND00401001-12 所示。

电烙铁一般由手柄、外管（内装有电热元件）和铜头组成。按铜头的不同受热方式，电烙铁分为内热式和外热式两种类型。电烙铁的规格以其消耗的电功率来表示，通常在20～500W之间。

图 GYND00401001-12　电烙铁

使用电烙铁注意事项：

（1）电烙铁金属外壳必须接地；

（2）使用中的电烙铁不可搁置在木板上，而要放置在专用烙铁架上；

（3）不可用烧死的电烙铁（烙铁头因氧化不吃锡）焊接，以免烧坏焊件；

（4）不准甩动使用中的电烙铁，以免锡珠溅击伤人；

（5）使用完毕应切断电源。

【思考与练习】

1. 如何使用低压验电笔？
2. 电工刀的使用有何注意事项？
3. 常用扳手有几种？如何正确使用活络扳手？

模块 2　常用安装工具的使用（GYND00401002）

【模块描述】本模块包含电钻、喷灯、压接钳、紧线器等常用安装工具的用途、结构、性能和使用方法等内容。通过概念描述、结构介绍、图解示意、要点归纳，掌握常用安装工具的使用。

【正文】

一、移动电钻

电钻是一种专用电动钻孔工具，主要分手枪电钻、手提电钻、冲击电钻和电锤。手枪电钻、手提电钻用于对金属、塑料或其他类似材料或工件进行钻孔；冲击电钻和电锤主要用于建筑安装时对建筑水泥预制砌块和砖墙材料或其他类似材料进行钻孔。

1. 手枪电钻、手提电钻

手枪电钻、手提电钻属于手提电动钻孔工具，用于对金属、塑料或其他类似材料或工件进行钻孔。外形如图 GYND00401002-1、图 GYND00401002-2 所示。

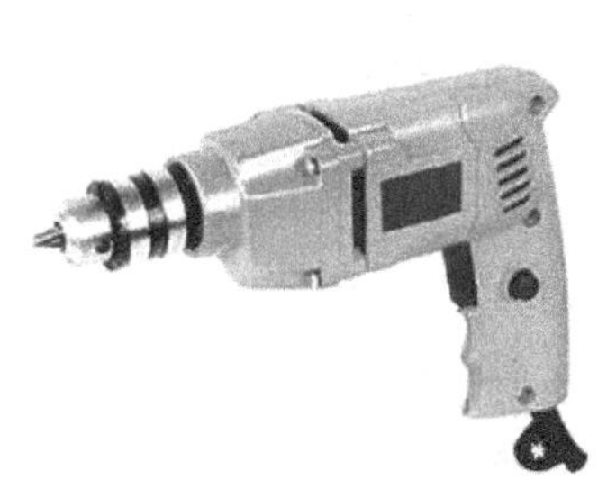

图 GYND00401002-1　手枪电钻

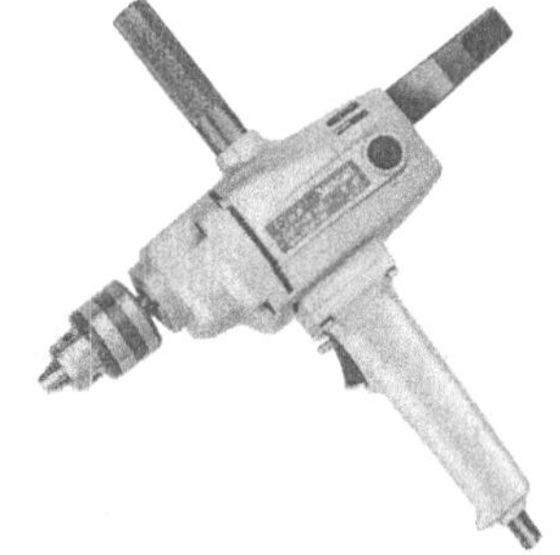

图 GYND00401002-2　手提电钻

使用手枪电钻、手提电钻的注意事项：

（1）使用电钻前要用手转动电钻的夹头，检查一下是否灵活。再根据钻孔的直径选用合适的钻头，并用专用钻头夹具钥匙将钻头紧固在夹头上。

（2）在钻孔前应先通电空转试运行一段时间（一般不超过 60s），检查传动机构是否灵活，有无异常声音，钻头是否偏摆。如有异常声音应断电，找电工检查修理；钻头偏摆说明钻夹与钻头不同心或钻头变形，要重新夹直钻头或更换钻头。

（3）拆换钻头时，一定要用专用钻头夹具钥匙拆换，不允许用螺丝刀或其他工具敲打电钻钻头夹具，以免损坏。

（4）电源线和外壳接地线应用铜芯橡皮软电缆，若是金属外壳，外壳应可靠接地。停电休息或离开工作地点时，应立即切断电钻电源。

（5）电钻导线要保护好，严禁乱拖防止轧坏、割破，更不准把电线拖到油水中，防止油水腐蚀电线。

（6）开始使用时，不要手握电钻去接电源。应先将其放在绝缘物上再接电源，并要用验电笔检查外壳是否带电。按一下开关，让电钻空转一下，检查转动是否正常，还要再次验电。

（7）使用电钻时禁止操作人员戴线手套，一定要戴胶皮手套，或穿绝缘鞋。在潮湿的地方工作时，必须站在橡皮垫或干燥的木板上工作，以防触电。现场施工作业时，还应装设剩余电流动作保护器。

（8）在调整电钻钻头时，应先切断电源。在插接电源时，应检查一下电钻开关，使其处于断开位置。

（9）若是大电钻，在接通三相电源时，应检查钻的旋向是否正确，如为反向旋转应调换三相电源线的任意两根电线以使转向正确。

（10）用电钻钻孔时，不宜用力过大，以免使电钻电动机过载。在钻金属时，注意即将钻通时要减轻用力，以免钻头卡死或伤手。若电钻转速异常降低，应立即减轻压力，突然卡钻时，要立即断开电源。

（11）在空间位置受限制的场所施钻时，可使用万向电钻。

（12）在加工件上钻孔时，应先用样冲打出定位坑。小工件应夹在虎钳上打孔。

（13）在空气中含有易燃、易爆、腐蚀性气体以及十分潮湿的特殊环境里，不能使用电钻作业。

（14）要经常在电钻的减速箱及轴承处添加润滑脂，保持电钻清洁干燥。如长时间不用，应存放在干燥无腐蚀性气体的环境中。

2. 冲击电钻

在结构上，冲击电钻和普通电钻一样，仅多了一个冲头，调节冲击电钻的冲击机构到“冲击”位置，可产生单一旋转或旋转带冲击的运动，它是一种旋转带冲击的钻孔工具。当调节按钮调到“冲击”位置时，装上镶有硬质合金的钻头，就可以在混凝土、砖墙及瓷砖等材料上不断冲击钻孔。当调节按钮到“旋转”位置时，装上普通麻花钻头，就可以在金属材料上钻孔。其外形如图GYND00401002-3所示。

图 GYND00401002-3 冲击电钻

使用冲击电钻的注意事项：

（1）新冲击电钻在使用前要检查是否漏电，检查冲击电钻的转动应灵活，接上电源后空转，并观察转动部分和冲击机构工作是否正常。

（2）根据钻孔材料不同，正确选用钻头及工作方式。当对金属、塑料、绝缘板、木板钻孔时，应选用普通麻花钻，并处于无冲击状态；当对砖、混凝土、瓷砖等钻孔时，应处于冲击状态。

（3）选用符合要求的钻头，其钻头应锋利，冲击时用力不要过猛，不得使冲击电钻超负荷工作。

（4）钻头应垂直顶在工件上再打钻，不得空打和顶死，也不得在钻孔中晃动。当在钢筋混凝土中进行施钻时，应避开钢筋钻孔。

（5）使用直径在 25mm 以上的冲击电钻，作业场地周围应设护栏。在地面以上操作时，应有稳固的平台。

（6）在钻孔中，如电钻转速急剧下降，要减少用力或立即断电查找原因。

（7）装卸钻头时，必须用钻头夹具钥匙，不能用其他工具来敲打夹头。

（8）携带时必须握住电钻本体，不得采用提拉橡皮软线等错误携带方法。

（9）电源线应采用铜芯橡皮护套软电缆，其截面积按载流量选择，但不小于 1.0mm^2。对具有金属外壳者，应可靠接地。

（10）工作时严禁戴纱线手套，应戴绝缘手套或穿绝缘鞋。

（11）现场施工作业时电源处必须装设有明显断开点的开关和短路保护装置，还应安装剩余电流动作保护器，以防触电，这种措施应根据电源系统形式确定。

（12）冲击电钻要存放在通风、干燥、清洁处，轴承减速箱的润滑脂要保持清洁，定期更换。

3. 电锤

电锤适用于各种脆性建筑构件（混凝土、砖石等），电锤是一种具有旋转、冲击复合运动机构的电动工具，如图 GYND00401002-4 所示。电锤的功能多，可用来在混凝土、砖石结构建筑物上钻孔、凿眼、开槽等，电锤冲击力比冲击钻高，不仅能垂直向下钻孔，而且能向其他方向钻孔。常用电锤钻头直径有 16mm、22mm、30mm 等规格。使用电锤时，握住两个手柄，垂直向下钻孔，无须用力，向其他方向钻孔也不能用力过大，稍加使劲就可以。电锤工作时进行高速复合运动，要保证内部活塞和活塞转套之间良好润滑，通常每工作 4h 需注入润滑油，以确保电锤可靠地工作。

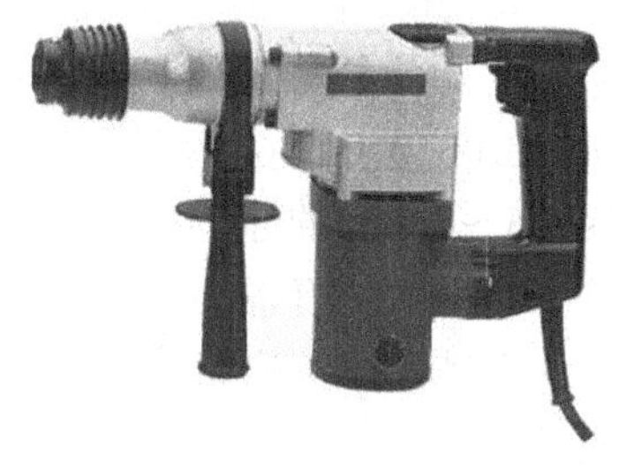

图 GYND00401002-4　电锤

使用电锤的注意事项：

（1）电源线和外壳接地线应用橡套软线，外壳应可靠接地。

（2）新电锤在使用前要检查各部件是否紧固，转动部分是否灵活。用之前可通电空转一下，检查是否漏电，观察其运转灵活程度，有无异常声音等。

（3）在使用电锤钻孔时，要选择没有暗配电线处，并应避开钢筋。对钻孔深度有要求时，应装上定位杆控制钻孔深度，从下向上钻孔时应装上防尘罩。

（4）施钻时应先将钻头顶在工作面上，然后再按下开关。钻孔时若发现冲击停止，可断开开关，重新顶住电锤，然后接通开关。

（5）使用电锤时严禁戴纱线手套，应戴绝缘手套或穿绝缘鞋，站在绝缘垫上或干燥的木板、木凳上，以防触电。

（6）携带时必须握住电锤本体，不得采用提橡皮软线等错误携带方法。配有工具箱者应装箱运输。

（7）现场施工作业时电源处必须装设有明显断开点的开关和短路保护装置，还应安装剩余电流动作保护器，以防触电，这种措施应根据电源系统形式而确定。

二、喷灯

喷灯是一种利用喷射火焰对工件进行加热的工具。在电工作业中，制作电力电缆终端头或中间接头及焊接电力电缆接头时，都要使用喷灯。

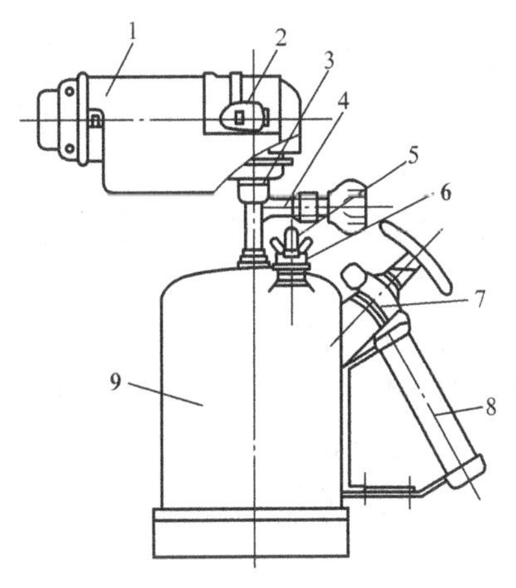

图 GYND00401002-5　喷灯的构造

1—灯头；2—喷嘴；3—点火碗；4—进油阀；5—安全阀；6—加油螺塞；7—手动泵；8—手柄；9—油桶

按照使用燃料油的不同，喷灯分为煤油喷灯和汽油喷灯两种。喷灯的构造如图 GYND00401002-5 所示。

1. 使用方法

（1）根据喷灯所用燃料油的种类，加注燃料油，首先旋开加油螺塞，注入燃料油，注入油量要低于油桶最大容量的 3/4，然后旋紧加油螺塞。

（2）操作手动泵增加油桶内的油压，然后在点火碗中加入燃料油，点燃烧热喷嘴后，再慢慢打开进油阀门，观察火焰。如果火焰呈现喷射力达到要求，即可开始使用。

（3）手持手柄，使喷灯保持直立，将火焰对准工件即可。若是热缩电缆附件，应上下、左右滑移，使其热缩均匀。

2. 使用喷灯的注意事项

（1）使用前应仔细检查油桶是否漏油、喷嘴是否畅通，是否有漏气等。

（2）打气加压时，首先检查并确认进油阀能可靠关闭。喷灯点火时，喷嘴前严禁站人。

（3）工作场所不能有易燃物品。喷灯工作时应注意火焰与带电体之间的安全距离：10kV 以上大于 3m，10kV 以下大于 1.5m。

（4）油桶内的油压应根据火焰喷射力掌握。

（5）喷灯的加油、放油和维修应在喷灯熄火后进行。喷灯使用完毕，倒出剩余燃料油并回收，然后将喷灯污物擦除，妥善保管。

三、压接钳

1. 手动导线压接钳

手动导线压接钳（也称冷压钳）是小截面单芯（可多股）铜、铝导线压接的专用工具，如图 GYND00401002-6 所示。它常用做冷压连接铜、铝导线的接头或封端。手动导线压接钳适用于截面积为 0.5～8mm^2 的导线。

2. 机械式压接钳

机械式压接钳如图 GYND00401002-7 所示，其压模可根据导线截面选用，适用于铝绞线或钢绞线进行压接连接。压接时，将连接的两根导线的端头穿入铝压接管中（导线端头露出管外部分，不得小于 20mm），按照压口数、钳压尺寸利用压接钳的压力使铝管变形，把导线挤住压紧。机械式压接钳适用于截面积为 16～185mm^2 的导线。

3. 液压式压接钳

液压式压接钳主要依靠液压传动机构产生压力达到压接导线的目的。它适用于压接多股铝、铜芯导线做中间连接或封端，常用的如图 GYND00401002-8 所示，配有一定数量的压模，适用截面积为 16～185mm^2 的导线，还有电动液压式压接钳适用于大截面导线的压接。

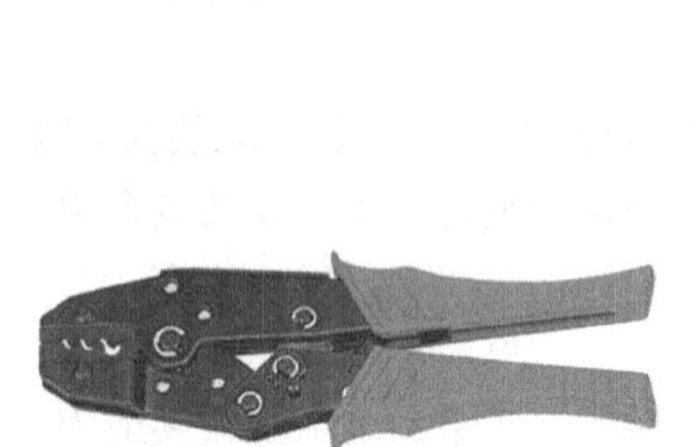

图 GYND00401002-6　冷压钳

图 GYND00401002-7　机械式压接钳

图 GYND00401002-8　液压式压接钳

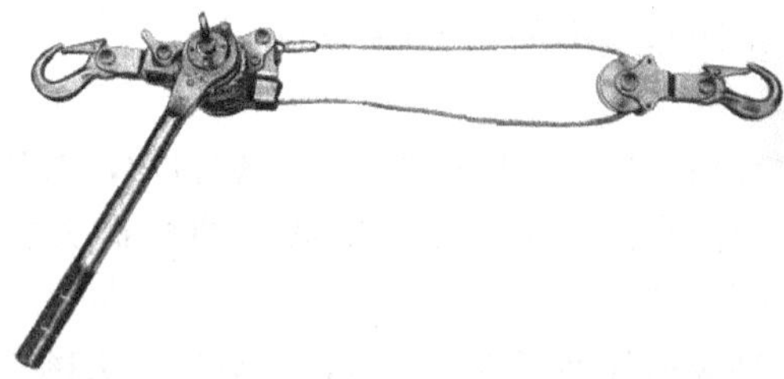

图 GYND00401002-9　手扳棘轮紧线器

四、紧线器

紧线器是线路施工中用来拉紧导线的常用工具，紧线器如图 GYND00401002-9 所示，主要由挂钩、滑轮、钢丝绳、手扳棘轮组成，右面挂钩与卡线器相连。

卡线器主要有平口式和虎口式两种，如图 GYND00401002-10 所示。使用时，一般应使用钢丝短千斤和卸扣将紧线器的一端挂钩挂置于横担或其他固定部位，用另一端与挂钩相连的卡线器夹住导线，用摇柄转动滑轮，使紧线器上的钢丝绳逐渐转入轮槽内，于是导线就会被拉紧。

1. 使用方法

紧线器的使用方法是：先将手扳棘轮紧线器的卡舌转到松线的位置，将钢丝绳全部（或需要的长度）拉出，再把靠近手扳棘轮的挂钩挂在固定点上，然后将卡舌转到紧线位置，用与挂钩相连的卡线器放松夹住导线沿着导线向前伸，伸到适当的位置随即用力向自身方向收紧卡线器，此时用一只手转动紧线器的棘轮摇柄，使钢丝绳收紧受力，就可以慢慢收紧导线。用同样的方法也可收线拉线。

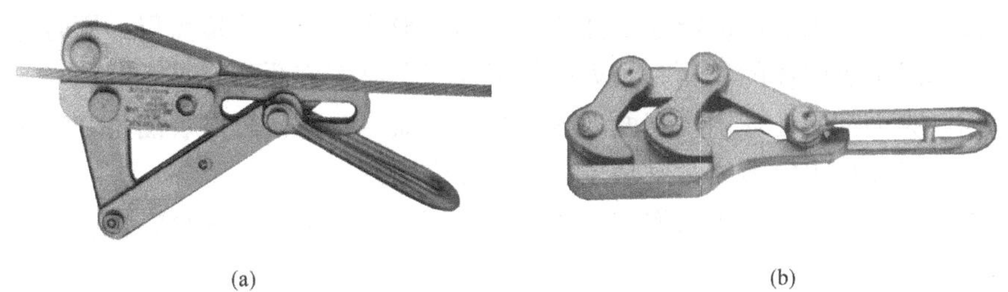

(a)　　(b)

图 GYND00401002-10　卡线器

（a）平口式卡线器；（b）虎口式卡线器

2. 使用紧线器的注意事项

（1）应理顺紧线器上的钢丝绳，不得将其扭曲，以免发生断绳事故。

（2）应使用专用摇柄。

（3）钳口与导线接触处适当采取防护措施，以免伤线。

（4）棘轮和棘爪应完好、灵活，不应有脱落现象，应定期加入润滑油。

（5）放松钢丝绳时，应控制摇柄，使放线速度慢而稳，不可突然放松。

（6）紧线器用完后，不可随便从高处扔下，以防损坏或伤人。

（7）闲置不用时，应将紧线器涂黄油防锈。

【思考与练习】

1. 电钻有哪几种类型？各有什么主要用途？
2. 使用紧线器时，有哪些注意事项？

模块 3　灭火器的使用（GYND00401003）

【模块描述】本模块包含灭火剂的分类、作用和应用范围，灭火器的使用及其注意事项等内容。通过概念描述、术语说明、要点归纳，掌握灭火器的使用以及电气火灾的扑救方法。

【正文】

一、灭火剂的分类

（一）水

水是应用最广泛的天然灭火剂，它可以单独使用，也可以与不同的化学剂组成混合液使用。现有消防器材中，用水灭火的占很大比例。例如：作为重要灭火工具的消防车，多数是离不开水的；在固定灭火装置中，水喷淋系统使用的最多最广；对于泡沫灭火系统来说，泡沫混合液中就含有 94%或97%的水。因此，不仅是现在，将来水也是重要的和不可缺少的灭火剂。冷却是水的主要灭火作用。

（1）冷却作用。当水与炽热的含碳可燃物接触时，还会发生化学反应，并吸收大量的热。

（2）窒息作用。水灭火时，遇到炽热燃烧物而汽化，产生大量水蒸气。

（3）乳化作用。用水喷雾灭火设备扑救油类等非水溶性可燃液体火灾时，由于雾状水射流的高速冲击作用，可减少可燃液体的蒸发量而使其难于继续燃烧。

（4）水力冲击作用。水在机械的作用下，密集的水流具有强大动能和冲击力，可达数十甚至数百吨每平方厘米。高压的密集水流强烈地冲击着燃烧物和火焰，使燃烧物冲散和减弱燃烧强度进而达到灭火目的。

（二）泡沫灭火剂

凡能够与水混溶，并可通过化学反应或机械方法产生灭火泡沫的灭火药剂，称为泡沫灭火剂。泡沫灭火剂一般由发泡剂、泡沫稳定剂、降黏剂、抗冻剂、助溶剂、防腐剂及水组成。

1. 泡沫灭火剂的分类

按照泡沫的生成机理，泡沫灭火剂可分为化学泡沫灭火剂和空气泡沫灭火剂。

2. 泡沫灭火剂的作用

通常使用的灭火泡沫，发泡倍数范围为 2～1000，比重在 0.001～0.5 之间。由于泡沫的比重远远小于一般可燃液体的比重，因而可以漂浮于液体的表面，形成一个泡沫覆盖层。同时泡沫又有一定的黏性，可以黏附于一般可燃固体的表面。其灭火作用表现在以下方面：

（1）阻隔作用。灭火泡沫在燃烧物表面形成的泡沫覆盖层，可使燃烧表面与空气隔离。

（2）冷却作用。泡沫析出的液体对燃烧表面有冷却作用。

（3）释稀作用。泡沫灭火剂产生的泡沫受热蒸发，产生的水蒸气有稀释燃烧区氧气浓度的作用。

3. 化学泡沫灭火剂

化学泡沫是指由两种药剂的水溶液通过化学反应产生的灭火泡沫，这两种药剂称为化学泡沫灭火剂，泡沫中所含的气体为二氧化碳。

（三）干粉灭火剂

干粉灭火剂是一种干燥的、易于流动的固体粉末，一般借助于灭火器或灭火设备中的气体压力，将干粉从容器喷出，以粉雾形态扑救火灾。

1. 干粉灭火剂的分类

干粉灭火剂按使用范围可分为普通干粉（碳酸氢钠干粉）和多用干粉（磷酸铵盐）两大类。

（1）普通干粉。普通干粉主要用于扑救可燃液体火灾、可燃气体火灾以及带电设备火灾。

（2）多用干粉。多用干粉不仅适用于扑救可燃液体、可燃气体和带电设备的火灾，还适用于扑救一般固体物质火灾。

2. 干粉灭火剂的作用

干粉灭火剂灭火时，主要是抑制作用。燃烧反应是一种连锁反应。燃烧在高温作用下，吸收了活化能而被活化，产生了大量的活性基团，它们与燃烧分子作用，不断生成新的活化基团和氧化物，同时放出大量的热量维持燃烧，连锁反应继续进行。当大量干粉以雾状形式喷向火焰时，可以大大吸收火焰中的活性基团，使其数量急剧减少，中断燃烧的连锁反应，从而使火焰熄灭。

3. 干粉灭火剂的应用范围

（1）普通干粉灭火剂一般装于手提式、推车式灭火器及干粉消防车中使用。主要用于扑救各种非水溶性及水溶性可燃、易燃烧体的火灾，以及天然气和液化石油气等可燃气体火灾和一般带电设备的火灾。

（2）多用干粉灭火剂除与普通干粉灭火剂一样，除能有效地扑救易燃、可燃液（气）体和电气设备火灾外，还可用于扑救木材、纸张、纤维等 A 类固体可燃物质的火灾。一般装于手提式和推车式灭火器中使用。

（四）二氧化碳灭火剂

二氧化碳是一种不燃烧、不助燃的惰性气体，而且价格低廉易于液化，便于灌装和储存，是一种常用的灭火剂。

1. 二氧化碳灭火剂的作用

二氧化碳灭火剂主要的灭火作用是窒息作用。此外，对火焰还有一定冷却作用。

二氧化碳灭火剂平时以液态的形式储存在灭火器或压力容器中，灭火时从灭火器或设备中喷出，当二氧化碳喷出时，汽化吸收本身热量，使部分二氧化碳变为固态的干冰，干冰汽化时要吸收燃烧物的热量，对燃烧物有一定冷却作用，但这种冷却作用远不能扑灭火焰，不是二氧化碳的主要灭火作用。

2. 二氧化碳灭火剂的应用范围

二氧化碳来源广泛，无腐蚀性，灭火时不会对火场环境造成污染，灭火后能很快逸散，不留痕迹。它适用于扑救各种易燃液体火灾，以及一些怕污染、怕损坏的固体火灾。另外，二氧化碳不导电，可用于扑救带电设备的火灾。

（五）卤代烷灭火剂

卤代烷灭火剂是以卤原子取代烷烃分子中的部分氢原子或全部氢原子后得到的一类有机化合物的总称。一些低级烷烃的卤代物具有不同程度的灭火作用，这些具有灭火作用的低级卤代烷统称为卤代烷灭火剂。

1. 卤代烷灭火剂的作用

卤代烷灭火剂主要通过抑制燃烧的化学反应过程，使燃烧中断，从而达到灭火目的。

卤代烷灭剂具有灭火效率高、灭火迅速、用量省、汽化性强，热稳定性和化学稳定性好，对环境和设备不会造成污染，长期储存不变质（有效储存使用期达5年以上）等特点。

2. 卤代烷灭火剂的应用范围

卤代烷灭火剂可用于扑救可燃气体、可燃液体火灾，可燃固体的表层火灾，带电设备火灾。特别适宜扑救电子计算机、通信设备等精密仪器火灾。

3. 卤代烷灭火剂的安全要求

（1）卤代烷灭火剂一般都是以液化气的形式充装在压力容器中的，因此充装时要遵守压力容器的安全充装规定。

（2）使用时不能直接接触气体，以防冻伤。

（3）在室内使用卤代烷灭火剂扑救火灾后，要立即打开门窗，防止中毒。

（4）卤代烷灭火剂应保存在－20～55℃的范围内，注意防止泄漏。

（5）由于卤代烷对大气臭氧层破坏严重，为了保护大气臭氧层，美国等一些国家于1987年在加拿大签订了控制破坏大气臭氧层物品的协定，协定中破坏性物品包括“1211”和“1301”灭火剂。因此，卤代烷灭火剂在全世界范围内已逐步停止生产和禁止使用。

（六）烟雾灭火剂

烟雾灭火剂由硝酸钾、木炭、硫磺、三聚氰胺和碳酸氢钾组成，是呈深色粉状的混合物。它是在发烟火药的基础上加以改进而研制成的一种新型灭火剂。其典型配比为销酸钾 50.5%、木炭 12.5%、硫磺 3%、三聚氰胺 26%和碳酸氢钾 8%。

1. 烟雾灭火剂的作用

烟雾是灭火剂燃烧反应的气态产物及浮游于其中的固体颗粒。用它扑救油罐火灾时，这些烟雾从发烟器喷嘴喷出，能迅速充满油罐内空间，排挤罐内的其他气体，阻止外界空气流入罐内，大大稀释了罐内的氧气和可燃气体浓度，从而使燃烧窒息。

2. 烟雾灭火剂的应用范围

烟雾灭火剂具有灭火速度快，设备简单、投资少，不用水、不用电、节省人力物力，灭火后杂质少、对油品污染小等特点。特别适用于缺水，交通不便，油罐少而分散的偏远地区。

烟雾灭火剂主要用于扑救 2000m^3 下的柴油、原油、重油等小型的钢质油罐火灾，对直径 3m 以下的酮、酯、醇的储罐火灾，也有较好的灭火效果。

二、灭火器的使用

因为灭火器内充装的灭火剂量有限，喷射时间一般都较短，因此，掌握各类灭火器的正确使用对尽快控制火灾非常重要。灭火器的使用应严格按照产品说明来操作，这里仅就一般使用方法加以介绍。

1. 手提式灭火器

手提式灭火器包括清水灭火器、空气泡沫灭火器、二氧化碳灭火器、卤代烷灭火器和干粉灭火器。使用这类灭火器灭火时，可手提式灭火器的提把或提圈，迅速奔跑至距燃烧处约 5m 的地方（清水灭火器约 10m 的地方），放下灭火器，拔出保险销，一手握住灭火器的开启压把，另一只手握住喷射软管前端的喷嘴处（二氧化碳灭火器应握住手柄）或灭火器底圈，对准火焰根部，用力压下开启压把并紧压不松开，这时灭火剂即喷出，操作者由近而远左右扫射，直至将火焰全部扑灭，操作步骤如图 GYND00401003-1 所示。清水灭火器的开启有所不同，它是用手掌拍击开启杆顶端，刺破二氧化碳储气瓶的密封片，灭火器随之开启。

2. 推车式灭火器

推车式灭火器一般需两个人配合操作，火灾时，快速将灭火器推至距燃烧处约 10m 的地方。一人迅速展开软管并握紧喷枪对准燃烧物做好喷射准备；另一人开启灭火器，并将手轮开至最大部位。灭火方式也是由近而远、左右扫射，首先对准燃烧最猛烈处，并根据火情调整位置，确保将火焰彻底

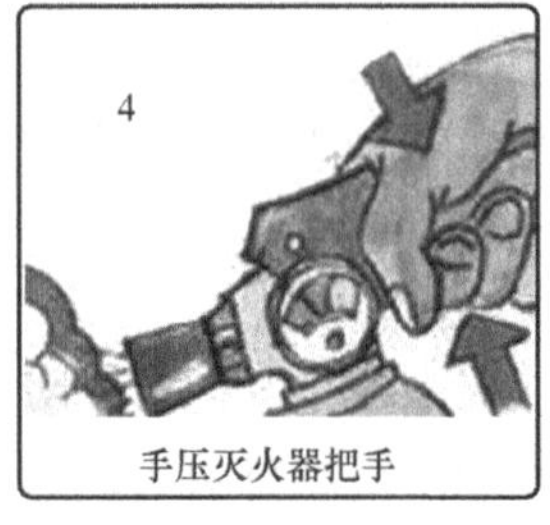

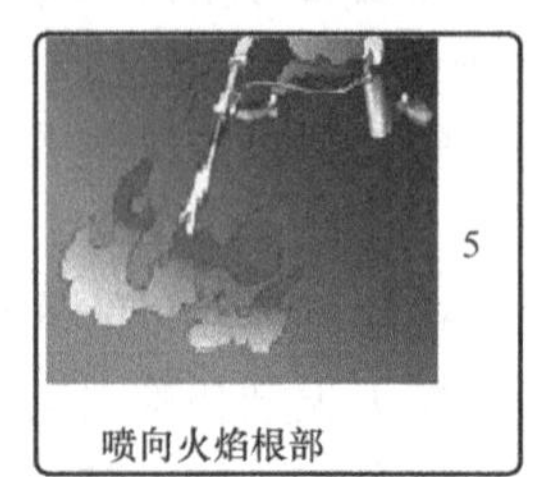

图 GYND00401003-1　手提式灭火器操作步骤

扑灭，使其不能复燃。推车式灭火器如图 GYND00401003-2 所示。

3. 背负式干粉灭火器

使用背负式干粉灭火器时，先撕去铅封，拉保险销，然后背起灭火器，手持喷枪，迅速奔跑到燃烧现场，在距燃烧处约 5m 处即可喷粉。当第一组灭火器筒体内干粉喷完后，快速将喷枪扳机左侧的突出轴向右推动 8mm 左右即限位，然后再钩动扳机，第二组灭火器即可喷粉。背负式干粉灭火器如图 GYND00401003-3 所示。

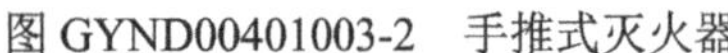

图 GYND00401003-2　手推式灭火器

图 GYND00401003-3　背负式灭火器

三、操作灭火器注意事项

（1）在携带灭火器奔跑时，酸碱灭火器和化学泡沫灭火器不能横置，要保持竖直以免提前混合发生化学反应。

（2）有些灭火器在灭火操作时，要保持竖直不能横置，否则驱动气体短路泄漏，不能将灭火剂喷出。这类灭火器有 1211 灭火器、干粉灭火器、二氧化碳灭火器、空气泡沫灭火器、清水灭火器等。

（3）扑救容器内的可燃液体火灾时，要注意不能直接对着液面喷射，以防止可燃液体飞溅，造成火势扩大，增加扑救难度。

（4）扑救室外火灾时，应站在上风方向。

（5）使用清水灭火器、酸碱灭火器和泡沫灭火器时，不能直接灭带电设备火灾，应先断电再灭火，以防止触电。

（6）灭 A 类火（固体物质着火）时，随着火势减小，操作者可走到近处灭火，此时可不采用密集射流而改用喷洒，将手指放在喷嘴的端部就可实现。若为深位火灾，应将阴燃或炽热燃烧部分彻底浇湿，必要时，将燃烧物踢散或拨开，使水流入其内部。

（7）使用二氧化碳灭火器和 1301 灭火器时，要注意防止对操作者产生冻伤危害，不得直接用手握灭火器的金属部位。

四、电气火灾的扑救

电力线路或电气设备发生火灾时，由于是带电燃烧，所以蔓延迅速。如果扑救不当，可能会引起触电事故，扩大火灾事故范围，加重火灾损失。

1. 切断电源灭火

电力线路或电气设备发生火灾后，应该沉着果断，设法切断电源，然后组织扑救。如果没有及时切断电源，会使扑救人员身体或所持器械可能触及带电部分而造成触电事故。因此应该特别强调的是，在没有切断电源时千万不能用水冲浇，而要用沙子或四氯化碳灭火器灭火。只有在切断电源后才可用水灭火。

在切断电源时应该注意做到以下几点：

（1）火灾发生后，由于受潮或烟熏，开关设备绝缘强度降低，因此拉闸时应使用适当的绝缘工具操作。

（2）有配电室的单位，可先断开主断路器；无配电室的单位，先断开负载断路器，后拉开隔离开关。

（3）切断用磁力启动器启动的电气设备时，应先按“停止”按钮，再拉开闸刀。

（4）切断电源的地点要选择恰当，防止切断电源后影响火灾的扑救。

（5）剪断电线时，应穿绝缘靴和戴绝缘手套，用绝缘胶柄钳等绝缘工具将电线剪断。不同相电线应在不同部位剪断，以免造成线路短路，剪断空中电线时，剪断的位置应选择在电源方向的支持物上，防止电线剪断后落地造成短路或触电伤人事故。

（6）如果线路上带有负载，应先切除负载，再切断灭火现场电源。

2. 带电灭火

有时为了争取时间，防止火灾扩大蔓延，来不及切断电源，或因生产需要及其他原因无法断电，则需要带电灭火。带电灭火应注意做到以下几点：

（1）选用适当的灭火器。在确保安全的前提下，应用不导电的灭火剂，如二氧化碳、四氯化碳、“1211”、“1301”、“红卫 912”或干粉灭火剂进行灭火。应指出的是，泡沫灭火机的灭火剂（水溶液）有一定的导电性，而且对电气设备的绝缘强度有影响，不应用于带电灭火。

（2）在使用小型二氧化碳、“1211”、“1301”、干粉等灭火器灭火时，由于其射程较近，故人体、灭火器的机体及喷嘴与带电体应有一定的安全距离。

（3）用水进行带电灭火的优点是价格低廉，灭火效率高。但水能导电，用于带电灭火时会危害人体。因此，灭火人员在戴绝缘手套和穿绝缘靴，水枪喷嘴安装接地线情况下，可使用喷雾水枪灭火。

（4）对架空线路等空中设备灭火时，人体位置与带电体之间仰角不应超过 45℃，以免导线断落伤人。

（5）如遇带电导线断落地面，应划出警戒区，防止跨入。扑救人员需要进入灭火时，必须穿绝缘靴。

（6）在带电灭火过程中，人应避免与水流接触。

（7）没有穿戴保护用具的人员，不应接近燃烧区，防止地面水渍导电引起触电事故。

（8）火灾扑灭后，如设备仍有电压，任何人员不得接近带电设备和水渍地区。

3. 充油电气设备的火灾扑救

（1）变压器、油断路器、电容器等充油电气设备的油，闪亮点大都在 130～140℃之间，有较大的危害性。如果只是容器外面局部着火，而设备没有受到损坏，可用二氧化碳、四氯化碳、“1211”、“红卫 912”、干粉灭火剂带电灭火。如果火势较大，应先切断起火设备和受威胁设备的电源，然后用水扑救。

（2）如果容器设备受到损坏，喷油燃烧，火势很大时，除切断电源外，有事故储油坑的应设法将油放进储油坑，坑内和地面上的油火应用泡沫灭火剂扑灭。

（3）要防止着火油料流入电缆沟内。如果燃烧的油流入电缆沟而顺沟蔓延时，沟内的油火只能用泡沫覆盖扑灭，不宜用水喷射，防止火势扩散。

（4）灭火时，灭火剂和带电体之间应保持足够的安全距离。用四氯化碳灭火时，扑救人员应站在上风方向以防中毒，同时灭火后要注意通风。

4. 旋转电动机的火灾扑救

在扑救旋转电动机火灾时，为防止设备的轴和轴承变形，可令其慢慢转动，用喷雾水灭火，并使其均匀冷却。也可用二氧化碳、四氯化碳、“1211”、“红卫 912”灭火剂扑灭，但不宜用干粉、沙子、泥土灭火，以免增加修复的困难。

在消防重点部位或场所以及禁止明火区需要动火作业时，应严格遵守《国家电网公司电力安全工作规程（线路部分）》第13.6节动火工作的规定。

【思考与练习】

1. 遇有电气设备火灾时应采用什么灭火器？如何灭火？
2. 操作灭火器时，有哪些注意事项？

模块4　常用电气安全工器具的使用（GYND00401004）

【模块描述】本模块包含常用电气安全工器具的分类、用途、结构、使用方法和注意事项、试验标准和试验周期等内容。通过概念描述、术语说明、结构说明、图解示意、要点归纳，掌握常用电气安全工器具的使用。

【正文】

一、电气安全工器具的作用及分类

（一）电气安全工器具的作用

在生产活动中，电业工作人员要经常使用各种电气安全工器具，这些用具不仅对完成工作任务起一定作用，而且对保护人身安全起着重要作用。

人体应该与带电体保持一定的距离，不能直接触及带电导体，否则将会遭到电击伤害。另外，对运行的电气设备安全地进行巡视，改变运行方式、检修试验等，也需利用电气安全工器具来实现。如在带电的电气设备上或邻近带电设备的地方工作时，为了防止工作人员触电或被电弧灼伤，须使用绝缘安全工器具；在线路施工中，在杆、塔上作业时需使用安全带、保险绳等。

电气安全工器具是防止触电、电弧灼伤、高处坠落等人身伤害事故，保障作业人员人身安全的专用工器具，电力企业应按规定配备充足的、合格的电气安全工器具，每位从业人员都必须学会正确使用。

（二）电气安全工器具的分类

电气安全工器具通常分为基本安全工器具、辅助安全工器具和防护安全工器具。

1. 基本安全工器具

基本安全工器具是绝缘程度足以承受电气设备的工作电压，能直接用来操作带电设备或接触带电体的工器具。属于这一类安全工器具的有高压绝缘棒、绝缘夹钳、验电器、高压核相器、钳型电流表等。

2. 辅助安全工器具

辅助安全工器具是指绝缘强度不足以承受电气设备的工作电压，只是用来加强基本安全工器具的保安作用，用来防止接触电压、跨步电压、电弧灼伤等对操作人员造成伤害的用具，如绝缘手套、绝缘靴、绝缘垫、绝缘台、绝缘绳、绝缘隔板和绝缘罩等。因此，不能用辅助安全工器具直接接触高压电气设备的带电部分。

3. 防护安全工器具

防护安全工器具是指那些本身没有绝缘性能，但可以起到作业中防护工作人员免遭伤害作用的安全工器具。

防护安全工器具分为：

（1）人体防护工器具。这类安全防护工器具主要是保护人身安全，当工作人员穿戴必要的防护工器具时，可以防止遭到外来物的伤害。人体防护工器具有安全帽、护目镜、防护面罩、防护工作服等。

（2）安全技术防护工器具。安全技术防护工器具主要是根据《国家电网公司电力安全工作规程》有关保证安全技术措施的要求制作的工器具。例如采取防止检修设备突然来电，防止工作人员走错隔间，误登带电设备，保证人与带电体之间的安全距离以及防止向检修设备误送电等措施使用的工器具。这类安全工器具有携带型接地线、临时遮栏及各种标示牌等。

（3）登高作业安全工器具。登高作业安全工器具是在登高作业及上、下过程中使用的专用工器具，或高处作业时，为防止高处坠落制作的防护用具，如安全带、竹（木）梯、软梯、踩板、脚扣、安全绳和安全网等。

二、基本安全工器具

在人体不接触的带电的电气设备上或邻近带电设备的地方工作时，为了保证安全，防止工作人员触电或被电弧灼伤，除应做好安全措施外，还必须根据现场环境的条件和《国家电网公司电力安全工作规程》的要求，使用相应的绝缘安全工器具。

绝缘基本安全工器具包括绝缘棒、绝缘夹钳、高压验电器、高压核相器和钳型电流表等。

绝缘工器具的质量直接关系到作业中人身和设备的安全。因此，除应配备质量合格的绝缘工器具外，对绝缘工器具的保管和存放也应规范化。绝缘工器具必须有存放的专用库房，绝缘工器具应与金属工具分开存放，在潮湿严重地区的工具房内，还应备有去湿设备，务必使室内经常保持干燥。重点介绍以下几种绝缘安全工器具。

（一）绝缘棒

1. 用途

绝缘棒又称绝缘杆、操作杆。它的主要作用是接通或断开高压隔离开关、跌落熔断器，安装和拆除携带型接地线以及带电测量和试验工作。

2. 结构

绝缘棒的结构主要由工作部分、绝缘部分和握手部分构成。

工作部分一般为金属或玻璃钢制成的钩子，绝缘部分和握手部分是用浸过绝缘漆的木材、硬塑料、胶木等制成。绝缘棒的绝缘部分须光洁无裂纹或硬伤，握手部分和绝缘部分之间有明显的分界线，即由护环隔开。各部分的长度按其工作需要、电压等级和使用场合而定，工作部分一般不太长，约为5～8cm，太长容易在操作时造成相间或接地短路。

为了便于携带，一般在制作时，将其分段制成，每段端头用金属螺钉镶接或用其他方式连接，使用时将各段接上或拉出即可。

3. 使用方法和注意事项

（1）使用绝缘棒时，工作人员应戴绝缘手套和穿绝缘靴，以加强绝缘棒的保护作用。

（2）在下雨、下雪或潮湿天气，在室外使用绝缘棒时，应装有防雨的伞形罩，以使伞下部分的绝缘棒保持干燥。

（3）使用绝缘棒时要注意防止碰撞，以免损坏表面的绝缘层。

（4）绝缘棒应存放在干燥的地方，防止受潮，一般应放在特制的架子上或垂直悬挂在专用挂架上，以防变形弯曲。

（5）绝缘棒不得直接与墙或地面接触，以防碰伤其绝缘表面。

（6）绝缘棒应定期进行绝缘试验，一般每年试验一次，试验同期与标准见参见有关标准。

（二）绝缘夹钳

绝缘夹钳是用来安装和拆卸高压熔断器或执行其他类似工作的工器具，主要适用于35kV及以下电力系统。

绝缘夹钳由工作钳口、绝缘部分和握手部分三部分组成，如图GYND00401004-1所示。各部分所用材料与绝缘棒相同。它的工作部分是一个强固的夹钳，并有一个或两个管形的钳口，用以夹持高

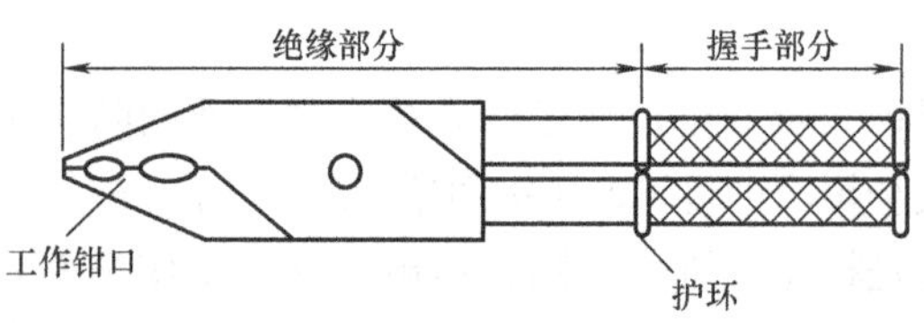

图 GYND00401004-1　绝缘夹钳

压熔断器的绝缘管。

绝缘夹钳使用和保管注意事项：

（1）绝缘夹钳不允许装接地线，以免操作时，由于接地线在空中游荡，造成接地短路和触电事故。

（2）在潮湿天气只能使用专用的防雨绝缘夹钳。

（3）绝缘夹钳要保存在特制的箱子里，以防受潮。

（4）工作时，应戴护目眼镜、绝缘手套和穿绝缘鞋或站在绝缘台（垫）上，手握绝缘夹钳要保持平衡和精神集中。

（5）绝缘夹钳要定期试验，试验周期为一年。

（三）高压验电器

验电器又称测电器、试电器或电压指示器。验电器可分为高压和低压两类。

低压验电器参见第十一章模块 1（GYND00401001）中有关内容。

根据使用的工作电压，高压验电器一般制成 10kV 或 35kV 两种。如图 GYND00401004-2 所示为 0.4～10kV 高压验电器，主要用于 0.4kV 线路和 10kV 设备、线路验电。

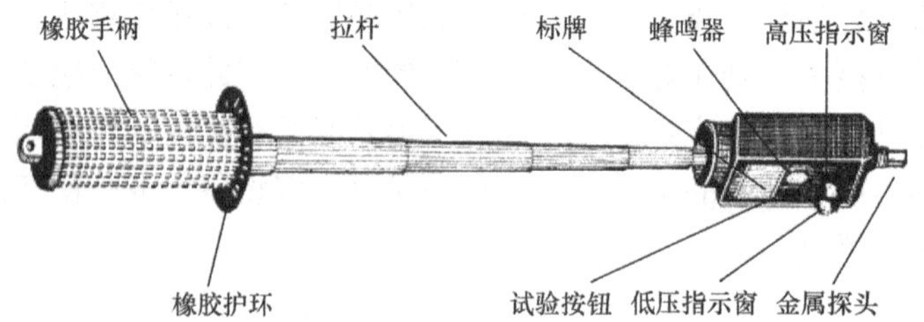

图 GYND00401004-2　0.4～10kV 高压验电器

1. 结构

高压验电器的本体是用绝缘材料制成的一根空心管子，管子上装有用金属制成的工作触头，里面装有氖管和电容器绝缘部分橡胶手柄用胶木或硬橡胶制成。氖管由两个金属电极和一个圆筒形玻璃管组成，氖管因通过电容电流而发光。为了防止使用时手握到柄外绝缘部分，在绝缘部分和握柄之间装有一个比提柄直径稍大的隔离护环。

目前常用的高压验电器主要有声、光型和回转带声、光型两种。

（1）声、光型验电器。当声、光型验电器的金属电极接触带电体时，验电器流过的电容电流，会发出声、光报警信号。

（2）回转带声、光型验电器。它是利用带电导体尖端放电产生的电风来驱使指示器叶片旋转，同时发出声、光信号。

2. 使用高压验电器注意事项

（1）使用验电器前，应先检查验电器的工作电压与被测设备的额定电压是否相符，验电器是否超过有效试验期。

（2）利用验电器的自检装置，检查验电器的指示器叶片是否旋转以及声、光信号是否正常。

（3）验电时，工作人员必须戴绝缘手套，并且必须握在绝缘棒护环以下的握手部分，不得超过护环。

（4）在验电时，应将验电器的金属接触电极逐渐靠近被测设备，一旦验电器开始正常回转，且发出声、光信号，即说明该设备有电，应立即将金属接触电极离开被测设备，以保证验电器的使用寿命。

（5）验电时，若指示器的叶片不转动，也未发出声、光信号，则说明验电部位已确无电压。

（6）在停电设备上验电前，应先在有电设备上验电，验证验电器功能正常。

（7）在停电设备上验电时，必须在设备进出线两侧各相分别验电，以防在某些意外情况下，可能出现一侧或其中一相带电而未被发现。

（8）验电时，验电器不应装接地线，除非在木梯、木杆上验电，不接地不能指示者，才可装接地线。

（9）验电器应按电压等级统一编号，每个电压等级的验电器现场至少保证 2 支。

（10）每次使用完毕，在收缩绝缘棒装匣或放入包装袋之前，应将表面尘埃拭净，再存放在柜内，保持干燥，避免积灰和受潮。

3. 检查与试验

（1）验电器在每次使用前都必须认真检查，主要检查绝缘部分有无污垢、损伤、裂纹；检查声、光信号是否正常。

（2）高压验电器应每半年进行一次预防性试验，试验标准见表 GYND00401004-1。

表 GYND00401004-1　　高压验电器的试验标准

电压等级（kV）	周　期	交流耐压（kV）	时间（min）	备　注
10	1 年	45	1	启动电压不高于额定电压的 40%，不低于额定电压的 15%
35		95		

三、辅助安全工器具

（一）绝缘手套、绝缘靴

1. 绝缘手套

绝缘手套可使人的双手与带电设备绝缘。因此，可作为在高压电气设备上操作的辅助安全工器具，在低压带电设备上工作时，又可作为基本安全工器具使用。

绝缘手套由特种橡胶制成。绝缘手套应有足够的长度，戴上后应超过手腕 10cm，另外对绝缘手套有严格电气要求，故普通的或医疗、化学用的手套不能代替绝缘手套。

2. 绝缘靴（鞋）

绝缘靴（鞋）在任何电压等级的电气设备上工作，均可作为与地保持绝缘的辅助安全工器具，同时，可作为防护跨步电压的基本安全工器具。

绝缘靴（鞋）也由特种橡胶制成，绝缘靴通常不涂漆，这点和涂以有光泽黑漆的橡胶水靴在外观上有所不同。

3. 使用绝缘手套和绝缘靴（鞋）时应注意的事项

（1）绝缘靴（鞋）不得当做雨鞋或其他用，同时，其他非绝缘靴（鞋）也不能代替绝缘靴（鞋）使用。

（2）每次使用前应进行外部检查，要求表面无损伤、磨损或破漏、划痕等，有砂眼漏气的禁止使用。检查绝缘手套的方法是：将手套，如手指方向卷曲，当卷到一定程度时，内部空气因体积减小、压力增大，手指鼓起而不漏气者，即为良好。

（3）使用绝缘手套时，最好里面戴上一双棉纱手套，这样夏天可防止出汗操作不便，冬季可以保暖。戴手套时，应将外衣袖口放进手套的伸长部分。

（4）为了使用方便，一般现场至少应配备大号和中号绝缘靴各一双，以方便使用。

（5）绝缘鞋的使用期限应以大底磨光为限，即当大底露出黄色面胶（绝缘层）时，就不能再穿了。

4. 绝缘手套和绝缘靴的保存

（1）绝缘手套和绝缘靴（鞋）使用后应擦净、晾干，绝缘手套还应洒上一些滑石粉，以免黏连。

（2）绝缘手套和绝缘靴应放在干燥通风的处所，即放在专用的橱、柜内，并与其他工具分开存放，上面不得准压任何物件。

（3）不得与石油类的油脂接触，合格的与不合格的绝缘手套、绝缘靴不能混放在一起，以免使用时拿错。

5. 绝缘手套、绝缘靴（鞋）的试验要求

绝缘手套、绝缘靴（鞋）应每半年试验一次。

（二）绝缘胶垫、绝缘台

1. 绝缘胶垫

绝缘胶垫又称绝缘胶板，也是一种辅助安全工器具，一般铺在配电装置室等地面上，以便带电操作开关时，增强操作人员的对地绝缘，同时可以用来防止接触电压和跨步电压对人体的伤害。在低压配电室地面上铺绝缘胶垫，操作时可代替绝缘手套和绝缘鞋，起到绝缘作用。因此在 1kV 及以下时，绝缘胶垫可作为基本安全工器具。

绝缘胶垫是特种橡胶制成的，为了防滑，常在其表面制有条纹。绝缘垫的规格有厚为 4、6、8、10、12mm 五种，宽度均为 1m，长度均为 5m。

（1）使用注意事项。

1）在使用过程中，要保持绝缘胶垫干燥、清洁，注意防止与酸、碱及各种油类物质接触，以免受腐蚀后老化，龟裂或变黏、降低其绝缘性能。

2）应避免与热源接触（如取暖炉等）或距热源太近，以防止绝缘胶垫急剧老化变质，破坏其绝缘性能。

3）使用过程中要经常检查绝缘胶垫有无裂纹、划痕等，发现有问题要立即禁用，并及时更换。

4）绝缘胶垫应每半年用低温肥皂水清洗一次。

（2）试验标准。绝缘胶垫每一年试验一次。在 1kV 及以上场所使用的绝缘垫，试验电压不低于 15kV。试验电压依其厚度的增加而增加，试验标准见表 GYND00401004-2。使用在 1kV 以下场所的绝缘垫，其试验电压为 5kV，试验时间都为 1min。

表 GYND00401004-2　　绝缘垫的试验标准

绝缘胶垫的厚度（mm）	4	6	8	10	12
试验电压（kV）	15	20	25	30	35
时　间（min）	1	1	1	1	1

2. 绝缘台

绝缘台也可用在任何电压等级的电力装置中，是带电工作的辅助安全工器具。绝缘台可代替绝缘垫或绝缘靴。绝缘台的台面用干燥的木板或木条做成，四脚用绝缘子做台脚。

为了便于移动或检视台脚绝缘子是否损坏，台面不宜太大，一般不大于 1.5m×1.0m；台面板条间距不大于 2.5cm，以免鞋跟陷入，绝缘子高度不小于 10cm。

（1）使用注意事项。

1）绝缘台多用于变电站和配电室内，用于户外时，应将其置于坚硬的地面，不应放在松软的地面或泥草中，以防陷入而降低其绝缘性能。

2）绝缘台的台脚绝缘子应无裂纹、破损，木质台面要保持干燥清洁。

3）绝缘台使用后应妥善保管，不得随意登、踩或做板凳坐用。

（2）试验标准。绝缘台一般 3 年试验 1 次。绝缘台试验标准与使用电压等级无关，一律加交流电压 40kV，持续时间为 2min。

四、一般防护安全工器具

（一）安全带

1. 安全带的作用

安全带是防止高空作业工人高空坠落的工器具。在建筑、电力、煤炭和机械等行业中，均广泛应用安全带。在架空线路杆、塔上和变电站户外构架上进行安装、检修、施工时，防止作业工人从高空摔跌，必须用安全带予以防护，否则就可能出事故，属于违章作业。

目前，我国确定用锦纶材料制造安全带的带、绳，它具有强度大、耐磨损、耐虫蛀、耐碱、老化慢的特点，并有较好的延伸性、回弹性，是制作安全带的理想材料。

安全带的质量标准主要是破断强度，即要求安全带在一定静拉力试验时不破断。双保险安全带如图 GYND00401004-3 所示。

《国家电网公司电力安全工作规程（线路部分）》中的 6.2.4 节规定："在杆塔上作业时，应使用有后备绳或速差自锁器的双控背带式安全带，当后保护绳超过 3m 时，应使用缓冲器。安全带和保护绳应分挂在杆塔不同部位的牢固构件上。后备保护绳不准对接使用。"双控背带式安全带如图 GYND00401004-4 所示。

图 GYND00401004-3 双保险安全带

图 GYND00401004-4 双控背带式安全带

2. 使用注意事项

（1）使用前，必须作一次外观检查，如发现破损、变质及金属配件有断裂，禁止使用。平时也应一个月作一次外观检查。

（2）安全带应高挂低用或水平围挂，切忌低挂高用，并应将活梁卡子系紧。

（3）安全带在使用和存放时，应避免接触 120℃以上的高温、明火和酸类物质，以及有锐角的坚硬物体和化学药物。

（4）安全带可放入低温水内，用肥皂轻轻擦洗，再用清水漂干净，然后晾干，不允许浸入热水中，以及在日光下曝晒或用火烤。

3. 试验标准

具体试验标准参见《国家电网公司电力安全工作规程（线路部分）》附录 M 登高工器具试验标准表中的相关要求。

（二）安全帽

安全帽是对人体头部受外力伤害起防护作用的安全工器具，由帽壳、帽衬、下颏带和后箍等组成，如图 GYND00401004-5 所示。它在电力系统的发电、供电、基建、施工等企业被广泛采用。

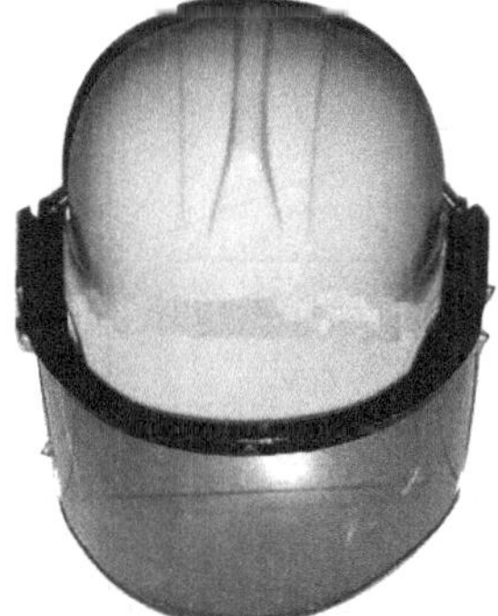

图 GYND00401004-5 安全帽

安全帽和其他防护安全工器具一样，在使用时，难免使人的操作行为受到约束。如果没有经过一定的安全教育，没有具备良好的安全意识，在作业中存在侥幸心，麻痹大意，在工作场所不戴安全帽，就可能发生人身伤害事故。

1. 安全帽的作用

安全帽的防护作用大体分为：

（1）对飞来物体击向头部时的防护。

（2）当工作人员从 2～3m 以上高处坠落时头部的防护。

（3）当工作人员在沟道内行走，障碍物碰到头部时的防护，或从交通工具上甩出时对头部的防护。

（4）对头部触电或电击时的防护。

为了有效地防止对工作人员头部的伤害，安全帽必须具备一定的条件，因此，安全帽在设计制作上必须结构合理，技术上必须达到有关的规定，同时必须正确使用和很好的维护。

2. 安全帽的技术性能

对安全帽的技术性能要求有两个方面，即基本要求和其他有关要求。具体试验标准参见《国家电网公司电力安全工作规程（线路部分）》附录M登高工具试验标准表中的相关要求。

3. 安全帽的使用与维护

每一个作业人员必须学会正确使用安全帽，因为如果戴法和使用不正确，就不能起到充分的防护作用。应注意以下几点：

（1）安全帽帽衬是起缓冲作用的，帽衬松紧是由带子调节的。

（2）安全帽必须戴正，不要把安全帽歪戴在脑后，否则，会降低安全帽对于冲击的防护作用。

（3）使用时，要把安全帽的下颌带系结实，否则可能发生在物体坠落时，由于安全帽掉落而起不到防护作用。

（4）安全帽在使用过程中，要爱护，不要在休息时坐在上边，以免使其强度降低或损坏。

（5）使用安全帽前应仔细检查有无龟裂、下凹、裂痕和磨损等情况，千万不要使用有缺陷的帽子。

（6）对于近电报警式安全帽，还应注意以下几点：

1）每次使用前，把灵敏开关置于高挡或低挡，然后按一下安全帽的自检开关，若能发出音响信号，即可使用。

2）头戴或手持近电报警安全帽接近检修架空电力线路或用电设备时，在报警距离范围（每种近电报警安全帽的开始报警距离不同，具体数据见厂家说明书）内，若发出报警声音，表明线路带电，否则不带电。

3）近电报警安全帽不能代替验电器。

4）当发现自检报警声音降低时，表明电池已快耗尽，应及时更换电池。同时要注意近电报警安全帽的保管，将其放置于室内干燥、通风和固定位置。

近电报警安全帽的报警距离见表GYND00401004-3。

表GYND00401004-3 近电报警安全帽的报警距离

型号 / 报警距离 n（m） / 线电压	DBM-III-A（n±30%）	DBM-III-B（n±20%）	型号 / 报警距离 n（m） / 线电压	DBM-III-A（n±30%）	DBM-III-B（n±20%）
380V	—	—	35kV	3.4	1.7
6kV	1	—	110kV	—	3.0
10kV	1.3	0.9	220kV	—	4.2

当进行架空线路检修、杆塔施工作业和在变电构件等处工作时，为防止在杆塔上的工作人员因与工具器材、构架相互碰撞而受伤，或杆塔、构架上工作人员失落工具和器材时，击伤地面人员，因此高处作业人员及地面上配合人员都应戴安全帽。

（三）个人保安线

1. 个人保安线的作用

使用个人保安线的目的是防止感应电压伤人。

工作地段如有邻近、平行、交叉跨越及同杆塔架设线路时，为防止停电检修线路上感应电压伤人，在需要接触或接近导线工作时，应使用个人保安线。

使用前必须确认所登杆塔是停电线路，且是待检修线路，并已挂好接地线。

2. 个人保安线的结构

个人保安线应使用带有透明护套的多股软铜线，截面积不得小于 16mm^2，且应带有绝缘手柄或绝缘部件。个人保安接地线如图 GYND00401004-6 所示。

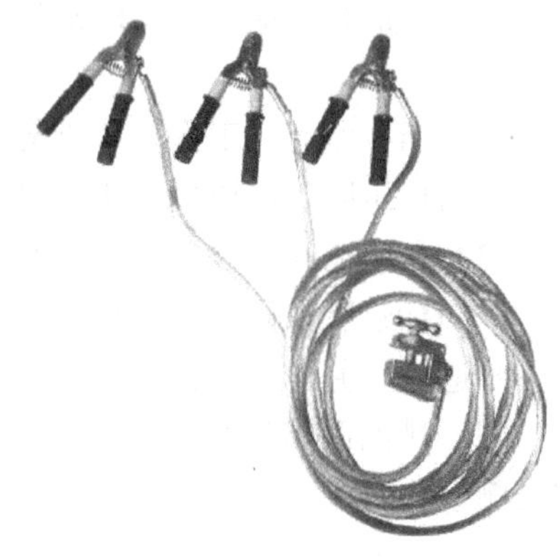

图 GYND00401004-6　个人保安接地线

3. 个人保安线的使用方法

个人保安线应在杆塔上接触或接近导线的作业开始前挂接，作业结束脱离导线后拆除。装设时，应先接接地端，后接导体端，且应接触良好，连接可靠。拆个人保安线的顺序与此相反。原则是谁装谁拆，专人负责。

4. 个人保安线使用注意事项

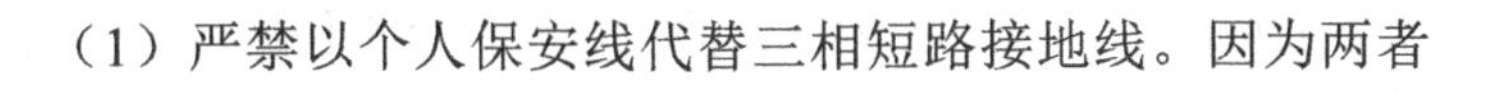

（1）严禁以个人保安线代替三相短路接地线。因为两者的作用和地位不同。三相短路接地线主要是用来限制入侵电压的幅值，防止意外来电包括感应电造成人身伤害，其截面要满足装设地点短路电流的要求，且不得小于 25mm^2。必须以三相短路接地线为主要措施，以个人保安线为辅助措施，不能主次颠倒，不能以个人保安线代替三相短路接地线。

（2）在杆塔或横担接地通道良好的条件下，个人保安线接地端允许接在杆塔或横担上。

（3）个人保安线的直流电阻试验周期不超过 5 年。

（四）遮栏

1. 遮栏的作用

遮栏主要用来防护工作人员意外碰触或过分接近带电部分而造成人身事故的一种安全防护用具，也可作为在检修时，工作位置与带电设备之间安全距离不够时的隔离用具。遮栏有一般遮栏、绝缘挡板和绝缘罩三种。

2. 遮栏的结构

一般遮栏用干燥的木材或其他坚韧的绝缘材料制成，不能用金属材料制作，高度至少应有 1.7m，应安置牢固妥当。绝缘挡板一般与带电部分离得很近，需用绝缘压板、云母板或有机玻璃等材料制作，且经过电气耐压试验合格后，方可使用。绝缘罩是在不能用遮栏的情况下，安装在带电设备上面并将其罩住，因此要求绝缘罩由具有高绝缘性、耐火、坚固的材料制成，安装时应特别小心，操作人员应戴绝缘手套，站在绝缘台上，并有人在旁监护。

3. 遮栏的使用

一般遮栏上应注有“止步、高压危险”的字样或悬挂其他标示牌，以提醒工作人员注意。绝缘挡板和绝缘罩也同其他绝缘工具一样，要定期进行绝缘试验，一般每年一次。

（五）标示牌

标示牌由安全色、几何图形和图形符号构成，用以表达特定的安全信息。安装标示牌是保证电气工作人员安全的重要技术措施。

1. 标示牌的作用

在电气设备上悬挂标示牌，是用来警告作业人员不得接近设备的带电部分，提醒作业人员在工作地点应采取安全措施，并指明应检修的工作地点，以及警示值班人员禁止向检修处的设备合闸送电等。

2. 标示牌的制作及分类

标示牌用木材或绝缘材料制作，不得用金属板制作。

标示牌根据用途可分为警告类、允许类、提示类和禁止类四类共 8 种，每种标示牌的式样及悬挂处所具体要求参见《国家电网公司电力安全工作规程（线路部分）》附录 J 标示牌式样部分。

3. 标示牌的使用和维护

电气用标示牌有 8 种，每一种都有其用途，而且有的要制作成两种尺寸规格，使用时一定要正确选择。另外，在有的场合，标示牌和临时遮栏要配合使用。使用标示牌时应注意以下几点：

（1）在一经合闸即可送电到工作地点的断路器和隔离开关的操作把手上，均应悬挂“禁止合闸，有人工作”的标示牌，对同时能进行远方和就地操作的隔离开关还应在隔离开关就地操作把手上悬挂标示牌。

（2）当线路有人工作时，则应在线路断路器和隔离开关的操作把手上悬挂“禁止合闸，线路有人工作”的标示牌，以提醒值班人员线路有人工作，以防向有人工作的线路合闸送电。

（3）在室内高压设备上工作时，应在工作地点的两旁间隔和对面间隔的遮栏上悬挂“止步，高压危险”的标示牌，以防止检修人员误入带电间隔。在进行电气试验时，应在禁止通行的过道上设围栏或临时遮栏，并向外悬挂“止步，高压危险”的标示牌，以警戒他人不许入内。

同一排的两组母线（工作与备用母线或分支母线），当一组母线检修时，应在两组母线分界处的检修侧设临时遮栏，并悬挂“止步，高压危险”的标示牌，以防误触带电母线。

（4）室外设备检修时，应在临时围栏四周向内悬挂适当数量的“止步，高压危险”的标示牌。

（5）在检修工作地点悬挂“在此工作”的标示牌，当一张工作票的工作有几个工作地点时，均应悬挂“在此工作”的标示牌，标示牌应悬挂在检修间隔的遮栏上，室外变电站停电设备和外壳上，隔离开关检修时，“在此工作”的标示牌应悬挂在隔离开关操作把手或隔离开关支架上。检修的隔离开关则悬挂“禁止合闸，有人工作”标示牌。

（6）在室外架构上工作时，应在工作地点邻近带电部分的横梁上悬挂“止步，高压危险”的标示牌。在工作人员上下的架构梯子上悬挂“由此上下”标示牌，标示牌一定要布置正确，并不得任意移动和拆除。

（7）标示牌用完以后，应妥善地分类保管在专用地点，如有损坏或数量不足时应及时更换或补充。

标示牌根据其用途可分为警告类、允许类、提示类和禁止类等共8种，每种标示牌式样及悬挂处所具体要求参见《国家电网公司电力安全工作规程（线路部分）》附录J或《国家电网公司电力安全工作规程（变电部分）》附录I。

标示牌的悬挂和拆除应按《国家电网公司电力安全工作规程（线路部分）》和《国家电网公司电力安全工作规程（变电部分）》的相关规定进行，标示牌的数目和布置地点应根据具体条件和安全工作的要求来决定。

（六）携带型接地线

1. 接地线的作用

当高压设备停电检修或进行其他工作时，为了防止停电检修设备突然来电和邻近高压带电设备所产生的感应电压对人体的危害及为了放尽断电电气设备的剩余电荷，使用携带型接地线也是必不可少的安全工器具。

2. 携带型接地线的结构

携带型接地线由三相短路线、接地线、专用夹头三部分组成，如图GYND00401004-7所示。

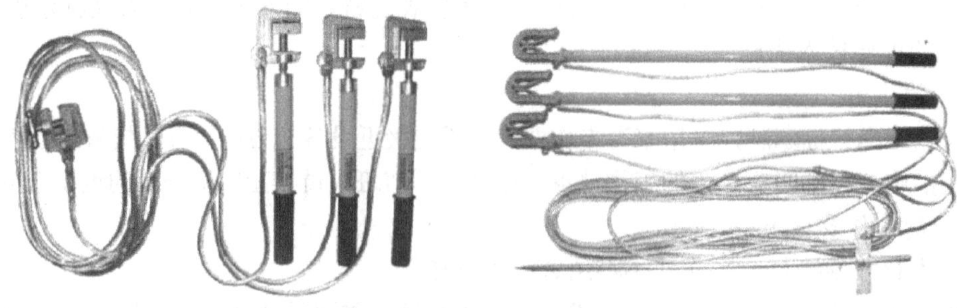

图GYND00401004-7 携带型接地线

3. 携带型接地线的使用和保管注意事项

（1）携带型接地线装拆顺序的正确与否是很重要的。挂接地线时，应先接好接地端，后挂导线端；拆除时，应先取下导线端线夹再拆除接地端，接地棒插地面以下不少于0.6m。

（2）接地线的连接器（线夹或线卡）装上后应接触良好，并有足够的夹持力，以防止短路电流幅值较大时，由于接触不良而熔断或在电动力作用下脱落。

（3）应检查接地铜线和短路铜线的连接是否牢固，一般应由螺钉紧固后，再加焊锡，以防熔断，导线截面不应小于 25mm^2。

（4）携带型接地线有统一编号，存放在固定的位置，以免在较复杂的系统中进行部分停电检修时，发生误拆或忘拆携带型接地线而造成的事故。

五、常用电气安全工器具的电气试验周期和标准

常用电气安全工器具的具体电气试验周期和标准参见《国家电网公司电力安全工作规程（线路部分）》附录 L。

【思考与练习】

1. 电气安全工器具是如何分类的？
2. 防护安全工器具有哪些？
3. 绝缘基本安全工器具有哪些？
4. 如何正确使用高压验电器？
5. 使用安全带的注意事项有哪些？
6. 携带型接地线的装拆顺序有什么规定？

第四十章　常用仪表使用

模块1　万用表、钳型电流表的使用（GYND00402001）

【模块描述】本模块包含万用表、钳型电流表的用途、基本原理和结构、使用方法和注意事项等内容。通过概念描述、原理分析、结构剖析、图解示意、流程介绍、要点归纳，掌握万用表、钳型电流表的使用方法。

【正文】

一、万用表、钳型电流表的使用

（一）用途

万用表一般可用来测量直流电压、直流电流、交流电压、交流电流和电阻，是电气设备检修、试验和调试等工作中常用的测量工具。

钳型电流表是维修电工常用的一种电流表，可在不切断电源的情况下进行电流测量，使用方便。

（二）基本原理和结构

1. 指针式万用表

指针式万用表由表头、测量电路及转换开关等主要部分组成。

（1）表头。它是一只高灵敏度的磁电式直流电流表，万用表的主要性能指标基本上取决于表头的性能。表头的灵敏度是指表头指针满刻度偏转时流过表头的直流电流值，这个值越小，表头的灵敏度越高。测电压时的内阻越大，其性能就越好。

（2）测量线路。测量线路是用来把各种被测量转换到适合表头测量的微小直流电流的电路，它由电阻、半导体元件及电池组成，能将各种不同的被测量（如电流、电压、电阻等）及不同量程，经过一系列的处理（如整流、分流、分压等）统一变成一定量程的微小直流电流送入表头进行测量。

（3）转换开关。其作用是用来选择各种不同的测量线路，以满足不同种类和不同量程的测量要求。

如图GYND00402001-1所示为MA1H指针式万用表的外形。

2. 数字式万用表

数字式万用表主要由视窗、功能按钮、转换开关和接线插孔等组成，内部为集成电路、电源。如图GYND00402001-2所示为VC9801A型数字万用表的外形。

图GYND00402001-1　MA1H指针式万用表外形

图GYND00402001-2　VC9801A型数字式万用表外形

数字式测量仪表目前广泛应用，有取代模拟式仪表的趋势。与模拟式仪表相比，数字式仪表灵敏度高，准确度高，显示清晰，过载能力强，便于携带，使用更简单。

3. 钳型电流表

钳型表电流表主要由一只电磁式电流表和穿心式电流互感器组成。穿心式电流互感器铁芯制成活动开口，且成钳型，故名钳型电流表，如图 GYND00402001-3 所示。穿心式电流互感器的二次绕组缠绕在铁芯上且与交流电流表相连，它的一次绕组即为穿过互感器中心的被测导线。旋钮实际上是一个量程选择开关，扳手的作用是开合穿心式互感器铁芯的可动部分，以便使其钳入被测导线。

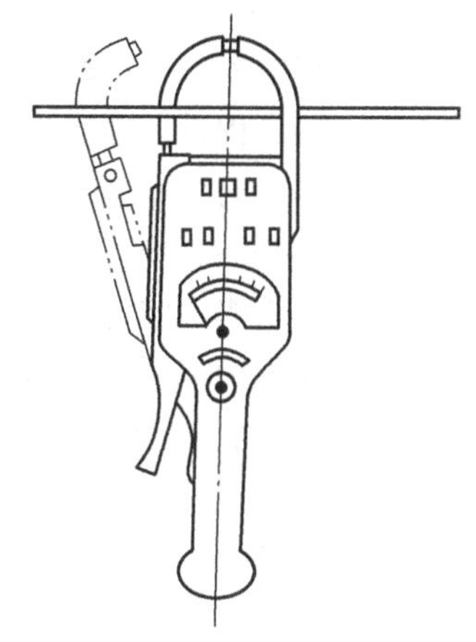

图 GYND00402001-3　指针式钳型电流表外形及使用方法示意图

测量电流时，按动扳手，打开钳口，将被测载流导线置于穿心式电流互感器的中间，当被测导线中有交变电流通过时，交流电流的磁通在互感器二次绕组中感应出电流，该电流通过电磁式电流表的线圈，使指针发生偏转，在表盘标度尺上指出被测电流值。

目前，钳型电流表也有指针式和数字式两种，数字式钳型电流表产品很多，功能多样，用法大同小异，使用时以具体的表计型号型式为准，参照说明书使用。

指针式钳型电流表的外形及使用方法如图 GYND00402001-3 所示。

二、使用方法和步骤

1. 指针式万用表的使用方法和步骤

（1）使用方法和步骤。

1）熟悉表盘上各符号的意义及各个旋钮和选择开关的主要作用。

2）进行机械调零。

3）根据被测量的种类及大小，选择转换开关的挡位及量程，找出对应的刻度线。

4）选择表笔插孔的位置。

5）测量电压。测量电压（或电流）时要选择好量程，如果用小量程去测量大电压，则会有烧表的危险；如果用大量程去测量小电压，那么指针偏转太小，无法读数。量程的选择应尽量使指针偏转到满刻度的 2/3 左右。如果事先不清楚被测电压的大小，应先选择最高量程挡，然后逐渐减小到合适的量程。

a. 交流电压的测量。将万用表的一个转换开关置于交、直流电压挡，另一个转换开关置于交流电压的合适量程上，万用表两表笔和被测电路或负载并联即可。

b. 直流电压的测量。将万用表的一个转换开关置于交、直流电压挡，另一个转换开关置于直流电压的合适量程上，且“+”表笔（红表笔）接到高电位处，“−”表笔（黑表笔）接到低电位处，即让电流从“+”表笔流入，从“−”表笔流出。若表笔接反，表头指针会反方向偏转，容易撞弯指针。

6）测量电流。测量直流电流时，将万用表的一个转换开关置于直流电流挡，另一个转换开关置于 50μA～500mA 的合适量程上，电流的量程选择和读数方法与电压一样。测量时必须先断开电路，然后按照电流从“+”到“−”的方向，将万用表串联到被测电路中，即电流从红表笔流入，从黑表笔流出。如果误将万用表与负载并联，则因表头的内阻很小，会造成短路而烧毁仪表。

7）测量电阻。用万用表测量电阻时，应按下列方法操作：

a. 选择合适的倍率挡。万用表欧姆挡的刻度线是不均匀的，所以倍率挡的选择应使指针停留在刻度线较稀的部分为宜，且指针越接近刻度尺的中间，读数越准确。一般情况下，应使指针指在刻度尺的 1/3～2/3 间。

b. 欧姆调零。测量电阻之前，应将 2 个表笔短接，同时调节“欧姆（电气）调零”旋钮，使指针刚好指在欧姆刻度线右边的零位。如果指针不能调到零位，说明电池电压不足或仪表内部有问题。

每换一次倍率挡，都要再次进行欧姆调零，以保证测量准确。

c. 读数。表头的读数乘以倍率，就是所测电阻的电阻值。

（2）注意事项。

1）在测电流、电压时，不能带电换量程。

2）选择量程时，要先选大的，后选小的，尽量使被测值接近于量程。

3）测电阻时，不能带电测量。因为测量电阻时，万用表由内部电池供电，如果带电测量则相当于接入一个额外的电源，可能损坏表头。

4）使用完毕，应使转换开关在交流电压最大挡位或空挡上。

5）日常维护事项。日常维护注意妥善保管，检查绝缘，定期校验。

2. 数字式万用表的使用方法步骤

（1）使用方法和步骤。

1）使用前，应认真阅读有关的使用说明书，熟悉电源开关、量程开关、插孔、特殊插口的作用。

2）将电源开关置于“ON”位置。

3）交、直流电压的测量。根据需要将量程开关拨至“DCV”（直流）或“ACV”（交流）的合适量程，红表笔插入“V/Ω”孔，黑表笔插入“COM”孔，并将表笔与被测线路并联，读数即显示。

4）交、直流电流的测量。将量程开关拨至“DCA”（直流）或“ACA”（交流）的合适量程，红表笔插入“mA”孔（＜200mA 时）或“10A”孔（＞200mA 时）,黑表笔插入“COM”孔，并将万用表串联在被测电路中即可。测量直流量时，数字万用表能自动显示极性。

5）电阻的测量。将量程开关拨至“Ω”的合适量程，红表笔插入“V/Ω”孔，黑表笔插入“COM”孔。如果被测电阻值超出所选择量程的最大值，万用表将显示“1”，这时应选择更高的量程。测量电阻时，红表笔为正极，黑表笔为负极，这与指针式万用表正好相同。因此，测量晶体管、电解电容器等有极性的元器件时，必须注意表笔的极性。

（2）注意事项。

1）如果无法预先估计被测电压或电流的大小，则应先拨至最高量程挡测量一次，再视情况逐渐把量程减小到合适位置。测量完毕，应将量程开关拨到最高电压挡，并关闭电源。

2）满量程时，仪表仅在最高位显示数字“1”，其他位均消失，这时应选择更高的量程。

3）测量电压时，应将数字万用表与被测电路并联。测电流时应与被测电路串联，测直流量时不必考虑正、负极性。

4）当误用交流电压挡去测量直流电压，或者误用直流电压挡去测量交流电压时，显示屏将显示“000”，或低位上的数字出现跳动。

5）禁止在测量高电压（220V 以上）或大电流（0.5A 以上）时换量程，以防止产生电弧，烧毁开关触点。

6）当显示 “BATT”或“LOW BAT”时，表示电池电压低于工作电压。

3. 钳型电流表的使用方法和步骤

（1）使用方法和步骤。

1）测量前，应先检查钳型铁芯的橡胶绝缘是否完好无损。钳口应清洁、无锈，闭合后无明显的缝隙。

2）测量时，应先估计被测电流大小，选择合适量程。若无法估计，可先选较大量程，然后逐挡减小，转换到合适的挡位。转换量程挡位时，必须在不带电情况下或者在钳口张开情况下进行，以免损坏仪表。

3）测量时，被测导线应尽量放在钳口中部，钳口的结合面如有杂声，应重新开合一次，若仍有杂声，应处理结合面，以使读数准确。另外，不可同时钳住两根导线。

4）测量 5A 以下电流时，为得到较为准确的读数，在条件许可时，可将导线多绕几圈，放进钳口测量，其实际电流值应为仪表读数除以放进钳口内的导线根数。

（2）注意事项。

1）钳型电流表不得测高压线路的电流，被测线路的电压不得超过钳型电流表所规定的额定电压，只限于被测电路的电压不超过 600V，以防绝缘击穿和人身触电。

2）测量前应估计被测电流的大小，选择合适的量程，不可用小量程挡测大电流。在测量过程中不得切换量程挡，以免产生高压伤人和损坏设备。钳型电流表是利用电流互感器的原理制成的，电流互感器二次侧不准开路。

3）每次测量只能钳入一根导线。测量时应将被测导线钳入钳口中央位置，以提高测量的准确度。测量结束应将量程开关扳到最大量程位置，以便下次安全使用。

4）测量 5A 以下小电流时，为得到准确的读数，可将被测导线多绕几圈穿入钳口进行测量，实际电流数值应为钳型电流表读数除以放进钳口内的导线根数。

5）测量时应注意相对带电部分的安全距离，以免发生触电事故。

6）测量时应注意钳口夹紧，防止钳口不紧造成读数不准。

7）日常维护事项。应妥善保管，定期检查校验。维修时不要带电操作，以防触电。

【思考与练习】

1. 为什么用万用表测量电阻时不能带电进行？

2. 为什么不能用万用表的欧姆挡测量电气设备的绝缘电阻？

模块 2　绝缘电阻表的使用（GYND00402002）

【模块描述】本模块包含绝缘电阻表的用途、基本原理和结构、使用方法和注意事项等内容。通过概念描述、原理分析、结构剖析、图解示意、流程介绍、要点归纳，掌握绝缘电阻表的使用方法。

【正文】

一、用途

绝缘电阻表俗称兆欧表，又称摇表，是用来测量大阻值电阻和绝缘电阻的专用仪器，其外形如图 GYND00402002-1 所示。

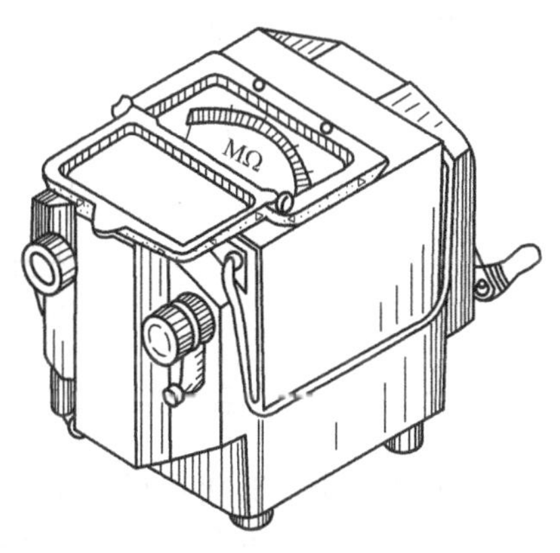

图 GYND00402002-1　绝缘电阻表外形图

二、基本原理和结构

绝缘电阻表由一个手摇发电机和一个磁电式比率表两大部分构成，手摇发电机提供高电压测量电源，电压范围为 500～5000V，磁电式比率表是测量两个电流比值的仪表，由电磁力产生反作用力矩来测量电器设备的绝缘电阻值。根据绝缘电阻表测量结果，可以简单地鉴别电气设备绝缘的好坏。常用的绝缘电阻表额定电压为 500、1000、2500V 等几种。它的标度尺单位是兆欧（MΩ）。

绝缘电阻表有三个接线端子：① 标有“线路”或“L”的端子（也称相线），接于被测设备的导体上；② 标有“地”或“E”的端子，接于被测设备的外壳或接地；③ 标有“屏蔽”或“G”的端子，接于测量时需要屏蔽的电极。

三、具体操作步骤

1. 绝缘电阻表的选择

要根据所测量的电气设备选用绝缘电阻表的最高电压和测量范围。测量额定电压在 500V 以下的设备时，宜选用 500～1000V 的绝缘电阻表；测量额定电压在 500V 以上的设备时，应选用 1000～2500V 的绝缘电阻表。

2. 绝缘电阻表使用方法

1）使用前要检查指针的“0”与“∞”位置是否正确。检查方法是，先使“L”、“E”两接线端开路，将绝缘电阻表放在适当的水平位置，摇动手柄至发电机额定转速（一般为 120r/min）后，指针应指在"∞"位置上。如不能达到"∞"，说明测试用引线绝缘不良或绝缘电阻表本身受潮。应用干燥清洁的软布，擦拭"L"端与"E"端子间的绝缘，必要时将绝缘电阻表放在绝缘垫上，若还达不到"∞"值，则应更换测试引线。然后再将"L"、"E"两端子短路，轻摇发电机，指针应指在"0"位置上。如指针不指零，说明测试引线未接好或绝缘电阻表有问题。

2）绝缘电阻表的测试引线应选用绝缘良好的多股软线，"L"、"E"两端子引线应独立并分开，避免缠绕在一起，以提高测试结果的准确性。

3）在摇测绝缘时，应使绝缘电阻表保持额定转速，一般为 120～150r/min。测试开始时先将"E"端子引线与被测设备外壳与地相连接，待转动摇柄至额定转速后再将"L"端子引线与被测设备的测试极相碰接，待指针稳定后（一般为 1min），读取并记录电阻值。在整个测试过程中摇柄转速应保持匀速，避免忽快忽慢。测试结束后，应先将"L"端子引线与被测设备的测试极断开，再停止摇柄转动。这样做主要是防止被测设备的电容对绝缘电阻表反充电而损坏表针。

3. 绝缘电阻表测量绝缘电阻的接线和操作方法

（1）测量导线的对地绝缘电阻如图 GYND00402002-2 所示，"E"接线端可靠接地，"L"接线端与被测线路相连。

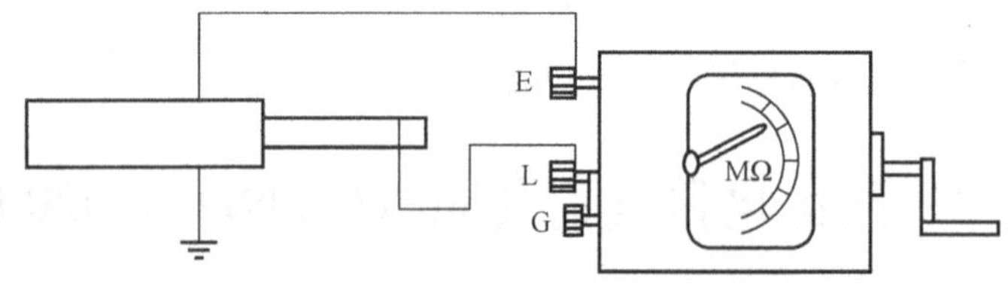

图 GYND00402002-2　测量导线的对地绝缘电阻示意图

（2）测量电动机的绝缘电阻时，将绝缘电阻表的"E"接线端接机壳，"L"接线端接电动机的绕组，如图 GYND00402002-3 所示，然后进行摇测。

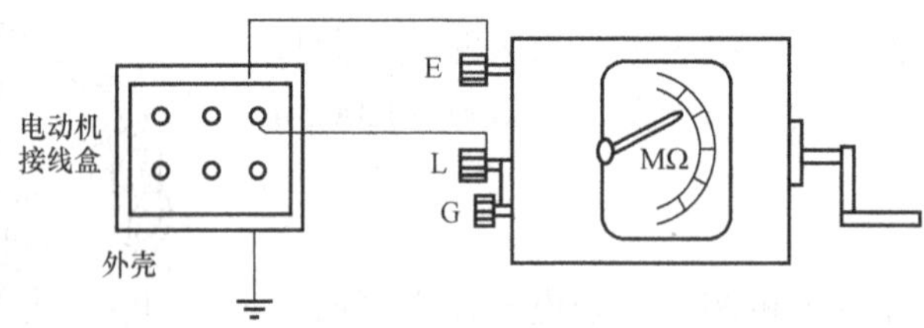

图 GYND00402002-3　测量电动机导线对外壳、对地的绝缘电阻示意图

（3）测量电缆的线芯和外壳的对地绝缘电阻时，除将外壳接"E"接线端，线芯接"L"接线端外，中间的屏蔽层还需和"G"接线端相接，如图 GYND00402002-4 所示。

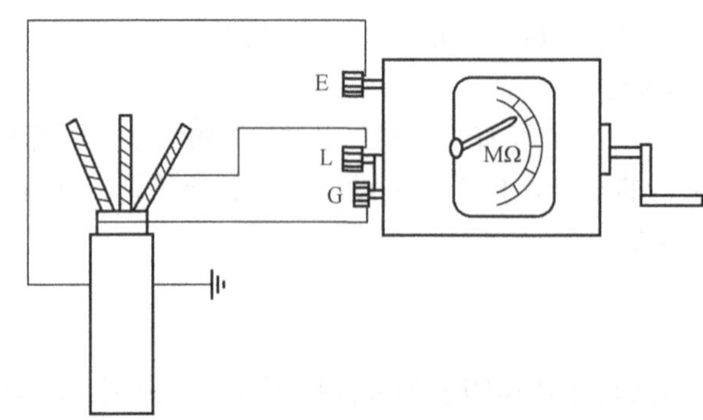

图 GYND00402002-4　测量电缆的线芯和外壳的对地绝缘电阻示意图

测量时，转动手柄要平稳，应保持 120r/min 的转速。电气设备的绝缘电阻随着测量时间的长短而有所不同，通常以 1min 后的指针指示为准，测量中如果发现指针指零，应停止转动手柄，以防表内线圈过热而烧坏。在绝缘电阻表停止转动和被测设备放电以后，才可拆除测量连线。

（4）绝缘电阻表记录读数时，应同时记录当时的环境温度和湿度，便于比较不同时期的测量结果，分析测量误差的原因。

（5）绝缘电阻表接线柱的引线，应采用绝缘良好的多股软线，同时各软线不能绞在一起。

四、注意事项

（1）绝缘电阻表的发电机电压等级应与被测物的耐压水平相适应，以避免被测物的绝缘击穿。

（2）禁止摇测带电设备，当摇测双回路架空线路或母线时，若一路带电，不得测量另一路的绝缘电阻，以防高压的感应电危害人身和仪表的安全。

（3）严禁在有人工作的线路上进行测量工作，以免危害人身安全。雷电时禁止用绝缘电阻表在停电的高压线路上测量绝缘电阻。

（4）在绝缘电阻表没有停止转动或被测设备没有放电之前，切勿用手去触及被测设备或绝缘电阻表的接线柱。

（5）使用绝缘电阻表摇测设备绝缘时，应由两人进行。

（6）摇测用的导线应使用绝缘线，两根引线不能绞在一起，其端部应有绝缘套。

（7）在带电设备附近测量绝缘电阻时，测量人员和绝缘电阻表的位置必须选择适当，保持与带电体的安全距离，以免绝缘电阻表引线或引线支持物触碰带电部分。移动引线时，必须注意监护，防止工作人员触电。

（8）摇测电容器、电力电缆、大容量变压器、电机等设备时，绝缘电阻表必须在额定转速状态下，方可将测量笔接触或离开被测设备，以免因电容放电而损坏仪表。

（9）测量电器设备绝缘时，必须先断电，经放电后才能测量。

五、日常维护事项

要妥善保管绝缘电阻表，定期检验，不合格不得再使用。

【思考与练习】

1. 绝缘电阻表的用途是什么？
2. 用绝缘电阻表可以进行绝缘材料的哪些试验？
3. 测量额定电压在 500V 以下的设备时，宜选用多大规格的绝缘电阻表？

模块 3　接地电阻测试仪的使用（GYND00402003）

【模块描述】本模块包含接地电阻测试仪的用途、基本原理和结构、使用方法和注意事项等内容。通过概念描述、原理分析、结构剖析、图解示意、流程介绍、要点归纳，掌握接地电阻测试仪的使用方法。

【正文】

一、用途

接地电阻测试仪是专门用于测量电气接地装置和避雷接地装置的接地电阻大小的仪器，又称接地摇表，一般有 0～10Ω 和 0～1000Ω 两种量程规格。

二、基本原理和结构

接地电阻测量仪与绝缘电阻表一样，在结构上由一个高灵敏的检流计和手摇发电机、电流互感器及滑线电阻组成。ZC–8 接地电阻测试仪外观如图 GYND00402003-1 所示。

图 GYND00402003-1　ZC–8 型接地电阻测试仪外观图

三、具体操作步骤

1. 测量接线

如图 GYND00402003-2（a）所示为三端卤接地电阻测量接线方式，将被测接地极 E′与端钮 E 相连，电位探测棒 P′和电流探测棒和 C′分别与端钮 P、C 连接后，将电位探测棒 P′、

C′沿直线各相距20m插入地中。

如采用四端钮测量仪时，应将端钮C2、P2的短接片打开，分别用导线接到被测接地体上，并使端钮P2接在靠近接地极的一侧，如图GYND00402003-2（b）所示。

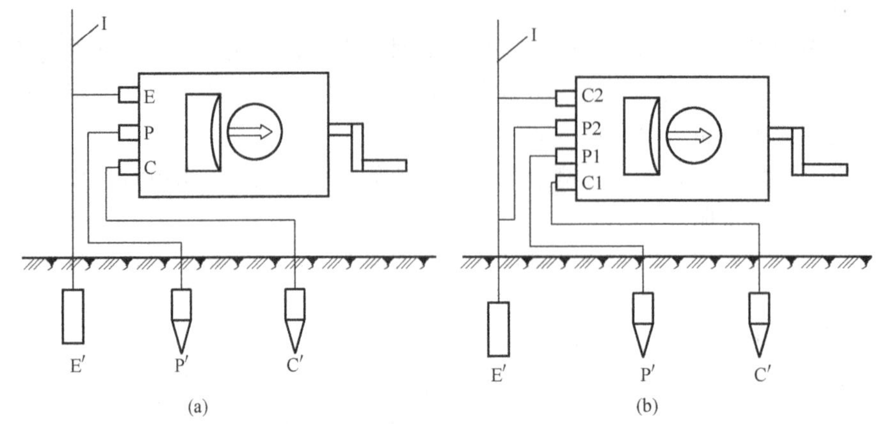

图GYND00402003-2 接地电阻仪测量接线图

（a）三端钮接地电阻测量接线；（b）四端钮接地电阻测量接线

E′—被测接地极；P′—电位探测棒；C′—电流探测棒；I—接地引下线

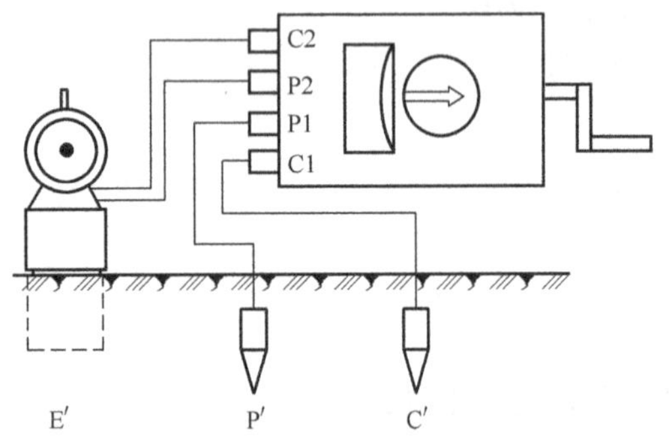

图GYND00402003-3 测量小于1Ω电阻式的接线

E′—被测接地极；P′—电位探测棒；C′—电流探测棒

在使用小量程接地电阻测试仪测量小于1Ω的接地电阻时，应将四端钮中的C2与P2间的短接片打开，且分别用导线连接到被测接地体上，如图GYND00402003-3所示。这样，可以消除测量时连接导线电阻引起的误差影响。

2. 操作步骤

测量线路接地电阻时的具体步骤如下：

（1）拆开接地干线与接地体的连接点，或拆开接地干线上所有接地支线的连接点。

（2）对拆开的接地线断开处装设临时接地线。

（3）将2支测量接地棒分别插入离接地体20m与40m远的地下，注意，均应垂直插入地面以下400mm处。

（4）将接地电阻测试仪放在接地体附近平整的地方，然后进行接线，接线方法如图GYND00402003-2（a）所示。

1）用一根短的5m连接线连接表上端钮E和接地装置的接地体；

2）用一根长的连接线连接表上端钮C和40m远处的接地棒；

3）用一根较长的连接线连接表上端钮P和20m远处的接地棒；

4）根据被测接地体的电阻要求，调节好粗调旋钮（接地电阻测试仪上有三挡可调范围）；

5）以约120r/min的转速均匀摇动手柄，当表针偏离中心时，边摇动手柄边调节细调拨盘，直至表针居中并稳定后为止；

6）以细调拨盘的读数×粗调定位倍数，其结果便是被测接地体的接地电阻值。如细调拨盘指到0.3，粗调定位倍数是10，则测得接地电阻为0.3×10=3（Ω）。

（5）测完后，拆除接地电阻表测量接线，恢复接地干线与接地体的连接点，拆除临时接地线。

四、注意事项

（1）测量前应将接地装置与被保护的电气设备断开，不准带电测试接地电阻。

（2）测量前仪表应水平放置，然后调零。

（3）接地电阻测试仪不准开路摇动手柄，否则将损坏仪表。

（4）将倍率开关放在最大倍率挡，慢慢摇动发电机手柄，同时调整“测量标度盘”，当指针接近中心红线时，再加快发电机的转速使其达到稳定值（120r/min），此时继续调整“测量标准盘”，直至检流计平衡，使指针稳定地指在红线位置。此时“测量标度盘”所指示的数值乘以“倍率标度盘”指示值，即为接地装置的接地电阻值。

（5）使用接地电阻测试仪时，探针应选择土壤较好的地段，如果仪表的表针指示不稳，可适当调整电位探棒的深度。测量时尽量避免与高压线或地下管道平行，以减少环境对测量的干扰。

（6）刚下雨后不要测量接地电阻，因为这时所测的数值不是平时的接地电阻值。

五、日常维护事项

接地电阻测试仪日常存放时要注意避免受潮和重力摔碰，要定期检查和校验。

【思考与练习】

1. 接地电阻测试仪的用途是什么？
2. 接地电阻测试仪的组成是什么？
3. 画出接地电阻测试仪测量接地电阻的接线图。

模块 4　单臂、双臂电桥的使用（GYND00402004）

【模块描述】本模块包含单臂、双臂电桥的用途、基本原理和结构、使用方法和注意事项等内容。通过概念描述、原理分析、结构剖析、图解示意、流程介绍、要点归纳，掌握单臂、双臂电桥的使用方法。

【正文】

一、直流单臂电桥

（一）用途

电桥是用比较法测量电阻的电工测量仪器。电桥的种类很多，测量中等阻值（10～$10^6\Omega$）的电阻要用惠斯登单臂电桥进行测量；若要测量更大阻值的电阻，一般采用高电阻电桥或绝缘电阻表；而要测量阻值较小的电阻，一般采用双臂电桥（开尔文电桥）。电桥准确度高、稳定性好，所以被广泛用于电磁测量、自动调节和自动控制中。惠斯登单臂电桥是最基本的直流单臂电桥。

电桥产品非常多，直流单臂电桥常用的有 QJ23、QJ57 型等。

（二）基本原理和结构

直流单臂电桥又称惠斯登单臂电桥，是用来测量中等阻值电阻的比较式仪器，适用于测量 1～1MΩ的电阻。它的主要特点是灵敏度高、准确度高。

1. 直流单臂电桥的工作原理

图 GYND00402004-1 是直流单臂电桥的原理电路。被测电阻 R_x 以及标准电阻 R_2、R_3、R_4 构成四个桥臂。测量时调节 R_4 使检流计 G 的指示为零，电桥达到平衡，有

$$R_x = \frac{R_2}{R_3} R_4 \qquad \text{(GYND00402004-1)}$$

电阻 R_2 和 R_3 的比值常配成固定比例，叫做电桥的比率臂，而电阻 R_4 称为比较臂，这样根据式（GYND00402004-1）调节电桥平衡时比较臂数值乘以比率臂的比率，就得到被测电阻的阻值。

由于标准电阻 R_2、R_3 和 R_4 的准确度可达到 10^{-3} 以上，而且检流计可检测很小的电流从而保证电桥处于相当精确的平衡状态，所以可制出准确度比较高的直流单臂电桥。

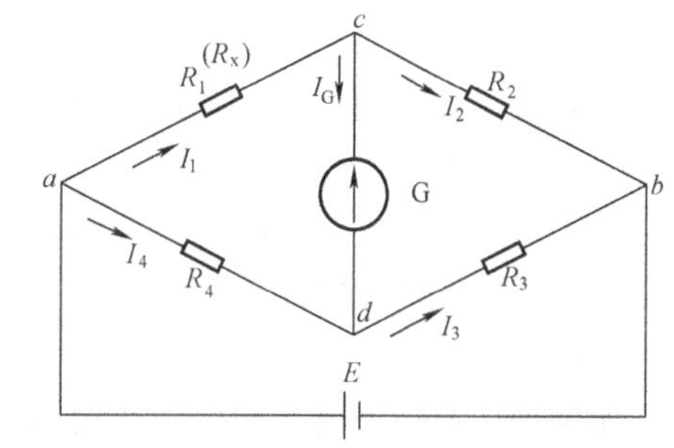

图 GYND00402004-1　直流单臂电桥原理接线图

2. 结构

图 GYND00402004-2 是 QJ23 型直流单臂电桥的面板结构示意图，组成部分见图下的说明。

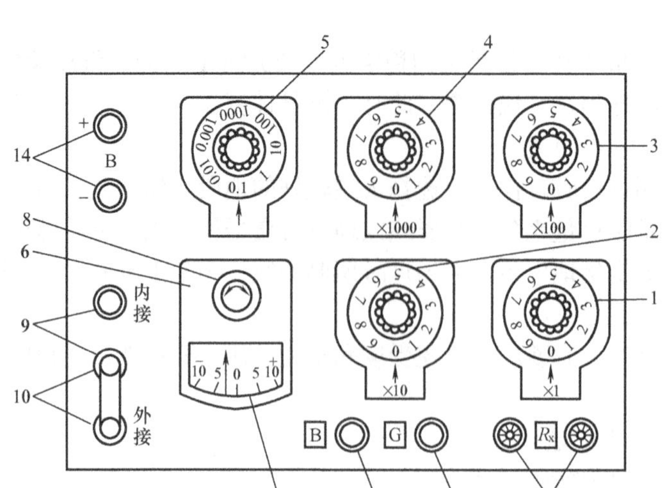

图 GYND00402004-2 QJ23 型直流单臂电桥面板示意图

1、2、3、4—比较臂的个、十、百、千四位数读盘及旋钮；5—比率臂读数盘及调节倍率旋钮；6—检流计；7—检流标度盘；8—检流计调零器；9—内接检流计的接线柱；10—外接检流计接线柱；11—电源按钮；12—检流计按钮；13—被测电阻接线柱；14—外接电源接线柱

（三）具体操作步骤

（1）测量前先打开检流计锁扣，并调节调零器使指针指零。

（2）用粗短导线将被测电阻 R_x 接到标有“R_x”的两个接线柱之间，且将接线柱拧紧。

（3）根据被测电阻 R_x 的大致数值（可用万用表粗测），选择适当的比率臂。比率臂的选择一定要保证比较臂的 4 个挡都能用上，以确保测量结果有 4 位有效数字。例如，当被测电阻 R_x 约几欧时，应选择 0.001 比率挡；十几欧或几十欧时，应选择 0.01 比率挡，以此类推。如果不注意比率臂和比较臂的合理配合，不但会降低读数精度，还可能在测试中使电桥处于极不平衡状态而打弯指针，严重时还会损坏检流计。

（4）测量时应先按下电源按钮 B，再按下检流计按钮 G，观察检流计指针的偏转情况。指针向“+”方向偏转，需增大比较臂阻值，反之，则减小比较臂阻值，如此反复进行，直到电桥平衡，指针指零。注意：调节过程中不能将检流计按钮锁住，只有当检流计指示已接近零值时，才能将按钮锁住（调节过程采用试探性按压）。

（5）电桥平衡后，根据比率臂和比较臂的示值，按下式计算被测电阻大小

$$\text{被测电阻值}(\Omega) = \text{比率臂示值} \times \text{比较臂示值}$$

（6）测量完毕后，应先松开检流计按钮 G，再松开电源支路按钮 B；特别是在具有电感元件的测量过程中，更应注意这一点。否则，在电源突然断开时产生的自感电动势，可能会将检流计损坏。

（7）使用完毕后，将检流计的锁扣锁上，以防止搬动过程中将悬丝振坏。若检流计无锁扣，则应将检流计短接。直流单臂电桥不用时，应将电池取出。

（四）注意事项

（1）按线路图电流回路接线，标准电阻和未知电阻连接到双臂电桥时要注意接线顺序。

（2）先将铝棒（后测铜棒）安装在测试架刀口下面，将端头顶到位，螺钉拧紧。

（3）检流计在×1 和×0.1 挡进行调零、测量。

（五）日常维护事项

直流单臂电桥不工作时，再拨到短路挡进行保护。

二、直流双臂电桥

（一）用途

如果使用直流单臂电桥测量小电阻（1Ω以下），由于连接被测电阻的接线电阻及接线接头处接触电阻的影响，可能给测量结果带来不能容许的误差。用直流双臂电桥则可消除接线电阻和接触电阻的影响。

直流双臂电桥又称开尔文电桥，适用于测量电机和变压器绕组的电阻、分流电阻等小电阻。

直流双臂电桥有 QJ42、QJ44 型等。

（二）基本原理和结构

直流双臂电桥的原理电路如图 GYND00402004-3 所示。被测电阻 R_x 和作为比较臂的标准电阻 R_n 各有 4 个端钮，C_{n1}、C_{n2} 和 C_{x1}、C_{x2} 是它们的电流端钮，P_{n1}、P_{n2} 和 P_{x1}、P_{x2} 是它们的电位端钮。接线时必须使电位端钮紧靠电阻，而电流端钮在电位端钮的外侧，否则将无法消除和减少接线电阻及接触电阻对测量结果的影响。标准电阻的电流端 C_{x2} 之间用电阻为 R 的粗导线连接起来。R_1、R_2、R_3 和 R_4 是桥臂电阻，其阻值均在 10Ω以上。

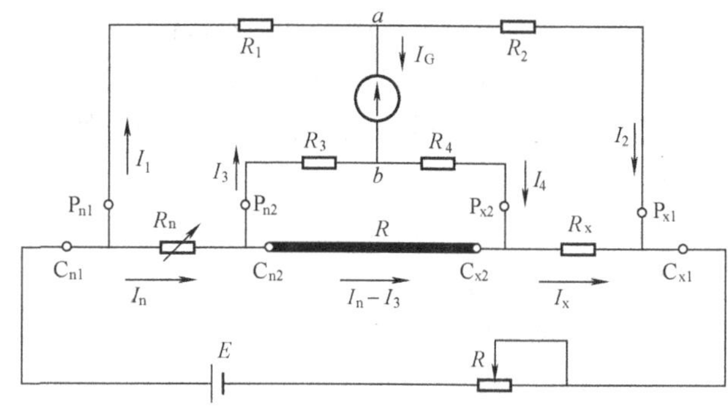

图 GYND00402004-3　直流双臂电桥原理电路图

适当选择四个桥臂电阻，使得 $\frac{R_3}{R_1}=\frac{R_4}{R_2}$，可使电桥平衡（$I_G=0$ 时），则

$$R_x=\frac{R_2}{R_1}R_n \qquad \text{（GYND00402004-2）}$$

即被测电阻 R_x 只取决于比例臂 R_2 和 R_1 的比值和比较臂标准电阻 R_n 的阻值，而与 R、R_3 和 R_4 无关。与单臂电桥一样，R_2 和 R_1 的比值称为电桥的比率臂，R_n 称为电桥的比较臂电阻，根据式（GYND00402004-2）调节电桥平衡时比较臂电阻数值，再乘以比率臂的比率，就得到被测电阻的阻值。

由图 GYND00402004-3 可知，电流端钮 C_{n1} 和 C_{x1} 串联在电源支路中，它们的接线电阻和接触电阻只影响电源支路电流的大小，对电桥的平衡没有影响，即对测量结果的影响被消除。电位端钮 P_{n1}、P_{n2} 和 P_{x1}、P_{x2} 的接线电阻与接触电阻串联在四个桥臂中，而 4 个电位端钮的接线电阻和接触电阻与四个桥臂电阻相比是微不足道的，这就减小这部分电阻对测量结果的影响。最后，电流端钮 C_{n2} 和 C_{x2} 是串联于粗导线 R 中，它们的接线电阻和接触电阻对 R 阻值的影响较大，但由于 R 对 R_x 没有影响，所以消除了这部分电阻对测量结果的影响。

如图 GYND00402004-4 所示 QJ103 型直流双臂电桥的面板结构示意图。

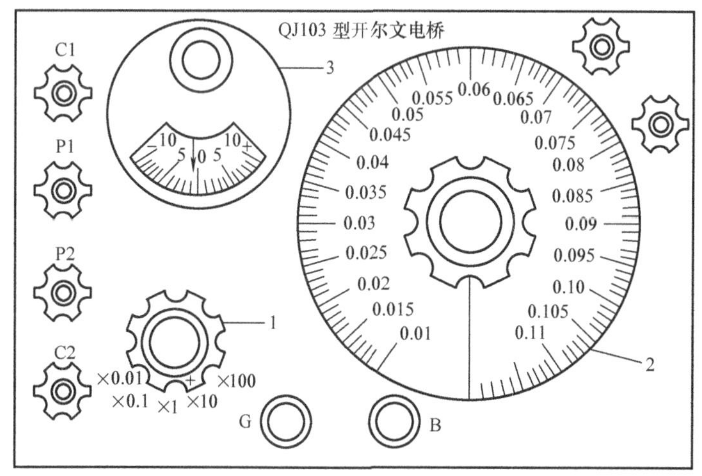

图 GYND00402004-4　QJ103 型直流双臂电桥的面板结构示意图

1—比率臂旋钮；2—比较臂读数盘；3—检流计；C1、C2—被测量电阻的电流端钮；

P1、P2—被测电阻的电位端钮；B—电源按钮；G—检流计按钮

(三)具体操作步骤

直流双臂电桥的使用方法与前述直流单臂电桥基本相同。具体使用时参照双臂电桥的实际型号和说明书进行。

(四)注意事项

(1)被测电阻的电流端钮和电位端钮应和电桥的对应端钮正确连线，才能保证排除接线电阻和接触电阻的影响。若被测电阻没有两对端钮，也要设法引出4根线按上述原则与双臂电桥相连接。

(2)连接导线应尽量短而粗，导线接头应接触良好。

(3)直流双臂电桥的工作电流较大，测量时要迅速，以避免电池的无谓消耗。

(五)日常维护事项

电桥不工作时，拨到短路挡进行保护，要妥善保管。

【思考与练习】

1. 电桥测量的原理是什么？
2. 电桥平衡的条件是什么？
3. 写出电桥平衡方程式。
4. 直流单臂电桥和直流双臂电桥的适用范围如何？

第十三部分

规程、规范及标准

国家电网公司
生产技能人员职业能力培训专用教材

第四十一章　电力安全工作规程

模块 1　《农村安全用电规程》(GYND00201003)

【模块描述】本模块包含农村安全用电的基本要求、责任方的职责及本规程的适用范围等内容。通过概念描述、术语说明、条文解释、要点归纳，掌握《农村安全用电规程》。

【正文】

一、范围、引用标准

本规程规定了农村安全用电的基本要求和责任方的职责，适用于农村电网的管理、经营、使用活动。

引用标准：GB/T 13869—2008《用电安全导则》；DL/T 477—2001《农村低压电气安全工作规程》；DL/T 499—2001《农村低压电力技术规程》；《国家电网公司农电事故调查与统计规定》；《电力设施保护条例》(1998 年 1 月 7 日中华人民共和国国务院令第 239 号)。

二、安全用电管理中各责任方的职责

电力管理部门、电力企业和电力使用者都应该明确并履行各自的职责。

三、安全用电要求

(1) 安全用电、人人有责。

(2) 用户受、用电设施的选型、设计、安装和运行维护应符合国家和行业的有关标准的规定。

(3) 用户用电或临时用电应向当地电力企业申请。

(4) 用电设施安装应符合 DL/T 499—2001 规定的要求，验收合格后方可接电，不准私拉乱接用电设备。临时用电期间用户应设专人看管临时用电设施，用完及时拆除。

(5) 严禁私自改变低压系统运行方式，禁止采用“一相一地”方式用电。

所谓“一相一地”，就是从电源上只引来一根相线，接于灯泡；再把另一端线埋在地下，将大地作中性线使用。该行为属违章用电。

(6) 严禁私设电网防盗和捕鼠、狩猎、捕鱼。

(7) 严禁使用挂钩线、破股线、地爬线和绝缘不合格的导线接电。

“挂钩线”是指用电户自己将相、中性线用挂、钩方式接到架空电源线上使用，该行为属违章用电。

“地爬线”是指用电设备电源线随地乱拉、乱敷设，并对导线无任何保护措施。该敷线方式存在很大安全隐患。

(8) 严禁攀登、跨越电力设施的保护围墙或遮栏。

(9) 严禁往电力线、变压器上扔东西。

(10) 不准在电力线附近放炮采石。

(11) 不准靠近电杆挖坑或取土，不准在电杆上拴牲畜，不准破坏拉线，以防倒杆断线。

(12) 不准在电力线路上挂晒衣物。晒衣线（绳）与低压电力线要保持 1.25m 以上的水平距离。

(13) 不准通信线、广播线与电力线同杆架设。通信线、广播线和电力线进户时要明显分开。

(14) 不得在电力线路的保护区内盖房子、打井、打场、堆柴草、栽树和种植自然生长最终高度与电力线路的导线之间不符合垂直和水平安全距离规定的竹子、树木。

(15) 在电力线附近立井架、修理房屋和砍伐树木时，必须经当地电力企业或产权人同意，采取防范措施。当发生纠纷时，由当地电力管理部门依法协调。

(16) 演戏、放电影、钓鱼和集会等活动要远离架空电力线路和其他带电设备，防止触电伤人。

(17) 船只通过跨河线时，应及早放下桅杆；马车通过电力线时，不要扬鞭；机动车辆行驶或田间作业时，不要碰电杆和拉线。

（18）教育儿童不玩弄电气设备，不爬电杆，不摇晃拉线，不爬变压器台，不要在电力线附近打鸟、放风筝和有其他损坏电力设施、危及安全的行为。

（19）发现电力线断落时，不要靠近；如距离导线的落地点 8m 以内时，应及时将双脚并立，按导线落地点反方向跳离，并看守现场或立即找电工处理。

（20）发现有人触电，不要赤手拉触电人，应尽快断开电源，并按《国家电网公司电力安全工作规程（线路部分）》附录 R“紧急救护法”要求进行抢救。

（21）必须跨房的低压电力线与房顶的垂直距离应保持 2.5m 及以上，对建筑物的水平距离应保持 1.25m 及以上。

（22）架设电视天线时应远离电力线路，天线杆与高低压电力线路的最小距离应大于杆高 3.0m，天线拉线与上述电力线路的净空距离应大于 3.0m。

（23）剩余电流动作保护器动作后，应迅速查明跳闸原因，排除故障后方能投运。

（24）家庭用电禁止拉临时线和使用带插座的灯头。

（25）用户发现有线广播喇叭发出怪叫时，不准乱动设备，要先断开广播开关，再找电工处理。

（26）擦拭灯头、开关、电器时，要断开电源后进行。更换灯泡时，要站在干燥木凳等绝缘物上。

（27）用电器具出现异常，如电灯不亮，电视机无影或无声，电冰箱、洗衣机不启动等情况时，要先断开电源，再作修理，如果用电器具同时出现冒烟、起火或爆炸的情况，不要赤手去切断电源开关，应尽快找电工处理。

（28）用电器具的外壳、手柄开关、机械防护有破损、失灵等有碍安全情况时，应及时修理，未经修复不得使用。

（29）Ⅰ类用电器具及其启动装置外露可导电部分，均应按照低压电力系统运行方式的要求装设保护接地。

（30）新购置的长时间停用的用电设备，使用前应检查绝缘情况。

（31）为防止电气火灾事故，用电客户应严格遵守相关规定。

（32）有爆炸危险场所、严重腐蚀场所、高温场所的安全检查应按 GB/T 13869—2008 的要求及有关规定执行。

（33）彩灯安装应满足有关要求。

（34）用电设备采用特低安全电压（交流有效值 55V 以下）供电时，必须满足有关条件。

（35）用户自备电源和不并网电源的使用和安装应符合国家电力技术标准和有关规程的规定和要求。凡有自备电源或备用电源的用户，在投入运行前要向电力部门提出申请并签订协议，必须装设在电网停电时防止向电网返送电的安全装置（如联锁、闭锁装置等）。

（36）凡需并网运行的农村电源必须依法与电力企业签订《并网协议》后方可并网运行。

（37）当发生农村人身触电伤亡事故时，按 DL/T 633—1997《农电事故调查统计规程》的规定进行事故调查处理和责任划分。

【思考与练习】

1. 哪些电气设备属于用户受、用电设施？
2. 低压电力线跨越房屋建筑物时安全距离有何规定？
3. 架设电视天线时与电力线路之间的安全距离有何规定？

模块 2 《农村低压电气安全工作规程》(GYND00201004)

【模块描述】本模块主要介绍《农村低压电气安全工作规程》主体结构。通过规程概要介绍、案例分析，引导《农村低压电气安全工作规程》的学习和实践。

【正文】

一、范围、引用标准

本规程规定了农村低压电网安全工作的基本要求和保证安全的措施，适用于县级及以下从事低压电气工作的人员。

引用标准：《国家电网公司电力安全工作规程（线路部分）、（变电部分）》，DL/T 499—2001《农村低压电力技术规程》。本规程如有与《国家电网公司电力安全工作规程（线路部分）、（变电部分）》不同之处，应遵照《国家电网公司电力安全工作规程（线路部分）、（变电部分）》。

二、基本要求

1. 电气工作人员

具备必要的安全生产知识，学会紧急救护法，特别要学会触电急救。各类作业人员应接受相应的安全生产教育和岗位技能培训，经考试合格后上岗。

2. 电气设备

高压电气设备，电压等级在1000V及以上者；低压电气设备，电压等级在1000V以下者。

3. 配电线路和设备巡视检查

在巡视检查中，发现有威胁人身安全的缺陷时，应采取全部停电、部分停电或其他临时性安全措施，不得越过遮栏或围墙。

4. 电气操作

电气操作必须根据值班负责人的命令执行，执行时应由两人进行，低压操作票由操作人填写，每张操作票只能执行一个操作任务。

三、保证安全工作的组织措施、技术措施

（1）在低压电气设备上工作，保证安全的组织措施。在低压电气设备上工作，工作票的使用应按从事工作的类型正确填写相应的工作票。同时工作票签发人、工作负责人（监护人）、工作许可人、工作班成员的职责明确。

进行电力线路施工作业、工作票签发人或工作负责人认为有必要现场勘察的检修作业，施工、检修单位均应根据工作任务组织现场勘察，并填写现场勘察记录，现场勘察由工作票签发人组织。

现场勘察应查看现场施工（检修）作业需要停电的范围、保留的带电部位和作业现场的条件、环境及其他危险点等。

1）工作票制度。工作票应用黑色或蓝色的钢（水）笔或圆珠笔填写与签发，一式两份，内容应正确，填写应清楚，不得任意涂改。如有个别错、漏字需要修改时，应使用规范的符号，字迹应清楚。一张工作票中，工作票签发人和工作许可人不得兼任工作负责人。第一、二种工作票和带电作业工作票的有效时间，以批准的检修期为限。

工作票所列人员的安全责任应明确。各项目负责人不得随意越位指挥。

2）工作许可制度。填用第一种工作票进行工作，工作负责人应在得到全部工作许可人的许可后，方可开始工作。

填用电力线路第二种工作票时，不需要履行工作许可手续。

3）工作监护制度和现场看守制度。工作负责人、专责监护人应始终在工作现场，对工作班人员的安全进行认真监护，及时纠正不安全的行为。若工作负责人必须长时间离开工作现场时，应由原工作票签发人变更工作负责人，履行变更手续，并告知全体工作人员及工作许可人。原、现工作负责人应作好必要的交接。

4）工作间断和转移制度。在工作中遇雷、雨、大风或其他任何情况威胁到工作人员的安全时，工作负责人或专责监护人可根据情况，临时停止工作。需要临时停止工作时，安全措施可以保留，并派专人看管，恢复工作前，应检查接地线等各项安全措施的完整性。

5）工作终结、验收和恢复送电制度。完工后，工作负责人（包括小组负责人）应检查线路检修地段的状况，确认在杆塔上、导线上、绝缘子串上及其他辅助设备上没有遗留的个人保安线、工具、材料等，查明全部工作人员确由杆塔上撤下后，再命令拆除工作地段所挂的接地线。接地线拆除后，应即认为线路带电，不准任何人再登杆进行工作。

（2）在全部停电和部分停电的电气设备上工作时，必须完成下列技术措施：

1）停电（断开电源）。

2）验电。验电时，应使用相应电压等级、合格的接触式验电器。

3）挂接地线。装设接地线时，应先接接地端，后接导线端，接地线应接触良好，连接应可靠。拆接地线的顺序与此相反。

工作地段如有邻近、平行、交叉跨越及同杆塔架设线路，为防止停电检修线路上感应电压伤人，在需要接触或接近导线工作时，应使用个人保安线。

4）装设遮栏和悬挂标示牌。

四、架空线路工作要求

架空线路施工中的挖坑工作，立杆和撤杆工作，电杆上工作，放线、撤线和紧线工作应符合安全操作规程。同时起重运输工作也应做好各项安全措施。

五、邻近带电导线的工作要求

做好各项安全检查和安全措施，并与带电导线、设备保持足够的安全距离。

六、低压间接带电作业要求

进行间接带电作业时，作业范围内电气回路的剩余电流动作保护器必须投入运行。

七、室内线路和电动机安装使用要求

（1）室内线路安装安全注意事项。

（2）电动机安装、使用安全注意事项。

八、砍伐树木工作要求

砍伐树木工作应严格遵守作业规定，并做好各项安全措施。

九、测量工作与仪表使用

（1）电气测量工作要求。

（2）使用绝缘电阻表安全注意事项。

（3）使用钳型电流表安全注意事项。

（4）使用万用表安全注意事项。

十、安全工器具的使用与保管要求

其中绝缘安全工器具试验项目、周期和要求参见《国家电网公司电力安全工作规程（线路部分）》附录L内容。

十一、其他工作要求

在没有脚手架或者在没有栏杆的脚手架上工作，高度超过1.5m时，应使用安全带，或采取其他可靠的安全措施；遇有电气设备火灾时，应立即将有关设备的电源切断，然后进行救火。

十二、案例分析

【例GYND00201004-1】某年某月某日，某安装公司发生一起误登杆触电坠落人身事故。

1. 事故经过

某安装公司线路二班，按照公司生技科周计划布置的“拔杆子工作”任务，计划于某月某日拔除某变电所出口线路移位后8根空混凝土杆。当天上班出工前，班组作了工作安排，工作任务为“某变拔杆”，口头指定张××为工作负责人，金××（负责工作地点附近的低压线路停电措施）、王××等4人为分负责人，工作班成员有阮××、陈××、杨××、李××（4人均为劳务工，明确为上杆人员，要求带好上杆工具）等十几人。在工作布置过程中，有关人员分别在站班会记录卡上签了名。

8时3分左右，工作班人员准备工具后乘坐工程车出发，工作负责人随后乘吊机前往现场。约20min后，工作班到达现场，随后负责低压停电措施的分负责人金××叫4名上杆人员上杆工作，拆除附件，但未作具体分配，也没有落实监护人。其间，现场人员发现现场无导线的单杆共有9根，其中距8根空混凝土杆12m处的一根杆上有电缆等设备，并且有人提出电缆杆是否有电，应验电。但金××认为都是空杆，未对工作范围作进一步核实，又因工作任务是拔空杆，现场人员均未带验电器，而未进行验电。随后工作负责人乘吊机到现场，进行吊机定位工作，此时工作班人员已开展工作。

8 时 34 分，阮××在无人监护情况下，误登运行中的铁路 315 线 1 号杆。在登杆过程中，左手臂攀拉同侧电缆头时造成引线相间短路，被电弧烧灼，从约 7m 处坠下至泥地上，即送市第二医院抢救。经诊断，烧伤面积 28%（均为Ⅰ、Ⅱ度），左胸第 6 根肋骨骨折。

2. 事故原因分析

这起性质恶劣的人身触电伤害并高空坠落事故，是由现场组织措施和安全技术措施不落实、严重违章指挥、违章作业等一系列原因造成的。

事故原因分析如下：

（1）事故的直接原因是误登不属于作业范围的处于带电状态的设备，工作前未进行验电，违章冒险作业，致使阮××受电伤并高空坠落。

（2）工作班成员越位违章指挥是事故主要的间接原因。低压停电措施分负责人在工作负责人未到位前，未弄清施工设备情况，落实监护人，确证杆上设备是否带电的情况下，越位违章指挥。

（3）现场的组织措施不落实是事故的间接原因之一。所指派的工作负责人不具备资格。对简单工作，不重视，未进行现场踏勘，拔杆未使用施工作业票，站班会卡流于形式。分工不明确，任务不清，事实上相当部分的工作人员对施工现场设备情况不了解，甚至不清楚应拔几根杆子，盲目施工。

（4）现场安全技术措施不落实是事故的间接原因之二。拨杆附近有条低压线路，虽落实了停电措施负责人，但停电负责人未带验电器和短路接地线。在现场有人提出要对电缆杆进行验电，未落实人员进行验电，违反安规“保证安全的技术措施”有关规定，严重违章。

（5）职工素质、自我保护意识差也是应注意的事故原因之一。工作分项负责人知道自己担任工作负责人违反安规规定；工作负责人到现场看到工作班未经布置已开展工作时，也未能及时制止。工作班人员在非工作负责人越位违章指挥时，无人制止。工作班人员看到现场设备情况有疑问，虽提出对不明设备要进行验电，但在现场无验电器情况时未坚持。上杆人员在设备带电情况不清、没有验电器的情况下，盲目服从，上杆违章作业。

【例 GYND00201004-2】

1. 违章情况

某年某月某日某电力有限公司在 10kV 105 新乔线上滨配电变压器迁移施工现场检查时存在以下违章问题：

（1）该电力工程 A 公司进行配电变压器迁移工作，但现场使用的是低压第一种工作票（而工作人员在高压侧拆跌落式熔断器、避雷器及引下线等高压装置）。

（2）在配电变压器 10kV 侧工作，未经许可人同意，未办理任何设备停电申请手续，也未得到任何工作许可，即开工。

（3）在配电变压器 10kV 侧工作，未实施验电、挂接地线等安全技术措施。

（4）工作人员杆上作业未带吊绳，故拆下设备导致高空抛物，经指出，将吊绳抛给工作人员。

（5）工作人员杆上作业未使用后备保险绳。

2. 违章分析

（1）《国家电网公司安全工作规程（线路部分）》2.3.2.2 规定“在全部或部分停电的配电设备上的工作应填用电力线路第一种工作票”。A 分公司对配电变压器迁移工作使用何种工作票认识不清，没使用电力线路第一种工作票而使用低压工作票工作，违反了工作票管理规定。

（2）《国家电网公司电力安全工作规程（线路部分）》2.4.4 规定“若停电线路作业还涉及其他单位配合停电的线路时，工作负责人应在得到指定的配合停电设备运行管理单位联系人通知这些线路已停电和接地，并履行工作许可书面手续后，才可开始工作”。但是工作负责人未经任何许可即指派工作人员在配电变压器 10kV 侧进行工作，违反了上述安规条文。

（3）《国家电网公司电力安全工作规程（线路部分）》9.1.5 规定“进行配电设备停电作业前，应断开可能送电到待检修设备、配电变压器各侧的所有线路（包括用户线路）断路器（开关）、隔离开关（刀闸）和熔断器，并验电、接地后，才能进行工作”。在配电变压器 10kV 侧进行工作，未实施验电、挂接地线等安全技术措施，违反了上述安规条文。

（4）同时还违反了《国家电网公司安全工作规程（线路部分）》6.2.4 和 6.2.5 的规定。

【思考与练习】

1. 填写低压第一种、第二种工作票的工作范围是哪些？
2. 如何正确验电操作？
3. 如何正确挂接地线操作？
4. 电气设备检修如何悬挂标示牌？
5. 简述使用钳型电流表安全注意事项。
6. 简述使用万用表安全注意事项。

模块 3 《国家电网公司农电事故调查与统计规定》(GYND00201005)

【模块描述】本模块包含安全生产事故的种类、事故调查的程序、统计报告以及安全考核等内容。通过概念描述、术语说明、条文解释、要点归纳，掌握国家电网公司对农电安全管理要求，规范农电生产和农村人身触电伤亡事故的调查分析和统计。

【正文】

一、总则

（1）为贯彻“安全第一、预防为主”方针，加强国家电网公司系统农电安全管理，规范农电生产和农村人身触电伤亡事故的调查分析和统计，总结经验教训，研究事故规律，采取预防措施，依据《中华人民共和国安全生产法》、最高人民法院《关于审理触电人身损害赔偿案件若干问题的解释》、DL 558—1994《电业生产事故调查规程》、DL/T 633—1997《农电事故调查统计规程》和 DL 493—2001《农村安全用电规程》等法律、法规、规程，特制定本规定。

（2）事故调查必须实事求是，尊重科学，做到事故原因不清楚不放过，事故责任者和应受教育者没有受到教育不放过，没有采取防范措施不放过，事故责任者没有受到处罚不放过（简称“四不放过”）。

（3）县供电企业应积极主动配合当地政府安全生产监督管理部门，做好农村人身触电伤亡事故的调查认定工作。

（4）事故统计报告要及时、如实、准确、完整；事故统计分析应与设备可靠性分析相结合，全面评价安全水平。

（5）任何单位和个人不得对本规定作出降低事故性质标准的解释；任何单位和个人对违反本规定、隐瞒事故或阻碍事故调查的行为有权越级反映。

（6）本规定适用于国家电网公司系统农电安全管理。其事故（障碍）定义、调查程序、统计结果、考核项目不作为处理和判定民事责任的依据。

二、事故（障碍）

1. 人身事故

（1）与电力生产有关的工作是指输变电、供电、发电、试验、电力建设、调度等生产性工作。如设备设施的运行、检修、施工安装、试验、生产性管理工作（领导和管理部门人员到生产现场检查、巡视、调研属生产性管理工作）以及电力设备的更新改造、业扩、客户电力设备的安装、检修和试验等工作，包括在外地区、外系统从事与电力生产有关工作时发生的人身伤亡事故。

电力生产有关工作过程中发生的人身伤亡包括劳动过程中违反劳动纪律而发生的人身伤亡。

职工在劳动过程中因病导致伤亡，经县以上医院诊断和劳动安全主管部门调查，确认系职工本人疾病造成的，不按职工伤亡事故统计。

职工“干私活”发生伤亡不作为电力生产伤亡事故，但有下列情况之一的不作为“干私活”：

1）具体工作人员的工作任务是由上级（包括班组长）安排的。

2）具体工作人员的行为不是以个人得利为目的。

生产性急性中毒是指生产性毒物中毒。食物中毒和职业病不属本规程统计范围。

（2）凡职工乘坐企业的交通车上下班、参加企业组织的文体活动、外出开会等发生的交通事故，不作为电力生产事故。

2. 农村人身触电伤亡事故

在农村公用供电设施（包括县供电公司资产、客户资产）和属客户私有资产的用电设施上，发生的非因电力生产工作所导致的人身触电伤亡事故，定义为农村人身触电伤亡事故。不再考虑伤亡者的身份。

三、事故调查

1. 即时报告

上报应按照逐级上报原则进行。县供电企业应先上报市（地）级电力公司农电安全主管部门和企业所在地的负有安全生产监督管理责任的政府部门、公安部门、工会；市（地）级农电安全主管部门再上报省（自治区、直辖市）电力公司农电安全主管部门。

发生农村人身触电伤亡事故，县供电企业应无论责任归属，立即向市（地）级电力公司农电安全主管部门和企业所在地负有安全生产监督管理责任的政府部门报告。对于重伤以上事故，市（地）级电力公司农电安全主管部门应立即再向省（自治区、直辖市）农电安全主管部门报告。

2. 调查组织

（1）人身事故。

1）电力生产人身事故。

2）农村人身触电伤亡事故。由于农村人身触电伤亡事故的具体责任认定由当地政府的安全监督管理部门或法院来决定。其认定事故责任的时间较长，为了及时按“四不放过”原则进行事故处理，县供电企业应在事故发生之初，就成立企业内部调查组，与当地政府的安全监督管理部门同时进行事故调查，对企业负同等及以上责任的事故，独立填写企业内部《农村人身触电伤亡事故报告》。

（2）设备事故。设备事故分特大设备事故、重大设备事故、一般设备事故和设备一类障碍。

1）特大设备事故由国家电网公司或其授权部门组织调查组进行调查，并由调查组专业技术人员填写《设备事故报告》。

2）重大设备事故由发生事故的县供电企业领导组织安监、生技（基建）、调度以及其他有关部门和车间（工区、工地、供电所）负责人参加调查组进行调查，并由调查组技术人员填写《设备事故报告》。

3）一般设备事故由设备事故的县供电企业组织安监、生技（基建）、调度以及其他有关部门和车间（工区、工地、供电所）人员参加调查，并由事故调查组织单位的技术人员填写《设备事故报告》。

4）设备一类障碍由车间（工区、工地、供电所）负责组织调查，并由企业或车间（工区、工地、供电所）技术人员填写《设备一类障碍报告》。

3. 调查程序

（1）电力生产事故。

1）保护事故现场。

2）绘制事故现场示意图。如电气系统事故时实时方式状态图、受害者位置图等，并标明尺寸。

3）收集原始资料。

4）调查事故情况。

5）分析原因责任。

6）提出防范措施。事故调查组应根据事故发生、扩大的原因和责任分析，提出防止同类事故发生、扩大的组织措施和技术措施。

7）提出人员处理意见。对下列情况应从严处理。

a. 违章指挥、违章作业、违反劳动纪律造成事故的。

b. 事故发生后隐瞒不报、谎报或在调查中弄虚作假、隐瞒真相的。

c. 阻挠或无正当理由拒绝事故调查，拒绝或阻挠提供有关情况和资料的。

在事故处理中积极恢复设备运行和抢救、安置伤员；在事故调查中主动反映事故真相，使事故调查顺利进行的有关事故责任人员，可酌情从宽处理。

8）事故调查报告书。

（2）农村人身触电伤亡事故。

1）发生农村人身触电伤亡事故时，县供电企业在接到报告后应立即向上级主管部门和当地政府安全生产监督管理部门汇报，应派员赶赴出事地点，配合当地公安机关保护现场、抢救人员，对事故现场进行调查。在未查清事故原因，或未采取有效措施前，不能盲目送电。

2）根据事故调查的事实，如果县供电企业负有责任的，应成立企业内部事故调查组，通过直接原因和间接原因的分析，确定事故的直接责任者和领导责任者；根据其在事故发生过程中的作用，确定事故发生的主要责任者、次要责任者、事故扩大的责任者。提出本企业内部防范措施和人员处理意见。

3）事故资料的归档保存。

四、统计报告

1. 事故报告

事故应由事故调查组填写事故调查报告书。

一般生产人身死亡及重伤事故由市（地）电力公司批复，并报省（自治区、直辖市）电力公司备案，由其再向国家电网子公司或国家电网公司上报备案。其余事故均由省（自治区、直辖市）及以上单位批复，并上报上级单位备案。

2. 例行报告、报表

有关单位应每月将所有发生事故、一类障碍和有关安全情况分别填写对应的报告、报表。

五、安全考核

1. 考核项目

县供电企业应考核以下内容：特大、重大事故次数，职工死亡、重伤人数，电网事故次数，设备事故次数，安全周期个数，县供电企业负同等及以上责任的农村人身触电伤亡事故次数，死亡、重伤人数。

2. 安全记录

安全记录为连续无事故的累计天数，安全记录达到100天为一个安全周期。

【思考与练习】

1. 如何认定农村人身触电伤亡事故?
2. 设备事故、设备障碍是如何划分的?
3. 事故调查的程序是怎样的?
4. 哪些电力生产事故应从严处理?
5. 如何处理农村人身触电伤亡事故?

第四十二章 电能计量相关规程

模块1 《电能计量装置技术管理规程》(GYND00202006)

【模块描述】本模块包含《电能计量装置技术管理规程》的电能计量装置的分类及技术要求，投运前的管理，运行管理，计量检定与修调，电能计量信息管理，电能计量印、证管理，技术考核与统计等内容。通过对本规程重点条款的介绍，掌握电能计量装置技术管理的要求。

【正文】

电能计量装置包括各种类型电能表，计量用电压、电流互感器及其二次回路，电能计量柜（箱）等。电能计量装置管理是指包括计量方案的确定、计量器具的选用、订货验收、检定、检修、保管、安装竣工验收、运行维护、现场检验、周期检定（轮换）、抽检、故障处理、报废的全过程管理，以及与电能计量有关的电压失压计时器、电能量计费系统、远方集中抄表系统等相关内容的管理。电能计量装置管理以供电营业区划分范围，以供电企业、发电企业管理为基础，以分类、分工、监督、配合、统一归口管理为原则。

供电企业应有电能计量技术管理机构，负责本供电营业区内的电能计量装置业务归口管理，并设立电能计量专职（责）人，处理日常计量管理工作。供电企业应根据工作和管理需求设立电能计量技术机构。电能计量技术机构应具有用以进行各项工作的工作场所，应有专职（责）工程师负责处理疑难计量技术问题、管理维护标准装置和标准器、电能计量计算机信息系统和人员技术培训等。

一、电能计量装置的分类及技术要求

1. 电能计量装置分类

运行中的电能计量装置按其所计量电能量的多少和计量对象的重要程度分5类（Ⅰ、Ⅱ、Ⅲ、Ⅳ、Ⅴ）进行管理。

（1）Ⅰ类电能计量装置。月平均用电量500万kWh及以上或变压器容量为10 000kVA及以上的高压计费用户、200MW及以上发电机、发电企业上网电量、电网经营企业之间的电量交换点、省级电网经营企业与供电企业的供电关口计量点的电能计量装置。

（2）Ⅱ类电能计量装置。月平均用电量100万kWh及以上或变压器容量为2000kVA及以上的高压计费用户、100MW及以上发电机、供电企业之间的电量交换点的电能计量装置。

（3）Ⅲ类电能计量装置。月平均用电量10万kWh及以上或变压器容量为315kVA及以上的计费用户、100MW以下发电机、发电企业厂（站）用电量、供电企业内部用于承包考核的计量点、考核有功电量平衡的110kV及以上的送电线路电能计量装置。

（4）Ⅳ类电能计量装置。负荷容量为315kVA以下的计费用户、发供电企业内部经济技术指标分析、考核用的电能计量装置。

（5）Ⅴ类电能计量装置。单相供电的电力用户计费用电能计量装置。

2. 电能计量装置的接线方式

（1）接入中性点绝缘系统的电能计量装置，应采用三相三线有功、无功电能表。接入非中性点绝缘系统的电能计量装置，应采用三相四线有功、无功电能表或3只感应式无止逆单相电能表。接入中性点绝缘系统的3台电压互感器，35kV及以上的宜采用Yy方式接线；35kV以下的宜采用Vv方式接线。接入非中性点绝缘系统的3台电压互感器，宜采用YNd方式接线。其一次侧接地方式和系统接地方式相一致。

（2）低压供电，负荷电流为50A及以下时，宜采用直接接入式电能表；负荷电流为50A以上时，宜采用经电流互感器接入式的电能表。对三相三线制接线的电能计量装置，其2台电流互感器二次绕组与电能表之间宜采用四线连接。对三相四线制连接的电能计量装置，其3台电流互感器二次绕组与电能表之间宜采用六线连接。

3. 电能计量装置准确度等级

各类电能计量装置应配置的电能表、互感器的准确度等级不应低于相关标准。

Ⅰ、Ⅱ类用于贸易结算的电能计量装置中电压互感器二次回路电压降应不大于其额定二次电压的0.2%，其他电能计量装置中电压互感器二次回路电压降应不大于其额定二次电压的0.5%。

4. 电能计量装置的配置原则

贸易结算用的电能计量装置原则上应设置在供用电设施产权分界处。Ⅰ、Ⅱ、Ⅲ类贸易结算用电能计量装置应按计量点配置计量专用电压、电流互感器或者专用二次绕组。电能计量专用电压、电流互感器或专用二次绕组及其二次回路不得接入与电能计量无关的设备。

互感器二次回路的连接导线应采用铜质单芯绝缘线。对电流二次回路，连接导线截面积应按电流互感器的额定二次负荷计算确定，应不小于 $4mm^2$。对电压二次回路，连接导线截面积应按允许的电压降计算确定，应不小于 $2.5mm^2$。互感器实际二次负荷应在25%～100%额定二次负荷范围内；电流互感器额定二次负荷的功率因数应在0.8～1.0；电压互感器额定二次功率因数应与实际二次负荷的功率因数接近。电流互感器额定一次电流的确定，应保证其在正常运行中的实际负荷电流达到额定值的60%左右，至少应不小于30%，否则应选用高动热稳定电流互感器以减小变比。

为提高低负荷计量的准确性，应选用过负荷4倍及以上的电能表。经电流互感器接入的电能表，其标定电流不宜超过电流互感器额定二次电流的30%，其额定最大电流应为电流互感器额定二次电流的120%左右。直接接入式电能表的标定电流应按正常运行负荷电流的30%左右进行选择。

二、投运前的管理

1. 电能计量装置设计审查

电能计量装置设计审查的依据是GBJ 63—1990《电力装置的电测量仪表装置设计规范》、DL/T 5137—2007《电测量及电能计量装置设计技术规程》、DL/T 448—2000《电能计量装置技术管理规程》及用电营业方面的有关管理规定。设计审查的内容包括计量点、计量方式（电能表与互感器的接线方式、电能表的类别、装设套数等）的确定，计量器具型号、规格、准确度等级、制造厂家、互感器二次回路及附件等的选择，电能计量柜（箱）的选用，安装条件的审查等。用电营业部门在与用户签订供用电合同、批复供电方案时，对电能计量点和计量方式的确定以及电能计量器具技术参数等的选择应有电能计量技术机构专职（责）工程师会签。

2. 电能计量器具的验收

验收的内容包括装箱单、出厂检验报告（合格证）、使用说明书、铭牌、外观结构、安装尺寸、辅助部件、功能和技术指标测试等，均应符合订货合同的要求。新购入的2.0级电能表，应按GB/T 3925—1983《2.0级交流电度表的验收方法》和国家电力行业的有关规定进行验收；Ⅰ级和Ⅱ级直接接入静止式交流有功电能表应按GB/T 17442—1998《1级和2级直接接入静止式交流有功电度表验收检验》和国家电力行业的有关规定进行验收；其他新购入的电能表、互感器的验收参照GB/T 3925—1983或GB/T 17442—1998抽样方法抽样，其检验项目和技术指标参照相应产品的国际、国家或行业标准的验收检查项目或出厂检验项目进行。经验收的电能计量器具应出具验收报告，合格的由电能计量技术机构负责人签字接收，办理入库手续并建立计算机资产档案；验收不合格的，应由订货单位负责更换或退货。

3. 资产管理

供电企业应建立电能计量装置资产档案，制定电能计量资产管理制度，内容包括标准装置、标准器具、试验用仪器仪表、工作计量器具等的购置、入库、保管、领用、转借、调拨、报废、淘汰、封存和清查等。

供电企业电能计量技术机构应用计算机建立资产档案，由专人进行资产管理并实现与相关专业的信息共享。资产档案应有可靠的备份和用于长期保存的措施。保存地点应有防尘、防潮、防盐雾、防高温、防火和防盗等措施。

电能计量器具应区分不同状态（待验收、待检、待装、淘汰等），分区放置，并应有明确的分区线和标志。待装电能计量器具还应分类、分型号、分规格放置。待装电能表应放置在专用的架子或周转车上，不得叠放，应取用方便。电能表、互感器的库房应保持干燥、整洁，空气中不得含有腐蚀性的气味，库房内不得存放电能计量器具以外的其他任何物品。电能计量器具出、入库应及时进行计算机登记，做到库存电能计量器具与计算机档案相符。库房应有专人负责管理，应建立严格的库房管理制度。

应予淘汰或报废的电能计量器具包括：在现有技术条件下调整困难或不能修复到原有准确度水平的，或者修复后不能保证基本轮换周期（以统计资料为准）的器具；绝缘水平不能满足现行国家标准的计量器具和上级明文规定不准使用的产品；性能上不能满足当前管理要求的产品。经报废的电能计量器具应进行销毁，并在资产档案中及时销账（注明报废日期）。

4. 电能计量装置的安装及安装后的验收

电能计量装置的安装应严格按照通过审查的施工设计或用户业扩工程确定的供电方案进行。安装的电能计量器具必须经有关电力企业的电能计量技术机构检定合格。使用电能计量柜的用户或发、输、变电工程中电能计量装置的安装可由施工单位进行，其他贸易结算用电能计量装置均应由供电企业安装。电能计量装置安装完工应填写竣工单，整理有关的原始技术资料，做好验收交接准备工作。

电能计量装置投运前应进行全面的验收。验收的项目及内容包括技术资料、现场检查、试验及结果的处理。

验收的技术资料包括：电能计量装置计量方式原理接线图，一、二次接线图，施工设计图和施工变更资料；电压、电流互感器安装使用说明书、出厂检验报告、法定计量机构的检定证书；计量柜的出厂检验报告、说明书；二次回路导线或电缆的型号、规格及长度；电压互感器二次回路中的熔断器、接线端子的说明书等；高压电气设备的接地及绝缘试验报告；施工过程中需要说明的其他资料。

现场检查内容包括：计量器具型号、规格、计量法制标志、出厂编号应与计量检定证书和技术资料的内容相符；产品外观质量应无明显瑕疵和受损；安装工艺质量应符合相关标准要求；电能表、互感器及其二次回路接线情况应和竣工图一致。

验收试验包括：检查二次回路中间触点、熔断器、试验接线盒的接触情况；电流、电压互感器实际二次负载及电压互感器二次回路压降的测量；接线正确性检查；电流、电压互感器的现场检验。

经验收的电能计量装置应由验收人员及时实施封印。封印的位置为互感器二次回路的各接线端子、电能表接线端子、计量柜（箱）门等。实施铅封后应由运行人员或用户对铅封的完好签字认可。经验收的电能计量装置应由验收人员填写验收报告，注明“计量装置验收合格”或者“计量装置验收不合格”及整改意见，整改后再行验收。验收不合格的电能计量装置禁止投入使用。验收报告及验收资料应归档。

三、运行管理

电能计量技术机构应用计算机对投运的电能计量装置建立运行档案，实施对运行电能计量装置的管理并实现与相关专业的信息共享。运行档案应有可靠的备份和用于长期保存的措施，并能方便地进行分用户类别、分计量方式和按计量器具分类的查询统计。

电能计量装置运行档案的内容包括用户基本信息及其电能计量装置的原始资料等。主要有：互感器的型号、规格、厂家、安装日期；二次回路连接导线或电缆的型号、规格、长度；电能表型号、规格、等级及套数；电能计量柜（箱）的型号、厂家、安装地点等；Ⅰ、Ⅱ类电能计量装置的原理接线图和工程竣工图、投运的时间及历次改造的内容、时间；安装、轮换的电能计量器具型号、规格等内容及轮换的时间；历次现场检验误差数据、故障情况记录等。

安装在供电企业生产运行场所的电能计量装置，运行人员应负责监护，保证其封印完好，不受人为损坏。安装在用户处的电能计量装置，由用户负责保护封印完好，装置本身不受损坏或丢失。当发现电能计量装置故障时，应及时通知电能计量技术机构进行处理。电能计量技术机构对发生的计量故障应及时处理，对造成的电量差错，应认真调查、认定，分清责任，提出防范措施，并根据有关规定进行差错电量的计算。

对于窃电行为造成的计量装置故障或电量差错，用电管理人员应注意对窃电事实的依法取证，应当场对窃电事实写出书面认定材料，由窃电方责任人签字认可。

对造成电能计量差错超过 10 万 kWh 及以上者，应及时上报省级电网经营企业用电管理部门。

1. 现场检验

现场检验电能表应采用标准电能表法，宜使用可测量电压、电流、相位和带有错接线判别功能的电能表现场检验仪。现场检验仪应有数据存储和通信功能。

现场检验时不允许打开电能表罩壳和现场调整电能表误差。若现场检验电能表误差超过电能表准确度等级值应在 3 个工作日内更换。

新投运或改造后的Ⅰ、Ⅱ、Ⅲ、Ⅳ类高压电能计量装置应在 1 个月内进行首次现场检验。Ⅰ类电能表至少每 3 个月现场检验一次，Ⅱ类电能表至少每 6 个月现场检验一次，Ⅲ类电能表至少每年现场检验一次。运行中的低压电流互感器宜在电能表轮换时进行变比、二次回路及其负载检查。

现场检验数据应及时存入计算机管理档案，并应用计算机对电能表历次现场检验数据进行分析，以考核其变化趋势。

2. 周期检定（轮换）与抽检

运行中的Ⅰ、Ⅱ、Ⅲ类电能表的轮换周期一般为 3～4 年。运行中的Ⅳ类电能表的轮换周期为 4～6 年。但对同一厂家、型号的静止式电能表，可按上述轮换周期，到周期抽检 10%，做修调前检验，若满足要求，则其他运行表计允许延长 1 年使用，待第二年再抽检，直到不满足要求时全部轮换。Ⅴ类双宝石电能表的轮换周期为 10 年。

对所有轮换拆回的Ⅰ～Ⅳ类电能表应抽取其总量的 5%～10%（不少于 50 只）进行修调前检验，且每年统计合格率。Ⅰ、Ⅱ类电能表的修调前检验合格率应为 100%，Ⅲ类电能表的修调前检验合格率应不低于 98%，Ⅳ类电能表的修调前检验合格率应不低于 95%。运行中的Ⅴ类电能表，从装出第 6 年起，每年应进行分批抽样，做修调前检验，以确定整批表是否继续运行。低压电流互感器从运行的第 20 年起，每年应抽取 10%进行轮换和检定，统计合格率应不低于 98%，否则应加倍抽取、检定、统计合格率，直至全部轮换。

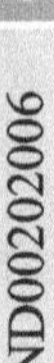

3. 运输

待装电能表和现场检验用的计量标准器、试验用仪器仪表在运输中应有可靠有效的防振、防尘、防雨措施。经过剧烈振动或撞击后，应重新对其进行检定。

四、计量检定与修调

检定电能表时，其实际误差应控制在规程规定基本误差限的 70%以内。经检定合格的电能表在库房中保存时间超过 6 个月应重新进行检定。电能表、互感器的检定原始记录至少保存 3 个检定周期。经检定合格的电能表应由检定人员实施封印。

电能计量技术机构受理用户提出有异议的电能计量装置的检验申请后，对低压和照明用户，一般应在 7 个工作日内将电能表和低压电流互感器检定完毕；对高压用户，应根据 SD 109—1983《电能计量装置检验规程》在 7 个工作日内先进行现场检验。现场检验时的负荷电流应为正常情况下的实际负荷。如测定的误差超差，应再进行试验室检定。

照明用户的平均负荷难以确定时，可按下列方法确定电能表误差

$$误差=\frac{I_{max}时的误差+3I_b时的误差+0.2I_b时的误差}{5}$$

式中 I_{max}——电能表的额定最大电流；

I_b——电能表的标定电流。

注：各种负荷电流时的误差，按负荷功率因数为 1.0 时的测定值计算。

临时检定电能表、互感器时不得拆启原铅封印。临时检定的电能表、互感器暂封存 1 个月，其结果应通知用户，备用户查询。电能计量装置现场检验结果应及时告知用户，必要时转有关部门处理。临时检定均应出具检定证书或检定结果通知书。

五、电能计量信息管理

电能计量管理部门应建立电能计量装置计算机管理信息系统并实现与用电营业及其他有关部门的联网。

六、电能计量印、证管理

电能计量印、证的种类包括检定证书、检定结果通知书、检定合格证、测试报告、封印（检定合格印、安装封印、现校封印、管理封印及抄表封印等）、注销印。各类证书和报告应执行国家统一的标准格式。计量印、证应定点监制，由电能计量技术机构负责统一制作和管理，所有计量印、证必须编号（计量钳印字头应有编号）并备案，编号方式应统一规定。制作计量印、证时应优先考虑选用防伪性能强的产品。

电能计量印、证的领用发放只限于电能计量技术机构内从事计量管理、检定、安装、轮换、检修的人员，领取的计量印、证应与其所从事的工作相适应，其他人员严禁领用。计量印、证的领取必须经电能计量技术机构负责人审批，领取时印模必须和领取人签名一起备案。使用人工作变动时必须交回所领取的计量印、证。

从事检定工作的人员只限于使用检定合格印；从事安装和轮换的人员只限于使用安装封印；从事现场检验的人员只限于使用现校封印；电能计量技术机构的主管和专责工程师（技术员）有权使用管理封印。运行中计量装置的检定合格印和各类封印未经本单位电能计量技术机构主管或专责工程师（技术员）同意不允许启封（确因现场检验工作需要，现场检验人员可启封必要的安装封印）。抄表封印只适用于必须开启柜（箱）才能进行抄表的人员，且只允许对电能计量柜（箱）门和电能表的抄读装置进行加封。注销印适用于对淘汰电能计量器具的封印。

现场工作结束后应立即加封印，并应由用户或运行维护人员在工作票封印完好栏上签字。实施各类封印的人员应对自己的工作负责，日常运行维护人员应对检定合格印和各类封印的完好负责。

经检定的工作计量器具，合格的，检定人员加封检定合格印，出具检定合格证。对计量器具检定结论有特殊要求的，合格的，检定人员加封检定合格印，出具检定证书；不合格的，出具检定结果通知书。检定证书、检定结果通知书必须字迹清楚、数据无误、无涂改，且有检定、核验、主管人员签字，并加盖电能计量技术机构计量检定专用章。

安装封印只准对计量二次回路接线端子、计量柜（箱）及电能表表尾实施封印。

电能计量技术机构每年应对所有计量印、证以及其使用情况进行一次全面的检查核对。计量合格印和各类封印应清晰、完整，出现残缺、磨损时应立即停止使用并及时登记收回和作废、封存。需更换的应按规定重新制作更换，更换后应重新办理领取手续。

七、技术考核与统计

1. 电能计量装置管理情况的考核与统计指标

（1）计量标准器和标准装置的周期受检率与周检合格率。

$$周期受检率=\frac{实际检定数}{按规定周期应检定数}\times100\%$$

$$周期合格率=\frac{实际检定合格数}{实际检定数}\times100\%$$

周期受检率不小于 100%，周检合格率应不小于 98%。

（2）在用计量标准装置周期考核（复查）率。

$$周期考核率=\frac{实际考核数}{到周期应考核数}\times100\%$$

在用电能计量标准装置周期考核率应达 100%。

（3）运行电能计量装置的周期受检（轮换）率与周检合格率。

1）电能表。

$$周期轮换率=\frac{实际轮换数}{按规定周期应轮换数}\times100\%$$

$$修调前检验率=\frac{修调前检验数}{实际轮换回的电能表数}\times100\%$$

$$修调前检验合格率=\frac{修调前检验合格数}{实际修调前检验数}\times100\%$$

$$现场检验率=\frac{实际现场检验数}{按规定周期应检验数}\times100\%$$

$$现场检验合格率=\frac{实际现场检验合格数}{实际现场检验数}\times100\%$$

周期轮换率应达 100%，现场检验率应达 100%，Ⅰ、Ⅱ类电能表现场检验合格率应不小于 98%，Ⅲ类电能表现场检验合格率应不小于 95%。

2）电压互感器。

$$周期受检率=\frac{实际检定数}{按规定周期应检定数}\times100\%$$

电压互感器二次回路电压降周期受检率应达 100%。

（4）计量故障差错率。

$$计量故障差错率=\frac{实际发生故障差错次数}{运行电能表和互感器总数}\times100\%$$

计量故障差错率应不大于 1%。

2. 统计与报表

电能计量技术机构对评价电能计量装置管理情况的各项统计与考核、用户计量点和计量资产，至少每年全面统计一次，并上报主管部门。具体统计与上报期限，由电网经营企业规定。

【思考与练习】

1. 供电企业电能计量技术机构的职责有哪些？
2. 电能计量装置管理情况的考核与统计指标有哪些？
3. 5 类电能计量装置是如何划分的？
4. 电能计量装置的接线方式有哪些规定？
5. 电能计量装置准确度等级有哪些规定？

模块 2 《电能计量装置安装接线规则》(GYND00202007)

【模块描述】本模块包含《电能计量装置安装接线规则》中规定的术语、技术要求、安装要求等内容。通过术语说明、条文解释、要点归纳，掌握国家电网公司对电能计量装置安装接线的要求。

【正文】

一、适用范围

DL/T 825—2002《电能计量装置安装接线规则》规定了电力系统中计费和非计费用交流电能计量装置的接线方式及安装规定，适用于各种电压等级的交流电能计量装置。电能计量装置中弱电输出部分由于尚无统一规范，故暂不包括在内。

以下着重介绍农网配电、营业工作中重点应用的相关条款。

二、技术要求

1. 接线方式

（1）低压计量。低压供电方式为单相二线者，应安装单相有功电能表；低压供电方式为三相者，应安装三相四线有功电能表；有考核功率因数要求者，应安装三相无功电能表。

（2）高压计量。中性点非有效接地系统一般采用三相三线有功、无功电能表，但经消弧线圈等接地的计费用户且年平均中性点电流（至少每季测试一次）大于 0.1% I_N（额定电流）时，也应采用三相四线有功、无功电能表。中性点有效接地系统应采用三相四线有功、无功电能表。

（3）电能表的实际配置按不同计量方式确定，有功电能表、无功电能表根据需要可换接为多费率电能表、多功能电能表。

2. 二次回路

（1）所有计费用电流互感器的二次接线应采用分相接线方式。非计费用电流互感器可以采用星形（或不完全星形）接线方式（简称为简化接线方式）。

（2）电压、电流回路 U、V、W 各相导线应分别采用黄、绿、红色线，中性线应采用黑色线或采用专用编号电缆。导线颜色参见相关规程。

（3）电压、电流回路导线均应加装与图纸相符的端子编号，导线排列顺序应按正相序（即黄、绿、红色线为自左向右或自上向下）排列。

（4）导线应采用单股绝缘铜质线；电压、电流互感器从输出端子直接接至试验接线盒，中间不得有任何辅助触点、接头或其他连接端子。35kV 及以上电压互感器可经端子箱接至试验接线盒。导线留有足够长的裕度。110kV 及以上电压互感器回路中必须加装快速熔断器。

（5）经电流互感器接入的低压三相四线电能表，其电压引入线应单独接入，不得与电流线共用，电压引入线的另一端应接在电流互感器一次电源侧，并在电源侧母线上另行引出，禁止在母线连接螺钉处引出。电压引入线与电流互感器一次电源应同时切合。

（6）电流互感器二次回路导线截面不得小于 $4mm^2$。

（7）电压互感器二次回路导线截面应根据导线压降不超过允许值进行选择，但其最小截面不得小于 $2.5mm^2$。Ⅰ、Ⅱ类电能计量装置二次导线压降的允许值为 $0.2\%U_{2N}$，其他类电能计量装置二次导线压降的允许值为 $0.5\%\ U_{2N}$。

（8）电压互感器及高压电流互感器二次回路均应只有一处可靠接地。高压电流互感器应将互感器二次 n2 端与外壳直接接地，星形接线电压互感器应在中性点处接地，V-V 接线电压互感器在 V 相接地。

（9）双回路供电，应分别安装电能计量装置，电压互感器不得切换。

3. 直接接入式电能表

（1）金属外壳的直接接入式电能表，如装在非金属盘上，外壳必须接地。

（2）直接接入式电能表的导线截面应根据额定的正常负荷电流按表 GYND00202007-1 选择。所选导线截面必须小于端钮盒接线孔。

表 GYND00202007-1　　负荷电流与导线截面选择表

负荷电流（A）	铜芯绝缘导线截面（mm^2）	负荷电流（A）	铜芯绝缘导线截面（mm^2）
$I<20$	4.0	$60\leqslant I<80$	7×2.5
$20\leqslant I<40$	6.0	$80\leqslant I<100$	7×4.0
$40\leqslant I<60$	7×1.5		

注　按 DL/T 448—2000《电能计量装置技术管理规程》规定，负荷电流为 50A 以上时，宜采用经电流互感器接入式的接线方式。

4. 二次回路的绝缘测试

二次回路的绝缘测试是指测量绝缘电阻。绝缘配合见 GB/T 16935.1—2008《低压系统内设备的绝缘配合　第 1 部分：原理、要求和试验》。绝缘电阻采用 500V 绝缘电阻表进行测量，其绝缘电阻应不小于 5MΩ。试验部位为所有电流、电压回路对地，各相电压回路之间，电流回路与电压回路之间。

三、安装要求

1. 计量柜（屏、箱）

（1）10kV 及以下电力用户处的电能计量点应采用全国统一标准的电能计量柜（箱），低压计量柜应紧靠进线外，高压计量柜则可设置在主受电柜后面。

（2）居民用户的计费电能计量装置必须采用符合要求的计量箱。

2. 电能表

（1）电能表应安装在电能计量柜（屏）上，每一回路的有功和无功电能表应垂直排列或水平排列，无功电能表应在有功电能表下方或右方，电能表下端应加有回路名称的标签，两只三相电能表相距的最小距离为80mm，单相电能表间的最小距离为30mm，电能表与屏边的最小距离为40mm。

（2）室内电能表宜装在0.8～1.8m的高度（表水平中心线距地面尺寸）。

（3）电能表安装必须垂直牢固，表中心线向各方向的倾斜不大于1°。

（4）装于室外的电能表应采用户外式电能表。

3. 互感器

（1）为了减少三相三线电能计量装置的合成误差，安装互感器时，宜考虑互感器合理匹配问题，即尽量使接到电能表同一元件的电流、电压互感器比差符号相反、数值相近，角差符号相同、数值相近。当计量感性负荷时，宜把误差小的电流、电压互感器接到电能表的W相元件。

（2）同一组的电流（电压）互感器应采用制造厂、型号、额定电流（电压）变比、准确度等级、二次容量均相同的互感器。

（3）两只或三只电流（电压）互感器进线端极性符号应一致，以便确认该组电流（电压）互感器一次及二次回路电流（电压）的正方向。

（4）互感器二次回路应安装试验接线盒，便于带负荷校表和带电换表。

（5）低压穿芯式电流互感器应采用固定单一的变化，以防发生互感器倍率差错。

（6）低压电流互感器二次负荷容量不得小于 10VA。高压电流互感器二次负荷可根据实际安装情况计算确定。

4. 熔断器

低压计量电压回路在试验接线盒上不允许加装熔断器。

5. 电压监视装置

电力用户用于高压计量的电压互感器二次回路，应加装电压失压计时仪或其他电压监视装置。

6. 电能表端钮盒盖、试验接线盒盖及计量柜（屏、箱）门

施工结束后，电能表端钮盒盖、试验接线盒盖及计量柜（屏、箱）门等均应加封。

7. 基本施工工艺

基本要求是：按图施工，接线正确；电气连接可靠、接触良好；配线整齐美观；导线无损伤，绝缘良好。

（1）二次回路接线应注意电压、电流互感器的极性端符号。接线时可先接电流回路，分相接线的电流互感器二次回路宜按相色逐相接入，并核对无误后，再连接各相的接地线。简化接线方式的电流互感器二次回路可利用公共线，分相接入时，公共线只与该相另一端连接，其余步骤同上。电流回路接好后再按相接入电压回路。

（2）二次回路接好后，应进行接线正确性检查。

（3）电流互感器二次回路每只接线螺钉只允许接入两根导线。当导线接入的端子是接触螺钉，应根据螺钉的直径将导线的末端弯成一个环，其弯曲方向应与螺钉旋入方向相同，螺钉（或螺母）与导线间、导线与导线间应加垫圈。

（4）直接接入式电能表采用多股绝缘导线，应按表计容量选择。若遇到选择的导线过粗时，应采用断股后再接入电能表端钮盒的方式。

（5）当导线小于端子孔径较多时，应在接入导线上加扎线后再接入，再连接各相的接地线。简化接线方式的电流互感器二次回路可利用公共线，分相接入时，公共线只与该相另一端连接，其余步骤同上。电流回路接好后再按相接入电压回路。

【思考与练习】

1. 电能表的安装有哪些要求？

2. 电能计量装置基本施工工艺有哪些要求？

附录 A 《农网配电》培训模块教材各等级引用关系表

部分名称	章	模块名称（模块编码）	模 块 描 述	等级		
				Ⅰ	Ⅱ	Ⅲ
配电网络	配电网络知识	配电网基本知识（GYND00306001）	本模块包含配电网的运行参数和供电质量标准参数、高压配电系统配置原则和配电方式、低压配电系统接地方式选择和低压电力配电系统等内容。通过概念描述、术语说明、公式解析、图解示意、要点归纳，掌握配电网基础知识			√
		配电网络运行与管理（GYND00306002）	本模块包含配电网及配网自动化的基本知识、配电管理自动化系统概念、电网调度自动化系统与电力系统的综合自动化、电网调度组织机构与任务等内容。通过概念描述、术语说明、结构剖析、图解示意、要点归纳，了解配电管理自动化系统及电力系统调度自动化的实现			√
		降低农村配电网线损的管理措施（GYND00306003）	本模块包含线损管理的组织措施、线损指标管理、营销及电量管理、电能计量管理等内容。通过概念描述、术语说明、公式解析、要点归纳，掌握降低农村配电网线损的管理措施			√
		降低农村配电网线损的技术措施（GYND00306004）	本模块包含实施电力网改造、建立合理的电网运行方式等线损管理的技术措施。通过概念描述、术语说明、公式解析、图解示意、要点归纳，掌握降低农村配电网线损的技术措施			√
	配电所接线方式	10kV 配电所主接线方式（GYND00308001）	本模块包含 10kV 配电所各种主接线方式的结构、工作原理、适用范围和优缺点等内容。通过概念描述、术语说明、结构剖析、原理分析、图解示意，熟悉 10kV 配电所主接线方式			√
	导线连接	导线直接连接方法（GYND00309001）	本模块包含单股小截面导线的缠绕、绑扎及多股导线的叉接连接等内容。通过概念描述、术语说明、流程介绍、图解示意、要点归纳，掌握导线直接连接方法	√		
		导线接续管连接方法（GYND00309002）	本模块包含配电线路大截面导线的钳压、液压连接等常用连接方法的基本工艺流程、质量标准、验收要求等内容。通过概念描述、术语说明、流程介绍、图解示意、要点归纳，掌握导线接续管连接方法		√	
	配电线路线损	配电线路线损知识（GYND00305001）	本模块包含配电线路线损电量与线损率的基本概念、统计线损和理论线损的应用、产生线损的原因和影响线损的技术因素等内容。通过概念描述、术语说明、公式解析、原理分析、要点归纳，掌握配电线路线损基础知识		√	
		低压配电线路线损计算方法（GYND00305002）	本模块包含线损理论计算的作用和要求、工作流程、计算方法和步骤等内容。通过概念描述、术语说明、公式解析、流程图解示意、要点归纳，掌握低压配电线路线损理论计算方法		√	
		10kV 配电线路线损计算方法（GYND00305003）	本模块包含 10kV 配电线路线损理论计算的作用和要求、工作流程、计算方法和步骤、元件电能损耗计算等内容。通过概念描述、术语说明、公式解析、流程介绍、要点归纳，掌握 10kV 配电线路及元件电能损耗的计算			√
	无功补偿	无功补偿的原理（GYND00307001）	本模块包含无功补偿的基本概念、无功补偿的作用、无功补偿原理、五种无功补偿方式等内容。通过概念描述、原理分析、公式解析、图表示意、计算举例、要点归纳，掌握无功补偿的原理和应用			√
		无功补偿装置的容量选择及电气元件的配置（GYND00307002）	本模块包含三种确定无功补偿容量的计算方法和电气元件的配置等内容。通过概念描述、原理分析、公式解析、图解示意、计算举例、要点归纳，掌握补偿容量的计算和电气元件的选择			√
		无功补偿装置安装与调试（GYND00307003）	本模块包含无功补偿装置的安装与调试。通过对安装、调试的介绍，掌握无功补偿装置的接线和调试方法			√
		无功补偿后用户计算负荷的确定（GYND00307004）	本模块包含无功补偿后有关负荷容量变化的计算。通过实际算例计算无功补偿后无功功率和视在功率的变化情况，客观理解和把握无功补偿的经济意义			√

续表

部分名称	章	模块名称 （模块编码）	模块描述	等级		
				Ⅰ	Ⅱ	Ⅲ
配电网络	无功补偿	电力用户功率因数要求 （ZY3300101001）	本模块包含功率因数的基本概念、功率因数对供配电系统的影响、功率因数调整电费管理办法等内容。通过概念描述、术语说明、公式介绍、条文解释、要点归纳，熟悉对电力用户功率因数的要求		√	
		提高功率因数的方法 （ZY3300101002）	本模块包含提高功率因数的意义、低压网无功补偿的一般方法等内容。通过概念描述、术语说明、公式介绍、计算举例，掌握提高功率因数的方法		√	
农网配电专业图识读	农网配电专业图识读	低压电气控制原理图 （TYBZ00509001）	本模块包含低压电气控制原理图基本要求、低压电气图形符号和文字符号，以及识读低压电气控制原理图的方法等内容。通过概念描述、术语说明、流程讲解、列表对比和示例介绍，掌握低压电气控制原理图识读方法		√	
		低压电气接线图 （TYBZ00509002）	本模块包含低压电气安装接线图的特点、识读方法和步骤，屏面布置图、屏背面接线图、端子排图等内容。通过概念描述、术语说明、图解示意，掌握低压电气安装接线图识读方法		√	
		照明施工图的识读 （TYBZ00509003）	本模块包含照明施工图的图例符号及文字标记，照明施工图的组成、要求及识读方法等内容。通过概念描述、术语说明、图解示意，掌握照明施工图识读方法		√	
		动力供电系统图 （TYBZ00509004）	本模块包含动力供电系统图的组成、要求及识读方法等内容。通过概念描述、术语说明、图解示意，掌握动力供电系统图识读方法			√
		高、低压配电所系统图 （TYBZ00509005）	本模块包含装设一台变压器的配电所系统图、装设两台主变压器的配电所主接线、工厂高压配电所及车间配电所主接线示例等内容。通过概念描述、术语说明、图解示意、示例解析，掌握配电所系统图识读方法		√	
		配电线路路径图 （TYBZ00509006）	本模块包含路径图的基本符号及意义、路径图的表示方法、配电线路路径选择的基本要求等内容。通过概念描述、术语说明、图解示意，掌握路径图识读方法		√	
		配电线路杆型图 （TYBZ00509007）	本模块包含配电线路的各种类型的杆型图、配套材料表。通过图表对比介绍，能识别配电线路各种杆型图			√
		杆塔组装图和施工图 （TYBZ00509008）	本模块包含配电线路杆塔图、杆塔安装图、拉线组装图的组成和识读方法等内容。通过概念描述、术语说明、图表解读，掌握杆塔组装图和施工图识读方法			√
		配电线路地形图 （TYBZ00509009）	本模块包含地形图的基本知识、配电线路对地形的要求、配电线路地形图的特点及应用等内容。通过概念描述、术语说明、图形解读，掌握配电线路地形图识读方法			√
配电设备	高压设备	配电变压器 （GYND00302001）	本模块包含配电变压器工作原理、基本结构、主要技术指标、接线组别等内容。通过概念描述、术语说明、结构介绍、原理分析、特点对比、图解示意，掌握配电变压器基础知识		√	
		高压断路器 （GYND00302002）	本模块包含高压断路器的技术特性、几种常用高压断路器的结构和特性、高压断路器的选用等内容。通过概念描述、术语说明、结构介绍、原理分析、特点对比、图解示意，掌握高压断路器基础知识			√
		互感器 （GYND00302003）	本模块包含互感器的用途、种类和工作原理以及互感器的接线方式和特点等内容。通过概念描述、术语说明、结构介绍、原理分析、特点对比、图解示意，掌握互感器基础知识		√	
		隔离开关 （GYND00302004）	本模块包含隔离开关的用途、种类、结构、原理和性能特点等内容。通过概念描述、术语说明、结构介绍、原理分析、特点对比、图解示意，掌握隔离开关基础知识		√	

续表

<table>
<tr><th rowspan="2">部分名称</th><th rowspan="2">章</th><th rowspan="2">模块名称
（模块编码）</th><th rowspan="2">模 块 描 述</th><th colspan="3">等 级</th></tr>
<tr><th>Ⅰ</th><th>Ⅱ</th><th>Ⅲ</th></tr>
<tr><td rowspan="8">配电设备</td><td rowspan="4">高压设备</td><td>高压熔断器
（GYND00302005）</td><td>本模块包含10kV跌落式熔断器的用途、结构、动作原理、电流特性、技术参数和使用要求等内容。通过概念描述、术语说明、结构介绍、原理分析、特点对比、图解示意，掌握熔断器基础知识</td><td></td><td>√</td><td></td></tr>
<tr><td>避雷器
（GYND00302006）</td><td>本模块包含氧化锌避雷器和阀型避雷器的结构、工作原理和主要电气参数等内容。通过概念描述、术语说明、结构介绍、原理分析、特点对比、图解示意，掌握避雷器基础知识</td><td></td><td>√</td><td></td></tr>
<tr><td>电力电容器
（GYND00302007）</td><td>本模块包含电容器的类型、用途、容量选择、接线方式及其保护、电容器自动投切控制等内容。通过概念描述、术语说明、结构介绍、原理分析、特点对比、图解示意，掌握电力电容器基础知识</td><td></td><td></td><td>√</td></tr>
<tr><td>接地装置
（GYND00302008）</td><td>本模块包含配电网接地装置的作用和对接地电阻的要求、接地装置的材料和接地体形式、接地装置的维护等内容。通过概念描述、术语说明、结构介绍、原理分析、特点对比、图解示意、要点归纳，掌握接地装置的选型和使用</td><td></td><td>√</td><td></td></tr>
<tr><td rowspan="4">低压设备</td><td>低压电气设备
（GYND00301001）</td><td>本模块包含低压电器的分类、用途、结构特点、工作原理、型号含义、性能要求以及低压电器的使用等内容。通过概念描述、术语说明、结构剖析、原理分析、图解示意，熟悉各种低压电器的用途和性能特点</td><td>√</td><td></td><td></td></tr>
<tr><td>低压电气设备的选择
（GYND00301002）</td><td>本模块包含低压电气设备选择的基本原则和熔断器、刀开关、交流接触器、低压断路器、热继电器、组合开关等低压电器选择的具体方法等内容。通过概念描述、术语说明、公式解析、要点归纳、示例介绍，掌握低压电气设备的选择</td><td></td><td>√</td><td></td></tr>
<tr><td>低压配电设计知识
（GYND00301003）</td><td>本模块包含1000V以下的配电装置及线路设计知识，包括电器、导体的选择，配电设备的布置，配电线路的保护以及配电线路的敷设等内容。通过概念描述、术语说明、公式解析、要点归纳，了解低压配电设计要求</td><td></td><td>√</td><td></td></tr>
<tr><td>低压成套配电装置知识
（GYND00301004）</td><td>本模块包含低压成套配电装置的分类、常用低压成套配电装置型号含义和结构特点、成套配电装置的运行维护等内容。通过概念描述、结构介绍、特点对比、图解示意，掌握低压成套装置的性能及日常运行维护方法</td><td></td><td></td><td>√</td></tr>
<tr><td rowspan="6">继电保护及自动装置</td><td rowspan="6">继电保护及自动装置的原理、任务和作用</td><td>继电保护及自动装置在配电网中的任务和作用
（ZY3300201001）</td><td>本模块包含电力系统的故障、电力系统的异常运行状态、故障和异常运行状态与事故的关系、继电保护装置在配电网中的任务和作用等内容。通过概念描述、术语说明、要点归纳，了解在配电网中装设继电保护装置的重要意义</td><td></td><td></td><td>√</td></tr>
<tr><td>继电保护及自动装置的基本原理
（ZY3300201002）</td><td>本模块包含继电保护的基本工作原理、保护种类和继电保护装置的基本组成等内容。通过概念描述、术语说明、框图示意、要点归纳，了解继电保护及自动装置的基本原理</td><td></td><td></td><td>√</td></tr>
<tr><td>主保护、后备保护与辅助保护
（ZY3300201003）</td><td>本模块包含主保护、后备保护与辅助保护的基本概念、作用和相互间配合等内容。通过概念描述、术语说明、原理分析、图解示意，了解主保护、后备保护与辅助保护的基本概念</td><td></td><td></td><td>√</td></tr>
<tr><td>电力系统对继电保护的基本要求
（ZY3300201004）</td><td>本模块包含电力系统对继电保护的选择性、速动性、灵敏性、可靠性等基本要求。通过概念描述、术语说明、要点归纳，了解电力系统对继电保护的四项基本要求</td><td></td><td></td><td>√</td></tr>
<tr><td>10kV配电网中线路保护配置
（ZY3300201005）</td><td>本模块包含10kV配电网主要故障类型、继电保护配置种类和原理等内容。通过概念描述、术语说明、图解示意，了解10kV配电网中线路保护配置</td><td></td><td></td><td>√</td></tr>
<tr><td>电力变压器保护配置
（ZY3300201006）</td><td>本模块包含配电变压器保护种类、原理及整定等内容。通过概念描述、术语说明、图解示意，了解配电变压器保护配置</td><td></td><td></td><td>√</td></tr>
</table>

续表

部分名称	章	模块名称（模块编码）	模块描述	等级 I	等级 II	等级 III
继电保护及自动装置	继电保护及自动装置的原理、任务和作用	高压电动机的继电保护（ZY3300201007）	本模块包含高压电动机基本保护种类、原理及整定等内容。通过概念描述、术语说明、图解示意，了解高压电动机的继电保护			√
配电设备安装及运行维护	低压成套设备安装	动力箱（盘）安装（GYND01001001）	本模块包含动力箱、动力盘一般概念、安装操作步骤、工艺要求及质量标准等内容。通过概念描述、术语说明、流程介绍、要点归纳，掌握动力箱、动力盘安装	√		
		低压成套装置安装（GYND01001002）	本模块包含低压成套装置安装操作步骤、工艺要求及质量标准等内容。通过概念描述、术语说明、流程介绍、要点归纳，掌握低压成套装置安装		√	
		无功补偿装置安装（GYND01001003）	本模块包含无功补偿装置安装操作步骤、工艺要求及质量标准，以及无功补偿装置的试验和调试方法等内容。通过概念描述、术语说明、流程介绍、图解示意、要点归纳，掌握无功补偿装置安装和调试			√
	接地装置与剩余电流动作保护装置	接地装置安装（GYND01002001）	本模块包含接地装置安装操作步骤、工艺要求及质量标准等内容。通过概念描述、术语说明、流程介绍、图解示意、要点归纳，掌握接地装置安装	√		
		剩余电流动作保护装置的选用、安装（GYND01002002）	本模块包含剩余电流动作保护装置的选用、剩余电流动作保护方式、剩余电流动作保护装置安装操作步骤、工艺要求及质量标准等内容。通过概念描述、术语说明、流程介绍、要点归纳，掌握剩余电流动作保护装置的选用和安装	√		
		剩余电流动作保护器的运行和维护及调试（GYND01002003）	本模块包含剩余电流动作保护器安装后的调试、剩余电流动作保护器的运行管理工作、农网内剩余电流动作保护器的维护管理要点等内容。通过概念描述、要点归纳，掌握剩余电流动作保护器的运行维护和调试		√	
	低压设备运行、维护与事故处理	低压设备运行、维护（GYND01003001）	本模块包含低压设备运行标准、低压设备维护要求、危险点预控及安全注意事项等内容。通过概念描述、要点归纳，掌握低压设备运行、维护	√		
		低压设备检修、更换（GYND01003002）	本模块包含低压设备检修前的准备、检修前的检查项目和检查标准、检修操作步骤及工艺要求、低压设备更换程序、危险点预控及安全注意事项等内容。通过概念描述、要点归纳，了解低压设备检修及设备更换	√		
		低压设备常见故障处理（GYND01003003）	本模块包含使用仪器仪表判断低压设备故障、低压设备故障的处理步骤、危险点预控及安全注意事项等内容。通过概念描述、要点归纳、案例分析，提高低压设备故障处理的能力		√	
	低压电气设备安装	低压开关电器安装（ZY3300301001）	本模块包括低压开关电器安装作业前准备、危险点分析与控制措施，以及隔离开关与刀开关、低压熔断器、低压接触器、低压断路器、剩余电流动作保护器等低压开关电器的操作步骤及质量标准等内容。通过概念描述、流程说明、要点归纳，掌握各种低压开关电器的安装	√		
		低压电器选择（ZY3300301002）	本模块包括常用设备的负荷计算、常用设备容量的确定、低压电器选择原则等内容。通过概念描述、术语说明、公式介绍、要点归纳，掌握低压电器的选择方法		√	
		低压供电设备验收（ZY3300301003）	本模块包括低压供电设备一次系统图的绘制要求、常用低压设备的技术参数、低压供电设备验收程序及要求等内容。通过概念描述、术语说明、要点归纳，掌握低压供电设备验收			√
	异步电动机控制电路安装	导线的选择（ZY3300302001）	本模块包含按发热条件、机械强度、允许电压损失选择导线和经济电流密度选择导线等内容。通过概念描述、术语说明、公式介绍、列表示意，掌握导线的选择方法	√		
		电动机直接启动控制电路安装（ZY3300302002）	本模块包含电动机启动、调试、控制电路安装的工作内容、危险点分析与控制措施、作业前准备、操作步骤和质量标准等内容。通过概念描述、流程介绍、图表示意、举例说明、要点归纳，掌握电动机直接启动控制电路的安装	√		

续表

部分名称	章	模块名称 （模块编码）	模块描述	等级		
				Ⅰ	Ⅱ	Ⅲ
配电设备安装及运行维护	异步电动机控制电路安装	电动机几种较复杂控制电路安装 （ZY3300302003）	本模块包含正反向启动控制线路(按钮联锁)、正反向启动控制线路(辅助触点联锁)、Y—△启动控制线路(按钮转换)、自动Y—△启动控制线路(时间继电器转换)等几种控制线路的工作内容、危险点分析与控制措施、作业前准备、操作步骤和质量标准等内容。通过概念描述、流程介绍、图表示意、举例说明、要点归纳，掌握电动机几种较复杂控制电路的安装		√	
		电动机无功补偿及补偿容量计算 （ZY3300302004）	本模块包含电动机无功补偿原理和从提高功率因数、降低线损、提高运行电压需要来确定补偿容量等内容。通过概念描述、术语说明、公式介绍、图表示意、计算举例，掌握电动机补偿容量的计算方法			√
	10kV配电设备安装及电气试验	10kV配电变压器及台架安装 （ZY3300303001）	本模块包含配电变压器台的结构，配电变压器台架安装时危险点控制及安全注意事项，配电变压器台架的安装，配电变压器、跌落式熔断器和避雷器安装前的检查，户外柱上配电变压器的安装，户外柱上配电变压器的投运等内容。通过概念描述、流程介绍、图表示意、要点归纳，掌握10kV配电变压器及台架安装	√		
		10kV配电设备安装 （ZY3300303002）	本模块包含10kV杆上避雷器、10kV杆上配电SF_6断路器、10kV杆上真空断路器、10kV杆上跌落式熔断器、10kV杆上户外隔离开关等10kV配电设备的安装程序和注意事项，以及10kV配电设备接地安装及技术要求等内容。通过概念描述、流程介绍、图表示意、要点归纳，掌握10kV配电设备安装	√		
		10kV配电设备常规电气试验项目及方法 （ZY3300303003）	本模块包含电气绝缘试验、直流电阻试验、接地电阻试验、绝缘子试验等配电设备常规试验项目的周期、要求、方法等内容。通过概念描述、术语说明、公式介绍、列表示意、要点归纳，掌握配电设备常规试验电气项目及方法		√	
		编制配电设备安装方案、验收方案 （ZY3300303004）	本模块包含10kV配电设备安装施工方案、10kV配电设备安装验收方案等内容。通过概念描述、术语说明、流程介绍、列表示意、要点归纳，掌握10kV配电设备安装方案和验收方案编制方法			√
	10kV配电设备运行维护及事故处理	10kV配电设备巡视检查项目及技术要求 （ZY3300304001）	本模块包含10kV配电设备巡视的一般规定、设备巡视的流程、巡视检查项目及要求、危险点分析等内容。通过概念描述、术语说明、列表示意、要点归纳，掌握10kV配电设备巡视检查项目及技术要求	√		
		10kV配电设备运行维护及检修 （ZY3300304002）	本模块包含配电变压器、跌落式熔断器、柱上开关、避雷器、电容器、接地装置等配电设备的运行维护与检修。通过概念描述、流程介绍、要点归纳，掌握配电设备运行维护与检修		√	
		10kV配电设备常见故障及处理 （ZY3300304003）	本模块包含配电变压器、跌落式熔断器、真空断路器、避雷器、电容器、接地装置等配电设备常见故障类型及处理方法。通过概念描述、流程介绍、案例分析、要点归纳，掌握配电设备常见故障现象及处理方法		√	
		10kV开关站的运行维护 （ZY3300304004）	本模块包含10kV开关站运行维护管理制度、巡视和检查规定、缺陷管理和危险点分析等内容。通过概念描述、流程介绍、要点归纳，掌握10kV开关站的运行维护和巡视检查			√
		10kV箱式变电站的运行维护 （ZY3300304005）	本模块包含10kV箱式变电站运行维护管理制度、巡视、检查和维护规定、缺陷管理和危险点分析等内容。通过概念描述、流程介绍、要点归纳，掌握10kV箱式变电站的运行维护和巡视检查			√
		农网配电设备预防性试验标准及试验方法 （ZY3300304006）	本模块包含配电变压器、有机物绝缘拉杆、断路器、隔离开关、负荷开关及高压熔断器、互感器、套管、悬式绝缘子和支柱绝缘子、电力电缆、电容器、绝缘油、避雷器、接地装置、二次回路、1kV以下配电线路和装置、1kV以上架空电力线路、低压电器等农网配电设备的预防性试验项目的周期、要求及方法。通过概念描述、术语说明、条文解释、列表示意、要点归纳，掌握农网配电设备预防性试验项目、标准和方法			√

续表

部分名称	章	模块名称（模块编码）	模块描述	等级 I	等级 II	等级 III
配电线路施工及运行维护	架空配电线路材料及选择	配电线路的基本知识（GYND00303001）	本模块包含配电线路的基本结构、配电线路的基本组成及配电线路各元件的作用等内容。通过概念描述、结构介绍、原理分析、特点对比、图解示意，掌握配电线路基础知识	√		
		配电线路常用材料及选择（GYND00303002）	本模块包含配电线路常用材料的种类及选择的基本要求等内容。通过概念描述、特点对比、图解示意、要点归纳，熟悉配电线路常用材料选择方法		√	
		配电线路常用设备及选择（GYND00303003）	本模块包含配电变压器及线路常用配电设备。通过对配电变压器及线路常用设备的介绍，了解配电变压器常用配电设备选择的基本要求		√	
	架空配电线路施工	电杆基础、电杆组装和立杆（GYND00304001）	本模块包含电杆基础施工、电杆组装、电杆起立的工艺流程、技术要求及注意事项等内容。通过概念描述、术语说明、结构介绍、流程讲解、图解示意，掌握电杆组立方法		√	
		拉线及其安装（GYND00304002）	本模块包含配电线路常用拉线的组成、种类、用途、特点、结构以及安装的基本要求等内容。通过概念描述、术语说明、结构介绍、特点对比、图解示意，掌握拉线应用及安装技术要求	√		
		导线连接（GYND00304003）	本模块包含架空导线连接方法的分类、导线连接施工的基本工艺流程、导线连接的基本技术要求等内容。通过概念描述、术语说明、流程图解示意、要点归纳，掌握导线连接方法		√	
		导线架设（GYND00304004）	本模块包含导线架设施工的基本工艺流程、准备工作、导线的展放、紧线施工、挂线及导线固定、质量验收等内容。通过概念描述、术语说明、流程图解示意、要点归纳，掌握导线架设方法		√	
		弧垂观测（GYND00304005）	本模块包含配电线路弧垂的概念、弧垂观测的基础知识等内容。通过概念描述、术语说明、公式解析、原理介绍、要点归纳、图解示意，掌握配电线路弧垂观测方法		√	
		接地装置安装（GYND00304006）	本模块包含接地装置安装施工流程、基本技术要求、验收规范等内容。通过概念描述、术语说明、要点归纳，掌握接地装置的安装	√		
		接户线、进户线安装（GYND00304007）	本模块包含高低压接户线、进户线安装流程、技术要求、安全事项等内容。通过概念描述、术语说明、流程介绍、要点归纳，掌握接户线、进户线的安装	√		
	室内低压配电线路安装	室内照明、动力线路安装（ZY3300401001）	本模块包含室内配线的组成、配线方式及工序、导线连接的方法、管配线、线槽配线等内容。通过概念描述、图表示意、要点归纳，掌握室内照明线路和动力线路安装方法和工艺标准	√		
		照明器具的选用和安装（ZY3300401002）	本模块包含照明器具的选用和照明器具的安装等内容。通过概念描述、图表示意、要点归纳，掌握照明设备的选用原则、安装方法和质量标准	√		
		照明、动力回路验收技术规范（ZY3300401003）	本模块包含照明回路和动力回路的验收技术规范。通过概念描述、流程介绍、列表说明、要点归纳，掌握照明、动力回路验收项目、流程和技术规范		√	
	杆塔基础和杆塔组立技能	电杆基坑开挖要求（ZY3300402001）	本模块包含一般电杆基础洞坑及底盘、拉盘基础坑的开挖等内容。通过概念描述、流程介绍、图解说明、要点归纳，掌握基础开挖的基本技术要求和开挖过程中的安全注意事项	√		
		电杆组装工艺要求（ZY3300402002）	本模块包含单横担、双横担及多横担电杆的组装等内容。通过概念描述、流程介绍、图解说明、要点归纳，掌握电杆组装的基本工艺要求和组装过程中的安全注意事项	√		
		起立电杆工器具的选用（ZY3300402003）	本模块包含绳索、滑轮、抱杆、地锚、牵引设备等电杆起立常用工器具的选择和使用。通过概念描述、公式解析、图表说明、计算举例、要点归纳，掌握电杆起立常用工器具选择原则和使用规定		√	

续表

部分名称	章	模块名称（模块编码）	模块描述	等级 I	等级 II	等级 III
配电线路施工及运行维护	杆塔基础和杆塔组立技能	起立电杆操作方法（ZY3300402004）	本模块包含三脚架法、单抱杆起立法、人字抱杆起立法及吊车起立法等内容。通过概念描述、流程介绍、图解说明、要点归纳，掌握电杆起立过程的基本技术要求和安全注意事项		√	
		杆塔组立施工方案的编写（ZY3300402005）	本模块包含杆塔组立施工方案编制基本原则和施工的组织、技术及安全措施的编写要求等内容。通过概念描述、要点归纳，掌握编写杆塔组立施工方案的方法			√
	10kV及以下配电线路施工	10kV配电线路施工方案的编写（ZY3300403001）	本模块包含10kV配电线路施工方案编制基本原则和施工的组织、技术及安全措施的编写要求等内容。通过概念描述、要点归纳，掌握编写10kV配电线路施工方案的方法			√
		10kV配电线路竣工验收（ZY3300403002）	本模块包含10kV配电线路竣工验收的基本流程、验收的方法及标准。通过概念描述、流程介绍、图解说明、要点归纳，掌握10kV配电线路竣工验收方法			√
		10kV配电线路导线架设（ZY3300403003）	本模块包含10kV配电线路导线的展放、紧线及导线的固定等内容。通过概念描述、流程介绍、图表说明、要点归纳，掌握10kV配电线路导线架设的基本操作流程、质量标准和安全技术要求		√	
		10kV绝缘配电线路导线架设（ZY3300403004）	本模块包含10kV架空绝缘配电线路导线的放线、紧线及导线在杆上的固定安装等内容。通过概念描述、流程介绍、图表说明、要点归纳，掌握10kV绝缘配电线路导线架设的基本操作流程、质量标准和安全技术要求		√	
		10kV配电线路导线拆除（ZY3300403005）	本模块包含10kV配电线路导线拆除施工的准备、拆除过程及拆除的操作流程和安全技术要求。通过概念描述、流程介绍、图解说明、要点归纳，掌握10kV配电线路导线拆除的基本操作流程、质量标准和安全技术要求		√	
		配电室、配电箱、箱式变电站电气接线（ZY3300403006）	本模块包含配电室、配电箱、箱式变电站进出线及各电气设备间的连接安装等内容。通过概念描述、流程介绍、图解说明、要点归纳，掌握主要配电设备的电气接线方法和基本技术要求			√
	10kV及以下配电线路运行维护及事故处理	配电线路巡视检查（ZY3300404001）	本模块包含10kV及以下配电线路巡视目的、巡视种类、巡视内容及质量要求。通过概念描述、流程介绍、列表说明、要点归纳，掌握配电线路巡视检查方法	√		
		配电线路运行维护及故障处理（ZY3300404002）	本模块包含10kV及以下配电线路运行标准、维护标准及故障处理原则、分类、处理方法及步骤等内容。通过概念描述、流程介绍、列表说明、案例分析、要点归纳，掌握配电线路运行标准及故障处理方法		√	
		配电线路缺陷管理（ZY3300404003）	本模块包含10kV及以下配电线路缺陷分类、缺陷标准及缺陷管理等内容。通过概念描述、流程介绍、案例分析、要点归纳，掌握配电线路缺陷管理方法		√	
		配电线路事故抢修（ZY3300404004）	本模块包含10kV及以下配电线路事故抢修流程、事故抢修要求、故障点的查找等内容。通过概念描述、流程介绍、框图示意、要点归纳，掌握配电线路事故抢修方法			√
	经纬仪测量操作	经纬仪的使用（ZY3300405001）	本模块包含经纬仪基本结构、性能特点、基本操作方法及使用维护等内容。通过概念描述、结构剖析、图解说明、要点归纳，掌握经纬仪的操作方法		√	
		经纬仪在配电线路测量中的应用（ZY3300405002）	本模块包含配电线路工程测量的基本知识、基本测量方法、基本测量内容及线路交叉跨越测量等内容。通过概念描述、术语说明、公式解析、图解示意、计算举例、要点归纳，掌握经纬仪在配电线路测量中的应用		√	
	电力电缆	电力电缆基本知识（ZY3300406001）	本模块包含电力电缆的基本结构、型号和种类。通过概念描述、术语说明、图表示意、要点归纳，掌握电力电缆的基本知识	√		

续表

部分名称	章	模块名称（模块编码）	模块描述	等级		
				I	II	III
配电线路施工及运行维护	电力电缆	电力电缆的敷设施工（ZY3300406002）	本模块包括电力电缆敷设施工的一般知识，施工安装程序及注意事项。通过概念描述、流程介绍、列表说明、要点归纳，掌握直埋电缆敷设、室内及沟道内电缆敷设操作程序及电缆敷设的质量标准		√	
		10kV 电力电缆头制作（ZY3300406003）	本模块包括 10kV 及以下电力电缆头的制作步骤、工艺要求及质量标准等内容。通过概念描述、流程介绍、图表说明、要点归纳，掌握 10kV 及以下电力电缆头的制作			√
		电力电缆线路运行维护（ZY3300406004）	本模块包括电力电缆线路运行与维护的基本概念、电力电缆线路常见故障分析及排除、电力电缆一般试验项目及标准等内容。通过概念描述、要点归纳，掌握电力电缆线路运行与维护方法			√
	登高操作	登高工具的使用（GYND00501001）	本模块包含脚扣、登高板和梯子等常用登高工具的用途、结构、性能和使用方法等内容。通过概念描述、结构介绍、图解示意、要点归纳，掌握登高工具的使用	√		
		脚扣、登高板登杆操作方法和步骤（GYND00501002）	本模块包含使用脚扣、登高板进行登杆操作的方法、步骤及注意事项等内容。通过概念描述、图解分步示意、要点归纳，掌握登杆操作	√		
	常用绳扣	工程常用十个绳扣的打法（GYND00502001）	本模块包含工程常用十个绳扣的名称、用途和特点。通过图解示意、要点归纳，掌握工程常用十个绳扣的打法	√		
	杆上作业	拉线制作、安装（GYND00503001）	本模块包含拉线制作工具、材料的选择、制作安装的工艺标准及作业流程等内容。通过概念描述、术语说明、公式解析、计算举例、图解分步示意、流程介绍，掌握拉线的制作和安装	√		
		接户线安装（GYND00503002）	本模块包含接户线安装工具、材料的选择、准备以及制作安装的作业流程、工艺标准。通过概念描述、术语说明、流程介绍、图解分步示意，掌握接户线安装技能	√		
		架空导线紧线、放线操作（GYND00503003）	本模块包含 10kV 及以下架空线路紧线、放线作业施工准备阶段、作业阶段、作业结束三阶段的作业流程和工艺要求等内容。通过概念描述、术语说明、流程介绍、图解示意，掌握架空线路紧线、放线施工作业	√		
		导线在绝缘子上的绑扎、线夹上的安装操作（GYND00503004）	本模块包含导线绑扎固定的一般要求、导线在绝缘子上绑扎固定方法和操作步骤、导线在耐张线夹上的固定方法和操作步骤等内容。通过概念描述、术语说明、流程介绍、图解示意，掌握各种绑扎、固定操作	√		
营业业务	业务受理与业务扩充	业务扩充的内容（GYND00801001）	本模块包含业扩报装的定义和业扩报装的内容。通过概念描述、术语说明、要点归纳，掌握业务扩充的主要内容		√	
		供电方案的确定（GYND00801002）	本模块包含现场查勘的内容、确定低压供电方案的依据、供电方案所要明确的内容、供电所答复客户供电方案的时限、供电方案的有效期等内容。通过概念描述、术语说明、案例介绍，掌握确定供电方案的基本知识		√	
		低压用电工程验收项目及标准（GYND00801003）	本模块包含低压用电工程验收项目、验收条件、验收标准及验收准备等内容。通过概念描述、要点归纳，掌握低压用电工程验收项目及标准		√	
		供电可行性审查论证（GYND00801004）	本模块包含用电申请容量核查、供电可靠性审查、供电可能性、合理性审查。通过概念描述、术语解释、要点归纳，了解供电可行性审查论证一般要求			√
		10kV 电力客户供电方案（GYND00801005）	本模块包含确定供电方案基本原则、供电条件勘察、确定变压器容量、确定供电电压、确定供电方式、确定电能计量方式、答复客户等内容。通过概念描述、条文说明、公式解析、列表示意、案例分析、要点归纳，熟悉 10kV 电力客户供电方案的内容及要求			√

续表

部分名称	章	模块名称 （模块编码）	模块描述	等级		
				Ⅰ	Ⅱ	Ⅲ
营业业务	业务受理与业务扩充	10kV电力客户配电线路方案（GYND00801006）	本模块包含电源点的选择确定、双电源或备用电源供电选择等内容。通过概念描述、术语解释、图解示意、要点归纳，了解10kV电力客户配电线路方案的选择			√
		高压用户新装的设计审核与现场竣工检验（GYND00801007）	本模块包含受电工程（变配电所）的设计审核、工程竣工检验等内容。通过概念描述、术语解释、要点归纳、案例介绍，了解高压用户新装的设计审核与现场竣工检验的主要内容及要求			√
		高压用户新装接电前应履行完毕的工作内容（GYND00801008）	本模块包含新装接电前应履行完毕的各项工作介绍，包括签订供用电合同、受电设备继电保护、自动装置整定、受电变电所现场竣工检验、计费计量装置安装、供电设施施工、客户的联系名称及编号、制定启动方案等内容。通过概念描述、术语解释、要点归纳，熟悉高压用户新装接电前应履行完毕的工作内容			√
营销业务应用系统	电力营销管理信息系统应用	农电营销管理信息系统基本知识（GYND00701001）	本模块包含农电营销信息系统的定义和作用等基本知识。通过概念描述、术语说明、要点归纳，掌握农电营销信息系统的基本知识		√	
		农电营销管理信息系统各子系统介绍（GYND00701002）	本模块包含农电营销管理信息系统各子系统的功能介绍，包括营销基础资料管理、抄核收业务、电费账务管理、计量管理、业扩与变更、线损管理等功能模块。通过概念描述、术语说明、要点归纳，掌握农电营销信息系统各子系统功能		√	
		农电营销管理信息系统的操作应用（GYND00701003）	本模块包含农电营销管理信息系统各营销业务的实现过程以及相关业务的办理情况介绍，包括抄表、数据审核、收费、电费账务管理、计量资产管理、业务扩充与变更用电、线损管理等内容。通过概念描述、流程介绍、系统截图示意、要点归纳，掌握农电营销管理信息系统的操作应用		√	
电能计量装置安装与检查	电能计量装置安装	单相电能计量装置的安装（GYND00901001）	本模块包含单相电能计量装置安装前的准备工作、接线图识读、安装工艺流程和技术要求、完工检查等内容。通过概念描述、流程介绍、图解示意、要点归纳，掌握单相电能计量装置的安装	√		
		直接接入式三相四线电能计量装置的安装（GYND00901002）	本模块包含直接接入式三相四线电能计量装置的接线图、安装准备工作、安装接线、工艺要求及接线检查等内容。通过概念描述、流程介绍、图解示意、要点归纳，掌握直接接入式三相四线电能计量装置的安装		√	
		装表接电工作结束后竣工检查（GYND00901003）	本模块包含装表接电工作结束后竣工检查的检查资料整理、现场核查和通电试验等内容。通过概念描述、要点归纳，掌握装表接电工作结束后的竣工检查		√	
		经TA接入式三相四线电能计量装置的安装（GYND00901004）	本模块包含经TA接入式三相四线电能计量装置的接线图、安装准备工作、安装接线、工艺要求及接线检查等内容。通过概念描述、流程介绍、图解示意、要点归纳，掌握带TA接入式三相四线电能计量装置的安装			√
	电能计量装置接线检查	单相电能表错误接线分析（GYND00902001）	本模块包含单相电能表接线检查的意义、基本步骤、外观检查、常见错接线形式及检查方法等内容。通过概念描述、原理介绍、图解示意、案例分析、要点归纳，掌握单相电能表错误接线检查、分析方法		√	
		直接接入式三相四线电能计量装置的接线检查方法（GYND00902002）	本模块包含直接接入式三相四线电能计量装置的常见错误接线形式、检查方法和安全注意事项等内容。通过概念描述、原理介绍、图解示意、案例分析、要点归纳，掌握直接接入式三相四线电能计量装置错误接线检查、分析方法			√
营销服务行为规范	行为规范与礼仪	服务程序和行为规范（GYND00601001）	本模块包含业务受理、收费、咨询、投诉、举报受理、故障抢修、抄表等供电服务的工作流程和行为规范。通过概念描述、案例分析、要点归纳，掌握供电服务工作流程和行为规范	√		

续表

部分名称	章	模块名称（模块编码）	模块描述	等级		
				I	II	III
营销服务行为规范	行为规范与礼仪	营销服务礼仪（GYND00601002）	本模块包含营销服务中行为举止、用语礼仪、电话礼仪、接待礼仪、仪容仪表等内容。通过概念描述、要点归纳，掌握营销服务礼仪	√		
	服务技巧	服务技巧基本知识（GYND00602001）	本模块包含“看”、“听”、“笑”、“说”、“动”等五项专业化服务技巧知识。通过概念描述、术语说明、要点归纳，掌握服务技巧基本知识		√	
		利用服务技巧与客户沟通（GYND00602002）	本模块包含沟通的定义、与客户沟通的技巧、沟通的步骤等内容。通过概念描述、术语说明、要点归纳，掌握运用服务技巧与客户进行沟通		√	
供电所管理	营销管理	供电所营销管理（GYND00101001）	本模块包含供电所营销管理工作内容及业扩报装管理、电费电价管理、电能计量管理、用电检查管理、供用电合同管理等内容。通过概念描述、条文说明、要点归纳，掌握国家电网公司对供电所营销管理的要求			√
	生产管理	供电所生产运行管理（GYND00102001）	本模块包含供电所生产运行管理、设备管理、设备检修管理、电能品质管理、电能损耗（线损）管理等内容。通过概念描述、条文说明、要点归纳，掌握国家电网公司对供电所生产运行管理的要求		√	
	安全管理	供电所安全管理（GYND00103001）	本模块包含供电所安全管理的重要性及体系、安全管理的内容和要求、安全管理工作的实施和事故调查分析等内容。通过概念描述、条文说明、要点归纳，掌握国家电网公司对供电所安全管理的要求		√	
	综合管理	供电所经济活动分析（GYND00104001）	本模块包含供电所经济活动分析的意义和内容。通过概念描述、条文说明、案例分析、要点归纳，掌握供电所经济活动分析的方法			√
	培训管理	培训授课技巧（GYND00105001）	本模块包含电力行业职业技能培训的模式及培训方法等内容。通过对职业技能培训方法的介绍与讲解，掌握培训授课的技巧		√	
		制定并编制培训方案、计划（GYND00105002）	本模块包含培训方案的编制与开发，编制、开发培训方案应遵循的原则，培训方案实施计划的构成要点等内容。通过概念描述、术语说明、要点归纳、案例介绍，掌握编制培训方案、计划方法			√
常用工具、仪表使用	常用工具使用	通用电工工具的使用（GYND00401001）	本模块包含验电器、钢丝钳、尖嘴钳、断线钳、剥线钳、螺丝刀、电工刀、活络扳手、电烙铁等通用电工工具的用途、结构、性能和使用方法等内容。通过概念描述、结构介绍、图解示意、要点归纳，掌握通用电工工具的使用	√		
		常用安装工具的使用（GYND00401002）	本模块包含电钻、喷灯、压接钳、紧线器等常用安装工具的用途、结构、性能和使用方法等内容。通过概念描述、结构介绍、图解示意、要点归纳，掌握常用安装工具的使用	√		
		灭火器的使用（GYND00401003）	本模块包含灭火剂的分类、作用和应用范围，灭火器的使用及其注意事项等内容。通过概念描述、术语说明、要点归纳，掌握灭火器的使用以及电气火灾的扑救方法	√		
		常用电气安全工器具的使用（GYND00401004）	本模块包含常用电气安全工器具的分类、用途、结构、使用方法和注意事项、试验标准和试验周期等内容。通过概念描述、术语说明、结构说明、图解示意、要点归纳，掌握常用电气安全工器具的使用	√		
	常用仪表使用	万用表、钳型电流表的使用（GYND00402001）	本模块包含万用表、钳型电流表的用途、基本原理和结构、使用方法和注意事项等内容。通过概念描述、原理分析、结构剖析、图解示意、流程介绍、要点归纳，掌握万用表、钳型电流表的使用方法	√		
		绝缘电阻表的使用（GYND00402002）	本模块包含绝缘电阻表的用途、基本原理和结构、使用方法和注意事项等内容。通过概念描述、原理分析、结构剖析、图解示意、流程介绍、要点归纳，掌握绝缘电阻表的使用方法	√		

续表

部分名称	章	模块名称（模块编码）	模块描述	等级		
				Ⅰ	Ⅱ	Ⅲ
常用工具、仪表使用	常用仪表使用	接地电阻测试仪的使用（GYND00402003）	本模块包含接地电阻测试仪的用途、基本原理和结构、使用方法和注意事项等内容。通过概念描述、原理分析、结构剖析、图解示意、流程介绍、要点归纳，掌握接地电阻测试仪的使用方法	√		
		单臂、双臂电桥的使用（GYND00402004）	本模块包含单臂、双臂电桥的用途、基本原理和结构、使用方法和注意事项等内容。通过概念描述、原理分析、结构剖析、图解示意、流程介绍、要点归纳，掌握单臂、双臂电桥的使用方法		√	
规程、规范及标准	电力安全工作规程	《农村安全用电规程》（GYND00201003）	本模块包含农村安全用电的基本要求、责任方的职责及本规程的适用范围等内容。通过概念描述、术语说明、条文解释、要点归纳，掌握《农村安全用电规程》	√		
		《农村低压电气安全工作规程》（GYND00201004）	本模块主要介绍《农村低压电气安全工作规程》主体结构。通过规程概要介绍、案例分析，引导《农村低压电气安全工作规程》的学习和实践	√		
		《国家电网公司农电事故调查与统计规定》（GYND00201005）	本模块包含安全生产事故的种类、事故调查的程序、统计报告以及安全考核等内容。通过概念描述、术语说明、条文解释、要点归纳，掌握国家电网公司对农电安全管理要求，规范农电生产和农村人身触电伤亡事故的调查分析和统计			√
	电能计量相关规程	《电能计量装置技术管理规程》（GYND00202006）	本模块包含《电能计量装置技术管理规程》的电能计量装置的分类及技术要求，投运前的管理，运行管理，计量检定与修调，电能计量信息管理，电能计量印、证管理，技术考核与统计等内容。通过对本规程重点条款的介绍，掌握电能计量装置技术管理的要求		√	
		《电能计量装置安装接线规则》（GYND00202007）	本模块包含《电能计量装置安装接线规则》中规定的术语、技术要求、安装要求等内容。通过术语说明、条文解释、要点归纳，掌握国家电网公司对电能计量装置安装接线的要求	√		

参 考 文 献

[1] 夏国明，刘国亭. 供配电技术. 北京：中国电力出版社，2004.
[2] 关城，陈光华. 配电线路. 北京：中国电力出版社，2004.
[3] 隋振有，宋立新. 配电实用技术. 北京：中国电力出版社，2006.
[4] 邓泽远. 供配电系统与电气设备. 北京：中国电力出版社，1996.
[5] 毛力夫. 发电厂变电站电气设备. 北京：中国电力出版社，1996.
[6] 中国电机工程学会城市供电专业委员会，杨香泽. 变电检修. 北京：中国电力出版社，2006.
[7] 上海久隆电力科技有限公司. 用电检查. 北京：中国电力出版社，2005.
[8] 刘健，倪建立. 配电自动化系统. 北京：中国电力出版社，2006.
[9] 赵全乐. 线损管理手册. 北京：中国电力出版社，2007.
[10] 刘清汉，丁毓山，等. 配电线路工. 3 版. 北京：中国水利水电出版社，2003.
[11] 国家电网公司农电工作部. 农村供电所人员上岗培训教材. 北京：中国电力出版社，2006.
[12] 湖北省电力公司生产技能培训中心. 农网配电营业工实操培训教材. 北京：中国电力出版社，2007.
[13] 宋庆云，王林根. 电力内外线施工. 北京：高等教育出版社，1999.
[14] 王谟，等. 内线安装. 北京：中国电力出版社，2004.
[15] 王兆晶. 维修电工. 北京：机械工业出版社，2007.
[16] 刘震，佘伯山. 室内配线与照明. 北京：中国电力出版社，2004.
[17] 李宗廷，王佩龙. 电力电缆施工手册. 北京：中国电力出版社，2006.